TECHNOLOGIE DER TEXTILFASERN

HERAUSGEGEBEN VON

DR. R. O. HERZOG

PROFESSOR, DIREKTOR DES KAISER-WILHELM-INSTITUTS FÜR FASERSTOFFCHEMIE
BERLIN-DAHLEM

IV. BAND, 3. TEIL

CHEMISCHE TECHNOLOGIE DER BAUMWOLLE VON R. HALLER
MECHANISCHE HILFSMITTEL ZUR VEREDLUNG DER BAUMWOLLTEXTILIEN VON H. GLAFEY

BERLIN
VERLAG VON JULIUS SPRINGER
1928

CHEMISCHE TECHNOLOGIE DER BAUMWOLLE

VON

PROFESSOR DR. R. HALLER

MECHANISCHE HILFSMITTEL ZUR VEREDLUNG DER BAUMWOLLTEXTILIEN

VON

DIPL.-ING. PROF. H. GLAFEY
GEH. REGIERUNGSRAT

MIT 266 TEXTABBILDUNGEN

Springer-Verlag Berlin Heidelberg GmbH

ISBN 978-3-642-89041-3 ISBN 978-3-642-90897-2 (eBook)
DOI 10.1007/978-3-642-90897-2

SOFTCOVER REPRINT OF THE HARDCOVER 1ST EDITION 1928

Vorwort.

Seitdem zusammenfassende Werke über den im vorliegenden Bande behandelten Gegenstand erschienen sind, haben viele Veredlungsverfahren sich grundsätzlich geändert und sind neue Methoden eingeführt worden. Besonders einschneidend gestalteten sich diese Umwälzungen nach Erfindung der haltbaren Hydrosulfite und der davon sich ableitenden Aldehyd-Doppelverbindungen. In dem vorliegenden Werke werden vorwiegend die neuen Verfahren berücksichtigt, die älteren aber, insofern sie noch in Verwendung stehen und entwicklungsgeschichtliches Interesse für die Industrie besitzen, nicht unerwähnt gelassen. Großer Wert wurde auf eingehende Hinweise auf das Schrifttum gelegt, wobei im Interesse der Vollständigkeit auch vielfach die Rundschreiben und Veröffentlichungen der Farbenfabriken zu berücksichtigen waren, obwohl gerade diese wichtige Literatur nicht allgemein zugänglich ist. Herrn Ingenieur R. Dax, der sich der großen Mühe unterzogen hat, die Korrekturen des ersten Beitrages einer gewissenhaften Durchsicht zu unterziehen, sei auch hier der herzlichste Dank ausgesprochen!

Berlin, Mai 1928.

Der Herausgeber.

Inhaltsverzeichnis.

Die chemische Technologie der Baumwolle.

Von Professor Dr. R. Haller, Basel.

VII. Das Bedrucken baumwollener Gewebe (Zeugdruck).

Die mechanischen Hilfsmittel zur Veredlung der Baumwoll-Textilien.

Von Dipl.Ing. Prof. Hugo Glafey, Geh. Reg.-Rat, Heidelberg.

Mit 266 Abbildungen.

Zur Beachtung!

Der im vorliegenden Band enthaltene Beitrag „Chemische Technologie der Baumwolle“ ist in gemeinsamer Arbeit von Herrn Professor Dr. R. Haller in Basel und Herrn Chem. Ing. Rudolf Dax in Zittau geschrieben worden.

Technologie der Textilfasern: Haller-Dax-Glafey.

Die chemische Technologie der Baumwolle.

Von Direktor Prof. Dr. R. **Haller**, Basel.

Einleitung.

Unter der chemischen Technologie der Baumwolle fassen wir alle diejenigen im Großbetriebe mit der Baumwollfaser, dem Rohgespinst und dem Rohgewebe vorgenommenen chemischen Operationen zusammen, die den Zweck verfolgen, den Rohstoff einem höheren Veredlungsgrad zuzuführen. Dabei ist vollkommen gleichgültig, ob der Rohstoff selbst chemischen Veränderungen unterworfen wird, oder ob die Baumwolle lediglich als Substrat dient, um darauf chemische, dem Zweck der Veredlung dienende Reaktionen hervorzurufen. Für den vorliegenden Zweck kommen vorzugsweise Vorgänge letzterer Art zur Behandlung. Die Vorgänge in der chemischen Technologie anorganischer und organischer Rohstoffe sind zwar auch Veredlungsprozesse, doch in dem Sinne, daß sie durch chemische Reaktionen in neue, vom Ausgangsmaterial verschiedene Produkte umgewandelt werden. Im Gegensatz hierzu wird die chemische Technologie der Baumwolle, oder allgemeiner der Gespinstfasern, ihr Bestreben hauptsächlich darauf richten, die Verunreinigungen des Rohstoffs zu entfernen, im übrigen aber die natürlichen Vorzüge der Faser, Festigkeit, Glanz, Elastizität, Färbbarkeit, nicht nur zu erhalten, sondern nach Möglichkeit zu steigern trachten. Außerhalb des Rahmens dieser Arbeit fallen alle diejenigen chemischen Prozesse, welche die Aufgabe haben, die Baumwolle zu desorganisieren, um dieselbe in Gespinstfasern von oft anderem chemischen Aufbau überzuführen, also die Kunstseidenfabrikationen.

Es muß darauf hingewiesen werden, daß bei den Gespinstfasern, insonderheit bei der Baumwolle, jeder Eingriff chemischer oder physikalisch-chemischer Art in den allermeisten Fällen mit Verlusten an wertvollen Eigenschaften verbunden ist. Operationen, an denen die Baumwolle chemisch aktiv beteiligt ist, kennen wir auf dem uns hier interessierenden Gebiete nur wenige; ich nenne hier vorwegnehmend die Merzerisation, einen Vorgang, der aber auch nur vorübergehend die Baumwolle in eine vom Rohmaterial verschiedene chemische Verbindung überführt. Die Färbung die vor nicht allzu langer Zeit als das Resultat chemischer Einwirkung der färbenden Substanz auf die Zellulose der Baumwollfaser angesehen wurde, wird heute, auf Grund neuerer Forschungen, in das Gebiet der physikalischen Vorgänge verwiesen. Alle anderen Operationen, insbesondere die Bleicherei, dann die Druckerei lassen die Grundsubstanz der Baumwollfaser vollkommen unverändert; erstere führt die rohe Faser dem Zustand zu, der der reinen Zellulose nahekommt, letztere benutzt die Faser lediglich als Substrat, veranlaßt allerdings vielfach den Verlauf oft recht energischer Reaktionen auf der Faser, ohne dieselbe jedoch normalerweise in ihren wertvollen Eigenschaften zu schädigen.

I. Die Rohbaumwolle[1]).

Diese Gespinstfaser entstammt den verschiedenen Arten und Abarten der Gattung Gossypium L., welche als Kulturpflanze nur in den wärmeren Weltteilen gedeiht. Alle Versuche, die südlichen Landesteile Europas zur intensiven Kultivierung der Baumwollpflanze heranzuziehen, sind bisher nicht erfolgreich gewesen. Behandlung der Botanik sowohl als auch der Struktur der Faser der Baumwollpflanze ist einer engeren Abteilung dieses Werkes vorbehalten[1]).

Die Baumwollfaser selbst ist ein einzelliges Samenhaar, das den Samen z. T. vollständig einhüllt, z. T., wie bei einigen amerikanischen Arten, nur an der Spitze des Samens aufgesetzt ist. Solange das Haar am Samen haftet, ist die Zelle beiderseitig geschlossen; durch den Entkörnungsprozeß aber wird es gewaltsam von seiner Unterlage losgerissen und stellt dann einen langen, auf einer Seite offenen Schlauch dar, dessen geschlossene Seite in eine stets einfache, aber oft, je nach der Art, verschieden geformte Spitze ausläuft[2]).

Als einstmalig lebende Zelle enthält das Baumwollhaar naturgemäß die Bestandteile des ehemaligen Protoplasten; dieselben befinden sich im Innern des Schlauches, wo sie auch mit Hilfe des Mikroskops und geeigneter Färbemethoden stets nachgewiesen werden können. Vom technischen Standpunkt aus sind diese Rückstände als Verunreinigungen der Faser aufzufassen, und das Bestreben der Technik wird sein, dieselben möglichst restlos aus der Faser zu entfernen. Dasselbe gilt für eine ganze Anzahl von Begleitkörpern der Rohbaumwollfaser, die im Folgenden angeführt werden sollen.

Beim Vergleichen von Rohfasermaterial verschiedener Provenienzen wird festgestellt werden können, daß die Färbung der einzelnen Sorten keine übereinstimmende ist. Wir finden Baumwollen, welche nahezu weiß, andere, die intensiv rostrot gefärbt sind, dazwischen eine ganze Anzahl von Übergängen von blaßgelb bis gelbbraun. Auch graue Färbungen sind ab und zu festzustellen. Die weißeste Baumwolle ist diejenige der an den Küsten von Florida und Süd-Carolina gedeihenden „Sea-Island“ von Gossypium barbadense var. maritima Watt. Die ägyptische Makobaumwolle, obwohl eigentümlicherweise derselben Species entstammend, zeigt dagegen eine intensiv braungelbe Farbe[3]). Die auf Malta kultivierte Gossypium hirsutum var. religiosa Watt., die bekannte Khakibaumwolle, besitzt eine intensiv rostrote Farbe. Die Ursache dieser Färbungen ist in der Einlagerung größerer oder geringerer Mengen zweier brauner Farbstoffe, von denen der eine in Alkohol leicht, der andere darin schwer löslich ist, in der Faserwandung zu suchen.

Außer diesen Farbstoffen enthält die Rohbaumwollfaser noch einen fettähnlichen Körper, das sog. Baumwollwachs, welches die Ursache der schweren Benetzbarkeit der rohen Faser ist, dann pektinsaure Salze in oft sehr beträchtlicher Menge.

Vor allem gebührt Schunk[4]) das Verdienst, zum erstenmal den Versuch gemacht zu haben, Aufklärung über die Natur dieser Begleitkörper zu erlangen.

Er kochte eine Menge von 500 engl. Pfund einer Orleans-Rohbaumwolle in einer verdünnten Ätznatronlauge $7^1/_2$ Stunden lang in einer offenen Kufe. Es hinterblieb nach dem Entfernen des Fasermaterials eine braune Brühe, welche mit Schwefelsäure neutralisiert einen braunen Niederschlag ausschied, der ab-

[1]) Nähere Angaben in Bd. IV, 1. Teil dieses Werkes, Botanik und Kultur der Baumwolle von L. Wittmack, Berlin 1928.

[2]) Wiesner: Rohstoffe Bd. 2, S. 241. 1903.

[3]) Haller: Über Makobaumwollen. Dt. Färber-Ztg. 1914. Nr. 20—24.

[4]) Dingler: Polytechn. Journal 1868, S. 188, 496.

filtriert und gesammelt wurde. Aus dieser trockenen Masse ließ sich zunächst mit Äther ein wachsartiges, halbfestes Fett extrahieren, das in Alkalien unverseifbar war, und aus dem durch weitere Behandlung eine bei 58° C schmelzende Fettsäure abgeschieden werden konnte. Es blieb dann das sog. Baumwollwachs zurück, eine zerreibliche durchsichtige Masse, die nicht näher untersucht wurde. Ebensowenig ist man über die Natur der Fettsäure informiert, welche bei 55° schmilzt und nach Schunk ein Gemisch von Palmitin- und Stearinsäure sein soll. Über die Zusammensetzung der beiden aus den Rückständen isolierten braunen Farbstoffe ist man ebenfalls noch im Unklaren.

In neuester Zeit hat sich Tschilikin (Moskau) in eingehender Weise mit den aus der Bäuchlauge isolierbaren Substanzen befaßt, und es gelang ihm eine große Anzahl von Substanzen zu isolieren, unter anderen eine Zahl von höheren aliphatischen Säuren[1]).

Die weitaus größte Menge der Begleitsubstanzen wird von den Pektinsäuren gebildet. Sie sind in schwach alkalischem Wasser löslich und zeigen kolloide Eigenschaften. Vor allen Dingen adsorbieren die freien Säuren, ebenso wie ihre Salze energisch Farbstoffe, insbesondere die basischen Farbstoffe, und hier ist wohl auch die Ursache zu suchen für das verhältnismäßig intensive Anfärben der rohen Baumwolle durch basische Farbstoffe. Reine Zellulose bleibt mit diesen Farbstoffen nahezu ungefärbt.

Die verschiedenen Rohbaumwollesorten enthalten nun sehr verschiedene Mengen dieser Substanzen; insbesondere ist der Anteil der Farbstoffe ein sehr schwankender. Ob bei der Bildung derselben die klimatischen Verhältnisse, unter denen die Baumwolle gedeiht, eine besondere Rolle spielen, ist mit Sicherheit noch nicht festgestellt worden. Sicher ist aber, daß die Sea-Island-Baumwolle von Gossypium barbadense var. maritima Watt an ihrem typischen Kulturort in Florida und Carolina immer eine Faser von hervorragender Weiße, arm an natürlichen Farbstoffen, hervorbringt, während dieselbe Spezies, welche in Ägypten die bekannte Makobaumwolle produziert, dort die für diese Sorte charakteristische gelbbraune Farbe annimmt[2]). Es wäre zweifellos außerordentlich wichtig, wenn eingehende Untersuchungen diese Verhältnisse aufzuklären vermöchten.

Es darf hier nicht unerwähnt bleiben, daß insbesondere Fröste und sonstige ungünstige Witterungen den Reifeprozeß der Baumwollfaser ungünstig beeinflussen, so daß dieselbe in ihrem Verhalten in der Bleiche, dann insbesondere in der Färberei, abnormale Erscheinungen zeigt. Es scheinen unter diesen ungünstigen Bedingungen Begleitsubstanzen gebildet zu werden, welche von den normalen abweichen, oder die normalen Begleitkörper entstehen in Modifikationen, welche chemisch von ersteren verschieden sind[3]). Verfasser lag einst eine Probe Baumwollgewebe, dessen Rohmaterial an den Ufern des Mississipi kultiviert wurde, vor, das einen auffallend grauen Farbton zeigte. Dieses Gewebe war durch eine normale Bleiche nicht mehr weiß zu erhalten, es behielt vielmehr den grauen Ton bei. Die Begleitkörper waren also in einer Weise verändert worden (Nachtfröste sollen die Ursache dieser Veränderungen gewesen sein), daß weder Kochungen in Lauge noch Behandlung mit Chlor sie zu beeinflussen vermochten.

Eine außerordentlich wichtige Begleitsubstanz der rohen Baumwolle ist das Wasser. Je nach der Art der Faser ist der Gehalt an demselben verschieden; der mittlere Wassergehalt ist 8 %. Bei reiner Zellulose, Verbandwatte und Filtrierpapier fand Schwalbe einen Wassergehalt von 6,1—6,5 %. Bei der Rohbaumwolle wird der Wassergehalt zweifelsohne durch bestimmte Begleitkörper be-

[1]) Vortrag beim Kongreß der Chemiker-Koloristen in Karlsbad 1927. Siehe Kongreßbericht. [2]) Dt. Färber-Ztg. 1914, Nr. 20—24. [3]) Textil- u. Färber-Ztg. Bd. 7, S. 616. 1909.

einflußt. Kocht man nämlich Rohbaumwolle mit Wasser aus, so erhält man beim Eindampfen Extrakte, welche gummiähnliche Beschaffenheit haben, dabei aber sehr hygroskopisch sind und einen Aschengehalt von etwa 39% zeigen. Es scheint viel Kaliumkarbonat in Lösung zu gehen, so daß Bowman[1]) nicht mit Unrecht hierin die Ursache der Hygroskopizität der Rohfaser vermutet.

Infolge dieses Feuchtigkeitsgehaltes, der je nach Witterung und Lagerung naturgemäß wechselt, ist man, wie dies bei der Seide schon lange üblich ist, zur amtlichen Feststellung des Wassergehaltes durch „Konditionierung" übergegangen und fakturiert dann die Baumwolle nach „Normalgewicht", beruhend auf einem normal zulässigen Feuchtigkeitsgehalt von $8^1/_2$%, nach Abzug des Mehr-Wassers, das in der Baumwolle gefunden wurde[2]).

Die Veraschung der Rohbaumwolle ergibt etwa 1,37% Rückstand; davon sollen nach Ure[3]) 64% wasserlöslich sein, der Rest wasserunlöslich. Ersterer Anteil enthält Kaliumkarbonat, Kaliumchlorid, Kaliumsulfat, letzterer Kalziumphosphat, Kalziumkarbonat, Magnesiumphosphat, Eisen und Aluminium.

Der Stickstoffgehalt der Rohbaumwolle beträgt etwa 0,34%, der wohl in der Hauptsache auf den Eiweißgehalt der Protoplasmareste im Lumen der Faser zurückzuführen ist.

Im folgenden mögen einige Analysen mitgeteilt werden, welche die Zusammensetzung der Rohbaumwolle charakterisieren. Sie sind dem mehrfach angezogenen Werke von Bowman[4]) entnommen und geben nur relative Werte, da dieselben aus den oben angeführten Gründen, je nach den Witterungsverhältnissen, unter welchen die Fasern ein und derselben Spezies reifen, verschieden ausfallen werden:

	Indische %	Amerikanische %	Ägyptische %
Zellulose	91,35	91,00	90,80
Wachs, Öl, Fett	0,40	0,35	0,42
Protoplasma	0,53	0,53	0,68
Mineralbestandteile	0,22	0,12	0,25
Wasser	7,50	8,00	7,85

Noch einer Beimengung der Rohfaser muß hier Erwähnung getan werden, da dieselbe sich oftmals, insbesondere in der Färberei, in höchst unliebsamer Weise bemerkbar macht, es ist die sogenannte „tote Baumwolle". Dieselbe ist nicht unter die normalen Begleitsubstanzen zu rechnen, obwohl sie in keiner Rohbaumwolle völlig fehlen wird. Mißernten geben aber Anlaß zu starkem Auftreten dieser mit abnormalen Eigenschaften behafteten Faser. Ohne weiteres ist dieselbe in dem Rohmaterial nicht zu erkennen; man wird auf ihre Anwesenheit meistens erst dann aufmerksam, wenn die Baumwolle gefärbt, und am allerdeutlichsten dort, wo in Indigo gefärbt wird. Stücke, die „tote Baumwolle" in größeren Mengen enthalten, zeigen nach der Färbung ein merkwürdig gesprenkeltes Aussehen, das mitunter so stark auftreten kann, daß der Handelswert der fertigen Ware bedeutend herabgesetzt wird.

Bei der „toten Baumwolle" handelt es sich nach A. Herzog[5]) um entartete oder vor der Reife der Faser abgestorbene Baumwolle. Wilde oder in Degeneration begriffene Kulturformen enthalten besonders viel solcher abgestorbener Fasern.

Zur Charakteristik derartig abnormaler Fasern möge nur kurz gesagt sein, daß dieselben, im Gegensatz zum normal entwickelten Baumwollsamenhaar,

[1]) Cotton fibre 1908, S. 150. [2]) Weiß: Textil-Technik u. Textil-Handel 1906.
[3]) Bowman, Cotton fibre, loc. cit. [4]) Cotton fibre 1908, S. 147.
[5]) Chem. Ztg. 1914, S. 1089.

außerordentlich dünnwandig sind. Die Art der Doppelbrechung bei gekreuzten Nicols weicht von denen gesunder Fasern sehr ab[1]). Der Verfasser selbst machte schon früher ähnliche Beobachtungen[2]) und konnte unter anderem feststellen, daß die Löslichkeit der „toten Baumwolle" in Kupferoxydammoniak geringer ist als die der normalen Faser. Die Färbbarkeit ersterer steht hinter letzterer zurück; viele substantive Farbstoffe färben aber die „tote Baumwolle" intensiver an. Mit Jod-Jodkali färbt sich dieselbe nur hellgelb. Jod + Schwefelsäure färben beide Fasern normal blau. In der Indigoküpe färbt sich die „tote Baumwolle" kaum an. Bemerkenswert ist, daß eine Behandlung dieser Faser mit konz. Natronlauge die Unterschiede von normaler Faser beinahe völlig aufhebt. Um daher Stücke, welche viel „tote Baumwolle" enthalten, zweckmäßig verwenden zu können, müssen sie dem technischen Prozeß des „Merzerisierens", auf welchen später zurückzukommen sein wird, unterworfen werden.

Bei den mannigfaltigen Provenienzen, welche heute auf dem Baumwollmarkte figurieren, kann es nicht gleichgültig sein, ein Mittel in der Hand zu haben, diese Provenienzen einwandfrei zu bestimmen. Es ist, wie jeder Praktiker weiß, ein großer Unterschied, ob man indische, amerikanische oder ägyptische Baumwolle zu verarbeiten hat. Wenn die Unterschiede hier vorzugsweise den Spinner und Weber interessieren[3]), so hat man Anhaltspunkte genug, daß dieselben sich sowohl in der Bleicherei, Merzerisation und vorzugsweise in der Färberei bemerkbar machen. Schon der äußere Anblick des Gespinstes oder Gewebes, hergestellt aus Baumwolle verschiedener Herkunft, ist ein in die Augen springender. Baumwolle, welche von Arten abstammt, deren Samen der Grundwolle entbehren, wie das bei den ägyptischen, dann bei vielen amerikanischen Sorten der Fall ist, zeigt deshalb ein viel gleichmäßigeres Bild, weil die Faser sich vom Samen sehr leicht trennen läßt und daher wenig Gefahr besteht, daß Bruchstücke von Samenschalen in das Rohmaterial gelangen. Samen mit Grundwolle, wie die der indischen und kleinasiatischen Produkte, zeigen je nach der Sorgfalt mit der der Entkörnungsprozeß vorgenommen wurde, größere oder geringere Mengen von Samenschalenfragmenten, doch stets mehr derartige Verunreinigungen als die der ersterwähnten Arten. Eine stark verunreinigte Baumwolle erschwert naturgemäß alle Veredlungsprozesse, sowohl das Spinnen, wie insbesondere auch das Bleichen der Gespinste oder Gewebe.

Da nun in der Textilindustrie bei Einkauf von Rohbaumwollgarnen oder Geweben großer Wert auf die Verwendung der qualitativ besseren amerikanischen Sorten gelegt wird, so machte sich das Bedürfnis fühlbar, eine Methode zu besitzen, nach der der Fabrikant in die Lage versetzt wird festzustellen, welcher Provenienz das vorliegende Rohmaterial ist, ob die von ihm verlangte Sorte ausschließlich, oder ob Gemische verschiedener Produkte vorliegen.

Da die nötigen Anhaltspunkte, welche diesem Zwecke dienen mußten, aus dem Aussehen der Rohprodukte allein nur in unzureichendem Maße zu gewinnen waren, insbesondere aus dem schon oben angedeuteten Umstand, daß ungünstige Witterungseinflüsse während des Reifeprozesses der Kapseln die Produkte ein und derselben Pflanze weitgehendst zu verändern vermochten, so mußten zur Beurteilung der Provenienz andere Unterscheidungsmerkmale beigebracht werden.

Es war bekannt, daß Indien, China und Kleinasien einerseits, dann Amerika und Ägypten andererseits ihre auf den Markt kommenden Baumwollen von ver-

---

[1]) A. Herzog: loc. cit. [2]) Chem.-Ztg. 1908.

[3]) Siehe diesbezüglich: Dr.-Ing. Hans Fikentscher: Die technologischen Unterschiede der jetzt hauptsächlich handelsüblichen Rohbaumwollen unter besonderer Berücksichtigung der Untersuchungsmethoden. Melliands Textilberichte, Jahrg. 1927, S. 521—524, 606—608, 685—688, 777—780, 855—858, 933—935 und die noch folgenden Fortsetzungen.

schiedenen Spezies der Gattung Gossypium gewannen. Es hatte sich durch die Erfahrung herausgestellt, daß die hochwertigen, langstapeligen amerikanischen Sorten in Indien, wo man deren Kultur naturgemäß besonders sorgfältig versuchte, nicht gediehen oder doch rasch degenerierten. Man war daher gezwungen, zu den einheimischen Sorten zurückzukehren, welche allerdings eine Faser lieferten, die sowohl was Stapel anbelangt, als auch in bezug auf Feinheit der Faser mit der amerikanischen nicht in Wettbewerb zu treten vermochten. Den Hauptstock der amerikanischen Ernte lieferte nun Gossypium hirsutum L., die Hauptmenge der indischen Baumwolle stammt von Gossypium obtusifolium Watt. und deren Spielarten, sowie Gossypium Nanking Watt. Kleinasien wiederum pflanzte vorzugsweise Gossypium herbaceum L. Wenn es nun möglich ist, in irgendeiner Weise Anhaltspunkte zu gewinnen, aus dem Rohgespinst oder Rohgewebe, vor allem aber aus dem Rohmaterial selbst diese Arten zu erkennen, so ist der Weg vorgezeichnet, auf welchem die Lösung des Problems möglich ist.

Durch vergleichende mikroskopische Untersuchungen an der Faser selbst ließen sich, wie schon oben angedeutet, diese Anhaltspunkte nicht gewinnen. Es gelang dies aber dem Verfasser auf einem Umwege[1]), zu welchem folgende Überlegungen hinführten.

Jede Rohbaumwolle enthält als Verunreinigungen vorzugsweise Samenschalenfragmente, dann Bruchstücke von Blättern und Hüllblättern, welche durch die Ernte einerseits, andererseits durch den Entkörnungsprozeß in das Rohmaterial hineingelangen. Dieselben können naturgemäß nur von der Spezies stammen, auf der die zu untersuchende Faser gewachsen ist. Konnten nun mittels mikroskopischer Untersuchungen typische Artmerkmale an Samenschalen und Blättern gefunden werden, so war es auch möglich, die Spezies, damit aber auch die Provenienz klarzulegen. Die Untersuchung an einer großen Anzahl von einwandfrei bestimmten, baumwolleliefernden Spezies ergab nun diesbezüglich positive Resultate; insbesondere war die Behaarung der Blätter außerordentlich charakteristisch für die einzelnen Arten. Zur gröberen Untersuchung leisteten die Samenschalenfragmente insofern vorzügliche Dienste, als an der anwesenden oder fehlenden Grundwolle schon weitgehende Schlüsse bezüglich der Provenienz gezogen werden konnten. Die Einzelheiten der Methode, welche eine ausschließlich mikroskopische ist, sind aus der angezogenen Veröffentlichung zu entnehmen.

Mit Hilfe dieser Methode gelang es dem Verfasser nachzuweisen, daß die in den letzten Jahren auf den Markt gekommenen Makobaumwollen nicht etwa deshalb nicht mehr die hochwertigen Qualitäten der achtziger Jahre waren weil, wie vermutet wurde, zur Kultur anderer Arten übergegangen worden war, vielmehr muß die Verschlechterung der Qualität in der Auswahl des Saatgutes oder aber in geringerer Sorgfalt bei der Aussaat und in der Bewirtschaftung des Bodens gesucht werden. Bei der Untersuchung der dem Verfasser vorliegenden Proben aus den Ernten einer ganzen Anzahl Jahre ergab sich, daß, bis auf eine, alle Proben von Gossypium barbadense stammten, während nur eine als Stammpflanze Gossypium brasiliense erkennen ließ[2]).

Die Möglichkeit, sich über die in bezug auf Provenienz gleichmäßige Zusammensetzung einer vorliegenden Baumwollprobe überzeugen zu können, bringt ein Problem näher, das für die Veredlungsindustrie der Baumwolle, in chemischtechnischem Sinne, von besonderer Bedeutung ist. Wie schon wiederholt erwähnt, verhalten sich die verschiedenen Arten der Baumwolle beim Verarbeiten in chemisch-technischer Richtung keineswegs gleich. Schon Persoz macht mit folgenden Worten auf diesen Umstand aufmerksam[3]): «Toutes les éspèces (de

[1]) Mikroskopische Diagnostik der Baumwollarten usw. Wittenberg 1919.
[2]) Dt. Färber-Ztg. loc. cit. [3]) Traité d'Impression Bd. 2, S. 4. 1846.

cotton) ne sont pas également propres à recevoir les mêmes tintes; que le cotton Fernembouc se tint mieux en rouge turc et produit des nuances plus vives que le cotton Géorgie; que le cotton Macédoine est inferieur aux deux précédent pour tous les genres de tinture, attendu qu'il ne présente jamais que des couleurs maigres, ternes et raclées.» Er berichtet dann weiter, daß M. D. Köchlin, um diese Unterschiede festzustellen, ein Gewebe aus den verschiedensten Arten Baumwolle anfertigen ließ und dasselbe nach der Bleiche bedruckte. Nach dem Färben, offenbar in Alizarinrot, erhielt er so ungleiche Färbungen, daß auf dem Gewebe ganz genau festzustellen war, wo die einzelnen Baumwollsorten begannen und wo sie aufhörten.

Es ist ja bekannt, daß zu Geweben, die mit Hochglanz durch Merzerisation versehen werden sollen, sich vor allem die ägyptische Makobaumwolle gut eignet. Jeder Praktiker wird weiter die Beobachtung gemacht haben, daß amerikanische, indische und kleinasiatische Baumwollen sich sowohl in der Bleicherei als auch in der Färberei verschieden verhalten. Es wäre daher eine dankenswerte Aufgabe, in bezug auf die verwendete Faser völlig einheitliche Gespinste oder Gewebe genau auf das Verhalten bei der Bleiche, Merzerisation, Färberei und Druckerei zu untersuchen, um so Anhaltspunkte zur Aufklärung des abweichenden Verhaltens zu gewinnen.

Die Untersuchung hätte in der Weise zu geschehen, daß man Rohgewebe aus nachgewiesenermaßen von ein und derselben Spezies geliefertem Rohmaterial herstellt und diese verschiedenen Gewebe in systematischer Weise allen in der Praxis der Textilveredlung vorkommenden Operationen unterwirft. Dabei hätten beispielsweise die verschiedenen Bleichverfahren und die Färbung mit den einzelnen Farbstoffklassen, weiter das Verhalten im Zeugdruck Berücksichtigung zu finden. Die systematische Registrierung aller dieser Versuche würde die Arbeit in der Veredlungsindustrie insofern außerordentlich befruchten, als dem Chemiker oder Koloristen Anhaltspunkte zur Verfügung stehen würden zur Beurteilung derjenigen Warensorten, die für den einen oder anderen Veredlungszweck den besten Ausfall gewährleisten. Nur auf diesem Wege lassen sich viele der sich heute fühlbar machenden Unsicherheiten in der Fabrikation auf ihre natürliche Ursache zurückführen. Es ist selbstverständlich ein Ding der Unmöglichkeit, die ganze Rohgespinst- oder Rohgewebeherstellung auf einzelne botanisch einheitliche Rohstofftypen einzustellen; doch würden die Fälle seltener, in denen auftretende Unregelmäßigkeiten im Ausfall der veredelten Ware kritiklos mangelhafter Beaufsichtigung des Fabrikationsprozesses in die Schuhe geschoben werden.

Zum Schlusse möge hier ausdrücklich hingewiesen werden, wie außerordentlich wichtig die mikroskopische Kontrolle nicht nur der Baumwollfaser als solcher, sondern des ganzen Verlaufes der verschiedenen textilen Fabrikationsprozesse ist. Nicht allein, weil es mittels des Mikroskops gelingt, eine ganze Reihe von Verunreinigungen des Gespinstes oder Gewebes richtig zu deuten und die Fingerzeige, die damit gegeben werden, verwerten zu können, vielmehr gibt das Mikroskop Aufschluß über den richtigen oder fehlerhaften Verlauf von Veredlungsoperationen; insbesondere erhält man wertvolle Hinweise, wie sich Farbstoffe fixieren, und man ist oft in der Lage, aus dem mikroskopischen Befund den Charakter und das Verhalten eines Farbstoffes auf der Faser viel rascher und sicherer zu beurteilen, als wenn diese Untersuchung in anderer Weise vorgenommen wird. Das Mikroskop kann in geübten Händen zu einem Behelfe von allergrößter Bedeutung werden, nicht nur auf dem Gebiete der chemischen Technologie der Gespinstfasern, sondern, wie uns die Arbeiten der letzten Jahre auf diesem Gebiete lehren, auch dort, wo es gilt, Licht in das rätselhafte Dunkel der Vorgänge in Färberei und Zeugdruck zu bringen.

II. Einwirkung physikalischer und chemischer Einflüsse auf die Baumwolle.

A. Die Wirkung physikalischer Einflüsse auf die Baumwollfaser.

Bei der Behandlung der physikalischen Einflüsse auf die Baumwollfaser, Licht, Luft, Feuchtigkeit, wechselnder Temperaturen, muß hervorgehoben werden, daß in den seltensten Fällen ein einzelner Faktor unter den zahlreichen Einwirkungen von außen zur Wirkung gelangt. Man muß dabei absehen von bestimmten Versuchsanordnungen, welche lediglich dem Studium bestimmter Einflüsse unter ganz bestimmten Bedingungen dienen sollen. So werden wir kaum jemals unter normalen Verhältnissen die Einwirkung von Licht allein studieren können, denn stets wird der Einfluß der Luftfeuchtigkeit und der Einfluß wechselnder Temperaturen sowie die Anwesenheit von Sauerstoff der Luft die Resultate beeinflussen. Es ist daher natürlich, daß die Zahl solcher Untersuchungen, bei welchen die Versuchsanordnung so getroffen wurde, daß nur Licht, nur Luft oder nur Feuchtigkeit, eventuell auch nur Wärme zur Einwirkung auf die Faser gelangen, nur sehr klein ist. Bei dieser Gelegenheit möge eines Mannes gedacht sein, welcher in systematischer Weise versuchte, die Wirkung all der genannten Einflüsse auf die Faser, auch der gefärbten, möglichst unabhängig voneinander, zu studieren: Chevreul[1]). Seine diesbezüglichen umfangreichen Versuche befassen sich vorzugsweise mit dem Studium der Veränderungen von Färbungen auf Wolle, Baumwolle und Seide im Vakuum, in trockener und feuchter Luft. Auch ungefärbte Fasern hat er untersucht, und zwar lediglich zur Bestimmung der Feuchtigkeit; dieselben Untersuchungen wurden auch auf Hanf und Leinen ausgedehnt.

a) Baumwolle unter dem Einfluß von Licht und Luft.

Es scheint geraten, beide Einwirkungen gemeinsam zu behandeln, da unter normalen Verhältnissen Licht kaum jemals anders als in Gegenwart der Atmosphäre zur Wirkung gelangt. Da ist zunächst einer Arbeit von Witz[2]) zu gedenken, der an baumwollenen Vorhängen, welche 30 Jahre der wohl intermittierenden Bestrahlung durch die Sonne ausgesetzt waren, Bräunung und Mürbewerden beobachtete. Die von ihm gefundene Reaktion der Oxyzellulose mit Methylenblau ergab tatsächlich, daß die Bestrahlung in Gegenwart der Atmosphäre Oxyzellulosebildung hervorgerufen hatte. Es darf allerdings dabei nicht übersehen werden, daß die Art der Bleichung der Ware, weiter die wohl zahlreichen Waschoperationen sowie die vielleicht mannigfaltigen Appreturen, denen die Vorhänge in den 30 Jahren unterworfen wurden, wohl kaum ohne jeden Einfluß geblieben sind. Nach Witz sollen besonders die blauen Strahlen wirksam sein; außerdem sollen kupferhaltige Appreturen besonders nachteilig wirken, wohl deshalb, weil Kupfer in vielen Fällen, möglicherweise auch hier, kräftig katalytische Wirkungen äußert.

Das Vergilben gebleichter Gewebe, wie es unter der Wirkung des Lichtes häufig vorkommt, kann durch Spuren von Fetten oder Ölen hervorgerufen werden, wie Freiberger[3]) nachgewiesen hat. Solche Fettspuren können bei ungenügender Vorbehandlung der Ware vor der eigentlichen Bleiche oder aber aus Resten von

[1]) Recherches chimiques sur la Teinture. Mémoires de l'Académie des Sciences. 1836.
[2]) Bull. d. l. Soc. industrielle Rouen Bd. 2, S. 188. [3]) Färber-Ztg. Bd. 1, 1917.

Seifen stammen, die bei der Wäsche auf dem Gewebe geblieben sind. Ein geringer Gehalt an Kalk kann durch Bildung von gelbgefärbten Kalkseifen zum Vergilben stark beitragen.

Sicherlich ist die Vorbehandlung der Baumwolle vor der Bleiche und die Art der Bleiche selbst nicht ohne Einfluß bei der Einwirkung des Lichtes. Spuren von Oxyzellulose, eventuell Hydrozellulose, können Verhältnisse schaffen, die in Ermangelung dahingehender Versuche heute noch nicht zu erkennen sind. Spuren von Metallsalzen oder Metalloxyden werden möglicherweise nicht ganz unbeteiligt an der Schädigung von Geweben durch Lichtwirkung sein.

b) Baumwolle unter dem Einfluß elektrischer Ströme.

In welcher Weise elektrische Ströme auf Baumwolle wirken, ist kaum untersucht. Es ist bekannt, daß feinverteilte Zellulose, eine Form, welche in der Textil-Technik nicht vorkommt, bei der Kataphorese zur Anode wandert. In schwach alkalischem Medium wirken elektrische Ströme, wie Witz fand[1]), oxydierend auf die Faser ein. Cross und Bevan[2]) fanden, daß feuchte Baumwolle den Strom besser leitet als Wasser. Trockene Baumwolle wiederum ist ein gutes Isoliermaterial[3]).

c) Einfluß des Wassers auf die Baumwolle.

Bei der Beurteilung des Verhaltens des Wassers gegenüber Baumwolle sind alle drei Aggregatzustände zu berücksichtigen, da je nachdem die Wirkungen verschieden sind. Wie schon erwähnt wurde, enthält lufttrockene Baumwolle immer eine größere oder geringere Menge Wasser, welche für den Handel bis zu $8^1/_2\,^0/_0$ vom Gewicht der Faser als zulässig angesehen wird.

Da wir es in der Baumwolle mit einem begrenzt quellbaren Kolloid zu tun haben, ist auch das Volumen abhängig vom Wassergehalt. Da wir die Baumwollfaser, entsprechend der Nägeli'schen Auffassung vom Aufbau der organisierten Substanz, als aus Mizellen konstruiert auffassen, so erscheint die Quellung als Einlagerung von Wasser in die Mizellarinterstitien[4]), welcher Vorgang zu einer meßbaren Zunahme des Volumens führen muß. Verfasser konnte feststellen, daß der Durchmesser einzelner Baumwollfasern im lufttrockenen Zustande in Wasser eingelegt um $16\,^0/_0$ zunahm.

Für den Spinnprozeß ist ein gewisser Feuchtigkeitsgrad außerordentlich wichtig, da die Faser dadurch größere Geschmeidigkeit erlangt. Eine alte Erfahrungstatsache ist ferner, daß ein gewisser Feuchtigkeitsgehalt der Baumwolle auf die Fixierung der Farbstoffe, insbesondere beim Druckprozesse, von dem allergünstigsten Einflusse ist, so daß Persoz[5]) sogar vorschlägt, in den Drucksälen durch Aufhängen von feuchten Tüchern den Feuchtigkeitsgehalt der Atmosphäre zu erhöhen. Die Aufnahme von Wasser durch die Faser ist mit einer nicht unbeträchtlichen Steigerung der Temperatur, bis zu 4^0 C, verbunden[6]).

Reine, gebleichte Baumwolle benetzt sich im Gegensatz zu der rohen Faser in Wasser sofort. Rohe Baumwolle benetzt sich um so schwerer, je größer der Anteil an Begleitsubstanzen, insbesondere an Fetten und Wachsen ist. Der Vorgang der Benetzung der Faser ist, in Rücksicht auf deren Struktur, ein wohl sehr verwickelter und noch sehr wenig studierter. Wir besitzen darüber eine Arbeit von Pomeranz[7]), dann eine auf reichliches experimentelles Material gestützte von

---

[1]) Bull. Soc. industr. Rouen. [2]) Journ. Soc. Chem. Bd. 67, S. 449—451.

[3]) Vgl. auch Evershed, S.: Journ. of the Inst. of El. Eng. (London), Bd. 52, S. 51. 1913.

[4]) Haller: Kolloid-Zeitschr. Bd. 20, S. 140. 1917. [5]) loc. cit.

[6]) Proc. Royal Soc. London Bd. 74, S. 230—255. [7]) Färber-Ztg. 1916, S. 97.

Freiberger[1]), woraus wir folgende Feststellungen entnehmen: Die Vorentschlichtung mit diastatischen Präparaten allein bedingt keine merkbare Verbesserung der Netzfähigkeit. Bessere Resultate erzielt man schon durch die Behandlung der rohen Ware mit Alkali unter Druck, da dadurch die Fette von der Faser gelöst werden. Durch Chlorieren kann die Netzfähigkeit nur entschlichteter Ware stark erhöht werden. Nach den Mitteilungen des letztgenannten Autors hängt die Netzfähigkeit der Baumwolle von der Art der Trocknung ab. Zu hohe Temperaturen setzen dieselbe herunter, trocknen in der Lufthänge erhöht dieselbe wesentlich, vermutlich deshalb, weil im letzteren Falle bestimmte Mengen Wasser überhaupt noch in der Ware bleiben.

Nach Schwalbe netzten sich Oxy- und Hydrozellulose schlecht; unvorsichtig gechlorte Ware kann daher schwer benetzbar werden. Freiberger unterscheidet zwischen Netzfähigkeit, Filtrierfähigkeit und Durchlässigkeit und hat zur Bestimmung der verschiedenen Grade folgende Methoden angegeben:

1. Netzfähigkeit: Auftropfen einzelner Wassertropfen aus einer Pipette auf das trockene Gewebe, wobei die Tropfen aus einer Höhe von 4 cm auf das Gewebe fallen sollen. Man beobachtet die Zeit, die erforderlich ist, bis der Tropfen verschwindet. Bezüglich der Untersuchung der Netzfähigkeit von Garnen und Geweben sind eine Anzahl Arbeiten im Gange, die noch nicht abgeschlossen sind. Insbesondere hat Ruperti[2]) bemerkenswerte Resultate mit Hilfe einer areometerartigen Vorrichtung erhalten. Ristenpart bestimmt die Netzfähigkeit eines Garnfadens dadurch, daß er denselben unten beschwert in Wasser einsenkt und die Zeit beobachtet, welche das Garn infolge seiner höheren spezifischen Schwere braucht, um nach vollkommener Benetzung zu Boden zu sinken.

2. Filtrierfähigkeit: Man gießt 5 cm^3 Wasser auf ein in einen Trichter eingelegtes Gewebe von 7 cm Durchmesser und mißt die Zeit, welche verstreicht, bis das Wasser durchgelaufen ist.

3. Durchlässigkeitsvermögen: Ein beidseitig genetzter Stoff wird mit 5 cm^3 Wasser begossen und man mißt die Zeit, welche diese Wassermenge benötigt, um durch das zu untersuchende Gewebe durchzutropfen.

Der Benetzung der Baumwolle hat man schon lange alle Aufmerksamkeit geschenkt und nach Mitteln gesucht, dieselbe zu befördern. Die B.A.S.F. hat im „Nekal“ eine organische, wasserlösliche Substanz auf den Markt gebracht, welche die Benetzung überraschend fördert.

Über die Wirkung des Gefrierens nasser Baumwolle ist bisher wenig bekannt geworden. In der Papierindustrie soll man sich des Gefrierens von Zellulose bedienen, um die Papiermasse zu feinerer Verteilung zu bringen. In der Textilindustrie ist bisher über Schädigungen der Faser durch Gefrieren nichts bekannt geworden, obwohl bei der Struktur des Baumwollhaares Einwirkungen auf den Zusammenhalt der Membran, durch das sich im Lumen bildende Eis, nicht von der Hand zu weisen wären. Immerhin kommen in der Technik, insbesondere beim Trocknen von nassen Waren im Winter in den noch vielfach angewendeten Lufthängen, Verhältnisse vor, wo Baumwollgewebe in gefrorenem Zustande längere Zeit sich selbst überlassen werden. Verfasserkonnte aber unter diesen Bedingungen Einflüsse von Eisbildung schädlicher Art niemals feststellen.

---

[1]) Färber-Ztg. 1916, S. 321.

[2]) Ruperti, Dr.-Ing. Andreas: Methode zur Bestimmung der Netzfähigkeit. Melliands Textilberichte, Jahrg. 1926, S. 936—940 und Bemerkungen dazu in derselben Fachzeitschrift, Jahrg. 1927, S. 283.

Kochendes Wasser verändert die Baumwolle, auch bei längerer Kochdauer, kaum. Daß beim Behandeln von roher Baumwolle geringe Mengen eines hygroskopischen Extraktes in das kochende Wasser übergehen, wurde bereits erwähnt. Nach Hübner und Pope[1]) soll längere Behandlung von Baumwolle mit kochendem Wasser das Färbevermögen substantiven Farbstoffen gegenüber erhöhen; Mitteilungen aus der Praxis, welche diese Beobachtungen bestätigen, sind nicht bekannt geworden.

Wichtiger sind die Veränderungen, welche die Faser durch einen Aufenthalt in einer Atmosphäre von Wasserdampf erfährt. Wohl die meisten Fixierungen von Farbstoffen, dann viele Ätzprozesse, finden unter der Mitwirkung von Wasserdampf von 100—110° C statt. Wenn derselbe wohl vor allen Dingen die Aufgabe hat, Reaktionen auszulösen, welche den Farbstoff oder die Beize in denjenigen Zustand überführen, der sie befähigt, von der Faser festgehalten zu werden, Reaktionen, zu denen in erster Linie Wärmezufuhr nötig ist, so ist doch die Wirkung des Wasserdampfes auf die Faser selbst nicht zu unterschätzen. Man weiß allerdings darüber nur sehr wenig, denn die experimentellen Schwierigkeiten bei der Beobachtung des Verhaltens der Baumwollfaser im strömenden Wasserdampf sind zu groß. Es soll jedoch an dieser Stelle darauf aufmerksam gemacht werden, daß insbesondere ultra-mikroskopische Untersuchungen der Faser in einer Dampfatmosphäre unzweifelhaft geeignet wären, wertvolle Aufschlüsse nicht nur in bezug auf die Wirkung des Dampfes auf die innere Struktur der Faser, sondern auch auf die Vorgänge beim Fixieren der Farbstoffe zu geben.

Zunächst ist anzunehmen, daß die Faser im Dampf quellen wird, dadurch ist schon ein energischeres Aufnahmevermögen für Substanzen gewährleistet, welche im Dampf in lösliche Form gebracht werden können. Es muß aber auf Grund einer Beobachtung angenommen werden, daß die günstigen Umstände zur Aufnahme von Farbstoffen nur auf die Zeit beschränkt sind, während welcher die Baumwolle sich in der Dampfatmosphäre befindet. Färbt man nämlich eine Gewebeprobe, welche 5 Minuten in Dampf von 105—110° C gebracht wurde, vergleichsweise mit einer ungedämpften in Indigo, so wird man finden, daß die gedämpfte sich heller färbt als die ungedämpfte.

Länger andauerndes Dämpfen schwächt die Faser um so mehr, je höher die Temperatur des Dampfes ist. Nach Scheurer[2]), der darüber eingehende Untersuchungen angestellt hat, bewirkt z. B. 60stündiges Verweilen in Dampf von 100° bei einem gebleichten Baumwollgewebe eine Abnahme von 20% der normalen Festigkeit. Die Versuche wurden nicht mit luftfreiem Dampfe gemacht. Unter den in der Technik üblichen Dämpfoperationen dürften wohl keine sein, die als solche, abgesehen von der Wirkung sich allfällig bildender saurer Dämpfe, der Faser schädlich werden könnten.

Dagegen verdient folgende Beobachtung erwähnt zu werden. Wird Rohbaumwolle der Einwirkung von Dampf höheren Druckes unterworfen, so nimmt sie eine bräunliche Färbung an; dieses Verhalten wurde des öfteren benutzt, um gewöhnlichen amerikanischen Baumwollen das Aussehen der hochwertigen ägyptischen Makobaumwollen zu geben. Um derartig gedämpfte Baumwolle von der natürlichen Makofaser zu unterscheiden, benutzt man das Verhalten beider Fasern in Kupferoxydammoniak. Während dieses Reagens bei normaler, unbehandelter Faser einen eigentümlichen Quellungsprozeß unter Bildung tonnenförmiger Anschwellungen hervorruft, zeigt gedämpfte Baum-

[1]) Journ. Soc. Chem. Ind. Bd. 22, S. 70—77. 1903.
[2]) Bull. Soc. Ind. Mulhouse Bd. 68, S. 89—91.

wolle dieses charakteristische Verhalten nicht. Die Kutikula löst sich vielmehr in letzterem Falle fetzenweise ab, so daß anzunehmen ist, daß der Dämpfprozeß die Kutikularschicht weitgehend verändert[1]).

d) Einfluß der Wärme auf die Baumwollfaser.

Führt man der Baumwolle Wärme zu, so wird zunächst eine Gewichtsabnahme festzustellen sein, hervorgerufen durch das Entweichen des hygroskopisch gebundenen Wassers. Erwärmung bis zu 100° über den Punkt, wo Gewichtskonstanz eingetreten ist, läßt eine Zunahme des Gewichtes feststellen, die wohl darauf zurückzuführen ist, daß gewisse Begleitkörper der rohen Faser eine Veränderung zu erleiden beginnen. Die in der Textiltechnik verwendeten Trockenapparate scheinen aber, insofern es sich um gebleichte und von anderen Beimengungen, wie Säuren, freie Baumwolle handelt, in keiner Weise auf die Eigenschaften der Faser einzuwirken. Für die Aufnahme oder Fixierung gewisser chemischer Verbindungen, z. B. Bleisalzen, wie sie im Indigodruck Verwendung finden, ist die Art der Trocknung, wie schon erwähnt, keineswegs gleichgültig. Auf der Trockentrommel getrocknete Waren haben ein geringeres Fixierungsvermögen für Bleisalze als solche, die in der Lufthänge getrocknet wurden. Der Zustand der Quellung, in dem die Faser zum Bedrucken kommt, spielt hier offenbar eine große Rolle. Diesem Umstande ist bisher zu wenig Beachtung geschenkt worden, er verdient die volle Aufmerksamkeit des Druckereifachmannes. Hübner[2]) fand, daß bei 100° getrocknete Baumwolle Feuchtigkeit viel langsamer wieder aufnimmt, die Aufsaugefähigkeit für Flüssigkeiten daher stark reduziert ist. Es sollte dies ein Fingerzeig sein, frisch getrocknete Gewebe niemals sofort zu bedrucken, sondern ihm Gelegenheit zu geben, die alte Saugfähigkeit durch langsame Wasseraufnahme aus der Luft wieder herzustellen.

Bei 140—150° beginnt, wie Scheurer[3]) gefunden hat, die Zersetzung der Baumwolle. Bei 150° beginnt die Schwächung der Faser deutlich in Erscheinung zu treten, bei 210° zeigt sich starke Bräunung und starke Schwächung. Kurze Erhitzung der Faser auf 200° wird ohne sichtbare Schwächung ertragen; die Dauer der Einwirkung der Wärme ist auf alle Fälle sehr wesentlich. In der Praxis kommen Temperaturen von 200° wohl nur in den seltensten Fällen vor; in einem einzigen Fall, am Seidenfinishkalander, kommt oft eine Erhitzung der Ware auf 180° C, allerdings nur für recht kurze Zeit, in Anwendung, gleichzeitig wirkt auf die Ware ein hoher Druck ein. Festigkeitsprüfungen haben allerdings Festigkeitsabnahme nach der Riffelung bis zu 50% ergeben. Es ist in diesem Falle schwer zu entscheiden, ob die Schwächung der Faser durch die Einwirkung hoher Temperatur in Kombination mit hohem Druck, oder aber die wohl recht intensive mechanische Schädigung der Faser durch die Schnittwirkung der Rillen hervorgerufen wird.

Baumwolle, welche einige Monate einer Temperatur von 120—130°C ausgesetzt ist, verkohlt vollständig. Über 200°C erhitzte Baumwolle beginnt sich unter Gasentwicklung zu zersetzen; bei 270°C ist die Gasentwicklung sehr bedeutend, und zwar wird das Gas sehr reich an Kohlensäure. Später entsteht mehr Kohlenoxyd, zuletzt beobachtete Klason[4]) sogar Methan. In dem sich gleichzeitig bildenden Destillat konnte derselbe Verfasser noch Azeton und Essigsäure nachweisen, letztere bis zu 1,3%.

---

[1]) Färber-Ztg. 1914, Nr. 20—24. [2]) Soc. Ind. Bd. 28, S. 644. 1909.
[3]) loc. cit. [4]) Zeitschr. f. angew. Chem. 1909, S. 1205—1214.

B. Chemische Einflüsse auf die Baumwolle.

Um auf Einflüsse chemischer Art auf Baumwolle überzugehen, möge vorweg aufmerksam gemacht werden, daß hier nur auf diejenigen eingegangen werden soll, die für die chemische Technologie dieser Faser in Betracht kommen.

a) Einfluß der Alkalien auf die Baumwolle.

Die Wirkung der Alkalien auf die Baumwolle ist deshalb von großer Bedeutung, weil in allen Fabrikationsstadien Momente vorhanden sind, in denen die Faser mit alkalisch reagierenden Flüssigkeiten oft niederer, oft höherer Konzentrationen in Berührung kommt. Schon beim Entschlichten der Baumwollgewebe wird da und dort Natronlauge herangezogen; dann werden heute wohl nahezu ausnahmslos in der Bleiche der Gewebe oder Garne verdünnte Ätzlaugen zur Bäuche verwendet, ihre Anwendung ist die für eine gute Bleiche grundlegende Operation. Konzentrierte Alkalien werden in der Merzerisation gebraucht; weiter finden verdünnte Alkalien Verwendung zum Ansatz von Abzugbädern von Ätzdrucken der verschiedensten Herstellungsarten. Beim Druck von Küpenfarbstoffen sind stark alkalische Druckfarben in vielen Fällen nicht zu umgehen.

Um den Einfluß auf die Faser zu beurteilen, ist es keineswegs gleichgültig, in welcher Konzentration die Alkalien auf dieselbe einwirken. Im allgemeinen kann gesagt werden, daß kalte, verdünnte Laugen, von denen soll hier zunächst die Rede sein, die Faser scheinbar nicht verändern. Nach Hübner und Pope[1]) scheint aber diese Einwirkung doch das Aufnahmevermögen der Faser, insbesondere für substantive Farbstoffe, zu erhöhen. Zweifellos ist aber, daß Baumwolle Ätzalkalien auch aus verdünnten Lösungen aufnimmt, denn es wurde festgestellt, daß beim Filtrieren von Laugen das Filtrat geringeren Gehalt an Ätzalkali zeigte als vor dieser Operation. Strukturelle Veränderungen lassen sich aber bei Laugen bis zu 4^{0} Bé an der Faser nicht feststellen; dies gilt aber nur für kalte Laugen, während heiße Ätzalkalilaugen in später eingehender zu behandelnder Weise wirken.

Ganz andere Wirkungen äußern kalte Laugen von über 16^{0} Bé auf die Baumwollfaser. Vor allem sind hier schon strukturelle Veränderungen zu beobachten; das anfangs korkzieherartig gedrehte Baumwollsamenhaar macht bei der Untersuchung unter dem Mikroskop bei Benetzung mit Lauge dieser Konzentration wurmförmige Bewegungen, wobei die Drehungen verschwinden. Ist die Reaktion vorbei, so hat man ein von dem früheren sehr verschiedenes Bild; das einzelne Haar stellt nun einen rundlichen, glatten Stab dar, der vorher stark zusammengedrückte Querschnitt ist rundlich geworden. Daß kräftige Quellung stattgefunden hat, ist augenfällig. Außer diesen Veränderungen der gröberen Struktur scheinen Hand in Hand wohl auch solche in der Mizellaranordnung vor sich zu gehen, denn mit Lauge behandelte Faser zeigt eine weit höhere Reißfestigkeit als die unbehandelte. Außerdem zeigt die mit Lauge höherer Konzentration behandelte Baumwolle eine sehr gesteigerte Aufnahmefähigkeit für Farbstoffe aller Kategorien. Alle diese Beobachtungen wurden von Mercer schon im Jahre 1844 gemacht; nach anderen wieder soll Persoz der erste gewesen sein, der diese Veränderung der Eigenschaften der Baumwolle durch Laugenbehandlung feststellte. Jedenfalls aber trägt der technische Prozeß den Namen Mercer's; die Behandlung von Baumwolle mit konzentrierten, kalten, Laugen nennt man „Merzerisation".

[1]) Journ. Soc. chem. Ind. Bd. 23, S. 401—411.

In kalten konzentrierten Alkalien, wie sie bei der Mercerisation üblich sind, scheint die Baumwolle an Substanz zu verlieren, denn Schwalbe fand, daß Verbandwatte, in konz. 40grädiger Lauge behandelt, wesentlich mehr an Gewicht verlor, als bei der gleichen Operation mit 20grädiger Lauge. Bestätigungen aus der Technik liegen darüber keine vor. Nachkontrollieren der Gewichte von Gewebepartien vor und nach der Merzerisation müßte darüber Aufschluß geben, ob diese Feststellung Schwalbes unter den in der Technik üblichen Bedingungen zutrifft oder nicht. Überlegt man aber, daß Verbandwatte kräftiger Hypochloritbehandlung unterworfen wird, so ist nicht ausgeschlossen, daß von der Lauge gelöste Oxyzellulose die Ursache der Substanzverlustes sein kann.

Vieweg[1]) kommt auf Grund seiner systematischen Untersuchungen über die Aufnahme von Natronlauge verschiedener Konzentrationsgrade zu dem Schluß, daß es sich bei der Aufnahme von Ätznatron durch die Faser keineswegs um Adsorption, sondern um Bildung einer chemischen Verbindung handelt, Miller[2]) beobachtete Wärmeentwicklung beim Zusammenbringen von Lauge und Faser. Dabei darf aber nicht übersehen werden, daß auch bei Adsorption und Quellung nicht unbedeutende Wärmemengen frei werden. Wenn, wie vermutet wird, bei der Merzerisation Bildung eines Zelluloseälkoholates stattfindet, so ist diese Verbindung jedenfalls außerordentlich unbeständig und vermutlich nur in laugehaltigem Medium existenzfähig. Diese Vermutung wird gestützt durch die bekannte Bildung des Zellulosexanthogenates, der Viskose, aus Baumwolle. Die Xanthogenatbildung geht nur vor sich, wenn stark laugehaltige Faser angewendet wird; ausgewaschene merzerisierte Baumwolle gibt diese Reaktion bei Zusatz von Schwefelkohlenstoff nicht mehr. Ein bestimmter Laugengehalt scheint, soll die Reaktion normal verlaufen, Bedingung zu sein.

Bis jetzt ist von der Wirkung kalter Alkalien auf die Baumwollfaser die Rede gewesen. Was den Einfluß heißer Laugen anbelangt, so kann gesagt werden, daß solche von 1—2° Bé ohne Einfluß auf die Baumwolle bleiben. Allerdings ist erwähnenswert, daß heiße Laugen von 3—4° Bé besonders unter Druck angewandt, wie es die Verhältnisse bei der Bäuche im allgemeinen erfordern, bei Anwesenheit von Sauerstoff schädigend auf die Festigkeit der Ware einwirken können. Es bildet sich unter diesen Bedingungen Oxyzellulose, welche durch ihre Löslichkeit in Alkalien Substanzverluste der Faser verursacht, welche letzteren sich in verminderter Festigkeit äußern. Hunger[3]) fand, daß Baumwolle in 10proz. Natronlauge schon nach $^1/_4$stündigem Kochen 4%, nach 15 Minuten Kochen in $2^1/_2$proz. Lauge 3,5% Substanz verlor. Unter Druck werden die Verluste, wie Schwalbe[4]) feststellte, noch viel größer. 4proz. Lauge löste bei 5 Atm. 15,36%, bei 10 Atm. 20,28%; Lauge von 8% löste bei 5 Atm. 58,02% Baumwollsubstanz. Bei völliger Abwesenheit von Luft verliert ein Baumwollgewebe nach Scheurer auch nach 8stündigem Erhitzen in 8proz. Lauge bei 150° C oder $4^1/_2$ Atm. nahezu nichts an Festigkeit.

Heiße, konzentrierte Alkalien von 4° Bé und mehr greifen, insbesondere bei Anwesenheit von Luft, auch ohne Anwendung von Druck Baumwolle stark an. Aus der Praxis des Verfassers kann ein typischer Fall erwähnt werden. Das Färben von Indanthrenblau erfordert stark alkalische, heiße Bäder. Beim Einziehen eines baumwollenen Läufers als Vorläufer für die zu färbenden Stücke riß derselbe stets dann ab, wenn durch irgendeinen Umstand die Maschine nicht sogleich in Gang gebracht werden konnte. Die Rißstelle war stets dort, wo das Baumwollstück aus der Flotte trat.

[1]) Ber. d. dt. chem. Ges. Bd. 40, S. 3876. 1907.
[2]) Ber. d. dt. chem. Ges. Bd. 40, S. 4903—4905. 1907.
[3]) Zeitschr. f. öffentl. Chem. 1896, S. 160. [4]) Cellulose S. 48.

Da zu den technischen Prozessen nur ausnahmsweise Kalilauge Verwendung findet, ist über diese Substanz und ihr Verhalten Baumwolle gegenüber wenig bekannt geworden. Wie es scheint, ergeben die bisher damit gemachten Erfahrungen, daß die Wirkungen auf die Baumwollfaser denen der Natronlauge entsprechen, jedoch bei gleicher Konzentration ungleich energischer sind. 5proz. Kalilauge soll sich nach Tauß[1]) beim Kochen mit Baumwolle dunkelbraun färben, 10 % Kalilauge bis zu 50 % Zellulose auflösen. Knecht[2]) will bei der Merzerisation mit Kalilauge andere Resultate erhalten haben als mit Natronlauge gleicher Konzentration, insbesondere soll das Farbstoffaufnahmevermögen geringer sein.

Ammoniakgas wird nach Bowman[3]) von Baumwolle kräftig adsorbiert. Unter Druck mit Ammoniak erhitzt, nimmt Baumwolle nach Vignon[4]) Stickstoff auf, wodurch auch das Färbevermögen, insbesondere sauren Farbstoffen gegenüber, erhöht wird.

Kalziumhydroxyd ist kalt ohne allen Einfluß auf die Baumwolle. Adsorption von Kalziumhydroxyd beim Filtrieren von Kalkwasser findet allerdings in erheblicher Menge statt. Nach dem Kochen von Geweben in Kalkmilch unter Druck beobachtet man eine deutliche Bräunung der Baumwolle. Kalklauge bindet in Gegenwart von Baumwolle außerordentlich rasch Sauerstoff, wie Thies und Herzig[5]) durch Versuche beim Kochen von Kattunen im Bäuchkessel feststellen konnten. Die Gegenwart von Luft beim Kochen von Geweben mit Kalkmilch unter Druck wirkt schädlich auf die Festigkeit der Faser ein; auch hier ist Oxyzellulose die Ursache der Faserschwächung.

Strontianlösungen wirken ähnlich wie solche von Kalk, nur scheinbar energischer, da Strontiumhydroxyd in Wasser stärker hydrolysiert ist. Praktische Bedeutung hat diese Substanz, trotz dahingehender Versuche von Weiß[6]), nicht erlangt.

Einer eigentümlichen Eigenschaft konzentrierter Alkalilaugen, die vor allem beim Druck von stark alkalischen Farben in Erscheinung tritt, möge hier noch Erwähnung getan werden. Solche alkalische Drucke, besonders wenn es sich um starke Decker handelt, zeigen beim Trocknen eine außerordentliche Sprödigkeit, so stark zwar, daß nur geringe mechanische Beanspruchung durch Biegen oder Spannen, Risse und Brüche im Gewebe erzeugt. Die Faser selbst ist merkwürdigerweise in keiner Weise angegriffen, denn bloßes Auswaschen genügt, um dem Gewebe die alte Festigkeit wiederzugeben. Diese Erscheinung hat viel Ähnlichkeit mit der Verholzung im Pflanzenreich: hier wie dort wird durch Inkrustation eine Sprödigkeit der Gewebe hervorgerufen, nur daß in unserem Falle der alte Zustand nach Auswaschen der Inkrusten wieder hergestellt wird.

b) Baumwolle und Säuren.

Während verdünnte Alkalien unter normalen Verhältnissen die Faser in keiner Weise ungünstig beeinflussen, können selbst sehr verdünnte Säuren die vorzüglichen Eigenschaften der Baumwolle in bedeutendem Grade schädigen. Während ein Einlegen von Baumwolle in verdünnte Schwefelsäure (die Säure kann noch 30° Bé zeigen) auch bei längerer Dauer der Einwirkung keinen nachteiligen Einfluß auf die Faser ausübt (die Säure kann leicht mit Wasser wieder ausgewaschen werden), bedeutet das Eintrocknen auch der geringsten Mengen von Mineralsäuren auf der Faser stets eine Abnahme der Festigkeit. Die Faser verliert an Festigkeit,

---

[1]) Dinglers polytechn. Journ. Bd. 276, S. 417. 1890.
[2]) Soc. of Dyers and Col. 1908, S. 68—72. (Färber-Ztg. 1908, S. 276.)
[3]) loc. cit. S. 201. [4]) Comptes Rendus Bd. 112, S. 487—489.
[5]) D.R.P. 59674. [6]) D.R.P. 147821.

sie ist leicht zerreißbar, und, wenn größere Mengen Säure in der Weise eingewirkt haben, zerfällt die Substanz des Samenhaars zu einer feinen pulverigen Masse. Man hat das Produkt der Einwirkung von Mineralsäure auf Baumwolle mit Hydrozellulose bezeichnet und versteht darunter eine aus Zellulose hervorgehende Substanz, die reduzierende Eigenschaften zeigt, sich mit Alkali gelb färbt, sich in Methylenblau zwar intensiv blau färbt, diese Färbung aber in kochendem Wasser völlig verliert; auch die Färbung in Jodgrün verhält sich ähnlich.

Die Hydrozellulose ist kein einheitliches Produkt, Natronlauge löst daraus einen Anteil und läßt einen Anteil an Zellulose zurück.

Man hat daher bei allen Prozessen, bei denen Baumwolle mit Säuren in Berührung kommt, dafür zu sorgen, daß gründlich ausgewaschen wird, oder, wenn man ganz sicher gehen will, mit Soda zu neutralisieren und erst dann zu trocknen.

Läßt man konzentrierte Säuren, z. B. Schwefelsäure von 40° Bé, 20 Std. lang auf Baumwolle einwirken, so zeigt sich dieselbe nach dem Auswaschen merklich verändert; bei 50° Bé wird die Baumwolle schon nach kurzer Zeit in ihren Eigenschaften so verändert, daß sie sich in Methylenblau lebhaft blau färbt[1]). Eine Säure von 40° Bé hat bei 70° C, wenn die Faser nur einige Sekunden darin verweilt, merkwürdigerweise keinen nachteiligen Einfluß auf die Festigkeit des Gewebes[2]). Diese Konzentration der Säure bei 70° C angewandt, hat insofern erhöhtes Interesse für die Praxis, als unter diesen Bedingungen die Ätzung von Indigofärbungen nach dem Nitratätzverfahren von Freiberger ausgelöst wird. Es ist selbstredend, daß das Verfahren in die Praxis niemals hätte Eingang finden können, wenn auch nur die mindesten Schwächungen des Gewebes sich gezeigt hätten. Nach eigenen Untersuchungen des Verfassers zeigt die in der kurzen Zeit der Einwirkung von Schwefelsäure von 40° Bé bei 70° C nach Freiberger behandelte Baumwolle keinerlei Reaktionen, die auf Umwandlung der Faser in eine Zellulosemodifikation schließen lassen. Die Färbung in Methylenblau ist vollkommen normal, ebenso die Jod-Reaktionen; auch das Anfärbevermögen substantiven Farbstoffen gegenüber ist in keiner Weise verändert. Anders aber dort, wo die heiße Schwefelsäure gemeinschaftlich mit der aus den aufgedruckten Nitraten in Freiheit gesetzten Salpetersäure zur Wirkung auf das Gespinst gelangt. Jod + Jodkali färbt die Ätzstellen indigoblau, was besonders deutlich beim Auswaschen nach der Jodbehandlung in Erscheinung tritt. Eisenchlorid in Kombination mit Ferrizyankalium lagert an den Ätzstellen viel mehr Berlinerblau ab, als an denen, wo lediglich die heiße Schwefelsäure zur Einwirkung gelangte. Methylenblau zeigt vollkommen normales Verhalten, so daß Oxyzellulosebildung nicht stattgefunden hat. Die Festigkeit sowohl der in Schwefelsäure allein behandelten Gewebestellen als auch der bedruckten Stellen, wo Salpetersäure + Schwefelsäure zur Wirkung gelangten, hat in nur unbedeutendem Maße abgenommen.

Schwefelsäure von 57° Bé schwächt bei nur kurzer Einwirkung die Faser zunächst keineswegs. Bei längerem Verweilen in der Säure findet Schrumpfung statt, die mit der Merzerisation große Ähnlichkeit hat, wobei auch die Aufnahmefähigkeit für Farbstoffe erhöht wird; die Baumwolle wird pergamentiert.

Guignet[3]) erhält durch Behandeln von Baumwolle mit Schwefelsäure von 62,5% eine gelatinöse Masse, welche in der Kälte und bei Gegenwart von überschüssiger Säure als solche bestehen bleibt, bei Erwärmung aber sofort in eine Art Dextrin übergeht. Völliges Auswaschen dieser gelatinierten Masse ergibt die sogenannte „kolloide Zellulose", die in reinem Wasser löslich ist und sich beim

[1]) Blondel: Bull. Rouen Bd. 10, S. 438.
[2]) Zeitschr. f. d. ges. Textilind. 1923, S. 168.
[3]) Comptes Rendus Bd. 108, S. 258. 1889.

Kochen nicht verändert. Die Lösung ist in durchfallendem Licht gelborange und wird durch Neutralsalze wie gewöhnliche Suspensoide gefällt, ebenso durch Alkohol. Fehling'sche Lösung wird nicht reduziert und Jod färbt nicht. Nach Guignet soll die Pergamentierung auf teilweiser Bildung dieser kolloiden Zellulosemodifikation zurückzuführen sein; die sich bildende kolloide Zellulose verklebt dann alle Fasern.

Verdünnte Salpetersäure verhält sich wie alle anderen Säuren; beim Eintrocknen auf der Baumwolle bildet sich Hydrozellulose. Die Behandlung der Baumwolle mit konz. Salpetersäure verleiht der Baumwolle wollähnlichen Charakter. Die Faser kräuselt sich, gewinnt einen hohen Grad von Elastizität und zeigt ein stark erhöhtes Aufnahmevermögen für Farbstoffe[1]). Diese vorteilhaften Veränderungen der Baumwolle bei der Behandlung mit konz. Salpetersäure sind Gegenstand verschiedener Patente von Ch. Schwartz, und das diesbezügliche Verfahren zur Verwollung der Baumwolle wird von der ,,Philana A.-G.“ in Basel ausgebeutet.

Salpetersäure von 83 % bringt die Faser sogar zur Lösung. Heiße Salpetersäure bildet Oxyzellulose; längeres Kochen damit bewirkt vollkommene Zersetzung in Oxalsäure und Kohlensäure.

Ferrozyanwasserstoffsäure, wie sie sich bei der Bildung von Anilinschwarz entwickelt, ist bisher als unschädlich für die Baumwolle angesehen worden.

Von den organischen Säuren wirkt nach Scheurer[2]) Oxalsäure am energischsten; dann kommen Weinsäure, Zitronensäure und Milchsäure; Essigsäure und Ameisensäure beeinträchtigen die Festigkeit der Baumwolle in keiner Weise. Daß die schädigende Wirkung fixer organischer Säuren, wie Mathews[3]) behauptet, mehr dem Auskristallisieren der Säuren in der Faser und der Sprengung der Fasersubstanz zuzuschreiben sei, ist ebensowenig wahrscheinlich, wie die Schwächung der Faser durch Eisbildung.

c) Baumwolle und Salze.

Aufgabe des Verfassers ist es nicht, hier die verschiedenen Wirkungen der Salze zu registrieren; vielmehr soll nur auf jene Salze eingegangen werden, welche an der Veredlung der Faser beteiligt sind.

Je nach dem Charakter der Salze wird auch die Wirkung auf die Zellulose verschieden sein; saure Salze werden entsprechend den betreffenden Säuren wirken, alkalische Salze ähnlich dem in ihnen enthaltenen Alkali. Erstere werden in mehr oder minderem Grade, je nach der Art der Anwendung und der dabei herrschenden Temperatur, die Faser in Hydrozellulose überführen, weshalb bei ihrer Verwendung die nötige Vorsicht anzuwenden ist. Bei dieser Gelegenheit sei z. B. an die Verwendung von Aluminiumchlorid zur Karbonisation der Wolle erinnert, bei welcher Operation durch Dissoziation bei erhöhter Temperatur die sich abspaltende Salzsäure die aus Zellulose bestehenden Verunreinigungen der Wolle zerstört.

Im allgemeinen werden Neutralsalze von der Baumwolle mehr oder weniger adsorbiert und z. T. festgehalten[4]). Diesbezügliche Untersuchungen des Verfassers haben gezeigt, daß die Menge der zurückgehaltenen Salze zwar abnimmt, je weiter der Reinigungsprozeß der Rohfaser fortgeschritten ist, doch nie völlig 0 wird. Zweifellos spielt hier auch der Grad der hydrolytischen Spaltung der Salze in Lösung eine gewisse Rolle, da z. B. aus einer Lösung von essigsaurer Tonerde

---

[1]) Schwartz, Ch.: D.R.P. Nr. 389547, 392122, 392655.

[2]) Bull. Mulhouse Bd. 55, S. 364. 1888. [3]) Textile fibres Bd. 1, S. 151.

[4]) Vgl. L. Michaelis u. P. Rona: Biochem. Zeitschr. Bd. 103, S. 519. 1920.

noch namhafte Mengen Tonerde auf der Faser fixiert bleiben, auch dann, wenn dieselbe völlig gebleicht ist[1]).

Wo Kupferröhren in Anwendung sind, kann auf dem Gewebe Kupfer fixiert werden, das dann bei der Bleiche mit Chlor oder Wasserstoffsuperoxyd unangenehme Wirkungen ausüben kann, da durch katalytische Wirkung an den Kupfer enthaltenden Stellen Oxyzellulosebildung und dadurch Schwächung des Gewebes stattfindet[2]). Außerordentlich bedeutend sind die Mengen von Blei, welche auf der Baumwolle fixiert werden können; von dieser Eigenschaft der Bleisalze macht man im Pappdruck auf Indigo den ausgiebigsten Gebrauch insbesondere bei der Herstellung von gelben sowie orangefarbigen Illuminationen auf blauem Grund.

Auch Titansalze fixieren sich in bedeutender Menge auf der Baumwollfaser; verwendet man Titansalze zur Zerstörung von Färbungen auf der Faser, so fixieren sich dabei stets größere Mengen derselben.

Wichtig ist das Verhalten von Tonerdesalzen zur Baumwolle, da diese Salze die Basis für die Herstellung des bekannten Türkischrot bilden. Aus Lösungen von schwefelsaurer Tonerde nimmt Baumwolle schon nicht unbedeutende Mengen von Tonerde auf, wobei, wie schon Runge[3]) beobachtete, die Faser dem Salz Tonerde entzieht. Tatsache ist, daß die Baumwolle, in dieser Weise behandelt, gewisse Mengen Tonerde bindet, obwohl dieser Vorgang zum Beizen der Faser ungeeignet ist. Wesentlich größere Mengen Tonerde kann man fixieren, wenn das Gewebe mit der Lösung des Sulfates imprägniert und darauf feucht verhängt wird. 12% der im Sulfat enthaltenen Tonerde bleiben auf dem Gewebe befestigt; leider hat diese Operation ein Mürbewerden der Baumwolle zur Folge, da Säure abgespalten wird. Alaun verhält sich ähnlich, nur wird hier die interessante Beobachtung gemacht, daß kubischer Alaun durch Einlegen von Baumwolle so verändert wird, daß er dann oktaedrisch krystallisiert. Ob die geringen Mengen der entzogenen Tonerde diese Veränderung bewirken, ist vorderhand noch unaufgeklärt.

In der Praxis verwendet man nun Alaun und schwefelsaure Tonerde als solche zum Beizen kaum; es kommen Salze in Frage, die infolge ihrer Zusammensetzung leichter und ausgiebiger Tonerde an die Faser abgeben. Diesem Zwecke dienen am besten basische Salze; man erhält dieselben aus den Sulfaten durch teilweise Neutralisation mittels Soda[4]). Dann kommt hier vor allem die essigsaure Tonerde in Frage, mit welcher die Baumwolle imprägniert und getrocknet wird. Die Essigsäure spaltet sich ab, entweicht, und Tonerde bleibt in einer eigentümlichen Modifikation auf der Faser zurück. Walter Crum[5]) hat dieselbe studiert, und diese Untersuchungen sind vom Verfasser weitergeführt worden[6]); darauf wird ausführlich bei der Behandlung des Alizarinrotes eingegangen werden.

Neben der essigsauren und schwefelsauren Tonerde und deren basischen Salzen kommt ab und zu auch salpetersaure Tonerde zur Verwendung, welche in ihrer Wirkung auf die Faser große Ähnlichkeit mit jener der Sulfate zeigt. Ebenso verhält sich das Aluminiumchlorid, das neben dem Magnesiumchlorid in der Karbonisation der Wolle deshalb bevorzugt wird, weil es leicht in der Wärme in Salzsäure und Aluminiumoxychlorid dissoziiert. Im Gegensatz dazu steht eine Behauptung von Barrol und Salvétaz, nach welcher dieses Salz Salzsäure nicht abspaltet.

---

1) Chem.-Ztg. 1918, S. 597. 2) Hermann: Chem. Zeitg. Bd. 42, S. 85—86.
3) Farbenchemie Bd. 2, S. 4.
4) Knecht: Färberei u. Bleicherei, Berlin 1891, S. 115.
5) Schützenberger: Farbstoffe Bd. 2, S. 188. 1870.
6) Färber-Ztg. 1912, Heft 23—24.

Es gibt aber auch eine ganze Reihe von Neutralsalzen, welche besonders in Form ihrer konzentrierten Lösungen, Baumwolle in ähnlicher Weise verändern, wie dies durch den Merzerisationsprozeß geschieht. Es erfolgt Quellung. Hübner und Pope[1]) fanden, daß diese Eigenschaft insbesondere dem Jodkalium und dem Baryumquecksilberjodid eigen ist. Hierher gehört auch die Wirkung des Zinkchlorids in konz. Lösung, welches besonders wenn es Salzsäure enthält, sogar Zellulose in Lösung zu bringen vermag. v. Weimarn[2]) hat dann weiter gefunden, daß eine ganze Anzahl von anderen Salzen sehr ähnlich wirken, vorzugsweise Jodnatrium, Rhodankalzium, Lithiumchlorid und -bromid, Kalziumbromid und viele andere.

Analog dem Verhalten der Tonerdesalze ist dasjenige der Salze des Eisens und des Chroms. Die Lösungen der Salze beider Metalle, insbesondere die in der Technik in Betracht kommenden essigsauren Salze und die Chloride, sind stark hydrolytisch gespalten, wodurch sich basische Salze auf der Faser in größeren Mengen zu fixieren vermögen. Die Textiltechnik macht vielfach Anwendung davon, insbesondere sind die Chromverbindungen wertvolle Hilfsmittel nicht nur in Form der Bichromate, als Ätz- und Oxydationsmittel, sondern auch als essigsaure Salze zu Beizen.

Kupfersulfat, Manganchlorür sowie Zinksulfat sind Salze, wie sie oft miteinander kombiniert, zu Reserven unter Küpenfarbstoffen, oft in hochkonzentrierter Form, zur Anwendung gelangen. Unter den Bedingungen, wie sie in der Technik Anwendung finden, insbesondere bei den verhältnismäßig niederen Temperaturen von höchstens 50—60°, hat Verfasser niemals eine Schädigung der Ware feststellen können.

Ebenso sind Chlorate, insbesondere das Kalium- und Natriumsalz, bei Temperaturen von 90—105°, wie sie für Ätzungen notwendig sind, der Baumwolle kaum schädlich, wohingegen Persulfate unter denselben Bedingungen die Gewebe vollkommen mürbe machen.

Basische Salze sind ohne jeden schädigenden Einfluß auf die Faser; viele von ihnen, insbesondere die Salze des Aluminiums, des Eisens und des Chroms, sind in diesem Zustande, wie schon erwähnt, als Beizen besonders wirkungsvoll.

Alkalische Salze, von denen vor allem das Schwefelnatrium, das zum Reduzieren von Schwefelfarben ausgedehnte Anwendung findet, Bedeutung erlangt hat, wirken in dem verdünnten Zustande, wie sie für den genannten Zweck verarbeitet werden, auf Zellulose nicht ein; in konzentrierten Lösungen ist kräftiger Merzerisationseffekt festzustellen. Heiß, längere Zeit unter Zutritt von Luft auf Baumwolle einwirkend, schwächt Schwefelnatrium Gewebe durch Oxyzellulosebildung in gleicher Weise, wie das Ätzalkalien tun.

Nach Löbner[3]) soll Wasserglas unter Umständen Karbonisierwirkung ausüben, was indessen wohl noch der Bestätigung bedarf. Unter Verhältnissen, wie sie z. B. beim Abziehen von Indigoätzungen in Betracht kommen, konnte eine Schädigung der Ware durch Wasserglas niemals festgestellt werden; dagegen scheint es sich als Waschmittel nicht bewährt zu haben, da vielfach Brüchigwerden des Waschgutes nach Behandlung mit Wasserglas beobachtet wurde.

d) Baumwolle und Oxydationsmittel.

Das erste zum Zwecke der Baumwollbleiche angewandte Oxydationsmittel war das Ozon, wie es sich bei dem ältesten Bleichverfahren, der Rasenbleiche,

---

[1]) Journ. Soc. chem. Ind. Bd. 23, S. 401—411.

[2]) Koll. Zeitschr. 1912, S. 41, ferner Rep. of the Imp. ind. Res. Inst. Osaka, Japan. Bd. V, Nr. 18 bes. S. 174. 1925 und Bd. VI, Nr. 10. 1925.

[3]) Karbonisation S. 73.

unter dem Einfluß des Sonnenlichtes auf den feuchten Geweben bilden soll. Diese Bleichung entfaltet ihre Wirkung am besten nach erfolgter Abkochung in alkalischen Laugen. In neuester Zeit versucht man die Wirkung des Ozons, hergestellt mit den neuen Ozonisierungsapparaten, für die Bleiche nutzbar zu machen[1]).

Nach dem Ozon wurde das Chlor, dessen bleichende Wirkungen man frühzeitig erkannt hatte, zum Bleichen von Baumwolle herangezogen. Sehr rasch machte man aber die Beobachtung, daß Chlor unter gewissen Bedingungen der Faser verderblich werden kann. Trockenes Chlorgas wirkt nicht auf Baumwolle; wesentlich kräftiger ist der Angriff bei Anwesenheit von Feuchtigkeit, am allerenergischsten aber, wenn ein in verdünntem Alkali getränktes Gewebe in eine Chloratmosphäre eingehängt wird. In letzterem Falle wird das Gewebe in kürzester Zeit morsch und geht in Oxyzellulose über. Witz[2]) war der erste, der sich mit den Veränderungen der Baumwollzellulose unter dem Einfluß von Chlor befaßte. Durch die Beobachtung von morschen Stellen in Geweben, die mit Chlorkalk gebleicht worden waren, wurde er auf die Wirkung dieses Oxydationsmittels aufmerksam. Die morschen Stellen zeigten beim Anfärben in Lösungen von basischen Farbstoffen intensiv gefärbte Konturen. Ein Kattunstreifen in Chlorkalklösung getaucht, so daß der größte Teil desselben von der Atmosphäre umspült wird, zeigt, nachdem der kapillare Aufstieg der Chlorkalklösung beendigt ist, nach dem Auswaschen und Ausfärben in Methylenblaulösung, von der Trennungslinie der Chlorkalklösung und der Luft ab, eine intensive Färbung, die langsam, im Verhältnis der Abnahme der Konzentration der Chlorkalklösung, an Intensität abnimmt. Anwesenheit von Metalloxyden, insbesondere die von Eisen, Kupfer und Mangan, befördert den Angriff des Chlors auf die Faser außerordentlich.

Aber auch eine ganze Anzahl anderer in der Textilindustrie angewandten Oxydationsmittel modifizieren die Baumwolle in der soeben beim Chlor angeführten Weise. Insbesondere ist es die Chromsäure, wie sie früher zum Ätzen von Indigofärbungen vielfach angewandt wurde; beim Aufdrucken von verdicktem Bichromat und Passage in heißer Schwefelsäure, führt letztere an den Stellen, wo sie zur Einwirkung gelangt, die Baumwolle in bedeutendem Maße in Oxyzellulose über. Zusätze von Oxalsäure oder Alkoholen zum Säurebad, neuerdings auch von Sulfitablaugen, unter anderen das bekannte „Dekol“ der I. G. Farbenfabrik A. G. heben die schädigende Wirkung dieses Agens auf die Faser nur zum Teil auf.

Wesentlich harmloser sind, wie schon erwähnt, die Chlorate, wie sie in Kombination mit Ferro- oder Ferricyaniden auch heute noch viel zum Ätzen von Indigofärbungen oder zum Entwickeln von Anilinschwarz verwendet werden. Bei vorsichtigem Arbeiten ist Oxyzellulosebildung in bedenklichem Grade kaum zu befürchten.

Chlorate in alkalischer Lösung verändern die Zellulose kaum; saure Lösungen dagegen wirken ziemlich energisch, obwohl Weinsäure oder Zitronensäure den Chloratätzen auf Indigo vielfach zugesetzt werden.

Chlorate in Gegenwart gewisser Katalysatoren, wie z. B. Vanadiumsalzen, dann auch Kupfersalzen, sind mit Vorsicht anzuwenden und vermögen unter gewissen Bedingungen Zellulose empfindlich zu schädigen.

Verhältnismäßig unbedenklich ist die Wirkung von Ferrizyaniden in alkalischer Lösung, wie sie zum Ätzen von Indigo vorgeschlagen wurden.

Die Wirkung von Peroxyden auf Zellulose ist in keinem Falle unschädlich.

---

[1]) Kaufmann: Textilberichte 1926, S. 617 ist der Ansicht, daß es sich bei der Rasenbleiche um eine photochemische Zersetzung des natürlichen Farbstoffs der Faser handelt.

[2]) Bull. Rouen Bd. 10, S. 416—464.

Verdünnte Lösungen von Wasserstoffsuperoxyd üben nach Witz eine schädigende Wirkung auf Zellulose nicht aus, wobei allerdings erhöhte Temperatur ausgeschlossen bleiben muß. In Gegenwart von Alkalien kann jedoch, besonders bei höherer Temperatur, Oxyzellulose entstehen[1]). Ganz besonders gefährlich kann die Wirkung von Wasserstoffsuperoxyd bei Anwesenheit von Metalloxyden, insbesondere des Kupfers, des Chroms und des Eisens werden.

Konzentrierte Lösungen von Wasserstoffperoxyd, wie sie unter dem Namen „Perhydrol" im Handel sind, wirken auf die Zellulose rasch abbauend ein. Nach etwa 40tägigem Verweilen von Baumwolle in 30proz. Perhydrol ist die Faser, ohne Rückstand zu hinterlassen, aufgelöst. Als Abbauprodukt läßt sich Glukose nachweisen, als Zwischenprodukt entsteht zunächst vielleicht Zelluloseperoxyd[2]).

Aber nicht allein Metalloxyde, sondern auch gewisse Farbstoffe sind imstande, die Zersetzung der Baumwolle bei Gegenwart von Wasserstoffperoxyd zu beschleunigen[3]).

Sehr kräftige Wirkung üben die Persulfate aus, wobei auch die Wirkung der sich abspaltenden Säure zu berücksichtigen ist. Auch die Wirkung von Kaliumpermanganat auf Baumwolle ist keineswegs unbedenklich; Camille Kurz[4]) benutzt dieselbe sogar zur Herstellung von Oxyzellulose aus Baumwolle.

Der Wirkung von Salpetersäure auf Baumwollzellulose wurde schon Erwähnung getan, ebenso der der Nitratätze nach Freiberger, durch letztere scheint eine Schädigung des Gewebes nicht hervorgerufen zu werden.

e) Baumwolle und Reduktionsmittel.

Soweit bis heute festgestellt ist, verändern die Reduktionsmittel Baumwolle als solche nicht. Zinnchlorür und andere Zinnsalze, die früher vielfach als Reduktionsätzen Verwendung gefunden haben, wirken zwar auf Baumwolle schädigend ein; es ist aber die durch die Spaltung des Salzes sich bildende Säure, welche hier die Faser schädigt.

Die in der modernen Ätztechnik heute fast ausnahmslos verwendeten Sulfoxylate (Formaldehydverbindungen des Natriumhydrosulfits), die unter dem Namen Rongalit C, Hydrosulfit NF, Hyraldit C im Handel sind, haben bei normaler Arbeitsweise niemals Schwächung von Geweben veranlaßt. Auch bei Gegenwart von Alkalien konnte eine nachteilige Wirkung auf die Faser bisher nicht festgestellt werden. Es ist dies auch leicht verständlich, da die nächst höhere Oxydationsstufe des Hydrosulfits das Sulfit ist, das gleichfalls auf Zellulose in keiner Weise schädlich einwirken kann, außer in dem Fall, als sich daraus weiter Schwefelsäure bildet, ein Vorgang, der jedoch in der Textiltechnik nach Anwendung von Hydrosulfiten kaum jemals vor sich gehen dürfte.

III. Die Bleiche der Baumwolle.

A. Allgemeines.

In kurzen Worten kann als Aufgabe der Bleichen bezeichnet werden, die Baumwollfaser dem Zustande der reinen Zellulose möglichst zu nähern. Von chemisch reiner Zellulose darf deshalb nicht gesprochen werden, weil es bis zur Stunde noch nicht gelungen ist, die Konstitution dieser Substanz klarzu-

---

1) Prudhomme: Bull. Rouen Bd. 61, S. 503—509. 1891.
2) Haller: Textile Forschung 1922.
3) Leipz. Monatsschr. f. Textilind. 1923, S. 199.
4) Zeitschr. f. Farbenind. 1902.

stellen; auch fehlen alle Anhaltspunkte, die chemische Reinheit dieses Körpers einwandfrei festzustellen.

Es ist keineswegs genügend (ich spreche hier insbesondere von Geweben, auch solchen, welche zum Färben und zum Druck bestimmt sind), alle mechanischen Verunreinigungen, Knöpfe, Fäden und dergleichen, zu entfernen; es ist vielmehr erforderlich, will man klare Färbungen und reine Drucke haben, auch alle diejenigen Begleitkörper der Baumwolle zu entfernen, die zum Teil dem Gewebe eine gelbe, braune oder graue Farbe verleihen.

Wir haben gesehen, daß diese natürlichen Verunreinigungen der Baumwolle, die zum größten Teil, soweit sie mechanische Beimengungen, wie Blätterfragmente, auch Schalenbestandteile betreffen, durch den Putzprozeß der Spinnerei entfernt werden. Es wird zwar unvermeidlich sein, daß ein kleiner Teil davon in das Gespinst und das Gewebe gelangt. Je minderwertiger die Baumwollsorte ist, aus welcher eine Ware hergestellt ist, um so größer wird die Menge dieser Verunreinigungen sein. Eine Hauptaufgabe der Bleiche wird daher bilden, diese Schalen- und Blattfragmente zum Verschwinden zu bringen.

Ferner sollen die natürlichen Farbstoffe des Baumwollsamenhaares so beeinflußt werden, daß es gelingt, dieselben durch Oxydationsprozesse vollkommen zu zerstören. Weiterhin sollen durch die Bleiche die Pektinsubstanzen, dann die Fette und Wachse, welch letztere die Benetzungsfähigkeit der Baumwolle heruntersetzen, in lösliche Form übergeführt und entfernt werden.

Der Bleichprozeß muß aber auch möglichst einfach, dann einheitlicher Natur sein, so daß es mit einer Operation gelingt, den Reinigungsprozeß weit genug zu treiben, um durch eine Behandlung mit Oxydantien der Ware jenes Aussehen zu verleihen, das sie als Handelsware oder aber zum Zwecke der Weiterveredlung durch Färben oder Druck besitzen muß.

Nun hat Erban[1]) darauf aufmerksam gemacht, daß für viele Prozesse eine vollkommene Entfernung bestimmter Begleitkörper der Baumwolle unvorteilhaft ist. Insbesondere sind es die Fette der rohen Faser, die vorzugsweise den Spinnprozeß außerordentlich erleichtern. In rohen Baumwollen, die zum Verspinnen gelangen, sind dieselben ohnehin noch vorhanden, nicht aber in Material, das in Flocken gebleicht wird. Er empfiehlt daher für diesen Fall ein Kaltbleichverfahren anzuwenden, um diese dem Spinnprozeß günstige Beimengung zu erhalten.

Außer Erban verbreitet sich auch Freiberger[2]) über diesen Gegenstand. Er macht darauf aufmerksam, daß infolge des Gehaltes an Fetten in den rohen Garnen und Geweben oft ein Ranzigwerden zu beobachten ist, das schon am Geruch erkennbar wird. Nach ihm enthält die Baumwolle neben Fettsäuren Neutralfette, wachsartige Verbindungen, Aldehyde, Ketone und polymerisierte Verbindungen, weiter als Folgen der Verarbeitung, Mineralöle. Er untersuchte eine Anzahl von Rohgeweben und fand den höchsten Fettgehalt von 6,22 % bei einem aus Abfallbaumwolle hergestellten Gewebe. Ein dichter Nesselstoff zeigte 1,02 % Fett. Er fand weiter, daß schon in der Entschlichtung, wobei er eine Vorentschlichtung mit Säure annimmt, ein Teil der Neutralfette gespalten und in der diastatischen Entschlichtung dann abgezogen wurde. Je nach der Art der Kochung, ob mit Soda oder Ätznatron, wird mehr oder weniger Fett gelöst, mit letzterem Körper mehr als bei Anwendung des ersteren. Der Chlorierprozeß wirkt auf fetthaltige Baumwolle in der Weise, daß Oxyfettsäuren von hohem Schmelzpunkt gebildet werden.

Die bedenklichsten Verunreinigungen der Rohgespinste und Rohgewebe sind nicht etwa die natürlichen, sondern die durch wenig sorgsame Arbeit der Spinner

---

[1]) Färber-Ztg. 1911, S. 269. [2]) ibid. 1915, S. 285.

und Weber in die Ware gelangenden Mineralölflecke[1]). Es wurde daher nicht umsonst von den elsässischen Druckereien nachdrücklich vor der Verwendung von Mineralölen zum Schmieren der Spinnmaschinen und Webstühle gewarnt und zu dem Zweck vegetabilische, also verseifbare Öle empfohlen. Es sei an dieser Stelle auf die Untersuchungen von Scheurer[2]) hingewiesen, der zur Entfernung von Mineralölflecken das Behandeln derselben mit Pflanzenfetten empfiehlt, welches eine Emulgierung des Mineralöls bewirken soll. Heutzutage hat man in den hydrierten Naphthalinen, z. B. dem „Tetralin", Flüssigkeiten, welche sich zu diesem Zweck eignen.

Die Kunst, Faserstoffe des Pflanzenreichs von allen diesen Verunreinigungen und Begleitkörpern zu befreien, die Bleiche, war schon in den ältesten Zeiten bekannt. Bereits die alten Ägypter benutzten bestimmte Tonarten, in Kombination mit dem Einflusse der atmosphärischen Luft und dem Sonnenlichte, zur Bleichung der von ihnen zu Textilien verarbeiteten Pflanzenfasern. Homer spricht schon von den leinenen Kleidern der trojanischen Frauen in einer Weise, die vermuten läßt, daß es sich um weißgebleichte Stoffe handelte. Wir lesen dort, wie die Prinzessin Nausikaa ihre Kleider zum Hochzeitfeste wusch und mit Füßen trat, sodann am Sonnenlichte ausbreitete. Den Griechen war die günstige Einwirkung der Luft, dann des Taues und der Sonne für den Bleichprozeß bekannt, so daß man schon die Anwendung der Rasenbleiche vermuten darf. Im Buche Hiob steht verzeichnet, daß man zum Waschen von Kleidungsstücken das Kraut Borith verwendete, eine Pflanze, die zweifelsohne zur Gattung „Salsola" gehört, von der heute bekannt ist, daß deren Asche stark sodahaltig ist. Die günstige Wirkung von Alkalien scheint also schon damals bekannt gewesen zu sein, und die Verwendung von Aschenlaugen hat sich aus den ältesten Zeiten bis auf unsere Tage erhalten. In Asien scheint die Wirkung der Ätzalkalien schon lange vor der Invasion der Europäer bekannt gewesen zu sein.

Aber erst durch die Entwicklung der Chemie machte die Kunst des Bleichens der vegetabilischen Fasern Fortschritte. Vor allem war es die Entdeckung des Chlors durch Scheele im Jahre 1774, welche für die Entwicklung der Bleiche von ausschlaggebender Bedeutung wurde. Man machte bald die Erfahrung, daß dieses Gas sämtliche Pflanzenfasern rasch und energisch zu entfärben vermochte und, was das Wichtigste war, daß dieser Körper ganz unabhängig von der Jahreszeit angewendet werden konnte. Die Entdeckung der bleichenden Wirkung des Chlors haben wir Berthollet zu verdanken, der dann auch erkannte, daß statt des wenig angenehm zu handhabenden Chlorgases mit demselben Erfolg eine Lösung von Chlor in Alkalien Verwendung finden könne (1785)[3]). Dadurch war der Weg zur Auffindung des Chlorkalkes geebnet, welche denn auch von Tennant im Jahre 1798 erfolgte. Mit dem Chlorkalk hatte man ein Bleichmittel in der Hand, welches vor allen Dingen überallhin transportiert werden konnte, welches außerdem mit großer Leichtigkeit in eine Lösung mit bleichenden Eigenschaften überzuführen war, so daß seine Herstellung auch anderswo als am Orte des Verbrauchs erfolgen konnte. Darauf gestützt, begann sich rasch eine fabrikatorische Herstellung des Chlorkalks zu entwickeln. Bis auf den heutigen Tag hat sich dieses Produkt in den Bleichereien erhalten, und erst neuerdings beginnt man wieder das unterchlorigsaure Natron, hergestellt entweder auf elektrolytischem Wege

---

[1]) Gaumnitz: Textilberichte 1926.

[2]) Bull. Soc. Ind. Mulhouse 1888.

[3]) Eine sehr interessante Zusammenstellung der damaligen Ergebnisse über die Versuche mit Chlor- und Chlorprodukten zu bleichen enthält das Buch von Bürger Chaptal: „Versuch über das Bleichen, nebst Beurteilung der neuen Verfahrungsart". Bern u. Zürich, bei Heinrich Gessner 1802.

oder durch Einleiten von Chlorgas in Ätznatronlauge[1]), zum Bleichen zu verwenden.

Betrachten wir nun die Entwicklung der für die Bleiche von vegetabilischen Fasern angewandten Operationen, so können wir eine ganze Anzahl von Epochen feststellen, in denen sich die Bleiche bis zur heutigen Vollkommenheit entwickelt hat.

Bis zum Jahre 1700 wurde das rohe Gewebe zunächst 2—3 Tage in Wasser gekocht, und zwar im offenen Kocher ohne jede Anwendung höheren Druckes. Ab und zu kommt statt des Wassers Holzaschenlauge zur Verwendung. Dann folgt 2—3 Tage Rasenbleiche, also Einwirkung von Licht, Luft und Wasser. Weiter wurde dann das Bleichgut in saure Milch eingelegt, worauf die erstgenannten Operationen wiederholt wurden, und zwar so oft, bis der gewünschte Bleichgrad erreicht war. Eine solche Bleiche dauerte im günstigsten Falle einen Monat, wenn bei guter Witterung gearbeitet werden konnte. Für Leinengewebe mußte mit einer doppelt so langen Bleichdauer gerechnet werden.

Von 1700—1770 war folgender Arbeitsgang gebräuchlich: Die Waren wurden in offenen Kochern 2—3 Tage in Wasser gekocht, worauf eine Abkochung in Kalkmilch erfolgte. Daran schloß sich eine Rasenbleiche in der Dauer von mehreren Tagen, und dann das Säuern, das aber nicht mehr mit saurer Milch vorgenommen wurde, sondern mit der mittlerweile zu erschwinglichem Preise zur Verfügung stehenden Schwefelsäure, später wohl auch mit Salzsäure. Dadurch wurde der Prozeß im günstigsten Falle in 2—3 Wochen beendet, obwohl auch hier die Dauer der Bleiche noch von der Witterung abhängig war. Die Anwendung von Kalklaugen und mineralischen Säuren bedeutete aber einen wichtigen Fortschritt.

In den Jahren 1770—1880 wurden die Waren in warmes Wasser eingelegt, um vorerst die Schlichte zu entfernen, dann im offenen Kocher 1—2 Tage gekocht. Sodann folgte eine weitere Kochung in Kalkmilch, worauf häufig noch eine solche Operation unter Verwendung von Natronlauge angeschlossen wurde. Nun folgte die eigentliche Bleichoperation durch Anwendung des inzwischen in den Handel gekommenen Chlorkalks. In großen, meist steinernen Behältern wurde das gekochte Gewebe in die Chlorkalklösung eingelegt, dann gespült und mit Schwefelsäure oder Salzsäure gesäuert. Je nach dem Aussehen der Ware wurde oft eine zweite Kochung in Lauge notwendig. Hierauf wurde das Chloren wiederholt, gesäuert und gründlich gewaschen. Die Anwendung des Chlors kürzte den Prozeß auf 1—2 Wochen ab.

Von 1886 ab finden wir zum ersten Male die Anwendung von Kochungen unter Druck. Die von Mather & Platt eingeführte Bleiche, wie sie, allerdings in wesentlich anderer Form, auch heute noch in vielen Betrieben gebräuchlich ist, bestand im Entschlichten der Gewebe durch Einlegen in verdünnte Natronlauge. Darauf folgte eine Kochung in konzentrierterer Lauge, jetzt aber in geschlossenen Kesseln unter Anwendung eines Druckes von 1—2 Atmosphären. Es folgte ein Spülen, dann ein Säuern in Salzsäure. Vielfach wurde das Kochen im geschlossenen Kessel wiederholt, worauf gespült, gechlort, gewaschen, gesäuert und endgültig gründlich gespült wurde.

Diese Bleiche zeigte im Verlaufe der Zeit eine große Anzahl von Varianten. Man kochte oft erst mit Kalk, dann entweder in Soda oder in Lauge; öfters wurde die letzte alkalische Kochung wiederholt. Später begnügte man sich mit einer einzigen Kochung in Lauge von 3° Bé und wandte einen Druck von 2—3 Atm. an. Die anderen Operationen blieben zum größten Teil unverändert.

---

[1]) Siehe Ingenieur Oskar Gaumnitz: Die Herstellung von Natriumhypochloritlaugen aus flüssigem Chlor in Deutscher Färber-Kalender für das Jahr 1925 (herausgegeben von der Redaktion der Dt. Färber-Ztg.), Wittenberg: A. Ziemsen Verlag.

Während man im allgemeinen großen Wert darauf legte, das Bleichgut im Kessel stets von der Bäuchflüssigkeit bedeckt zu halten, um den schädlichen Einfluß des Luftsauerstoffs von der Baumwolle fernzuhalten, haben Thies und Herzig im Jahre 1890 eine von diesem Prinzip wesentlich abweichende Bäuche eingeführt, welche auch eine andere Konstruktion und Apparatur verlangte. Statt der bisher üblichen Laugenkonzentration von ca. 3° Bé arbeiten die Genannten mit Lauge von 5° Bé. Dafür wird aber die Menge der Lauge außerordentlich verringert. Es ist bei der Thies-Herzig'schen Bleiche nicht mehr erforderlich, völlig mit Lauge zu überschichten, da durch eigene Konstruktion dafür gesorgt ist, daß der Bäuchkessel stets luftfrei ist, wodurch jeder Schaden für die Ware ausgeschaltet ist. Selbstredend muß bei der geringen Laugenmenge der größte Wert auf möglichst vollkommene Zirkulation des Alkalis gelegt werden. Als vorbereitende Operation zur Bäuche kommt eine Imprägnierung der Ware in alter Kochlauge in Betracht, während die Operationen nach der Bäuche normalerweise in Waschen, Chloren, Säuern und Waschen bestehen. Wird der Bäuchprozeß nachts erledigt, so kann man nach Thies-Herzig eine völlige Bleiche in 24 Stunden erzielen.

Fast gleichzeitig mit der Thies-Herzig'schen Bleiche wurde ein neues Bleichverfahren von Mather-Thompson bekannt, welches als der erste Anlauf zur Breitbleiche anzusehen ist. Nachdem das Gewebe, entweder im Strang oder in breitem Zustand, mit Altlauge imprägniert und einige Zeit abgelegt war, erfolgte Auswaschen, worauf nach ordentlichem Bäuchen in einem Apparat, welcher das Breitlegen erlaubte (es waren dies aus Gitterwerk hergestellte Wagen), das Chloren in normaler Weise ebenfalls breit erfolgte. Es wurde wohl hier zum ersten Male versucht, die ganzen Operationen des Vorbehandelns, des Bäuchens, sowie die Nachbehandlungen der gebäuchten Ware in breitem Zustande vor sich gehen zu lassen. Das Verfahren scheint sich wohl eingeführt zu haben, doch gibt dasselbe nur bei leichten Waren gute Resultate, während bei gröberen Warengattungen der Bleicheffekt, insbesondere die Bäuche, ungleichmäßig erfolgt.

Im Jahre 1912 vollendeten Mathesius-Freiberger eine Vervollkommnung der Thies-Herzig'schen Bleiche in der Richtung, als dabei großer Wert auf die Kontinuität der Operationen gelegt wurde. Die Ware wird mit alter Bäuchlauge auf dem Clapot behandelt, 2—3 Tage so imprägniert im offenen Behälter liegen gelassen, darauf gewaschen, um die löslich gewordene Schlichte zu entfernen. Hierauf erfolgt die Imprägnierung der entschlichteten Ware im Strang gleichzeitig mit dem Einlegen in den Kessel, was mittels eines eigens zu dem Zweck gebauten Rüsselapparates in der Weise geschieht, daß die zugeführte Lauge die Ware gewissermaßen in den Kessel spült. Damit wird eine vollkommene Tränkung der Ware schon beim Einfahren in den Kessel erreicht. Vollkommene Ausnützung der Chemikalien sowie der Wärme und Wiedergewinnung des Kondenswassers wird von der recht komplizierten Apparatur bewirkt. Zuerst wird mit Altlauge gekocht, darauf mit Kondenswasser gespült; das zweitemal wird in Frischlauge gekocht. Die Schlußoperationen des Waschens, Chlorens und Säuerns finden in kontinuierlicher Reihenfolge statt, wobei sowohl warme Chlorlösung als auch warme Säure zur Anwendung gelangen. Diese letzte Anordnung stellt wohl die bis heute vollkommenste Bleiche dar, die nur noch in ihrer Wirkung und Kürze der Zeit von der in den letzten Jahren erfundenen Kaltbleiche, System Mohr, übertroffen werden soll, deren Erfolg aber erst beurteilt werden kann, wenn dieselbe allgemeiner zur Anwendung gelangt, was bis zur Stunde noch keineswegs der Fall ist[1]).

[1]) Untersuchungen von Professor Ing. Leo Kollmann (Wien) haben ergeben, daß das Mohrbleichverfahren praktisch ebenso gleichwertig brauchbares Weißwarenmaterial liefern kann wie die alte Kochbleiche; dies gilt auch für Buntbleiche sowie für empfindlichere

Dies ist in kurzen Zügen die historische Entwicklung der einfachsten Bleichverfahren zu den komplizierteren und in kürzester Zeit arbeitenden.

Man erkennt aus dieser kurzen historischen Übersicht deutlich drei Phasen, die das Bleichgut durchzumachen hat. Es sind:

1. Die Entschlichtung als vorbereitende Operation, Zweck: Entfernung der Schlichte mit schlichtelösenden Mitteln.

2. Die Bäuche als Hauptoperation: Kochen der entschlichteten Ware mit oder ohne Druck in alkalischen Lösungen.

3. Die Bleiche als beschließende Operation: Behandlung des Bleichgutes mit Oxydantien.

Dazwischen liegt eine ganze Anzahl von Hilfsoperationen, deren Aufgabe darin besteht, die in der Ware von der vorausgegangenen Behandlung zurückgebliebenen Chemikalien, sowie die in lösliche Form gebrachten Verunreinigungen und Begleitkörper der Baumwolle zu entfernen.

Es muß hervorgehoben werden, daß alle die angeführten Bleichmethoden den Zweck verfolgen, die Reinigung der Baumwolle möglichst vollkommen zu gestalten. Es soll aber gleich erwähnt werden, daß sich der Reinigungsgrad, und daher auch die Art der Bleiche, stets dem Verwendungszweck der Ware anzupassen hat. Für gewisse Artikel, vor allem zu Weißwaren, braucht man eine weitgehende Reinigung und einen möglichst hohen Weißgehalt. Ebenso muß für Druckzwecke die Ware hydrophil sein, um die Druckfarben gründlich in sich aufzunehmen, eine vollkommene Bleiche ist daher Bedingung. Bei Rauhware wird man danach trachten, die natürlichen Fette der Baumwollfaser zu erhalten, und wird das durch möglichst schonende Bäuche erzielen oder dadurch, daß man, wo angängig, die Behandlung mit reinen Alkalien unter Druck überhaupt vermeidet. Wieder andere Warengattungen, insbesondere die in dunklen Tönen zu färbende Färbeware, erfordern keine besonders gründliche Bleiche, ja es genügt in vielen Fällen eine sorgfältige Entschlichtung.

Die Aufgabe der folgenden Kapitel kann naturgemäß nicht sein, Rücksicht auf die verschiedenen Warensorten zu nehmen, sondern die verschiedenen Arten der Bleiche, ihre vorbereitenden und beschließenden Operationen an wenigen, aber charakteristischen Beispielen zu schildern.

Das über die Bleiche einleitend Gesagte war ausschließlich auf die Bleiche von Geweben eingestellt. Es ist selbstverständlich, daß für das Bleichen von loser Baumwolle sowie Baumwollgarnen modifizierte Bleichverfahren Anwendung finden werden. Die Entschlichtung fällt naturgemäß hier weg, wogegen die Kochung in Alkalien wohl auch hier die grundlegende Reinigungsoperation bleiben wird. Die zum Bleichen dieser beiden Warensorten verwendeten Apparate sind dem jeweiligen Zwecke angepaßt und unterscheiden sich insbesondere für die Bleiche von loser Baumwolle wesentlich von denen, die für Stückware bestimmt sind. Es soll später darauf eingehender zurückgekommen werden.

Als vorbereitende Operation der Bleiche ist die Sengerei deshalb nicht zu vernachlässigen, weil dieselbe wohl in allen modern eingerichteten Textilfabriken in der Weise angeordnet ist, daß sie mit der Entschlichtung eine gemeinsame mechanische Operation bildet. Von der Sengmaschine durchläuft die Ware in den meisten Fällen, ohne vorher abgelegt zu werden, die zum Entschlichten angeordneten Imprägniermaschinen.

Zur Herstellung einer sogenannten „gepflegten“ Ware gehört unbedingt, daß das Gewebe von den feinen flaumartigen Fasern befreit wird, welche das gute Aussehen einer besonders in dunklen Tönen gefärbten Ware unter Umständen

---

Färbe- und Druckware. Siehe Melliands Textilberichte Jahrg. 1927: Mohrbleiche und Kochbleiche, S. 270—273.

bedenklich beeinträchtigen. In vielen Fällen aber, wo besonderer Wert auf möglichste Erhaltung der Völle der Ware gelegt wird, kann das Sengen unterlassen werden, da diese Operation stets einen gewissen Substanzverlust bedeutet, der um so größer ist, je gröber die zu veredelnde Ware ist.

Die Operation des Sengens wird in eigens konstruierten Maschinen vorgenommen, welche entweder so arbeiten, daß das Gewebe durch Gasflammen gezogen oder aber über glühende Metallzylinder geführt wird. Die Gassenge und die Plattensenge werden in dem zweiten Beitrag dieses Bandes eingehender behandelt werden.

Da die Sengerei die einleitende Behandlung für den Bleichprozeß bedeutet, so werden vor Eintritt des Bleichgutes in die Senge, dann in die Entschlichtungsapparate, die Gewebe meistens an beiden Enden mit einem Stempel oder einem Vermerk aus bleichfester Farbe versehen, aus dem im Verlaufe der Fabrikation stets erkannt werden kann, mit welcher Warenqualität und mit welcher Bleichpartie man es zu tun hat. Dieses Kennzeichen ist deshalb auch außerordentlich wichtig, damit man, wenn die Ware zur Appretur kommt, weiß, welche Warengattung man vor sich hat, da die Veredlungsoperationen die Einstellungen der Rohwaren oft außerordentlich weitgehend verschieben[1]).

B. Die Bedeutung und Wirkungsweise der Arbeitsvorgänge des Entschlichtens, Bäuchens, Säuerns und Chlorens.

a) Die Entschlichtung.

In der Weberei pflanzlicher Gespinste verwendet man gewisse Mittel, welche dazu dienen, den Kettfäden Festigkeit und Halt zu geben, damit sie bei der mechanischen Beanspruchung durch die Weberei nicht reißen. Das Schlichten der Kette erfolgt in der Weise, daß die nebeneinander angeordneten, sich aber nicht berührenden Kettfäden kontinuierlich durch die heiße Schlichte geführt werden, worauf die Gesamtheit der Kettfäden über eine heiße Kupfertrommel geführt und so getrocknet wird. Man kann naturgemäß die Kette je nach der Konsistenz der Schlichte mehr oder weniger beschweren; es kommt vor, daß das Gewicht der Kette durch die Auflagerung der Schlichte bis zu 20 % zunimmt. Die Schlichte besteht zur Hauptsache aus einem Stärkekleister, der aber noch eine Anzahl von Substanzen enthält, welche die Klebekraft erhöhen sollen. Als Beispiel für eine solche Schlichte möge folgende aus der Praxis stammende Mischung angeführt werden:

300 l Wasser
1 kg Seife
30 kg Stärke
3 kg Dextrin
2 kg Unschlitt

Vielfach pflegt man solchen Schlichten noch Metallsalze, meistens Kupfersalze, beizugeben, um eine Schimmelbildung auf der Ware hintanzuhalten. Man erkennt aus der oben gegebenen Vorschrift, daß die auf die Ware gelangenden Mengen Fette nicht unbeträchtlich sind.

Die Entschlichtung muß, wie aus der angeführten Vorschrift entnommen werden kann, zunächst den Zweck im Auge haben, die Stärke und Stärkeabkömm-

---

[1]) Eine vorzügliche Methode, die Waren zu zeichnen, gestattet der Kugel-Schreibstift „Elzit" (D.R.G.M. Nr. 899154) der Firma Ernst Loewe, Werkstätte für Präzisionsmechanik in Zittau i. Sa. 28.

linge aus dem Gewebe zu entfernen. Außerdem wird es sich auch um die Entfernung der Fette und Seifen handeln. Letztere werden schon durch ein Waschen mit kochendem Wasser abgezogen, wogegen die Fette, die in unverseifter Form auf der Ware sind, eine Behandlung mit Alkali erfordern, also erst im Bäuchprozeß weichen. Zur Entfernung der Stärke bedarf man anderer Mittel, und zwar sind es solche, welche die Stärke in lösliche Form, am besten in Glukose oder andere Zuckerarten überführen.

Die einfachste Entschlichtung ist zweifelsohne eine Behandlung der von der Senge kommenden Gewebe in heißem Wasser. Man nimmt sie einfach durch einen gemauerten Behälter, der das mit Dampf erhitzte Wasser enthält. Die Stücke werden dann mit dem heißen Wasser getränkt, auf Haufen gelegt sich selbst überlassen. Die Ablage der Ware erfolgt am besten auf einem hölzernen Rost oder aber auf einer Lage sauberer Kieselsteine. Man trägt durch Zudecken der Ware dafür Sorge, daß die Abkühlung nicht zu rasch erfolgt. Nach einigen Stunden wird unter diesen Bedingungen ein eigentümlicher Gärungsgeruch anzeigen, daß gewisse Veränderungen in der Ware vor sich gehen. Im Verlaufe dieses Prozesses erwärmt sich die Ware von selbst, was besonders im Innern der Gewebemasse bemerkbar wird. Die auf der Ware befindlichen Mikroorganismen sind dann in rascher Vermehrung begriffen und finden dabei in den auf der Faser befindlichen Stärkemassen einen günstigen Nährboden [1]). Würde man nun die Ware länger sich selbst überlassen, so wäre unvermeidlich, daß nach Erschöpfung des primären Nährbodens, der Stärke, die Wirkung der Bakterien sich auf den sekundären, die Zellulose, erstrecken würde, wodurch tiefgreifende Veränderungen die Faserfestigkeit empfindlich schädigen könnten. In dieser Hinsicht ist also Vorsicht geboten, und es ist zweckmäßig, den Gärungsprozeß nach 24 Stunden zu unterbrechen, die Ware gründlich mit viel Wasser auf der Strangwaschmaschine zu waschen und sie dann rasch, ohne nochmals lange liegen zu lassen, weiter zu verarbeiten.

Es ist verständlich, daß diese Art der Entschlichtung eine unvollkommene bleiben muß, deshalb, weil auch bei sorgfältiger Arbeit unvermeidlich ist, daß an gewissen Stellen der Gewebe durch Abkühlung während des Lagerns die Gärung nicht so rasch vor sich geht, wie an den Gewebepartien, welche im Innern des Haufens sich befinden. Man wird daher, um diese Ungleichheiten in der Wirkung der Bakterien auszugleichen, vorziehen, die Ware nach der Passage in heißem Wasser in hölzernen Kasten lagern zu lassen oder sie in gut isolierte, möglichst luftdicht geschlossene Kammern zu legen, in denen die Gärungsvorgänge vollkommen gleichmäßig über die ganze Gewebemasse verlaufen, da in dieser Weise die Ware von der entwickelten Wärme gleichförmig durchdrungen wird.

Von einem Einlegen in kaltes Wasser wird man schon deshalb im allgemeinen absehen, weil die Zeit, welche in diesem Falle zur ausreichenden Entschlichtung notwendig ist, zu lang würde.

Wesentlich rascher aber gelangt man bei der Entschlichtung zum Ziel, wenn man statt warmen Wassers Malzauszüge oder die in neuerer Zeit in den Handel gebrachten Diastasepräparate, wie Diastaphor, Unomalt, Meltomalt, verwendet; es sind dies lauter Produkte, welche im allgemeinen nichts anderes als Malzauszüge in konzentrierter Form darstellen, oder aber feingemahlene, keimende Gerste. Wirksames Agens dieser Präparate sind amylolytische Enzyme, welche bei einem Temperaturoptimum von 60—70° Stärke rasch lösen, bei längerer Einwirkung aber weiter zu Maltose und Glukose abbauen.

---

[1]) Erban: Über die Bedeutung von Mikroorganismen, Bakterien und Fermenten in der Textilindustrie. Färber-Ztg. 1914, S. 51.

Während die genannten diastatischen Präparate pflanzlichen Ursprungs sind, werden von gewissen Stellen aus der Tierwelt stammende in den Handel gebracht. Es sind die von der schweizerischen Ferment A.-G. für die Textilindustrie speziell eingestellten Präparate: Fermasol DS und Fermasol DB, beide in fester Form; sie sollen die Wirkung der Enzyme vegetabilischen Ursprungs noch übertreffen[1]). In dieselbe Kategorie gehört auch das „Novofermasol" sowie das „Degomma"; beides sind Pankreasdrüsenpräparate.

Die „Biolase" ist das Produkt der Wirkung gewisser Bakterien auf entsprechenden Nährböden.

Die Entschlichtung unter Zuhilfenahme dieser Produkte gestaltet sich zu einer recht einfachen Operation. Man nimmt die Gewebe entweder in breitem Zustande oder im Strang durch eine 60—70 ^{0} C warm gehaltene Lösung von maximal 10 g des diastatischen Präparates, z. B. Diastaphor, per 1 Liter Flotte. Man sorgt dafür, daß die Gewebe gründlich genetzt werden, legt dieselben dann noch warm in große hölzerne Kästen ab, deckt gut zu und läßt, am besten über Nacht, stehen. Am folgenden Morgen wird die Ware auf der Strangwaschmaschine gewaschen, wobei die in Maltose umgewandelte Stärke in Lösung geht und durch das Waschwasser entfernt wird. Um festzustellen, ob die Entfernung der Stärke eine vollkommene ist, betupft man zweckmäßig die noch nasse Ware mit alkoholischer Jodlösung, eine rein braune Färbung zeigt vollkommene Entschlichtung an. Zu beachten ist aber, daß naturgemäß nur die Kette eine allenfalls unvollkommene Entfernung der Stärke durch blaue Färbung anzeigt, während der Schuß stets braune Farbe annehmen wird. Diese Reaktion versagt bei Prüfung getrockneter Ware; solche ist vor der Vornahme der Jodbehandlung zu netzen[2]).

Scheurer[3]) hat die eigentümliche Tatsache festgestellt, daß die Behandlung roher Gewebe mit Malzauszügen zu Schwächung der Faser geführt hat. Diese Beobachtung ist um so weniger erklärlich, als die Diastase absolut neutral reagiert und daher kaum imstande ist, die Faser anzugreifen[4]). Eine Erklärung für die Tatsache kann nur darin gesucht werden, daß die Kette als solche durch die Schlichte selbst, die den Faden einhüllt, den Widerstand gegen Zerreißversuche erhöht, ohne daß damit gesagt ist, daß die Baumwolle als solche eine höhere Reißfestigkeit besitzt.

Eine außerordentlich zweckmäßige Anordnung zum Entschlichten roher Gewebe unter Ausnutzung der Wärme der Abgase der Sengmaschine geben Tagliani und Krostewitz[5]) an.

Eine weitere Art der Entschlichtung besteht in der Behandlung der Gewebe in schwachen Lösungen von Alkalikarbonaten, vorzugsweise von Soda; Pottasche kommt des höheren Preises wegen nicht in Frage. Die Wirkung heißer Sodalösung dürfte vor allem im Lösen und Emulgieren der Fette bestehen, wohl auch in einer zwar wenig vollkommenen Wirkung auf die Stärke.

---

[1]) Tagliani: Zeitschr. f. angew. Chem. 1921, S. 69.

[2]) Eine Übersicht über die Präparate für die Entschlichtung gab Erban: Dt. Färber-Ztg. 1914, S. 51. Über die Wirkung der Präparate siehe Tagliani: Zeitschr. f. Farbenind. 1906, S. 13.

[3]) Bull. Soc. Ind. Mulhouse 1903.

[4]) Siehe diesbezüglich die gründliche Arbeit von Dr.-Ing. M. Nopitsch: Studien über Schlichten und Entschlichten (II. Wirken die modernen enzymatischen Entschlichtungsmittel faserschädigend?) Melliands Textilberichte Jahrg. 1927, S. 169—171, 281—283, 365—367, 461—462, 546—547, 627—628, 716—719, 799—800, 878—879, 958—959 und 1034—1036. Nopitsch kommt zu dem klaren Ergebnis, daß weder bei Anwendung von Präparaten auf Basis von einer Malz- oder einer Pankreasamylase noch durch die Biolase eine Schädigung der Faser bei richtig geleitetem Entschlichtungsprozeß eintreten kann.

[5]) Färber-Ztg. 1912, S. 41.

Recht gute Dienste leistet in derselben Richtung *verdünnte Natronlauge*. Die Stärke quillt in der heißen Lauge rasch und kann dann leicht nach längerem Liegen der in Lauge getränkten Ware ausgewaschen werden. Gleichzeitig werden auch die Fette zum Teil in lösliche Seifen übergeführt, zum Teil emulgiert.

Zweckmäßig verwendet man auch zur Entschlichtung von rohen Geweben *Lauge, die schon zum Bäuchen verwendet wurde*. Diese braun gefärbte Flüssigkeit enthält außer einem bestimmten Anteil an unverändertem Ätzalkali noch Soda und alle diejenigen Verunreinigungen, welche der Rohbaumwolle entzogen wurden, wie pektinsaure Salze, fettsaure Salze, Farbstoffe usw. Da alle diese Begleitkörper der rohen Baumwolle in löslicher Form vorhanden sind, üben sie auf die zu entschlichtende Ware, außer dem Ätzalkali und den Karbonaten, keinerlei Einfluß aus. Das Verfahren ist sehr ökonomisch und gibt befriedigende Resultate.

Auch eine Behandlung mit *Säure*, besonders wirksam, wenn sie warm angewendet wird, ist nicht von der Hand zu weisen, da Verzuckerung der Stärke erfolgt und damit die Möglichkeit gegeben ist, die Schlichte von der Faser durch eine Waschoperation zu entfernen. Man imprägniert mit warmer Salzsäure von $1^1/_2$ bis 2^0 Bé, läßt auf Haufen gut zugedeckt liegen und sorgt dafür, daß nirgends ein Austrocknen der Ware erfolgen kann, was Bildung von Hydrozellulose und Brüchigwerden der Ware zur Folge hätte. Das Auswaschen muß aus demselben Grunde mit Lackmuspapier genau kontrolliert werden.

In ähnlicher Weise und wohl mit ähnlichem Erfolge sind zu dem Zwecke auch verdünnte, warme *Chlorsodalösungen* zu verwenden. Dieselben führen bekanntlich unter gewissen Bedingungen Stärke ebenfalls in lösliche Produkte über, die zwischen Stärke und Dextrin stehen. Vorsicht ist aber bei der Manipulation mit diesen Präparaten insofern am Platze, als man unter allen Umständen Oxyzellulosebildung vermeiden soll. Man nimmt also die Rohware am besten breit durch die 60—70° C warme $^1/_2$—1 proz. Chlorsodalösung und legt ab, wobei man direktes Sonnenlicht möglichst von der Ware fernhält. Man läßt ein paar Stunden so liegen und wäscht dann gründlich aus.

In neuester Zeit wurde ein Präparat mit gutem Erfolge zum Entschlichten angewendet, das *p-Toluol-sulfonchloramid-natrium*

$$C_6H_4\begin{matrix}/CH_3\\ \\ \end{matrix}\!-SO_2-N\begin{matrix}/Na\\ \backslash Cl\end{matrix}$$

Dasselbe spaltet bei Gegenwart von Wasser Sauerstoff ab, nach der Formel:

$$C_6H_4\begin{matrix}/CH_3\\ \backslash SO_2-N\begin{matrix}/Na\\ \backslash Cl\end{matrix}\end{matrix} + \begin{matrix}H\\ H\end{matrix}\!>\!O = C_6H_4\begin{matrix}/CH_3\\ \backslash SO_2-NH_2\end{matrix} + NaCl + O.$$

Imprägniert man Rohware mit einer kochenden 1 proz. Lösung von „Aktivin", — wie das Präparat von der Herstellerin, der Chem. Fabrik „Pyrgos", Dresden-Radebeul, genannt wird —, legt ab und erhält einige Stunden bei 60—70° C, so kann man beim Auswaschen die Stärke völlig entfernen, da sie in lösliche Form übergegangen ist. Besondere Vorsichtsmaßregeln sind hier überflüssig, da die Sauerstoffabspaltung langsam vor sich geht und vor allem nur die Stärke angegriffen wird. Auf der Zellulose selbst ist ein schwach bleichender Einfluß unverkennbar[1]).

Die Anwendung von *Netzmitteln* bei der Entschlichtung ist zu empfehlen, weil dadurch das rasche und damit vollständige Durchdringen des Gewebes mit

---

[1]) Textilber. 1924.

dem Entschlichtungsmittel besser gewährleistet ist, als ohne diese Zusätze. Da gründliche Entschlichtung die halbe Bäuche bedeutet, soll man diese unbedeutende Ausgabe nicht scheuen; von den neueren Netzmitteln, Tetrakarnit, Perfektol „Nekal“ usw., sind kaum mehr als 1—5 g pro Liter notwendig.

b) Die Bäuche.

Während die Entschlichtung vorzugsweise die Entfernung der Schlichte, d. h. von Substanzen zum Zwecke hat, die auf mechanischem Wege der Baumwolle aufgelagert wurden, verfolgt die Bäuche das Ziel, alle diejenigen Begleitkörper der rohen Baumwolle, wie sie die Pflanze selbst bildet und die wir oben kennen gelernt haben, in lösliche Form überzuführen und so von der Faser zu trennen. Wir haben gesehen, daß je nach der Art der Entschlichtung auch noch gewisse Schlichtekomponenten, vorzugsweise Fette, wenn mit Malzpräparaten entschlichtet wurde, auf dem Gewebe zurückbleiben, deren Entfernung ebenfalls der Bäuche vorbehalten ist. Neben Schalenfragmenten und sonstigen Bruchstücken der Baumwollpflanze, die in größerer oder geringerer Menge in jeder Rohware zu finden sind, bleiben noch die Faserinkrusten, Pektinsubstanzen, Farbstoffe, Fette und Wachse zu entfernen, wozu unter Umständen noch die aus der Schlichte stammenden unverseiften Fette kommen.

Durch die Entfernung all dieser Substanzen wird die Bäuche also verhältnismäßig bedeutende Substanzverluste verursachen; das ursprüngliche Gewicht der Gesamtbleichpartie wird daher nicht unerheblich geringer werden. Es ist aber unrichtig, diese Verluste auf Kosten der Baumwolle als solcher schreiben zu wollen. Es fehlen uns überdies Methoden, welche es gestatten, aus der Bäuchlauge die Verluste an Zellulose zu bestimmen.

Freilich, Verluste an Zellulose können in dem Falle auftreten, daß im Verlaufe der alkalischen Kochung Luftsauerstoff Zutritt zu der Ware bekommt. Dann bilden sich gewisse Mengen von Oxyzellulose, die sich in der alkalischen Lauge lösen und so tatsächliche Zelluloseverluste zur Folge haben. Dieselben können so bedeutend werden, daß die Faser eine empfindliche Einbuße an Festigkeit erleidet.

Der Effekt der Bäuche ist nach verschiedenen Richtungen zu beurteilen. Zunächst handelt es sich um Erzielung eines möglichst weitgehenden Reinigungsgrades; derselbe äußert sich vor allen Dingen in einem möglichst hohen Weißgehalt der gebäuchten Ware, so daß die zur Vollendung der Bleiche noch erforderliche Behandlung mit Oxydantien nur mehr eine niedere Konzentration des Bleichbades erfordert. Weiter soll die Kapillarität einer gebäuchten Ware gegenüber einer ungebäuchten oder nur entschlichteten stark erhöht sein; die Baumwolle soll hydrophil werden, sie soll trocken auf Wasser geworfen sich sofort netzen und untersinken. Weiter darf die Festigkeit der Faser keine abnormale Einbuße erleiden. Zu einer gründlichen Bleiche gehört aber nicht nur, daß der Weißgehalt ein hoher, die Festigkeit der Ware nur minimal geschwächt, die Netzfähigkeit eine hohe ist; die Bleiche muß vielmehr so geleitet werden, daß beim Lagern der Stoffe diese genannten Eigenschaften auch erhalten bleiben. Ungenügende Entfernung von Fetten kann, wie Freiberger gezeigt hat, auch bei scheinbar tadelloser Bleiche, ein rasches Vergilben der Gewebe auf dem Lager zur Folge haben. Eine gute Bäuche ist eine solche, die alle diese Faktoren in optimaler Weise berücksichtigt.

Maßgebend für die Art der anzuwendenden Bleiche ist in erster Linie die weitere Ausrüstung der Ware. Eine Ware, welche zur Indigofärbung bestimmt ist, kann ganz anders vorbehandelt werden als eine solche, aus der man Hemdenstoffe herstellen will. Ebenso muß wieder bei Rauhware die Bleiche anders geleitet werden. Waren, welche für Indigoartikel, sogenannte Blaudrucke, bestimmt sind, wird man unter Umständen nur sorgfältig entschlichten, vielleicht auch bäuchen, niemals aber mit Chlorlösungen vollkommen weiß bleichen. Letztere Operation wird nicht aus ökonomischen Gründen unterlassen, sondern auf Grund der Beobachtung, daß chlorierte Ware sich in der Küpe nicht so gut färbt als nicht gechlorte. Gewebe, welche für Anilinschwarz bestimmt sind, müssen im Interesse des zu erzeugenden Schwarz sowohl entschlichtet, als auch gebäucht werden; ein Chloren wird man auch für diesen Fall nicht vornehmen. Für weißbödige Ware muß naturgemäß der größte Wert auf das Erreichen eines möglichst hohen Weißgehaltes gerichtet sein. Glattweiße Waren stellen in dieser Hinsicht die höchsten Ansprüche. Gründliche Bäuche und sorgfältiges Chloren sind hier Bedingung.

Nach Untersuchungen des Verfassers[1]) ist für einfache Bleichen eine Kochung in Natronlauge von 3° Bé in der Dauer von 6—8 Stunden bei 3 Atm. Überdruck vollkommen ausreichend, genügende Entschlichtung vorausgesetzt. Eine Kochung in Kalk vermag eine Bäuche in Ätznatron niemals zu ersetzen, schon deshalb nicht, weil vom Kalk ein großer Teil der Inkrusten und Nichtzellulosen nicht gelöst, sondern lediglich verändert wird. Außerdem bewirkt eine Kalkkochung keinen Zerfall der Samenschalenfragmente, ja kaum eine Lockerung des Gefüges derselben. Eine kombinierte Kalk-Ätznatron-Kochung, in dem Sinne natürlich, daß die Laugenkochung der Kalkkochung folgt, dient dem Zwecke einer Vollbleiche ausgezeichnet. Zusätze, z. B. von Türkischrotöl zur Natronlauge, wirken insofern außerordentlich günstig, als die Kapillarität der getrockneten Bleichware kräftig erhöht wird. Dadurch wird auch die Wirkung der Bleichlaugen auf die gebäuchte Ware viel energischer und die Chlorlaugen arbeiten rascher.

Durch die alkalische Kochung und zwar sowohl bei Anwendung von Ätzalkalien als auch bei der von Erdalkalien, werden intensive Reduktionswirkungen ausgelöst, die so stark sind, daß bei der Bäuche in Natronlauge mitgekochte Indanthrenblaufärbungen völlig entfärbt werden. Kalk reduziert im Kochprozeß Indigo und Pararotfärbungen, vermag aber Indanthrenfärbungen nicht zu beeinflussen. Es ist übrigens beachtenswert, daß eine Bäuche in Wasser allein schon genügt, Indigofärbungen, Pararotfärbungen sowie solche mit substantiven Farbstoffen kräftig anzugreifen.

Normale Kochungen in Laugen von nicht über 3° Bé beeinflussen die Festigkeit der Faser in nur unbedeutendem Maße. Während nun Natronlauge bis zu 6° Bé bedeutende Einbuße an Festigkeit nicht verursacht, ist eine Kalilauge derselben Konzentration schon gefährlicher, denn die Festigkeit der Faser wird nicht unerheblich herabgesetzt.

Sehr schonend in jeder Hinsicht sind Bäuchen unter Anwendung von Alkalikarbonaten. Die Festigkeit wird nahezu nicht beeinflußt und der erzielte Bleichgrad ist ein immerhin recht vollkommener.

Die mechanische Wirkung einzelner Bäuchverfahren darf nicht vollständig außer acht gelassen werden. Freiberger[2]) beschreibt die Wirkung der Kalkbäuche und sagt dort: „Bei der Kalkbäuche wird die Baumwolle vermöge der geringen Löslichkeit des Kalziumhydroxyds in heißem Wasser während des ganzen Kochprozesses von der alkalischen Kalkmilchpaste eingehüllt. Dadurch und durch die Ablagerungen von fettsaurem Kalk wird die Baumwolle, trotz der Ablösung der die Faser verbindenden Schlichte, davor geschützt, daß sich die Fasern aufdrehen und eine lockere Form annehmen. Der Stoff bleibt

[1]) Textilber. 1924. [2]) Wollen- u. Leinen-Ind. 1911, Nr. 12.

glatt und wird nicht flaumig, wie beim Kochen mit Wasser oder mit stark verdünnter Natronlauge. Solche flaumige Stoffe geben den Farben im fertigen Stück in der Aufsicht und Übersicht nicht den gesättigten Ton der glatten Kalkware, selbst bei einem Mehrverbrauch an Farbstoff.“ Man sieht, daß auch die rein mechanische Wirkung der Bäuche in keiner Weise vernachlässigt werden darf; allerdings soll man bedenken, daß eine reine Kalkbäuche nur in vereinzelten Fällen angewendet werden kann, da dieselbe auch bei Chlorbehandlung kein so gutes Weiß ergibt, als wenn nachher noch eine Kochung in Lauge erfolgt. Es ist dies auch leicht erklärlich, denn die auf der Ware zurückbleibenden Kalkseifen oder Fette werden nur durch die nachfolgende Laugenkochung von der Faser entfernt. Kalkware muß daher, bei nachfolgender Chlorbehandlung, infolge der Wirkung des Chlors auf die Fette vergilben.

Bis heute war das Bestreben vorhanden, bei der Bäuchoperation die weitgehendste Reinigung der rohen Ware zu erzielen. So wurde vielfach versucht, die Laugenkonzentration zu verringern, wobei man das Durchdringen der Ware mit der Bäuchlauge durch Zusatz von netzenden Mitteln zu befördern versuchte. In der Tat scheinen solche Zusätze, welche als Basis in den meisten Fällen Türkischrotöle, Terpentinöl, hydrierte Naphthaline, chlorierte Kohlenwasserstoffe, auch Pyridin aufweisen, die Möglichkeit zu ergeben, entweder mit schwächeren Laugen zu arbeiten oder die Bäuchdauer abzukürzen, was im Interesse des großen Dampfverbrauchs in der Bäuche entschieden erstrebenswert wäre. Alle diese Methoden sind vorläufig noch im Versuchsstadium, ein endgültiges Urteil über den damit erzielten Effekt muß auf spätere Zeiten verschoben werden[1]). Zusätze von Türkischrotöl haben sich allerdings bewährt; insbesondere wird die fettlösende Wirkung eine weit energischere, denn mit Zusatz von derartigen Ölen gebäuchte Waren zeigen ein viel kräftigeres Kapillarisierungsvermögen als ohne diesen Zusatz gekochte[2]).

Im allgemeinen wird es für die Erzielung einer gut gereinigten Ware zweckmäßig sein, einen zweimaligen Bäuchprozeß vorzunehmen; so z. B. erst in Kalk, dann in verdünnter Lauge, wobei für Kalk eine Konzentration von 10—15 g Kalkhydroxyd per Liter Bäuchflüssigkeit, für Lauge eine solche von $2—2^1/_2{}^0$ Bé als normal gelten darf. Man soll nicht vergessen, daß diese Konzentrationen durch den in den Kessel eintretenden Dampf noch wesentlich herabgesetzt werden. Vielfach erfolgt die Kochung auch zweimal in Ätzalkalilauge; im letzteren Falle ist es oft gebräuchlich, die von einem zweiten Kochprozeß abfallende Lauge zu einer ersten Kochung zu verwenden.

Wie schon angedeutet, bildet Zellulose in Gegenwart von Luftsauerstoff unter gewissen Bedingungen sehr leicht Oxyzellulose, welche die Ware kräftig schädigen kann, da sie in Ätzalkali löslich ist und daher große Substanzverluste zu verursachen vermag. Es wurde vielfach beobachtet, daß Gewebeschlingen, welche durch ungenaue Einlagerung der Ware im Kessel von der zirkulierenden Lauge über das Laugenniveau herausgerissen und in den Luft enthaltenden Raum im oberen Teil des Kochkessels geschleudert wurden, vollkommen brüchig wurden. Die Reaktion ergab nahezu völlige Umwandlung in Oxyzellulose.

Man ist daher von jeher bestrebt, den Sauerstoff, der bei den gewöhnlichen Kochkesseln in größerer oder geringerer Menge stets anwesend ist, durch Reduktionsmittel unschädlich zu machen. Von Bilderbeck-Gommer[3]) wurde zu dem Zweck Zinkstaub vorgeschlagen; später bürgerte sich dafür das zweckmäßigere

[1]) Siehe z. B. Dr. Kurt Lindner: Beitrag zur Kenntnis der Bäuch- und Bleichvorgänge I. Das Perpentolverfahren in der Baumwollindustrie. Melliands Textilberichte Jahrg. 1927, S. 353—358. Leipziger Monatsschrift für Textilindustrie 1927, Heft 10, S. 445—449.

[2]) Hertel: D.R.P. 75435. [3]) Dinglers polytechn. Journ. Bd. 34, S. 1854.

Natriumbisulfit ein; heute werden ab und zu die Sulfoxylate verwendet. In der Tat gelang es mit diesen Mitteln, die Gefahr der Oxyzellulosebildung durch Unschädlichmachen des Luftsauerstoffs zu beseitigen.

Es muß daher, nach den geschilderten Gefahren, welche bei Anwesenheit von Oxydantien meist vorliegen, merkwürdig berühren, wenn in neuerer Zeit gerade der Sauerstoff der Luft zur Ausübung der Bäuche in alkalischem Medium herangezogen wird[1]). Nach diesem Verfahren wird die Ware in Alkali gekocht und während des Kochprozesses Luft durch die Lauge geblasen. Ja, diese gemeinsame Wirkung von Alkali und Luftsauerstoff genügt keineswegs, man setzt außerdem noch kleine Mengen von Katalysatoren zu, meistens Mangansalze, welche die Wirkung des Sauerstoffs noch über das normale Maß hinaus verstärken sollen.

Außer dieser Bäuche unter Mitwirkung von Oxydationsmitteln kennen wir noch eine andere, welche sich des Natriumsuperoxyds in Verbindung mit einer gesonderten Behandlung mit Hypochloriten bedient. Diese Bleiche wurde von Mohr[2]) eingeführt und besteht zunächst in einer sehr gründlichen Entschlichtung, wozu die Zittauer Maschinenfabrik, welche die Apparaturen zur Mohrschen Bleiche baut, eine sogen. Intensiv-Imprägniermaschine konstruiert hat. Nach dieser Entschlichtung wird die Ware in einem Kessel unter Flottendruck gechlort, dann in einer heißen Lösung von Natriumsuperoxyd bei 60—70° C behandelt, worauf zum Schluß geseift wird. Kochen unter Druck kommt also bei diesem Verfahren in Wegfall, wodurch große Ersparnisse erzielt werden, da das Kochen unter Druck ein kräftig dampfverbrauchender, daher kostspieliger Prozeß ist. Es soll auf das Mohr'sche Bleichverfahren später noch eingehender zurückgekommen werden.

In neuester Zeit wurde die Beobachtung gemacht (R. Haller und R. Dax), daß durch Zusatz von sauerstoffabspaltenden Körpern zur alkalischen Bäuchlauge eine viel weitgehendere Reinigung der Baumwolle stattfindet, als mit Ätzlauge allein[3]). Für diese Art von Bleiche eignet sich vorzüglich das p-Toluol-sulfonchloramidnatrium („Aktivin"), das gerade in alkalischer Lösung nur sehr langsam Sauerstoff abspaltet, wodurch eine Schädigung der Faser nahezu vollkommen vermieden wird. Man verwendet von dieser Substanz etwa 4 kg pro Kesselfüllung, d. h. für etwa 100 bis 120 Stück Baumwolltuch von je 120 m Länge, und erreicht damit eine Ware von höherem Weißgehalt, als es durch Kochung in Lauge allein. Dieses Verfahren gestattet vor allen Dingen die Anwendung schwächerer Bäuchlaugen; außerdem kann die Zeit der Kochung wesentlich, bis auf 3 Stunden, abgekürzt werden.

Es hat sich im Verlaufe der Untersuchung über die Verwendung von „Aktivin" als Zusatz zur alkalischen Bäuchflotte ergeben, daß diese Substanz ausschließlich von den Begleitsubstanzen der Rohbaumwolle konsumiert wird. Sogar ein Zusatz von 5 kg per Kesselfüllung von 2000 kg ergibt bei der Festigkeitsprüfung keinerlei Abnahme der Festigkeit, im Gegenteil zeigte sich laut Aufstellung S. 35 eine geringe Festigkeitszunahme[4]).

Durch diese kurze Übersicht über die Wirkung des Bäuchprozesses wird ohne weiteres klar, daß alle Möglichkeiten, auf einfacherem Wege zu höheren Bäucheffekten zu gelangen, noch keineswegs erschöpft sind. Was früher als besonders gefährlich nach Tunlichkeit zu vermeiden gesucht wurde, wird in anderen

---

[1]) Dr. Müller: D.R.P. 240037, 242296.

[2]) D. R. P. 311546; siehe auch H. Korte: Beiträge zur Kenntnis der Mohrbleiche. Leipziger Monatsschrift für Textilindustrie 1927, Heft 10, S. 450—453.

[3]) R. Haller und R. Dax im Jahre 1926 im Werk II der Firma Gebrüder Jentzsch A.-G. (vormals Kattundruckfabrik Bernhard Hanneck), Großenhain i. Sa.

[4]) Privatmitteilung von Prof. Dr. Krais (Forschungsinstitut Dresden).

Fällen unmittelbar im Streben nach optimaler Bäuchwirkung angewendet, ohne Nachteile zu beobachten.

	I		II		III	
	Kette	Schuß	Kette	Schuß	Kette	Schuß
Bruchbelastung in kg. . .	13,28	12,29	13,98	12,57	14,99	12,68
Gleichmäßigkeit der Festigkeit in %.	95,4	96,4	97,9	79,2	97,6	94,5
Dehnung in %	4,5	13,46	4,4	13,10	5,0	14,56

I. Normal gebäucht ohne Aktivinzusatz. 4 Std. Kochdauer.
II. Wie I gebäucht + 5 kg Aktivin.
III. Entschlichtet mit Aktivin 2 g per l. Gebäucht unter Zusatz von 5 kg Aktivin wie II.

c) Das Säuern.

Behandlung mit Säuren ist im Verlauf der Bleichoperationen unerläßlich. Je nach den angewendeten Verfahren wird ein Säuern der Ware häufiger oder seltener stattfinden. Ganz allgemein üblich ist es, die gebäuchte Ware nach dem Waschen noch mit Säure zu behandeln. Vor allem bezweckt man damit die Neutralisation der geringen in dem Gewebe verbleibenden Mengen Alkali. Wird zur Bäuche neben Ätzlaugen eine vorbereitende Kochung in Kalk ausgeführt, so ist ein Säuern deshalb unerläßlich, weil geringe Mengen festen Kalziumhydroxyds trotz gründlichen Waschens auf der Ware bleiben würden, was besonders bei gewissen Artikeln — ich nenne hier nur Anilinschwarz — unangenehme Fleckenbildung zur Folge haben müßte. Für Kalkbäuchen ist Salzsäure der Schwefelsäure vorzuziehen, da sie lösliche Kalksalze bildet. Zum Absäuern von in Natronlauge gekochter Ware ist Schwefelsäure oder Salzsäure verwendbar, man wird aber vorsichtigerweise die letztere bei allen Säureoperationen verwenden, da sie im Gegensatz zu Schwefelsäure leichter flüchtig ist, daher die Gefahr beim Antrocknen von Geweben nicht so groß ist, wie bei Anwendung von Schwefelsäure. Wie vorsichtig man bei der Säurebehandlung sein muß, geht aus einer Beobachtung Zänkers[1]) hervor, der trotz wochenlangem Auswaschen von schwefelsäurehaltigen Geweben dieselben nicht säurefrei machen konnte. Welche Wirkungen aber verdünnte Säuren beim Eintrocknen auf Geweben hervorrufen, wurde in der Einleitung erwähnt. Nach Kind[2]) soll Salzsäure schwerer auswaschbar sein als Schwefelsäure. Es möge hier noch darauf hingewiesen werden, daß die sogenannten „Bleichflecken" meistens auf Behandlung mit Säure durch nachheriges Waschen aus der Ware verschwinden, sofern sie aus Niederschlägen bestehen, die durch ungleichmäßige Zirkulation der Flotte entstanden sind.

Für die Beurteilung des Gehaltes der in Verwendung tretenden Säuren ist titrimetrische Bestimmung und Kontrolle unbedingt erforderlich. Es ist bedenklich, die Stärke der Säure mit dem Aräometer zu prüfen, da die sich bildenden Salze einen ganz anderen Gehalt vortäuschen können, als tatsächlich vorhanden.

Die in der Bleiche angewandten Säurestärken werden 1^0 Bé in den allerwenigsten Fällen kaum übersteigen.

Außerordentlich wichtig ist ferner, die gesäuerte Ware nach dem Auswaschen mittels Lakmuspapier auf Säuregehalt zu kontrollieren.

Während früher nur kalte Säuren zur Anwendung gelangten, hat Freiberger die Verwendung höherer Temperaturen beim Säuern vorgeschlagen und auch mit Erfolg bei seinen Bleichanordnungen verwendet. Er kommt in diesem Falle mit Konzentrationen von $1/2^0$ Bé aus und erreicht in kürzerer Zeit denselben

[1]) Färber-Ztg. 1916, Heft 23. [2]) Bleichen der Pflanzenfasern 1922, S. 105.

Effekt als mit kalten Säuren von 1—2° Bé. Der große Vorteil der Verwendung warmer Säure besteht darin, daß das bei kalter Säure unerläßliche Zwischenlagern der Ware vermieden wird, wodurch man in kontinuierlicher Arbeit an Zeit spart.

d) Das Bleichen.

Die älteste bleichende Operation ist die Rasenbleiche. Wie schon in der Einleitung erwähnt, wurde die Ware, welche vorher eine Bäuche durchgemacht hatte, breit auf Rasen gelegt und dort unter wiederholtem Besprengen mit Wasser der Wirkung der Sonnenstrahlen ausgesetzt. Auch heute noch wird diese Methode, wohl als die schonendste Bleichart, bei Hauswäsche und auch in kleinen industriellen Betrieben angewandt. Ihr Nachteil besteht vor allem in der langen Dauer, dann in der Abhängigkeit von der Witterung. Die bleichende Substanz bei der Rasenbleiche ist wohl neben geringen Mengen Ozon, das in der Atmosphäre durch elektrische Entladungen entsteht, vorzugsweise im Wasserstoffsuperoxyd, das sich aus Wasser und Luftsauerstoff bildet, vielleicht auch in der höheren Aktivität des der Pflanzenassimilation entstammenden Sauerstoffs zu suchen. Untersuchungen, ob die Bleichwirkung beim Legen der Ware auf Rasen oder auf eine tote Unterlage dieselbe ist, sind noch nicht bekannt geworden.

Die Einführung der Hypochlorite in die Bleichtechnik gestattet ein viel rascheres Arbeiten, dann eine Bleiche ohne Abhängigkeit von der Witterung.

Man könnte dieses Kapitel daher ebensogut mit „Das Chloren" betiteln, da ja im Grunde genommen für die Bleiche der Baumwolle kaum andere Substanzen in Betracht kommen als Chlorverbindungen. Im allgemeinen muß hervorgehoben werden, daß für die Bleiche von vegetabilischen Fasern ausschließlich Oxydationsmittel in Betracht kommen. Reduktionsmittel, auch die außerordentlich energisch wirkenden Hydrosulfite, können den Effekt einer Chlorbleiche niemals bewirken.

Die Wirkung der unterchlorigsauren Salze, welche im Großen für die Bleiche angewendet werden, läßt sich durch folgende Gleichung darstellen:

$$H_2CO_3 + 2\,Ca\begin{matrix}\diagup OCl\\ \diagdown Cl\end{matrix} = 2\,HOCl + CaCO_3 + CaCl_2$$

$$2\,HOCl = 2\,HCl + O\,.$$

Freies Chlor entsteht also nicht, sondern das bleichende Prinzip ist der sich bildende aktive Sauerstoff. Auch das Chlorwasser wirkt in demselben Sinne:

$$Cl_2 + H_2O = HCl + HOCl.$$

Wir sehen, daß bei der Reaktion freie Salzsäure entsteht, welche allerdings nach zwei Seiten hin zur Neubildung von unterchloriger Säure Veranlassung gibt. Einerseits nach der Gleichung:

$$2\,HCl + CaCO_3 = CaCl_2 + H_2CO_3,$$

wobei die entstehende Kohlensäure auf weitere Mengen Chlorkalk unter Abspaltung von unterchloriger Säure wirkt, und andererseits durch direkte Einwirkung auf neue Mengen Chlorkalk:

$$2\,HCl + 2\,CaOCl_2 = CaCl_2 + HOCl + HCl.$$

Lunge[1]) hat darauf hingewiesen, daß das Entstehen freier Salzsäure unter Umständen die Ware schädlich beeinflussen könne, und hat den Vorschlag gemacht, den Prozeß der Abspaltung der unterchlorigen Säure von der Kohlensäure der

---

[1]) D. R. P. 31741.

Luft dadurch unabhängig zu machen, daß kleine Mengen Essigsäure zur Chlorkalklösung zugesetzt werden. Im Grunde genommen wurde dadurch ein Vorteil kaum erzielt, da freie Salzsäure ja kaum bestehen bleibt. In einem Falle wirkt dieselbe auf das Kalziumkarbonat oder auf neue Mengen Chlorkalk, im anderen Falle auf das gebildete essigsaure Kalzium unter Abspaltung von Essigsäure.

Von unterchlorigsauren Salzen verwendet man in der Bleiche vorzugsweise den Chlorkalk; die Lösung desselben muß vollkommen klar sein und frei von suspendierten Teilen, welche auf der Ware schwere Schädigungen, oft vollkommene Zerstörung des Gewebes hervorrufen können. Die Lösung erfolgt am besten in eigens konstruierten Chlorkalklösern, die aus perforierten, verbleiten Trommeln bestehen, welche mit Chlorkalk gefüllt in Wasser laufen.

In neuerer Zeit wird vielfach unterchlorigsaures Natron verwendet, das in Lösungen von 25^0 Bé im Handel zu haben ist oder im Unternehmen selbst durch vorsichtiges Einleiten von Chlorgas in gekühlte Natronlauge hergestellt werden kann.

Im allgemeinen zeigen die Lösungen unterchlorigsauerer Salze beim Aufbewahren eine Abnahme der Bleichwirkung, welche ihre Ursache in der Bildung freier unterchloriger Säure hat, die wiederum zur Bildung von Chlorat, einer Substanz, welcher als solcher keinerlei Bleichwert zukommt, Veranlassung gibt. Man beugt dieser Zersetzung am besten dadurch vor, daß man den Hypochloritlösungen geringe Mengen Alkali zusetzt.

Man beobachtet bei der Bleiche mit unterchlorigsauren Salzen, daß die Bleichwirkung einer älteren, schon verwendeten Bleichlauge kräftiger ist als diejenige einer frisch bereiteten. Diese Erscheinung erklärt sich aus der Art des Bleichvorgangs selbst, da die Wirkung der Bleiche auf der Oxydationswirkung aktiven Sauerstoffs beruht, der die Aufgabe hat, möglichst ausschließlich auf die Begleitkörper der Zellulose, die organischen Ursprungs sind, einzuwirken; so werden als Oxydationsprodukte organische Säuren, vielleicht Oxalsäure, sicher aber Kohlensäure entstehen, welche, wie wir gesehen haben, die Bleichlaugen aktivieren. Man wird daher die Bleiche wesentlich beschleunigen, wenn man zu alten Bleichlaugen sukzessive frisches Hypochlorit zugibt.

Diese Beobachtungen haben von den bisher alkalisch oder neutral verwendeten Chlorlaugen zur Verwendung saurer Hypochloritlösungen hingeführt. Freiberger[1]) empfiehlt Chlorlösungen von 0,03 g aktivem Chlor per Liter unter Zusatz von 7 g Schwefelsäure, worin die Ware bei einer Temperatur von 37^0 C behandelt werden soll.

Die auch heute noch meistens angewendete Methode des Chlorens gebäuchter Ware besteht im Durchnehmen der nach der Bäuche gut gewaschenen, eventuell gesäuerten und darauf gründlich gespülten Gewebe, im Strang durch eine Lösung von unterchlorigsaurem Salz in der Stärke von $^1/_2$—$^3/_4{}^0$ Bé. Die Ware wird dann abgelegt und sich selbst überlassen, wobei die Kohlensäure der Luft Gelegenheit hat, ihre Wirkung zu äußern. Hierbei soll auf einen Umstand aufmerksam gemacht werden, der bei der Ablage hypochlorithaltiger Waren zu beachten ist. Es muß Sorge getragen werden, daß das Bleichgut nirgends von direktem Sonnenlicht bestrahlt wird, da an solchen Stellen Schwächung des Fadens eintreten kann. Man wollte diese Wirkung früher auf die chemisch aktiven blauen Strahlen schieben, die angeblich durch katalytische Wirkung auf die Chlorlösung eine energischere Wirkung an den bestrahlten Stellen auslösen sollten. Kind[2]) ist geneigt, diese Wirkung mehr der Temperaturerhöhung an den durch

[1]) D. R. P. 281581. Zeitschr. f. angew. Chem. 1916, S. 397.
[2]) Bleichen der Pflanzenfasern S. 155. 1922.

die Belichtung getroffenen Stellen zuzuschreiben, wodurch außer einer kräftiger werdenden Dissoziation auch Konzentration der Bleichlösung erfolgt. Es wurde sogar vorgeschlagen, um die Bleichwirkung zu beschleunigen, die Ware eine Atmosphäre mit Kohlensäure passieren zu lassen[1]); ja sogar Essigsäuredämpfe[2]) wurden zu diesem Zwecke empfohlen, ohne daß diese Vorschläge in der Praxis Eingang gefunden hätten. Nach etwa 12stündigem Liegen wird die Ware kontinuierlich, entweder im Strang oder breit, durch eine schwache Säurelösung 1° Bé genommen und wiederum abgelegt. Während dieser Zeit findet eine weitere Steigerung der Bleichwirkung statt, da noch unzersetzt gebliebene Anteile unterchlorigsauren Salzes nun vollends gespalten werden. Ab und zu wird die Operation des Chlorens zu beschleunigen gesucht, indem man entweder saure Chlorbäder von vornherein verwendet und so ein zweimaliges Ablegen der Ware vermeidet, oder aber die Säurepassage unmittelbar auf das Chloren folgen läßt, was gleichfalls ein wiederholtes Ablegen entbehrlich macht. Es sei aber bemerkt, daß besonders für Strangbleiche die Bleichoperation mit zweimaliger Warenablage deshalb bessere Resultate gibt, weil sowohl Hypochlorit wie später auch Säure Gelegenheit haben, auf die gesamte Fasersubstanz zu wirken, wodurch ein absolut gleichmäßiger Bleicheffekt gewährleistet ist.

Es wurde schon oben erwähnt, daß Freiberger angesäuerte Hypochloritlösungen bei etwas erhöhter Temperatur zum Chloren verwendet. Trotz der entschieden höheren Zersetzlichkeit der Lösungen unterchlorigsaurer Salze bei höherer Temperatur lag der Gedanke, erwärmte Bleichlaugen zu benutzen, schon deshalb nahe, weil dadurch Aussicht vorhanden war, die Dauer der Einwirkung zu verringern. Die Gefahr der Oxyzellulosebildung und damit der Schädigung der Faser verlangte naturgemäß große Vorsicht in der Anwendung derartiger Bäder. Vorsichtigerweise wird man schwächere Konzentrationen als bei der Kaltbleiche anwenden, wobei aber Wert darauf gelegt werden muß, die Ware infolge der intensiveren Wirkung in Bewegung zu erhalten, was bei Garnen durch Umziehen, bei Geweben durch kontinuierliche Passage durch eine Maschine in breitem Zustande bewirkt wird. Warmchloren von Stückware im Strang ist wegen der ungleichen Angriffe auf die Verunreinigungen der Ware nicht empfehlenswert. Deshalb hat auch Freiberger eine Warmbleiche[3]) nur für Breit-Kontinuebetrieb empfohlen.

Einer besonderen Art der Warmbleiche verdient hier noch Erwähnung getan zu werden, es ist das „Trockenchlor", das allerdings im eigentlichen Bleichereibetriebe kaum zur Anwendung kommt, sondern vielmehr dazu dient, in der Druckerei das Weiß der bedruckten Waren zu verbessern. Es besteht darin, daß man die Ware in einer sehr verdünnten Hypochloritlösung (es kommt hierfür ausschließlich das Natriumsalz in Betracht) imprägniert und so über die geheizten Trommeln einer Trockenmaschine laufen läßt. Die Konzentration der Chlorlösung soll $^1/_2$° Bé nicht übersteigen und richtet sich dieselbe nach der Art der Farbstoffe auf der zu reinigenden Ware.

Zur Verstärkung der Bleichwirkung versuchte man der Bleichlauge alle möglichen Zusätze zu machen, die aber in den wenigsten Fällen den erwarteten Erfolg hatten. Es waren solche salzartiger Natur, welche vielfach die Zersetzlichkeit der Bleichlauge erhöhten, womit zwar anfangs intensivere Bleichwirkung, doch allzu rasche Erschöpfung der Bleichlauge hervorgerufen wurde. Zusätze organischen Ursprungs waren deshalb außerordentlich problematischer Natur, weil schließlich ein großer Teil des aktiven Sauerstoffs nicht nur zur Verbrennung der organischen

---

[1]) Thompson u. Rickmann: D. R. P. 26839 u. 30830.

[2]) Hadfield-Sumen: D. R. P. 107093.

[3]) Zeitschr. f. angew. Chem. 1916, S. 397.

Verunreinigungen der Baumwolle, sondern ebensogut zur chemischen Veränderung der bleichfördernden Zusätze verbraucht werden konnte. Zusätze von Türkischrotöl, wie sie beispielsweise Erban empfahl, dürften ihre Wirkung mehr der gründlichen Netzwirkung und daher besseren Durchdringung des Bleichgutes als höherer Aktivierung der Bleichlösungen zu verdanken haben[1]). Kombination von Hypochloriten mit Malzauszügen, wie sie durch das D.R.P. 279993 empfohlen werden, haben keinerlei Bedeutung, da das wirksame Prinzip, das diastatische Ferment, von den unterchlorigsauren Salzen rasch unwirksam gemacht wird.

In anderer, oft unerwünschter Weise kann die Wirkung der Bleichlaugen beschleunigt werden, indem der Flotte selbst Zusätze zugegeben werden, welche katalytisch zu wirken vermögen. Es handelt sich hier vorzugsweise um Metallsalze oder Metalloxyde; Kupferoxyd z. B. kann, in die Ware abgelagert, beim Chloren ein Brüchigwerden der Ware verursachen. Ähnlich wirken auch Eisenoxyde, in geringerem Grade Blei.

Bei richtig geleiteter Chlorierung ist es bei Baumwolle kaum erforderlich, eventuell in der Ware zurückgebliebene Spuren von Hypochloriten durch Behandeln mit Entchlorierungsmitteln, wie Natriumthiosulfat, unschädlich zu machen. Die Mengen wären so klein, daß sie auch beim Trocknen der Ware keinerlei schädliche Einflüsse auf die Faser ausübten, vielmehr als schwaches Trockenchlor das Weiß möglicherweise noch verbessern könnten. Sollte sich aber aus irgendeinem Grunde eine derartige Operation nötig machen, so empfiehlt es sich, als Entchlorierungsmittel Ammoniak zu verwenden, das nebenbei noch allenfalls vorhandene Spuren von Säuren neutralisiert. Da das Baumwollsamenhaar viel geringere Mengen stickstoffhaltiger Begleitkörper enthält als beispielsweise der Hanf und der Flachs, bei welch letzteren Pflanzenfasern die Bildung von Chloreiweißverbindungen eine nicht zu unterschätzende Rolle spielt[2]), ist eine regelmäßige sorgfältige Entchlorung nicht vonnöten.

Aus dem Gesagten geht hervor, daß die Anwendung von unterchlorigsauren Salzen seinerzeit zwar einen großen Fortschritt bedeutete, daß aber deren Anwendung immerhin eine Reihe von Nachteilen im Gefolge hat, die zu vermeiden im Interesse einer rascheren und für die Faser ungefährlicheren Arbeitsweise sehr wünschenswert wäre.

Als Ersatz für dieselben kommen die heute zu einem annehmbaren Preis im Handel befindlichen Peroxyde und Persalze, wie Wasserstoffperoxyd, Natriumperoxyd, dann die Perborate und Persulfate und neuerdings auch die Perkarbonate in Betracht.

Wasserstoffsuperoxyd hat in der Bleiche der Baumwolle bis heute keinerlei Bedeutung erlangen können, wogegen es für Wolle und auch für Leinen vielfach gebraucht wird.

Anders verhält es sich jedoch mit Natriumsuperoxyd, welches Produkt schon früher vielfach zur Bleiche empfohlen wurde, sich aber Eingang in die Technik deshalb nicht verschaffen konnte, weil die Aufbewahrung des Präparates infolge seiner hohen Zersetzlichkeit, dann seiner Feuergefährlichkeit wegen auf Schwierigkeiten stieß. Es wurde daher versucht, die Stabilität des damit angesetzten Bleichbades durch Zusatz von Metallsalzen zu erhöhen, und es ergab sich, daß Magnesiumsalze, sowie auch Chlorkalzium dafür sehr geeignet waren[3]).

Aber erst durch das Verfahren der Deutschen Gold- und Silber-Scheideanstalt[4]) wurde eine Methode bekannt, welche Aussicht hatte, in der Bleichereitechnik Fuß zu fassen. Die Arbeitsweise ist eine außerordentlich einfache.

---

[1]) Vgl. hierzu Kind: Das Bleichen von Pflanzenfasern S. 160. 1922.
[2]) Vgl. hierzu Kind: Das Bleichen von Pflanzenfasern S. 168–172.
[3]) D. R. P. 74113. [4]) D. R. P. 284761.

Die nur entschlichtete Ware wird in einen zementierten Trog eingelegt, wo sie auf einen Rost zu liegen kommt, unter welchem sich ein freier Raum befindet, der eine verzinnte Heizschlange enthält. Die Natriumsuperoxdylösung wird in einer Stärke von 5—10 g per Liter über die Ware gegossen, mittels einer Pumpe unten abgesaugt und oben wieder auffließen gelassen. Während dieser Zirkulation der Flüssigkeit wird langsam auf 60—70° C erwärmt. In etwa 4—6 Stunden ist der Prozeß beendet.

Man erkennt, daß hier ein Bäuchprozeß und die Bleiche in einer Operation vereinigt sind. Die Zersetzung des Natriumsuperoxyds erzeugt Natronlauge, welche gemeinsam mit der oxydierenden Wirkung des frei werdenden Sauerstoffs die Begleitkörper der Baumwolle von der Faser entfernt. Der zu raschen Zersetzung soll durch einen Zusatz von kolloiden Metalloxyden oder Silikaten entgegengearbeitet werden, hierzu soll sich Magnesiumsilikat besonders eignen.

In ähnlicher Weise arbeitet ein Verfahren der Chem. Fabrik Grünau[1]), nur daß hier als Oxydationsmittel Natriumperborat in alkalischer Lösung verwendet wird. Dabei kommt vorteilhaft auch ungebäuchte Ware zur Behandlung. Urteile aus der Praxis sind über dieses Verfahren nicht bekannt geworden.

Bei allen diesen Verfahren spielt die Stabilität der Lösungen eine bedeutende Rolle. Es liegt auf der Hand, daß man rasche Abspaltung des aktiven Sauerstoffs möglichst hintanzuhalten bestrebt sein muß, da das restlose Entfernen der färbenden Substanzen der Baumwollfaser eine gewisse Zeit erfordert. In dieser Hinsicht ist die Behandlung mit unterchlorigsauren Salzen weit einfacher und im Erfolg sicherer.

Andere Verfahren verwenden als Stabilisatoren Zusätze von Türkischrotöl oder Seife[2]); Zugabe von Zinn- oder Titanverbindungen[3]) sollen sich als ebenfalls vorteilhaft erwiesen haben. Auch Aluminiumsalze stabilisieren Peroxydlösungen[4]). Erhöhung der Alkalinität der Persalzlösungen wirkt der Zersetzlichkeit entgegen; man kann dieselbe durch Zusatz von Silikaten, Pyrophosphaten, Phosphaten und Boraten bewirken.

Den Stabilisatoren organischer Natur muß man mit einem gewissen Mißtrauen deshalb begegnen, weil noch keineswegs nachgewiesen ist, daß dieselben nicht selbst einen Teil des für die Bleiche bestimmten Sauerstoffs für ihre eigene Oxydation in Beschlag nehmen. Es ist keineswegs von der Hand zu weisen, daß sich eine Bleiche von ungebäuchter Baumwolle ohne jeden Zusatz von Stabilisatoren zur Lösung der Superoxyde deshalb als die günstigste Ausführung des Verfahrens ergeben wird, weil das sich aus dem Bleichmittel abspaltende Alkali die natürlichen Fette der Baumwollfaser verseift, welche als solche eventuell als Stabilisatoren wirken. Hier würde also der Reinigungsprozeß aus der Faser selbst das Material liefern, das der zu rapiden Zersetzung der Bleichlauge entgegenwirkt.

C. Untersuchungsmethoden für gebleichte Ware.

a) Die Bestimmung des Weißgehaltes der Bleichware.

Für den Bleicher ist außerordentlich wertvoll zu wissen, welchen Bleicheffekt er mit der von ihm angewendeten Bleiche erzielen kann. Bis vor kurzem war man nicht in der Lage, dafür zahlenmäßige Anhaltspunkte beizubringen; die Bestimmung des Weiß geschah meistens durch Vergleich mit einem als vorzüglich bekannten Muster. Würde man alle diese als Vorlagen für ein gutes Weiß ver-

---

1) D. R. P. 17453. 2) D. R. P. 250261. 3) D. R. P. 271155.
4) Haller: Textile Forschung 1920, 1921.

wendeten Baumwollproben miteinander vergleichen, so würde das geübte Auge sicherlich auch hier bestimmte Unterschiede feststellen können; die eine Probe würde grau, die andere wiederum gelblich, wieder eine andere bläulich aussehen. Einen Maßstab für die richtige Beurteilung eines erzielten Bleicheffektes können daher solche Proben niemals abgeben.

Es war verständlich, wenn verschiedentlich Vorschläge zur Normierung der verschiedenen Reinheitsgrade von Bleichwaren gemacht wurden, die aber bisher keinerlei allgemeine Verwendung in der Praxis haben finden können.

Freiberger[1]) unter anderen schlug vor, rein weiß gebleichte Lappen mit verdünnten Bleichlaugen zu imprägnieren und so eine Skala verschiedener Weißgehalte zu konstruieren. Abgesehen davon, daß das Ausgangsweiß, wie schon erwähnt, kein feststehender Begriff war, wechselt die Zusammensetzung der Bäuchlaugen wohl bei jeder Bleichpartie; ebenso würden derartige Bäuchlaugen, die zur Rekonstruktion abgegriffener Proben aufbewahrt werden müßten, ihre Zusammensetzung infolge ihrer kolloiden Beschaffenheit ändern, so daß mit einer Erneuerung des Vergleichsmaterials übereinstimmend mit den Urproben nicht gerechnet werden könnte.

Einen sicheren Vergleich gestattet die Grauleiter von Ostwald[2]), obwohl die Erfahrung lehrt, daß gerade die Weiß mit geringem Schwarzgehalt außerordentlich schwer durch Vergleich mit den neutralen Grau der hohen Weißgehalte zu bestimmen sind, und mit derartigem Weiß hat man es in der Bleicherei vorzugsweise zu tun.

Genauere Resultate erhält man mit dem Halbschattenphotometer von Ostwald[3]), welches gestattet, die Helligkeit einer Bleichprobe mit der des von Ostwald als 100 proz. Weiß festgelegten feuchten Bariumsulfates zu vergleichen. Der Apparat ermöglicht, den Weißgehalt in Prozenten direkt abzulesen, so daß man die Möglichkeit hat, den Bleichgrad zahlenmäßig festzulegen. Die Konstruktion der Vorrichtung ist aber derart, daß es einer verhältnismäßig langen Übung bedarf, bis man damit zuverlässige Resultate erzielt. Langes Arbeiten mit dem Halbschattenphotometer ermüdet außerordentlich. Ferner ist es sehr wichtig, stets annähernd gleiche Belichtung zu haben, da jede Schwankung in der Intensität des Lichtes, z. B. das Vorüberziehen einer Wolke vor dem Gesichtsfeld genügt, um die Ablesungen ganz bedeutend zu beeinflussen. Am besten stellt man den Apparat so auf, daß nur diffuses Tageslicht in denselben hineinfällt, oder man arbeitet vor einer Mattscheibe.

Eine Vorrichtung, welche außerordentlich viel verspricht, ist von den Zeiß-Werken in Jena konstruiert worden. Dieses Stufen-Photometer gestattet Messungen des Weißgehaltes, auf Basis von Bariumsulfat mit 100 % Weiß, in ganz kurzer Zeit, wobei die Art der Beleuchtung ganz belanglos ist. Sogar bei künstlicher Beleuchtung erhält man vollkommen zuverlässige Resultate. Außerdem ist das Instrument, das Ähnlichkeit mit einem Mikroskop hat, außerordentlich handlich und kann, im Gegensatz zum Halbschattenphotometer, in allen Fabrikationsräumen aufgestellt werden[4]).

b) Untersuchung der Bleichware auf chemische Reinheit.

Wir haben oben gesehen, daß beim Außerachtlassen bestimmter Vorsichtsmaßregeln die Wirkung der Bleichoperationen auf die Festigkeit der Baumwollfaser von verhängnisvollem Einfluß sein kann. Nachlässigkeit in der Behandlung mit Säure gibt Veranlassung zur Bildung von Hydrozellulose; Anwesenheit von

---

[1]) Färber-Ztg. 1915, S. 319. [2]) Phys. Farblehre 1919, S. 93.
[3]) Textilber. 1923. [4]) Zeitschr. f. Instrumentenkunde Bd. 45, S. 35, 61, 109.

Sauerstoff unter bestimmten Bedingungen, insbesondere bei der alkalischen Kochung, führt die Baumwolle vollkommen oder teilweise in Oxyzellulose über.

Der Praktiker weiß, daß die Säureschäden die häufigeren sind und selten in der Weise entstehen, daß nach dem Säuern der Ware ungenügend ausgewaschen wird, sondern meist infolge unvorsichtigen Arbeitens mit Säure, die auf den Fußboden gelangt oder gar auf die Ware spritzt. Man wird daher jedes Aufbewahren von Säuren in den Bleichräumen selbst vermeiden und die Abfüllung möglichst außerhalb derselben vornehmen.

Bildung von Oxyzellulose kommt seltener vor. Wird die Ware im Kessel nicht sorgfältig genug eingestampft, so kann es vorkommen, daß Gewebeschlingen zwischen den Verspreizungen, welche die Ware stets unter der Flotte halten sollen, herausgerissen werden und mit Alkali beladen in den Dampfraum im Oberteil des Kessels gelangen. Bildung von Oxyzellulose wird mehr oder minder stets die Folge dieses Vorganges sein. Auch das Chloren mit zu konzentrierten Lösungen oder die Einwirkung direkten Sonnenlichtes auf gechlorte Ware kann die Bildung dieser Substanz zur Folge haben.

Während nun aber die Säureschäden sehr rasch, insbesondere bei den Trockenoperationen, erkennbar werden, treten die Nachteile der Oxyzellulosebildung oft erst im späteren Verlauf der Veredlungsoperationen auf. Hier sind es insbesondere das Dämpfen und das Seifen oder sonstige alkalische Bäder, welche die Schäden zutage treten lassen. Oft allerdings schleichen sich beschädigte Stücke bis zum Konsumenten durch, um dann dort in der Hauswäsche die unangenehmsten Überraschungen zu bereiten.

Für den Praktiker ist es nun sehr wichtig, beim Auftreten derartiger Schäden Mittel an der Hand zu haben, um festzustellen, welcher Art die Ursachen derselben sind.

Eine außerordentlich empfindliche Reaktion auf Säurespuren hat Briggs[1]) angegeben, fußend auf der Reaktion:

$$KJO_3 + 5\,KJ + 6\,HCl = 6\,KCl + 3\,H_2O + 6\,J.$$

Man löst 0,5 g jodsaures Kali sowie 3 g Jodkali in 50 cm^3 Wasser und gibt 50 cm^3 klare Stärkelösung zu, hierauf setzt man tropfenweise $^1/_{10}$ n-Salzsäure zu bis zur schwachen Blaufärbung und kocht, bis die Lösung dauernd farblos bleibt. Durch Betupfen der verdächtigen Ware gelingt es angeblich noch 0,01 g Schwefelsäure im Liter nachzuweisen.

Was zunächst den Nachweis der Hydrozellulose und damit der Schädigung durch Säuren anbelangt, so ist das erste, daß man sich an den morschen Stellen mit Lackmuspapier überzeugt, ob noch saure Reaktion vorhanden ist. Beim Aufpressen dieses Reagenspapieres auf die befeuchtete Ware wird man wohl in den meisten Fällen mehr oder weniger kräftig saure Reaktion erhalten. Ist Säurereaktion nicht mehr vorhanden, so bedarf es einer großen Zahl von Reaktionen, um Hydrozellulose zu diagnostizieren. Der Unterschied von Oxyzellulose ist gering und es ist oft sehr schwer, beide Abbauprodukte auseinanderzuhalten.

Das Reduktionsvermögen von Hydrozellulose ist schwächer als das der Oxyzellulose; während man bei letzterer mit alkalischer Kupferlösung stets intensive Färbung und Abscheidung von Kupferoxydul auch am Boden des Gefäßes feststellen wird, gibt Hydrozellulose kaum mehr als eine schwache gelbliche Färbung der blauen Lösung, dagegen mit dem Mikroskop nachweisbare Abscheidung von Kupferoxydul auf der Faser selbst.

Neßler's Reagens gibt mit Hydrozellulose eine schwach bräunliche Färbung, bei viel Hydrozellulose wird sie grau. Oxyzellulose gibt zwar dieselbe Far-

[1]) Journ. Soc. Chem. Ind. Bd. 16, S. 77.

benreaktion, aber viel kräftiger. Hydrozellulose netzt sich in kaltem Wasser weit leichter als Oxyzellulose.

Schwalbe und Bay[1]) fanden, daß Hydrozellulose Fehling'sche Lösung viel langsamer entfärbt als Oxyzellulose. Es deckt sich damit eine Beobachtung des Verfassers, daß Indanthrengelb G von Hydrozellulose in alkalischer Lösung beim Kochen viel langsamer verküpt wird als von Oxyzellulose. Die Reaktion ist sehr auffallend, da die Küpe von Indanthrengelb R tief dunkelblau gefärbt ist.

Bezüglich der Oxyzellulose hat Witz[2]) eine besonders charakteristische Reaktion in der gegenüber unveränderter Zellulose stark erhöhten Färbbarkeit mit basischen Farbstoffen, insbesondere Methylenblau, gefunden. Ristenpart und Pfau[3]) haben auf Grund dieser Reaktion eine Methode zur zahlenmäßigen Festlegung des Oxyzellulosegehalts einer Bleichware ausgearbeitet. Der Quotient des Weißgehaltes der ungefärbten Ware und der in Methylenblau gefärbten, mit dem Ostwaldschen Chrometer gemessen, gibt einen Maßstab für den Oxyzellulosegehalt.

Außer der Methylenblaureaktion läßt sich die Anwesenheit von Oxyzellulose noch dadurch nachweisen, daß verdächtige Proben mit Natronlauge erwärmt werden. Intensive goldgelbe Färbung zeigt Oxyzellulose an, wobei zu bedenken ist, daß Hydrozellulose dieselbe Reaktion, obwohl weniger intensiv, gibt. Vergleichende Versuche geben hier den besten Aufschluß.

Wie schon erwähnt, läßt auch ein kräftiges Reduktionsvermögen, Fehlingscher Lösung gegenüber, die Anwesenheit von Oxyzellulose vermuten.

Eine einfache quantitative Bestimmung der Oxyzellulose wurde vom Forschungsinstitut Reutlingen[4]) mitgeteilt. Es ist bekannt, daß Oxyzellulose keine einheitliche Substanz ist, sondern zum Teil unveränderte Zellulose enthält. Man löst nun den einen Anteil durch Behandeln der Baumwolle in Natronlauge. In der Lösung bestimmt man den Gehalt an gelöster Substanz mit Kaliumpermanganat. Zur Kontrolle kann der ungelöste Anteil auf einem gewogenen Filter gesammelt, gut ausgewaschen und gravimetrisch bestimmt werden.

Ein sicheres Kennzeichen für Anwesenheit von Oxyzellulose ist das Gelbwerden von weißer Ware beim Dämpfen.

Charakteristisch soll nach Saget auch die geringere Aufnahmefähigkeit substantiver Farbstoffe durch Oxyzellulose sein, wobei z. B. Diaminblau 2 B als besonders empfindlich hervorgehoben wird.

Außer der Hydro- und Oxyzellulosebildung gibt es noch eine ganze Anzahl von Umständen, welche die Bleichware in ihrem Aussehen beeinträchtigen können.

Teerflecke kommen da häufig vor, wo zum Stempeln der Stücke zu große Mengen Stempelfarbe aufgepappt werden, die dann auf die übrigen Teile des Gewebes abklatschen. Hier hilft nur Ausputzen von Hand mit Benzol oder Benzin, und auch damit ist der Erfolg zweifelhaft. Vorbeugen ist hier besser als Reinigen.

Schimmelbildung (Bildung von Stockflecken) kann die Ware durch Verringerung der Festigkeit der befallenen Stellen außerordentlich schädigen. Die Myzelien des Schimmelpilzes verbrauchen nämlich zuerst die Begleitkörper der Baumwollfaser, um dann aber auch die Zellulose anzugreifen. Ein ausgezeichneter Nährboden für die Schimmelpilze ist die mit Stärke geschlichtete Kette, von wo aus dann auch die Infektion der benachbarten ungeschlichteten Gespinste erfolgt.

Außerordentlich bedenklich sind Mineralölflecke, meistens herrührend von unvorsichtiger Schmierung des Webstuhls; ein Mittel, mit Sicherheit diese Flecke aus der Ware zu entfernen, ist bisher noch nicht gefunden, obwohl eine große An-

[1]) Färber-Ztg. 1913, S. 433. [2]) Bull. Rouen 1882/83.
[3]) Leipz. Monatsschr. f. Textilind. XXXVIII. Jahrgang (1923).
[4]) Textilber. 1923, S. 333.

zahl von Zusätzen zur Bäuchflotte zu diesem Zwecke empfohlen werden. Auch hier hilft nur Behandlung von Hand; Scheurer will durch Einweichen von Mineralölflecken in Olivenöl vor dem Bäuchen Reinigung erzielt haben.

Sehr oft wird man auch in der Bleichware Rostflecken begegnen, die insbesondere beim Chloren, durch katalytische Beschleunigung der Spaltung des Hypochlorits oder anderer Bleichmittel, zu schweren Schädigungen Anlaß geben können. Auch hier, besonders bei alten Flecken, hilft meistens nur Reinigung von Hand, da das in der Bleiche übliche Säuern niemals völlige Lösung des Eisenoxyds zur Folge hat. Sehr rasch kommt man zum Ziel, wenn die Eisenflecken mit Hydrosulfitlösung behandelt werden. Das sich bildende Ferrohydroxyd ist dann schon durch Behandlung mit Essigsäure restlos von der Faser zu entfernen.

D. Die großproduktive Arbeitstechnik beim Bleichen.

a) Das Bleichen von Geweben.

Das Bleichen von Geweben im Großbetriebe geschieht möglichst kontinuierlich. Die zum Bleichen bestimmten Gewebe werden zu einer gemeinsamen Gewebebahn durch Zusammennähen der Enden miteinander verbunden und durchlaufen in dieser Weise die gesamten Operationen der Bleiche im allgemeinen im Strang. Bedauerlicherweise haben sich sämtliche bisher bekannt gewordenen Verfahren zum Bleichen von Geweben in breitem Zustande[1]) in der Praxis nicht durchzusetzen vermocht, da insbesondere die nicht zu umgehende Operation der Bäuche mit den bisher bekannt gewordenen Vorrichtungen nur für bestimmte, leichte Gewebearten brauchbare Resultate gibt. Es möge hier hervorgehoben werden, daß im Prinzip eine Bleiche in breitem Zustande die vollkommensten Resultate ergeben müßte; das Bestreben im Ausbau der Bleichoperationen muß daher dahin gehen, in erster Linie eine Bäuche in breitem Zustande zu ermöglichen. Alle anderen Operationen sind bei einzelnen Verfahren schon heute für den breiten Warengang eingestellt. Sind erst diese Schwierigkeiten überwunden, so wird auch die Lösung des Problems der kontinuierlichen Bäuche in breitem Zustande nur mehr eine Frage der Zeit sein. Anläufe in dieser Richtung sind zwar schon gemacht worden (es sei an die Bleiche von Tagliani-Rigamonti[2]) erinnert), doch ist der Bäucheffekt für die meisten Zwecke kein genügender. Vereinzelt in Anwendung ist jedoch der Breitbäuchapparat System Welter (gebaut von der Elsässischen Maschinenfabrik). Dieser Breitbäuchapparat ist ähnlich einem Mather-Platt-Schnelldämpfer, jedoch von bedeutend größeren Ausmaßen. Die Ware läuft in zwei Warenbreiten in den Apparat ein (doppelt übereinander), passiert dabei Natronlauge von 8^0 Bé und wird anschließend in einen wandernden Rost eingehängt, der einen Dampfraum bei 102^0 C in 35 Minuten durchläuft. Hierauf geht die Ware durch Wasser, wird abgespritzt und abgequetscht. Das nachfolgende Bleichen geschieht entweder als Strangbleiche oder breit auf dem Jigger. Die Produktion des Welterschen Breitbäuchapparates beträgt bei 8 Stunden Arbeitszeit 240 Stücke à 120 m.

Es kann sich im Folgenden nicht darum handeln, alle in der Praxis angewandten Bleichverfahren zu behandeln, denn jeder Unternehmer wird die Bleiche den zu verarbeitenden Warengattungen und der Art der Enderzeugnisse anpassen. Aufgabe dieses Kapitels kann es nur sein, einige der gebräuchlichsten Bleichen zu

[1]) Theis: Breitbleiche baumwollener Gewebe 1902.
[2]) D. R. P. 119605; vgl. auch Theis: Breitbleiche S. 40.

schildern, um Anordnung und Verlauf der einzelnen Bleichoperationen kennen zu lernen. Wer sich eingehender mit den vielen bekannt gewordenen Bleichverfahren befassen will, dem seien die beiden Monographien von Theis, die „Strangbleiche" und die „Breitbleiche baumwollener Gewebe"[1]) empfohlen.

Schon in der Einleitung wurde die Folge der Bleichoperationen genannt; Senge, Entschlichtung, Bäuche und Bleiche bilden diejenigen Behandlungen, welche wohl in den meisten Bleichereibetrieben organisch miteinander vereinigt sind. Man kann vielleicht einwenden, daß die Senge im Grunde genommen den Bleichoperationen nicht zugezählt werden dürfe, vielmehr der Appretur zuzuweisen sei. Da die Senge aber die einleitende Warenbehandlung ist, außerdem dort die zu einem Warengang zu vereinigenden Gewebepartien zusammengenäht werden, um im gemeinsamen Strang die Bleichoperationen zu durchlaufen, so ist die Einordnung der Senge in die Bleichoperationen berechtigt.

Die für die Bleiche bestimmten Waren (je nach der Breite und Länge der Stücke ist die Zahl derselben verschieden, normalerweise werden es 100—120 Stück zu 120 m sein, im Gesamtgewicht von 1500—2000 kg; bei gewissen Bleichverfahren kann die Warenmenge auf das Doppelte und mehr erhöht werden) werden zunächst an jedem Ende mit einem Stempel versehen, welcher die Warengattung, eventuell, wenn es sich um Lohnware handelt, die Anfangsbuchstaben des Auftragsgebers, dann die laufende Nummer der Warenpartie enthält, so daß die zu einer Partie Ware gehörenden Stücke während des ganzen Verlaufes der damit vorzunehmenden Behandlungen erkannt werden können. Ein mit der Partie gehender Laufzettel enthält alle die für diesen Posten notwendigen Vermerke, ob, je nach der Art der Ausrüstung, die Ware nur entschlichtet, entschlichtet und gebäucht (halbgebleicht) wird, oder ob dieselbe für vollständige Weißbleiche bestimmt ist.

Die Gewebe durchlaufen nun zunächst die Sengmaschine, deren Brenner gleichfalls der Warengattung entsprechend eingestellt sind; je nach der Ausrüstung wird die Ware einseitig oder zweiseitig gesengt.

Unmittelbar im Anschluß an die Senge erfolgt, ohne daß die Gewebe im allgemeinen abgelegt werden, die Entschlichtung, welche durch eine Passage in heißem Wasser mit nachfolgendem Abquetschen eingeleitet wird. Man bezweckt damit, vor allen Dingen die Gewebe für die dem Entschlichten dienenden Lösungen leichter durchdringbar zu machen.

Nach der Benetzung in heißem Wasser erfolgt sogleich das Durchnehmen durch das Entschlichtungsbad, das bei Anwendung von diastatischen Präparaten z. B. 5—10 g Diastaphor per Liter enthält. Letzteres hat eine Temperatur von 60—70°; man hält dieselbe möglichst ein, da höhere Temperatur das diastatische Ferment abschwächt oder unwirksam macht.

Statt der Malzauszüge kann, wie schon erwähnt, auch heiße Natronlauge von 1—1½° Bé oder aber die bereits einmal verwendete Bäuchflotte wieder verwendet werden. Im letzteren Falle gebraucht man am besten Entschlichtungsbäder, die auf 100° erhitzt sind, und erhält die Temperatur auf dieser Höhe.

Neuerdings wird zum Entschlichten auch das p-Toluol-sulfonchloramidnatrium (Aktivin s. S. 30) empfohlen, das in einer Stärke von 1—2 g per Liter kochend angewendet schon in der Entschlichtung eine bemerkenswerte Vorbleiche hervorruft[2]).

---

[1]) Verlag Krayn, Berlin 1902 u. 1905.

[2]) Siehe die Broschüre: Aktivin in der Textilindustrie der Chem. Fabrik Pyrgos G. m. b. H., Radebeul-Dresden (Schrift Nr. 70). Ferner: Dr. Richard Feibelmann, Bemerkung zu der Abhandlung Studien über Schlichten und Entschlichten von Dr. M. Nopitsch; Melliands Textilberichte, Jahrg. 1927, S. 714—715.

Im allgemeinen werden die Gewebe nach dem Durchnehmen durch die Entschlichtungsbäder entweder auf Haufen abgelegt oder dann in hölzerne Kasten eingepackt. Letzteres empfiehlt sich dort, wo man eine anhaltendere Einwirkung des Entschlichtungsmittels bei möglichster Erhaltung der Temperatur des Entschlichtungsbades erzielen will, also bei Malzauszügen und bei Aktivinbehandlung. Die Ware bleibt in der einen oder anderen Weise längere Zeit, 12—24 Stunden, gelagert, um dann gründlich auf der Waschmaschine gewaschen zu werden, damit sich die durch die Entschlichtung veränderten Schlichtemittel wegspülen. Dieses Waschen kann, je nachdem die Entschlichtung vorgenommen wurde, in der Strang- oder Breitwaschmaschine mit viel Wasser erfolgen.

Die bisherige Arbeit ist mit entsprechenden Einrichtungen sehr gut in breitem Zustande ausführbar, obwohl die Apparaturen meistens für das Arbeiten im Strang eingestellt sind.

Nach dem Lagern und Waschen wird die Ware, ohne abzulegen, in den Bäuchkessel eingelegt. Dieses Einlegen in den stehenden Hochdruckkessel vereinigt man bei einer Bäuche, bei der als erste eine Kochung in Kalk vorgesehen ist, mit der Imprägnierung in einer Kalkmilch von 15 g Kalk per Liter Wasser, wobei die Ware vorher auf der Waschmaschine oder auch noch auf einer an diese angeschlossenen Abquetschvorrichtung gut ausgepreßt wird. Das Einlagern der Ware in den Kessel hat sehr sorgfältig zu erfolgen und die Warenfalten sind so zu legen, daß möglichst gleichmäßige Zwischenräume zustande kommen. Die Kochlauge soll überall durchaus eindringen können, um ihre Wirkung auf die Gewebe in gleichmäßiger Weise auszuüben. Ungleiche Zwischenräume zwischen den Warenlagen würden zur Folge haben, daß die Bäuchlauge den Weg des geringsten Widerstandes nimmt und die geräumigeren Zwischenräume passieren wird, die engeren ungenügend berührend. Ungleichmäßiger Bäucheffekt ist auf diese Weise unvermeidlich.

Das Einlegen der Ware geschieht noch vielfach von Hand dadurch, daß ein Arbeiter im Kessel selbst den kontinuierlich zulaufenden Warenstrang mit einem Stocke in kleinen Lagen im Kessel möglichst gleichmäßig anordnet (einwedelt) und die Gewebeschichten gleichzeitig im Kessel feststampft. Neuerdings wurde von Mathesius ein eigener Rüsselapparat gebaut, bestehend aus einer kupfernen Röhre, die über der Kesselöffnung beweglich angebracht ist. Die Ware wird durch diese Röhre, die verlängert und verkürzt werden kann und von einem außerhalb des Kessels stehenden Arbeiter bedient wird, gewissermaßen von der zum Bäuchen bestimmten Lauge in den Kessel in Form recht kleiner Falten hineingespült. Damit wird die Ware gleichzeitig mit der Lauge in den Kessel gebracht, was naturgemäß eine gleichmäßige Durchtränkung des Bleichgutes mit der Bäuchflüssigkeit gewährleistet.

Ist der Kessel voll, so wird die Oberfläche der Ware mit Tüchern abgedeckt; darauf kommen hölzerne Verspreizungen, die oft noch durch einen Riegel festgehalten werden. Diese Vorsorge ist notwendig, um dem Auftrieb der Ware beim Zufließenlassen der Bäuchlauge entgegenzuarbeiten. Das Abdecken hat sorgfältig zu geschehen, um die Möglichkeit, daß während des Kochprozesses Warenschlingen in den oberen Dampfraum des Kessels gelangen, auszuschalten. Aus Früherem ist bekannt, daß in solchen Fällen die Gefahr der Oxyzellulosebildung besteht, da der Dampfraum des Kessels, besonders im Anfang des Kochprozesses, niemals ganz luftfrei ist.

Nach vollendeter Beschickung des Kessels wird derselbe geschlossen, der Deckel gut verschraubt und nun, vorausgesetzt, daß die Ware nicht mit einem Rüsselapparat eingefüllt oder mit Kalk imprägniert wurde, die 2—3grädige Lauge mit einer Pumpe auf die Ware gepumpt, bis ein am Kessel angebrachtes

Wasserstandsrohr eine Laugenhöhe von 10—20 cm über der Ware anzeigt. Zweckmäßig läßt man vor Zutritt des Dampfes die Lauge mittels der Pumpe einige Zeit zirkulieren, um die Garantie zu haben, daß bei Zutritt von Dampf erstens die Ware völlig mit Lauge getränkt, zweitens die Konzentrationsunterschiede — die Gewebe kommen naß in den Kessel — ausgeglichen sind. Vielfach wird der Lauge dann noch etwas Natriumbisulfit zugesetzt, um den Sauerstoff der im Kessel verbleibenden Luftmengen zu binden.

Durch den direkten Zutritt von Dampf im unteren Teile des Kessels wird die Lauge langsam bis zum Kochen erhitzt. Je nach der Beschaffenheit des Dampfes dauert das 1—2 Stunden. Naturgemäß ist mit dem Eintritt des Dampfes in den Kessel Kondensation von Dampf zu Wasser und damit eine Verdünnung der Bäuchlauge die Folge. Man hat diesem Übelstande durch Anbringung eines Laugenerhitzers abgeholfen; dieser Laugenvorwärmer besteht aus einem Röhrensystem, durch welches die Lauge mit der Pumpe getrieben wird, während der Heizdampf die Röhren umströmt und dieselben erhitzt. Dadurch wird ein direkter Zutritt des Heizdampfes zur Bäuchlauge und damit eine Verdünnung derselben verhütet.

Vom Zeitpunkt an, bei welchem der Druck im Kessel die Höhe von 2—$2^1/_2$ Atm. erreicht hat, rechnet man noch 4—6 Stunden bis zur Beendigung der Bäuche; während dieser Zeit muß die Lauge unter andauernder Zirkulation kochend erhalten werden.

Nach Ablauf der Kochdauer wird der Dampf abgestellt, wodurch der Überdruck nachläßt; dann öffnet man die Ausflußventile, läßt die braun gefärbte Kochlauge abfließen und gleichzeitig die entsprechende Menge frischen Wassers mittels der Pumpe einfließen. Soll die Ablauge zum Entschlichten weiter verwendet werden, so fängt man sie in Behältern auf; zur Ausnützung für weitere Kochprozesse wird sie jedoch darin durch Zusatz von Kalk und Hypochloriten regeneriert[1]).

Die Ware wird im Kessel durch den konstanten Wasserzufluß möglichst von der Bäuchlauge befreit und hierauf im Strang auf einer Strangwaschmaschine mit viel Wasser gründlich ausgewaschen. Von hier geht sie, ohne abgelegt zu werden, durch eine kleine Imprägniermaschine mit 1—2° Bé Salzsäure und wird so gesäuert in mit hölzernen Rosten und ebensolcher Wandbekleidung ausgestatteten zementierten Reservoirs einige Stunden sich selbst überlassen. Die aus der Bäuche bräunlichgelbgefärbt kommende Ware wird durch das Säuern in auffallender Weise aufgehellt.

Es erfolgt nun ein wiederholtes Waschen unter Kontrolle mit Lackmuspapier; letzteres zwischen die Lagen des Gewebes einige Zeit eingelegt, darf sich nicht mehr rot färben.

Für viele Zwecke, z. B. für Anilinschwarz, für dunkle Färbeware, insbesondere aber für Indigowaren genügt die Reinigung der Gewebe in der beschriebenen Art und Weise vollkommen.

Für Weißwaren oder Druckwaren bedürfen die Stoffe jedoch einer noch weitgehenderen Reinigung, die für Kalkware in einer Kochung in Natronlauge von 2° Bé, bei Ware, die schon einmal in Ätznatron gekocht wurde, in einer zweiten, gleichen Kochung unter Anwendung von etwas schwächerer Lauge und Verkürzung der Kochdauer auf höchstens 4 Stunden besteht.

Die Wasch- und Säureoperationen sind nach jeder alkalischen Kochung in der bereits angedeuteten Weise zu wiederholen.

Zur vollkommenen Bleiche fehlt nun nur noch die Zerstörung der Reste von

---

[1]) Verfahren von Freiberger.

natürlichen Farbstoffen der Baumwolle, welche der auch zweimal gekochten Ware noch ein schwach gelbliches Aussehen verleihen. Es geschieht dies durch eine Behandlung mit Oxydationsmitteln, praktisch kaum anders als durch Einwirkung von Hypochloriten, entweder Chlorkalk- oder Chlorsodalösungen.

Die gebäuchte, gesäuerte und gewaschene Ware wird in einem kleinen Imprägnierklapot mit Chlorkalk oder Chlorsodalösung von $^1/_2$—$^3/_4{}^0$ Bé getränkt, gut abgepreßt und im Strang in Zementbottichen, vor direktem Sonnenlicht geschützt, abgelegt. Man läßt den Stoff einige Stunden auf Haufen liegen, geht dann in $^1/_2$—1^0 Bé Säure, und wiederholt das Ablegen und Liegenlassen im selben Zeitausmaße. Sodann wird gründlich gewaschen und bei besonders empfindlichen Warengattungen vorsichtshalber noch mit einem Antichlor, einer verdünnten Lösung von Natriumthiosulfat, Perborat [1]) oder Wasserstoffsuperoxyd, behandelt.

Nach Erledigung dieser Operationen ist die eigentliche Bleiche der Baumwolle beendet. Den zunehmenden Reinigungsgrad kann man infolge des steigenden Weißgehaltes vor jeder Bleichoperation gut verfolgen. Nachstehend einige diesbezügliche Angaben aus einer Arbeit des Verfassers [2]):

Rohe Ware, Weißgehalt	= 52,9 %
Kalkkochung	= 40,0 %
Laugekochung (3 ° Bé)	= 58,4 %
Kalk-, dann Laugekochung	= 83,0 %
Darauf Chlorieren	= 87,2 %

Man erkennt daraus, daß eine Laugenkochung allein eine nur unwesentliche Steigerung des Weißgehaltes, eine Kalkkochung sogar eine Verringerung hervorruft. Dagegen zeigt eine kombinierte Kalk-Laugenbäuche eine ganz erhebliche Erhöhung des Weißgehaltes, darauffolgendes Chlorieren die für Bleichware nur wenig mehr steigerungsfähige Höhe von 87,2 %.

Das soeben geschilderte Bleichverfahren wird in den allermeisten Betrieben im Prinzip auch heute noch ausgeübt. Naturgemäß hat dasselbe alle möglichen Wandlungen durchgemacht, ohne daß jedoch die Art und Reihenfolge der einzelnen Operationen wesentliche Änderungen erfahren haben. Die Fortschritte in der chemischen Behandlung treten zwar hinter denen in maschineller Hinsicht außerordentlich zurück.

Natürlich existieren auch zahlreiche Varianten dieser Bleichart. In vielen Betrieben wird die erste Kochung mit Kalk vorgenommen, andere verwenden sowohl für die erste als für die zweite Kochoperation Natronlauge. Wieder andere kochen nur einmal, wobei sie ein Gemisch von Lauge und Soda verwenden; Soda und Lauge werden auch getrennt angewendet, zuerst Lauge, dann Kochung in Soda. Auch die Kombination von Kalk mit darauffolgender Sodabäuche ist gebräuchlich. Recht rationell ist auch das Arbeiten mit gebrauchten Kochlaugen für die erste Bäuche, worauf eine analoge Behandlung mit Frischlauge zu erfolgen hat.

Eine recht komplizierte Bleiche teilen Hummel-Knecht [3]) mit:

1. Waschen nach dem Sengen.
2. Kalken: 1000 kg Kalk, 12 Stunden kochen; Waschen.
3. Säuern: Salzsäure 1—2 ° Bé; Waschen.
4. Bäuchen: a) 340 kg Soda, 3 Std. kochen.
   b) 860 kg Soda, 380 kg Harz, 190 kg festes Ätznatron, 12 Std. kochen;
   c) 380 kg Soda, 2 Std. kochen; Waschen.
5. Chloren: Chlorkalklösung 0,2—0,4 ° Bé.
6. Absäuern: Salzsäure 1,5 ° Bé; 1—3 Std. liegen lassen.
7. Waschen, Abquetschen, Trocknen.

[1]) Dr. Ed. v. Drahten: Natriumperborat als Antichlor. Melliands Textilberichte Jahrg. 1927, S. 73/74.

[2]) Textilber. 1924, S. 29. [3]) Färberei u. Bleicherei 1891, S. 56.

Wir sehen hier bei der Bäuche Harz verwendet. In der Tat soll Harzseife gute Dienste leisten, doch ist die Wirkungsweise bisher noch nicht einwandfrei klargelegt worden.

Derartig umständliche Bleichen werden wohl kaum irgendwo mehr angewendet werden; doch hat sich in letzter Zeit immer mehr eingebürgert, netzende oder fettlösende Zusätze zur Bäuchflotte zu machen. Türkischrotöl leistet da recht gute Dienste[1]); ebenso sollen Zusätze aus emulgierten hydrierten Naphthalinen (Tetralin) recht gute Resultate gezeitigt haben. Derartiger Präparate sind eine ganze Anzahl unter den Namen Perpentol, Perfektol, Effektol usw. im Handel[2]).

Die Bäuche in Behältern ohne jeden Überdruck dürfte wohl in allen bedeutenderen Betrieben außer Anwendung sein. Einen bedeutenden Fortschritt machten Thies und Herzig dadurch, daß sie es durch eine besondere Konstruktion der Kochkessel ermöglichten, mit einer konzentrierteren Lauge von 4—5° Bé zu arbeiten, wobei man mit weit geringeren Laugenmengen als früher üblich auskommt. Grundbedingung ist dabei naturgemäß absolute Luftfreiheit im Kochkessel. Das Verfahren ist in einer ganzen Reihe von Patenten niedergelegt[3]). Die Entlüftung wird durch einen eigenen Vakuumkessel bewirkt. Es sind zwei Kochungen vorgesehen, wobei zur ersten die gebrauchte Bäuchlauge einer zweiten Kochung verwendet wird; dadurch will Thies das Bleichgut in einen eigenartigen Zustand überführen, den er den „reduzierenden" nennt, und zwar wohl deshalb, weil diese alte Kochlauge in alkalischer Lösung reduzierende Substanzen, wie vor allem Oxyzellulose, dann die den Zuckern nahestehenden Pektinsäuren, enthält. Während beim Kochen nach dem älteren Verfahren die alkalische Flotte als solche zwischen den Warenschlingen und durch die Gewebe zirkuliert, wirkt hier die Bäuchflotte infolge ihrer höheren Konzentration und des geringen Volumens in Schaumform ein; diese Schaumflotte durchdringt die Faser viel wirksamer als Bäuchflüssigkeit, wie dies analog aus der Färberei von kompaktem Material bekannt ist. Die Wirkung ist denn auch tatsächlich eine außerordentlich energische.

Diese von Thies und Herzig in die Praxis eingeführte Bleiche (sie eignet sich am besten für große Warenmengen bis zu 14000 kg) wurde sowohl von Mathesius als auch von Freiberger nicht unwesentlich verbessert. Ersterer ermöglichte mit seinem Rüsselapparat ein rascheres, angenehmeres und gleichförmiges Einlegen in den Bäuchkessel, wobei die Lauge gleichzeitig mit der Ware in den Kessel gefüllt wurde und nicht wie früher erst nach Einlegen der Gewebe. Freiberger vervollkommnete die Wirtschaftlichkeit des Verfahren durch die erstmalige Anwendung von warmen Chlorlaugen und Säurelösungen im Bleichereibetriebe, wodurch große Zeitersparnis durch Wegfall der Warenablagen nach Chloren und Säuren erzielt wurde. Das Thies-Herzigsche Verfahren mit den Verbesserungen von Mathesius und Freiberger stellt wohl das Vollkommenste dar, was die Bleichereitechnik sowohl in maschineller als auch in chemischer Hinsicht bisher hervorgebracht hat.

Es hat nun zwar den Anschein, als ob die Ausübung der Bleiche sich in den letzten Jahren auf Bahnen bewegte, die einem älteren Bleichereitechniker bedenklich erscheinen können. Was vordem ängstlich gemieden wurde, die An-

---

[1]) Textilber. 1924, S. 33.

[2]) Siehe auch Dr. W. Kind: Versuche mit Bäuchölen. Melliands Textilberichte, Jahrg. 1927, S. 1024—1030.

[3]) Das erste dieser Patente stammt vom 18. Juli 1890; es ist dies D.R.P. Nr. 56705.

wesenheit von Sauerstoff in alkalischer Lösung, scheint jedoch unter gewissen Bedingungen der Ware keineswegs gefährlich zu werden.

Mohr hat sich ein Verfahren schützen lassen[1]) (es wurde bereits erwähnt), wonach in einer eigens dem Zweck angepaßten Apparatur die Ware zunächst, nach vorausgegangener weitgehendster Entschlichtung, unter Druck gechlort wird. Die Ware wird dabei mit einem Rüsselapparat in den verbleiten Bleichkessel eingelegt und nach Entlüftung unter Druck behandelt. Die sich bildenden Chlorgase — es ist nicht recht verständlich, wie sich dieselben in größeren Mengen bilden können — sollen gesammelt, zurückgewonnen und dem Betrieb wieder zugeführt werden können. Es wird dann im Kessel selbst gewaschen und abgesäuert, darauf warme Natriumsuperoxydlösung unter Druck einwirken gelassen; dann wäscht man auf einer Waschmaschine, seift allenfalls und trocknet.

Das Verfahren unterscheidet sich von den uns bisher bekannt gewordenen durch die völlige Umkehrung der Operationen. Die Chlorierung, früher die abschließende Behandlung, folgt unmittelbar nach dem Entschlichten. Dann folgt eine Art Bäuche mit Natriumsuperoxyd, die alle die Bedingungen schafft, die früher ängstlich gemieden wurden. Die Temperatur, bei welcher im Sauerstoffbad behandelt wird, soll nur 60—70° C betragen, daher angeblich die Bildung von Oxyzellulose hintangehalten werden. Bisher glaubte man einer der den Bleichoperationen hartnäckigen Widerstand entgegenstellenden Verunreinigungen der Rohbaumwolle, der Schalen, nur durch eine alkalische Bäuche beim Kochen unter Druck Herr werden zu können. Nach dem Mohrschen Verfahren resultiert ein vollkommen schalenfreies Gewebe. Ob hier nicht Bedingungen geschaffen sind, unter denen die Angriffe der oxydierenden alkalischen Flotte vorzugsweise auf die Verunreinigungen und Begleitkörper gerichtet sind, wobei die Zellulose unbeschädigt bleibt? [2])

Das Verfahren ist noch zu wenig verbreitet, die damit gemachten Erfahrungen noch nicht geklärt, um sich darüber ein abschließendes Urteil zu bilden. Ob die Bildung von Oxyzellulose vollkommen unterbleibt, dürfte nach den bisher gemachten Erfahrungen bezweifelt werden. In Druckereibetrieben dürfte diese Frage bei Verarbeitung nach Mohr gebleichter Ware bald gelöst sein.

In neuester Zeit wird auch mit bestem Erfolg das Aktivin als Zusatz zur Bäuche verwendet. Auf 2000 kg Ware verwendet man 4—5 kg Aktivin und kann dann die Konzentration der Lauge auf 1 Bé und die Kochdauer auf 4 Std. reduzieren.

Die Folge aller Bleichoperationen wird vor allem eine Gewichtsverminderung des Bleichgutes, bezogen auf das Rohgewebe, sein. Nach Aufzeichnungen aus der Praxis beträgt sie bei Geweben der Einstellung $^{16}/_{16}$ $^{20}/_{20}$ aus amerikanischer Baumwolle und einem Gewicht von 120—140 g per Meter durchschnittlich 4—5 %. Gespinste aus indischer Baumwolle, die viel mehr verunreinigt sind, verlieren noch mehr. Selbstredend ist dieser Gewichtsverlust auch von der Art und der Menge der auf der Ware befindlichen Schlichte abhängig.

Hand in Hand mit dem Gewichtsverlust geht stets eine Zunahme der Länge des Gewebes. Das Arbeiten im Strang hat eine starke Längenstreckung der Ware zur Folge, die auf Kosten der Breite vor sich geht. Einzelne Warengattungen werden von der Bleiche in folgender Weise verändert:

---

[1]) D. R. P. 311546, Klasse 8a, Gruppe 18; vom 14. September 1916 ab.

[2]) Fachtechnisch interessant sind die disputativen Abhandlungen von Diplom-Ingenieur Alfred Schmidt (Charlottenburg) und Professor Ingenieur Leo Kollmann (Wien) über „Mohrbleiche und Kochbleiche" in Melliands Textilberichte, Jahrg. 1927, S. 453 (Schmidt), S. 715—716 (Kollmann), und S. 954—955 (Schmidt).

	Gewicht		Länge	
	vor	nach	vor	nach
$^{16}/_{16}$ $^{20}/_{20}$ 78 cm	13,1 kg	12,2	121,–	123,15
$^{14}/_{14}$ $^{20}/_{20}$ 86 cm	13,2	11,05	125,–	129,6
Barchentköper	18,–	15,7	99,–	106,6
Zanella $^{21}/_{30}$ $^{36}/_{42}$	12,1	10,1	117,–	123,5

Je nach der Bleichart sind diese Verschiebungen im Gewicht und in den Dimensionen verschieden. Vorgenannte Zahlen wurden Geweben entnommen, die entschlichtet, einmal in Lauge gekocht, gewaschen und gesäuert wurden. Je intensiver die Bleiche einwirkt, um so größer wird der Einfluß insbesondere auf die Gewichtsabnahme sein.

Die soeben geschilderten Prozesse behandelten Stückware; für lose Baumwolle und Baumwollgarn bleibt die Folge der einzelnen Operation, mit Ausnahme der Entschlichtung im allgemeinen dieselbe.

b) Bleichen loser Baumwolle.

Wie schon in der Einleitung hervorgehoben, hat man bei der Bleiche loser Baumwolle darauf zu achten, daß zwar alle mechanischen Verunreinigungen und ein großer Teil der Begleitsubstanzen der Baumwollfaser entfernt werden, jedoch möglichst viel von den natürlichen Fetten der Faser erhalten bleibt, da andernfalls die Verspinnbarkeit außerordentlich leidet. Es kann dies nur geschehen durch sehr vorsichtige Behandlung mit alkalischen Laugen, besser noch durch völliges Weglassen der Bäuche. Das erfordert ein möglichst sauberes Rohmaterial, man wird zu dem Zwecke nur beste Sorten Baumwolle verwenden.

Ist das Bäuchen nicht zu umgehen, so kocht man am schonendsten mit etwa 5 % Soda im Kessel ohne jeden Druck, wobei die eventuell auch mit Ölen versetzte Lauge mittels einer Pumpe unter dem Bleichgut abgesaugt und oben wieder aufgegossen wird.

Das Chloren, das bei hochwertigen Fasern ohne vorherige Bäuche vorgenommen wird, geschieht mit Hilfe von Chlorsodalösungen von 2—4 g aktivem Chlor per Liter; die Behandlung mit der Bleichlösung erfolgt analog derjenigen mit Lauge durch andauernde Zirkulation durch das Bleichgut mittels einer Pumpe. Vorsichtshalber wird man nach dem Waschen mit Wasser die letzten Reste von Chlor durch eine verdünnte Lösung von Natriumbisulfit entfernen.

Man trägt Sorge, daß während der ganzen Operation die Baumwolle nicht umgepackt wird, und wird daher Bäuche und Chloren im selben Apparat, der am besten verbleit ist, vornehmen. Allzu vieles Umarbeiten der losen Baumwolle bewirkt ein Verfilzen, das dem späteren Spinnprozeß sehr hinderlich ist.

Zum Trocknen der weiß gebleichten losen Faser dienen eigens zu dem Zweck konstruierte Hordentrockenapparate, die von warmer Luft durchströmt werden.

c) Bleichen von Baumwollgarnen.

Die Bleiche von Baumwollgarnen ähnelt außerordentlich der von Baumwollstückware. Außer der Entschlichtung entsprechen alle Operationen denen der Gewebebleiche. Die Garne werden gut unterbunden — um Verwickeln zu vermeiden —, in den Kessel eingelegt und darin in ähnlicher Weise wie Stückware unter Druck mit Ätznatronlauge von 2—3° Bé gekocht. Für die Garne gelten dieselben Vorsichtsmaßregeln, wie wir sie bei Stückwaren kennen gelernt haben.

Die dichtere Lagerung der Garne setzt der Lauge naturgemäß großen Widerstand entgegen, dem man durch eigene Kocherkonstruktionen, Anbringen von horizontalen Zwischenwänden, zu begegnen sucht. Zum Chloren legt man die im Kessel gut ausgewaschenen Stränge in eine Holzkufe, die mit Blei ausgefüttert ist; man kann dann die Gespinste nacheinander mit Chlorlauge, Wasser, Säuren behandeln, wobei eine Pumpe unten absaugt und oben wieder aufgießt.

Zum endgültigen Waschen der Garne sind eigene Maschinen konstruiert worden, welche nach dem Gegenstromprinzip die Bleichware gründlich reinigen.

Das Entwässern geschieht durchwegs mit der Zentrifuge und das Trocknen auf kontinuierlich arbeitenden Trockenapparaten.

IV. Merzerisation.

a) Historisches.

Verdünnte, kalte Alkalien üben keinen ohne weiteres sichtbaren Einfluß auf die Baumwollfaser aus, wie schon eingangs erwähnt wurde. Immerhin ist die Einwirkung von verdünntem Alkali nicht vollkommen ohne Wirkung; es finden sicherlich Adsorptionsvorgänge statt, da sich die Konzentration verdünnter Alkalilaugen beim Filtrieren durch Filtrierpapier verringert. Thies hat beobachtet, daß die Aufnahme von Alkali durch Baumwollgewebe in der Kälte nicht unwesentlich ist, und Hübner stellte fest, daß so behandelte Baumwolle schon erhöhtes Aufnahmevermögen für Farbstoffe zeigt.

Die bedeutenden Veränderungen, die Baumwolle bei der Behandlung mit konzentrierten Alkalien in den Stärken von 16 bis 25% und darüber zeigt, hat schon zum größten Teil Mercer[1]) beobachtet, obwohl ihm von Würtz die Priorität der Erfindung abgestritten und dieselbe Persoz zugesprochen wird.

Im Jahre 1844 wollte Mercer starke Lauge durch Baumwollgewebe filtrieren und beobachtete dabei zunächst eine Konzentrationsveränderung der durchlaufenden Lauge, dann eine starke Zunahme der Dichtigkeit des Gewebes. Er fand auch, daß Erwärmen diese Vorgänge sehr verlangsamte und Verwendung von gekühlter Lauge dem Prozeß förderlich war. Die Erhöhung der Festigkeit der Faser durch die Behandlung in kalter, konzentrierter Lauge, sodann die erhöhte Aufnahmefähigkeit für Farbstoffe beobachtete Mercer gleichfalls als Erster. Er vermutete bereits, daß diese Veränderungen der Baumwolle auf einer Verbindung von Zellulose mit Ätzalkali beruhen, sowie daß diese Verbindung sehr labiler Natur sei und schon durch Wasser leicht und vollständig gespalten werde. Außerdem machte er die interessante Beobachtung, daß nicht allein konzentrierte Alkalien imstande waren, die gekennzeichneten Veränderungen an der Baumwolle hervorzubringen, daß vielmehr in gleicher Weise Schwefelsäure und konzentrierte Zinkchloridlösungen reagieren.

Die Bedeutung der Erfindung Mercer's wurde denn auch rasch erkannt; eine französische Gesellschaft bot ihm die für damalige Verhältnisse ungeheure Summe von 40000 £ für sein Verfahren. Seine Versuche und Erfolge wurden übrigens auch bald in der Literatur gewürdigt; insbesondere hat Kurrer in seinem ausgezeichneten Werke „Das Neueste, oder die neuesten Entdeckungen und Erfindungen auf dem Gebiete der Druck- und Färbekunst"[2]) in eingehender Weise darüber berichtet und auch persönlich die Versuchsresultate Mercer's bestätigt. Er machte aber darauf aufmerksam, daß die Priorität eigentlich Prof. Leykauf

[1]) Engl. Pat. 1396 (1850). [2]) Berlin 1858, S. 12.

in Nürnberg gebühre, der dieselbe Entdeckung schon 1845 gemacht und 1847 zum erstenmal darüber berichtet habe. Kurrer machte übrigens die bis in die neueste Zeit unbeachtet gebliebene Beobachtung, daß sich auch mit konzentrierter Salpetersäure eine kräftige Verdichtung von Baumwollgeweben erzielen lasse.

b) Die Merzerisation in chemischer und physikalischer Beleuchtung.

Auf die Wirkung konzentrierter Alkalilaugen auf Zellulose wurde schon in der Einleitung hingewiesen. Aus der vorhandenen Literatur geht nicht hervor, ob der Erfinder der Merzerisation sich selbst schon ein Bild vom Chemismus der Einwirkung von Laugen auf Baumwolle gemacht hat. Er vermutete zwar, wie oben schon erwähnt, chemische Verbindung zwischen Alkali und Zellulose, doch hat er offenbar niemals versucht, diese Annahme experimentell zu stützen.

Die neuere Forschung hat diese Vermutung Mercer's allerdings durch eine ganze Anzahl von Untersuchungen stützen können; es ist aber auszusprechen, daß man eigentlich nicht viel weiter in der chemischen Erkenntnis des Merzerisationsvorgangs gekommen ist, weil es bis auf den heutigen Tag noch nicht gelungen ist die Konstitution der Zellulose einwandfrei festzulegen.

Nach Schwalbe[1]) ist die merzerisierte Baumwolle eine Hydratzellulose, eine Zellulose, die Wasser aufgenommen hat, ohne daß jedoch das Reduktionsvermögen der Derivate von dem der unbehandelten Zellulose merklich abweicht. Cross und Bevan[2]) fassen die merzerisierte Baumwolle als Zellulosealkoholat auf, eine Anschauung, welche ohne Zweifel durch die Viskosereaktion gestützt wird. Nach dieser Reaktion würde sich also bilden:

$$C_6H_9O_4ONa + CS_2 = C\begin{matrix} \nearrow SNa \\ = S \\ \searrow OC_6H_9O_4 \end{matrix}$$

Die Einwirkung im obigen Sinne ist nur möglich bei Anwesenheit eines gewissen Überschusses an Ätznatron.

Eine weitere Anschauung, von Gladstone und Vieweg sowie von Cross und Bevan vertreten, faßt die merzerisierte Baumwolle als Additionsverbindung auf, die beim Zusammenbringen mit Wasser in ein Zellulosehydrat übergehen soll; Schwalbe konnte dagegen bei ausgewaschener, merzerisierter Zellulose keinerlei chemisch gebundenes Wasser feststellen.

Als wertvollster Beweis für die Annahme einer chemischen Verbindung von Zellulose mit Alkalien ist sicherlich die Viskosereaktion zu betrachten. Die nachgewiesene Temperaturerhöhung beim Zusammenbringen von Alkalien und Baumwolle ist als Beweis für den Eintritt der chemischen Reaktion wenig wertvoll, da auch Adsorption und Quellung unter Wärmetönung vor sich geht.

Fassen wir nun die Eigenschaften der merzerisierten Baumwolle ins Auge, also desjenigen Produktes, das nach der Behandlung mit Laugen gut ausgewaschen und vollkommen vom Alkali befreit wurde, so finden wir, daß dasselbe in verschiedener Richtung von der unbehandelten Faser abweicht.

Daß die merzerisierte Baumwolle kein chemisch gebundenes Wasser enthält, wurde oben hervorgehoben; dagegen findet man bei ihr ein höheres Feuchtigkeitsaufnahmevermögen, sie ist hygroskopischer geworden. In den Farblösungen erhält man intensivere Färbungen als bei unbehandelter Baumwolle. Dieses

[1]) Zeitschr. f. angew. Chemie 1903, S. 197. [2]) Researches Bd. 2, S. 93.

tiefere Anfärben ist nach Justin Müller[1]) auf den größeren Dispersitätsgrad und damit höhere Quellungsfähigkeit der Faser zurückzuführen, da dieselbe in dem Zustand eine größere Adsorptionsfähigkeit besitzt. Schaposchnikoff und Minajeff[2]) untersuchten die Mengen der von merzerisierter Baumwolle im Gegensatz zu unbehandelter Faser aufgenommenen Farbstoffe und kamen zu wenig übereinstimmenden Resultaten. Die von der merzerisierten Faser mehr als von der unmerzerisierten aufgenommene Menge Farbstoff ist je nach ihrer Beschaffenheit außerordentlich verschieden.

Die Hydrolysierbarkeit ist kräftiger geworden; außerdem findet man, daß sich die merzerisierte Baumwolle gegen Jodreagentien, insbesondere gegen Chlorzink-Jod, anders verhält als normale Zellulose.

Alle diese Abweichungen lassen zwar eine bestimmte chemische Veränderung vermuten; die Betrachtung der physikalischen Veränderungen, denen die Baumwolle beim Merzerisationsprozeß unterworfen wird, läßt jedoch erkennen, daß kein stichhaltiger Grund vorliegt, vollkommen von Alkali befreite Baumwolle in chemischer Hinsicht von der normalen zu trennen.

Die Wirkung der konzentrierten Lauge auf die Baumwollfaser äußert sich in einer bedeutenden Quellung, welche unter dem Mikroskop, unter Zuhilfenahme entsprechender Meßinstrumente, unmittelbar beobachtet werden kann. Die korkzieherartigen Windungen der Baumwollfaser, wie sie den meisten Samenhaaren der einzelnen Baumwollarten eigentümlich sind, beginnen sich unter wurmartigen Bewegungen — die schon bei Anwendung 13grädiger Lauge anfangen — aufzurollen, und die Fasern strecken sich gerade. Letztere nehmen dabei stabförmige Gestalt an, und die charakteristischen Schrumpfungen der obersten Faserschichte, der Kutikula, verschwinden, um einer glatten Oberfläche Platz zu machen. Dabei nimmt die Baumwollfaser einen eigentümlichen, bleibenden Glanz an.

Die eigenen Untersuchungen[3]) haben den Verfasser zu der Auffassung gebracht, daß die Kutikula bei der Merzerisation zwar nicht eigentlich gelöst, sondern nur so verändert wird, daß sie sich mit Kupferoxydammoniak nicht mehr in Form der tonnenförmigen Anschwellungen nachweisen läßt. Vermutlich werden durch die konzentrierte Lauge bestimmte Inkrusten der äußersten Faserschicht gelöst oder verändert, so daß sie sich in ihrem Verhalten von der übrigen Fasersubstanz mit Hilfe der üblichen Reagentien nicht mehr unterscheidet. Tatsächlich scheint eine selbständige Membran, als welche die Kutikula vielfach aufgefaßt wird, gar nicht zu existieren; die abweichenden Reaktionen der äußersten Faserschichten rühren vielmehr von spezifischen Einlagerungen her, die, durch biologische Vorgänge der noch lebensfähigen Samenhaarzelle erzeugt, ihr Eigenschaften mitteilen, die sie von der eigentlichen Fasermembran unterscheiden[4]).

Ohne Zweifel wird die Faser durch die Einwirkung von Alkalien in ihrem fein-strukturellen Aufbau verändert. Durch die Quellung, die ja auch beim Auswaschen erhalten bleibt, wird die innere Oberfläche vergrößert, worauf zunächst wohl auch die erhöhte Hygroskopizität zurückzuführen ist; ebenso die erhöhte Aufnahmefähigkeit für Farbstoffe, und nicht zuletzt die von normaler Zellulose abweichende Reaktion mit Chlorzink-Jod.

Es ist bemerkenswert, daß sowohl Schwefelsäure als auch gewisse konzentrierte Salzlösungen, wie Zinkchlorid, dann viele Jodsalze und Chloride[5]), weiter gewisse

---

[1]) Bull. Rouen 1905, S. 35. [2]) Zeitschr. f. Farben-Ind. 1903, 1904, 1905.
[3]) Textile Forschung Bd. 3, S. 20. 1921.
[4]) Vgl. L. Wittmack: Botanik der Baumwolle l. c.
[5]) v. Weimarn: Kolloid-Zeitschr. 1912, S. 41.

Doppelsalze, wie Kupferoxydammoniak und Bariumquecksilberjodid[1]), den Alkalien ähnliche Wirkungen auf die Baumwollfaser hervorrufen. Auch Mischungen von Säuren, insbesondere von Schwefelsäure und Salpetersäure, wie sie bei gewissen Ätzverfahren auf indigoblaue Ware entstehen, verleihen der Baumwolle Eigenschaften, die mit denen der merzerisierten Faser vollkommen übereinstimmen.

c) Ausführung der Merzerisation in der Praxis.

Wir haben erwähnt, daß die Behandlung mit konzentrierten Laugen der Baumwollfaser einesteils einen erhöhten Glanz verleiht, dann auch ihre Aufnahmefähigkeit für Farbstoffe verstärkt. Je nach dem Zweck, den man im Auge hat, müssen auch die Operationen, welche der Merzerisation dienen, demselben angepaßt werden.

Fassen wir zunächst die Erzeugung von Hochglanz ins Auge, so muß vorausgeschickt werden, daß zwar der Glanz jeder Baumwollsorte, bei vorausgegangener gründlicher Bleiche, durch die konzentrierte Lauge ein besserer wird, Hochglanz sich jedoch nur mit bestimmten Baumwollarten erzielen läßt; dazu gehören vor allen Dingen die ägyptischen, unter dem Namen „Mako" bekannten, und dann die feineren amerikanischen Sorten. Die indischen Baumwollen eignen sich ihrer rauhen Oberfläche sowie ihres kürzeren Stapels wegen weniger dazu. Das erste Patent, das sich mit der Erzeugung von Hochglanz auf Baumwolle beschäftigte, ist das englische Patent Nr. 4452 (1890) von Arthur Lowe. In demselben wird zum ersten Male ein Moment erwähnt, das für den genannten Zweck außerordentlich bedeutungsvoll ist: die mechanische Beeinflussung der in Alkalien behandelten Faser durch Strecken. Das Patent beschreibt diesbezüglich einerseits die Behandlung der Baumwollgespinste in gestrecktem Zustande mit Alkalien, wodurch die innere Spannung durch die Schrumpfung der Faser, verursacht durch die Lauge, außerordentlich erhöht wird, und andererseits das Strecken schon mit Lauge behandelter, also geschrumpfter Ware.

Bei diesem Verfahren machte der Erfinder zum ersten Male die Beobachtung, daß sich der Hochglanz nicht unter allen Umständen bildet, so daß er das Verfahren fallen lassen mußte. Zweifellos muß er aber bei den ersten Versuchen, die zur Patentierung des Verfahrens führten, langstapelige Baumwolle verwendet haben, da der Hochglanz festgestellt wurde. Der Erfolg bei der weiteren Anwendung scheiterte wohl daran, daß dann ungeeignete Baumwolle zur Verarbeitung kam. Der Patentnehmer hatte zweifellos nicht erkannt, daß nur besonders qualifizierte Baumwollen zum Zweck der Hochglanzerzeugung merzerisiert werden dürfen. Wichtig an diesem Verfahren ist die zweifache Art der Behandlung zu merzerisierender Faser: zuerst das Behandeln der schon gestreckten Ware mit Natronlauge, wodurch das Einspringen der Ware verhindert wird; dann das Strecken des infolge Laugenbehandlung geschrumpften Gespinstes.

Ein weiteres grundlegendes Patent ist das von Thomas und Prevost in Krefeld D. R. P. 85564 aus dem Jahre 1895, das allerdings zunächst nicht die Erzeugung von Seidenglanz im Auge hatte. Die Erfinder bezweckten durch das Merzerisieren in gespanntem Zustande zunächst nichts anderes, als den Längenverlusten, welche die Schrumpfung der Baumwolle verursachen, entgegenzuarbeiten. Dadurch kamen sie aber in Kollision mit dem obengenannten Loweschen Patent und ihr Patent wurde tatsächlich auch als nichtig erklärt. Nun wurde das ursprünglich als Zusatzpatent angemeldete D. R. P. 97664, das auch präzise Angaben enthielt, hinsichtlich der Bedingungen, unter denen die Baum-

[1]) Hübner u. Pope: Chem. Zentralbl. Bd. 2, S. 1625. 1904.

wolle Seidenglanz annimmt, zum Hauptpatent. Sie fanden, daß dies nur durch Verarbeitung langstapeliger Baumwolle möglich und kurzstapelige Faser dafür ungeeignet sei. Thomas und Prevost erklärten diese Erscheinung damit, daß die Fäden aus kurzstapeliger Baumwolle hergestellter Garne beim Strecken der geschrumpften Faser in ihrer Längsrichtung leicht verschiebbar sind, Garnfäden aus langstapeligem Material, bei welchem die einzelnen Fasern im Faden selbst fest gelagert sind, jedoch nicht mehr in der Längsrichtung gleiten, sondern als solche gespannt werden.

Diese Erklärung läßt sich heute kaum mehr restlos aufrechterhalten, denn durch neuere Untersuchungen sind feine strukturelle Unterschiede zwischen langstapeliger und kurzstapeliger Baumwolle bekannt geworden, und zwar dahingehend, daß bei ersteren Sorten die Kutikula anders beschaffen, feiner und weniger geschrumpft ist als bei letzteren. Man wird daher die Ursache des verschiedenen Verhaltens beim Merzerisieren sicherlich in der Beschaffenheit der kutinisierten Schicht zu suchen haben.

Die Ausführung des Verfahrens geschieht laut Patentbeschreibung in der Weise, daß die in konzentrierter Lauge 10 Min. behandelten Garne nachträglich auf eine Streckmaschine gespannt werden, worauf durch Bespritzen mit Wasser die starke Spannung der Baumwolle langsam nachläßt.

Bei diesen Patenten wurde länger verweilt, weil dieselben für die ganze folgende Entwicklung der Merzerisation von grundlegender Bedeutung waren. Es folgte nämlich darauf eine Hochflut von Anmeldungen, von denen in der Folge nur die erwähnt werden sollen, welche tatsächlich einen Fortschritt in der Merzerisationstechnik bedeuteten.

Von Dr. Liebmann in Manchester wurde im engl. Patent 19633 die Thomas und Prevostsche Beobachtung der günstigen Wirkung von langstapeliger Baumwolle dadurch präzisiert, daß er sich die Verwendung von ägyptischer und Sea-Island-Baumwolle schützen ließ.

Von den Farbenfabriken Bayer u. Co., Elberfeld, wurde im D. R. P. 99337 ein Verfahren zum gleichzeitigen Färben und Merzerisieren beschrieben; als Farbstoffe kommen Schwefelfarbstoffe im Natronlaugenbad zur Verwendung.

Die Farbwerke vorm. Meister, Lucius u. Brüning beschreiben im D. R. P. 103041 ein Verfahren, um örtlichen Schutz vor der Wirkung der Lauge auf Geweben durch Aufdruck einer allenfalls mit Farbstoffen zu versetzenden Reserve zu erzielen.

Joseph Schneider machte den Vorschlag, statt Natronlauge Schwefelnatriumlösung oder Schwefelkaliumlösung unter Mitverwendung von Alkohol, Benzol usw. zu benützen, ein Verfahren, das sich nicht einzubürgern vermochte, obwohl die Anwendung von Netzmitteln zu konzentrierter Lauge eine sehr gute Anregung war.

Dosne schützte im D. R. P. 95482 eine interessante Anwendung der Merzerisation im Zeugdruck, womit er durch Vordrucken von Reserven über vorgedruckten Farbstoffen und nachherige Merzerisation eigenartige Effekte erzielte.

Um das Einschrumpfen der Gewebe zu verhindern oder zu vermindern, versuchte man schon frühzeitig, der Lauge verschiedene Zusätze zu machen. Im franz. Patent 264546 wurden zu diesem Zwecke empfohlen: Äther, Alkohol, Kohlenwasserstoffe; im D. R. P. 98601 Alkalisilikat. Im allgemeinen sind solche Zusätze, wozu auch Glyzerin zu zählen ist, in der gekennzeichneten Richtung wenig erfolgreich.

Tagliani schützte sich im D. R. P. 107916 ein Verfahren zum einseitigen Merzerisieren von Geweben, wobei man dieselben auf der Druckmaschine mit einer geeigneten Walze mit Natronlauge platschte; bei Zusatz von Glyzerin konnten gleichzeitig gewisse Metalloxyde auf der Faser befestigt werden.

Ein Verfahren, das aber keinerlei praktische Bedeutung erlangt hat, ließen sich Thomas und Prevost im D. R. P. 129883 schützen. Dasselbe bestand darin, die Faser äußerlich durch Behandlung mit konzentrierter Schwefelsäure, Kupferoxydammoniak, Natronlauge und Schwefelkohlenstoff sowie Zinkchloridlösung zu gelatinieren. Schon vorher hatten Akroyd und Krais ein Verfahren zu schützen gesucht, oberflächlich Viskose auf Garnen zu erzeugen, dadurch, daß man die noch laugenhaltigen Strähne mit Schwefelkohlenstoff behandelte.

Im englischen Patent 14283 empfehlen Reichmann und Lagerquist zum Merzerisieren von Baumwolle ein Gemisch von Natronlauge und Kupferoxydammoniak.

In dem soeben angeführten Auszuge aus der Patentliteratur wurden nur diejenigen Verfahren erwähnt, die irgendwelche praktische oder auch theoretische Bedeutung gehabt haben, bezw. diese heute noch besitzen. Außerdem kann man sich aus dem Gesagten ein Bild von der Entwicklung der Merzerisation machen. Gardner[1]) hat in einem kleinen Werke eine vorzügliche Übersicht über das gesamte Gebiet der Merzerisation gegeben und darin auch die maschinelle Seite besonders gewürdigt.

Auf Grund des Vorausgegangenen kann man den Prozeß der Merzerisation, wie er für Erzeugung von Hochglanz in Betracht kommt, in einen chemischen und einen mechanischen Teil trennen. Der eine ohne den andern muß den Erfolg vermissen lassen. Dort haben wir die intermediäre Bildung von Natronzellulose mit gleichzeitiger Veränderung der Struktur der Faser durch die Einwirkung der konzentrierten Lauge allein, oder aber mit verschiedenen netzenden oder die Wirkung verstärkenden Zusätzen, hier die Streckung der geschrumpften Ware oder das Festhalten der zur Benetzung in konzentrierter Lauge bestimmten Gespinste mittels maschineller Vorrichtungen.

Was nun diese letzteren anbelangt, so hängt deren Konstruktion naturgemäß von dem zu merzerisierenden Material ab. Die Zahl der Vorrichtungen, welche dem Merzerisieren dienen, ist eine sehr große; aber auch hier haben sich nur wenige Typen eingeführt.

Im allgemeinen kann gesagt werden, daß sich für Garnmerzerisierung Maschinen als geeignet erwiesen haben, die das Eintauchen und Strecken der geschrumpften Ware in zwei aufeinanderfolgenden Operationen besorgen. Es existieren davon eine ganze Anzahl, von denen wohl die Garnmerzerisiermaschinen der Maschinenfabrik Niederlahnstein, die von Kleinewefers Söhne in Krefeld und die von C. G. Haubold in Chemnitz die verbreitetsten sein dürften.

Bezüglich der Merzerisation von Geweben kommen kaum mehr als zwei Systeme in Betracht[2]). Das eine derselben ist auf dem Prinzip der Spannrahmen aufgebaut. In einer Imprägniermaschine, einem kräftig gebauten Drei-Walzen-Foulard, wird die Ware mit Natronlauge imprägniert, um dann sofort von einer kräftigen Kluppenkette gefaßt und gestreckt zu werden. Von der Kette gehalten erfolgt dann auch noch das Entfernen der Natronlauge z. T. durch Absaugen, z. T. durch Auswaschen mit warmem Wasser. Für feinere Gewebe hat diese Anordnung gewisse Gefahren, da die Ware leicht reißt. Jeanmaire hat im D. R. P. 112741 eine Maschine beschrieben, welche für diesen Zweck besonders ge-

[1]) Merzerisation und Appretur, 2. Auflage. Berlin: Julius Springer, 1923. Ferner E. Seldaczek, Die Merzerisationsverfahren, 1928.

[2]) G. Adler: „Über den Stand der modernen Stück-Merzerisation“. Leipziger Monatsschrift für Textilindustrie, 1927, Heft 10, S. 453—460.

eignet sein soll, da sie die Kluppenkette ausschaltet. An ihre Stelle treten zwei große, mit perforierten Blechen bespannte Trommeln, welche die von dem Imprägnierfoulard kommende Ware aufnehmen; die Perforationen, beziehungsweise die erhabenen Spitzen derselben hindern dabei die Ware, in der Breite einzuspringen. Auf den Trommeln wird auch die Lauge ausgewaschen, was den Nachteil mit sich bringt, daß infolge des Kalkgehaltes der Waschwässer die Perforationsspitzen rasch unwirksam werden, da sich auf den perforierten Blechen Kalk abscheidet.

Ein zweites, sogen. kettenloses System arbeitet mit einer Anzahl hintereinander geschalteter Quetschwalzenpaare; durch eine ebensolche Anordnung wird auch die Ware gewaschen.

Eine Modifikation der Rahmenmerzerisiermaschine ist das System von Heberlein in Wattwil (Schweiz), das zum Strecken der merzerisierten Ware und auch zum Breithalten während der Spüloperationen hintereinander geschaltete, bogenförmig ausgebildete Breithalter verwendet.

Auflösen des Ätznatrons. Je nach den örtlichen Verhältnissen wird man zur Merzerisation schon gelöstes Ätznatron oder aber festes Ätznatron verwenden. Schon frachttechnisch empfiehlt sich das letztere. Das Produkt, das in eisernen Trommeln eingeschmolzen ist, kann entweder in Stücken zerschlagen in einem eisernen Kessel mit Rührwerk in Lösung gebracht werden, oder aber in der Weise, daß man durch ein in die Trommel gemachtes Loch Dampf gegen das feste Alkali strömen läßt. Das dadurch sich lösende Ätznatron wird in einem unter der Trommel angebrachten eisernen Behälter aufgefangen. Wo angängig wird zu diesem Zwecke Abdampf verwendet.

Vorbereitung der Ware zum Merzerisieren. Wo es darauf ankommt, Hochglanz zu erzielen, erhält man die besten Resultate, wenn die zur Merzerisation bestimmte Ware gut gereinigt ist. Es ist zwar für gewisse Zwecke auch angängig, nur entschlichtete, oft sogar völlig rohe Ware zu verwenden; der Glanz wird aber hier stets beeinträchtigt werden, denn der Effekt ist keineswegs derselbe, ob man schon genügend gereinigte, also gebäuchte Baumwolle der Operation unterwirft, oder ob man die rohe Ware merzerisiert und sie erst daraufhin bäucht. Letzterer Weg wird niemals befriedigende Resultate geben. Wo es sich lediglich darum handelt, der Ware größeres Farbstoffaufnahmevermögen zu verleihen, kann man die Entschlichtung der Merzerisation vorausgehen lassen; die von der Merzerisation mit Lauge getränkte Ware kann in diesem Zustande ohne weiteres in den Kessel eingefahren werden, worauf dann nur mit Wasser nachgefüllt zu werden braucht. Durch Zirkulierenlassen des Wassers erhält man einen vollkommenen Ausgleich der Laugenkonzentration, so daß, wenn derselbe eingetreten ist, mit dem Bäuchen begonnen werden kann. Die Ausnützung der Lauge ist nach diesem Verfahren naturgemäß eine vollkommenere.

Die Merzerisation. Dieselbe erfolgt bei Geweben stets in einem Foulard unter hohem Druck, wobei Natronlauge von 20—35° Bé zur Anwendung gelangt. Zur vollkommenen Merzerisation ist es zweckmäßig, die Lauge vor Verwendung zu kühlen. Nach der Imprägnierung kann die Ware entweder aufgerollt liegen bleiben oder aber sofort dem Spannrahmen zugeführt werden. Damit die Lauge rasch und vollständig in die Ware eindringen kann, empfiehlt es sich, dieselbe mit Weingeist oder Tetralin zu überschichten. Das Gewebe passiert also zunächst diese Schicht, erhält dadurch eine höhere Netzfähigkeit und gelangt erst dann in die Lauge.

Sehr zu empfehlen sind die Apparate zur Laugenrückgewinnung, wovon derjenige von Matter D. R. P. 215045, dann die Vorrichtung von Krais D. R. P. 225282 zu den bekanntesten gehören. Die rückgewonnene Lauge kann entweder zum Auflösen von Ätznatron oder aber zur Bäuche verwendet werden.

Man hat, um zu große Verluste zu vermeiden, dafür zu sorgen, daß die Gewebe, bevor sie zum Säuern gelangen, schon nahezu laugenfrei gemacht worden sind.

Die Merzerisation der Garne kann in verschiedener Weise vorgenommen werden. Wir haben gesehen, daß im allgemeinen das Merzerisieren in gestrecktem Zustande erfolgt, oder das Strecken geschieht nach der Behandlung mit Lauge. Vermeidet man das Strecken überhaupt, so erhalten die Garne eine wollähnliche Beschaffenheit, welche für gewisse Artikel erwünscht ist.

Die große Mehrzahl der Garne wird aber unter Spannung merzerisiert. Um sehr glanzreiche Garne zu erhalten, ist ein Sengen derselben unumgänglich nötig; außerdem soll man zum Merzerisieren nur gut ausgekochte Ware verwenden. Zum Kochen nimmt man vorteilhaft das Spülwasser, das beim Waschen der laugenhaltigen Garne abfällt. Vielfach wird, um das Kochen zu umgehen, die Ware unter Zusatz von Ölen vorher genetzt; diese Operation kann aber eine Bäuche niemals ersetzen, abgesehen von der beträchtlichen Verschmutzung der Lauge durch die rohen Garne.

Die gleichmäßig feuchten, ausgekochten Garne werden dann mit 30grädiger Natronlauge getränkt und unmittelbar anschließend von der Garnmerzerisiermaschine gestreckt. Beide Operationen erfolgen ohne wesentliche Lageveränderung der Garne und werden unter Umständen in derselben Weise wiederholt. Man befreit dann durch Abpressen vom Überschuß der Lauge, bespritzt mit wenig warmem Wasser und quetscht ab. Die jetzt ablaufende Lauge hat immer noch eine Stärke von 10—12° Bé; sie wird durch Eindampfen — zweckmäßig unter Verwendung von Abdampf — auf 40° Bé konzentriert. Nun werden die Garne endgültig mit heißem Wasser ausgewaschen und dieses Spülwasser zum Auskochen wieder verwendet. Alle voraufgezählten Operationen werden auf derselben Maschine automatisch vorgenommen. Zum Schluß wird das Garn abgenommen, schwach abgesäuert, gewaschen bis zur neutralen Reaktion des Spülwassers, dann zentrifugiert und getrocknet. Durch mechanische Bearbeitung der Garne, ähnlich wie das bei der Seide üblich ist, kann der Glanz noch wesentlich erhöht werden.

Bekanntlich schätzt man an der Seide den für diese Faser charakteristischen krachenden Griff. Es gelingt nun auch der Baumwollfaser, ganz besonders der merzerisierten, diesen „Seidenschrei", allerdings in verringertem Maße, zu erteilen.

Um diesen Effekt zu erzielen, wird das merzerisierte Garn in einem Bade von 5 g Marseillerseife per 1 Liter eine Viertelstunde behandelt. Man windet dann ab und geht in ein zweites Bad, welches per Liter:

5 g Ameisensäure oder Oxalsäure
2 g Leim
1 g Kartoffelstärke

enthält, zieht einige Minuten um, windet ab und trocknet.

Wirkung von Salzzusätzen zur Merzerisierlauge. Die Ergebnisse von Untersuchungen über die Wirkung von Salzzusätzen zur Merzerisierlauge lauten recht widersprechend. Vieweg[1]) stellt fest, daß die Aufnahme von Ätznatron aus salzhaltigen Laugen größer ist als aus salzfreien. Hübner[2]) will dagegen einen ungünstigen Einfluß derartiger Zusätze beobachtet haben. Hartig[3]) fand nur eine unbedeutende Beeinflussung des Merzerisiereffekts.

---

[1]) Ber. 1908, S. 3269. [2]) Chem. Zentralbl. Bd. 1. 1909.
[3]) Gardner: S. 76.

d) Farbstoffaufnahme der merzerisierten Baumwolle.

Diesbezüglich wurde bereits kurz berichtet. Es fragte sich, ob es sich tatsächlich bei der gegenüber normaler Baumwolle intensiveren Färbung um eine erhöhte Aufnahme von Farbstoffsubstanz handelt oder ob mit derselben Farbstoffmenge eine intensivere Färbung erzielt wurde. Hübner und Pope[1]) haben gefunden, daß schon Natronlauge von 1^0 Bé die Affinität zu Benzopurpurin 4 B erhöht. Dann steigt die Erhöhung der Affinität bis zu 18^0 Bé, proportional der Laugenkonzentration. Lauge von 31—38^0 Bé ergibt den höchsten Effekt. Knecht[2]) verfolgte die Farbstoffaufnahme quantitativ. Er fand, daß in der Tat von der merzerisierten Faser mehr Farbstoff aufgenommen wurde, und zwar hat die Dauer der Laugeneinwirkung einen entschiedenen Einfluß. Gewöhnliche Baumwolle nahm 1,77 % Farbstoff auf, mit 37grädiger Lauge merzerisierte Faser 3,66 %. Gestreckt merzerisierte Baumwolle nahm merkwürdigerweise im Vergleich mit ungespannt merzerisierter derselben Qualität weniger Farbstoff auf. Ein Trocknen der merzerisierten Baumwolle vor dem Färben setzt die Affinität zu Farbstoffen gegenüber derselben Faser in nassem Zustande nicht unwesentlich herunter.

e) Erkennung der merzerisierten Baumwolle.

Die mikroskopische Untersuchung der merzerisierten Baumwolle allein genügt nicht zur Identifizierung. Das Fehlen der korkzieherartigen Windungen ist kein absolut gültiges Merkmal, da es Baumwollsorten gibt, welche diese Windungen auch an der normalen Faser vermissen lassen[3]). Ebenso ist es mit den tonnenförmigen Anschwellungen, welche man mit dem Mikroskop, bei Behandlung der Baumwollfaser mit Kupferoxydammoniak, beobachtet. Sie bleiben oft auch an der normalen Faser aus. Neben der mikroskopischen Untersuchung hat eine chemische Hand in Hand zu gehen. Man hat also folgenden Weg einzuschlagen:

Zunächst wird die mikroskopische Prüfung das Fehlen der korkzieherartigen Windungen feststellen. Die Faser hat eine rundliche, stabartige Form angenommen und zeigt auf den Querschnitten ein stark verengtes, kaum mehr schlitzförmiges, mehr rundliches Lumen, was auf die Wirkung der kräftigen Quellung zurückzuführen ist.

Mit Kupferoxydammoniak quillt die Faser gleichmäßig, ohne tonnenförmige Anschwellungen zu zeigen. Auf die Ursache dieser Erscheinung wurde schon hingewiesen. Die Faser löst sich in dem Reagens naturgemäß rascher als nicht merzerisierte Baumwolle, bei welcher die Inkrusten der äußersten Faserschicht den Angriff wesentlich verlangsamen.

In Zinkchlorid + Jod färbt sich merzerisierte Baumwolle zunächst dunkelschwarzbraun. Wäscht man mit destilliertem Wasser aus, so hinterbleibt eine violettblaue Färbung, die sich ziemlich lange hält. Eine unbehandelte Faser entfärbt sich beim Auswaschen rasch. Man tut gut, die zu untersuchende Faser zugleich mit einer normalen zu behandeln; die Unterschiede sind dann in die Augen fallender.

Knecht[4]) hat ein weiteres Unterscheidungsverfahren angegeben. Färbt man merzerisierte sowie nicht merzerisierte Baumwolle gemeinsam in Benzopurpurin und behandelt dann beide Proben in Salzsäure, so färbt sich die nicht behandelte Faser rasch blau, während die merzerisierte einen rotvioletten Ton annimmt.

[1]) Chem. Zentralbl. Bd. 2, S. 1625. 1904.
[2]) Lehne'sche Färber-Ztg. 1908, S. 276.
[3]) Wiesner: Rohstoffe Bd. 2, S. 245. 1903.
[4]) Journ. of Dyers and Colourists 1908, S. 112.

Erhitzt man und gibt etwas Titantrichlorid zu, so entfärben sich beide Fasern rasch; normale Baumwolle nimmt vor der völligen Entfärbung einen indigoblauen, merzerisierte einen roten Ton an. Diese Reaktion soll aber nur dann eintreten, wenn zur Merzerisation Lauge von mindestens 19° Bé verwendet wurde.

Eine Modifikation dieser Methode hat Knapps angegeben. Man verwendet zum Färben der Fasern 5 cm^3 einer Lösung von 0,1 g Benzopurpurin 4 B per 1 Liter. Die 5 cm^3 werden auf 100 cm^3 verdünnt und in dieser Lösung die zu prüfenden Fasern ausgefärbt. Man gibt dann in das heiße Bad 2 cm^3 konzentrierte Salzsäure, bis die nicht merzerisierte Baumwolle blauschwarz wird. Die merzerisierte Baumwolle bleibt rot.

Man erkennt aus dem Gesagten, daß das Identifizieren von merzerisierter Baumwolle noch nicht mit der wünschenswerten absoluten Sicherheit vorgenommen werden kann. Man hat also in der Beurteilung sehr vorsichtig zu sein und den ganzen Symptomkomplex zu prüfen.

f) Bestimmung des Merzerisationsgrades.

Für die Untersuchung von Proben merzerisierter Gewebe oder Garne ist es oft außerordentlich wertvoll zu wissen, mit welcher Laugenkonzentration gearbeitet wurde. Nach Vieweg[1]) nimmt eine mit Natronlauge von 4—16% merzerisierte Faser bei nochmaliger Behandlung in 2proz. Lauge steigende Mengen Ätznatron auf. Über 16% ist die Aufnahme annähernd gleich. Man kann sich also nach diesen Beobachtungen eine Tabelle herstellen, nach der dann die zu untersuchende Baumwolle bestimmt werden kann.

Besser eignet sich hierzu die Methode von Knecht[2]), der den Merzerisationsgrad durch Bestimmen derjenigen Menge Benzopurpurin 4 B feststellt, die von der zu untersuchenden Baumwolle aufgenommen wird. Die Ausführung der Untersuchung geschieht folgendermaßen: Zwei Garnproben, möglichst derselben Qualität, von denen die eine zu untersuchende merzerisiert, die andere unbehandelt ist, werden nach Feststellung der jeweiligen Gewichte im gleichen Bade von 3% Benzopurpurin 4 B + 5% Natriumkarbonat + 10% Kochsalz in der 20fachen Menge Wasser gefärbt, wobei man die Voraussetzungen für einwandfreie Ausführung der substantiven Baumwollfärbung beachtet. Man bestimmt dann mit Titantrichlorid die aufgenommene Menge Farbstoff, indem man die Stränge mit verdünnter Salzsäure einzeln unter Zusatz von Titantrichlorid bekannten Gehaltes kocht, bis die Stränge entfärbt sind, worauf der Überschuß des Reduktionsmittels mit Eisenalaun unter Zuhilfenahme von Rhodankalium zurücktitriert wird. Aus den erhaltenen Zahlen läßt sich leicht auf den Merzerisationsgrad schließen, besonders wenn man die Tabelle von Knecht benützt:

Laugenstärke	Farbstoff	Laugenstärke	Farbstoff
1,050	1,77%	1,225	3,15%
1,100	1,88	1,250	3,27
1,125	2,39	1,275	3,38
1,150	2,57	1,300	3,50
1,175	2,95	1,325	3,60
1,200	3,02	1,350	3,66

Garne geben nach dieser Methode bessere Resultate als Stückware. O. Miller[3]) hat mit Hilfe einer kolorimetrischen Methode den Merzerisationsgrad bestimmt, indem er die Proben in Geranin G (1:1000) 36 Stunden bei 25° C ausfärbt und

[1]) Ber. 1907, S. 3879. [2]) Journ. of Dyers and Colourists 1908, S. 68.
[3]) Ber. 1910, S. 3430.

dann mit einer Farbenskala vergleicht. In dieser wird die Färbung der unmerzerisierten Faser mit *1* eingesetzt.

Schwalbe[1]) schließt aus der Hydrolysierzahl einer merzerisierten Baumwolle auf den Merzerisationsgrad. Die Geschwindigkeit der Hydrolysierung mit verd. Schwefelsäure ist je nach dem geringen oder fortgeschrittenerem Grade der Merzerisation verschieden. Man behandelt $^1/_4$ Stunde in verdünnter Schwefelsäure und bestimmt dann mit Fehlingscher Lösung die abgeschiedene Kupfermenge.

Verfasser hat in neuester Zeit eine Methode angegeben, nach der es auf Grund der Bestimmung des Schwarz- und Weißgehaltes von Färbungen auf merzerisierten und unmerzerisierten Waren gelingt, den Merzerisationsgrad zu bestimmen. Die Methode geht von der Tatsache aus, daß merzerisierte Baumwolle sich in substantiven, auch allen anderen Baumwollfarbstoffen intensiver färbt als nicht merzerisierte. Infolge der zunehmenden Intensität der Färbung steigt auch naturgemäß der Schwarzgehalt der Färbung. Macht man sich daher eine Serie von Ausfärbungen auf Ware, die in zunehmenden Laugenkonzentrationen behandelt worden sind, so kann man durch entsprechende Färbungen auf Waren, welche mit unbekannten Laugenkonzentrationen behandelt worden sind, und nachheriger Bestimmung des Schwarzgehaltes der Färbungen durch Vergleich mit den Schwarzgehalten der bekannten Serie die Konzentration der Lauge bestimmen, welche zum Merzerisieren der zu untersuchenden Probe verwendet wurde[2]).

V. Der Merzerisation verwandte Veredlungsverfahren.

Es ist in der Einleitung zum Kapitel über Merzerisation erwähnt worden, daß der charakteristische Merzerisationseffekt keineswegs nur mit Lauge zu erzielen ist, daß vielmehr noch eine ganze Anzahl anderer Substanzen, insbesondere Schwefelsäure und Zinkchlorid, sich in ähnlicher Weise verhalten. Diese Beobachtungen wurden von Mercer selbst gemacht.

Der Pergamentierungsprozeß bei Papier war schon lange bekannt, als es der Firma Heberlein in Wattwil (Schweiz) gelang, das Verfahren auch für Baumwollgewebe nutzbar zu machen.

Die von dieser Firma in hervorragender Weise auf feinen Baumwollqualitäten, wie Batisten, erzeugte Glasappretur wird in folgender Weise hergestellt:

Mit der gebleichten, gut entschlichteten und gut trockenen Ware geht man durch ein Schwefelsäurebad von 54—56° Bé bei einer Temperatur von 13—16° C, während 8—14 Sekunden. Man führt die Ware dann sofort in einen großen Trog mit viel Wasser, das mit etwas Schwefelsäure angesäuert ist, um die in der Ware enthaltene konzentrierte Säure sofort unter möglichst geringer Temperaturerhöhung zu verdünnen; hierauf spült man mit viel reinem Wasser nach, um die Säure vollständig zu entfernen. Um keinen allzu harten Griff zu erhalten, gibt man dem Spülbad vorteilhaft etwas Glyzerin oder Traubenzucker zu.

Die Verwendung von konzentrierten und verdünnten Säuren erfordert selbstverständlich eine eigene Apparatur. Die erforderlichen Kasten müssen alle gut verbleit sein; die Ware selbst wird über Glas- oder Bleistäbe durch die Tröge geführt.

---

[1]) Zeitschr. f. angew. Chem. 1908, S. 1321. 1909, S. 197.

[2]) Textilberichte. 1926, S. 65.

Das beste Resultat wird mit Säure von 54° Bé bei einer 13° C nicht übersteigenden Temperatur erhalten. Die Zeitdauer der Säurepassage soll im allgemeinen 8 Sekunden nicht überschreiten.

Wie schon gesagt, spielt die Webart der Ware eine große Rolle. Die in den meisten Fällen gewünschte Glasappretur wird nur bei einem ziemlich weitmaschigen Gewebe (Batist, Tüll) erreicht. Bei engmaschiger Ware werden die Zwischenräume der Fäden durch abgelöste Zellulosesubstanz ausgefüllt, das Gewebe erhält ein papieriges Aussehen und wird sehr hart.

Es wurde bereits erwähnt, daß Kurrer seinerzeit durch Behandlung von Baumwollgeweben mit konzentrierter Salpetersäure eine bedeutende Verdichtung des Gewebes feststellen konnte.

In neuester Zeit ist diese Beobachtung von Ch. Schwartz so ausgebildet worden, daß das sich damit befassende Philanaverfahren beachtliche Erfolge zu verzeichnen hatte. Schwartz beobachtete nämlich außer der Verdichtung des Gewebes eine durch die Salpetersäure in spezifischer Weise hervorgerufene Kräuselung der Faser, so daß ein entschiedener Wolleffekt erzeugt werden konnte. Man nennt daher heute auch das Behandeln der Baumwolle mit konzentrierter Salpetersäure das „Verwollen" der Baumwolle[1]).

Es handelt sich bei diesem Verfahren um die Behandlung von Baumwollstückware mit Salpetersäure bestimmter Konzentration, welche ein Schrumpfen und Kräuseln der Ware hervorruft. Je nach der Fadeneinstellung und Garnnummer erhält man ein den Wollgeweben ähnliches Aussehen. Die Festigkeit der Ware wird in keiner Weise beeinträchtigt.

Durch die Behandlung mit Salpetersäure verändert sich nicht nur die physikalische Beschaffenheit der Faser, auch die Affinität zu Farbstoffen wird durch dieselbe in sehr günstiger Weise beeinflußt. Das Aufnahmevermögen für Farbstoffe wird viel größer, und zwar ist der Unterschied zwischen unbehandelter und behandelter Faser weit größer als bei der Merzerisation. Zum Färben hat man, diesem Umstande Rechnung tragend, eine zweckmässige Auswahl in leicht und völlig egalisierenden Farbstoffen zu treffen.

Das Verfahren ist aus bestimmten Gründen keineswegs in jedem Unternehmen auszuführen, da die Wiedergewinnung der Salpetersäure Einrichtungen erfordert, welche ohne weiteres einem normalen Textilbetriebe nicht anzugliedern sind. Die Herstellung philanierter Baumwollgewebe wurde daher seitens der Farbwerke Höchst übernommen und dort im Lohn ausgeführt.

Um den schönen wollähnlichen Griff sowie die der Wolle eigene Elastizität bei Baumwolle zu erreichen, ist, wie bei der Merzerisation, die Anwendung hochwertiger Gewebe zweckmäßig. Die besten Resultate werden mit Makobatisten, Voiles und Perkals erhalten. Der endgültige Effekt ist jedoch abhängig von der angewendeten Schlichte. Eine gebäuchte Ware wird niemals einen besonderen Effekt ergeben; es sind dazu rohe Ware und Gewebe mit einer besonderen Schlichte, die als Hauptbestandteil Kasein enthält, erforderlich. Ungeeignete Schlichte kann sogar reservierend in dem Sinne wirken, als das Hervorrufen der wollähnlichen Beschaffenheit verhindert wird.

Bedauerlicherweise ist mit dem Philanieren eine außerordentliche Abnahme von Länge und Breite der Ware verbunden. Die Längenabnahme bewegt sich zwischen 6 und 10%, die Breitenabnahme kann bis zu 25% betragen[2]).

---

[1]) Auch durch Behandlung der Baumwollgewebe mit starker, heißer Natronlauge ist die Erzielung eines Verwollungseffektes möglich (Patente von Otto Duhac in Heidelberg; Melliand-Verfahren).

[2]) Im übrigen siehe auch die Bemerkungen von Ing. Oskar Gaumnitz in der Abhandlung: Fortschritte auf dem Gebiete der Stückwarenveredelung im Jahre 1925 (Fachzeitschr. Wollen- und Leinenindustrie, Reichenberg).

Eine große Schwierigkeit bot die Auswahl einer Apparatur, welche der konzentrierten Salpetersäure Widerstand zu leisten vermochte. Ein solches Material wurde in einem Spezialstahl von Krupp in Essen gefunden; trotzdem ist das Anbringen von Lagern im Säuregefäß, und dadurch die Möglichkeit, die Gewebe über Leitrollen zu führen, ausgeschlossen.

Die philanierte Ware nimmt eine eigentümlich goldgelbe Färbung an, welche sie sofort als mit Salpetersäure behandelt kennzeichnet. Der Verwollungseffekt wird durch die Bäuch- und Bleichoperationen in keiner Weise beeinträchtigt.

Eine weitere, auf chemischer Veränderung der Zellulose beruhende Fasermodifikation ist das sog. „Immungarn" der Farbenfabriken Sandoz in Basel. Dasselbe stellt ein Gespinst vor, welches mit organischen Sulfochloriden in Gegenwart von indifferenten Lösungsmitteln behandelt wurde. Die Zellulose geht dabei beispielsweise in Toluolsulfozellulose (?) über. Durch diese Behandlung wird dem Gespinst die Fähigkeit genommen, sich mit substantiven Baumwollfarbstoffen zu färben, wodurch beim Verweben derartiger Immungarne mit unbehandelter Baumwolle und darauffolgendem Färben in substantiven Farbstoffen die appartesten Effekte erzeugt werden können. Basischen Farbstoffen gegenüber zeigt das Immungarn eher erhöhte Affinität ebenso für gewisse Gallozyaninderivate.

Die Umwandlung in das Immunprodukt kann auch örtlich auf dem Druckwege hervorgerufen werden. Bedingung für das Gelingen der Reaktion ist, daß das Gespinst mit den Sulfochloriden in gequollener Form, als Natronzellulose, behandelt wird[1]).

VI. Die Färberei der Baumwolle.

A. Einleitende und allgemeine Betrachtungen.

Es ist bemerkenswert, daß uns bis auf den heutigen Tag eine klare und eindeutige Definition für das, was wir als Färberei zu verstehen haben, vollkommen fehlt. Damit ist deutlich genug gekennzeichnet, daß man sich im allgemeinen vollkommen klar ist, es bei der Färberei mit verwickelten, noch außerordentlich undurchsichtigen Vorgängen zu tun zu haben. Wenn Grandmougin[2]) die Färberei als die Aufgabe definiert, tierische oder pflanzliche Gespinstfasern durch Behandeln mit gelösten Substanzen derart zu durchdringen, daß eine gleichmäßige, dauerhafte Färbung der Faser erzeugt wird, so wird durch diese Definition erstens dem physikalischen Effekt, der das Färben auslöst, keinerlei Rechnung getragen, ferner setzt er sich damit in Widerspruch zu neueren Forschungen auf dem Gebiete der Genesis der Färbung. Genauer drückt sich O. N. Witt aus[3]): Gefärbte Körper sind solche Massen, welche imstande sind, die Lichtschwingungen des Äthers in irgendeiner Weise zu beeinflussen, und zwar so, daß Schwingungen von gewisser Wellenlänge aus den Gesamtschwingungen ausgeschieden werden, worauf dann nur die verbleibenden in unser Auge gelangen und auf dasselbe wirken können. Als dritte Definition der Färberei soll diejenige von Löwenthal[4]) wiedergegeben werden: Die Färberei bezweckt die Erzeugung bleibender, einheit-

[1]) Tagliani: Textilberichte 1925. S. 425.
[2]) Ullmanns Enzyklopädie der techn. Chemie Bd. 5, S. 178.
[3]) Textilindustrie Bd. 1, S. 366. [4]) Handbuch der Färberei Bd. 1. 1900.

licher Färbungen in der Masse verschiedener Gegenstände vermittels Befestigung von Farbstoffen in oder auf denselben durch chemische und physikalische Vorgänge.

Ich möchte in Anlehnung an Witt als Färben die Aufgabe bezeichnen, die Gespinstfasern so zu verändern, daß sie nur einzelne Bestandteile des weißen Lichtes reflektieren, so daß sie dem Auge in einer charakteristischen Farbe erscheinen.

Es ist selbstverständlich, daß die Definition der Färberei sich auf den physikalischen Effekt so lange beschränken muß, bis die Genesis der Färbung aufgeklärt ist. Solange der Kampf der Anschauungen, ob das Färben ein chemischer oder physikalischer Vorgang ist, andauert, ist eine weitergehende Erklärung, wie sie in der Definition von Löwenthal formuliert ist, unzweckmäßig.

a) Farbe und Farblehre.

Bevor wir die technische Ausführung der Färberei näher beschreiben, soll zunächst von dem Begriff Farbe sowie von der Lehre von den Farben die Rede sein.

„Alles, was wir sehen, besteht unmittelbar aus Farben, die in der Fläche des Gesichtsfeldes als größere oder kleinere Teile oder Flecken ausgebreitet sind.“ Mit diesen Worten will Ostwald[1]) dartun, was uns für gewöhnlich als „farbig“ vorkommt. „Die Farben“, sagt er am selben Ort, „ sind also die Grundbestandteile oder Elemente unserer Gesichtsempfindungen.“

Was auf dem Gebiete der Töne längst gelungen ist, eine einheitliche Systematik, mußte auf dem der Farben bis vor kurzem entbehrt werden. Krais[2]) lehnt es zwar entschieden ab, die Welt der Töne mit den Farben zu vergleichen; es ist aber trotzdem auffallend, daß eine ganze Anzahl von alteingeführten Bezeichnungen auf dem Farbengebiet sich eng an diejenigen der Welt der Töne anlehnen. Die Bezeichnungen „Farbton“, dann „Farbharmonie“ will zwar Krais nur deswegen bestehen lassen, weil sie eben für gewisse Begriffe schon eingebürgert sind. Wir werden später sehen, daß noch weitere derartige Analogien bestehen, so daß mit Berechtigung auf Parallelen zwischen Tönen und Farben hingewiesen werden darf. Auf rein physikalischem Gebiete sind dieselben unzweifelhaft vorhanden, insofern, als wir es in beiden Fällen mit Wellenbewegungen zu tun haben, die den gleichen physikalischen Gesetzen unterworfen sind. Die Wahrnehmung dieser Wellen in einem Falle durch unser Gehör, im andern Fall durch das Auge geschieht durch Apparate, welche als Empfangs- und Umbildungsstationen von Schwingungen allerdings weit auseinanderliegender Wellenlängengebiete ausgebildet sind.

Die Beschäftigung mit den Farben ist sehr alt, die Lehre von den Farben erst verhältnismäßig jüngeren Datums. Mit den Farben beschäftigte sich schon Paracelsus. Ich möchte an dieser Stelle seine eigenen Worte wiedergeben, da sie, in Beziehung gebracht mit den neuen und neuesten Farblehren, beweisen, wie Paracelsus auch auf diesem Gebiete seiner Zeit weit voraus war. Er sagt[3]): „Und obschon du die vier Hauptfarben weißt, die den vier Elementen zugehören und zugeeignet werden, als Blau der Erden, Grün dem Wasser, Gelb der Luft, Rot dem Feuer, so wird doch sonst viel andere zufellige Farben und vermischte Farben, die einer kaum erkennen mag, was für eine Farb es ist.“

„Wiewohl einer sagen möcht, Schwarz und Weiß weren auch zwei fürnehme Farben, deren man auch keineswegs vergessen solle, so sag ich aber, daß diesel-

[1]) Farbenfibel Bd. 1. 1917.

[2]) Archiv f. Buchgewerbe u. Gebrauchsgraphik Bd. 59, S. 233. 1922.

[3]) Schriften Bd. 2, S. 303–304 (Huser'sche Ausgabe, Straßburg 1616).

bigen hieher nicht gehören. Die Schwarz ist der anderen Farben Wurzel und Ursprung."

„Nun aber weiter von den Farben zu reden, sag ich, daß aller rechten, vollkommenen Farben nicht mehr als 6 sind, nämlich Schwarz, Weiß, Gelb, Rot, Grün und Blau."

„So ist aber sonst in genere davon zu reden, Grau keine recht vollkommene Farb wie die andern. Denn so man Schwarz und Weiß, oder Weiß mit Blau vermischt, wird daraus Grau. Also ist es auch mit den anderen Beyfarben und vermischten Farben zu verstehen, wie mir alle Maler Zeugnis geben müssen, daß man aus diesen 6 Farben über dreißig Farben machen kann und doch keine der anderen gleich ist."

Soweit Paracelsus; er stellt die vier Grundfarben Blau, Grün, Gelb und Rot auf und rechnet Schwarz und Weiß nicht zu den Farben im eigentlichen Sinne des Wortes; will aber doch, daß dieselben den vier Grundfarben beigeordnet werden, weil dieselben zu den Mischungen erforderlich sind. Interessant ist, daß er Schwarz als die Wurzel und den Ursprung der anderen Farben bezeichnet, also eine Anschauung, die sich Becke[1]), wohl ohne Kenntnis der Paracelsischen Priorität, zu eigen gemacht hat.

Sehr viel später haben sich eine ganze Anzahl Forscher mit den Farben beschäftigt, vor allem war es Newton, dann Goethe, der auf dem Gebiete der Farben vielfach experimentierte, und den die diesbezüglichen Fragen noch bis in sein hohes Alter hinein beschäftigten. Die Lektüre der Gespräche Eckermann's mit Goethe sind in der Hinsicht besonders lehrreich. Weitere Bearbeiter dieses Gebietes waren Young, Helmholtz, Donders, Aubert und Hering.

Allen den Genannten lag es aber vollkommen ferne, die verschiedenen Farbeindrücke in ein System zu bringen und für die einzelnen Farben einen zahlenmäßigen Ausdruck auf Grund von Messungen zu schaffen. Dahin ist man erst nach vielen unbefriedigenden Versuchen in neuester Zeit gelangt.

Daß die Systematisierung der Farben Hand in Hand mit deren Bemessung gehen müsse, war den meisten derjenigen bewußt, die sich im Verlaufe der vergangenen drei Jahrzehnte erneut mit dem Gebiete der Farben befaßten[2]). Es ist hier nicht der Ort, näher auf die Vorgänger unserer neuesten Farbforscher einzugehen, doch mögen diejenigen genannt werden, welche sich in besonders eingehender Weise mit dem Problem der Farben und deren Bestimmung durch Messung beschäftigten.

Da ist zunächst Rosenstiehl[3]) zu nennen, der den Farbenkreisel wieder zur Anwendung brachte und vor allem wieder auf den Unterschied zwischen Licht- und Körperfarben hinwies.

Raddee gab eine internationale Farbenskala heraus, die auf 14 Kartons etwa 900 Töne umfaßte.

Das Corlexikon von Prof. Langbein in Altendorf, das eine international einzuführende Farbtonkarte werden sollte, ist nie fertig geworden.

Karl Mayer baute seine Nomenklatur auf dem Dreifarbensystem auf.

Kallab konstruierte einen Farbenmeß- und Bestimmungsapparat; ein ähnliches Instrument war das Aronsche Chromoskop[4]).

Rolph v. Klemperer's Chromoskop arbeitete mit Moorelicht und unter Zugrundelegung der Kallabschen Zelluloidskalen.

Im Jahre 1886 begann Lovibond in England an einem Farbmesser zu arbeiten, den er später als „Tintometer" zunächst für den Gebrauch in der Bier-

[1]) Einführung in die natürliche Farblehre. Reichenberg 1924.
[2]) Eine eingehende Zusammenstellung siehe bei Krais: Zeitschr. f. angew. Chem. 1914.
[3]) Traité de la couleur. Paris 1913. [4]) Ann. d. Physik Bd. 39, S. 545.

brauerei bestimmte. Der Apparat war auf dem Dreifarbensystem aufgebaut, konnte aber sowohl für Flüssigkeiten als auch für feste Körper gebraucht werden.

Seit 1898 beschäftigte sich ferner der Amerikaner Albert H. Munsell mit angewandter Farbenlehre und der Normung sowie Messung der Farben. Sein System wird seit 1918 von der Munsell Color Company in Baltimore weiter ausgebaut und propagiert[1]).

Eine der vollkommensten Einrichtungen zum Messen und Nominieren von Farben war die Baumannsche Farbentonkarte, welche 1912 in Aue in Sachsen im eigenen Verlag erschien. Wir finden hier zum ersten Male eine Grauskala, die von Weiß bis Schwarz x 14 Grade, $W - 1\,x - 2\,x \ldots - 13\,x - X$, aufführt. Im übrigen ist die Nomenklatur ziemlich kompliziert.

Ferner versuchte Karl Koelsch auf Grund von langjährigen Studien über das Wesen des Lichtes und der Farben eine mathematische Begründung des Farbenkreises und dessen Unterteilung; auch bemühte er sich, die Verwandtschaft von Ton und Farbe grundsätzlich klarzulegen[2]).

Ebenso hat Becke in Wien in seiner „natürlichen Farblehre" eine noch sehr umstrittene Normung der Farben ausgeführt[3]).

Seit 1914 ist die Farblehre in ein neues Stadium getreten; und zwar haben wir es Wilhelm Ostwald zu verdanken, daß die so außerordentlich wichtige Angelegenheit einer glücklichen Lösung entgegengeführt worden ist.

Ostwald schuf in seiner Farblehre ein Instrument für Wissenschaft und Praxis, welches an Klarheit und Faßlichkeit nichts mehr zu wünschen übrigläßt. In der von ihm herausgegebenen Farbenfibel hat er in elementarer Form seine Farbenlehre niedergelegt. In der Tat genügt ein aufmerksames Durchlesen des kleinen Werkes vollkommen, um den Grundgedanken der Ostwaldschen Anschauungen zu erfassen.

Ostwald geht von dem Standpunkt der Naturwissenschafter aus, daß nur dasjenige richtig unterschieden und bestimmt werden kann, was meßbar und zahlenmäßig festzulegen ist. Da das Unterscheiden von kontinuierlich veränderlichen Farbtönen schon deshalb eine Grenze haben muß, weil das Auge nur Unterschiede in bestimmten Grenzen wahrzunehmen vermag, so hat es auch keinen Sinn, in die Tausendstel gehende Zahlenwerte festzulegen.

Ostwald unterscheidet zunächst zwischen 1. den unbunten Farben, die er in einer geraden Reihe von Schwarz zu Weiß als Endpunkten so anordnet, daß die dazwischen liegenden Graustufen als unterschiedlich noch empfunden werden können (Schwellenwerte); 2. den bunten Farben, die in einem Kreis angeordnet sind, beginnend bei Gelb 00, und über Rot, Blau, Grün und wieder beim Ausgangsgelb schließend. Die 100 festgelegten Farbtöne haben im Farbkreis so Platz gefunden, daß die diametral einander gegenüberliegenden Gegenfarben sind, d. h. bei ihrer optischen Mischung neutrales Grau ergeben. Zwei Farbtöne, welche im Farbkreis nicht zu weit voneinander entfernt sind, ergeben einen Mittelton

Um die einzelnen Farbtöne zu analysieren, erfand Ostwald ein Werkzeug, den Polarisationsfarbenmischer, das Chrometer, welches in der Weise arbeitet, daß mittels eines doppeltbrechenden Prismas das Bild des zu analysierenden Farbtons nach und nach auf die hintereinander angeordneten Elemente

[1]) A. H. Munsell: A Color Notation. Sixth Edition. Baltimore 1923. — T. M. Cleland: A Practical Description of The Munsell Color System. Munsell Color Company 1921.

[2]) Koelsch, Karl: Das spierelige Wesen der Wellen. Hannover 1922. Ferner derselbe: Farbennormung auf mathematischer Grundlage. Melliands Textilberichte 1925, S. 26—30. Das letzte Werk des im Jahre 1927 verstorbenen Gelehrten ist betitelt: „Das Farbeneinmaleins."

[3]) Becke: Einführung in die natürliche Farblehre. Reichenberg 1924.

des 100teiligen Farbkreises geworfen wird. Durch Verschieben dieser Normalstreifen gelangt man zu einem Farbton, der mit dem zu untersuchenden durch optische Mischung ein neutrales Grau gibt. Der Ort des Farbtons im hundertteiligen Farbkreis ist nun bekannt, die Gegenfarbe ist daher die gesuchte. Das Bestimmen ist noch dadurch erleichtert, daß Ostwald die Farbtöne auf den Streifen mit den Farbtönen des 100teiligen Farbkreises von vornherein mit den Zahlen der Gegenfarben versehen hat.

Ostwald stellt weiter die Frage nach den Bestandteilen eines Farbtons, denn alle Körperfarben, und mit denen hat man es wohl immer zu tun, sind niemals reine oder Vollfarben allein. Die Antwort, die Ostwald gibt, ist die folgende: Jeder Farbton besteht im allgemeinen aus einem Anteil an reiner Farbe, der Vollfarbe = V, einem Anteil Weiß = W und einem solchen von Schwarz = S. Es gilt daher die Formel:

$$\text{Farbton} = V + W + S = 100.$$

Ist $V = 0$, so hat man es mit einem neutralen Grau der unbunten Reihe zu tun. Ist $S = 0$, so gehört die Farbe in die Kategorie der hellklaren Farben, ist $W = 0$, in diejenige der dunkelklaren Farben. Haben sowohl V, W als auch S bestimmte Werte, so hat man eine trübe Farbe vor sich.

Mit Hilfe des Chrometers ist man in der Lage, jeden einzelnen der drei Werte zu bestimmen. Man kann also nicht nur quantitativ die Komponenten eines Farbtons festlegen, sondern jeden derselben auch eindeutig dadurch bestimmen, daß man den Gehalt an Schwarz und Weiß mit dem durch eine Zahl festgelegten Ort der Vollfarbe im 100teiligen Farbenkreis zu einer sogenannten Kennzahl kombiniert. Das Bestimmen des Schwarz- und Weißgehaltes erreicht man ebenfalls unter Verwendung des Chrometers, wobei statt der Farbtonreihe die Graureihe zur Anwendung gelangt; die entsprechenden Werte werden durch Anwendung von Lichtfiltern einerseits in der Eigenfarbe, andererseits in der Gegenfarbe durch Vergleichen mit dem entsprechenden grauen Grauleiter ermittelt.

Das wäre in groben Zügen das für den Praktiker Wissenswerteste der Ostwaldschen Farblehre; die weiteren Auswirkungen auf die Praxis, insbesondere die Harmonielehre, mögen den einschlägigen Arbeiten Ostwalds entnommen werden[1]).

Sicherlich hat Ostwald durch Schaffung der notwendigen Meßinstrumente nicht nur der Wissenschaft, sondern auch der Praxis einen unschätzbaren Dienst erwiesen. Die alten, absolut ungenauen Bezeichnungen für bestimmte Farbtöne, wie rosenrot, braunrot, gelbgrün, blaugrün und dergleichen, ganz abgesehen von Bezeichnungen wie „taupe“ (maulwurfsgrau), worunter sicherlich an zwanzig Farbtöne verstanden werden, können heute durch ihre Kennzahl eindeutig bezeichnet werden. Damit sind, vorausgesetzt daß die Praxis sich dazu bequemt, alle diese Unsicherheiten mit einem Schlage aus der Welt geschafft[2]); das ist mehr wert, als wenn Ostwald die Möglichkeit gegeben hätte, die Mengen verschiedener Farbstoffe, die zur Erzeugung eines bestimmten Farbtons erforderlich sind, nach seiner Farbtongleichung zu berechnen.

Diese Farblehre (es können möglicherweise vollkommenere auftauchen) verspricht, wenn sie mit dem nötigen Verständnis gehandhabt wird, sowohl Färberei wie Druckerei nach verschiedener Richtung hin zu fördern. Wir werden in der Folge Gelegenheit haben, einige Anwendungen in der Praxis kennen zu lernen.

---

[1]) Physikalische Farbenlehre. Leipzig: Verlag Unesma. Harmonie der Farben, ebendaselbst.

[2]) Siehe Dr.-Ing. W. Schramek: Die Normierungsbestrebungen in der Textilindustrie unter besonderer Berücksichtigung der Normierung der Farben. Melliands Textilberichte, Jahrg. 1927, S. 1036—1038.

Es darf aber hier darauf aufmerksam gemacht werden, daß die optischen Werkstätten von Karl Zeiß in Jena in dem von ihnen „Stufenphotometer“[1]) benannten Apparat ein Instrument konstruiert haben, das in wesentlich genauerer Weise die Bestimmung von Schwarz- und Weiß-Gehalt von Färbungen, ebenso wie des Farbtons in Anlehnung an den Ostwaldschen 100teiligen Farbkreis gestattet. Auf den Apparat wurde schon anläßlich der Bestimmung des Schwarz- und Weißgehaltes von Bleichware aufmerksam gemacht.

b) Färbevorgänge.

Obwohl die Technik des Färbens sehr alt ist, hat man die Frage, welche Vorgänge die Befestigung des Farbstoffs auf der Faser vermitteln, erst in neuerer Zeit aufgeworfen. Daß die ersten Versuche, die Färbevorgänge zu erklären, so spät einsetzten, liegt wohl daran, daß bis zur Mitte des 18. Jahrhunderts sich nur Leute mit der Färbekunst beschäftigten, die über keinerlei wissenschaftliche Bildung verfügten.

Die ersten Forscher — es waren Chemiker —, welche sich mit diesen Fragen beschäftigten, waren Hellot[2]) und le Pilleur d'Apligny[3]). Eigentümlicherweise vertraten beide den Standpunkt, daß der Färbevorgang rein physikalischer Natur sei. Die hypothetischen Poren der Gespinstfaser sollten die ausschlaggebende Rolle spielen, indem sie sich im warmen Färbebade öffneten, den Farbstoff in sich einschlossen, um sich beim Erkalten wieder zu schließen und den Farbstoff festzuhalten. Im Jahre 1776 traten jedoch Dufay[4]) und Bergmann dafür ein, daß die Färberei auf chemischen Prozessen beruhe. Maquer[5]) nahm eine vermittelnde Stellung ein, indem er den Einfluß der Struktur der Faser auf den Färbevorgang gelten ließ, der chemischen Verbindung aber die größere Bedeutung beilegte. Chevreul[6]) hat zum erstenmal die Anschauung vertreten, daß Bindung von Farbstoff und Faser eine Art Salzbildung sei, obschon — er betont das ausdrücklich — diese Verbindungen, im Gegensatz zu normalen Salzbildungen, nicht nach konstanten Proportionen vor sich gehen. Zum erstenmal wurde von Walter Crum[7]) das Mikroskop zur Ergründung der Färbevorgänge zu Hilfe genommen. Mit Hilfe dieses, damals noch unvollkommenen Instrumentes, fand er, daß für die Baumwollfaser die Hohlräume der Faser — er versteht darunter das Lumen — als Ablagerungsort für die Pigmente dienen; weiter fand er — was auf die Mangelhaftigkeit seiner Apparate schließen läßt —, daß nur die Innenwände der Faser gefärbt seien. Persoz[8]) betrachtete die Verbindung Faser—Farbstoff als einfache Juxtaposition, eine Ansicht, die sein späterer Kollege Schützenberger[9]) völlig verwarf, indem er energisch für die chemische Vereinigung von Faser und Pigment eintrat.

Erst viel später versuchte dann Knecht[10]), der Lösung des Problems mit analytischen Hilfsmitteln näher zu kommen. Er fand, daß beim Färben von Wolle in basischen Farbstoffen der gesamte Chlorgehalt in den Farbbädern zurückbleibt, was für ihn ein Beweis für die salzartige Bindung von Farbstoff und Faser war. v. Georgievics[11]) konnte Knecht's Feststellungen, obwohl auf einem etwas anderen Wege, bestätigen. Über die Bedeutung der von Knecht aus Wolle isolierten „Lanuginsäure“ für den Färbeprozeß ist man geteilter Meinung.

---

[1]) Zeitschr. f. Instrumentenkunde 1925, S. 35.
[2]) Persoz: Traité de l'Impression Bd. 2, S. 128. 1846. [3]) ebenda Bd. 2, S. 132.
[4]) ebenda Bd. 2, S. 133. [5]) Dictionnaire de Chemie Bd. 4, S. 25. 1778.
[6]) Dictionnaire technologique Bd. 21, S. 239. [7]) Bull. Mulhouse Bd. 34, S. 385.
[8]) loc. cit. Bd. 2, S. 154. [9]) Traité de matières colorantes Bd. 1, S. 185.
[10]) Ber. 1888, S. 566. Ber. 1889, S. 1123—25.
[11]) Mitt. d. technolog. Gewerbemuseums Wien, 1894.

Vignon[1]) schloß aus von ihm angestellten kalorimetrischen Versuchen, daß die Färbbarkeit der Fasern von ihrer chemischen Reaktivität abhängig sei. Die Schwierigkeit, mit der Baumwolle sich färbt, ist also eine Folge der chemischen Indifferenz der Zellulose. Weber[2]) unterstützt die Vignonsche Ansicht kräftig. Weber ist einer der ersten nach W. Crum, der seine theoretischen Studien am einzelnen Individuum, der isolierten Faser, selbst ausführt. Er kommt zum Schluß, daß alle diejenigen Färbungen, welche mit einem als solchem indifferenten Farbstoff vorgenommen werden, also Indigo, Anilinschwarz, Paranitranilinrot usw., rein mechanischer Natur sind. Die basische Färbung auf Baumwolle soll unter Beteiligung der Substanz der Faser an der Lackbildung vor sich gehen. Die Färbungen in substantiven Farbstoffen betrachtet er in keinem Falle als chemische Verbindungen, schon deshalb nicht, weil nach seinen Untersuchungen, welche später von Rötheli[3]) bestätigt wurden, die substantiven Farbstoffe als Salze auf die Faser gehen. Weber glaubt, daß sich diese Farbstoffe beim Färben im Wasser der Zellräume lösen und dann dort beim Erkalten ausscheiden. Rötheli (loc. cit.) bestätigt diese Anschauung durch mikroskopische Untersuchungen, welche aber auf unrichtiger Deutung der Beobachtungen beruhen[4]).

Weber machte den großen Fortschritt, den Färbprozeß der vegetabilischen und animalischen Faser getrennt zu behandeln, ein Weg, der sich in der Folge als sehr zweckmäßig erwiesen hat.

Witt[5]) machte einen Schritt rückwärts insofern, als er wieder begann, den Färbprozeß für beide Faserarten von einem Gesichtspunkte aus zu betrachten. Er betrachtet die Färbung als starre Lösung und versteht darunter eine molekulare Mischung zweier Substanzen, von denen die eine das Lösungsmittel, in diesem Falle die Faser, die andere der Farbstoff ist.

Gegen die Wittsche Anschauung wendete sich besonders v. Georgievics, und führte dagegen ins Feld, daß im allgemeinen eine Färbung, im Gegensatz zu einer starren Lösung, umkehrbar ist. Weiter studierte v. Georgievics den Einfluß der Struktur der Faser auf das Zustandekommen der Färbungen und fand, daß Wolle, auch Asbest in gepulvertem Zustand weniger Farbstoff aufnahmen als in faseriger Form, während Baumwolle sich umgekehrt verhielt[6]). Dann beschäftigte er sich mit den Knechtschen Versuchen und bestritt, daß Pikrinsäure, Naphtholgelb S und Tartrazin in molekularen Mengen auf die Faser gehen, obwohl er die Spaltung in Säure und Base zugab. Gegenüber der Knecht'schen Auffassung der Fuchsinfärbung auf Wolle als Salz der Fuchsinbase mit dem sauren Rest der Wolle wies v. Georgievics darauf hin, daß sich Ton und Glasstücke ebenso verhielten.

Perger[7]) macht zugunsten der Anschauung der Färbung als physikalischer Bindung von Faser und Farbstoff geltend, daß sich viele Farbstoffe auf der Faser genau so verhalten wie in Substanz; sie sind bromierbar, lassen sich diazotieren und kuppeln dann mit Phenolen. Dagegen möge eine spätere Beobachtung von Binz erwähnt werden, wonach das Verhalten von Indigo auf der Faser und in Substanz gegen Natrium-Alkoholat verschieden ist.

R. Gnehm[8]) baute nun den Gedanken Webers, das Färben der verschiedenen Gespinstfasern von verschiedenen Gesichtspunkten aus zu betrachten, in für die Weiterentwicklung der Aufklärung des Färbeprozesses vorteilhafter Weise

---

[1]) Comptes Rendus Bd. 1, S. 286, 909.
[2]) Färber-Ztg. 1893/94, S. 161, 184, 201, 213. [3]) Dissertation Zürich S. 57.
[4]) Haller: Zeitschr. f. Farben-Ind. 1907. [5]) Färber-Ztg. 1891/92, S. 259.
[6]) Mitt. d. technolog. Gewerbemuseums Wien. 1894.
[7]) Färber-Ztg. 1890/91, S. 356. [8]) Lehne'sche Färber-Ztg. 1894/95. S. 361—363.

aus. In seinen eigenen Arbeiten, dann gemeinsam mit Rötheli[1]) kommt er zu folgenden Ergebnissen: 1. Baumwollfärbungen auf gebeizter Faser sind Lacke zwischen dem Farbstoff und dem mechanischen Präzipitat der Beize auf der Faser. 2. Pigmentfarben und auf der Faser erzeugte Azofarben sind rein mechanische Fällungen auf die Faser. 3. Indigo, basische und substantive Farbstoffe fixieren sich auf Baumwolle durch Adsorption im Sinne von v. Georgievics. 4. Direkte Baumwollfärbungen mit Benzidinfarben sind Lösungen der Farbsalze im Zellsaft, ermöglicht durch deren geringe Diffusionsgeschwindigkeit.

Um noch kurz auf die modernen Anschauungen einzugehen, soll darauf hingewiesen werden, daß die in den letzten Jahren begonnenen genauen Untersuchungen gefärbter Fasern mit dem Mikroskop, unterstützt von kolloidchemischen Methoden eine gewisse Klärung über den Vorgang beim Färben der Baumwolle ergaben.

Zunächst ist die Baumwollfaser als quellbares Gebilde aufzufassen. Als organisierte Substanz kann für dieselbe der Aufbau aus Nägelischen Mizellen angenommen werden. Ultramikroskopische Untersuchung an durch chemische Einflüsse veränderten Fasern stützen diese Annahme zum größten Teil[2]).

Als quellbarer Körper vermag die Baumwollfaser Substanzen, welche einen gewissen Verteilungsgrad nicht übersteigen, zwischen den Mizellen einzulagern, so daß diese eingelagerten Körper an den Mizellarverbänden adsorbiert bleiben. Da nun die meisten Farbstoffe nicht als wahre Lösungen bestehen, sondern in kolloider Form im Dispersionsmittel Wasser, verteilt sind, so sind diese Substanzen, falls ihr Dispersitätsgrad eine untere Grenze nicht übersteigt, befähigt, in die Mizellarinterstitien einzudringen, um dort von den Mizellarverbänden adsorbiert zu werden.

Dasselbe gilt auch für die bei der Baumwollfärberei angewendeten Beizen; dieselben sind, wenn sie von der Faser adsorbiert werden sollen, in kolloider Form anzuwenden. Tatsächlich läßt sich ein solcher Zustand für alle als Beizen in Betracht kommenden chemischen Individuen auch nachweisen. Sowohl die Aluminium-, Chrom- und Eisensalze, meistens Azetate oder Sulfazetate, sind in der Form, wie sie als Beizen für Baumwolle angewendet werden, stark hydrolytisch gespalten. Ähnliche Verhältnisse findet man beim Tannin und den Naphtholen, insbesondere dem Naphthol AS der Griesheimer Farbwerke, das ausgesprochen substantiven Charakter besitzt[3]).

Daß man es bei den Baumwollfärbungen in keinem Falle mit chemischen Verbindungen zu tun hat, geht schon daraus hervor, daß alle diese Farbverbindungen nicht allein mit Zellulose herzustellen sind, sondern genau so mit indifferenten anorganischen Substanzen, wie Bariumsulfat, Aluminiumhydroxyd usw. usw. Die an ein Substrat adsorbierten Farbstoffe zeigen genau dieselben Reaktionen, wie in nicht verbundenem Zustande[4]). Über alle die Einzelheiten gibt die einschlägige Literatur den nötigen Aufschluß.

Bis vor kurzem hielt man eine Färbung, das heißt die Verbindung Faser—Farbstoff, für ein verhältnismäßig stabiles Gebilde, das allerdings durch Einflüsse chemischer Art, wie durch Lichtwirkung, Behandlung mit alkalischen Mitteln, wie in der Wäsche, dann durch Ätzmittel, wie Oxydationsmittel und Reduktionsmittel mehr oder weniger verändert, oft auch völlig gespalten werden konnte. Neuerdings haben aber Untersuchungen von Ruperti und dem Verfasser[5]) ergeben, daß das Pigment auf und in der Faser keineswegs fest gelagert ist, sondern daß durch bestimmte rein physikalische Einflüsse in seiner Lagerung Än-

[1]) Dissertation Zürich 1898. [2]) Haller: Kolloid-Zeitschr. Bd. 20, S. 127. 1917.
[3]) Haller: Färber-Ztg. 1922, Heft 23—24. Kolloid-Zeitschr. Bd. 23, S. 100. 1918.
[4]) Haller: Färber-Ztg. 1914. Kolloid-Zeitschr. [5]) Textilberichte 1925.

derungen verursacht werden können, welche den Charakter der Färbung wesentlich verändern. Die Beobachtungen, welche zuerst an Chardonnet-Seide gemacht wurden, konnten auch bei Baumwollfärbungen bestätigt werden und ergaben, daß schon durch eine Behandlung in kochendem Wasser gewisse physikalische Kondensationen verursacht wurden, welche sich in der Weise äußerten, daß ursprünglich vollkommen homogene Färbungen ein inhomogenes Bild ergaben. Diese Veränderungen sind nur bei stärkeren Vergrößerungen mit dem Mikroskop beobachtbar, ergeben aber, daß Färbungen — beispielsweise Paranitranilinrot sowie auch Naphthylaminbordeaux — nach der Behandlung eine vollkommen körnige, vielfach auch kristallinische Ablagerung der Pigmente zeigen[1]). Es hat folglich Wanderung von feinen Pigmentteilchen im Innern der Fasermembran selbst stattgefunden, dann Zusammentritt feinerer Teilchen zu gröberen Aggregaten. Läßt man Wasser auf die Färbung unter Druck einwirken, so ist diese physikalische Aggregation so stark, daß es, wie beispielsweise beim Indigo, zu massigen Ablagerungen im Lumen der Baumwollfaser kommt, welche sogar Kristallform annehmen können. Aber nicht nur die unlöslichen Azofarbstoffe und die Indigofärbungen zeigen diese Erscheinungen, sie konnten in gleicher Weise an Färbungen in Chromgelb, dann an substantiven Färbungen beobachtet werden. Alle diese feineren Veränderungen sind makroskopisch bemerkbar an der oft nicht unbeträchtlichen Verschiebung des Farbtons. Bei Pararotfärbungen auf Chardonnetseide konnte beispielsweise eine Verschiebung des Farbtons um vier Stufen nach den blauen Farbtönen hin festgestellt werden, ebenso bei Naphthylaminbordeaux. Man hat infolgedessen eine Färbung nur bedingt als stabiles Gebilde zu bezeichnen, sie ähnelt in gewisser Hinsicht den Gasen, deren Volumen auch nur dann bestimmt ist, wenn Temperatur und Druck bekannt sind.

Diese Beobachtungen erklären viele bisher rätselhafte Vorgänge bei der Behandlung von fertigen Färbungen. Das Verändern des Farbtons verschiedener Färbungen beim Erwärmen hängt sicherlich mit Veränderungen in der Lagerung des Pigments zusammen. Das Lebhafterwerden vieler Färbungen bei der Behandlung in kochender Seife hat vermutlich dieselbe Ursache.

Zweifellos ist, daß alle diese Erscheinungen nur möglich sind durch weitgehende Veränderungen des Quellungszustandes der Faser. Nur durch Auseinanderweichen der Mizellarverbände ist die Wanderung und die Kondensation zu gröberen Aggregaten möglich. Diese Boebachtungen sind geeignet, den Färbeprozess auf Baumwolle als rein physikalischen Vorgang zu kennzeichnen und der Verbindung Faser—Farbstoff jeden chemischen Charakter zu nehmen.

c) Die Echtheit der Färbungen[2]).

Unter Echtheit einer Färbung versteht man die Widerstandsfähigkeit derselben gegen Einflüsse physikalischer und chemischer Art unter dem Gesichtswinkel des praktischen Verwendungszweckes des gefärbten Materials. Färbungen absoluter Echtheit gibt es nicht, die Echtheit ist stets von relativem Wert, der sich mehr oder weniger dem Idealwert nähert. Der Begriff Echtheit kann demnach auch als der reziproke Wert der Ansprüche, welche an die kolorierten Stoffe gestellt werden, bzw. der Brauchbarkeit letzterer für eine bestimmte Verwendung bezeichnet werden.

[1]) Siehe auch Dr.-Ing. Andreas Ruperti: Beiträge zur Kenntnis der Einwirkung feuchter Hitze auf Eisfärbungen unter besonderer Berücksichtigung der Naphthol AS-Färberei. Melliands Textilberichte, Jahrg. 1927, S. 942—948.

[2]) Siehe auch Dr. Franz Weiß: Über Konstitution und Echtheitseigenschaften der Farbstoffe. Melliands Textilberichte, Jahrg. 1926, S. 448—450, 533—534, 618—619.

Die Verbindung Farbstoff—Faser kann eine ganz lockere sein, welche schon durch einfaches Waschen mit Wasser vollkommen gelöst werden kann. Sie kann aber auch so fest sein, daß sie den verschiedensten auf sie einwirkenden Einflüssen widersteht. Trotz dieser Relativität des Echtheitsbegriffes soll hier zwischen unechten und echten Färbungen unterschieden werden, da sich diese Kennzeichnungen eingebürgert haben.

Unter den auf Färbungen einwirkenden Einflüssen können für die Baumwolle wohl das Licht und die Wäsche als die eingreifendsten bezeichnet werden. Es gibt nun viele Farbstoffe, welche beispielsweise gegen Belichtung außerordentlich widerstandsfähig sind, während Wäsche rasch ein Verblassen hervorruft; bei anderen Färbungen wieder ist das Umgekehrte der Fall. In beiden Fällen ist sicherlich die Färbung keine echte, doch wäre es falsch, den jeweilig verwendeten Farbstoff zu den praktisch unbrauchbaren zu rechnen. Er wird z. B. sehr wohl dort Anwendung finden, wo es sich um Artikel handelt, die eine Wäsche überhaupt nicht auszuhalten haben, wo es sich lediglich um große Widerstandskraft gegen Belichtung handelt, z. B. bei Möbelstoffen. Bedenklicher ist schon die Anwendung eines Farbstoffes mit den zweiterwähnten Eigenschaften. Artikel, die der Belichtung nicht ausgesetzt sind gibt es kaum, so daß man für jede Färbung, neben einem gewissen Grad von Waschechtheit, auch eine gewisse Lichtechtheit verlangen wird. Hier die richtige Auswahl zu treffen ist Sache der Techniker; die Auswahl wird so zu treffen sein, daß sie der Verwendungsart des herzustellenden Artikels Rechnung trägt.

Neben der Widerstandsfähigkeit gegen Licht und Wäsche stellt der Praktiker noch eine ganze Reihe von Ansprüchen an eine Färbung. Es seien hier erwähnt die Bügelechtheit, die Chlorechtheit, Merzerisierechtheit, die Reibechtheit, Säureechtheit, Schweißechtheit und auch die Lagerechtheit. Außer diesen genannten werden zu speziellen Verwendungszwecken noch weitergehende Anforderungen an Färbungen gestellt.

Zwecks näheren Eingehens auf diese einzelnen Echtheitsansprüche soll zunächst von der Waschechtheit gesprochen werden. Um eine Färbung auf Widerstandsfähigkeit gegenüber Wäsche zu prüfen, kocht man am besten ein kleines Muster derselben in einer Lösung von 10 g Marseillerseife + 5 g Soda im Liter eine halbe Stunde lang. Man wäscht nach dieser Operation gut aus, trocknet und vergleicht dann die Probe mit einer solchen der unbehandelten Färbung. Das größere oder geringere Maß der Abweichung von der Originalfärbung gibt einen Maßstab für die Widerstandsfähigkeit gegen Wäsche. In vielen Fällen ist es wichtig, diese Waschechtheitsprobe durch Mitkochen eines Läppchens weißer (ungefärbter) Ware vorzunehmen, um den Grad des Anblutens feststellen zu können („Waschechtheit neben Weiß").

Die Wirkung der Waschoperationen, zu denen wohl stets Seifen verwendet werden, beruht auf der Adsorption der vom Gewebe, durch die unterstützende Wirkung des Alkalis, abgelösten Pigmentteilchen. Die Seife ist in den verdünnten Lösungen, in denen sie zur Anwendung gelangt, stets in bedeutendem Maße in Fettsäure und Alkali gespalten. Die in kolloider Form anwesende Fettsäure adsorbiert nun energisch die von der Faser sich loslösenden Farbstoffteilchen. In der gleichen Weise pflegt man in der Textilindustrie die Färbe- und Druckware von allen nicht auf der Faser fixierten Farbstoffteilchen, welche ein Verschmutzen der Gewebe bewirken können, zu befreien. Auch die Hauswäsche beruht auf demselben Prinzip, nur daß hier das Alkali außerdem die Aufgabe hat, die von der menschlichen Haut stammenden Fette von den Wäschestücken durch Verseifung zu entfernen[1]).

[1]) Über Wirkung von Seifen vgl. Muspratt; Ergänzungswerk I, 1, S. 202.

Die Lichtechtheit wird geprüft, indem man einen Streifen der gefärbten Ware, zur Hälfte bedeckt, der Wirkung der Lichtstrahlen aussetzt. Die Dauer der Einwirkung richtet sich nach der Jahreszeit; im Sommer wird man durchschnittlich mit einmonatiger Belichtung auskommen, während der Winter die doppelte Belichtungsdauer verlangt. Die erhaltenen Resultate werden jedoch nur relativen Vergleichswert besitzen, da oft gerade im Winter die Insolation viel intensiver wirkt als im Sommer, denn die Schneedecke reflektiert das Licht kräftig. Die durch die Belichtungsproben erhaltenen Resultate sind daher niemals ohne weiteres vergleichbar, denn dazu wäre erforderlich, die Versuche stets unter denselben Verhältnissen, insbesondere unter genauer Dosierung der Lichtmenge vorzunehmen, eine kaum ausführbare Vorbedingung, soweit das Tageslicht in Frage kommt. Man hat daher den Vorschlag gemacht, sich zu diesen Versuchen einer künstlischen Beleuchtung von konstanter Intensität zu bedienen. Alle diese künstlichen Lichtquellen haben aber den Nachteil, daß das von denselben ausgesandte Licht nicht die Zusammensetzung des Tageslichtes besitzt, vielmehr einen weit höheren Gehalt an den chemisch intensiv wirksamen ultravioletten Strahlen aufweist[1]). Es liegt daher auf der Hand, daß mit solchem Lichte bestrahlte Proben rascher verblassen als bei Anwendung von Tageslicht.

Abgesehen davon ist es ein Unding, die Echtheit von Färbungen, die nur ausnahmsweise von künstlicher Beleuchtung getroffen werden, nach ihrem Verhalten einer anderen Lichtart als dem natürlichen Tageslicht gegenüber zu beurteilen.

Die Lichtwirkung auf Färbungen ist schon vielfach zum Gegenstand von Untersuchungen gemacht worden. In neuerer Zeit war es Gebhard[2]) der sich bemühte, die chemischen Veränderungen an Färbungen zu studieren; er gelangte zu dem Ergebnis, daß sich durch die Wirkung des Lichtes Farbstoffperoxyde bilden, welche zum Teil stabiler, zum Teil recht labiler Natur sind. Diese Peroxyde sind zunächst die einzigen bekannt gewordenen Umwandlungsprodukte der Farbstoffe durch das Licht. Die Lichtwirkungen auf die Färbungen sind aber sicherlich noch weitergehend, was schon daraus hervorgeht, daß ab und zu auch das Gewebe unter Oxyzellulosebildung brüchig wird[3]). Es konnte dies vom Verfasser an einer ganzen Anzahl von Farbstoffen, z. B. für Anthraflavon, Malachitgrün und Methylviolett festgestellt werden[4]). Andere Farbstoffe lassen dagegen das Substrat vollkommen intakt. Bemerkenswert ist fernerhin, daß belichtete Primulinfärbung nicht mehr diazotierbar ist; hier erscheint die Wirkung des Lichtes als direkte Einwirkung auf die Amidogruppe des Farbstoffs. Erst durch das genaue Studium der Umwandlungsprodukte der Farbstoffe am Licht wird man zur Kenntnis der Lichtwirkung auf Färbungen gelangen.

Wir haben nun gesehen, in welcher Weise einerseits Wäsche, andererseits Belichtung auf die Färbungen wirkt. Im allgemeinen kann man sagen, daß die Wirkung beider Einflüsse eine Intensitätsveränderung in erster Linie, dann ab und zu, aber nicht immer, eine Veränderung des Farbtons zur Folge hat. Diese Erkenntnis gibt uns nun ein Mittel in die Hand, diese Veränderungen zahlenmäßig zu bestimmen.

Im Anfang dieses Kapitels wurde in kurzer Weise auf Ostwald's Farblehre

[1]) Siehe auch P. Heermann: Über die Einwirkung der ultravioletten Strahlen auf Farb- und Faserstoffsysteme. Melliands Textilberichte, Jahrg. 1924, S. 745—749.

[2]) Gebhard: Chem.-Ztg. 1913, S. 601, 622, 638 usw.

[3]) Haller: Textilber. 1924.

[4]) Neuerdings auch für Indigofärbungen nachgewiesen. Textilber. 1928.

eingegangen und auf die Bestimmung der Farbtonkomponenten auf Grund der Farbengleichung:

$$\text{Vollfarbe} + \text{Schwarz} + \text{Weiß} = 100$$

mit Hilfe des Chrometers aufmerksam gemacht. Man kann nun diesen Apparat mit großem Vorteil bei der Bestimmung der Veränderung der Färbungen durch Wäsche und Belichtung verwenden. Mit dem Farbmesser ist man in der Lage, zunächst den Farbton in bezug auf den 100 teiligen Farbkreis zu bestimmen. Desgleichen läßt sich prozentual sowohl der Gehalt an Weiß, als auch an Schwarz feststellen. Mit Hilfe dieser Methode kann man jede Veränderung in den Farbtonkomponenten, seien es Verschiebungen in der Lage der Vollfarbe oder solche des Gehalts an Schwarz und Weiß, genau verfolgen. Durch Vergleichen der an der Originalfärbung gefundenen Zahlen mit denen der durch Wäsche oder Licht beeinflußten Färbungen kann festgestellt werden, wie groß die Abweichungen sind, die daher eine genaue Beurteilung der Echtheit nach diesen beiden Richtungen hin gestatten. In dieser Weise hat Verfasser die Unterschiede von Indigofärbungen, ausgefärbt in Küpen, welche nach den verschiedenen Verküpungsverfahren hergestellt waren, sowie die Echtheitsbestimmungen an eben diesen Indigofärbungen ausführen können[1]). Nach diesem Prinzip wurde auch eine ganze Menge anderer Färbungen auf ihre Veränderungen am Licht hin untersucht[2]).

Wenn diese Untersuchungen erst einmal systematisch durchgeführt sein werden, so wird der Textilchemiker, insbesondere aber der Drucker, Anhaltspunkte haben, welche Farbstoffe er zu Kombinationen zusammenstellen darf, ohne Gefahr zu laufen, hauptsächlich durch die Wirkung des Lichtes, seine harmonisch wirkenden Farben zu disharmonischen Effekten sich entwickeln zu sehen.

Für die Baumwollfärbungen kommen noch eine ganze Reihe von Einflüssen in Betracht, welche den Ton der Färbungen zu beeinflussen vermögen[3]). Zunächst wäre da die Einwirkung der Appreturoperationen zu nennen, für welche allerdings gemeinsame Anhaltspunkte deshalb kaum gegeben werden können, weil die Appreturen in ihrer Zusammensetzung allzu wechselnd sind. Weitaus am häufigsten wird es sich um die Wirkung saurer oder alkalischer Agentien handeln, je nach der Art der Appreturmassen; ferner kommt hier, besonders bei der Einwirkung geheizter Metallwalzen, das Verhalten gegen Hitze in Frage, ebenso dasjenige gegen Dampf. Im allgemeinen kann man sagen, daß diese beiden letzteren Einwirkungen — wenn sie überhaupt Veränderungen hervorrufen — nur vorübergehender Natur sind. Ein Versuch wird jederzeit erkennen lassen, welche Abweichungen vom ursprünglichen Farbton man bei Anwendung der einen oder anderen Appretur zu erwarten hat.

Die vielfach verlangte Bügelechtheit von Färbungen, d. h. die Unveränderlichkeit des Farbtons beim Behandeln mit heißen Metallen, kann nur auf praktischen Wege erprobt werden[4]).

Die Chlorechtheit kommt für viele Artikel kaum in Frage. In neuerer Zeit aber, wo man dazu übergegangen ist, bunte Garne mit rohen Gespinsten zu verweben und dann erst intensiv zu bleichen, ist jedenfalls durch Vorversuche festzustellen, ob die mit zuverarbeitenden bunten Garne die Behandlung in den verhältnismäßig starken Chlorbädern von oft über 2° Bé aushalten.

Hin und wieder wird auch eine gewisse Laugenechtheit verlangt, insbesondere für Gewebe oder Garne, die erst gefärbt, dann merzerisiert werden. Auch hier entscheiden praktische Versuche.

---

[1]) Textilber. 1922. [2]) Zeitschr. f. d. ges. Textilindustrie 1923.
[3]) Heermann: Koloristische und textilchemische Untersuchungen. Berlin 1903.
[4]) Vgl. hierzu Haller: Koll. Zeitschr. 1926. I, S. 248.

Für viele Färbungen spielt die Reibechtheit eine bedeutende Rolle, besonders dort, wo gefärbte Garne mit weißen Gespinsten weiter verarbeitet werden sollen. Um die Reibechtheit zu bestimmen, reibt man einen weißen Lappen auf der zu untersuchenden Färbung unter Anwendung eines gewissen Druckes hin und her und stellt fest, wie stark sich die Reibstellen auf dem weißen Gewebe gefärbt haben. Indigo, Alizarinrot, Paranitranilinrot sind solche reibunechte Färbungen. Bedauerlicherweise besteht bis zur Stunde noch keine exakte Methode zur zahlenmäßigen Bestimmung dieser wichtigen Eigenschaft.

Für viele Zwecke werden schweißechte Färbungen gefordert. Die Wirkung des Schweißes auf Färbungen ist vorzugsweise eine Säurewirkung. Man wird daher die Prüfung auf Schweißechtheit in der Weise vornehmen, daß man die zu untersuchende Färbung am besten in verdünnter Essigsäure bei 30 bis 40° C einige Stunden behandelt und beobachtet, welche Abweichungen die so behandelte Ware von der unbehandelten zeigt. Vielfach wird die Schweißechtheit auch durch Einnähen einer zu prüfenden Probe in ein in Verwendung befindliches Kleidungsstück — insbesondere in die Achselhöhle desselben — untersucht.

Die Vergrünungsechtheit kommt nur für Anilinschwarz in Betracht. Einwandfreies Schwarz darf beim Einhängen in eine Atmosphäre von schwefliger Säure den Farbton kaum verändern.

Die Echtheitskommission des Vereins deutscher Chemiker hat „Verfahren, Normen und Typen“ für die Prüfung der Echtheitseigenschaften von Färbungen auf Baumwolle, Wolle und Seide herausgegeben[1]). Für die Lichtechtheit wurden 8 Normen aufgestellt. Die Prüfung eines bestimmten Farbstoffes auf Lichtechtheit erfolgt in der Weise, daß Probefärbungen desselben neben den auf Strang oder Stück ausgefärbten Typen unter Glas belichtet werden, wobei die Färbungen zur Hälfte mit undurchsichtigem Material bedeckt bleiben. Mit I wird die niedrigste, mit VIII die höchste Echtheitsstufe bezeichnet. Die acht Typen sind die folgenden:

I.	5 %	Chikagoblau B.	V.	2,5 %	Benzolichtrot 8 BL (By).
II.	0,8 %	Methylenblau BG.	VI.	10 %	Hydronblau G Teig (C).
III.	1 %	Indoinblau R Pulver.	VII.	8 %	Schwefelschwarz Textra.
IV.	20 %	Kryogenviolett 3 R (B. A. S. F.).	VIII.	25 %	Indanthrenblau GC Teig.

Für die Wasch- und Kochechtheit gefärbter Baumwolle wurde folgende Prüfung empfohlen: A. Die Garnprobe, mit der gleichen Menge weißer, abgekochter Baumwolle verflochten, wird in der 50fachen Flottenmenge ½ Stunde bei 40° C mit 2 g Marseillerseife per 1 Liter Wasser behandelt. Dann wird das Zöpfchen zehnmal im Handballen mit den Fingern ausgedrückt, wobei man es nach jedem Ausquetschen wieder in die Seifenflotte taucht. Zuletzt wird die Probe in kaltem Wasser gespült und getrocknet.

Eine rigorosere Probe ist die folgende: B. Man kocht mit 5 g Marseillerseife + 3 g Soda per 1 Liter Wasser ½ Stunde, läßt dann auf 40° C abkühlen und in gleicher Weise wie bei der ersten Probe zehnmal ausdrücken und waschen.

Die für diese Probe maßgebenden Normen und Typen sind die folgenden:

Normen.	Typen.
I. Nach A behandelt: Färbung wenig heller, weiße Baumwolle angefärbt.	I. 3 % Benzopurpurin 4 B gefärbt 1 Std. kochend mit 20 g Glaubersalz im Liter. Nach dieser Zeit werden weitere 20 g Glaubersalz per 1 Liter zugegeben und noch ¼ Std. weiter gekocht, dann wird abgequetscht und in kaltem Wasser gespült.

---

[1]) Verlag Chemie. Leipzig 1924.

Normen.	Typen.
II. Nach A behandelt: Färbung unverändert, weiße Baumwolle nicht oder nur spurweise angefärbt.	II. 5 % Primulin gefärbt wie I., dann diazotiert und in β-Naphtol entwickelt. Zuletzt wird die Färbung mit 2 g Marseillerseife im Liter 5 Min. bei 35° C geseift, dann gespült.
III. Nach B behandelt: Färbung wesentlich heller, weiße Baumwolle nur schwach angefärbt.	III. 2,5 % Indoinblau BB, auf mit 6 % Tannin u. 3 % Antimonsalz vorgebeiztem Garn. Ausfärben erfolgt unter Zusatz von 5 % Essigsäure 7° Bé 1/2 Std. kalt, langsam erwärmend bis kochend. Man kocht dann noch 1/4 Std., spülen u. trocknen.
IV. Nach B behandelt: Färbung unverändert, mitgewaschene weiße Baumwolle schwach gefärbt.	IV. 12 % Immedialindon R conc. 1 Std. kochend gefärbt mit 1 1/2 mal so viel Schwefelnatrium krist., 3 g Soda u. 20 g Kochsalz per 1 Liter Wasser. Nach 1 Std. Färben setzt man weitere 20 g Kochsalz zu, noch 1/4 Std. gekocht, dann gespült. Oder Indigofärbung in genau derselben Tiefe auf der Hydrosulfitküpe gefärbt mit 10 g Indigo 20 % per 1 Liter.
V. Nach B behandelt: Färbung unverändert, weiße Baumwolle nicht oder nur spurweise angefärbt.	V. Alizarinrot (Altrot).

Mit diesen beiden Beispielen, welche die wichtigsten Echtheitsproben behandeln, soll die Methode gekennzeichnet werden, nach der die Echtheitskommission der Normierung der Färbungen in bezug auf Echtheit zu Leibe geht. In derselben Weise wurden auch Normen und Typen für Wasserechtheit, Bügelechtheit, Schwefelechtheit, Schweißechtheit, Säureechtheit, Bäuchechtheit und Chlorechtheit aufgestellt. Dieselben sind in der bereits genannten Broschüre enthalten.

d) Die Farbstoffe und deren Einteilung.

Aufgabe dieses Kapitels ist es keineswegs, den chemischen Aufbau der Farbstoffe zu behandeln, darüber möge anderweitig nachgelesen werden[1]). Es kann aber nicht umgangen werden, eine Einteilung der zum Färben verwendeten Substanzen zu geben, weil dieselbe in einer dem praktischen Teil der Textilchemie gewidmeten Arbeit auch von den Gesichtspunkten der Praxis betrachtet werden muß. Daher soll vermieden werden, die Farbstoffe nach ihren chemischen Grundsubstanzen einzuteilen, sondern vielmehr nach der Art ihrer Verwendung in Färberei und Zeugdruck. Für die Baumwolle kommt die größte Zahl der heute allgemein verwendeten Farbstoffe in Betracht, obwohl für einzelne Gruppen die Anwendung eine nur mehr sehr beschränkte ist. Im folgenden soll die Einteilung der Farbstoffe von praktischen Gesichtspunkten aus erfolgen[2]):

α) Farbwerkstechnisch fertig vorgebildete Farbstoffe, welche aus schon in geeigneter Weise hergestellten Lösungen die Baumwolle entweder direkt färben oder dazu einer Vorbeize des Fasermaterials bedürfen.

Saure Farbstoffe. Nitrofarbstoffe oder Natronsalze von Sulfo- oder Karbonsäuren. Sie sind zur Färbung der Baumwolle als solcher kaum geeignet und erfordern ganz besondere Methoden, um auf der vegetabilischen Faser auch nur einigermaßen befriedigend befestigt werden zu können. Derartige Färbungen auf Baumwolle sind in keiner Hinsicht widerstandsfähig und

[1]) Vgl. dieses Handb. Bd. 3. Fierz-David: Farbstoffe. 1926.
[2]) Georgievics: Lehrbuch der Farbenchemie 1903, S. 3.

werden daher nur sehr selten und ausnahmsweise zu bestimmten Zwecken hergestellt.

Tanninfarbstoffe oder basische Farbstoffe. Salzsaure oder oxalsaure Salze von Farbbasen. Sie färben zwar auch die Baumwolle direkt an, doch entbehren in dieser Weise erzielte Färbungen jeder Echtheit. Um diese basischen Farben widerstandsfähig zu fixieren, muß die Baumwolle erst durch bestimmte Operationen vorbereitet, „gebeizt" werden. Zu dem Zwecke imprägniert man mit Tannin, das dann als solches ebenfalls auf der Faser noch mit Antimonsalzen befestigt wird. Das sich bildende Antimonyltannat besitzt eine große Affinität zu den basischen Farbstoffen, wobei sehr lebhafte und zum Teil recht echte Färbungen entstehen.

Salzfarben oder substantive Baumwollfarbstoffe sind als die typischen Baumwollfarbstoffe zu bezeichnen, da sie die Faser ohne Zuhilfenahme einer Mittelsubstanz direkt zu färben vermögen. Die Bezeichnung Salzfarben rührt daher, daß den Färbebädern zur Erzeugung intensiverer Farbtöne Zusätze gewisser Neutralsalze gemacht werden. Die Bedeutung dieser Zusätze für den Färbeprozeß mit substantiven Farbstoffen soll später gewürdigt werden.

Schwefelfarben färben die Baumwolle in alkalischem Bad unter Zusatz von Sulfiden der Alkalimetalle. Die Fixierung des Farbstoffes auf der Faser wird durch einen Reduktionsprozeß vermittelt, der der Färbung mit Küpenfarbstoffen außerordentlich nahesteht.

Küpenfarbstoffe. Wie die Schwefelfarbstoffe, so haben auch die Küpenfarbstoffe als solche keinerlei Affinität zur Faser. Um die Verbindung Faser—Farbstoff herzustellen, bedarf es der Überführung der Küpenfarbstoffe in ein Reduktionsprodukt, die sogenannte Leukoverbindung. Dieselbe ist kolloid löslich in überschüssigem Alkali und zeigt in dieser Form Affinität zur Faser. Die Rückbildung in den Farbstoff geschieht dann auf der Faser durch die Einwirkung der Luft von selbst in mehr oder minder kurzer Zeit. Die Färbungen mit diesen Farbstoffen gehören zu den echtesten, die man kennt.

Beizenfarbstoffe. Darunter versteht man Substanzen, die an sich nur wenig gefärbt sind und zur Faser normalerweise keinerlei Affinität haben. Um Färbungen zu erhalten, müssen zuerst bestimmte Metalloxyde auf der Faser niedergeschlagen werden. Die dazu notwendigen Lösungen leicht dissoziierbarer Metallsalze werden „Beizen" genannt. Die auf gebeizter Faser mit diesen Farbstoffen erzielten Färbungen zeichnen sich durch hohe Echtheitsgrade aus.

β) Entwicklungsfarbstoffe, welche aus ihren Komponenten durch chemische Reaktionen auf der Faser selbst erzeugt werden.

Außer dem hierher gehörigen Anilinschwarz sind es gewisse unlösliche Azofarbstoffe, die in dieser Weise auf der Faser hervorgebracht werden. In letzteren Fällen wird die Ware zunächst mit der einen Komponente (hauptsächlich Naphtol AS und dessen Derivate, Cibanaphtol RP, Betanaphtol) beladen und der Farbstoff dann durch Behandeln in der Lösung eines diazotierten Amins auf der Faser entwickelt.

Bei Anilinschwarz und ähnlich erzeugten Farben wird ein Amin als salzsaures Salz gemeinsam mit einem Oxydationsmittel und einem Sauerstoffüberträger auf die Faser gebracht und in der imprägnierten Ware durch Wärmezufuhr das Pigment gebildet bzw. fixiert.

B. Allgemeines und Vorbedingungen für das Färben der Baumwolle mit farbwerkstechnisch fertig vorgebildeten Farbstoffen.

Bei der Baumwolle muß nach dem heutigen Stande unserer Kenntnisse die Adsorption als die unmittelbare Ursache der Färbung angesehen werden; die Verbindung Faser—Farbstoff ist eine Adsorptionsverbindung. Auf diesen Umstand wurde bereits bei der kurzen historischen Übersicht über die Entwicklung der Anschauungen, den Färbeprozeß betreffend, hingewiesen.

In allen Fällen ist die Faser an der Farbverbindung chemisch in keiner Weise beteiligt. Von dieser Verbindung, welche eine mehr oder weniger feste ist, kann gesagt werden daß, je gröber dispers die Ablagerung des Pigments auf der Faser erfolgt, um so leichter auch die Möglichkeit der Trennung durch rein mechanische Beeinflussung sein muß (Reibechtheit)[1]. Die Lösung des Pigments vom Substrat erfolgt ohne nachweisbare chemische Veränderung des letzteren auch dann, wenn die Spaltung des Komplexes Faser-Farbstoff durch chemische Mittel unter Veränderung der chemischen Natur des Pigments erfolgt. Von diesem Verhalten macht man bei den verschiedenen Ätzprozessen in der Druckerei den ausgiebigsten Gebrauch. Eine Bestimmung des auf der Faser befindlichen Farbstoffes mittels des Spektroskopes wäre unmöglich, wenn eine chemische Verbindung mit der Faser bestehen würde, da bekanntlich mit wenigen Ausnahmen jede chemische Veränderung des Farbstoffes dessen charakteristisches Absorptionsspektrum ändert.

Man kann daher die Verbindung Faser—Farbstoff einem außerordentlich feinen mechanischen Gemenge zweier oder mehrerer chemisch verschiedener Substanzen vergleichen; wie es hier gelingt, durch geeignete, vielfach rein physikalische Operationen derartige Gemenge in ihre Komponenten zu spalten, so gelingt es auch dort[2].

Bezüglich der Theorie der Färberei wird das Notwendige bei Besprechung des Färbens mit den einzelnen Farbstoffgruppen behandelt werden.

Das Wasser in der Färberei. Da als Lösungsmittel für Farbstoffe praktisch nur das Wasser mit oder ohne Zugabe eventuell noch besonders erforderlicher Chemikalien (Schwefelnatrium bei Schwefelfarbstoffen, Hydrosulfit und Lauge bei Küpenfarbstoffen) in Betracht kommt, so verdient es im Hinblick auf seine Bedeutung in der Färberei besondere Beachtung.

Die Herstellung egaler und klarer Färbungen muß das Ziel jedes Färbers sein. Nun wechselt aber die Zusammensetzung des Wassers je nach dem Ort, dem es entnommen wird, oft ganz bedeutend. Kalk, Magnesia, auch Eisen sind diejenigen Bestandteile, welche in der Färberei einen ungünstigen Einfluß auszuüben vermögen. Kalk und Magnesia können mit Farbstoffen unlösliche Niederschläge bilden, welche, abgesehen von Fleckenbildung auf der Ware, dem Farbbade bestimmte Mengen Farbstoff entziehen. Eisensalz kann dieselben Erscheinungen hervorrufen, und außerdem bei in Tannin behandelter Ware durch Bildung gerbsauren Eisens Trübungen, die besonders den klaren Farbtönen der basischen Farbstoffe verhängnisvoll werden können. Ein Gehalt an Huminsäuren, wie er in moorreichen Gegenden vorzukommen pflegt, kann insofern ungünstig wirken, als diese in kolloidem Zustande im Wasser enthaltenen braunen Substanzen sich auf dem Färbegut ablagern und auch durch Fällung von Farbstoffen empfindliche Verluste hervorzurufen vermögen.

---

[1] Färber-Ztg. 1912. Haller: Vortrag am Kongreß der Chemiker-Koloristen. Wien.
[2] Kolloid-Zeitschr. Bd. 22, S. 113. 1918.

Diesen Übelständen muß nach Möglichkeit begegnet werden. Durch Filtration des Wassers durch Kiesfilter werden schon bedeutende Mengen suspendierter Stoffe zurückgehalten; auf die gelösten Stoffe hat diese Operation naturgemäß keinen Einfluß. Letztere müssen durch zweckmäßige Zusätze entfernt werden, so Kalksalze, zum größten Teil durch Zusatz von Soda, ebenso die Magnesiumsalze. Weit schwieriger ist die Entfernung des Eisens, das auf Zusatz von Karbonaten nur allzu leicht in kolloider Form im Wasser bleibt.

Am empfehlenswertesten ist natürlich immer die Anwendung von Kondenswasser, wenn dasselbe in ausreichender Menge zur Verfügung steht.

Ist Kondenswasser, was wohl meistens der Fall sein wird, nicht ausreichend vorvorhanden, so empfiehlt sich eine Wasserreinigung durch Permutieren. Das zu reinigende Wasser wird zunächst in einer eigenen Apparatur durch Kiesfilter von suspendierten Bestandteilen befreit und strömt dann über verschiedenen Schichten sogenannten Permutits, an welche Substanz es sowohl den Kalk als auch das Eisen nahezu vollständig abgibt. Die Permutite[1]) sind Gemische von Tonerdedoppelsilikaten und Aluminiumsilikaten. Zu letzteren gehören Körper, wie der folgende:

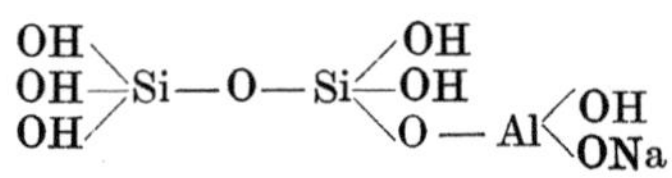

Beim Lauf des Wassers durch die Permutitschicht wird das Natriumatom der Substanz durch Kalk bzw. Magnesia ersetzt. Der Vorgang ist folgender[2]):

$$P - Na_2 + Ca(HCO_3)_2 = 2\,NaHCO_3 + P - Ca.$$

Ist die Permutierung einer bestimmten Menge Wassers erfolgt, so kann der Prozeß dadurch rückgängig gemacht, d. h. das Permutit wieder in die Natriumverbindung übergeführt werden, indem man an Stelle von Wasser verdünnte Kochsalzlösung durch den Apparat laufen läßt. Der Kalk wird dann durch Natrium ersetzt. Dieser Prozeß könnte theoretisch unendlich viele Male fortgesetzt werden, doch macht sich, allerdings erst nach längerer Zeit, ein Ersatz des Permutits erforderlich.

Das Lösen der Farbstoffe. Demselben muß große Aufmerksamkeit gewidmet werden, will man nicht Gefahr laufen, ungleiche, fleckige Färbungen zu erhalten. Zum Lösen soll prinzipiell nur Kondenswasser genommen werden. Man kocht das Wasser auf und gibt den Farbstoff in kleinen Mengen unter Umrühren zu. Dabei muß aber beachtet werden, daß einzelne Farbstoffe, z. B. Auramin, bei Temperaturen unter 100° C zersetzt werden; beim Lösen ist daher eventuellen besonderen Eigenschaften der Farbstoffe Rechnung zu tragen. Das Färbebad (die Farbflotte) wird dann mit gereinigtem Wasser angesetzt und der gelöste Farbstoff durch ein feines, mit Baumwollgewebe bedecktes Bronzesieb zugegeben; dieser Zusatz geschieht in der Regel in zwei, des öfteren auch in mehreren Portionen, wobei die Färbeflotte jedesmal mit einem hölzernen Rührer gut durchgerührt wird.

Das Verhältnis von Flottenmenge und Färbegut spielt eine bedeutende Rolle. Man arbeitet deshalb entweder in „kurzer Flotte“ oder in „langer Flotte“. Letztere wendet man am zweckmäßigsten bei schwerer egalisierenden Farbstoffen an, wogegen leicht gleichmäßig färbende Produkte besser auf kurzer Flotte gefärbt werden. Bei kurzen Flotten ist die Dampfersparnis nicht unbeträchtlich.

---

1) D. R. P. 186630 u. 237231.

2) Zeitschr. f. anorg. u. allgem. Chem. Bd. 103, H. 3. 1918.

Vorbehandlung der Ware vor dem Färben. Je nach der Art des auf die Faser zu bringenden Farbtons muß auch die Vorbehandlung des Färbegutes eingestellt werden. Da die Baumwolle auch durch die vollkommenste Bleiche kaum über einen Weißgehalt von 90 % zu bringen ist, ihr Schwarzgehalt aber zu Trübungen der Farbtöne Veranlassung geben kann, so hat man — insbesondere dort, wo es darauf ankommt, möglichst klare Farbtöne zu erzeugen — nicht nur die Bleiche, d. h. die Annäherung an das ideale Weiß von 100 %, soweit als möglich zu treiben, sondern auch in der Wahl der Farbstoffe vorsichtig zu sein und nur diejenigen anzuwenden, welche die klarsten Nuancen geben, d. h. solche, deren Gehalt an Vollfarbe einen hohen Wert zeigt.

Handelt es sich aber um trübe Töne, so braucht die Bleiche nur bis zu einem bestimmten Grade der Vollkommenheit ausgeführt zu werden. Man darf nicht übersehen, daß sich zum Schwarzgehalt des Substrates auch noch der dem Farbstoff selbst eigentümliche addiert, so daß eine Färbung stets einen höheren Schwarzgehalt aufweisen wird, als wenn der Farbstoff — allein auf Bariumsulfat mit 100 % Weißgehalt adsorbiert — auf Schwarzgehalt untersucht würde.

Es gibt allerdings Farbstoffe, welche auf gebleichter, mit Chlor behandelter Ware insofern ungünstige Resultate geben, als sich solche Ware unegal färbt; dazu gehört beispielsweise der Indigo. Bei Anwendung solcher Farbstoffe wird man sich mit einer gründlichen Bäucheoperation begnügen müssen, was in den meisten Fällen auch ausreichend ist.

Bei anderen Färbungen ist dagegen eine Bleiche kaum erforderlich; es genügt dann gründliche Entschlichtung. Das wird überall dort der Fall sein, wo Schwarz oder andere dunkle Töne hergestellt werden sollen. Ob im einen oder andern Fall Entschlichtung allein genügt, muß durch entsprechende Vorversuche festgestellt werden.

Mit anderen Worten, es muß die Vorbereitung des Färbegutes den Färbungen einerseits, dann dem Verhalten der Farbstoffe andererseits angepaßt werden.

C. Das Färben mit den farbwerkstechnisch fertig vorgebildeten Farbstoffen.

a) Die sauren Farbstoffe.

Die sauren Farbstoffe haben als solche keinerlei Affinität zur vegetabilischen Faser und können nur auf Umwegen auf derselben befestigt werden. Doch mangelt diesen Färbungen jede Widerstandsfähigkeit gegen äußere Einflüsse.

Es ist verwunderlich, daß die sauren Farbstoffe — im allgemeinen Natriumsalze von Farbsäuren — bezüglich ihres Verhaltens den Gespinstfasern gegenüber sich in einem solchen Gegensatz mit den typischen substantiven Baumwollfarbstoffen befinden, da doch der chemische Aufbau beider Farbstoffgruppen viel Übereinstimmendes besitzt. Die substantiven Farbstoffe sind gleichfalls Salze von Farbsäuren und besitzen meistens auch dieselbe chromophore Gruppe. Um das klar zu machen, soll nachstehend eine auszugsweise Zusammenstellung von sauren und substantiven Farbstoffen wiedergegeben werden, welche auf den ersten Blick die Verwandtschaft beider Farbgruppen zeigt (siehe S. 79).

Man erkennt, daß die sauren Farbstoffe Derivate des Anilins sind, die substantiven solche des Benzidins, daß aber die chromophoren und die auxochromen Gruppen fast durchweg übereinstimmen. Die Moleküle der substantiven Baumwollfarbstoffe sind annähernd doppelt so groß als die der sauren. Der Unterschied in der Molekulargröße und der damit in Verbindung stehende Zustand der betreffenden Farbstoffe in Lösung sind vermutlich die Ursache des verschiedenen Verhaltens gegenüber der Baumwollfaser. Während die sauren Farbstoffe in ihren wässerigen Lösungen unter dem Ultramikroskop nicht auflösbar sind, also eine molekulare Dispersität oder zum mindesten eine solche amikronischer Größe zeigen, wird man finden, daß die große Mehrzahl der direkten Baumwollfarbstoffe auflösbar sind; viele zeigen sogar das Bild eines typischen Suspensoids.

Neuere Untersuchungen haben nun erkennen lassen, daß die Wolle — das für die sauren Farbstoffe geeignetste Material — vorzugsweise Affinität hat zu Farbstoffen hoher Dispersität und dort, wo gelöster Farbstoff in verschiedenen Verteilungsgraden vorhanden ist, stets den höheren vorziehen wird. Die Baumwolle hingegen vermag Teilchen in molekularer Dispersion oder solche, die diesem Zustande nahestehen, kaum zu fixieren. Diaminblau 3 R[1]) z. B. färbt Wolle in dem diesem Farbstoff eigenen Anteil höherer Dispersität rot, Baumwolle in dem niederer Dispersität blau.

Ganz allgemein kann auf Grund der bisherigen Untersuchungen als wahrscheinlich ausgesagt werden, daß jede Faser zur Erzielung eines optimalen

Orange I, saurer Azofarbstoff für Wolle: $C_6H_4(SO_3Na) - N = N - C_{10}H_6 - OH$

Benzoschwarzblau f. Baumwolle:
$NaSO_3 - C_6H_3 - N = N - C_{10}H_5(OH)(SO_3Na)$
$NaSO_3 - C_6H_3 - N = N - C_{10}H_5(SO_3Na)(OH)$
(die beiden C_6H_3-Gruppen miteinander verbunden)

Palatinscharlach für Wolle: $(CH_3)_2C_6H_3 - N = N - C_{10}H_4(OH)(SO_3Na)(SO_3Na)$

Azoblau für Baumwolle:
$(CH_3)C_6H_3 - N = N - C_{10}H_5(OH)(SO_3Na)$
$(CH_3)C_6H_3 - N = N - C_{10}H_5(SO_3Na)(OH)$
(die beiden C_6H_3-Gruppen miteinander verbunden)

Orange G für Wolle: $C_6H_5 - N = N - C_{10}H_4(OH)(SO_3Na)(SO_3Na)$

Diaminblau BB für Baumwolle:
$C_6H_4 - N = N - C_{10}H_3(OH)(NH_2)(SO_3Na)$
$C_6H_4 - N = N - C_{10}H_3(SO_3Na)(NH_2)(OH)$
(die beiden C_6H_4-Gruppen miteinander verbunden)

Färbeeffektes eines für jede Faser charakteristischen Intervalls in der Dispersität bedarf. Diese theoretischen Erörterungen sollen das Verhalten der sauren Farbstoffe im Gegensatz zu den später zu behandelnden substantiven Baumwollfarbstoffen beleuchten und verständlicher machen.

Über die Anwendungsgebiete der sauren Farbstoffe in der Baumwollfärberei ist wenig zu sagen. Sie werden dort verwendet, wo Gewicht auf außerordentliche

[1]) **Haller**: Kolloid-Zeitschr. Bd. 29, S. 95. 1921.

Lebhaftigkeit gelegt wird, unter Außerachtlassung von Wasch- und Wasserechtheit. Man kann die sauren Färbungen auf Baumwolle kaum als vollwertige Färbungen bezeichnen, da sie nicht einmal den geringsten Ansprüchen bezüglich Wasserechtheit genügen; im Grunde darf nur von einer Imprägnierung der Faser mit nachherigem Trocknen gesprochen werden. Den Croceïnen kommt jedoch immerhin Wichtigkeit zu, weil dieselben lebhafte Scharlachtöne von guter Lichtechtheit und Säureechtheit liefern.

Zum Färben können in dieser Hinsicht naturgemäß alle sauren Farbstoffe Verwendung finden. Folgende Angaben entstammen Mitteilungen aus der Praxis:

Man arbeitet in möglichst kurzer Flotte, d. h. man löst den Farbstoff in einem Minimum von Wasser. Das Färbebad enthält neben dem Farbstoff noch:

3 g Alaun
20 g Glaubersalz } per 1 Liter Flotte.

Die Farbstoffmenge richtet sich nach der Tiefe der gewünschten Färbung. Das Ansatzbad muß beträchtlich stärker angesetzt werden als die laufenden Bäder:

	Ansatzbad	Laufendes Bad	
Für dunkle Färbungen	10 %	2 %	Farbstoff
„ helle „	3 %	0,5 %	„

vom Gewicht der Ware.

Man geht mit der Ware in das 50—60° C warme Bad ein und läßt dasselbe während des Färbens erkalten. Dann wird gleichmäßig abgerungen oder abgequetscht, bei loser Baumwolle zentrifugiert und ohne zu spülen bei niederer Temperatur getrocknet. In dieser Weise erfolgt beispielsweise das Färben mit Brillant-Croceïn, Ponceau und Croceïn.

Färben mit Eosin, Erythrosin, Phloxin, Bengalrosa sowie Rhodamin B geschieht in ähnlicher Weise. Man arbeitet gleichfalls auf kurzer Flotte, aber unter Zusatz von Kochsalz; Temperatur 30—40° C, Färbedauer ½—¾ Stunde. Man wringt oder quetscht dann gut ab — zentrifugiert bei losem Material — und trocknet bei mäßiger Temperatur, ohne vorher zu spülen.

Für 50 kg Baumwolle verwendet man Flotten von 600—700 Liter.

	Ansatzbad	Laufendes Bad
Farbstoff	1— 4 kg	0,25—1 kg
Kochsalz	15—30 kg	2 —5 kg

Beim Färben mit Rhodaminen können auch Garne oder Gewebe verwendet werden, die in Türkischrotöl präpariert und dann getrocknet worden sind, wodurch sehr lebhafte Rosatöne resultieren. Das Färbegut wird zunächst in einem Bade von 1 Teil Türkischrotöl 60% in 2 Teilen Wasser getränkt, abgerungen oder ausgepreßt, dann getrocknet, worauf eine zweite, gleiche Behandlung folgt. Oft läßt man auf diese Behandlung in Türkischrotöl noch eine in essigsaurer Tonerde folgen, was zur Bildung von Aluminium-Rizinoleaten auf der Faser Veranlassung gibt, Körpern, die große Affinität zu den meisten Farbstoffen besitzen. Die Färbung der in der einen oder anderen Weise vorbehandelten Ware erfolgt im kalten Bade unter Zusatz von etwas Essigsäure. Man wringt ab und trocknet, ohne zu spülen, bei mäßiger Temperatur.

Außer den genannten Verfahren sind für gewisse Farbstoffe, insbesondere für die Rhodamine, noch andere Färbemethoden im Gebrauch.

So werden beispielsweise die Rhodamine in derselben Weise wie basische Farbstoffe auf Tannin-Antimon-Vorbeize gefärbt; derartige Färbungen genügen jedoch gleichfalls nur mäßigen Echtsheitsansprüchen.

Bei einer der vorangeführten Vorschriften kommt als Zusatz zum Färbebad Kochsalz in Anwendung. Wesentlich kräftigeres Aufziehen auf die Faser vermittelt aber ein Zusatz von Alaun. Derselbe verringert als dreiwertiges Salz die Dispersität des gelösten Farbstoffs viel weitgehender als das einwertige Kochsalz. Man verwendet daher Alaun dort mit Vorteil, wo es darauf ankommt, in kurzer Zeit möglichst intensive Farbtöne zu erzielen.

Eine Vorbehandlung des Fasermaterials zwecks Färbens mit sauren Farbstoffen wäre hier noch zu erwähnen. Die Garne werden in einer Lösung von Natriumstannat 2—5° Bé imprägniert und eventuell auch über Nacht darin liegen gelassen. Man wringt dann ab, bringt ohne zu spülen in ein Bad von 2 g Alaun per Liter Wasser, windet ab und färbt mit Säurefarbstoff bei 50—60° C. Auf diese Weise erhält man recht lebhafte Farbtöne, auch mit verschiedenen Azofarbstoffen.

Da die Affinität der sauren Farbstoffe zur Baumwolle nahezu = 0 ist, so muß das Aufziehen außer durch die genannten Salzzusätze — oder Präparation der Faser in Substanzen, welche als solche Affinität zu Farbstoffen besitzen — noch durch die Verwendung kurzer Flotten gefördert werden. Die Farbflotten werden bei dieser Färbeweise naturgemäß nicht erschöpft; man arbeitet deshalb nach Möglichkeit stets auf alten Bädern weiter, um Farbstoffverluste zu vermeiden.

b) Die basischen Farbstoffe.

Diese Farbstoffe repräsentieren salzsaure, essigsaure oder oxalsaure Salze von Farbbasen, welche sowohl Wolle als auch Seide ohne Vermittlung einer Beize direkt anfärben, Baumwolle aber praktisch nur dann, wenn diese Faser durch vorherige Behandlung mit einer Mittelssubstanz für die Fixierung dieser Körper vorbereitet wird. Diesem Zwecke dienen vorzugsweise Gerbsäuren, dann aber auch anorganische Salze, besonders Ferrozyanide. Die als Beize für basische Farbstoffe normalerweise angewandte Substanz ist das Tannin. Vegetabilischer Faserstoff nimmt Tannin aus reinen wässerigen Lösungen nur in geringer Menge auf, durch Waschen mit Wasser kann es aus der imprägnierten Faser nahezu vollständig entfernt werden. Man pflegt daher das Tannin durch eine gesonderte Behandlung des gebeizten Materials mit Metallsalzen, wozu sich die des Antimons als besonders geeignet erwiesen haben, zu befestigen. Das sich bildende Antimonyltannat geht dann mit dem basischen Farbstoff eine unlösliche Verbindung ein.

Zwecks eingehenderer Betrachtung dieser Verbindung Gerbsäure-Antimon soll der Prozeß des Beizens kurz beschrieben werden. Je nach der erforderlichen Tiefe der Färbung beizt man die Baumwolle mit 1—6% Tannin vom Gewicht derselben. Das Färbegut wird in das lauwarme oder heiße Beizbad eingelegt, bzw. Gewebe am Jigger behandelt oder auf dem Foulard (Padding) imprägniert. Nach gründlichem Auswinden oder Abpressen wird die so tannierte Ware mit kalter Brechweinsteinlösung behandelt; man gebraucht dabei etwa halb soviel Brechweinstein als vorher Tannin.

Sanin[1]) hat die Verhältnisse beim Beizen in Tannin-Brechweinstein gründlich studiert, es zeigte sich, daß die Dinge deshalb keineswegs einfach liegen, weil, je nachdem ein Überschuß an Tannin oder aber ein Überschuß an Farbstoff vorhanden ist, sich entweder Adsorptionsverbindungen oder, im zweiten Falle, chemische Verbindungen bilden. Außerdem kann auch das Antimonsalz mit dem basischen Farbstoff reagieren. Durch die Behandlung der in Tannin gebeizten Faser unter den in der Praxis herrschenden Bedingungen — Tanninbeize mit überschüssigem Antimonsalz — bildet sich zunächst eine Verbindung von der Formel:

$$(C_{14}H_9O_9)\ 2\ SbOH,$$

also ein Abkömmling der antimonigen Säure. Verwendet man aber zum Fixieren

[1]) Kolloid-Zeitschr. Bd. 13, S. 305. 1913. Zeitschr. f. Farben-Ind. 1911, Heft 6.

des Tannins eine durch Zusatz von Kochsalz bewirkte höhere Konzentration der Brechweinsteinlösung, so bildet sich nicht obiger Körper, sondern:

$$C_{14}H_9(SbO)O_9.$$

Zur Verbindung mit basischen Farbstoffen soll aber nur der erstgenannte Körper geeignet sein, weil der basische Farbstoff mit der intakten Hydroxylgruppe des antimonylsauren Salzes unter Abspaltung der Säure in Verbindung tritt, während dies bei der zweitgenannten Substanz nicht mehr möglich ist.

Der Vorgang des Beizens mit Tannin wurde weiter vom kolloidchemischen Standpunkte aus von Navassart[1]) beleuchtet. Er konnte die schon von Graham gemachte Beobachtung bestätigen, daß Tannin in gewissen Mengen die Dialysiermembran passiert. Was durchgeht, wollte er als unverändertes Tannin ansprechen und nicht etwa als aus demselben durch Hydrolyse entstandene Gallussäure. Er fand außerdem, daß die Teilchengröße bei der Passage durch die Membran verändert werde, und zwar in dem Sinne, daß die ins Außenwasser übergegangenen Teilchen eine höhere Dispersität zeigen sollten als die in der Hülse verbleibenden. Ultramikroskopisch waren die Tanninlösungen heterogen.

Verfasser befaßte sich später gleichfalls mit diesem Problem[2]), und kam bezüglich der Navassart'schen Arbeiten in verschiedenen Punkten zu abweichenden Ergebnissen. Er fand, daß bei der Dialyse einer Tanninlösung ein vom normalen Tannin verschiedener Körper die Membran passierte, denn die Reaktionen des Dialysates wichen von denen einer Tanninlösung nicht unwesentlich ab; insbesondere gab das Dialysat nicht mehr die für Tannin charakteristische Orangefärbung bzw. orange Fällung mit Titantrichlorid.

Weiter konnte die Bildung einer chemischen Verbindung von Tannin mit dem basischen Farbstoff nachgewiesen werden, denn das Absorptionsspektrum der reinen Farbstofflösung war mit dem der mit Tannin versetzten keineswegs kongruent.

Es verdient hier noch aufmerksam gemacht zu werden, daß Tannin und Farbstoff in verdünnten Lösungen eine chemische Verbindung bilden, welche in kolloider Form im Dispersionsmittel enthalten ist. Versetzt man eine 1 ‰ Lösung von Methylenblau vorsichtig mit einer solchen von Tannin, so kann man beobachten, daß eine Fällung zunächst nicht eintritt, vielmehr bleibt es bei einer schwachen Opaleszenz und einer geringen Veränderung des Farbtons. Die Dialyse zeigt aber, daß einschneidende Veränderungen vor sich gegangen sind; während Methylenblaulösungen einerseits und Tannin andererseits, letzteres allerdings nicht unverändert, die Membran passieren, geht die mit Tannin versetzte Lösung von Methylenblau auch bei tagelangem Dialysieren nicht durch die Membran. Im Dialysat ist aber Salzsäure nachzuweisen, eine Bestätigung für die vorerwähnte Bemerkung, daß beim Färben auf tanningebeizter Ware die Säure aus den Farbsalzen abgespalten wird.

Die Bildung der basischen Färbung auf Baumwolle ist demnach ein in der folgenden Weise zu deutender Vorgang: Durch die Aufeinanderfolge von Tanninpräparation und Antimonsalzbehandlung bildet sich auf der Faser die Tannin-Antimonverbindung im Sinne Sanin's. Das Tannin ist infolge seines z. T. hochdispersen Zustandes befähigt, in das Innere der Fasermembran einzudringen, und wird dort durch das im molekulardispersen Zustand befindliche Antimonsalz gefällt. Im Färbebad dringt der gleichfalls in hochdispersem Zustande in Lösung befindliche Farbstoff in die Mizellarinterstitien der Fasermembran ein und verbindet sich dort unter Abspaltung der Säure, welche durch die Membran der Faser in die Färbeflotte diffundiert, mit dem gerbsauren Antimon zum Lack;

[1]) Koll. chem. Beihefte Bd. 5, S. 299. 1914. [2]) Kolloid-Zeitschr. Bd. 23, S. 100. 1918.

letzterer vor allen Dingen im Innern der Faser abgelagert, verfügt über eine verhältnismäßig große Widerstandsfähigkeit gegen chemische und mechanische Einflüsse.

Ausführung der Färbung. Damit die Lebhaftigkeit der Färbungen mit basischen Farbstoffen keine Einbuße erleidet, ist eine sorgfältig ausgeführte Vollbleiche des Faserstoffmaterials Vorbedingung. Ebenso sorgfältig muß das zur Verwendung kommende Wasser aus vorher schon angeführten Gründen von Eisensalzen befreit werden. Ferner wird man, besonders wo es sich um zarte Töne handelt, nur möglichst reines, nahezu farbloses Tannin in Verwendung nehmen. Dunkle Töne vertragen braunere Sorten, unter Umständen sogar Sumachextrakte.

Wie schon erwähnt, muß die Baumwolle, um für basische Farbstoffe aufnahmefähig zu sein, „gebeizt“ werden. Zu diesem Zwecke kam bis vor kurzem kaum ein anderer Körper als Gerbsäure bzw. die verschiedenen gerbsäurehaltigen Drogen des Handels, vor allem Tannin, dann Sumachextrakte, Myrabolanen usw. in Betracht. In neuester Zeit hat für diesen Zweck das „Katanol“ der Farbenfabriken Leverkusen eine große Bedeutung erlangt. Diese Substanz, welche ausgesprochen substantiven Charakter zeigt, ist ein nahezu farbloses Produkt, das dem Primulin nahesteht; darüber soll später noch Näheres gesagt werden. An dieser Stelle sei nur noch erwähnt, daß das Katanol gegenüber basischen Farbstoffen kräftig fällende Eigenschaften besitzt.

Zum Beizen mit Tannin behandelt man im allgemeinen das Färbegut

für helle	Farbtöne	mit	1—2% Tannin
„ mittlere	„	„	3—4% „
„ dunkle	„	„	5—6% „

vom Gewicht derselben und zwar lauwarm oder heiß während 2—3 Stunden. Bei Geweben arbeitet man entweder auf dem Jigger oder auch auf dem Foulard bzw. der Paddingmaschine bei kürzerer Beizdauer und läßt die Ware nachher in aufgerolltem Zustande 2—4 Stunden liegen. Es sei besonders darauf aufmerksam gemacht, daß nach den eingangs gemachten theoretischen Erörterungen das Bad sich nicht erschöpft, so daß dasselbe durch Zusatz von 3—4% Tannin weiter verwendet werden kann. Für dunkle Farbtöne empfiehlt es sich, das Färbegut (lose Baumwolle, Garne) in die heiße Lösung des Tannins einzulegen und eventuell über Nacht darin liegen zu lassen.

In gleicher Weise wie mit Tannin kann man auch mit anderen Gerbstoffen arbeiten, doch ist dabei zu beachten, daß:

5 kg Tannin, trocken, mit	20 kg Blättersumach
	9—10 kg Sumachextrakt
	17 kg Myrabolanen
	7 kg chinesischen Galläpfeln

äquivalent sind.

Um den Gerbstoff auf der Faser zu fixieren, wendet man halb so viel Brechweinstein als vorher Tannin an. Bei Gebrauch von Brechweinsteinersatzprodukten ist auf nachstehende Wirkungsverhältnisse Rücksicht zu nehmen:

10 kg Brechweinstein entsprechen	9 kg Antimonsalz
	6 1/2 kg Antimondoppelfluorid
	6 kg Patentsalz
	10 kg Antimonlaktat.

Letzteres Salz, das vielfach statt Brechweinstein verwendet wird, benötigt im Gegensatz zu den anderen, die mit 6—8% ihres Gewichtes an Natriumkarbonat gelöst werden, einen Zusatz von 2 Liter Essigsäure 6° Bé per 1000 Liter

Flotte. Beim Brechweinstein selbst wird die Löslichkeit durch einen Zusatz von Kochsalz verbessert.

Für trübere oder dunkle Farbtöne kann das Tannin auch mit Eisensalzen fixiert werden, und zwar verwendet man entweder holzessigsaures Eisen von 2—3° Bé oder aber 5—10% Ferrosulfat vom Gewicht der angewandten Baumwolle. Oft ist es auch zweckmäßig, erst zu brechweinsteinieren und dann noch eine Behandlung mit Eisensalzen auszuführen. Diese Variante hat aber seit der Einführung der Schwefelfarbstoffe ihre praktische Bedeutung nahezu gänzlich verloren; in der Unifärberei gewisser Halbwollartikel (wie z. B. von Orleans, Coatings, Lüster, Panamas usw.) kommt jedoch, nach der Arbeitsweise des sauren Vorfärbens des wollenen Schusses, das Nachfärben der baumwollenen Kette mit basischen Farben auf Tannin-Antimon-Eisen oder Schmack-Eisen noch vielfach zur Anwendung.

Nach dem Beizen und Fixieren ist es in manchen Fällen empfehlenswert, die Ware leicht zu seifen, um oberflächlich anhaftendes Antimonyltannat zu entfernen; dadurch wird das Abrußen der Färbungen vermieden. Einige Farbstoffe, wie z. B. Methylenblau und Viktoriablau, ergeben nur auf derart behandelter Ware lebhafte Farbtöne.

Um die Echtheit, insbesondere die Waschechtheit der basischen Färbungen zu erhöhen, wird vielfach nachtanniert, wozu mit gutem Erfolg die ersten Beizbäder verwendbar sind. Auch die Antimonsalzbehandlung wird dann wiederholt.

Mit gewissen Farbstoffen der Rhodamingruppe kann man, wie bei der Anwendung der sauren Farbstoffe auf Baumwolle bereits erwähnt, auf Türkischrotölpräparation färben und erhält in dieser Weise sehr lebhafte, ungetrübte Töne.

Die Anwendung des Katanols in der Färberei mit basischen Farbstoffen ist von derjenigen des Tannins in manchen Punkten verschieden.

Von der I. G. Farbenindustrie A. G. (Werk Leverkusen) werden zwei Marken Katanol in den Handel gebracht; es sind dies Katanol O und Katanol W. Das ältere Produkt Katanol O muß stets mit der Hälfte seines Gewichts an Soda gelöst werden, indem man es in die kochendheiße Sodalösung einstreut und gut umrührt. Katanol W ist dagegen ein in Wasser direkt lösliches Pulver, das keiner Sodazugabe bedarf und aus einem mit Essigsäure oder Ameisensäure angesäuerten Bade nicht ausfällt.

Beim Katanolisieren arbeitet man in kurzem Flottenverhältnis (etwa 1 : 10) mit 4—6% vorgenannter Produkte vom Gewicht der Ware und unter Zusatz von denat. Kochsalz während 1—2 Stunden. Man geht mit dem Warenmaterial in das 60—70° C heiße Katanolbad ein und behandelt dann bei sinkender Temperatur.

Beispiel für Beizbäder mit Katanol O:

	1. Bad (Ansatzbad)	2. Bad	3. Bad
Katanol O	4%	2%	1,4 %
Soda calc.	2%	1%	0,68%
Kochsalz denat.	8%	2%	1,2 %

Beim Arbeiten mit Katanol W gebraucht man

6% Katanol W und
30% Kochsalz denat.;

im laufenden Bad können diese Mengen um die Hälfte vermindert werden. Läßt man den Salzzusatz weg — was praktisch eigentlich nur beim Katanolisieren gefärbter Waren für Druckereizwecke in Betracht kommt —, dann muß die Katanolmenge eventuell bis auf 20 g per Liter erhöht werden. Nach beendetem Beizen wird gut gespült und in normaler Weise mit basischen Farbstoffen im essigsauren Bade ausgefärbt.

Es soll hier noch einer weiteren Methode[1]) zur Beizung von Baumwolle behufs Färbung mit basischen Farbstoffen gedacht werden, welche zwar nur in der Druckerei für Spezialzwecke Anwendung gefunden hat, die aber unter gewissen Verhältnissen auch für die Färberei Bedeutung erlangen kann. Es ist bekannt, daß Ferrozyanide mit basischen Farbstoffen lebhaft gefärbte Lacke bilden. Insbesondere sind es die Zinn- und Zinkferrozyanide, die hierzu vorzüglich geeignet sind. Präpariert man Baumwolle in Ferrozyankaliumlösung von 10 g per 1 Liter, trocknet und geht dann mit dem derart vorbereiteten Material in eine Lösung von Zinnchlorür oder Zinksulfat, so erfolgt die Fällung der entsprechenden Ferrozyanide auf der Faser. In dieser Weise gebeizte Baumwolle ist befähigt, basische Farbstoffe aufzunehmen und zu fixieren.

Die Farbwerke Höchst haben sich ein Verfahren[2]) zum Einbadigfärben von basischen Farbstoffen schützen lassen. Das mit Essigsäure angesäuerte Färbebad enthält neben Tannin den Farbstoff; gefärbt wird bei 60° C. Aus naheliegenden Gründen können an derartige Färbungen keine nennenswerten Echtheitsansprüche gestellt werden, da diese Methode, infolge kräftiger Dispersitätserniedrigung der färbenden Substanz, zur Bildung von Appositionsfärbungen Veranlassung geben muß. Außerdem sind Farbstoffverluste durch Ausfällung gewisser Anteile des Farblacks unvermeidlich.

Die basischen Farbstoffe verwendet man ferner vielfach zum Schönen substantiver Färbungen, da die auf der Faser als Salze befestigten substantiven Farbstoffe die Eigenschaft haben, sich mit basischen Farbstoffen zu gefärbten Lacken umzusetzen[3]). Die Menge des aufgenommenen basischen Farbstoffs ist naturgemäß abhängig von der Farbtiefe der substantiven Grundfärbung.

Sogar zum Schönen von Beizenfarbstoffen werden die basischen Farbstoffe ab und zu herangezogen; dies ist leicht erklärlich, wenn man beachtet, daß sowohl Eisen, Chrom oder Aluminium in ihren Oxyden basische Farben kräftig adsorbieren.

Das Färben des tannierten oder katanolisierten Fasermaterials geschieht unter Zusatz von 2—4% Essigsäure oder 3—5% Alaun. Man beginnt im kalten Bade, wobei der gut gelöste Farbstoff allmählich (in 2—4 Portionen) zugesetzt wird; beim Arbeiten auf dem Jigger erfolgt diese Farbstoffzugabe nach jedem gelaufenen Ende. Hierauf erwärmt man die Flotte langsam auf 80—90° C, um die Farbe gut und gleichmäßig zu fixieren. Besonders empfindliche Farbstoffe werden am besten bei 50—60° C gefärbt; so darf z. B. beim Lösen und Färben von Auramin die Temperatur von 60—70° C nicht überschritten werden. Nach beendetem Färben wird gründlich gespült und sodann getrocknet.

Erkennung einer mit Tanninpräparation erfolgten Färbung. Es ist in vielen Fällen wertvoll zu wissen, ob eine Färbung auf Tanninbeize erfolgt ist oder ob es sich um eine andere Fixierungsmethode handelt. Da heute allerdings, wie erwähnt, auch andere Mittel zu diesem Zwecke verwendet werden, so wird negativer Ausfall der Reaktion zwar nicht bedeuten, daß keine basische Färbung vorliegt, sondern nur, daß es sich um anderes Befestigungsmittel, vermutlich Katanol handelt, da die anderen viel zu selten angewendet werden.

Die Reaktion[4]) beruht auf der Bildung des intensiv orange gefärbten Niederschlags, welcher entsteht, wenn Lösungen von Gerbstoffen mit konz. Titantrichlorid versetzt werden; auch in sehr verdünnten Lösungen bildet sich eine intensive Färbung in demselben Farbton. Eine in Tannin präparierte Faser färbt sich

---

[1]) Bull. Rouen X. Dingl. polyt. Journ. 1869, S. 233, 251. 1885; S. 256, 42.
[2]) Kurzer Ratgeber (Höchst a. M., November 1901), S. 27.
[3]) Kolloid-Zeitschr. Bd. 24, S. 56. 1919. [4]) Haller: Chem.-Ztg. 1917, S. 859.

ebenfalls intensiv orange. Da nun Titantrichlorid die allergrößte Zahl der in Betracht kommenden Farbstoffe infolge kräftiger Reduktionswirkung weitgehend chemisch verändert — Methylenblau reoxydiert sich allerdings wieder —, so kommt beim Behandeln einer gefärbten Faser die orangerote Färbung durch Verblassen des Pigmentes zum Vorschein. Diese Reaktion ist recht zuverlässig; bei Farbstoffen der Rhodamingruppe, die nicht reduzierbar sind, erkennt man in einem solchen Falle den Eintritt der Reaktion an der Änderung des Farbtons.

Besondere Bedeutung kommt dieser Reaktion bei der Identifizierung von Tannin im Baumwolldruck zu, da oft Beizenfarbstoffe mit basischen Farben zu vielfarbigen Effekten kombiniert werden. Die Behandlung mit Titantrichlorid zeigt hier sofort an, ob tanninhaltige Druckfarben angewendet wurden, selbst bei Anwendung nur kleiner Stoffproben.

c) Die Beizenfarbstoffe.

Wie schon der Name sagt, gehört diese Gruppe von Farbstoffen zu jenen, die das Substrat nur nach Vorbehandlung mit „Beizen" zu färben vermögen. Ihrem färberischen Verhalten nach sind sie daher den basischen Farben verwandt. Bancroft nennt dieselben „adjektive" Farbstoffe, im Gegensatz zu den „substantiven", welch letztere die Faser ohne weiteres in der Farbe ihrer Lösung färben. Hummel gebraucht für die Beizenfarbstoffe den Ausdruck „polychromatisch" auf Grund ihrer Eigenschaft, mit den verschiedenen als Beizen in Betracht kommenden Metallsalzen unterschiedliche Farbtöne zu liefern.

Die Beizenfarbstoffe als solche besitzen nur eine recht geringe Färbkraft, weil sie in Wasser entweder nur schwer oder gar nicht löslich sind. Es ist also mit derartigen Produkten kaum möglich, die Baumwollfaser ohne weiteres in brauchbaren Farbtönen anzufärben; mit den verschiedenen Beizen, welche durch noch näher zu bezeichnende Prozesse als Metallhydroxyde auf der Faser fixiert werden, geht jedoch der Farbstoff jeweils eine chemische Verbindung von charakteristischer Färbung ein[1]).

Die Färbungen mit Beizenfarbstoffen gehören zu den echtesten, die man kennt. Als Beispiel sei nur das bekannte Türkischrot genannt, das sich auch heute noch, gegen gefährlich werdende Konkurrenten, für bestimmte Zwecke behauptet hat.

Da dieses Türkischrot oder Alizarinrot zu den ältesten bekannten roten Färbungen gehört und als typischer Vertreter der Gruppe der Beizenfarbstoffe zu gelten hat, so soll an ihm und seiner Entstehung der Gang der Entwicklung dieser Färbungen in praktischer und theoretischer Hinsicht erläutert werden.

1. Theorie und Praxis der Türkischrotfärberei.

Im Prinzip wird eine Färbung in Alizarin in der Weise vorgenommen, daß das gut ausgekochte Garn oder Gewebe zunächst einer Vorbehandlung mit einer Ölbeize unterzogen wird. Es ist dies eine für den Ausfall der Färbung ausschlaggebende Operation, die für die weitaus größte Mehrzahl der Vertreter dieser Gruppe unentbehrlich ist. Zur Zeit des Dominierens des Altrotverfahrens war diese Arbeit (wie später erläutert werden soll) eine komplizierte und zeitraubende Operation. Heute ist fast ausschließlich das Türkischrotöl im Gebrauch, ein Schwefelsäureester der Rizinolsäure, der die angenehme Eigenschaft besitzt, in Form des Natrium- oder Ammoniumsalzes in Wasser löslich zu sein; es gestattet außerdem, den Prozeß der Pigmentierung außerordentlich abzukürzen.

Man verwendet zum sogenannten „Ölen" lauwarme, 10prozentige Lösung von Türkischrotöl eines Fettsäuregehaltes von 60%. Mit derselben imprä-

[1]) Ber. Bd. 41, S. 1062, 2383.

gniert man Garn oder Gewebe bei einer Temperatur von 60—70° C und trocknet darauf in der Warmhänge oder auf der Hot-flue. Während des langsamen Trocknens bei einer Temperatur von 50—60° C wird das auf der Faser befindliche Öl einerseits in freie Rizinolsäuren und andererseits Ammonium- oder Natriumsulfat gespalten. Gleichzeitig erfolgt eine Polymerisation der Rizinolsäure zu hochmolekularen, sowohl in Wasser als auch in schwachen Alkalien unlöslichen Produkten. Diese besitzen die wertvolle Eigenschaft, bei der folgenden Behandlung in Tonerdesalzen oder anderen Beizen die sich in denselben bildenden Metallhydroxyde zu binden, so daß die Ölbeize gewissermaßen die Verbindung zwischen Faser und Tonerde bildet.

Die Vermittlung der Färbung übernehmen immer Metallhydroxyde. Diese sollen sich aus entsprechenden Salzen leicht und möglichst vollständig abspalten, sollen völlig unlöslich sein und mit den Farbstoffen lebhaft gefärbte, echte Verbindungen, „Lacke", bilden. Solchen Bedingungen entsprechen vorzugsweise die Hydroxyde des Aluminiums, des Eisens, des Chroms; weniger diejenigen des Zinns, Kupfers, Zinks, Nickels und Kobalts. Alkalien und Erdalkalien kommen als Beizen nicht in Betracht, weil ihre Hydroxyde in den meisten Fällen mit Beizenfarbstoffen lösliche Salze bilden.

Das geölte Färbegut wird hierauf in der Lösung einer Beize behandelt; für Türkischrot besteht dieselbe aus Aluminiumsalzen, und zwar essigsaurer Tonerde oder essig-schwefelsaurer Tonerde oder auch basisch-schwefelsaurer Tonerde. Die in einer dieser Lösungen getränkte und gut durchnetzte Ware wird bei möglichst niederer Temperatur getrocknet. Während des Trockenprozesses vollzieht sich nun die Spaltung der Beize in das Hydroxyd einerseits und die Fixierung derselben durch die Ölpräparation andererseits. Es ist noch ungewiß, ob bei Anwendung von Sulfaten — insbesondere gilt dies für Aluminium — basische Sulfate in feinverteilter Form auf der Faser befestigt werden. Beim Arbeiten mit Sulfaten ist wegen der Gefahr der Abspaltung von Schwefelsäure beim Trocknen Vorsicht am Platze; es ist daher möglichst niedere Temperatur einzuhalten.

Während in essigsaurer Tonerde gebeizte und getrocknete Faser ohne weiteres Aluminiumhydroxyd ablagert, so daß eine nachträgliche Fällung dieses Körpers unnötig wird, erfordert jede in Sulfaten oder Sulfazetaten getränkte Ware nach dem Trocknen noch eine gesonderte Fixierungsoperation; diese letztere besteht in den meisten Fällen in einer Behandlung in einer warmen Suspension von Schlämmkreide oder aber in einer Lösung von Natriumphosphat. Einerseits wird dadurch das zurückbleibende Sulfat vollends in das Hydroxyd übergeführt, andererseits, bei Kreidebehandlung, der zur Bildung des roten Lackes erforderliche Kalk schon während der Fixierungsoperation der Ware zugeführt.

Hierauf wird die Ware gründlich gespült und dann die eigentliche Färbeoperation begonnen. Sie erfolgt in einer Suspension des Alizarins in kalkhaltigem Wasser, wozu sich von Haus aus harte Wässer besonders gut eignen. Ist das Wasser kalkarm, so ist Kalk in Form von essigsaurem Kalk in geringen Mengen zuzusetzen. Der Farbstoff selbst wird in kleinen Mengen nach und nach zugefügt.

Zunächst wird eine gewisse Zeit in der kalten Flotte gearbeitet, wobei schon eine blasse Rosafärbung der Ware zu beobachten ist. Dann wird die Temperatur langsam bis 70° C gesteigert und bei dieser Temperatur etwa 1 Stunde weitergefärbt. Das Färbebad wird, die Zusätze im richtigen Verhältnis bemessen vorausgesetzt, nahezu vollständig ausgezogen. Im Verlaufe des Färbens nimmt die Ware allmählich eine braunrote Farbe an; diese Färbung verdankt zwar schon ihre Entstehung dem Kalzium-Aluminiumalizarat, ist jedoch noch nicht das fertige Rot, da ihr jegliches Feuer mangelt.

Der so entstandene Farblack wird erst zum eigentlichen Türkischrot, wenn er einem länger dauernden Dämpfprozeß unter Druck unterworfen wird. Die Ware wird deshalb in eigenen Dämpfapparaten (sowohl für Garne als auch für Gewebe sind eiserne, verschließbare Kessel in Anwendung, deren Konstruktion nur geringe Unterschiede aufweist) 1—2 Stunden bei $\frac{1}{2}$ Atm. gedämpft, wobei sich der charakteristische Farbton entwickelt.

Damit ist aber die Reihe der Behandlungen noch nicht abgeschlossen. Eine aus dem Dämpfkessel kommende Ware hat noch verschiedene Unvollkommenheiten; hauptsächlich haften ihr eine Menge Lackteilchen an, welche nur oberflächlich fixiert sind und daher die Reibechtheit herabsetzen. Durch das sogenannte „Avivieren" — welches in der Behandlung der gedämpften Ware in einem kochenden Seifenbade, mit oder ohne Druck, und oft unter Zusatz von geringen Mengen Zinnsalz besteht — werden diese locker gebundenen Lackteilchen entfernt. Jedenfalls gehen mit dieser mechanischen Beeinflussung auch bis zu einem gewissen Grade chemische Veränderungen Hand in Hand.

Ab und zu findet man in Alizarinrotrezepten eine Behandlung mit Gerbsäurelösungen zwischen dem Ölen und Beizen eingeschaltet; dadurch soll das Rot angeblich solider werden, vor allen Dingen soll jedoch diese Behandlung die Aufnahmefähigkeit für Tonerde steigern. Die neueren Verfahren lassen aber diese Zwischenbehandlung vollkommen weg.

Die vorangegangenen Ausführungen verdeutlichen im allgemeinen den normalen Fabrikationsgang der Türkischrotfärberei in seinen Grundzügen. Im Verlaufe der weiteren Behandlung des Gegenstandes wird man aber erkennen, daß nur in der Anwendung von Aluminium, Kalzium und Ölbeizen eine gewisse Stabilität herrscht, nicht aber in der Reihenfolge der einzelnen Fabrikationsstadien. Um in diese Verhältnisse klaren Einblick zu gewinnen, ist eingehende theoretische Behandlung des Gegenstandes unerläßlich.

Seit den Untersuchungen von Liechti und Suida[1]) weiß man, daß die Grundsubstanz jeglichen Alizarinrots ein Kalzium-Aluminiumalizarat ist. Die Genannten konnten eine ganze Anzahl solcher Alizarate darstellen, welche sämtlich die Eigenschaft haben, in Wasser unlöslich zu sein, während das ebenfalls von ihnen dargestellte Aluminiumalizarat einen in Wasser löslichen Körper vorstellt. Eine genaue Formel für das rote Produkt konnten die beiden Forscher jedoch nicht aufstellen, weil die Menge des Kalziums in der nach verschiedenen Methoden hergestellten Substanz eine wechselnde war und abhängig erkannt wurde von der zum Färben verwendeten Menge Alizarin. Diese Verhältnisse wurden keineswegs nur durch Versuche „in vitro" festgestellt, zur Untersuchung wurden vielmehr eine ganze Anzahl verschiedenartig hergestellter Färbungen verwendet. Bemerkenswert war die Beobachtung von Liechti und Suida, daß es bei den damals eingehendst variierten Versuchsbedingungen nicht gelang, Aluminiumhydroxyd ohne Anwesenheit von Kalziumverbindungen zur Bildung des roten Alizarates zu bringen. Wie später bewiesen werden soll, gibt es aber doch Bedingungen, unter denen eine Verbindung von Aluminiumhydroxyd mit Alizarin zum Alizarat möglich ist.

Liechti und Suida haben wir es zu verdanken, daß uns heute die Grundsubstanz des Alizarinrotpigmentes, das Kalzium-Aluminiumalizarat, bekannt ist. Weiter dürfen sie das Verdienst für sich in Anspruch nehmen, die außerordentliche Bedeutung des Kalkes für die Bildung des Lackes erkannt zu haben.

Es dauerte aber längere Zeit, bis man in der Erkenntnis dieser rätselhaften Vorgänge weiter kam. Verfasser fand[2]) nun beim Studium der verschiedenen

[1]) Mitt. d. technolog. Gewerbemuseums Wien, 1885. [2]) Färber-Ztg. 1912, S. 490.

Tonerdebeizen, daß beim Behandeln von Baumwolle in essigsaurer Tonerde und nachherigem Trocknen das Tonerdehydrat in kolloider Form auf der Faser abgeschieden wurde. Es wurde festgestellt, daß auch alle anderen als gute Tonerdebeizen bekannten Lösungen, das basische Sulfat, das Sulfazetat und deren basische Varianten, die Tonerde in mehr oder minder kolloider Form enthielten. Damit imprägnierte Baumwolle fixiert den in kolloider Form vorhandenen Anteil an Tonerde ohne weiteres beim Trocknen, der übrige, noch an Säure gebundene Restanteil muß normalerweise durch eine Nachbehandlung in alkalischen Agentien zur Abscheidung gebracht werden.

Ferner ergab sich, daß das kolloide Tonerdehydroxyd die Eigenschaft besitzt, bei gewöhnlicher Temperatur langsam, rascher beim Erwärmen, mit Alizarin auch ohne jede Vermittlung durch Kalksalze, ein intensiv rot gefärbtes Alizarat zu bilden. Die Alizarinrotlacke auf der Faser sind also zunächst das Resultat einer Reaktion zwischen dem in kolloider Form anwesenden Tonerdehydrat und dem Farbstoff. Dafür spricht die Beobachtung, daß gebeizte Baumwolle schon in der kalten Alizarinsuspension eine rosa Färbung annimmt, wobei scheinbar der Kalk nur dann eine Rolle spielt, wenn in Sulfaten oder Sulfazetaten gebeizt wird[1]). Das Erwärmen des Färbebades vollendet die Bildung des Alizarates, und das Färbegut zeigt nach vollendeter Operation die schon erwähnte dunkelbraunrote Farbe. Da der Färbeflotte in den meisten Fällen Kalksalze zugesetzt werden — vorausgesetzt daß das Wasser keinen genügenden Kalkgehalt besitzt —, bildet sich auf der Faser zwar nicht das reine Aluminiumalizarat, sondern das unlösliche Kalzium-Aluminiumalizarat. Wie und wann das Kalzium in den Lack eintritt ist eine heute noch ungelöste Frage, deren Lösung deshalb schwierig ist, weil der Kalk sowohl der Beize zugesetzt, als auch der Faser im Färbebad selbst dargeboten werden kann.

An dieser Stelle muß einer Vermutung Ausdruck verliehen werden, die auf der den Chemikern vertrauten Tatsache fußt: „corpora non agunt nisi fluida". Im Färbeprozeß spielt nämlich die zwar sehr geringe Löslichkeit des Alizarins in Wasser unzweifelhaft eine nicht zu unterschätzende Rolle. Es ist jedoch kaum denkbar, daß ein in Wasser absolut unlöslicher Körper mit einer andern, ebenfalls unlöslichen Substanz, wie hier das Tonerdehydrat, ohne weiteres eine chemische Verbindung eingeht. Sicherlich vermitteln die geringen in Wasser löslichen Mengen des Alizarins die Färbung. Man hat sich den Vorgang so zu denken, daß bei Beginn des Färbeprozesses, also kalt, eine bestimmte Menge des Farbstoffs in Lösung geht und mit dem Tonerdehydrat auf der Faser das Alizarat bildet. In dem Maße, als das gelöste Alizarin der Flotte entzogen wird, lösen sich neue Quantitäten um so rascher, je höher die Temperatur der Flotte gesteigert wird.

In den soeben gemachten Erörterungen wurde die Rolle des unumgänglich notwendigen Öles nicht berührt. In den ältesten bekannt gewordenen Verfahren der Türkischrotfärberei wurde das zu färbende Gewebe in Büffelmilch getränkt und an der Sonne und Luft getrocknet. Diese Manipulation wurde öfters wiederholt, bis man bestimmte Mengen Fett auf der Ware befestigt hatte. Später wurden zu diesem Zwecke freie Ölsäure enthaltende Olivenöle, sogenannte „Tournantöle", gebraucht und die Ware mehrmals in einer heißen Pottasche-Emulsion dieser Produkte behandelt sowie zwischendurch an der Luft verhängt. Das durch Oxydationsprozesse modifizierte Öl war dann auf der Faser in unlöslicher Form befestigt. Noch später konnte der Prozeß durch die Anwendung von wasserlöslichen Natriumsalzen von Rizinolschwefelsäureestern bedeutend abgekürzt werden.

[1]) Kolloid-Zeitschr. Bd. 13, S. 261. 1913.

Diese sogenannten „Türkischrotöle" spalten sich auf der Faser, wobei polymerisierte Rizinolsäuren wechselnder Zusammensetzung entstehen[1]). Die Spaltung erforderte aber eine gewisse Zeit, die mit sechs Tagen bestimmt wurde. Diese Zeit kann aber im Interesse einer raschen Abwicklung der Produktion niemals eingehalten werden, so daß auf dem imprägnierten und getrockneten Fasermaterial neben den Polymerisationsprodukten der Rizinolsäure stets unverändertes Öl vorhanden sein wird. Da nun dem Prozeß des Ölens normalerweise derjenige des Beizens folgt, so wird auf der Faser mit der Ablagerung kolloider Tonerde auch noch die Bildung von Tonerderizinoleat infolge Umsetzung der Beize mit den unveränderten Anteilen des Türkischrotöls Hand in Hand gehen.

Fischli[2]) hat gefunden, daß die aus den Rizinolschwefelsäureestern sich bildenden Körper Oxyfettsäuren sind und sieht nur diese als wirksame Bestandteile der Ölbeizen an. Da Rizinolsäure ebenfalls eine Oxyfettsäure ist, will er statt der Türkischrotöle mit demselben Erfolg Rizinusölseifen angewendet haben, weil sich dieselben durch die Kohlensäure der Luft ja ebenfalls in Soda und Rizinolsäure spalten sollten. Verfasser fand im Gegensatz dazu, daß derartige Präparationen viele Wochen hängen müssen, um im Fischli'schen Sinne gespalten zu werden[3]), so daß ein solches Verfahren zu langwierig wäre, um praktisch ausführbar zu sein. Wollte man dasselbe aber abkürzen, so würde man, wie beim Türkischrotöl, aber in viel stärkerem Maße, unveränderte Rizinusölseife auf der Faser haben, beim Beizen also entsprechende Bildung von Aluminiumrizinoleat.

Fischli ist der Ansicht — und Witt hat in seinem bekannten Handbuch denselben Standpunkt vertreten —, daß der Rizinusölsäurerest einen integrierenden Bestandteil des Alizarinrotlackes darstellt. Die Untersuchungen des Verfassers haben aber auch diesbezüglich ein der Fischli'schen Auffassung entgegengesetztes Resultat ergeben, denn es zeigte sich, daß Aluminiumrizinoleat mit einer Alizarinsuspension beim Erwärmen zwar eine rote Färbung gibt, dieser rote Körper aber bei der Spaltung mit konz. Alkali nicht Natriumrizinoleat und Natriumalizarat bildet, vielmehr Fettsäure als Spaltungsprodukt nicht nachgewiesen werden kann. Das Alizarin wirkt dem rizinusölsauren Natrium gegenüber offenbar als Säure, indem es die Rizinolsäure abspaltet und Aluminiumalizarat bildet, das die rote Farbe hervorruft.

Diese Beobachtung führt weiter zu der Frage, ob das Öl bzw. der Rizinolsäurerest tatsächlich ein Bestandteil des Moleküls des Türkischrotpigmentes ist oder nicht. Kornfeld[4]) hat seinerzeit Formeln für diese Substanz aufgestellt, welche diesem Gesichtspunkte Rechnung tragen; er glaubte, daß insbesondere beim Dämpfprozeß eine Laktonbildung zwischen den einzelnen Rizinolsäureresten eintritt, welche erst die Bildung des eigentlichen Türkischrotes veranlaßt. Leider fehlte diesen Behauptungen jede experimentelle Unterlage.

Verfolgt man die zahlreichen Verfahren, welche zur Herstellung dieser Färbung führen, so macht man die eigentümliche Beobachtung, daß außer der normalen Aufeinanderfolge der Operationen, bestehend in Ölen, Beizen, Färben und Dämpfen, noch eine ganze Anzahl Verfahren existieren, bei denen die Reihenfolge der einzelnen Behandlungen eine ganz andere ist. Alizarinrot läßt sich unter anderem auch in der Weise herstellen, daß man erst nur in Tonerdesalzen beizt, also zunächst Alizarat auf der Faser bildet, dem erst zum Schluß das Öl zugeführt wird. Wieder andere Verfahren verwenden alkalische Tonerdebeizen, welchen das Öl unmittelbar zugesetzt wird, so daß Öl und Tonerde gemeinsam

---

[1]) Juillard: Bull. Mulhouse 1892, S. 415—490. Niederhäusern: ebenda 1902, S. 389.
[2]) Bull. Soc. Ind. Mulhouse 1888, S. 731. [3]) Kolloidchem. Beihefte 1920, S. 109.
[4]) Chem.-Ztg. 1911, S. 29, 42, 58.

auf die Faser gebracht werden. Wir müssen daraus schließen, daß es bei einem Prozeß von einer solchen Kompliziertheit doch unmöglich so widersprechende Anwendungsarten des Öles geben kann, da es sonst, chemische Bindung angenommen, keineswegs gleichgültig bleiben kann, ob die Rizinolsäure mit dem freien Aluminiumhydroxyd, oder aber mit dem schon fertig gebildeten Kalzium-Aluminiumalizarat in Reaktion tritt.

Untersuchungen des Verfassers[1]) haben die Vermutung Storks[2]) bestätigt, daß es sich bei der Wirkung des auf der Faser befindlichen Öles auf das Alizarat in erster Linie um einen physikalischen Prozeß, und zwar einen Schmelzprozeß der hochmolekularen Polymerisationsprodukte handelt. Ultramikroskopische Untersuchungen haben nämlich dargetan, daß erst das Erhitzen des Kalzium-Aluminiumalizarats in diesen Produkten auf 100—105° C dem braunroten Lack die feurig-scharlachrote Farbe verleiht, da derselbe beim Behandeln in der schmelzenden Polyrizinolsäure in einen hohen Grad der Dispersität übergeführt wird. Die Dispergierung erfolgt während des 1—2stündigen Dämpfprozesses bei $^1/_2$ Atm. oder bei 102—105° C. Die Bildung des fertigen Türkischrotpigments beruht jedoch nicht, wie Stork meint, auf einem Schmelzen des Lackes, sondern in einem Dispergierungsprozeß des Kalzium-Aluminiumalizarates in den schmelzenden Polyrizinolsäuren, wobei die Faser — wie die mikroskopische Untersuchung ergibt — erst in homogener Weise vom Lack überzogen wird.

Es sollen hier noch die Vorgänge beim „Avivieren" einer kurzen Betrachtung unterzogen werden. Wie bereits erläutert wurde, besteht das Avivieren in der Behandlung der gefärbten Waren in heißer Seifenlösung unter Zusatz von etwas Zinnchlorür. Das Seifen kann mit oder ohne Druck geschehen. Zunächst bewirkt die Seifenbehandlung eine Reinigung der gefärbten Ware von anhaftenden unfixierten Pigmentteilchen sowie von unverändertem Alizarin. Nach anderen soll der Lack aus dem Bade noch kleine Mengen Fettsäure aufnehmen. Auf Grund von Untersuchungen des Verfassers[3]) scheint die Wirkung des Seifen-Zinnchlorürbades darin bestehen, daß sich aus dem abfallenden Alizarin mit der im Bade sich bildenden kolloidalen Zinnsäure ein Zinnalizarat bildet, das vom Kalzium-Aluminiumalizarat auf der Faser energisch adsorbiert wird und den Farbton des Pigmentes in ein feuriges Scharlachrot verwandelt.

Man kann demnach die Bildung des Alizarinrots in zusammenfassender Weise wie folgt erklären: Nach dem Ölen mit Lösungen von Rizinolschwefelsäureestern — den Türkischrotölen — bildet sich beim Verhängen auf der Faser polymerisierte Rizinolsäure. Die folgende Behandlung in Lösungen von leicht dissoziierbaren Aluminiumsalzen lagert letzten Endes stets Tonerdehydrat ab, was bei Verwendung von essigsaurer Tonerde durch warmes Trocknen allein erfolgt, während alle anderen Beizen einer nachträglichen vervollständigenden Fixierung in schwachen Alkalien oder Karbonaten bedürfen. Der anschließende Färbeprozeß in kalkhaltiger Alizarinsuspension bewirkt die Bildung des Kalzium-Aluminiumalizarates, worauf nach dem Trocknen durch Dämpfen unter Druck bei 102—105° C die Dispersion des komplexen Alizarates in den schmelzenden Polyrizinolsäuren erfolgt. Durch die Schlußoperation des Avivierens reinigt man die Faser von unfixierten Pigmentteilchen, wobei aus dem Seifen-Zinnsalzbade geringe Mengen Zinnalizarate vom fertigen Lack adsorbiert werden.

Vor näherem Eingehen auf die verschiedenen Methoden, nach denen Alizarinrot gefärbt werden kann, soll noch bezüglich älterer, nicht mehr angewendeter Ver-

---

[1]) Kolloid-Zeitschr. Bd. 13, S. 262—263.

[2]) Lauber's Handbuch d. Zeugdrucks Bd. 2, S. 19. 1902.

[3]) Melliands Textilber. 1921, Heft 23.

fahren auf einige interessante Angaben in dem schon erwähnten Werke von Kurrer[1]) andeutungsweise hingewiesen werden. Auch das im zweiten Dezennium des 19. Jahrhunderts von Dr. J. B. Vitalis herausgegebene Lehrbuch der gesamten Färberei bespricht die Entwicklung und den damaligen Stand der Türkischrotfärberei in exakter Weise[2]). Im übrigen handelt es sich selbstverständlich hier keineswegs darum, alle unterschiedlichen Fabrikationsmethoden zu registrieren; aus der großen Zahl derselben sollen nur diejenigen herausgegriffen werden, welche heute noch praktische Bedeutung besitzen.

Die Kunst, in Alizarin zu färben, ist uralt. In Java wurde scheinbar ohne Zuhilfenahme von Tonerdesalzen gefärbt; Driessen[3]), der sich mit der Untersuchung dieses javanischen Färbereiverfahrens beschäftigte, fand jedoch, daß die Asche der dabei verwendeten Pflanze tonerdehaltig war. Desgleichen dienten alizarinführende Pflanzen als färbende Substanz. Auch in Europa wurde vor Herstellung des synthetischen Alizarins die Wurzel der Krapp-Pflanze verwendet. Besonders geschätzt war der türkische, in Kleinasien heimische Smyrna- oder Alizarikrapp, welcher zuerst allgemein via Triest in Anwendung kam; ihm verdankte das Türkischrot seinen Weltruf. Erst viel später (seit 1827) gelangte dann auch ein Krapp-Präparat, die Garancine, in Aufnahme.

Das Türkischrotverfahren stammt zweifellos aus Indien. Aus seiner Urheimat kam es in die Levante, von wo anschließend die Griechen mit den roten Baumwollgarnen schwunghaften Handel trieben. Erst im Jahre 1747 wurden dann durch griechische Färber in Frankreich zwei Rotfärbereien eingerichtet. Diese herbeigerufenen bzw. eingewanderten Fachleute hielten ihre Arbeitsweise sorgsam geheim, doch gelang es später den Franzosen nach vielfachen Anstrengungen und Versuchen, die Färbemethode der Griechen in gleicher Weise einwandfrei zur Ausführung zu bringen. Die französische Regierung veröffentlichte hierauf im Jahre 1765 das Färbeverfahren und daraufhin entstanden sehr bald Rotfärbereien in der Schweiz, Deutschland, England und Österreich; das bisher ausschließlich türkische Erzeugnis wurde dadurch gänzlich verdrängt.

Obwohl das als „Altrot“ bezeichnete vollkommenste Alizarinrot infolge seiner zeitraubenden Herstellungsweise nahezu aus der Praxis der Türkischrotfärberei verschwunden ist, soll es hier doch behandelt werden, weil sich aus ihm, durch Vereinfachung, alle anderen Färbeverfahren entwickelt haben.

Große Sorgfalt muß auf die Vorbereitung der Ware gelegt werden. Die Baumwolle wird vorerst in 2—3° Bé starker Soda- oder Pottaschenlauge 5—6 Std. ausgekocht, dann in fließendem Wasser gewaschen und an der Luft getrocknet. Eine eigentliche Bleiche unter Anwendung von Oxydationsmitteln wird weggelassen, da die Erfahrung gelehrt hat, daß mit Chlorkalk behandelte Ware in Alizarin schlecht färbbar ist. Besonderes Augenmerk muß ferner nicht nur bei diesem Verfahren, sondern auch bei allen anderen darauf gelegt werden, daß die Ware nirgends mit Eisenteilen in Berührung kommt, da Eisenoxyde mit Alizarin violett gefärbte Lacke ergeben.

Das so vorbereitete Garn oder Gewebe wird nun im ersten Ölbade behandelt. Dasselbe hat eine eigentümliche Zusammensetzung insofern, als es eine Mischung von emulgiertem Olivenöl oder einer Tournantölemulsion (Tournantöl ist ranzig gewordenes Olivenöl und enthält daher freie Fettsäure) mit einer Aufschwemmung von Kuh- oder Schafkot darstellt. Für 100 kg Baumwolle verwendet man 15 kg Tournantöl sowie 1—1¼ kg Dung auf ca. 200 l Wasser,

[1]) Bd. 2, S. 240 f. 1849.

[2]) Vitalis, Dr. J. B.: Lehrbuch der gesamten Färberei. Nach dem Französischen bearb. von Dr. H. Chr. Schmidt, Weimar 1847.

[3]) Bull. Soc. Mulhouse.

und gibt so lange Sodalösung zu, bis die Mischung ein spez. Gewicht von $1^1/_4{}^0$ Bé zeigt. In dieser Mischung wird das Färbegut — Garn auf der Einweichmaschine, Gewebe auf der Kufe — bei 40° C umgezogen, bis es vollkommen durchtränkt ist; dann wird es ausgewunden bzw. abgepreßt und über Nacht auf Haufen geschichtet sich selbst überlassen. Nach 12 Std. wird die Ware zuerst an der Luft getrocknet, dann in der Trockenstube (Hänge) bei allmählicher Erhöhung der Trocknungstemperatur bis auf 60° C. Oft dauert letztere Operation 3 Tage; eine lange Trocknung soll auf die Echtheit des resultierenden Rot von bestem Einfluß sein. Ferner soll die Ware während dieses Trocknungsprozesses von Zeit zu Zeit umgezogen werden.

Darauf folgt das zweite und dritte Ölbad; diese Manipulationen sind Wiederholungen der ersten Ölbehandlung, doch wird dabei der Dung weggelassen, d. h. nur Emulsion von Öl in Sodalösung zur Anwendung gebracht. Nach jeder Imprägnierung erfolgen dieselben Trockenoperationen wie beim ersten Ölbad.

Da nun durch alle diese Präparationen, die den Zweck haben, möglichst viel Öl auf der Faser zu befestigen, nur ein Teil des Öles so verändert wird, daß es auf der Ware fixiert bleibt, so hat man dafür Sorge zu tragen, das unveränderte Öl wieder von der Faser abzuziehen; dies geschieht durch eine Behandlung in lauwarmer Sodalösung von $1^1/_4{}^0$ Bé. Die Ware wird in dieser Lösung 5—6 Std. eingeweicht und dann mit 50° C warmen Wasser gründlich gespült.

Noch vor dem Abtrocknen der Ware erfolgt jetzt eine Behandlung in Gerbsäure, das sog. „Gallieren". Die Garne oder Gewebe werden in eine 50° C warme Sumach- oder Galläpfelabkochung während 6 Std. eingelegt, dann abgewunden oder abgequetscht und an freier Luft getrocknet.

Als weitere Arbeit schließt sich das Beizen in Tonerdesalzen an, welche Manipulation wohl als die wichtigste bezeichnet werden muß. Die Beize selbst besteht in ihrer Grundsubstanz aus eisenfreiem Alaun und wird entweder durch Kreide oder aber durch Soda basisch gemacht. Man arbeitet meistens mit einer 5° Bé starken Lösung, die aus 4 Teilen Alaun und 1 Teil Kristallsoda besteht; mitunter werden dieser Beizlösung auch noch $^1/_4$ l essigsaure Tonerde (15° Bé) und 5—6 g Zinnchlorür per Kilo Kristallalaun zugegeben. Das schmackierte Baumwollmaterial wird in dieser Beizflotte während 24 Std. eingeweicht, dann abgequetscht und vorsichtig an der Luft — bzw. zur Winterszeit auf Trockenböden — getrocknet. Ob die Tonerde unter solchen Bedingungen mit dem Öl eine chemische Verbindung eingeht, wie Löwenthal[1]) anzunehmen scheint, ist sehr fraglich, da das Öl durch Oxydation weitgehendst verändert ist.

Das Färben der so vorbereiteten Waren wird bei Garnen auf der Wanne, bei Stückware auf der Haspelkufe — beide möglichst vollständig aus Holz hergestellt — vorgenommen. Zum Färben ist hartes Wasser bis zu 5 deutschen Härtegraden sehr geeignet; um den Kalk aktiver zu machen, kann man dem Wasser etwas Essigsäure zusetzen. Das Färbebad wird mit 8—10% Alizarin (20proz. Teig), 3% Tannin und $3^1/_4$—4% Kleie — alles auf das Gewicht des Färbegutes bezogen — angesetzt. Man geht mit der Ware kalt ein und hantiert im kalten Bade $^1/_2$—1 Std. Dann erwärmt man das Bad mit einer kupfernen Dampfschlange langsam, bis ungefähr nach 1 Std. eine Temperatur von 85—90° C erreicht ist. Hierauf treibt man bis zum Kochen und arbeitet dabei etwa $^1/_4$ Std. Endlich wird das Material herausgenommen, abtropfen gelassen und in fließendem Wasser so lange gespült, bis dieses klar abfließt. In diesem Zustande hat die Ware eine braunrote Farbe.

Die folgende Behandlung, das „Avivieren" oder „Schönen", hat den

---

[1]) Knecht, Rawson, Löwenthal: Bd. 2, S. 1023. 1900.

Zweck, das charakteristische feurige Rot hervorzurufen. Die gefärbte Ware wird in einem geschlossenen Kessel unter $^1/_2$—1 Atm. Druck mit 4—5 kg Olivenöl, 6 kg Marseillerseife und Sodalösung von 2° Bé per 100 kg Ware gekocht, bis der nötige Grad der Reinheit erreicht ist. Man läßt dann abkühlen, nimmt die Ware heraus und spült. Nun wird noch das „Rosieren" vorgenommen, eine dem Avivieren gleichartige Behandlung, bei der aber in einer Lösung von 2,5 g Seife und 0,15 g Zinnchlorür per Liter Wasser, während 1—2 Std. unter einem Druck von $^1/_2$—1 Atm. gekocht wird[1]). Hierauf wird gewaschen und an der Luft getrocknet.

Dieser Prozeß der Türkischrotfärberei ist sehr zeitraubend, so daß man in der Technik nach Mitteln suchte, denselben abzukürzen. Zwar fanden sich einzelne, welche das Verfahren wohl abänderten, aber zugleich verlängerten; so v. Kurrer[2]) der aus den 11 vorbeschriebenen Behandlungen gar 17 machte, indem er insbesondere die Ölbäder vermehrte.

Wesentlich einfacher gestaltete sich das Verfahren, das Steiner in Manchester ausarbeitete und das er auch in seiner Fabrik zu Rappoltsweiler im Oberelsaß auf Stückware zur Anwendung brachte. Es besteht darin, daß die in Ätznatron abgekochte Baumwolle nicht in einer Tournantölemulsion, sondern in klarem, 110° heißem Olivenöl wiederholt imprägniert wird. Die geölte Ware wird dann nach dem Trocknen durch Sodalösung von 2—3° Bé genommen, diese Passage siebenmal wiederholt und dazwischen immer 2 Std. in heißen Kammern verhängt. In der kalten Jahreszeit wird die Sodalauge auf 40° C erwärmt. In dieser Weise können 10% vom Gewicht der Ware an Öl auf der Faser befestigt werden. Zum Schluß wird in Alaun gebeizt, wie beim Altrotverfahren; die Operationen des Färbens und Schönens entsprechen ebenfalls jenen des genannten Verfahrens.

Ein großer Fortschritt wurde durch die Einführung der sulfierten Öle gemacht, weil damit eine bedeutende Herabsetzung der Fabrikationsdauer insofern erreicht wurde, als die langwierigen Ölpassagen in Wegfall kamen und durch eine, höchstens zwei solche ersetzt werden konnten.

Schon 1834 stellte Runge durch Behandlung von Olivenöl mit Schwefelsäure ein lösliches Öl dar, ferner behandelte Hirn Olivenöl mit Salpetersäure; aber erst mit der Einführung des Rizinusöls wurden einwandfreie Produkte erhalten. 1876 brachte zum ersten Male Dr. Wuth in England das Natriumsalz eines sulfierten Rizinusöls in den Handel, und bald darauf wurde, gleichfalls in England, das entsprechende Ammoniumsalz dargestellt. Die Einführung dieser Produkte in die Praxis der Färberei und Druckerei verdanken wir Horace Köchlin. Die Anwendung des Türkischrotöls veränderte das Bild des alten Verfahrens wesentlich; es entstand das sog. Neurotverfahren nach folgender Arbeitsweise.

Die gründlich ausgekochte Ware wird trocken in einer 10—20proz. Lösung von Türkischrotöl, der man etwas Ammoniak zugesetzt hat, bei 60—70° C imprägniert und bei 70° C getrocknet. Statt der Tonerdesulfate verwendet man vielfach als Beize essigsaure Tonerde in der Stärke von 5—6° Bé oder aber auch Lösungen von Sulfazetaten entsprechender Stärke. Bei der verhältnismäßig kurzen Zeit des Verhängens nach der Ölpräparation wird nur ein Teil des Öls gespalten und man erhält durch doppelte Umsetzung neben Polyrizinolsäuren auch Tonerderizinoleat auf der Faser. Die Ware bleibt 24 Std. in der Beize eingeweicht, wird dann abgequetscht und gut gespült. Das Färben geschieht wie beim Altrotverfahren, auch die folgenden Behandlungen, das Avivieren und Rosieren, erfahren keinerlei Änderung. Eine Variation des Verfahrens bestand

[1]) Die Aviviermethode mit Zinnsalz wurde zuerst von Arvers und St. Evron zu Rouen im Jahre 1735 versucht (F. A. W. Geest: Lehrbuch des Bleichens und der gesamten Färberei, Weimar 1851, S. 5).

[2]) Färbekunst Bd. 2, S. 198. 1849.

darin, daß die Ware nach dem Färben nochmals geölt wurde. Auch ein Kreidebad zur vollkommenen Fixierung der Tonerde kam zur Verwendung, doch wurde an Stelle der Kreide später phosphorsaures, dann als noch besser wirkend arsenigsaures Natron verwendet. Beim Neurotverfahren kann das Dämpfen entweder sowohl mit der erstmalig geölten und getrockneten, als auch mit der nach dem Färben nochmals geölten Ware vorgenommen werden (jedesmal 1—$1^1/_2$ Std.), oder — beim Weglassen des Ölens nach dem Färben — nur einmal und zwar dann direkt nach dem Ausfärben zur Ausführung gelangen (2 Std. bei 1 Atm. Druck). Werden die Färbungen zum Schluß regulär aviviert und rosiert, so ist der Dämpfprozeß nicht unumgänglich notwendig. Es existiert ferner eine Alizarinrotfärbeweise, die als Übergangsverfahren vom Altrot zum Neurot anzusprechen ist. Das Färbegut wird bei dieser Methode anfänglich gleich 2—4mal geölt; nachher wie sonst üblich gebeizt, gefärbt und aviviert.

So bildeten sich langsam durch Vereinfachung und Ersatz vieler uns in ihrer Wirkung heute noch rätselhafter Zusätze, wie dem Dung, verschiedene Verfahren aus, die allerdings in weit kürzerer Zeit scheinbar gleichwertige Resultate, wie das Altrotverfahren lieferten, in der Echtheit der Färbung aber mit diesem nicht vollständig in Wettbewerb treten konnten.

Nach einer anderen Methode wird die gebäuchte Ware nicht zuerst geölt, wie dies bisher der Fall war, sondern erst in essigsaurer Tonerde von 4—5° Bé gebeizt, wobei man bei Stückware die Beizlösung vorteilhaft mit etwas Tragantlösung verdickt. Die gebeizte Ware wird getrocknet und dann noch 2—3 Tage in einem Raum bei 35° C verhängt. Hier wird das Aluminumazetat auf der Faser gespalten und Tonerdehydrat fixiert. Hat man aber ein basisches Sulfat zum Beizen verwendet, so wird die getrocknete Ware einfach in einem warmen Bade von phosphorsaurem oder arsenigsaurem Natron behandelt und nachher gründlich gewaschen. Die Ausfärbung erfolgt in der gewöhnlichen Weise unter Anwendung von 8—10% Alizarin, 20proz. Teig. Über den Wert von ab und zu angewandten Zusätzen an Türkischrotöl oder Tannin zum Färbebad ist man geteilter Ansicht; nach den Erfahrungen des Verfassers sind sie entbehrlich. Man färbt unter stetem Umziehen des Garnes oder Haspeln der Stückware $^1/_2$—1 Std. kalt und erwärmt dann langsam auf 60—70° C. Kochen der Färbebäder vermeidet man. Hierauf wird gründlich gespült; nach dem Trocknen behandelt man den durch das kalkhaltige Wasser auf der Faser gebildeten Kalzium-Aluminiumlack mit einer 10proz. Lösung von Türkischrotöl 60% und trocknet wieder. Hier erfolgt also das Ölen überhaupt erst nach dem Färben; man vollendet nun die Reihe der Behandlungen mit 1- bis 2stündigem Dämpfen bei $^1/_2$ Atm., seift dann kochend, allenfalls unter Zusatz von Zinnsalz, wäscht und trocknet. Durch das vorerwähnte Dämpfen nach dem Färben wird die Lebhaftigkeit des Rot hervorgerufen, weshalb auch eine weitere, besondere Avivage unterbleiben kann.

Ein von dem vorgenannten Verfahren vollkommen abweichendes ist das Alizarinrotverfahren von Schlieper und Baum. Diese Arbeitsweise beruht auf der Eigenschaft gewisser Alizarinabkömmlinge, mit Kalkwasser lösliche Kalziumalizarate zu bilden. Man verwendet am besten Anthra- und Flavopurpurine. Als Tonerdebeize kommt Tonerdenatron in Verwendung. Das Verfahren ist vorzüglich für Stückware geeignet. Die Ausführung ist folgende:

Die gut gebäuchte Ware wird mit Tonerdenatron gebeizt, das in nachstehender Weise hergestellt wird: 100 kg Tonerdehydratgallerte werden in 160 Liter Natronlauge von 35° Bé gelöst und mit Wasser auf 750 Liter verdünnt. Dann stumpft man mit 20 Liter Salzsäure von 19° Bé ab und verdünnt weiter mit Wasser auf 1550 Liter. Die klare Lösung wird im Verhältnis von 4:1 mit Wasser nochmals verdünnt und so zum Imprägnieren der Ware verwendet. Man trocknet auf der Hot-flue oder auf Zylindern. Zur Fixierung der Tonerde wird auf 100 Liter Wasser 1—2 kg Ammonchlorid angewendet. Das Färben geschieht kontinuierlich in einer Rollenkufe; diese wird mit klarem Kalkwasser gefüllt und der erforderliche Farbstoff unter gutem Umrühren zugegeben. Das Farbbad wird in der Regel mit 2—3 g Alizarin (Teig 20proz.) per Liter Kalkwasser besetzt und auf 90° C erwärmt. Dann beginnt man mit dem Breitdurchlauf der Ware, während welchem die Farbflotte, durch jeweils zeitgerechte und entsprechende Nachspeisung von Kalkwasser sowie Alizarin, stets auf ihrer ursprünglichen Konzentration und Zusammensetzung zu erhalten ist. Die Ware färbt sich bei langsamem Gang intensiv braunrot und wird nach der Färbeoperation gewaschen und getrocknet. Nun erst folgt die Präparation in einer Lösung von 10—15 g Türkischrotöl 60proz. per 1 Liter Wasser: nach dem Trocknen wird 1—2 Std. bei $^1/_2$ Atm. gedämpft und wie üblich aviviert.

Eine Variation des Schlieper-Baum'schen Verfahrens wurde vom Verfasser mit bestem Erfolge angewendet.

Die gut gebäuchte, aber ungechlorte Ware wird dabei am Foulard imprägniert mit

6000 cm³ Türkischrotöl 50%
5000 cm³ Natriumphosphatlösung 1:10
6000 cm³ Natriumaluminatlösung 20° Bé
2800 cm³ Wasser

eingestellt auf 42 Liter.

Die auf der Hot-flue getrockneten Stücke nimmt man hierauf durch ein heißes Tonerdebad von folgender Zusammensetzung:

5800 g Aluminiumsulfat 1:10
170 g essigsaurer Kalk 18° Bé
60 l Wasser

Es ist leicht zu erkennen, daß diese Operation nicht lediglich in der Absicht vorgenommen wird, die Tonerde des Tonerdenatrons zu fixieren, vielmehr um auch aus dem Fixierungsbad selbst Aluminiumhydroxyd gleichzeitig mit Kalk auf der Faser niederzuschlagen. Dieses Fixieren geschieht ebenfalls auf dem Foulard. Man läßt dann 1—2 Std. liegen, wäscht gut aus und geht mit der nassen Ware durch die in einer Rollenkufe befindliche Farbflotte.

Dem Färbebad werden auf 2700 l Wasser
8500 g Alizarin 20proz. zugesetzt,

und außerdem so viel klares Kalkwasser, bis das Alizarin vollkommen gelöst ist. Man hält die Temperatur der Flotte auf 90° C und regelt die Geschwindigkeit so, daß in einer Stunde etwa 6—8 Stück Ware von 120 m Länge gefärbt werden. Ab und zu setzt man sowohl Alizarin als auch Kalkwasser zu. Die braunrot gefärbte Ware wird hierauf gut gewaschen und 1—2 Std. bei $^1/_4$ Atm. gedämpft. Nun folgt noch eine Reinigung in kochender Lösung von Wasserglas:

1200 l Wasser
10 kg Wasserglas von 38° Bé.

Diese Behandlung wird gleichfalls in der Rollenkufe vorgenommen, dann wird gewaschen und getrocknet. Nach diesem Verfahren können pro Arbeitstag etwa 60—70 Stück Ware von 120 m fertig gemacht werden. Das Rot ist gut und eignet sich am besten zum Ätzen mit der alkalischen Ätze. Zum Färben werden die gelbstichigen Alizarinmarken bevorzugt; reines Alizarin gibt ungünstigere Resultate, da dessen Kalksalz nur schwer löslich ist. Bemerkenswert ist bei diesem Verfahren, daß das Ölen gemeinsam mit dem Beizen erfolgt, was infolge der Alkalinität der Beizlösung ermöglicht wird.

Vollkommen anders arbeitet das Verfahren von Erban-Specht. Nach einer seinerzeitigen Privatmitteilung des Erfinders Dr. Erban kann das Verfahren auch zur Herstellung von Rot dienen, obwohl es stets nur zum Färben von Rosatönen empfohlen zu werden pflegt[1]).

Zur Erzielung einer Rosafärbung wird z. B. in nachstehender Weise gearbeitet.

a) Herstellung einer ammoniakalischen Alizarinlösung:

100 g	Alizarin 20proz. Teig
1300 cm³	kalkfreies Wasser
200 cm³	Ammoniak 25proz.

b) Die Stücke werden auf dem Foulard in einem Bade von folgender Zusammensetzung imprägniert:

10 l	kalkfreies Wasser
1275 cm³	neutrales Türkischrotöl 80proz., 1:4 verdünnt,
265 cm³	obiger Alizarinlösung.

Hierauf wird in der Hot-flue bei ca. 55° C getrocknet; beim Austritt aus diesem Apparat hat die Ware die gelbe Farbe des Alizarins angenommen.

c) Die Ware wird nun mit der Beizflotte foulardiert:

10 l	Wasser
14 cm³	Essigsäure 8° Bé
25 cm³	essigsaure Tonerde 12° Bé
4 cm³	essigsaurer Kalk 18° Bé.

Sodann wird entweder gleich in feuchtem Zustande — oder auch erst nach erfolgter Zwischentrocknung — während 2 Std. bei 2 Atm. gedämpft. Zum Schluß aviviert man in üblicher Weise, wobei für gelbstichige Rosatöne ein Zusatz von Zinnsalz zum Soda-Seifenbad in Anwendung kommt.

Wie bereits erwähnt, kann man nach gleichem Arbeitsgang auch Türkischrot erzeugen, doch hat sich das Verfahren für diesen Zweck nicht eingebürgert.

Etwas abgeändert arbeitet ein Verfahren der Badischen Anilin- und Soda-Fabrik, ausgearbeitet von dem Techniker Fehrmann dieses Werkes. Verfasser hat sich überzeugt, daß auch diese Methode gute Resultate liefert.

Das gut ausgekochte Gewebe wird auf der Klotzmaschine imprägniert mit:

12 g	Kaliumkarbonat
60 g	Alizarin SX 20proz.
100 g	Türkischrotöl 50proz.
25 g	Ammoniak 25proz.
1000 cm³	

Man trocknet auf der Hot-flue und klotzt hierauf mit:

200 g	essigsaurer Tonerde 10° Bé
80 g	essigsaurem Kalk 10° Bé
25 g	milchsaurem Zinn 25° Bé
20 g	Ammoniumchlorid
1000 cm³	

Diese Operation wird wiederholt, die Ware getrocknet und 1½ Std. bei ½ Atm. gedämpft. Zum Schluß wird ½ Std. kochend aviviert:

10 l	Wasser
100 g	Marseillerseife 60proz.
5 g	Soda
2 g	Zinnsalz

gewaschen und getrocknet.

---

[1]) D. R. P. 54047.

Naturgemäß wurden Anstrengungen gemacht, dem Idealverfahren des Färbens in einem Bade näher zu kommen, aber bis heute ist dieses Ziel keineswegs erreicht worden.

Die Farbwerke Höchst ließen sich eine Methode schützen, welche in dieser Richtung arbeitete[1]). Das Beizen und Färben wird dabei in einer Operation vereinigt; als Beize dient ameisensaure oder auch schwefligsaure Tonerde, welche dem alizarinhaltigen Färbebade zugesetzt wird. Verfasser machte die Erfahrung, daß durch diese Arbeitsweise infolge vorzeitiger Lackbildung beträchtliche Farbstoffverluste verursacht werden. Der resultierende Farbton ist infolgedessen auch nur als Rosa zu bezeichnen.

Ein Verfahren der Farbenfabriken Bayer u. Co., das denselben Zweck verfolgt, benutzt schwefelsaure Tonerde und setzt dem Färbebade auch noch Kochsalz zu, das den Lackbildungsprozeß verlangsamen soll. Es ist sehr fraglich, ob gerade das Tonerdesulfat in diesem Falle besonders geeignet ist, da dieses Salz als dreiwertiges Elektrolyt die Dispersion der Alizarinsuspension kräftig verringern dürfte, was keineswegs im Sinne der Idee liegt.

2. Färbungen mit Beizenfarbstoffen auf Vorbeize mit Chrom- oder Eisensalzen.

Die Bildung von Alizaraten geht nicht nur, wie in der Einleitung eingehend ausgeführt, mit Tonerde vor sich; auch kolloides Chromihydroxyd, sowie das kolloide Eisenhydroxyd bilden auf Zusatz von Alizarin schon bei gewöhnlicher Temperatur Alizarate. Chromihydroxydsol gibt mit Alizarin ein braunes, mit der entsprechenden Ferriverbindung ein violettes Sol.

Die Anwendung von Chrom- sowie Eisenbeizen in der Färberei mit Beizenfarbstoffen auf Baumwolle erfolgt in ähnlicher Weise, wie dies bei den Tonerdebeizen der Fall ist. Hier kommt es vor allen Dingen auf die richtige Auswahl der Beizen an. Ab und zu greift man sogar zu gemischten Beizen, um bestimmte Farbtöne herstellen zu können. Das Färben der verschiedenen Alizarinrotmarken auf Chrombeizen wird jedoch kaum noch, auf gemischter Tonerde-Eisen-Beize nur noch in seltenen Fällen praktiziert. Überhaupt kommt den Beizenfarben — mit Ausnahme von Türkischrot — in der Baumwollfärberei keine besonders beachtliche Bedeutung mehr zu, weil mit der großen Zahl von Schwefelfarbstoffen sehr gut licht- und waschechte Färbungen auf eine einfachere Weise und außerdem billiger herzustellen sind. Da ferner die Echtfärberei mit Küpenfarben ein ausgedehntes Anwendungsgebiet beansprucht, so ist die Verwendung der Beizenfarbstoffe bzw. der Chrom- und Eisenbeizen in der Hauptsache auf die Zeugdruckerei beschränkt.

Was die Chrombeizen anbelangt, so ist zunächst die von M. v. Gallois in die Praxis der Garnfärberei eingeführte, von den Farbwerken Höchst vertriebene Chrombeize GAII 35° Bé zu nennen. Dies ist eine Chrom-Chromatverbindung, hergestellt durch Auflösen von Chromoxydhydrat in Chromsäure allein oder in Mischung mit Essigsäure. Schon bloßes Einlegen der Garne in die Beize genügt, um beträchtliche Mengen Chromoxyd auf der Faser zu befestigen. Die Ausführung der Beizoperation geschieht in folgender Weise:

Das mit Soda abgekochte Garn wird in der kalten Chrombeize GAII 12° Bé $^1/_2$ Std. umgezogen, hierauf 12 Std. in dieselbe Beize eingelegt und dann ausgeschleudert; die geschleuderte Beize kann wieder verwendet werden. Das Fixieren des Chromoxydes erfolgt in einer 50° C warmen Sodaflotte (20 g per Liter) während $^3/_4$ Std.; nachher wird gut gewaschen.

Zum Ausfärben wird danach z. B. ein Bad von 50 l Wasser mit 15 kg Farb-

[1]) D. R. P. 133719.

stoffteig — gelöst in 6,5 l Ammoniak 25proz. — und 150 g Tannin besetzt. Man geht kalt ein, zieht $^1/_4$ Std. um, gibt 15 l Essigsäure 8° Bé zu, färbt $^1/_4$ Std. kalt weiter, erwärmt dann im Laufe einer Stunde bis auf Kochtemperatur und arbeitet noch eine halbe Stunde auf kochender Flotte. Nach so beendetem Färben wird kochend geseift, gewaschen und getrocknet. Wird auf besondere Lebhaftigkeit und erhöhtere Echtheit der Färbungen Wert gelegt, so empfiehlt sich eine Vorpräparation der Garne mit Rotöl.

Eine vorzügliche Methode, bedeutende Mengen Chromoxyde auf der Faser zu befestigen, stammt vom Chemiker E. Maier in Traun b. Linz. Er präpariert die Garne in gleicher Weise mit Tannin, wie für basische Farbstoffe üblich, und geht dann auf kochende Lösung von Natriumbichromat. Das Tannin reduziert das Bichromat und es befestigen sich bedeutende Mengen von Chromoxyden auf der Faser. Nach diesem Verfahren erzielt man mit Chromfarbstoffen außerordentlich dunkle Töne.

Außer den genannten Chrombeizen sind noch andere in Anwendung. Vor allem Chromchlorid, das als 20grädige Lösung in den Handel gebracht wird. Die Garne werden zuerst mit 100 g Türkischrotöl 50proz. per Liter Wasser geölt und bei niederer Temperatur getrocknet. Dann folgt eine dem Maier'schen Verfahren entsprechende Grundierung in Tannin (5 g per Liter) während einer $^3/_4$ Std. bei 80° C und anschließend ein 12stündiges Einlegen der Garne in das gleiche Tanninbad, welches man erkalten läßt. Das tannierte Material wird hierauf zentrifugiert, dann 1 Std. in kalter Chromchloridlösung von 12° Bé umgezogen und außerdem noch 12 Std. in dieser Chrombeize belassen. Nach dem Ausschleudern und Waschen färbt man in möglichst kalkfreiem Wasser z. B. für Dunkelblau mit:

	5 %	Alizarinblau SB Pulver
unter Zusatz von	5 %	Essigsäure 8° Bé und
	0,15 %	Tannin.

anfangs $^1/_4$ Std. kalt; sodann erwärmt man während 1 Std. bis zum Kochen und arbeitet noch $^3/_4$ Std. auf kochendem Bade. Zum Schluß wird das vorher gut gespülte Garn 2 Std. bei 1—$1^1/_2$ Atm. gedämpft und kochend geseift.

Ähnlich wie Chromchlorid wird auch das Chrombisulfit verwendet, jedoch in Lösungen von 5—10° Bé, je nach der Tiefe des auszufärbenden Farbtons. Die so gebeizten Garne werden abgequetscht und in einem 60° C heißen, 1proz. Sodabade ca. $^1/_4$ Std. behandelt, wodurch sich Chromoxyd auf der Faser niederschlägt. Bei Stückware imprägniert man am Foulard in einer Lösung von 28° Bé, trocknet auf der Hot-flue, dämpft dann im Schnelldämpfer und wäscht aus.

Eine allgemein verwendete Chrombeize — besonders in der Druckerei — ist das essigsaure Chrom. In der Garnfärberei kommt es jedoch nur selten und nur als Beize für hellere Farbtöne in Anwendung; man gebraucht dann eine 20° Bé starke Lösung, in welcher die Baumwollstränge etwa 1 Std. unter gutem Umziehen gekocht werden. Hierauf wird gewaschen und ausgefärbt. Stückware klotzt man mit Chromazetat 28° Bé, wie üblich auf der Padding oder dem Foulard, trocknet in der Hot-flue, dämpft, spült und färbt.

Ferner sind auch sog. alkalische Chrombeizen in Gebrauch, welche rasch und reichlich Chromhydroxyd an die Faser geben. Eine derartige Beize wird z. B. hergestellt aus:

25 l	essigs. Chrom 20° Bé
1 l	Glyzerin 30° Bé
32 l	Natronlauge 30° Bé
42 l	kaltes Wasser

und Einstellen auf 20° Bé; man beachtet dabei die Vorsicht, dem essigsauren Chrom zuerst das Glyzerin und dann die Lauge zuzugeben.

Normalerweise werden die Garne 12 Std. in diese Beize eingelegt, dann gut ausgewunden, gewaschen und gefärbt.

Auf Eisenbeize wird nur noch in der Garnfärberei sehr vereinzelt ein Lila hergestellt. Man arbeitet dabei auf geöltem Garn, beizt mit holzessigsaurem Eisen von 1—2° Bé, fixiert in einem Kreidebad und färbt kochend mit Alizarin.

Wie aus dem Vorangegangenen ersichtlich, lehnt sich das Färben auf Chrom- und Eisenbeizengrund ziemlich genau an die Färbeweise mit Alizarin auf Tonerdebeize an. Gefärbt wird in geeigneten Apparaten, bei Garnen auf der Wanne, bei Stückware auf der Haspelkufe, kochend während 2—2 $^1/_2$ Std.; auf chromgebeizter Ware wird mit den meisten Farbstoffen im essigsauren Bade gearbeitet, um bei kalkhaltigem Wasser den kohlensauren Kalk desselben in essigsauren Kalk umzusetzen. Des öfteren verbessert man die Lebhaftigkeit und Echtheit der Färbung durch nachträgliches Ölen mit Türkischrotöl und anschließendes Dämpfen unter Druck.

d) Die substantiven Baumwollfarbstoffe.

Die Farbstoffe dieser Klasse färben das Fasermaterial ohne Inanspruchnahme einer Vermittlungssubstanz, also direkt aus wässeriger Lösung an, weshalb man diese Produkte auch als direktziehende Baumwollfarbstoffe bezeichnet. Im allgemeinen sind diese Farbstoffe Azokörper, und zwar in der großen Mehrzahl Abkömmlinge des Benzidins, des Tolidins sowie des Dianisidins und deren Substitutionsprodukte. Weitere leiten sich ab vom p-Phenylendiamin, dem Tolylendiamin, Naphthylendiamin, Diamidostilben und entstehen durch Diazotieren und Kupplung mit Phenolen, Aminen, organischen Oxysäuren sowie mit entsprechenden Derivaten des Naphthalins. Von den wenigen Monoazofarbstoffen ist als Hauptrepräsentant das Primulin zu nennen, ein Derivat des Dehydrothioparatoluidins.

Wie bereits bemerkt, kann man schon durch einfaches Behandeln (Umziehen) von Baumwolle in der wässerigen Lösung substantiver Farbstoffe reguläre Färbungen erhalten; bei der Herstellung mittlerer oder dunkler Farbtöne setzt man jedoch den Farbstofflösungen (Farbbädern) noch Elektrolyte zu — Kochsalz oder Glaubersalz oder Natriumphosphat —, um eine möglichst weitgehende Erschöpfung der Farbflotten und damit tiefere Färbungen zu erzielen. Dieser Salzzusätze wegen hat man die direktziehenden Farbstoffe in wenig glücklicher Ausdrucksweise auch als „Salzfarben" bezeichnen zu können geglaubt; über die Wirkung der genannten Salze im Farbbad soll noch ausführlicher gesprochen werden.

Um nun über den Färbevorgang[1]) — den man noch in neuerer Zeit als chemischen Prozeß auffaßte — ein klares Bild zu erhalten, müssen sowohl die Eigenschaften der Faser als auch der Farbstofflösung einer kritischen Betrachtung unterzogen werden.

Die Faser selbst ist ein typisches Kolloid und als solches quellbar; sie vermag also zwischen den Mizellarinterstitien — d. h. zwischen den Aufbauelementen der Fasersubstanz im histologischen Sinne — Substanzen aufzunehmen, und zwar solche, denen ein bestimmter Dispersitätsgrad eigen ist.

Vor gar nicht langer Zeit noch galten die Lösungen der Farbstoffe als echte Lösungen. Erst neuere Forschungen haben ergeben, daß dieselben keine molekularen Lösungen darstellen, sondern zu den Kolloiden gerechnet werden müssen, welche halbpermeable Membranen zum Teil gar nicht, oder nur äußerst langsam und nur in sehr geringen Mengen passieren, kaum diffundieren und unter dem Ultramikroskop die für Lösungen dieser Art charakteristischen Submikronen zeigen. Die größte Anzahl der substantiven Farbstoffe gehört nun zu dieser Kategorie.

---

[1]) Vgl. auch: Dr. Rudolf Auerbach, Neuere Kolloidchemische Anschauungen über Färbevorgänge. Melliands Textilberichte, Jahrgang 1927, Seite 160—162.

Bezüglich des Zustandes substantiver Baumwollfarbstoffe in wässerigen Lösungen gibt uns die Untersuchung eines typischen Vertreters, des Kongorots, unter dem Ultramikroskop Aufschluß. Man findet das Gesichtsfeld des Instrumentes mit unzähligen, lebhaft beweglichen Teilchen erfüllt. Außerdem sieht man, daß der Untergrund nicht wie bei Metallsolen vollkommen dunkel erscheint, sondern schwach leuchtend getrübt ist. Diese Beobachtung lehrt uns, daß neben den Submikronen, deren Dispersitätsgrad keineswegs einheitlich ist, noch Teilchen vorhanden sind, die zwar noch Licht reflektieren, jedoch wegen ihrer Kleinheit nicht gesehen werden können. Ein Teil des Farbstoffes ist also in submikronischer Form, ein anderer Anteil in amikronischer und möglicherweise ein dritter Teil in einem dem molekulardispersen nahen Zustande in der Lösung enthalten.

Läßt man zu einer unter dem Deckglas befindlichen Lösung eines substantiven Farbstoffes bei Dunkelfeldbeleuchtung einen Tropfen Kochsalzlösung zufließen, so wird man eine kräftige Verstärkung des submikroskopischen Anteils, allerdings begleitet von einer teilweisen Koagulation oder Ausflockung des Farbstoffs, feststellen. Der leuchtende Kegel ist nach wie vor vorhanden, er ist nur intensiver geworden.

Die Erklärung für dieses Verhalten ist die folgende: Wie bereits erläutert, ist der Farbstoff in mindestens zwei Dispersitätsgraden in der Lösung vorhanden, womit einesteils der amikronische Anteil, andererseits der submikronische Teil verstanden sein soll. Bei genauer Untersuchung findet man aber, daß auch letzterer in seiner Dispersität nicht einheitlich ist, daß vielmehr Teilchen verschiedener Größenordnung festgestellt werden können. Der Zusatz von Chlornatrium veranlaßt nun eine allgemeine Verminderung der Dispersität, von welcher vermutlich die Teilchen aller Dispersitätsgrade betroffen werden. Die Anteile niedrigster Dispersität werden zu gröberen Aggregaten und in die Größenordnung der Suspension eintreten und sich abscheiden. Die Teilchen höherer Dispersität werden zu Submikronen von geringerer Größenordnung, und aus den amikronischen Anteilen werden gewisse Mengen die Submikronen vermehren. Dabei ist angenommen, daß auch die amikronische Phase aus Teilchen verschiedener Größenordnung besteht, wovon selbstredend auch wieder nur die gröberen submikroskopische Größe erlangen und im optischen Sinne auflösbar geworden sind. Dieser Vorgang ist ein kontinuierlicher, so daß es bei vielen Farbstoffen gelingt, sämtliches Pigment durch ausreichenden Zusatz von Elektrolyten aus der Lösung auszuscheiden.

Untersucht man eine z. B. mit Kongorot in normaler Weise gefärbte Faser im Querschnitt, so findet man folgendes Bild: Die Querschnittsfläche der Fasermembran ist blaßrosa gefärbt; die Hauptmenge des Farbstoffs sitzt außerhalb der Faser an der Oberfläche derselben und umschließt den Querschnitt mit einem roten Ring. Es liegt also eine gemischte Intussuszeptions-Appositionsfärbung vor, bei der die Hauptmenge des Pigmentes außerhalb der Fasermembran lagert und nur eine kleine Menge diese völlig durchdrungen und gefärbt hat. Diese Färbung ist nach dem bereits geschilderten Zustand der Farbstofflösung in der Weise entstanden, daß zunächst der amikronische Anteil durch Diffusion den Weg in das Faserinnere genommen hat und dort an den Mizellaroberflächen adsorbiert blieb, wodurch die Intussuszeptionsfärbung hervorgerufen wurde; der submikroskopische Anteil wurde dann an der Fasermembranoberfläche zur Appositionsfärbung adsorbiert.

Überträgt man diese Anschauungen auf den praktischen Färbeprozeß, so erkennt man, daß im Moment des Eintauchens der quellbaren Faser in die warme Farbflotte das Dispersionsmittel — das Wasser der Färbeflotte — in die Faser hineindiffundiert und die Mizellarinterstitien erfüllt. Gleichzeitig mit dem Wasser dringen aber auch die Farbstoffamikronen ein, um Intussuszeptionsfärbung hervorzurufen. Die Submikronen, die ihrer geringeren Dispersität halber in die Membran der Faser selbst nicht einzudringen vermögen, werden an der Oberfläche der Faser adsorbiert.

Nun muß eingeschoben werden, daß zur optimalen Adsorption aller Wahrscheinlichkeit nach ein bestimmter Dispersiätsgrad erforderlich ist, denn nach einiger Zeit hört die Adsorption an der Faser auf; der Farbton vertieft sich nicht mehr, obwohl noch große Mengen Farbstoff in der Flotte gelöst sind. Dies ist der Augenblick, wo der Elektrolytzusatz zu erfolgen hat. Setzt man in diesem Stadium z. B. Kochsalz oder Glaubersalz zu, so geht eine bestimmte Menge des amikronischen Anteils in den Zustand optimaler Dispersität über, es findet wieder Adsorption an der Oberfläche der Faser statt; gleichzeitig treten die Submikronen — welche sich in einem von vornherein niederen Zerteilungsgrade befinden — durch Agglutination zu groben Aggregaten zusammen, welche in dem Maße zunehmen, als der Elektrolytzusatz größer wird. Man kann bei der Arbeitsweise im Großen auch stets beobachten, daß nach Beendigung des Färbeprozesses ungelöster Farbstoff im Färbebade in Form eines groben Bodensatzes zurückbleibt.

Der Färbeprozeß kommt also in der Hauptsache durch Adsorption der Pigmentteilchen, welche sich im Zustande optimaler Dispersität befinden, zustande. Der Färber hat durch Zusätze von Elektrolyten diesen Zustand aus dem Reservoir der Amikronen ständig zu erneuern; je vorsichtiger das geschieht, um so geringer sind auch die freilich niemals vollständig zu vermeidenden Farbstoffverluste.

Um nun weiter auf die praktische Anwendung der substantiven Farbstoffe in der Färberei der Baumwolle einzugehen, so ist zunächst das Lösen der Farbstoffe vorzunehmen. Man löst am besten in kochendem Wasser, wozu man womöglich Kondenswasser verwendet. Ist solches nicht vorhanden, so kann man Leitungswasser verwenden, das am besten in der Weise gereinigt wird, daß man geringe Mengen Seifenlösung zugibt und aufkocht. Die Kalkseifen scheiden sich ab, können abfiltriert werden und das Filtrat ist dann zum Lösen der substantiven Farbstoffe sehr geeignet. Auch ein Zusatz von Soda mit nachfolgendem Aufkochen macht das Wasser zur Lösung der Farbstoffe geeignet. Man filtriert dann die Lösung der Farbstoffe durch Kattun und löst eventuell ungelöst gebliebene Teilchen mit heißem Wasser vollends auf. Das Lösen der Farbstoffe unmittelbar im Färbebade empfiehlt sich deshalb weniger, weil die vollkommene Lösung schwer zu kontrollieren ist, die unvollkommene aber leicht sprenkliche Ware erzeugt.

Das Färben geschieht im allgemeinen am besten in Gefäßen oder Apparaten aus Holz, Kupfer, Messing oder Nickelin, doch können auch eiserne Flottenbehälter in Anwendung kommen, wenn nur trübe und dunkle Farben herzustellen sind.

Hellere Nuancen färbt man in der Regel unter Zusatz von

$^1/_2$—1 % Soda kalz. und
$^1/_2$—1 % Seife oder Rotöl oder dergleichen;

bei Färbungen von mäßiger Farbtiefe setzt man zwecks besseren Aufziehens des Farbstoffes auch noch 3—5 % phosphorsaures Natron oder 2—3 % krist. Glaubersalz zu (Prozente vom Gewicht des Baumwollmaterials). Gefärbt wird in nicht zu kurzer Flotte während $^1/_2$ Std. bei 60—80° C.

Für mittlere und dunkle Färbungen wird unter Beigabe von $^1/_2$—2 % Soda kalz. und 10—20 % Glaubersalz kalz. oder denat. Kochsalz ca. $^3/_4$—1 Std. kochendheiß in möglichst kurzem Flottenverhältnis gefärbt.

Beim Arbeiten in sehr kurzen Farbbädern, wie dies in mechanischen Apparaten, auf dem Jigger, auf der Padding sowie auf dem Foulard und auch in der

Kontinuemaschine der Fall ist, rechnet man bei diesen Zusätzen zweckmäßig in Gramm pro Liter Flotte. Je nach Tiefe der Färbung nimmt man daher per Liter Farbbad:

$^1/_2$— 2 g Soda kalz.
2—20 g Glaubersalz kalz. oder Kochsalz denat. sowie eventuell
$^1/_2$— 2 g Rotöl, Universalöl o. dgl.

Beim Färben von Stückware auf dem Jigger wird erst die eine Hälfte der erforderlichen Farbstofflösung zum Färbebade gegeben und nach dem ersten Warendurchlauf (Ende) der restliche Teil. Ebenso wird das Glaubersalz auf zweimal zugesetzt, und zwar beim dritten und vierten Ende. Für helle Färbungen wird der Farbstoff am besten in 3—4 Portionen beigegeben und ohne Salzzusatz, nur mit 1—2 g Rotöl per Liter Flotte gefärbt.

Nach beendetem Färben wird gut gespült und getrocknet.

Bezüglich der Zusätze an Seife, Türkischrotöl und ähnlichen Produkten ist zu bemerken, daß dieselben das Aufziehen der Farbstoffe verlangsamen und dadurch das Egalisieren befördern; das Durchfärben starker oder dichtgeschlagener Warengattungen sowie scharfgedrehter Garne wird ebenfalls erleichtert. Phosphorsaures Natron wirkt ähnlich wie Glaubersalz oder Kochsalz, jedoch nicht so intensiv; es wird deshalb hauptsächlich für helle Färbungen und beim Färben mit schwererer löslichen Farbstoffen verwendet.

Was die Flottenmenge anbelangt, so beträgt dieselbe z. B. beim Färben von Garn auf der Wanne das 18—25fache vom Gewicht der Baumwolle, bei Stückware auf dem Jigger etwa das 5fache; durch diese Zahlen sind ungefähr die Grenzwerte für das Flottenverhältnis nach oben und unten zum Ausdruck gebracht.

Die Farbstoffe verhalten sich beim Färben sehr verschieden; während viele auch beim Verarbeiten zu dunklen Farbtönen nahezu völlig dem Farbbade entzogen werden können, bleibt bei vielen anderen ungefähr $^1/_3$—$^1/_4$ des Farbstoffs im Bade zurück. Letztere Bäder werden für weitere Operationen aufgehoben, obwohl nur wenig mehr vom einmal ausgefällten Farbstoff wieder ausgenützt werden kann.

Im Vorausgegangenen ist der allgemeine Gang der praktischen substantiven Färbung gekennzeichnet. Es gibt nun eine ganze Anzahl von Methoden, welche bezwecken, der Färbung eine höhere Waschechtheit, eine höhere Lichtechtheit, oder aber beide Eigenschaften gleichzeitig zu verleihen. Die Echtheit der substantiven Färbungen ist im großen und ganzen befriedigend; wir kennen darunter einige nahezu absolut echte, aber auch eine ganze Anzahl, welche auch den primitivsten Ansprüchen kaum genügen. Es ist daher vorteilhaft, in gewissen Fällen Mittel an der Hand zu haben, verbessernd nach der einen oder anderen Richtung eingreifen zu können.

Als recht wertvoll hat sich zunächst das Diazotieren und Entwickeln substantiver Färbungen erwiesen. Diese Arbeitsweise ist nur für solche Farbstoffe anwendbar, welche eine oder mehrere freie Amidogruppen enthalten und deren Färbungen demnach auf der Faser diazotiert und mit Aminen oder Phenolen gekuppelt (entwickelt) werden können. Durch die Diazotierung und Entwicklung tritt geringere oder weitgehendere Änderung des Farbtones ein, doch in allen Fällen eine Erhöhung der Waschechtheit, sowie vielfach der Lichtechtheit und Säurekochechtheit.

Das vorgefärbte Baumwollmaterial wird zwecks Diazotierung etwa $^1/_2$ Std. in einem kalten Bade mit Nitrit und Salzsäure behandelt, und zwar für hellere und mittlere Färbungen mit: 1,5—2$^0/_0$ Nitrit und 5$^0/_0$ Salzsäure 20^0 Bé, für dunkle Färbungen mit 2,5—3$^0/_0$ Nitrit und 7,5$^0/_0$ Salzsäure 20^0 Bé. Sodann wird gleich in Wasser, das mit etwas Salzsäure angesäuert ist, kurz gespült und anschließend sofort im kalten Entwicklungsbad während $^1/_4$—$^1/_2$ Std. behandelt. Am häufigsten wird zum Entwickeln β-Naphthol als β-Naphthol-Natrium angewendet, öfters auch Resorzin, sowie besonders das m-Toluylendiamin als Chlorhydrat. Je nach Tiefe der zu entwickelnden Färbung werden z. B. 0,45—0,9% β-Naphthol oder 0,35—0,7% Resorzin oder Diamin angewendet; β-Naphthol sowie Resorzin werden mit ungefähr ihrem gleichen Gewicht an Natronlauge 40° Bé durch Übergießen mit kochendem Wasser gelöst, Diamin in Pulver mit dem dritten Teil seines Gewichts an Soda.

Außerordentlich charakteristisch verhält sich bei dieser Behandlung das Primulin, ein Derivat des Dehydrothiotoluidins. Dasselbe gibt nach der normalen Färbemethode ein intensives Zitronengelb. Durch das Diazotieren — die diazotierte Färbung ist äußerst lichtempfindlich — verändert sich der Farbton in Orange, um beim Entwickeln in β-Naphthol-Natrium eine lebhafte rote Farbe anzunehmen.

Theoretisch sehr interessant ist die Beobachtung, daß normal gefärbte, belichtete Primulinfärbung dieses Verhalten nicht mehr zeigt. Die Amidogruppe wird durch die Belichtung so verändert, daß ein Diazotieren unmöglich geworden ist[1]).

Am Primulin läßt sich eine weitere Entwicklungsmethode demonstrieren, welche allerdings nur für wenige Farbstoffe anwendbar ist. Normale Primulinfärbung mit einer Na-hypochloritlösung von $^1/_2$—1° Bé kalt behandelt, ergibt eine Verschiebung des Farbtons nach Orange; außerdem wird aber die Waschechtheit des Gelb außerordentlich erhöht. Auch ist die in dieser Weise modifizierte Primulinfärbung nicht mehr diazotierbar.

Eine andere Nachbehandlung wird bei Farbstoffen mit freien Amido- oder Oxygruppen angewendet und besteht in der direkten Kupplung mit Diazoverbindungen, von welchen wohl ausschließlich das Paranitrodiazoniumchlorid in Betracht kommt. Die Diazolösung wird folgendermaßen angesetzt:

2 kg Paranitranilin werden in
15 l kochendem Wasser u.
5 l Salzsäure 20° Bé

gelöst; dann gibt man

35 l kaltes Wasser zu,

wodurch sich das salzsaure Paranitranilin in Form feiner Kristalle ausscheidet. Nach vollständigem Erkalten setzt man:

1,1 kg Natriumnitrit gelöst in
7 l kaltem Wasser

zu; nach 20—30 Min. entsteht eine klare Lösung, die man mit kaltem Wasser auf 200 l einstellt.

Zum Kuppeln behandelt man die vorgefärbte Baumwolle auf kaltem Bade mit dem diazotierten Paranitranilin während $^1/_2$ Std.; vor Gebrauch wird der Diazolösung stets noch etwas Soda sowie essigsaures Natron zugegeben. Für 100 kg Färbegut bestellt man bei 2—4proz. Färbungen die Kupplungsbäder, z. B. wie folgt:

36 — 70 l	diazotiertes Paranitranilin
0,5— 1 kg	Soda kalz.
200 —400 g	essigsaures Natron.

Die durch diesen Kupplungsprozeß resultierenden Färbungen besitzen gute Wasch- und Walkechtheit, einzelne auch gute Licht- und Überfärbeechtheit.

Von den verschiedenen Werken der J.-G. Farbenindustrie A.-G. wird diazotiertes Paranitranilin in Form haltbarer Produkte in den Handel gebracht, so als Nitrazol CF, Azophorrot PN, Parazol FB. Diese Produkte lösen sich in kaltem Wasser und werden auf Zusatz von Soda und essigsaurem Natron — oder auch

[1]) Haller: Textilber. 1924.

wenig Natronlauge — wirksam. Wird beispielsweise mit Nitrazol CF gekuppelt, so nimmt man 2—4% Nitrazol CF, 0,2—0,4 % Soda kalz. und 0,1—0,125% essigsaures Natron vom Gewicht der Baumwolle.

Ferner wird durch eine Nachbehandlung mit Metallsalzen bei zahlreichen Färbungen substantiver Farbstoffe die Licht- und Waschechtheit erhöht. Meistens wird dazu Kupfervitriol oder Kupfervitriol und Chromkali, für einige wenige Farbstoffe auch Fluorchrom in Anwendung gebracht; Behandlung mit letzterem verbessert nur die Waschechtheit.

Je nach der Tiefe der Färbung gebraucht man

1—3% Kupfervitriol und
2—5% Essigsäure 6° Bé

oder

1—2% Chromkali
1—2% Kupfervitriol und
2—5% Essigsäure 6° Bé

bzw. auch

2—3% Fluorchrom und
2—5% Essigsäure 6° Bé

vom Warengewicht; man behandelt 1/4—1/2 Std. bei ca. 70° C und spült dann.

Günstig wirkt in vielen Fällen auch eine Nachbehandlung mit Formaldehyd, wodurch die Wasch- und Walkechtheit erhöht, die Lichtechtheit aber nicht beeinflußt wird. Das in üblicher Weise gefärbte Baumwollmaterial wird dabei in einem 30° C warmen Bade mit 3% Formaldehyd 30proz. ca. 20 Minuten behandelt und dann gut gespült. Als zweckmäßig hat sich auch ein Zusatz von 1—2% Chromkali zur Formaldehydflotte erwiesen. Zahlreiche Baumwollschwarzmarken eignen sich für diese Nachbehandlungsmethode, doch nur verhältnismäßig wenige blaue, braune, orange und rote Farbstoffe.

e) Die Schwefelfarbstoffe.

Die Schwefelfarbstoffe bilden gewissermaßen die Brücke zwischen der Gruppe der substantiven Farben und den Küpenfarbstoffen. Da sie in Wasser nur schwer oder gar nicht löslich sind, so besitzen sie nur sehr geringe bzw. gar keine Affinität zur Baumwollfaser; sie müssen daher in besonderer Weise gelöst werden, um mit der Faser zur Adsorptionsverbindung zusammentreten zu können. Dieses Lösen geschieht in Schwefelalkalien; schon die stark alkalische Reaktion der Färbeflotte, wie sie durch den verhältnismäßig hohen Gehalt an Schwefelnatrium bedingt wird, beschränkt die Anwendung dieser Kategorie von Farbstoffen ausschließlich auf das Gebiet der vegetabilischen Faserstoffe. Da die Konstitution dieser Substanzen noch keineswegs feststeht, kann man sich ein genaues Bild von den Vorgängen im Färbebade und von der Wirkung der Schwefelalkalien zunächst nicht machen. Immerhin wird man nicht fehlgehen, wenn man einen der Verküpung ähnlichen Prozeß annimmt, da der Farbstoff in vielen Fällen in Substanz und als Pigment auf der Faser einen von seiner Lösung im Färbebade verschiedenen Farbton besitzt. Als das eigentliche färbende Prinzip ist eine Leukoverbindung anzunehmen, welche, auf der Faser adsorbiert, entweder durch den Sauerstoff der Luft oder durch sonstige oxydierende Mittel in das eigentliche Pigment übergeführt wird. Nachgewiesen ist die kolloide Beschaffenheit der Färbebäder[1]); dagegen sind die Farbstoffe in Wasser und in den meisten Fällen in Form von Suspensionen verteilt. Erst der Zusatz von Schwefelnatrium veranlaßt höhere Dispersion, vermutlich unter gleichzeitiger Reduktion zu der Leukoverbindung.

1) Haller, Färber-Ztg. 1912.

Die Färberei mit diesen Produkten ist verhältnismäßig einfach. Garne werden vor dem Färben meist mit Soda oder Lauge in Kufen oder Kesseln während einigen Stunden offen oder bei $1\,^1/_2$—2 Atm. Druck ausgekocht, oder zum mindesten in einem heißen Türkischrotölbade gut genetzt. Als Vorbereitung für Stückwaren genügt in der Regel gutes Entschlichten; für die Herstellung hellerer Farben wird jedoch sowohl bei Garnen als auch bei Geweben noch mit unterchlorigsaurem Natron gebleicht.

Das Lösen der Schwefelfarbstoffe geschieht am zweckmäßigsten in Holzgefäßen, indem man sie mit der zum Färben erforderlichen Soda und etwas Türkischrotöl in wenig warmem Wasser anteigt, dann das zum Färben nötige Schwefelnatrium zugibt und kochendes Wasser übergießt; eventuell kocht man auch noch auf. Zum Färben in mechanischen Apparaten wird diese Lösung noch durch ein feines Sieb oder einen dünnen Stofflappen filtriert. Bei der Apparatefärberei ist es auch zweckmäßig, ganz klare Schwefelnatriumlösungen zum Auflösen der Farbstoffe zu verwenden. Man löst zu diesem Zwecke ein größeres Quantum Schwefelnatrium mit der doppelten Menge heißen Wassers, läßt die Lösung einige Zeit stehen und hebert dann die klare Flüssigkeit vom Bodensatz ab.

Zum Färben verwendet man Gefäße bzw. Flottenbehälter aus Holz oder Eisen (für mechanische Apparate auch aus Nickelin); Bestandteile derselben aus Kupfer oder Messing, wie z. B. Heizrohre und Leitwalzen, sind wegen schädlicher Wirkung auf die Flotte zu vermeiden. Garne werden auf der üblichen Barke gefärbt, an deren einer Stirnseite jedoch ein Quetschwalzenpaar montiert ist. Bei hohen Ansprüchen an die Egalität der Garnfärbungen ist es dabei angezeigt, auf gekröpften Eisenrohren zu färben, wobei der untere Teil derselben mit Baumwollstoff umwickelt wird. Beim Färben von Stückware kann für hellere Farbtöne der gewöhnliche offene Jigger benutzt werden; für mittlere und dunkle Färbungen wird jedoch am besten auf dem Doppeljigger mit Quetschwalzen gearbeitet. (Bauart der Zittauer Maschinenfabrik A.-G., der C. G. Haubold A.-G. usw.). Für Jiggerfärberei bestimmte Ware muß tadellos kantengleich aufgebäumt werden; auch während des Färbens ist darauf zu achten, daß sie stets gleichmäßig Leiste auf Leiste aufläuft, um sog. kupferige Leisten zu vermeiden. Ferner färbt man Stückware auch auf dem Foulard oder auf der Padding; Stapelfarben, wie Schwarz, Blau usw., werden auch in der Kontinuemaschine gefärbt[1]).

Beim Färben von Garn geht man mit diesem Material in die 70—80° C heiße Flotte ein und kocht dieselbe während des $^1/_2$—1stündigen Arbeitens ein- bis zweimal auf. Bei Stückware gibt man zuerst die Soda zum Färbebade, läßt aufkochen und setzt sodann die Hälfte der erforderlichen Farbstofflösung zu. Hierauf läßt man die Ware ein Ende laufen und gibt dann den restlichen gelösten Farbstoff zu. In gleicher Weise erfolgt der Salzzusatz beim dritten und vierten Ende.

Nach beendetem Färben wird sowohl Garn als auch Stückware möglichst gut abgequetscht und anschließend sogleich gespült. Bei loser Baumwolle wird nach dem Färben an Stelle des Abquetschens zum Abtropfen aufgeworfen — eventuell auch zentrifugiert, um die Flotte zurückzugewinnen — und dann erst gespült. Zwecks wirksameren Spülens ist es angezeigt — bei allen Färbungen mit Ausnahme von Schwefelschwarz dem letzten Spülbade etwas Essigsäure oder Ameisensäure zuzugeben; dadurch wird das im Baumwollmaterial enthaltene Alkali vollständig entfernt, und die Färbung erleidet keine nachträgliche Beeinflussung.

Für das Färben der Schwefelfarben in mechanischen Apparaten ist es wichtig, daß diese letzteren mit guten Absauge- und Spülvorrichtungen ausgestattet sind, damit die Flotte nach Beendigung des Färbens möglichst gründlich aus dem Färbe-

[1]) Direktor Oesterreicher: „Schwefelschwarz auf Futterstoffe". Melliands Textilberichte, Jahrgang 1927, Seite 453/454.

gut entfernt und dieses anschließend gut gespült werden kann. Aus Packapparaten und vielfach auch aus Aufsteckapparaten wird die Farbflotte mittels Pumpe beseitigt und das Baumwollmaterial dann meist sogleich gespült. Aus Aufsteckapparaten wird die Flotte am zweckmäßigsten durch Anwendung von Vakuum entfernt; zuerst beseitigt man jedoch die Flotte aus dem Farbbehälter und den Rohrleitungen mittels Pumpe, Druckluft oder Dampfdruck und saugt nachher die im Färbegut noch zurückgebliebene Farbflotte mit einem entsprechend kräftigen Vakuum möglichst schnell ab. In gleicher Weise geschieht dies bei Kettbaumapparaten.

Für Farbbäder mit Schwefelfarben gelten im allgemeinen z. B. folgende Mengenverhältnisse beim Färben von 45 kg Baumwollgarn (100 Pfd. engl.) in 20facher Flottenmenge (800 Liter):

Ansatzbäder:

Farbstoff	1,35 kg (3 %)	2,25 kg (5 %)	4,5 kg (10 %)	9 kg (20 %)[1]
Schwefelnatrium krist.	2,7 kg (6 %)	4,5 kg (10 %)	6,75 kg (15 %)	9 kg (20 %)
Soda calc.	2,4 kg (3 g)	2,4 kg (3 g)	3,2 kg (4 g)	4 kg (5 g)[2]
Glaubersalz calc. oder Kochsalz denat.	2,4 kg (3 g)	4,0 kg (5 g)	8,0 kg (10 g)	24 kg (30 g)

Zusätze beim Weiterfärben auf altem Bade:

Farbstoff	1,17 kg (2,6 %)	1,8 kg (4 %)	2,7 kg (6 %)	5,4 kg (12 %)
Schwefelnatrium krist.	2,25 kg (5 %)	3,6 kg (8 %)	4,0 kg (9 %)	5,4 kg (12 %)
Soda calc.	90 g (0,2 %)	135 g (0,3 %)	180 g (0,4 %)	225 g (0,5 %)
Glaubersalz calc. oder Kochsalz denat.	—	0,45 kg (1 %)	1,35 kg (3 %)	2,25 kg (5 %)

Bei Verwendung von kalziniertem Schwefelnatrium zum Färben genügt die Hälfte der für das kristallisierte Produkt erforderlichen Menge. (2 Teile Schwefelnatrium krist. = 1 Teil Schwefelnatrium calc.)

Die meisten Schwefelfarbstoffe können auch mit Glukose als Reduktionsmittel gefärbt werden an Stelle des Schwefelnatriums. Man färbt dann mit der gleichen bis doppelten Menge Glukose und der gleichen bis doppelten Menge Natronlauge 40° Bé vom Farbstoffgewicht in kochendheißer Flotte. Diese Arbeitsweise findet jedoch kaum Anwendung in der Praxis, da sie gegenüber dem üblichen Schwefelnatriumverfahren keinerlei Vorteile aufzuweisen hat.

Das Nuancieren beim Färben mit Schwefelfarben geschieht durch Zusatz von entsprechenden Lösungen der jeweils dazu noch erforderlichen Farbstoffe zur Färbeflotte. Falls zur Erzielung mustergetreuer Färbungen nur geringfügige Farbtondifferenzen auszugleichen sind, so kann man in geeigneten Fällen auf frischem, kaltem oder warmem Bade mit substantiven Farbstoffen überfärben; durch Übersetzen mit basischen Farben erhalten die Grundfärbungen lebhaftere Tönung. Im letzteren Falle scheint der Schwefelfarbstoff als Beize zu wirken, während im ersten Fall einfache Juxtaposition erfolgt.

Die Färbungen mit Schwefelfarben zeichnen sich gegenüber den Färbungen mit substantiven Farbstoffen ganz allgemein durch größere Echtheit aus und insbesondere durch sehr gute Waschechtheit. Durch Nachbehandlung mit

[1]) Prozente vom Gewicht des Garnmaterials. [2]) Gramm pro Liter Flotte.

Metallsalzen lassen sich aber auch hier noch echtere Färbungen erzielen. Für einige blaue Schwefelfarbstoffe kommt ferner, zwecks Entwicklung dieser Färbungen, eine Nachbehandlung mit Natriumperborat oder durch Dämpfen bzw. warmes Lagern in Betracht. (z. B. Immedialneublau.) Weiter müssen alle Färbungen mit Schwefelschwarz nach dem Färben im letzten Spülbade mit essigsaurem oder ameisensaurem Natron nachbehandelt werden, um ein Morschwerden des Warenmaterials beim Lagern zu vermeiden[1]).

Durch eine Nachbehandlung mit Chromkali und Kupfervitriol wird die Licht- und Waschechtheit der meisten Färbungen erhöht; man arbeitet dabei mit

2—3 % Chromkali,
1—2 % Kupfervitriol und
3—5 % Essigsäure 6° Bé

in heißem Bade während $^1/_4$—$^1/_2$ Stunde, worauf die Ware gut gespült wird.

Zur Nachbehandlung von Schwefelschwarzfärbungen setzt man dem letzten Spülbade 5—10 g essigsaures oder ameisensaures Natron oder auch 3—5 g Soda pro Liter Wasser zu.

f) Die Küpenfarbstoffe.

1. Geschichte, Theorie und Praxis der Indigofärberei.

Der älteste Repräsentant der Küpenfarbstoffe ist der aus Pflanzen gewonnene Indigo, welcher schon von den Kulturvölkern Asiens als wertvolles Material zur Herstellung echter Blaufärbungen verwendet wurde. Zur Gewinnung benutzte man in jenem Erdteil verschiedene, wahrscheinlich ursprünglich nur in Ostindien heimische Indigoferen, die später auch nach anderen tropischen und subtropischen Ländern — Amerika, Nordafrika[2]), Arabien usw. — verpflanzt und dort kultiviert wurden. Nach Auffindung des Seeweges um das Vorgebirge der guten Hoffnung zu den Küsten Indiens brachten Mitte des 16. Jahrhunderts die Holländer den Indigo nach Europa[3]); die Verwendung desselben wurde aber anfangs in den meisten Staaten verboten, weil man die damit hergestellten Färbungen für weniger echt und dauerhaft hielt als die bisher mit Waid erzielten. Seit Jahrhunderten diente in Europa der Waid — eine allgemein angebaute Pflanzengattung aus der Familie der Kruziferen — zum Blaufärben. In Deutschland war besonders Thüringen mit seinen fünf Waidstädten das Gebiet des Waidbaues und des Waidhandels, in Frankreich die Provence und die Normandie, in Italien die Provinz Kalabrien. Entgegen allen Verboten bürgerte sich jedoch die Anwendung des überseeischen Indigos infolge seiner Wohlfeilheit und Ausgiebigkeit immer mehr ein und nur während der durch Napoleon verhängten Kontinentalsperre mußte der Waid wieder in größeren Mengen verwendet werden. In dieser Zeit versuchte man auch den Indigo aus dem Waid abzuscheiden, doch war die Ausbeute geringer als bei den indischen Pflanzen und ebenso qualitativ nicht entsprechend. Nach Aufhebung des Einfuhrverbotes und Preissenkungen wurde die Indigoküpenfärberei auf allen Gespinstfasern mit Produkten unterschiedlicher Provenienzen ganz allgemein praktiziert. Der Waid wurde zuletzt nur noch bei der sog. Waidindigoküpe — in der Wollfärberei — als gärungswirkender Zusatz angewendet.

[1]) Die Indocarbone der I. G. Farbenindustrie A.-G. geben auch ohne Nachbehandlung mit alkalischen Salzen genügend lagerechte Färbungen (A. Kertess, Textilberichte 1927, Seite 56—59).

[2]) Reinking, Dr. Karl: Über die älteste Beschreibung der Küpenfärberei im Papyrus Graecus Holmiensis. Melliands Textilber., Jg. 1925, S. 349—351.

[3]) Siehe im übrigen ebenfalls bei Dr. Karl Reinking: Über das Auftauchen des Indigo in Europa. Melliands Textilber., Jg. 1924, S. 187. Ferner abermals Dr. Karl Reinking: Über die Kenntnis des Indigos und der Küpenfärberei im Altertum. Melliands Textilber., Jg. 1924, S. 733—734.

Erwähnenswert ist hier auch noch die bis in die ersten Jahre des zwanzigsten Jahrhunderts reichende Anwendung des Indigos in Form von sog Indigokarmin. Das Indigokarmin bzw. seine Anwendung, wurde 1740 vom Bergrat Christian Barth[1]) in Großenhain i. Sa. durch Auflösen von Indigo in konzentrierter Schwefelsäure entdeckt (daher auch Sächsisch-Blau genannt) und daraufhin zum Färben von Wolle und Seide trotz seiner geringen Echtheit viel verwendet, weil es mit anderen Farbstoffen sehr leicht egalisierte.

Der künstliche Indigo wurde zuerst von v. Baeyer im Jahre 1880 hergestellt, doch noch nicht fabrikatorisch zur Auswertung gebracht. Erst 1897 kam der synthetische Indigo der B. A. S. F. (Heumann, Knietsch) in den Handel, 1901 jener der Farbwerke Höchst (Pfleger) und später auch das Produkt der Gesellschaft für chemische Industrie in Basel. Der synthetische Indigo hat infolge seiner Reinheit und Ausgiebigkeit sowie seiner stets gleichmäßigen Lieferungsmöglichkeit den aus Pflanzen gewonnenen seither vollständig aus der modernen Färberei verdrängt, und er wird außerdem besonders auch in jene Länder exportiert, die vordem den Pflanzenindigo lieferten.

Die Küpenfärberei hat nun seit der Entdeckung einer großen Zahl anderer Küpenfarbstoffe, für die eine ähnliche Färbeweise wie beim Indigo in Betracht kommt, eine große Bedeutung erlangt. So kamen 1901 die ersten Indanthren- und Flavanthrenstoffe auf den Markt und bald nachher die verschiedenen Algol-, Helindon- und Cibafarben Durch P. Friedländer wurden ferner 1905 geschwefelte Indigofarbstoffe als Thioindigorot und Thioindigoscharlach textilkoloristischen Zwecken zugeführt; 1910 erschien als Küpenschwefelfarbstoff das Hydronblau.

Es soll hier ferner noch eingeschaltet werden, daß seit 1923 auf Grund einer Entdeckung von Marcel Bader — seitens der Durand & Huguenin A.-G. in Basel[2]) — ein sehr leicht in Wasser lösliches und haltbares Indigoprodukt unter dem Namen Indigosol hergestellt wird. Dieser esterifizierte Leuko-Indigo ist der erste Vertreter einer neuen Farbstoffklasse, welche von der I. G. Farbenindustrie A.-G. bereits durch zahlreiche andere esterifizierte Produkte, wie z. B. die von den Bromindigomarken abgeleiteten Indigosole OR, OB, O 2 B, O 4 B usw., zur Geltung gebracht wurde; außerdem sind Derivate anderer Küpenfarbstoffe unter den Namen Indigosolrosa, -orange, -rot, -violett, -grün usw. im Handel. Von beachtlichem Interesse ist auch die Verwendbarkeit des Indigosols in der Wollfärberei.

Die Küpenfarbstoffe — abgesehen natürlich von den vorerwähnten haltbaren und leicht löslichen esterifizierten Leukoverbindungen verschiedener Küpenfarben, den Indigosolfarbstoffen, welche deutlich substantive Eigenschaften besitzen — haben mit den Beizen- und Schwefelfarbstoffen die gemeinsame Eigenschaft, keine direkte Affinität zur vegetabilischen Faser zu besitzen.

Während beim Färben mit Beizenfarbstoffen die Bildung des Pigments durch eine Mittelssubstanz erfolgt, müssen die Küpenfarbstoffe in ähnlicher Weise wie die Schwefelfarben in einen der Adsorption durch die Faser günstigen Zustand übergeführt werden. Diese Überführung der an sich schwer- oder unlöslichen Farbstoffe in ihre löslichen Leukoverbindungen geschieht durch Reduktionsmittel in alkalischer Lösung; man nennt diesen Vorgang „Verküpung“.

---

[1]) Siehe Dr. J. B. Vitalis: Lehrbuch der gesamten Färberei auf Wolle, Seide, Leinen, Hanf und Baumwolle. Nebst einem Anhange über Kattundruckerei. Bearbeitet von Dr. Chr. H. Schmidt. 5. Aufl., S. 398. Weimar 1847.

[2]) Textilber. Jg. 1924. S. 670—672.

Die in kolloider Form in der „Küpe“ vorhandene Leukoverbindung wird vom Fasermaterial adsorbiert, worauf sich auf letzterem durch Luftoxydation — bei Indigo „Vergrünen“ genannt — das Pigment bildet und fixiert. Bei Gärungsküpen, wie sie in überseeischen Ländern in der Hauptsache für Indigofärberei noch angewendet werden, wird die Verküpung des Farbstoffs durch einen physiologischen Prozeß erreicht.

Möhlau und Zimmermann[1]) stellten seinerzeit kolloiden Indigo dar durch Zusatz von protalbinsaurem Natron zu einer Hydrosulfitküpe und Versetzen mit Wasserstoffsuperoxyd. Der reoxydierte Indigo scheidet sich hierbei nicht in normaler Weise in blauen Flocken ab, sondern bleibt — infolge der Wirkung des Schutzkolloids — in Form eines Sols mit blauer Farbe in Lösung. Als solcher läßt er sich zwar zum Färben von Textilien verwenden, doch sind derartige Färbungen nach den Untersuchungen der Obengenannten wenig echt und mit der Widerstandsfähigkeit normaler Indigofärbungen nicht zu vergleichen.

Diese Ergebnisse veranlaßten verschiedentlich die Behauptung, daß kolloider Indigo zum Färben wenig geeignet sei, das Pigment daher in der Küpe kaum in kolloider Form anwesend sein könne.

Dabei wird aber übersehen, daß hier das Schutzkolloid seine Eigenschaften auf die Teilchen des adsorbierten Pigments überträgt und die mangelhafte Fixierung auf die geringe Affinität des protalbinsauren Salzes zur Faser zurückzuführen ist. Der Reduktionsvorgang in einer normalen Küpe dient lediglich dem Zweck, das Pigment in den Zustand optimaler Dispersität überzuführen, wodurch es zur Adsorption an die Faser geeignet wird. Es ist keineswegs ausgeschlossen, daß noch Verfahren aufgefunden werden können, welche den Indigo in Substanz in dieselbe Dispersität überführen, so daß die Färbung ohne interimistische chemische Veränderung des Pigments erfolgen kann.

Man hat also bei der Färberei mit Küpenfarbstoffen drei Stadien zu unterscheiden: den Reduktionsprozeß, dann den eigentlichen Färbeprozeß (die Aufnahme der Leukoverbindung durch die Faser) und zuletzt die Regeneration des Pigments aus der Leukoverbindung durch einen Oxydationsprozeß. Während der erste und letzte Prozeß chemischer Natur sind, ist der Färbeprozeß als solcher als typisch dispersoid-chemischer Vorgang aufzufassen. Zunächst ist daher der Reduktionsprozeß[2]) zu betrachten.

Schon Dumas hatte im Jahre 1841 beobachtet, daß der Indigo durch Reduktion in einen gelbweißen Körper übergeht, der 2 Atome Wasserstoff mehr enthält als das Ausgangsmaterial. Man unterschied „gefärbtes Indigotin“, womit man den von Chevreul entdeckten Hauptbestandteil des pflanzlichen Indigos bezeichnete, im Gegensatz zum reduzierten Indigo, den man „farbfähiges Indigotin“ nannte, weil dieses durch Luftoxydation in Blau übergeht. Berthollet war der Ansicht, daß durch die Wirkung der reduzierenden Agenzien — und zwar entweder aus diesen selbst oder vermöge ihrer Wirkung auf Wasserstoffverbindungen — dem gefärbten Indigotin zwei Atome Wasserstoff angelagert werden, worauf das so entstandene farbfähige Indigotin (weißes Indigotin) mit den anwesenden Basen wirkliche Farbbäder bildet, also in Lösung geht.

Dieser Auffassung wurden von anderen Chemikern (Berzelius, Liebig usw.) berechtigte Zweifel entgegengestellt und man erkannte später, daß der Farbstoff in der Küpe Alkali oder Erdalkali addierte, also nicht Wasserstoff aufnahm,

---

[1]) Zeitschr. f. Farben- u. Textil-Chemie 1903, Heft 2, S. 25.

[2]) Vgl. Binz: Küpenfärberei, in Muspratts Ergänzungsbänden Bd. 2, S. 943.

sondern vielmehr Sauerstoff abgab. Der Vorgang läßt sich folgendermaßen formulieren:

I.)

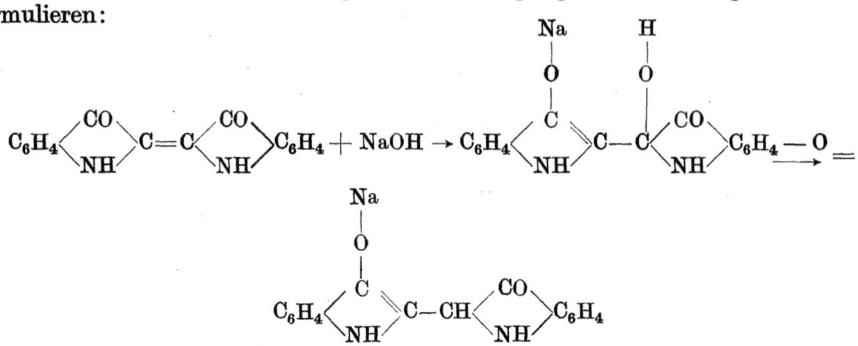

II.)

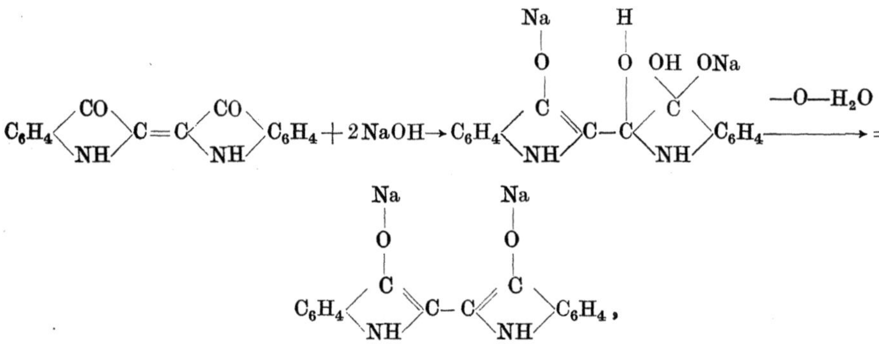

wobei im ersten Falle die Aufnahme von nur einem Molekül Alkali, im zweiten Falle die Aufnahme von zwei Molekülen berücksichtigt ist. Tatsächlich können sich zwei Formen von Salzen bilden, ein saures Salz laut Formel I, und ein neutrales entsprechend der Gleichung II. Ersteres ist leichter löslich als das zweite[1]). Die Aufnahme von Alkali erfolgt auch ohne die Wirkung von Reduktionsmitteln unter gewissen Bedingungen sehr leicht[2]).

Die bei der Verküpung angewandten Reduktionsmittel sind daher nicht als Wasserstoffanlagerer, sondern als Desoxydatoren anzusehen; Gegenwart von Alkali ist nach dem Vorausgegangenen zur Bildung der löslichen Salze erforderlich.

Man kann, nebenbei gesagt, Indigo auch in saurem Medium reduzieren und zwar mit Zink + Natriumbisulfit, doch ist dieser Vorgang noch ungenügend geklärt.

Die zweite Phase, der eigentliche Färbeprozeß, ist in vieler Hinsicht der substantiven Färbung an die Seite zu stellen; in beiden Fällen ist der Farbstoff — das heißt das zur Faser Affinität besitzende, färbende Prinzip — in der Färbeflotte in kolloider Form vorhanden. Der Verküpungsprozeß des Indigo ist in bezug auf die Färbung selbst als Dispergierungsprozeß aufzufassen, durch welchen der Farbstoff in eine Zerteilungsform übergeführt wird, die dem Zustandekommen der Färbung besonders günstig ist. Daß dem so sein muß, geht schon daraus hervor, daß je nach der Verküpungsart der Dispersitätsgrad der Indigoweißteilchen wechselt, und daß je nach Art des Reduktionsprozesses, obwohl als Reduktionsprodukt chemisch stets derselbe Körper gebildet wird, die

[1]) Binz und Runge: Zeitschr. f. angew. Chem. 1902, S. 627.

[2]) B. A. S. F.: D.R.P. 158625 und 219732.

Eigenschaften der jeweiligen Färbung merkliche Unterschiede zeigen. Die höchste Zerteilung findet man in Küpen, bei welchen als Reduktionsmittel Natriumhydrosulfit in Kombination mit Natronlauge zur Anwendung kommt; diese Küpe passiert die Dialysiermembran verhältnismäßig rasch und in größeren Mengen. Die damit erzielten Färbungen sind sehr echt, speziell die Reibechtheit ist infolge des hohen Dispersitätsgrades besser als bei jenen der nacherwähnten Küpen[1]); ebenso ist die Menge des unfixierten Indigo, der durch Waschen entfernt wird, minimal. Andere Küpen, die mit Hilfe von metallischem Zink in Form von Zinkstaub angesetzt sind, diffundieren nur in Spuren und erst nach langer Zeit durch die Membran. Ihre Färbungen zeigen unter dem Mikroskop weit gröbere Verteilung des Pigments auf der Faser, die Reibechtheit ist gering und die Mengen unfixierten Farbstoffs nicht unbedeutend. Mittlere Dispersitäten zeigen die zwar nur noch wenig verwendeten Eisenvitriolküpen; die Echtheit der in denselben erzeugten Färbungen steht an erster Stelle. Die Veränderung des Farbtons beim Belichten ist bei Färbungen der Hydrosulfitküpe am geringsten, bei den Zinkstaubküpen am kräftigsten, während die Eisenvitriolküpen in dieser Hinsicht eine Mittelstellung einnehmen. Aus vergleichenden Untersuchungen[2]) geht unzweifelhaft hervor, daß die Hydrosulfitverküpung bezüglich normaler Färbung den günstigsten Dispersitätsgrad erzeugt.

Nun kommt aber noch eine andere Frage hinzu. Es ist nämlich sehr unzweckmäßig, zur Erzeugung dunkler Indigotöne Küpen von abnormal hohen Konzentrationen anzusetzen. Im allgemeinen wird man über eine solche von 15 kg Farbstoff 20proz. Teig pro 1000 l Färbeküpe nicht hinausgehen, da höhere Konzentrationen, infolge ungenügender Befestigung des Pigments, Färbungen von geringer Reibechtheit ergeben. Um dunkle Töne zu erhalten, schaltet man verschiedene Färbeprozesse (Züge) hintereinander und verlüftet die Ware nach jedem Zug. Scheinbar erzielt man also diese dunklen Färbungen durch Übereinanderlegen verschiedener Schichten des Pigmentes. Durch genaue mikroskopische Untersuchung, insbesondere der Querschnitte so gefärbter Fasern, wird aber als Tatsache festgestellt, daß die Pigmentauflagerung keinerlei Schichtenbildung aufweist.

Bei dieser zügeweisen Färbemethode ist während der ersten Färbung der Faser eine Adsorption des Indigoweiß an die Faser anzunehmen, wie sie H. Russina[3]) tatsächlich experimentell festgestellt hat. Es fragt sich nun, ob die zur Vertiefung des Farbtons erforderlichen weiteren Färbeoperationen in derselben Weise vor sich gehen wie die erste, oder ob hier andere Momente eine Rolle spielen. Zunächst kann angenommen werden, daß die Adsorption des Indigoweiß an die Baumwolle eine Vertiefung, Ergänzung oder Verdichtung erfährt. Eine solche Annahme muß aber auf Grund mikroskopischer Untersuchungen abgelehnt werden, denn, wie bereits bemerkt, ist eine schichtenweise Ablagerung von Pigment nicht zu beobachten; die Faser ist vielmehr oft recht inhomogen mit mächtigen Pigmentmassen bedeckt, welche sich insbesondere bei Behandlung der gefärbten Faser mit Kupferoxydammoniak unter dem Mikroskop in Form wenig zusammenhängender Auflagerungen zeigen. Die Faser scheint daher bei den der ersten Färbung folgenden weiteren Zügen als Adsorbens weniger in Aktion zu treten; es kann vielmehr nur mehr das von der ersten Färbeoperation stammende Pigment als Adsorbens für weitere Mengen Indigoweiß in Betracht kommen. Diese Annahme experimen-

[1]) Haller: Färber-Ztg. 1912, Ber. d. Hauptversammlung der Chemiker-Koloristen in Wien, S. 25.

[2]) Haller: Kongreßber. Innsbruck 1922. Melliands Textilber. 1922.

[3]) Unveröffentlichte Diplomarbeit an der techn. Hochschule in Dresden 1920.

tell zu stützen, ist sehr schwer, denn zum Beweis wäre erforderlich, Indigo in Pulver als Adsorbens in Küpen zu verwenden. Es müßte dann durch Bestimmung der Konzentrationsänderungen an Indigoweiß der Küpe festgestellt werden, ob und wieviel Indigoweiß vom unreduzierten Pigment adsorbiert worden ist. Die Ungenauigkeit einer solchen Bestimmung ergibt sich unmittelbar aus der Überlegung, daß der als Adsorbens zugesetzte unreduzierte Indigo zweifellos von den stets im Überschuß vorhandenen Reduktionsmitteln z. T. selbst in Indigoweiß übergeführt und dadurch die ursprüngliche Konzentration an Leukoindigo verändert würde.

Die Herstellung dunkler Küpenfärbungen beruht daher vermutlich auf der Anreicherung von Pigment auf der Faser durch wiederholte Adsorption von Indigoweiß durch die — von der ersten Färbeoperation stammenden — auf der Faser primär adsorbierten Pigmentteilchen.

Chemische Momente können beim Indigofärbeprozeß deshalb kaum eine Rolle spielen, weil es nicht nur mit Indigo, sondern auch mit einer ganzen Anzahl anderer Küpenfarbstoffe — z. B. mit Indanthrenfarbstoffen — gelingt, Adsorptionsverbindungen herzustellen, und zwar unter Bedingungen, bei denen ein Reduktionsprozeß überhaupt nicht in Frage kommt[1]), da das Pigment aus schwachsaurer Lösung in der Wärme nahezu quantitativ von der Faser adsorbiert wird. Solche Adsorptionsverbindungen sind nicht besonders echt, schon deshalb nicht, weil der Dispersitätsgrad, mit welchem sie auf die Faser ziehen, ein den Suspensionen außerordentlich nahestehender, für das Zustandekommen einer normalen Färbung daher viel zu niedriger ist.

Durch Anwendung geeigneter Versuchsbedingungen liegt es im Bereich der Möglichkeit, auch ohne Reduktion zu normalen Färbungen zu gelangen; der Dispersitätsgrad des Pigments müßte dabei durch bestimmte Methoden so weit erhöht werden, daß die Bedingungen für optimale Adsorption gegeben sind. Man ist auf dem besten Wege, zu diesem Ziele zu gelangen, zumal es Elbers[2]) gelungen ist, mittels einfacher Adhäsion von in eigenartiger Weise dispergiertem Indigo auf dem Druckwege außerordentlich solide Färbungen zu erhalten; Reduktionswirkung ist dabei vollkommen ausgeschlossen. Der Kunstgriff besteht darin, den ohnehin fein verteilten Indigo der 20proz. Paste des synthetischen Produktes durch geeignete Verdickungsmittel in Verbindung mit Ölen hochgradig zu dispergieren[3]).

Ergänzend und bekräftigend soll hierzu noch eine Beobachtung Erban's (persönliche Mitteilung) angeführt werden, daß nämlich mit gewöhnlichen Graphitstiften gezeichnete Baumwollgewebe trotz rigorosester Koch- und Bleichoperationen die Schrift in ganz ungeschwächter Intensität beibehalten.

Es darf allerdings gegenüber all diesen Argumenten zugunsten der Auffassung der Indigofärbung als rein physikalischem Vorgang nicht unerwähnt bleiben, daß von anderer Seite gefunden wurde, daß Indigo, einerseits in Substanz und andererseits als Pigment auf der Faser befestigt, sich chemisch in verschiedener Weise verhält. Während ersterer mit großer Leichtigkeit Natriumalkoholat addiert, tut dies letzterer nicht mehr[4]).

Es ist jedoch zu beachten, daß die Art des Substrates eine bedeutende Rolle spielt; mit chemischen Argumentationen ist hier wenig zu machen, denn Indigosuspension in Wasser färbt z. B. Wolle in der Hitze kräftig blau an, wogegen

[1]) v. Jljinsky: Zeitschr. f. angew. Chem. 1914, S. 356.

[2]) D.R.P. 101190 und 106708 (erloschen); siehe auch das Buch der B. A. S. F.: „Indigo rein B. A. S. F.“ (Zweitausgabe), S. 122 (Fixation von Indigo durch Sublimation).

[3]) Haller: Kolloid-Zeitschr. 1919, Bd. 25, S. 49.

[4]) Binz u. Mandowsky: Ber. Bd. 44, S. 1225. 1911.

Baumwolle im selben Bade und unter denselben Bedingungen nur sehr schwach gefärbt wird. Der Dispersitätsgrad, der zum Färben aus solchen Suspensionen erforderlich ist, scheint für jedes Substrat eine andere Größe zu besitzen. Ob hier mit rein mechanischen Hilfsmitteln — beispielsweise wird die Kolloidmühle dazu in Vorschlag gebracht — die Dispersität nach Bedarf vergrößert werden kann, erscheint fraglich, da die Methoden der chemischen Dispersion beim Verküpungsvorgang doch ungleich feiner sind als diejenigen der mechanischen Bearbeitung, auch wenn diese unter Anwendung von Schutzkolloiden ausgeführt wird.

Sicherlich aber wird man die Küpenfärberei vor allem auch dahingehend vervollkommnen können, daß durch Reduktion, vielleicht auch durch die Reoxydation unter besonderen Bedingungen — erstere etwa unter Zuhilfenahme geeigneter Zusätze — der Dispersitätsgrad des Leukoindigo vergrößert und damit auch die Reibechtheit und Waschechtheit verbessert wird[1]).

Die Indigofärberei, welche nach den Farbbädern („Küpen") auch Küpenfärberei genannt wird, unterscheidet sich von den bisher besprochenen Färbemethoden wesentlich, und zwar sowohl durch die erforderliche Apparatur, als auch bezüglich des Ansetzens der Farbflotte. Der Arbeitsweise nach kennt man für Stückware eine intermittierende und eine kontinuierliche Indigofärberei. Erstere wurde früher ganz allgemein in den Küpenfärbereien und Blaudruckereien auf dem auch jetzt noch angewendeten Sternreifen in der Senk- (Tauch-) küpe zum Ausfärben der mit Pappreserve bedruckten Ware vorgenommen. Zur Aufnahme der Küpenflotte verwendete man in früherer Zeit Bottiche aus Eichenholz, die bis zu $^3/_4$ ihrer Höhe in den Erdboden versenkt wurden. Soweit die Färberei in der Tauchküpe noch heute in Anwendung ist, arbeitet man jetzt in viereckigen, auszementierten gewöhnlichen Gruben, die vielfach derart groß dimensioniert sind, daß vier Sternreifen nebeneinander darin Aufnahme finden können. Der Sternreifen besteht aus zwei eisernen Sternen, die durch Gewindespindel entsprechend der jeweiligen Warenbreite gegeneinander verstellbar sind. An den Armen der Sterne sind Leisten mit Häkchen befestigt, an welche die Salleiste des Gewebes so eingehangen wird, daß die einzelnen Bahnen nicht aufeinander zu liegen kommen. Das derart in den Sternreifen eingespannte Gewebe erhält dann je nach der Tiefe der gewünschten Färbung mehrere Züge in der Tauchküpe durch Eintauchen und Herausziehen mittels Flaschenzug. Das Versenken dieser Küpen in den Boden hat den Zweck, die vielfach bis zu einem Jahr in Gebrauch bleibenden Farbbäder vor allzu großen Temperaturschwankungen zu schützen und insbesondere vor dem Einfrieren zu bewahren. Garne werden in ähnlichen rechteckigen Behältern aus Zement gefärbt.

Bei größeren Produktionen sowohl für Glattfärberei als auch für Ätzdruckzwecke arbeitet man rationeller auf der Roulette- oder Kontinueküpe, in der die Gewebe im Gegensatz zur Senkküpe mittels Rollenführung durch die Küpenflotte gezogen werden. Die Kontinueküpe besteht in der Hauptsache aus einem starken schmiedeeisernen Flottenbehälter, in welchen je nach der Größe ein oder mehrere Leitwalzensysteme zur Einführung der Ware, sowie einige Rührwerke zum Durchrühren der Flotte eingebaut sind. Vor der ersten und hinter jeder Leitwalzengruppe befindet sich ein Quetschwalzenpaar (obere Walze mit Messingüberzug, untere Walze mit Gummiüberzug) mit vorgelagertem Breithalter. Für die Vergrünungsbahnen sind über dem Flottenbehälter weitere Leitwalzensysteme angebracht. Öfters werden auch zwei bis vier Einzelküpen

[1]) Haller: Färber-Ztg. 1912. Melliands Textilberichte 1926 (Referat über den am XII. Congress des intern. Vereins der Chemiker-Coloristen in Dresden Mai 1926 gehaltenen Vortrag). — Vgl. auch: H. Pomeranz, Labile Verbindungen und echte Färbungen. Melliands Textilberichte 1927, S. 162—164.

hintereinander angeordnet, wodurch man in durchaus kontinuierlicher Weise zu dunklen Indigotönen gelangt, ohne daß es erforderlich ist, den Warengang zu unterbrechen. Meistens ist die Geschwindigkeit des Warenganges variierbar, so daß es möglich ist, in gewissen Grenzen jede beliebige Intensität der Färbung zu erreichen und für ein und dieselbe Warenpartie auch beizubehalten. Zum Ausgleich der unausbleiblichen Veränderungen in der Spannung der Ware und zum Vermeiden von Faltenbildung schaltet man zwischen je zwei Flottenbehältern automatisch wirkende Kompensatoren zur Regulierung der Geschwindigkeit der Maschine ein. Diese Vorrichtungen werden allerdings zweckdienlicherweise nur dort angebracht, wo elektrischer Einzelantrieb vorhanden ist. Bezüglich weiterer Einzelheiten muß auf die Spezialbearbeitung der Textilmaschinen in der zweiten Hälfte dieses Teilbandes verwiesen werden.

Das Ansetzen des Färbebades. Die Methoden zum Ansetzen von Indigoküpen sind außerordentlich mannigfaltig. Je nach den angewendeten Reduktionsmitteln unterscheidet man die Zink-Kalk-Küpe, die Vitriolküpe, die Hydrosulfitküpe und die Gärungsküpe. Die Reduktion erfolgt in alkalischer Lösung, doch kann auch unter gewissen Bedingungen in saurem Medium verküpt werden. Letztere Verküpungsart, welche mittels Zinkstaub und Bisulfit erfolgt[1]), besitzt für die Praxis keinerlei Bedeutung. Als Reduktionsmittel können eine ganze Reihe von Desoxydatoren, vor allem Zinkstaub und Hydrosulfit als Natriumsalz, dann aber auch Eisen, Schwefelarsen, Eisenvitriol, Zinnchlorür, weiter Traubenzucker und Gallussäure verwendet werden.

Zum Ansetzen der Küpe werden zunächst die Flottenbehälter mit der erforderlichen Wassermenge beschickt. Da das Wasser immer gewisse Mengen Sauerstoff absorbiert enthält, so wird zuerst durch Zugabe von Reduktionsmittel „vorgeschärft", welche Vorsichtsmaßregel besonders bei Hydrosulfitküpen beobachtet werden muß; Zinkstaub-Kalk-Küpen sind in dieser Hinsicht weniger empfindlich, weil die Reduktion nicht so rasch vor sich geht, denn der Wasserstoff gelangt nur nach und nach zur Entwicklung. Bei Zink-Kalkküpen schärft man im allgemeinen mit 250 g Zinkstaub und 1 kg Kalk (vorher gelöscht) pro 1000 l Flotte vor, rührt gut durch, läßt hierauf absetzen und gibt dann die Stammküpe zu; bei Hydrosulfitküpen nimmt man als Vorschärfung 100—300 g Hydrosulfit konz. Pulver (Natriumhydrosulfit) für je 1000 l Ansatzbad.

Zinkstaub-Kalkküpe. Sie beansprucht großen Küpenraum, weil beträchtliche Mengen Bodensatz gebildet werden. Die Ware darf naturgemäß mit dem Schlamm nicht in direkte Berührung kommen, doch ist es im Verlaufe der Färbeoperation unvermeidlich, daß ein gewisser Teil des Bodensatzes aufgerührt und die Küpenflüssigkeit mit einer Suspension von Kalkteilchen und Zinkstaub sowie auch reoxydiertem Indigo durchsetzt wird. Aus diesem Grunde kann das Färben nicht der täglichen Arbeitszeit entsprechend ununterbrochen ausgeführt werden, denn man muß dem durch die Bewegung der Ware in der Küpenflüssigkeit aufgerührten Bodensatz Zeit lassen, sich wieder abzusetzen; ferner muß auch dem reoxydiertem Indigo Gelegenheit zu erneuter Reduktion gegeben werden. Bei Nichtbeachtung dieser Verhältnisse würde die Ware stets zunehmende Mengen Kalk, Zinkstaub und Indigo der Küpe entziehen, wodurch empfindliche Verluste entständen, und außerdem ergäbe sich eine mangelhafte Fixierung des Pigments auf dem Gewebe. Da zudem die Zink-Kalkküpe gegenüber allen anderen Küpen große Verluste an Indigo infolge Überreduktion (bis zu 12%) erleidet, so erweist es sich immer als vorteilhafter, nach Möglichkeit andere Verküpungsmethoden anzuwenden[2]).

[1]) Bull. Rouen 1884, S. 330. [2]) Binz und Runge: Zeitschr. f. angew. Chem. 1899, H. 21.

Bei z. B. 20000 l Flotte sind nach deren Vorschärfung im Durchschnitt etwa folgende Mengen an Indigo, Zinkstaub und Kalk zuzugeben:

200 kg Indigo Teig 20proz.
45 kg Zinkstaub
80—100 kg Kalk.

Man arbeitet dabei in der Weise, daß man zuerst den mit heißem Wasser angerührten Zinkstaub durch ein Sieb zugibt, dann ebenso den vorher zu einem gleichmäßigen Brei gelöschten Kalk und zuletzt die mit Wasser zu einem dünnen Teige verrührte Indigopaste. Das Sieben hat nicht lediglich den Zweck, die Zusätze feiner zu verteilen, sondern es soll sowohl beim Kalk als auch beim Zinkstaub grobe Bestandteile zurückhalten, welche die gummierten Quetschwalzen beschädigen können. Nach diesen Zusätzen rührt man mit der Krücke von Hand gut durch oder schaltet bei Kontinueküpen das mechanische Rührwerk $^1/_2$—1 Std. ein, und überläßt dann die Küpe bis zu 4 Tagen sich selbst. Nach je 24 Std. wird nochmals gut durchgerührt. Nach 3—4 Tagen soll die Oberfläche der Färbeflotte, vorausgesetzt daß die Reduktion normal vor sich gegangen ist, blaue schaumige Bildungen zeigen, welche man als „Blume“ bezeichnet; die Küpenflüssigkeit selbst muß eine klargelbe Farbe zeigen, was am besten durch Eintauchen einer Glasscheibe kontrolliert wird. Ist die Küpenflüssigkeit noch grünlich gefärbt, so ist die Reduktion nicht vollendet; bleibt sie dauernd so, so ist zu wenig Reduktionsmittel in der Küpe, oder aber der Zinkstaub war alt und hatte nicht mehr den normalen Gehalt von 85—90 % an metallischem Zink.

Ist die Flüssigkeit klar gelb, so kann mit dem Färben begonnen werden; währenddessen hat man für Ersatz des entzogenen Pigments in der Weise zu sorgen, daß von Zeit zu Zeit, am besten nach gleichen Mengen gefärbter Ware, Zusatzküpe nachgespeist wird, welche für 1000 l etwa:

50 kg Indigo 20 % Teig
14 kg Zinkstaub
28 kg Kalk

enthält.

Wenn diese Küpe trübe geworden ist (man rechnet bei einer Zinkstaub-Kalkküpe durchschnittlich 7—8 Betriebsstunden per Tag), unterbricht man das Färben und läßt das Rührwerk $^1/_2$ Stunde laufen. Nach ruhigem Stehen über Nacht ist die Küpe anderen Tages wieder betriebsfähig.

Es wurde schon auf besondere Nachteile dieser Verküpungsart hingewiesen. Vor allem ist es der Bodensatz, der bei längerem Färben entsprechend den Zusätzen zunimmt. Abgesehen von den normalen Verstärkungen der Färbeküpe ist es ab und zu erforderlich, dieselbe durch Zinkstaub- oder Kalkzusätze zu korrigieren. Nach einer gewissen Zeit (es hängt das von der Größe und der Anlage der Küpengefäße ab) wird aber der Bodensatz so anwachsen, daß die Küpe außer Betrieb gesetzt und der Bodensatz entfernt werden muß. Derselbe enthält namhafte Mengen Farbstoff, welche deshalb nach Möglichkeit wiedergewonnen werden. Zu dem Zweck wird der Bodensatz durch Pumpen in höhergestellte Reservoire geschafft, dort mit bestimmten Mengen Zinkstaub und Kalk versetzt, gut aufgerührt und dann absetzen gelassen. Man erhält dadurch nach zweimal 24 Stunden eine klare Küpe, die natürlich auch ohne weiteres der Färbeküpe zugesetzt werden kann. Im allgemeinen ist aber der Gehalt dieser regenerierten Küpe an Indigo weit geringer als derjenige der normalen Färbeküpe, so daß man es vorzieht, den Indigo aus derselben zu fällen. Die Fällung geschieht zweckmäßig in der Weise, daß man die klare Küpe in tieferstehende Rohre leitet, welche mit feinen Öffnungen versehen sind, so daß die Küpenflüssigkeit in vielen feinen Strahlen durch die Luft in noch weiter untenstehende Reservoire gespritzt und dadurch der Indigo regeneriert wird. Das fein suspendierte Pigment wird mit Kalk niedergeschlagen und dieser Schlamm der Fabrikation wieder zugeführt.

Nachbehandlung der Färbung. In der Zink-Kalkküpe gefärbte Ware nimmt immer gewisse Mengen Kalk sowie Zinkstaub mit, und zwar, je länger die Küpe arbeitet, um so mehr, so daß insbesondere die letzten Stücke kräftig verunreinigt sind. Der auf der Ware sitzende Anteil an Schlamm enthält naturgemäß außerdem auch Indigo eingeschlossen, der auf der Ware nicht fixiert ist und mit den anorganischen Verunreinigungen weggewaschen werden muß. Da aber die Anteile der Verunreinigungen an Pigment ziemlich groß sind, ist Vorsorge zu treffen, daß dieselben wiedergewonnen werden können.

Zunächst wäscht man die Ware auf einer kleinen, aber energisch wirkenden Waschmaschine, welche, um die Waschwirkung zu verstärken, mit Schlägern arbeitet. Das Waschwasser, das eine dunkelblaue, trübe Brühe darstellt, wird in versenkten Reservoirs aufgefangen und der Indigo mit Kalk niedergeschlagen; der Schlamm wird dann analog dem regenerierten Farbstoff aus dem Bodensatz wieder zum Färben verwendet.

Die Reinigung der Ware nur durch Waschen allein ist jedoch ungenügend. Stücke, welche in diesem Zustand getrocknet werden, „stauben“ infolge noch anhaftender Kalk- und Zinkteilchen; beim Abreißen einer Stoffprobe wirbeln ganze Staubwolken auf.

Zur völligen Entfernung dieser Verunreinigungen ist daher eine Behandlung in verdünnter Salzsäure (Schwefelsäure ist dazu weniger geeignet, da sie schwer lösliches Kalziumsulfat bilden würde) erforderlich. Die Stücke passieren daher ein Salzsäurebad von 10—12° Bé in einem verbleiten Holzkasten und werden nach dieser Operation gründlich ausgewaschen. Da die Säure rasch verbraucht wird, ist periodischer Zusatz von Frischsäure notwendig. Vorsichtshalber ist die saure Reaktion mit Lackmuspapier stets festzustellen; noch sicherer ist die Kontrolle des Säureverbrauchs durch Titration. Die Waschwässer sind auch hier noch stark blau gefärbt, doch lohnt sich das Sammeln derselben nicht, weil allzu große Mengen Wasser notwendig sind, um die Säure völlig zu entfernen. Die Verluste an Farbstoff sind aber recht beträchtlich und bilden einen großen Nachteil des sonst gut arbeitenden und leicht zu überwachenden Verküpungsverfahrens.

Die Hydrosulfitküpe verhält sich wesentlich anders. Es wurde schon aufmerksam gemacht, daß sie den Indigo bzw. das Indigoweiß in der höchsten bisher bei Küpen beobachtbaren Dispersität enthält, so daß Hydrosulfitküpen beim Dialysieren sogar rasch und reichlich die Membran passieren. Der Reduktionsvorgang ist hier der gleiche wie bei der Zink-Kalkküpe, doch sind die diesem Zwecke dienenden Chemikalien anderer Art. Da sowohl das Natriumhydrosulfit als Desoxydator als auch die zur Bildung des sauren Salzes nötige Natronlauge lösliche Körper sind, fehlt hier das so lästige Moment der Bodensatzbildung vollkommen. Diese Küpe ist vollkommen klar und hat die Annehmlichkeit, länger benutzt werden zu können als die Zink-Kalkküpe, besonders weil der Reduktionsprozeß nur kurze Zeit braucht; die durch die Ware selbst in die Küpenflüssigkeit gebrachten Mengen Luftsauerstoff oxydieren zwar stets entsprechende Mengen Indigoweiß zu Indigo, doch werden letztere gleichfalls viel rascher wieder reduziert als bei der Zink-Kalkküpe. Es wird dadurch ermöglicht, die Färbedauer länger auszudehnen, somit die Arbeitszeit besser auszunutzen und naturgemäß auch die Produktion zu erhöhen. Da die Bildung von Bodensatz ausgeschaltet ist, können Küpengefäße von kleinerem Rauminhalt benutzt werden als bei der Zink-Kalkküpe. Infolge vollkommener Löslichkeit der zur Bildung der Küpe dienenden Ingredienzien ist ein sehr rasches Eindringen der Küpenflüssigkeit in die Ware gewährleistet, so daß — im Gegensatz zur Zinkstaub-Kalkküpe — mit dem in hochdisperser Form anwesenden Indigoweiß auch Hydrosulfit und Natronlauge in die Faser hineindiffundieren. Die Färbung, d. h. die Ein- und Auflagerung des Pigmentes in und auf das Substrat, erfolgt in viel feinerer Verteilung als bei der erstbehandelten Küpe, so daß seine Befestigung auf der Faser und damit auch die Reibechtheit eine weitaus bessere ist. Als weiterer Vorteil dieser Färbeart zeigt sich ein viel geringerer Verlust an Indigo beim Waschen der geküpten Ware; die Waschwässer sind, gründliche Vergrünung vorausgesetzt, kaum gefärbt. Das Säuern der gefärbten Ware entfällt naturgemäß, weil alle der Küpe entzogenen Bestandteile löslich sind und durch einfaches Waschen restlos entfernt zu werden vermögen. Das Verfahren macht also alle die umständlichen und kostspieligen Regenerationsanlagen für den beim Waschen und im Küpenschlamm abfallenden Indigo entbehrlich.

Es ist daher verständlich, daß, besonders seit das Natriumhydrosulfit in haltbarer Form im Handel zu haben ist, die Zink-Kalkküpe von der Hydrosulfitküpe immer mehr in den Hintergrund gedrängt wurde.

Der Ansatz der Hydrosulfitküpe erfolgt in etwas anderer Weise als derjenige mit Zinkstaub und Kalk. Auch hier muß das Wasser, das dem Ansatz dient, vorgeschärft werden. Es geschieht dies, wie schon oben angedeutet, mit 2 kg Natriumhydrosulfit und 1 l Natronlauge 400 Bé per 7500 l Wasser; man rührt gut um, läßt etwa 2—3 Std. stehen und der Flüssigkeit ist zur Aufnahme der Stammküpe bereit.

Dieselbe wird folgendermaßen angesetzt:

50 kg	Indigo in Teig 20proz.
100 l	Wasser
30 l	Natronlauge 40° Bé
$8^1/_2$ kg	Natriumhydrosulfit pulv.

Man erwärmt diese Stammküpe mittels direkten Dampfes auf 45° C. Hierauf läßt man stehen, bis die Reduktion vollkommen erfolgt ist, was man daran erkennt, daß eine in die Flüssigkeit eingetauchte Glasplatte schön goldgelb gefärbt ist und erst nach etwa $^1/_2$ Minute zu vergrünen beginnt. Tritt die Vergrünung rascher ein, so ist zu wenig Hydrosulfit angewendet worden. Ein Überschuß von Hydrosulfit muß vermieden werden, da er keine tiefen Färbungen zustande kommen läßt, weil ein Teil des von der Faser adsorbierten Farbstoffes immer wieder abgezogen wird.

Eine wesentliche Vereinfachung dieser Arbeitsweise bedeutete die Herstellung von Indigolösungen, welche den Farbstoff schon in verküpter Form enthalten und unter dem Namen „Indigolösung B.A.S.F.", „Indigo MLB-Küpe II" vielfach angewendet werden. Mit diesen Produkten erfolgt der Ansatz der Stammküpe in folgender Weise:

100 kg	Indigolösung B.A.S.F. 20proz.
200 l	heißes Wasser
40 l	Natronlauge 40° Bé
6 kg	Hydrosulfit pulv.

werden in einem Holzgefäß oder in einem emaillierten Eisengefäß gemischt. Die Reduktion ist sehr rasch vollständig und der Ansatz kann ohne weiteres der Färbeküpe zugesetzt werden.

Diese Stammküpen werden nun zur Gänze oder zu einem bestimmten Teil der vorgeschärften Färbeküpe zugegeben, wobei man, um Reoxydation zu vermeiden, die Lösung durch ein Rohr unter dem Niveau der Färbeküpe zufließen läßt. Man rührt nun gut um, ohne aber dem Sauerstoff der Luft zu viel Gelegenheit zu geben, einzuwirken, läßt einige Stunden stehen und kann dann mit dem Färben beginnen.

Während man bei der Zinkstaub-Kalkküpe am besten nasse Ware zum Färben verwendet, können hier auch trockene Gewebe gefärbt werden, da die Küpe gut netzt. Je nachdem nasse oder trockene Ware verwendet wird, muß auch der Zusatz geregelt werden. Die Zusatzküpe zeigt die gleiche Zusammensetzung wie die Stammküpe und setzt man bei Stückware am besten immer gleiche Mengen derselben nach dem Passieren jeder Stücknaht zu.

Die Ware soll die Küpe gelbgrün verlassen; zweckmäßig wird von Zeit zu Zeit mit der Glasscheibe untersucht, ob die Küpe die richtige Zusammensetzung zeigt. Zu große Alkalität hat schlecht reibechte Färbungen zur Folge; Phenolphthaleïnpapier muß durch die Küpenflüssigkeit aber stets rot gefärbt werden.

Naturgemäß steigt mit dem Gebrauch der Küpe die Konzentration der Salze, da sich außer den Zusätzen von Stammküpe auch ab und zu solche von Hydrosulfit und Natronlauge erforderlich machen. Allzu große Salzkonzentration äußert sich in streifiger Ware, und tut man gut, bei einem spez. Gewicht von 10° Bé mit dem Zuspeisen aufzuhören und die Küpe auszufärben; diese Erschöpfung der Färbeküpe gelingt bis auf geringe Reste. Zum Ausfärben nimmt man am besten trockene Ware.

Im Winter ist durch Zufuhr von direktem Dampf dafür zu sorgen, daß die Temperatur der Färbeflotte niemals unter 20—25° C sinkt, da sonst das Aufziehen des Farbstoffes verlangsamt wird.

Eine weitere Verküpungsart ist die Zink-Bisulfit-Natronküpe. Dieselbe ist nichts anderes als eine Hydrosulfitküpe, in der das Hydrosulfit durch die Wirkung von Zinkstaub auf Bisulfit in der Küpe selbst gebildet wird, und zwar nach folgender Gleichung:

$$4\,NaHSO_3 + Zn = Na_2S_2O_4 + ZnSO_3 + Na_2SO_3 + 2\,H_2O.$$

Der Nachteil dieser Küpe gegenüber der, bei welcher Natriumhydrosulfit in Substanz zur Anwendung kommt, besteht darin, daß sie nicht frei von Bodensatz ist, da auf Zusatz der Natronlauge Zinkhydroxyd abgeschieden wird.

Die Stammküpe, wird z. B. in der folgenden Weise angesetzt:

50 kg	Indigo Teig 20 proz.	
20 l	Wasser	
40 l	Natriumbisulfitlösung 32° Bé	
4 kg	Zinkstaub.	

Man rührt diesen Ansatz ½ Std. gut durch und läßt dann eine weitere ½ Std. ruhig stehen; inzwischen bildet sich das Zinkhydrosulfit. Nach dieser Zeit läßt man unter vorsichtigem Rühren:

12½ l Natronlauge 40° Bé

zufließen — wodurch das Zinkhydrosulfit in das lösliche Natriumhydrosulfit übergeführt wird — und füllt dann mit Wasser auf 150 l auf. Das Ansetzen der Stammküpe geschieht am besten bei einer Temperatur von 45—50° C; zeigt dieser Stammansatz bei der Glasplattenprobe die richtige goldgelbe Färbung, so ist er zum Gebrauch für die Färbeküpe fertig.

Das auch hier übliche Vorschärfen der Färbeküpe geschieht durch Zusatz von:

$$\left\{\begin{array}{l} 500\ cm^3 \text{ Natriumbisulfit } 32^0 \text{ Bé} \\ \left\{\begin{array}{l} 1500\ cm^3 \text{ Wasser} \\ 50\ g \text{ Zinkstaub} \end{array}\right. \end{array}\right.$$

auf 1000 l Flotte.

Dann rührt man gut um, läßt $^1/_2$ Std. stehen, bis der Geruch nach schwefliger Säure verschwunden ist, und setzt

100 cm^3 Natronlauge 40^0 Bé
oder 130 g Kalk (vorher gelöscht)

zu; nach $^1/_2$stündigem Stehen erfolgt der Zusatz der Stammküpe. Sobald nun die so bereitgestellte Farbeküpe abgesetzt hat (nach 1—2 Std.), kann mit dem Färben begonnen werden.

Eine veraltete Verküpungsmethode, welche aber sehr intensive, nebenbei auch die echtesten und im Farbton konstantesten Färbungen liefert, ist die Eisenvitriolküpe.

Die Reduktion mit Eisenvitriol in alkalischem Medium beruht auf folgender Reaktion:

$$FeSO_4 + Ca(OH)_2 = Fe(OH)_2 + CaSO_4$$
$$2\ Fe(OH)_2 + 2\ H_2O = 2\ Fe(OH)_3 + 2\ H$$

Diese Küpe hat gegenüber der Hydrosulfitküpe ebenfalls den Nachteil der Niederschlagsbildung und zeigt daher alle damit im Gefolge befindlichen Unzukömmlichkeiten: Notwendigkeit des gründlichen Waschens, Säuerns und abermaligen Waschens. Die Stammküpe wird folgendermaßen angesetzt:

25 kg Indigo Teig 20proz. werden mit einer Lösung von
20 kg Eisenvitriol (in 80 l heißem Wasser) angeteigt und
dann mit einem frisch gelöschten Brei aus
30 kg gebranntem Kalk versetzt.

Hierauf wird noch so viel heißes Wasser zugerührt, bis ein dünner Teig (400 bis 500 l) entsteht; durch Dampfzufuhr wird die Temperatur auf 40—45^0 C gehalten. Nach mehrstündigem Stehen tritt völlige Reduktion ein.

Die Färbeküpe wird pro 1000 l Wasser mit

1 kg Eisenvitriol
2 kg Kalk (vorher zu Kalkmilch gelöscht)

vorgeschärft, gut durchgerührt und 1 Std. stehen gelassen. Dann erfolgt die Zugabe der Stammlösung und nochmaliges Durchrühren der Färbeküpe. Man läßt am besten über Nacht stehen und beginnt hierauf mit dem Färben.

Zu erwähnen ist ferner die Gärungsküpe, welche hauptsächlich im Orient und in Ostasien angewendet und dann meist kalt geführt wird. Soweit sie noch in einigen Ländern Europas im Gebrauch ist, wird sie jedoch in der Regel als Pottasche- oder Kleie-Küpe warm benützt. Als Reduktions- bzw. Gärungsmittel verwendet man Zucker, Stärke, Kleie, Sirup, Krapp usw. in alkalischer Lösung; als Alkali dienen entweder Soda und Kalk oder Kalk allein, manchmal auch Holzasche und Pottasche. In den überseeischen Ländern nimmt man als Gärungsmittel auch zuckerhaltige Früchte, in China arbeitet man z. B. mittels Reisweingärung.

Die für die Textilindustrie in Betracht kommenden Verküpungsarten liefern nun, wie auch bereits bemerkt, keine vollkommen gleichwertigen Färbungen. Die Untersuchung bezüglich Licht- und Waschechtheit zeigt merkwürdigerweise, daß alle unter Verwendung von Zinkstaub hergestellten Indigofärbungen diesen Ansprüchen am wenigsten genügen. Besonders weicht der durch Belichtung entstehende veränderte Farbton am weitesten von der normalen, unbelichteten Färbung ab; er verschiebt sich merklich nach den grünen Tönen des Ostwald'schen 100teiligen Farbkreises. Die geringsten Abweichungen in dieser Richtung weist die Hydrosulfitküpe auf. Die Abnahme an Vollfarbe ist bei den Eisenvitriolküpen am geringsten, bei den Zinkstaubküpen am bedeutendsten. Dagegen besitzen die Zinkstaubküpen-Färbungen die klarsten Töne, mit anderen Worten, der Schwarzgehalt derselben ist am geringsten; die Eisenvitriolküpen und auch die Hydrosulfitküpen liefern trübere Töne[1]). Auch die Waschechtheit der Färbungen ist je nach der angewendeten Verküpungsart verschieden; auf Eisenvitriolküpen gefärbte Ware erweist sich am widerstandsfähigsten in der Wäsche.

Die Ursache dieser verhältnismäßig echten Färbungen in den Eisenvitriolküpen dürfte auf die Fixierung gewisser Mengen Eisenoxyde auf der Faser zurückzuführen sein, denn eine Präparation von fertigen Indigofärbungen in Eisenoxydulsalzen z. B. hat wesentliche Erhöhung der Lichtechtheit und Waschechtheit zur Folge. Dieselben Wirkungen äußern Behandlungen der fertigen Färbungen in Lösungen von Salzen des Mangans, Kupfers und des Silbers[2]).

Bei den einzelnen Verküpungsarten sind ferner die Verluste zu berücksichtigen, welche durch Überreduktion entstehen, und die für jede Reduktionsart andere Werte darstellen. Die entstehenden Produkte, unter anderen das Indoxylrot[3]), sind für den Färbeprozeß vollkommen wertlos. Im allgemeinen betragen diese Verluste, soweit sie festzustellen sind:

für die Eisenvitriolküpe	20—24%
für die Zink-Kalkküpe	8—12%
für die Hydrosulfitküpe	2—3%

Man erkennt aus diesen Zahlen, wie unvorteilhaft das Arbeiten mit der Eisenvitriolküpe im Gegensatz zur Hydrosulfitküpe ist. Die außergewöhnlich großen Farbstoffverluste der ersteren sind zweifellos darauf zurückzuführen, daß das im Bodensatz enthaltene Eisenhydroxyd größere Mengen Indigoweiß bindet und dadurch den Gehalt der Küpe an färbender Substanz verringert.

Über die eigentliche Färbeoperation ist wenig mehr zu sagen. Baumwolle wird in allen Stadien der Verarbeitung mit Indigo gefärbt, und zwar sowohl als loses Material, als auch als Garn im Strang und in der Kette, ferner in Form von Kops und Kreuzspulen, sowie auf dem Kettenbaum und im Stück. Für das Färben in mechanischen Apparaten (Packapparaten, Aufsteckapparaten) eignet sich besonders die konzentrierte Lösung von Indigoweißnatron (Indigo MLB Küpe II und Indigolösung BASF 20proz.) und naturgemäß die Anwendung der satzfreien Hydrosulfitküpe. Baumwollgarn wird zweckmäßig entweder auf einer Kufe mit Abquetschvorrichtung gefärbt — die Stränge werden dabei auf gebogenen Rundeisenstäben umgezogen und mit den Stäben durch die Quetschwalzen passiert — oder auf Spezialapparaten wie z. B. der Färbemaschine von Planella & Co. in Barcelona.

Garne werden vor dem Färben ausgekocht oder unter Beigabe von Türkischrotöl oder dergleichen genetzt; Stückware kann sowohl in nassem als auch in trockenem Zustande geküpt werden. In trockenem Zustande geküpte Ware zeigt im allgemeinen einen blumigeren Ton als die naß gefärbte. Vielfach wird zum Färben in der Küpe lediglich entschlichtete Ware verwendet, obwohl sie — im Gegensatz zu gebäuchter Ware — weniger reibechte Färbungen liefert, da das Indigoweiß viel schwieriger in den Faden eindringt und so auch weniger durchgefärbte Stücke liefert. Chloren der zum Färben bestimmten Ware ist zu vermeiden, da sich gebleichtes Material nicht so gut färbt wie nur gebäuchtes.

Außerordentlich störend wirkt bei Küpenfärbungen die Anwesenheit von

---

1) Haller: Textilber. 1922. 2) Haller: Textilber. 1923, S. 229.
2) Reinking: Färber-Ztg. 1912.

toter Baumwolle. Es kann so weit kommen, daß die Ware durchwegs weiß gesprenkelt aussieht, da diese in ihrem Aufbau abnormale Faser für Indigoweiß nahezu kein Aufnahmevermögen besitzt. Abzuhelfen ist diesem Übelstande lediglich durch Merzerisation; diese Operation hat aber, abgesehen von einer Verteuerung der Färbung, noch den Übelstand im Gefolge, daß die Ware außerordentlich leicht zu unegalen Färbungen neigt.

Um tiefere Indigotöne, ohne Veränderung der Farbstoffkonzentration der Flotte, erzeugen zu können, wurden verschiedene Zusätze zur Küpe empfohlen. Eines der ersten dieser Verfahren arbeitete mit einem Zusatz von Leim zur Küpenflüssigkeit. Da aber neuere kolloidchemische Untersuchungen ergeben haben, daß damit insofern eher das Gegenteil erreicht wurde, als die Dispersität der Indigoweißteilchen durch Adsorption an die Leimteilchen vergröbert wird, was sich in der geringen Reibechtheit derartiger Färbungen äußert, ist man wohl von der Verwendung des Leims abgekommen. Andere Zusätze, z. B. gewisse heterozyklische Verbindungen, wie „Tetrakarnit", und ferner Produkte unbekannter Zusammensetzung wie „Perfektol", „Effektol", „Transferin" sollen demselben Zweck dienen. Tatsächlich gelingt es mit vielen derselben, bei gleicher Küpenkonzentration, dunklere Töne zu erreichen, was sich in einer größeren Produktion auswirkt.

Die Untersuchung derartiger Zusätze ergab in einem Falle — es handelte sich um einen Ester — ein merkwürdiges Resultat. Zu einer normalen Hydrosulfitküpe von 15 g Indigo 20% per 1 l wurde 1 g des zu untersuchenden Produktes gegeben; eine zweite gleiche Küpe blieb ohne Zusatz. Die ultramikroskopische Untersuchung zeigte nun weit höheren Dispersitätsgrad bei der Küpe mit Zusatz, auch diffundierte eine solche Küpe bei der Dialyse rascher als die normale Küpe. Die Wirkung dieses Zusatzes auf die Färbungsintensität beruht also unzweifelhaft auf der Beeinflussung des Dispersitätsgrades des Indigoweiß[1]).

Im allgemeinen soll aber hier noch darauf hingewiesen werden, daß die Küpe eine recht empfindliche und daher sorgfältig zu behandelnde Färbeflotte ist; will man nicht Gefahr laufen, ihre Lebensdauer vorzeitig abzukürzen, so ist es jedenfalls angezeigt, mit Zusätzen vorgenannter Art sehr vorsichtig zu sein. Die Küpenfärberei ist ohne Zweifel noch in verschiedener Richtung beeinflußbar; vor allen Dingen ist diesbezüglich die Erhöhung des Dispersitätsgrades der Indigoweißteilchen anzustreben, um dadurch bessere Durchfärbung und gleichzeitig größere Reibechtheit zu erreichen. Durch Änderung des Küpenansatzes ist Aussicht vorhanden, dies zu ermöglichen, worauf die — zwar in recht engen Grenzen — differierenden Echtheitseigenschaften der nach verschiedenen Verküpungsmethoden erzielten Färbungen hinweisen.

Gewisse Fortschritte in dieser Richtung würden sich zweifellos auch durch entsprechende Vorbereitung der Färbeware erzielen lassen. Durch Präparation der Ware in Leimlösungen (10 g per 1 l), dann mit Lösungen von Kupfer- und Eisensalzen werden Verbesserungen insbesondere in der Licht- und Waschechtheit erreicht; die Reibechtheit aber kann wohl anders als durch Beeinflussung des Dispersitätsgrades des Leukoindigo in der Küpe selbst kaum verbessert werden.

Eine gewisse Kontrolle des Standes der Küpe war bisher nur in verhältnismäßig primitiver Weise vorgenommen worden, in der des öfteren erwähnten Probe mit der Glasscheibe. In neuester Zeit hat aber Lauterbach[2]) eine

---

[1]) Haller: Textilber. 1926.
[2]) Melliands Textilber. 1924, Nr. 11–12.

Methode ausgearbeitet, nach der es gelingt, insbesondere den Gehalt an Hydrosulfit in der angesetzten Küpe selbst zu bestimmen. Daß diese Methode sehr wertvoll werden kann, leuchtet ohne weiteres ein, da sie im Gegensatz zu den qualitativen Resultaten solche quantitativer Art ergibt. Dadurch wird für die Küpenfarben die Möglichkeit gegeben, eine präzisere Darstellung der Färberezepte zu geben. Die Methode soll hier in kurzen Zügen wiedergegeben werden:

Hydrosulfitbestimmung in Küpen.

(Dr. A. Lauterbach: Melliands Textilber. 1924, Nr. 11/12.)

Reagenzien.

1. Zinksulfatlösung (50 g $ZnSO_4$ + 50 g H_2O + 4,0 cm³ Essigsäure spez. Gewicht 1,052).
2. Formaldehyd.
3. $(NH_4)_2CO_3$.
4. $NaHCO_3$.
5. Salizylsäure krist.
6. Essigsäure (99 cm³ Essigsäure spez. Gewicht 1,052 + 1,25 cm³ HCl konz.).
7. CO_2.

Titerlösungen (nach Knecht und Hippert: Bd. 36, S. 1549; Bd. 38, S. 3318; Bd. 40, S. 3819).

1. $TiCl_3$-Lösung (50 cm³ käufl. Titantrichlorid, Kahlbaum 18% + 50 cm³ HCl konz. 7 bis 10 Minuten kochen und auf 1 l auffüllen.

2. Methylenblaulösung (10 g Methylenblau BX extra BASF zu einem Liter in H_2O gelöst). Beide Titerlösungen werden unter CO_2 aufbewahrt.

Titerstellen.

(Nach Knecht und Hippert.)

14 g Mohr'sches Salz werden in verdünnter Schwefelsäure aufgelöst und zu 1 l aufgefüllt. 50 cm³ dieser Lösung, welche 1/10 g Eisen enthalten, werden mit etwas n/50 Kaliumpermanganatlösung zwecks Oxydation des Ferroeisens bis zur blaßrosa Färbung versetzt. Hierauf gibt man einen Überschuß von Rhodankalium als Indikator hinzu und läßt die Titantrichloridlösung ohne weitere Vorsichtsmaßregel bis zur Entfärbung einfließen.

Bestimmung des gegenseitigen Wirkungswertes.

Eine gemessene Menge Methylenblaulösung (5—10 cm³) läßt man in einen Titrierkolben einfließen und gibt 5 cm³ Essigsäure spez. Gewicht 1,052 (es kann technische Essigsäure 7° Bé verwendet werden) hinzu. Nun beginnt man mit dem Durchleiten von CO_2 aus einem Kippsschen Apparat, das bis zur Beendigung der Titration fortgesetzt wird. Man setzt eine Löffelspitze (ca. 0,5 g) $NaHCO_3$ zu, schwenkt um und versetzt mit 40 cm³ der salzsäurehaltigen Essigsäure, welcher man vor dem Zugießen ebenfalls eine kleine Menge (ca. 0,5 g) Natriumbikarbonat zugegeben hat. Bei Zusatz dieser Essigsäure soll der größte Teil des aus Bikarbonat sich entwickelnden Kohlendioxydes bereits entwichen sein. Nun fügt man ein Löffelchen (ca. 0,15 g) Salizylsäure zu und titriert mit Titantrichlorid zurück.

Titration von Hydrosulfitlösungen sowie Küpen, deren Farbstoffgehalt nicht stört.

Man verfährt wie bei der Bestimmung des gegenseitigen Wirkungswertes mit folgender Änderung. Methylenblaulösung verwendet man um ca. 5 cm³ mehr, als zur Oxydation des $Na_2S_2O_4$ notwendig ist. Vor Zugabe der 40 cm³ Essigsäure läßt man 10 cm³ der zu untersuchenden Hydrosulfitlösung oder Küpe einfließen und schwenkt um.

Titration von Küpen, welche sich nach vorstehender Vorschrift nicht analysieren lassen.

In einen 100 cm³ Meßkolben gibt man 5 cm³ einer 50proz. Zinksulfatlösung (welche zwecks späterer CO_2-Entwicklung mit Bikarbonat 0,2 cm³ technische Essigsäure 7° Bé enthält) und leitet Kohlendioxyd derartig durch den Kolben, daß das Einleitungsrohr nicht in die Flüssigkeit eintaucht. Dieses Rohr ist vertikal leicht verschiebbar befestigt, damit es sowohl bis nahe an die Flüssigkeitsoberfläche in den Kolben eingetaucht, als auch bis über den Kolben hochgezogen werden kann.

Nachdem die Luft aus dem Meßkolben durch CO_2 verdrängt worden ist, beschickt man ihn mit einer Löffelspitze Natriumbikarbonat und schwenkt um.

In einem Kölbchen oder Becherglas versetzt man eine hinreichende Menge Formaldehyd (ca. 80 cm³) mit einem kleinen Löffel (ca. 0,5—1 g) pulverisiertem Ammoniumkarbonat und rührt um. Es tritt Gasentwicklung ein, die sich bis zu starkem Schäumen steigern muß.

Nun hebt man das CO_2-Einleitungsrohr mit seiner Mündung bis über die Meßkolbenöffnung und läßt 20 cm³ der zu untersuchenden Küpe aus einer mit zwei Marken versehenen Pipette derart einfließen, daß die Pipettenspitze der Flüssigkeitsoberfläche möglichst genähert ist. Hierauf wird die Pipette rasch entfernt und das CO_2-Einleitungsrohr in den Kolbenhals eingeschoben und einmal umgeschwenkt.

Mit dem bereits mit Ammonkarbonat versetzten Formaldehyd, der noch braust, füllt man den Meßkolben unter entsprechender Hebung des CO_2-Einleitungsrohres zu beiläufig drei Viertel seines Volumens, schwenkt um und füllt bis zur Marke auf. Nun hebt man das Rohr bis über den Kolben und verschließt diesen mit dem Stopfen. Durch mehrmaliges Wenden des Kolbens wird dessen Inhalt gemischt und nun 5 Minuten stehen gelassen.

Nun gibt man in einen Titrierkolben um ca. 5 cm³ mehr Methylenblau als nötig und setzt 5 cm³ technische Essigsäure 7° Bé hinzu. In den Kolben stellt man ein Thermometer und das CO_2-Einleitungsrohr bis unter den Flüssigkeitsspiegel. Man gibt so viel destilliertes Wasser zu, daß die Thermometerkugel genügend mit Flüssigkeit umgeben ist, und stellt den Kolben auf einen Dreifuß.

Sind die obigen 5 Minuten abgelaufen, filtriert man durch ein trockenes Faltenfilter in ein trockenes Becherglas ohne jede Vorsichtsmaßregel bezüglich des Luftsauerstoffes. Gleichzeitig beginnt man die Erwärmung des Titrierkolbens, nachdem man den CO_2-Strom eröffnet (ca. 30 Gasblasen in 5 Sekunden) und etwas Natriumbikarbonat zugegeben hat. Die Erwärmung setzt man bis 90° C fort; bei dieser Temperatur läßt man, ohne die Erwärmung zu unterbrechen, 50 cm³ des Filtrates einfließen und erwärmt weiter. Unterdessen versetzt man 40 cm³ technischer Essigsäure, die einen halben Kubikzentimeter konzentrierte Salzsäure enthalten, mit einem kleinen Löffel Natriumkarbonat und rührt um.

Ist die Temperatur im Kolben auf 94° C gestiegen, was nach 3—5 Minuten der Fall ist, nimmt man von der Flamme, gibt die 40 cm³ Essigsäure hinzu, versetzt mit (ca. 0,15 g) Salizylsäure und titriert — die Temperatur ist auf ca. 70° gesunken — mit Titantrichlorid zurück. Der Farbenumschlag in gelb muß auf einen Tropfen erfolgen.

Die Titration kann in 20—25 Minuten durchgeführt werden.

Zur laufenden Kontrolle von Küpen kann folgende vereinfachte Form angewendet werden. Statt der vorher angegebenen Methylenblaulösung verwendet man eine andere, welche erhalten wird durch Auflösen von 1 g Methylenblau BX extra BASF in 1 Lit. 25 proz. Essigsäure (spez. Gewicht 1,035). Von dieser Lösung gibt man 10 cm³ in ein Reagenzglas, versetzt mit etwas Salizylsäure und läßt aus einer in zehntel cm³ geteilten Pipette zuerst cm³ weise, dann $^1/_2$ cm³-weise Küpe einfließen unter jedesmaligem Durchmischen bis zur Entfärbung. Die verbrauchte Menge Küpe ist ein Maß für den Hydrosulfitgehalt. Der Wirkungswert der Methylenblaulösung wird mit Titantrichlorid ein für allemal bestimmt. Da bei dieser Bestimmungsform die Reduktionswirkung des reduzierten Farbstoffes nicht ausgeschaltet wird, muß diese berücksichtigt werden, was durch eine einmalige Parallelbestimmung nach vorstehender Form und der oben beschriebenen ausführlichen Art geschehen kann. Da Kontinüküpen eine nahezu konstante Farbstoff-Konzentration haben und diese Methode auf $^1/_4$ g Hydrosulfit per Liter genau ist, reicht diese abgekürzte Methode für viele Fälle aus.

2. Das Färben von Küpenblau mit Indigosol O.

Eine von den vorausgegangenen vollkommen verschiedene Methode, küpenblaue Ware zu erzeugen, ist durch eine Erfindung der neuesten Zeit möglich geworden[1]). Durch Behandlung von Indigoweiß mit Chlorsulfonsäure wurde ein stabiler, wasserlöslicher Körper folgender Zusammensetzung gewonnen, das Indigosol O:

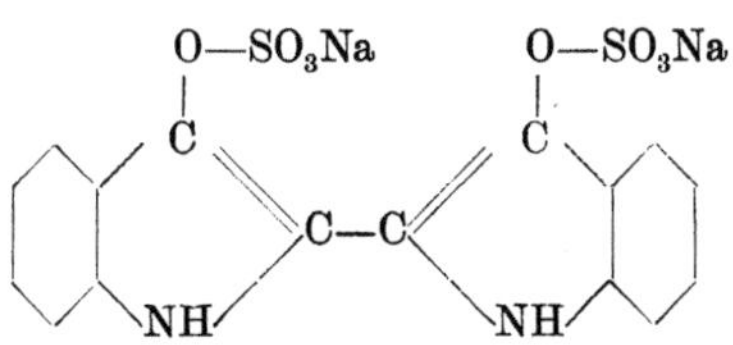

Dasselbe zeigt die Eigenschaft, sich durch gewisse Oxydantien zu Indigoweiß und weiter zu Indigo zurückzubilden. Derartige Oxydationsmittel sind das Eisen-

[1]) Bader: Chimie et Industrie. Paris 1924.

chlorid und das Natriumnitrit. Die Rückbildung zu Indigo geht in folgender Weise vor sich:

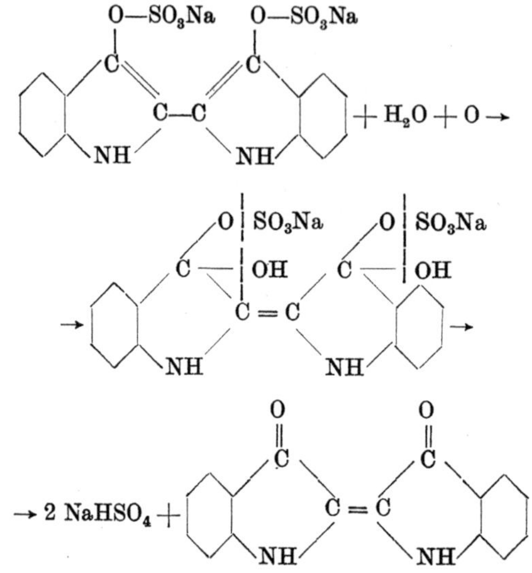

Das Färben von Baumwollstückware mit Indigosol O kann nach zwei verschiedenen Verfahren geschehen.

Bei dem ersten, von Dr. Perndanner[1]) ausgearbeiten Verfahren wird die Ware einfach mit einer wässerigen Lösung von Indigosol O, welche eine entsprechende Menge von Natriumnitrit und auch etwas β-Naphthol enthält, auf dem Foulard geklotzt, in der Hot-flue getrocknet und dann auf der Breitwaschmaschine durch ein Schwefelsäurebad von 30 g Schwefelsäure 66° Bé im Liter genommen — wodurch sich die Oxydation in einigen Sekunden vollzieht — und hierauf gewaschen. Für mittlere Blau sind z. B. folgende Mengenverhältnisse anzuwenden:

Klotzlösung:

60—100 g	Indigosol O
860—800 g	Wasser
50 g	Tragant (60:1000)
15— 30 g	Natriumnitrit
15— 20 g	Naphthollösung (100 g im Liter)
1 Liter	

Naphthollösung:

100 g	Betanaphthol
200 g	Natronlauge 22° Bé
700 g	Wasser
1 Liter	

Da das Indigosol vollkommen löslich ist, durchdringt es mit dem Natriumnitrit die Faser vollständig. Naturgemäß bildet sich das Pigment daher nicht nur auf dem Fasermaterial wie bei den Küpenfärbungen, sondern auch im Innern der Faser. Es findet also im Gegensatz zu den Appositionsfärbungen der Küpen vorzugsweise eine Intussuszeptionsfärbung statt, wodurch sich die Eigenschaften der Indigofärbung in vorteilhafter Weise verändern. Die außerordentlich feine Ab- und Einlagerung des Pigmentes vermittelt eine vollkommene Durchfärbung des Gewebes; damit geht Hand in Hand eine Erhöhung der Wasch- und Lichtechtheit und als Wertvollstes eine beträchtliche Verbesserung der Reibechtheit.

[1]) Perndanner, H.: Über den Einfluß von salpetriger Säure auf die Oxydation von Leukoverbindungen von Küpenfarbstoffen. Melliands Textilber., Jg. 1925, S. 32/33.

Beim zweiten Verfahren, das ganz besonders für Zeugdruckereien von Bedeutung ist, arbeitet man je nach Tiefe der erwünschten Färbung mit nachstehend angegebenen Klotzlösungen:

Indigosol O	25 g	50 g	100 g
Wasser	860 g	825 g	755 g
Tragant (60 : 1000)	50 g	50 g	50 g
Neutrales oxalsaures Ammon	10 g	15 g	30 g
Chlorsaures Natron	5 g	10 g	15 g
Vanadinsaures Ammon (1 : 1000)	50 g	50 g	50 g
		je 1 Liter	

Nach dem Foulardieren wird in der Hot-flue getrocknet und dann das Blau durch einfaches Dämpfen im Mather-Platt-Schnelldämpfer entwickelt; für Druckartikel erfolgt der Aufdruck von Weiß- und Buntreserve auf die nach dem Klotzen getrocknete Ware, worauf durch Dämpfen entwickelt bzw. fixiert wird. Dieses Verfahren hat außerordentliche Ähnlichkeit mit der Herstellungsweise von Anilinschwarz, wie später ersichtlich sein wird.

So schön und einfach auch diese Herstellung von Indigofärbungen ist, so hat sie doch einen gewissen Nachteil. Der Preis des Indigosols ist zur Zeit noch so hoch, daß sich eine solche Indigofärbung im Vergleich mit einem Küpenblau derselben Intensität auf das Fünffache stellt. Es darf jedoch keineswegs daran gezweifelt werden, daß die Farbenfabriken, die schon größere Schwierigkeiten überwunden haben, auch hier bald genug Mittel und Wege finden werden, die Fabrikation des Indigosols so zu vervollkommnen, daß der Einführung des Produktes in die koloristische Praxis auch kalkulatorisch nichts mehr im Wege steht.

Weitere Einzelheiten über die Gruppe der Indigosol-Farbstoffe sollen anschließend an das Kapitel der Küpenfarben gebracht werden.

3. Das Färben mit indigoiden Küpenfarbstoffen.

Die Verküpung der Derivate des Indigo geschieht in der beim Indigo selbst üblichen Weise, nur wird als Reduktionsmittel ausnahmslos Natriumhydrosulfit verwendet. Die hier in Betracht kommenden Derivate sind vorzugsweise die halogenisierten Indigo, speziell die Gruppe der Cibafarbstoffe (der Gesellschaft für chemische Industrie in Basel), deren Färbungen sich gegenüber jenen des reinen Indigo, abgesehen von ihrer größeren Lebhaftigkeit, noch durch größere Chlorechtheit auszeichnen.

Man setzt beispielsweise folgende Stammküpe an:

25 kg	Farbstoff 20% Teig werden mit
40 l	Wasser angeteigt; dann setzt man
15 l	Natronlauge 40° Bé zu, rührt um und erwärmt auf 50° C. Zum Schluß gibt man
5 kg	Hydrosulfit konz. Pulver in kleinen Portionen unter vorsichtigem Umrühren zu.

Man hält die Stammküpe bei 45—50° C.

Die etwa 2000 l fassende Färbeküpe wird mit Wasser beschickt, 300 g Hydrosulfit pulv. eingestreut, umgerührt und $^1/_2$ Std. stehen gelassen. Hierauf gibt man die Stammküpe oder einen Teil derselben zu, rührt um, läßt noch $^1/_2$ Std. stehen und beginnt dann mit dem Färben.

Für die einfacheren Substitutionsprodukte, die Di-Halogen-Indigos, kann in kalter bzw. 25° C warmer Küpe gefärbt werden, während die mehrsubstituierten Produkte, die Tetra-Halogen-Indigo, wie z. B. die Brillantindigomarken, in warmer Küpe gefärbt werden müssen. In letzterem Falle wird die Stammküpe folgendermaßen angesetzt:

1 kg	Farbstoff 20proz. Teig wird mit heißem Wasser angerührt und dann mit Wasser von 50—60° C auf 10—15 l verdünnt. Hierauf gibt man
300 cm³	Türkischrot-Öl sowie
500 cm³	Natronlauge 40° Bé zu und streut langsam
500 g	Natriumhydrosulfit pulv. unter vorsichtigem Umrühren ein.

Die Temperatur der Stammküpe hält man auf 50° C. Nach 1/2 Std. Stehen ist die Küpe goldgelb und zum Ansetzen der Färbeküpe bereit.

Für 1000 l Wasser wird zuerst mit 50 g Hydrosulfit konz. Pulver vorgeschärft, dann umgerührt und auf 50° C erwärmt. Hierauf wird die Stammküpe ganz oder teilweise zugesetzt. Bei Garnen geht man mit Hilfe gebogener Stöcke, welche das Material stets unter der Flotte halten, ein, zieht 1/4 Std. bei 50—60° C um, windet ab, verhängt 1/2 Std. an der Luft und wäscht dann in 80° C warmem Wasser. Stückware wird normalerweise mittels eines Rollensystems durch die Küpe geführt, am besten in einem eisernen Kasten von etwa 1500 l Inhalt. Je nach der erforderlichen Farbtiefe läuft die Ware ein- oder mehrmals, mit dazwischengeschaltetem Luftgang, durch die Färbeflotte.

Als Beispiel für eine Färbung mit Cibafarben auf Stückware am Jigger kann folgende Vorschrift für 120 m merzerisierter Ware gelten:

Färbeküpe 200 l Wasser von 60° C vorgeschärft mit

100 cm³	Natronlauge 36° Bé
50 g	Hydrosulfit konz. Pulver

Darin wird zunächst die Ware mit 3 Enden bei 60° C behandelt und hierauf nachstehende Stammküpe auf 2 Enden verteilt zugegeben:

200 g	Cibablau 2 B Pulver
20 g	Türkischrot-Öl 50proz.
20 l	kochendes Wasser
600 cm³	Natronlauge 36° Bé
500 g	Hydrosulfit konz. Pulver

Man läßt 2 Enden bei 60° C, darauf 8 Enden bei 70° C laufen, gibt hierauf 4—6 Enden Luftpassage oder oxydiert noch 2 Enden in einem Jigger mit 2 g Aktivin per 1 l kaltem Wasser, dann spülen und heiß seifen.

Auch die schwefelhaltigen Indigoabkömmlinge, die Thioindigofarbstoffe, verküpt und färbt man in ähnlicher Weise. So gilt z. B. für die Thioindigoscharlachmarken 2 G, G und R folgender Stammansatz:

10	kg	Farbstoff in Teig
2,5	l	Natronlauge 40° Bé
35	l	Wasser
2	kg	Hydrosulfit konz. Pulver
auf 100	l	Stammansatz

Die Temperatur des Ansatzes soll bei 50—60° C gehalten werden. Einzelne Farbstoffe der Thioindigoreihe, wie Thioindigoorange R, Thioindigorot BG, Thioindigobraun G, erfordern zur vollkommenen Reduktion eine Temperatur von mindestens 70° C.

Die Färbeküpe wird wie beim Indigo vorgeschärft; man gibt auf 900 bis 1000 l Wasser 50—70 cm³ Natronlauge 40° Bé und 100—150 g Natriumhydrosulfit pulv. Nach 1/2stündigem Stehen gibt man die Stammküpe zu, läßt 1/2 Std. stehen und kann dann mit dem Färben beginnen. Für dunklere Töne hat sich ein Zusatz von Glaubersalz (10—30 g per 1 l) zweckmäßig erwiesen[1]).

[1]) Für spezielle Angaben über das Verhalten der einzelnen Farbstoffmarken sehe man die Literatur der Farbenfabriken ein: Kurzer Leitfaden für die Anwendung der Farbstoffe der B.A.S.F. (1926). Ratgeber der Farbwerke Höchst. Die Thioindigofarbstoffe und ihre Anwendung, Kalle u. Co.

4. Die Färbungen mit den Farbstoffen der Hydronblaugruppe.

Zwischen den indigoiden Küpenfarbstoffen und den in der Folge zu behandelnden Abkömmlingen des Anthrachinons, den Indanthrenfarbstoffen, schiebt sich eine Gruppe von Farbstoffen ein, die eine Mittelstellung zwischen beiden einnimmt, aber auch schon gewisse Übergänge zu den Schwefelfarbstoffen zeigt, insbesondere was die Art anbelangt, in welcher die Färbebäder angesetzt werden.

Letzteres trifft besonders für die beiden vornehmsten Vertreter dieser Gruppe, Hydronblau G und R, zu. Der chemische Aufbau dieser beiden Produkte ist mit Sicherheit noch nicht festgestellt. Die beiden Farbstoffe werden mit Hilfe von Hydrosulfit in Gegenwart von Natronlauge verküpt. Ein Teil des Hydrosulfites kann aber auch durch Schwefelnatrium ersetzt werden, doch erfolgt die Reduktion bei Anwendung ausschließlich des letzten Produktes, im Gegensatz zu den typischen Schwefelfarbstoffen, nur langsam und unvollständig. Das Aussehen der Küpe ähnelt jener des Indigo; die Farbe der Leukoverbindung ist gelb. In den meisten Fällen bewirkt ein Zusatz von Glaubersalz oder Kochsalz ein beschleunigtes Aufziehen der Farbstoffe, wie wir es bei den substantiven Baumwollfarbstoffen kennen gelernt haben. Beim Färben heller Farbtöne ist der Zusatz von Salzen zu unterlassen. Die Temperatur der Färbebäder ist zweckmäßig bei 60 bis maximal 80° C zu halten, da die Leukoverbindungen in der Kälte nur schwer löslich sind. Außerordentlich wesentlich für den egalen Ausfall der Färbungen ist ein gründliches Abquetschen oder Abpressen des Färbegutes nach der Färbeoperation, ebenso ist sorgfältig zu spülen.

Für 50 kg Ware werden Farbbäder in den folgenden Mengenverhältnissen angesetzt:

	Ansatzbad	Zusatzbad beim Weiterfärben:
Farbstoff in Teig 30 proz. . . .	2 —10 —20 kg	1,5—7—14 kg
Schwefelnatrium krist.	2 —15 —30 „	2 —7—14 „
Natronlauge 40° Bé	3 — 7,5—15 „	1 —4— 8 „
Hydrosulfit konz. Pulver . .	1,5— 3 — 5 „	0,6—2— 3,5 „

Nach der gleichen Vorschrift werden auch Hydronmarineblau sowie Hydronschwarzblau verküpt[1]).

Stückware wird meist auf dem bekannten Jigger mit Quetschwalzen gefärbt. Man beschickt dazu das Färbebad mit der erforderlichen Menge Farbstoff, Schwefelnatrium und Lauge, kocht auf und läßt die Ware in der kochendheißen Flotte $^3/_4$ Std. laufen. Hierauf wird mit kaltem Wasser auf 70° C abgekühlt und langsam in kleinen Portionen Hydrosulfit eingestreut. Im goldgelb reduzierten, 70—80° C heißen Bade läßt man noch einige Enden laufen (ca. $^1/_4$ Std.), quetscht dann gut ab, spült im nebenstehenden Jigger und behandelt eventuell noch mit Perborat, wodurch die Färbung wesentlich lebhafter wird.

Hydronblau wird in großem Maßstabe in allen Zweigen der Baumwollfärberei verwendet, nicht zuletzt auch für den Bleichartikel der Buntwebereibranche bei Einhaltung der dazu geeigneten Bleichverfahren ohne vorhergehendes Bäuchen.

5. Das Färben mit Algol-, Helindon-, Grelanon- und Anthrafarben, Cibanonfarbstoffen usw., sowie mit den nicht zur Hydronblaugruppe gehörigen anderen Hydronfarben.

Die außer der besonderen Gruppe der Hydronblaumarken ferner noch im Handel befindlichen Hydronfarben entsprechen jedoch in ihrem Aufbaucharakter,

---

[1]) Vgl. Kleines Handbuch der Färberei der Baumwolle Bd. 1, 3. Aufl., 1923. Leopold Cassella & Co. (Werk Mainkur der I.-G. Farbenindustrie A.-G.). Hydronblau BBF wurde umbenannt als Indanthrenblau GT (siehe Zirkular $\frac{\text{I. 58. d.}}{\text{A.}}$ der I.-G. Farbenindustrie vom April 1927).

färberischen Verhalten und Echtheitseigenschaften im allgemeinen durchaus den gleichartigen Algol-, Helindon-, Grelanon- usw. -farbstoffen (soweit es sich nicht um indigoide Produkte handelt), zumal seit durch die I.-G. Farbenindustrie A.-G. einzelne in Betracht kommende Algol- bzw. Helindonfarbstoffe zwecks Vereinheitlichung der Indanthrenfarbengruppe zu Indanthrenfarben umbenannt worden sind. Unter den vorgenannten Provenienzbezeichnungen sind deshalb auch bereits Anthrachinonküpenfarbstoffe (Amidoanthrachinon- und verwandte Farbstoffe) vertreten.

Zum Färben mit Algolbrillantrosa FF, FB[1]), Hydronrosa FF, FB, Hydronscharlach usw. arbeitet man z. B. in nachstehend angegebener Weise.

Für 50 kg Ware bei ca. 300 Liter Flottenmenge:

	Ansatzbad	Auf alter Flotte
Farbstoff in Teig	1,5 —15 kg	1,2—10 kg
Natronlauge 40° Bé	1 — 9 „	0,7— 5 „
Türkischrotöl 50proz.	0,75— 7,5 „	0,6— 4 „
Hydrosulfit konz. Pulver	0,5 — 7,5 „	0,4— 3 „
Glaubersalz kalz. oder Gewerbesalz	3 — 6 „	0,5— 1 „

Man rührt den Farbstoff am besten mit der zehnfachen Menge Wasser an, gibt dann die Lauge zu, bei Hydronrosa- und -scharlach auch gleich das Öl, und hierauf erst das Hydrosulfit. Die Küpe wird auf etwa 70° C erwärmt, bei welcher Temperatur die Reduktion sehr rasch erfolgt.

Das eigentliche Färbebad wird 50° C warm angesetzt, mit 0,5 cm³ Natronlauge 40° Bé und etwa 0,3 g Hydrosulfit konz. pulv. per 1 l vorgeschärft und dann die Stammküpe entweder teilweise oder ganz eingefüllt. Man färbt auf dem Jigger 6—16 Enden bei 50° C, quetscht ab und seift kochend.

Bei den meisten dieser Farbstoffe ist jedoch das Ansetzen einer Stammküpe nicht erforderlich, so beim Färben mit Algololive, Hydronolive, Algolbraun, Hydronbraun, Algolgrün, Hydrongrün, Hydrongelb NF[2]) usw. usw.; diesen Farbbädern braucht auch kein Türkischrotöl zugesetzt zu werden. Einzelne Farbstoffe, wie z. B. Algolgrün, Hydrongrün, Hydrongelb NF usw. erfordern jedoch zur Verküpung eine erhöhtere Menge Natronlauge. Die meisten Farbstoffe ziehen gut aus, einige benötigen jedoch zur Erzielung dunklerer Töne einen Zusatz von Gewerbesalz (Kochsalz denat.) oder Glaubersalz kalz., wie bereits angegeben.

Bei Verwendung von Pulverprodukten wird der Farbstoff zunächst mit der zum Färben erforderlichen Menge Natronlauge, die vorher mit der gleichen Menge Wasser verdünnt worden ist, zu einem gleichmäßigen Teige angerührt; dabei ist es sehr vorteilhaft, der Lauge etwa die halbe Menge Türkischrotöl vom Farbstoffgewicht oder ein ähnliches Netzmittel zuzugeben. Das Farbstoffpulver kann auch mit dem Netzmittel allein angeteigt werden, doch empfiehlt sich in jedem Falle eine langsame Zugabe desselben. Vielfach wird auch kalkfreie Sulfitzelluloseablauge 30° Bé als Zusatz angewendet. Die derart angeteigten Farbstoffe werden dann mit heißem, möglichst kalkfreiem Wasser übergossen und den Vorschriften entsprechend reduziert bzw. gelöst.

Für Stückware ist das Färben im Jigger die gebräuchlichste Arbeitsweise und kann hierzu jeder gewöhnliche offene Jigger verwendet werden. Für dunkle

[1]) Diese Algolbrillantrosa- bzw. Hydronrosamarken wurden inzwischen auch bereits umbenannt als Indanthrenbrillantrosa R und Indanthrenbrillantrosa B; siehe Musterkarte Fr. 3893: „Küpenfarben im Zeugdruck“ der I. G. Farbenindustrie A. G., Frankfurt a. M.

[2]) Hydrongrün G wurde umbenannt als Indanthrengrün GT, Hydronolive GN als Indanthrenoliv GN (siehe das Zirkular $\frac{\text{I. 58. d.}}{\text{A}}$ der I. G. Farbenindustrie A.-G. vom April 1927). Ebenso wird Hydrongelb NF nur noch unter der Bezeichnung Indanthrengelb GF geliefert.

Färbungen mit einem Produkt, bei denen Weiterfärben auf altem Bade in Betracht kommt, empfiehlt sich dagegen das Arbeiten auf dem Doppeljigger mit Quetschwalzen in gleicher Weise wie bei Schwefelfarben.

Zum Färben hellerer Töne und leichterer Warenqualitäten hat sich im Großbetriebe auch das Pflatschverfahren sehr gut eingeführt. Dazu wird der nach den Angaben von Adolf Zingg von der Zittauer Maschinenfabrik A.-G. gebaute Foulard in vielen großen Färbereien und Druckereien verwendet. Dieser Zingg'sche Foulard ist gekennzeichnet durch Schrägstellung der Quetschwalzen, von welchen die untere zum größten Teil in der Klotzflüssigkeit läuft; dadurch wird etwa sich bildender Schaum von der Ware ferngehalten und so Fleckenbildung verhindert.

In der Apparatefärberei können die Apparate aus Holz, Eisen oder Nickelin hergestellt sein. Garne werden am besten in Form von Kreuzspulen oder Kopsen nach dem Aufstecksystem oder in Form von Ketten im Kettbaumapparat gefärbt. Die Apparate müssen mit guten Absaugvorrichtungen versehen bzw. an Absaugstationen angeschlossen sein, damit die Flotte nach beendetem Färben rasch und gründlich entfernt werden kann. Lose Baumwolle und Kardenband färbt man in Packapparaten.

Die Färbungen mit Algol-, Hydron-, Grelanon- sowie Helindon-, Cibanon-, Anthrafarbstoffen usw. erfordern nach dem Färben und Spülen zur vollen Entwicklung des Farbtones und der Echtheit eine Nachbehandlung in kochendheißem Bade mit Seife oder Seife und Soda oder auch mit Natriumperborat. Man behandelt ca. $^1/_2$ Std. mit 3—5 g Seife oder 3 g Seife und 1 g Soda kalz. per Liter kochendheiß, oder $^1/_2$—1 g Perborat per Liter bei 60—80° C. Hierauf wird nochmals gespült.

Um die Klarheit der Farbtöne zu fördern, ist eine Nachbehandlung der Färbungen durchaus erforderlich. Eine heiße Behandlung in kochender Seifen- oder Sodalösung wirkt sehr gut; noch besser arbeitet in dieser Richtung eine Lösung von Natriumperborat, man kann auch Natrium- oder Wasserstoffsuperoxyd, ferner „Aktivin" verwenden. Es genügt eine Hantierung in einem kochend heißen Bade von 1—2% Natriumperborat in der Dauer von 20—30 Minuten.

Die genannten Küpenfarben sind im allgemeinen widerstandsfähig gegen die Einwirkungen der Bleiche. Derartig echtfarbig hergestelltes Garnmaterial kann daher mit Rohgarnen verwebt und diese Stückware dann zweckentsprechend vorsichtig gebleicht werden.

6. Das Färben mit den Farbstoffen der Indanthrengruppe.

Während die bisher behandelten Küpenfarbstoffe zum Teil als zugehörig zur Gruppe der indigoiden Farbstoffe von dem Typus:

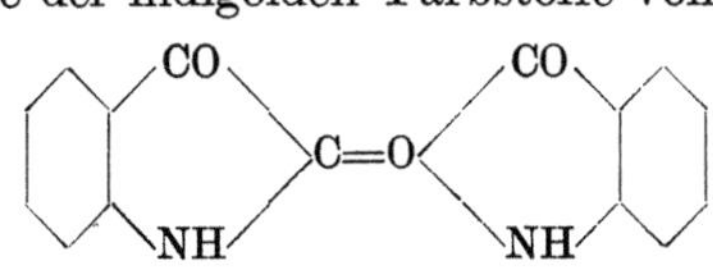

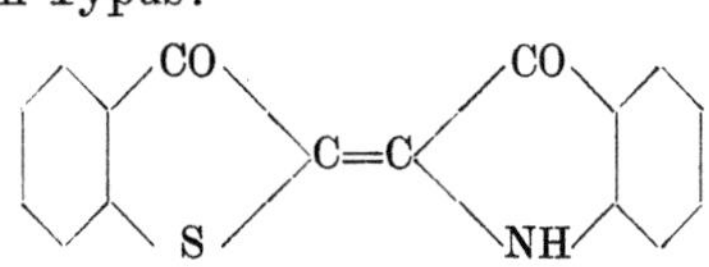

oder

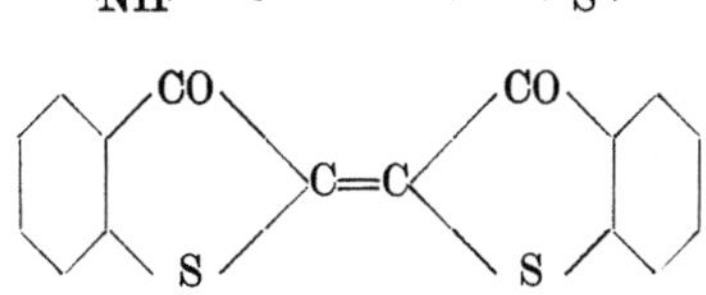

auch wohl vom Typus:

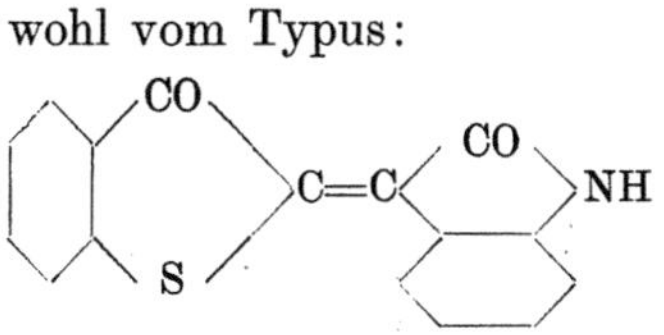

und

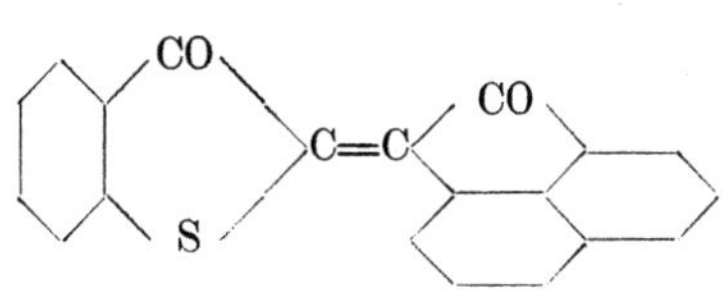

zu gelten haben, sind die Indanthren- und die entsprechenden Cibanonfarbstoffe Abkömmlinge des Anthrachinons, von dem für den einfachsten Vertreter derselben, das Indanthrenblau RS, (Cibanonblau RS), charakteristischen Aufbau:

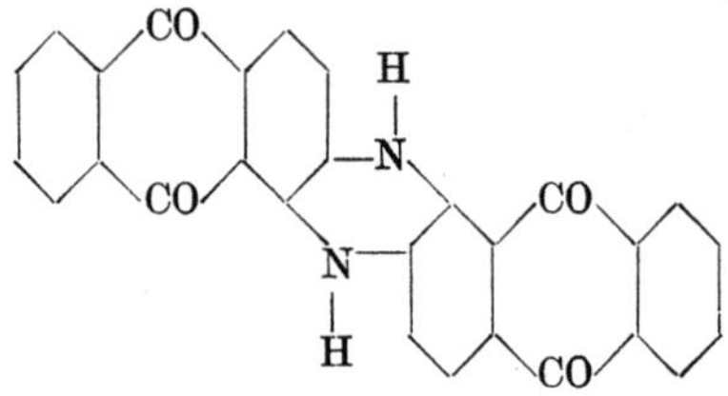

Man erkennt, daß das Molekül ein größeres geworden ist, so daß vorauszusetzen ist, daß die Leukoverbindung, welche durch Einwirkung von Natriumhydrosulfit in stark alkalischem Medium erst bei einer Temperatur von 70 bis 80° C entsteht:

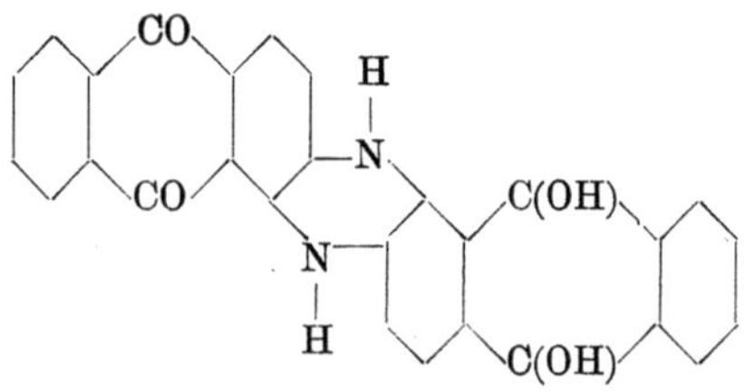

in kolloider Form in der Küpe vorhanden sein muß. In der Tat zeigen die Indanthrenblauküpen typisch kolloiden Charakter; das Ultramikroskop löst bei starken Vergrößerungen unter Anwendung intensiver Lichtquellen die Küpe in Submikronen außerordentlich hoher Dispersität und hoher Konzentration auf. Die Dialyse der Küpe bei 70—80° C ist bei Anwendung von Pergamenthülsen = 0.

Die Farbe der Küpe unterscheidet sich kaum von derjenigen der Farbstoffsuspension im Gegensatz zum Indigo. Dies gilt allerdings nur von einigen Vertretern der Indanthrenfarbstoffe, insbesondere vom Indanthrenblau RC, RS, BCS, GC, GCD und 3 G (letzteres ist das auf Indanthrenblau umbenannte frühere Algolblau 3 G); die Küpenfarbe von Produkten der Flavanthrengruppe und der Benzanthrengruppe ist dagegen wesentlich verschieden von der Farbe der entsprechenden Farbstoffsuspension. Indanthrengelb R als auch G geben beispielsweise Küpen von intensiv blauer Färbung.

Während nun der Indigo, die Thioindigofarbstoffe sowie die Schwefelfarbstoffe und Hydronfarben im allgemeinen nur durch länger dauerndes Verweilen im Färbebade dem Fasermaterial mittlere und dunklere Farbtöne verleihen, erfolgt die Färbung in der Küpe der Indanthrenfarbstoffe außerordentlich rasch[1]). Die Leukoverbindung hat hohe Affinität zur vegetabilischen Faser und fällt dieselbe rasch an. Zum Färben von Stückware mit Indanthrenblau genügt z. B. eine einmalige Passage (Kontinuefärbeverfahren), noch dazu in kurzer Flotte, um mittlere und auch dunkle Töne zu erzielen. Entsprechend dieser Schnelligkeit des Aufziehens wächst auch die Gefahr des ungleichmäßigen Ausfalls der Färbung und die Führung der Küpe erfordert daher nach verschiedener Richtung hin besondere Aufmerksamkeit. Insbesondere ist der Einhaltung der optimalen Färbetemperatur von 75—80° C größte Beachtung zu schenken. Sinkt die Temperatur nur kurze Zeit unter 70° C, so kann sich die Leukoverbindung ausscheiden und das Färbebad vollkommen unbrauchbar werden.

[1]) Siehe auch die von Ing. Gustav Durst und cand. chem. Hans Roth veröffentlichte Arbeit: Über das Färben mit Indanthrenblau GCD. Melliands Textilber., Jg. 1925, S. 837—839.

Bei dieser Kontinuefärberei muß ferner die Konzentration des Farbbades durch regelmäßige Zusätze von Stammküpe stets annähernd konstant erhalten werden, da auch nur geringe Konzentrationsschwankungen bei der rasch verlaufenden Färbeoperation, die keinen großen Ausgleich zuläßt, sich oft in recht bedeutenden Unterschieden in der Intensität des erzielten Farbtons äußern.

In Anbetracht der kurzen Färbeflotte hat man nicht nur auf den periodischen Zusatz von Stammküpe besonders zu achten, sondern auch ab und zu Reduktionsmittel zuzusetzen, weil der Küpe während des Färbens durch die Ware selbst immer verhältnismäßig bedeutende Mengen Luftsauerstoff zugeführt werden, deren ungünstige Wirkung kompensiert werden muß.

In den der Indanthrenfärberei dienenden Gefäßen, Kufen oder Trögen, ist Kupfer zu vermeiden, da dasselbe die Küpe durch offenbar katalytische Wirkung außerordentlich rasch zersetzt. Am besten verwendet man Behälter aus Eisen und eiserne Heizrohre.

Was das Ausziehen der Färbebäder anbelangt, so gilt auch hier das bereits bezüglich der Algol-, Hydron-, Helindon- usw. -farbstoffe Gesagte; beim Färben heller Farbtöne kann die Flotte nahezu vollkommen erschöpft werden, so daß ein Weiterfärben auf altem Bad nicht in Frage kommt, zumal auch das eventuell noch vorhandene Hydrosulfit sich zu rasch verändert und unwirksam wird[1]). Höhere Küpenkonzentrationen ziehen nur unvollkommen aus, sind aber nur mit Vorsicht weiter zu gebrauchen, da sie nicht erkalten dürfen, ohne daß der Farbstoff in einer Form ausfällt, in welcher er nur schwierig und nie mehr vollkommen verküpt werden kann. Es ist infolgedessen nicht empfehlenswert, die bei anderen Farbstoffgruppen anwendbare Wiederverwendung alter Flotten auf die Indanthrenfärbeküpen zu übertragen.

Das zum Ansetzen dieser Küpen erforderliche Wasser soll möglichst kalkfrei sein; harte Wässer sind entsprechend zu korrigieren. Das Verküpen des Farbstoffs geschieht in der Regel im Färbebade selbst; Stammküpen kommen nur bei einzelnen Produkten in Betracht.

Die Färbungen selbst entwickeln ihre Lebhaftigkeit erst durch eine Nachbehandlung in einem kochenden Seifenbade.

Die Echtheit der Färbungen mit Indanthrenfarbstoffen ist im allgemeinen eine vorzügliche. Die Waschechtheit sowie die Lichtechtheit finden kaum ihresgleichen. Um z. B. einen Begriff von der Unverwüstlichkeit der Färbung in Indanthrenblau RS bezw. Cibanonblau RS zu geben, sollen nachstehend die Resultate der chrometrischen Messung einer derartigen, unter dem intensiven Einfluß der an ultravioletten Strahlen reichen Höhensonne in Arosa, Schweiz (1800 m), belichteten Färbung verzeichnet werden:

	Unbelichtete Färbung	3 Monate belichtet
Farbton	53	56
Vollfarbe.	18%	19%
Schwarz	75%	73%
Weiß	7%	8%

Die Veränderung bei dieser wirkungsvollen Belichtung besteht in einer geringen Verschiebung des Farbtons nach den grünlichen Farbtönen; die Verschiebungen im Schwarz- und Weißgehalt sind ganz unerheblich. Auf demselben Gewebe befindliche Illuminationen aus Paranitranilinrot waren unter diesen Einflüssen vollkommen zerstört.

Es ist aber hervorzuheben, daß diese hervorragenden Echtheitseigenschaften nicht generell auf alle Vertreter der Gruppe übertragbar sind; viele zeigen nach

[1]) Siehe besonders auch die sehr instruktive Arbeit von Ing. Gustav Durst und Dr. Hans Roth: Indanthrenfarbstudien. Melliands Textilber., Jg. 1927, S. 785—787.

gewisser Richtung hin oft wenig befriedigende Eigenschaften, insbesondere sind viele gegen Oxydantien recht empfindlich, einige auch gegen Bügeln. Allerdings lassen sich durch Oxydationsmittel veränderte Färbungen durch Nachbehandlung mit Hydrosulfit in den meisten Fällen regenerieren. Bei den Indanthrenfarbstoffen gilt dasselbe wie bei allen anderen Farbstoffgruppen: man hat die Auswahl des Farbstoffes so zu treffen, daß er den Anforderungen des jeweiligen Verwendungszwecks der Färbung am besten gerecht wird.

Entsprechend der außerordentlich hohen Dispersion der Leukoverbindung der Indanthrenfarbstoffe in der Küpe sind auch die Färbungen außerordentlich homogener Natur. So ergibt beispielsweise die mikroskopische Untersuchung der mit Indanthrenblau RS gefärbten Faser, daß die Färbung eine sehr homogene ist, aber vorwiegend Appositionsfärbung darstellt. Der größte Teil des Pigments ist, was an Querschnitten durch solche Fasern zutage tritt, der Faser nur aufgelagert[1]).

Strangfärberei mit Indanthrenfarbstoffen. Zum Färben auf der Barke wird diese zuerst mit möglichst weichem Wasser beschickt und hierauf die erforderliche Laugenmenge (10—12 bzw. 15—20 cm³ Lauge 40° Bé pro Liter) zugegeben. Dann erwärmt man auf ca. 60° C (Verfahren IN der I. G. Farbenindustrie A.G.) und streut das Hydrosulfit konz. Pulver unter vorvorsichtigem Umrühren ein. Der mit der ca. 10fachen Menge heißen Wassers angerührte Farbstoff wird sodann durch ein feines Sieb zugesetzt und die Flotte abermals langsam durchgerührt. Die Verküpung tritt rasch ein, man erkennt sie an der jedem Farbstoff eigenen Küpenfarbe beim Eintauchen des Thermometers oder einer Glasplatte.

Man geht dann mit der gut gebäuchten Baumwolle in das Färbebad, wobei gebogene Eisenstäbe verwendet werden, so daß die Stränge stets unter der Flotte bleiben. Nach beendetem Färben spült man in einem Bad, das auf 100 l Wasser 10—15 g Hydrosulfit conc. Pulver enthält, hierauf in reinem Wasser. Man säuert dann noch in 1° Bé Schwefelsäure, wäscht und seift $^1/_2$ Std. kochend.

Zum Färben von 50 Pfd. engl. = 22$^1/_2$ kg Baumwollgarn verwendet man:

500 l	Wasser
6 l	Natronlauge 40° Bé
450 g	Farbstoffteig für helle Töne,
4500 g	„ „ dunkle Töne
500 g	Natriumhydrosulfit pulv. für helle Töne
1100 g	„ „ „ dunkle Töne

Ein anderes Verfahren (Verfahren IW der I. G. Farbenindustrie A.-G.) arbeitet unter Zusatz von Glaubersalz calc. oder Kochsalz (Gewerbesalz) zum Färbebade. Dasselbe ergibt nebenbei den Vorteil, daß das Färbebad eine wesentlich geringere Alkalinität zeigt. Pro Liter Farbbad benötigt man dabei nur 3—5 cm³ Natronlauge 40° Bé, bzw. beim Arbeiten in kurzem Flottenverhältnis (1 : 8 bis 1 : 10, d. i. im Jigger und in mechanischen Apparaten) 4 bis 10 cm³ Lauge pro Liter Flotte. Hierauf setzt man den in heißem Wasser aufgeschwemmten Farbstoff durch ein Sieb zu, dann das erforderliche Quantum Hydrosulfit konz. pulv. und schließlich nach vorsichtigem Umrühren die Salzlösung. Nach vollkommener Reduktion geht man mit dem gut ausgekochten Färbegut ein und färbt bei 40—45° C. Die Nachbehandlung entspricht der des oben an erster Stelle angeführten Verfahrens.

Zum Färben von 50 Pfd. engl. = 22$^1/_2$ kg Garn verwendet man folgende Mengenverhältnisse:

---

[1]) Haller: Färber-Ztg. 1912.

helle Töne		dunkle Töne
500 l	Wasser, kalkfrei	500 l
112–450 g	Farbstoff in Teig	1125–3375 g
500 g	Hydrosulfit konz. Pulv.	500–850 g
1200 g	Glaubersalz	2250–4500 g
$1^1/_2$ l	Natronlauge 40° Bé	2 l

Das Weiterfärben auf altem Bade ist kaum empfehlenswert, da durch den sich anreichernden Salzgehalt die Gefahr des Ausflockens der in kolloider Lösung anwesenden Leukoverbindung zu groß wird. Das Verfahren gilt nicht für alle Indanthrenfarbstoffe, geeignet sind z. B. Indanthrenbraun 3 R, RT, GG, ferner Indanthrenrot GG, Indanthrenviolett BN, Indanthrenorange R sowie noch einige andere Produkte.

Kaltfärberei (Verfahren IK der I. G. Farbenindustrie A.-G.). Eine Anzahl von Indanthrenfarbstoffen wird ferner am besten bei gewöhnlicher Temperatur gefärbt und unter Zusatz der doppelten Menge Glaubersalz kalz. oder Gewerbesalz pro Liter Flotte gegenüber dem Verfahren IW. Die erforderliche Laugenmenge ist dagegen die gleiche wie beim Verfahren IW (3—5 cm³ bzw. 4—10 cm³ Natronlauge 40° Bé pro Liter Farbbad), und auch die Hydrosulfitmengen bewegen sich in denselben Grenzen wie jene der Verfahren IN und IW. Für helle Färbungen, entsprechend einem Farbstoffverbrauch von 1—10% benötigt man daher 1—$1^1/_2$ g (bzw. $1^1/_2$—$2^1/_2$ g) Hydrosulfit konz. Pulver, für mittlere Färbungen von 10—20% Farbstoffverbrauch dagegen $1^1/_2$—$2^1/_2$ g (bzw. $2^1/_2$—4 g) und bei dunklen Tönungen von über 20% Farbstoff vom Warengewicht $2^1/_2$—4 g (bzw. 4—8 g) Hydrosulfit konz. Pulver pro Liter Flotte. Die Färbedauer entspricht ebenfalls jener der bereits besprochenen Verfahren IN und IW; man färbt also zweckmäßig während $^3/_4$—1 Stunde. Nach diesem Verfahren IK wird z. B. am zweckdienlichsten gearbeitet bei Verwendung von Indanthrengelb GK, RK und FFRK, Indanthrenorange 6 RTK, Indanthrenrot 5 GK, RK, Indanthrencorinth RK, Indanthrenblau RK, Indanthrengrau K, GK und noch einigen anderen vielfach gebräuchlichen Produkten.

Bei rasch aufziehenden Farbstoffen setzt man dem Färbebade in allen Fällen vorsichtshalber gewisse Schutzkolloide zu, beispielsweise 20 g Sulfitzelluloseablauge 30° Bé bzw. Dekol (B. A. S. F.) oder 5 g Leonil S (Höchst) oder auch $1^1/_2$—2 g Leim je pro Liter. Durch diese Mittel wird das Aufziehen verlangsamt und die Gleichmäßigkeit der Färbung befördert sowie die Durchfärbung.

Stückfärberei mit Indanthrenfarbstoffen. Das Färben von Stückwaren kann, wie schon bemerkt, auf der Kontinueküpe (Kontinuemaschine), ferner selbstverständlich ohne weiteres auf dem gewöhnlichen Jigger mit Quetschwalzen und auf der Klotzmaschine geschehen.

Das Färben auf dem Jigger lehnt sich eng an die Methoden zum Färben von Garnen an, und es gelten daher sinngemäß auch hier die bereits besprochenen Färbeverfahren IN, IW und IK. Die Flottenmenge auf dem Jigger ist aber bedeutend geringer als die in der Garnkufe, daher muß bei dunklen Tönen die Laugenmenge erhöht werden; bei Anwendung von Glaubersalz ist dieselbe allerdings wieder geringer zu bemessen.

Beim Arbeiten auf dem gewöhnlichen Jigger ist, da die Ware vielfach mit der Luft in Berührung kommt, öfterer Zusatz von Hydrosulfit notwendig. Mehr als zehnmal braucht die Ware die Flotte nicht zu durchlaufen. Die Nachbehandlung besteht wieder in gutem Spülen erst in hydrosulfithaltigem Wasser, dann in gutem Seifen. Für sehr schwer durchzufärbende Waren kann man auch auf dem Halbflotten- oder Unterflottenjigger arbeiten, doch ist das Nüancieren dabei beträchtlich erschwert.

Das Klotzverfahren (Färben auf der Klotz- oder Pflatschmaschine, dem Foulard, der Padding) wird in der Hauptsache zur Herstellung von hellen und mittleren Farbtönen auf leichten Baumwollwaren in Anwendung gebracht.

Der Farbstoff, 10—200 g Teigware, wird mit 125—150 g Gummilösung 1:1 angeteigt; dann stellt man mit Wasser auf 1 l ein und preßt, um alle gröberen Teilchen zurückzuhalten bzw. weiter zu zerteilen, durch ein feinmaschiges Baumwollgewebe. Mit dieser durch den Gummizusatz stabiler gemachten Suspension wird die Ware auf einem Foulard oder, in Ermangelung eines solchen, mit der 1000-Punktwalze auf der Druckmaschine geklotzt. Man geht dann mit der so behandelten Ware auf einen gewöhnlichen Jigger, den man mit der Entwicklungsflotte über die Leitwalzen füllt oder evtl. in einen Unterflottenjigger und behandelt dort die Gewebe zur Entwicklung in einem Bade von:

100 l	Wasser
$1\,^1/_2$ l	Natronlauge 40° Bé
125 g	Hydrosulfit konz. Pulver.

Für die meisten Indanthrenmarken wird dieses Entwicklungsbad auf 60 bis 65° C erwärmt (Indanthrenblaumarken), für einzelne (Indanthrengelb und Indanthrengoldorange) kalt angewendet. Das Hantieren hat so lange zu dauern, bis die Färbung völlig entwickelt ist.

Während die Klotzbrühe wieder verwendet werden kann, ist das Entwicklungsbad stets frisch anzusetzen.

Man spült nach der Entwicklung, säuert, wäscht und seift am besten im Strang auf der Kufe.

Ab und zu wird auch das Färben auf der Senkküpe geübt. Dasselbe kommt beinahe ausschließlich für Indanthrenblau RS (Reserveartikel) in Anwendung und die dazu gebräuchliche Apparatur gleicht sehr der beim Indigo beschriebenen, nur sind die Senkküpen wesentlich kleiner gehalten. Wie beim Indigo wird die zum Färben gelangende Ware auf Haspeln spiralförmig aufgewickelt, so daß sich, wie dort, die einzelnen Lagen nicht berühren, was durch Auseinanderschrauben der beiden Rahmen, welche die Haken, die die Ware halten, bewirkt wird. So gespannt wird der Sternreifen in die Küpe gesenkt, die wie folgt angesetzt ist.

Beim Arbeiten auf der Senkküpe (Tauchküpe) benützt man hauptsächlich das Vitriolküpe-Färbeverfahren. Zur Bereitung der Stammküpe verrührt man zunächst:

4 kg	Indanthrenblau RS Teig mit
5 l	Natronlauge 40° Bé

und setzt dazu nacheinander die Lösungen von

$\{2\,^1/_2$ kg	Eisenvitriol in	
8 l	heißem Wasser und	
$\{\,^1/_2$ kg	Zinnchlorür in	
2 l	heißem Wasser	Dann stellt man auf
20 l		

Man läßt $^1/_2$ Std. stehen, worauf der Ansatz zum Gebrauch fertig ist.

Das in der Färbeküpe enthaltene Färbebad wird per 100 l mit $3\,^1/_2$ l Natronlauge 40° Bé versetzt und auf 70—80° C erhitzt. Je nach der zu erzielenden Farbtiefe gibt man $2\,^1/_2$—5—$7\,^1/_2$ l obigen Stammansatzes zu, läßt einige Minuten stehen und beginnt dann mit dem Färben, das im Versenken der auf der Haspel aufgespannten Ware besteht. Man verweilt mit der Ware etwa 10—20 Minuten in der Küpe und versenkt sofort in ein gleiches Gefäß, das nur Wasser enthält. Dann haspelt man den Stoff ab, wäscht, säuert, wäscht, worauf noch ein Seifen im Strang erfolgt.

Auch hier darf die Temperatur des Färbebades nicht unter 70° C sinken, da sonst die Leukoverbindung ausfällt. Die Küpe kann weiter verwendet werden, indem man entsprechende Zusätze an Stammansatz macht. Sollte sich ein Teil des Farbstoffes durch Abkühlen ausgeschieden haben, so setzt man 15 bis 30 g festes Natriumhydrosulfit zu und erwärmt wieder auf 75—80° C.

Die soeben geschilderten Verfahren zum Färben von Stückwaren mit Indanthrenfarbstoffen gestatten kein kontinuierliches Arbeiten. Dasselbe läßt sich aber bei folgender Anordnung bewerkstelligen.

Kontinuierliches Färbeverfahren. Man verwendet zu diesem Zweck am besten einen gußeisernen Trog von etwa 500—700 l Inhalt, in welchem ein System von ebenfalls eisernen Leitwalzen angebracht ist, welche die Gewebe durch die Flotte führen, ferner ein Zuleitungsrohr für direkten Dampf zur raschen Erwärmung der Färbeflotte. Außerdem besitzt der Trog eine eiserne Heizschlange für indirekten Dampf, um die Temperatur des Bades, ohne dasselbe in seiner Konzentration zu ändern, auf der erforderlichen Höhe von 70—80° C zu erhalten; ferner ist ein Zulaufrohr für die Zusatzflotte vorhanden, dessen Mündung unter der Färbeflotte liegt.

Der Trog wird nun mit Wasser über die oberen Leitwalzen angefüllt und zunächst etwas Natronlauge sowie 20—30 g Hydrosulfit konz. Pulver zum Vorschärfen zugegeben. Man läßt hierauf bei 70° C

7 1/2	kg	Indanthrenblau RS Teig mit
10	l	heißen Wassers angerührt durch ein Sieb zufließen, gibt dann
14	l	Traubenzuckerlösung 1:1 zu, und zuletzt
17	l	Natronlauge 40° Bé und
2250	g	Hydrosulfit konz. Pulver,

wobei man die Temperatur auf 75—80° C treibt[1]).

Die gut ausgekochten, zum Erzielen von dunklen Tönen vorteilhaft merzerisierten Gewebe werden durch die Flotte genommen, wobei als Anhaltspunkt für die Geschwindigkeit dienen möge, daß das Durchlaufen einer Naht 15—18 Sekunden dauern soll. Je nach der zu erreichenden Färbungsintensität wird man die Geschwindigkeit der Maschine entsprechend einstellen. Für jedes Stück, das durchläuft, wird man bestimmte, aber stets gleiche Mengen folgender Zusatzflotte nachspeisen:

70	l	Wasser
2,4	kg	Indanthrenblau RS Teig
6,8	kg	Natronlauge 40° Bé
{4 1/2	l	Wasser
{2,5	kg	Traubenzucker
650	g	Hydrosulfit konz. Pulver.

Dieser Ansatz wird gleichfalls auf 75—80° C gehalten und läuft zweckmäßig aus einem hochgestellten eisernen Gefäße dem Färbebade kontinuierlich zu.

Unmittelbar nach dem Verlassen des Färbetroges gehen die gut abgepreßten Stücke nach einem nur kurzen Luftgang in viel kaltes Wasser und werden dann breit geseift.

Auf diese Weise können in zehnstündiger Arbeitszeit, bei der nötigen Aufmerksamkeit, 70—80 Weben zu 120 m fertiggestellt werden. In der Mittagspause kann das Bad bei Einhaltung der Temperatur von 70—75° C eventuell ruhig sich selbst überlassen bleiben, ohne daß Zersetzung zu befürchten ist.

Ist das Bad beispielsweise durch zuweitgehende Abkühlung zersetzt, was am blassen, trüben und fleckigen Aussehen der Stücke, ferner an der nach Grün sich verändernden Farbe der Färbeflotte sofort zu erkennen ist, so wird man in den meisten Fällen durch Zusatz von Hydrosulfit konz. den Schaden nicht mehr zu re-

---

[1]) Über die Wirkung des Traubenzuckers vgl. Textilberichte 1928, S. 41.

parieren vermögen. Man läßt das Bad am besten ab, läßt in einem Faß erkalten und die überstehende klare, dunkelolivfarbene Brühe abfließen. Den Bodensatz sammelt man auf Filtern, wäscht gründlich aus und gibt denselben stets in nicht allzu großen Mengen dem frisch angesetzten Färbebade statt bestimmter Mengen Indanthrenblaufarbstoff zu, um in dieser Weise den Rückstand für die Fabrikation wieder nutzbar zu machen.

Eine eigentümliche Fixierung von unlöslichen Farbstoffen, auf der Faser, insbesondere von Indanthrenfarben, hat v. Iliinsky angewandt[1]). Er behandelt Baumwolle in einer schwach angesäuerten Suspension der Indanthrenfarbstoffe bei langsam steigender Temperatur und bewirkt dadurch eine nahezu quantitative Adsorption des Pigmentes. Dasselbe ist naturgemäß sehr locker auf dem Substrat befestigt, v. Iliinsky nennt diese Verbindung bezeichnenderweise „labile Farbstoff-Faserverbindung". Er führt dann dieselbe in die eigentliche Färbung in der Weise über, daß er sie in einer alkalischen Lösung von Hydrosulfit bei 70° C behandelt, wodurch der in grober Form auf der Faser abgelagerte Farbstoff in die hochdisperse Form der Leukoverbindung übergeht und gewissermaßen „in statu nascendi" die innigere Form der Adsorptionsverbindung, der Färbung, annimmt.

Derartige „labile" Farbstoff-Faserverbindungen sind als Vorstufen zur normalen Färbung zu betrachten und zeigen unter dem Mikroskop ein von letzterer vollkommen abweichendes Bild[2]). Solche labile Verbindungen lassen sich auch mit anderen unlöslichen Pigmenten, z. B. Alizarin, Paranitranilinrot usw., erzeugen. Auf deren Bildung beruht zweifellos auch das Färbeverfahren mit Indanthren, bei welchem Stückwaren mit einer durch Gummi verdickten Suspension des Farbstoffs geklotzt werden.

Zu einem praktisch verwertbaren Färbeverfahren mit Indanthrenfarbstoffen hat die v. Iliinskysche Beobachtung nicht geführt, obwohl sich der Genannte auf dieser Feststellung fußende Färbemethoden durch verschiedene Patente schützen ließ[3]).

g) Klotzungen mit Produkten der Indigosolgruppe.

(Für Druckereizwecke[4].)

Das von der I.-G. Farbenindustrie A.-G. (Frankfurt a. M.) in Gemeinschaft mit der Firma Durand & Huguenin A.-G. (Basel) fabrizierte Indigosol O wurde bereits bei der Indigofärberei (auf S. 124—126) mitbesprochen. Als erster Vertreter der wichtigen Klasse der Indigosole stellt Indigosol O das Verschwinden der bisher üblichen Küpenfärbereimethoden in Aussicht, sobald die noch hemmenden Ursachen kalkulatorischer Natur in Wegfall kommen sollten.

Es wurde ferner auch schon erwähnt, daß sich noch andere Produkte aus den unterschiedlichen Küpenfarbstoffklassen in gleicher Weise esterifizieren lassen wie der Indigo. Innerhalb kurzer Zeit (seit 1924) sind nun von der I. G. Farbenindustrie A. G. eine ganze Anzahl wertvoller Indigosole in den Handel gebracht worden, die jedoch sämtlich in erster Linie für den Zeugdruck und zwar sowohl für den direkten Druck als auch für den Reserveartikel von besonderer Bedeutung sind.

Um die Abstammung der neuen Produkte sofort kenntlich zu machen, ist

---

[1]) Zeitschr. f. angew. Chem. 1914, S. 356. [2]) Kolloid-Zeitschr. Bd. 33, S. 306. 1923.
[3]) D.R.P. A.W. 38675, W. 38723, W 38700, W. 40286.
[4]) Siehe auch Ing. Gustav Friedländer: Die Hebung und Förderung der Kolorie durch die Indigosole. Melliands Textilber., Jg. 1925, S. 916/917. Ferner von demselben Autor: Über Indigosol O in der Praxis. Melliands Textilber., Jg. 1926, S. 697/698 und 781/783.

durch den Farbenfabrikkonzern eine entsprechende Nomenklatur eingeführt worden. Jeder Markenbezeichnung eines Indigosols wird demzufolge eine Buchstabe vorgeschaltet, welcher auf die Ursprungsklasse hindeutet:

O für die Derivate des Indigos, H für die Helindone,
A für die Algolfarben, I für die Indanthrene, und
T für die Thioindigos.

Von den bisher im Zeugdruck zu praktischer Verwendung gelangten Indigosolen sind z. B. folgende zu nennen und bezüglich ihrer Eigenschaften kurz zu charakterisieren:

Indigosol O 4 B, Indigosolschwarz TB,
Indigosol OR, Indigosolrosa JR extra,
Indigosolgelb HCG, Indigosolorange HR,
Indigosolviolett AZB, Indigosolscharlach HB,
Indigosol HB, Indigosolrot HR,
Indigosolgrün IB.

Alle vorgenannten Produkte sind vor allem gut haltbar und wasserlöslich.

Indigosol O 4 B lässt sich, im Gegensatz zu Indigosol O, nach dem Dämpfverfahren mit Chlorat besser entwickeln als nach dem Nitritverfahren ohne Dämpfprozess. Damit nach dem Nitritverfahren möglichst volle Farbtöne erzielt werden, muß mit 60 ° C warmer Säure entwickelt werden, im übrigen jedoch in genau gleicher Weise wie für Indigosol O üblich. Bezüglich Echtheitseigenschaften ist Indigosol O 4 B gleichwertig den Färbungen von Indigo MLB/4 B, Brillantindigo 4 B, bzw. Bromindigo FBD. Wichtig ist das Produkt zur Herstellung des sehr gangbaren Blau-Rot-Artikels bei Anwendung von Nitrosaminreserve.

Indigosolgelb HCG dient für sich allein zur Herstellung von Altgoldnuancen; in Kombination mit Indigosol O bzw. Indigosol O4B erhält man wertvolle Grüntöne von sehr guter Waschechtheit. Zur Entwicklung des Farbstoffs eignet sich am besten das Dämpfverfahren. Unter Benutzung der Nitrosamine unlöslicher Azofarben sowie bei Verwendung von Küpenfarben erhält man auf diesem Indigosolgelb sehr schöne Buntreserven. Das Produkt kann ferner in ähnlicher Weise wie Indigosol O auch zum Färben von Wolle und Seide angewendet werden.

Indigosol OR, das marineblaue Farbtöne liefert, kann sowohl nach dem Dämpf- als auch nach dem Nitritverfahren entwickelt werden; in Echtheit entspricht der Farbton jenem des Indigo MLB/R. Für die Herstellung von Buntreserven gilt das gleiche wie bei Indigosol O 4 B und Indigosolgelb angegeben.

Indigosolviolett AZB ergibt lebhafte Violettnuancen von guter Licht-, Wasch- und Chlorechtheit und wird am besten nach dem Dämpfverfahren entwickelt. Für Buntreserven eignen sich vor allem Küpenfarbstoffe.

Indigosolschwarz TB läßt sich am besten nach dem Dämpfverfahren entwickeln und dient zur Herstellung schwarzer und grauer Farbtöne, deren Licht-, Wasch- und Chlorechtheit als gut zu bezeichnen ist. Das Produkt kann ferner zum Abdunkeln anderer Indigosole verwendet werden und es sind besonders durch Kombination mit Indigosol O erhältliche Farbtöne von Bedeutung. Für Buntreserven eignen sich sowohl Nitrosamine unlöslicher Azofarben als auch Küpenfarbstoffe und basische Farben.

Indigosolrosa JR extra liefert lebhafte Rosatöne von vorzüglicher Wasch- und Chlorechtheit, sowie guter Lichtechtheit. Die Entwicklung geschieht am besten nach dem Dämpfverfahren; auch dieses Indigosol läßt sich mit Rongalit gut reservieren.

Indigosolorange HR dient zur Herstellung lebhafter Orangenuancen von vorzüglicher Wasch- und Chlorechtheit und guter Lichtechtheit. Dieses Produkt wird gleichfalls am zweckmäßigsten nach dem Dämpfverfahren entwickelt, doch ist auch das Nitritverfahren zur Entwicklung gut geeignet, wenn letztere in 60° C heißem Schwefelsäurebad vorgenommen wird. Indigosolorange HR kann mit Rongalit, essigsaurem Natron und Natriumthiosulfat weiß reserviert werden; für Buntreserven werden vor allem Küpenfarbstoffe verwendet.

Indigosolrot HR ist ebenso in erster Linie für den Kattundruck von besonderem Interesse, und zwar sowohl für den direkten Druck als auch zur Herstellung des Reserveartikels. Die damit erzielten Farbwirkungen besitzen vorzügliche Wasch- und Chlorechtheit sowie gute Lichtechtheit.

Indigosolscharlach HB ergibt bei der Verwendung in allen Zweigen des Direktdruckes sowie bei der Fabrikation des Reserveartikels lebhafte Rosa- und Scharlachtöne von gleich hervorragend guten Echtheitseigenschaften, wie solche den bläulichen Rot- und Rosatönungen mit Indigosolrot HR eigen sind.

Indigosolgrün IB gestattet die Herstellung lebhaft blaugrüner Drucke von sehr guter Chlor- und hervorragender Licht- und Seifeechtheit. Für die Herstellung des Reserveartikels kommt das Produkt aber nicht in Frage.

Indigosol HB liefert bei der Entwicklung nach dem Dämpfverfahren ein kräftiges, violettstichiges Blau von sehr guter Wasch- und Chlorechtheit und guter Lichtechtheit. Der Farbstoff läßt sich nach der üblichen Vorschrift klotzen und in entsprechender Weise reservieren.

Mit Ausnahme von Indigosolgelb HCG und dem für den Reserveartikel überhaupt nicht in Betracht kommenden Indigosolgrün IB sind übrigens auf sämtlichen vorgenannten Indigosolen mit Rongalit C bzw. Hydrosulfit NF konz. gute Weißreserven zu erzielen.

Nachstehend nun noch die markanten Vorschriften zur Bereitung der Klotzbäder mit Indigosolfarbstoffen:

Klotzbad mit Indigosol O 4 B.

40 g Indigosol O 4 B
650 g heißes Wasser
50 g Tragantschleim 60 : 1000
30 g neutrales oxalsaures Ammon oder 15 g Rhodanammon
40 g chlorsaures Natron (1 : 3)
100 g Vanadlösung (1 : 1000)

auf 1 l Wasser einstellen.

Die Ware wird mit dieser Lösung foulardiert, in der Hotflue getrocknet, eventuell mit Weiß- bzw. Rotreserve bedruckt und anschließend in der Mansarde getrocknet. Hierauf wird 5 Minuten im Schnelldämpfer gedämpft, sodann gewaschen und kochend geseift; bei Weißreserven wird nach dem Dämpfen erst durch ein heißes, mit 5 g Wasserglas pro Liter besetztes Bad genommen. In nahezu gleicher Weise wird auch mit Indigosolviolett AZB, Indigosol OR, sowie mit Indigosolgelb HCG gearbeitet, nur die Mengenverhältnisse in der Klotzlösung sind mehr oder weniger unterschiedlich.

Klotzlösung mit Indigosolorange HR.

15 g Indigosolorange HR
20 g Glyzerin
10 g Solutionssalz B
800 g warmes Wasser
50 g Tragant (60 : 1000). Nach dem Lösen dieser Ingredienzien werden
12 g Rhodanammonium sowie
5 g chlorsaures Natron zugegeben und nach erfolgter Abkühlung
50 g vanadinsaures Ammon (1 : 1000)

auf 1 l einstellen.

Die Ware wird am Foulard geklotzt, in der Hotflue getrocknet, bedruckt, 5 Minuten bei 101° C mit feuchtem Dampf im Schnelldämpfer gedämpft, gewaschen und kochend geseift.

In gleicher Weise werden Klotzlösungen mit Indigosolrosa JR extra bereitet, doch genügen bereits 5 g dieses Produkts pro Liter Klotzbad; das Dämpfen usw. geschieht ebenfalls genau so.

Beim Kapitel Zeugdruck wird das wichtige Anwendungsgebiet der Indigosole noch ausführlicher behandelt werden.

D. Die Entwicklungsfärbungen.

Unter Entwicklungsfarben versteht man Pigmente, die, an sich unlöslich, nur dadurch zur Anwendung kommen können, daß man ihre Synthese auf der Faser selbst vor sich gehen läßt. Dabei kann man so arbeiten, wie dies bei den unlöslichen Azofarbstoffen geschieht, daß man die Faser zuerst mit der einen Komponente imprägniert und dann das Pigment durch Behandeln in der Diazolösung, durch Einführung der zweiten Komponente bildet. Beim Anilinschwarz, das auch zu den Entwicklungsfarbstoffen gezählt werden soll, wird die Faser in den meisten Fällen mit der zur Oxydation in Betracht kommenden organischen Base, in Form ihres mineralsauren Salzes, sowie zugleich mit dem Oxydationsmittel und dem die Reaktion auslösenden Katalysator imprägniert; die Reaktion, die zur Bildung des schwarzen Pigments führt, wird durch Temperaturerhöhung ausgelöst.

a) Herstellung von unlöslichen Azofarbstoffen auf der Faser.

(Betanaphthol-Eisfarben und Eisfarben mit Naphthol AS und dessen Derivaten bzw. Cibanaphthol RP[1]).)

Diese Arbeitsweise umfaßt heute eine ganze Reihe von Pigmenten, die in den letzten 30 Jahren in der Textilindustrie große Bedeutung erlangt haben. Das im letzten Jahrzehnt des vergangenen Jahrhunderts in größerem Maßstabe angewendete Paranitranilinrot vermochte als gefährlicher Konkurrent des Alizarinrots aufzutreten. In noch höherem Maße übernahm dann diese Rolle das mit Naphthol AS erzeugte, in seiner Echtheit hervorragende Griesheimer Rot.

α) Betanaphthol-Eisfarben.

1. Allgemeines.

Die Azofarbstoffe entstehen durch Einwirkung der Diazolösung eines primären Amins auf eine entsprechende, meist alkalische Lösung von Phenolen, primären, sekundären oder tertiären Aminen. In den meisten Fällen geht die Bildung der Pigmente glatt vor sich. Man unterscheidet also zwei Phasen, die Diazotierung und die Kupplung, wobei unter letzterer die Einwirkung der Diazoverbindung auf das Phenol oder Amin verstanden wird. Dieser Prozeß verläuft in den meisten Fällen bei gewöhnlicher Temperatur. Das erste Verfahren, das mit Erfolg unlösliche Azofarbstoffe auf der Faser bildete, stammte aus England und war eine Erfindung von Holliday and Sons (1880). Es bestand im Imprägnieren der Faser mit einer heißen Lösung von β-Naphthol, nachfolgendem Trocknen und Eintauchen in eine Diazolösung. Darauffolgende Passage in Natronlauge bewirkte die Bildung des Farbstoffs.

---

[1]) Betreffs Anwendungsvorschriften von Cibanaphthol RP siehe die Broschüre Nr. 611 der Gesellschaft für Chemische Industrie in Basel: „Cibanaphthol RP. Stückfärbungen und Baumwolldruck."

Bei der geringen Löslichkeit der Naphthole in Wasser war die resultierende Färbung mager und unansehnlich. Das Verfahren erlangte erst in dem Augenblicke praktische Bedeutung, als man statt des Naphthols das sehr leicht lösliche Naphtholnatrium anwandte, wodurch außerdem das der Kupplung günstige alkalische Reaktionsmedium geschaffen wurde. Die Entwicklung bzw. Kupplung erfolgte durch Behandlung der naphtholierten Ware in einer mittels Kreide neutralisierten Diazolösung. Entgegen dem älteren Verfahren bildet sich das Rot sofort und in einer weit höheren Intensität.

Im Prinzip arbeitet man auch heute noch in dieser Weise; allerdings hat das Verfahren im Laufe der Zeit durch mannigfaltige Verbesserungen — auf Grund eingehenden Studiums der dabei vor sich gehenden Prozesse — eine große Vollkommenheit erlangt und ist der Ausbau der Methoden zur Herstellung von unlöslichen Azofarbstoffen auf der Faser ganz besonders von den Farbwerken vorm. Meister, Lucius & Brüning in Höchst a. M. gefördert worden.

Hinsichtlich der intimeren Vorgänge bei der Bildung von unlöslichen Azofarbstoffen auf der Faser sind eingehende Untersuchungen vorgenommen worden[1]). Zunächst stellte es sich heraus, daß die Naphthol-Natriumlösung eine kolloide Lösung darstellt, in der ein Teil des Naphthols in submikroskopischem Zustand, der andere jedoch in sehr hochdisperser Form, jedenfalls amikronischer Dispersität, enthalten ist. Neueste Untersuchungen haben diesen Befund bestätigt und die gleichen Verhältnisse auch für Naphthol AS festgestellt[2]).

Die ultra-mikroskopische Untersuchung der Diazolösungen ergibt, daß dieselben optisch leer sind, den Diazokörper also vermutlich in molekulardisperser Form enthalten. Infolge dieses Zustandes ist die β-Naphthollösung imstande, wenigstens mit einem Anteil der dispersen Phase ins Innere der Faser zu dringen, daher auch im Lumen derselben Naphthol abzulagern. Die Diazolösung nimmt naturgemäß denselben Weg, so daß auch im Innern der Faser die Bildung des Pigmentes beobachtet werden kann.

Zu bemerken ist ferner, daß man den Naphthollösungen immer gewisse Mengen Türkischrotöl zugibt, wodurch beim Eisrot ein dem Türkischrot ähnlicher bläulicher Strich hervorgerufen wird. Zweifellos geht die Anwendung dieser Öle bei der Herstellung der unlöslichen Azofarben auf der Faser auf die günstige Wirkung dieser Produkte bei der Türkischrotfärberei zurück. Was nun die Wirkung dieses Zusatzes anbelangt, so beruht sie zweifellos auf der Bildung eines Pigmentsols, das in „statu nascendi“ von der Faser adsorbiert wird. Die Dispersität des Pigments wird nämlich bei Anwendung von Türkischrotöl eine weit höhere, und die Untersuchungen in dieser Richtung haben ergeben, daß, je höher die Dispersität, um so blaustichiger auch der Ton des Pigmentes ist[3]). Es war daher sicher ein Fehler, wenn in gewissen Rezepten zur Herstellung von Paranitranilinrot Zusätze von Metallsalzen, z. B. Aluminiumsulfat, empfohlen wurden. Durch solche Beimengungen wurde der höheren Dispergierung entgegengearbeitet und alle in dieser Weise hergestellten Färbungen zeigten gegenüber denen in normaler Weise erzielten einen entschieden gelben Stich.

Nebenbei ist hier noch zu erwähnen, daß Sole von Paranitranilinrot in eineinfacher Weise dadurch zu erhalten sind, daß man das Pigment durch Mischung der Komponenten fällt, dann auswäscht bis alle Elektrolyte entfernt sind, und hierauf mit dest. Wasser bei etwas erhöhter Temperatur peptisiert. Beim Filtrieren resultiert ein durchscheinendes, gelb- oder blaurotes Sol, das außerordentlich stabil ist.

[1]) Haller: Färber-Ztg. 1913, S. 227. [2]) Rath: Melliands Textilber. 1924.
[3]) Haller: Färber-Ztg. 1913, S. 284.

2. Technische Ausführung der Verfahren zur Erzeugung von unlöslichen Azofarben (Betanaphtholazofarbstoffen) auf der Faser (Paranitranilinrot, Alphanaphtylaminbordeaux usw).

Für das Gelingen einer einwandfreien Färbung ist gründliche Reinigung des Färbegutes durch Bäuche und eventuell auch Chloren sehr zweckmäßig. Vielfach wird indessen auch das unausgekochte Garn bzw. die Stückware direkt gebeizt; da jedoch mit lauwarmen alkalischen Naphtholflotten gebeizt wird, so besteht die Gefahr, daß die in Alkalien löslichen Bestandteile der rohen Ware (Fette u. dgl.) in die Präparation gelangen und diese verschmutzen.

Das Abkochen der Ware erfolgt entweder in offenem oder geschlossenem Kessel mit Lauge von 2—$2^1/_4{}^0$ Be, am besten unter Zusatz von etwas Türkischrotöl zwecks Beförderung guter Durchdringung mit der Lauge. Gründliches Abwässern und Säuern ist erforderlich, eventuell auch ein Chlorieren.

Merzerisieren der Garne oder Gewebe soll nach Angabe der Farbwerke Höchst bis zu 40 % Ersparnisse sowohl an Naphthol als auch an Amin ermöglichen. Nach Erban beträgt diese Ersparnis nur 20—25 %.

Zur Herstellung von Paranitranilinrot (Eisrot) auf Garnen hat sich sowohl zum Beizen mit Naphthol als auch zum nachherigen Behandeln in der Diazolösung die sog. „Passiermaschine" von der Haubold A.-G. in Chemnitz gut bewährt. Gleichwertige Maschinen werden auch von anderer Seite, z. B. der Zittauer Maschinenfabrik, geliefert. Sehr kompendiöse Apparate für diesen Zweck baut auch Sulzer in Winterthur (Schweiz). Je nach den zu bewältigenden Produktionen wird jedoch entweder die Handarbeit auf der Terrine oder aber die maschinelle Einrichtung zur Anwendung gebracht.

Präparation in der Lösung von β-Naphthol. Es gibt zwei Naphthole, α- und β-Naphthol, wovon aber nur das letztere die klarroten Färbungen mit diazotiertem Paranitranilin liefert. α-Naphthol ergibt mit dieser Base nur bräunliche Töne von geringem technischen Wert. Der Farbenfabrikkonzern bringt zur Erzeugung von besonders blaustichigem Rot noch gewisse Spezialmarken in den Handel, z. B. das β-Naphthol R der Farbwerke Höchst, das eine Mischung von β-Naphthol mit dessen Monosulfosäure darstellt. Das Nuanciersalz von Cassella & Co. (Natronsalz der F-Säure) diente ursprünglich demselben Zweck, wurde aber als solches den Naphthollösungen zugegeben.

Außer der zur Überführung des β-Naphthols in das lösliche β-Naphthol-Natrium erforderlichen Menge Natronlauge enthält die Präparation noch bestimmte Mengen Türkischrotöl, dessen Wirkung bereits gekennzeichnet wurde.

Die Zusammensetzung der Grundierflotten ist daher beispielsweise folgende:

für gelberes Rot:		für blaueres Rot:	
25 g	β-Naphthol	25 g	β-Naphthol R
40 cm³	Natronlauge 22° Bé	50 cm³	Natronlauge 22° Bé
60 g	Türkischrotöl 50%	60 g	Türkischrotöl 50%

per 1 l Flotte.

Zur Herstellung dieser Beizbrühe wird zunächst das β-Naphthol mit der zehnfachen Menge heißen, kalkfreien Wassers gut angerührt und dann die entsprechende Menge Natronlauge 22° Bé portionenweise zugesetzt. Das Türkischrotöl wird, gesondert in heißem Wasser gelöst, der Naphthollösung zugefügt; statt Türkischrotöl kann auch die gleiche Menge Rizinusölseife gebraucht werden, wodurch blauere und klarere Färbungen entstehen. Auf gute Lösung des Naphthols ist im Interesse der Reibechtheit der resultierenden Färbung wohl zu achten. Anwendung von Kalilauge statt Natronlauge bietet keinerlei

Vorteile. Da eine Konzentrationsänderung der Naphthollösung beim Grundieren nicht stattfindet, ist alte Brühe stets verwendungsfähig; allzulange soll sie zwar nicht aufbewahrt werden, weil sie sich leicht braun färbt, trübe und schmutzig wird. Versuche, Merzerisation und Naphtholierung zu kombinieren, haben zu praktisch verwertbaren Resultaten nicht geführt[1]).

Über den Wert des Zusatzes von Verdickungsmitteln zur Grundierflotte ist man sich noch nicht einig. Im allgemeinen hat man mit solchen Zusätzen wenig Erfolg gehabt. Leim soll sich, im Gegensatz zu Gummi und Dextrin, noch am besten bewährt haben; Stärkekleister soll die Bildung eines blaustichigen Rot befördern. Vermutlich wird durch solche Zusätze die Kupplung mit der Diazoverbindung verlangsamt, was möglicherweise bei der Lösung des Problems der Färbung mit Azoentwicklern auf mechanischen Apparaten von Bedeutung werden kann.

Bei naphtholierten Garnen ist besonderes Augenmerk auf das Trocknen zu richten. Das Garn soll, ohne lange zu liegen, rasch zum Trocknen gelangen, da Licht und der Sauerstoff der Luft auf das β-Naphthol in Lösung ungünstig einwirken; ferner ist auf Säurefreiheit der Luft in den Trockenräumen zu achten. Die Stöcke, auf welche die Garne in den Trockenraum gebracht werden, imprägniert man vorher am besten mit alter Naphtholbrühe, weil sie sonst dem nassen Garn an den Auflagestellen Flotte entziehen; dadurch wird die Bildung heller Stellen beim nachträglichen Entwickeln vermieden.

Um das rasche Bräunlichwerden der naphtholierten Ware nach dem Trocknen zu verhindern — dies ist besonders bei Stückware wichtig —, hat Lauber seinerzeit einen Zusatz von alkalischen Antimonlösungen zur Grundierbrühe empfohlen, und dem Übelstand dadurch abgeholfen. Von den Farbenfabriken wurde dann ein Naphthol LC (By) in den Handel gebracht, das diesen Zusatz von Antimonsalz bereits enthält[2]).

Zwecks Präparation von Stückware arbeitet man auf der Klotzmaschine in Verbindung mit einer Hot-flue als Trockenraum. Es ist dabei Sorge zu tragen, daß die Temperatur in letzterem nicht zu hoch steigt (50—60° C genügen vollkommen), da sonst Naphthol durch Wegsublimieren verloren geht. Ablegen der imprägnierten Ware in Wagen vor dem anschließenden Trocknen ist tunlichst zu vermeiden, weil dabei die untenliegenden Stücke höhere Naphtholkonzentrationen erhalten und sich dann dunkler färben als die obenaufliegenden.

Vielfach trocknet man auch die Ware in offenen Mansarden, indem man sie einfach über ein System von hintereinander geschalteten Heizplatten leitet.

Das meist wohl unbeabsichtigte Stehenbleiben der Ware in den Trockenräumen — besonders in jenen mit Heizplatten — wirkt ungünstig, weil die Imprägnierung dadurch einen braunen Ton annimmt, der nachher die Lebhaftigkeit des Rot beeinflußt. Um den schädigenden Einfluß des Lichtes zu vermeiden, ist die imprägnierte Ware bis zur Behandlung in der Diazolösung mit Tüchern zu bedecken.

Nach erfolgter Imprägnierung in β-Naphthol-Natrium wird möglichst bald die Entwicklung des Rot in der Lösung des Diazoniumsalzes vorgenommen. Diese Färbung ist nichts anderes als die Fällung eines unlöslichen Pigments, daher in gewissem Sinne Appositionsfärbung. Bei der mikroskopischen Untersuchung zeigt sich auch in der Tat das entsprechende charakteristische Aussehen. Die Ablagerung auf der Faser ist eine unregelmäßige, wenig homogene

[1]) Erban: Azoentwickler, S. 78, Berlin 1906.

[2]) Dr. Sieber in Reichenberg empfiehlt zur Vermeidung der Bräunung naphtholierter Waren die Verwendung von Pottasche statt der Natronlauge für die Herstellung der Naphtholgrundierung. Melliands Textilberichte 1926.

und besteht ab und zu aus stäbchenförmigen Kristallen. Die Fasermembran ist, was aus der Untersuchung der Querschnitte hervorgeht, kaum gefärbt. Das Lumen zeigt jedoch mehr oder weniger starke Pigmenteinlagerungen. Bei der Pigmentbildung auf der Faser findet eine Teilchenkondensation im physikalischen Sinne statt. Dies wird durch Behandlung der gefärbten Faser mit Kupferoxydammoniak ohne weiteres klargestellt; unter dem Ultra-Mikroskop beobachtet man beim Einwirken des Reagens auf die Zellulose deutlich den Zerfall der aufgelagerten groben Farbstoffmassen in goldgelb leuchtende Submikronen[1]). Je mehr eine Färbemethode die interimistische Bildung von hochdispersen Pigmentsubmikronen begünstigt, um so blaustichiger und lebhafter ist das entstehende Rot. Veranlassen die angewandten Färbeverfahren die Bildung von Teilchen niederer Dispersität, so wird man ein gelbstichiges Rot erhalten[2]).

Was nun die technische Ausführung der Behandlung in der Diazolösung anbelangt, so sind die diesem Zwecke dienenden mechanischen Einrichtungen dieselben, wie sie beim Imprägnieren in β-Naphthol Verwendung finden. Anschließend an die Passage durch das Entwicklungsbad folgt eine kurze Passage in der Luft, um der Kupplung Gelegenheit zu geben vollständig zu werden, dann wäscht man gründlich aus.

Bei Garnen achtet man darauf, daß der gut ausgekühlte Strang, ohne allzu starkes Zusammenpressen, rasch und vollständig in die Diazolösung eingetaucht wird. Das Netzen wird durch die in der Präparation enthaltenen Ölpräparate befördert. Bei wiederholtem Eintauchen allenfalls nicht verschwindende Flecken rühren von ungenügender Reinigung des Färbegutes her. Nach dem Eintauchen kann die gefärbte Ware, gut abgewunden, auf Haufen nicht allzulange liegen bleiben. Da Diazolösungen durch das direkte Sonnenlicht leicht in schmierige, harzige Substanzen verwandelt werden, deckt man die nasse, gefärbte Ware vor dem endgültigen Auswaschen zu. Zur Erzielung einer satten Färbung muß die Diazolösung im Überschuß verwendet werden; außerdem muß die Konzentration derselben eine entsprechende sein, um die Kupplung möglichst zu beschleunigen und dadurch die Bildung des Rot auf und in der Faser zu veranlassen. Infolge ungleicher Wirkung der Kapillarität (das saure Wasser steigt in der Faser rascher als die Diazoverbindung) erfolgt besonders bei zu langsamem oder unvollständigem Eintauchen ungleichmäßige Kupplung und damit die Bildung von Flecken im Färbegut. Man vermeidet diesen Übelstand dadurch, daß man der Diazolösung Dextrin zusetzt[3]). 2 kg Dextrin per 100 l Entwicklungsbad sind hinreichend; man beachte aber, daß für diesen Zweck nur weißes Dextrin brauchbar ist.

Das Entwickeln von in Naphthol präparierter Stückware erfolgt auf einem einfachen Foulard mit Gummiwalzen. Die Diazolösung wird in einen hölzernen Trog gefüllt, der einige Leitrollen enthält, und die Ware dann nach dem Passieren des Entwicklungsbades gut zwischen den beiden Quetschwalzen abgepreßt. Es folgt eine kurze Luftpassage, um der völligen Umnetzung die nötige Zeit zu geben, worauf gründlich mit viel Wasser gewaschen wird. Damit der sich stets in der Diazolösung bildende Schaum nicht störend wirke, läßt man die Gewebe durch einen Schlitz in die Flotte tauchen, der gebildet wird durch die eine Trogwand und durch ein etwa 5—10 cm zu derselben paralleles Brett, das aber in die Entwicklungsflotte eintauchen muß.

---

[1]) Chem. Zeitung 1912, S. 182.

[2]) Färber-Ztg. 1913, S. 306; Zeitschr. f. Farben-Ind. 1906, S. 106, sowie die Dissertation von Gertrud Eder, Brünn. Juli 1925.

[3]) Erban: Azoentwickler S. 117–119.

Zingg hat übrigens, wie schon erwähnt, eine eigens diesem Zwecke dienende Vorrichtung konstruiert, welche den Zweck verfolgt, die Ware während der Entwicklung in der Diazolösung vollkommen von der Berührung mit dem Schaum der Flotte fernzuhalten[1]).

Zum Schluß soll noch darauf hingewiesen werden, daß auch hier möglichst alle Kupferbestandteile an den Färbeapparaturen wegzulassen sind. Insbesondere wirkt Kupfer rasch zersetzend auf die Diazolösungen ein. Weiter trüben auch geringe Kupfermengen die resultierende Färbung sehr stark; größere Mengen Kupfersalze entweder in der Naphtholbrühe oder in der Diazolösung verursachen die Bildung eines Braun statt eines Rot. Die saure Flotte kann Veranlassung zur Bildung von löslichen Kupfersalzen geben, die dann mit der Flotte auf die Ware gelangen und den Ton der Färbung empfindlich beeinflussen.

Die Diazolösung wird folgendermaßen hergestellt:

280 g	Paranitranilin werden in
1200 cm³	kochendem Wasser unter Zusatz von
440 cm³	Salzsäure 22° Bé gelöst. Man kühlt unter gutem Rühren ab, wobei sich das salzsaure Paranitranilin in feinschlammiger Form ausscheidet, und setzt dann
1000 cm³	kaltes Wasser und
1000 g	Eis, sowie bei 0–2° C
520 g	Natriumnitritlösung (290 g per 1 l) zu. Nach gutem Umrühren wird durch ein Tuch filtriert, vor Gebrauch zugesetzt:
600 g	Natriumazetat und auf
10000 cm³	mit kaltem, am besten Eiswasser, verdünnt.

Folgende Vorschrift zur Herstellung von Paranitrodiazoniumchloridlösung stammt von Dr. *Erban*:

5600 g	Paranitranilin pulv. werden mit
4000 cm³	kochendem Wasser angeteigt, abgekühlt, dann
3120 g	Natriumnitrit in
20000 cm³	Wasser gelöst zugegeben, ferner:
40000 g	Eis
80000 g	kaltes Wasser sowie
11480 g	Salzsäure 20° Bé unter gutem Rühren zugesetzt. Vor Gebrauch:
12000 g	essigsaures Natron und
4000 g	weißes Dextrin in
29700 g	heißem Wasser gelöst zugeben und erkalten lassen.

Diese beiden Vorschriften haben sich in der Praxis gut bewährt. Es gibt aber noch eine große Zahl von Varianten, die in dem schon mehrfach angezogenen Werke von *Erban*, das die Azoentwickler und die Färbeoperationen mit denselben monographisch behandelt, angeführt sind[2]). Es sei an dieser Stelle auch auf die einschlägigen Veröffentlichungen der Farbenfabriken, insbesondere der der *Farbwerke Höchst*, hingewiesen:

Nachbehandlung der fertigen Färbungen. Der Entwicklung folgt ein gründliches Waschen, da der Färbeware gewisse Mengen Pigment anhaften, die nicht normal fixiert sind und so zu ungenügender Reibechtheit Veranlassung geben würden.

Bei Garnen wechselt man deshalb das Waschwasser, wenn von Hand gewaschen wird, mindestens viermal. Besser und gründlicher arbeiten aber die modernen *Garnwaschmaschinen*, von denen insbesondere die von *Gebr. Sulzer in Winterthur (Schweiz)* konstruierte nach den Erfahrungen des Verfassers vorzüglich arbeitet. Auf das Waschen folgt ein kochendes Seifen

[1]) Zittauer Maschinenfabrik. [2]) S. 157–206.

in einer Lösung von Kaliseife, die den Blaustich des Rot günstiger beeinflußt als die Natronseifen.

Ein Chloren ist nicht unbedingt erforderlich, es erhöht aber die Waschechtheit des Rot. Man verwendet dazu eine Lösung von 1,5% Chlorkalk vom Gewicht des Färbeguts und behandelt dann mit verdünnter Salzsäure nach.

Eine eigentümliche Beobachtung machte v. Schemm in Bocholt, indem er fand, daß eine Nachbehandlung von Paranitranilinrot mit heißen, 20proz. Kochsalzlösungen den Blaustich des Rot besonders günstig beeinflußt. Die kräftigste Wirkung zeigt sich beim Kochen in der Salzlösung. Dieser Einfluß scheint eine Folge der Pigmentteilchenkonglomeration zu sein, wie sie Verfasser seinerzeit beim Behandeln von Azofarbenfärbungen in kochendem Wasser beobachtete[1]).

Das Trocknen des fertigen Rot soll nicht bei zu hoher Temperatur erfolgen, da sonst das Rot eine ziegelrote Farbe annimmt, die sich allerdings beim Abkühlen verliert, aber niemals vollständig zurückgeht. Für Garne verwendet man zu diesem Zwecke am besten die kontinuierlichen Lufttrockenmaschinen, von denen die von Gebr. Sulzer in Winterthur konstruierte außerordentlich zweckmäßig arbeitet. Stücke werden am besten nicht auf der Zylindertrockenmaschine, sondern auf der Hot-flue bei etwa 60—70° C getrocknet.

Im Laufe der vergangenen Jahre haben sich aber verschiedene andere Verfahren zur Entwicklung der unlöslichen Azofarbstoffe auf der Faser herausgebildet. Als erster Erfolg in dieser Richtung muß das von der Bad. Anilin- und Soda-Fabrik hergestellte Nitrosamin genannt werden. Die Einführung dieses Produktes in die Färbereipraxis erregte allgemeine Aufmerksamkeit, weil dadurch die Möglichkeit gegeben schien, zu einem Einbadverfahren für Pararot zu gelangen. Im Verlauf der praktischen Erprobungen zeigte sich jedoch, daß das Nitrosamin nur als stabiler Körper an sich von Bedeutung war; Mischungen mit Betanaphthol zum Zwecke der Ausarbeitung einer Einbadfärbemethode ergaben nur sehr unbefriedigende Resultate, da sich der größte Teil des Pigments vorzeitig bildete.

Nitrosamin wird durch Einwirkung von Alkali auf eine Lösung von Paranitrodiazoniumchlorid hergestellt und als brauner Teig in den Handel gebracht. Durch einfaches Ansäuern des mit kaltem Wasser verrührten Nitrosaminteiges läßt sich die Diazolösung regenerieren.

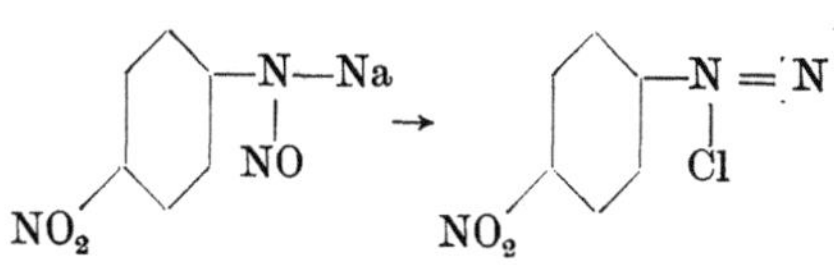

Zur Herstellung von Pararot wird die wie üblich naphtholierte Ware in einer Foulard-Maschine mit der aus Nitrosamin hergestellten Diazolösung entwickelt:

800 g	Nitrosamin-Teig werden mit
6000 g	Wasser von 20° C angerührt, dann mit
370 g	Salzsäure 30% versetzt und gut durchgerührt, bis der anfangs entstehende Niederschlag sich löst; hierauf werden
400 g	Natriumazetat zugegeben und mit Wasser auf
10 l	verdünnt.

Die Nachbehandlung geschieht genau so wie bei der Entwicklung mit Paranitranilin angegeben.

Erban[2]) verbesserte das Verfahren insofern, als er statt Salzsäure Schwefelsäure verwendete und die Säure nicht der Nitrosaminlösung zugab, sondern umgekehrt das Nitrosamin in die Säure fließen ließ; dadurch wurde verhindert,

[1]) Melliands Textilberichte 1925, S. 669—673. [2]) Azoentwickler S. 220—221.

daß unangenehme Reaktionen zwischen dem freien Diazokörper und noch unverändertem Nitrosamin eintreten. Außerdem wirkt die Schwefelsäure günstig auf die Haltbarkeit der Diazolösung. Die Arbeitsweise ist die folgende:

15	kg	Nitrosamin-Teig werden mit
60	l	Wasser angerührt und unter gutem Rühren in die vorher zubereitete, erkaltete Mischung von:
{1224	cm^3	konz. Schwefelsäure 66° Bé in
{9104	cm^3	Wasser eingerührt. Man läßt $^3/_4$ Std. stehen und gibt noch
12,2	l	kaltes Wasser zu; zuletzt noch
4	kg	Natriumazetat und eventuell
2	kg	Dextrin gelöst in
10	l	Wasser.

v. Gallois gelang nachher eine besonders wertvolle Verbesserung auf dem Gebiete der Herstellung stabiler Diazokörper; die von ihm haltbar gemachte Diazoverbindung wurde dann von den Höchster Farbwerken unter dem Namen Azophorrot PN in den Handel gebracht.

Man hatte nämlich anderwärts beobachtet, daß Sulfate von Diazokörpern mit naphthalinsulfosauren Salzen stabile Doppelverbindungen gaben. v. Gallois modifizierte nun diese Beobachtung, indem er mit anorganischen Sulfaten Versuche anstellte; er fand dabei eine zweckdienliche Substanz im Tonerdesulfat. Kristallisierte Verbindungen waren allerdings auf diese Weise nicht zu erhalten, doch konnte man durch Eindampfen von Diazoverbindungen mit Tonerdesulfat im Vakuum amorphe Körper von außerordentlicher Stabilität herstellen, aus denen sich die Diazoverbindungen mit Leichtigkeit regenerierten. Nähere diesbezügliche Angaben sind in dem erwähnten Erban schen Werke[1]) enthalten.

Das Azophorrot ist in Form von unregelmäßig geformten, groben Körnern von gelbbrauner Farbe im Handel. Es löst sich leicht in kaltem Wasser unter Bildung eines bräunlichen Schaumes, der vor Verwendung abgeschöpft wird. Die in bezug auf Explosibilität (man denke an die in trockenem Zustand mit großer Gewalt explodierenden Diazokörper) unternommenen Versuche haben die absolute Gefahrlosigkeit des Produktes dargetan.

Zur Herstellung einer zum Färben geeigneten Diazolösung verfährt man am besten in der Weise, daß man die entsprechende Menge Azophorrot in einem Holzfaß mit kaltem Wasser anteigt bzw. verrührt bis alles gelöst ist, und dann 1 Std. stehen läßt. Hierauf wird durch ein Tuch filtriert und die saure Azophorrotlösung mit verdünnter Natronlauge neutralisiert.

Die Höchster Farbwerke empfehlen folgende Vorschrift zum Entwickeln von naphtholiertem Garn:

4500—5600 g	Azophorrot PN werden mit
30 l	kaltem Wasser gelöst. Man läßt $^1/_2$—1 Stunde stehen, filtriert vom Schlamm ab und wäscht letzteren noch mit
10 l	kaltem Wasser aus. Man erhält so
40 l	saure Azophorrotlösung.

Dieselbe wird hierauf mit:

2—2$^1/_2$ l	Natronlauge 22° Bé
8—7$^1/_2$ l	Wasser
10 l	verdünnter Lauge

neutralisiert, indem man die Lauge in kleinen Portionen unter andauerndem Rühren zugibt; die anfangs sich bildende flockige Fällung muß vollständig verschwinden. Durch diesen Zusatz von Lauge erhält man 50 l gebrauchsfertiger Entwicklungsflotte.

[1]) S. 239—241.

Das Hantieren mit dem Garn erfolgt genau so, wie früher bei Paranitranilinentwicklung angegeben.

Erban hat gefunden, daß ein Zusatz von Borax zu den Azophorentwicklungsbädern nicht nur die Kupplung auffallend beschleunigt, sondern daß auch das erzielte Rot einen hervorragenden Blaustich aufweist; außerdem scheint sich die Ware unter dem Einfluß dieses Zusatzes viel besser zu netzen. Der Borax bildet mit der Tonerde des Azophorrots aller Wahrscheinlichkeit nach ein Aluminiumsulfoborat. Der Zusatz geschieht am besten in Verbindung mit der Lauge, indem man zum Verdünnen derselben eine 5proz. Boraxlösung benutzt. Magnesiumsulfat soll in ähnlicher Weise wirken.

In der Folge erschienen noch andere derartige Produkte auf dem Markte, z. B. das von Cassella & Co. in Frankfurt a. M. dargestellte Nitrazol CF. Bei der Fabrikation dieser Substanz wird zur Stabilisierung der durch Einwirkung von gasförmiger salpetriger Säure auf das Sulfat des Amins hergestellten Diazoverbindung Natriumsulfat angewendet. Das Natriumsulfat wird der Lösung der Diazoverbindung in so großen Mengen zugesetzt, daß die Masse kristallinisch erstarrt. Das Ansetzen der Entwicklungsflotte mit Nitrazol CF geschieht in folgender Weise:

Flotte A	8 Kilo Nitrazol CF werden in
	25 Liter Wasser bei gewöhnlicher Temperatur gelöst und mit Wasser auf
	75 l eingestellt.

In einem anderen Gefäß werden:

Flotte B	1 l 225 cm³	Natronlauge 40 ° Bé mit
	10 l	Wasser verdünnt, alsdann mit
	90 g	essigsaurem Natron, in
	10 l	Wasser gelöst, versetzt und mit Wasser auf
	25 l eingestellt.	

Zum Entwickeln verwendet man:

3 Teile Flotte A und
1 Teil Flotte B.

Die gebrauchsfertige, mit Natriumazetat versetzte Diazolösung darf Methylorange-Papier nicht röten; andernfalls ist vorsichtig noch etwas essigsaures Natron oder verdünnte Natronlauge zuzusetzen.

Der Trog der Foulard-Maschine wird mit dieser Entwicklungsflotte gefüllt und während des Durchlaufes der Ware dem Verbrauch entsprechend frische Diazolösung nachgespeist (stets 3 Teile Flotte A und 1 Teil Flotte B).

Die weitere Behandlung der gefärbten Stücke entspricht durchaus der für Pararot allgemein üblichen und bereits erläuterten Arbeitsweise.

Erban machte den erwähnenswerten Vorschlag, eine Mischung von Nitrosamin mit Azophorrot PN bzw. Nitrazol zur Herstellung der Diazolösung zu verwenden. Eine besondere Neutralisation der beiden letztgenannten Produkte wäre dann überflüssig. Die diesbezüglichen Angaben Erbans lauten:

	6670 g	Nitrazol CF gelöst in
	40 l	Wasser, in diese Lösung einrühren:
	8830 g	Nitrosamin
	40 l	Wasser
	auf 90 l	stellen und zugeben:
	3 kg	essigsaures Natron.
bzw.	7500 g	Azophorrot PN in
	40—50 l	Wasser gelöst. Dann zugeben:
	5333 g	Nitrosaminteig
	30 l	Wasser.

Man läßt die betreffende Mischlösung absetzen und zieht das Klare ab; den Rückstand wäscht man auf dem Filter mit 7 Liter Wasser aus und gibt diese restliche Lösung dem klaren Ansatz zu.

Die hiermit beendete Abhandlung über die Herstellung von Pararot wurde deshalb besonders ausführlich gestaltet, weil sich die anderen Methoden zur Erzeugung von unlöslichen Azofarbstoffen (Eisfarben) auf der Faser ganz eng an diese noch vielfach angewendete Arbeitsweise anlehnen.

Die Zahl der analog dem Pararot mit anderen Basen herstellbaren Farbtöne ist ziemlich groß, doch haben eigentlich nur verhältnismäßig wenige die entsprechende praktische Anwendung gefunden.

Sehr lebhafte Orangetöne sind genau nach der gleichen Vorschrift wie für Paranitranilinrot angegeben, mit dem Metanitranilin zu erzielen. Von den Farbwerken Höchst wurde die stabilisierte Diazoverbindung dieser Base unter dem Namen Azophororange in den Handel gebracht. Dieser Orangefärbung kommt als Ätzdruckartikel für Exportzwecke noch eine große Bedeutung zu.

Die Echtheitseigenschaften des Paranitranilinrot sowie des m-Nitranilinorange sind nicht besonders hervorragende. Vor allen Dingen ist die Reibechtheit mangelhaft, wie übrigens bei jeder Appositionsfärbung. Allerdings hängt die Reibechtheit von der bei der Herstellungsweise angewendeten größeren oder geringeren Sorgfalt ab und wohl auch von der Besonderheit der betreffenden Arbeitsmethode selbst. Je feiner dispers die Ablagerungen des Pigmentes sind, um so größer wird auch die Reibechtheit sein.

Die Lichtechtheit läßt gleichfalls zu wünschen übrig; schon nach der verhältnismäßig kurzen Belichtungszeit von 14 Tagen nimmt das Rot einen stumpfen, ziegelroten Ton an. Waschechtheit sowie Säureechtheit sind jedoch befriedigend.

Die Lichtechtheit soll nach einer Angabe von Scheurer durch eine Behandlung mit verdünnter Salpetersäure verbessert werden.

Nächst dem Paranitranilinrot ist das Naphthylaminbordeaux am wichtigsten. Zur Herstellung dieser Färbung wird die Ware wie üblich in β-Naphthol grundiert. Die Naphthollösung unterscheidet sich nur wenig von der beim Pararot verwendeten. Während jedoch beim Paranitranilinrot ein Zusatz von Ölpräparaten zur Naphthollösung zur vollen Entfaltung des Blaustichs erforderlich ist, wirkt dieser Zusatz beim Naphthylaminbordeaux ungünstig. Man arbeitet daher mit folgender Grundierbrühe:

250 g	β-Naphthol mit
500 cm³	Natronlauge 22° Bé und
2000 cm³	kochendheißem Wasser lösen. Hierauf
750 g	Tragantschleim (60 : 1000) und
5000 cm³	kaltes Wasser zusetzen. Einstellen auf
10 l.	

Die naphtholierte und getrocknete Ware wird hierauf auf dem Foulard durch nachstehend angegebene Entwicklungsflotte genommen:

{ 143 g	α-Naphthylaminbase werden mit
{ 3000 cm³	heißem Wasser und
{ 100 cm³	Salzsäure 22° Bé gelöst, abgekühlt, dann
200 cm³	Salzsäure 22° Bé und
2000 g	Eis zugegeben. Man kühlt auf 0—2° C ab und gibt unter Rühren:
260 cm³	Natriumnitritlösung (290 per 1 l) zu, filtriert, setzt dann vor Gebrauch noch
300 g	Natriumazetat zu und stellt mit kaltem Wasser auf:
10 l.	

Statt mit α-Naphthylaminbase kann auch mit salzsaurem α-Naphthylamin in Teig (36proz.) oder mit α-Naphthylaminsalz S-Pulver gearbeitet werden. Man gebraucht 500 g α-Naphthylamin in Teig 36proz. bzw. 192 g α-Naphthylaminsalz S-Pulver pro 10 l Diazolösung; zur Diazotierung wird sowohl das eine wie das andere Produkt mit kaltem Wasser angeteigt, das erstere dann mit 200 cm^3 Salzsäure 22° Bé, das letztere jedoch mit 100 g Schwefelsäure 66° Bé gelöst.

Zwecks Erzielung einer dunklen Granatnuance verwendet man eine Betanaphthollösung mit geringem Zusatz von α-Naphthol:

22 g	β-Naphthol und
3 g	α-Naphthol gelöst in
40 cm^3	Natronlauge 22° Bé und
200 cm^3	heißem Wasser. Dann Zusatz von
50 g	Tragantschleim (60 : 1000) und einstellen auf
1 l.	

Wird naphtholierte Ware auf dem Trockenzylinder getrocknet — was übrigens seltener geschieht — so arbeitet man zweckmäßig mit der bereits erwähnten, von Dr. Lauber und Dr. Caberti empfohlenen antimonhaltigen Naphtholgrundierung; dieser Zusatz von alkalischer Antimonoxydlösung verhindert das ungünstigwirkende Braunwerden der imprägnierten Ware auf den heißen Metallflächen und während längerem Liegen der Gewebe vor dem Ausfärben. Eine derartige Naphtholflotte hat z. B. folgende Zusammensetzung:

300 g	β-Naphthol
450 cm^3	Natronlauge 22° Bé
1000 cm^3	heißes Wasser
800 g	Tragantschleim 60 : 1000
2000 cm^3	heißes Wasser
30 g	Brechweinstein gepulvert
300 g	Glyzerin
1000 cm^3	heißes Wasser

Einstellen auf 1 l.

Die Echtheitseigenschaften von Naphthylaminbordeaux sind im allgemeinen recht gut, nur die Lichtechtheit läßt zu wünschen übrig.

Zu erwähnen ist noch das Dianisidinblau, welchem früher auf Stückware besonders in Zeugdruckereien für bestimmte Artikel ein gewisses Anwendungsgebiet zukam. Seit der Einführung der Naphthol AS-Farben ist diese Fabrikationsmethode durch das sowohl in allen Zweigen der Baumwollechtfärberei als auch in der Druckerei sehr gut verwendbare Naphthol AS-Blau verdrängt worden. Dianisidinblau weist beachtliche Echtheit auf, aber auch unangenehme Eigenschaften wie z. B. die geringe Säureechtheit, weshalb die Höchster Farbwerke noch ein spezielles Naphthol D für schweißechtes Dianisidin herausbrachten. Ferner wurde die haltbar gemachte Diazoverbindung unter der Bezeichnung Azophorblau hergestellt.

Naphtholierung für Dianisidinblau:

25 g	β-Naphthol oder Naphthol D
200 cm^3	Wasser
50 cm^3	Natronlauge 22° Bé
50 g	Rizinusölseife
15 g	essigsaures Natron
500 cm^3	Wasser

Auf 1 l einstellen.

Rizinusölseife wird (nach Dr. J. Wojcik) bereitet, indem man zuerst

10 kg Rizinusöl (erster Pressung) mit
8,5 kg Natronlauge 22° Bé gut verrührt und dann 1 Stunde kocht; nach 4—5 Stunden, wenn die Seife ziemlich abgekühlt ist, werden
2,2 kg Salzsäure 20° Bé zugegeben. Hierauf wird noch 1/2 Stunde gekocht, dann erkalten gelassen und die dabei mitgebildete Kochsalzlösung abgezogen.

Die naphtholierte Ware wird am besten auf der Hot-flue getrocknet und dann in der für Eisfarben üblichen Weise in einem Foulard mit der nach nachstehend angegebener Rezeptur hergestellten Diazolösung entwickelt:

{	83 g	Dianisidinsalz (Dianisidinsulfat)
{	50 cm^3	Salzsäure 22° Bé
{	200 cm^3	heißes Wasser; läßt erkalten und setzt zu:
	1000 cm^3	Eiswasser
	140 cm^3	Natriumnitritlösung (290 per 2 l). Man läßt dann 10 Minuten stehen, filtriert, gibt vor Gebrauch
	300 cm^3	Kupferchloridlösung 40° Bé sowie
	20 g	Chromsäure gelöst in
	750 g	Wasser zu und stellt auf
	10 l	

Nach der Entwicklung wird die Ware in viel Wasser gewaschen und dann 20 Minuten bei 60° C mit 2 g Seife per 1 l im Strang geseift.

Eigentümlich ist, daß in geradem Gegensatz zum Paranitranilinrot die schön blaue Nuance hier nur durch den Zusatz von Kupfersalzen zur Diazolösung hervorgerufen wird. Ebenso sind auch hier wieder Zusätze von Ölpräparaten zur Naphthollösung zur Erzielung befriedigender Resultate erforderlich. Die Chromsäure der Diazolösung erhöht deren Haltbarkeit, außerdem wird damit das Blau säureechter.

Vielfach wird das fertige Blau noch einer Dämpfoperation im Vordämpfer unterworfen, wodurch die Farbe erst völlig entwickelt werden soll.

Die Wasch- und Lichtechtheit des Dianisidinblau ist befriedigend, mangelhaft dagegen ist die Säureechtheit. Selbst durch schwache Säuren, wie sie z. B. im Schweiß vorkommen, erhält das Blau einen unangenehmen, fuchsigen, roten Stich.

Für die Färberei von sehr geringer Bedeutung sind die roten, etwas gelbstichigen Farbtöne, welche man mit Hilfe von p-nitro-ortho-Anisidin erhält. Die Diazotierung erfolgt ähnlich wie beim Paranitranilin. Da dieser Körper vorzugsweise für die Druckerei Bedeutung hat, soll bezüglich der Diazotierungsvorschriften auf diesen Teil verwiesen sein.

In ähnlicher Weise wie das Paranitranilin angewendet, liefern das Benzidin, dann das Tolidin lebhafte Brauntöne, die aber für die Färberei kaum noch Bedeutung besitzen.

β) Griesheimer Rot und verwandte Azofarbstoffe aus Naphthol AS-Derivaten und Cibanaphthol RP.

(Eisfarben auf Basis von Naphthol AS.)

1. Allgemeines und Theoretisches.

In neuerer Zeit, seit 1912, haben diejenigen Azofarbstoffe große Bedeutung erlangt, die sich vom Naphthol AS und dessen Abkömmlingen ableiten, Substanzen, welche vorzugsweise von den Farbwerken Griesheim-Elektron in den Handel gebracht wurden. Eine ganze Anzahl der damit hergestellten Färbungen zeigt eine Echtheit, die diejenige des Paranitranilinrot weit überragt und nahe an jene des Alizarinrot heranreicht.

Das Naphthol AS ist das β-Oxynaphthoesäureanilid von der Formel:

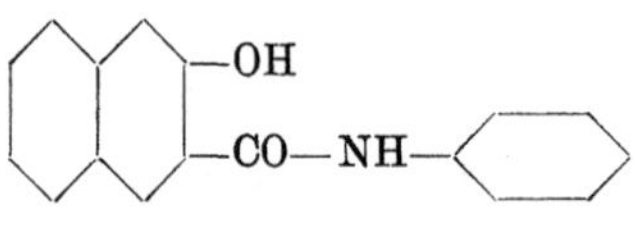

In der Behandlung des zu färbenden Materials tritt gegenüber allen bisher behandelten Farbstoffen eine prinzipielle Änderung insofern ein, als die große Sorgfalt, mit der, wie gezeigt wurde, die mit β-Naphthol präparierte Ware vor dem Entwickeln getrocknet werden muß, hier überflüssig wird, da das imprägnierte Färbegut naß zur Entwicklung gelangt. Es genügt, wenn die präparierte Ware bei Garnen durch Zentrifugieren, bei Stückware durch gutes Auspressen vom Überschuß der Präparation befreit wird.

Aber auch in anderer Hinsicht unterscheiden sich diese Produkte von dem β-Naphthol. Wir haben früher gesehen, daß dieses nur z. T. kolloid in Lösung ist, der größte Teil befindet sich aber in molekulardisperser, jedenfalls aber hochdisperser Form. Die Dialyse von β-Naphthollösungen[1]) hat deutlich gezeigt, daß der größte Teil des Naphthols die Membran rasch durchdringt. Es findet daher Adsorption von β-Naphtholteilchen beim Präparieren auf der Faser nur in geringem Maße statt, weshalb auch keine bedeutende Konzentrationsänderung der Naphthollösung eintritt. Anders beim Naphthol AS und seinen Homologen. Hier ist eine typische „Substantivität" nachzuweisen, und zwar nimmt dieselbe mit der Größe des Moleküls zu. Beim Naphthol AS ist diese Eigenschaft noch am wenigsten ausgeprägt, beim Naphthol AS—SW (2,3 Oxynaphthoësäure-β-naphthalid) aber am stärksten, das Verhältnis der anderen Marken liegt zwischen diesen beiden. Vergleicht man die Konstitutionsformeln einzelner Naphthol AS-Abkömmlinge:

Naphthol AS:

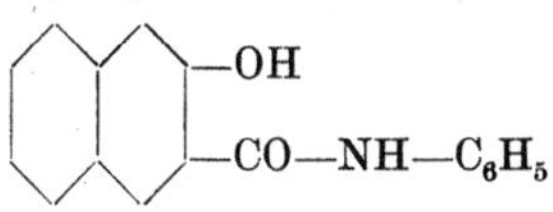

Naphthol AS—BS:

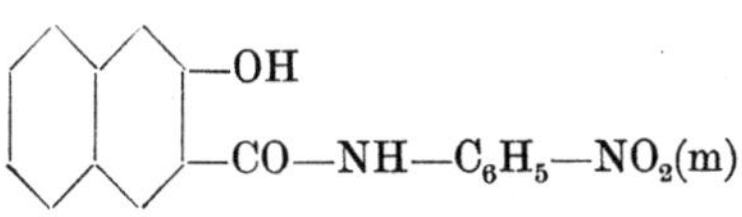

Naphthol AS—BO:

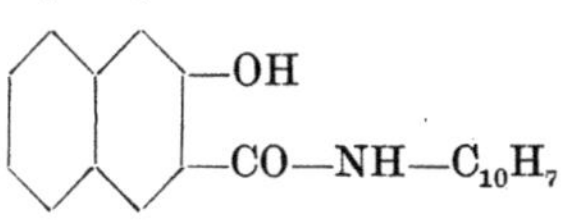

Naphthol AS—G:

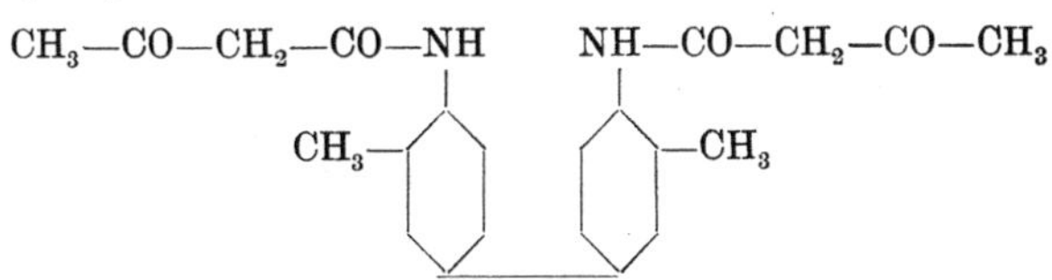

so sieht man sofort die zunehmende Molekulargröße, die in vielen Fällen den Übergang von molekulardispersen zu kolloiden Lösungen bedingt. Je größer das Molekül, um so niedriger dispers zeigt sich die Lösung eines dieser Naphthole unter dem Ultra-Mikroskop. Durch Ultrafiltration mit Filtern bestimmter Porenweite kann die gelöste Substanz völlig zurückgehalten werden. Je niedriger der Dispersitätsgrad, um so geringer ist auch die Löslichkeit der einzelnen Substanzen. Zusätze von Elektrolyten bewirken, ähnlich wie bei den substantiven Farbstoffen, kräftigeres Aufziehen der gelösten Substanz. Durch das „Altern" von Lösungen der Naphthol AS-Gruppe werden Dispersitätsverringerungen hervorgerufen, welche bei einer langen Dauer des Stehens zur Ausflockung führen. Diese Veränderung des Dispersitätsgrades läßt sich durch Zusätze von Schutzkolloiden, wie Türkischrotöl oder Leim hintanhalten. Für jedes dieser verschiedenen Naphthole besteht ein gewisses Optimum des Aufziehens, das durch Veränderung der Temperatur,

---

[1]) Haller: Färber-Ztg. 1913, S. 227, 257, 305.

unter Umständen unterstützt durch die Wirkung von Elektrolytzusätzen, festzustellen ist[1]).

Wir sehen also, daß das Verweilen von Baumwolle in den Lösungen dieser Produkte stets eine geringere oder größere Konzentrationsänderung zur Folge haben wird. Dieser Umstand ist daher bei der Präparation des Färbegutes, besonders aber bei der Wiederverwendung gebrauchter Grundierbäder, besonders zu beachten.

Bei Naphtholierungen, welchen nicht eine sofortige Zwischentrocknung folgt, wie letztere meist nur in der Stückfärberei angewendet wird, setzt man der bereits verdünnten und auf ca. 30° C abgekühlten Naphtholflotte vor Gebrauch noch eine bestimmte Menge Formaldehyd zu. Naphtholgrundierungen mit Produkten der Naphthol AS-Gruppe sind nämlich beim Lagern ziemlich empfindlich gegen die Kohlensäure der Luft; das Naphtholnatrium wird durch diesen Einfluß stellenweise in freies, wesentlich schwerer kuppelndes Naphthol übergeführt und es entstehen fleckige und streifige Färbungen. Durch den Zusatz von Formaldehyd wird dieser Übelstand vermieden.

Der beim Lösen von Naphthol AS-Verbindungen zur Erhöhung des Dispersitätsgrades der Lösungen angewendete Türkischrotölzusatz spielt bei der Zugabe des Formaldehyds noch eine sehr wichtige Rolle. Fügt man nämlich zur Lösung eines AS-Naphthols in Natronlauge Formaldehyd zu, so entsteht je nach der Eigenart des betreffenden Naphthols mehr oder weniger rasch erst eine Trübung und dann eine Ausflockung, denn die Additionsverbindungen der Naphthole mit Formladehyd sind schwerer löslich. Stellt man aber die Lösung des Naphtholats unter Zusatz von Türkischrotöl her, so bewirkt Formaldehydzusatz keine Ausfällung; die Formaldehydnaphtholverbindung bleibt kolloidal in Lösung, weil das Türkischrotöl als Schutzkolloid wirkt.

Diese schützende Wirkung des Türkischrotöls kann durch Zugabe von Leim (2—3 g pro Liter) noch beträchtlich verstärkt werden, so daß eine für alle praktischen Verwendungszwecke völlig ausreichende Beständigkeit der Naphtholflotten resultiert.

2. Das Grundieren mit Naphtholaten der Naphthol AS-Gruppe.

Diese Arbeit geschieht bei Bündelgarn entweder auf der Terrine oder auf der Passiermaschine, ferner auch auf der Wanne sowie in mechanischen Färbeapparaten nach dem Packsystem. Lose Baumwolle und Kardenband werden in Packapparaten, Kreuzspulen, Kettbäume usw. in offenen oder geschlossenen Färbeapparaten naphtholiert. Von der Zittauer Maschinenfabrik A.-G. wurde ferner nach den Angaben des Färbereifachmannes Müller in Langenbielau ein Naphthol-Kontinueapparat zum Naphtholieren und Entwickeln von Kreuzspulen konstruiert, auf welcher Maschine pro Stunde 800 Spulen durch einen Bedienungsmann imprägniert bzw. entwickelt werden können. Für Kreuzspulen eignet sich jedoch in vorteilhafter Weise auch das Grundieren in Packapparaten. Das Naphtholieren von Stückwaren erfolgt wie üblich auf einem gewöhnlichen oder einem Zinggschen Foulard (Bauart Zittauer Maschinenfabrik A.-G.). Da man in der Stückfärberei besonderen Wert auf sehr gute Reibechtheit der Färbungen legt, so erfolgt Zwischentrocknung der Ware am besten entweder in der Hot-flue oder auf der Nadelmaschine (Nadelspannrahmen). Bei vorsichtigem Arbeiten durch mäßiges Anheizen der ersten Trockentamboure kann jedoch auch auf der Zylindertrockenmaschine getrocknet werden.

Da das Aufziehvermögen der AS-Naphthole in der Kälte stärker ist und mit

[1]) Rath: Textilber. 1923, S. 425—426. Ferner Karl Henkel: Einfluß der Herkunft und des Reinigungsgrades vegetabilischer Fasern auf die Aufnahme von Metallsalzen und Naphthol AS. Melliands Textilber., Jg. 1927, S. 871/872, 955—958, 1039.

steigender Temperatur abnimmt, so hält man im allgemeinen eine *Grundierungstemperatur* von 25—30° C ein.

Für den Prototyp der Griesheimer Naphthole, das Naphthol AS, sowie auch für Naphthol AS—BS gilt z. B. folgende *Lösungsvorschrift*:

1200 g	Naphthol AS oder AS—BS werden mit
2000 cm³	Türkischrotöl und
1800 cm³	Natronlauge 34° Bé angeteigt und dann mit
24 l	heißem Wasser, eventuell unter Aufkochen, klar gelöst.
	Diese Lösung wird hierauf mit kaltem Wasser
auf 24 l	aufgefüllt; bei ca. 30° C werden noch
1200 cm³	Formaldehyd 30proz. zugesetzt.

Bei Naphthol AS—BO ist ein Zusatz von Leim angezeigt:

1200 g	Naphthol AS—BS werden mit
2000 cm	Türkischrotöl und
3600 cm³	Natronlauge 34° Bé angeteigt und dann mit
24 l	heißem Wasser und
240 g	vorher gelöstem Leim, eventuell unter Aufkochen, klar gelöst.
	Diese Lösung wird hierauf mit kaltem Wasser
auf 100 l	eingestellt; bei ca. 30° C werden noch
1200 cm³	Formaldehyd 30proz. zugegeben.

Das zum Anteigen und Lösen der Naphthole mitverwendete Türkischrotöl soll ammoniakfrei sein; wird jedoch Ammoniaköl angewendet, so ist die Natronlaugenmenge zu erhöhen.

Die übrigen Naphthol AS-Derivate werden in ähnlicher Weise gelöst, die betreffenden Spezialvorschriften sind in der *Naphthol AS-Broschüre der I. G. Farbenindustrie* A.-G. enthalten. Naphthol AS—G besitzt eine geringe Affinität zur Baumwollfaser, so daß man zur besseren Ausnutzung der Bäder beim Arbeiten auf der Wanne oder in Apparaten mit Zusatz von Glaubersalz kalz. oder Gewerbesalz grundiert. Die Lösung von Naphthol AS—G verträgt auch kein Formaldehyd; da jedoch diese Grundierung an und für sich eine genügende Luftwiderstandsfähigkeit besitzt, so ist dieser Zusatz auch nicht erforderlich.

Die *Dauer der Naphtholierung* ist abhängig von der in Betracht kommenden Arbeitsweise; auf der Terrine und der Passiermaschine grundiert man $^1/_4$—1 Minute, auf der Barke und in Apparaten ca. $^1/_4$ Std. Beim Grundieren auf dem Foulard entspricht die übliche kurze Passagendauer.

Die *Konzentration der Naphtholbäder* richtet sich in erster Linie nach der erforderlichen Tiefe der herzustellenden Färbung und schwankt außerdem je nach Arbeitsweise (Barke, Terrine, Apparat, Foulard) und der Eigenart des verwendeten Naphthols im allgemeinen zwischen 2—16 g per Liter Flotte. Diesbezüglich detaillierte Angaben sind gleichfalls aus der bereits erwähnten Naphthol AS-Broschüre ersichtlich.

Der *Nachsatz für die Grundierungsbäder* ist bei den einzelnen Naphtholen verschieden, weil diese sich in der Substantivität unterscheiden. Maßgebend ist außerdem wieder die Arbeitsweise, denn je länger die Naphthollösung auf die Faser einwirkt, um so mehr muß nachgesetzt werden. Beim Arbeiten auf der Terrine und der Passiermaschine wird z. B. pro 2 Pfd. (engl.) Garn und je nach angewendetem Naphtholprodukt die $1^1/_3$ bis $2\,^1/_4$fache Menge des im Ansatzbade pro Liter enthaltenen Naphthols nachgespeist. Bei der Stückfärberei auf dem Foulard ist die Durchlaufszeit der Ware derart kurz, daß eine Konzentrationsänderung der Naphthollösung praktisch nicht in Erscheinung tritt und daher nur dem Verbrauch entsprechend gleich starke Naphtholflotte zugegeben zu werden braucht.

Nach erfolgter Grundierung muß das Baumwollmaterial (lose Baumwolle, Kardenband, Stranggarn, Kreuzspulen usw.) durch Zentrifugieren oder Abwinden bzw. Abquetschen oder Absaugen vom mechanisch anhaftenden Teil der Naphtholflotte sehr gründlich befreit werden, damit beim nachherigen Entwickeln die Bildung von Farbstoffen außerhalb der Faser möglichst hinangehalten wird.

Das naphtholierte Garn ist vor dem Einfluß direkten Sonnenlichtes, vor Chlor- und Säuredämpfen sowie auch Wassertropfen zu schützen und muß daher so bald als möglich in der entsprechenden Diazolösung entwickelt werden; wenn das Ausfärben nicht gleich anschließend an das Naphtholieren erfolgen kann, so ist es zweckmäßig, das grundierte Material in naphtholgetränkte Tücher einzuschlagen.

Bezüglich der Anwendung der verschiedenen Naphthole ist zu sagen, daß das gewissermaßen als Normalnaphthol zu betrachtende Naphthol AS mit den Diazolösungen verschiedener Basen rote, blaue, orange, braune, usw. Färbungen ergibt, jedoch in der Hauptsache für Rot zur Verwendung gelangt. Naphthol AS—BS wird eigentlich nur als Nuanciernaphthol verwendet und zwar besonders in Mischung mit Naphthol AS zur Erzielung ausgesprochen blaustichiger Rottöne. Naphthol AS—BO ist das Spezialprodukt für Bordeauxnuancen und auch für Blau; seine Kombinationen mit den Diazolösungen der entsprechenden Basen ergeben Färbungen von noch besserer Lichtechtheit als jene von Naphthol AS. Das Naphthol AS—RL ist ein Spezialnaphthol zur Herstellung sehr lichtechter Rotfärbungen im Ton eines blaustichigen Türkischrot, besonders bei Kombination mit der sog. Echtrot RL-Base; diese Färbung besitzt hervorragende Lichtechtheit und übertrifft bisher diesbezüglich alle anderen mit Naphthol AS-Derivaten erzielten Farbtöne. Naphthol AS—SW dient sowohl zur Herstellung eines leuchtenden Rot als auch zur Erzeugung von Schwarz. Naphthol AS—BG liefert mit den in Betracht kommenden Basen einerseits ein rotstichiges Braun, andererseits ein gelbstichiges Granat. Naphthol AS—BG dient in Kombination mit Echtscharlach GG-Base zur Erzeugung eines gelbstichigen Braun von hervorragender Lichtechtheit. Naphthol AS—D und Naphthol AS—TR liefern mit Diazolösungen verschiedener Basen leuchtende Scharlach- und Blaurotnuancen, die besonders für Kattundruckerei von großem Interesse sind. Mit Naphthol AS—G werden durch Kupplung mit entsprechenden Diazolösungen Gelbfärbungen erzielt.

Nach einem von den Werken Leverkusen[1]) (vorm. Friedr. Bayer & Co.) der I. G. Farbenindustrie A.-G. zum Patent angemeldeten Verfahren wird durch Vorbehandlung (vor dem Grundieren) des Fasermaterials mit Natronlauge von 10^0 Bé und dann durch Zugabe von 10 g Kasein pro Liter Diazolösung (Entwicklungsflotte) die bestmöglichste Reibechtheit der Färbungen erzielt. Durch das Vorlaugen wird die Faser aufnahmefähiger für die Grundierung und es können deshalb sowohl die Naphthol- als auch die Entwicklungsflotten schwächer angesetzt werden; schwächere Bäder ergeben bekanntlich stets reibechtere Färbungen als stärker angesetzte. Das Kasein hält überschüssigen Farbstoff von der Faser ab. Auch bei dieser Arbeitsweise ist jedoch als Endoperation gründliches Seifen erforderlich.

3. Entwicklung der Naphtholgrundierungen mit den Diazolösungen.

Die zur Herstellung der Diazolösungen dienenden Basen kommen unter folgenden Bezeichnungen in den Handel:

---

[1]) Tabellarische Übersicht über Eigenschaften und Anwendung der Farbstoffe der Farbenfabriken vorm. Friedr. Bayer & Co. in Leverkusen bei Köln a. Rh. 1. Teil. 6. Aufl. 1925.

Echtgelb GC-Base
Echtorange GC-Base
Echtorange GR-Base
Echtorange R-Base
Echtscharlach GG-Base
Echtscharlach G-Base
Echtscharlach RC-Base
Echtscharlach TR-Base
Echtrot GG-Base
Echtrot KB-Base
Echtrot TR-Base
Echrot 3 GL-Base spezial
Echtrot GL-Base
Echtrot RL-Base
Echtrot B-Base
Echtgranat GC-Base
Echtgranat GCB-Base
Echtblau B-Base
Echtschwarz LB-Base

Die Gesellschaft für chemische Industrie in Basel liefert außer Rot-Base Ciba III, Rot-Base Ciba IV, Bordeaux-Base Ciba II und Blau-Base Ciba I auch noch Violett-Base Ciba I und Violett-Base Ciba II.

Die I. G. Farbenindustrie A.-G. liefert von den meisten dieser Basen auch sog. Färbesalze (Echtorangesalz, Echtscharlachsalz, Echtrotsalz, Echtblausalz usw.), bei deren Verwendung der Diazotierungsprozeß in Wegfall kommt. Diese Färbesalze enthalten also die Base bereits in diazotierter Form; sie sind vorzüglich haltbar und leicht wasserlöslich. Die aus diesen Diazosalzen hergestellten Farbbäder sind ebenfalls sehr beständig. Durch Anwendung der Färbesalze wird daher das Färbeverfahren vereinfachter und betriebssicherer gestaltet. Das gleiche gilt von den Färbesalzen der Gesellschaft für chemische Industrie in Basel für die Entwicklung der Grundierungen mit Cibanaphthol RP.

Die Entwicklung des naphtholierten Materials wird im allgemeinen in der gleichen Weise vorgenommen wie beim Grundieren. Als Diazotierungstemperatur genügt meist 10° C, so daß bei Vorhandensein von kaltem Leitungswasser die Anwendung von Eis in der Regel nicht nötig ist. Bei einigen Basen, wie z. B. Echtrot GL-Base (m-Nitro-p-Toluidin) diazotiert man sogar zweckmäßig bei einer Temperatur von 15—18° C.

Vor Verwendung der Diazolösung wird die freie Mineralsäure derselben mit essigsaurem Natron oder mit Schlämmkreide abgestumpft (neutralisiert). Das Eintreten der vollständigen Neutralisation ist in jedem Falle durch Eintauchen von Kongorotpapier zu überprüfen.

Durch Zugabe von Aluminiumsulfat wird die Haltbarkeit der Diazolösungen während des Färbens erhöht, weil dadurch die mit dem naphtholierten Fasermaterial in das Färbebad gelangende Lauge abgebunden wird[1]). Beim Färben von loser Baumwolle sowie von merzerisiertem Garn wird jedoch die schwefelsaure Tonerde aus dem Entwicklungsbade weggelassen, vielfach auch beim Entwickeln von Kettbäumen und Kreuzspulen. Aus der Natronlauge und dem Türkischrotöl des grundierten Materials bilden sich nämlich mit dem Aluminiumsulfat der Diazolösung Aluminiumhydroxyd und Aluminiumseifen, die einerseits die Verspinnbarkeit der losen Baumwolle und andererseits den Glanz des merzerisierten Garns beeinträchtigen. In den genannten Fällen nimmt man deshalb zur Vermeidung des Alkalischwerdens der laufend benutzten Diazolösungen an Stelle des Aluminiumsulfats die gleiche Menge Essigsäure von 8° Bé. Bei der besonders empfindlichen Diazolösung von Echtrot GL-Base (m-Nitro-p-Toluidin) verwendet man jedoch anstatt schwefelsaurer Tonerde das ameisensaure Natron und setzt außerdem noch Ameisensäure zu.

Wie bei der Besprechung der Pararotherstellung hervorgehoben wurde, üben im allgemeinen Zusätze von Aluminiumsalzen sowohl auf den Farbton als auch auf die Reibechtheit der Färbungen einen minder günstigen Einfluß aus, so daß

[1]) Christ, Dr. W.: Über das Entwickeln von Naphthol AS-Rot. Melliands Textilber., Jg. 1923, S. 230/231.

eben auch hier in den besonderen Fällen das Abstumpfen mit den anderen Mitteln vorzuziehen ist.

Nach den Angaben der Griesheimer Werke der I. G. Farbenindustrie A.-G. wird z. B. die Echtrot GL-Base nach folgender Vorschrift diazotiert:

1000 g	Echtrot GL-Base werden mit
2000 cm³	heißem Wasser gut angeteigt und
500 g	Natriumnitrit zugegeben. Nach vollständiger Lösung des Nitrits kühlt man die Paste ab und trägt sie unter beständigem Rühren in
20 l	kaltes Wasser und
2000 cm³	Salzsäure 20° Bé ein. Das Ganze läßt man nun noch nach öfterem Rühren ½ Stunde stehen. Hierauf füllt man mit kaltem Wasser auf ca.
40 l	auf, neutralisiert mit
400 g	Schlämmkreide, filtriert und versetzt das Filtrat mit
1660 g	schwefelsaurer Tonerde, in ca.
5 l	Wasser gelöst.

Diese Entwicklungsflotte wird sodann auf das der Arbeitsweise entsprechende Volumen eingestellt (siehe die diesbezügliche Tabelle der Naphthol AS-Broschüre), nachdem vorher noch 50 g Kochsalz denat. (Gewerbesalz) per Liter zugesetzt worden sind.

Beim Entwickeln von Naphthol AS-grundierten Stückwaren auf dem Foulard ist zur Herstellung einer normalstarken Färbung z. B. eine Diazolösung erforderlich, die 12 g Echtrot GL-Base im Liter enthält. Durch Erhöhung der in der angegebenen Diazotierungsvorschrift enthaltenen Mengenverhältnisse um ein Fünftel (bzw. Multiplizieren mit 1,2) ergibt sich dann die Rezeptur für 100 l Entwicklungsflotte.

Ist es aus bereits genannten Gründen (beim Entwickeln von loser Baumwolle sowie merzerisiertem Garn) erforderlich, den Zusatz von Aluminiumsulfat wegzulassen, so verwendet man an dessen Stelle zum Abstumpfen:

500 g	ameisensaures Natron und gibt außerdem
750 cm³	ameisensaure Tonerde 8° Bé zu.

Die Diazotierungstemperatur wird auf ca. 15° C gehalten.

Der Zusatz von Kochsalz zur Entwicklungsflotte hat den Zweck, vorzeitiges Ablösen der Naphtholierung vom grundierten und nicht getrockneten Fasermaterial zu verhindern; beim Entwickeln zwischen getrockneter Ware ist dieser Salzzusatz nicht erforderlich.

Die Diazotierung der meisten anderen Basen geschieht in ähnlicher Weise nach gleichen Gesichtspunkten, wegen der großen Zahl dieser Basen kann im Rahmen des vorliegenden Buches hinsichtlich der speziellen Diazotierungsvorschriften gleichfalls nur auf die bereits mehrfach erwähnte Naphthol AS-Broschüre bzw. auf die betreffenden Einzelveröffentlichungen der I. G. Farbenindustrie A.-G. verwiesen werden.

Erwähnt werden sollen jedoch noch die Diazotierungsvorschriften für die Echtblau B-Base (Dianisidin) und der Echtschwarz LB-Base (o-Phenetidin → α-Naphthylamin).

1000 g	Echtblau B-Base werden mit
2000 cm³	Salzsäure 20° Bé in
20 l	kochenden Wasser gelöst. Nach dem Abkühlen gibt man
15 kg	Eis und
5 l	Wasser zu. In diese Lösung läßt man hierauf langsam unter beständigem Rühren
625 g	Natriumnitrit in
2 l	Wasser gelöst, zufließen. Nach 10 Minuten wird filtriert und mit
1250 g	essigsaurem Natron abgestumpft.

Diese Diazolösung von Dianisdin kommt nur zur Entwicklung von Stückwaren in Betracht; sie wird daher ohne jeden anderen Zusatz entsprechend der erforderlichen Konzentration eingestellt und ist sodann gebrauchsfertig. Die Diazotierungstemperatur soll 5—10° C betragen. Die Herstellung von Entwicklungsflotten für Garne wird zweckmäßig nur mit Echtblausalz B vorgenommen.

1000 g	Echtschwarz LB-Base werden in
1000 cm³	Ameisensäure 85proz. unter Umrühren gelöst, unter Rühren in
30 l	Wasser und
1000 cm³	Salzsäure 20° Bé eingetragen und sofort mit
260 g	Natriumnitrit, in
1000 cm³	Wasser gelöst, versetzt. Man rührt etwa 10 Minuten, stellt auf die erforderliche Stärke ein und stumpft mit
1000 g	essigsaurem Natron, in
3000 cm³	Wasser gelöst, ab.

Die Diazotierungstemperatur soll ca. 12° C betragen. Für Terrinen- und Foulardentwicklung kommt Echtschwarz LB-Base infolge geringer Kupplungsenergie nicht in Betracht. Für jede Garnpartie ist ein frisches Entwicklungsbad anzusetzen. Beim Arbeiten auf der Barke naphtholiert man z. B. mit 3 g Naphthol AS-SW im Liter und entwickelt mit 2,5 g Echtschwarz LB-Base pro Liter.

4. Die Arbeitsweise mit Färbesalzen.

Bei Anwendung von Färbesalzen werden die gleichen Nuancen erzielt wie mit den entsprechenden Basen. Da die Färbesalze auf Kongorotpapier neutral reagieren, so ist ein Abstumpfen mit essigsaurem Natron oder Schlämmkreide nicht erforderlich. Zur Herstellung der Farbbäder werden diese Diazosalze zuerst mit etwa der 5fachen Menge 25—30° C warmen Wassers angerührt und dann durch Übergießen mit kaltem Wasser klar gelöst. Hierauf erfolgt noch ein Zusatz von 20—50 g Kochsalz (Gewerbesalz) pro Liter bzw. das Einstellen der Entwicklungsflotte auf die jeweils erforderliche Konzentration.

Auf freie Base berechnet sind die Färbesalze im allgemeinen 20proz., einzelne jedoch auch 25proz. bzw. 40proz.

Das Entwickeln mit den sowohl aus Basen hergestellten als auch mit den fertigen Diazosalzen geschieht bei Garn auf der Terrine, der Passiermaschine oder auf der Barke. Beim Arbeiten auf der Terrine wird das Garn zweipfundweise einige Male umgezogen, bis eine Vertiefung der Färbung nicht mehr eintritt; dann wird gut ausgewunden und möglichst schnell gewaschen. Zum Entwickeln von Kreuzspulen, Kettbäumen usw. in offenen oder geschlossenen Färbeapparaten läßt man die Diazolösung zweckmäßig von außen nach innen zirkulieren. Das Entwickeln von Kettbäumen kann mit Vorteil auch auf dem sog. Umbäumeapparat ausgeführt werden. Das naphtholierte Kettgarn wird dabei auf einen zweiten Materialträger umgebäumt und durchläuft gleichzeitig in voller Breite einen mit der Entwicklungsflotte besetzten Trog. Stückware kann sowohl auf dem Foulard als auch auf der Rollenkufe oder im Jigger entwickelt werden.

5. Nachbehandlung der Färbungen.

Die sachgemäße Durchführung der Nachbehandlung von Färbungen mit Naphthol AS-Kombinationen ist von besonders wichtigem Einfluß auf die Echtheitseigenschaften und bedarf deshalb größter Sorgfalt. Das gefärbte Baumwollmaterial wird zunächst durch mehrmaliges Spülen in kaltem Wasser von der noch anhaftenden Diazolösung gründlich befreit. Wurde mit Entwicklungsflotten gearbeitet, die schwefelsaure Tonerde enthielten, so ist auch ein kurzes Absäuern zweckmäßig, um die auf der Faser entstandenen Aluminiumseifen zu entfernen. Nach dem Auswaschen der Säure wird heiß gespült und hierauf $^1/_4$ Std. kochend geseift mit etwa 1—2 g Soda kalz. und 2—3 g Seife pro Liter. Zum Schluß wird nochmals heiß und kalt gespült.

Bei der Apparatefärberei von losem Material, Kreuzspulen, Kettbäumen usw. wird an Stelle der Seifenbehandlung ein kochend heißes Spülbad gegeben. Falls es erforderlich ist, derart hergestellten Färbungen eine besonders gute Reibechtheit zu geben, so kann das Seifen mit den aus solchen Garnen hergestellten Geweben von den Buntwebereien noch nachträglich vorgenommen werden.

Durch das heiße Seifen wird nicht nur eine sehr gute Reibechtheit, sondern auch erhöhte Licht- und Chlorechtheit der Färbungen erzielt. Nach interessanten Feststellungen von Löchner[1]) bezüglich Lichtechtheit von Naphthol AS-Kombinationen ist der Grad dieser Echtheit eine reine Funktion der mehr oder weniger intensiven heißen Nachbehandlung und unabhängig von etwa anhaftenden Naphthol- oder Basenresten. Auf Grund der Forschungsergebnisse des Verfassers über den Einfluß von Temperatur und Druck in bezug auf die Ablagerung der Farbstoffteilchen innerhalb der Faser, stellte ferner Kayser[2]) Untersuchungen über den Einfluß der Nachbehandlung auf die Lichtechtheit an. Diese Arbeit ergab, daß auch bei den Azofarben mit Naphthol AS-Kombinationen durch die geeignete Nachbehandlung eine Wanderung der Farbstoffpartikelchen in das Innere der Faser stattfindet, und daß damit eine Veränderung bzw. Verbesserung der Lichtechheit im engen Zusammenhang steht[3]).

Zur Erhöhung der Lichtechtheit von Naphthol AS-Blaufärbungen werden dieselben mit 2 g Kupfervitriol und 1 cm^3 Essigsäure 8^0 Bé pro Liter $^1/_2$ Std. kochend nachbehandelt; ein Seifen dieser gekupferten Färbung ist nicht nötig.

6. Färben von Rosatönen auf Basis von Naphthol AS-Derivaten.

Die Herstellung von Rosatönen mit Azoentwicklern bereitete bisher besondere Schwierigkeiten; Paranitranilin in Kombination eignete sich zu diesem Zweck gar nicht. Mit Naphthol AS-Derivaten gelingt es dagegen, Rosafärbungen herzustellen, doch kommt ausschließlich das Grundieren und Entwickeln auf der Barke oder in mechanischen Färbeapparaten in Betracht. So wird z. B. Rosa mit Naphthol AS—RL (β-Oxynaphthoësäure-α-naphthalid) und Echtscharlach RL-Base auf der Barke wie folgt gefärbt:

Das gebleichte und zentrifugierte Bündelgarn wird auf einer ca. 500 l fassenden Barke in 25 kg Partien (55 Pfd. engl.) zuerst naphtholiert mit 0,1 g Naphthol AS—RL pro Liter.

Ansatz:	50 g	Naphthol AS-RL
	100 cm^3	Türkischrotöl
	150 g	Natronlauge 34^0 Bé und
	50 cm^3	Formaldehyd 30 proz.
	500 l	Flotte einstellen.

Das zur Bereitung dieses Naphtholatbades dienende Wasser muß enthärtet sein und wird vorher noch mit ca. 2 cm^3 Natronlauge 34^0 Bé vorgeschärft. Die Temperatur der Flotte soll ca. 25^0 C betragen.

Zur Nachspeisung für jede 25 kg (55 Pfd. engl.) Partie sind 15 g Naphthol AS—RL erforderlich:

15 g	Naphthol AS—RL
45 cm^3	Natronlauge 34^0 Bé
5 cm^3	Türkischrotöl
15 cm^3	Formaldehyd 30 proz.

[1]) Melliands Textilber. 1926, S. 243/244. [2]) Melliands Textilber. 1926, S. 437/440.

[3]) Siehe jedoch besonders die wertvolle Studie von Dr.-Ing. Andreas Ruperti: Beiträge zur Kenntnis der Einwirkung feuchter Hitze auf Eisfärbungen, unter besonderer Berücksichtigung der Naphthol AS-Färberei. Melliands Textilber., Jg. 1927, S. 942—948.

Dieser Nachsatz wird der bereits gebrauchten Naphtholatflotte zugesetzt und dieselbe dann wieder auf 500 l eingestellt.

Das Garn wird während $^1/_2$ Std. bei ca. 25° C umgezogen, dann aufgeworfen und in naphtholierten Tüchern zentrifugiert.

Zum Entwickeln wird die nachstehend angegebene Diazolösung mit 0,3 g Echtrot RL-Base im Liter bereitet:

Ansatz:	150 g	Echtrot RL-Base
	300 cm³	Wasser
	75 g	Natriumnitrit
	5000 cm³	Wasser
	300 cm³	Salzsäure 20° Bé
	150 g	essigsaures Natron
	150 g	schwefelsaure Tonerde
	25 kg	Kochsalz denat. (Gewerbesalz)
Einstellen auf	500 l	Flotte.

Die Temperatur des Entwicklungsbades soll 12—15° C betragen.

Für jede weitere Garnpartie von 25 kg = 55 Pfd. engl. sind 50 g Echtrot RL-Base zu diazotieren und nachzusetzen, demnach:

50 g	Echtrot RL-Base
100 cm³	Wasser
25 g	Nitrit
1500 cm³	Wasser
100 cm³	Salzsäure 20° Bé
50 g	essigsaures Natron
50 g	schwefelsaure Tonerde
2500 g	Gewerbesalz

Nach Zugabe dieser Nachspeisung zum gebrauchten Entwicklungsbad wird letzteres gleichfalls wieder auf 500 l eingestellt.

Die Garne werden 20 Minuten bei ca. 15° C entwickelt. Danach wird 2—3mal kalt gespült; dem ersten Spülbad setzt man 2—3 cm³ Salzsäure 20° Bé pro Liter zu. Hierauf spült man in einem heißen Bade, das mit 1 g Soda kalz. per Liter besetzt ist, seift anschließend mit 1 g Soda kalz. und 3 g Seife per Liter während $^1/_2$ Std. kochend, spült zum Schluß erst heiß, dann kalt und trocknet.

Die mit Naphthol AS und dessen Derivaten durch Entwicklung mit den entsprechenden diazotierten Basen erzielten Färbungen, zeichnen sich durch hervorragende Waschechtheit, ferner Alkali- und Säureechtheit, sowie sehr gute Chlor- bzw. Bleichechtheit aus[1]); außerdem sind diese Färbungen merzerisier- und überfärbeecht. Die Rotfärbung aus Naphthol AS—SW und Echtrot—KB-Base hält auch eine schwache Druckbäuche aus. Durchaus bäuchecht sind ferner Gelbfärbungen aus Naphthol AS—G, wie Echtgelbbase, Echtorange GC-Base, Echtscharlach—GG-Base, oder Echtrot-KB-Base, sowie mit den Echtgranatbasen. Die Lichtechtheit der wichtigsten Kombinationen ist durchschnittlich sehr gut.

In neuester Zeit ist es den Farbwerken Griesheim-Elektron gelungen, dem Nitrosamin ähnliche Produkte herzustellen. Diese Rapidechtfarben, welche die Nitrosamine der verschiedenen diazotierten Basen darstellen, enthalten aber gleichzeitig die zur Erzeugung der gewünschten Nuance nötigen Mengen Naphthol. In alkalischem Medium sind diese Farben recht gut haltbar, haben aber

[1]) Im Zirkular $\frac{\text{I 52}}{\text{C}}$ der I. G. Farbenindustrie A.-G. vom Dezember 1926 („Indanthrenfarbige Waren") sind die indanthrenechten Naphthol AS-Kombinationen angegeben.

zunächst sehr große Bedeutung im Kattundruck erlangt, an späterer Stelle soll näher darauf eingegangen werden.

γ) Färbungen in Anilinschwarz.

1. Allgemeines.

Zu den Entwicklungsfarben gehört in gewissem Sinne auch das Anilinschwarz. Es wird zwar nicht durch Nacheinanderbehandeln der Ware mit den Farbstoffkomponenten, wie die Gruppe der unlöslichen Azofarbstoffe, auf der Faser erzeugt, sondern durch Imprägnieren der Ware mit allen jenen der Farbbildung dienenden Mitteln und Ausführen der dieser dienenden Reaktionen. Diese Reaktion ist eine Oxydation und die zu oxydierenden und Schwarz bzw. Braun liefernden Substanzen sind organische Amine.

Die erste Anwendung des Anilinschwarz geschah merkwürdigerweise nicht auf dem Gebiete der Färberei, sondern auf dem des Zeugdrucks. Der erste Beobachter der Entstehung dieses Oxydationsproduktes aus Anilin, Runge im Jahre 1834, erzeugte grüne, echte Muster dadurch, daß er salzsaures Anilin auf Gewebe druckte, welche mit Bleichromat imprägniert waren. Die Reaktion wurde durch längeres Verhängen in warmen Räumen ausgelöst.

Dann bemühten sich verschiedene Chemiker, die Herstellung von Anilinschwarz zu verwerten, und so ließen sich im Jahre 1860 Calvert, Clift & Lowe durch englisches und französisches Patent eine jedoch noch sehr mangelhafte Methode schützen. Erst J. Lightfoot in Accrington verbesserte im Jahre 1863 dieses Druckverfahren durch Mitverwendung von löslichen Kupfersalzen zu durchaus praktischer Anwendungsmöglichkeit, und er gilt deshalb als der Begründer der Anilinschwarztechnik. Zahlreiche Chemiker und Koloristen, wie z. B. Ch. Lauth, C. Koechlin, Cordillot, Wehrlin usw., suchten und fanden später noch wertvolle Verbesserungen des ursprünglichen Verfahrens, nicht zuletzt auch Lightfoot selbst. Eine chronologische Übersicht der Anilinschwarzanwendung in Färberei und Druckerei ist in der Monographie von Noelting und Lehne[1]) enthalten.

Bereits Lightfoot hatte die Anwendbarkeit seiner für Druckereizwecke ausgearbeiteten Herstellungsmethoden von Anilinschwarz auch für die Färberei betont. Im Grunde genommen sind auch die meisten der noch heute üblichen Färbeverfahren nur mehr oder weniger unwesentliche Abänderungen der von Lightfoot in Vorschlag gebrachten Arbeitsweise.

Die Patentliteratur auf dem Gebiete der Anilinschwarzfärberei ist trotzdem sehr zahlreich. Das erste Patent, welches sich unmittelbar auf die Färberei bezog, wurde jedoch Boboeuf im Jahre 1865 in Frankreich erteilt.

Erwähnenswert ist hier auch noch, daß von allen Versuchen, halbwollene Gewebe anilinschwarz zu färben, nur jenes kombinierte Verfahren ausgedehnte praktische Anwendung in den großen Stückfärbereien der Futterstoffbranche (auf halbwollenen Serges, Alpakkaserges usw.) erlangte, das, von F. W. Dax[2]) ausgearbeitet, sowohl in Österreich als auch in Ungarn im Jahre 1885 privilegienrechtlich geschützt wurde.

Auch heute noch wird Anilinschwarz, wie schon der Name sagt, zum weitaus größten Teil aus Anilin bzw. dessen Chlorhydrat dargestellt. Zur Oxydation dienen Bichromate, Kupfervitriol, für das Dampfanilinschwarz Chlorate, letztere

---

[1]) Noelting, Dr. E., und Dr. A. Lehne: Anilinschwarz und seine Anwendung in Färberei und Zeugdruck. Berlin: Julius Springer 1904.

[2]) Erlaß des österr. bzw. ungar. Handelsministeriums vom 29. November 1886, Z 22423 bzw. 60527 (Privilegium mit der Priorität vom 8. Juni 1885).

in Gegenwart von Katalysatoren, wie Schwefelkupfer, Vanadinsalzen, Ferri- oder Ferrozyaniden.

Die Oxydation der organischen Base erfolgt allerdings nur unter gewissen Bedingungen. Die Gegenwart eines Metalls, das verschiedene Oxydationsstufen bildet, befördert den Prozeß außerordentlich. Allerdings vermögen diese Rolle auch gewisse organische Verbindungen zu übernehmen, unter anderem p-Phenylendiamin, auf die Verwendung derartiger Substanzen sind bestimmte Verfahren zur Entwicklung von Anilinschwarz aufgebaut[1]).

Ferner ist zur Bildung des Anilinschwarz die Anwesenheit von anorganischen Säuren, auch Weinsäure leistet diese Dienste, erforderlich, so daß man im allgemeinen nicht reines Anilin zur Herstellung der Färbung verwendet, sondern dessen Chlorhydrat. Das Sulfat scheidet wegen seiner Schwerlöslichkeit von vornherein aus. Anwesenheit von sauerstoffübertragenden Schwermetallsalzen neben der von anorganischen Säuren sind also die Bedingungen für die Bildung dieses wichtigen Pigments[2]).

Die Konstitution des Anilinschwarz war lange Zeit unbekannt; in neuerer Zeit haben die Untersuchungen Willstätters[3]) folgende Formeln wahrscheinlich gemacht:

Zur Bildung des Anilinschwarz aus Anilin durch Oxydation treten 8 Anilinkerne zusammen. Die schwach gefärbte Leukobase des Anilinschwarz:

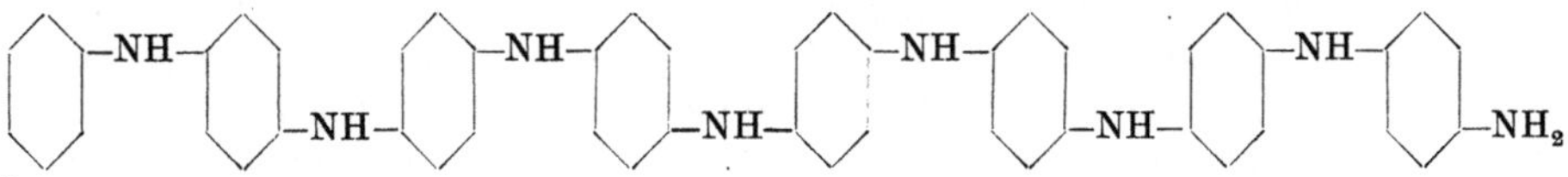

kann durch mehrfache chinoide Bindung in verschiedene Produkte übergeführt werden, welche auch bei der Anilinschwarzbildung beobachtet wurden.

Zweifache chinoide Bindung besitzt das Emeraldin, das insbesondere beim Dampfanilinschwarz als dunkelgrüne Farbe entsteht und folgendermaßen konstituiert ist:

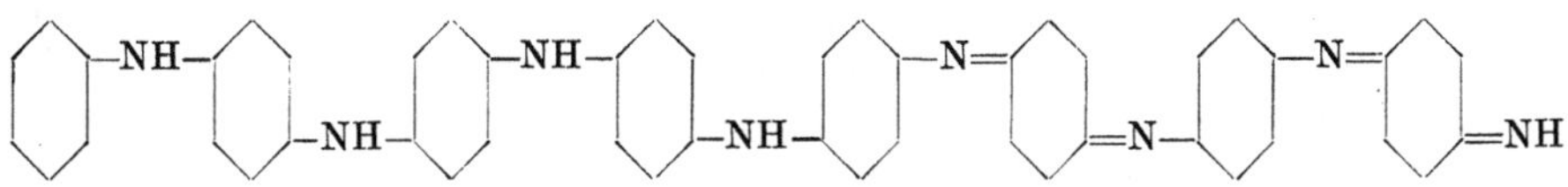

Wird dasselbe weiter oxydiert, z. B. durch Nachbehandlung mit Chromsalzen, wie das im Anilinschwarzprozeß auch geschieht, so geht dieses Produkt in das eigentliche Anilinschwarz, das Pernigranilin über, von der Formel:

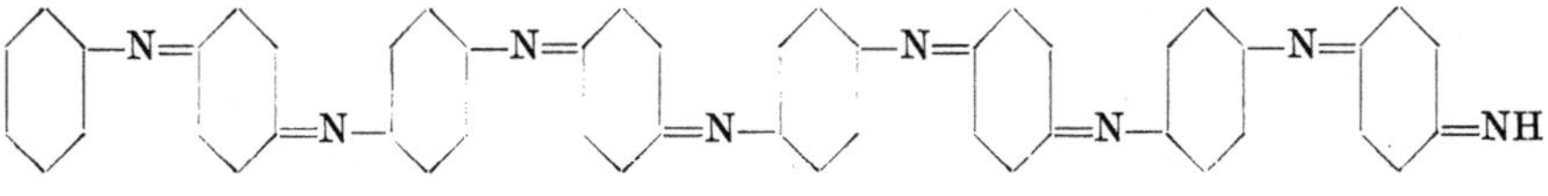

Das auf der Faser erzeugte Pigment ist niemals ein einheitliches Produkt, sondern stellt wohl Gemenge aus den verschiedenen Oxydationsstufen dar.

Früher war die Anschauung vorherrschend, daß ohne Anwesenheit eines mehrere Oxyde bildenden Metalles eine Anilinschwarzbildung unmöglich sei. Rosenstiehl zeigte aber, daß man auch lediglich durch Anwendung von Oxydationsstufen des Chlors ein Schwarz erhalten kann; ferner spricht dagegen die Darstellung des Anilinschwarz auf elektrolytischem Wege. Allerdings verdient hervorgehoben zu werden, daß die Technik zur Herstellung dieser Färbung stets Metallsalze neben Oxydationsmitteln anwendet.

---

[1]) Ehrenzweig: D.R.P. 314660.
[2]) Vgl. die Monographie über Anilinschwarz von Nölting u. Lehne. 2. Aufl. Berlin
[3]) Ber. Bd. 42, S. 2147. 1909. Bd. 43, S. 2588, 2976. 1910; Bd. 44, S. 2162. 1911 [1904].

Wir haben gesehen, daß das Anilinschwarz in verschiedenen Oxydationstufen existieren kann, die im fertigen Pigment auch stets nebeneinander vorhanden sind. Darauf beruht nun auch die bekannte unangenehme Eigenschaft vieler Anilinschwarz, die Vergrünlichkeit, die bei Einwirkung von Reduktionsmitteln eintritt; besonders die schweflige Säure der Luft industriereicher Orte und jener mit viel Gasbeleuchtung ruft diese unangenehme Veränderung hervor. Durch Nachbehandlung von fertigen Anilinschwarzfärbungen mit Oxydationsmitteln läßt sich die Unvergrünlichkeit erreichen. Kertess behauptet aber, daß unvergrünliches Schwarz nur in Abwesenheit von Mineralsäure gebildet werden soll.

Man beobachtete ferner, daß je reiner das zur Erzeugung des Schwarz angewendete Anilin ist, um so leichter vergrünlich die resultierenden Färbungen werden, so daß es zweckmäßig sein soll, Anilin zu verwenden, das einen bestimmten Anteil an seinen Homologen, Toluidin, Xylidin enthält. Unvergrünliches, bzw. nahezu unvergrünliches Anilinschwarz kann aber durch verschiedene Abänderungen in der Zusammensetzung der Imprägnierflotte erzielt werden, so z. B. durch Verwendung von chlorsaurer Tonerde als Oxydationsmittel. Auf Grund dieser Beobachtung wurden dann verschiedene andere Basen in Mischung mit Anilin verwendet, bzw. auch Ersatzbasen des Anilins, z. B. Paraphenylendiamin, Paraamidodiphenylamin (siehe Diphenylschwarz) usw. Darauf beruhen zahlreiche, zum Teil unter Patentschutz stehende Fabrikationsmethoden. Zu erwähnen ist hier auch ein Verfahren der Chem. Fabrik Griesheim-Elektron, bei dem Anilinchlorat oder Orthotoluidinchlorat zur Anwendung kommt; bei diesem letzteren Verfahren erhält man ohne jeden Kupferzusatz ein unvergrünliches Schwarz, wenn die Oxydation trocken und bei höherer Temperatur als sonst üblich vorgenommen wird.

Der Kondensationsvorgang bei der Schwarzbildung hängt jedoch besonders auch von der zur Kondensation verwendeten Säure ab. Starke Säuren begünstigen Parakondensation und ergeben daher vergrünliches Schwarz, schwächere Säuren, wie z. B. Milchsäure, Ameisensäure usw., bewirken dagegen Orthokondensation, und es entsteht dadurch ein unvergrünliches Schwarz. Mit den schwächeren Säuren geht aber die Entwicklung des Schwarz zu langsam vor sich, weshalb zweckmäßig ein Gemisch von starker Mineralsäure mit schwächerer organischer Säure anzuwenden ist. Auf diese Weise kann man daher in der Praxis ein nahezu unvergrünliches Schwarz erhalten.

Dadurch, daß die zur Erzeugung von Anilinschwarz angewendeten Substanzen sämtlich in Form von Salzen, also in Lösung in molekulardispersem Zustand zur Anwendung gelangen, wird das Pigment auch in der ganzen Masse der Faser abgelagert; das Anilinschwarz ist eine typische Intussuszeptionsfärbung. Infolge der Einlagerung, dann weiter der außerordentlich hochdispersen Form des Pigmentes auf und in der Faser ist das Schwarz, mit Ausnahme von Einbadschwarz, auch außerordentlich reibecht. Die Dispersität der Teilchen ist so groß, daß diese bei der Auflösung einer in Anilinschwarz gefärbten Faser unter dem Ultra-Mikroskop in Kupferoxydammoniak nicht sichtbar werden[1]).

Das Anilinschwarz kann durch noch weitergehende Oxydation, wozu die Behandlung mit Hypochloriten, Permanganaten und anderen Persalzen gehört, in braune Produkte umgewandelt werden. Reduktionsmittel ergeben die Leukoverbindung, die aber durch Behandlung mit Oxydantien wieder zum schwarzen Pigment oxydiert werden kann.

In der Technik unterscheidet man drei Fabrikationsarten für Anilinschwarz, das Einbadschwarz oder sog. Färbeschwarz, das Oxydationsschwarz und das Dampfschwarz oder Prussiatschwarz.

[1]) Haller und Nowak: Kolloidchem. Beih. Bd. 13, S. 123—125. 1920.

2. Einbadverfahren.

Das erste Verfahren, das Einbadverfahren, so genannt, weil Anilin, Mineralsäure und Oxydationmittel in einem Bade nicht nur vereinigt sind, sondern weil sich auch in diesem Bade das Pigment auf dem Garne niederschlägt. Die ersten in dieser Weise arbeitenden Methoden stammen aus dem Jahre 1865, es erfolgte damals die Färbung in der Weise, daß die Garne abwechselnd in der Anilinsalzlösung, dann in Bichromat behandelt wurden. Sehr bald fand man aber, daß sich beide Bäder miteinander vereinigen ließen. Im Laufe der Jahre bildete sich eine ganze Menge von Modifikationen dieser Arbeitsweise, die vorzugsweise den Zweck verfolgten, die Bildung des Pigments im Bade zu verlangsamen, oder aber sie arbeiteten mit anderen Oxydationsmitteln als den zuerst angewendeten Bichromaten. Zu den ersteren Zusätzen gehört Traubenzucker oder Gummilösung; zu den letzteren gehört Mangansuperoxyd. Man arbeitet am zweckmäßigsten in der Weise, daß man zwei Lösungen herstellt, von denen die eine das Anilinsalz und die Mineralsäuren, die andere aber das Oxydationsmittel (chromsaure Salze) enthält. Man mischt dann unmittelbar vor dem Färben beide Lösungen im Färbegefäß besonderer Konstruktion, das aber nur wenig Flotte enthalten soll und in welchem das Garn mechanisch gehaspelt wird. Man kann kalt oder warm arbeiten. Bei kalter Färbung gelten folgende Mengenverhältnisse:

I. Bad:

6 kg Anilin
9 kg Salzsäure 20° Bé
12 kg Schwefelsäure 66° Bé
200 l Wasser

II. Bad:

12 kg Natriumbichromat
200 l Wasser

Das Färbebad wird aus je zwei Litern beider Lösungen gemischt. Das 1 kg Garn wird rasch in dem Färbebade gehaspelt, und soll das Schwarz, das zunächst bronzig ist, in 1—2 Minuten gefärbt sein. Durch nachfolgendes Dämpfen der gut gespülten Garne bei $^1/_4$ Atm. während $^1/_4$—$^1/_2$ Std. entwickelt sich das tiefe Schwarz.

Eine weitere, in der Praxis erprobte Vorschrift ist die folgende:

50 Pfd. (engl.) Baumwollgarn, ca. 340 Liter Flotte (15fache Flottenmenge).
4500 g Natriumbichromat werden in ca.
20 Liter Wasser gelöst und in das Färbebad gegeben; hierauf setzt man
900 g Schwefelsäure 66° Bé sowie
1350 g Salzsäure 20° Bé zu, rührt gut um und fügt zum Schluß
2250 g Anilinsalz, gelöst in ca.
7 Liter Wasser zu.

In dieser Flotte wird das Garn erst 1 Std. kalt umgezogen, dann erwärmt man das Bad auf 50° C und zieht noch $^3/_4$ Stunde um, bis das Garn eine dunkelgrüne Färbung angenommen hat; hierauf erwärmt man rasch auf 70—80° C und arbeitet dabei $^1/_4$ Std. Das Färben soll im ganzen ungefähr 2 Std. betragen. Bei richtiger Zusammensetzung des Farbbades soll dasselbe nach beendetem Färben weder Anilinsalz noch Bichromat enthalten (Prüfung mit Bichromat bzw. Bleiazetat).

Das so gefärbte Garn wird gründlich gespült und dann ca. 1. Std. bei 60—70° C geseift; hierauf wird, ohne nochmals zu spülen, abgewunden, geschleudert und getrocknet.

Vielfach wird das Garn, bevor dasselbe in die Anilinschwarzfärberei kommt, mit substantiven Farbstoffen oder mit Schwefelschwarz (Thiogenschwarz usw.)

vorgefärbt; diese Behandlung soll vor allem die Reibechtheit des nachher gefärbten Anilinschwarz wesentlich erhöhen. Für lose Baumwolle wird dieses Verfahren auch öfters angewendet, da die Flocken in Anilinschwarz allein nicht nur ungleichmäßige Färbungen ergeben, sondern das Material auch noch hart und für den Spinnprozeß wenig geeignet wird. Die Vorfärbung beseitigt diese Übelstände. In jedem Falle wird dann aber nur mit schwacher Anilinschwarzflotte überfärbt.

Die Vorfärbung der Baumwolle geschieht meist in normaler Tiefe z. B. mit Dianil- oder Oxydiaminschwarzmarken in der üblichen Weise unter Zusatz von 1—2% Soda kalz. und bis zu 20% Glaubersalz kalz. (Prozente vom Gewicht des Baumwollmaterials).

Zum Übersetzen mit Einbadanilinschwarz wird das kalte, möglichst kurze Bad (höchstens 10—15fache Flottenmenge) besetzt mit:

4—5% Anilinsalz,
6—7% Salzsäure 20° Bé
3% Schwefelsäure 66° Bé; vor dem Eingehen mit der Baumwolle werden noch
3% Kupfervitriol und
4% Chromnatron

zugegeben. Man färbt 1—1½ Std. in kaltem Bade, erwärmt dann während ca. ½ Std. auf 50—60° C, spült gut und seift eventuell heiß. Fällt das Schwarz zu grünlich aus, so gibt man dem Seifenbade etwas Soda zu; ist das Schwarz dagegen zu rotstichig, so säuert man nach dem Seifen und Spülen mit 3—5% Essigsäure (vom Gewicht des Baumwollmaterials) ab.

Eine andere Vorschrift zum Überfärben mit Einbadanilinschwarz ist folgende:

700 l Wasser
5 kg Anilinöl
12 l Salzsäure 20° Bé
2—3 kg Schwefelsäure 66° Bé
6 kg Natriumbichromat

Man geht kalt ein und treibt unter gutem Umziehen der Garne die Temperatur auf 50—60° C, was man etwa in 2—3 Std. zu erreichen sucht. Will man auf diesem Wege zu unvergrünlichen Färbungen gelangen, so erhöht man sowohl den Gehalt der Flotte an Bichromat wie auch an Schwefelsäure und treibt die Temperatur bis auf 80° C.

3. Oxydationsschwarz.

Bei der Herstellung von Oxydationsschwarz geht die Bildung des Anilinschwarz nicht in der Imprägnierungsflotte selbst vor sich. Man imprägniert das Warenmaterial mit einer Lösung, welche aus Anilinsalz, einem Oxydationsmittel und einem Sauerstoffüberträger zusammengesetzt ist, preßt dann gut ab und beginnt die Entwicklung des Schwarz (Oxydation bis zur dunkelgrünen Färbung) entweder durch Verhängen (bei Garnen) oder durch eine Passage der Stückware in besonders konstruierten Apparaten (Oxydationskästen, z. B. Preibisch-Apparat[1]), in welchem aber stets eine bestimmte Temperatur (etwa 44—50° C) und ein gewisser Feuchtigkeitsgrad (Aufstellung von Wasserbehältern) vorhanden sein muß[2]). Die Nachoxydation geschieht in einem Bichro-

[1]) Nach Idee und Angaben von weiland Kommerzienrat Dr. phil. Reinhard Preibisch (Reichenau bei Zittau i. Sa.) gebaut und in der damals österreichischen Zweigfabrik der Fa. C. A. Preibisch zu Dittersbach bei Friedland in Böhmen in Betrieb gesetzt (D.R.P. Nr. 32079 vom 17. September 1879 ab).

[2]) Linke, A., und W. Schramek: Die atmosphärischen Verhältnisse in Oxydationskammern mit horizontaler Warenführung und ihr Einfluß auf baumwollene Stückware bei der Erzeugung von Oxydationsschwarz. Melliands Textilber., Jg. 1927, S. 442—446.

matbade. Oxydationsschwarz gibt im allgemeinen tiefere und schönere, besonders aber reibechtere Färbungen.

Eine Vorschrift zum Färben von Oxydationsschwarz auf Garn, bei welchem als Katalysator Kupfersalze angewendet werden, ist die folgende: Die Garne werden getränkt mit einer 8° Bé starken Flotte aus:

126	Teilen	Anilinsalz
40	,,	chlorsaurem Natron
5	,,	Salmiak
3	,,	Kupfervitriol und
120	,,	essigsaurer Tonerde 14° Bé

Die damit imprägnierten Garne werden gut abgeschleudert, dann bei 30—40° C getrocknet bzw. im Trockenraum oxydiert. Der Prozeß wird beendet durch Nachbehandlung der Garne in einer 50° C warmen Lösung von:

6 %	Natriumbichromat
0,5 %	Anilinsalz
2 %	Schwefelsäure 66° Bé

Man wäscht gut und trocknet.

Eine andere, von Lehne[1]) empfohlene Vorschrift arbeitet folgendermaßen: Die Garne werden in der folgenden Lösung imprägniert:

400 g	Weizenstärke mit
5000 g	Wasser verkochen, dann dazugeben:
600 g	Natriumchlorat in
3000 g	Wasser gelöst. Hierauf kommen hinzu:
100 g	Kupfersulfid in Teig und zuletzt:
2000 g	Anilinsalz
2000 g	Wasser

Man nimmt die Garne zur gründlichen Benetzung zwei- bis dreimal durch die Flotte, windet gut ab und verhängt in feuchter, 30° C warmer Luft 1—2 Tage. Während der Trocknungsoperation soll das Garn gedreht werden. Wenn die Entwicklung zu Ende, wird nachbehandelt in einem 80° C warmen Bade von:

60 g	Kaliumbichromat
40 g	Schwefelsäure 66° Bé
100 l	Wasser

Man spült dann gut, seift gründlich bei 70° C und trocknet.

Nach einer anderen Rezeptur mit Kupfervitriol als Katalysator behandelt man die trockenen Garne in gleicher Weise wie vorher angegeben in einem kalten Bade von nachstehender Zusammensetzung:

1100 g	Anilinsalz	(gelöst in 3,5 l Wasser)
380 g	Natriumchlorat	(gelöst in 3 l Wasser)
140 g	Kupfervitriol	(gelöst in 2 l Wasser)
280 g	essigsaure Tonerde 10° Bé	
50 g	Weizenstärke	(angerührt und aufgekocht mit 0,7 l Wasser)

auf 10 l eingestellt; die Flotte soll 5° Bé spindeln.

Das gleichmäßig abgewundene und egalisierte Garn wird 12 Std. im zirka 40° C warmen und feuchten Raume oxydiert, bis die charakteristische dunkelgrüne Färbung eingetreten ist. Dann wird bei 70° C $1/2$ Std. mit 2,5 g Chromnatron pro Liter Wasser chromiert, gespült und geseift bzw. mit Seife und Öl aviviert.

[1]) Färber-Ztg. 1890, S. 332.

Wie bereits erwähnt, findet das Entwickeln (Trocknen und Oxydieren) der imprägnierten Garne in Oxydationskammern statt. Diese Oxydationsräume müssen in allen Teilen eine gleichmäßige Temperatur besitzen, weshalb man die Wände meist mit Holz verkleidet. In den Kammern befinden sich sog. Garntrocken- und Oxydationsmaschinen, welche mit selbsttätig drehbaren Stäben ausgestattet sind; außerdem ist das ganze System drehbar eingerichtet. Es gibt sowohl vertikale als auch horizontale Oxydationsmaschinen für Garne und haben sich in der Praxis besonders die Fabrikate der C. G. Haubold A.-G. in Chemnitz i. Sa. sehr bewährt. Zum Erwärmen der Luft sind in den Kammern Lamellen-Kaloriferen aus verzinktem Eisen eingebaut; ferner sind Behälter mit Wasser vorhanden, damit durch entsprechende Verdunstung dem imprägnierten und trocknenden Garn die für den guten Ausfall des Schwarz erforderliche Feuchtigkeit zugeführt wird. Zum Entfernen der sich bildenden chlorhaltigen Gase dienen Absaugeventilatoren; die dem Boden nahe liegenden Teile der Kammerwände besitzen Öffnungen für das beständige Nachströmen frischer Luft, welch letztere bereits auf etwa 25° C temperiert sein soll.

Eine bewährte Vorschrift für Oxydationsschwarz auf Stückware[1]) stammt von Ed. Knispel:

Lösung I	20 kg	Anilinsalz
	48 l	Wasser
Lösung II	3 kg	chlorsaures Natron
	9 l	Wasser. Dazu:
	500 g	Weizenstärke mit Wasser aufgeschlämmt und unter Beigabe von
	50 g	Talg aufgekocht
Lösung III	20 l	essigsaure Tonerde 9° Bé
	2 l	Essigsäure 8° Bé

Nach dem Erkalten der Lösungen I und II werden dieselben gemischt und Lösung III zugesetzt, sowie außerdem eine Lösung von

68 g Kupfervitriol.

Diese Anilinschwarzflotte wird je nach Qualität bzw. erfolgter Vorbehandlung der zu imprägnierenden Ware auf 6—8° Bé eingestellt; für merzerisierte Ware stellt man meist auf 6° Bé, für nichtmerzerisierte auf 7° Bé ein.

Das Imprägnieren geschieht auf der Padding mit 6—8 Endenläufen, die darauffolgende Oxydation bis zur Vergrünung im Oxydationskasten.

Chromiert wird auf dem Jigger mit 3% Natriumbichromat (vom Warengewicht) unter Zusatz von 0,25% Schwefelsäure 66° Bé, 4 Enden kalt; zum Schluß erfolgt kochendheißes Seifen, Spülen und Trocknen.

Eines der besten, einfachsten und durch große Produktionen außerordentlich erprobtes Verfahren für Anilinoxydationsschwarz auf Baumwollstückware ist von Hugo Nettelhorst ausgearbeitet worden. Auf Grund zahlreicher Versuche gab Nettelhorst für den Großbetrieb folgende Vorschrift:

35 l	Anilinöl	Lösung I (11° Bé)
35 l	Salzsäure 18—20° Bé	
	mit Wasser auf	
100 l	einstellen	

[1]) Die erste Ausarbeitung eines praktisch einwandfrei brauchbaren, nahezu unvergrünlichen Oxydationsschwarz auf Baumwollstückware geschah durch den aus Leipzig gebürtigen Färberei-Chemiker Dr. Oskar Neander Paul Meister; derselbe hat sich auch um die Einführung dieses Verfahrens in die Färbereigroßbetriebe (zu Anfang der 80er Jahre des vorigen Jahrhunderts) besondere Verdienste erworben.

16 kg	Natriumchlorat, gelöst in	Lösung II (18° Bé)
32 l	Wasser und zugesetzt	
5 kg	Kupfervitriol, gelöst in	
48 l	Wasser	
80 l		

Zum Ansatz der Imprägnierflotte nimmt man 1 Teil Lösung I und 1 Teil Lösung II; für nichtmerzerisierte Ware wird mit Wasser auf 7° Bé eingestellt, für merzerisierte Ware auf 6° Bé. Sehr vorteilhaft ist die Zugabe von 1—$1^1/_4$ l essigsaure Tonerde 10° Bé zum Klotzbade.

Nach dem Imprägnieren auf der Padding wird die Ware im Oxydationskasten mit feuchter Wärme bei 60° C bis zur Vergrünung oxydiert und dann auf dem Jigger chromiert. Man verwendet 3% Natriumbichromat vom Gewicht der Ware und läßt 4 Enden kalt laufen, spült hierauf und behandelt 4 Enden in einer kalten Sodaflotte (1% Soda). Zum Schluß wird nochmals gespült.

Ein neues Verfahren zur Herstellung von Anilinschwarz, das wesentlich von den bisher üblichen abweicht, haben der Verfasser und J. Hackl ausgearbeitet. Die rohe, entschlichtete oder gebleichte Ware — es sei hervorgehoben, daß entgegen den gewöhnlich angewendeten Verfahren auch rohe Ware gute Resultate gibt — wird zunächst in einer Lösung von 80—100 g Aktivin, der man zweckmäßig ein gutes Netzmittel zugibt, imprägniert und in der Hot-flue getrocknet. Danach folgt mit der trockenen Ware eine zweite Imprägnierung auf demselben Apparat mit:

135 g	Anilinsalz
1—10 g	p-Phenylendiamin
10 g	Tetracarnit
70 g	Kupferchlorid 40° Bé
775 g	Wasser
1000 g	

Die Ware verläßt den Apparat in olivgrünem Zustande und wird breit durch eine heiße Lösung von 10 g Seife und 5 g Soda genommen. Ein Seifen im Strang vollendet die Operation. Die Ware hat ihre ursprüngliche Festigkeit voll beibehalten.

4. Dampfanilinschwarz.

Dampfanilinschwarz[1]) (Prussiatschwarz, Prud'homme-Schwarz) wird meist nur in Druckereien und nur auf Stückwaren zur Anwendung gebracht. Die Klotzlösung enthält Anilinsalz, Natriumchlorat und Ferrozyanide als Sauerstoffüberträger. Die zum Imgrägnieren der Ware verwendete Flotte hat folgende Zusammensetzung:

1960 g	chlorsaures Natron gelöst in
11200 g	Wasser, dann kalt dazu die abgekühlte Mischung von:
3000 g	Anilinöl }
3000 g	Salzsäure 19° Bé }
16000 g	Wasser
3360 cm³	Ferrozyanammoniumlösung.

Ferrozyanammoniumlösung:

9000 g	Ammonsulfat	I	29000 g	Ferrozyankalium	II
11200 g	Wasser		58000 g	Wasser	

[1]) Siehe besonders auch Professor M. M. Tschilikin: Über die Untersuchung von Anilinschwarz. Melliands Textilber., Jg. 1927, S. 265—269.

Die Mischung der beiden Lösungen I und II, welche heiß zu erfolgen hat, wird abkühlen gelassen, wobei das Kaliumsulfat auskristallisiert. Die gelbliche Lösung ist zum Ansatz der Anilinklotzbrühe ohne weiteres zu benützen.

Die in der genannten Weise, unter denselben Vorsichtsmaßregeln geklotzte Ware wird in der Hot-flue getrocknet und verläßt dieselbe nicht dunkelgrün, sondern hell resedagrün. Man entwickelt nun durch eine Dampfpassage im Mather-Platt und anschließend in einem warmen Bad von 4° Bé Natriumbichromat. Sollen die Stücke nach dem Dämpfen über Nacht liegen bleiben, so sorgt man durch Überziehen dafür, daß sie vollständig auskühlen, da ein Liegenlassen ohne diese Vorsichtsmaßregel oft durch Nachoxydation Selbstentzündung hervorruft.

Eine andere Vorschrift zur Herstellung von Prussiatschwarz stammt von Lauber[1]). Er verwendet drei Lösungen, die getrennt hergestellt und dann miteinander gemischt werden:

I. 5400 g chlorsaures Natron
58 l Wasser

II. 10800 g Ferrozyankalium
58 l Wasser

III. 16800 g Anilinsalz
58 l Wasser

Man mischt nach dem Gebrauch kalt gleiche Teile der drei Lösungen. Die Imprägnierung und Nachbehandlung ist dieselbe wie bei den oben angeführten Verfahren.

Der Ton der nach den verschiedenen Verfahren erzeugten Anilinschwarzfärbungen wechselt naturgemäß außerordentlich; wie bei der Weißware dürften sich auch beim Anilinschwarz unendliche Varianten finden, die alle auf einwandfreies Schwarz Anspruch machen. Während beim Weiß das reine Bariumsulfat mit 100% Weißgehalt von Ostwald als Normalweiß aufgestellt wurde, fehlt uns bis zur Stunde ein entsprechender Anhaltspunkt für das Schwarz. Das absolute Schwarz, die Farbe der Öffnung eines mit schwarzem Sammte ausgeschlagenen Kästchens, hat sich als Vergleichsobjekt in der Praxis, jedenfalls infolge der wenig handlichen Form, noch keinen Eingang zu verschaffen gewußt. Außerordentlich wünschenswert wäre es, wenn auch hier die Unsicherheit in der Normierung aufhören und ein handliches Instrument dem Praktiker jederzeit ermöglichen würde, in kurzer Zeit das von ihm erzeugte Schwarz auf seinen Gehalt an absolutem Schwarz zu untersuchen.

δ) Diphenylschwarz.

Das Bestreben der Anilinschwarztechnik gipfelte stets in der Erzeugung eines unvergrünlichen Schwarz und man versuchte deshalb auch die Anwendung anderer Basen an Stelle des Anilins. Ed. Ullrich und V. Fußgänger stellten Untersuchungen über die Oxydation von Derivaten des Diphenylamins an, die Resultate dieser Arbeiten wurden von den Höchster Farbwerken im Jahre 1901 patentiert[2]); das Paraamidodiphenylamin wurde unter dem Namen Diphenylschwarzbase in den Handel gebracht. Bei Oxydation dieses Körpers entsteht durch Orthokondensation ein Azinderivat. Dieses Schwarz kann sowohl auf Garnen, als auch auf Stückware angewendet werden; es ist nahezu unvergrünlich und greift die Faser kaum an. Die Oxydation der Diphenylschwarzbase erfolgt ganz ähnlich wie beim Anilin, mit Hilfe von Chloraten unter Vermittlung eines Sauerstoff-

---

[1]) Färber-Ztg. 1897, S. 64.
[2]) D.R.P. Nr. 134559 vom 4. April 1901.

überträgers; vanadinsaure Salze, Kupfersalze, auch Cersalze sind für letzteren Zweck geeignet.

Zum Färben von Garn arbeitet man ähnlich wie bei der Herstellung von Anilinoxydationsschwarz, durch Imprägnierung des vorher gut gekochten Garnes auf der Terrine. Man verwendet eine Mischung von zwei getrennt angesetzten Stammansätzen:

Stammansatz I.	350 g	Diphenylschwarzbase I werden in
	1500 cm³	Essigsäure 6° Bé und
	400 cm³	Milchsäure 50%ig warm gelöst, hierauf wird abgekühlt und die Lösung in
	1000 g	Tragantschleim (60:1000) und
	2000 g	Wasser eingerührt.
	5 Liter	
Stammansatz II.	170 cm³	Aluminiumchlorid 30° Bé und
	100 cm³	Cerchlorid 45° Bé verdünnt mit
	3850 cm³	Wasser und zugesetzt:
	250 g	chlorsaures Natron in
	750 g	Wasser gelöst
	5 Liter	

Vor Gebrauch mischt man je 3 l vom Stammansatz I und II. Die imprägnierten Garne werden gleichmäßig abgewunden und geschleudert; die Schleuderflotte wird durch Rückgabe in die Terrine weiterverwendet. Durch Zugabe frischer Stammlösung wird die alte Brühe immer wieder entsprechend aufgebessert.

Die geschleuderten Garne werden auf Stöcken aufgehängt und bei 60° unter steter Bewegung auf einer geeigneten Maschine getrocknet. Hierauf wird 5 bis 10 Minuten ohne Druck gedämpft, gewaschen und schwach geseift.

Für Stückware mischt man von den Stammlösungen stets nur so viel, um einen kleinen Trog der Imprägniermaschine voll zu erhalten. Die Gewebe können unausgekocht, dagegen gründlich entschlichtet und zweckmäßig gesäuert verwendet werden. Hier verwendet man vorteilhafter das Diphenylschwarzöl DO (M.L.B.)[1], da die Diphenylschwarzbase nicht das volle Schwarz wie das Öl liefert. Nur bei ganz feinen, empfindlichen Geweben ist Diphenylschwarzbase allein anzuwenden, weil damit die Faserschonung nahezu vollkommen ist. Zur Bereitung der Klotzbrühe dienen folgende Stammansätze:

Stammansatz I.	600 g	Tragantschleim 1:10 mit
	750 g	Wasser gemischt.
	600 g	Diphenylschwarzöl DO. mit
	1500 g	Essigsäure 40% gelöst und mit
	1550 g	Wasser auf
	5 kg gestellt	
Stammansatz II.	3070 cm³	Wasser
	380 g	Salzsäure 19° Bé
	160 g	Aluminiumchlorid 30° Bé
	250 g	Chromchlorid 40° Bé
	40 g	Kupferchlorid 40° Bé. Mit Wasser auf
	4 kg gestellt	
Stammansatz III.	300 g	Natriumchlorat
	700 g	Wasser
	1 kg	

Zum Gebrauch werden III und II in I eingerührt. Man klotzt die Ware auf dem Foulard, wobei man die Pression so einstellt, daß so viel Flotte auf-

[1]) Eine Mischung von 1 Teil p-Aminodiphenylamin mit 3 Teilen Anilinöl.

genommen wird, als dem Gewicht der Ware entspricht. Man trocknet in der Hot-flue, bei etwa 60—70°, wobei die Ware den Trockenapparat schon nahezu schwarz verläßt. Die endgültige Oxydation erfolgt durch eine Passage im Mather-Platt bei etwa 100° C. Zum Schluß wäscht und seift man die Ware; Chrompassagen, wie beim Anilinschwarz, sind hier überflüssig.

Wie schon erwähnt, zieht man auf Stückware die Anwendung von Diphenylschwarzöl vor, da dasselbe volleres Schwarz liefert. Ein billiges, auf gleiche Weise wie das Diphenylschwarz herzustellendes Schwarz kann durch Kombination von Diphenylschwarzbase mit Anilinchlorhydrat erzeugt werden.

In dieselbe Kategorie fällt die Herstellung von glattbraunen Farbtönen mittels des Paramins (Paraphenylendiamin) und des Fuscamins (m-Amidophenol). Diese beiden auf dem Oxydationswege herzustellenden Färbungen haben zwar nur beachtlichere Bedeutung in der Herstellung von Druckartikeln, und wird dort noch darauf zurückzukommen sein.

Zur Herstellung von glatten Braunfärbungen wird die gut gebleichte Ware auf dem Dreiwalzenfoulard mit folgender Klotzbrühe imprägniert:

Lösung A	20 g	Paramin konz. Stücke
	300 g	heißes Wasser
	300 g	kaltes Wasser
Lösung B	$1^1/_2$ g	Rongalit C
	$8^1/_2$ g	Wasser
Lösung C	20 g	chlorsaures Natron
	80 g	Wasser
Lösung D	20 g	Chlorammonium
	80 g	Wasser
Lösung E	20 g	Brechweinstein-Glyzerinlösung (40 g Brechweinstein, 620 g heißes Wasser, 340 g Glyzerin)
	130 g	Wasser. Vor Gebrauch gibt man
	20 g	Ammoniumvanadatlösung 1:1000 zu
	1 kg	

Die imprägnierte Ware wird auf der Hot-flue bei möglichst niederer Temperatur getrocknet, die Gewebe sollen den Trockenapparat silbergrau verlassen. Allzu lange darf man die Stücke in diesem Zustande nicht liegen lassen, da sie sich sonst weiter oxydieren, was aber unregelmäßig vor sich geht und wobei Fleckenbildung unvermeidlich ist. Man entwickelt daher die Färbung möglichst rasch durch eine Passage im Mather-Platt, welche nicht mehr als 2—3 Minuten zu dauern braucht.

In analoger Weise wie das Paramin kann das Fuscamin zu Brauntönen verwendet werden; es findet aber als solches wenig Anwendung und dient vorzugsweise in Mischung mit dem Paramin zum Nuancieren der Brauntöne. Die Eigenfarbe der mit Fuscamin hergestellten Töne ist ein gelbliches Braun.

E. Das Färben in mechanischen Apparaten.

Die Apparatefärberei wurde bereits beim Kapitel e) „Die Schwefelfarbstoffe" erwähnt, es soll deshalb an dieser Stelle nur kurz auf die verschiedenen Arbeitsmethoden sowohl in maschineller Hinsicht, als auch bezüglich des in Betracht kommenden Baumwollmaterials hingewiesen werden. Es genügt hier, dieses — zwar sehr wichtige — Arbeitsgebiet der Textilindustrie in seinen Grundzügen zu besprechen, zumal die Fachliteratur bereits sehr ausführliche Monographien darüber besitzt[1]).

[1]) Ullmann, Dr. Gustav: Die Apparatefärberei. Berlin: Julius Springer 1905. — Heuser, E. J.: Die Apparatefärberei der Baumwolle u. Wolle. Berlin: Julius Springer 1913.

Die Apparatefärberei ist, wie der Name schon andeutet, im wesentlichen eine maschinentechnische Neuerung, welche gegenüber der früher allgemein üblichen, manuell ausgeführten Färbeweise von losem Material und Garn auf der Barke oder im Kessel erhebliche ökonomische Vorteile bietet. Als Erfinder des sogen. Obermaier-Apparates ist der Färber Eduard Geßler in Metzingen zugleich der Begründer der modernen Apparatefärberei[1]). Es ist aber nur durch gemeinsame Arbeit von Färbereitechnikern und Maschinenfachleuten möglich geworden, außerordentliche Erfolge zu erzielen und das Färben von Baumwolle aller Verarbeitungsstadien, also insbesondere als Kardenband und Vorgespinst, Kreuzspulen und Kopse, einwandfrei zur Geltung zu bringen[2]).

Vorgespinst, Kardenband, Kopse und Kreuzspulen werden daher nur in Apparaten gefärbt. Lose Baumwolle sowie Ketten färbt man bereits in sehr bedeutenden Mengen im Apparat, Baumwollstrang sowie Wirkwaren meist nur für Stapelfarben (Schwarz, Braun usw.), merzerisiertes Garn nur sehr vereinzelt und dann fast ausschließlich für Schwarz.

Die für vorgenannte Verwendungszwecke in Betracht kommenden Färbeapparate kann man in vier Hauptsysteme gliedern:

1. Packapparate. Das Baumwollmaterial wird bei diesem System möglichst dicht und gleichmäßig in einen Materialbehälter gepackt und hierauf die Farbflotte mittels Pumpe hindurchgedrückt.

2. Aufsteckapparate. Beim Arbeiten auf diesem Apparatsystem wird die Baumwolle in Form von Kopsen, Kreuzspulen usw. auf hohle, perforierte Spindeln aufgesteckt. Die Zirkulation der Flotte durch diese Spindeln und das Fasermaterial bewirkt ebenfalls meist eine Pumpe.

3. Apparate für Kettbäume. Es gibt offene sowie geschlossene Apparate, die im allgemeinen wie das Aufstecksystem arbeiten.

4. Schaumapparate. Derartige Apparate sind einfachster Konstruktion und benötigen auch keine maschinelle Kraft für den Arbeitsvorgang. Das Farbbad wird durch Erhitzen zum Schäumen gebracht und das zu färbende Material derart in den mit Flottenschaum gefüllten Teil des Apparates eingeschichtet, daß es von der Flotte selbst weder bespült noch bespritzt wird.

Lose Baumwolle, für die Massenproduktion in Frage kommt, wird ausschließlich in Apparaten mit Packsystem gefärbt, desgleichen Baumwollgarn für geeignete Stapelfarben. Kardenband und Vorgespinst werden als lose Wickel ebenfalls in Packapparaten gefärbt, in Spulenform jedoch auf Aufsteckapparaten. Kreuzspulen färbt man zum Teil in Packapparaten, zum Teil in Apparaten mit Aufstecksystem, vielfach aber auch im Schaum der Flotten. Kopse werden dagegen fast ausschließlich in Aufsteckapparaten gefärbt und nur vereinzelt in Packapparaten. Für Wirkwaren — soweit für dieselben Apparatfärberei als zweckmäßig erachtet wird — benützt man Packapparate. Strümpfe werden z. B. packweise möglichst glatt eingelegt, Trikotstoffe aber in Rollenform fest eingeschichtet. Dabei entstehende Zwischenräume werden, wie das auch bei Kops- und Kreuzspulenfärberei üblich ist, mittels loser Baumwolle oder Garn ausgefüllt.

Ketten werden entweder auf dem perforierten Kettenbaum in eigenen Kettbaumapparaten in gleicher Weise wie Kops gefärbt, oder auch im gewöhnlichen Packapparat durch Einlegen in gleicher Art wie Baumwollgarn.

---

[1]) Erban, Dr. Franz: Theorie und Praxis der Garnfärberei mit den Azoentwicklern. S. 391. Berlin: Julius Springer 1906.

[2]) Rath, Dr. J.: Die Apparatefärberei mit Naphthol AS. Melliands Textilberichte, Jahrg. 1924, S. 672. — Reik, Karl: Färbeapparate für Naphthol AS. Melliands Textilberichte, Jahrg. 1926, S. 234—237.

F. Färbungen mit anorganischen Pigmenten.

Seit die synthetischen Farbstoffe sich das Gebiet des Färbens der Gespinstfasern erobert haben, sind die Färbungen mit anorganischen Pigmenten, welche vor der Entwicklung der Teerfarbenindustrie große Bedeutung besaßen, bis auf wenige Spezialverwendungen aus der Färbereipraxis nahezu verschwunden. Eine der wenigen Färbungen mit anorganischen Pigmenten, die sich bis zum heutigen Tage da und dort noch erhalten haben, ist der sog. Manganbister, ein lebhaftes Braun, das durch Bildung von Mangandioxyd auf der Faser erzeugt wird. Diese Färbung findet jedoch nur noch gelegentlich im Druckartikel Anwendung und wird daher bei dem betreffenden Abschnitt noch Näheres zur Sprache kommen. An dieser Stelle ist daher nur zu erwähnen, daß man den Bister durch Imprägnierung des Gewebes in der Lösung eines Mangansalzes, Trocknen und Behandlung in heißer, karbonatfreier Natronlauge und durch nachherige Oxydation des so gebildeten Manganhydroxyds mit Chlorkalklösung herstellt. Die Reaktionen, welche diesem Prozeß zugrunde liegen, sind die folgenden:

$$1)\ MnCl_2 + {}_2NaOH = Mn(OH)_2 + 2\,NaCl$$
$$2)\ Mn(OH)_2 + CaOCl_2 = MnO_2 + CaCl_2 + H_2O$$

Eine andere Modifikation dieses Bisters ergibt sich, wenn statt Chlorkalk ein Bichromat zur Oxydation des Manganhydroxyds verwendet wird. Ein solcher Bister wurde seinerzeit von Balanche[1]) zur Herstellung einer Braundruckfarbe verwendet. Der Balanchebister kommt bei der Reservierung von Indigofärbungen mit Paranitranilinrot in Anwendung.

Nowak hat seinerzeit diesen Bister genauer untersucht, indem er den durch Fällen von Manganchlorürlösung mit äquivalenten Mengen Natronlauge entstehenden Niederschlag mit Natriumbichromat oxydierte und den braunen Körper auszuwaschen suchte. Schon beim Auswaschen zeigten sich große Schwierigkeiten, denn das Wasser wurde niemals farblos und blieb durch Chrom stets gelb gefärbt. Nowak schließt daraus, daß sich vermutlich an dem braunen Körper, den er für ein Manganbichromat von der Formel $2\,MnO_2Cr_2O_7$ hält, Chromat adsorptiv angelagert hat, das beim Waschen langsam in die Waschflüssigkeit übergeht[2]).

Interessant ist, daß sich auf einem in Manganbister gefärbten Gewebe beim nachherigen Imprägnieren mit Anilinsalzlösung rasch Anilinschwarz bildet. Ferner hat man Bisterfärbungen verwendet, um in der Indigoküpe zu tiefen Indigoblaufärbungen zu gelangen; es muß aber aufmerksam gemacht werden, daß je nach der Herstellung eines solchen Bisters auch gerade das Gegenteil bewirkt wird. Der vorerwähnte Balanchebister z. B. wirkt in der Indigoküpe der Färbung entgegen, er „reserviert" den Indigo, wie später eingehend ausgeführt werden soll.

Chromgelb wird noch für ganz spezielle Zwecke, z. B. zur Erzeugung von Lunten, auf Garn in der Weise gefärbt, daß die Ware in Bleisalzen imprägniert und dann in Alkalichromat entwickelt wird. Man wiederholt diese Imprägnierung in derselben Reihenfolge mehrere Male. Ein Bleiorange kann erhalten werden, wenn man nach der Grundierung in Bleisalzen in einer Lösung von Kalkwasser nachbehandelt und dann erst in das Chrombad geht.

Berlinerblau wird als Färbung auf Gespinstfasern besonders deswegen kaum mehr erzeugt, weil es selbst gegen die Wirkung von nur sehr schwachen Alkalien, wie Seifen, keineswegs widerstandsfähig ist.

---

[1]) Bull. Rouen 1882, S. 579.

[2]) Nach einer persönlichen Mitteilung von Dr. A. Nowak. Textilberichte 1927.

Eine gewisse Bedeutung hat jedoch auch heute noch die Färbung mit Eisen- und Chromsalzen, da damit außerordentlich widerstandsfähige Khakitöne[1]) erzeugt zu werden vermögen.

Eine solche Färbung kann beispielsweise in folgender Weise erhalten werden. Die gut gebleichte Ware wird auf der Klotzmaschine viermal nacheinander in der folgenden Lösung imprägniert:

33,5	kg	Chromalaun
3	l	schwefelsaures Eisenoxyd 45° Bé
5	l	holzessigsaures Eisen 16° Bé
auf 100	l	gestellt.

Die Lösung muß kalt angewendet werden. Dann geht man auf einer zweiten Klotzmaschine durch kochende Sodalösung von 50 g kalz. Soda per 1 l, wäscht auf der Waschmaschine gründlich und wiederholt diese Operationen dreimal, ohne zwischen den einzelnen Behandlungen zu trocknen.

Man kann aber ähnliche Töne auch mit Kupfersalzen und Eisensalzen herstellen nach folgender Vorschrift:

7 kg Kupfervitriol
1 kg Eisenvitriol
auf 100 l gestellt.

Mit dieser Lösung wird das gebleichte Gewebe auf dem Foulard mehrmals hintereinander imprägniert, dann durch eine Lösung von Natronlauge 1—2° Bé genommen. Man wäscht dann gründlich und wiederholt allenfalls diese Operationen.

Da derartige Färbungen, je nach der Tiefe des Farbtons, bis zu 10% vom Gewicht der Ware an Mineralbestandteilen auf der Faser ablagern, lassen sie sich schwer verarbeiten, so daß man vorzieht, sie mit den echten Farbstoffen der Schwefelfarben- oder Antrachinonfarbengruppe zu färben.

Ein Bedürfnis, Baumwolle mit anorganischen Pigmenten zu färben, liegt, abgesehen vielleicht von ganz speziellen Fällen, heute nicht mehr vor. Alle die damit früher erzeugten Farbtöne sind ebenso lebhaft und ebenso echt bei zweckmäßiger Auswahl mit Teerfarbstoffen zu erhalten.

G. Die Herstellung schattierter Färbungen. Das Färben in der Schlichte und im Appret.

a) Schattierte Färbungen.

Außer den üblichen Färbungen von durchweg gleichmäßiger und ununterbrochener Unikolorierung auf Baumwollgarn in Form von Strähnen (ein Strähn oder Schneller sind 7 Gebinde à 80 Fäden à $1^1/_2$ Yard) und Ketten (Garnfäden entsprechend der Länge eines Webstückes) werden für spezielle Zwecke der Buntweberei auch Ton-in-Ton abschattierte Färbungen hergestellt.

Derartige Schattenfärbungen erzeugt man meist in der Art, daß man zuerst die hellste Tönung einfach in normaler Weise vorfärbt und dann die dunkleren Abstufungen durch nur teilweises Eintauchen der Strähne in farbstärkeren Bädern weiterfärbt. Zu diesem Zwecke werden die entsprechend dimensionierten Farbflottenbehälter nur mit so viel Flotte beschickt, daß die Garnsträhne nicht tiefer in das Farbbad eintauchen, als der erwünschten Länge des betreffen-

[1]) Theis: Khaki auf Baumwolle und andern Textilstoffen. Berlin 1903.

den Schattierungsteileffektes entspricht; man verwendet ferner zweckmäßig vierkantige Farbstöcke, damit sich die Garnstränge nicht so leicht verschieben können. Vielfach werden die Strähne auch auf besonderen Lattengestellen oder Rahmen über dem Flottenbehälter und zwar wieder so aufgehängt, daß nur der zu färbende Teil in das Farbbad eintaucht. Auch durch Färben in Bädern, die während der Färbedauer verdünnt werden, erhält man sehr schöne Abschattierungen. Durch entsprechend modifizierte Arbeitsweise stellt man ferner besonders auf Kettgarnen eigenartig wirksame Schattierungseffekte her; auf längeren Ketten färbt man öfters auch zwei verschiedenfarbige Schatten, je von einem Ende beginnend und gegeneinander nach der Mitte zu verlaufend.

Zum Färben werden sowohl substantive Farbstoffe als auch Schwefelfarben und Küpenfarbstoffe verwendet. Mit den verschiedenen Produkten derselben Farbstoffklassen werden für Buntwebereizwecke auch noch sog. Flammfärbungen sowie Ombréfarbeffekte hergestellt. Bei ersteren wechselt Weiß mit bunter Einfärbung ab, diese Flammen werden durch Unterbindung (nach Art der Abbindetechnik) der nicht zu färbenden Stellen des Strähns und nachheriges Ausfärben erhalten; die Farbenwirkung ist in diesem Falle den auf der Garnmangel erzielten Flammendrucken ganz ähnlich. Die Ombréfärbungen bestehen aus aneinandergereihten verschiedenartigen Effekten; man arbeitet dabei in ähnlicher Weise wie bei den Schattenfärbungen, indem nur der jeweils zu färbende Strähnteil in die Farbflotte eingetaucht wird und immer anschließend der nächste Teil in ein andersfarbiges Bad.

Besonders ist noch zu erwähnen, daß die Herstellung und die Anwendungsmöglichkeiten schattierter Färbungen, Ombrés usw. für Buntwebeartikel in mannigfachster Ausführung in erster Linie dem Erfindergeist des sächsischen Industriellen Oswald Hoffmann in Neugersdorf zuzuschreiben sind; O. Hoffmann hat ebenso sinnreiche wie elegante Färbemethoden für den Großbetrieb ausgearbeitet und zahlreiche technische Verbesserungen und Neuerungen eingeführt.

b) Das Färben von Kettgarnen in der Schlichte.

Das Färben von Kettgarnen in der Schlichte wird meist für hellere und mittlere, seltener für tiefe Färbungen ausgeführt, in der Hauptsache jedoch nur für billige Artikel.

Man unterscheidet zwei Arbeitsweisen, und zwar erstens das Färben in der Schlichtmasse und zweitens das normale Färben der Kettgarne durch kontinuierliche Passage in eigenen Farbtrögen mit direkt anschließendem Schlichten.

1. Das Färben in der Schlichtmasse.

Beim Färben in der Schlichtmasse gebraucht man meist substantive Farben (Benzidinfarbstoffe usw.), für hellere Farbtöne aber auch Säurefarbstoffe wie z. B. Brillant-Croceïn, Wasserblau, Isaminblau und basische Farbstoffe.

Die substantiven Farbstoffe werden in üblicher Weise in kochendem Wasser gelöst, der Schlichte zugesetzt und diese dann nochmals aufgekocht oder gut verrührt. Zusätze von sonst vielfach üblichen Beschwerungsmitteln, wie Magnesiumsalzen, China clay, Zinkvitriol usw. sind bei der Herstellung der Schlichtmasse wegzulassen; Seifen, Fette und ähnliche Substanzen können dagegen zweckentsprechend in beliebiger Menge zugegeben werden. Die Schlichte soll keinesfalls sauer, sondern am besten neutral oder schwach alkalisch reagieren. Für tiefere Färbungen gibt man vorteilhaft auch etwas Salz zu.

Als Beispiel der Herstellung eines Farbtones durch Färben mit substantivem Farbstoff in der Schlichte kann nachstehende Vorschrift gelten:

In einem Kupferkessel oder einem Holztrog werden

100	l	Wasser
6—8	kg	Kartoffelmehl
0,5	kg	Talg und
0,35	kg	Wachs

entsprechend angerührt und aufgekocht.

Für eine schwarze Färbung löst man dann in einem anderem Gefäß z. B.

2 kg Oxydiaminschwarz IB extra konz.
in ca. 10 l kochendheißem (möglichst kalkfreiem) Wasser

und ferner in einem Kübel oder Tongefäß:

2 kg Glaubersalz kalz.
in ca. 10 l Wasser.

Farbstofflösung sowie Salzlösung werden hierauf der Schlichtmasse zugesetzt, das Ganze gut durchgekocht und dann in den Schlichttrog gefüllt. Die Ketten laufen direkt vom Kettbaum (also unausgekocht) durch die kochheiße Schlichte, werden mittels Quetschwalzen gut ausgequetscht und im weiteren Lauf auf Trockentrommeln getrocknet.

Bei Verwendung von Säurefarbstoffen und basischen Farben zum Anfärben der Schlichte darf diese nicht alkalisch reagieren.

Seit der Einführung von „Aktivin“ (p-Toluolsulfonchloramidnatron) durch die Chemische Fabrik Pyrgos in Radebeul zum Aufschließen von Stärke, arbeitet man fast allgemein mit derartigen Schlichtmassen und erhält auf diese Weise in jeder Beziehung einwandfreie Resultate.

2. Das Färben mit nachfolgendem Schlichten.

Das Färben mit nachfolgendem Schlichten wird meistens zur Herstellung von Stapelnuancen, wie Schwarz, Blau, Braun usw., also für große Produktionen in Anwendung gebracht. Nach dieser Methode werden nur substantive Farbstoffe gefärbt und man erzielt wasser-, wasch- und appreturechtere Färbungen als beim Färben in der Schlichte selbst; ferner können bei dieser Arbeitsweise der Schlichte ohne weiteres auch Beschwerungsmittel zugesetzt werden.

Der Farbtrog wird eher etwas größer dimensioniert als der Schlichtetrog, er enthält einige Leitwalzen zur Führung des Kettgarnes. Die Farbbäder sind derart konzentriert anzusetzen, daß die erforderliche Farbtiefe der Kettfärbung mit einem Durchlauf erreicht wird; das Nachspeisen des Farbbades geschieht durch ein Trichterrohr oder aus einem über dem Färbetrog befindlichen Vorratsbehälter. Das Kettgarn läuft vom Kettbaum über eine Führungsrolle in bzw. durch den Farbtrog, wird nach dem Austritt aus der Farbflotte gleichmäßig abgequetscht und passiert hierauf die Schlichtmasse im Schlichtetrog.

Sehr ausführliche Angaben über das Schlichten in Verbindung mit dem Färben sind von Karl Kretschmer auf Grund spezieller praktischer Erfahrungen in dem instruktiven Buche: „Die Schlichterei in ihrem ganzen Umfange“ (A. Ziemsen Verlag in Wittenberg, 1909) niedergelegt (S. 168—178); dieses Buch ist übrigens infolge seines wertvollen Gesamtinhaltes auch von der amerikanischen Fachliteratur übernommen worden[1]).

[1]) Kretschmer, C.: Yarn and Warp Sizing. (Bragdon, Lord & Nagle Co., Publishers of Textile World, 334 Fourth Avenue, New York).

c) Färben von Geweben im Appret.

Für billige Artikel von schütterer Webart und besonderem Verwendungszweck wird in manchen Fällen beim Appretieren gleichzeitig gefärbt. Man setzt dabei den vorher gut gelösten Farbstoff direkt der Appreturmasse zu, kocht dann nochmals auf und appretiert in üblicher Weise auf einer Paddingmaschine oder einem Foulard mit ein oder zwei Enden (Passagen). Es werden nur substantive Farbstoffe verwendet, nahezu sämtliche Benzidin-, Diamin- usw. Farbstoffe sind dazu geeignet; die Appreturmasse darf keine Füllmittel (China clay usw.) enthalten.

VII. Das Bedrucken baumwollener Gewebe (Zeugdruck).

A. Kurze Übersicht über die Entwicklung des Zeugdruckes[1]).

Bedruckte Zeuge wurden nachweisbar zuerst aus Indien und China bekannt. Die älteste Art, Zeuge zu mustern, beruhte auf der rein mechanischen Abhaltung des Eindringens von Färbeflotten durch knotenartige Unterbindungen des Gewebes, wie sie heute noch in Japan angewendet wird. Diese Art der Musterung wurde wohl ausschließlich bei Indigoküpen verwendet und ist in neuester Zeit als „Abbindetechnik" im Kunstgewerbe wieder aufgetaucht.

Eine andere, wohl noch heute in Indien geübte Methode des Illuminierens von Geweben wird durch Imprägnieren derselben in fetthaltigen Flüssigkeiten und nachherigem Trocknen an der Sonne eingeleitet. Auf die so durch das Licht und den Luftsauerstoff unlöslich auf der Faser befestigten Fettsäuren werden von Hand Lösungen von Metallsalzen aufgepinselt, dann an der Luft verhängt. Eisen- und Aluminiumsalze, aus Pflanzen stammend, sind die zu dem Zweck wohl am meisten verwendeten Beizen. Nach der Fixierung derselben wird das Gewebe in Abkochungen von alizarinhaltigen Pflanzen gebracht, so daß mit Eisensalzen violette, mit Aluminiumsalzen rote Effekte erscheinen.

Das am besten ausgebildete ostindische Zeugdruckverfahren ist das auch in neuerer Zeit wieder vielfach angewandte, bedauerlicherweise durch Anwendung unechter Farbstoffe oft verschlimmbesserte, Batikverfahren. Die Gewebe werden von Hand an bestimmten Stellen mit Wachs bedeckt, so daß kalte Färbebäder, wie Indigoküpen, nicht einzudringen vermögen. Durch Brechen der Wachsschicht unter Wasser werden die für den Batikartikel so charakteristischen netzartigen Figuren erzeugt, da das Färbebad in die Sprünge eindringt und das Gewebe längs derselben anfärbt. Das Wachs kann dann durch Behandeln in heißem Wasser vollkommen abgelöst werden, so daß weiße Figuren auf blauem Grunde erscheinen.

Im Mittelalter scheint man zur Musterung von Zeugen vorzugsweise Ölfarben angewandt zu haben, die mit dem Pinsel von Hand aufgetragen wurden.

Im 17. Jahrhundert begannen die Holländer die primitiven indisch-javanischen Zeugdruckverfahren zu vervollkommnen, indem sie mit in Relief gearbeiteten Handmodeln verdickte Beizen oder Reservesalze auf die Gewebe aufdruckten und so mehrfarbige Effekte zu erzielen vermochten.

---

[1]) Sehr interessant ist eine Abhandlung von Dr. Karl Reinking: „Die ältesten Bücher über den Zeugdruck"; Melliands Textilberichte 1927, S. 788—790.

Vorzugsweise wurden als Färbebäder die Indigoküpe, dann aber auch Krappbäder verwandt.

Aber erst als die verhältnismäßig billigen Baumwollgewebe aus Indien nach Europa kamen, konnte sich die Zeugdruckerei zu der Vollkommenheit entwickeln, wie wir sie heute kennen; denn die bisher zum Druck verwendeten Leinengewebe waren erstens nicht in ausreichender Menge vorhanden, dann eigneten sie sich zum Bedrucken nicht besonders.

Wie das stets der Fall war, so wurde auch jetzt dem neuen Gewebe heftige Opposition gemacht; die Leineweber setzten es in England sogar durch, daß Baumwollgewebe gänzlich verboten wurden. Daß ein solches Verbot nicht von langer Dauer sein konnte, war selbstredend, ganz besonders einem Produkte gegenüber wie der Baumwolle, welche im Vergleich zu den Leinengeweben die großen Vorzüge niedrigen spezifischen Gewichtes und leichter Bleichbarkeit bei nahezu gleicher Haltbarkeit hatte.

In der zweiten Hälfte des 18. Jahrhunderts begann man bedruckte Baumwollgewebe immer mehr zu verwenden[1]). Die Folge davon war, daß da und dort Kattundruckereien entstanden, und zwar fast in allen Ländern. 1741 wurde eine solche in Berlin gegründet, 1746 legten Köchlin, Schmalzer u. Dollfuß den Grund zu der später zu so hoher Blüte gelangten Druckindustrie in Mülhausen im Elsaß. 1756 entstand die Schüle'sche Fabrik in Augsburg[2]); 1746 wurde die erste derartige Fabrik in England gebaut, während in Böhmen die erste Kattunindustrie vom Grafen Kinsky 1763[3]) errichtet wurde. Bei allen diesen Unternehmungen handelte es sich natürlich um Handdruck.

1763 wurde ferner in Großenhain in Sachsen nach Angaben des Hofkommissars Johann Carl Barth (dem Sohne des Erfinders des Indigokarmins, des Bergrats Joh. Christian Barth) auf Kosten der Kurfürstin-Mutter Maria Antonia für 45546 Taler eine Kattundruckfabrik angelegt; der erste „Entrepreneur" war ebenfalls der Hofkommissar Barth. Diese alte kurfürstliche Zitz- und Kattunfabrik in Großenhain-Naundorf, die von 1800—1888 auch im Besitze der Familie Bodemer war, wurde im ersten Jahrzehnt des 20. Jahrhunderts mit der altangesehenen Blaudruckfirma Jentzsch in Halle vereinigt und als Firma Gebrüder Jentzsch A.-G. neuerbaut[4]).

Eine gewaltige Förderung dieser Industrie bedeutete die Erfindung mechanischer Druckverfahren. Zunächst machte sich der Kupferplattendruck in der Druckerei heimisch, dann folgte 1800 die Maschine von Reigner, welche die Handdruckarbeit mit Reliefmodeln durch maschinelle Einrichtungen ersetzte. Später wurde in Frankreich eine Maschine gebaut, welche als Vorgängerin unserer heutigen Walzendruckmaschinen zu bezeichnen ist, womit man allerdings mit höl-

[1]) Es verdient hier erwähnt zu werden, daß der erste Versuch zur fabrikmäßigen Verarbeitung von Baumwolle im alten Österreich vom Graf Gallas'schen Oberinspektor Elias Keßler zu Grottau in Böhmen bereits im Jahre 1723 unternommen wurde. Dieses Etablissement zur Erzeugung von „Tuch-, Zeug-, Strumpf- und Canevasfabrikaten" hatte jedoch mangels obrigkeitlicher Unterstützung damals leider nur kurzen Bestand. Siehe Josef Schubert: Geschichte der k. k. priv. Schützengesellschaft in Grottau, S. 29. Grottau 1889.

[2]) Gaumnitz: v. Schüle, einer der Begründer der europäischen Kattundruckindustrie. Melliands Textilberichte 1925, S. 919.

[3]) Über „Ursprung und Entwicklung der böhmischen Baumwollindustrie", und zwar speziell der Kattundruckereien, hat Dozent Dr. Ludwig Lichtenstein am XII. Kongreß des Internationalen Vereins der Chemiker-Koloristen am 9. Mai 1927 in Karlsbad sehr lehrreich gesprochen; siehe Kongreßberichte S. 1—3 (Eigenverlag des Internationalen Vereins der Chemiker-Koloristen).

[4]) Siehe „Historisch-biographische Blätter" (Das Königreich Sachsen. Kultur, Industrie, Handel und Gewerbe): „Gebr. Jentzsch A.-G., Naundorf bei Großenhain" (Ecksteins Biographischer Verlag, Berlin).

zernen Walzen, auf denen das Muster erhaben angebracht war, arbeitete. Die vollkommenste Einrichtung für die damalige Zeit war die im Jahre 1854 von Perrot in Rouen erfundene, nach ihm genannte „Perrotine", mit welcher ermöglicht wurde, bis zu vier Farben auf das Gewebe zu drucken, und zwar in kontinuierlicher Folge, was eine außerordentliche Steigerung der Produktion in Druckartikeln bedeutete.

Der Höhepunkt der maschinellen Technik wurde erreicht, als man den alten Kupferplattendruck auf Walzen zu übertragen begann, was in England durch Bell[1]) geschah.

Die Walzendruckmaschine stellt wohl in der heutigen Form diejenige Maschine dar, mit welcher man die vollkommensten Drucke, was Schärfe der Zeichnung sowie Variationsmöglichkeit der Farbengebung anbelangt, erzielt. Es gibt Maschinen, mit denen man 12 und mehr Farben nicht nur einseitig, sondern auf beiden Seiten des Gewebes gleichzeitig drucken kann. Dadurch ist auch die höchste Produktion zu erzielen; es ist heute möglich, mit einer derartigen Maschine etwa 70—80 Stück zu 120 m per Tag zu drucken, und man rechnet die durchschnittliche Jahresleistung der Druckmaschine mittlerer Größe auf nahezu eine Million Meter.

Über die Art und Weise, wie der „Indienne"-Druck in der ersten Hälfte des 18. Jahrhunderts aus seinem Heimatlande nach Europa übertragen und entsprechend modifiziert wurde, gibt das im Jahre 1760 in Amsterdam erschienene kleine Buch des Chevalier de Quarelles lehrreichen Aufschluß. Das Buch führt den Titel: „Traité sur les Toiles Peintes" und existiert, soweit bekannt, nur noch in zwei Originalexemplaren. Der B.A.S.F., den Ludwigshafener Werken der J. G. Farbenindustrie A. G., gebührt dankbare Anerkennung, daß sie dieses koloriehistorisch so außerordentlich wertvolle Buch durch eine Faksimileausgabe (1925) weiteren Berufskreisen zugänglich gemacht hat.

Auf die Entwicklung der Druckerei haben selbstverständlich auch die großen Fortschritte auf dem Gebiete der Chemie großen Einfluß ausgeübt. So wurde vor allem infolge der künstlichen Darstellung der Soda und der Entdeckung des Chlorkalks eine weitaus raschere und vollkommenere Bleiche ermöglicht, als vordem durch die primitive und langwierige Rasenbleiche erzielt werden konnte.

Ursprünglich war man ferner angewiesen, die zur Illumination der Gewebe notwendigen Farben ausschließlich dem Mineral- und Pflanzenreiche zu entnehmen. Nachdem aber von Unverdorben im Jahre 1826 das Anilin aus dem Indigo abgeschieden worden war, dann dieselbe Substanz von Runge aus dem Steinkohlenteer gewonnen wurde, als A. W. Hoffmann seine klassischen Arbeiten der staunenden Welt offenbarte und mit dem Hoffmann'schen Violett die Ära der Teerfarbstoffe eröffnete, begann auch für die Druckerei eine vollkommen neue Zeit. Die Palette des Koloristen belebte sich zusehends mit leuchtenden Farben. Das Fuchsin und das Aldehydgrün gaben Farben, wie man sie in solcher Lebhaftigkeit vorher nicht kannte. Leider erwiesen sich diese Farbstoffe für den Gebrauch als nicht besonders geeignet, weil ihre Echtheit einen Vergleich mit den früher angewandten Farben nicht aushielt. Doch auch das sollte bald anders werden: 1868 wurde von Gräbe und Liebermann das künstliche Alizarin entdeckt, und mit dieser Erfindung war das Schicksal des bis dahin zum Zwecke der Herstellung der Türkischrots verwendeten Krapps besiegelt. Dieselbe Entwicklung ist beim Indigo zu beobachten. Auch hier hat der zuerst von Bayer im Jahre 1880 dargestellte künstliche Indigo das natürliche Produkt nahezu vollständig verdrängt.

[1]) Bell war der erste, welcher mit seiner Maschine (Patent vom Jahre 1783) in den Works of Liversey, Hargreaves & Co., near Preston im Jahre 1785 den ersten praktischen Erfolg errang.

In verhältnismäßig kurzer Zeit brachte dann die in wunderbarer Weise aufblühende Farbenindustrie eine derartige Fülle von Farbstoffen auf den Markt, daß dem Koloristen für jeden Verwendungszweck und für jede gewünschte Echtheit die geeigneten Produkte zur Verfügung gestellt werden konnten.

Welch außerordentliche Bedeutung der Kattundruck infolge der maschinellen und chemischen Technik in den letzten Jahren erlangt hat, ist aus einer vom Anfang dieses Jahrhunderts stammenden Statistik zu ersehen; in dieser Aufstellung figuriert allein Europa mit 2518 arbeitenden Druckmaschinen, was einer Produktion von über 2 Milliarden Meter per Jahr gleichkommt.

B. Das Wesen des Zeugdruckes in Theorie und Praxis.

a) Der Begriff Zeugdruck.

Unter Zeugdruck versteht man im allgemeinen die örtlich beschränkte Färbung von Geweben, so daß die für die Färbung der Baumwolle angeführten theoretischen Erörterungen auch für diesen besonderen Fall Geltung behalten. Was daher an jener Stelle für die Färbungen in den einzelnen Farbstoffgruppen ausgeführt wurde, gilt auch für die durch den Druck erzeugten Färbungen mit Repräsentanten dieser einzelnen Farbstoffgruppen.

Der Mechanismus der Färbung ist dort wie hier sicherlich derselbe, die Mittel und Methoden jedoch, um die lokale Färbung zu erzeugen, sind im allgemeinen von jenen der Färberei vollkommen verschieden.

Die einfachste Art der Erzeugung örtlicher Färbungen besteht eigentlich im Auftropfenlassen einer Farbstofflösung auf das Gewebe. Je nach dem geringeren oder höheren Reinigungsgrade des letzteren ist dabei zuerst eine langsamere oder raschere Benetzung des Stoffes wahrzunehmen; durch das Wirksamwerden der kapillaren Kräfte der einzelnen Gewebemaschen bzw. der einzelnen Fasern ergibt sich dann zwar als Endeffekt ein farbiger Fleck, doch von ungleicher Ablagerung des Farbstoffs und unscharfer Umgrenzung. In den meisten Fällen ist jedoch dieser Vorgang verwickelter, denn es ist eine differenzierte Kapillaritätswirkung festzustellen; der Farbstoff breitet sich langsamer aus als das Lösungsmittel, so daß die äußeren Zonen des benetzten Gewebes farbslos oder nur schwach gefärbt, die zentral gelegenen Partien aber intensiv gefärbt erscheinen.

Mit einer solchen Methode der örtlichen Färbung sind naturgemäß nur sehr primitive und wenig befriedigende Effekte zu erzielen. Wenn man sich auch ausdenken kann, daß derartige Effekte statt durch Auftropfen durch Auftragen mit dem Pinsel erzeugt werden können, so bleibt doch der unvermeidliche Übelstand des Ineinanderfließens der aufgetragenen Farbstofflösungen bestehen. Muster mit scharfen Umgrenzungen sind auf dem Wege nicht zu erhalten.

Um nun aber zu regelmäßig begrenzten farbigen Figuren zu gelangen, so daß jede Farbe den ihr im Muster bestimmten Platz und nicht mehr einnimmt, muß die Wirkung der kapillaren Kräfte des Gewebes aufgehoben werden. Mit anderen Worten, es muß für den Farbstoff ein Vehikel gesucht werden, das infolge seiner inneren Struktur den kapillaren Kräften des Gewebes überlegene entgegenstellen kann. Seit urdenklichen Zeiten dienten diesem Zwecke Gallerten, vor allen Dingen der Stärkekleister, dann der Tragant und die verschiedenen Gummiarten. Diese drei Naturprodukte werden nun in ähnlicher Weise in Form ihrer durch Behandeln mit heißem Wasser erhaltenen Gallerten, z. T. für sich allein oder aber in Kombinationen untereinander in großen Mengen auch im modernen Zeugdruck angewendet. In den letzten 50 Jahren wurden außerdem viele aus Stärke hergestellte Modifikationen in den Handel gebracht, die für gewisse Zwecke wertvolle Dienste zu leisten imstande sind.

b) Die verschiedenen Druckverfahren in kolorietechnischer Hinsicht.

1. Der direkte Druck.

Die verschiedenen auf dem Wege des Zeugdrucks hergegestellten Effekte verdanken ihre Entstehung keineswegs einheitlichen Verfahren; ein und derselbe Effekt kann zuweilen nach sehr verschiedenen Arbeitsweisen hergestellt werden.

Was man im allgemeinen unter Druck versteht, ist der direkte Druck auf gebleichtes Gewebe. Das Muster, das auf der kupfernen Druckwalze durch eigene Gravurverfahren übertragen ist, in dem Falle also in vertiefter Form, wird mittels der Druckfarbe, welche die Gravuren der Walze füllt, auf maschinellem Wege, unter rollendem Druck, sich regelmäßig wiederholend, auf das Gewebe übertragen. Das Muster kann aus einer Farbe, es kann aber auch aus 2—16 Farben zusammengesetzt sein. Die Anzahl der Farben ist begrenzt, da mit der Zahl der Farben die Größe der Maschine zunimmt und hier gewisse Grenzen gesetzt sind. Für jede Farbe ist eine gesonderte Walze notwendig, so daß leicht verständlich ist, daß bei vielfarbigen Mustern die Maschinen entsprechend schwer gebaut sein müssen.

Damit die einzelnen Farben, welche das mehrfarbige Muster bilden, der Zeichnung entsprechend zusammengefügt werden können, sind die Walzen, von denen jede eine Partie entsprechend einer Farbe des Musters enthält, in verschiedenen Richtungen verschiebbar, so daß, wie man sich auszudrücken pflegt, die einzelnen Farben in „Rapport" gebracht werden können. Sind alle Walzen im „Rapport", dann soll das auf dem Gewebe erzeugte Muster genau der Vorlage entsprechen. Den Vorgang, die einzelnen Farben in „Rapport" zu bringen, nennt man „Rapportieren".

Die einzelnen Partien bei derartigen Drucken können nun derart klein sein, so daß vom weißen Gewebe große Flächenanteile unbedruckt bleiben; sie können aber auch so stark werden, daß man vom weißen Gewebe kaum mehr etwas oder vielfach gar nichts mehr erkennt und der Druck den Eindruck macht, als wäre er eine Illumination auf einem vorher gefärbten Gewebe. Da derartige Muster das Gewebe stark decken, nennt man ein solches Fabrikat „Deckerdruck", man erkennt denselben an der Rückseite des Gewebes, die meistens deutlich erkennen läßt, daß die Farbe nur einseitig aufgetragen ist, im Gegensatz zu erst gefärbtem, dann durch Druck weiß oder bunt illuminiertem Stoff.

Ätzdruck und Reservedruck. Es gelingt aber auch gefärbte Gewebe zu mustern, und zwar geschieht das einesteils in der mit Ätzdruck bezeichneten Art, welche mittels örtlich ausgelöster chemischer Reaktionen den Farbstoff an den bedruckten Stellen so verändert, daß seine Abbauprodukte leicht durch Waschoperationen entfernt werden können; anderenteils wird zu demselben Zweck der Reservedruck angewandt, der auf die ungefärbte Ware gewisse Schutzstoffe druckt, welche die bedruckten Stellen beim folgenden Färben vor dem Eindringen der Färbeflotte schützen. Man nennt solche Druckpasten daher auch „Schutzpappe". In beiden Fällen lassen sich weiße Muster auf farbigem Grunde erzeugen; die Möglichkeit der farbigen Ätzung oder Reservierung ist aber ebenfalls gegeben, wie gezeigt werden wird.

2. Der Reservedruck.

Die ältere dieser beiden Methoden zum Mustern gefärbter Gewebe ist der Reservedruck. Das Prinzip dieses Verfahrens beruht, wie schon erwähnt, darauf, das ungefärbte Gewebe mit Druckfarben zu bedrucken, welche das Eindringen des Farbstoffes der Färbeflotte an den bedruckten Stellen verhindern. Solche „Reserven", wie man diese Druckfarben nennt, können ihre Wirkung rein mechanisch ausüben, es können aber auch reservierende Wirkungen mittels chemischer Reaktionen ausgeübt werden. Meistens werden beide Wirkungen kombiniert.

Diese Methode ist in ihren primitivsten Ausführungen uralt; Schutzpappe aus Erde dienen auch heute noch dem intelligentesten Handdrucker Indiens zur Herstellung nationaler Druckerzeugnisse in küpenblau und indigogrün ausgefärbtem Baumwollstoff. Ebenso ist die Wachsbemalung für den Batikartikel als erster Ausdruck der Schutzpappanwendung durch die Völker Ostasiens zu bewerten.

Das Reservieren läßt sich aber auch so ausbauen, daß man nicht allein weiße Figuren auf farbigem Grunde erzeugt, sondern daß durch Inkorporieren von Pigmenten in die Reserve farbige Muster erzeugt werden. Man nennt diesen Vorgang „Buntreservieren", solche Farben „Buntreserven", und benutzt ihn auch heute noch vielfach zur Herstellung von Artikeln mit Farbstoffen, welche durch die nachfolgend zu behandelnden Ätzen nicht in befriedigender Art zerstört zu werden vermögen.

Aber noch weitergehender läßt sich der Reservedruck ausbauen. Man kann, ähnlich wie wir beim Färben in den unlöslichen Azofarbstoffen gesehen haben, die zu reservierende Ware in der einen Komponente, beispielsweise dem β-Naphthol, präparieren und die andere Komponente, den Diazokörper, in der Reserve unterbringen. Beim Aufdruck bildet sich an den bedruckten Stellen das Pigment, überlagert von den der Reservierung dienenden Substanzen. Die nachfolgende Färbung wird also bunte Effekte auf farbigem Grund ergeben.

Zum Reservieren von Anilinschwarz dienen alkalisch oder reduzierend (Ätzreserven) wirkende Substanzen, für Buntreserven — außer basischen Farben, Küpenfarbstoffen usw. — seit 1925/26 auch Produkte der Indigosolgruppe[1]), wie z. B. Indigosolgelb HCG und Indigosolrosa IR extra.

Wichtig ist auch das Reservieren von Färbungen mit Schwefelfarbstoffen. Als erste nahmen Leopold Cassella & Co. in Frankfurt a. M. im Jahre 1901 ein diesbezügliches Patent zur Verwendung gewisser Metallsalze. Auf diesem und späteren Arbeiten der gleichen Firma entstand das bekannte Zinkchlorid-Reserveverfahren, welches auch für Hydronblau und viele anderen Küpenfarbstoffe wertvoll ist.

Von großer Bedeutung ist das Reservierungsverfahren für jene wertvollen Küpenfarbstoffe, die infolge ihrer außerordentlichen Echtheit durch Chemikalien nur sehr schwer zerstört werden können, so z. B. für Indanthrenblau RS und Hydronblau. Letzteres ist nur in sehr hellen Färbungen mit Rongalit-Leukotropätze ätzbar. Felmeyer & Co. in Alt-Kettenhof verwendeten Manganchlorür und Bichromat als Reserve unter Indigofärbungen, die Badische Anilin- & Sodafabrik empfiehlt das gleiche Verfahren für Färbungen mit Indanthrenfarbstoffen. Tagliani arbeitete eine Methode für Buntreserven mit Indanthrenfarben unter Hydronblaufärbungen aus, Felmeyer & Co. später gleichfalls eine Methode für Buntreserven mit Küpenfarben unter Färbungen von Küpenfarbstoffen, Verfasser[2]) ebenso ein Verfahren für Buntreserven mit Indanthrenfarben unter Färbungen mit Indanthrenfarbstoffen u. a. m.

---

[1]) Patentanmeldung der I. G. Farbenindustrie A.G.

[2]) Färber-Ztg. 1917, S. 247, 330; 1918, S. 1, 51, 121.

Von besonderem Interesse sind die Weiß- und Buntreserven (Ätzreserven) mit Küpenfarbstoffen sowie auch mit hydrosulfitbeständigen basischen Farbstoffen und Nitrosaminen unlöslicher Azofarbstoffe unter Indigosol O[1]), ferner die Weiß- und Buntreserven unter Klotzungen mit den anderen Produkten der Indigosolgruppe.

3. Der Ätzdruck.

Für den Ätzdruck sind nur zwei verschiedene Methoden ins Auge zu fassen. Die Ätzung kann entweder mit Hilfe von Oxydationsmitteln oder aber mit Reduktionsmitteln erfolgen.

Das älteste Verfahren ist die Anwendung von Oxydationsmitteln, und zwar zum örtlichen Zerstören von Türkischrotfärbungen mit Hilfe von Chlorkalklösung. Diese Arbeitsweise wurde zuerst in England im Jahre 1810 angewendet; das türkischrot gefärbte Gewebe wurde dabei in mehreren Lagen übereinander zwischen zwei kongruente und mit ausgestanzten Mustern versehene Metallplatten gepreßt und hierauf schwach angesäuerte Chlorkalklösung durch die Musterausschnitte der oberen Platte zum Durchfließen gebracht. Später wurde diese Methode maschinell verbessert und die sogenannte Monteith-Presse[2]) eingeführt, bei welcher man die Chlorkalklösung mit Hilfe einer hydraulischen Pumpe durch die Gewebelagen drückte; auf die Weise wurden in den Jahren 1818—1820 beträchtliche Mengen türkischrot gefärbte Waren geätzt. Die Monteith-Presse war also die erste Schablonenmaschine für Zeugdruckgewebe und gewissermaßen auch ein Vorläufer der mechanischen Färbeapparate. Diese originelle Fabrikationsmethode war jedoch naturgemäß nur auf die Herstellung einer geringen Anzahl von Mustern beschränkt.

Größere Bedeutung erlangte das Ätzen von Türkischrotfärbungen erst durch das von Daniel Koechlin im Jahre 1811 inaugurierte Verfahren mittels der der sogenannten Chlorkalkküpe. Das gefärbte Gewebe wurde dabei zuerst mit verdickten organischen Säuren bedruckt (Zitronensäure, Weinsäure, später auch Milchsäure; auch Arsensäure ist verwendbar) und dann in einer Rollenkufe durch eine starke Chlorkalklösung passiert.

Die älteste Methode zum Ätzen von Indigofärbungen mit Oxydationsmitteln ist jene mit Chromaten. Thompson in Manchester wendete dieselbe zuerst im Jahre 1826 an und Camille Koechlin verbesserte 1874 das Verfahren zu großproduktiver Anwendungsmöglichkeit. Man druckte Chromate auf das gefärbte Gewebe, nahm den bedruckten Stoff durch heiße Säure und zerstörte so durch die entstehende Chromsäure den Farbstoff.

1845 verwendete Mercer Ferrizyankalium im alkalischen Medium zum Ätzen von Indigo, eine etwas kostspielige Methode, die jedoch später zum Teil in modifizierter Form auch zum Ätzen von anderen Färbungen in Aufnahme kam.

Hierauf fand man in den Chloraten ausgezeichnete Ätzmittel. Die vollendetste Ausarbeitung der Ätzmethode mit Chloraten für alle durch Oxydationsmittel ätzbaren Färbungen stammt von Jeanmaire (1885, 1889). Diese Chloratätzen enthalten neben Chlorat noch Ferro- oder Ferrizyanverbindungen als Sauerstoffüberträger und die damit bedruckte Ware wird durch kurzes Dämpfen geätzt.

---

[1]) Sol-Karte 1 und 2 sowie die Zirkulare über die verschiedenen anderen Produkte der Indigosolgruppe aus den Jahren 1924—1926, sämtlich herausgegeben von der I. G. Farbenindustrie A.-G.

[2]) Knecht and Fothergill: The Principles and Practice of Textile-Printing, London (Griffin & Co.) 1924, pag. 46.

Ferner erzielte man Ätzeffekte mit Mangan- und Bleisuperoxyd und anschließendem Säuren. Bromverbindungen wurden seit 1885 zu Ätzzwecken auf verschiedenartigen Färbungen, speziell jedoch auf Indigofärbungen angewendet.

1908 wurde durch Freiberger[1]) Salpetersäure in statu nascendi mit gutem Erfolg als oxydative Ätze angewendet; man bedruckt z. B. indigoblau gefärbte Ware mit Nitraten und behandelt hierauf ganz kurz in heißer, konzentrierter (45° Bé) Schwefelsäure.

Seit der Einführung der Schwefelfarbstoffe wurden Chloratätzen auch zum Ätzen dieser Färbungen verwendet (chlorsaure Tonerde oder besser die weniger gefährliche Chlorat-Ferrizyanammonätze); das Verfahren findet besonders für schwere Waren wie Moleskin, Cords, Velvet usw. Anwendung, während für leichte Gewebe der Reservedruck unter Schwefelfarben vorzuziehen ist.

S. Kobayashi in Kyoto fand, daß sich auch einige Küpenfarbstoffe mit Ferrizyankalium oder -natrium ätzen lassen, und zwar nur Färbungen von Bromindigo FB, Cibablau 2B, Indigo MLB/4B, /5B, /6B, Brillantindigo 4B, G, 4G; das gefärbte Gewebe wird einfach mit verdicktem Ferrizyannatrium (20 bis 25%) bedruckt, dann durch 60—70° C heiße Natronlauge von 20° Tw. während 1/2 Minute passiert und hierauf heiß geseift.

Die oxydativen Ätzen haben den größten Teil ihrer einstigen Bedeutung verloren und nur der Chlorätze kommt für einzelne Zwecke noch ein beschränktes Anwendungsgebiet zu.

Die Reduktionsmittel als Ätzen zu verwenden, war einer späteren Zeit vorbehalten. Zwar wurden Zinnverbindungen schon lange zu diesem Zwecke verwendet, doch war dabei die Gefahr der Korrosion der Faser stets akut. Unbedenklich war die Wirkung von Traubenzucker oder Eisenvitriol in Gegenwart von Natronlauge, doch waren hier die Ätzwirkungen in den meisten Fällen nicht energisch genug. Erst als man begann, den Zinkstaub in Gegenwart von Natriumbisulfit anzuwenden, gelang es ohne jede Beeinträchtigung der Gewebefestigkeit, auch sehr widerstandsfähige Färbungen glatt aufzuspalten. Allerdings war die Anwendung von Zinkstaub im Druck mit anderen Unannehmlichkeiten, mehr mechanischer Art, verbunden. Die Gravuren der Druckwalzen blieben mit derartigen Farben nie rein, da der Zinkstaub nur schwer in Suspenso zu halten war und daher zum Einsetzen neigte; außerdem war die Haltbarkeit dieser Farben beschränkt.

Unbewußt begann man aber mit den heute so hervorragend wirksamen Doppelverbindungen von Hydrosulfiten mit Formaldehyd zu arbeiten, als es gelang, durch Zusatz von Formaldehyd zu den Zinkstaub-Bisulfitdruckfarben diese haltbar zu machen.

Bei eingehendem Studium dieser Reduktionsätzen fand dann erst Rudolf Russina gemeinsam mit seinem Assistenten Kunert in der Eilenburger Kattunmanufaktur die Bildung von stabilen Doppelverbindungen aus Hydrosulfit mit Formaldehyd, Acetaldehyd, Benzaldehyd usw. und deren universelle Anwendungsmöglichkeit. Besonders ausführlich hat Russina u. a. die Darstellung der stabilen Hydrosulfit-Formaldehydverbindung und ähnlicher Körper in einer amerikanischen Patentanmeldung vom Jahre 1903[2]) niedergelegt und gleichzeitig ebenso ausführliche Angaben über die Verwendung dieses Ätzmittels für Weiß- und Buntätzungen von Pararot, Naphthylaminbordeaux usw., sowie

---

[1]) D. R. P. 228694.

[2]) Das Verfahren wurde den Farbwerken Höchst zur Ausbeutung übergeben, welche dasselbe dann in allen Staaten zum Patent anmeldeten. In Frankreich konnte das Patent nicht erteilt werden, da einige Tage vor der Anmeldung Décamps sich ein ähnliches Produkt hatte schützen lassen. (Privatmitteilung von Dir. R. Russina).

auf Färbungen von Wolle und Seide gegeben; ferner empfahl er bereits das Sulfoxylat zum direkten Druck von Indigo und anderen Küpenfarbstoffen.

Unabhängig von den Arbeiten Russinas wurde ungefähr zu gleicher Zeit von L. Descamps auch in Frankreich[1]) die hervorragende Ätzwirkung von Hydrosulfit-Formaldehyd festgestellt und unter dem Namen „Hyraldit" patentiert (Br. fr. 337530), sowie in Rußland von den Chemikern der Manufaktur E. Zündel in Moskau (Schwartz, Baumann, Sünder, Thesmar).

Diese stabile Hydrosulfit-Formaldehydverbindung wurde von den Farbwerken Höchst a. M. unter dem Namen Hydrosulfit NF in den Handel gebracht; seit 1903 findet also diese ausgezeichnete Ätzmethode allgemeine Anwendung. Zum Ätzen von Indigofärbungen wurde das Formaldehyd-Sulfoxylat erstmalig vom Verfasser im Jahre 1905 angewendet (D.R.P. 191878, 194878).

Mit der technischen Darstellung der Hydrosulfite sowie der Doppelverbindungen mit Formaldehyd, dem Natriumformaldehydsulfoxylat, gelangte man zu einem Ätzmittel universellster Anwendungsmöglichkeit. Die reduzierende Kraft war eine ganz bedeutende, die Haltbarkeit derartiger Ätzfarben vollkommen genügend und die Gefahr der Korrosion der Faser mit deren Anwendung vollkommen beseitigt. Der einzige Nachteil, und auch nur für Färbungen, deren Reduktionsprodukte zur Wiederoxydation neigten, war die geringe Stabilität der Ätzeffekte. Man mußte sehr rasch für Entfernung der Reduktionsprodukte sorgen, wollte man nicht ungenügende Ätzungen erhalten. Doch auch dieser Übelstand wurde durch die Anwendung von organischen Ammoniumverbindungen, dem Dimethylphenylbenzylammoniumchlorid und dessen Sulfosäure, beseitigt. In Verbindung mit Sulfoxylaten geben sie mit Leukokörpern stabile Verbindungen, denen die Reoxydierfähigkeit fehlt. Diese Vervollkommnung des Hydrosulfitätzverfahrens verdanken wir Reinking, und es muß hervorgehoben werden, daß ohne dieselbe das Ätzen mit Hydrosulfiten niemals die außerordentliche Bedeutung von heutzutage hätte erlangen können[2]).

Zunächst sind diese beiden Ätzmethoden zur Erzeugung von weißen Figuren auf gefärbtem Grunde angewendet worden. Das Bedürfnis nach bunten Ätzungen war aber stets in hervorragendem Maße vorhanden, und so suchte man nach entsprechenden Verfahren. Sowohl für die Oxydationsätzen als auch für die Reduktionsätzen wurden solche gefunden. Es fanden sich Pigmente, die einesteils gegen Oxydantien, andererseits gegen Reduktionsmittel widerstandsfähig waren, und so konnten Buntätzen nach der einen und nach der anderen Methode konstruiert werden.

Man kennt noch ein weiteres Druckverfahren, welches eine Kombination von Reserve und Ätze darstellt und daher „Ätzreserveverfahren" genannt wird. Das Verfahren bezweckt die Ätzung eines vorgefärbten Grundes und das Reservieren einer darauffolgenden Überfärbung. Der untenliegende Farbstoff wird geätzt, der darüberfallende „abgeworfen", wie man sich in der Praxis ausdrückt. Auch dieses Verfahren, das als solches kaum angewendet wird, sondern stets in Kombination, entweder mit Reserven oder Ätzen, kann zu einem Buntätzverfahren ausgebildet werden, wobei dann die durch die Ätzung erzeugte bunte Farbe von der Reserve gegen die Beeinflussung der Überfärbung geschützt wird. Die ätzende und die reservierende Wirkung kommen stets nacheinander zur Entfaltung, und zwar ausnahmslos die Ätze vor der Reserve.

Letzteres Verfahren hat heute nur mehr Bedeutung für den Indigoreserveartikel.

Man kennt ferner Halbätzen und Halbreserven; erstere z. B. im Tanninätzartikel (Kaliumsulfit-Halbätze), letztere im Reservedruck für Paranitranilin-

---

[1]) Das Leukotropverfahren. Färber-Ztg. 1910, S. 243.

[2]) Färber-Ztg. 1910, S. 25.

rot (Bedrucken des naphtholierten Gewebes mit Salmiak vor dem Entwickeln). Bei der Fabrikation von gerauhten Geweben können Effekte auch durch Aufdruck einer sogenannten Rauhreserve erzielt werden; man verwendet dazu Substanzen, die gegen die mechanische Wirkung des Aufkratzens durch die Rauhmaschine schützen.

Man kennt nun weiter eine ganze Anzahl von Druckarten, von denen der direkte Druck, der nur die Bedeckung bestimmter Stellen des Gewebes bezweckt, der weitaus am meisten angewandte ist. Wird die gefärbte oder ungefärbte Ware mit feinen Pünktchen oder Strichen gleichmäßig bedruckt, so daß der Druck einem Webeffekt ähnlich sieht, so spricht man, da der ganze „Grund" des Gewebes dann gesprenkelt erscheint, von Gründeldruck, der sowohl im direkten Druck als auch im Ätzdruck verwendet wird. Verwendet man aber eine Druckwalze, die in ihrer ganzen Oberfläche graviert ist, so daß die Gewebebahn vollständig mit Farbe bedeckt wird, so spricht man vom Pflatschdruck. Gewebe, welche nicht die normale glatte Bindung zeigen, sondern schon von der Weberei aus gemustert erscheinen in der Weise, daß die Musterung über das Grundgewebe herausragt, können für den Schleifdruck Verwendung finden. Durch besondere Vorrichtungen erreicht man nämlich, daß ausschließlich die erhöhten Gewebestellen von der Druckfarbe getroffen werden, so daß die Gewebemusterung farbig hervorgehoben werden kann.

c) Die produktionstechnische Ausführung des Zeugdruckes.

Dem Druck selbst dient eine ganze Anzahl von Vorrichtungen. Die älteste Art des Druckens ist die von Hand, der Handdruck. Es werden dazu aus Holz gearbeitete Model verwendet, welche das Muster in Relief geschnitten tragen. Das Model wird auf ein mit Farbe bestrichenes Kissen mit elastischer Unterlage aufgepreßt und so mit Farbe beladen. Durch Aufpressen des Models auf die Ware wird die Farbe auf das Gewebe übertragen[1]). Durch Verwendung mehrerer passend gearbeiteter Model läßt sich ein mehrfarbiges Muster erzeugen. Die Produktion des Handdruckes ist naturgemäß gering und beträgt bei 3—4-farbigen Mustern kaum mehr als 1 Stück zu 120 m per Tag. Trotzdem wird heute der Handdruck in größerem Maße als vor 20 Jahren ausgeführt, da die heutige bunte Mode diese Arbeit für gewisse Artikel bevorzugt[2]), deshalb, weil die Farben stets klar erscheinen, was beim Maschinendruck, aus später zu erörternden Gründen, nicht immer der Fall ist.

Naturgemäß versuchte man bald die primitive Art dieses Druckes durch maschinelle Arbeit zu ersetzen, Perrot erfand im Jahre 1834 eine Maschine, welche in sinnreicher Weise den Handdruck imitierte und auf dem Prinzip des Reliefdrucks aufgebaut war. Trotzdem auch hier die Arbeit eine intermittierende genannt werden muß, konnte man auf der nach dem Erfinder „Perrotine" genannten Vorrichtung bis zu 4 Farben drucken und eine Produktion von 4—6 Stück zu je 120 m per Tag erzielen. Die Arbeit der Perrotine besteht in einer Auf- und Abbewegung des Models, das mit der ersten Aufwärtsbewegung gegen das die Farbe tragende Farbkissen gepreßt wird und sich von dort mit Farbe beladen zurückbewegt. Während dieses Zurückgehens zieht sich das Farbkissen zurück, worauf das Model gegen den zu bedruckenden Stoff gepreßt wird und

[1]) Eine hervorragend instruktive Monographie über Handdruck hat Dr. Giovanni Tagliani verfaßt: L'impression des tissus de laine. Manuel pratique avec Illustrations et Échantillons imprimés. Edité par la fabrique de Produits Chimiques ci-devant Sandoz à Bâle, 1918. (Für den Baumwolldruck gilt die gleiche manuelle Arbeitsweise.) Siehe ferner Josef Dépierre: L'impression à la main. Mulhouse 1910.

[2]) H. Russina, Textilberichte 1927, S. 54—56.

dort die Druckfarbe deponiert. Dieser Vorgang wiederholt sich fortwährend; nach jedem Abdrucken schiebt sich das Farbkissen wieder vor, während welcher Bewegung sich der Stoff um die Breite des Models vorwärts bewegt. Man kann die Arbeit der Maschine auch so einstellen, daß das Model zweimal abschlägt, d. h. zweimal Farbe am selben Orte deponiert. Die Maschine arbeitet also gewissermaßen ruckweise, sowohl was die Bewegung des Models als auch die der Ware anbelangt.

Einen großen Fortschritt im Reliefdruck nach der Art der Perrotine war die Konstruktion einer rotierenden Perrotine, welche die Übertragung der Druckfarbe auf die Ware in kontinuierlicher Weise ausführt. Statt daß, wie bei der Perrotine, das Muster erhaben auf einer ebenen Fläche ähnlich den Handdruckmodeln aufgesetzt ist, wird bei der „rotierenden Perrotine“[1]) eine Walze verwendet, welche das Muster erhaben trägt. Dadurch ist kontinuierliche Arbeit gewährleistet und die Maschine druckt auch tatsächlich die 5—6fache Warenmenge als eine gewöhnliche Perrotine. Neuerdings werden Maschinen dieser Art konstruiert, mit denen, statt einfacher Muster, wie sie auf beiden Perrotinen erzeugt werden, starke Partien in 6—8 Farben hergestellt werden können[2]).

Eigentümlicherweise wurden diese verbesserten Reliefdruckmaschinen erst lange nach Einführung der nachfolgend zu besprechenden Walzendruckmaschinen konstruiert. Es rührt dies daher, weil insbesondere gewisse Reserveartikel auch heute noch mit der Walzendruckmaschine deshalb nicht hergestellt werden können, weil dazu von dieser Vorrichtung zu wenig Farbe übertragen werden kann. Die ungenügende Produktion der gewöhnlichen Perrotinen hat die Konstruktion der rotierenden Reliefdruckmaschinen veranlaßt.

Die höchste Druckleistung wurde aber durch den in England erfundenen Walzendruck erzielt. Hier treffen wir zum erstenmal das Muster in vertiefter Form auf einer zum Übertragen der Druckfarbe bestimmten Kupferwalze an. Diese Druckwalzen haben im allgemeinen eine Länge von 90 cm bis 1 m, also mehr als die meistens 80 cm breite Ware, und einen Umfang von 450—500 mm. Sie besitzen entweder eine glatte Bohrung oder eine solche mit einer Nut. In die Bohrung paßt eine konisch zulaufende Spindel aus Stahl, die mit oder ohne Keil gearbeitet ist, je nachdem die Walzen mit oder ohne Nut gearbeitet sind. Dieselbe wird in die Bohrung der Walze unter Druck eingepreßt und dient zum Aufkeilen der Zahnräder, welche in das Getriebe der Druckmaschine eingreifen und so die Druckwalze in rollende Bewegung versetzen. Die Druckwalze wird in die Maschine eingelegt und dann unterhalb ersterer ein kupferner Trog (das sogenannte „Chassis") für die Aufnahme der Druckfarbe angesetzt; ein im Chassis laufende Auftragwalze, welche auch als Auftragbürste ausgebildet sein kann, taucht in die Farbe und wird von der sich drehenden Druckwalze durch Zahnräderübertragung in drehende Bewegung versetzt. Dadurch wird die Walze an ihrer ganzen Oberfläche mit Farbe belegt, die an den nicht vertieften Stellen von einem sich hin und her bewegenden Messer, der „Rackel“, wieder abgestrichen wird, so daß die Druckfarbe nur in den gravierten Partien sitzen bleibt. Die Übertragung derselben auf die Ware erfolgt durch Aufpressen der Druckwalze gegen die zwischen dem „Presseur“, einem schweren, eisernen, gegen die Walze gepreßten Zylinder, und der Druckwalze befindlichen Gewebe, wobei man sowohl Presseur als auch die mit demselben durch Zahnräder verbundene Walzenspindel in rotierende Bewegung versetzt. Unter Anwendung dieses rollenden Drucks wird das Gewebe in die vertieften Stellen der Gravur

[1]) Oswin Walther, Kötschenbroda i. Sa.; Reliefdruck-Automat der Maschinenfabrik Max Kroenert G. m. b. H., Altona-Bahrenfeld.

[2]) Fischer, Nordhausen a. Harz.

hineingepreßt und holt sich dort die Druckfarbe heraus. Damit das vollständig geschehe, ist eine elastische Unterlage der Ware unbedingtes Erfordernis. Diese Bedingung wird erfüllt zunächst durch entsprechenden Belag des Presseurs mit einer Schicht eines Mischgewebes aus Ramie und Wolle, ferner durch Anwendung eines aus gummiertem dicken Stoff hergestellten Drucktuchs, das um den Presseur angeordnet ist und an Stelle eines Riemens die Walzen des Trockenstuhles antreibt. Die bedruckte Ware durchläuft nämlich anschließend an die Operation des Drucks einen mit warmer Luft geheizten Trockenraum. Der Gang der Ware wird so geleitet, daß die bedruckte Seite erst dann mit den Leitwalzen in Berührung kommt, wenn der Trockenprozeß beendet ist.

Walzengravur. Das Gravieren der Kupferwalzen geschieht nach zwei verschiedenen Verfahren. In einem Falle wird das Muster auf einen weichen Stahlzylinder mit dem Gradstichl von Hand eingraviert; dabei sind mindestens zwei Partien, d. h. zwei der sich regelmäßig wiederholenden Partien der Zeichnung, zu gravieren. Der gravierte Stahlzylinder, die „Molette", nach welcher dieses Übertragungsverfahren das Molettierverfahren heißt, wird nun im Feuer gehärtet und gegen einen gleichen Stahlzylinder aus weichem Stahl unter stets gesteigertem rollenden Druck angepreßt. Man nennt diese Operation das „Relevieren". Der weiche Stahl wird sich in die Vertiefungen der Gravur nach und nach einpressen und nach einiger Zeit wird auf dem weichen Zylinder, dem „Relief", die Zeichnung erhaben erscheinen. Dieses Relief dient dann zur Übertragung auf die Druckwalze, und zwar unter sich stets steigendem rollenden Drucke auf dem „Molettierstuhle", einer drehbankähnlichen Maschine mit Präzisionsmechanismus. Die erhabenen Stellen des Reliefs pressen sich absolut getreu in die Oberfläche der Druckwalze ab und nach einigen ergänzenden Arbeiten ist die Walze, nachdem sie glatt poliert wurde, zum Drucken bereit. Es möge noch darauf aufmerksam gemacht werden, daß beim Molettieren der Umfang des Reliefs mit dem der Walze in einem bestimmten Verhältnis stehen muß, und zwar so, daß der Umfang der Walze ein Mehrfaches von dem des Reliefs ist. Abweichungen von 1—2 mm sind irrelevant, größere Unterschiede machen sich aber in regelmäßig wiederkehrenden Absätzen im Muster beim Druck bemerkbar.

Eine weitere Art der Übertragung eines Musters auf eine Kupferwalze ist die mit dem Pantographen. Dabei wird die glatt polierte Walze mit einer Firnisschicht überzogen und das Muster durch Vermittlung einer storchschnabelartigen Vorrichtung und durch diese in Bewegung gesetzte Diamanten in die Firnisschicht geritzt. Die so geritzte Walze wird dann in einem Trog mit Salpetersäure gedreht, so daß an den geritzten Stellen das Kupfer weggeätzt wird. Man setzt diese Ätzung so lange fort, bis die nötige Tiefe erreicht wird, poliert dann den Firnis weg und die Walze ist druckfertig.

Für kleinere Muster wird man stets das Molettierungsverfahren vorziehen, bei starken Partien und Deckern ist das Pantographieren zweckmäßiger; dabei muß aber jede abgearbeitete Pantographenwalze wieder neu gemacht werden, während die mit der Molette hergestellte nur mit dem Relief neu überpreßt werden muß, um wieder gebrauchsfertig zu sein.

Auf photochemischen Wege arbeitet die Photogravur nach Dr. Mertens der ehemaligen „Deutschen Mertens-Gesellschaft" in Freiburg i. Br. Dabei wird von der Musterzeichnung ein Diapositiv auf Folie hergestellt und diese um die mit einer lichtempfindlichen Schicht überzogene kupferne Druckwalze gelegt. Die dadurch entstehende Kopie des Musters wird dann in üblicher Weise wie ein Druckstock geätzt. Das Dr. Mertens'sche Verfahren wurde bereits vor 1914 und besonders in einigen großen russischen Zeugdruckereien angewendet.

Im folgenden sollen noch eine Anzahl Verfahren erwähnt werden, die nicht so große Bedeutung besitzen, für Spezialartikel aber Bedeutung erlangt haben:

Das Spritzdruckverfahren arbeitet durch Aufspritzen von entsprechend dünn gehaltenen Druckfarben aller Farbstoffkategorien auf die verschiedensten Gewebearten. Auf diese Weise erhält man eigenartige Effekte und Schattierungen in einer Feinheit, wie solche im Hand- oder Maschinendruck nicht zu erzielen sind. Der Spritzdruck (Spritzmalerei) kommt hauptsächlich zur Kolorierung von Tischtüchern, Taschentüchern, Bändern, Trikotwaren usw. in Betracht, doch lassen sich auch Stücke in dieser Manier bemustern.

Die Buntbemusterung von Stoffen im Wege des Spritzdrucks hat einen großen Umfang angenommen, denn außer zahlreichen kleineren Betrieben, die damit ihrem ausschließlichem Erwerb nachgehen, haben auch große Druckereien und Färbereien ihren Werken eigene Spritzdruckabteilungen angegliedert.

Zur Ausführung des Spritzdrucks dienen kleine, an eine Preßluftanlage angeschlossene Handapparate (Spritzpistolen), die von verschiedenen Firmen geliefert werden. Diese Spritzapparate bestehen aus einem kleinen Farbbehälter samt Spritzdüse und Preßluftzuführung. In die Spritzdüse ragt eine feine, durch Hebeldruck bewegliche Nadel, die das Öffnen und Schließen der Düse bewirkt.

Die Mustergebung geschieht mittels Schablonen aus Zinkblech; für verschiedenfarbige Muster sind mehrere, mit entsprechend eingeschnittenen Musterteilen versehene Schablonen erforderlich. Die einzelnen Schablonen werden in zweckmäßiger Reihenfolge auf die über den Drucktisch gespannte Ware derart festgelegt, daß beim Aufspritzen nur die offen liegenden Stellen von der Spritzfarbe getroffen werden. Das Zusammenpassen der einzelnen Musterteile auf der Ware ist oft schon durch die Art des Mustermotivs gegeben, so daß das Auflegen (Ansetzen) der Schablonen keine Schwierigkeiten bereitet; ist dies nicht der Fall, so hilft man sich durch Rapportpunkte.

Vorbildliche komplette Spritzdruckeinrichtungen einschließlich Preßluftanlage liefert u. a. die Firma A. Krautzberger & Cie., G. m. b. H. in Holzhausen bei Leipzig. Zum Betriebe derselben ist Preßluft von 2—$2^1/_2$ Atmosphären Druck erforderlich, doch genügt für kleinere Betriebe eine Kohlensäuredruckanlage.

Mit der von der Fa. Franz Zimmers Erben in Zittau und Warnsdorf gebauten Spritzdruckmaschine (System Voigt) (D.R.P. 334895/96) werden auf verschiedenartigen Geweben (Samten, Moleskin, Tüll usw.) unterschiedliche Spritzeffekte erzielt. Diese Maschine arbeitet kontinuierlich und sehr gleichmäßig mittels selbsttätig geregelter Düsen, jedoch ohne Schablonen. Eigenartige Reliefeffekte werden z. B. erzeugt durch Vorprägen von Mustern in dazu geeignete und gefärbte Gewebe und Überspritzen derselben mit einer Ätzdruckfarbe auf der Maschine. Durch das nachherige Dämpfen verlieren sich die Prägeeindrücke, die Ware wird wieder glatt und zeigt eine eigenartig wirksame Bemusterung infolge des schrägen Spritzens gegen die vertieften Prägestellen.

Auch Schablonendruckmaschinen sind für manche Zwecke in Anwendung, z. B. für das Aufbringen von Metallpulvern auf Gewebe (Bronzedruck). Eine derartige, von S. H. Sharp (1894) konstruierte Maschine arbeitet mit Schablonen aus Metall in Form eines endlosen Bandes; zwischen diesem Schablonenband und einem darunter befindlichen Druckzylinder (Presseur) läuft die zu bedruckende Ware. Die Farbauftragvorrichtung befindet sich über der Berührungsstelle von Schablonenband und Presseur.

Maschinen zum Bedrucken von Garnen. Garne werden nur bedruckt, um durch die Verarbeitung derselben zu Geweben oder Gewirken bestimmte farbige Musterwirkungen zu erzielen; der meist streifenförmige Aufdruck von größerer oder geringerer Breite wiederholt sich in bestimmten Abständen. Je nachdem nun das Garn als Schuß oder Kette zur Verwendung gelangt, unterscheidet man das Bedrucken im Strahn (Schneller) oder in der Kette; ersteres bezeichnet man als Garndruck, letzteres als Ketten- oder Fadendruck. Bei den Garndruckmaschinen ist das Streifenmuster entweder längs der Walze als Riffel oder senkrecht zur Walzenachse als Ringe, in beiden Fällen also erhaben zum Ausdruck gebracht. Die erstere Art dient zur Herstellung von feineren, einfarbigen (Perldruck), die letztere zur Hervorbringung von gröberen sowie von mehrfarbigen Aufdrucken; mit den geriffelten Walzen wird das Stranggarn in der Längsrichtung, mit den Walzen mit Ringen dagegen bei horizontaler Einspannung bedruckt, in beiden Fällen aber quer über die Fäden. Die Garndruckmaschinen werden mit der Hand in Betrieb gesetzt.

Mit einigen Abänderungen und Ergänzungen dient die Stranggarndruckmaschine mit Riffelwalzen auch zum Bedrucken von Kettengarnen. Zur Adaptierung als Fadendruckmaschine (Bedrucken von Baumwollgarn in einzelnen Fäden) wird ein Spulengestell vorgeschaltet, von dessen Spulen das Kettgarn durch Rietkämme parallel gelegt zwischen den Druckwalzen hindurchläuft; kontinuierlich anschließend passieren die bedruckten Fäden nochmals Rietkämme und werden dann aufgehaspelt. Zur Herstellung zweifarbiger Drucke dienen Maschinen mit zwei Druckwalzenpaaren. Kettgarne können übrigens auch in gleicher Weise wie Stückware auf der Rouleauxdruckmaschine bedruckt werden.

Strumpfdruckmaschine. Außer durch Handdruck mit Modeln oder durch Spritzen mit Spritzapparaten unter Zuhilfenahme von Schablonen werden Strümpfe für größere Produktionen auf der Strumpfdruckmaschine bemustert. Bei dieser Maschine sind die zu druckenden Bemusterungen auf den Druckwalzen als Streifen-, Tupfen- oder Figurenreliefs ausgebildet. Zum Bedrucken werden die Strümpfe erst auf dünne, flache Pappformen (Preß-Spandeckel) aufgezogen und dann quer zwischen den beiden farbauftragenden Druckwalzen hindurchgeführt.

Bewährte Konstruktionen von Garndruck-, Kettendruck- sowie Strumpfdruckmaschinen liefert die Firma Oswald Liebscher in Chemnitz; Strumpfdruckmaschinen für doppelseitigen Druck mit großer Leistungsfähigkeit liefert die Firma Oswin Walther in Kötzschenbroda i. Sa. Flammdruckmaschinen besonderer Bauart, sogenannte Garnmangeln, werden von der Firma Röthig & Sohn in Seifhennersdorf in Sachsen hergestellt.

Über Neuerungen auf dem Gebiete der Textildruckmaschinen, die in Deutschland zur Patentierung gelangten, geben die diesbezüglichen Werke von H. Silbermann[1]) eingehenden Aufschluß.

d) Allgemeine Charakteristik der im Zeugdruck gebräuchlichen Verdickungsmittel.

Die wertvolle Eigenschaft einer Substanz für Zwecke der Verdickung von Farbstofflösung oder Beizen bildet neben dem kapillaren Aufbau die größere oder geringere Viskosität ihrer Lösungen bzw. Pseudolösungen. Mit wenig viskosen, mehr gallertigen Verdickungen, wie beispielsweise dem Stärkekleister allein, erhält man wenig geeignete „kurze“ Druckfarben. Die Gummilösungen zeigen dagegen höhere Viskosität und liefern daher sehr gut druckende „lange“ Druckfarben. Diese Bezeichnungen stammen daher, daß beim Rühren z. B. eines kalten Stärkekleisters die am Rührer haftende Verdickung beim Herausnehmen aus der Masse kurz abreißt und kaum vom Rührer

[1]) Z. B. Henri Silbermann: Maschinen zum Bedrucken von Textilstoffen. Leipzig: Verlag Dr. Max Jänecke 1913.

fließt, während in gleicher Weise Gummilösungen in langem, zusammenhängendem Strome vom Rührer abfließen. Zwischen Gummi und Stärke steht der Tragant, der zwar für gewisse Zwecke auch für sich allein als Verdickung Verwendung finden kann, der aber seine vorzüglichen Eigenschaften erst in Kombination mit Stärkekleister entfaltet. Die im Zeugdruck wohl am häufigsten angewendeten Verdickungen sind Stärke-Tragantverdickungen. Eine gute Kombination ist auch Gummi-Stärke; Gummi und Tragant werden jedoch kaum miteinander gemischt, da ihre Eigenschaften allzu ähnlicher Natur sind. Allgemein gilt die Regel, daß für Druckfarben, die ausschließlich lösliche Substanzen auf die Faser zu übertragen haben, entweder Stärke-Tragant, Tragant, oder allenfalls auch Gummilösungen verwendet werden. Dort aber, wo größere Mengen unlöslicher Körper in der Druckfarbe in Suspenso gehalten werden müssen, z. B. Bariumsulfat, Bleisulfat, Zinkoxyd, Bleichromat, Kaolin u. dgl., wird man wohl am zweckmäßigsten Gummilösungen verwenden; Stärke-Gummi-Verdickungen werden hierzu auch ab und zu verwendet, gänzlich unverwendbar sind aber zu diesem Zwecke Tragantlösungen. Welche Verdickung in einem oder anderem Fall die besten Resultate gibt, entscheidet nur der Versuch, und zwar nicht die probeweise Zusammensetzung einer kleinen Menge Druckfarbe allein, sondern vor allen Dingen der damit angestellte Druckversuch.

Bei der Auswahl der Verdickungen behufs Übertragung von Farbstoffen auf das Gewebe hat man noch besonders zu beachten, daß nicht alle verdickenden Mittel dieselben Resultate geben, denn die Verdickung übt sowohl einen bedeutenden Einfluß auf die Lebhaftigkeit als auch auf die Intensität des zu erzeugenden Farbtons aus. Für helle, klare Farbtöne nimmt man deshalb möglichst farblose Verdickungssubstanzen; von den für solche Zwecke zur Verfügung stehenden Tragant- und Gummisorten sind also die reinsten und ungefärbtesten auszuwählen. Alle minderwertigeren Gummi- und Tragantqualitäten enthalten gewisse Pflanzenfarbstoffe—ab und zu auch aus den Verunreinigungen stammend—, welche beim Lösen dieser Verdickungsmittel in die Lösung übergehen und die sich beim Druck auf dem Gewebe zum größten Teil mitbefestigen; dadurch können empfindliche Farben nicht unwesentlich getrübt werden. Beachtenswert ist, daß im allgemeinen mit Gummiverdickungen — bei gleicher Konzentration und Menge der Beizen oder Farbstoffe — stets hellere Töne erhalten werden als beispielsweise mit Stärke-Tragant-Verdickungen.

Von den vielen Arten von Stärke[1]) ist es die Weizenstärke, welche im Zeugdruck als Verdickungsmittel am meisten angewendet wird. Weniger häufig und nur zu besonderen Zwecken wird Maisstärke, auch Reisstärke verarbeitet, wogegen Kartoffelstärke kaum verwendet wird. Im Kriege, als lediglich letztere zur Verfügung stand, wurde sie zwar zum Verdicken von Druckfarben vielfach herangezogen, obwohl sie viel weniger steife Kleister gibt als z. B. Weizenstärke. Die steifsten Kleister, gleiche Mengen Stärke und Wasser sowie gleiche Verkleisterungsbedingungen vorausgesetzt, gibt die Maisstärke. Ein Kartoffelstärkekleister ist weniger haltbar als ein Weizenstärkekleister; dann ist dessen Klebkraft durch organische Säuren viel stärker beeinflußbar als diejenige einer Verdickung aus Weizenstärke, eine Eigenschaft, welche im Zeugdruck die Verwendung von Kartoffelstärke für viele Fälle ausschließt.

Das Auseinanderhalten der einzelnen Stärkesorten geschieht ausschließlich durch mikroskopische Untersuchung, die bereits angegebene Literatur enthält alles Wissenswerte.

Hinsichtlich der besonderen Eigenschaften der Stärke ist zunächst zu bemerken, daß das Stärkekorn nach Meyer[2]) aus zwei Komponenten, der α- und

[1]) Wiesner: Rohstoffe Bd. 1, S. 550. 1900. [2]) Stärkekörner S. 14.

der β-Amylose besteht. Beide unterscheiden sich durch ihr Verhalten beim Erhitzen mit Wasser; die α-Amylose, welche den geringsten Teil der Masse des Stärkekorns ausmacht, löst sich in Wasser bei etwa 136° C; die β-Amylose braucht zu ihrer Lösung eine Temperatur von 70°. Der Unterschied beider Substanzen ist recht geringfügig. Beim Erkalten einer bei 138° C hergestellten Stärkelösung scheidet sich nun die β-Amylose in feinen Tropfen ab, die Meyer als „amylosige Wasserlösung" bezeichnet; er will damit sagen, daß in diesem Falle nicht Stärke in Wasser, sondern umgekehrt Wasser in Stärke gelöst ist. Im Zeugdruck wird folgerichtig niemals eine Lösung von Stärke in Anwendung kommen, sondern stets nur eine amylosige Wasserlösung höherer oder niederer Konzentration. Da aber im allgemeinen Stärkekleister zum Zwecke des Zeugdrucks niemals auf 138° erhitzt werden, sondern höchstens auf 100°—105°, so werden die entstehenden Pseudolösungen keine vollkommen gleichmäßige Zusammensetzung im Sinne Meyers zeigen.

Meyer[1]) hat ferner solche Gallerten ultra-mikroskopisch untersucht und gefunden, daß sie stets porös sind und in den völlig miteinander korrespondierenden Hohlräumen das Dispersionsmittel enthalten. Dasselbe ist darin beweglich und ist natürlich imstande, größere oder geringere Mengen von Salzen sowie auch Farbstoffen zu lösen. Für den Zeugdruck ist diese Porosität insofern von großem Wert, als durch die Kapillaritätswirkungen die durch den Druckprozeß auf den Stoff gebrachten Beizen, Salze oder Farbstoffe nur dort haften bleiben, wo sie die als Vehikel dienende Verdickung hinbringt. Mischt man einen Stärkekleister mit einer Gummilösung, so wird man finden, daß letztere immer in diesen Hohlräumen der Stärkegallerten zu finden ist[2]), wodurch die kapillaren Kräfte der Verdickung (auch die Gummilösung zeigt eine Art wabigen Aufbaues) eine wesentliche Steigerung erfahren. Deshalb neigen reine Stärkeverdickungen leichter zum Fließen der Druckfarben als solche, die neben Stärke auch Gummi enthalten.

Eine solche amylosige Wasserlösung ist nun verhältnismäßig rascher Veränderung unterworfen. Man beobachtet an ihr beim Altern die Erscheinung der „Retrogradation", d. h. es findet eine Dehydratation statt; diese ist stets nach längerem Stehen des Stärkekleisters an der obenauf angesammelten Wassermenge kenntlich. Die durch den Vorgang der Synäresis sich ausscheidenden Flüssigkeitsmengen enthalten Stärkepartikel in Form von Submikronen, sowie geringe Mengen von Salzen. Bei der Verwendung von alten Verdickungen ist auf diesen Umstand zu achten.

Die Quellung der Stärke kann auch bei niederer Temperatur vor sich gehen und zwar duch Vermittlung von Salzen oder Alkalien. Von ersteren kommen für die Praxis vor allen Dingen Zinkchlorid und Chlorkalzium in Betracht, von dieser Eigenschaft genannter Salze wird gelegentlich in der Appretur Gebrauch gemacht. Eine eingehende Untersuchung der Wirkung sowohl der Kationen als auch der Anionen auf die Quellung der Stärke verdanken wir Samec[3]). Er kommt zum Ergebnis, daß für den Sinn der Quellungsänderung bei Anwendung von Salzen vor allem das Anion maßgebend ist, während das Kation einen lediglich quantitativen Einfluß ausübt. Es hat sich ferner ergeben, daß Sulfate Oxalate, sowie Tartrate und bis zu einem gewissen Grade auch Phosphate eine Verzögerung, dagegen Azetate, Chloride, Nitrate, Bromide, Jodide und ganz besonders Rhodanide eine Beschleunigung der Quellung verursachen.

---

[1]) Kolloidchem. Beih. 1913, Bd. 5. [2]) Haller: Kolloidchem. Beih. Bd. 8.
[3]) Kolloidchem. Beih. Bd. 3.

Oxydationsmittel, insbesondere Hypochlorite, Persulfate, Perborate, ebenso Wasserstoffsuperoxyd wirken auf Stärke abbauend ein. Es bilden sich vermutlich Zwischenprodukte zwischen Stärke und Dextrin, wobei in einzelnen Fällen die Jodreaktion auf Stärke erhalten bleibt. In neuester Zeit hat man im p-Toluolsulfonchloramidnatrium (Aktivin)[1]) ein vorzügliches Mittel gefunden, um Stärke in den sogenannten löslichen oder aufgeschlossenen Zustand überzuführen[2]). Mit diesem Produkt aufgeschlossene Stärke zeigt die Jodreaktion in unveränderter Weise.

Es ist bekannt, daß Mineralsäuren Stärke bei höherer Temperatur zu Glukose abbauen; durch vorsichtiges Erwärmen von Stärke mit wenig Salpetersäure gelangt man jedoch zu Dextrinen. Diese besitzen gegenüber der Stärke ein sehr reduziertes Verdickungsvermögen, leisten aber in der Appretur wertvolle Dienste.

Das Gefrieren eines Stärkekleisters macht denselben zur weiteren Verwendung als Verdickung unbrauchbar.

Bei der Herstellung von Stärkekleister ist besonders folgendes zu beachten: Nach dem Anrühren der Stärke mit Wasser kocht man bei gleichzeitigem Durcharbeiten des Breies mittels mechanischen Rührwerkes nicht nur so lange, bis die Verkleisterung eingetreten ist, sondern auch noch $^1/_4$—$^1/_2$ Std. länger, damit ein völlig homogener Kleister entsteht. Soll derselbe dann längere Zeit aufbewahrt werden (daß das unvorteilhaft ist, wurde schon erwähnt), so empfiehlt sich ein geringer Zusatz von Formaldehyd oder noch besser von p-Toluolsulfochloramidnatrium zum erkalteten Kleister, zur Verhinderung von Schimmelpilz- und Bakterienwirkung[3]).

Während Stärke bei Anwendung als Verdickung für basische Farben nach der Fixierung der letzteren leicht durch Waschoperationen aus der Ware wieder entfernt werden kann, so daß kaum ein Rest davon auf dem Gewebe zurückbleibt, verhält sie sich bei Bereitung von Druckfarben mit Beizenfarbstoffen, also bei Mitanwesenheit von Metallsalzen, anders. Mit Chromsalzen und ebenso mit Tonerdesalzen geht die Stärke eigentümliche, noch nicht untersuchte, unlösliche Verbindungen ein, auf welche schon Runge[4]) aufmerksam machte. Diese Verbindungen — ob sie chemischer Natur sind, ist nicht entschieden — haften außerordentlich fest auf dem Gewebe und sind nur schwer und kaum vollständig zu entfernen.

Sehr ähnlich wie Stärke wirkt Mehl als Verdickungsmittel; es kann jedoch nur Weizenmehl oder Reismehl angewendet werden, da Roggenmehl zu stark gefärbt ist. Infolge des Klebergehaltes des Mehls erhält man eine viskosere Verdickung als mit der entsprechenden Stärke allein; beim Verkochen von Mehlverdickungen resultieren also niemals Gallerten, wie dies bei Stärke der Fall ist, weil der Kleber im Mehl in ähnlicher Weise wirkt wie ein Zusatz von Gummilösung oder Tragant zu einer reinen Stärkeverdickung.

Gummi ist das Produkt einer ganzen Anzahl von Pflanzen[5]), er steht den Kohlehydraten außerordentlich nahe. Die Gummisubstanz ist im Pflanzenreiche weit verbreitet, doch sind im Handel gewöhnlich nur die den wärmeren Ländern entstammenden Sorten zu finden. Am wertvollsten sind die aus Kordofan, aus dem Sudan sowie aus Arabien gelieferten Qualitäten, weil sie die farblosesten Lösungen geben; bezüglich Verdickungskraft sind die indischen Sorten ganz ausgezeichnet, insbesondere der Madras-Gummi, welcher aber bedauerlicherweise

---

[1]) Hergestellt von der chemischen Fabrik Pyrgos, G. m. b. H., Radebeul; Anwendungsverfahren D.R.P. angem.

[2]) Verfahren ausgearbeitet von Dr. Haller. Siehe Melliands Textilber. 1924, S. 389/390.

[3]) S. a. Dr. Feibelmann über „Antiseptica". Melliands Textilber. 1925, S. 586/587.

[4]) Farbenchemie. 1842, S. 45. [5]) Wiesner: Rohstoffe S. 48. 1900.

auf dem Markte immer seltener zu finden ist. In neuerer Zeit bringen auch Australien und Südamerika Gummisorten in den Handel.

Um als Verdickungen gute Resultate zu geben, müssen sie in Wasser gelöst eine viskose Flüssigkeit geben. Gummisorten, welche in Wasser nur quellen und eine gallertige Masse bilden, sind für Druckereizwecke nicht ohne weiteres verwendbar; solche Gummi geben aber beim Kochen mit Wasser unter Druck sehr brauchbare Verdickungen. Viele Gummisorten sind nur teilweise in Wasser löslich, ihre nicht löslichen Anteile quellen nur auf; derartige Produkte sind als minderwertige Qualitäten zu bezeichnen. Als Ersatzmittel für die von Natur aus sehr gut löslichen Gummisorten (arabischer, Kordofan-, Senegal-Gummi usw.) sind verschiedene andere Gummi unter den Bezeichnungen Plattengummi, Industriegummi, Trockengummi, Kristallgummi usw. im Handel. Diese Produkte werden durch Aufschließen unlöslicher Gummiarten afrikanischer, australischer und asiatischer Provenienz nach besonderen Verfahren erhalten. Auch die halblöslichen Ghattigummisorten lassen sich gänzlich löslich machen und ebenso die heimischen, unlöslichen Kirsch- und Pflaumengummi; dieses Aufschließen geschieht unter Druck durch Einwirkung von Dampf, eventuell bei Gegenwart von verdünnter Salzsäure.

Derart löslich gemachte Gummiprodukte werden in Form hellgelber bis dunkelbrauner kristallartiger Brocken oder als verschieden große, bis zu 1 cm dicke Platten auf den Markt gebracht. Sie lösen sich leicht in Wasser und sind in den meisten Fällen ohne weiteres an Stelle der regulären Naturgummisorten verwendbar; nur für sehr zarte Farbtöne sind sie weniger geeignet, weil die Farben oft trüber ausfallen als mit Kordofan- oder Senegalgummi u. dgl.

Eine für den Zeugdruck nicht unwichtige Eigenschaft vieler Gummi ist die, ein diastatisches Ferment zu enthalten, welches Stärke abzubauen vermag. Bei der Kombination von Stärke und Gummi ist auf diesen Umstand Rücksicht zu nehmen, denn es können in diesem Falle Verdickungen von geringerer Viskosität resultieren, als man erwartete, da ein Teil der Stärke zu Dextrin oder gar Zucker abgebaut werden kann.

Infolge der hohen Viskosität eignen sich Gummilösungen sehr gut als Verdickung für Druckfarben, die große Mengen unlöslicher Bestandteile enthalten. So ist beispielsweise Gummiverdickung für Zwecke des Pappdruckes unter Indigo unentbehrlich, da die verschiedenen reservierenden Ingredienzien, wie Kaolin, Bleisulfat oder auch andere, nur auf diese Weise in Suspenso gehalten werden können.

Gummilösungen werden am besten dort verwendet, wo möglichst gleichmäßige Drucke angestrebt werden, besonders beim Druck von größeren Flächen, sogenannten „Deckern". Für klare und helle Farbtöne verwendet man die farblosesten Marken.

Im allgemeinen lassen sich die Gummiverdickungen leicht wieder aus dem Gewebe auswaschen; nur bei Anwendung von Chrombeizen bildet sich allerdings, ähnlich wie bei der Stärke, eine schwer lösliche Verbindung, die energisch mit der Faser verbunden bleibt und die naturgemäß beim Deckerdruck unangenehm empfunden wird.

Weiter zeigen gewisse Gummiarten gegenüber Bichromaten ein eigentümliches Verhalten. Es gibt wohl Gummisorten, welche von diesen Salzen in ihrer Viskosität keineswegs verändert werden, dagegen aber andere, die beim Mischen mit Bichromaten beinahe augenblicklich koagulieren. Zwischen diesen Grenzzuständen existieren noch eine ganze Anzahl von Übergängen, da einzelne Gummilösungen mit Chromsäuresalzen oft erst nach Stunden oder auch erst nach Tagen koagulieren. Die Ursache dieses Verhaltens ist bisher unaufgeklärt geblieben, liegt aber zweifellos in der noch kaum bekannten chemischen

Natur der Gummiarten. Da wo im Zeugdruck Bichromate mit Gummi verdickt werden müssen, wie das beim Blaudruck öfter notwendig wird, soll man den Gummi vor Ankauf auf sein Verhalten Bichromaten gegenüber prüfen.

Mit Tonerdesalzen nimmt die Viskosität von Gummilösungen im allgemeinen zu.

Einen Nachteil gegenüber Stärke bzw. gegen Stärke-Tragant-Verdickungen weisen die Gummilösungen auf. Während für jene 120 g Stärke resp. 120 g Stärke + 200 g Tragantlösung 60:1000 genügen, um eine verwendbare Verdickung herzustellen, sind bei Gummi bis zu 500 g Substanz per Kilogramm Verdickungsmasse erforderlich.

Schon bei Persoz[1]) wird darauf hingewiesen, daß es nicht ratsam ist, Gummilösungen, welche längere Zeit gestanden und dadurch der Einwirkung von Pilzen und Bakterien ausgesetzt waren, zum Verdicken von Farben zu verwenden, weil solche Verdickungen die Eigenschaft annehmen, so fest am Gewebe zu haften, daß die üblichen Reinigungsoperationen unzureichend bleiben, wodurch der Stoff einen unangenehmen, harten Griff annimmt, welcher die Appretur außerordentlich erschwert. Zusatz von etwas Soda wird von Persoz zum Vermeiden dieses Übelstandes empfohlen; heute wird man dazu am besten etwas Formaldehyd verwenden.

Der dritte, wertvolle Rohstoff, der für Verdickungszwecke in Betracht kommt, ist der Tragant, ein Produkt verschiedener Astragalusarten. Derselbe nimmt eine Mittelstellung zwischen Stärke und Gummi ein. Seine Untersuchung durch Flückiger[2]) hat ergeben, daß der Tragant aus zwei verschiedenen Gummiarten besteht, einer nur quellbaren, dem sich aber in großen Mengen Wassers schließlich lösenden Bassorin, und einer löslichen, dem Arabin nahestehenden Gummiart. Man hat also in den Tragantverdickungen ein Gemisch dieser beiden Gummiarten in feiner Verteilung vor sich. Tatsächlich ergibt die ultra-mikroskopische Untersuchung eines Tragantschleims das Vorhandensein einer großen Menge leuchtender, unlöslicher Partikel in einem nahezu homogen flüssigen Medium.

Als Eigenverdickung ist Tragant nur für gewisse Zwecke geeignet; reine Tragantlösungen werden mit Vorliebe zum Verdicken von Klotz- und Pflatschlösungen verwendet, da wo es sich darum handelt, möglichst homogenes Auftragen zu erreichen.

Seine Hauptverwendung findet der Tragant in Kombination mit Stärke zu den vielfach angewendeten Stärke-Tragant-Verdickungen. Man verfährt bei der Herstellung einer solchen Verdickung in der Weise, daß man der in Wasser aufgeschwemmten Stärke den schon vorbereiteten Tragantschleim zusetzt und nach dem Zusatz eventueller weiterer Ingredienzien, wie Ölen, Säuren usw. die Verkleisterung der Stärke vornimmt.

Die Herstellung des Tragantschleims geschieht in der Weise, daß man je nach der verwendeten Sorte 60—100 g per 1 l Wasser anwendet. Der Tragant wird als solcher, besser noch in zerkleinertem Zustande mit kaltem oder lauwarmem Wasser übergossen und bis zur völligen Quellung stehen gelassen. Darauf erhitzt man unter Ersatz des verdunstenden Wassers so lange, bis ein möglichst homogener, viskoser Schleim entstanden ist, den man durch ein Sieb gießt, um ihn von holzigen und ungelösten Bestandteilen zu trennen. Vorzügliche Lösungen soll man bekommen, wenn man Tragant nach der Quellung auf der Kolloidmühle[3]) behandelt.

---

[1]) Traité de l'Impression Bd. 2, S. 414, 415. 1846.

[2]) Pharmakognosie des Pflanzenreichs 1867, S. 12. Vgl. auch Wiesner: Rohstoffe Bd. 1, S. 116. 1900.

[3]) Erfunden von Ing. Chem. Hermann Plauson, hergestellt von der Maschinenfabrik Emil Paßburg in Berlin. Siehe auch H. Plauson: Die Kolloidmühle und ihre Anwendungs-

Zur Herstellung alkalischer Farben ist der Tragant ungeeignet, da er sich mit Alkalien intensiv gelb färbt.

Neben diesen drei wichtigsten Rohstoffen für die Herstellung von Verdickungen gibt es noch eine ganze Anzahl von Substanzen, die sich ebenfalls zum Verdicken von Druckfarben eignen. Als wertvoller Ersatz von Tragant haben sich die Kerne der Schoten des Johannisbrotbaumes erwiesen, die in fein gemahlenem Zustande in den Handel kommen. Die Auflösung geschieht in derselben Weise wie beim Tragant; die so entstehenden Schleime sind in derselben Weise wie der Tragant verwendbar. Außer diesem sind noch eine Anzahl Produkte, dem Pflanzenreiche entstammend, die demselben Zwecke dienen sollen, unter allen möglichen Namen auf dem Markte.

Wichtiger als alle diese Surrogate sind Kunstprodukte, welche aus Stärken hergestellt werden und die sich schon seit langen Jahren Eingang in die Praxis des Zeugdrucks verschafft haben. An erster Stelle muß hier ein Produkt erwähnt werden, das aus Maisstärke durch Erhitzen unter bestimmten Bedingungen erzeugt wird, der Britisch-Gummi. Dieses Produkt gibt, schon mit kaltem Wasser angerührt, brauchbare Verdickungen und eignet sich für alle möglichen Zwecke. Kombination mit Stärke gibt eine Verdickung, welche einer Stärke-Tragantverdickung kaum nachsteht. Zum Verdicken von Farben, die viele unlösliche Körper enthalten, eignet sich Britisch-Gummi nicht, er ist dagegen vorzüglich brauchbar zur Herstellung stark alkalischer Verdickungen.

Durch Erhitzen von Stärke werden aber noch eine ganze Anzahl anderer Produkte erzeugt, die man als gebrannte Stärken bezeichnet. Je höher der Erhitzungsgrad ist, um so dunkler werden die in der Weise erhaltenen Produkte, und um so geringer ist die Viskosität der damit hergestellten Lösungen. Solche dunkelbraune Produkte werden auch als „Röstgummi" bezeichnet. Auch Bezeichnungen wie „Leiogomme", „Gommeline" sind im Gebrauch. Solche gebrannte Stärken werden vielfach im Blaudruck zur Herstellung von Pappen verwendet, welche anorganische Salze in hoher Konzentration erhalten. Sehr verwendbar sind auch die dunkel gebrannten Stärken zum Verdicken starker Alkalien, da die Farben so verdickt nicht gallertig werden, sondern stets viskosen, druckfähigen Charakter behalten. Für den letzteren Fall werden sie als solche verwendet, für den ersten Fall im allgemeinen in Kombination mit Gummilösungen.

Die bisher behandelten Verdickungsmittel waren durchweg pflanzlichen Ursprungs; wir besitzen aber auch einige wertvolle Substanzen tierischen Ursprungs, welche diesem Zwecke dienstbar gemacht werden können. Vor allem ist das Albumin zu nennen, das in reinster Form als Eialbumin, in unreinerer Form als Blutalbumin im Handel ist. Die Bedeutung des Albumins hat insbesondere seit der Einführung der Chloratätzen und Sulfoxylatbuntätzen auf Indigo stark eingebüßt. Auch in der Illumination von Anilinschwarz, wozu früher nahezu ausschließlich Lackfarben in Verbindung mit Albumin verwendet wurden, hat es an Bedeutung stark verloren, da man sich heute dazu der lebhaften basischen Farbstoffe bedient. Das Albumin wird tatsächlich nur noch zu wenigen Spezialzwecken im Zeugdruck verwendet.

Albuminlösungen bereitet man durch Einstreuen von etwa 1 Teil Albumin zu 1—2 Teilen Wasser von 30° C. Das Gemisch läßt man ca. 24 Stunden stehen und drückt von Zeit zu Zeit das oben schwimmende Produkt unter das Wasser.

möglichkeiten. Vortrag, gehalten im Bezirksverein Hamburg des Vereines deutscher Chemiker am 6. Mai 1921; veröffentlicht in der Zeitschr. f. angew. Chem., Jg. 34, Nr. 74/75 vom 16. und 20. September 1921.

Zusatz von etwas Ammoniak oder Borax beschleunigt den Lösungsprozeß. Dann wird gut umgerührt und durch ein feines Sieb getrieben. Zusatz von 1—2% arsensaurem Natron verhindert die sonst nach kurzer Zeit eintretende Fäulnis.

Die Bedeutung des Albumins liegt in seiner Eigenschaft, nicht nur eine vorzüglich viskose Verdickung, die sich aber für viele Zwecke nicht eignet, zu geben, sondern auch durch physikalische Einflüsse, z. B. hohe Temperatur, zu gerinnen. Auch gewisse Chemikalien veranlassen die Koagulation des Albumins, es sind dies besonders Formaldehyd, Alkohole, dann eine ganze Anzahl von Salzen, unter anderen Phosphate. Koagulation bewirken auch Schwefelsäure und Salzsäure, wogegen organische Säuren das Albumin unbeeinflußt lassen. Einmal koaguliert, ist das Albumin nicht mehr in Lösung zu bringen. Die Temperatur, bei welcher Albuminlösungen zu koagulieren beginnen, ist 50—60° C. Dadurch, daß das Albumin in koaguliertem Zustande nicht mehr in Lösung gebracht werden kann, ist es für starke Partien und Decker im Zeugdruck ungeeignet, denn das Gewebe würde durch die auf ihm lagernden hornartigen Eiweißmassen einen so harten Griff erhalten, daß der Stoff unverkäuflich würde. Wo Albuminfarben Verwendung finden, wird man sich daher stets nur auf das Drucken kleiner, weitauseinander stehender Muster beschränken. Heute werden nur noch wenige Pigmentfarben mit Albumin auf Geweben fixiert, meist Ultramarine und Ruß. Auf die Zusammensetzung derartiger Albuminfarben wird bei der Behandlung der einzelnen Druckprozesse näher eingegangen werden.

Ähnliche Verwendung wie das Albumin findet das Kasein. Dieser Körper besitzt die merkwürdige Eigenschaft, nur in schwach alkalischen Solventien löslich zu sein. Im Zeugdruck verwendet man zum Lösen des Kaseins eine verdünnte Ammoniaklösung und erhält damit eine sehr viskose, gut druckende Verdickung. Die Pigmente werden mit der Kaseinverdickung angerührt, aufgedruckt und dann gedämpft. Dabei verflüchtigt sich das Ammoniak, das Kasein wird unlöslich und hält das Pigment eingeschlossen auf der Faser. Kasein wurde früher vielfach zum Fixieren von Metallpulvern auf der Faser verwendet, ist dann aber durch die Kondensationsprodukte von Formaldehyd mit Phenolen, die bekannten Bakelite, und später durch die Serikose LC extra von Leverkusen nahezu völlig aus der Druckereipraxis verdrängt worden. Eine Vorschrift, nach welcher Kaseinverdickung hergestellt wird, ist die folgende:

7,5 kg	Kaseinpulver werden in eine Mischung von
28,0 kg	lauwarmem Wasser und
1,0 kg	20proz. Ammoniakflüssigkeit

eingetragen und bis zur völligen Lösung gut gerührt.

e) Über die Strukturverhältnisse in Verdickungsmassen.

Um einen Einblick in die Wirkung der Verdickungsubstanzen zu erlangen, von denen Stärke als sogenannter Kleister, Gummi und Tragant jedoch als Pseudolösungen in Gebrauch sind, ist eine eingehende Beschäftigung vorzugsweise mit den strukturellen Verhältnissen dieser Gallerten unbedingt erforderlich. Trotzdem in dieser Richtung schon mehrfach gearbeitet wurde, ist doch der innere Aufbau der Gallerten noch keineswegs aufgeklärt. Die Fußnote[1]) gibt einen Überblick über die diesen Gegenstand behandelnde Literatur.

Zunächst möge hervorgehoben werden, daß wir die neuesten Fortschritte auf

[1]) Bütschli: Untersuchungen über Strukturen. Leipzig 1898. Meyer: Untersuchungen über Stärkekörner. Jena 1895. Beiträge zur Kenntnis der Gallerten, Kolloidchem. Beih. Bd. 5. Sameč: Studien über Pflanzenkolloide. Kolloidchem. Beih. Band. 3 u. folgende. Haller: Beiträge zur Kenntnis der Wirkung der Verdickungen in Druckfarben. Kolloidchem. Beih. Bd. 8.

dem Wege zur Erkenntnis der Struktur der Gallerten und insbesondere der für den Zeugdruck so wichtigen Stärkegallerten der Einführung des Ultra-Mikroskops verdanken. Ohne dieses Instrument würde sich heute vieles unserem Wissensgebiet entziehen. Bütschli hat zwar schon durch meisterhafte Anwendung der schiefen Beleuchtung bei seinen mikroskopischen Untersuchungen wertvolle Einblicke in den inneren Aufbau der Gallerten gewonnen, aber erst das Ultra-Mikroskop ließ die Feinheiten in genügender Weise hervortreten.

Die bisher maßgebende Anschauung über den inneren Aufbau der Gallerten war die von Bütschli[1]) vertretene Wabenstruktur. Der genannte Forscher stellte an einer großen Anzahl von Gallerten einen den Bienenwaben ähnlichen Aufbau fest und schloß daraus allgemein auf entsprechende Struktur bei allen quellbaren Substanzen. Nach Bütschli ist eine Gallerte ein zweiphasiges System, bei welchem die Gerüstsubstanz, gewissermaßen also die Wabenwände, das Dispersionsmittel bilden, während die in den Waben befindliche Flüssigkeit als die disperse Phase anzusehen ist. Zsigmondy[2]) konnte die Angaben Bütschli's nicht bestätigen; er fand durch ultra-mikroskopische Untersuchungen, daß die Gele ähnlich den gewöhnlichen hydrophilen Solen konstruiert waren, also die amorph-feste Substanz die disperse Phase darstellt und die Flüssigkeit als Dispersionsmittel fungiert.

Verfasser konstatierte dagegen zunächst an Gummilösungen, daß in denselben hervorgerufene Fällungen — zu welchen die von Berlinerblau, Turnbullsblau, dann Cassius'schem Goldpurpur und anderen verwendet wurden — in charakteristisch netzförmiger, oft typisch wabiger Art angeordnet waren. Die in dieser Form im trockenen Gel gebildeten Niederschlagsfiguren nahmen an Volumen bei der Quellung in Wasser zu und der wabenförmige Aufbau war dann deutlich erkennbar. Die Wände der wabenförmigen Gebilde erschienen unzweifelhaft aus Material von größerer Dichte aufgebaut als dasjenige des Wabeninhaltes. Die Gebilde selbst waren aber in gequollenem Zustande von außerordentlich labiler Natur[3]). Sollten sich diese Beobachtungen sowohl beim Tragant als auch bei Stärkegallerten bestätigen, so würde man darin eine Erklärung für die starken kapillaren Kräfte erblicken dürfen, die im Zeugdruck zur Wirkung gelangen und auf deren Wirkung auch der Umstand zurückzuführen ist, daß mit derartigen Gallerten vermischte Farbstoff- oder Beizenlösungen auf dem Gewebe über die ihnen von der Gravur der Druckwalzen angewiesenen Grenzen nicht hinaustreten[4]).

f) Die Wertbestimmung der Verdickungsmittel.

Die Wertbestimmung der Verdickungsmittel ist noch unvollkommen ausgebaut. Schon Persoz[5]) hat Angaben gemacht, um die Viskosität von Verdickungen zu bestimmen. Er benutzt einen dem späteren Engler'schen Viskosimeter ähnlichen Apparat, der aber wohl nur für wenig viskose und flüssige Substanzen, wie dünne Gummilösungen oder Tragantschleime, Anwendung finden kann. Beachtenswert ist aber für die Zwecke des Zeugdruckens sein zweiter Vorschlag, der ein aerometerähnliches Instrument vorsieht, mit welchem die Zeit

[1]) loc. cit. [2]) Zeitschr. f. anorg. Chem. Bd. 71, S. 356. 1911.

[3]) Haller: Vortrag am Kongreß der Chemiker-Koloristen Karlsbad 1927. Textilberichte 1927.

[4]) Ergänzender Vortrag von R. Haller über: Die Methoden zur Aufklärung der Strukturverhältnisse in Verdickungsmassen" im Institut für Farbenchemie der Technischen Hochschule zu Dresden, anläßlich der Jahresversammlung der Bezirksgruppe Sachsen-Thüringen des Internationalen Vereins der Chemiker-Koloristen, am 6. November 1927.

[5]) Traité de l'Impression Bd. 2, S. 424—426. 1846.

gemessen wird, die das Instrument braucht, um von einer Marke zu einer zweiten in die zu untersuchende Verdickung einzusinken.

Die viskosimetrische Methode wird stets diejenige sein, die dem Zeugdrucker die besten Aufschlüsse über die Verwendbarkeit der Verdickungsmittel und deren Wert geben wird. Nur sind bedauerlicherweise für die Konsistenzen, wie die Verdickungen der Zeugdruckpraxis sie besitzen, zuverlässige Methoden zur Viskositätsbestimmung nicht vorhanden. Im großen begnügte man sich, mit einem als gut bekannten Standardmuster die zu prüfenden Verdickungsmittel dadurch zu vergleichen, daß man gleiche Mengen des Typs und der Probe mit gleichen Mengen Wasser unter denselben Bedingungen zur Verdickung verarbeitete und die Eigenschaften beider nebeneinander verglich. Dabei muß darauf aufmerksam gemacht werden, daß dort, wo Erhitzen notwendig ist, das verdampfende Wasser immer ersetzt werden muß.

In neuester Zeit hat Bockskandl[1]) eine recht zweckmäßige Methode zur Viskositätsbestimmung ausgearbeitet, beruhend auf der Bestimmung der Ausflußmenge von 250 cm^3 der zu untersuchenden Lösung unter Anwendung eines in einen Heißwassertrichter unten abgesprengten Glastrichters, in welchen, je nach der Dünnflüssigkeit, Ausflußdüsen verschiedener Weite eingesetzt werden können.

Eine sicherlich ausbaufähige Methode der viskosimetrischen Bestimmung von Verdickungen benutzten Lunge und Zilchert[2]). Sie verwendeten ein aerometrisches Instrument, das sie in die in einem weiten Gefäß befindliche Verdickung einsinken ließen und die Zeit beobachteten, welche verlief, wenn das Aerometer von einer Marke zur andern einsank.

Den größten Vorzug verdient jene Verdickung, welche sich nach dem Druck und der Fixierung der Farbe oder der Beize möglichst vollkommen aus dem Gewebe wieder entfernen läßt. Natürlich muß eine solche Verdickung noch so beschaffen sein, daß damit hergestellte Druckfarben absolut scharf stehende Drucke geben und aus der Gravur der Druckwalze restlos auf das Gewebe übergehen. Bei den Stärkeverdickungen und den Gummilösungen ist das vollkommene Auswaschen besonders bei Verwendung von Metallsalzen in der Druckfarbe niemals vollkommen möglich, mit Jod wird man die Stärkerelikte auf der Faser stets nachweisen können. Tragant verhält sich diesbezüglich günstiger, doch ist seine Verdickungskraft für viele Zwecke eine ungenügende.

g) Vorschriften zur Herstellung von Verdickungen.

Allgemein gültige Vorschriften zur Herstellung von Verdickungen lassen sich nicht geben, denn jede Zeugdruckerei wird seine Verdickungen so aufbauen, wie sie die jeweiligen Artikel eben verlangen[3]). Die Zahl der Rezepte ist natürlich unübersehbar, im Folgenden soll nur eine Auslese von wirklich ausprobierten Vorschriften gegeben werden, die aber nur als Anhaltspunkte für den Praktiker dienen sollen:

Gummi-Verdickung 1:1 = 1 Teil Gummi in Stücken
1 „ Wasser

werden im Kessel unter Anwendung des Rührwerks unter Ersatz des verdampfenden Wassers so lange erwärmt, bis klare Lösung eingetreten ist. Die Lösung schäumt ab und zu etwas, klärt sich aber beim Stehen vollkommen. Nach der

[1]) Zeitschr. f. d. ges. Textilindustrie. Bd. 29, Nr. 18/19. 1926.

[2]) Z. angew. Chemie 1895.

[3]) Betr. Druckverdickungen, die aus Kartoffelstärke durch Aufschließen mit Aktivin hergestellt werden, s. die Abhandlung von Rud. Wegener: „Aktivin in der Druckerei"; Melliands Textilberichte 1926. S. 446.

Lösung müssen alle unlöslichen Bestandteile, Holz, Sand u. dgl. durch sorgfältiges Passieren durch feine Siebe entfernt werden. Man beachte, daß Gummilösung beim Stehen leicht sauer wird.

Tragant-Verdickung 65:1000:	65 g Tragant mit 435 g Wasser 48 Std. quellen lassen, dann 500 g Wasser zusetzen und kochen, bis homogen gelöst.
Britisch-Gummi 1:1:	1 Teil Britisch-Gummi pulv. werden mit 1 „ Wasser gelöst.

Man rührt den Brit.-Gummi mit dem Wasser an und kann die Lösung durch Erwärmen beschleunigen.

Stärke-Tragant-Verdickung, sauer:	120 g Weizenstärke 500 g Wasser 200 g Tragantschleim 65:1000 180 g Essigsäure 6° Bé.

Die Weizenstärke wird mit dem Wasser angerührt zu einem dünnen Brei, dann der Tragantschleim und zuletzt die Essigsäure zugegeben. Dann kocht man unter ständigem Rühren, bis die Verdickung homogen geworden ist.

Stärke-Tragant-Verdickung neutral:	120 g Weizenstärke mit 600 g Wasser zu einem dünnen Brei anrühren, dann dazu: 200 g Tragantschleim 65:1000 80 g Olivenöl

Die vorstehende Verdickung verrühren, zum Schluß das Öl zusetzen und gut verkochen.

Neutrale Stärke-Tragant-Verdickung:	120 g Weizenstärke 600 g Wasser 200 g Tragantschleim 65:1000 80 g Olivenöl
Neutrale Verdickung für Rongalit-Ätzen	120 g Weizenstärke 470 g Wasser 400 g Tragantschleim 65:1000 10 g Glyzerin
Mehl-Tragant-Verdickung:	200 g Weizenmehl 500 g Wasser 300 g Tragantschleim 65:1000
Stärke-Britischgummi-Verdickung:	70 g Weizenstärke 690 g Wasser 40 g Glyzerin 200 g Britischgummi pulv.
Alkalische Verdickung:	200 g Britischgummi werden mit 500 g Wasser und 300 g Natronlauge 42° Bé verrührt und dann bis zur Lösung erwärmt.
Alkalische Stärke-Verdickung:	600 g dunkelgebrannte Stärke und 300 g Weizenstärke mit 1000 g Wasser anteigen und dann zugeben nach und nach: 4000 g Natronlauge 45° Bé
Dextrinverdickung 1:1 =	1 kg weißes Dextrin 1 Liter Wasser; man erwärmt und rührt kalt.
Blutalbuminverdickung:	330 g Blutalbumin werden auf 610 g Wasser aufgestreut und so lange stehen gelassen, bis alles untergesunken ist. Man erwärmt dann etwas bis zur völligen Lösung und setzt 60 g Terpentinöl zu

Es ist vielfach üblich, die Zusätze so zu bemessen, daß das Gesamtgewicht auf 1 kg, 10 kg oder 100 kg eingestellt wird. Diese Art der Rezeptur wurde deshalb auch bei den vorstehenden Vorschriften angewendet; es sei aber darauf aufmerksam gemacht, daß das Zusammensetzen der Komponenten einer Verdickung in dieser Weise nicht immer durchführbar ist. Sie ist wünschenswert, da der Prozentgehalt an den einzelnen Bestandteilen ohne weiteres ersichtlich ist.

h) Das „Abschwächen" und „Blenden" von Druckfarben.

1. Abschwächen (Verschneiden) von Druckfarben.

Es kommt vielfach vor, daß man gezwungen ist, fertige Druckfarben in ihrer Wirkung abschwächen zu müssen, sei es, um aus einer dunkle Farbtöne liefernden Farbe eine solche herzustellen, die hellere Nuancen liefert, oder sei es, daß eine Ätze in ihrer Wirkung zu kräftig wirkt und deshalb abgeschwächt werden muß. Schon aus wirtschaftlichen Gründen wird man, insbesondere im letzteren Fall, eine Verdünnung vornehmen müssen, denn es hat keinen Sinn, helle und dunkle Färbungen mit Ätzen von derselben Ätzkraft zu bedrucken, es hat sich vielmehr letztere der jeweiligen Färbung anzupassen. In den beiden angeführten Fällen wird man also zunächst eine Stammfarbe herstellen und diese, dem jeweiligen Verwendungszweck entsprechend, abschwächen.

Das Abschwächen von fertigen Druckfarben geschieht im allgemeinen mit Hilfe derjenigen Verdickung, mit welcher die Stammfarbe hergestellt wurde. Bei Ätzen, wo es darauf ankommt, lediglich die Wirkung der Reaktion abzuschwächen, genügt eine einfache Verdünnung der Stammätze mit der entsprechenden Verdickung. Dadurch wird erzielt, daß auf den bedruckten Stellen des Gewebes weniger Ätzmittel hinkommt, die die Ätzung bewirkende Reaktion also weniger energisch vor sich geht. Bei Verdünnungen von Farben jedoch, durch welche eine Aufhellung des Farbtons bezweckt wird, kann man in dieser einfachen Weise nicht zum gewünschten Ziele kommen. An einem konkreten Beispiel soll der Vorgang erläutert werden. Gesetzt den Fall, man hätte folgende Stammfarbe:

10 g	Methylenblau B
100 g	Essigsäure 6° Bé.
210 g	Wasser
600 g	Stärke-Tragantverdickung
20 g	Weinsäurelösung 10%
60 g	Tannin-Essigsäure 1:1
1000 g	

so abzuschwächen, daß der zu erzielende Farbton die Hälfte der Intensität des von der Stammfarbe allein gelieferten zeigt. Wollte man die Verdünnung, die normalerweise im Verhältnis von 1:1 vor sich gehen muß, mit Stärke-Tragantverdickung allein, oder besser, um die Viskosität der Druckfarbe nicht zu verändern, mit Verdickung und der den flüssigen Zusätzen entsprechenden Menge Wassers vornehmen, so würde man beim Drucken feststellen, daß der Farbton heller als der gewünschte ausfällt. Die Ursache dieser Erscheinung liegt darin, daß von der Substanz der Verdickung nicht Farbstoff allein, sondern auch Beize, im vorliegenden Falle Tannin, festgehalten wird, das dann zur Fixierung des Farbstoffs fehlt. Ein Teil des Farbstoffs geht also in diesem Falle aus Mangel an Fixierungsmittel verloren, daher muß die Verdünnung so vorgenommen werden, daß dieser fehlende Anteil an Fixierungsmittel ergänzt wird. Das geschieht in der Weise, daß man die Verdünnung entsprechend zusammensetzt. Im vorliegenden Fall wird man folgende verwenden:

600 g	Stärke-Tragantverdickung
300 g	Wasser
50 g	Essigsäure 6° Bé
20 g	Tannin-Essigsäure 1:1
1000 g	

In der Praxis des Zeugdrucks hat man für diesen Vorgang eigene Bezeichnungen. Man nennt dieses Verdünnen von Stammfarben „Kupieren" oder „Verschneiden". Der Verdünnungsansatz wird „Kupüre" oder „Verschnitt" genannt. Auch „Verstechen" und „Verstich" sind gebräuchlich.

Was hier an einer Tannin-Druckfarbe erläutert wurde, muß unter Umständen in ähnlicher Weise auch bei Beizenfarbstoffen gemacht werden; die „Kupüre" hat dann einen entsprechenden Zusatz der Beize zu erhalten.

In der Zeugdruckerei bedient man sich einer besonderen Nomenklatur für die Farben und die Kupüren. Diese Namengebung ist selbstverständlich in jedem Betrieb eine andere, beruht aber im allgemeinen auf dem Grundgedanken, aus dem Namen sofort die Zusammensetzung der Farbe und ihre eventuelle Verdünnung zu erkennen. Bei direkten Druckfarben wird die Bezeichnung der Farbe vielfach die Menge des Farbstoffes enthalten, welche per 1 kg Druckfarbe enthalten ist. Bei Ätzfarbe erkennt man vielfach aus der Bezeichnung den Gehalt der Ätzfarbe an wirksamer Substanz per Kilogramm.

Um auf die vorher angegebene Druckfarbe zurückzukommen, Stammfarbe mit Blau B, entsprechend der Marke Methylenblau B, so würde die angeführte Kupüre mit Blau $B\,^1/_1$ zu bezeichnen sein. Eine Druckfarbe Blau BT würde dann z. B. ein mit Thioflavin T nach Grün nüanciertes Blau B sein. In dieser Weise sind die Nomenklaturen der meisten Zeugdruckereien aufgebaut, die natürlich mit der Mannigfaltigkeit in den Farben und den Mischungen außerordentlich kompliziert werden können. Entsprechend dem oben Gesagten wäre z. B. eine Druckfarbe mit der Bezeichnung Blau $BT\frac{10}{1}$ eine blaue Druckfarbe, welche per Kilogramm 10 g Methylenblau B und 1 g Thioflavin T enthält.

In dieser Weise gelangt man in den meisten Fällen zu einfachen, kurzen Bezeichnungen, welche außerdem den Vorteil haben, den damit Beschäftigten erkennen zu lassen, welcher Art die Druckfarbe ist. Außerdem kann eine derartige Bezeichnung nur von den im Betrieb Beschäftigten verstanden werden.

2. „Blenden" von Druckfarben.

Es gibt neben Druckpasten, die den Zweck haben, Farben als solche aufzudrucken, und die daher im allgemeinen farbig aussehen werden, auch andere, die dem Zweck der Ätzung oder der Reservierung (wir werden später auf diese Druckarten zurückkommen) dienen. Letztere Druckfarben sind öfters nur sehr blaß gefärbt oder völlig farblos. Der Drucker hat aber stets seine Aufmerksamkeit darauf zu lenken, wie der Druck auf dem Gewebe aussieht, ob er scharf steht oder ob Unregelmäßigkeiten auftreten, wie Rackelstreifen infolge Verunreinigungen der Farbe, die sich zwischen Rackel und Walze legen, oder ob die in den Gravüren sitzende Farbe auch vollständig auf das Gewebe übergeht. Bleibt, was bei Farben, die viel Mineralstoffe, Bariumsulfat, Zinkoxyd, Kaolin enthalten, ab und zu vorzukommen pflegt — besonders bei unzweckmäßiger Auswahl der Verdickung —, die Druckfarbe oder die in derselben enthaltenen Stoffe in der Gravur sitzen, so wird ein Drucken überhaupt unmöglich, da die Gravur keine neue Farbe aufnehmen kann. Auf alle diese Umstände hat der Drucker zu achten, und das kann er nur dann, wenn die Druckfarbe auf dem Gewebe auch sichtbar wird. Solche Druckfarben, die infolge ihrer Farblosigkeit diese Beobachtungen nicht ermöglichen, werden „geblendet", d. h. man versetzt sie mit einer färbenden Substanz, die natürlich so ausgewählt werden muß, daß sie den durch den Druck zu erzielenden Effekt in keiner Weise beeinträchtigt. Bei Oxydationsätzen z. B. wird man solche Farbstoffe wählen, die beim Oxydationsprozeß unter Bildung farbloser Spaltungsprodukte völlig zerstört werden, dementsprechend wird man beim Blenden von Reduktionsätzen vorgehen. Man kann aber auch in der Weise verfahren, daß man Farbstoffe verwendet, die sich auf dem Substrat nicht fixieren, wie z. B. bei Baumwolle saure Farbstoffe, Ponceau FR u. dgl.

Mittel zur Verhinderung des Schäumens von Druckfarben. Das vielfach vorkommende Schäumen von Druckfarben (Albuminfarben zeigen diese Erscheinung sehr häufig) verhindert man durch Zusätze von Alkohol, Terpentinöl oder Tetralin. Farben, welche zum „Einsetzen", d. h. Verstopfen der Gravuren neigen, kann man durch Zusatz von Ölpräparaten, die unter dem Namen „Printogen"[1]) im Handel sind, verbessern.

i) Das Dämpfen der bedruckten Gewebe.

Die für die Druckereipraxis so unentbehrliche Dämpfoperation ist für den weitaus größten Teil der angewendeten Druckfarben von außerordentlicher Bedeutung und deshalb für den guten Ausfall des Druckes maßgebend. Es ist jedoch sehr bedauerlich, daß der Techniker gerade diesen Vorgang nur schwer kontrollieren kann; der Erfolg hängt in erster Linie vom Zustand des für den Dämpfapparat zur Verfügung stehenden Dampfes ab und es fehlt bisher vor allem eine zuverlässige Einrichtung zur Messung des Feuchtigkeitsgehaltes desselben.

Bis auf wenige Ausnahmen bedürfen die den Druckfarben inkorporierten Farbstoffe und Beizen zur Vermittlung des Überganges aus der Verdickung auf die Faser eines kürzeren oder längeren Aufenthaltes in einer Dampfatmosphäre. Bei den meisten Druckverfahren, die nur kurzes Dämpfen erfordern, geschieht dies durch kontinuierliche Passage im sogenannten Schnelldämpfer; für längere Dämpfdauer sind besondere Dampfkasten sowie Runddämpfer im Gebrauch.

Lediglich trockene Hitze ist beim Dämpfprozeß wenig förderlich, günstig wirken nur Temperaturen von 99—106° C; höhere Temperaturen sind zwar durch besondere Einrichtungen ohne weiteres zu erzielen, doch nur für ganz spezielle Zwecke anwendbar. Eine Dämpferkonstruktion in letzterwähnter Hinsicht repräsentiert der Simon-Weckerlin'sche Apparat; bei demselben sind die Wandungen als Dampfplatten ausgebildet, wodurch Temperaturen bis zu 150° C erreicht werden können. Gegenüber dem allgemein üblichen und bewährten Schnelldämpfer (Bauart Zittauer Maschinenfabrik A.-G.) bietet jedoch der vorgenannte Apparat keinerlei Vorteile.

Abgesehen von dem noch unbekannten Einfluß des Dampfes auf die Struktur der Baumwolle, dient der längere oder kürzere Aufenthalt der bedruckten Ware in der Dampfatmosphäre als Wärmezufuhr zur Beförderung der Dissoziation der Beizen (meist Salzen des Aluminiums, des Chroms und des Eisens mit organischen Säuren), sowie auch zur Verflüchtigung von Lösungsmitteln, wie z. B. Essigsäure; letztere wird besonders bei der Herstellung von Drucken mit basischen Farbstoffen und zwar in verhältnismäßig bedeutenden

[1]) Von der Firma A. Holtmann & Co., G. m. b. H., Charlottenburg 4, werden zwei Marken, Printogen A und B geliefert. Siehe auch die Abhandlung von Dr. G. Tagliani: Technische Mängel und neue Hilfsmittel für die Druckerei. Melliands Textilber., Jg. 1925, S. 922/923. Bezüglich Printogen siehe auch die Veröffentlichung der interessanten Versuchsergebnisse von Prof. Dr. Haller und Dr. Karl Henkel über: Die Verteilung von Ölen in Zeugdruckfarben. Melliands Textilber., Jg. 1927, S. 1021—1024.

Mengen angewendet. Ferner bezweckt das Dämpfen die Auslösung oxydativer Prozesse, beispielsweise die Bildung von Anilinschwarz aus Anilinchlorhydrat mit Hilfe von Chloraten, Ätzen von Indigofärbungen mit Chlorat-Prussiat-Ätze usw. Sehr wichtig ist der Dämpfprozeß für Rongalitätzen und Küpenfarbendruck zur Spaltung der Formaldehyd-Hydrosulfitverbindungen; dazu ist gesättigter und feuchter Dampf unbedingt erforderlich.

In vielen Fällen ist es jedoch nicht allein die Wärmezufuhr, welche durch den Dampf den Eintritt der Reaktion bewirkt, denn trotz konstanter Dampftemperatur kann der Ausfall der Drucke außerordentlich wechseln. Unzweifelhaft ist auch die Atmosphäre im Dämpfer, die während des Dämpfprozesses durch Abspaltung und Verdampfung der verschiedensten Körper andauernd verändert wird, von nicht zu vernachlässigendem Einfluß auf das Endresultat. Systematisch durchgeführte Analysen dieser Atmosphäre während des Betriebes und bei Herstellung der verschiedensten Artikel könnten hier wertvolle Dienste leisten.

Über die Dampfverhältnisse im Dämpfer hat Reinking Material gesammelt[1]). Schon vorher hatte Großner[2]) die Dampfverhältnisse bei der Ätzung mittels Chloraten untersucht; er stellte fest, daß der Dampf am reaktionsfähigsten ist, wenn er sich dem Taupunkte nähert, so daß er einen Anteil Wasser an das Reaktionsgemisch abgeben kann. Dieselbe Wirkung übt der feuchte Dampf auch bei Reduktionsvorgängen mit Sulfoxylaten und bei der Fixation von Küpenfarbstoffen aus. Man hat dementsprechend dafür zu sorgen, daß dem Dampf durch eigene Vorrichtungen die nötige Feuchtigkeit zugeführt wird, was unter anderem dadurch erzielt wird, daß man den Dampf vor Eintritt in den Dämpfer eine Wasserschicht passieren läßt, wodurch er sich mit Wasser sättigt. Um aber gründliche Durchfeuchtung des Dampfes zu erzielen, muß der Dampfstrom in feiner Verteilung, nicht in großen Blasen das Wasser durchdringen. Man erreicht das am besten in der Weise, daß man das Anfeuchtungsgefäß mit Kupferdrehspänen füllt, welche für die feine Zerteilung der Dampfblasen sorgen[3]).

k) Über die Fixationsvorgänge bei der Kolorierung durch Bedrucken der Gewebe.

Es wurde schon im Anfang dieses Kapitels darauf aufmerksam gemacht, daß über den feineren Mechanismus der durch den Druck vermittelten Färbung so gut wie nichts bekannt ist. Der Verdickung kommt sicherlich nicht ausschließlich die Rolle eines Vehikels für die Ingredienzien der Druckfarbe zu. Das geht deutlich aus verschiedenen Tatsachen hervor, von denen eine der in die Augen springendsten hier angeführt werden soll. Aus dem Vorausgegangenen ist bekannt, daß ein Einbadigfärben von Alizarinrot nach den uns heute zur Verfügung stehenden Mitteln und Methoden noch undurchführbar ist. Der Druckprozeß mit Alizarinrot ist jedoch nichts anderes als ein Einbadprozeß zum örtlichen Färben. Die Druckfarbe enthält sämtliche zum Erzeugen des Rots notwendigen Bestandteile, nicht zuletzt auch das Öl. Hier vermittelt also nur die Verdickung die Einbadfärbung. Gewisse Verluste an Lack sind ja auch beim Druckprozeß unvermeidlich[4]), doch sind sie un-

---

[1]) Textilber. 1921, S. 309/310. Bericht über den VII. Internat. Koloristentag in Innsbruck 1922, S. 26—32; Verlag des Internat. Vereines der Chemiker-Koloristen, Wien.

[2]) Färber-Ztg. 1911, S. 298.

[3]) „Über Befeuchten des Betriebsdampfes beim Schnelldämpfer" siehe Gaumnitz: Textilber. 1923, S. 34/35 u. 83/84, außerdem betr.: „Fehler in der Ware beim Vordämpfer-Betriebe". Melliands Textilber. 1924, S. 390—394, S. 470/471, S. 537/538.

[4]) Haller u. Kurzweil: Textilber. Bd. 3, 1922.

gleich geringer als beim Versuch der Anwendung von Beize und Farbstoff in einem Bade, zwecks Vereinfachung der Alizarinrotfärbung. Bemerkenswert ist außerdem noch die Stabilität der Druckfarbe, denn erst nach verhältnismäßig langer Zeit zeigt sich Lackbildung.

Es könnte noch eine ganze Anzahl solcher Beispiele beigebracht werden[1]; daraus geht hervor, daß die Verdickung die Lackbildung außerordentlich verzögert.

Ob es sich dabei lediglich um Schutzkolloidwirkung handelt, muß bezweifelt werden, weil bei Abwesenheit von Verdickungssubstanzen die Lackbildung rasch und nach kurzer Zeit quantitativ erfolgt. In der Druckfarbe wird aber der Lackbildungsprozeß sehr lange hintan gehalten und wenn er eintritt, so geschieht dies nur sehr langsam und niemals quantitativ.

Zwecks Erklärung dieses Vorganges kann angenommen werden, daß die einzelnen Komponenten des Lackes in der Verdickung selbst vielleicht räumlich getrennt sind; durch ultramikroskopische Untersuchungen von Druckfarben wurde auch festgestellt, daß solche Verhältnisse tatsächlich eintreten können[2]. In den allermeisten Fällen der Praxis ist es üblich, Gemische von verdickenden Substanzen zur Druckverdickung zu verwenden; auf den fein porösen Aufbau der Pseudolösungen dieser Verdickungsmittel wurde auch bereits hingewiesen. Da nun aber auch der Gummi eine äußerst feine, netz- oder wabenartige Struktur besitzen dürfte[3] — bei Stärke ist dies nach den Untersuchungen Meyers ja bestimmt der Fall —, so kann der Vermutung Ausdruck verliehen werden, daß durch die verschieden großen kapillaren Kräfte, die im Innern einer mit Stärkekleister und Gummi verdickten Druckfarbe zur Wirkung kommen, auch ein Auseinanderhalten der einzelnen Lackkomponenten bewirkt wird. Dieselben werden erst dann einander genähert und der chemischen Umsetzung zugeführt, wenn die Druckfarbe auf dem Gewebe nach dem Verlassen der Druckmaschine eintrocknet. Vollkommen wird die Lackbildung jedenfalls erst dann, wenn durch Einwirkung höherer Temperatur durch den üblichen Dämpfprozeß die Substanz der Verdickung als solche chemisch verändert und ihre Struktur dadurch zerstört wird. Bei einer großen Anzahl von Druckfarben ist dies nachweisbar, z. B. bei jenen der Beizenfarbstoffe, welche stets erhebliche Mengen von teils flüchtigen, teils fixen organischen Säuren enthalten. Die Stärke und auch der Tragant gehen in solchen Fällen in lösliche Produkte über, von denen beispielsweise Zucker nachgewiesen werden kann. Allerdings bleibt auch hier stets ein gewisser Anteil der Stärke, insbesondere an den metallischen Bestandteil der Beize gebunden, auf dem Gewebe zurück.

Die Reaktion der Lackbildung wird auch durch das Trocknen der bedruckten Gewebe befördert, denn diese Operation bewirkt eine Konzentrierung der lackbildenden Bestandteile der Druckfarbe. Am ungünstigsten in dieser Hinsicht erscheint der Gummi, der zur Herstellung einer gut druckfähigen Verdickung des Verhältnisses von 1 Teil Gummi und 1 Teil Wasser bedarf, also einen Anteil von 50% an fester Substanz aufweist. Am günstigsten ist der Tragant, dessen Anteil an fester Substanz bei einem Lösungsverhältnis von 65 : 1000 nur 6,5% beträgt. In der Mitte steht die Stärke, die ja meistens in Kombination mit Tragant verwendet wird, wodurch sich der Gehalt an Trockensubstanz zugunsten der Stärke verringert.

---

[1] Haller: Textilber. 1925, S. 101.
[2] Haller: Kolloidchem. Beih. Bd. 8.
[3] Haller: Bisher unveröffentlichte Untersuchung. Vgl. Haller: Untersuchungen über Druckfarbenverdickungen. Verlag der Textilberichte. Heidelberg 1928.

Am Zustandekommen einer Färbung durch Druck ist aber außer der Druckfarbe bzw. der Verdickung auch die Faser beteiligt, denn zur Fixierung der meisten Farbstoffe ist ein Dämpfen des bedruckten Gewebes erforderlich. Durch diesen Dämpfprozeß geht die Faser sicherlich in einen Quellungszustand über, der vermutlich eine höhere Aufnahmefähigkeit für Farbstoffe zur Folge hat.

l) Zweckmäßige Echtheitsverhältnisse bei Druckartikeln[1]).

Zum Schluß mögen noch einige Richtlinien Platz finden, welche bei der Herstellung von Artikeln des Zeugdrucks maßgebend sein sollten.

Vorerst soll man die Qualität des Farbstoffs in Einklang bringen mit der des verwendeten Gewebes. Es hat keinen Sinn, durch ihre besondere Echtheit ausgezeichnete Farbstoffe auf qualitativ minderwertiger Ware zu verwenden, ebenso unsinnig ist es, unechte Farben auf qualitativ hochwertige Ware zu applizieren. Lebensdauer von Illumination und Gewebe müssen aufeinander abgestimmt werden.

Es ist deshalb auch in den allermeisten Fällen nicht zweckmäßig, echte Fonds mit unechten Farbeneffekten zu versehen. Auch hier sollen nach Tunlichkeit die miteinander kombinierten Farben in ihrer Lebensdauer annähernd übereinstimmen.

Im besonderen ist also die Illumination von einfach direkten (also nicht diazotierten und entwickelten oder gekuppelten) Färbungen substantiver Farbstoffe sowie jene von Färbungen basischer Farbstoffe mit Indanthrenfarben eventuell nur dann für einzelne Färbungen statthaft, wenn in den betreffenden Druckereien Küpenfarbstoffe an und für sich in größeren Quantitäten für durchaus echtfarbige Artikel gebraucht werden und daher nur deren ausnahmsweise Mitverwendung für den kritisierten Zweck in Betracht kommt.

C. Die Anwendung der verschiedenen Farbstoffklassen und deren Produkte im Zeugdruck.

a) Die substantiven Farbstoffe[2]).

α) Direkter Druck.

Die substantiven Baumwollfarbstoffe werden im direkten Druck nur wenig verwendet, außer für Futterstoffe und billige Exportartikel, da die damit hergestellten Farbtöne erstens geringe Lebhaftigkeit besitzen, zweitens unbefriedigende Waschechtheit zeigen.

Man druckt stets in Gegenwart von Neutralsalzen, dann auch von phosphorsaurem Natron unter Zusatz von Glyzerin. Die Fixierung erfolgt durch kurzes Dämpfen im Mather-Platt, eventuell mit darauffolgendem längeren Dämpfen im Runddämpfer während 1 Stunde bei einem Druck von $^1/_2$ Atm.

Die Druckfarben zeigen folgende Zusammensetzung:

40 g	Farbstoff	oder	5—40 g	Farbstoff
490 g	Wasser		390—330 g	Wasser,
150 g	Britisch-Gummi		5—30 g	phosphorsaures Natron
200 g	Tragantlösung 65/1000		100 g	Glyzerin
40 g	Natriumphosphat		400 g	Tragant 65/1000
30 g	Glyzerin		100 g	Albuminlösung 1:1
50 g	Türkischrotöl 60%			
1000 g			1000 g	

[1]) Siehe besonders auch Dozent Dr. Ludwig Lichtenstein: Über Echtheitsansprüche im Zeugdruck. Melliands Textilber., Jg. 1924, S. 735/736, 812/814.

[2]) Siehe diesbezüglich noch das von Ingenieur Rudolf Dax ausführlicher verfaßte und durch zahlreiche Druckmuster aus Großbetrieben illustrierte Kapitel: Substantive Farb-

Glyzerin ist ein für die Fixierung wesentlicher Zusatz, da diese Substanz infolge ihrer Hygroskopizität die Wasseraufnahme aus dem Dampf und damit die Fixierung des Farbstoffs fördert.

Ist der Farbstoffgehalt in der Druckfarbe höher als 30 g per Kilogramm, so empfiehlt es sich, den Farbstoff mit der Verdickung zu verkochen. Das Albumin, das zur guten Fixierung des Farbstoffs wesentlich beiträgt, wird der kalten Druckfarbe zugegeben.

Das Waschen der gedämpften Stücke muß mit salzhaltigem Wasser erfolgen. Da die Färbung der substantiven Farbstoffe sehr labiler Art ist, würde ein Waschen mit heißem Wasser allein ein Ausbluten des Farbstoffs in die unbedruckten Stellen veranlassen. Elektrolytzusätze, am bestem Tonerdesulfat, 2—3 g per Liter Waschwasser, verhindern diesen Übelstand.

β) Ätzen von Färbungen mit substantiven Farbstoffen.

1. Historisches.

Vor der Erfindung der Sulfoxylate, insbesondere des formaldehydsulfoxylsauren Natriums, des Rongalit C, wurden vor allen Dingen Zinnsalze zum Ätzen substantiver Färbungen benutzt. Zu dem Zweck verwendete man das Zinnchlorür, dessen Wirkung sich aber nur schwer auf das Zerstören des Farbstoffs allein beschränken ließ. Man lief stets Gefahr, die Faser selbst anzugreifen, was sich aus der Abspaltung von Salzsäure aus dem Ätzmittel und der damit im Gefolge stehenden Bildung von Hydrozellulose leicht erklären läßt. Später trat das essigsaure Zinn, dann das Ferrozyanzinn an seine Stelle, doch auch hier war eine Schwächung der Faser während der Dämpfoperation kaum zu vermeiden, was darauf schließen läßt, daß das Metall als solches an der Schwächung der Faser in noch unaufgeklärter Weise beteiligt ist.

Heute wird kaum mehr mit Zinnpräparaten gearbeitet, da die außerordentlich energisch wirkenden Sulfoxylate an Reduktionskraft die Zinnsalze weit überragen.

Vor Einführung der Sulfoxylate versuchte man die Zinkstaubätze zu verwenden, da damit eine Schwächung des Gewebes ausgeschlossen war.

Eine derartige Ätze zeigte folgende Zusammensetzung:

330 g	Zinkstaub
420 g	Gummilösung 1:1
50 g	Glyzerin
60 g	Ammoniakflüssigkeit
140 g	Natriumbisulfit
1000 g	

Man erkennt, daß hier die Ätzwirkung nicht vom Zinkstaub ausgehen kann, sondern von dem interimistisch gebildeten Natriumhydrosulfit.

Diese Druckfarbe war aber wenig haltbar, was ja aus der Labilität des Hydrosulfits ohne weiteres erklärlich ist.

Ein großer Fortschritt war der Zusatz von Formaldehyd zu Ätzpasten aus Zn und Natriumbisulfit, der, damals noch unbewußt, zur Bildung von Doppelverbindungen mit Sulfoxylaten Veranlassung gab[1]).

Eine derartige Druckfarbe hatte die folgende Zusammensetzung:

---

stoffe im Zeugdruck im „Handbuch des Zeugdruckes" (Herausgeber: Prof. Dr. Georgievics Prof. Dr. Haller und Dozent Dr. Lichtenstein; Akademische Verlagsgesellschaft m. b. H., Leipzig).

[1]) Pelliza u. Zuber: Revue des matières colorantes, 1904, S. 130. Vgl. über Hydrosulfite u. Sulfoxylate die Monographie von Jelineck, Das Hydrosulfit. Stuttgart 1911.

250 g Zinkstaub werden mit
230 g Gummiwasser 1:1 gut vermahlen, dann unter Kühlung zugesetzt:
400 g Natriumbisulfit 38° Bé
70 g Formaldehyd 40%
50 g Glyzerin

1000 g

Diese Farbe war weit stabiler, doch hatte erstere, wie letztere, den großen Nachteil, schlecht druckbar zu sein, da der Zinkstaub öfters in der Gravur sitzen blieb.

2. Ätzdruck mit Rongalit (Weißätzen).

Als es Russina (1903) gelang, die Sulfoxylat-Formaldehyde als solche zu isolieren, war auch diese Schwierigkeit gelöst. Die dann von verschiedener Seite fabrikatorisch hergestellten Produkte (Hydrosulfit NF, Hyraldit A) waren Mischungen von Hydrosulfit-Formaldehyd (44%) und Bisulfitformaldehyd (56%). Die Bad. Anilin- und Soda-Fabrik in Ludwigshafen brachte dann als erste im Jahre 1905 das reine Natriumsulfoxylat-Formaldehyd, später unter dem Namen Rongalit C, in den Handel. Eine Druckfarbe von der Zusammensetzung:

150—250 g Natriumsulfoxylat-Formaldehyd (Rongalit C)
350—250 g Wasser
500—500 g neutrale Stärke-Tragant-Verdickung

1000 g

arbeitet vorzüglich und ätzt die mit Reduktionsmitteln spaltbaren substantiven Färbungen durch kurze Passage von 5 Minuten im Mather-Platt'schen Vordämpfer.

Da die direkten Färbungen auf Baumwolle beim Waschen leicht bluten, empfiehlt es sich, beim Abziehen der farblosen Ätzprodukte dem Waschwasser etwas Aluminiumsulfat zuzugeben. Ein Zusatz von 2—3 g dieses Salzes per Liter Wasser erfüllt den Zweck vollkommen. Die geätzte und abgezogene Ware darf aus demselben Grunde nicht naß liegen bleiben; es empfiehlt sich, sie anschließend an die Waschoperation zu trocknen.

Durch das D.R.P. Nr. 166783 der Firma Leopold Cassella & Co. in Frankfurt a. M. (nunmehr Werk Mainkur der I. G. Farbenindustrie A. G.) wurde dann noch Zinkoxyd als Zusatz zu den Rongalitätzen empfohlen, um deren Wirksamkeit zu erhöhen. Auf Grund dieses Patentes kamen hierauf die verschiedenen Farbwerke überein und fabrizierten außer der Rongalit-C-Marke (Hydrosulfit NF konz.) noch ein zweites, jedoch zinkweißhaltiges Produkt unter dem Namen Rongalit CW (Hydrosulfit NFW konz.).

Rongalit C Hydrosulfit NF konz. Hyraldit C extra	sind identisch[1]): Natrium-Formaldehydsulfoxylat. $CH_2O \cdot NaHSO_2 \cdot 2\,H_2O$. 86—90%ig; Normalgehalt 88%.
Rongalit CW Hydrosulfit NFW konz. Hyraldit CW extra	sind identisch und bestehen aus: 2 Teilen Rongalit C und 1 Teil Zinkweiß. Normalgehalt 60%.

Für Weißätzen sind im allgemeinen beide Marken (Rongalit C und Rongalit CW) geeignet; für Buntätzen mit basischen Farben (Tanninfarben) ist aber Rongalit C vorzuziehen. Zum Weißätzen von tieferen Färbungen und auf schwerer ätzbaren Gewebearten, z. B. gerauhten Artikeln, empfiehlt sich dagegen in erster Linie die Anwendung von Rongalit CW.

Durch Zusatz von etwas Leukotrop W konz. kann die Wirkung der Rongalitätzen im letztgenannten Falle noch weiter erhöht werden; eine solche Ätze gibt fast durchweg ein besseres Weiß.

[1]) Eine tabellarische Übersicht über die Haupthandelsmarken von Hydrosulfit findet sich in dem Werke von Dr. P. Heermann: „Technologie der Textilveredlung", S. 113. Berlin: Julius Springer 1921.

Weißätze mit Rongalit CW:

150—250 g	Rongalit CW werden mit
350—250 g	Wasser und
500 g	neutraler Stärke-Tragantverdickung angeteigt und ungefähr 15 Minuten auf 70° C erwärmt; hierauf wird kalt gerührt und durch ein feinmaschiges Sieb getrieben.
1000 g	

Weißätze mit Rongalit CW und Leukotrop W konz.

150—250 g	Rongalit CW werden mit
360—240 g	Wasser und
430—450 g	neutraler Stärke-Tragantverdickung angeteigt, während ungefähr 15 Minuten auf 70° C erwärmt und hierauf mit
60 g	Leukotrop W konz. gemischt. Nach dem Kaltrühren wird die Ätze durch ein engmaschiges Sieb passiert.
1000 g	

Als Verdickungsmittel für die Rongalitätzen können ohne weiteres auch Britishgum oder Madrasgummi oder ähnliche Substanzen verwendet werden.

Ein großer Teil der mit substantiven Farbstoffen (Diamin-, Benzidin- usw. Farben) hergestellten Färbungen kann auch mit Chloratätzen geätzt werden. Diese Eigenschaft wird für einzelne Spezialartikel benützt, besonders zur Erzeugung lebhaft roter Ätzeffekte neben den üblichen Rongalit-Weiß- und Buntätzen. Für die Fabrikation dieses Artikels wird die gefärbte Ware zuerst mit Betanaphthol präpariert und dann mit einer Chloratätze bedruckt, welche diazotiertes Paranitranilin oder diazotiertes Paranitroorthoanisidin enthält.

Das Weißätzen mit Chlorat hat zwar keine Bedeutung mehr, doch soll hier der Vollständigkeit halber die Zusammensetzung einer solchen Druckpaste für leicht ätzbare Färbungen angegeben werden:

350 g	Britishgum werden mit
350 g	Wasser angeteigt und mit
180 g	chlorsaurem Natron sowie
20 g	rotem Blutlaugensalz gekocht; nach dem Erkalten werden
100 g	zitronensaures Ammon 22° Bé oder zitronensaures Natron 30° Bé zugegeben.
1000 g	

Für die vorgenannten Rotilluminationen wird die mit geeigneten Farbstoffen vorgefärbte Ware am Foulard naphtholiert mit:

23 g	Betanaphtol,
2 g	Nüanciersalz,
25 g	Natronlauge 40° Bé,
3 g	Brechweinstein,
4 g	Glyzerin,
30 g	Rizinusölseife (oder Paraseife PN)[1]) werden in
300 cm³	heißem Wasser gelöst und mit kaltem Wasser auf
1 Liter eingestellt.	

Sodann bedruckt man mit einer Rotätze, die in nachstehend angegebener Weise bereitet wird.

a) Diazolösung:

19 g	Paranitroorthoanisidin werden mit
43 cm³	Salzsäure 21° Bé angeteigt, mit
40 g	Wasser heiß gelöst und kalt gerührt; hierauf gibt man
40 g	Eis zu, sowie
8 g	Natriumnitrit gelöst in
26 g	Wasser.

[1]) Paraseife PN der Höchster Werke der I. G. Farbenindustrie A. G. ist eine saure Rizinusöl-Ammoniakseife von 95% Fettgehalt.

Diese Diazolösung wird einige Zeit stehengelassen, damit vollständige Diazotierung eintreten kann. Hierauf rührt man dieselbe in folgende Chloratätze:

b) Chloratätze:

90 g Mehl,
300 g Wasser und
230 g Natriumchlorat werden zusammen gekocht; nach dem Erkalten gibt man
35 g chlorsaure Tonerde 23° Bé zu und rührt dann
15 g Ferrizyannatrium ein.

Vor der Verwendung der Ätze zum Druck werden zum Schluß noch

26 g essigsaures Natron und
28 g Weinsäure in
100 g Wasser gelöst zugefügt.
1000 g

Nach dem Aufdruck läuft die Ware ein- oder zweimal langsam durch den Schnelldämpfer und wird hierauf in warmem Wasser gespült sowie eventuell auch schwach geseift. Für mehrfarbige Muster können, wie bereits erwähnt, neben dieser Chloratätze die sonst allgemein gebräuchlichen Rongalit-Weiß- und Buntätzen gedruckt werden, nur ist dann die Nachbehandlung der gedämpften Ware in der für die Rongalitbuntätzen erforderlichen Weise vorzunehmen.

3. Allgemeines über Buntätzungen auf substantiven Färbungen.

Zum Buntätzen von substantiven Färbungen werden fast ausschließlich basische Farbstoffe verwendet und in entsprechend gelöstem Zustande der Ätzdruckpaste zugegeben. Das Fixierungsmittel wird — wenn als solches Tannin zur Anwendung kommt — meist gleichfalls der Druckfarbe einverleibt oder auch durch Präparieren des Gewebes auf die Faser gebracht. Bei der Auslösung der Ätzwirkung durch den Dämpfprozeß tritt dann einfach der in der Druckfarbe enthaltene Farbstoff an die Stelle des zerstörten.

Auf der Suche nach Tanninersatzmitteln kamen die Farbwerke Leverkusen der I. G. Farbenindustrie A. G. über Phenolkondensationsprodukte auch zu geschwefelten Substanzen, die fixierende Eigenschaften für basische Farbstoffe hatten, und fanden so das bei der Färberei mit basischen Farben bereits erwähnte Katanol O. Katanol kann als ein schwach bzw. ungefärbter Farbstoff mit ausgesprochen substantiven Eigenschaften angesprochen werden.

Katanol O findet im Zeugdruck ausgedehnte Anwendung, und zwar sowohl für Sulfoxylatbuntätzen auf vorgefärbter Ware als auch im Anilinschwarzreserveartikel auf Grund des von H. Perndanner[1]) angeregten Zweibad-Verfahrens. Als vollwertiger Tanninersatz, in bezug auf alle Verwendungszwecke im Zeugdruck, ist das Katanol aber leider nicht zu bezeichnen, denn es ist nicht möglich, dieses Produkt einfach an Stelle von Tannin in den Druckfarben unterzubringen, weil die basischen Farbstoffe sonst sofort quantitativ ausgefällt werden. Infolge dieser Eigenschaft ist Katanol auch nicht für den direkten Druck mit basischen Farben brauchbar und ferner auch nicht für den Tanninätzartikel, da sich katanolisierte Ware bisher weder ätzen noch reservieren läßt.

Die von Perndanner in Vorschlag gebrachte Methode zur Anwendung des Katanols für Sulfoxylatbuntätzen auf Färbungen mit substantiven Farbstoffen (Benzidinfarben usw.) besteht im Präparieren der gefärbten Ware mit

[1]) Vortrag von Dr. R. Fischer auf dem VII. Kongreß des Internationalen Vereines der Chemiker-Koloristen zu Innsbruck (Mai 1922), veröffentlicht im Kongreßbericht, Wien 1922, S. 50 (Eigenverlag des I. V. d. Ch.-K.).

Katanollösung (Katanolisieren) und Aufdruck von Ätzfarben, die infolgedessen nur Farbstoff, Lösungsmittel, Verdickung und Rongalit C enthalten. Diese einfache Zusammensetzung der Ätzfarbe ist für den Druckereibetrieb von nicht unwesentlichem Vorteil in bezug auf die Haltbarkeit derselben und nicht zuletzt hinsichtlich unbedenklicher Wiederverwendung bereits gebrauchter Druckfarben.

Bezüglich der Fixierungsmittel basischer Farbstoffe im Buntätzdruck unterscheidet man also zwei Arbeitsweisen: die ältere mit Tannin und die neuere mit Katanol; letztere hat sich in verschiedener Hinsicht als vorteilhafter erwiesen.

4. Tanninhaltige Rongalitbuntätzen.

Bei Druckfarben, welche Tannin und basische Farbstoffe enthalten, handelt es sich vor allem darum, die gerbsauren Farbstoffbasen in Lösung zu halten, weil der gerbsäurehaltige Farbstofflack erst beim Trocknen und nachherigen Dämpfen der Gewebe niedergeschlagen werden soll. Diese Aufgabe erfüllen die zum vollkommenen Lösen der basischen Farbstoffe meist angewendeten organischen Säuren, wie z. B. die Essigsäure, und ferner auch das Glyzerin. Da jedoch Säuren auf das Sulfoxylat zersetzend einwirken und Glyzerin bei Anwendung in größeren Mengen infolge der Hygroskopizität leicht ein Verschmieren der Drucke hervorruft, so war man genötigt, nach anderen Lösungsmitteln zu suchen. Es ergab sich dabei, daß auch Anilinöl sowie Phenol imstande waren, die Farblackbildung in der Druckfarbe entsprechend zu verhindern.

Tanninhaltige Sulfoxylatbuntätzen zeigen deshalb folgenden Aufbau:

20— 30 g	basischer Farbstoff in
50— 50 g	Glyzerin und
470—390 g	Wasser lösen, mit
200—200 g	Britishgum kochen und bei ca. 70° C
100—150 g	Rongalit C zusetzen; ferner
80— 80 g	Anilinöl und nach dem Erkalten
80—100 g	Tannin-Alkohol 1 : 1
1000 g	

Die Farbwerke Leverkusen fanden, daß ein Zusatz von 10 g Solutionssalz B (Algosol, Solvenol) auf 1 kg Buntätzdruckfarbe günstig auf die Haltbarkeit derselben einwirkt und gleichzeitig auch etwas klarere Buntätzeffekte ergibt. (Solutionssalz B ist benzylsulfanilsaures Natron; es wurde von Dr. L. Lichtenstein in Königinhof in die Druckereipraxis eingeführt und zuerst von der Firma Cassella in Frankfurt a. M. übernommen. Solutionssalz B wird besonders beim direkten Druck mit Küpenfarbstoffen angewendet[1]).

30 g	basischer Farbstoff.
70 g	neutrales Azetin,
40 g	Wasser,
415 g	neutrale Stärke-Gummiverdickung,
25 g	Äthylweinsäure,
40 g	rizinusölsaures Natron 50 %ig,
30 g	Phenol,
140 g	Tannin 1 : 1 Wasser,
10 g	Solutionssalz B
200 g	Rongalit 1 : 1 neutrale Stärke-Tragantverdickung.
1000 g	

Auf die Verwendung einer guten Tanninsorte ist Bedacht zu nehmen. Bei Gebrauch minderwertigerer Qualitäten schmiert die Ätzpaste leicht, sie läßt

[1]) D. R. P.-Anmeldung vom 27. Dezember 1911 (Kl. 8n, Nr. 33611).

sich schlecht abrackeln, überzieht infolgedessen die Walze und den gefärbten Gewebefond und überträgt sich beim Drucken mehrfarbiger Muster auf die nachfolgenden Walzen.

Nach einer ebenfalls von den Farbwerken Leverkusen vorgeschlagenen Methode, nach welcher man besonders in englischen Druckereien arbeitete, wird der mit Benzidinfarben vorgefärbte Stoff mit Tannin präpariert und mit einer Ätzfarbe bedruckt, die Rongalit, Farbstoff und eventuell auch Brechweinstein enthält. Die neuere Arbeitsweise mit Katanol stellt sich jedoch billiger und wird deshalb allgemein angewendet.

Die mit Buntätzen bedruckte Ware wird in gleicher Weise wie bei Weißätzen im Schnelldämpfer mit luftfreiem Dampf 3—5 Minuten gedämpft und passiert dann im breitem Zustande während ca. ½ Stunde ein mit 5 g Bichromat per Liter besetztes kaltes Bad, sowie nach dem Abquetschen und Spülen noch ein lauwarmes Brechweinsteinbad (5 g per Liter). Hierauf wird gewaschen, eventuell schwach geseift, gespült und getrocknet. Durch die Bichromatpassage werden jene basischen Farbstoffe, die durch das Ätzmittel in eine Leukoverbindung übergeführt werden, wieder oxydiert; derartige Buntätzeffekte oxydieren sich auch schon durch längeres Waschen, doch wirkt Bichromat beschleunigend und ist diese kurze Passage deshalb zweckmäßig.

5. Rongalitbuntätzen auf Basis von Katanol O.

Die nach dem Färben getrocknete Ware wird mit folgender Katanollösung geklotzt:

20 g	Katanol O	} lösen
2 g	Soda kalz.	
5 g	Monopolbrillantöl,	
1 Liter		

Hierauf trocknet man auf der nicht zu stark geheizten Zylindertrockenmaschine (einseitig) oder zweckmäßiger in der Hotflue und bedruckt mit der Ätzpaste:

20— 40 g	basischer Farbstoff werden in
220—200 g	Wasser und
60 g	neutralem Azetin oder Glyzerin gelöst und mit
600 g	Verdickung, sowie
100 g	gepulvertem Rongalit C verrührt.
1000 g	

Nach dem Aufdruck wird die Ware im Schnelldämpfer 4—5 Minuten gedämpft, dann in breitem Zustande gründlich gewaschen und vorteilhaft gleich getrocknet; letzteres ist in den meisten größeren Werken für alle Druckartikel durch direkte Anschaltung der Zylindertrockenmaschine an die Breitwaschmaschine vorgesehen. Wird jedoch die Ware vor dem Trocknen erst abgelegt, so läßt man sie in einem Kasten der Breitwaschmaschine durch eine schwache Katanollösung laufen (etwa 1—2 g Katanol und 0,1—0,2 g Soda kalz. pro Liter Bad bei 30 ° C), spült sodann gut und trocknet; durch diese kurze Katanolpassage wird eventuell noch unfixierter basischer Farbstoff vollkommen befestigt und dadurch ein Abflecken vermieden. Infolge der gelblichen Eigenfärbung des Katanols werden die damit geklotzten Gewebefärbungen gegenüber ihrem ursprünglichen Farbton naturgemäß etwas abgestumpft, doch spielt dies praktisch kaum eine Rolle; durch gründliches Waschen nach dem Dämpfen wird diese Farbtonänderung bis auf einen nur geringen Unterschied zurückgedrängt.

Als Weißätze neben der Buntätze druckt man auf katanolisierter Ware ein normales Rongalitweiß mit Anthrachinon- oder auch Leukotrop W-Zusatz; man verwendet z. B. 3—5% Anthrachinonteig 30%ig.

Rongalit C-Weißätze mit Anthrachinonzusatz:

200 g	Rongalit C in	gut lösen durch Erwärmen auf 60—70 ° C,
50 g	Wasser und	
110 g	Gummiverdickung 1:1	
600 g	Stärke-Tragantverdickung	
40 g	Anthrachinon in Teig 30%ig.	
1000 g		

Von Interesse sind Versuche, die L. Gaillard[1]) angestellt hat, um die Präparierung der Stücke mit Katanol gleichzeitig mit dem Drucken auf der Druckmaschine vorzunehmen zu können. Durch folgende Anordnung beim Drucken hat Gaillard auch bei großen Warenpartien sehr befriedigende Resultate erhalten: der Stoff wird zuerst mit dem Muster bedruckt, dann folgt eine Wasserwalze, hierauf die Pflatschwalze mit der Katanollösung und zum Schluß nochmals eine Wasserwalze.

Für Rongalitbuntätzen sind auch einige Beizenfarbstoffe der Gallofarbenreihe verwendbar, doch werden derartige Iluminationen nur sehr vereinzelt ausgeführt. Das dabei nötige essigsaure Chrom darf nicht sauer reagieren, die Druckfarben sind jedenfalls neutral zu halten. Das Dämpfen der Drucke erfolgt in gleicher Weise wie bei Buntätzdrucken mit basischen Farben; die Nachbehandlung mit Brechweinstein kommt aber in Wegfall.

Druckereien, welche Küpenfarbstoffe in größerem Maße anwenden, stellen manchmal auch Buntätzdrucke mit diesen her, doch dann nur auf diazotierten und entwickelten oder mit Diazoparanitranilin gekuppelten Färbungen. Man verwendet dazu im allgemeinen einfach die normalen Druckfarben für direkten Druck; richtige Dosierung in bezug auf Ätzmittel ist jedoch besonders zu beachten, weil die Drucke sonst sehr leicht Hofbildung zeigen.

Der Zinkstaubätze ist im Handdruck zum Teil ein Anwendungsgebiet offen geblieben, weil sie dort vor der Rongalitätze gewisse Vorteile in sich birgt. Da das Bedrucken großer und mehrfarbig zu kolorierender Stücke beim Handdruck längere Zeit erfordert, so sind in solchen Fällen Rongalitätzen weniger gut geeignet; das Rongalit ist nämlich äußerst hitzeempfindlich und bei zu langen Verweilen der mit solchen Ätzpasten bedruckten Ware in warmen Räumen — wie dies bei Handdruckereien der Fall sein kann — wird infolgedessen die Ätzwirkung durch teilweise Zersetzung der Druckfarbe herabgesetzt. Bei Verwendung von Zinkstaubätze sieht der Drucker auch besser, was er arbeitet, und ferner kann man mit dieser Ätze auch in sonst weniger zweckmäßigen Dämpfeinrichtungen gute Resultate erzielen. In den meisten Fällen gibt man jedoch den Zinkstaubätzen einen Zusatz von Rongalit C; kleinere Stücke sowie einfachere und daher rascher fertigzustellende Muster druckt man aber überhaupt nur mit Rongalitätze.

Tanninhaltige Zinkstaubbuntätzen erhalten kein Ammoniak. Der große Nachteil dieser Art Buntätzen besteht darin, daß die Auswahl der dafür geeigneten basischen Farbstoffe sehr gering ist, weil die meisten Farbstoffe durch den Zusatz von Tannin gefällt werden.

6. Zinkstaubbuntätzen auf Katalonisierter Ware.

Der vorgenannte Übelstand im Buntdruck mit Zinkstaubätzen ist seit der Einführung des Katanols in Wegfall gekommen. Die gefärbte Ware wird

[1]) Melliands Textilberichte 1924, S. 608.

einfach wie üblich auf einem Foulard katanolisiert und dann eine Ätze von nachstehender Zusammensetzung aufgedruckt:

20— 60 g	basischer Farbstoff in
50 g	Glyzerin und
140—190 g	Wasser lösen; nach dem Erkalten
770—680 g	Stammätze und
20 g	fein pulverisiertes Rongalit C zugeben.
1000 g	

Stammätze:

336 g	Gummiwasser 1 : 2 und
330 g	Natriumbisulfit 38° Bé gut vermischen; hierauf langsam und unter Kühlung
334 g	Zinkstaub Ia einrühren.
1000 g.	

Die bedruckte Ware wird dann $^1/_4$—$^1/_2$ Stunde gedämpft, und zwar entweder im einfachen Sterndämpfer (Ware auf den Sternreifen gehakt und so in einen Holzkasten eingesetzt) oder besser im von der Wehl'schen Apparat (Indanthrenschnelldämpfer)[1]. Hierauf folgt Bichromatpassage (Bichromat + Essigsäure), gründliches Waschen, Absäuern und Spülen.

b) Die basischen Farbstoffe.[2]

α) Die Verwendung der basischen Farbstoffe im Direktdruck.

1. Die Methoden des einfachen Aufdruckes.

Während sich das Katanol in der Färberei sowie im Buntätz- und Buntreservedruck mit basischen Farbstoffen das Feld erobert hat, ist es — wie bereits erwähnt — sowohl im direkten Druck mit diesen Farbstoffen als auch im sog. Tanninätzartikel nicht anwendbar.

Die Druckpasten für den direkten Druck mit basischen Farbstoffen enthalten außer dem Farbstoff und geeigneten Lösungsmitteln auch das zur Fixierung auf der Faser erforderliche Tannin. Die Farblackbildung in der Druckfarbe wird durch Lösen mit organischen Säuren, wie z. B. Essigsäure, Weinsäure, Äthylweinsäure, Oxalsäure, Milchsäure usw., verhindert; meist wird jedoch nur die Essigsäure als Lösungsmittel angewendet.

Auch Glyzerin und Azetin sind vorzügliche Lösungsmittel für basische Farbstoffe bzw. den Tanninlack. Azetin ist eine Mischung der Essigsäureäther des Glyzerins, des Mono-, Di- und Triazetins und wird durch Kochen von Glyzerin mit Eisessig erhalten. Azetin ist farblos und dickflüssig; beim Dämpfen der bedruckten Ware spaltet es sich in Essigsäure und Glyzerin. Glyzerin kann als ausschließliches Lösungsmittel in den Druckfarben nicht verwendet werden, weil es zu hygroskopisch ist und deshalb leicht ein Verschmieren der Drucke bewirkt. Bei schwer löslichen Farbstoffen nimmt man daher außer Essigsäure zweckmäßig auch noch eine bestimmte Menge Azetin zum Lösen; Äthylweinsäure oder Weinsäure leisten den gleichen Dienst.

Es ist sehr wichtig, daß in den Druckfarben genügend Säure vorhanden ist, um die gerbsaure Farbstoffbase in Lösung zu halten. Die mit Essigsäure und Azetin hergestellte und mit essigsaurer Verdickung verdickte Farbstofflösung wird deshalb erst nach dem Erkalten und dann ebenso mit essigsaurer

[1] Patent der Indanthrenechtfärberei Leipzig (Hans von der Wehl), Leipzig-Co., Simildenstraße 20, und durch deren Vertreter zu beziehen.

[2] Siehe auch Weiß, Dr. Franz: Über einige neuere Arbeiten auf dem Gebiete der basischen Farbstoffe. Melliands Textilber., Jg. 1927, S. 164—166.

Tanninlösung versetzt. Auf einen Teil Farbstoff rechnet man durchschnittlich drei Teile festes Tannin.

10— 20 g	basischer Farbstoff werden in
100—100 g	Essigsäure 6° Bé sowie
230—180 g	Wasser gelöst und mit
600—600 g	essigsaurer Stärke-Tragantverdickung oder Gummiwasser 1:1 verdickt; nach dem Erkalten werden noch
60—100 g	Tannin-Essigsäure 1 : 1 zugegeben.
1000 g	

Hauptsächlich für dunklere Farbtöne dienen ferner Druckfarben nach folgender Vorschrift:

20— 30 g	Farbstoff in
150—200 g	Essigsäure 6° Bé,
25— 50 g	Azetin und
500—360 g	Wasser lösen, mit
100—100 g	Weizenstärke anteigen und nach Zusatz von
100—100 g	Tragantschleim (65 : 1000) gut aufkochen; hierauf
5— 10 g	Weinsäurelösung 1 : 1 zugeben und nach dem Erkalten
100—150 g	Tannin-Essigsäure 1 : 1.
1000 g	

Weizenstärke-Tragantverdickung oder die stark saure Stärke-Tragantverdickung werden am häufigsten verwendet, um die Farbstofflösungen in den druckfähigen Zustand zu bringen; diese Verdickungen sind besonders vorteilhaft bei der Herstellung dunkler Drucke, weil damit an und für sich tiefere Farbtöne als bei Anwendung von Britishgum oder Gummilösung resultieren. Gummiwasser (meistens Gummi arabicum 1:1) sowie Britishgum benutzt man zweckmäßig für den Druck großer Flächen und hauptsächlich auch für helle Farben. Im allgemeinen verwendet man bereits fertig gekochte Verdickungen; bei schwer löslichen Farbstoffen oder bei Anwendung von viel Farbstoff rührt man jedoch die Lösungen am besten mit der Stärke unter Zusatz von Tragantschleim bzw. mit der verdickenden Substanz (Britishgum) an und kocht dann auf. Das Tannin wird gewöhnlich in Essigsäure 6° Bé gelöst angewendet, wozu man stets eins Vorratslösung aus gleichen Teilen Tannin und Essigsäure bereit hält.

Nach dem Aufdruck und Trocknen wird die Ware $^1/_2$—1 Stunde ohne Überdruck oder bei $^1/_2$ Atm. im Runddämpfer gedämpft. Zweckmäßig ist es, die bedruckten Gewebe vorher noch durch den Schnelldämpfer laufen zu lassen, damit der Überschuß an Säure entfernt und dadurch der Runddämpfer vor vorzeitiger Korrosion bewahrt wird. Durch den länger andauernden Dämpfprozeß verflüchtigt sich die den Tanninlack in Lösung haltende Essigsäure und der Farbstoff wird auf der Faser unlöslich fixiert.

Die gedämpfte Ware passiert hierauf während ca. ½ Minute ein 40 bis 50° C warmes Antimonbad (Brechweinstein, Doppelantimonfluorid, Antimonsalz usw.), das z. B. mit 5—10 g Brechweinstein und 5—10 g Kreide (zum Abstumpfen der frei werdenden Säure) pro Liter besetzt ist, und wird dann gewaschen, eventuell gemalzt, geseift und, falls erforderlich, auch gechlort und gebläut. Bei Aufdrucken mit den meisten basischen Farbstoffen werden die Gewebe zwecks Reinigung der unbedruckten Stellen schwach gechlort; dies ist anstandslos durchführbar, obwohl die basischen Farbstoffe an sich nicht chlorecht sind. Bezüglich der Art der Einwirkung der schwachen Chlorkalklösung (0,1—0,3° Bé) oder von Natriumhypochlorid unterscheidet man das sog. Trockenchlor und das Dampfchlor. Die Ware läuft dabei durch einen kleinen Trog, der die verdünnte Bleichlauge enthält, wird mittels Quetschwalzenpaar abgequetscht und dann entweder gleich anschließend auf einer Zylindertrockenmaschine getrocknet (Chloren am Trockentambour, Trockenchlor) oder durch einen kleinen Dämpfkasten geführt (Dampfchlor); falls die Ware auch noch gebläut werden soll, so wird die Aufschlämmung von Ultramarin gleich direkt der Chlorlösung durch einen Lappen passiert zugegeben. Durch dieses Chloren wird die Lebhaftigkeit und der Farbton der Drucke meist etwas beeinträchtigt.

Die Lichtechtheit einiger basischer Farbstoffe kann durch imprägnierende Nachbehandlung der bedruckten Gewebe mit einer Lösung von Chrosozin Geigy[1]) erhöht werden; die Wirkung des Chrosozins verschwindet aber wieder bei eventuellem Waschen der Ware. Diese Nachbehandlung mit Chrosozin kann nun entweder mit der getrockneten oder mit nasser Ware ausgeführt werden.

Für getrocknete Ware verwendet man

5—7 kg Chrosozin in
95—93 kg Wasser oder Appret;

für ungetrocknete, noch feuchte Ware dagegen

10—15 kg Chrosozin in
90—85 kg Wasser oder Appret.

Zur Herstellung von Chrosozin Geigy löst man 700 g Kupfervitriol in 3 Liter heißem Wasser, läßt abkühlen, gibt 6 kg Glykose hinzu und verdünnt mit Wasser auf 10 Liter.

Bei Anwendung eines den Farbwerken Leverkusen geschützten Verfahrens zur Herstellung von Druckfarben mit basischen Farbstoffen kann das Brechweinsteinieren unterbleiben. Diese Druckfarben setzen sich zusammen aus dem Farbstoff, Tannin, Resorzin und einem geeigneten Metallsalz, z. B. Zinkazetat:

20 g	Farbstoff in
190 g	Essigsäure 7° Bé,
320 g	essigsaurer Stärke-Tragantverdickung und
120 g	Resorzin 1:2 (Wasser) lösen.
	Nach dem Erkalten werden
280 g	Tannin-Essigsäure 1 : 1 sowie eine Mischung aus
20 g	Resorzin und
50 g	essigsaurem Zink 10° Bé eingerührt.
1000 g	

Nach dem Drucken und Trocknen wird eine Stunde ohne Überdruck gedämpft und dann gewaschen.

Für billige, lebhafte Artikel (graue Futterstoffe) können die basischen Farbstoffe auch mit Albumin mechanisch auf der Faser durch Dämpfen fixiert werden, z. B.

5— 10 g	basischer Farbstoff werden in
195—190 g	Wasser gelöst und nach dem Erkalten in
200 g	Albuminwasser 1 : 1 und
600 g	neutrale Stärke-Tragantverdickung eingerührt.
1000 g	

oder

10 g	Farbstoff in
20 g	Alkohol und
262 g	Wasser lösen, Verdicken mit
408 g	Tragantschleim 65:1000 und
300 g	Albuminlösung 1 : 1.
1000 g	

[1]) Siehe auch Broschüre Nr. 666 der J. R. Geigy A.-G. (Basel, Schweiz, und Grenzach, Baden): Farbstoffe für Baumwolldruck, S. 44. Sehr bemerkenswert ist im übrigen ein

Nach dem Drucken wird die Ware $^1/_4$—$^1/_2$ Stunde ohne Druck gedämpft und hierauf meist, ohne erst zu waschen, gleich appretiert.

Aufdrucken der basischen Farbstoffe ohne Tannin auf Färbungen mit substantiven Farbstoffen. Entsprechend dem Übersetzen substantiver Färbungen mit basischen Farbstoffen kann man letztere auch ohne Tanninzusatz auf Färbungen mit Diaminfarbstoffen, Benzidinfarben usw. aufdrucken (Großmann); durch nachheriges Dämpfen ergibt sich eine immerhin wahrnehmbare, doch naturgemäß geringe Waschechtheit. Man druckt einfach den in Wasser gelösten und verdickten Farbstoff auf, etwa

10 g	Farbstoff,
290 g	Wasser,
700 g	essigsaure Stärke-Tragantverdickung
1000 g	

und dämpft eine halbe Stunde ohne Druck, seift schwach, wäscht und trocknet.

Fixierung der basischen Farbstoffe durch einfachen Aufdruck ohne nachheriges Dämpfen. Es ist auch möglich, die basischen Farbstoffe ohne Dämpfen zu fixieren, wobei man noch ausreichend volle und genügend seifenechte Drucke erhält. Obwohl sich schon beim Arbeiten nach dem Tannin-Essigsäure-Verfahren durch einfaches Trocknen der Drucke eine gewisse Fixierung der basischen Farbstoffe ergibt, so hat diesbezüglich doch erst das Verfahren mit Glykolsäure bzw. chlorierten Essigsäuren der Anilinfarbenfabriken J. R. Geigy A.-G. in Basel (Schweiz) und Grenzach (Baden)[1]) eine beachtliche Bedeutung für Zwecke der Textilkleinindustrie (kunstgewerbliche Werkstätten für Handruck und Spritzdruck) gewonnen (D.R.P. Nr. 371597 vom 16. März 1923 der J. R. Geigy A.-G.).

Beispiel einer Druckfarbe mit basischen Farbstoffen für das Verfahren der J. R. Geigy A.-G. zur Fixierung ohne nachheriges Dämpfen.

10 g	basischen Farbstoff in
50 g	Essigsäure 6° Bé und
200 g	kochendem Wasser lösen, dann diese Lösung mit
520 g	Stärke-Tragant-Verdickung und
20 g	Tannin verrühren. Zum Schluß
200 g	Monochloressigsäure einverleiben.
1000 g	

An Stelle von 200 g Monochloressigsäure und 520 g Verdickung kann man auch 300 g Glykolsäure und 420 g Verdickung anwenden. Auf Basis dieser Rezepturen hergestellte Farblösungen werden von der J. R. Geigy A.-G. unter dem Namen „Irgafarben" in den Handel gebracht; zur Herstellung einer Druckpaste aus Irgafarben genügt also deren einfache Vermischung mit Verdickung.

Versuche von A. Schneevoigt[2]) haben später ergeben, daß man bezüglich Zusammensetzung der Druckfarbe noch einfacher arbeiten kann, um eine brauchbar gute Fixierung ohne nachträgliches Dämpfen zu erzielen. Man bedruckt

---

Vortrag von Dr. Hans Krähenbühl: Über die Echtheit der Farbstoffe. Melliands Textilber., Jg. 1925, S. 108—110 und 182/183. (Vortrag, gehalten vor einer Mitgliederversammlung des Vereines der Chemiker-Koloristen in Lörrach.)

[1]) In einer weiteren Patentanmeldung G 56661 wurde auch die Verwendung von Milchsäure, Apfelsäure, Oxalsäure und Phosphorsäure für den Druck ohne Dämpfen geschützt. Außerdem hat die J. R. Geigy A.-G. später noch die Anwendung von Äthylenglykol und Äthylenthioglykol unter Patentschutz gestellt (Anmeldung G 59587), da diese gegenüber chlorierten Essigsäuren nicht ätzend auf die Haut wirken.

[2]) Schneevoigt: Über die Verwendung von Resorzin im Zeugdruck. Melliands Textilber., Jg. 1925, S. 106/107.

das Gewebe mit einer Farbpaste aus der wässerigen Lösung von basischem Farbstoff, Tannin und Resorzin sowie Verdickung (entsprechend den im Direktdruck üblichen Mengen von Farbstoff und Tannin sind 30—60 g Resorzin im Kilo Druckfarbe zur Aufrechterhaltung der Lösung erforderlich), trocknet dann und geht mit der Ware, ohne erst zu dämpfen, durch ein kaltes oder lauwarmes Antimonsalzbad.

2. Direkte Drucke basischer Farbstoffe in Verbindung mit weißen und farbigen Reserveeffekten.

Die Drucke basischer Farbstoffe können durch Antimon- und Zinksalze reserviert werden. Setzt man den Brechweinsteinreserven Diamin- oder Benzidinfarbstoffe zu, so erhält man Buntreserven; diese Verfahren haben jedoch keine größere Bedeutung erlangt. Die Ware wird zuerst mit der Brechweinsteinreserve bedruckt, dann mit normalen, tanninhaltigen Druckfarben basischer Farbstoffe überwalzt, gedämpft, brechweinsteiniert, gewaschen und geseift.

Die Weißreserven können verschiedenartige Zusammensetzung haben:

250 g	Britishgum 1:1,
100 g	Wasser,
250 g	Kaolin,
400 g	Natriumbrechweinstein 1° Bé.
1000 g	

Diese Druckfarbe ist ein typisches Beispiel für eine „Reserve", welche einesteils mechanisch schützend wirkt (durch das Kaolin) und anderenteils gleichzeitig auch chemisch durch den Gehalt an Brechweinstein. Man kann ferner einfach verdickte Brechweinsteinlösung anwenden:

810 g	Natriumbrechweinstein 45° Bé mit
190 g	Britishgum (Pulver) kochen,
1000 g	

oder

70 g	Brechweinstein in
485 g	Wasser lösen, mit
350 g	Britishgum anteigen und kochen; hierauf noch
80 g	Zinkvitriol und
15 g	Antimonoxyd (in Teig) gründlich einrühren.
1000 g	

Buntreserven werden in einfachster Weise durch Zugabe geeigneter substantiver Farbstoffe, z. B. Diaminechgelb FF, Geranin G, Diaminorange GD usw. hergestellt.

20 g	Diaminrosa GD mit
150 g	Wasser,
530 g	Natriumbrechweinstein 45° Bé und
300 g	Britishgum (Pulver) kochen.
1000 g	

β) Ätzen von Färbungen mit basischen Farbstoffen.

1. Das Ätzen mit Chloratätze.

Die Färbungen der meisten basischen Farbstoffe können mit Chlorat geätzt werden, doch wird auf diese Weise nur bei wenigen Farbstoffen ein reines Weiß erzielt.

Für leicht ätzbare Farben ist die zum Ätzen von substantiven Färbungen bereits angegebene Chloratätze ohne weiteres anwendbar, für schwerer ätzbare Farben empfiehlt sich dagegen eine Ätze von nachstehender Zusammensetzung:

70 g	China clay werden mit
70 g	Wasser gut angeteigt und verrieben, hierauf
175 g	chlorsaures Natron in
240 g	Wasser gelöst zugesetzt, das Ganze mit
250 g	Britishgum vermischt und aufgekocht. Bei ca. 60° C werden
125 g	fein pulverisierte Weinsäure zugegeben und nach völligem Erkalten
70 g	Ferrizyanammonium 25° Bé.
1000 g	

Die bedruckte und getrocknete Ware wird 5—7 Minuten im Schnelldämpfer gedämpft und gewaschen.

2. Das Ätzen mit Rongalit-Leukotropätze.

Die Färbungen einiger basischer Farbstoffe lassen sich ferner mit Rongalit-Leukotropätze ziemlich gut weiß und bunt ätzen.

Weißätze:

50 g	Weizenstärke mit
365 g	Wasser,
50 g	Glyzerin,
100 g	Zinkweiß und
75 g	feiner Schlämmkreide kochen, hierauf darin lösen
180 g	Leukotrop W konz.
80 g	Soda kalz.
100 g	Rongalit CL.
1000 g	

Diese Ätze ist vor der Verwendung zum Druck in einer Teller- oder Kugelmühle gut zu vermahlen.

Beispiel einer Buntätze (Gelbätze):

30—50 g	Thioflavin T werden mit
50 cm³	Glyzerin angeteigt und unter Zugabe von
50 cm³	denaturiertem Spiritus mit
110 cm³	Wasser gelöst; hierauf rührt man
600 g	Weiß LCW ein und gibt
100 g	Tannin-Glyzerin 1 : 1, sowie
40 g	Phenol zu
1000 g	

Weiß LCW:

30 g	Weizenstärke mit
50 g	Glyzerin und
420 g	Wasser verkochen; bei 60° C
300 g	Leukotrop W konz. und
200 g	Rongalit CW darin lösen.
1000 g	

Rongalit CL, Hyraldit CL, Hydrosulfit CL } sind identische Produkte und bestehen aus gleichen Teilen Rongalit C und Leukotrop W konz. Pulver, bei einem Normalgehalt von 44% Rongalit C.

Leukotrop W konz. Pulver ist das Monokalziumsalz der Disulfosäure des Dimethylphenylbenzylammoniumchlorids, ein ungestelltes Fabrikationsprodukt.

Nach dem Aufdruck dieser Weiß- und Buntätzen wird einige (3—5) Minuten im Schnelldämpfer bei ungefähr 101° C unter reichlicher Dampfzufuhr gedämpft; weißgeätzte Ware wird nur gewaschen, mit Buntätzen versehene vorher noch durch ein kaltes Brechweinsteinbad passiert.

3. Ätzen mit Rongalit, Natronlauge und Seignettesalz, ferner mit Natronlauge und Glukose sowie mit Kaliumsulfit und Natronlauge.

Für Weißätzen kann man auch mit Ätzfarben arbeiten, welche Rongalit C, Natronlauge und Seignettesalz enthalten:

700 g Britishgum 3:4,
20 g Glyzerin,
120 g Natronlauge 50° Bé,
75 g Seignettesalz,
75 g Rongalit C,
10 g Anthrachinonteig 30%ig.
1000 g

Man dämpft 5 Minuten im Schnelldämpfer, passiert durch kochend heiße Ameisensäure (5 g per Liter), spült und seift; eventuell wird auch gechlort.

Mit Natronlauge und Glukose sind ebenfalls Färbungen einiger basischer Farbstoffe weißätzbar:

380 g Natronlauge 50° Bé,
230 g Dextrin,
190 g Wasser,
150 g Traubenzucker,
50 g Wasserglas.
1000 g

Die bedruckte und getrocknete Ware wird ½ Minute im Schnelldämpfer gedämpft, abgesäuert, gewaschen und getrocknet.

Ferner lassen sich einige Färbungen mit basischen Farbstoffen auf Tanninbeize auch mit Kaliumsulfit und Natronlauge weißätzen:

525 g Kaliumsulfit 45° Bé,
210 g Britishgum,
75 g Wasser,
120 g essigsaures Natron,
70 g Natronlauge 40° Bé.
1000 g

Nach dem Aufdruck auf die vorgefärbte Ware wird 3—4 Minuten gedämpft, gewaschen und getrocknet.

4. Halbätzen.

Halbätzen auf Färbungen mit gewissen basischen Farbstoffen erhält man durch Aufdruck von Kaliumsulfit (selbstverständlich ohne Laugenzusatz). Unter Halbätzen versteht man Ätzeffekte, welche nicht bis zum völligen Weiß durchgreifen, den Farbstoff also nicht völlig aufspalten, sondern einen bestimmten Teil desselben unverändert lassen. Damit derartige Halbätzen brauchbare Effekte ergeben (in den meisten Fällen Ton-in-Ton), muß die Ätzwirkung vollkommen gleichmäßig vor sich gehen.

500 g Kaliumsulfit 45° Bé, mit
500 g Britishgum 1:1 verdicken.
1000 g

Auch mit Rongalit C können Halbätzeffekte erzielt werden, doch wirkt diese Ätze stärker als die Kaliumsulfithalbätze:

300 g Britishgum mit
500 g Wasser anteigen und aufkochen; bei ca. 70° C
200 g Rongalit C oder CW zugeben und kalt rühren.
1000 g

Je nach der Tiefe der Gravur der zu druckenden Bemusterungen ist diese Halbätze eventuell entsprechend (mit Verdickung) abzuschwächen.

Die mit den geeigneten basischen Farbstoffen (einige wenige Produkte sind auch schon mit Kaliumsulfit oder Rongalit C allein weiß ätzbar) vorgefärbte und mit Halbätze bedruckte Ware wird 3—5 Minuten im Schnelldämpfer gedämpft und hierauf gewaschen.

Neben Halbätzen können auch ohne weiteres weiße Effekte hergestellt werden durch Aufdruck von Rongalit-Leukotropätze usw.

Die für die einzelnen Ätzen in Betracht kommenden Färbungen basischer Farbstoffe sind in übersichtlicher Weise in den Handbüchern der zur I. G. Farbenindustrie A. G. gehörigen Farbwerke Deutschlands verzeichnet, hier kann nur auf diese verwiesen werden (z. B. der Werke Leverkusen, Mainkur usw.)[1]).

γ) Tanninätzartikel (Laugenätzartikel).

1. Der einfache Ätzweißartikel.

Der Ätzdruck basischer Farbstoffe wird entgegen den eben behandelten Methoden zum Ätzen fertiger Färbungen meistens auch durch Ätzen der tannierten Gewebe vor dem Färben ausgeführt. Zum Zerstören des Tannins bzw. des Antimonyltannats verwendet man starke Alkalien; das Tannin wird dadurch weitgehendst verändert, die Umwandlungsprodukte haben keine lackbildenden Eigenschaften mehr und sind leicht durch Waschoperationen von der Faser zu entfernen. Auf diese Weise werden sowohl weiße als auch Halbätzeffekte hergestellt; mit Hilfe von Küpenfarben lassen sich auch Bunteffekte erzielen, doch wird dies nur in solchen Druckereien praktiziert, welche in der Hauptsache mit Küpenfarben arbeiten.

Die gebleichte Ware wird auf einem Foulard mit einer 60° C warmen Tanninlösung geklotzt, die je nach Tiefe der herzustellenden Färbung 10—60 g Tannin im Liter enthält, und anschließend in der Hot-flue getrocknet. Hierauf erfolgt das Klotzen in einem Antimonbade, mit 10—20 g Brechweinstein und 20 g Salmiaksalz pro Liter Wasser. Nach abermaligem Trocknen in der Hot-flue, bedruckt man mit der Ätzfarbe, dämpft $^1/_2$—2 Minuten im Schnelldämpfer, wäscht gut, säuert mit Salzsäure ab (oder mit Schwefelsäure von 1° Bé) und wäscht wieder. Sodann wird mit geeigneten basischen Farbstoffen in der Haspelkufe ausgefärbt und zwar unter Zusatz von 10% Leimlösung 10%ig und 1% Brechweinstein vom Gewicht der Ware (manchmal gibt man auch noch 1% schwefelsaure Tonerde zu); man geht in die kalte Farbflotte ein, läßt eine $^1/_2$ Stunde kalt laufen, bringt das Bad während einer weiteren $^1/_2$ Stunde allmählich zum Kochen, kocht noch 20—30 Minuten und spült hierauf gründlich. Zum Schluß wird zweimal bei 60° C geseift, gespült, gechlort und getrocknet. Beim Färben ist ein Überschuß von Farbstoff gegenüber der angewendeten Tanninmenge zu vermeiden und deshalb für tiefere Färbungen entsprechend stärker vorzubeizen; enthält das Farbbad mehr Farbstoff, als die Ware leicht aufnehmen kann, so wird die Reinheit der Ätzeffekte stark beeinträchtigt.

Der Zusatz von Salmiak zum Brechweinsteinbade dient zur Verhinderung von sog. Rackelstreifen oder Walzenkritzern, welche beim Aufdruck der Laugenätze leicht entstehen können; durch das Salmiak werden nicht zu beträchtliche Mengen Laugenweiß, wie solche bei kleinen und feinen Walzenanrissen in Betracht kommen, noch neutralisiert und daher unschädlich gemacht. Über die

[1]) a) Tabellarische Übersicht über Eigenschaften und Anwendung der Farbstoffe der Farbenfabriken vorm. Friedr. Bayer & Co. in Leverkusen bei Köln a. Rh. II. Teil (Zeugdruck), 2. Auflage 1922.

b) Kleines Handbuch der Färberei von Leopold Cassella & Co., G. m. b. H. in Frankfurt a. M., Band IV (Druckerei), 2. Auflage 1924.

mitunter sehr unangenehme und schädigende Einwirkung von alkalischen Druckfarben auf kupferne Zeugdruckwalzen herrschen noch Meinungsverschiedenheiten und haben sich bisher mit dieser Frage besonders Reinking, W. Sieber, Gaumnitz und Schwabe-Parker befaßt[1]).

Das Bedrucken der tannierten und brechweinsteinierten Ware kann mit einer der nachfolgend angegebenen Ätzen vorgenommen werden:

150 g	Britishgum mit
150 g	Wasser und
650 g	Natronlauge 40° Bé anteigen und aufkochen; hierauf zugeben
50 g	Kaliumsulfit 40° Bé.
1000 g	

oder

44 g	Maisstärke,
47 g	Wasser,
205 g	Gummiverdickung 1:1,
704 g	Natronlauge 50° Bé.
1000 g	

oder

70 g	Britishgum,
80 g	Wasser,
50 g	Natronwasserglas 40° Bé,
800 g	Natronlauge 40° Bé.
1000 g	

oder

230 g	gebrannte Stärke,
150 g	heißes Wasser,
450 g	Natronlauge 40° Bé; nach dem Erkalten
170 g	Natriumbisulfit 36° Bé zugeben.
1000 g	

Diese farblosen Ätzfarben werden öfters vorsichtshalber mit einem laugenbeständigen Säurefarbstoff (z. B. Ponceau F3R) geblendet, um beim Druck auf dem Gewebe sichtbar zu erscheinen und Rackelstreifen usw. erkennen zu lassen. Es genügen 3—5 g Farbstoff per Kilo Druckfarbe; durch das nach dem Dämpfen folgende Spülen der Ware wird dieser Blendfarbstoff leicht von den Ätzstellen entfernt.

Zur Erkennung von Rackelstreifen usw. kann man auch dem Brechweinsteinbade Phenolphthalein zusetzen, wodurch dann naturgemäß das Blenden der Druckfarbe in Wegfall kommt.

2. Überdruck mit Anilinschwarz.

Der Tanninätzartikel wird vielfach durch Überdrucken mit Anilinschwarz variiert. Überdruckt man die mit verdickter Natronlauge bedruckte, tannierte Ware mit Ferrozyandampfschwarz (meist in Streifenmuster) und dämpft dann 1½ Minuten, so wird das Anilinschwarz an den Überfallstellen von der Natronlauge (welche gleichzeitig die Tanningrundierung ätzt) abgeworfen, d. h. weiß reserviert. Die Weiterbehandlung geschieht wie beim Aufdruck mit Lauge allein.

3. Halbätzen auf gebeizter Ware.

Für Halbätzen auf gebeizter Ware eignet sich am besten Kaliumsulfit, doch kann man auch mit Soda, Borax und anderen schwach alkalisch wirkenden Mitteln gute Effekte dieser Art erhalten.

---

[1]) a) Reinking: Über das Angreifen der kupfernen Zeugdruckwalzen durch alkalische Druckfarben. Melliands Textilberichte 1923, S. 427—429.
b) Gaumnitz: Über das Angreifen von Zeugdruckwalzen durch alkalische Druckfarben. Melliands Textilberichte 1924, S. 313—314.
c) W. Sieber: Über eine Natronlauge-Ätze, welche weder Rackel noch Druckwalze angreift. Melliands Textilberichte 1925, S. 829—830 und 1926, S. 244.

Kaliumsulfit-Halbätze:

300 g Britishgum werden mit
400 g Wasser gekocht und mit
300 g Kaliumsulfit 45° Bé versetzt.
1000 g

Soda-Halbätze:

30 g Soda kalz. werden in
670 g Wasser gelöst, mit
300 g Britishgum angeteigt und gekocht.
1000 g

Nach dem Drucken und Trocknen wird 2—3 Minuten mit möglichst trockenem Dampf im Schnelldämpfer gedämpft, schwach abgesäuert, gut ausgewaschen und dann wie üblich ausgefärbt.

δ) Ton-in-Ton-Effekte.

Durch schwaches Vortannieren auf dem Foulard, Aufdrucken von essigsaurem Tannin (meist in Streifenmuster) in stärkerem Verhältnis, Brechweinsteinieren und Überdrucken mit Laugenweiß in entsprechenden Bemusterungen kann eine markante Ton-in-Ton-Variation des Tanninätzartikels hergestellt werden.

Der Ausfall des Tanninätzartikels hängt außerordentlich von der zweckmäßigen Auswahl der zum Färben erforderlichen basischen Farbstoffe ab, denn mit ungeeigneten Produkten sind niemals klarweiße Effekte zu erzielen. Besonders gangbar ist ein Kornblumenblau, das mit Neumethylenblau N und eventuell nuanciert mit der Marke 3R ausgefärbt wird, sowie ein Marineblau, für das man fast allgemein Echtbaumwollblau TAI (eventuell nuanciert mit ein wenig Neumethylenblau) verwendet; für die helleren Blau sind ferner Thioninblau GO und die Nilblau-Marken sehr gut geeignet. Zum Abtönen nach Violett wird meist Methylenviolett 3RA oder Tanninheliotrop gebraucht, desgleichen zu violetten Färbungen überhaupt. Diese letzteren werden weniger verlangt, ebenso grüne und braune Färbungen. Sämtliche vorgenannten Farbstoffe sind Produkte der I. G. Farbenindustrie A. G. in Frankfurt a. M.

ε) Nitrosoblau.

Durch Ed. Ullrich[1]) wurde 1898 eine originelle Methode zur Herstellung dunkelblauer Drucke sowie glatter und illuminierter Böden ausgearbeitet, welche die Bildung des Farbstoffs in Gegenwart von Tannin als Fixierungsmittel auf dem Gewebe selbst gestattet.

Die durch Kondensation von Nitrosodimethylanilin mit Resorzin entstehende blaue Färbung eines basischen Farbstoffs aus der Gruppe der Oxazinfarbstoffe wurde von den Höchster Farbwerken in Gemeinschaft mit dem Erfinder als Nitrosoblau oder Resorzinblau bezeichnet. Die Base kommt als Nitrosobase-M-Teig 50%ig in den Handel; das Resorzin wird auch mit Tannin gemischt als Tannoxyphenol R geliefert.

Das Nitrosoblau hat folgende Formel:

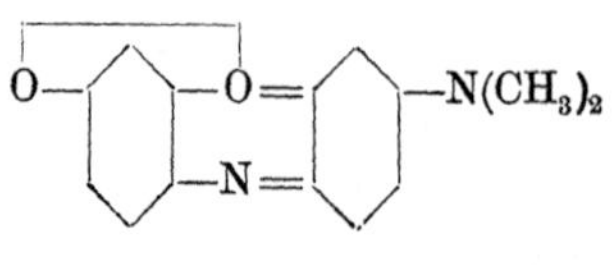

1) D. R. P. 103921, 108779.

1. Direktdruck.

Für den direkten Druck wurde z. B. nachstehende Vorschrift empfohlen:

6000 g	essigsaure Weizenstärkeverdickung und
200 g	Glyzerin vermischen. Dann
260 g	Nitrosobase-M-Teig 50%ig mit
200 cm³	Wasser und
80 cm³	Salzsäure 22° Bé verrühren, hierauf
200 g	Resorzin, gelöst in
1400 cm³	Wasser zufügen und in die Verdickung einrühren. Sodann zusetzen
60 g	Oxalsäure, gelöst in
600 cm³	Wasser,
600 g	Tannin-Essigsäure 1 : 1 und vor Gebrauch noch
400 cm³	Natriumphosphat 1 : 5.
10 kg	

Nach dem Druck wurde im Schnelldämpfer 3—5 Minuten gedämpft, wobei sich die Farbe voll entwickelte und nachher in üblicher Weise brechweinsteiniert und geseift.

2. Nitrosoblau-Reserve-Artikel („Tuchblau“).

Wichtig war jedoch besonders der sogenannte Resorzinblauklotzartikel bzw. der Nitrosoblau-Reserve-Artikel, wobei für Weißreserven am besten Kaliumsulfit, für Vordruckreserven ferner auch Zinnsalz verwendet wurde; für Buntreserven dienten verschiedene basische Farbstoffe. In der Druckereipraxis war dieser Nitrosoblauartikel infolge seines charakteristischen Farbtones vielfach unter dem Namen „Tuchblau“ eingeführt.

Die gebleichte Ware wird auf einem Foulard durch ein Klotzbad von folgender Zusammensetzung genommen und anschließend in der Hot-flue getrocknet:

240 g	Nitrosobase-M-Teig 50%ig werden mit
5000 cm³	Wasser und
80 cm³	Salzsäure 22° Bé gut verrührt; hierauf gibt man die heiße Lösung von
300 g	Tannoxyphenol R, das in
1000 cm³	kochendem Wasser gelöst wurde, zu und ferner
600 cm³	Oxalsäure 1 : 10. Sodann wird mit kaltem Wasser auf
9000 cm³	eingestellt.
	Vor Gebrauch rührt man noch
80 g	phosphorsaures Natron, gelöst in
1000 cm³	kaltem Wasser, ein.
10 Liter	

Die getrocknete Ware wird dann mit Kaliumsulfit- oder Zinnsalzreserven bedruckt, 2—3 Minuten im Schnelldämpfer gedämpft, durch ein Antimonbad passiert, gewaschen und kurz geseift.

Weißreserve:

300 g	Britishgum mit
700 g	Kaliumsulfit 45° Bé erwärmen.
1000 g	

Alkalische Sulfitweißreserve:

240 g	Britishgum,
560 g	Kaliumsulfit 45° Bé,
120 g	Natronlauge 45° Bé,
80 cm³	Wasser.
1000 g	

Falls keine Hot-flue zur Verfügung steht, so arbeitet man zweckmäßig mit einer geeigneten Vordruckreserve, klotzt dann und trocknet vorsichtig auf der Zylindertrockenmaschine.

15*

Vordruckweiß:

220 g	Britishgum,
400 cm^3	Wasser,
60 g	Natriumbrechweinstein,
170 g	Leimlösung 1:2,
110 g	Zinnsalz, und nach dem Erkalten
40 g	Natriumazetat.
1000 g	

Bei den Buntreserven mit basischen Farbstoffen bedient man sich sowohl bei Anwendung von Kaliumsulfit- als auch von Zinnsalzreserve noch je einer geeigneten Antimonverdickung zur Erzielung entsprechend reservierender Wirkung.

Seit der Einführung der Rongalitätzen und der Herstellung diazotierter und entwickelter Blaufärbungen mit den verschiedenen Diaminogenblau-, Naphthogenblau- usw. Marken hat der Nitrosoblauartikel seine ursprüngliche Bedeutung gänzlich verloren.

c) Säurefarbstoffe.

Saure Farbstoffe im Baumwolldruck.

Diese Farbstoffklasse spielt im Baumwollzeugdruck genau dieselbe untergeordnete Rolle wie in der Baumwollfärberei. Einige Säurefarbstoffe werden jedoch wegen ihrer Lebhaftigkeit und guten Lichtechtheit vielfach für Exportfabrikate, Karnevalsartikel usw., an welche keine Wasser- und Waschechtheitsansprüche gestellt werden, gebraucht.

Am häufigsten sind verschiedene Ponceau-Marken, Brillant-Croceine, Brillant-Cochenille 4 R, ferner einige Orangeprodukte in Anwendung und für ganz unechte Exportartikel auch andere bunte Farben, wie z. B. Säureviolett, Säuregrün usw.

Man druckt im allgemeinen mit essigsaurer Tonerde nach folgender Vorschrift:

30 g	Farbstoff in
200 g	Wasser lösen, mit
600 g	essigsaurer Stärke-Tragantverdickung verdicken und hierauf
50 g	Essigsäure 6° Bé sowie
120 g	essigsaure Tonerde 12° Bé zusetzen.
1000 g	

Nach dem Drucken und Trocknen wird ½—¾ Stunde ohne Druck gedämpft und dann ohne zu waschen linksseitig appretiert; man verwendet möglichst salzhaltige Appreturen, um das Austreten des Farbstoffs zu verhindern.

d) Die Beizenfarbstoffe.

α) Der direkte Druck.

1. Allgemeines über den Direktdruck mit Beizenfarben.

Die Beizenfarbstoffe sind im Baumwolldruck noch immer in vielfacher Anwendung, obwohl man bereits eine ganze Anzahl von Artikeln, welche früher ausschließlich damit hergestellt wurden, in wesentlich einfacherer Weise und sehr oft auch echterer Ausführung mit Produkten anderer Farbstoffklassen fabriziert. Dem Alizarinrotartikel erstand so z. B. zuerst im Paranitralininrot ein beachtlicher Konkurrent und später noch in weit bedeutenderem Ausmaße im Naphthol AS-Rot und den Rapidechtrotprodukten. Auch im Möbelstoffdruck, bei welchem stets nur Beizenfarbstoffe zur Anwendung kamen, werden dieselben durch die Indanthrenfarben und Cibanonfarben immer mehr verdrängt.

Trotz alledem dürften aber die Beizenfarben wohl noch auf geraume Zeit hinaus ein immerhin bemerkenswertes Anwendungsgebiet behaupten.

Während es in der Färberei bisher noch nicht gelungen ist, eine Einbadfärbemethode ausfindig zu machen, d. h. Farbstoff und Fixierungsmittel gleichzeitig in einem Bade anwenden zu können, so ist dies jedoch im direkten Druck mit denselben Beizenfarbstoffen ohne weiteres möglich. Beim Druck von Alizarinrot findet zwar keine restlose Fixierung des Lackes auf der Faser statt[1]), doch ist die verzögernde Wirkung der Verdickung auf die Lackbildung — in vergleichender Betrachtung zu den Versuchen beim Einbadfärben — recht erheblich.

Für den Druck von Alizarinrot, Alizarinrosa und Alizarinorange als Tonerdebeizenfarbstoffe wird die Ware im allgemeinen zur Erzielung lebhafterer und seifenechter Drucke mit einer 5—7$^0/_0$igen Lösung von Türkischrotöl 50 % ig (1 Teil Rotöl auf 15—20 Teile Wasser) vorpräpariert (auf einem Foulard geklotzt), anschließend in der Hot-flue bei möglichst niedriger Temperatur (ca. 50° C) gut getrocknet und dann erst bedruckt; alle anderen Alizarinfarbstoffe erfordern diese Vorbehandlung nicht. An Stelle von Türkischrotöl wird manchmal auch Monopolseife verwendet. Durch Zusatz von sogenanntem „Chloröl" zu einer Alizarinrotfarbe wird das Feuer des Farbtones (die Lebhaftigkeit) noch erhöht. Chloröl ist nichts anderes als eine Emulsion von Olivenöl oder Rizinusöl in Chlorkalklösung von 4° Bé zu gleichen Teilen; durch einfaches Schütteln der Mischung erhält man unmittelbar eine haltbare Emulsion.

Es ist ferner auch gelungen, das Öl als dritten wichtigen Faktor zur Erzeugung von Alizarinrotdrucken den Druckfarben zu inkorporieren. Als erster arbeitete Wilhelm in dieser Weise auf ungeölter Ware, er berichtete darüber im Bulletin de la Société Industrielle de Mulhouse. Von weitgehenderer Bedeutung wurde diese einfache Fabrikationsmethode dann infolge der Herstellung eines besonders geeigneten Ölpräparates seitens der Höchster Farbwerke; dieses Produkt wird durch Mischung von Formaldehyd mit sulfuriertem Rizinusöl hergestellt und unter dem Namen „Lizarol" in den Handel gebracht. Die Farbwerke Leverkusen der I. G. Farbenindustrie A. G. liefern zu dem gleichen Zweck „Direktrotöl", und man erhält mit beiden Präparaten bei einem Zusatz von 30—40 g pro Kilogramm Druckfarbe gute Rot- und Rosatöne auf ungeölter Ware.

Als Beizen dienen im Kattundruck in gleicher Weise wie in der Färberei außer Tonerdesalzen[2]) und Fettbeizen noch Chrom- und Eisensalze, für Alizarinblau auch Nickel- und Zinksalze, für Soliddruckgrün Nickel- und Kobaltsalze, für Nitroson L (Cassella) außer Chrom-, Eisen- und Kobaltsalzen auch noch Kupfersalze (Nitroson L gibt mit Rhodaneisen dunkel olivgrüne, mit Kobaltsalzen orange und mit Kupfersalzen rotstichige Brauntöne). Bei einigen Farbstoffen ist ferner ein Zusatz von essigsaurem Kalk erforderlich und für Alizarinrot außerdem noch die Zugabe von oxalsaurem Zinn (Hilfsbeizen).

---

[1]) R. Haller und Fr. Kurzweil: Untersuchungen über die quantitativen Verhältnisse bei der Fixierung von Alizarinrot im Baumwolldruck. Melliands Textilberichte 1922, S. 21—23.

[2]) Auch Zirkonsalze wurden auf ihre Verwendungsmöglichkeit überprüft und dabei festgestellt, daß tatsächlich einzelne Farbstoffe besser auf Zirkonbeize als auf Tonerde ziehen. Siehe diesbezüglich die Veröffentlichung der Versuchsergebnisse von Dr. Paul Wengraf in der Färber-Ztg. (Jg. 1914, H. 14) unter dem Titel: Über Zirkonbeizen. (Vortrag, gehalten in der Monatsversammlung der Wiener Bezirksgruppe des Vereins der Chemiker-Koloristen am 2. Mai 1914.)

Tonerdebeizen werden in Form von salpetersaurer, essigsaurer, oxalsaurer und milchsaurer Tonerde angewendet, jedoch vielfach auch als Rhodanaluminium; letzteres dient noch einem besonderem Zweck. Da man nämlich den Druckfarben zur Verhinderung vorzeitiger Lackbildung eine flüchtige Säure (meist Essigsäure) zusetzt bzw. essigsaure Verdickung verwendet, so greift diese beim Druck die stählerne Rackel an und das sich dadurch bildende essigsaure Eisen beeinflußt den Alizarinrotlack naturgemäß in unliebsamer Weise. Durch das Rhodanaluminium wird aber das in die Druckfarbe gelangte Eisen gebunden und dessen schädliche Wirkung verhindert (Stork).

Chrom wird in der Hauptsache als essigsaures Chrom gebraucht, manchmal jedoch auch als Chrombisulfit. Das Eisen kommt in Form von holzessigsaurem Eisen und salpetersaurem Eisen oder als Eisenvitriol und Ferrozyankalium in Anwendung; beim Dampfgrün wird ferner auch Rhodaneisen verwendet. Zink, Nickel und Kobalt werden als Azetate oder Bisulfite angewendet, Zink auch als Zinkvitriol. Zinn verwendet man auch in Form von Oxalat, Nitrat, Oleat, Laktat sowie als Rhodanzinn, Kalzium auch als Formiat und Rhodankalzium.

Bei einigen wasserlöslichen Beizenfarbstoffen, welche Bisulfitverbindungen sind, ist es nicht immer angängig, mit Zusatz von Essigsäure zur Druckfarbe zu arbeiten, weil dadurch diese Bisulfitverbindung gespalten wird. Dies ist z. B. der Fall bei Alizarinblau, Coerulein und einigen anderen Produkten; die Lackbildung in der Druckfarbe wird bei diesen Farbstoffen infolge der Beständigkeit der Bisulfitverbindungen an und für sich verzögert, jedoch nicht in gleichem Maße wie bei den sauren Druckfarben mit allen anderen Beizenfarben; bei Verwendung solcher Farbstoffe empfiehlt es sich daher, die Druckfarben nur für den Tagesgebrauch herzustellen. Bei Alizarinblau wird jedoch bei Anwendung von weinsaurem Chrom an Stelle von essigsaurem Chrom die Haltbarkeit der Druckfarbe wesentlich erhöht.

Einige mit Chrombeize fixierbare Farbstoffe, die nicht Bisulfitverbindungen sind, liefern in sauer verdicktem Zustande ebenfalls schlechte Resultate, z. B. Anthrazenbraun D in Teig; in solchen Fällen ist es zweckmäßig, die löslichen Alkalisalze (Zusatz von Borax) dieser Farbstoffe aufzudrucken, eventuell unter Anwendung von neutraler Chrombeize; als Lösungsmittel für Pulverfarbstoffe dient manchmal auch Ammoniak. Zusätze von Glyzerin oder Azetin zu diesen Druckfarben befördern die Fixierung des Farbstoffes.

Bei Alizarinorange-Druckfarben mit essigsaurer Tonerde verhindert ein Zusatz von Ameisensäure die zu rasche Lackbildung und bewirkt die Erzielung besserer Drucke; man kann auch direkt ameisensaure Tonerde und Ameisensäure verwenden.

Beim Druck von Chrombeizenfarbstoffen gebraucht man in den Druckfarben an Stelle der Essigsäure vielfach auch Ameisensäure und manchmal Glykolsäure; bei einzelnen Farbstoffen der Gallofarbenreihe befördert außerdem ein geringer Zusatz von Rongalit C die Haltbarkeit dieser Druckfarben.

2. Druck mit Tonerdebeizenfarbstoffen auf vorgeölter Ware.

Nach der bereits erwähnten älteren Arbeitsweise druckt man Alizarinrot, Alizarinrosa und Alizarinorange stets auf geölter Ware; bei Rot und Rosa wird nach dem Dämpfen (also vor dem Auswaschen) in einem warmen Kreidebad behandelt zwecks Neutralisierung der Säuren. Die Druckfarben haben beispielsweise folgende Zusammensetzung:

Für Dampfalizarinrot:

150 g Alizarinrot in Teig 20 %ig,
630 g essigsaure Stärke-Tragantverdickung,
100 g Rhodantonerde 12° Bé,
75 g essigsaurer Kalk 15° Bé,
25 g Olivenöl und
20 g oxalsaures Zinn 16° Bé werden kalt vermischt

1000 g

oder

150 g Alizarinrot in Teig,
600 g essigsaure Stärke-Tragantverdickung,
60 g Rizinusöl,
30 g essigsaure Tonerde 12° Bé,
30 g salpetersaure Tonerde 15° Bé,
28 g Rhodanzinn 9° Bé,
28 g Rhodankalzium 24° Bé,
10 g essigsaurer Kalk 15° Bé,
64 g Wasser.

1000 g

Für Alizarinrosa:

40 g Alizarinrot ID in Teig mit
40 g essigsaurem Kalk 15° Bé und
50 g Wasser mischen; hierauf durch ein Tuch passieren und zusetzen
600 g essigsaure Stärke-Tragantverdickung,
100 g Rhodantonerde 15° Bé,
30 g oxalsaures Zinn 15° Bé,
130 g Wasser,
10 g Chloröl.

1000 g

Chloröl:

1 Teil Chlorkalklösung 4° Bé mit
1 Teil Olivenöl mischen.

Auch aus 1 Teil Chlorkalziumlösung 8° Bé mit 1⅓ Teilen Olivenöl kann durch gutes Mischen eine geeignete Emulsion hergestellt werden.

Zur Fixation des Farbstoffes auf der Faser durch Lackbildung wird die bedruckte Ware zuerst 3—4 Minuten im Schnelldämpfer vorgedämpft (um den größten Teil der Säuren zu entfernen zwecks Schonung des Runddämpfers) und dann noch 1 Stunde mit 0,5 Atm. Überdruck im Runddämpfer (Bauart Zittauer Maschinenfabrik A.-G.) fertig gedämpft. Zum Dämpfen werden die einzelnen Stücke (Weben) sackartig auf einem Aufrollstuhl mit fliegend gelagertem (beim Abnehmen des Gewebes zusammenklappbaren) Haspelkreuz aufgewickelt, und zwar immer gleichzeitig mit je einem Stück Rohware, wodurch man ein Abflecken der Lagen vermeidet. Diese Säcke hängt man dann auf die leicht herausnehmbaren kupfernen Vierkantspulen des Spulenwagens, welcher entweder auf oberen oder auf unteren Laufschienen in den liegenden, zylindrischen Dampfkessel eingeschoben wird. Der Vorderboden des Kessels ist in seiner ganzen Ausdehnung als Tür ausgebildet und dampfdicht verschließbar; zum Schutz gegen Tropfenfall ist dieser Dämpfkessel (Runddämpfer) auch mit einer heizbaren Doppeldecke versehen. Die kupfernen Vierkantspulen (auf denen die Ware hängt) können bei Antrieb durch Schneckenräder und Längswelle mittels einer Spulendrehvorrichtung gedreht werden, um dadurch die Ware von Zeit zu Zeit auf einen anderen Aufliegepunkt zu bringen.

Nach beendigtem Dämpfen kreidet man bei 60—80° C mit 20—40 g Schlämmkreide pro Liter Wasser, spült, seift und chlort. Durch Zusatz von Zinnsalz und Soda zum Seifenbade erhält man bei den Rot- und Rosadrucken lebhaftere

Tönungen (3 g Seife, 1 g Soda kalz. und $1^1/_4$ g Zinnsalz pro Liter, während $^1/_2$ Stunde von heiß bis kochend).

Die Rosadruckfarben sind ganz besonders empfindlich gegen Spuren von Eisen; man verwendet deshalb beim Drucken am besten Messingrackeln oder überzieht die Eisenrackel vorher mit Schellack (durch Bestreichen mit einer Lösung von Schellack in Spiritus).

Druckvorschrift für Alizarinorange (β-Nitroalizarin):

150 g	Alizarinorange RD in Teig,
570 g	essigsaure Stärke-Tragantverdickung,
200 g	essigsaure Tonerde 10° Bé oder Rhodantonerde 10° Bé,
30 g	Ameisensäure 90%ig,
50 g	essigsaurer Kalk 10° Bé.
1000 g	

Nach dem Dämpfen ist ein Abkreiden nicht nötig, man wäscht gut aus und seift mit 3 g Seife per Liter 15—20 Minuten bei 50° C.

Bei der Arbeitsweise des Vorölens der Ware erscheinen die unbedruckten Gewebestellen, die eigentlich rein weiß sein sollen, immer als Weiß mit etwas gelblichem Stich, weil die Ölpräparation nur schwer vollkommen von der Faser zu entfernen ist; besonders merklich wird dieser Gelbstich, wenn die Gewebe in präpariertem Zustande längere Zeit liegen bleiben, und dies ist deshalb auf alle Fälle zu vermeiden. Ein gelbliches Weiß kann zwar durch Chloren (Dampfchlor oder Trockenchlor) verbessert, doch niemals gänzlich gereinigt werden.

Im Baumwollgarndruck ist ein Zusatz von Rhodantonerde oder anderen Rhodanbeizen zur Druckfarbe nicht erforderlich, da bei den Garndruckmaschinen keine störenden Einwirkungen durch Eisenbestandteile in Betracht kommen.

Dampfalizarinrot für Garndruck:

70 g	Alizarinrot in Teig 20%ig,
550 g	essigsaure Stärke-Tragantverdickung,
293 g	Wasser,
70 g	essigsaure Tonerde 12° Bé,
12 g	essigsaurer Kalk 15° Bé,
5 g	oxalsaures Zinn 16° Bé.
1000 g	

Alizarinrosa für Garndruck:

15 g	Alizarinrosa I, extra oder ID in Teig,
640 g	essigsaure Stärke-Tragantverdickung,
320 g	Wasser,
18 g	essigsaure Tonerde 12° Bé,
4 g	essigsaurer Kalk 15° Bé,
3 g	oxalsaures Zinn 10° Bé.
1000 g	

Verdickung für Tonerdebeizenfarbstoffe:

120 g	Weizenstärke	nach dem Aufschlämmen der Stärke mit Wasser und der Zugabe der anderen Ingredienzien gut kochen.
90 g	Essigsäure 6° Bé	
40 g	Olivenöl	
150 g	Tragant 65:1000	
600 g	Wasser	
1000 g		

Die Baumwollgarne werden vor dem Bedrucken in üblicher Weise gut ausgekocht, meistens auch gebleicht und dann mit Sulforicinoleat präpariert (1 Teil Türkischrotöl 50%ig auf 30 Teile Wasser). Nach erfolgtem Trocknen müssen die Strähne gleichmäßig breit auseinander gezogen werden, damit beim Bedrucken möglichst jeder einzelne Faden mit Farbe versehen wird. Die bedruckten Strähne sind rasch und scharf zu trocknen, um ein Fließen der Druckfarben zu vermeiden.

Hierauf dämpft man 1 Stunde mit $^1/_2$ Atm. Überdruck in einem Runddämpfer für Garn. Nach dem Dämpfen wird meist nicht gewaschen, sondern die bedruckten Garne werden einfach direkt verwebt. Erachtet man jedoch eine reguläre Nachbehandlung für erforderlich, so wird nach dem Dämpfen zunächst abgekreidet, gewaschen, geseift, nochmals gewaschen und getrocknet.

Die Herstellung von Dampfalizarinrot auf Garn nach dieser Methode ist nicht besonders vorteilhaft, denn beim Seifen der Drucke wird das Weiß sehr leicht angeblutet; durch Zusatz von Zinnsalz und Soda zum Seifenbad können diesbezüglich etwas bessere Resultate erzielt werden. Bei Drucken von Alizarinrosa wird jedoch ein besseres Weiß erhalten.

3. Druck mit Tonerdebeizenfarbstoffen auf ungeölter Ware.

Ein großer Fortschritt in der Herstellung von Dampfalizarinrot und Dampfalizarinrosa usw. wurde erzielt, als es gelang, auch das Öl in geeigneter Form ebenfalls in der Druckfarbe selbst unterzubringen. Beim Arbeiten mit diesen Einheitsdruckfarben konnte der weiße Boden infolge des Wegfalls der Vorölung der Ware viel leichter rein erhalten werden, denn die früher auf den Geweben zurückbleibenden Ölspuren wirkten auch als energische Adsorbenten für alle gefärbten Substanzen, besonders beim Waschen und Seifen der Drucke.

Das Drucken auf ungeölter Ware wurde zuerst mit Hilfe von Ölzusätzen in verschiedener Form ausgeführt, doch im allgemeinen mit mangelhaftem Ergebnis in bezug auf Lebhaftigkeit und Echtheit der Drucke. So wurden z. B. Oxyölsäure, rizinusölsaurer Kalk usw. empfohlen, von den Höchster Farbwerken auch Paraseife PN (Kurzer Ratgeber über die Anwendung der Teerfarbstoffe 1901, S. 104). Die Höchster Farbwerke arbeiteten jedoch weiter an der Lösung dieses Problems, und durch die Herstellung und Einführung des bereits erwähnten „Lizarol" wurde dann später das Verfahren in ausreichender Weise verbessert. Man arbeitet dabei mit Druckfarben von folgender Zusammensetzung:

Dampfalizarinrot auf ungeölter Ware:

567 g	essigsaure Stärke-Tragantverdickung
150 g	Alizarin D2NG in Teig 20%ig
135 g	Rhodantonerde 12° Bé
45 g	essigsaure Tonerde 12° Bé
3 g	Weinsäure
50 g	essigsaurer Kalk 18° Bé
10 g	oxalsaures Zinn 16° Bé
40 g	Lizarol D konz.
1000 g	

Das Dämpfen und die übrige Nachbehandlung der Ware wird in gleicher Weise ausgeführt, wie beim Druck auf geölter Ware bereits angegeben[1]).

A. Schneevoigt[2]) hat übrigens gefunden, daß ein Zusatz von 20—40 g Resorzin pro Kilogramm Alizarinrotdruckfarbe die Haltbarkeit derselben verbessert und beim Druck auf ungeölter Ware den Farbton etwas vertieft.

Ganz allgemein ist ferner noch zu erwähnen, daß man blaustichige und gelbstichige Alizarine unterscheidet. Die blaustichigen Marken bestehen aus Alizarin (Dioxyanthrachinon), die gelbstichigen aus Anthra- und Flavopurpurin

[1]) Siehe im übrigen auch Ing. Chem. M. Apfelbaum: Verwendung des Hydrosanverfahrens beim Seifen des Alizarinrotdruckes. Melliands Textilber., Jg. 1927, S. 274/275.

[2]) Über die Verwendung von Resorzin im Zeugdruck. Melliands Textilber. 1925, S. 106/107.

(Trioxyanthrachinon). Außerdem gibt es noch Mittelmarken, die Gemische aus wechselnden Mengen von Dioxy- und Trioxyanthrachinon sind. Die blaustichigen Alizarinrotmarken werden meistens zur Herstellung von Rosatönen benutzt; Alizarinrot-Tonerde-Kalklacke geben blaustichige Rosanuancen, durch Zusatz von Zinnbeizen werden gelbstichigere Töne erhalten. Für Dampfrot wird gewöhnlich ein Alizarin mit Gelbstich verwendet bzw. auch die Mischung von gelbstichigem mit einem blaustichigen Produkt.

Alizarinrosa auf ungeölter Ware:

600 g	essigsaure Stärke-Tragant-Verdickung
5 g	Alizarin V_1 neu, 20%ig
365 g	Wasser
15 g	Rhodanaluminum 12° Bé
3 g	essigsaurer Kalk 18° Bé
12 g	Lizarol D konz.
1000 g	

Bezüglich der Anwendung von Rhodanaluminium als Beize ist zu bemerken, daß mit solchen Druckfarben bedruckte Ware immerhin mit gewisser Vorsicht beim Dämpfen zu behandeln ist, weil der sich abspaltenden Rhodanwasserstoffsäure keineswegs die Harmlosigkeit der Essigsäure zukommt. Es ist deshalb zweckmäßig, keine zu große Anzahl von Stücken im Runddämpfer unterzubringen, damit die Konzentration der Rhodanwasserstoffsäure in der Dämpferatmosphäre nicht zu hoch werden kann; überschreitet der Gehalt des Dampfes an Rhodanwasserstoffsäure eine bestimmte Grenze, so werden die Gewebe unfehlbar geschwächt. Selbst im Vordämpfer, in welchem stetige Erneuerung des Dampfes stattfindet (im Gegensatz zum Runddämpfer), ist eine Gefährdung der Ware nicht völlig ausgeschlossen.

Mit Alizarin wie überhaupt mit den vom Dioxyanthrachinon abgeleiteten Beizenfarbstoffen erhält man bei Anwendung von verschiedenen Beizen unterschiedliche Farbtöne von großer Echtheit. Mischungen von Tonerde- und Eisenbeize liefern mit Alizarin braune Töne, ebenso ergeben Chromsalze ein Braun, Eisenbeize dagegen ein Violett. Diese Varianten sind jedoch kaum mehr gebräuchlich, nur das Eisenlila wird vereinzelt noch angewendet; derartige Farbtöne werden fast allgemein in bester Echtheit mit Küpenfarben, wie Agol-, Helindon- oder Indanthrenfarben usw., hergestellt.

Vorschrift für Alizarin-Eisen-Lila:

10 g	Alizarin V_1 neu, 20%ig
500 g	essigsaure Stärke-Tragantverdickung
398 g	Wasser
2 g	Ferrozyankalium
80 g	Essigsäure 6° Bé
10 g	essigsaurer Kalk 18° Bé
1000 g	

Da der Ton des Eisenlila an und für sich etwas stumpf ist, so schönt man denselben vielfach durch Zusatz von einer geringen Menge Methylviolett zur Druckfarbe, z. B.:

24 g	Alizarinrot I extra, Teig 20%ig
715 g	essigsaure Stärke-Tragantverdickung
8 g	salpetersaures Eisen 20° Bé
28 g	essigsaurer Kalk 15° Bé; dieser Mischung werden als erkaltete Lösung zugefügt
5 g	Methylviolett BB }
100 g	Essigsäure 6° Bé und }
120 g	Wasser }
1000 g	

An Stelle von Ferrozyankalium oder salpetersaurem Eisen kann auch holzessigsaures Eisen verwendet werden.

Man druckt auf ungeölte Ware, dämpft bis zu einer Stunde, kreidet, malzt eventuell und wäscht oder seift auch einige Minuten bei 30° C.

4. Druck mit Chrombeizenfarbstoffen.

Die zahlreichen anderen Beizenfarbstoffe von unterschiedlicher chemischer Konstitution und Handelsbezeichnung werden fast ausschließlich mit essigsaurem Chrom als Beize gedruckt (Chrom-, Chromecht-, Chromoxan-, Anthrazen-, Anthrazensäure-, Gallofarben, einige Alizarinfarben usw.). Das essigsaure Chrom kommt als Lösung von ca. 20° Bé oder in fester Form in den Handel, und zwar als grüne oder violette Modifikation. Grünes essigsaures Chrom ist das normale Azetat: $Cr(C_2H_3O_2)_3$, violettes ist basisches Azetat: $Cr(C_2H_3O_2)_2 \cdot OH$. Im allgemeinen wird die grüne Modifikation als die wirksamere bevorzugt. Als Verdickung gebraucht man Stärke, Tragant oder Stärke-Tragantverdickung, British gum usw.[1]); Gummiverdickung ist jedoch möglichst zu vermeiden, da dieselbe mit Chromazetat gerinnt. Für Handdruckzwecke ersetzt man die Stärke-Tragantverdickung ganz oder teilweise durch Britishgum.

Man druckt fast ausnahmslos auf ungeölte Ware, doch ergeben einige Farbstoffe auf vorgeöltem Stoff vollere Drucke.

Nach dem Drucken wird 1—1½ Stunden ohne Überdruck gedämpft, hierauf vorteilhaft durch ein heißes Kreidebad passiert, gespült und geseift.

Für die Chrombeizenfarbstoffe gelten nachstehende allgemeine Druckvorschriften:

30 g Chrombeizenfarbstoff in Pulver werden in
240 g Wasser gelöst und
600 g essigsaure Stärke-Tragantverdickung zugesetzt. Nach dem Erkalten ferner noch
30 g Essigsäure 6° Bé und
100 g essigsaures Chrom 20° Bé
1000 g

oder

200—150 g Chrombeizenfarbstoff in Teig mit
80 —90 g Wasser und
560—650 g essigsaurer Stärke-Tragantverdickung verrühren bzw. lösen und dann
40— 30 g Essigsäure 6° Bé, sowie
120— 80 g essigsaures Chrom 20° Bé zugeben.
1000 g

Vorschrift für Alizarinblau S in Pulver (Bisulfitfarbstoff):

40 g Farbstoff (Pulver)
260 g Wasser
200 g neutrale Stärke-Tragantverdickung
400 g Tragantschleim 65:1000 und
100 g essigsaures Chrom 20° Bé werden kalt zusammengerührt
1000 g

Druckvorschrift für Galloviolett DF (Rongalitzusatz):

30 g Galloviolett DF in Pulver mit
200 g Wasser
30 g Ameisensäure 90%ig oder Glykolsäure und
30 g Essigsäure 6° Bé lösen und einrühren in
600 g essigsaure Stärke-Tragantverdickung. Hierauf bei höchstens 70° C
10 g Rongalit C 1:1 zugeben und nach dem Erkalten
100 g essigsaures Chrom 20° Bé
1000 g

[1]) Auch Colloresin D-Stärkeverdickung ergibt in den meisten Fällen günstige Resultate. Siehe Zirkular B 1115 der I. G. Farbenindustrie A.-G. vom August 1927.

Durch diesen geringen Zusatz von Rongalit werden die Druckfarben einiger Gallofarbstoffe haltbarer und die Nuancen meistens auch etwas lebhafter.

Eine ganze Anzahl von Beizenfarbstoffen, und zwar besonders der Gallofarbenreihe (Galloviolettmarken, Gallomarineblaumarken usw.) fixieren sich sehr leicht schon durch kurzes Dämpfen (4—5 Min. im Schnelldämpfer). Diese Eigenschaft wird hauptsächlich zum Druck derselben auf naphtholierter Ware neben Eisfarben benutzt[1]). Da ferner einige dieser Gallofarbstoffe als Leukoverbindungen geliefert werden, so ist es bei kurzem Dämpfen solcher Drucke vorteilhaft, vor dem Waschen ein schwaches, 40—60° warmes Bichromatbad einzuschalten, um die Entwicklung des normalen Farbtones zu beschleunigen.

5. Druck von Beizenfarbstoffen mit Zink-, Nickel-, Kobalt- oder Eisenbeizen.

Diese Beizen kommen nur bei einigen wenigen Farbstoffen und auch dann nur selten zur Anwendung. Alizarinblau S gibt mit Nickel fixiert ein grüneres Blau, mit Zinkvitriol oder Zinkazetat ein lebhafteres Blau als mit Chromazetat; in beiden Fällen ist jedoch die Echtheit der Lacke (besonders die Seifenechtheit) nicht so groß wie die des Chromlackes. Nickel- und auch Kobaltsalze werden dann noch in sehr seltenen Fällen zur Fixierung von Nitrosofarbstoffen verwendet.

Alizarinblau S mit Zinkbeize:

50 g	Alizarinblau S
800 g	neutrale Stärke-Tragantverdickung und
15 g	Zinkvitriol oder Zinkazetat gelöst in
135 g	Wasser
1000 g	

Alizarinblau S mit Nickelbeize:

50 g	Alizarinblau S
700 g	neutrale Stärke-Tragantverdickung
40 g	essigsaures Nickel 10° Bé
210 g	Wasser
1000 g	

Bei Anwendung von Kobaltbeize erhält man z. B. mit Soliddruckgrün (Leverkusen) sowie dem gleichartigen Nitroson L (Mainkur) ein Orange, bei Gebrauch von Nickelbeize mit denselben Farbstoffen ein Braun.

Soliddruckgrün mit Nickel- oder Kobaltbeize:

100 g	Soliddruckgrün in Pulver
200 g	Wasser
600 g	saure Stärke-Tragantverdickung
100 g	essigsaures Nickel 10° Bé oder essigsaures Kobalt 11° Bé
1000 g	

Nach dem Drucken auf ungeölter Ware wird 1 Stunde im Runddämpfer gedämpft, gekreidet, eventuell gemalzt und dann 10 Minuten bei 30° C geseift.

Die wichtigere Verwendung von Soliddruckgrün ist jedoch zum Druck mit Eisenbeize; man verwendet dazu Rhodaneisen (Eisenrhodanür $Fe(SCN)_2$) oder holzessigsaures Eisen, salpetersaures Eisen oder Ferrozyankalium bzw. die von den Farbwerken Leverkusen direkt gelieferte „Beize für Soliddruckgrün". In gleicher Weise ergibt Nitroson L mit Rhodaneisen usw. dunkle olivgrüne Drucke.

Bezüglich des Verhaltens der Eisenbeizen im Druck ist zu bemerken, daß sich Ferrisalze im allgemeinen schlechter fixieren als die Ferroverbindungen. Man

[1]) Siehe diesbezüglich auch die Veröffentlichung der Versuchsergebnisse von Dr. Wilhelm Sieber: Die Fixation von Beizenfarbstoffen durch kurzes Dämpfen — durch einfache Mather-Platt-Passage. (Mitteilung aus der Forschungsstelle für Textilindustrie in Reichenberg.) Melliands Textilber., Jg. 1927, S. 62—64 und 151/152.

arbeitet deshalb meist mit letzteren, besonders weil sie sich nur langsam zu Ferrisalzen auf der Faser oxydieren. Am günstigsten verhält sich das holzessigsaure Eisen (essigsaures Eisenoxydul), da dessen Gehalt an Teersubstanzen die Oxydation zur Ferristufe verlangsamt.

Außer den besprochenen eigentlichen Chrombeizenfarbstoffen können einige Rhodamine, ferner Oxyphthaleine (Eosine usw.) sowie einige basische Farbstoffe (Viktoriablau usw.) und Alkaliblaumarken mit Chrombeizen mehr oder weniger echt fixiert werden. Geeignet sind z. B.:

Rhodamin B und G,
Eosin, sämtliche Marken,
Erythrosin B,
Phloxin,
Bengalrosa extra N,
Viktoriablau B, R, 4 R,
Neuviktoriablau B,
Neuechtgrau,
Alkaliblau, sämtliche Marken.

Druckvorschrift für Neuviktoriablau und Viktoriablau mit Chrombeize:

20— 30 g	Farbstoff in
80—100 g	Essigsäure 6° Bé
20— 20 g	Azetin und
250—200 g	Wasser lösen, mit
550—550 g	essigsaurer Stärke-Tragantverdickung verrühren und nach dem Erkalten
80—100 g	essigsaures Chrom 20° Bé zugeben
1000 g	

Beispiel einer Druckvorschrift für Alkaliblau:

50 g	Farbstoff in
225 g	heißem Wasser lösen und mit
520 g	neutraler Weizenstärke-Tragantverdickung vermischen. Nach dem Erkalten fügt man hinzu
85 g	Natriumbisulfit 32° Bé
90 g	essigsaures Chrom 20° Bé und
30 g	Tannin-Glyzerin 1 : 1
1000 g	

Nach dem Aufdruck und Trocknen wird $^3/_4$—1 Stunde gedämpft und dann meist ohne vorheriges Waschen oder Seifen direkt appretiert; man kann aber auch normal behandeln durch Kreiden, Waschen, einige Minuten kalt Seifen, Waschen und Trocknen. Die Seifenechtheit dieser Chromlacke ist nicht besonders gut.

Vorschrift für Rhodamine, Eosine usw.:

30— 40 g	Farbstoff in
150—160 g	Wasser warm lösen, in
700—660 g	essigsaure Weizenstärke-Tragantverdickung einrühren und nach dem Erkalten
40— 60 g	Essigsäure 6° Bé und
80— 80 g	essigsaures Chrom 20° Bé zusetzen
1000 g	

Man druckt auf ungeölte Ware, dämpft $^3/_4$—1 Stunde im Runddämpfer, kreidet, malzt eventuell und seift 10 Minuten bei 30° C. Chloren unterläßt man meist, da die Farbtöne dabei etwas beeinträchtigt werden. Die Rhodamine, Eosine usw. ergeben sehr feurige Chromlacke von ziemlicher Seifenechtheit.

Auch indigoide Farbstoffe, wie z. B. die Alizarinindigomarken, können mit essigsaurem Chrom gedruckt werden; man erhält mit diesen Produkten sehr licht-, wasch- und chlorechte Graunuancen.

Druckvorschrift für Alizarinindigo G, 3R, 5R und 7R mit Chrombeize:

200 g Alizarinindigo in Teig (I. G. Farbenindustrie A. G., Leverkusen)
570 g Tragantschleim 65:1000
30 g Azetin
50 g Olivenöl sowie
150 g essigsaures Chrom 20° Bé werden kalt vermischt und dann gut durch ein Sieb passiert

1000 g

β) Herstellung des sog. Färberotartikels („Knispelrot") durch Färben vorgedruckter Tonerdebeize.

Dieser Färberotartikel in der ursprünglichen Ausführung nach dem Altrotverfahren war infolge der außerordentlichen Echtheit sehr begehrt und wurde deshalb in großem Maßstabe hergestellt. Vereinzelt arbeitet man auch heute noch nach diesem langwierigen Verfahren, obwohl es sich sehr teuer stellt, meist wird aber das Ausfärben nach der abgekürzten Methode für Alizarinrot vorgenommen.

Besonders gangbar war der Färberotartikel auf gerauhten Waren, wie Flanell, Kalmuck, sowie ferner auf Köperware, und zwar in den Alpenländern, Nordungarn, Nordböhmen usw.

Nachstehend der reguläre Arbeitsgang einer bewährten Methode (Knispel), die nicht zuletzt aus koloriehistorischen Gründen besonderes Interesse bietet.

1. Arbeitsweise nach Eduard Knispel[1] (Warnsdorf).

Die gebleichte Ware wird auf der Druckmaschine mit essigsaurer Tonerde, verdickt mit essigsaurer Stärkeverdickung und geblendet mit Fuchsin, in verschiedenen Mustern, doch in der Hauptsache mit Langbandstreifen, Karos und Gründeln bedruckt oder mit einer Klotzwalze geklotzt; in letzterem Falle wird nur die eine Seite geklotzt und die andere z. B. mit einem Karo bedruckt, wie überhaupt dieser Artikel in der Regel durch beiderseitigen Druck (jede Warenseite mit anderer Musterzeichnung) hergestellt wird. Zur Herstellung von verschieden farbstarken Rottönen variiert man entweder die Mengen Beize in den Druckfarben oder man verwendet verschieden starke Beizen.

Die bedruckte Ware wird über Nacht in einer warmen Hänge belassen und erhält dann auf der Breitwaschmaschine einige kochende Kuhkothpassagen (6 Durchgänge). Dieses Abzugsbad für die Tonerdebeize hat folgende Zusammensetzung:

400 Liter Wasser,
100 kg Kuhkot,
25 kg Schlämmkreide.

Hierauf wird mit kaltem Wasser gut gespült und auf dem Jigger oder der Haspelkufe mit Alizarin ausgefärbt und zwar mit:

3,0% Alizarin V neu, Teig 40% (B. A. S. F.)
unter Zusatz von ca. 2,5% saurem Türkischrotöl.
(Auf 40 kg Ware: 1200—1300 g Alizarin und 1 kg Rotöl.)

Man geht mit der Ware in das kalte Färbebad, treibt während ca. ¾ Stunde zum Kochen und kocht noch ½ Stunde weiter.

Die gespülte und getrocknete Ware wird dann entweder noch mit Anilinschwarz (Schwefelkupfer- oder Vanadinschwarz) bedruckt oder als solche auf einer Paddingmaschine mit folgendem Klotzbad imprägniert:

[1] Ein ähnliches Verfahren ist angegeben in „Tabellarische Übersicht über Eigenschaften und Anwendung der Farbstoffe der Farbenfabriken vorm. Friedr. Bayer & Co.", (Werke Leverkusen der I. G. Farbenindustrie A. G.), II. Teil (Zeugdruck), 2. Auflage 1922, S. 74/75.

150 Liter Wasser:
14 kg Marseiller- (Bari-) Seife,
3 kg Türkischrotöl 40%ig,
0,15 kg Soda kalz.,
0,7 kg Zinnsalz.

Diese nasse Ware dämpft man dann 1 Stunde bei 0,5 Atm. Druck, spült hierauf in Wasser, behandelt breit in einem kochend heißen Marseillerseifenbade und trocknet dann in der Hänge. Die vorgenannten Warengattungen werden zum Schluß mit Dextrin und Türkischrotöl appretiert und nicht zu heiß auf der Trockenmaschine getrocknet.

2. Arbeitsweise für den Fahnenstoff-Druckartikel.

Bei Fahnenstoffen als Druckartikel, bei denen größere Flächen auf beiden Warenseiten in nahezu gleicher Farbintensität zum Ausdruck kommen sollen, arbeitet man manchmal in ähnlicher, doch bedeutend vereinfachter Weise.

Man druckt mit einer Kupferwalze, bei welcher die betreffende größere Druckpartie als sogenannte 1000-Punkt-Walze (Klotzwalze) ausgebildet ist, und verwendet eine Druckfarbe von entsprechender Zusammensetzung, um einen guten Durchdruckeffekt zu erzielen; naturgemäß muß auch das Gewebe zweckentsprechend leicht (dünn) sein.

Beizendruckfarbe für das Färberot:
80 g Weizenmehl
40 g Wasser
50 g gebrannte Stärke
800 g essigsaure Tonerde 7° Bé
30 g Terpentinöl
1000 g

Nach dem Aufdruck und Trocknen wird die Ware im Schnelldämpfer gedämpft und die Fixierung der Tonerde durch ein Kreidebadpassage bei 60—70° C vervollständigt. Letzteres enthält auch phosphorsaures Natron und ist folgendermaßen zusammengesetzt:

2000 l Wasser,
20 kg Schlämmkreide,
2 kg phosphorsaures Natron.

Hierauf wird gründlich gewaschen und auf der Haspelkufe in üblicher Weise mit Alizarin ausgefärbt; dem Färbebade setzt man auch etwas Leim zu, um die weiß bleibenden Gewebestellen rein zu erhalten.

γ) Ätzdruck der Beize (Färben geätzter Tonerde-, Chrom- sowie Eisenbeize).

Die Tonerde-, Eisen- und Chrombeizen können, wenn sie noch nicht vollständig auf dem Gewebe fixiert sind, durch Aufdruck von Säuren (vorzugsweise organischen Säuren, Zitronensäure, Weinsäure usw.) sowie auch durch saure Salze wie saures schwefelsaures Natron (Weinsteinpräparat) geätzt werden; die Beize wird dabei örtlich in einen löslichen Zustand übergeführt und nach der völligen Fixation der unbedruckten Stellen durch Waschen entfernt. Diese Ätzmethode wurde zuerst von Gebrüder Hausmann[1]) in Logelbach bei Colmar im Jahre 1825 zur Ausführung gebracht.

Zwecks Erzielung eines guten Weiß arbeitet man auf ungeölter Ware; die Beize wird entweder durch Klotzen auf dem Foulard oder durch Unidruck (mit Pflatschwalze) auf die Ware gebracht.

[1]) Persoz, III.

1. Färbungen auf geätzter Tonerdebeize.

Die gebleichte Ware wird mit essigschwefelsaurer Tonerde von 3—5° Bé foulardiert und in der Hot-flue getrocknet; für Unidrucke verdickt man die Beize mit Stärkeverdickung oder mit gebrannter Stärke und Mehl, klotzt auf der Druckmaschine mit zwei Druckwalzen und trocknet in der Mansarde.

Hierauf wird je nach Stärke der Beize mit folgender Ätze bedruckt:

100—200 g	Zitronensäure
670—570 g	Wasser
230—230 g	Britischgum
1000 g	

Nach dem Drucken und Trocknen verhängt man entweder während 48 Stunden in der feuchtwarmen Oxydationshänge oder dämpft kurz, kreidet dann die Ware mit 5—10 kg Schlämmkreide pro 1000 l Wasser bei 50° C $^1/_4$ Stunde, wäscht gut und färbt.

Für Altrotherstellung wird der gebeizte und mit Ätze bedruckte Stoff zunächst 20—40 Minuten bei kontinuierlichem Lauf in einem Oxydationskasten oxydiert und dann erst in die feuchtwarme Hänge gebracht. Hierauf wird in gleicher Weise degummiert (Kuhkothpassagen) wie beim Färberotartikel (Knispelrot), kalt gespült und ausgefärbt.

Das Färben mit Alizarin geschieht entweder nach den abgekürzten Verfahren (Neurot) oder nach der für Altrot (Knispelrot) angegebenen Arbeitsweise. Leimzusatz zum Färbebad ist zweckmäßig zur Erzielung eines guten Weiß; je nach Bedarf wird die Ware auch noch gechlort.

2. Färbungen auf geätzter Chrombeize.

Chrombeizen in Anwendung für Färbereizwecke fixieren sich nicht so leicht auf der Baumwollfaser wie Tonerde und Eisenbeizen, und es gibt verschiedene Verfahren in dieser Hinsicht.

Nach Horace Koechlin klotzt man mit einer alkalisch gemachten Lösung von essigsaurem Chrom, nach H. Schmid mit alkalischer Chromlösung aus Chromoxyd und Natronlauge, nach M. von Gallois mit chromsauren Chromoxydlösungen; außerdem wird auch Chrombisulfit verwendet (Vorschriften der Werke Leverkusen und Ludwigshafen der I. G. Farbenindustrie A. G.).

Zu erwähnen ist ferner ein von der Firma Rollfs & Co.[1]) (Friedland in Böhmen und Siegburg i. Rhld.) ausgearbeitetes Verfahren, bei welchem gemischte Chrom-Eisenbeizen zur Herstellung echter dunkelblauer und brauner Färbungen angewendet werden. Das Weißätzen dieser Beize geschieht mit den üblichen Ätzdruckfarben; infolge der Mitanwendung der stark dunkelnden Eisenbeize erhält man tiefe Färbungen von billigem Gestehungspreis.

Alkalischer Chromklotz:

80 g	Chromoxyd
620 g	Natronlauge 36° Bé
8 g	Glyzerin 28° Bé
292 cm³	Wasser
1 Liter	

oder

175 g	Chromazetat 20° Bé
288 g	Natronlauge 36° Bé
7 g	Glyzerin 28° Bé
530 cm³	Wasser
1 Liter	

[1]) D. R. P. 97686.

Diese alkalischen Chrombeizen sind leicht fixierbar; man läßt die damit foulardierte Ware 6—8 Stunden aufgerollt liegen, wäscht dann, trocknet, bedruckt mit Ätze und färbt aus.

Klotzen mit Chrombisulfit:

6 l	Chrombisulfit 20° Bé
12 l	Tragantschleim 65:1000
82 l	Wasser
100 l	

Man klotzt auf dem Foulard, trocknet anschließend in der Hot-flue, dämpft eventuell im Schnelldämpfer oder passiert vor- oder nachher durch alkalische Bäder (Soda, Wasserglas, kohlensaures Ammoniak usw.), z. B. 3 g Soda kalz. per Liter Wasser bei 60° C; hierauf wird gewaschen und mit geeigneten Beizenfarbstoffen ausgefärbt. Die alkalischen Bäder sind während des Durchlaufes der Ware ständig nachzubessern.

Chromsaure Chromoxydlösungen geben ebenfalls sehr leicht ihr Chromoxyd an die Faser ab, und man erhält gute Resultate; zu beachten ist dabei jedoch, daß diese Lösungen Chromsäure enthalten und deshalb lichtempfindlich sind.

Ätze für Chrombeize:

150 g	Weinsteinpräparat
25 g	Zitronensäure
825 g	Stärkeverdickung
1000 g	

oder

160 g	Zitronensäure
150 g	Wasser
170 g	Natronlauge 38° Bé
200 g	gebrannte Stärke
300 g	Gummiwasser 1 : 1
20 g	Terpentinöl
1000 g	

oder

275 g	Leiogomme (geröstete Kartoffelstärke)
425 g	Wasser
180 g	Zitronensäure (pulverisiert)
120 g	Weinsäure (pulverisiert)
1000 g	

Auf schwach chromgebeizte Ware kann man auch außer dem Ätzweiß noch eine Druckfarbe mit Chrombisulfit oder Chromazetat (demnach zweifarbig) aufdrucken, wodurch beim nachherigen Ausfärben neben Weiß dunkle Bemusterungen auf hellfarbigem Grund entstehen.

Dunkelchromdruckfarbe:

300 g	Chromsulfazetat 25° Bé
700 g	essigsaure Stärke-Tragantverdickung
1000 g	

oder

500 g	Chrombisulfit 20° Bé
500 g	essigsaure Stärke-Tragantverdickung
1000 g	

oder

250 g	Chromazetat 20° Bé
750 g	essigsaure Stärke-Tragantverdickung
1000 g	

Beim Mitaufdruck von Chrombeize wird die Ware nach dem Drucken dreimal durch den Schnelldämpfer genommen und die Fixierung des Chromoxyds noch durch eine anschließende Sodapassage vervollständigt; man kann aber auch 1 Stunde mit schwachem Überdruck im Runddämpfer dämpfen und dann gründlich waschen.

Zum Ausfärben mit den entsprechenden Beizenfarbstoffen werden diese gut in Wasser gelöst bzw. gut in Wasser verteilt und durch ein Sieb dem Farbbade zugegeben. Man färbt unter Zusatz von 2% Essigsäure und 10—20% Leimlösung (1:10), und zwar zuerst innerhalb $^3/_4$ Stunde von kalt bis kochend und dann noch $^1/_3$—1 Stunde bei Kochtemperatur. Hierauf wird gewaschen, geseift, gespült und getrocknet. Je nach Bedarf chlort man noch schwächer oder stärker. Manchmal färbt man auch unter Zusatz von geringen Mengen essigsaurem Ammon oder Türkischrotöl.

3. Färbungen auf geätzter Eisenbeize.

Einige Alizarin- und Beizenfarbstoffe werden auch auf geätzter Eisenbeize angewendet. Die Ware wird dazu mit holzessigsaurem Eisen von 4—8° Bé geklotzt, bei niedriger Temperatur getrocknet und dann in gleicher Weise mit verdickter Zitronensäure oder Weinsäure je für sich allein oder in Mischung mit deren Alkalisalzen geätzt, wie bereits für Tonerde- und Chrombeize angegeben. Nachher werden die Stücke in der feuchtwarmen Hänge oxydiert, hierauf abgekreidet oder durch Natriumarseniat (5—10 g per Liter) bei 70° C passiert, gewaschen und ausgefärbt. An Stelle des Verhängen kann man die geklotzte und geätzte Ware auch 3—5 Minuten im Schnelldämpfer dämpfen und dann kreiden.

Das Färben erfolgt unter Zusatz von Tannin oder Schmack von kalt bis kochend während $1^1/_3$ Stunde; nach beendetem Färben wird gespült, geseift und zur Reinigung des Weiß gechlort.

Hinsichtlich der Zusammensetzung der Ätzpasten für die gebeizte Ware ist noch zu bemerken, daß Zusätze von Kalium- oder Natriumbisulfat nicht als zweckentsprechend angesehen werden können und deshalb auch nur vereinzelt angewendet wurden; außerdem gibt dieser Zusatz von primärem Sulfat beim Dämpfen der bedruckten Ware zu Faserschwächung Veranlassung.

Dr. Wilhelm Sieber[1]) von der Forschungsstelle für Textilindustrie in Reichenberg hat während seiner Tätigkeit im Druckereigroßbetriebe durch Anwendung von Kaliumzitrat auch bei schwersten Anilinschwarzüberdrucken ein tadellos reserviertes bzw. geätztes Weiß erhalten. Die betreffende Vorschrift lautet:

28 kg Zitronensäure krist. werden in
23 l Wasser gelöst und langsam
26,3 kg natronfreies Ätzkali zugegeben. Diese Lösung muß alkalisch reagieren (Kontrolle mit Phenolphthaleinpapier). — In die heiße Lösung werden dann
18 kg Senegalgummi oder arab. Gummi eingerührt und bis zur vollständigen Auflösung weiter erwärmt; zum Schluß wird kalt gerührt.

Diese Kaliumzitratätze ergibt aber auch ein viel besseres Weiß als eine einfache Zitronensäureätze, wenn Anilinschwarz nicht als Überdruck, sondern als zweite Farbe neben der Weißätze gedruckt wird; desgleichen ist die Kaliumzitratätze für den reinen Weißätzdruck (ohne Begleitfarbe) der Zitronensäureätze vorzuziehen.

Bezüglich der für die verschiedenen Beizen und Anwendungsverfahren in Betracht kommenden Alizarin- und Beizenfarbstoffe kann im Rahmen dieses Buches nur auf die Musterkarten und Handbücher der I. G. Farbenindustrie A. G. (Werke Leverkusen, Ludwigshafen und Höchst) verwiesen werden.

[1]) Dr. W. Sieber: ‚Die Anwendbarkeit von Kaliumverbindungen in der Druckereipraxis', Melliands Textilberichte 1926, S. 615/616.

δ) Das Ätzen von Türkischrotfärbungen.

1. Historisches.

Wie bereits bei der allgemeinen Besprechung der im Zeugdruck üblichen Ätzmethoden bemerkt wurde, ist das Ätzen von Türkischrotfärbungen, und zwar mit Chlorkalklösung englischen Ursprungs (ungefähr vom Jahre 1810).

Daniel Koechlin verbesserte dann 1811 dieses Verfahren zu einer erfolgreichen Arbeitsmethode. Bei seinen ersten Versuchen druckte er Chlorkalklösung auf und passierte dann die Ware durch ein Säurebad. Da sich bei dieser Arbeitsweise zahlreiche Schwierigkeiten einstellten, so schlug Koechlin den umgekehrten Weg ein; er druckte mit verdickter Säure und vollzog dann den Ätzprozeß in einem Chlorkalkbade von 5° Bé bei Breitdurchlauf der Ware. Dieses Verfahren ergab einwandfreie Resultate und wurde nach der dabei in Anwendung gebrachten Apparatur (Rollenkufe) als „Ätzen mittels der Chlorkalk-Küpe" (L'enlevage à la cuve décolorante)[1]) allgemein bekannt.

Das Ätzen von Türkischrotfärbungen versuchte man ferner nach der ältesten Ätzmethode für Indigo (mit Chromat), die 1826 von James Thompson in Vorschlag gebracht wurde. Man klotzte die gefärbte Ware mit Bichromatlösung, trocknete und bedruckte mit verdickter Zitronensäure. Diese Methode hat aber naturgemäß keine weitere Bedeutung erlangt. Zu erwähnen ist jedoch, daß Thompson auch der erste war, welcher im Anfang des zweiten Jahrzehnts des 19. Jahrhunderts die Fixation von Druckfarben auf Baumwollgeweben durch Wasserdampf in seiner Fabrik zu Primrose bei Manchester im großen ausführte und damit diesem wichtigen druckereitechnischen Prozeß freie Bahn schuf.

Später machte man die Beobachtung, daß starke Alkalien durch Bildung von Alkalializaraten und Aluminaten zerstörend auf den Alizarinlack einwirkten. Die erste Anregung zu dieser Arbeitsweise gaben Schlieper & Baum[2]) in Elberfeld, als sie im Jahre 1883 ihre Methode zum Druck von Indigo (Glykoseprozeß) zur Illuminierung von Türkischrotfärbungen anwendeten. Die gefärbte Ware wurde dabei mit Glukoselösung präpariert und nach scharfem Trocknen mit einer stark alkalischen Indigodruckfarbe bedruckt.

1888 ergänzte dann Schmidlin[3]) die durch Schlieper & Baum gegebene Idee des alkalischen Ätzdruckes durch Herstellung von gelben (Chromgelb) und grünen (Gelb und Blau) Buntätzeffekten sowie einer Weißätze.

Dieses Verfahren wurde dann besonders in Rußland prakt sch ausgewertet und durch die Arbeiten von Triapkin[4]) in jeder Beziehung vervollkommnet. Triapkin konstatierte vor allem, daß sich die Trioxyanthrachinone, also die gelbstichigen Alizarinmarken, mit Alkali leichter ätzen lassen als die reinen Alizarine (die blaustichigen Marken), welche der Ätzwirkung den größten Widerstand entgegensetzen. Für diese Ätzmethode verwendet man deshalb in der Hauptsache die gelbstichigen Alizarinmarken, doch eventuell auch kombiniert mit blaustichigen Produkten (Dioxyanthrachinon).

1906 wurde seitens der Farbwerke Höchst[5]) eine Methode zum Ätzen von Türkischrot mit Formaldehyd-Hydrosulfit (Hydrosulfit NF konz.) unter Patentschutz gestellt, nach welcher der Buntätzartikel mit Indigo in einfacher Weise hergestellt und damit das Schlieper & Baum'sche Verfahren ersetzt werden konnte.

Seit dem großartigen Aufschwung in der Herstellung von Küpenfarbstoffen

[1]) Persoz III, S. 236—238. [2]) Bull. Mulhouse 1884.
[3]) Bull. Rouen 1899; Versiegeltes Schreiben: Rouen 1888.
[4]) Rongeage du rouge turc par la méthode alcaline. Paris 1899.
[5]) D. R. P. 173878, 179454.

sowohl von indigoidem als auch Anthrachinon-Charakter ist dann die ausschließliche Anwendung dieser Produkte für Buntilluminationen auf Türkischrotfärbungen von Bedeutung geworden. Der erste Versuch zur Erzeugung von Bunteffekten mit Indanthren unter Alizarinrot wurde bereits im Jahre 1901 durch Ivanoff[1]) vorgenommen.

2. Ätzen von Türkischrotfärbungen mit Chlorkalk und Weinsäure oder Zitronensäure oder Milchsäure oder Arsensäure.

Die gefärbte Ware wird mit der verdickten Säure bedruckt, getrocknet und hierauf in breitem Zustande während etwa $^1/_2$—$1^1/_2$ Minute durch ein 35° C warmes Chlorkalkbad von 3—8° Bé genommen. Dem Chlorkalkbade setzt man Schlämmkreide oder gelöschten Kalk zu, um die an den bedruckten Stellen frei werdende Säure zu neutralisieren bzw. um ein Ausfließen der Ätze und damit eine Schädigung der Färbung zu vermeiden (pro 1000 l Chlorkalkbad 20—30 kg gelöschten Kalk). Anschließend an diese Chlorkalkpassage wird gründlich gewaschen.

Beispiele für Ätzweißdruckfarben:

300 g Weinsäure
400 g Kaolin 1 : 1
300 g Tragant 65:1000
1000 g

oder

55 g Weizenstärke mit
680 g Wasser aufschlämmen und aufkochen; nach dem Erkalten
256 g Arsensäurelösung 70° Bé und
9 g Berlinerblau zusetzen
1000 g

oder

400 g Milchsäure 50%ig
600 g Verdickung
1000 g

oder

100 g Zitronensäure
100 g Weinsäure
800 g Stärkeverdickung
1000 g

Zur Herstellung von Buntätzen druckt man für Gelb Bleisalze, für Blau Berlinerblau auf; Grün kann durch Anwendung einer Druckfarbe aus Berlinerblau und Bleisalz erzeugt werden. Ätzgelb und Ätzgrün müssen nach der Chlorkalkpassage durch Chromieren entwickelt werden.

3. Ätzen von Türkischrot mit Natronlauge und Wasserglas.

Die mit Alizarinrot gefärbte Ware wird mit einer stark alkalischen Ätzdruckfarbe bedruckt, gut getrocknet, einige Minuten im Schnelldämpfer gedämpft und dann breit durch ein kochendheißes Wasserglasbad genommen.

Ätzweiß:

1300 g Senegalgummi 1 : 1
500 g Dextrin
500 g Wasser
500 g Zinkoxyd
1000 g Zinnoxydulteig 50%ig
2000 g Glyzerin
11000 g Natronlauge 50° Bé
5000 g Wasserglas 38° Bé
200 g Terpentinöl
22 kg

[1]) Versiegeltes Schreiben: Mülhausen 1901; Bull. Mulhouse 1913.

Zur Bereitung dieser Druckfarbe wird zuerst die Verdickung mit dem Zinkoxyd und dem Zinnoxydul angeteigt und diese Mischung in einem doppelwandigen Kupferkessel unter Wasserkühlung mit Lauge (in kleinen Portionen) versetzt. Die Kühlung ist wichtig, denn Temperaturerhöhung hat Reduktion des Zinnoxyduls zum Metall zur Folge, und die Druckpaste erscheint dann grau gefärbt. Nach der Zugabe der Lauge wird ebenfalls unter Kühlung das Wasserglas beigemischt.

Durch den Zusatz von Wasserglas zur Druckpaste erhält man einen besseren Weißätzeffekt als ohne Anwendung desselben; die durch die Wirkung der Lauge beim Dämpfprozeß entstehenden Alizarate ergeben demnach mit dem Silikat löslichere Verbindungen.

Die bedruckte Ware wird 3—5 Minuten im Schnelldämpfer bei 102—105° C gedämpft, wodurch die geätzten Stellen eine blauviolette Färbung annehmen. Nach dem Dämpfen passiert die Ware im 1. und 2. Kasten eines Rollenständers (Rollenkufe) kochende Wasserglaslösung (10—15 g Wasserglas 38° Bé pro Liter) und im 3. und 4. Kasten kochendes Wasser. Durch das Silikatbad wird das Alizarat vollständig abgelöst, und die Ätzstellen erscheinen nahezu weiß; Seifen der Ware im Strang verbessert das Weiß noch erheblich.

Aus der Zusammensetzung der Druckfarbe ist zu ersehen, daß auch der reduzierenden Wirkung derselben entsprechende Beachtung beigemessen wird; Dextrin in Gegenwart starker Lauge ist allein schon imstande, Reduktionswirkungen auszulösen (darauf beruhte die Anwendung von Indanthren mit alkalischer Dextrinverdickung unter Alizarinrot durch Ivanoff). Zusatz von Glykose in Form von Syrup erleichtert den Ätzprozeß und verbessert das Resultat; in diesem Falle ist es jedoch angezeigt, das Zinnoxydul aus der Druckfarbe wegzulassen. Die Zugabe von Rongalit C zu einer solchen Ätzdruckfarbe mit Glykose hat eine vorzügliche Wirkung (R. Haller).

Nach demselben Prinzip können auch Buntätzen hergestellt werden, doch ist diese Arbeitsweise recht schwierig und erfordert große Sorgfalt und besondere Aufmerksamkeit. Gelb wird z. B. erhalten durch Anwendung von Bleioxyd an Stelle von Zinkoxyd und Zinnoxydul bei nachheriger Passage durch Chromatlösung. Blaue Effekte erzielt man durch Zugabe von Indigo zur Ätzpaste, wobei zur Erhöhung der Reduktionswirkung die Beigabe von Glykose besonders vorteilhaft ist; grüne Ätzeffekte erhält man durch Mischung von Blau mit Gelb.

Derartige Druckfarben haben folgende Zusammensetzung:

Ätzgelb:

2780 g Dextrin
1750 g Wasser
13500 g Natronlauge 50° Bé
{11000 g Bleihydroxyd in Teig 60%ig
{2250 g Glyzerin
5000 g Wasserglas 38° Bé
250 g Terpentinöl

Ätzblau:

1000 g Dextrin
1000 g Wasser
10000 g Natronlauge 50° Bé
3500 g Indigo rein Teig 20%ig
1000 g Wasserglas 38° Bé
8250 g Traubenzucker 1 : 1
750 g Glyzerin
400 g Terpentinöl

Ätzgrün:

10000 g Ätzgelbdruckfarbe
1150 g Indigo Teig 20%ig
500 g Wasserglas 38° Bé
1500 g Traubenzucker 1 : 1
500 g Wasser
200 g Terpentinöl

Nach dem Aufdrucken und Dämpfen der bedruckten Ware im Schnelldämpfer erfolgt das Abziehen des Alizarats in gleicher Weise, wie bereits für Weißätzen angegeben. Die Entwicklung der farbigen Effekte geschieht durch eine Passage in warmem Bichromatbade (20 g per Liter).

4. Ätzverfahren der Firma Schlieper & Baum, Elberfeld (Indigodruck auf Türkischrot, Glukosealkaliverfahren).

Nach dieser Methode wurden die alizarinrot gefärbten Gewebe zuerst mit Traubenzuckerlösung imprägniert und hierauf mit stark alkalischer Indigodruckfarbe geätzt.

Das Imprägnieren geschieht mit 20—25%iger Glukoselösung in üblicher Weise auf einem Foulard; anschließend wird auf Trockentrommeln oder in der Hot-flue scharf getrocknet. Da die derart imprägnierte Ware sehr hygroskopisch ist, so läßt man dieselbe nicht lange liegen, sondern bedruckt rasch mit einer Indigodruckpaste von folgender Zusammensetzung:

150 g Indigo rein Teig 20%ig
800 g alkalische Stärkeverdickung
50 g Natronlauge 40° Bé
―――
1000 g

Zur Herstellung der alkalischen Verdickung verwendet man am besten Maisstärke bzw. gebrannte Maisstärke (British gum), z. B. nach der Vorschrift:

{ 600 g British gum
{ 300 g Maisstärke
{ 1000 g Wasser, kochen; hierauf unter Kühlung
4000 g Natronlauge 45° Bé zugeben.

Nach dem Aufdruck und Trocknen wird unmittelbar entweder in einem eigens konstruierten Dämpfer oder in einem entsprechend eingerichteten Schnelldämpfer mit luftfreiem und sehr feuchtem Dampf während 20—30 Sekunden gedämpft; längeres Dämpfen verursacht Farbstoffverluste durch Überreduktion. Das Waschen der gedämpften Ware geschieht unter Anwendung von viel Wasser — am besten in mehreren hintereinander geschalteten Rollenkufen —, damit ein Ausfließen der sich noch bildenden Küpe durchaus vermieden wird.

Schlieper & Baum gaben zwecks Ersparnis an Alizarin auch eine Modifikation dieses Verfahrens bekannt, wonach der Indigo auf das mit Tonerde gebeizte Gewebe aufgedruckt, dann das Blau entwickelt und hierauf nach einer Kreide-Arseniatpassage mit Alizarin ausgefärbt wurde. Bei dieser Arbeitsweise leiden jedoch die Blaueffekte infolge der verschiedenen Behandlungen, so daß fast ganz allgemein nur auf glattrote Ware gedruckt wurde.

In Anlehnung an das Glukosealkaliverfahren von Schlieper & Baum konnte der Weiß- und Buntätzartikel auf Türkischrot auch in folgender Weise mit stark alkalischen Farben ausgeführt werden. Man präparierte die gefärbte Ware mit starker Glukoselösung und druckte

für Weiß: mit Dextrin verdickte konzentrierte Lauge + Zinnsalz + Wasserglas;
für Blau: eine stark alkalische Indigodruckfarbe;
für Gelb: alkalische Verdickung + Bleihydroxyd + Natronwasserglas;
für Grün: eine Mischung aus Ätzgelb ohne Silikatlösung + Ätzweiß + Indigo in Teig.

Nach dem Drucken und gutem Trocknen wurde die Ware sogleich einige Minuten im Schnelldämpfer mit kräftigem Dampf gedämpft, dann durch ein kochendheißes Wasserglasbad (20 g pro Liter) passiert, gewaschen, in einem angesäuerten Chromkalibade chromiert, wieder gewaschen und getrocknet.

Mit den stark alkalischen Druckfarben einiger Indanthrenfarbstoffe sowie einiger Helindon-, Algol- usw. Farben kann man auf der in gleicher Weise mit Glukose (125—250 g per Liter) präparierten Ware hervorragend echte Buntätzeffekte herstellen.

Druckvorschrift:

750—700 g	alkalische Verdickung
100— 0 g	Natronlauge 22° Bé
150—300 g	Küpenfarbstoff in Teig
1000 g	

Alkalische Verdickung:

25 g	Weizenstärke
55 g	British gum
120 g	Wasser
800 g	Natronlauge 45° Bé
1000 g	

Die bedruckte und bei niedriger Temperatur getrocknete Ware wird ¾ Minute im luftfreien Schnelldämpfer mit feuchtem Dampf gedämpft, gut gewaschen und kochend geseift. Für diese Illuminierung sind z. B. geeignet: Indanthrengelb G, RK, FFRK, Indanthrengoldorange 3 G, Indanthrenrotviolett RRK, Indanthrenblau 5 G, Indanthrenblaugrün B, Indanthrenrotbraun R, Indanthrengrau 3 B, 6 B usw.[1]).

5. „Falschfarbeneffekte."

Der Türkischrot-Buntätzartikel wurde bezüglich der Illuminationseffekte für billigere, lebhafte Artikel auch unecht imitiert; man ätzte dazu die gefärbte Ware nach einem der üblichen Verfahren weiß und paßte dann einfach Druckfarben mit basischen Farbstoffen, und zwar entweder mit Albumin oder ohne jegliches Fixierungsmittel („Falschfarben") ein. Dieser Artikel war unter dem Namen falsche „Türken" bekannt.

6. Weiß- und Buntätzen von Türkischrot mit Natronlauge und Rongalit C oder Natronlauge und Rongalit CL bzw. mit Küpenfarbstoffen (Indanthren- sowie indigoiden Produkten).

Die Färbungen einer ganzen Anzahl Alizarinrotmarken sind mit stark alkalischen Rongalitdruckpasten gut weißätzbar; für die gelbstichigeren Alizarinprodukte genügt die Anwendung von Rongalit C, für die blaustichigeren Marken ist Rongalit CL erforderlich. Nach folgenden Rezepturen (der Leverkusener Werke der I. G. Farbenindustrie A. G.) erhält man zufriedenstellende Resultate:

Alkalische Ätzpaste mit Rongalit C:

500 g	Natronlauge 50° Bé
200 g	Gummilösung 1:3
100 g	Rongalit C
175 g	Wasserglas 36° Bé
25 g	Glyzerin
1000 g	

[1]) Siehe auch: Die Küpenfarbstoffe auf dem Gebiete der Druckerei, II. Auflage 1925 (Nr. 1062), S. 29. Herausgegeben von der I. G. Farbenindustrie A. G., Höchst a. M.

Alkalische Ätzdruckpaste mit Rongalit CL:

500 g Natronlauge 50° Bé
200 g Gummi 1 : 3
125 g Rongalit CL
25 g Anthrachinon-Teig 30%ig
125 g Wasserglas 36° Bé
25 g Rongalit C
1000 g

An Stelle von Gummiverdickung ist auch Dextrin oder Dextrin und Gummiwasser sehr gut geeignet; manchmal erhöht man die Laugenmenge (bei Ätzen mit Rongalit C, z. B. auf 600 g pro kg Druckfarbe) und verwendet dann an Stelle von Wasserglas eine geringe Menge Natriumbisulfit 38° Bé. Andererseits bewähren sich für blaustichigeres Rot auch Druckfarben, die beispielsweise außer Dextrin 200 g Rongalit C, 200 g Lauge und 100 g Wasserglas enthalten.

Nach dem Druck wird die Ware gut getrocknet, 2—3 Minuten im Schnelldämpfer gedämpft, dann durch ein kochend heißes Silikatbad genommen (20 g Wasserglas pro Liter) und zum Schluß gespült und geseift.

7. Indigodruck auf Türkischrot (Farbwerke Höchst, 1906).

Man druckt auf die alizarinrot gefärbte Ware eine Druckfarbe von folgender Zusammensetzung:

650 g alkalische Verdickung WB
50 g Natronlauge 22° Bé
150 g Hydrosulfit NF konz. 1 : 1
150 g Indigo-MLB-Teig 20%ig
1000 g

Alkalische Verdickung WB:

25 g Weizenstärke und
55 g British gum mit
120 g Wasser anteigen und langsam unter Kühlung zugeben
800 g Natronlauge 45° Bé; hierauf auf 60° C erwärmen, abkühlen und passieren
1000 g

oder

75 g Hydrosulfit NF konz. in
125 g Wasser lösen
450 g alkalische Verdickung
150 g Indigo-MLB-Teig 20%ig
200 g Gummiwasser
1000 g

Alkalische Verdickung:

165 g Dextrin
835 g Natronlauge 50° Bé
1000 g

oder

600 g alkalische British-gum-Verdickung
150 g Indigo-MLB-Teig 20%ig
90 g Hydrosulfit NF konz.
60 g Wasser
50 g Glukose
50 g Wasser
1000 g

Alkalische British-gum-Verdickung:

100 g British gum
900 g Natronlauge 40° Bé
1000 g

Nach dem Drucken und Trocknen wird 3 Minuten im Schnelldämpfer mit feuchtem Dampf gedämpft, gewaschen und geseift.

Buntätzen mit Indanthren- und anderen Küpenfarben werden im allgemeinen nach dem für Indigo üblichen Druckverfahren (wie vorhergehend angegeben) mit stark alkalischen Druckfarben hergestellt, etwa nach der allgemeinen Vorschrift:

200 g	Küpenfarbstoff in Teig
60 g	Glyzerin
510 g	alkalische Verdickung WB
50 g	Natronlauge 22° Bé
180 g	Hydrosulfit NF konz.
1000 g	

Gelbeffekte mit Indanthrengelb R kann man z. B. auch nach folgender praktisch erprobten Vorschrift erzielen:

Ätzstammfarbe:

100 g	Dextrin
250 g	Wasser
100 g	Schlämmkreide
100 g	British gum 1:1
300 g	Rongalit C
150 g	Ätznatron fest
1000 g	

Ätzgelb:

100 g	Indanthrengelb-R-Teig
850 g	Ätzstammfarbe
50 g	Ätznatron fest
1000 g	

Die bedruckte und getrocknete Ware wird einige Minuten im luftfreien Schnelldämpfer mit feuchtem Dampf gedämpft, schwach sauer chromiert, dann durch ein Wasserglasbad ($^1/_2$° Bé bei 40° C) genommen, geseift und gewaschen.

Als Blau verwendet man die grünstichigen Indanthrenblaumarken, da die rotstichigen, wie Indanthrenblau RS, unangenehm wirkende Effekte geben.

ε) Chloratätze für Färbungen mit Beizenfarbstoffen auf Tonerdebeize.

Die Färbungen einer Anzahl von Beizenfarbstoffen auf Tonerdebeize, wie z. B. der verschiedenen Alizarinzyanin-Marken (für Violett), Galloviolett (für Blau), Anthrazenbraunmarken (für Braun), Alizarinpurpurin (für Rot) usw., sind mit Chloratätze gut ätzbar.

Man verwendet dazu z. B. nachstehende Chloratätze:

400 g	Stärke-Tragantverdickung
50 g	Wasser
240 g	Blanc fixe in Teig
200 g	Natriumchlorat
20 g	Ferrizyankalium
90 g	Zitronensäure 1 : 1
1000 g	

Nach dem Drucken und Trocknen dämpft man 5—6 Minuten im Schnelldämpfer und wäscht dann. Falls erforderlich, kann man auch eine entsprechend schwächer dosierte (etwa nur mit der Hälfte chlorsaurem Natron angesetzte) Ätze für längere Dämpfdauer in Anwendung bringen.

ζ) Klotzen und Ätzen von Chrombeizenfarbstoffen.

1. Das Klotzen mit Beizenfarbstoffen.

Das Klotzen von Beizenfarbstoffen wird in bedeutendem Ausmaße zur Herstellung von Färbungen angewendet, die nachher als Ätzartikel Verwendung finden. Die Klotzbäder werden in ganz ähnlicher Weise wie die entsprechenden Druckfarben bereitet, doch meist ohne oder nur mit wenig Verdickungsmittel; als letzteres wird dann nur Tragantschleim genommen. Bei Verwendung unlöslicher Farbstoffe werden diese mit Hilfe von Ammoniak oder Borax gelöst. Das Imprägnieren der Ware mit der Klotzflüssigkeit geschieht auf der üblichen Klotzmaschine; anschließend wird in der Hot-flue getrocknet, dann gedämpft und gewaschen.

Nachstehend einige Beispiele für die Herstellung von Klotzbädern:

Alizarinblau-Klotz:

70 g Alizarinblau S in Pulver werden in kaltem Wasser gelöst, dann
100 g essigsaures Chrom 20° Bé zugesetzt und
auf 1 Liter eingestellt.

Galloviolett-D-Klotz:

30 g Galloviolett D in Pulver werden in heißem Wasser gelöst, dann
20 g Essigsäure 6° Bé
20 g Glyzerin und
100 g essigsaures Chrom 20° Bé zugesetzt und mit Wasser
auf 1 Liter eingestellt.

Klotzbäder für Gallomarineblau 2GD und S sowie für Galloviolett DF:

20 g Farbstoff in Pulver werden in
30 g Ameisensäure 90%ig und Wasser heiß gelöst, dann
30 g Essigsäure 6° Bé
10 g Rongalit 1 : 1 und
100 g essigsaures Chrom 20° Bé zugesetzt und
auf 1 Liter eingestellt.

Klotzansatz für Galloviridin VD:

500 g	Galloviridin VD in Pulver
4000 cm³	heißes Wasser
250 cm³	Essigsäure 7° Bé
1000 g	Tragantschleim 65:1000
10000 cm³	Wasser
500 cm³	essigsaures Chrom 30° Bé

2. Ätzdrucke auf geklotzten Beizenfarbstoffen.

Die Klotzungen einer großen Anzahl von Beizenfarbstoffen sind mit Chloratätze rein weiß ätzbar. Man verwendet die auch für andere Zwecke übliche Chloratätze, welche als wirksame Bestandteile chlorsaures Natron, gelbes oder rotes Blutlaugensalz sowie Zitronen- oder Weinsäure bzw. deren Natron- oder Ammonsalze enthalten; chlorsaure Tonerde wird selten als ätzendes Agens angewendet, weil damit sehr leicht Faserschwächung eintreten kann. Da die Chloratätzen nicht unbeschränkt haltbar sind, so setzt man dieselben vielfach auch aus zwei Stammfarben zusammen, und zwar aus einer, welche das Chlorat und das Blutlaugensalz enthält, und aus einer zweiten mit der organischen Säure; vor dem Gebrauch werden dann diese beiden Ansätze vermischt. Starke Chloratätzen neigen bei längerem Stehen in kalten Räumen zum Auskristallisieren, so daß man dieselben vorteilhaft nicht zu kalt aufbewahrt bzw. vor Wiederverwendung vorsichtig etwas anwärmt.

Die mit dem Beizenfarbstoff und der Chrombeize geklotzte Ware wird meist vorgedämpft (2 Passagen im Schnelldämpfer), hierauf mit Chloratätze bedruckt, zur Auslösung der Ätzwirkung abermals im Schnelldämpfer gedämpft, dann gewaschen und geseift. Bei leicht fixierbaren Farbstoffen, z. B. bei vielen Gallofarben druckt man direkt auf die geklotzte und getrocknete Ware und dämpft sodann, also nur einmal, im Schnelldämpfer.

Für Buntätzen sind einige chloratbeständige substantive Farbstoffe (Diamin-, Benzidin-, Dianil- usw. Farben) geeignet, ferner Pigmentfarbstoffe: wie Helioechtrot, Helioechtgelb usw. mit Albumin, für Rotillumination auch noch die Chloratätze mit diazotiertem Paranitroorthoanisidin (wie bei den Chlorätzen auf substantiven Färbungen angegeben).

Chloratätze:

350 g British gum
125 g chlorsaures Natron und
365 g Wasser kochen; während dem Erkalten, wenn die Mischung noch lauwarm ist,
10 g pulverisiertes rotes Blutlaugensalz zugeben und nach dem Erkalten
150 g zitronensaures Natron 30° Bé
1000 g

oder

260 g Natriumchlorat
240 g Wasser
150 g China clay und
200 g British gum kochen; wenn lauwarm, zugeben
20 g pulverisiertes Ferrizyankalium, und nach dem Erkalten
45 g Zitronensäure, gelöst in
85 g Wasser
1000 g

Verschiedene, mit essigsaurem Chrom geklotzte oder gedruckte Beizenfarbstoffe sind auch mit Rongalit C und Zitrat bzw. mit Rongalit CL und Zitrat ätzbar; man erhält auf diese Weise ebenfalls gut brauchbare Weißeffekte. (Vorschrift der I. G. Farbenindustrie A. G., Leverkusen.)

Rongalit-Zitratätze mit Rongalit C:

70 g British gum (Pulver)
120 g China clay 1:1
450 g Tragant 65:1000
200—160 g Rongalit C
200 g zitronen-weinsaures Natron
1000 g

Rongalit-Zitratätze mit Rongalit CL (Rongalit C + Leukotrop W konz.).

200—160 g Rongalit C
100 g Leukotrop W konz.
180 g Stärke-Tragantverdickung
200 g Gummiwasser 1 : 3
120 g Zinkoxyd
200 g zitronen-weinsaures Natron
40 g Anthrachinon in Teig 30%ig
1000 g

Zitronen-weinsaures Natron:

150 g Weinsäure
210 g Zitronensäure
550 g Natronlauge 40° Bé

Ferner sind eine Anzahl mit essigsaurem Chrom geklotzter Beizenfarben auch mit Zitratätze und einige wenige auch mit Zinnsalzätze gut weiß zu ätzen. Man kann z. B. folgende Zitratätze anwenden:

200 g British gum
150 g Kaolin 1 : 1
150 g Gummiwasser 1 : 3
300 g Wasser
155 g Zitronensäure
45 g Natronlauge 45° Bé
1000 g

Nach dem Aufdruck dieser Ätze wird die Ware 1 Stunde gedämpft, dann durch kochendes Wasser passiert und nochmals kalt gewaschen.

Bezüglich der für die vorgenannten Ätzmethoden in Betracht kommenden zahlreichen Beizenfarbstoffe (Alizarinfarben, Chromechtfarben, Chromoxan-, Gallofarben usw.) sind die Broschüren und Handbücher der I. G. Farbenindustrie A. G. maßgebend[1]).

η) Reserven unter Beizenfarbstoffen.

Als reservierende Mittel dienen Weinsäure, Zitronensäure, Oxalsäure und deren Alkalisalze, sowie Antimonoxalat. Für Dampfalizarinrosa war z. B. folgende Reserve viel in Gebrauch:

300 g	British gum
600 g	Wasser
30 g	Zitronensäure
20 g	zitronensaures Natron 28° Bé
50 g	Kaolin
1000 g	

Man druckt auf weiße Ware, trocknet, überdruckt mit der Alizarinrosadruckfarbe und dämpft dann in üblicher Weise. An den mit Reserve bedruckten Stellen wird der Beizenfarsbtoff „abgeworfen", es tritt keine Lackbildung ein, sondern es entsteht ein weißes Muster im Rosadruckeffekt.

Für einige Färbeartikel zu Exportzwecken hat dieses Reserveverfahren noch eine gewisse Bedeutung. So wird z. B. ein interessanter Exportartikel (Bleeding style) mit Galloblau E (Leverkusen) auf folgende Weise hergestellt: Die Ware wird mit einer Reserve aus Zitronensäure 13° Bé + British gum bedruckt, getrocknet, hierauf mit holzessigsaurem Eisen 4° Bé geklotzt, getrocknet, 24 Stunden verhängt, dann im heißem Bade abgekreidet und gut gewaschen. Gefärbt wird mit 1,5% Galloblau E unter Zusatz von Kreide und Leim sowie 2% Tannin (vom Warengewicht). Nach beendetem Färben wird gespült und auf frischem Bade von kalt bis heiß mit basischem Blau (1,5% Methylenblau BB und 0,5% Türkisblau BB) geschönt bzw. übersetzt. Hierauf wird gewaschen und zum Schluß noch gechlort.

e) Ergan- und Erganonfarbstoffe.

1. Allgemeines und Direktdruck.

Die Ergan- und Erganonfarbstoffe[2]) werden durch Einwirkung von Chromsalzen auf Oxyanthrachinonsulfosäuren bzw. auch auf chromierbare Azofarbstoffe erhalten. Die chemische Konstitution dieser Farbstoffe ist unbekannt; es dürfte sich um halbfertige Chromlacke handeln, die sie ähnlich wie Blauholzpräparate (Noir réduit usw.) durch Dämpfen, doch zum Teil auch durch eine Alkalipassage (also ohne Dämpfen) echt fixiert werden.

Da die Fixierung dieser Farbstoffe auf der Faser ohne Vermittlung einer Beize vor sich geht, so sind dieselben als eine besondere Farbstoffklasse anzusprechen. Die vollständige Fixierung der Farbstoffe auf unpräparierter oder mit Beta-Naphtol präparierter Ware (beim Mitdruck von Eisfarben) erfolgt schon nach kurzem Dämpfen im Schnelldämpfer.

Die Licht- und Seifenechtheit der Drucke ist sehr gut und kommt diesbezüglich verschiedentlich den Beizenfarbstoffen nahe.

[1]) Z. B. auch Broschüre Nr. 2049 der Farbwerke Leverkusen über „Gallofarbstoffe" mit Druckmustern aus der Praxis (1913).

[2]) Die Ergan- und Erganonfarbstoffe sind durch Prof. Dr. René Bohn der B. A. S. F. in Aufnahme gekommen; siehe auch den Nachruf für den 1922 verstorbenen Forscher in Melliands Textilberichte 1922, S. 117/118.

Druckvorschrift:

100—300 g	Farbstoff in Teig bzw. die entsprechende Menge Pulverprodukt
370—135 g	heißes Wasser
20— 40 g	Ameisensäure 90%ig
500—500 g	essigsaure Stärke-Tragantverdickung
10— 25 g	Rhodanammonium
1000 g	

Die Ameisensäure dient als Lösungsmittel und zum Haltbarmachen der Druckfarbe; das Rhodanammonium kompensiert die ätzende Wirkung der Druckfarben auf die Stahlrackeln und wirkt besonders günstig in den längere Zeit unbenutzt aufbewahrten Farbpasten.

Bei der Herstellung von Druckfarben mit den pulverförmigen S-Marken (Erganonblau-3 GS-Pulver, Erganonviolett-RS-Pulver, Ergangelb-RS-Pulver usw.) werden diese Farbstoffe einfach mit heißem Wasser gelöst, mit Stärke-Tragantverdickung verdickt und geringe Mengen von ameisensaurem Natron sowie Rhodankalium zugegeben.

Beispiel einer Druckvorschrift (Dämpfverfahren):

80 g	Erganreinblau-BS-Pulver
320 g	Wasser
500 g	essigsaure Stärke-Tragantverdickung
20 g	ameisensaures Natron
20 g	Rhodankalium
60 g	Wasser
1000 g	

Nach dem Aufdruck wird 5 Minuten im Schnelldämpfer gedämpft, dann gespült und geseift.

Beim Druck der Ergan- und Erganonfarben auf naphtholierte Ware neben Eisfarben ist meist ein nachheriges Dämpfen nicht mehr erforderlich, da schon durch das dem Aufdruck folgende Trocknen immerhin noch zweckentsprechend genügende Fixierung eintritt. Als Schwarz für Konturen wird meist Noir réduit (ein Blauholzpräparat) angewendet.

Das an und für sich ausführbare Fixierungsverfahren ohne Dämpfen kommt durch Behandlung der bedruckten Ware in einem schwach alkalischen, lauwarmen Bade (Soda-Glaubersalz-Passage-Verfahren) zur Geltung. Nach dem Aufdrucken und Trocknen passiert die Ware während 1 Minute ein 50° C warmes Bad, das 50 g Soda calc. und 150 g Glaubersalz calc. pro Liter enthält; auch ein kaltes bis warmes 5proz. Kalkmilchbad ist anwendbar. Anschließend wird gut gespült, eventuell abgesäuert und geseift.

Diese Arbeitsweise ohne Dämpfen ist nicht für alle Produkte gleich gut geeignet (Drucke mit dem vorangeführten Erganreinblau BS werden dabei z. B. etwas trüber im Farbton), weshalb man meistens nach dem Dämpfverfahren arbeitet. Ergan- und Erganonfarben lassen sich dabei auch mit basischen und mit Beizenfarbstoffen nuancieren.

Die Ergan- und Erganonfarben können in Verbindung mit Indanthren- bzw. Küpenfarben sowie auch in Kombination mit Anilinschwarz, Paramin conc. und Ortamin D zur Herstellung von Konversionseffekten verwendet werden.

2. Klotzfärbungen mit Ergan- und Erganonfarbstoffen.

Zur Bereitung der Klotzlösungen hat im allgemeinen die beim Direktdruck angegebene Vorschrift in zweckentsprechender Anpassung sinngemäße Geltung.

150—100 g	Ergan- bzw. Erganonfarbstoff in Teig
20— 40 g	Ameisensäure 90%ig
680—710 g	Wasser
150—150 g	essigsaure Stärke-Tragantverdickung
1000 g	

Die gebleichte Ware wird in üblicher Weise geklotzt, dann getrocknet und hierauf die Fixierung der Farbstoffe entweder durch kurzes Dämpfen oder durch Behandlung in einem schwach alkalischen, lauwarmen Bade zur Auswirkung gebracht.

Klotzungen von Modetönen, besonders in Rotbraun, haben auch im javanischen Batikartikel zur Herstellung der Sogabrauneffekte Bedeutung. Man behandelt dabei z. B. den mit Wachsauftrag versehenen Stoff mit einer Mischung aus der Klotzlösung von Erganonblau 3 G mit Ergangelb R und jener aus Dampfgrün G mit Kobalt- oder Eisenbeize, fixiert durch eine kalte Behandlung mit Kalkmilch, wachst nochmals und färbt dann in der Indigoküpe. Auf diese Weise erhält man ein dem javanischen Sogabraun entsprechendes Rotbraun neben Blau und Schwarz und in der Gesamtwirkung eine der nationalen Eigenart der Indonesier besonders zusagende Farbenstellung[1]).

3. Das Ätzen der mit Ergan- und Erganonfarben hergestellten Klotzfärbungen.

Das Ätzen der Klotzungen kann sowohl mit Chlorätze als auch mit Rongalitätze geschehen. Der nach der bereits angegebenen Vorschrift geklotzte Stoff wird bei möglichst niedriger Temperatur getrocknet und dann mit der betreffenden Ätzfarbe bedruckt. Hierauf dämpft man 5 Minuten im Schnelldämpfer, gibt anschließend eine Passage durch kochende Wasserglaslösung (5—10 g Wasserglas pro Liter, Passagendauer etwa 1 Minute), spült und seift. Für Buntätzen verwendet man in den vorgenannten Ätzpasten oxydations- bzw. reduktionsbeständige Lacke oder Pigmentfarben unter Zusatz von Albumin.

4. Buntreserven mit Ergan- und Erganonfarbstoffen unter Färbungen mit Indanthren- sowie Schwefelfarbstoffen.

Für die Herstellung von Buntreserven unter Küpenfarben vermischt man den mit Ameisensäure gelösten Ergan- bzw. Erganonfarbstoff mit einer Reserve aus Chlorzink- und Manganchlorür (nach Vorschrift für diese Art Reserven unter Indanthrenfarben). Durch Weglassen des Manganchlorürs kann diese Buntreserve auch für das Ausfärben mit Schwefelfarbstoffen verwendet werden.

Zur Herstellung der Buntreserven für das Klotzen mit Schwefelfarbstoffen genügt bei helleren Farbtönen das Verdicken der ameisensauren Lösung der Ergan- bzw. Erganonfarbstoffe mit essigsaurer Stärke-Tragantverdickung. Für dunklere Klotzfärbungen ist noch die Zugabe von Zinkchlorid sehr zweckmäßig, um möglichst reine Bunteffekte zu erzielen.

Bezüglich der im Handel befindlichen Ergan- und Erganonfarbstoffe und ihrer Verwendung im Zeugdruck geben im übrigen die in Betracht kommenden Musterkarten und Zirkulare der Badischen Anilin- und Sodafabrik bzw. nunmehr der I. G. Farbenindustrie A. G. weitgehend Aufschluß[2]).

[1]) Siehe diesbezüglich auch das spezialfachtechnisch außerordentlich wertvolle Buch von J. A. Loebèr jun.: Das Batiken. Eine Blüte indonesischen Lebens. Kapitel V. Das Färben, S. 37—44. Oldenburg i. O.: Gerhard Stallings Verlag 1926.

[2]) Z. B. das Handbuch Nr. 220a der B. A. S. F.: Grundzüge für die Verwendung der Farbstoffe der Badischen Anilin- und Soda-Fabrik Ludwigshafen a. Rh. auf dem Gebiete der Druckerei. Aufl. vom Jahre 1921, S. 93—104.

f) Die Verwendung von Farbholzextrakten im Zeugdruck.

Wässerige Auszüge vegetabilischer Pigmente (Farbendekokte) und Farbholzextrakte spielten vor dem Entstehen der Anilinfarbenfabrikation eine wichtige Rolle im Dampffarbendruck. Fernambukholzabsud, Campecheholz- (Blauholz-) Absud, Gelbholzabsud usw. wurden anfänglich in den Druckereien selbst hergestellt, doch später durch billige und gute Farbholzextrakte aus mittlerweile entstandenen Extraktfabriken ersetzt[1]).

Durch die Anilinfarben sind dann die Farbhölzer und Farbholzextrakte nahezu vollständig verdrängt worden. Blauholz- und Gelbholzextrakt finden nur noch in geringem Maße Verwendung zum Anfärben von Appreturmasse für schwarzgefärbte Shirtings, Glacés und ähnliche hartappretierte Stoffe. Im Zeugdruck wird dagegen ein Blauholzpräparat, das Noir réduit, noch vielfach im direkten Druck, benutzt und zwar in jenen Fällen, in denen sich Anilinschwarz als ungeeignet erweist.

Das Noir réduit wird hergestellt durch Oxydation von Blauholzextrakt mit Chromkali und Essigsäure und Zusatz von Bisulfit[2]).

Die Druckfarben enthalten als Fixierungsmittel essigsaures Chrom, ferner meist auch ein Rhodansalz sowie ein wenig Kreuzbeerextrakt, weil durch diese Zusätze ein schönes tiefes Schwarz resultiert.

Eine praktisch erprobte Druckvorschrift ist z. B. jene nach Dr. A. Neuwirth:

360 g	saure Stärke-Tragantverdickung
500 g	Noir réduit (B. A. S. F.)
20 g	Rhodanammonium
20 g	Kreuzbeerextrakt (Geigy)
100 g	essigsaures Chrom 20° Bé (violette Modifikation)
1000 g	

Saure Stärke-Tragantverdickung:

120 g	Weizenstärke
500 g	Wasser
200 g	Tragantschleim 65:1000
180 g	Essigsäure 6° Bé
1000 g	

Nach dem Aufdruck wird in üblicher Weise gedämpft.

Chlorathaltige Blauholzpräparate sind auch unter den Namen Chloratschwarz im Handel, weil Zusätze von Kalium- oder Natriumchlorat zu Blauholzdampffarben durch den oxydierenden Einfluß günstig auf die Fixierung des Schwarz wirken. Ein ähnliches Produkt ist als Blitzschwarz auf dem Markte, es eignet sich ebenfalls sehr gut für Drucke auf naphtolierter Ware, da es schon durch ein kurzes Dämpfen im Schnelldämpfer fixiert wird.

Vorschrift für Blitzschwarz:

200 g	Blitzschwarz (Geigy)
500 g	essigsaure Stärke-Tragantverdickung
20 g	Essigsäure 40%ig
270 g	Wasser
10 g	chlorsaures Natron
1000 g	

[1]) W. H. von Kurrer: Die Druck- und Färbekunst in ihrem ganzen Umfange. Dritter Band, Wien 1850, S. 361ff. (Vierzehnter Abschnitt). Ferner: A. Sansone: Der Zeugdruck. Deutsche Ausgabe von B. Pick. Berlin: Julius Springer 1890, S. 168 bis 173.

[2]) Eine bewährte Vorschrift zur Herstellung von Noir réduit stammt von Ing. Oskar Gaumnitz. Siehe Deutsche Färberzeitung 1920, S. 735.

In gleicher Weise wie Chrombeizenfarbstoffe werden ferner auch noch Querzitronextrakt sowie Kreuzbeerextrakt angewendet[1]).

g) Die Küpenfarbstoffe im Zeugdruck.

Wie bereits beim Kapitel „Färben mit Küpenfarbstoffen" hervorgehoben wurde[2]), unterscheidet man einesteils besonders hinsichtlich der Echtheitseigenschaften und anderenteils auch hinsichtlich der chemischen Konstitution im allgemeinen vier Gruppen von Küpenfarbstoffen.

Diejenigen Farbstoffe, die sich durch besonders gute Echtheitseigenschaften in nahezu allen Belangen auszeichnen, sind unter dem Namen „Indanthrenfarben" bekannt. Die übrigen Küpenfarbstoffe, die in der einen oder anderen Echtheit nicht als hervorragend entsprechend gelten können — sie sind meist in Lichtechtheit etwas zurückstehend, doch fast durchgehend von vorzüglicher Wasch- und Chlorechtheit —, sind unter verschiedenen Trivialnamen im Handel, und zwar als Algol-, Hydron-, Helindon-, Grelanon- usw. Farbstoffe. zur dritten Gruppe zählen rein indigoide Produkte, also der Indigo und seine Derivate.

Eine besondere Farbstoffklasse sind ferner die Produkte der Indigosolgruppe.

Da der Indigo der älteste Repräsentant der Küpenfarbstoffe ist, soll zunächst der Blaudruck und seine Entwicklung ausführlicher behandelt werden.

α) Die Fabrikation der Blaudruckartikel mit Indigo.

1. Der direkte Druck mit Indigo unter besonderer Berücksichtigung der koboriehistorischen Grundlagen.

Der direkte Druck von Indigo ist eine uralte Methode, deren Ursprung in Indien zu suchen ist, wo man Gewebe mit Indigoküpe mittels Pinsel bemalte. Dieses Verfahren wurde im Anfang des 18. Jahrhunderts auch in Europa versucht, indem man den Indigo in einer Mischung von Schwefelarsen und Kalklauge (Oppermentküpe) auflöste, mit Gummi verdickte und dann mit Pinseln auf das Gewebe malte. Die so erzeugten blauen Bemusterungen nannte man nach der Herstellungsweise „Pinselblau" oder „Schilderblau" oder „Federblau".

Tafeldruckindigoblau. Auch für echte blaue „Tafeldruckfarben" wurde diese Arbeitsweise später noch eine Zeitlang beibehalten[3]). Unter Tafeldruckfarben oder Applikationswaschfarben verstand man solche, welche schon fertig gebildet auf die Gewebe gedruckt wurden; das Verdickungsmittel sowie die den bedruckten Stellen außerdem noch anhaftenden Säuren, Salze oder Alkalien entfernte man dann durch einfaches Auswaschen der Stoffe. Die Druckfarbe für Tafeldruckindigoblau (manchmal auch „Chinablau" genannt) mußte natur-

---

[1]) Siehe Musterkarte Nr. 666 der J. R. Geigy A. G. in Basel (Schweiz) und Grenzach (Baden): „Farbstoffe für Baumwolldruck" sub A. Chromfarbstoffe, S. 2—36.

[2]) Betreffend Identifizierung von Küpenfarbstoffen auf der Baumwollfaser siehe: Dr.-Ing. Rudolf Bude: Untersuchung und Reaktionen der Küpenfarbstoffe auf der Baumwollfaser. Melliands Textilber., Jg. 1924, S. 602—607. — Ing. Mirko Vajs: Identifizierung von Küpenfarbstoffen auf der Baumwollfaser. Melliands Textilber., Jg. 1927, S. 611—619. — Dr. W. Zänker, und Herm. Rettberg: Erkennung und Prüfung von Färbungen. (Anleitung zur Beurteilung der Farbe auf gefärbten Textilwaren.) Wittenberg-Berlin: A. Ziemsen Verlag 1925.

[3]) Vorschriften für Tafeldruckindigoblau (Oppermentküpe sowie Solidblauverfahren nach Dingler) sind u. a. in dem „Lehrbuch der gesamten Färberei nebst einem Anhange über Kattun-Druckerei" von Dr. J. B. Vitalis, bearbeitet von Dr. Chr. H. Schmidt, Weimar 1847, S. 849/850 enthalten.

gemäß sorgfältig vor der Berührung mit Luft verwahrt und durfte nur solange angewendet werden, als sie noch gelb oder wenigstens grünlichgelb war. Sobald die Druckpaste blau wurde, mußte sie wieder durch Zugabe von ätzender Pottasche (Kalilauge aus Pottasche und gelöschtem Kalk) und pulverisiertem Schwefelarsen reduziert werden.

Solidblauverfahren für tafeldruckblaue Fabrikate. (Eigentlich englischen Ursprungs und seit 1826 dann auch in den kontinentaleuropäischen Zentren der Kattundruckindustrie in Anwendung.) Da das in der Druckfarbe enthaltene Schwefelarsen schädlich auf die Gesundheit der Arbeiter einwirkte, so suchte man nach einer anderen Reduktionsmethode und verwendete nach den Angaben von J. G. Dingler Zinnoxydulteig in Kombination mit Kandiszucker. Bester Guatemala-Indigo wurde mit Wasser zu einem feinen Teig abgerieben, mit Kalilauge (aus Pottasche und frisch gebranntem Kalk in der Küpe selbst bereitet) sowie mit Kalkbrei versetzt und Zinnoxydulteig (aus Zinnsalz gefällt) zugegeben. Diese Mischung wurde unter Erwärmen bedächtig durchgerührt, bis der Indigo goldgelb reduziert war; dann setzte man pulverisierten Kandiszucker zu und pulverisierten Senegalgummi und rührte noch einige Zeit gut durch zwecks vollständiger Auflösung aller Ingredienzien. Diese Druckfarbe wurde in festbedeckten steinernen Gefäßen zum Aufdruck bereitgehalten und dann sowohl zum Aufmalen mit dem Pinsel als auch für Handdruck und Walzendruck verwendet[1]).

Fayence- oder Englischblau. In England diente ferner bereits im 18. Jahrhundert eine Küpe aus Indigo mit Eisenvitriol und Kalk (Vitriolküpe) für Druckzwecke. Im Jahre 1790 wurde diese Arbeitsweise auch in Deutschland aufgenommen und der so hergestellte Druckartikel unter dem Namen Fayence- oder Englischblau bekannt. Man verrieb den Indigo mit Wasser zu einer feinen Paste, setzte Eisenvitriol und essigsaures Eisen zu und verdickte mit Gummi; nach dem Aufdruck wurde die Ware einige Zeit zwecks Oxydation an der Luft liegen gelassen und dann nacheinander in fünf Bädern behandelt. Die beiden ersten Bäder enthielten Kalkmilch, das dritte Eisenvitriol, das vierte verdünnte Kalilauge (im Bade selbst aus Pottasche und Ätzkalk bereitet) und das fünfte verdünnte Schwefelsäure; zum Schluß wurde gründlich gewaschen[2]).

Infolge der leichten Oxydierbarkeit der nach vorgenannten Verfahren hergestellten Indigodruckfarben bot deren Anwendung viele Schwierigkeiten; der Druck von Fayenceblau war außerdem sehr umständlich und wurde deshalb am wenigsten praktiziert. Aus diesen Gründen gab man gegen Mitte des 19. Jahrhunderts den direkten Druck mit Indigo — der übrigens in bedeutendem Ausmaße ausgeführt wurde — nahezu vollständig auf und erzeugte tafeldruckblaue Fabrikate fast ausschließlich mit dem zwar weniger echten Berlinerblau.

Verschiedene andere ältere Druckmethoden. Bemerkenswert ist fernerhin die Druckmethode von Schützenberger und de Lalande[3]) mit hydroschwefliger Säure, da sich der Indigo mit Hydrosulfit am besten reduziert. Ein ähnliches Verfahren zum Aufdruck von Hydrosulfitküpe ist später von Blanchon & Allegret[4]) in Amerika unter Patentschutz gestellt worden. Prud'homme druckte Indigo mit Glyzerin und Natronlauge und löste die

[1]) Eine ähnliche Vorschrift ist in dem Werk von Antonio Sansone: „Der Zeugdruck“: Berlin: Julius Springer 1890, S. 209 angegeben.

[2]) Wilhelm Heinrich von Kurrer: „Die Druck- und Färbekunst“, 1849, Zweiter Band, S. 464.

[3]) Vorschrift in Sansone: „Der Zeugdruck“, Berlin 1890, S. 208.

[4]) Amerikan. Patent Nr. 522042 vom 25. Juni 1894.

Reduktion durch einen Dämpfprozeß aus. Ferner kann der Indigo mit Natronlauge und rotem Phosphor aufgedruckt und dann ebenfalls durch Dämpfen fixiert werden. Die Badische Anilin- und Sodafabrik fand dann noch 1898 ein Verfahren zum Indigoaufdruck mit Lauge (ohne Traubenzucker), wobei die Drucke nach scharfem Trocknen ca. 1 Stunde in einem luftfreien geschlossenen Dämpfer gedämpft und dann in fließendem Wasser gewaschen wurden[1]).

Glukose-Alkali-Verfahren nach Schlieper & Baum, Elberfeld. Zu vielseitiger und betriebssicherer Anwendung gelangte der Indigodruck erst im Anfang der 80er Jahre des 19. Jahrhunderts, nachdem es der Firma Schlieper & Baum in Elberfeld gelungen war, die Reduktion mit Traubenzucker und Alkalilauge für großproduktive Arbeitsweise in jeder Beziehung technisch zu vervollkommnen.

Bereits seit 1816 war bekannt, daß Traubenzucker in Gegenwart von Alkalien reduzierend wirkt. Ebenso wurde beim Indigodruck schon frühzeitig erkannt, daß es sehr wesentlich sei, die vorzeitige Reduktion des Farbstoffs möglichst zu verhindern und diese erst nach dem Aufdruck durch besondere Behandlung auszulösen. Durch zweckmäßige Mischung von Indigo, Traubenzucker und Alkali erhielt man denn auch Druckfarben, die bei entsprechend rascher Verwendung keinerlei Reduktionserscheinung aufwiesen. Die Reduktion wurde dann durch Dämpfen bewirkt und auch dabei erkannte man schon, daß möglichste Luftfreiheit des Dampfes als Grundbedingung zur restlosen Fixierung des Farbstoffs zu gelten hat. Ein derartiges Druckverfahren von Indigo mit Traubenzucker und Alkali wurde im Jahre 1863 von Leese praktisch ausgeführt. Außer dem Dämpfen war aber für das Gelingen der Indigodrucke noch ein anderer Umstand von Bedeutung; die Konzentration der Lauge in der Druckfarbe mußte eine derart hohe sein, daß an den betreffenden Gewebepartien Merzerisation erfolgte. Diese Bedingung muß erfüllt werden, damit die Drucke eine genügende Intensität zeigen. Schwierigkeiten machte ferner noch die Reoxydation des Indigoweiß. Waschen mit zu wenig Wasser führte unfehlbar zum Ausfließen des Indigoweiß von den bedruckten Stellen auf das Weiß des Stoffes, welches dadurch mehr oder weniger blau angefärbt wurde; außerdem waren verschwommene Konturen unvermeidlich. Durch Waschen mit viel fließendem Wasser, wodurch die über die Druckstellen austretende Küpe rasch entfernt wurde, konnte diesem Übelstande abgeholfen werden. Das Ausfließen der Drucke suchte man auch durch Behandeln der gedämpften Ware in Kupfervitriollösungen zu beseitigen; dadurch erfolgte außer der Neutralisation der Lauge gleichzeitig eine rasche Oxydation des Indigoweiß. Die Fixierung des Pigments auf der Faser war bei dieser Methode aber keine besonders feste, weil dazu ein verhältnismäßig langsamer Verlauf der Oxydation erforderlich ist.

Der vorbeschriebene einfache Weg, der Aufdruck des mit Traubenzucker und Natronlauge verküpten Indigos, war jedoch wegen der Empfindlichkeit der Druckfarbe gegen den Einfluß der Luft (Ausscheidung von Indigoblau) ebenso wenig für rationelle Dauerarbeit geeignet als das Solidblauverfahren oder die Oppermentküpe usw.

Erst als Schlieper den Indigo und das Reduktionsmittel (Glukose) getrennt auf die Faser brachte, ergab das Glukosealkaliverfahren konstante und deshalb zufriedenstellende Resultate. Über dieses Verfahren wurde 1883 in der Gesellschaft für chemische Industrie in Mühlhausen Bericht erstattet[2]) und dasselbe dann auch durch Schlieper & Baum verschiedentlich veröffentlicht[3]).

Schlieper präparierte die weiß gebleichte Ware mit 7—8° Bé starker Glykoselösung, übrigens je nach Tiefe des herzustellenden Blau mit 100—250 g

[1]) B. A. S. F., Ludwigshafen a. Rh.: „Indigo rein B.A.S.F.“ (Erstausgabe), S. 121.
[2]) Bull. Mulh. 1883, S. 53, 585, 600. [3]) Bull. Mulh. 1884, S. 49.

Traubenzucker im Liter Wasser. Die Pression der Quetschwalzen des Foulards wird so eingestellt, daß die Ware das eigene Gewicht (100% ihres Gewichts) an Traubenzuckerlösung aufnimmt; dann trocknet man gut bei 40—50 °C in der Hot-flue. Das so präparierte Gewebe ist naturgemäß sehr hygroskopisch und soll deshalb rasch den weiteren Operationen zugeführt werden.

Die zur Anwendung kommende Indigodruckfarbe hat die gleiche Zusammensetzung wie jene, die bereits beim Schlieper-Baum'schen Artikel auf Türkischrot angegeben wurde; diese Druckfarbe besteht einfach aus Verdickungsmittel (gebrannte Stärke oder Britishgum), Natronlauge und Indigo. Das Verhältnis von 100 g Traubenzucker und 30 g Ätznatron ist für den richtigen Verlauf der Reaktion maßgebend; damit Merzerisation der Faser eintritt, ist ein Mindestgehalt von 200 g Ätznatron per Kilogramm erforderlich.

Indigodruckfarbe:

750 g	alkalische Verdickung WB
100 g	Natronlauge 22° Bé
150 g	Indigo MLB-Teig 20%ig
1000 g	

Alkalische Verdickung WB:

25 g	Weizenstärke
55 g	Britishgum
120 g	Wasser
800 g	Natronlauge 45° Bé
1000 g	

Die bedruckte Ware wird bei niedriger Temperatur (nicht über 30 °C) getrocknet und hierauf im luftfreien Schnelldämpfer mit feuchtem Dampf gedämpft; die Drucke sollen beim Verlassen des Dämpfers eine gelbolive Farbe zeigen. Das Waschen der gedämpften Ware geschieht auf einer Breitwaschmaschine mit viel Wasser, und zwar so, daß das Wasser im ersten Kasten bei konstantem Zulauf und gleichbleibendem Niveau, unten (am Boden) ebenso fortwährend abläuft; durch diese stetige Erneuerung der Wassermenge kann ein Einfärben der unbedruckten Gewebestellen kaum stattfinden.

Eine Variante dieses Schlieperschen Verfahrens benutzte statt Traubenzucker Maltose, doch wurde damit kein anderer Effekt erzielt. Auch Dextrin kann bei Gegenwart von Alkali als Reduktionsmittel für Indigo angewendet werden.

Indigograu nach Dr. W. Elbers, Hagen i. W. Von Dr. W. Elbers (Hagener Textilindustrie vorm. Gebr. Elbers in Hagen in Westfalen) stammt eine eigentümliche Methode zum direkten Indigodruck (vom Jahre 1898), nach welcher sehr echte graue Töne (Indigograu)[1]) erhalten werden. Man druckt den Indigo dabei mit animalischen oder vegetabilischen Ölen, z. B. Olivenöl und dämpft hierauf[2]). Die Fixierung des Indigo geschieht hier aber nicht durch Sublimation, wie ursprünglich angenommen wurde; R. Haller[3]) hat festgestellt, daß der Indigo in der Verdickung + Öl einen anderen Dispersitätsgrad annimmt, wodurch für die Adsorption des Pigments als solchem günstigere Bedingungen geschaffen werden. Die Zusammensetzung einer Druckfarbe für Indigograu ist einfach folgende:

Indigograudruckfarbe:

20— 50 g	Indigo rein Teig 20%ig
20— 50 g	Olivenöl
960—900 g	Stärke-Tragantverdickung
1000 g	

[1]) D. R. P. Nr. 101190 und 106708 (seinerzeit übernommen von der B. A. S. F.).

[2]) B. A. S. F., Ludwigshafen a. Rh.: „Indigo rein B. A. S. F." (Erstausgabe) S. 121—123.

[3]) Kolloid-Zeitschr. Bd. 75, S. 49, 1919.

Nach dem Aufdruck dämpft man 1—1½ Stunden bei ¾—1 Atm. Überdruck, wäscht und seift.

2. Erzeugung von künstlichem Indigo auf der Faser im Wege des Zeugdrucks.

Von historischem und theoretischem Interesse sind auch die Druckmethoden zur Erzeugung von künstlichem Indigo auf der Faser, und zwar aus Nitrophenylpropiolsäure, aus Indophor (B. A. S. F.) sowie aus Indigosalz T von Kalle (Orthonitrophenylmilchsäuremethylketon).

Die Nitrophenylpropiolsäure[1]) geht durch Aufdruck mit Reduktionsmitteln (xanthogensaures Natron) in alkalischer Lösung (Borax) beim nachherigen Verhängen der Ware während 12—24 Stunden in einem 25° C warmen Raume in Indigo über. Dieses Verfahren wurde eine Zeitlang praktisch angewendet, doch einerseits wegen des beträchtlichen Gestehungspreises und andererseits wegen des unangenehmen Geruches, welcher der Ware langandauernd anhaftet, wieder verlassen.

Das Indophor[2]) wurde im Jahre 1895 von der B. A. S. F. in den Handel gebracht. Indophor war ein in Wasser unlösliches grünlichbläuliches Pulver, das sich jedoch in Borax, Alkohol sowie in Glyzerin löste; es konnte durch Oxydationsmittel in alkalischer Lösung in Indigo übergeführt und dieser gleichzeitig auf der Faser fixiert werden. Als Oxydationsmittel diente Eisenchlorid oder der Sauerstoff der Luft (bei einem Dämpfprozeß oder beim Verhängen der Ware). Die B. A. S. F. empfahl vier verschiedene Verfahren zur Erzeugung von Indigoblau aus Indigophor auf der Faser, die aber keine weitere Bedeutung erlangten.

Mit Indigosalz T[3]) von Kalle & Co. in Biebrich a. Rh. konnte man ebenfalls in verhältnismäßig einfacher Weise Indigo auf der Faser erzeugen; nach dem Aufdruck wurde die Ware durch Natronlauge passiert und dadurch der Indigo entwickelt bzw. fixiert. Zur Bereitung der Druckfarbe muß das in Wasser schwer lösliche Indigosalz zuerst mit Bisulfit bei ca. 50° C gelöst werden.

Druckvorschrift für Indigosalz T:

20— 40 g	Indigosalz T
30— 60 g	Bisulfit 40° Bé
600 g	British-gum 1:1
350—300 g	Wasser
1000 g	

Das bedruckte Gewebe wird bei mäßiger Temperatur getrocknet, breit durch 50—80° C heiße Natronlauge von 12—16° Bé passiert, anschließend mit viel Wasser gespült, dann gesäuert und nochmals gewaschen.

3. Der alkalische Indigodruck mit Formaldehyd-Sulfoxylat (Rongalit C).

Ein wichtiger Fortschritt im direkten Indigodruck hat dann erst nach der Auffindung und Anwendung der Formaldehyd-Sulfoxylate durch R. Russina (1903) in Wirksamkeit. Wie bereits erwähnt, wurde von Russina im gleichen Jahre unter anderen Verwendungsvorschriften für die haltbare Hydrosulf tverbindung auch schon eine entsprechende Rezeptur zum Druck von Indigo ausgearbeitet.

Durch die Anwendungsmöglichkeit von Hydrosulfit in stabiler Form ergab sich als außerordentlicher Vorteil der Wegfall der Vorpräparation der Ware,

[1]) Druckvorschrift siehe Sansone: „Der Zeugdruck", Berlin: Julius Springer 1890, S. 209.

[2]) Ausführliche Druckvorschriften sind im Anhange des Buches der B. A. S. F. über „Die Anwendung der Alizarinfarben. I", S. 237—239 enthalten.

[3]) Die Farbstoffe der Firma Kalle & Co., A.G., Biebrich a. Rh., 2. Auflage, S. 379, 380.

also eine bedeutende Vereinfachung des Druckverfahrens. Das Hydrosulfit NF konz. (Rongalit C) kann ohne weiteres mit dem Farbstoff und dem Alkali in der Druckfarbe untergebracht werden, ohne daß vorzeitige Reduktion zu befürchten ist. Unbegrenzt haltbar sind zwar auch diese Farben nicht, denn nach längerem Stehen zeigt sich auf der Oberfläche derselben infolge teilweiser Reduktion eine schillernde Haut.

Vorschrift für eine stark alkalische Indigodruckfarbe mit Hydrosulfit NF konz. (Rongalit C):

650 g	alkalische Verdickung WB (siehe S. 246)
50 g	Natronlauge 22° Bé
150 g	Hydrosulfit NF konz. 1 : 1 (Rongalit C 1 : 1)
150 g	Indigo MLB in Teig 20%ig
1000 g	

Die bedruckte und nicht zu scharf getrocknete Ware wird 3—5 Minuten im luftfreien Schnelldämpfer mit feuchtem Dampf gedämpft und dann wie üblich mit viel Wasser auf der Breitwaschmaschine gewaschen. Beim Austritt aus dem Dämpfer zeigt der Druck eine braunolive Färbung.

4. Indigodruck mit Indigosol O.

Mit dem Indigosol O[1]) als haltbares und leicht wasserlösliches Indigoweißpräparat sind seit 1923 weitere, einwandfrei brauchbare Druckmethoden für Indigo in Aufnahme gekommen. Für den direkten Druck mit Indigosol O kommen zwei Arbeitsweisen in Betracht, und zwar das Nitritverfahren und das Dämpfverfahren.

Beim Nitritverfahren nach H. Perndanner wird Indigosol O unter Zusatz von Natriumnitrit gedruckt und nach dem Trocknen ohne zu dämpfen durch eine kurze Behandlung mit Schwefelsäure entwickelt. Durch Zugabe von Naphtolnatrium zur Druckfarbe wird die Haltbarkeit derselben erhöht.

Druckvorschrift:

100 g	Indigosol O	
360 g	Wasser	
500 g	Stärke-Tragantverdickung	
20 g	Natriumnitrit	100 g Beta-Naphtol
20 g	Naphthollösung	200 g Natronlauge 22° Bé
1000 g		700 g Wasser
		1 Liter

Die bedruckte und getrocknete Ware wird während 15 Sekunden breit durch ein 25—30° C warmes Schwefelsäurebad (30 g Schwefelsäure von 60° Bé per Liter) genommen, gewaschen und geseift.

Nach dem Dämpfverfahren wird Indigosol O unter Zugabe von Natriumchlorat, Ammoniumvanadat und neutralem Ammoniumoxalat oder Rhodanammon aufgedruckt, fünf Minuten im gewöhnlichen Schnelldämpfer (Anilinschwarzdämpfer) bei 95—98° C gedämpft und dann gewaschen und geseift.

Druckvorschrift:

125 g	Indigosol O
225 g	Wasser
30 g	Glyzerin
500 g	Stärke-Tragantverdickung
30 g	neutrales oxalsaures Ammon
15 g	chlorsaures Natron
75 g	vanadinsaures Ammon (1 : 1000)
1000 g	

[1]) Die Herstellung von Indigosol O ist Schweizer Patent Nr. 10254 vom 14. September 1922 von Dr. Bader, Sünder und Durand-Huguenin.

An Stelle von chlorsaurem Natron kann auch bromsaures Natron angewendet werden, wodurch ein etwas lebhafterer Farbton resultiert.

Die nach diesen Verfahren erhaltenen Indigodrucke zeigen einen etwas grünlicheren Stich als die nach der Sulfoxylatmethode im alkalischen Medium hergestellten.

Eine etwas anders geartete Fixationsmethode für Indigosol ist von Dr. Tagliani und Dr. Krähenbühl[1]) ausgearbeitet worden. Diese beiden Forscher haben gefunden, daß die Indigorückbildung auch durch Einwirkung von leicht dissoziierbaren organischen Salzen (milchsaures, glykolsaures, ameisensaures, oxalsaures Ammon usw.) auf die Indigo-Natriumnitrit-Mischung beim Trocknen oder Dämpfen erfolgen kann. Ferner wurde von den Vorgenannten beobachtet, daß die direkte Entwicklung der Indigosol-Nitrit-Druckfarbe auch durch eine stark essigsaure oder ameisensaure Atmosphäre im Schnelldämpfer ausgelöst wird.

Druckvorschrift nach Tagliani und Krähenbühl:

30 g	Indigosol O
135 g	Wasser
5—35 g	Natriumnitrit
200 g	milchsaures Ammon 21° Bé
600 g	Gummiwasser 1 : 1
1000 g	

Je nach der Menge des in der Indigosoldruckfarbe enthaltenen Nitrits erfolgt die Entwicklung des Indigotones durch Trocknen auf geheizten Trommeln oder durch Dämpfen. Nachher wird gespült und eventuell noch geseift.

5. Reservieren von Indigodruckfarben (Reserven für Überdrucke).

Zum Reservieren von Indigodrucken sind je nach deren Ausführungsart verschiedene Mittel verwendbar und gebräuchlich. Der nach dem Schlieperschen Glukosealkaliverfahren gedruckte Indigo läßt sich mit fein gefälltem Schwefel (Schwefelmilch) reservieren; diese reservierende Wirkung beruht auf der örtlichen Bildung von Polysulfiden mit der Natronlauge der Überdruckfarbe. Durch Zusatz von sauren Salzen, z. B. Aluminiumsulfat, wird die Wirkung der Schwefelreserve noch etwas erhöht; die freie Mineralsäure dieser Salze muß jedoch mit essigsaurem Natron abgestumpft werden, um eventuelle Faserschwächung beim Trocknen (vor dem Überdruck) zu vermeiden. Beim Druck von Indigo mit Rongalit auf nichtpräparierte Ware erhält man aber mit Schwefelreserven keine brauchbaren Resultate.

Weißreserve (Schwefelreserve):

500 g	Schwefelmilch
500 g	Gummiwasser 1 : 1
1000 g	

oder

240 g	fein gefälltes Schwefelpulver
240 g	Gummiwasser 1 : 1
480 g	schwefelsaure Tonerde 1 : 1
40 g	essigsaures Natron
1000 g	

Die Schwefelreserve kann auch bei entsprechenden Zusätzen als Buntreserve in Anwendung kommen, z. B. mit Cadmiumchlorid für gelbe Effekte usw.

Theoretisch sollten ganz im allgemeinen entsprechend saure Druckfarben die Fixierung des Pigments der Überdruckfarbe vollkommen verhindern, doch zeigte es sich, daß z. B. Milchsäure allein eine ungenügende Wirkung ausübte[2]).

[1]) Melliands Textilberichte 1925, S. 107. [2]) Bull. Mlh. 1902, S. 428.

Für Weißreserve unter künstlichem Indigo aus Nitrophenylpropiolsäure wurde nach Sansone[1]) beispielsweise folgende Vorschrift in Anwendung gebracht:

1000 g	Zitronensaft 24° Bé
250 g	Natronlauge 30° Bé
20 g	Öl
400 g	Dextrin
12,5 g	Oxalsäure

Zweckdienlich reservierend wirkt jedoch ein Vordruck mit Ferrizyankalium in starker Konzentration. Beim Überfallen der alkalischen Indigodruckfarbe wird ein kräftiger Oxydationsvorgang ausgelöst, wobei das Ferrizyanid in die Ferroverbindung übergeht; der sich bildende Sauerstoff paralysiert dann die Wirkung des Reduktionsmittels.

$$2\,K_3Fe(CN)_6 + 2\,KOH = 2\,K_4Fe(CN)_6 + H_2O + O.$$

Die Verhinderung der Fixierung von Indigo sowie Küpenfarbstoffen überhaupt geschieht ferner in sehr energischer Weise durch oxydierend wirkende organische Substanzen, wie z. B. das m-nitrobenzolsulfosaure Natron, das unter den Namen Ludigol und Serodit im Handel ist.

Ludigol- (Serodit-) Reserve:

150 g	Ludigol (Serodit)
75 g	Natriumkarbonat
275 g	Wasser
500 g	Gummilösung 1 : 1
1000 g	

Eine vorzügliche Reserve gegen Reduktionsmittel ist auch die Pikrinsäure als Trinitrophenol. Trotz geringer Löslichkeit ist ihre Wirkung außerordentlich energisch; sie ist jedoch nur mit Vorsicht zu gebrauchen, weil beim Trocknen oder Dämpfen der damit bedruckten Gewebe leicht Faserschwächung eintritt.

Reserven unter Überdruck mit Indigosol O können mit Rongalit C (Hydrosulfit NF konz.) oder mit Thiosulfat erzielt werden. Mit Hilfe von Küpenfarbstoffen lassen sich auch bunte Vordruckreserven herstellen.

Weißreserve:

500 g	Britishgum 1 : 1
150 g	Hydrosulfit NF konz. 1 : 1 (Rongalit C 1 : 1)
50 g	Leukotrop W konz.
100 g	Zinkweiß 1 : 1
150 g	essigsaures Natron
50 g	Wasser
1000 g	

Buntreserven mit Küpenfarbstoffen:

300 g	Küpenfarbstoff in Teig
40 g	Glyzerin
380 g	Stärke-Tragantverdickung
80 g	Soda kalz.
200 g	Hydrosulfit NF 2:1 (Rongalit C 2:1)
1000 g	

Der Überdruck von Indigosol O geschieht entweder nach dem Nitrit- oder nach dem Dämpfverfahren, worauf die Waren in üblicher Weise fertigbehandelt werden.

[1]) „Der Zeugdruck", S. 210. Berlin: Julius Springer 1890.

6. Direktdruck mit indigoiden Farbstoffen (Indigo RBD und Brillantindigomarken der B.A.S.F., Indigo MLB/R, /2B, /4B, /5B und /6B der Farbwerke Höchst, Bromindigo FB und die Farbstoffe der Alizarinindigoreihe von Leverkusen, alle Ciba-Farbstoffe (einschließlich Ciba-Indigo R und RR sowie Ciba-Indigogelb 3G)[1]) der Gesellschaft für chemische Industrie in Basel usw.).

Indigo RBD und die Brillantindigomarken, ferner Bromindigo FBD und die Farbstoffe der Alizarinindigoreihe sowie alle Cibafarben werden nach schwach alkalischen Druckmethoden, und zwar fast allgemein nach dem Pottasche-Rongalit-Dämpfverfahren (A) gedruckt. Bei Verwendung der pulverförmigen Farbstoffe arbeitet man jedoch auch vielfach nach dem Rongalit-Natronlauge-Bikarbonat-Verfahren; dabei werden die Farbstoffe mit Natronlauge und Hydrosulfit conc. Pulver verküpt und dann die Lauge durch Zugabe von Natriumbikarbonat in Soda umgewandelt.

Für Indigo MLB/4B, /5B und /6B ist die Druckmethode mit Rongalit C und Soda mit verküptem Farbstoff am zweckmäßigsten; Soda-Rongalit-Verfahren (B).

Indigo MLB/R und /2B sowie Indigo R und RR (B. A. S. F.) werden in gleicher Weise wie Indigo rein B. A. S. F., bzw. Indigo MLB nach stark alkalischen Druckmethoden, demnach also entweder nach dem Glykoseverfahren (Indigodruckverfahren von Schlieper & Baum) oder mit Rongalit und Ätzkali (Lauge-Rongalit-Verfahren) gedruckt.

Die meisten Alizarinindigo- und Cibafarbstoffe können ferner auch nach dem Natronlauge-Entwicklungsverfahren (Jeanmaire'sches Verfahren) angewendet werden.

A. Pottasche-Rongalit-Dämpfverfahren.

300 g	Farbstoff in Teig
80 g	Glyezin A (Höchst)
350 g	Stärke-Tragant-Verdickung
120 g	Pottasche
150 g	Rongalit C (1:1)
1000 g	

B. Soda-Rongalit-Verfahren mit verküptem Farbstoff.

150—400 g	Farbstoff in Teig
80 g	Glyezin A (Höchst)
480—230 g	Stärke-Tragant-Verdickung
60 g	Soda calc.
60 g	Solutionssalz B (1:1) und
40 g	Hydrosulfit conc. Pulver auf 55° C erwärmen, bis der Farbstoff gelöst ist, dann abkühlen und nachher
30 g	Olivenöl sowie
100 g	Rongalit C (3:1) zugeben
1000 g	

Nach dem Aufdrucken wird 3—5 Minuten im luftfreien Schnelldämpfer bei 101° C mit feuchtem Dampf gedämpft, dann breit durch ein lauwarmes Bichromat-Essigsäure-Bad (1 g Kalium- oder Natriumbichromat und 5 cm³ Essigsäure 6° Bé pro Liter bei 50—60° C) genommen, gespült und kochend geseift.

Die Vorschriften für das Bikarbonat- und das Natronlauge-Entwicklungsverfahren werden beim Direktdruck mit Indanthrenfarbstoffen noch ausführlich besprochen werden.

---

[1]) Siehe Musterkarte Nr. 552 der Gesellschaft für chemische Industrie in Basel: Die Ciba- und Cibanonfarbstoffe im Baumwolldruck, S. 24/25.

β) Bemusterung küpenblau gefärbter Ware.

Während der direkte Druck von Indigo eine mehr untergeordnete Rolle spielt – es gibt eine ganze Reihe von Farbstoffen, die ohne irgend Schwierigkeiten zu bereiten ganz ähnliche Farbtöne ergeben —, kommt der Illumination küpenblauer Böden noch immer außerordentliche Bedeutung zu. Der Blaudruck ist als Stapelartikel nach wie vor ein Handelsobjekt von hervorragender Wichtigkeit.

Die Bemusterung indigoblauer Färbungen geschieht sowohl nach dem Reserve- als auch besonders nach dem Ätzverfahren. Das Reserveverfahren als älteste Arbeitsweise hat zwar seit Einführung der Ätzmethoden an Bedeutung verloren, doch ist es für gewisse Artikel noch vielfach in Anwendung. Das Ätzverfahren hat dagegen seit Anwendung der Sulfoxylate noch erhöhtere Bedeutung erlangt.

1. Das Reserveverfahren. Allgemeines über die Art und Zusammensetzung der Reserven sowie über die Vorbereitung der Waren für den Pappdruck.

Das Reserveverfahren, der eigentliche sogenannte Blaudruck, erlangte in Europa im 18. Jahrhundert seine vollendetste Durchbildung und wurde naturgemäß bis zur Auffindung bzw. dem erfolgreichen Ausbau der Ätzmethoden in bedeutendem Umfange angewendet.

Das in Europa eingebürgerte Reserveverfahren war anfangs nichts anderes als eine Nachahmung der indischen Indigoartikel. Aus dieser Zeit hat sich noch bis heute die französische Bezeichnung „Indienne" für bedruckte Kattune erhalten; auch der alte Name „Indienneries" für Zeugdruckereien charakterisierte den Ursprung der dann immer mehr ausgestalteten Fabrikationsmethoden.

Eine sehr ausführliche Beschreibung des Reservedruckes findet sich erstmalig in dem klassischen Werk von J. Persoz[1]) (Band III, S. 31 ff.). Sehr wertvoll ist ferner eine von Tagliani[2]) im Jahre 1912 veröffentlichte Abhandlung über dieses Arbeitsgebiet, in der u. a. auch die ältesten Verfahren durch zum Teil sehr selten gewordenes Mustermaterial illustriert sind.

Zur Herstellung der weißen und farbigen Muster auf küpenblauer Grundfärbung bedruckt man die weiße Ware zuerst mit einem sogenannten Papp, welcher beim nachfolgenden Ausfärben die bedruckten Stellen vor dem Anfärben schützt (Schutzpapp). Diese Pappreserven enthalten neben der meist aus Gummi, seltener aus Mehl oder gebrannter Stärke bestehenden Verdickung sowohl mechanisch reservierend wirkende Substanzen, wie Kaolin, Bleisulfat, Bariumsulfat, usw. als auch chemische Reaktionen auslösende Mittel, wie z. B. Kupfersalze, Bleisalze usw. Die chemisch wirkenden Mittel (Metallsalze) des Papps werden durch das Alkali der Färbeküpe unlöslich ausgefällt, wodurch dann eine fast undurchlässige Schutzschicht resultiert.

Beim Druck des Papps auf vorgefärbte Ware wird die Vorfärbung reserviert. Man kann nun auch Reserven aufdrucken, welche infolge ihrer besonderen Zusammensetzung nicht nur imstande sind, die Anfärbung der bedruckten Stellen zu verhindern, sondern auch gleichzeitig die Vorfärbung selbst zu zerstören. Solche Druckfarben, die also eine Kombination von reiner Reserve und Ätzfarbe darstellen, nennt man „Ätzreserven".

Ein gutwirkender Schutzpapp ist beispielsweise folgendermaßen zusammengesetzt:

---

[1]) Traité théorique et pratique de l'Impression des Tissus, par J. Persoz, Professeur à la Faculté des sciences de Strasbourg. A Paris, chez Victor Masson, 4 Bände. Deutsche Ausgabe in 2 Bänden von Dr. Chr. Heinr. Schmidt, Weimar 1848 (1. Auflage), 1852 (2. Auflage).

[2]) Färber-Zeitung 1912, S. 280.

30 kg Kaolin
35 kg Gummiwasser 1 : 1
10 kg Kupfervitriol (fein pulverisiert)
5 kg Kupfernitrat (fein pulverisiert)
30 Liter Wasser

Gummi ist ein unentbehrliches Bindemittel zum Aufbau gutwirkender und gutdruckender Reserven, da er infolge seiner hohen Zähigkeit bedeutende Mengen fester Substanzen in suspenso zu halten vermag. Die Verwendung anderer Verdickungsmittel ist nicht zu empfehlen; Stärke, Tragant oder Mischungen beider ergeben im Schutzpappdruck unbefriedigende Resultate.

Der als Beispiel angeführte Weißpapp enthält ferner Kaolin als mechanisch wirkendes Schutzmittel und Kupfervitriol sowie Kupfernitrat als chemisch wirksame Bestandteile. Diese beiden Kupfersalze bilden beim Färben in der Küpe Hydroxyde, neutralisieren also die eindringende Küpenflüssigkeit und veranlassen dadurch Fällung von Indigoweiß auf und in der Reserve, noch bevor dieses die Faser erreicht. Die im Innern der Druckfarbe gebildeten Hydroxyde verdichten die Struktur der Schutzschicht und wirken dann wie eine halb durchlässige Membran, welche die kolloiden Indigoweißteilchen zurückhält. Das stark dissoziierte Kupfernitrat wirkt außerdem noch oxydierend, so daß auch dadurch ein Teil des in den Schutzpapp eindringenden Indigoweiß schon in das Pigment übergeführt und vom Gewebe ferngehalten wird.

Der Reservierungsvorgang würde sich demnach im vorliegenden Falle folgendermaßen abspielen. Beim Eintauchen der bedruckten Ware in die Küpenflüssigkeit dringt letztere in die Reserve ein und gleichzeitig erfolgt die Fällung des Kupferhydroxyds sowie die Bildung der dichteren Struktur der Schutzmembran durch Einlagerung des Hydroxyds in die Verdickung bzw. auch zwischen die Partikel des Kaolins. Die Dichte der Schutzschicht wird dann noch erhöht durch Zwischen- und Auflagerung des auf und im Schutzpapp ausgefällten Indigoweiß, von dem ein Teil durch die oxydierende Wirkung des Nitrats in das Pigment selbst übergeführt wird. Durch diese intensive Verdichtung der Schutzschicht wird jede Diffussion der kolloiden Indigoweißteilchen zum Fasergrund und damit die Anfärbung desselben verhindert.

An Stelle von Kaolin kann auch Bleisulfat im Schutzpapp angewendet werden, man erzeugt es meist im Papp selbst durch doppelte Umsetzung; vielfach werden auch beide Substanzen gleichzeitig und in diesem Falle dann direkt Bleisulfatpaste verwendet. Statt Kupfersalzen können, allerdings nicht durchweg mit dem gleichen Erfolg, eigentlich alle Schwermetallsalze Verwendung finden; ausschlaggebend ist jedenfalls der Preis der in Betracht kommenden Produkte. Am wirksamsten sind neben Kupfersalzen die Salze des Bleis, des Zinks und des Quecksilbers; auch Aluminiumsulfat ist gut geeignet. Im allgemeinen findet man aber in fast allen Papprezepten nur Kupfer- sowie Blei- und eventuell auch Zinksalze.

Bezüglich der erforderlichen Gummiverdickung ist zu bemerken, daß zur Herstellung derselben alle jene arabischen Gummisorten ungeeignet sind, deren Lösungen eine ausgesprochen gallertartige Beschaffenheit zeigen; außerordentlich geeignet sind die indischen Madrasgummi. Außerdem ist das Verhalten der Gummisorten gegenüber Chromsalzen (wegen der Verwendung von Chromaten bei Ätzreserven) zu beachten. Es gibt Sorten, die sich mit Bichromaten vorzüglich verarbeiten lassen, dagegen aber auch wieder Produkte, welche durch diese Salze beinahe augenblicklich zum Koagulieren gebracht werden. Verschiedene Gummis mischen sich scheinbar anstandslos mit Bichromaten, koagulieren dann aber nach kürzerer oder längerer Zeit. Über die Verwendbarkeit der Gummisorten für den einen oder anderen Zweck entscheidet stets nur der Versuch.

Um den Pappdruckfarben eine größere Geschmeidigkeit zu verleihen, setzt man denselben häufig noch etwas Öl, Glyzerin oder Fett (hauptsächlich Schweinefett) zu.

Zur Herstellung der Pappdruckfarben wird am besten in der Weise gearbeitet, daß man zuerst die Salze mit der bestimmten Menge Wasser löst und mit dieser Lösung den Kaolin oder auch das Bleisulfat anteigt. Hierauf gibt man langsam und unter gutem Umrühren die Gummiverdickung zu, erwärmt die Mischung unter Rühren und passiert zum Schluß durch feine Siebe.

Wird das Bleisulfat durch doppelte Umsetzung von Bleisalzen mit Kupfersulfat oder Zinksulfat in der Druckfarbe selbst erzeugt, so löst man zuerst die Bleisalze mit Wasser, teigt damit das Kaolin gut an und verdickt mit der erforderlichen Gummilösung. Sodann werden die im Rest des zur Verfügung stehenden Wassers gelösten Kupfersalze unter gründlichem Durchrühren langsam zugesetzt. Das Bleisulfat bildet sich bei Anwendung von Kupfersulfat inmitten der Verdickung in besonders fein verteiltem Zustande. Wird als Bleisalz Bleizucker verwendet, so entsteht dabei durch doppelte Umsetzung essigsaures Kupfer, bei Verwendung von Bleinitrat salpetersaures Kupfer; gebraucht man beide Bleisalze im Papp, so bilden sich demgemäß auch beide Kupfersalze nebeneinander.

Vielfach wird auch Grünspan als reservierendes Mittel mitverwendet. Derselbe wird gut zerstoßen, mit etwas Essigsäure angerührt und hierauf Kaolin sowie Gummiwasser beigemengt; dann erfolgt erst die Zugabe der anderen Salze in entsprechend konzentrierter Lösung.

Eine interessante Methode zur Herstellung von Reservepapps, bei welcher das Kristallwasser der einzelnen Reservesalze als Lösungsmittel eine wichtige Rolle spielt, wurde von Becke[1]) veröffentlicht. Die erforderlichen Ingredienzien werden dabei in festem Zustande mit einer nur ganz geringen Menge Wasser in einer geeigneten Mischmaschine (Mühle oder Kollergang) vermahlen, wobei auch die Umsetzung der Salze vor sich geht. Nachstehend zwei Vorschriften für die Arbeitsweise:

3 kg essigsaures Blei krist.
5 kg salpetersaures Blei krist.
2 kg essigsaures Kupfer krist.
6 kg schwefelsaures Kupfer krist. und
6 kg Pfeifenerde werden in einer Kugelmühle mit
3,6 kg Kordofangummi
1,6 kg dunkelgebrannter Stärke und
0,2 kg Olivenöl vermischt und dann noch
11,0 kg laues Wasser zugegeben. Hierauf läßt man die Mühle laufen, bis eine völlig homogene Masse entstanden ist.

Die zweite Vorschrift lautet:

5,70 kg essigsaures Blei krist.
2,70 kg Bleiglätte
5,70 kg Bleinitrat
5,70 kg Bleisulfat in Paste von 70—80%
4,50 kg Kupfersulfat krist.
0,15 kg salpetersaures Kupfer krist.
0,15 kg essigsaures Kupfer krist.
1,80 kg Gummi pulverisiert
0,90 kg dunkelgebrannte Stärke
0,20 kg Olivenöl
0,20 kg Glyzerin
8,00 kg Wasser

[1]) Färber-Zeitung 1913, S. 299.

Nach der üblichen Herstellungsweise der Pappdruckfarben würde sonst in beiden Fällen die angegebene Wassermenge nicht ausreichen, um die hier im Papp unterzubringenden Salze zu lösen.

Die nach den vorgekennzeichneten Prinzipien hergestellten Schutzpappe werden in der Hauptsache auf der Perrotine (Plattendruckmaschine System Perrot oder Rotationsperrotine System Oswin Walther) oder mittels Handdruck auf das Gewebe aufgetragen. Für den Walzendruck mit gravierten Kupferwalzen sind diese Pappdruckfarben infolge des großen Prozentsatzes an unlöslichen Bestandteilen und des dadurch bedingten Einsetzens in die Gravuren nicht gut geeignet und nur dann verwendbar, wenn abnormal tief gravierte Kupferwalzen in Anwendung gebracht werden, um möglichst viel Papp auf das Gewebe bringen zu können. Zwecks Verwendung für Rouleauxdruck müssen die Papps außerdem mit besonderer Sorgfalt sowie unter Zuhilfenahme nur bester und viskosester Gummisorten bereitet werden. Sehr zu empfehlen ist dann auch öfteres Vermahlen des fertigen Papps in einer Walzen- oder Tellermühle, denn je feiner die Bestandteile in der Druckpaste enthalten sind, desto geringer wird die Gefahr des Einsetzens in die Gravuren.

Das wichtigste der durch Pappdruck unter Indigo erzeugten Fabrikate ist der Weiß-Dunkelblau-Artikel, der als charakteristischer Blaudruck in gröberen Mustern sowohl ein- als auch doppelseitig erzeugt wird. Außer Weiß sind dann auch noch Hellblau, Gelb, Orange, Grün, Olive und Rot gangbare Illuminationseffekte. Im Wege dieses Pappdruckverfahrens können feine und zarte Musterzeichnungen naturgemäß nicht auf dem Gewebe wiedergegeben werden, zur Herstellung solcher Bemusterungen kommt nur der Ätzdruck in Betracht.

Die Vorbereitung der Ware zum Reservedruck für Indigoartikel besteht im Entschlichten und Abkochen ohne nachfolgendes Chloren. Oft werden die Gewebe auch nur gründlich entschlichtet, doch ist ein Bäuchprozeß stets vorteilhaft. Am besten hat sich das Kochen der Ware in Kalk bewährt; die Gewebe werden dabei mit einer Kalkmilch von 10—15 g Kalk per Liter Wasser imprägniert in den Kochkessel eingewedelt und dann 6—8 Stunden bei 2—2½ Atm. Überdruck gekocht. Nach beendetem Kochen wird gründlich gewaschen, mit Salzsäure abgesäuert, gewaschen und getrocknet. Derart mit Kalk gebäuchte Ware hat einen gelblichen Ton; sie fühlt sich aber sehr weich an und netzt sich ferner vorzüglich, trotzdem die Inkrusten der Baumwolle, Pektinkörper, Farbstoffe und Fette lediglich nur verändert, aber nicht entfernt worden sind. In diesem Zustande fungiert die Faser als vorzügliches Adsorbens gegenüber Metalloxyden, welche Eigenschaft für den Reservierungsprozeß besonders wertvoll ist.

Die abgekochte und getrocknete Ware wird dann meist noch leicht gestärkt. Man imprägniert zu diesem Zwecke auf einem Foulard mit 15 g Weizenstärke und 15 g Tischlerleim pro Liter Wasser und trocknet am besten in der Warmhänge. Durch Zugabe von 1—2 g weinsaurem Ammon, Kupfervitriol oder Mangansulfat pro Liter Stärkeflotte erhält man beim Ausfärben einen dunkleren Farbton. Die gestärkte Ware wird vor dem Druck auch noch kalandert, wodurch eine glattere und dichtere Oberfläche resultiert. Durch diese Vorbehandlung soll bewirkt werden, daß die aufzudruckenden Reserven möglichst an der Oberfläche des Gewebes haften bleiben. Diese Erleichterung für die Druckmanipulation ist jedoch nicht unumgänglich notwendig.

2. Weißreserven auf indogoblauem Grunde.

Da die Pappdruckfarbe eigentlich nur die Faser vor dem Anfärben schützen soll, so wäre bei Verwendung der vorteilhaft mit Kalk gebäuchten Ware anzunehmen, daß nach dem Färben und Entfernen der Reserve auch das dann erzielte

Weiß einen gelblichen Ton zeigen würde. Bei Verwendung bleisulfathaltiger Reserven, die fast ausnahmslos gebraucht werden, wenn es sich lediglich um weiße Effekte handelt, ist dies aber durchaus nicht der Fall; das erzielte Weiß ist recht rein und weist eher einen bläulichen Stich auf. Die Ursache dieses günstigen Resultates rührt daher, daß die im kalkgebäuchten Gewebe in verändertem Zustand vorhandenen Begleitstoffe der rohen Baumwolle als vorzügliche Adsorbenten für das Bleisulfat wirken. Die auf den bedruckten Stellen des Gewebes derart befestigten bedeutenden Mengen Bleisulfat sind weder durch Säuern noch durch Waschen zu entfernen und verdecken daher den gelblichen Ton des Fadens.

Bewährte Rezepturen für bleisulfathaltige Pappdruckfarben sind z. B. die folgenden:

20 kg Kaolin
20 l Wasser
10 kg Kupfersulfat
10 kg Bleinitrat
20 kg Bleisulfat in Teig 60%ig
20 kg Gummiwasser 1 : 1

oder

13 l Wasser
13 l Bleisulfat in Teig 60%ig
13 l Kupfernitrat 40° Bé
0,5 kg Grünspan } und
3,5 kg essigsaure Tonerde 8° Bé }
12,0 kg dunkelgebrannte Stärke werden gut gekocht und durch ein Sieb passiert; diese Mischung wird dann noch verrührt mit

0,5 kg essigsaurem Kupfer krist. } verdickt mit
1,0 kg Alaun } pulverisiertem Gummi
1,0 kg Kupfersulfat }

Zur Herstellung bleifreier Reserven, die für manche Zwecke den bleihaltigen vorgezogen werden, sind ferner nachstehend angegebene Vorschriften erprobt:

15,0 kg Kaolin
15,0 l Wasser
5,0 kg Kupfersulfat
2,5 kg salpetersaures Kupfer
18,0 kg Gummilösung 1 : 1

oder

12,00 kg Kaolin
4,50 l Wasser
7,00 kg Kupfersulfat
11,00 l Wasser
0,56 kg salpetersaures Kupfer
5,00 kg dunkelgebrannte Stärke
3,00 kg Gummi pulverisiert
11,00 l Wasser

Nach dem Aufdruck dieser Reserven auf die abgekochte bzw. auch vorgestärkte Ware verhängt man die bedruckten Gewebe zwecks Härtung der Papps längere Zeit in einem warmen Raum oder dämpft eventuell. Durch diese Behandlung erfahren die Aufdrucke gewisse Veränderungen; vielfach entweicht Essigsäure oder Salpetersäure, und der Papp gewinnt dadurch an Widerstandskraft gegen die Einwirkung der Küpenflüssigkeit. Die Verwendung von frisch bedruckter Ware zum Färben ist jedenfalls durchaus unzweckmäßig.

Das Ausfärben geschieht im Sternreifen meist in der Zinkkalkküpe, seltener in der Eisenvitriolküpe; die Hydrosulfitküpe kann auch benutzt werden, doch eignet sich dieselbe weniger gut. Die Ware wird derart auf die Reifen gespannt, daß sich die einzelnen spiralartig aufgewickelten Lagen nicht berühren. Vor dem eigentlichen Färben in der Färbeküpe wird die so aufgespannte Ware erst noch in eine schwache Küpe, die sog. „Netzküpe", gesenkt. Das Gewebe wird dadurch genetzt und gleichzeitig werden die Salze der Reserve durch die alkalische Küpenflotte als Hydroxyde gefällt; während so der Papp quillt und härtet, erhält die Ware nur eine blaßblaue Färbung. Vielfach netzt man auch in einer Kufe, die nur Kalkwasser enthält, z. B. auf 5000 Liter 30 kg Ätzkalk und 10 kg kalzinierte Soda; täglich wird mit 2—3 kg Ätzkalk nachgespeist und außerdem von Zeit zu Zeit mit 2—5 kg Soda kalz. Nach diesem Netzen wird der Sternreifen in eine zweite, die eigentliche Färbeküpe versenkt, 10 Minuten darin belassen, dann herausgenommen, umgedreht und nochmals 10 Minuten eingetaucht. Hierauf läßt man die Ware an der Luft vergrünen; ist jedoch die Farbintensität noch ungenügend, so werden die beiden Tauchoperationen wiederholt. Auch während dieser Küpenzüge erhärtet der Papp noch weiter.

Nach dem Vergrünen wird die Ware vom Sternreifen abgehaspelt und auf einer kleinen Waschmaschine gewaschen, um die verhältnismäßig großen Mengen unfixierten Pigments zu entfernen; die dunkelblauen Waschwässer werden gesammelt und daraus der Indigo in bereits bekannter Weise wieder gewonnen.

Man kann die gefärbten Gewebe auch vor dem Waschen auf der Trockenmaschine trocknen und erhält dann dunklere, kupferige Töne; bei dieser Arbeitsweise hat man jedoch weit größere Mühe mit der Entfernung der den Geweben von der Verküpung noch anhaftenden Zinkstaub- und Kalkmengen. Derart behandelte Ware „staubt" auch stets beim Abreißen einer Probe. Die getrockneten Gewebe werden dann gründlich gewaschen, am besten in 10° Bé Schwefelsäure bei 50—60° C gesäuert, nochmals gewaschen und wieder getrocknet.

Vielfach wurde versucht, die intermittierende Arbeit mit dem Sternreifen durch das Färben in der Kontinueküpe zu ersetzen, doch ist dies nur durch Einhaltung besonderer Vorsichtsmaßregeln und bei Anwendung geeigneter, kräftiger Reserven ausführbar. Mit den gewöhnlichen Pappdruckreserven und normalem Aufdruck derselben erhält man auf der Kontinueküpe keine einwandfreien Resultate, weil der Papp nicht die nötige Widerstandskraft gegen die mechanische Beeinflussung durch die Quetsch- und Leitwalzen dieser Maschine besitzt. Es gibt jedoch Methoden, mittels welcher der Papp auf der Ware besonders widerstandsfähig gemacht werden kann. Bei einem derartigen Verfahren von Schaab[1]) in Trier wird die bleihaltige Reserve mit verdickter Natronlauge oder Alkalikarbonaten überpflatscht; durch diese härtende und schützende Behandlung wird die Ware zur Verwendung auf Kontinuefärbemaschinen geeignet.

Hellblaue Figuren auf dunkelblauem Grunde werden in ähnlicher Weise wie die vorbeschriebenen weißen Bemusterungen hergestellt. In manchen Ländern wurde dieser Effekt auch durch Aufdrucken von berlinerblauhaltigen Reserven (Miloriblau) auf weiße Gewebe erzeugt. Eine derartige Fabrikation ist aber durchaus unzweckmäßig, denn durch einfaches Seifen solcher Druckware wird das Berlinerblau vollkommen zerstört und in braunrotes Ferrihydroxyd überführt.

Hellblaue Bemusterungen können in befriedigender Weise nur dadurch hergestellt werden, daß man auf hellblau vorgefärbte Ware einen bleifreien Papp druckt und dann in der starken Küpe dunkel ausfärbt. Die Anwendung bleifreier Weißpapps ist erforderlich, weil anderenfalls das Bleisulfat mit besonderer Hartnäckigkeit an der Ware haften bleiben und den klarblauen Farbton trüben würde.

---

[1]) D. R. P. Nr. 144286.

Grüne Effekte auf dunkelblauem Grunde werden in einfacher Weise durch Aufdruck eines bleihaltigen Papps auf hellblaue Vorfärbung, darauffolgende Dunkelfärbung und anschließendes Chromieren hergestellt. Eine geeignete Reserve zeigt folgende Zusammensetzung:

Grün zum Druck:
5 Teile Reserve I
1 Teil Reserve II

Reserve I:

16,8 l	Wasser
32,0 kg	Kupfersulfat
16,0 kg	Bleizucker
20,0 kg	Bleinitrat
16,0 kg	Bleisulfat Teig
22,0 kg	gebrannte Stärke
22,0 kg	Gummilösung 1:1
11,0 kg	dunkelgebrannte Stärke

Reserve II:

1. 9,0 l Wasser; 17,0 kg Bleizucker; 3,5 kg Bleioxyd — so lange kochen, bis gelöst
2. 6,7 l Wasser; 14,0 kg Kupfersulfat; 16,8 kg Bleinitrat
3. 15,0 kg Bleisulfat pulv.; 2,0 l Wasser

1 + 2 mit 3 anteigen, dann vermischen mit:
4,7 kg Gummi pulv.
4,2 kg dunkelgebrannte Stärke
2,0 kg Kaolin
1,7 kg Schweinefett
0,36 kg Kupfernitrat.

Nach dem Ausfärben auf der starken Küpe in der bekannten Weise wird gewaschen und gesäuert, wodurch auf den jetzt noch hellblau aussehenden, reservierten Stellen bedeutende Mengen Blei deponiert bleiben. Durch Behandeln in heißer Lösung von Natriumbichromat bildet sich an den bedruckten Stellen Bleichromat, das durch Superposition mit dem Indigo der Vorfärbung ein lebhaftes Grün ergibt. Die Entwicklung der Bleireserve zu Gelb bzw. Grün kann auch derart vorgenommen werden, daß die Ware nach dem Säuern und Waschen erst kalt durch ein Bad von 2 g Ätzkalk im Liter genommen und anschließend 5 Minuten bei 40° C mit 5 g Chromkali im Liter chromiert wird.

Gelbe Effekte auf dunkelblauem Grund erhält man im allgemeinen mit jeder bleihaltigen Reserve beim Aufdruck auf weiße Ware, Färben in der Küpe und durch Chromieren (Wirkung von Bichromat auf Bleisulfat) nach dem Waschen und Säuern. Die mit den gewöhnlichen bleihaltigen Reserven entstehenden Gelbeffekte haben aber immer einen wenig beliebten schwefelgelben Ton, während hauptsächlich ein Goldgelb verlangt wird.

Gute Resultate in dieser Hinsicht erzielt man mit der für die Herstellung von Grüneffekten angegebenen Reserve II; diese enthält ein basisches Bleisalz, durch dessen Mitwirkung rötere Gelbtöne hervorgerufen werden.

Man kann auch in der Weise verfahren, daß man die mit den gewöhnlichen bleihaltigen Reserven bedruckten Waren unmittelbar nach dem Färben in ein warmes Chrombad (5 g Natriumbichromat per Liter) legt und ½ Stunde darin liegen läßt.

Beim Ausfärben in der Küpe werden nämlich aus den Bleisalzen der Reserve auch basische Bleioxyde auf der Faser befestigt, die bei der direkten Chrombehandlung der Ware rotstichige Gelbtöne ergeben. Nach dem Chromieren wird gewaschen und in diesem besonderen Falle mit 4 g Salzsäure per Liter Wasser abgesäuert, wodurch ein recht klares Gelb resultiert. Zum Schluß wird wieder gewaschen und getrocknet.

Die Herstellung von lebhaften Orangeeffekten auf Dunkelindigo ist ein verhältnismäßig verwickelter, mit vielen Schwierigkeiten belasteter Prozeß.

Ein wichtiger Faktor für das gute Gelingen dieser Illuminierung, d. h. zur Erzielung eines lebhaft rotstichigen Orangetones, ist die zweckentsprechende Vorbereitung der Ware zum Druck. Vorbedingung ist eine Kalkbäuche; ferner ist das Trocknen der Gewebe auf Trockentrommeln zu vermeiden. Da die Ware, um für die Aufnahme der Bleioxyde geeignet zu sein, einen bestimmten Feuchtigkeitsgehalt haben muß, so trocknet man dieselbe zweckmäßig im Sommer in der Lufthänge und im Winter in der Warmhänge.

Nach diesem Trocknungsprozeß wird mit folgender Reserve bedruckt:

$2^1/_4$ l	Reserve II (wie bei Grün angegeben)
96 g	Kongorot
280 cm³	Wasser
140 g	Gummi pulverisiert

Das Kongorot fixiert sich zum größten Teil auf den reservierten Stellen mit den Bleioxyden und nüanciert später das als basisches Bleichromat erzeugte Orange nach Rotorange. Vielfach verwendet man auch Dianilrot R zum Nüancieren.

Die bedruckte Ware wird in der feuchten Atmosphäre einer Warmhänge während 24 Stunden verhängt; die feuchte Atmosphäre in der Hänge wird durch Einblasen von Dampf erzeugt. Durch das Verhängen verändert sich der Papp in eigentümlicher Weise, und gleichzeitig fixieren sich dabei schon gewisse Mengen basischer Bleioxyde auf der Faser.

Nach dem Verhängen spannt man die Ware auf den Sternreifen und taucht zunächst in ein Küpenbassin, das nur eine Sodalösung von 4 g per Liter enthält. Anschließend wird auf einer Färbeküpe normal geküpt, dann gewaschen, gesäuert und nochmals gewaschen. Hierauf wird nach dem sogenannten rheinischen oder Einbad-Verfahren „orangiert". Die Ware passiert dabei während $^1/_2$—1 Min. eine klare, 50—60° C heiße Lösung von 10 g Natriumbichromat und 40 g Ätzkalk per Liter Wasser, wodurch sich das basische Bleichromat bildet, und wird dann in breitem Zustande gewaschen.

Olive-Reserven auf Indigogrund werden in einfacher Weise dadurch erzeugt, daß man den bleihaltigen Papp (Reserve II, Orangereserve S. 271) anstatt auf weiße, auf hellblau vorgefärbte Ware druckt und alle weiteren Behandlungen, wie Verhängen, Sodaküpen, Ausfärben und Orangieren, genau so ausführt wie vorangehend für Orangereserven angegeben.

Die durch den Aufdruck von rein reservierend wirkenden Pappdruckfarben herstellbaren Illuminationseffekte des ursprünglichen Blaudruckartikels sind damit erschöpft. Selbstredend können jedoch eine ganze Anzahl Kombinationen zur Herstellung mehrfarbig kolorierter Artikel ausgeführt werden. So gelingt es z. B. leicht, hellblaue und grüne Effekte durch Nebeneinanderdrucken von bleihaltiger und bleifreier Reserve auf hellblau vorgefärbte Ware, dunkler Ausfärben und Chromieren zu erzielen usw.[1]).

Um jedoch auf dunkelblauer Ware neben hellblauen auch weiße Figuren ohne besondere Umstände und Schwierigkeiten herzustellen, arbeitet man nach einem anderen Verfahren. Die Erzeugung dieses Zweiblau-weißen Artikels (Weiß-Hellblau-Dunkelblau) könnte man sich einfach auch so denken, daß auf weiße Ware neben einer normalen Weißreserve noch ein zweiter Papp gedruckt wird, welcher der Küpenflüssigkeit das Vordringen zum Gewebe nur erschwert, so daß unter dieser zweiten Reserve eine hellblaue Färbung zustande kommt. Derartige „Halbreserven" sind aber außerordentlich unsicher wirkende Hilfsmittel und geben außerdem keinen homogenen Anfärbungseffekt.

---

[1]) Näheres darüber u. a. in dem Buche der B. A. S. F.: „Indigo rein" (Erstausgabe), S. 106—113.

Auf diese Herstellungsweise hat man daher verzichtet und verwendet dafür zweckmäßiger die sogenannten Ätzreserven auf hellblauer Indigofärbung. Diese Ätzreserven enthalten neben den üblichen reservierenden Substanzen noch Ätzmittel für den Indigo, und zwar hauptsächlich Bichromate.

Die mit Kalk gebäuchte Ware wird zuerst in der Küpe hellblau vorgefärbt und außer mit einer bleifreien Reserve von der bekannten Zusammensetzung noch mit folgender Ätzreserve bedruckt:

10 kg Kaolin
35 kg salpetersaures Kupfer 45° Bé.
13 kg Gummiwasser 1 : 1
15 l Wasser
9 kg Natriumbichromat
18 kg Zinksulfat.

Das Ausfärben in der starken Küpe geschieht in gleicher Weise, wie dies beim gewöhnlichen Blau-Weiß-Artikel bereits ausführlich angegeben wurde. Das Ätzen der Vorfärbung durch die Ätzreserve erfolgt in einer warmen Säurepassage (Schwefelsäure von 10° Bé bei 60—70° C).

Derselbe Artikel kann auch mit Weiß und Grün bzw. Olive hergestellt werden. In diesem Falle wird neben der Ätzreserve ein bleihaltiger Papp auf die hellblaue Vorfärbung gedruckt. Nach der Überfärbung in der starken Küpe bzw. nach der anschließenden Säurepassage wird heiß chromiert bzw. orangiert, wodurch infolge Superposition von Chromgelb bzw. Chromorange auf Hellindigo ein Grün bzw. Olive resultiert.

Im Wege dieser Ätzreservemethode ist ferner ein Gelb zu erzielen. Eine solche Druckfarbe hat folgende Zusammensetzung:

Stammfarbe für Gelbätzreserve:

19,00 kg Kaolin
30,00 kg salpetersaures Kupfer
0,56 l Wasser
14,00 l Chromgelb in Teig 50%ig
14,00 l Gummiwasser 1 : 1
5,60 kg Zinksulfat
4,50 kg Gummi pulverisiert.

Gelbätzreserve (Druckfarbe):

3000 g vorstehender Stammreserve
560 g Natriumbichromat

Diese Gelbätzreserve ätzt bei der Säurepassage die hellblau unterfärbten Stellen durch Bildung von Chromsäure; gleichzeitig koaguliert die Chromsäure den Gummi, welcher dann das in der Druckfarbe vorhandene Bleichromat auf den Ätzstellen festhält. Zur Bereitung dieser Ätzreserve muß naturgemäß eine Gummisorte verwendet werden, die mit Chromsäure koaguliert; die geeignetste Gummiart ist deshalb durch Vorversuche festzustellen. Das so erzielte Gelb kann nach seiner Herstellungsweise allerdings nicht als besonders echt bezeichnet werden. Durch Chromieren der Ware nach der Säurepassage wird jedoch die Solidität der Illumination noch etwas erhöht; das durch den Säurevorgang auf den bedruckten Stellen noch mitentstandene Bleisulfat kann durch das Chromieren zum Teil wieder in Bleichromat überführt werden.

Der wichtige Blau-Rot-Artikel war zur Zeit der alten Blaudrucke in einer auch nur einigermaßen haltbaren Ausführung nicht auf dem Markte. Man verwendete z. B. Zinnober als Zusatz zu den Reserven, erhielt jedoch damit nur unansehnliche Effekte; infolge der Befestigung des Pigments mit Albumin war auch die Echtheit nur mäßig.

Ein großer Fortschritt wurde durch Anwendung von tonerdehaltigen Reserven erzielt. Die damit bedruckte weiße Ware wurde zunächst geküpt, wodurch sich an den bedruckten Stellen Tonerde ablagerte; nach dem Fixieren wurde mit Alizarin ausgefärbt. Diese Arbeitsweise bildete die Grundlage für den in seiner Vollkommenheit berechtigte Bewunderung erregenden sogenannten Lapisartikel; das in multikolorer Ausführung unübertroffene Fabrikat ist aber vom Markte verschwunden und wird als charakteristischer Reservedruckartikel nicht mehr erzeugt. Weißreservierte Indigofärbungen werden jedoch noch vielfach durch einfaches Überdrucken mit Dampfalizarinrot, wobei diese Bemusterung natürlich auch über den Indigofond läuft, in vereinfachter Weise illuminiert.

Eine Vorschrift zur Herstellung einer Tonerdereserve für Alizarinrot unter Indigo war z. B. folgende[1]).

Rotreserve:

56 l	essigsaure Tonerde 18° Bé
11 kg	Kaolin
2 kg	Schmierseife
5 kg	pulverisierter Gummi
5 kg	Zinkchloridlösung 65° Bé
1½ kg	Kupfernitrat 55° Bé

Neben dieser Rotreserve konnte auch Weißreserve gedruckt werden; ferner wurden noch andere Beizen in die Reserve eingeführt, wie Eisenbeize oder Tonerde- und Eisenbeize gemischt. Nach dem Ausfärben in der Küpe wurde gewaschen dann die Tonerde in einem Ammonchloridbade fixiert und zum Schluß in Alizarin ausgefärbt. An Stelle längeren Dämpfens, das den Indigo höchst reibunecht macht, behandelte man in einem kochenden Kleiebad.

Der Lapisartikel wurde durch Einpassen von Rot, Gelb, Blau und Grün in die mit Weißreserve bedruckte und durch Ausfärben fertiggestellte Ware erzeugt. Die ausführlichste Beschreibung dieses komplizierten Verfahrens findet sich gleichfalls in Persoz: „Traité de l'Impression"[2]); die Entwicklung der Arbeitsmethode ist dort auch durch eine Anzahl von Mustern veranschaulicht.

Die Rotillumination von Indigofärbungen im Wege des Reservedruckes in einer für den Großbetrieb genügend billigen Ausführung blieb aber noch durch lange Zeit ein ungelöstes Problem. Man versuchte zwar durch Inkorporierung von substantiven Farbstoffen, wie Thiazinrot[3]) und ähnlichen anderen Produkten rote Reserveeffekte zu erhalten, erzielte aber nur ein mehr oder weniger intensives Rosa. Lurati[4]) präparierte die weiße Ware mit Ferrozyankaliumlösung und bedruckte dann mit Reserven, welche Zinksalze und basische Farbstoffe (Safranin, Methylenblau usw.) enthielten. Das auf der Faser gebildete Ferrozyanzink fixierte den basischen Farbstoff, und die anderen Reservemittel schützten diesen bunten Effekt in der Küpe. Aber auch auf diese Weise war ein lebhaftes Rot nicht zu erzielen, da die zum Reservieren unvermeidlichen Kupfersalze den Farbeffekt durch Bildung von Kupferferrozyaniden empfindlich trübten.

Erst mit der Einführung der Entwicklungsfarben, bei denen der Farbton durch Präparation der Ware mit Naphtolen und nachherigem Bedrucken mit verdicktem Diazokörper auf der Faser selbst erzeugt werden konnte, begann sich die Herstellungsmöglichkeit eines lebhaften Blau-Rot-Artikels richtunggebend auszuwirken. Den ersten Versuch unternahm Donald[5]). Er bedruckte naphtho-

---

[1]) von Kurrer: „Die Druck- und Färbekunst". Zweiter Band, S. 427. 1849. Tagliani: Färberzeitung 1902. Bericht über die IV. Hauptversammlung des Vereins der Chemiker-Koloristen. Wien.

[2]) Band IV, S. 337—350. [3]) D. R. P. 148501; 1903.

[4]) Österr. Privilegium 47/3054; 1897. [5]) Dyers and Colourists 1897, Nr. 187.

lierte Ware mit einer kupferfreien Reserve, welche die Diazolösung enthielt; die Reserve durfte keine Kupfersalze enthalten, weil dieselben infolge ihrer Wirkung auf den Farblack ein Braun ergeben und ferner auch, weil diese Salze die Diazolösung zersetzen. Bedauerlicherweise benutzte Donald als Verdickung den ungeeigneten British-gum, welcher auf die Diazolösung rasch zersetzend wirkte, so daß keine einwandfreien Resultate erzielt wurden.

Lurati[1]) griff Donalds Idee wieder auf und gebrauchte an Stelle von Britishgum mit bestem Erfolg Gummiwasser; er erhielt mit einer zinksulfathaltigen und mit Diazolösung versetzten Reserve auf naphtolierter Ware nach dem Färben in der Küpe befriedigende Roteffekte. Vollkommen zufriedenstellende Resultate ergaben sich aber erst, als er diesem Reservepapp noch Natriumbichromat zusetzte. Dieser Zusatz erhöhte einerseits die Haltbarkeit der Druckfarbe und koagulierte andererseits nach dem Aufdruck den Gummi während des Verweilens der Ware in der warmen Mansarde. Durch die letztgenannte Veränderung wurde die Reserve nicht nur besonders widerstandsfähig gegen die Küpenflüssigkeit, sondern auch verwendbar für das Färben auf der Kontinueküpe. Allerdings durfte nur ein Quetschwalzenpaar dieser Küpe in Anwendung gebracht werden, da ein zweimaliges Ausquetschen für eine nochmalige Passage eine merkliche Schädigung der Reserve hervorgerufen hätte. Um trotzdem mit zwei Küpenzügen den erforderlichen dunklen Farbton zu erreichen, wurden die zum Ausfärben benutzten beiden Kontinueküpen entsprechend stärker angesetzt; außerdem wurde für diesen Artikel merzerisierte Ware verwendet.

Die Ausführung des Verfahrens geschieht in folgender Weise: Die gut gebäuchte, merzerisierte und dann mit Betanaphthol präparierte Ware wird bedruckt mit:

Rotpappreserve:

28	l	Stammreserve
3600	g	Azophorrot PN (Höchst)
2500	cm^3	Wasser
1120	g	Natriumbichromat

Stammreserve:

16,8 kg	Gummilösung 1:1
32,0 kg	Zinksulfat
16,8 kg	Bleizucker
20,7 kg	Bleinitrat

Nach dem Bedrucken färbt man die Ware in der Kontinueküpe, jedoch in nicht mehr als zwei Bassins; zwischen diesen beiden Flottenbehältern darf nur ein Quetschwerk arbeiten. Beim Austritt aus dem zweiten Bassin muß gut ausgepreßt und womöglich ein Luftgang eingeschaltet werden, um ein Abflecken der Reserve auf die noch nicht völlig vergrünte Ware zu verhüten; an diesen Luftgang schließt sich kontinuierlich die Säurepassage an (warme Schwefelsäure von 10^0 Bé).

Das in dieser Weise erhaltene Rot ist außerordentlich satt und sehr lebhaft. Durch gleichzeitige Anwendung einer bichromatfreien Reserve läßt sich ein Weiß mit einer bleihaltigen Reserve, durch Chromieren nach der Säurepassage ein Gelb erzielen. Zur Herstellung dieses Artikels ist die Walzen- (Rouleaux-) Druckmaschine nicht gut geeignet; man druckt zweckmäßig nur auf der gewöhnlichen oder der Rotationsperrotine.

Zur Erzeugung des Blau-Rot-Artikels sind noch andere Methoden in Vorschlag gebracht worden, so z. B. jene der Alt-Kettenhofer Druckfabrik[2]).

[1]) Österr. Patent 8411 (nichtig erklärt).
[2]) Österr. Patent 36758 u. 36668. D. R. P. 199143; 1907.

Dieses Verfahren arbeitete unter Verwendung von Nitrosaminrot, doch wurde es in der Praxis kaum angewendet, weil das zur Entwicklung des Rot erforderliche Pflatschen der bedruckten Ware mit Essigsäure eine ebenso kostspielige wie unangenehme Operation darstellte.

Dagegen hat sich ein anderes Verfahren, das ebenfalls der Druckfabrik in Alt-Kettenhof bei Wien seine Entstehung verdankt, bewährt. Die gebleichte und zweckmäßig merzerisierte Ware wird dabei zuerst mit folgender Naphthollösung präpariert:

40 g	Leimlösung 1:1
25 g	Betanaphthol
25 g	Natronlauge 38° Bé
20 g	Türkischrotöl 60%
auf 1000 cm^3	einstellen

Die so vorbereitete Ware wird dann bedruckt mit:

500 g	Manganchlorür
100 g	Wasser
350 g	Gummilösung 1:1
10 g	Natriumbichromat
40 g	Azophorrot PN (M. L. B.)
1000 g	

Außer dem Rot bildet sich auf der Ware Mn_3O_4 bzw. ein Manganichromat, das merkwürdigerweise in dieser Anwendung energisch reservierend in der Küpe wirkt. Diese Wirkung ist deshalb auffallend, weil sich normalerweise mit Mangansuperoxyd vorgefärbte Ware beim nachträglichen Überfärben in der Indigoküpe sehr dunkel färbt[1]).

Die mit dieser Manganreserve bedruckte Ware wird dann in der Kontinueküpe ausgefärbt; die Reserve ist gegen die Wirkung der Quetschwalzen sehr widerstandsfähig, so daß unter Umständen auch nicht merzerisierte Ware verwendet und außerdem mit einer größeren Zahl von Küpenpassagen gearbeitet werden kann, im Gegensatz zu dem vorbeschriebenen Verfahren. Nach dem Färben wird gewaschen und mit 10° Bé Schwefelsäure warm abgesäuert; dem Säurebade setzt man etwas Rhodankalium zu, um die Wirkung des aus dem Mangansuperoxyd entwickelten Sauerstoffs zu paralysieren.

Zuletzt verdienen noch die Versuche zum Reservieren von Indigo mit Indanthrenfarbstoffen Erwähnung, die aber bisher nur in einem Falle zu technisch einwandfreiem Verfahren geführt haben. Diese Methode verdankt Kollmann ihre Entstehung und wurde von der Alt-Kettenhofer Druckfabrik Felmayer[2]) zum Patent angemeldet. Der Grundgedanke beruht auf der merkwürdigen Eigenschaft der Cersalze, daß das beim Passieren in alkalischen Bädern gebildete weiße Cerohydroxyd ($Ce[OH]_3$) an der Luft in ein höheres Oxyd übergeht ($Ce[OH]_4$); dieses letztere spaltet mit Säuren Sauerstoff ab und geht wieder in Cerosalz über.

Auf Grund dieses Vorgangs wurde eine Druckfarbe von folgender Zusammensetzung hergestellt. Man verdickt Eisenvitriol und Cerosalz gemeinsam mit dem Indanthrenfarbstoff und gibt zur Verstärkung der reservierenden Wirkung Kaolin zu. Diese Reserve druckt man auf das weiße Gewebe auf und färbt dann in der Indigoküpe oder aber in warmen Bromindigoküpen. Die in die Reserve eindringende Natronlauge reduziert mit Hilfe des Ferrosulfats den Indanthrenfarbstoff, verwandelt das Cersalz in Cerohydroxyd, das beim Luftgang in Ceri-

[1]) Schützenberger: Farbstoffe 1868, S. 555.

[2]) Patentanmeld. Felmayer & Co. 1911. Akten-Zeichen 9673/11.

hydroxyd übergeht. Die darauffolgende Säurepassage spaltet aus letzterem Sauerstoff ab, wobei der über der Reserve liegende Farbstoff oxydiert wird und die reservierte Indanthrenfärbung freilegt. In einwandfreier Weise ist diese Methode nur mit dem leicht reduzierbaren Indanthrengelb ausführbar.

3. Reserven unter Färbungen von Bromindigo. Indigo MLB/4 B usw.

Zur Herstellung von Weiß- und Bunteffekten unter den Färbungen mit den bromierten Derivaten des Indigos werden für den Blau-Rot- bzw. Blau-Weiß-Rot-Artikel in erster Linie Chlorzinkreserven verwendet[1]).

Zur Fabrikation des Blau-Rot-Artikels mit Bromindigo FB in Teig wird die Ware z. B. mit

2500 g	Betanaphthol
3000 cm³	Natronlauge 40° Bé
1500 cm³	Türkischrotöl 50%ig
	mit Wasser eingestellt, auf
100 Liter	

geklotzt, in der Hot-flue getrocknet und dann mit folgenden Reserven bedruckt:

Weißreserve:

3500 g	Kristallgummi 1 : 3
800 g	Kaolin 1 : 1
250 g	Leukotrop W konz.
5000 g	Chlorzink oder Zinksulfat
200 g	Olivenöl

Rotreserve:

8600 g	neutrale Stärke-Tragantverdickung mit
400 g	Leukotrop W konz. und
400 g	Anthrachinon-Teig 30%ig vermischen, dann
7000 g	Chlorzink.
400 g	Olivenöl und
3000 g	Diazolösung zugeben

Diazolösung:

168 g	Paranitroorthoanisidin werden mit
200 g	Wasser gut angeteigt und mit
375 g	Salzsäure 22° Bé verrührt. Hierauf werden
500 g	Eis zugegeben und langsam eine Nitritlösung von
75 g	Nitrit in
200 g	Wasser beigefügt

Für den Aufdruck sind möglichst tief gravierte Kupferwalzen von Wichtigkeit. Nach dem Druck wird nicht zu scharf getrocknet, da sonst das Chlorzink die Baumwollfaser leicht schwächen kann; es empfiehlt sich deshalb auch, die Mitläufer der Druckmaschine mit Sodalösung zu imprägnieren und die bedruckte Ware nicht zu lange in der heißen Mansarde zu belassen. Falls nicht bald ausgefärbt werden kann, muß die Ware gut zugedeckt an einem warmen Ort gelagert werden, um ein Fließen der Reserven zu vermeiden.

Zum Färben benutzt man einen Kasten mit Rollensystem, der eine Färbedauer von 30—40 Sekunden ermöglicht; die Quetschwalzen werden so belastet, daß das Gewebe ca. 100% Küpenflüssigkeit aufnimmt. Der Zulauf frischer Küpe geschieht am besten durch ein über die ganze Breite des Rollenkastens reichendes,

[1]) Siehe auch das Zirkular $\frac{\text{D 1116d}}{\text{(1. Erneuerung)}}$ der I. G. Farbenindustrie A.-G.: Vorschrift zur Herstellung von Weiß- und Buntreserven unter Brillantindigo B. A. S. F./4B, 4BC, BB, B, G, 4G, Indigo MFB/6B, 4B, BB und Indigo rein B. A. S. F./RB.

perforiertes Rohr. Nach dem Abquetschen zwischen einer Gummi- und einer Eisenwalze erhält die Ware einen kurzen Luftlauf von 10—15 m und wird dann breit mit viel Wasser gewaschen. Um die Zinksalze zu entfernen, passiert man die Ware noch während 2—3 Minuten durch ein warmes Säurebad (5 cm³ Salzsäure per Liter), dann wird im Strang gespült und zum Schluß 10 Minuten kochend geseift. Durch das Seifen geht der anfangs grünlichblaue Farbton in ein lebhaftes rotstichiges Blau über.

Die Färbeflotte für den Ansatz wird wie folgt bereitet:

5 kg	Bromindigo FB in Teig werden mit
1 l	Monopolseifenlösung (1 : 1) angeteigt und
80 l	Wasser von 55° C sowie
5 l	Natronlauge 40° Bé zugegeben. Unter Umrühren gibt man dann noch
1 kg	Hydrosufit konz. Pulver zu und stellt mit 50° C warmem Wasser
auf 100 Liter.	

Als Zulaufflotte verwendet man einen um etwa 10% stärkeren Ansatz.

Zur Herstellung von Orangeeffekten setzt man der Zinkchloridreserve eine aus Azoorange-LO-Base bereitete Diazolösung zu. Eine diesbezügliche Vorschrift der Höchster Farbwerke der I. G. Farbenindustrie A. G.[1]) unter Indigo-MLB/4B-Färbungen lautet:

Orangereserve:

450 g	Tragantschleim 60 : 1000
20 g	Ätzbase I (Leukotrop O)
350 g	Chlorzink
20 g	Olivenöl; vor Gebrauch zusetzen:
160 g	Diazolösung O
1000 g	

Diazolösung O:

22 g	Azoorange LO
20 cm³	Wasser
35 cm³	Salzsäure 22° Bé
40 g	Eis
12,2 g	Natriumnitrit in
30 cm³	Wasser gelöst. Einstellen auf
160 g	

Mit Hilfe von Chlorzink können nach einem Felmayer'schen Verfahren auch echte Buntreserven mit Küpenfarbstoffen unter Färbungen von Indigo MLB/4B und gleichartigen Produkten (Bromindigo FB usw.) hergestellt werden. Diese Buntreserven enthalten neben dem Küpenfarbstoff Chlorzink, Eisensulfat, Zinnsalz und Hydrosulfit konz. Pulver. Diese Arbeitsweise ist dem Buntätzverfahren von R. Haller nachgebildet, welches beim Ätzdruck der Indigofärbungen besprochen werden wird.

Druckvorschrift:

360 g	Britishgum 1 : 1
210 g	Wasser
100 g	Eisenvitriol
50 g	Zinnsalz
150 g	Küpenfarbstoff in Teig
100 g	Zinkchlorid
30 g	Hydrosulfit konz. Pulver
1000 g	

[1]) I. G. Farbenindustrie A. G., Höchst a. M.: „Die Küpenfarbstoffe auf dem Gebiete der Druckerei“ 1925, S. 114.

Man arbeitet am besten nur mit merzerisierter Ware, um in einem möglichst kurzen Klotzbade ausfärben zu können. An Stelle der Rollenkufe verwendet man dann vorteilhaft einen entsprechend kleineren Farbtrog mit Leitwalzen; die Abquetschwalzen müssen mit weichem Kautschukbelag versehen sein. Das Klotzbad mit Indigo MLB/4B wird in diesem Falle auch etwas stärker angesetzt (mit 8 kg Farbstoff per 100 l Bad).

Klotzbad für merzerisierte Ware (Ansatz):

8,0 kg	Indigo MLB/4B Teig
20,0 l	heißes Wasser
4,0 l	Natronlauge 40° Bé
1,6 kg	Monopolseife
1,6 kg	Hydrosulfit konz. Pulver
auf 100 l einstellen	

Zulaufflotte:

10,0 kg	Indigo MLB 4B Teig
20,0 l	heißes Wasser
4,0 l	Natronlauge 40° Bé
2,6 kg	Monopolseife
2,0 kg	Hydrosulfit konz. Pulver
auf 100 l einstellen	

Nach dem Klotzen wird die Ware 1 Minute gelüftet und läuft dann während ½ Minute durch eine Rollenkufe, die mit 80° C heißer Natronlauge von 20° Bé gefüllt ist. Anschließend wird nochmals 1 Minute gelüftet und in einer Breitwaschmaschine gewaschen. Zum Schluß wird die Ware wie üblich warm gesäuert, gewaschen und kochend geseift.

Für diese Buntreservierungsmethode sind eine ganze Anzahl von Indanthrenfarben, Helindon- sowie Algol- usw. Farbstoffe geeignet und u. a. in dem Buche „Die Küpenfarbstoffe auf dem Gebiete der Druckerei“ (I. G. Farbenindustrie A. G., Höchst 1925) auf Seite 116 verzeichnet.

γ) Der Indigoätzdruck.

1. Oxydationsätzen. Chromatätze, Chloratätze, Nitratätze und verschiedene andere Möglichkeiten des Ätzens durch oxydierende Wirkung.

Lange Zeit bildete die Anwendung der Reserven die einzige Möglichkeit, küpenblaue Ware weiß und bunt zu mustern. Da aber der Reservedruck stets nur auf weiße oder allenfalls hellblau vorgefärbte Ware ausgeführt werden konnte, so war es unmöglich, große Mengen bedruckter Ware aufzustapeln, da die Fertigstellung derselben nur langsam vorwärts schritt. Diese diskontinuierliche Arbeit wurde stets als großer Nachteil und Hinderung in der Erzeugung großer Produktionen angesehen.

Durch die Einführung von Ätzmethoden, die fertig gefärbte Ware verlangten, war man in die Lage versetzt, ein assortiertes Lager von vorgefärbter Ware zu halten, was natürlich die Produktion größerer Quantitäten Druckware außerordentlich förderte.

Die Erzeugung von Mustern auf vorgefärbter Indigoware nach der Ätzmethode beruht auf der Anwendung von Substanzen, die durch bestimmte Operationen den Indigo an den bedruckten Stellen chemisch so verändern, daß die Umwandlungsprodukte mit Leichtigkeit restlos von der Faser entfernt werden können.

Die ersten bekannt gewordenen Ätzmethoden beruhten alle auf der örtlich oxydativen Umwandlung von Indigo in Isatin, welch letzteres durch heiße, schwach alkalische Bäder glatt von der Faser gelöst werden konnte.

Chromatätze. Das erste in dieser Richtung arbeitende Verfahren war das von Thompson[1]) und stammt aus dem Jahre 1825. Durch ihn wurde die indigoblaue Ware mit einer Lösung von Chromkali imprägniert und dann mit Oxalsäure oder Weinsäure bedruckt. Noch besser arbeitete eine Druckfarbe, die oxalsaures Kali und Schwefelsäure enthielt. Die Entfärbung der bedruckten Stellen erfolgte unmittelbar nach dem Auftragen der Druckfarbe.

Aus diesem primitiven Verfahren, das wegen des großen Verbrauches von Chromsalzen und der Gefahr der Korrosion der Faser durch die saure Druckfarbe unökonomisch und gefährlich zugleich war, entwickelte sich das in der Praxis des Blaudruckes lange Jahre ausgeübte Chromatätzverfahren. Diese Methode, die in ihrer noch heute angewandten Form von Camille Köchlin stammt, ist nichts anderes als eine Umkehrung des Thompsonschen Verfahrens, und zwar insofern, als die Ware mit Chromsalzen bedruckt und dann durch Säure passiert wird. Damit wurde eine bedeutende Ersparnis an Chrom erreicht, und außerdem ergab sich die Möglichkeit, die bedruckte Ware unbegrenzt lange liegen zu lassen; letzteres war beim Arbeiten nach dem Thompson'schen Verfahren besonders deshalb undurchführbar und gefährlich, weil mit Bichromat imprägnierte Ware als außerordentlich lichtempfindlich bezeichnet wurde.

Das Verfahren wurde im Jahre 1869 in die Praxis eingeführt und arbeitet wie folgt:

Die gefärbte Ware wird mit

600 g	Stärke-Tragantverdickung
40 g	Ammoniak
130 g	Natriumbichromat
230 g	Wasser
1000 g	

bedruckt. Die Druckfarbe enthält demnach normales Natrium-Ammoniumchromat, das allerdings beim Eintrocknen auf der Ware in Bichromat übergeht. Andere Vorschriften lauten z. B.:

180 g	Kaliumbichromat
276 g	heißes Wasser
64 g	Soda kalz.
280 g	gebrannte Stärke
200 g	Wasser
1000 g	

oder

250 g	Natriumbichromat
430 g	Wasser
70 g	Natronlauge 40° Bé
250 g	gebrannte Stärke
1000 g	

Der Gehalt der Weißätzdruckpasten an Chromaten richtet sich in jedem Fall nach der Tiefe der Gravur und der Tiefe der Färbungen. Die bedruckte Ware nimmt man dann durch ein 50—60° C heißes Säurebad, das mit

50 g Oxalsäure und
50 g Schwefelsäure 66° Bé

per Liter Wasser besetzt ist. Die Passage soll nicht länger als 1 Minute dauern, doch genügen meist schon 20—30 Sekunden zur Auslösung der Ätzwirkung. Hierauf wird gründlich gewaschen, bis die Ware neutrale Reaktion zeigt, und anschließend getrocknet. Die dem Entwicklungsbade zugesetzte Oxalsäure soll der Bildung von Oxyzellulose — deren Entstehung niemals völlig verhindert

[1]) von Kurrer: Druck- und Färbekunst Bd. 2, S. 444. 1849.

werden kann — vorbeugen, und zwar in der Weise, daß die im Säurebade gebildeten überschüssigen Mengen Chromtrioxyd zur Selbstoxydation in Beschlag genommen werden. Tatsache ist, daß der durch das Säurebad bewirkte Ätzprozeß ohne Oxalsäure weit träger verläuft[1]) als bei Anwesenheit derselben und daß aber ferner trotz Beigabe von Oxalsäure in beschränktem Maße Oxyzellulosebildung eintritt. Rosenstiehl[2]) nimmt die Entstehung einer Doppelverbindung von Chromsäure und Oxalsäure an, und er will bessere Resultate durch Anwendung eines oxalsauren Salzes in der Druckfarbe erhalten haben. Durch Zusätze von organischen Substanzen, wie z. B. Glyzerin, Alkohol, Melasse, Traubenzucker usw., zum Säurebade kann zwar die Schwächung der Faser vermindert, doch nicht verhindert werden.

Die Prüfung der Ätzstellen auf Beeinträchtigung der Festigkeit darf nicht nach dem Trocknen der Ware geschehen, denn die Schwächung der Faser wird erst in einem heißen Seifenbade bemerkbar.

Durch Zugabe von unlöslichen Pigmenten, wie Zinnober, Chromgelb, Lacken künstlicher Farbstoffe usw. (die naturgemäß der Wirkung der Chromsäure widerstehen müssen) und Albuminlösung zur Chromatätzpaste gelingt auch die Erzeugung bunter Effekte auf küpenblauer Ware. Nachstehend angegebene allgemeine Vorschrift dient zur Herstellung solcher Buntätzen.

Chromatbuntätze:

400 g	Lackfarbe in Teig
200 g	Tragantschleim 60:1000
200 g	Albuminwasser 1:1
60 g	Ammoniak
15 g	Terpentin
15 g	Olivenöl
110 g	Natriumbichromat
1000 g	

Als Gelbätze ist z. B. folgende Rezeptur praktisch erprobt:

Druckfarbe:

2500 g	Chromgelb in Teig 60%ig
2500 g	Stammätze
625 g	Albuminlösung 500:1000
75 g	Ammoniak

Stammätze:

450 g	Natriumbichromat
262 g	Ammoniak
250 g	Wasser
1250 g	Tragantschleim 80:1000
750 g	Albuminlösung 500:1000

Für andere bunte Effekte verwendet man Ocker, Guignetgrün, Zinnober, erner die verschiedenen Lackfarben, wie Hansagelb, Hansagrün, Hansarot usw. von Höchst, Helioechtfarben von Leverkusen usw.

Die Illuminierung des Chromatätzartikels kann ferner mit Hilfe von Diazoverbindungen organischer Basen geschehen. Elbers[3]) war der erste, welcher sich in dieser Weise mit der Herstellung des Blau-Rot-Artikels beschäftigte. Die Höchster Farbwerke empfahlen dann Zusatz von Azophorotlösung zur Ätzdruckfarbe. Beim Aufdruck von Chromatätze, welche z. B. eine Diazolösung von Paranitranilin bzw. die Lösung der stabilen Diazoverbindung ent-

[1]) Schaposchnikoff und Kadygrob: Zeitschr. für Farben- und Textilchemie 1904, S. 374.

[2]) Revue Gen. Mat. Col. 1903, S. 65; vgl. auch Prud'homme, ebendort S. 67.

[3]) D. R. P. 55779; 1890.

hält, auf die naphtholierte Indigofärbung, bildet sich unter dem Indigo der unlösliche Azofarbstoff. Durch die Schwefelsäure-Oxalsäure-Passage wird der Indigo an den Aufdruckstellen zerstört und das Rot tritt in lebhafter, klarer Nüance hervor.

Die küpenblaue Ware wird naphtholiert mit:

	25 g	Betanaphthol R
	50 cm³	Natronlauge 22° Bé
	25 g	Paraseife PN
Einstellen auf	1 Liter	

Dann bedruckt man mit folgender

Ätzrotdruckfarbe:

270 g	Tragantschleim 60:1000
180 g	Natriumbichromat
550 g	Azophorrotlösung
1000 g	

Azophorrotlösung:

224 g	Azophorrot PN (Höchst) werden in
600 cm³	Wasser gelöst und die Lösung filtriert; hierauf setzt man langsam
100 g	Natronlauge 22° Bé zu und stellt mit Wasser auf
1 Liter	

Bei dieser Druckfarbe vermeidet man den Zusatz von Ammoniak, weil die Diazolösung durch das Bichromat haltbarer wird. Die Nachbehandlung der bedruckten Ware ist die gleiche, wie bei Weißätze bereits angegeben.

Die Herstellung von Weiß neben Rot auf naphtolierter Ware bietet beim Chromatätzverfahren Schwierigkeiten, denn die Oxydationsprodukte des Betanaphtols sind braun gefärbt und unlöslich, so daß ein Weiß nicht zu erzielen ist. Die bestmögliche Lösung dieses Problems wurde im Jahre 1908 von Dziewonsky und Bourcart mit Hilfe des Nitrosamins des Paranitroorthoanisidins erreicht.

Gegenüber den in ihrer Anwendung etwas unsicher wirkenden Reserven bedeutete das Ätzverfahren mit Chromaten einen großen Fortschritt, zumal außerdem eine kontinuierliche Arbeitsweise ermöglicht wurde. Man versuchte nun naturgemäß diese Fabrikation durch neue Methoden zu vermehren und die Übelstände der Chromatätze, besonders die Oxyzellulosebildung an den Ätzstellen zu vermeiden.

Ätzen mit Ferrizyankalium. Mercer hatte nun schon 1845 die Beobachtung gemacht, daß Ferrizyankalium in alkalischer Lösung kräftige Ätzwirkung auf Indigofärbungen auslöst; er imprägnierte das gefärbte Gewebe mit einer Lösung von rotem Blutlaugensalz und druckte kaustische Soda auf[1]). von Gallois modifizierte später diese Methode durch Umkehrung der Operationen, indem er verdicktes Ferrizyankalium aufdruckte und die oxydative Zerstörung des Indigoblau an den bedruckten Stellen durch eine Passage des Gewebes in heißer, verdünnter Natronlauge (12° Bé) bewirkte. Das Verfahren eignete sich jedoch nur zum Ätzen von hellen und mittleren Färbungen; auf dunkleren Böden war der Ätzeffekt ungenügend. Auch Buntätzeffekte ließen sich auf diese Weise herstellen, und zwar mit basischen Farbstoffen sowie mit Eosinen, Phloxinen und mit Mineralfarben. Ferner konnte durch Zugabe von essigsaurer Tonerde zur Druckfarbe nach vollzogener Ätzwirkung durch die Laupenpassage in Alizarin ausgefärbt werden. Die Ätzmethode auf Basis von rotem Blutlaugensalz erlangte jedoch keine Bedeutung für die Großproduktion, weil der hohe Preis dieses Chemikales hinderlich war.

[1]) von Kurrer: „Druck- und Färbekunst, S. 488. 1849.

Das Ätzen von hellen und mittleren Indigotönen mit Ferrizyankalium konnte ferner durch Aufdruck folgender Druckfarbe erfolgen:

Ferrizyankalium-Ätzfarbe:

200 g Ferrizyankalium werden in
600 g British gum 1 : 1 gelöst und dann
200 g Wasserglas 40° Bé zugesetzt

1000 g

Nach dem Aufdruck wird getrocknet, ¼ Stunde bei ¼ Atm. gedämpft und gewaschen.

Auch andere Verfahren, wie z. B. die Daniel Köchlinsche „cuve décolarante", in Anlehnung an die bekannte Ätzmethode von Alizarinrotfärbungen, sowie die Anwendung von Mangansuperoxyd (Braunstein) oder Bleisuperoxyd mit nachfolgenden Säurepassagen konnten sich nicht einführen, da die Ausführung zu unsicher und die Bildung von Oxyzellulose kaum zu vermeiden war.

Chloratätze. Jeanmaire fand dann, daß Ferrizyankalium in Kombination mit Chloraten eine energisch zerstörende Wirkung auf Indigo beim nachherigen Dampfprozeß ausübte. (Versiegeltes Schreiben Mülhausen vom Jahre 1885, geöffnet 1899.) Die kräftig oxydierende Wirkung der Chlorate auf Indigofärbungen war zwar schon längst bekannt, denn schon Persoz präparierte indigoblaue Ware mit Chloraten, druckte Weinsäure auf und führte so den Indigo an den bedruckten Stellen beim Dämpfen in Isatin über, aber eben erst die Mitverwendung der Ferrizyanide machte das Verfahren praktisch verwendbar. Diese Ätzmethode ist naturgemäß auch für alle anderen Färbungen brauchbar, die durch Oxydationsmittel zerstört werden können, und sie spielt deshalb auch heute noch eine bedeutende Rolle.

Auf küpenblaue Ware druckt man z. B. folgende Chloratätze:

Ätzweiß:

800 g Stammfarbe I
200 g Stammfarbe II

1000 g

Stammfarbe I:

100 g Weizenstärke
600 g Wasser und
240 g chlorsaures Natron kochen; während dem Abkühlen bei 45° C
60 g gelbes Blutlaugensalz zusetzen

1000 g

Stammfarbe II:

250 g Weinsäure
250 g Zitronensäure
500 g Wasser

1000 g

Durch Zugabe von Kaolin erhält man ein besonders gut stehendes Weiß, z. B.:

75 g China clay mit
75 g Wasser kochen
277 g neutrale Stärke-Tragantverdickung
200 g chlorsaures Natron
23 g Ferrizyankalium gelöst in
50 g Wasser
150 g Weinsäure gelöst in
150 g Wasser

1000 g

oder

375 g Stärke-Tragantverdickung
200 g Natriumchlorat
200 g Kaolin
50 g Ferrozyankalium
100 g Zitronensäure
75 g Wasser

1000 g

Das Auflösen des Chlorats in der Verdickung hat sehr vorsichtig zu geschehen. Aus dem Ferrozyankalium bildet sich im Dampf interimistisch Ferrizyankalium.

Noch energischer wirkt eine Ätzfarbe, welche chlorsaure Tonerde enthält:

7800 g	Wasser
14500 g	Britishgum und
10000 g	chlorsaures Natron bei 70—80° C lösen, dann erkalten lassen und zugeben:
20000 cm³	chlorsaure Tonerde 18° Bé
5000 g	Ferrizyankalium
840 g	Terpentinöl
700 g	Weinsäure
700 g	Zitronensäure

Für hellere Färbungen muß diese Ätze abgeschwächt (koupiert) werden.

Die mit Chloratätze bedruckte Ware wird 1—3 Minuten im Schnelldämpfer bei 100° C gedämpft, wodurch die Ätzstellen infolge Bildung von Isatin gelb werden. Zur vollständigen Ätzung sind bei den gewöhnlichen Chloratätzen (ohne chlorsaure Tonerde) meist 2—3 Passagen durch den Schnelldämpfer erforderlich. Im Dämpfer bilden sich chlorzyanhaltige Gase, die gut abgeleitet werden müssen, da sie gesundheitsschädlich wirken. Die gedämpfte Ware läuft breit zuerst durch 60° C heißes Wasser und dann zum Abziehen durch ein heißes alkalisches Bad, das pro Liter Wasser mit 10 cm³ Natronlauge 40° Bé oder 10 cm³ Wasserglas 36° Bé besetzt ist.

Beim Chloratätzverfahren bilden sich auf den Ätzstellen stets gewisse Mengen Berlinerblau oder Turnbullsblau, die dann im alkalischen Abzugsbade in Ferrihydroxyd übergehen und dadurch das Weiß mit einem gelblichen Ton erscheinen lassen.

Um ein besseres und plastischeres Weiß zu erhalten, wird deshalb vielfach der Ätze Blanc-fixe-Teig zugegeben und als Verdickung Leim angewendet; letzterer gibt scharfstehende Drucke und wirkt auch als Befestigungsmittel für das Blanc fixe. Nachstehend eine derartige Vorschrift:

1300 g	Lederleim 1 : 1
500 g	Natriumchlorat
200 g	Weinsäure
1600 g	Blanc fixe 2 : 1
120 g	rotes Blutlaugensalz
25 cm³	Olivenöl
10 cm³	Terpentinöl

Für Weißätzzwecke auf Indigo werden die Chloratätzen kaum mehr angewendet, weil man heute ganz allgemein mit Hydrosulfitätzen arbeitet. Dagegen ist die Anwendung für lebhafte rote oder orange Buntätzen mit unlöslichen Azofarbstoffen immerhin noch von Bedeutung.

Die Herstellung von brauchbaren Buntätzen mit Chloratätze ist eine ziemlich schwierige Operation. Es gibt zwar einige substantive Farbstoffe[1]), welche gegen die Einwirkung von Oxydationsmitteln genügend beständig sind und die sich bei Verwendung in der Chloratätze an den Ätzstellen fixieren, doch sind die so erzielten Effekte eben nicht besonders lebhaft. Eine Gelbätze mit Chrysophenin wird z. B. in folgender Weihe erzielt:

[1]) Dieselben sind verzeichnet in: „Tabellarische Übersicht über Eigenschaften und Anwendung der Farbstoffe der Farbenfabriken vorm. Friedr. Bayer & Co., Leverkusen", II. Teil (Zeugdruck), Zweite Auflage, 1922, S. 69.

260 g	chlorsaures Natron
155 g	China clay
205 g	Wasser
25 g	Chrysophenin und
190 g	Britishgum kochen, hinzu
20 g	Ferrizyankalium (pulverisiert) und nach dem Erkalten:
40 g	Zitronensäure in
105 g	Wasser gelöst
1000 g	

Nach dem Druck auf indigoblaue Ware wird 15—20 Minuten gedämpft und dann gewaschen.

Die wichtigsten Chloratbuntätzen sind jedoch jene mit diazotierten Basen, besonders zur Herstellung des Blau-Rot-Artikels. Paranitraanilin ist zu diesem Zwecke wenig geeignet, weil das Pararot zu leicht vom Oxydationsmittel angegriffen wird. Das Paranitroorthoanisidin verhält sich in dieser Hinsicht günstiger; für Orange-Effekte ist die unter der Bezeichnung Azoorange NAS von den Höchster Farbwerken in den Handel gebrachte Base gut geeignet.

Die vorgeküpte Ware wird auf dem Foulard naphtoliert mit[1]):

15—20 g	Betanaphthol
18—20 g	Natronlauge
200 cm³	heißes Wasser
50 g	Türkischrotöl 60%ig
700 cm³	Wasser
1 Liter	

Nach dem Trocknen in der Hot-flue bedruckt man mit folgender Rotätze:

775 g	Stammätze
32 g	Stärke-Tragantverdickung
40 g	Weinsäure
{133 g	Diazolösung
{20 g	essigsaures Natron
1000 g	

Stammätze:

580 g	Stärke-Tragantverdickung
387 g	chlorsaures Natron
33 g	Ferrizyankalium
1000 g	

Diazolösung:

{{100 g	p-Nitroorthoanisidin
{{300 g	heißes Wasser (80° C)
{222 g	Salzsäure 19° Bé
300 g	Eis
43 g	Natriumnitrit, gelöst in
135 g	Wasser
1 Liter	

Die bedruckte Ware wird zunächst einmal rasch durch den Schnelldämpfer genommen, darauf ein zweites Mal langsamer. Der erste Durchlauf bezweckt die Verflüchtigung unveränderten Naphthols, während die zweite Durchnahme die eigentliche Ätzung bewirkt. Die zur Anwendung kommende Ätze darf keinesfalls zu stark sein, da sonst der Überschuß an Ätzmittel auf das gebildete Rot einwirkt und einen ziegelroten Effekt hervorruft. Das Stärkeverhältnis der Ätze zur Tiefe der Indigofärbung (der erforderliche Wirkungsgrad) ist durch Vorversuche festzustellen. Nach dem Dämpfen behandelt man die Ware in einer Lösung von 5 g Wasserglas 36° Bé pro Liter Wasser bei 60° C während 10 Minuten auf der Haspelkufe. Zum Schluß wird gewaschen.

Da auch mit Chloratätzen auf naphtolierter Ware kein brauchbares Weiß zu erzielen ist, so wird vielfach eine Hydrosulfitweißätze (siehe Reduktionsätzen) neben den bunten Chloratätzen gedruckt.

---

[1]) Siehe auch: „Die Küpenfarbstoffe der I. G. Farbenindustrie A.G., Höchst a. M., auf dem Gebiete der Druckerei", 1925, S. 86.

Wesentlich sicherer, doch kostspieliger gestaltet sich die Herstellung des Blau-Rot-Artikels unter Verwendung von Naphthol AS. Während das Rot aus Paranitroorthoanisidin und besonders jenes aus Paranitranilin von der Chloratätze mehr oder weniger angegriffen werden, so daß man gezwungen ist, die Ätzkraft der Druckfarbe genau auf das ausschließliche Zerstören der Indigofärbung einzustellen — eine Bemühung, die nicht immer von Erfolg gekrönt ist —, sind die Naphthol-AS-Rot diesbezüglich viel weniger empfindlich.

Man präpariert also die indigoblaue Ware nach vorschriftsmäßigem Lösen der Naphthol-AS-Produkte (siehe Färberei) wie üblich auf dem Foulard, und zwar mit:

40 g Naphthol AS
80 g Naphthol AS—BS
250 g Türkischrotöl 50%ig
200 g Natronlauge 34° Bé

Einstellen auf 10 Liter

Anschließend wird die Ware in der Hot-flue getrocknet und dann mit der Rotätze bedruckt.

Chloratrotätze mit Diazolösung aus Echtscharlach-G-Base:

13000 g neutrale Verdickung
1000 g Essigsäure
9000 g chlorsaures Natron
900 g Ferrizyankalium
900 g Weinsäure
4000 g Diazolösung
750 g essigsaures Natron

Diazolösung:

70 g Echtscharlach-G-Base
140 g Salzsäure 20° Bé
200 g kochendes Wasser
450 g Eis
37½ g Natriumnitrit in
102 g Wasser gelöst

1000 g

Der Dämpfprozeß und die alkalische Nachbehandlung der Ware wird in genau gleicher Weise ausgeführt wie beim vorbeschriebenen Verfahren unter Anwendung von Paranitroorthoanisidin.

Reserven unter Chloratätzen. Chloratätzen auf Indigofärbungen können durch reduzierend wirkende Substanzen, wie Sulfite und Rhodanate, oder durch Azetate reserviert werden. Eine derartige Reserve ist z. B. folgendermaßen zusammengesetzt:

250 g British gum in Pulver
150 g Wasser
500 g Kaliumsulfit 45° Bé
100 g Rhodankalium

1000 g

Ätzen mit Bromaten. Für Weißätzen auf Indigo sind auch Bromverbindungen in Vorschlag gebracht und verschiedentlich verwendet worden; diese Verfahren basierten auf der oxydierenden Wirkung der Bromsäure. Häufig wurden auch Bromate und Chlorate gemeinsam angewendet. Eine Vorschrift, die gute Resultate ergab, war z. B. folgende[1]):

[1]) Badische Anilin und Sodafabrik, Ludwigshafen a. Rh.: „Indigo rein B. A. S. F.“ (Erstausgabe), S. 101—103.

In 1400 g Gummiwasser werden
150 g chlorsaures Natron,
50 g bromsaures Kali,
15 g Ferrizyankalium und
225 g zitronensaures Natron gelöst

Nach dem Aufdruck und Trocknen wird die Ware 15 Minuten bei ¼ Atm. Überdruck gedämpft und dann gewaschen; für mittlere und helle Indigofärbung wurde diese Ätze entsprechend abgeschwächt (koupiert).

Zwecks Erzeugung von Alizarinroteffekten wurden Indigofärbungen mit bromsaurer Tonerde geätzt und dann in Alizarin ausgefärbt.

Nitratätzverfahren[1]) **nach M. Freiberger (Berlin).** Diese Methode wurde im Jahre 1908 von M. Freiberger ausgearbeitet und unter Patentschutz gestellt (D. R. P. Nr. 228694, sowie verschiedene Auslandspatente). Der Arbeitsgang des Verfahrens löst auf den ersten Blick gewisse Bedenken aus, doch muß hervorgehoben werden, daß sich dasselbe in der Praxis durchaus bewährt hat. Das Verfahren beruht auf der Wirkung von Salpetersäure oder salpetriger Säure in statu nascendi auf Indigo, also im Grunde genommen auf dem altbekannten Indigotest mit Hilfe von Salpetersäure; dieser Umwandlung von Indigo in Isatin bediente man sich auch manchmal im Handdruck, indem man indigoblau gefärbte und mit Stärke präparierte Ware mit einer Paste aus Pfeifenerde und Salpetersäure mittels Holzmodeln bedruckte, wodurch der Indigo sofort zerstört wurde. Freiberger druckt nun auf die Indigofärbung Nitrate oder Nitrite, in der Hauptsache jedoch Natronsalpeter, und passiert dann die Ware durch ein Schwefelsäurebad. Da bei Anwendung von verdünnter Schwefelsäure eine Ätzwirkung nicht zustande kam, hatte Freiberger den kühnen Gedanken, konzentrierte, heiße Säure anzuwenden. (Schwefelsäure von 42° Bé bei 65° C) und erzielte damit einen vollen Erfolg. Die Schwefelsäurepassage darf naturgemäß nur wenige Sekunden dauern; bei vorsichtiger Arbeitsweise ist keine Schädigung der Ware festzustellen. An den geätzten Stellen tritt allerdings eine gewisse Veränderung der Reaktionen der Faser ein; sie gibt merkwürdigerweise die Reaktion der merzerisierten Baumwolle[2]). Freiberger ist allerdings der Meinung, daß diese Veränderung im Verhalten der Faser nur bei Versuchen im kleinen bemerkbar wird, bei der Arbeit im Großbetrieb dagegen nicht.

Nitratätzweiß:

330 g	Maisstärke
180 g	Weizenmehl
3640 g	Wasser und
50 g	Rizinusöl verkochen; dann
2500 g	Natronsalpeter zugeben und bei 30° C ferner noch
3300 g	Blanc fixe in Teig
10000 g	

Das Bariumsulfat soll sich zum Teil auf den bedruckten Stellen fixieren und dadurch ein plastisches Weiß ergeben; dagegen ist hervorzuheben, daß Bariumsulfat in Schwefelsäure von der zur Anwendung kommenden Konzentration löslich ist.

Die Ausführung der Nitratätzmethode erfordert eine eigene, vom Erfinder wohldurchdachte Apparatur. Die bedruckte und sehr gut getrocknete Ware passiert während 2—3 Sekunden 65° C heiße Schwefelsäure von 42° Bé in einem ausgebleiten und mit Führungsrollen aus Holz oder Eisen versehenen Kasten. Freiberger nimmt an, daß sich bei dieser Passage interimistisch Nitrosylschwefelsäure bildet, die dann durch Spaltung die Ätzwirkung auslöst. Um den

[1]) Färber-Zeitung 1913, Heft 1, S. 23.
[2]) Haller: Zeitschr. f. d. ges. Textilindustrie. 1926.

Indigofond zu schützen, setzt man der Schwefelsäure etwas Bisulfit (1 g pro Liter) oder Eisenvitriol (10—40 g pro Liter) und organische Substanzen, wie z. B. Kartoffelstärke (5 g pro Liter) zu. Bei Austritt aus dem Säurebade wird die Ware durch Ebonitquetschwalzen ausgepreßt und anschließend die Säure durch Wasserpassage nach dem Gegenstromprinzip abgespült; dann läuft das Gewebe durch ein ganz schwach alkalisches Bad, wodurch die auf der Ware noch zurückgebliebenen Säurereste neutralisiert und die Ätzstellen gereinigt werden. Hierauf wird nochmals gut gewaschen und getrocknet. Der rationelle Waschprozeß ermöglicht die Wiedergewinnung von Schwefelsäure; die dann 7—10° Bé starke Säure wird gesammelt und entweder als solche z. B. in der Bleiche verwendet oder auch in besonderen Apparaten auf höhere Konzentration gebracht. Wenn keine genügende Verwendung für die regenerierte Säure gefunden werden kann, so ist die Rentabilität des Verfahrens unter Umständen fraglich.

Nach diesem Nitratätzverfahren können auch Buntätzen erzeugt werden, indem man der Ätze Pigmentfarbstoffe und Albumin oder diazotierte unlösliche Azofarbstoffe zugibt und im letzterem Falle natürlich auf naphtholierte Indigofärbungen druckt. Bei Verwendung von Bleinitrat an Stelle von Natriumnitrat erhält man Gelbätzen; die Ware muß in diesem Falle nach der Säurepassage noch chromiert werden.

Nitratätzgelb:

200 g salpetersaures Blei
800 g Tragant 60 : 1000
1000 g

2. Reduktionsätzen.

Weißätzen (Historie, Theorie und Praxis). Das Problem des Ätzens von Indigofärbungen mit Reduktionsmitteln galt lange Zeit als unlösbar, weil einesteils das zwar leicht entstehende Indigoweiß niemals vollständig von der Faser abzulösen war und deshalb durch Regeneration des auf den Ätzstellen verbliebenen Anteils ein stets verblautes Weiß resultierte und andererseits durch Überreduktion gefärbte, unlösliche und daher schwer entfernbare Produkte entstanden. Trotzdem wurden ab und zu Reduktionsätzen angewendet, von denen jedoch nach Lage der Dinge zunächst keine für den Großbetrieb Bedeutung erlangte. Die Ursache dieser fortlaufend erneuten Versuche war in erster Linie die Überzeugung, daß bei Verwendung von reduzierend wirkenden Ätzmitteln unter Umständen jegliche Faserschwächung vermieden werden konnte, denn auch die sonst vortreffliche Ätzmethode mit Chlorat erwies sich diesbezüglich nie vollkommen einwandfrei.

Der erste Versuch zum Ätzen von Indigofärbungen mit Reduktionsmitteln wurde von der Badischen Anilin- und Sodafabrik[1]) mit einer Druckfarbe aus Natriumbisulfit, Zinkstaub und Azetin zur Ausführung gebracht und das Verfahren im Jahre 1896 unser Patentschutz gestellt. Das ätzende Agens war also Hydrosulfit, welches sich besonders beim Dämpfen bildete; die dabei aus dem Azetin freiwerdende Essigsäure beförderte die Hydrosulfitbildung. Das bedruckte Gewebe wurde $^1/_2$–1 Stunde unter Druck gedämpft. Leider beschränkt sich die Ätzwirkung dieser Methode nicht auf die Bildung von Leukoindigo, sondern sie geht darüber hinaus und führt zu lebhaft und intensiv gelb gefärbten, unlöslichen Substanzen, welche Effekte in ein brauchbares Weiß nicht umgewandelt werden können. Man bediente sich jedoch dieser Methode zum Buntätzen mit basischen Farbstoffen.

Die B. A. S. F. arbeitete ferner ein Ätzverfahren mit Zinnsalz bzw. essigsaurem Zinn aus, aber auch dabei trat Überreduktion in Erscheinung und verhin-

[1]) D. R. P. 97593.

derte die Erzielung zufriedenstellender Weißeffekte; die erforderliche lange Dämpfdauer zeitigte überdies den bei Anwendung von Zinnsalzen bekannten Nachteil der Faserschwächung. Eine Vorschrift zum Buntätzdruck (mit basischen Farbstoffen) mittels Zinnsalz auf Küpengrund findet sich in dem Buch der B. A. S. F.: „Indigo rein B. A. S. F.", Erste Ausgabe, S. 105.

Pomeranz[1]) arbeitete mit einem Gemisch von Eisenvitriol und Zinnsalz; nach dem Aufdruck wurde die Ware durch ein 80 ° C heißes Laugenbad genommen. Ein ähnliches Verfahren wurde der Firma M. Ribbert[2]) in Hohenlimburg (Westfalen) geschützt; dieselbe druckte mit Glykose und Zinnhydroxyd, worauf die Ware gleichfalls eine Passage durch heißes Alkali erhielt.

Das schon 1852 durch Schönbein entdeckte Hydrosulfit war in der zur Verfügung stehenden Form für Zwecke des Zeugdrucks kaum geeignet, übrigens lag allen Druck- und Ätzfarben, die Natriumbisulfit neben Zinkstaub enthielten, als Ursache ihrer Wirkung das Hydrosulfit zugrunde. Als es nun aber R. Russina im Jahre 1903 gelang, das Hydrosulfit durch Behandlung mit Formaldehyd in eine vollkommen haltbare, erst im Dampf spaltbare Doppelverbindung, das bereits öfter genannte formaldehydsulfoxylsaure Natron, überzuführen, entstanden unter den zahlreichen Anwendungsmethoden für dieses Reduktionsmittel naturgemäß auch verschiedene Verfahren zum Ätzen von Indigofärbungen.

Zunächst ergab sich jedoch die gleiche Schwierigkeit wie bei den bisher beschriebenen Reduktionsätzen; der nach dem Aufdruck des Formaldehyd-Sulfoxylats beim nachherigen Dämpfen außerordentlich leicht entstehende Leukoindigo, war nicht so vollständig von den Ätzstellen wegzulösen, wie dies für ein reines Weiß durchaus erforderlich ist.

Das erste Verfahren, das in dieser Hinsicht Erfolg hatte, war das des Verfassers[3]). Dieser machte die Beobachtung, daß das auf der Faser durch Formaldehyd-Sulfoxylat gebildete Indigoweiß beim Behandeln der Ware in kochender Seifenlösung restlos von der Faser abgezogen wurde. Infolge dieser Beobachtung wurde die Seife in Form von Kaliseife in der Druckfarbe selbst untergebracht; die bedruckte und gedämpfte Ware passierte dann ein Bad von kochendem Wasser, wodurch die Schmierseife und mit ihr das Indigoweiß vollkommen von der Faser entfernt wurden. Damit war das erste brauchbare Verfahren zum Ätzen von küpenblauem Grund geschaffen. Da sich das Indigoweiß mit der Seife auf der Oberfläche des Wassers sammelte und erst dort zu Indigo reoxydierte, so war auch die Möglichkeit der Wiedergewinnung dieser Indigomengen gegeben.

Sehr bald tauchte eine ganze Anzahl anderer Verfahren auf, die alle den Zweck verfolgten, die Haltbarkeit des Indigoweiß auf der Faser zu erhöhen und damit die Möglichkeit zu schaffen, Ware auf Vorrat drucken und dämpfen zu können, ohne Gefahr zu laufen, daß sich der Ätzvorgang rückläufig auswirkt. Zu diesem Zweck wurde zunächst von den Farbwerken Höchst Anthrachinon[4]) empfohlen, welches durch Bildung von Oxanthranol[5])

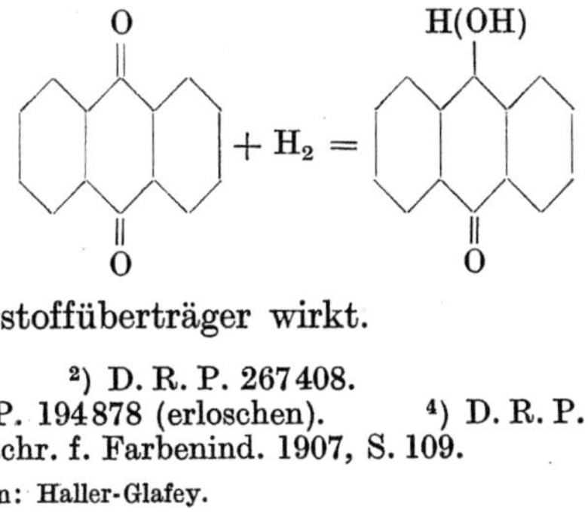

als energischer Wasserstoffüberträger wirkt.

[1]) D. R. P. 253155. [2]) D. R. P. 267408.
[3]) R. Haller: D. R. P. 194878 (erloschen). [4]) D. R. P. 213583.
[5]) Planowsky: Zeitschr. f. Farbenind. 1907, S. 109.

Gute Resultate wurden auch mit Zinkoxyd (Cassella, D. R. P. 116783) als Zusatz zu einer Sulfoxylatdruckfarbe erzielt, da dieses das freie Indigoweiß in das schwerlösliche Zinksalz überführt.

Einige Zeit wurde im Großbetriebe mit einer Druckfarbe von folgender Zusammensetzung gearbeitet:

36 kg	Stärke-Tragantverdickung
5 kg	Formaldehyd-Sulfoxylat (Rongalit C)
4 kg	Zinkoxyd
2 kg	Anthrachinon
5 l	Wasser

Das Dämpfen erfolgte in einem möglichst luftfreien Dämpfer in der Dauer von 4—5 Minuten bei 102—105° C. Der Druck verließ den Dämpfer mit gelblicher Farbe. Trotz des Anthrachinonzusatzes war es ratsam, nur so viel Stücke zu dämpfen, als am selben Tage abgezogen werden konnten. Das Abzugbad bestand in einer kochenden Kalkmilch von 10 g Kalk per 1 l Wasser. Am besten schaltete man mehrere Kästen mit heißer Kalkmilch hintereinander, um gründliche Entfernung des Indigoweiß zu veranlassen. Der Inhalt des ersten Kastens mußte öfters erneuert werden.

Diese Arbeitsweise hatte also noch den Nachteil, daß die gedämpfte Ware nicht liegen bleiben durfte.

Erst als die B. A. S. F. im Jahre 1906 in gewissen organischen Ammoniumbasen Körper auffand, welche im Dampf mit dem gebildeten Indigoweiß Verbindungen eingingen, die nicht mehr reoxydierbar waren, war das Problem der Reduktionsätze auf Indigo gelöst.

Das erste dieser Produkte war das Leukotrop O[1]), das Dimethylphenylbenzylammoniumchlorid:

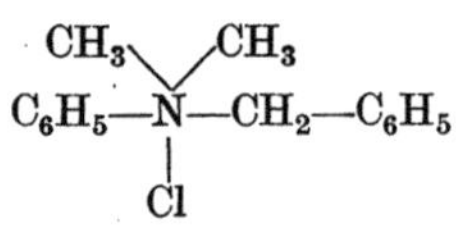

welches der formaldehydsulfoxylathaltigen Druckfarbe, in Kombination mit Zinkoxyd inkorporiert, im Dampf mit dem entstehenden Indigoweiß eine orange gefärbte Verbindung eingeht; bedauerlicherweise konnte dieselbe auch durch alkalische Bäder nicht von der Faser abgelöst werden. Man ist aber damit in der Lage, auf Indigoware recht lebhafte Orangetöne zu erzeugen, die zwar gut waschecht, aber wenig lichtecht sind.

Eine Druckfarbe, mit der sich solche Effekte erzielen lassen, ist die folgende:

{100 g	Zinkoxyd
{100 g	Wasser
540 g	Stärke-Tragentverdickung
150 g	Rongalit C (Formaldehyd-Sulfoxylat)
40 g	Anthrachinon 30%
70 g	Leukotrop O.
1000 g	

Der große Wurf gelang aber der B. A. S. F. durch die Herstellung eines ähnlichen Produktes, dessen Indigoweißkondensationsprodukt in alkalischen Abzugsbädern vollkommen löslich war und daher ein einwandfreies Weiß ergab. Dieses Produkt, das Monokalziumsalz der Disulfosäure des Leukotrop O:

[1]) D. R. P. 231543; 1909.

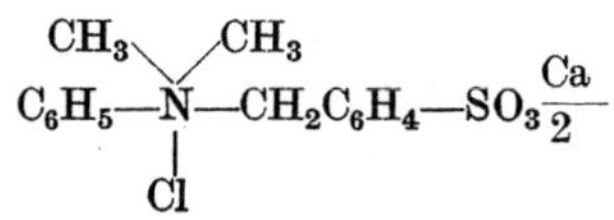

bildet ein in Wasser mit gelber Farbe vollkommen lösliches Pulver. Statt dem Leukotrop O der obigen Druckfarbe zugesetzt, erhält man nach dem Dämpfen lebhaft orangerot gefärbte Ätzstellen, die aber bei der Passage in verdünnter, heißer Natronlauge ein vorzügliches Weiß auf Indigoware ergeben.

Dieses neue Produkt wurde von der B. A. S. F. unter dem Namen Leukotrop W konz[1]). in den Handel gebracht; der Bequemlichkeit halber kann dasselbe mit Rongalit C gemischt als Rongalit CL bezogen werden.

Diese neue Indigoätze erfüllt alle an eine einwandfreie Ätze zu stellenden Bedingungen; sie läßt sich vorzüglich drucken, die Wirkung erfolgt durch kurzes Dämpfen und die geätzten Stellen erleiden keine Faserschwächung; die einwandfrei gedämpfte Ware kann beliebig lange liegen bleiben und die Ätzprodukte lassen sich in einfacher Weise restlos von der Faser entfernen.

Die theoretische Seite des Verfahrens hat Reinking[2]) seinerzeit eingehend beleuchtet. Nach seiner Anschauung bildet sich aus dem Indigoweiß mit dem Leukotrop W konz. in Gegenwart von Zinkoxyd der folgende Körper:

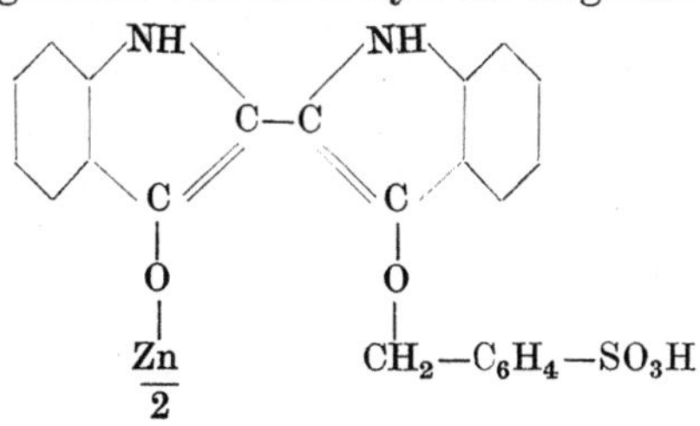

In Abwesenheit von Zink bildet sich wahrscheinlich das entsprechende Natronsalz oder Dibenzylindigoweiß.

Bei Verwendung von Leukotrop O bildet sich dann dementsprechend:

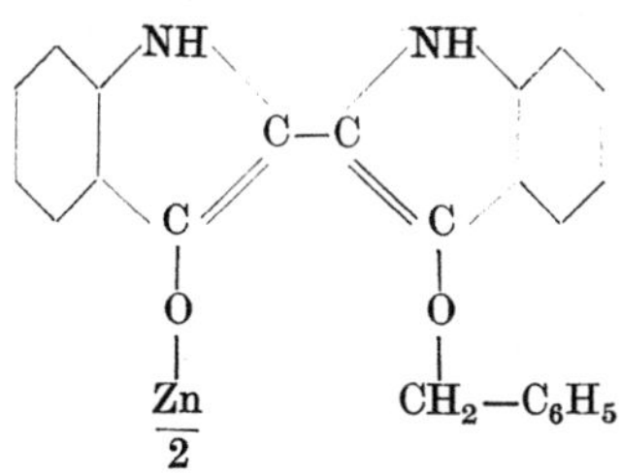

Die Ausführung des Verfahrens gestaltet sich nun folgendermaßen: Die gefärbten Gewebe werden bedruckt mit:

36 kg	Gummi-Stärkeverdickung
8 kg	Rongalit CL
1 kg	Rongalit C
4 kg	Zinkoxyd
2 kg	Anthrachinon 30%ig
5 l	Wasser
56 kg	

Man dämpft im vollkommen entlüfteten Schnelldämpfer, am besten bei einer Dampftemperatur von 105° C, während 4—5 Minuten. Ist die Ätzung bzw. die

[1]) D. R. P. 235879, 235880. [2]) Färber-Ztg. 1910, 1912, S. 250.

Benzylierung vollkommen erfolgt, so tritt der Druck lebhaft orange aus dem Dämpfer und bläut sich nicht beim Anfeuchten mit Wasser. Dieser normale Verlauf ist sehr abhängig von den Dampfverhältnissen im Dämpfer selbst. Vielfach ist man der Ansicht, daß die Reaktion die Anwesenheit von Wasser erfordert, und bevorzugt deshalb feuchten Dampf, der vor Eintritt in den Schnelldämpfer, in einem besonderen „Befeuchter" durch Wasser geleitet wird. Verfasser hat aber mit der Leukotrop-Sulfoxylatätze auch im Simon-Weckerlin'schen Dämpfer bei einer Dampftemperatur von 148° C vorzügliche Resultate erhalten.

Es ist noch zu bemerken, daß im allgemeinen die Reduktion bei einer Dampftemperatur von 105° leicht und glatt verläuft, daß aber die Benzylierung des Indigoweiß, aus vorläufig noch wenig bekannten Gründen, nicht immer einwandfrei stattfindet. Dies ist der Fall, wenn die Wasserprobe nach dem Dämpfen eine Bläuung des Drucks zeigt. Wiederholtes Dämpfen kann hier das Versäumte nachholen. Als sehr wichtig ist beim Abziehen der gedämpften Ware darauf zu achten, daß dieselbe zuerst einen Kasten mit kochendem Wasser passiert, worin, bei ungenügend gedämpfter Ware, eine ähnliche Wirkung wie durch den Dampf, also gewissermaßen eine ergänzende Ätzung, ausgeübt wird. Darauf erfolgt das endgültige Entfernen der Reduktionsprodukte durch eine Passage in verdünnter, kochendheißer Lauge oder auch 10—15 g Wasserglas 36° Bé per Liter.

Eine gewisse Vorsicht muß aber bei Ware walten, die aus dem einen oder anderen Grunde nicht am selben Tage gedämpft werden kann. Man lagert solche Stücke an einem warmen Orte am besten in hölzernen Wagen, welche mit einem Deckel verschlossen werden können, da besonders Feuchtigkeitszutritt die Sulfoxylate vorzeitig zersetzt und unwirksam macht. Das sonst vielfach übliche Heraushängenlassen der Stückenden ist bei Anwendung der Rongalitätze zu vermeiden.

Mit dieser Ätze lassen sich auch plastische Drucke erzielen, indem man der Ätzfarbe Bariumsulfat inkorporiert. Da das Zinkoxyd im allgemeinen nicht vollständig von der Reaktion verbraucht wird, wirkt dasselbe allein schon deckend auf die Ätzstellen. Vollkommene Effekte erzielt man aber durch Zusatz von Leim und Pigment zur Druckfarbe (Leim-Barytverdickung); aus dem Rongalit spaltet sich im Dampf Formaldehyd ab, der durch Koagulation des Leims das Bariumsulfat an den Ätzstellen befestigt.

Eine solche Druckfarbe wird wie folgt aufgebaut:

Ätzfarbe:

9600 g	Rongalit CL
3600 g	Rongalit C
6000 g	Gummi-Stärkeverdickung
5000 g	Wasser
4800 g	Zinkoxyd
2400 g	Anthrachinon 30 %ig
26400 g	Leimverdickung
1000 g	Olivenöl

Leimverdickung:

10000 g	Leimlösung 500:1200
2000 g	Wasser
2000 g	Weizenstärke
40000 g	Bariumsulfat-Teig 60 %

Man verkocht und gibt die kalte Verdickung der Ätzfarbe zu.

Zum Abziehen der bedruckten und gedämpften Ware benutzt man ausschließlich Wasserglaslösung, da Natronlauge den auf der Faser befestigten Leim zum Teil lösen würde.

Buntätzverfahren mit Sulfoxylaten auf küpenblauer Ware. Die außerordentlich energische Reduktionswirkung der Sulfoxylate vermindert naturgemäß die Zahl der zum Buntätzen in Betracht kommenden Farbstoffe. Das mit Leukotrop O erhältliche Orange ist bereits erwähnt worden; durch gleichzeitigen Aufdruck einer Ätzfarbe, welche Leukotrop W konz. enthält, läßt sich ein Orange-Weißartikel herstellen.

Die Beizenfarbstoffe scheiden für Illuminationseffekte aus, weil deren Fixierung in genügender Echtheit nur im sauren Medium erfolgen kann. Dagegen finden einige basische Farbstoffe Anwendung zum Buntätzdruck. Ein Hellblau auf Indigogrund kann z. B. mit Thioninblau GO oder Methylenblau erzielt werden:

20 g	Methylenblau
50 g	Glyzerin
54 g	Alkohol
546 g	Gummilösung 1:1
80 g	Rongalit CL
70 g	Rongalit C
40 g	Anthrachinon 30%
100 g	Tannin-Alkohol 2:3
40 g	Anilin
1000 g	

Die Essigsäure als Lösungsmittel für den Tanninlack ist hier durch Alkohol ersetzt. Nach dem Dämpfen im Schnelldämpfer geht die Ware in ein 40° C warmes Brechweinsteinbad von 10 g per Liter, anschließend in heiße Wasserglaslösung von 5 g per Liter, dann wird zwecks Reoxydation des in die Leukoverbindung übergeführten basischen Farbstoffes durch warme Bichromatlösung passiert und zum Schluß gewaschen.

Sicherer erfolgt diese Illumination von Indigofärbungen durch Druck einer Ätzfarbe auf Katanolpräparation.

Die blaue Ware wird am Foulard in 15 g Katanol per Liter Wasser präpariert und nach dem Trocknen in der Hot-flue bedruckt mit:

20—40 g	basischer Farbstoff
40 g	Glyzerin
180—160 g	Wasser
300 g	Gummilösung 1:1
100 g	Gummilösung 1:1
100 g	essigsaure Magnesia 22° Bé
260 g	Rongalit CL

Nach dem Dämpfen im Schnelldämpfer wird in Wasserglaslösung (10 g per Liter) abgezogen.

Auch einige substantive Farbstoffe lassen sich für Buntätzen verwenden, doch kommen praktisch nur Gelbätzen in Betracht; brauchbare Effekte erhält man u. a. mit Oxamingelb 3G, B, Oxydianilgelb O und G, Dianilgelb GC. Ferner ist zu diesem Zweck Primulin verwendbar, wobei überdies durch Diazotieren und Entwickeln (β-Naphthol) der fertigen Gelbillumination auch Rosaeffekte erzeugt werden können.

Versuche zum Buntätzen von Indigofärbungen mit an sich geeigneten, d. h. vor allem selbst nicht ätzbaren Küpenfarbstoffen ergaben während längerer Zeit keine befriedigenden Resultate. Man probierte nämlich zunächst immer, den Küpenfarbstoff mit dem Ätzmittel in alkalischer Lösung anzuwenden, um damit dem Leukofarbstoff sogleich Gelegenheit zur Fixation zu geben. Dabei war aber hinderlich, daß Leukotrop W in Gegenwart von Alkali mit Sulfoxylat nicht in normaler Weise wirkt, da nur ein Teil des Indigoweiß benzyliert wird. Der nicht benzylierte, reoxydationsfähige Anteil gab daher unter bestimmten Verhältnissen stets zu Trübungen der Illuminationseffekte Anlaß. Insbesondere wirkte hier Anthrachinonzusatz deshalb ungünstig, da das nach folgender Gleichung:

$$C_6H_4\left\langle\begin{matrix}CH(OH)\\CO\end{matrix}\right\rangle C_6H_4 + 2O = C_6H_4\left\langle\begin{matrix}CO\\CO\end{matrix}\right\rangle C_6H_4 + H_2O_2$$

in der Ätze beim Dämpfen sich bildende Oxanthranol bei Luftzutritt Wasserstoffsuperoxyd bildete, welches naturgemäß den reoxydationsfähigen Anteil Indigo weiß sofort in das blaue Pigment überführte[1]). Mit Indanthrenfarben in Gegenwart von Anthrachinon und Rongalit CL in alkalischem Medium sind infolgedessen einwandfreie Buntätzeffekte auf küpenblauem Grund kaum zu erzielen.

Man versuchte daher den Ausweg, ohne Leukotrop, lediglich mit Rongalit C, in alkalischem Medium zu arbeiten. Eine nach folgender Vorschrift:

1000 g	Britishgum
2000 g	Wasser
700 g	Rongalit C
1450 g	Natronlauge 40° Bé
750 g	Glyzerin
100 g	Indanthrenblau-GCD-Teig
220 g	Indanthrenblau-RS-Teig

hergestellte Druckfarbe gibt zwar unter günstigen Verhältnissen gute Resultate, doch bleibt das Verfahren immer unsicher, weil man neben dem stabil fixierten Illuminationsfarbstoff nach dem Dämpfen stets das labile Indigoweiß als Küpe auf den Ätzstellen hat, das nur unter günstigen Bedingungen völlig von der Faser abzuziehen ist.

Durch ein vom Verfasser[2]) aufgefundenes Verfahren wurden jedoch die vorgeschilderten Schwierigkeiten beseitigt. Diese Buntätzmethode besteht in der Kombination der Sulfoxylat-Leukotropätze mit dem Druckverfahren für Indanthrenfarben mittels Eisenvitriol und Zinnsalz[3]), bei welchem die Fixation des Küpenfarbstoffs durch eine Passage der bedruckten Ware in heißer Lauge erfolgt.

Die küpenblaue Ware wird bedruckt mit:

Buntätzfarbe:		Weißätze:	
20000 g	Weißätze	4000 g	Rongalit CL
1000 g	Eisenvitriol	2000 g	Rongalit C
250 g	Zinnsalz	2000 g	Wasser
500 g	Indanthrenblau-RS-Teig	1600 g	Zinkoxyd
500 g	Indanthrenblau-GCD-Teig	11200 g	Gummilösung 1 : 1
500 g	Wasser		

Nach dem Aufdruck wird 4—5 Minuten im luftfreien Schnelldämpfer gedämpft, dann folgt eine 18 Sekunden dauernde Passage in 70° C heißer Natronlauge von 20° Bé. Während dieser Passage erfolgt die Entfernung der Reduktionsprodukte des Indigo und gleichzeitig die Verküpung und Fixierung des Illuminationsfarbstoffs[4]).

Für derartige Illuminationen auf Indigofärbungen sind eine ganze Anzahl nichtindigoider Küpenfarbstoffe geeignet[5]).

Eine außerordentlich echte Rotillumination auf küpenblauer Ware kann nach einem ebenfalls vom Verfasser ausgearbeiteten Verfahren hergestellt werden. Es ist danach gelungen, auf den mit Rongalit geätzten Stellen der Indigofärbungen durch Mitverwendung der Doppelverbindung von Tonerdebisulfit und Formaldehyd gleichzeitig Tonerde zu fixieren (Blau-Rot-Artikel mit Alizarinrot[6]). Die küpenblaue Ware wird zunächst bedruckt mit:

---

[1]) Haller: Textilber. 1923, S. 121, 429.

[2]) D. R. P. 263647; Färber-Zeitg. 1912, S. 462.

[3]) D. R. P. 132402 (B. A. S. F.).

[4]) Haller: Melliands Textilberichte 1924, S. 317.

[5]) D. R. P. 26347. Siehe ferner: I. G. Farbenindustrie A.G., Höchst a. M.: „Die Küpenfarbstoffe auf dem Gebiete der Druckerei“, 1925, S. 92/93.

[6]) Versiegeltes Schreiben Mülhausen vom 18. I. 1908; Bull. Mulh. 1922.

⎰⎰	$^1/_4$ l	Senegal-Gummi 1:1
⎱	140 g	Rongalit C
⎰	140 cm³	Aluminiumbisulfit 23° Bé
⎱	60 cm³	Formaldehyd
	40 cm³	ameisensaurer Kalk 15° Bé

Nach dem Drucken und Dämpfen im Schnelldämpfer läuft die Ware in breitem Zustande während 2—3 Minuten durch ein Alizarinfärbebad von folgender Zusammensetzung:

100 l Wasser
500 g Alizarin RFX Teig 20%ig (Leverkusen)
500 g Marseillerseifenlösung 1 : 1

Dadurch färben sich die Ätzstellen intensiv rot und gleichzeitig werden die Indigoreduktionsprodukte restlos abgezogen. Hierauf wird die Ware gut gewaschen, dann mit 5%iger Türkischrotöllösung imprägniert und 1 Stunde bei ½ Atm. Überdruck gedämpft. An Stelle dieses längeren Dämpfens, welches die Reibechtheit der Indigofärbung herabsetzend beeinflußt, kann man die geölte Ware auch 1 Stunde in einer kochenden Flotte von 5 g Seife und 5 g Kochsalz per Liter behandeln, da auf diese Weise das Rot ebenfalls verbessert wird. Durch Mitaufdruck einer tonerdefreien Ätzfarbe läßt sich neben Rot auch Weiß erzeugen; dem Färbebade ist dann vorsichtshalber 20 cm³ Leimlösung pro Liter zuzugeben.

Blau-Weiß-Rot-Artikel. Seit der Einführung der Sulfoxylate in die Ätztechnik ist die vordem nur mittels Reserven einwandfrei mögliche, gleichzeitige Herstellung von weißen und roten Effekten auf indigoblauer Ware auch im Wege des Ätzdrucks auszuführen. Man bedruckt einfach die gefärbten und naphtholierten Gewebe entsprechend dem in Betracht kommenden Muster sowohl mit einer Rongalit-Leukotropätze als auch mit einer Chloratätze; die letztere enthält natürlich eine geeignete Diazolösung, und zwar, wie bereits besprochen, entweder bei β-Naphthol-Grundierung eine solche aus Paranitroorthoanisidin oder bei Naphthol-AS-Grundierung diazotierte Echtscharlachbase.

Ätzreserven unter Indigosol O[1]. Mit der Entdeckung des Indigosols hat sich der Druckereipraxis ein neuer Weg zur Herstellung von Weiß- und Bunteffekten auf Indigoblaufond eröffnet.

Beim Arbeiten nach dem Nitritverfahren wird die gut gebleichte Ware zunächst auf dem Foulard geklotzt mit:

80 g Indigosol O
800 g Wasser
50 g Tragantschleim 60:1000
15 g Natriumnitrit
20 g Naphthollösung (100 g im Liter)
1 Liter

Anschließend wird in der Hot-flue getrocknet und dann mit Weißreserve aus Rongalit CL bzw. mit Buntreserven bedruckt. Für Buntreserven eignen sich fast alle Küpenfarbstoffe einschließlich der indigoiden Produkte[2].

Weißreserve (Ätzreserve):
550 g Britishgum 1 : 1
250 g Hydrosulfit CL (Rongalit CL)
200 g Zinkweiß (1 : 1)
1000 g

[1] Siehe auch: Broschüre Sol. K. 2 der I. G. Farbenindustrie A.G.: „Indigosol O, Muster aus der Praxis".

[2] Broschüre Sol. K. 2 (53218), S. 4.

Buntreserve (Buntätzreserve):

60—300 g Küpenfarbstoff in Teig
140— 0 g Wasser
700—600 g alkalische Verdickung NFC
100 g Rongalit C (Hydrosulfit NF konz.)
1000 g

Alkalische Verdickung NFC:

350 g Britishgum-Pulver
205 g Wasser
100 g Stärke-Tragantverdickung
145 g Natronlauge 40° Bé
200 g Hydrosulfit NF konz. (Rongalit C)
1000 g

Die bedruckte und getrocknete Ware wird 5 Minuten im luftfreien Schnelldämpfer bei 101° C mit feuchtem Dampf gedämpft und dann auf der Breitwaschmaschine 15—30 Sekunden durch ein Schwefelsäurebad von 20 g Schwefelsäure 66° Bé im Liter bei 20° C genommen. Anschließend wird gewaschen, dann durch Natronlauge 1° Bé passiert, wieder gewaschen, eventuell geseift und getrocknet[1]).

Einen angenehmeren und sichereren Weg zur Erzielung gleicher Resultate bietet das Dämpfverfahren. Die gebleichte Ware wird dabei zuerst, wie üblich, mit Indigosolpräparation geklotzt und in der Hot-flue getrocknet.

Klotzlösung:

100 g Indigosol O
755 g Wasser
50 g Tragantschleim 60:1000
30 g neutrales oxalsaures Ammon oder Rhodanammon
15 g chlorsaures Natron
50 g vanadinsaures Ammonium 1 : 1000
1 Liter

Zwecks Herstellung hellerer Indigotöne sind sowohl die Indigosolmenge als auch die anderen Zusätze entsprechend zu verringern.

Weißreserve:

500 g Britishgum 1 : 1
150 g Hydrosulfit NF konz. 1 : 1 (Rongalit C 1 : 1)
50 g Leukotrop W konz.
100 g Zinkweiß 1 : 1
150 g essigsaures Natron
50 g Wasser
1000 g

Nach dem Aufdruck auf die geklotzte und getrocknete Ware wird 5 Minuten im Schnelldämpfer gedämpft, dann durch Natronlauge von 1° Bé passiert, gewaschen und geseift.

Für Buntreserven können außer Küpenfarbstoffen auch basische Farbstoffe verwendet werden; zur Erzeugung von Roteffekten eignet sich auch eine Buntreserve mit Nitrosaminen.

Vorschrift für Buntreserven mit Küpenfarbstoffen:

100—300 g Küpenfarbstoff in Teig
40 g Glyzerin
500—460 g Stärke-Tragantverdickung
80 g Soda kalz.
120 g Hydrosulfit NF konz. 4 : 1 (Rongalit C 4 : 1)
160— 0 g Wasser
1000 g

[1]) Gustav Friedländer: „Über Indigosol O in der Praxis", Melliands Textilberichte 1926, S. 697.

Die bedruckte Ware wird 5 Minuten im luftfreien Schnelldämpfer mit feuchtem Dampf bei 101 ^{0} C gedämpft, dann gewaschen und geseift.

Vorschrift für Buntreserven mit basischen Farbstoffen:

10—40 g	Farbstoff
60 g	Wasser
80 g	Zinkweiß
520 g	Britishgum 2 : 1
80 g	Soda kalz.
50 g	Rongalit C 1 : 1 (Hydrosulfit NF konz. 1 : 1)
200—170 g	Wasser
1000 g	

Die Ware wird in diesem Falle zuerst mit 10 g Katanol O und 1 g Soda kalz. per Liter Wasser geklotzt, getrocknet, dann mit der Indigosolpräparation nochmals geklotzt und in der Hot-flue getrocknet. Nach dem Aufdruck der Buntreserven dämpft man 5 Minuten im Schnelldämpfer, passiert hierauf durch ein warmes Katanolbad (2 g Katanol per Liter bei 30 ^{0} C), wäscht und seift. Alle hydrosulfitbeständigen basischen Farbstoffe können zu solchen Buntreserven verwendet werden; auch die gewöhnlichen Reserven mit basischen Farbstoffen (ohne Katanol, siehe Anilinschwarz) sind unter Indigosol anwendbar.

Auch der Blau-Rot-Artikel läßt sich mit Indigosol in einfacher Weise fabrizieren, und zwar entweder durch Selbstherstellung eines geeigneten Nitrosamins oder bequemer bei Verwendung der als fertige Gemische von Nitrosaminen mit Naphthol-AS-Produkten von der I. G. Farbenindustrie A.G. in Frankfurt a. M. gelieferten Rapidechtrotmarken.

Die weiße Ware wird zuerst präpariert mit:

70 g	Indigosol O
778 g	Wasser
50 g	Tragantschleim 60:1000
40 g	neutrales oxalsaures Ammon oder Rhodanammonium
12 g	chlorsaures Natron
50 g	vanadinsaures Ammon (1 : 1000)
1 Liter	

Nach dem Klotzen am Foulard und Trocknen in der Hot-flue bedruckt man mit folgender Nitrosaminrotreserve:

500 g	Stärke-Tragantverdickung
150 g	Natriumthiosulfat. Hierauf zugeben:
20 g	Betanaphtol gelöst in
25 g	Natronlauge 40 ^{0} Bé und
155 g	Wasser. Zuletzt:
150 g	Nitrosamin in Teig
1000 g	

Herstellung von Nitrosamin-Teig:

168 g	Paranitroorthoanisidin werden mit
300 cm^3	Salzsäure angeteigt; nach $^1/_4$ stündigem Stehen gibt man langsam
1000 cm^3	Eis und Wasser zu und streut unter Rühren
76 g	Nitrit ein. Nach erfolgter Diazotierung läßt man 2 Stunden stehen und gießt hierauf die ca. 5 ^{0} C kalte Diazolösung unter Rühren in
1500 g	stark abgekühlte Natronlauge 22 ^{0} Bé ein. Der Niederschlag wird auf
1000 g	abfiltriert.

Die mit der Nitrosaminreserve bedruckte Ware wird hierauf 5 Minuten im Schnelldämpfer bei 95—98 ^{0} C gedämpft, gewaschen und geseift.

Rotreserve mit Rapidechtrot:

500 g	Stärke-Tragantverdickung
50 g	Natriumthiosulfat
150 g	Rapidechtrot in Teig (I. G. Farbenindustrie A.G., Frankfurt a. M.).
20 g	Natriumazetat
280 g	Wasser
1000 g	

Nach dem Aufdruck wird in gleicher Weise wie bei Verwendung der vorangegebenen Nitrosamindruckfarbe 5 Minuten bei 98—100° C im Schnelldämpfer gedämpft, dann in mit etwas Natriumbisulfat versetztem Wasser gewaschen, geseift und getrocknet.

3. Ätzen von Färbungen mit indigoiden Farbstoffen.

Oxydationsätzen. Zum Ätzen mit Oxydationsätzen kommen nur Färbungen von niedrig bromierten Indigoderivaten in Betracht.

Mit Chloratätzen[1]) lassen sich auf helleren und mittleren Färbungen verschiedener Produkte, z. B. Cibagrün G, Cibabraun R, Cibablau 2 B usw., befriedigende Ätzeffekte erzielen. Durch Präparieren der entsprechend vorgefärbten Ware mit Naphthol AS und Aufdruck einer Chloratätze, welche diazotierte Echtscharlachbase enthält, ergeben sich ferner beispielsweise auf gelbbraunem oder grünem Fond einwandfrei schöne Roteffekte, deren Wirkung durch Mitdruck von Anilinschwarz noch besonders erhöht wird.

Das von Seiitsu Kobayashi in Kyoto angewendete Ätzverfahren auf Färbungen mit verschiedenen Brillantindigomarken (4 B, G, 4 G), desgleichen auf Färbungen mit Indigo MLB/4B, /5B, /6B sowie Bromindigo FB und Cibablau 2B wurde bereits bei der allgemeinen Besprechung der Oxydationsätzen erwähnt. Die genannten Färbungen werden durch den Aufdruck von rotem Blutlaugensalz und nachfolgende kurze Passage durch heiße Natronlauge rein weiß geätzt.

Sulfoxylatätzen. Für den Ätzdruck auf Färbungen indigoider Farbstoffe kommen jedoch, wie für alle anderen geeigneten Küpenfarbstoffe, in der Hauptsache die gleichen Sulfoxylatätzen in Betracht und zur Anwendung, die beim Weiß- und Buntätzdruck auf Indigofärbungen Geltung haben. Im allgemeinen erfolgt die Ätzung etwas schwerer als bei Indigo, doch lassen sich die meisten Färbungen mit alkalischen Rongalit-CL-Ätzpasten, welche größere Mengen Leukotrop W konz. enthalten, auch in dunkleren Farbtönen weiß ätzen. Für helle Färbungen ist aber diese alkalische Ätze nicht einmal erforderlich, es genügt dazu schon Rongalit CL allein oder Rongalit C mit Leukotrop O. Man arbeitet z. B. mit folgendem Ätzweiß:

200 g	Weizenstärke }
2000 g	Wasser }
1900 g	Gummilösung 1:1 }
1000 g	Natriumkarbonat
1800 g	Zinkpaste { 1000 g Zinkoxyd, 800 g Wasser, 200 g Glyzerin }
400 g	Schlämmkreide
1400 g	Leukotrop W konz.
1200 g	Rongalit CL
100 g	Olivenöl
10000 g	

[1]) „Die Farbstoffe der Gesellschaft für chemische Industrie in Basel und deren Anwendung", 2. Auflage 1915, S. 384.

Das Dämpfen der mit der entsprechenden Ätze bedruckten Gewebe geschieht im allgemeinen während 3—5 Minuten im luftfreien Schnelldämpfer bei 101° C. Hierauf wird die Ware 1 Minute durch kochende Wasserglaslösung (10 g Wasserglas 36° Bé per Liter) passiert und gut gewaschen. Bei Ätzen auf Bromindigo hat das Dämpfen zweimal zu erfolgen. Nach der ersten Dämpfpassage sind die Ätzstellen brillant orangerot gefärbt; das zweite Dämpfen verursacht eine Veränderung dieser Färbung in Blaßgelb. Nach Eintritt dieses Zustandes erhält man beim nachfolgenden Abziehen im heißen alkalischen Bade schön weiße Effekte.

Ätzen von Färbungen geschwefelter Indigofarbstoffe [Thioindigorot[1]) sowie Thioindigoscharlachmarken und ähnliche Produkte]. Diese Farbstoffe lassen sich mit Oxydationsmitteln nicht ätzen. Mit Rongalit CL bzw. Rongalit C und Leukotrop W konz. erhält man dagegen rein weiße Ätzeffekte; die Ätzstellen sind nach dem Dämpfen orangegelb gefärbt. Folgende Ätze ergibt gute Resultate:

100 g	Zinkoxyd
80 g	Wasser
20 g	Glyzerin
70 g	Leukotrop W konz.
150 g	Rongalit C
580 g	Gummi-Stärkeverdickung
1000 g	

Nach dem Aufdruck wird die Ware wie üblich 5 Minuten im luftfreien Schnelldämpfer bei 100—102° C gedämpft und dann durch ein kochendes alkalisches Abzugsbad genommen.

d) Die Farbstoffe der Indanthrengruppe.

1. Der direkte Druck.

Die von der I. G. Farbenindustrie A.G. in Frankfurt a. M. unter der Bezeichnung „Indanthrenfarben" in den Handel gebrachten Küpenfarbstoffe umfassen die echtesten Produkte dieser Klasse, in chemischer Beziehung hauptsächlich Anthrachinonabkömmlinge; hierzu gehören naturgemäß auch die jeweils identischen Cibanonfarbstoffe der Gesellschaft für chemische Industrie in Basel, z. B. Cibanonblau RS, Cibanonblau GCD usw.[2]).

Entwicklungsverfahren nach Jeanmaire. Als im Jahre 1901 durch rege Förderung von Dr. Bohn die ersten Farbstoffe dieser Gruppe (Indanthren S und Flavanthren R, später auch Melanthren und Fuscanthren B) auf den Markt gebracht wurden, standen die zu ihrer Fixierung später so wichtigen Sulfoxylate noch nicht zur Verfügung, so daß die Anwendung im Zeugdruck zunächst Schwierigkeiten bereitete. Jeanmaire[3]) fand nun eine originelle Fixationsmethode, die dann auch längere Zeit allgemein im Gebrauch war und für Zwecke des Handdruckes übrigens noch immer von gewisser Bedeutung ist. Nach diesem sogenannten Entwicklungsverfahren (zum Unterschiede von dem Dämpfverfahren) wird die weiße Ware mit einem Gemisch aus Farbstoff, Eisenvitriol, Zinnsalz, Milchsäure, Weinsäure sowie Glukose bedruckt und dann die Fixierung durch eine Passage in heißer konzentrierter Natronlauge bewirkt. Die Zugabe von Milchsäure und Weinsäure verhindert eine zu rasche Reoxydation des durch Eisen-

[1]) Im Jahre 1905 von P. Friedländer unter Mitarbeit von Dr. Gustav Müller (Reichenberg) der Farbenfabrikation zugänglich gemacht.

[2]) Siehe Zirkular Nr. 248 der Gesellschaft für chemische Industrie in Basel vom Oktober 1925: Cibanonblau „GCD Teig und GCDN Pulver".

[3]) D. R. P. 132402, später an die B. A. S. F. übertragen.

vitriol und Zinnsalz reduzierten Farbstoffs. Weinsäure darf nur in geringer Menge zugesetzt werden, um eine Schädigung der Ware beim Trocknen zu vermeiden. Milchsäure ist dagegen unschädlich und wird in der reduzierenden Wirkung durch die Glukose verstärkt. Der Säuregehalt der Druckfarbe verhindert auch die Bildung von Eisenhydroxyd an den bedruckten Stellen, durch welches sonst, und zwar besonders bei blauen Farbstoffen, der Farbton empfindlich getrübt würde.

Druckvorschrift:

335 g	Stärke-Tragantverdickung
50 g	Milchsäure 50%ig
20 g	Weinsäure 1 : 1
20 g	Glukose 1 : 1
15 g	Zinnsalz 1 : 2
360 g	Eisenvitriol 1 : 2
200 g	Küpenfarbstoff in Teig
1000 g	

Für Druckfarben mit weniger Farbstoff, also zur Herstellung hellerer Töne, gebraucht man zweckmäßig Senegalgummi oder besser noch Senegalgummi und Britishgum als Verdickung; für Abschwächungen (Kupüren) auf Basis vorangegebener Rezeptur verdickt man die erforderlichen Ingredienzien vorteilhaft nur mit Gummilösung. Das Vermischen des Farbstoffs mit der Verdickung ist mit großer Sorgfalt vorzunehmen, um sogenannte Stippen zu vermeiden.

Verdickung zum Abschwächen:

600 g	Gummiwasser 1 : 2
50 g	Milchsäure 50%ig
10 g	Weinsäure 1 : 1
20 g	Glukose 1 : 1
10 g	Zinnsalz 1 : 2
90 g	Eisenvitriol 1 : 2
220 g	Wasser
1000 g	

Die bedruckte und bei nicht zu hoher Temperatur getrocknete Ware wird in breitem Zustande während ca. 30 Sekunden in einer Rollenkufe durch 70 bis 80° C heiße Natronlauge von 20° Bé passiert (entwickelt) und läuft anschließend ohne vorheriges Abquetschen durch gleich starke kalte Lauge (18—20° Bé), um ein Ausbluten der Aufdruckfarben hintanzuhalten. Hierauf wird abgequetscht, kräftig abgespritzt, gewaschen und mit Schwefelsäure von 3° Bé $^1/_4$—$^1/_2$ Stunde kalt abgesäuert; nach gutem Spülen seift man 10 Minuten kochend.

Der als Entwicklungsbad dienenden heißen Lauge setzt man vorteilhaft etwas gefällten Braunstein zu, um ein Anfärben des Weißbodens durch abgelösten Farbstoff zu verhindern. Je nach Aufdruck feiner, leichter oder starker, schwerer Muster sind 25—100 g Braunstein-Teig pro Liter Lauge zweckentsprechend.

Braunsteinpaste:

150 g	Manganchlorür in
350 g	Wasser lösen; dann unter Rühren
100 g	Natronlauge 30° Bé und
400 g	Chlorkalklösung 8° Bé zugeben.
1000 g	

Es ist angezeigt, die gesäuerte Ware etwa 1 Stunde liegen zu lassen und dann erst zu waschen und zu seifen. Dem Absäuern ist besondere Beachtung zu schenken; die Ware darf nicht mehr alkalisch reagieren, weil etwa zurückbleibende Lauge den Farbstoff teilweise zerstört.

Nach dieser Eisenvitriol-Zinnsalz-Methode fixieren sich die in Betracht kommenden Indanthrenfarben sowie verschiedene Algol-, Helindon-, Alizarinindigo-

usw. Farbstoffe mit außerordentlich leuchtenden und klaren Farbtönen und ist das Verfahren in dieser Hinsicht allen anderen Fixationsmethoden überlegen.

Lauge-Zinnoxydul-Dämpfverfahren. Eine andere Arbeitsweise war das Lauge-Zinnoxydul-Dämpfverfahren. Die Druckfarbe zeigt dabei folgende Zusammensetzung:

100 g	Farbstoff in Teig	
40 g	Zinnoxydul in Teig 50%ig	
50 g	Glyzerin	
700 g	alkalische Verdickung	320 g Dextrin 600/400 340 g Gummi 1 : 1 1000 g Natronlauge 40° Bé
110 g	Gummi-Dextrinverdickung 1 : 1	
1000 g		

Nach dem Aufdruck wird die Ware im Schnelldämpfer gedämpft, dann ¼ Stunde in schwach mit Schwefelsäure angesäuertem Wasser behandelt, gespült, geseift und getrocknet. Die nach diesem Verfahren erhaltenen Drucke stehen bezüglich Farbintensität hinter jenen der erstgenannten Arbeitsweise (Entwicklungsverfahren) zurück.

Pottasche-Rongalit-Dämpfverfahren nach Dr. Wilhelm Sieber (Reichenberg). Das Dämpfverfahren hat seit Einführung des Sulfoxylat-Formaldehyds große Bedeutung erlangt, denn das Drucken der Indanthren- sowie auch der anderen Küpenfarben gestaltete sich dadurch weit einfacher und sicherer. Anfangs verwendete man ausschließlich Druckfarben, die neben Farbstoff und Verdickung Natronlauge, Hydrosulfit-Formaldehyd und Glyzerin enthielten. Da die Verwendung stark alkalischer Druckfarben mancherlei Übelstände mit sich brachte, so wurde besonders für helle und mittlere Farbtöne die Natronlauge durch Soda ersetzt. Derartige Druckfarben ergaben aber weder entsprechend farbstarke Töne, noch war die Fabrikation genügend sicher.

Das Verdienst der Auffindung und Ausarbeitung einer ebenso bequem wie sicher anzuwendenden Fixationsmethode für Indanthrenfarben und andere Küpenfarbstoffe gebührt Dr. Wilhelm Sieber[1]) in Reichenberg. Dieser namhafte Fachmann und Forscher hatte schon auf anderen Gebieten der Druckerei Kaliumverbindungen mit besonderem Erfolg verwendet, so daß er bei seinen Arbeiten mit den ersten Indanthrenfarbstoffen und den mangelhaften Ergebnissen mit sodahaltigen Druckfarben auf den ihm erfahrungsgemäß naheliegenden Gedanken kam, Kaliumkarbonat (Pottasche) an Stelle von Soda anzuwenden. Die von Sieber vorgenommenen diesbezüglichen Versuche und deren praktische Erprobung im Großbetriebe in den Jahren 1906 und 1907 ergaben einwandfreie Resultate; jede Unsicherheit im direkten Druck von hellen und mittleren Farbtönen mit Indanthrenfarben war damit beseitigt. Das so entstandene Pottasche-Rongalit-Dämpfverfahren[2]) hat sich als angenehme und gleichbleibend sichere Arbeitsweise in der Praxis hauptsächlich eingeführt; die Anwendung dieser schwach alkalischen Druckfarben hat außerdem den Vorteil, daß die Mitläufer der Druckmaschine weniger angegriffen werden.

Stark alkalische (ätzalkalische) Druckfarben hat man nur zur Herstellung dunkler Drucke beibehalten und zwar besonders wenn mit pulverförmigen Farbstoffen gearbeitet und mit Hydrosulfit (konz. Pulver) vorreduziert (verküpt) wird. — Für einige Farbstoffe sind auch sodahaltige Druckfarben brauchbar,

---

[1]) „Über Indanthren-Dämpfdruckfarben." (Mitteilung aus der Forschungsstelle für Textilindustrie in Reichenberg.) Melliands Textilberichte 1926, S. 141/143.

[2]) Als versiegeltes Schreiben bei der Société Industrielle in Mühlhausen i. E. am 4. April 1908 hinterlegt und später beim Allgemeinen Deutschen Textilverband in Reichenberg deponiert.

im allgemeinen erhält man aber damit, wie schon erwähnt, weniger ausgiebige Drucke.

Für den Maschinendruck kommen also in der Hauptsache schwach alkalische Druckmethoden in Betracht, vor allem das Sieber'sche Pottasche-Rongalit-Dämpfverfahren, und ferner auch stark alkalische Druckmethoden.

Für das Pottasche-Rongalit-Dämpfverfahren mit unverküptem Farbstoff gilt z. B. folgende Druckvorschrift:

500 g	Stärke-Britishgum-Verdickung
100 g	Indanthrenfarbstoff in Teig
100 g	Glyzerin
150 g	Pottasche
100 g	Wasser
50 g	Rongalit C
1000 g	

Derartige Druckfarben besitzen auch den Vorteil, kalt zusammengemischt werden zu können und dienen hauptsächlich zum Drucken von Teigprodukten. Durch Zusatz von 30 g Solutionssalz B (Benzylsulfanilsaures Natron; auch unter den Bezeichnungen Solvenol und Algosol im Handel) pro Kilo Druckfarbe erhält man bei einer ganzen Anzahl Farbstoffe etwas tiefere Töne.

Nach diesem Verfahren geben ferner einige Farbstoffe bessere Resultate, wenn dieselben schon als Leukoverbindungen, also in verküptem Zustande, aufgedruckt werden.

Druckvorschrift für schwach alkalische Druckfarben mit verküptem Farbstoff:

160 g	Farbstoff in Teig
80 g	Glyzerin
390 g	Stärke-Tragantverdickung
60 g	Solutionssalz B (1 : 1)
120 g	Pottasche und
40 g	Hydrosulfit konz. Pulver werden zusammen auf ca. 60° C erwärmt, bis der Farbstoff gelöst ist; dann kühlt man ab und gibt
150 g	Rongalit C (Hydrosulfit NF konz.) 1 : 1 zu
1000 g	

Nach dem Drucken wird in beiden Fällen 3—5 Minuten im luftfreien Schnelldämpfer bei 101 C° mit feuchtem Dampf gedämpft[1]), dann gewaschen und geseift.

Vielfach gibt man der Ware nach dem Dämpfen erst eine schwach saure Chromkalipassage (2—3 g Chromkali und 5—10 cm³ Essigsäure 6° Bé pro Liter bei 30—40° C), wodurch einerseits ein Ausbluten der Farbstoffe verhindert und andererseits die Oxydation beschleunigt wird. Hierauf wird gespült, geseift, gewaschen und getrocknet.

Stark alkalische Druckmethoden. Zur Herstellung dunkler Töne sind nur stark alkalische Druckfarben gut geeignet, weil dieselben den erforderlichen Merzerisationseffekt vermitteln.

Im allgemeinen wird dabei zweckmäßig nach der für Indigo üblichen Druckvorschrift gearbeitet:

600—500 g	alkalische Verdickung WB (siehe S. 259)
50 g	Natronlauge 22° Bé
150 g	Rongalit C (1 : 1) bzw. Hydrosulfit NF konz. (1 : 1)
200—300 g	Farbstoff in Teig
1000 g	

[1]) Reinking, Dr. H. und Dr. P. Aug. Driessen: Über die Fixierung von Küpenfarbstoffen im Zeugdruck. Melliands Textilber., Jg. 1927, S. 269/270.

Nach dem Aufdruck wird die Ware, wie üblich, $2^1/_2$—3 Minuten im luftfreien Schnelldämpfer mit feuchtem Dampf gedämpft und am besten möglichst bald auf einer Breitwaschmaschine mit reichlichen Wassermengen gespült; zum Schluß seift man kochend.

Eine Anzahl Indanthrenfarbstoffe sowie ferner einige Algol-, Helindon- usw. Farben können auch in stark ätzalkalischer Paste nach dem Schlieper & Baum'schen Indigodruckverfahren auf mit Glukose präparierter Ware gedruckt werden und gilt dafür die bereits angegebene Vorschrift.

Zu den stark alkalischen Druckmethoden zählt auch noch das ebenfalls schon eingehend besprochene Verfahren von Jeanmaire mit Eisenvitriol und Zinnsalz.

Hinsichtlich der für die einzelnen Druckmethoden bestgeeigneten Farbstoffe kann auch hier nur wieder auf die in Betracht kommende Spezialliteratur der Farbwerke, insbesondere der I. G. Farbenindustrie A.G., verwiesen werden[1]).

Reserven für Überdrucke. Die Fixierung von Indanthrenfarben bzw. Küpenfarben überhaupt kann durch gewisse aromatische Körper, welche sich vom Benzol, Naphthalin oder Anthrazen ableiten und Nitro- sowie Sulfogruppen enthalten, verhindert werden. Die oxydierende Wirkung dieser Substanzen bewirkt die Zerstörung des Hydrosulfits der Druckfarben. Derartige Reservierungsmittel sind z. B. das Serodit MLB und das Ludigol (B.A.S.F.). Zur Herstellung von Weißreserven unter Küpenfarbenüberdrucken wird die Ware mit einer serodithaltigen Vordruckreserve bedruckt und sogleich, d. h. in einer Druckoperation, mit Küpenfarben überdruckt. Zwischen der Druckwalze mit der Vordruckreserve und jener mit dem Küpenfarbstoff legt man zweckmäßig eine Wasserwalze ein. Nach dem Drucken wird getrocknet, einige Minuten im luftfreien Schnelldämpfer mit feuchtem Dampf gedämpft, dann gewaschen, mit $10\,cm^3$ Essigsäure und $3\,cm^3$ Bisulfit 38^0 Bé pro Liter Wasser abgesäuert, wieder gewaschen und geseift.

Seroditreserve:

100 g	Mangansuperoxyd-Teig $36^0/_0$ig werden mit
450 g	Wasser angeteigt und
200 g	Serodit MLB sowie
250 g	British gum (Pulver) hinzugefügt; hierauf erwärmt man, bis das Serodit gelöst ist, und rührt kalt
1000 g	

Auch Buntreserven mit Küpenfarbstoffen lassen sich unter Küpenfarbenüberdrucken herstellen. Man druckt dabei zuerst Küpenfarben, die nach dem Eisenvitriol-Natronlaugeverfahren hergestellt werden können, jedoch noch unter Zugabe von Leukotrop W konz., und überdruckt dann mit solchen Küpenfarbstoffen, deren Leukoverbindungen mit Leukotrop W konz. in Alkalien leicht löslich sind. Für die Überdruckfarben gilt die übliche Pottasche-Rongalit-Vorschrift.

Buntreserve (Vordruckreserve):

100—200 g	Küpenfarbstoff in Teig
350—250 g	Britishgum 1 : 1
200 g	Blanc-fixe-Teig
150 g	Eisenvitriol
100 g	Leukotrop W konz.
100 g	Glukose 3 : 1
1000 g	

[1]) Z. B.: „Die Küpenfarbstoffe", I. G. Farbenindustrie A.G., Höchst a. M. 1925, S. 96/97.

Die mit der Vordruckbuntreserve bedruckte Ware wird getrocknet, dann mit der Überdruckfarbe überwalzt und wie üblich im Schnelldämpfer mit luftfreiem und feuchtem Dampf gedämpft. Sodann wird während $^1/_2$ Minute durch 18—20° Bé Natronlauge bei 80° C passiert, gründlich gewaschen und anschließend mit 5 cm^3 Salzsäure 22° Bé und 2 g Oxalsäure pro Liter kalt abgesäuert. Zum Schluß wäscht man nochmals und seift kochend. Die Zugabe von Oxalsäure zum Säurebade bezweckt die sichere Entfernung des auf den reservierten Stellen niedergeschlagenen Eisenoxyds.

2. Ätz- und Reservedruck auf bzw. unter Indanthrenfärbungen.

Ätzdruck. Die Färbungen verschiedener Indanthren- und gleichwertiger Cibanonfarbstoffe lassen sich in gleicher Weise, wie dies bereits beim Ätzdruck von Färbungen mit Indigoderivaten besprochen wurde, mit alkalischen Hydrosulfit-CL-Farben, welche größere Mengen Leukotrop W konz. enthalten, selbst in dunklen Tönungen ohne vorherige Präparation weiß ätzen.

Für hellere Färbungen genügt meist auch eine Ätzdruckpaste mit Rongalit CL ohne Alkali nach folgender Vorschrift:

410 g	Britishgum 1 : 1
100 g	Zinkoxyd 1 : 1
200 g	Blanc-fixe-Teig 1 : 1
40 g	Anthrachinon-Teig 30%ig
200 g	Hydrosulfit CL
50 g	Glyzerin
1000 g	

Für tiefere Färbungen verwendet man jedoch eine alkalische Ätzfarbe mit Leukotrop W konz., z. B.:

200 g	Blanc-fixe-Teig
50 g	Anthrachinon-Teig 30%ig
125 g	Britishgum-Dextrinverdickung
300 g	Hydrosulfit CL
100 g	Leukotrop W konz.
175 g	Natronlauge 40° Bé
50 g	Wasser
1000 g	

Britishgum-Dextrinverdickung:

400 g	Britishgum in Pulver
100 g	Dextrin und
500 g	Wasser gut kochen
1000 g	

Die mit vorangegebenen Ätzen bedruckte indanthrenfarbige Ware wird 3—5 Minuten im Schnelldämpfer bei 101° C mit feuchtem Dampf gedämpft und dann während 1 Minute durch ein kochendes Bad von 10 g Wasserglas 36° Bé per Liter Wasser genommen. Anschließend wird gut gewaschen und geseift.

Von Indanthrenfarben sind auf diese Art beispielsweise ätzbar: Indanthrenrotviolett RH, Indanthrengrau 6 B, Indanthrencorinth RK, Indanthrenolive R, Indanthrengrau GK, K, Indanthrenbrillantviolett BBK, RK, einige Indanthrengelb- und -orange-Marken, ferner Indanthrendruckbraun 3 R usw.

Auch Buntätzen mit geeigneten Indanthrenfarbstoffen sind auf Indanthrenfärbungen zu erzielen. Die Ware wird zuerst mit einem leicht ätzbaren Produkt vorgefärbt und für die Buntätze ein Indanthrenfarbstoff verwendet, welcher gegen Rongalit CL und Leukotrop W konz. möglichst beständig ist.

Man färbt so z. B. mit 20% Indanthrendruckbraun 3 R in Teig ein schönes Rotbraun und druckt eine Violettätze mit Indanthrenbrillantviolett 4 R auf.

Die meisten Indanthrenfarbstoffe können aber auf Basis einer Vorpräparation der Färbungen mit Leukotrop W konz. weißgeätzt werden[1]). Die Stärke dieser Vorpräparation richtet sich nach dem zu ätzenden Farbstoff und nach der Tiefe der Färbung. Zum Aufdruck verwendet man stark alkalische Ätzpasten mit Rongalit CL.

Man klotzt z. B. die gefärbte Ware mit

200 g Leukotrop W konz. und } im Liter Wasser,
20 g Glyzerin (oder Glyezin A) }

trocknet und bedruckt mit einem Ätzweiß von folgender Zusammensetzung:

150 g	Britishgum. mit
410 g	Wasser anteigen,
240 g	Natronlauge 26° Bé und
200 g	Rongalit CL einrühren.
1000 g	

Nach dem Bedrucken und Trocknen wird die Ware 5 Minuten bei 101 bis 102° C im Schnelldämpfer gedämpft, dann breit mit 20 g Natronlauge 40° Bé pro Liter Wasser im kochend heißen Bade abgezogen und anschließend noch $^1/_2$ Stunde im Strang kochend mit 10 g Wasserglas im Liter Seifenbad geseift.

Der Verfasser gemeinsam mit J. Hackl und J. Pařik[2]) fanden überdies in einer Kombination von Reduktions- und Oxydationsmitteln in stark alkalischem Medium ein Mittel, auch Indanthrenblau RS sowie alle bisher als nichtätzbar geltenden Farbstoffe derselben Gruppe praktisch vollkommen zu ätzen.

Die Präparation mit Leukotrop bleibt zwar nach wie vor notwendig, doch nicht mehr in der Konzentration von 200 g, sondern es genügen in dem Falle 125 g per Liter. Die Ätzfarbe hat folgende Zusammensetzung:

300 g	alkalische Verdickung	{ 300 g Britishgum 100 g Wasser 600 g NaOH 40° Bé }
60 g	Kaolin	
360 g	Rongalit CL	
80 g	Leukotrop W konz.	
80 g	Glyzerin	
10 g	Resorzin-Alkohol	
40 g	Natriumhypochlorit 40° Bé	

Man dämpft im Mather-Platt bei möglichst hoher Temperatur, mindestens 112°, besser 115°. Die Ätzstellen sollen ein rötliches Aussehen haben. Man zieht nun in einem heißen Bad von 5 g Nekal per Liter ab, geht dann in kochende Seife, eventuell unter Zusatz von etwas Natriumperborat. Zweckmäßig ist ab und zu auch eine unmittelbar nach dem Dämpfen eingeschaltete heiße Passage in verdünnter Säure.

Reservedruck[3]). Eine nicht unbeträchtliche Anzahl von Färbungen mit Farbstoffen der Indanthrengruppe, darunter einige sehr wichtige Produkte, wie z. B. Indanthrenblau RS, Cibanonblau RS, Indanthrenbrillantgrün B usw.,

---

[1]) Siehe Musterkarte $\frac{\text{I. K. 15}}{\text{C.}}$ der I. G. Farbenindustrie A.-G.: Ätzen von Färbungen mit Indanthrenfarbstoffen.

[2]) D. R. P. angemeldet.

[3]) Siehe besonders auch die Musterkartenbroschüre $\frac{\text{I. K. 16.}}{\text{C.}}$ der I. G. Farbenindustrie A.-G.: Pappreserven unter Färbungen mit Indanthrenfarbstoffen (Druckmuster aus der Praxis).

widerstanden bis zur Anwendung der Vorpräparation der gefärbten Ware mit Leukotrop W konz. mehr oder minder allen anderen einfachen Aufdruckätzen jedweder Art. Zwecks Bemusterung dieser Färbungen war man daher zunächst ausschließlich auf Reserven angewiesen.

Bei der Herstellung dieses Reserveartikels im Handdruck oder Perrotinedruck verwendet man ab und zu noch Reserven, welche den unter Indigofärbungen gebräuchlichen außerordentlich nahestehen. In solchen Fällen arbeitet man jedoch meist mit Indanthrenküpen, die nicht mit Hydrosulfit, sondern mit Eisenvitriol und Zinnsalz angesetzt sind. Eine für die Vitriolküpe geeignete Pappreserve ist z. B. folgende:

200 g	Gummilösung 1 : 1
215 g	Bleisulfat
275 g	Wasser
110 g	Bleinitrat
55 g	Bleizucker
10 g	Rüböl

Die Verwendung derartiger Pappreserven in der Hydrosulfit-Glykoseküpe ist an und für sich auch möglich, doch wirken hier die Blei- und eventuell auch Kupfersalze des Papps störend. Diese Küpen bilden nämlich stets geringe Mengen Natriumsulfid, wodurch auf den reservierten Stellen Blei- bzw. auch Kupfersulfid entsteht; letztere haften fest auf der Faser und sind auch durch Absäuern kaum mehr zu entfernen.

Da nun einerseits für das kontinuierliche Färben weiß- und buntreservierter Ware in mittleren und dunklen Tönen in erster Linie das Hydrosulfit-Glukoseverfahren in Betracht kommt und andererseits besonders der wichtige Indanthrenblau-Artikel auch brauchbare Reserven für den Rouleauxdruck verlangt, so hat man zu reservierenden Salzen greifen müssen, deren Sulfide weiß oder nur schwach gefärbt sind. Mangan- und Zinksalze haben sich diesbezüglich am geeignetsten erwiesen und werden in verschiedenen Kombinationen angewendet.

Der gangbarste indanthrenfarbige Reserveartikel von unverwüstlicher Farbechtheit ist der mit Indanthrenblau RS hergestellte[1]). Die gut gebleichte Ware wird zweckmäßig zuerst mit einer Türkischrotöllösung (15 g per Liter) vorpräpariert und in der Hot-flue getrocknet. Dann druckt man folgende Weißreserve auf:

6000 g	Britishgum (Pulver)
5000 g	Wasser
3000 g	Manganchlorür
6000 g	Zinkchlorid
3000 g	Kaolin
500 g	Prikinsäure

Der Pikrinsäurezusatz wirkt sehr günstig auf das Weiß ein; ebenso verhält sich ein Zusatz von 50 g Ludigol oder Serodit im Kilo Druckfarbe. Das Kaolin muß von feinster Beschaffenheit sein und die Druckpaste sorgfältig vermahlen werden, um das Einsetzen in die Gravuren der Druckwalzen möglichst hintanzuhalten; auf alle Fälle ist es wichtig, als Farbauftragwalze eine Bürstwalze zu verwenden.

Die so bedruckte Ware wird dann in einer etwa 500 l fassenden Färbeküpe mit Indanthrenblau RS ausgefärbt. Als Färbeküpe verwendet man am besten

[1]) Siehe die koloriehistorisch und fachwissenschaftlich wertvolle Abhandlung von Dr. A. Nowak: Beitrag zur Geschichte des Indanthrenblau-Reserveartikels und zur Kenntnis der Manganreserve. Melliands Textilber., Jg. 1927, S. 861—864.

eine eiserne Kufe mit heraushebbarem Leitwalzengestell, welche außerdem mit Rührwerk, Fülltrichter und Doppelboden versehen sowie mit indirektem Dampf heizbar ist. Diese Kontinueküpe wird zweckmäßig einer Breitwaschmaschine vorgeschaltet. Beim Austritt aus dem Färbebade wird die Ware durch ein Quetschwalzenpaar abgequetscht und anschließend in den Abteilen der Breitwaschmaschine gewaschen und gesäuert. Falls erforderlich, säuert man auch nochmals im Strang auf einer Haspelkufe; zum Schluß wird wieder gespült und kochend geseift.

Färbeflotte:

30	kg	Indanthrenblau-RS-Teig werden mit
37,50	l	Glukose (1 : 1) sowie
100	l	heißem Wasser gut angeteigt und in die mit
350	l	heißem Wasser gefüllte Rollenkufe gegeben. Dann erwärmt man auf 75° C und gibt
30	l	Natronlauge 40° Bé sowie
1,75	kg	Hydrosulfit konz. Pulver zu. Einstellen auf
500	Liter	

Sobald die Küpe klar ist und einen reinblauen Schaum zeigt, beginnt man mit dem Färben. Die Färbedauer beträgt je nach Qualität der Ware und der erwünschten Farbtiefe 20—45 Sekunden. Bezüglich der einzuhaltenden Färbetemperatur ist zu beachten, daß dieselbe nicht unter 80° C betragen soll und möglichst genau einzuhalten werden muß. Das Nachspeisen der Färbeküpe geschieht ununterbrochen während der ganzen Färbedauer, und zwar zweckmäßig aus einem höherstehenden Vorratsbehälter.

Zulaufflotte:

20	kg	Indanthrenblau RS-Teig mit
14	l	Glukoselösung (1 : 1) und
50	l	heißem Wasser gut anteigen und dann
8,50	l	Natronlauge 40° Bé sowie
1,25	kg	Hydrosulfit konz. Pulver zugeben

Einstellen auf 100-Liter-Flotte

Diese Zulaufflotte muß ebenfalls auf 80° C gehalten werden.

Wenn die Küpe längere Zeit gestanden hat, so muß sie vor Wiederbenutzung aufgefrischt werden. Man gibt daher ca. 10% der ursprünglich angewendeten Farbstoffmenge zu und etwa 20% an Lauge und Glukose. Dann wird auf 70° C erwärmt und $^1/_3$ weniger Hydrosulfit eingestreut als beim ersten Ansatz; das Färben auf dieser alten Flotte erfolgt am besten bei etwas höherer Temperatur (85° C).

Da sich die Zersetzungsprodukte von Lauge, Hydrosulfit und Reserve im Färbebade stark anreichern, so muß dieses von Zeit zu Zeit gereinigt werden. Dies geschieht durch schwaches Ansäuern der erkalteten Flotte; der ausgefällte Farbstoffschlamm wird beim Ansetzen frischer Küpen und Zulaufflotten allmählich mitverwendet.

Auch die Manganreserve nach dem beim Indigo bereits erwähnten Verfahren der Alt-Kettenhofer Druckfabrik (Felmayer & Cie.) kommt zur Herstellung dieses Indanthrenartikels in Betracht. Bei Benutzung einer solchen Reserve aus Manganchlorür und Bichromat wird der gebleichte Baumwollstoff vorteilhaft zuerst mit 50 cm³ Natronlauge 40° Bé pro Liter Wasser auf einem Foulard kalt vorpräpariert und in der Hot-flue getrocknet.

Manganreserve (Felmayer-Grossner'sche Reserve)[1]:

	400—500 g Manganchlorür	I
	350 g Gummilösung 1 : 1	I
II	75 g Kaolin	
II	25 g Natriumbichromat	
II	50 g Wasser	
	1000 g	

Kurz vor Gebrauch rührt man I in II. Die auf der Ware vor sich gehende Umsetzung wurde schon bei Besprechung der gleichartigen Reserve unter Indigofärbungen erläutert[2]).

Das kontinuierliche Färben in der Hydrosulfit-Glukoseküpe mit Indanthrenblau RS geschieht in gleicher Weise, wie vorher bei der Mangan-Zinkreserve angegeben. Beim Absäuern der gefärbten Ware gibt man dem 40 ° C warmen Säurebade (1—1½ l Salzsäure 20 ° Bé pro 100 l Wasser) noch einen Zusatz von 50—100 g Rhodankalium (pro 100 l) zur Entfernung des gebildeten Manganbisters. Vom Natriumbichromat herrührende gelbe Flecke auf der fertig gefärbten Ware, welche von der Oxydationswirkung auf den Farbstoff während der Säurepassage herrühren, können durch eine Behandlung in verdünnter Hydrosulfitlösung entfernt werden.

Bemerkenswert ist noch, daß sich Pokorny[3]) einer Manganchlorürreserve ohne Bichromatzusatz bedient und dieselbe als zweckmäßiger ansieht.

Bei kleineren Produktionen bzw. in Betrieben, die zwecks Herstellung besonderer Blaudruckartikel an und für sich schon mit Tauchküpen arbeiten, färbt man den Indanthren-Reserveartikel vielfach auch auf der Tauchküpe. Als Färbeverfahren wendet man gleichfalls hauptsächlich Hydrosulfitverküpung an, und zwar meist die sogenannte Hydrosulfit-Dekol-Küpe. Die gebleichte, mit Reserve bedruckte und auf Sternreifen aufgespannte Ware wird ca. 4—5 Minuten bei ca. 60 ° C in einer Tauchküpe von beiläufig nachstehender Zusammensetzung gefärbt, dann gespült, gesäuert, wieder gespült und kochend geseift.

Ansatzbad für die Tauchküpe:

934 cm^3	heißes Wasser (60 ° C)
15 cm^3	Natronlauge 40 ° Bé; dann
6 g	Hydrosulfit konz. Pulver einstreuen und
25 g	Indanthrenfarbstoff-Teig sowie
20 g	Dekol zugeben
1 Liter	

Der Dekolzusatz (kalkfreie Sulfitzelluloseablauge) wirkt als Schutzkolloid. Diese Küpe ist gut haltbar; ein längere Zeit unbenutzt gestandenes Farbbad kann nach Auffrischen mit Lauge, Hydrosulfit, Dekol und Farbstoff wieder weiter benutzt werden.

Die Herstellung von Buntreserven unter Indanthrenfärbungen lehnt sich ebenfalls vollkommen an den analogen Artikel unter Indigo bzw. Indigo ML 4 B (Bromindigo FB) an. Für Rot- und Orange-Illuminationen arbeitet man auf naphtholierter Ware und druckt eine Reservefarbe auf, welche aus Weißreserve und Diazolösung besteht.

[1]) Österr. Patent Nr. 40412, von der B. A. S. F. erworben.

[2]) Siehe auch R. Haller: „Beiträge zur Kenntnis der Reservewirkung von Manganoxyden unter Küpenblau“. Melliands Textilberichte 1921, S. 173.

[3]) J. Pokorny: „Die Entwicklung von Indanthrenblau“. Melliands Textilberichte 1923, S. 583.

Naphtholpräparation:

20—25 g	Betanaphthol
20—25 g	Natronlauge 40° Bé
15 g	Paraseife PN oder 50 g Türkischrotöl 50%ig
Pro 1 Liter Wasser	

Weißreserve:

150 g	Kaolin 1 : 1
325 g	Britishgum 1 : 1
300 g	Chlorzink krist.
175 g	Manganchlorür
50 g	Ludigol
1000 g	

Buntreserve:

840 g	Weißreserve
160 g	Diazolösung NOA oder AO
1000 g	

Für Rot wird diazotiertes Paranitro-orthoanisidin verwendet, für Orange diazotiertes Orthonitranilin.

Diazolösung NOA:

100 g	Paranitroorthoanisidin (Azorosa NA)
200 g	heißes Wasser
206 g	Salzsäure 20° Bé
300 g	Eis
44 g	Natriumnitrit
150 g	Wasser
1000 g	

Diazolösung AO:

132 g	Azoorange LO (Höchst)
120 cm³	Wasser
210 cm³	Salzsäure 22° Bé
240 g	Eis
73,2 g	Natriumnitrit in
180 g	Wasser gelöst
Einstellen auf 960 g	

Diese Buntdruckfarben werden am besten auf der Perrotine oder der Reliefdruckmaschine (Rotationsperrotine) gedruckt, denn im Rouleauxdruck ist nur mit sehr tief gravierten Kupferwalzen ein sattes Rot zu erzielen.

Das Ausfärben der bedruckten Ware mit Indanthrenblau RS geschieht in normaler Weise in der Hydrosulfitküpe, wie bereits ausführlich angegeben.

Als Schwarz neben Weiß und Rot oder Orange auf naphtholiertem Stoff eignet sich folgendes Ferrozyandampfschwarz:

I	5 g	Paramin konz. in Stücken
	120 g	Anilinöl
	130 g	Salpetersäure 40° Bé
II	545 g	Stärke-Tragantverdickung
	40 g	chlorsaures Natron
	80 g	Ferrozyankalium
	80 g	Essigsäure 6° Bé
	1000 g	

Die Lösung I wird in das verdickte Gemisch II eingerührt. Diese Druckfarbe muß immer frisch bereitet werden; ferner darf die damit bedruckte Ware nicht liegen bleiben, sondern ist sogleich durch den Schnelldämpfer zu nehmen.

Eine Gelbreserve mit Indanthrengelb, die wegen der Art ihrer Herstellung Beachtung verdient, wurde vom Verfasser[1]) ausgearbeitet. Die mit 15 g Türkischrotöl pro Liter vorpräparierte Ware wird danach auf der Perrotine bedruckt mit:

2800 g	Indanthrengelb-G-Teig
2800 g	Eisenvitriol
560 g	Zinnsalz
6900 g	Wasser
4000 g	Gummilösung 1 : 1
2240 g	Kaolin
1160 g	Britishgum (Pulver)
2480 g	Bleizucker
1120 g	Rüböl

[1]) Färber-Ztg. 1917, S. 247.

Beim Ausfärben der bedruckten Ware in der Indanthrenblauküpe diffundiert die Natronlauge durch die Reserve und dient mit deren Salzen als Reduktionsmittel für das beigemengte Indanthrengelb. Letzteres wird in der Reserve verküpt und fixiert sich an diesen Stellen. Diese Indanthrengelbreserve kann auch neben dem vorbeschriebenen Rot-und Weiß auf naphtholierter Ware gedruckt werden.

Der Verfasser[1]) hat ferner gefunden, daß auch Eisenvitriol allein als reservierende Substanz zur Anwendung kommen kann, und auf dieser Basis eine rongalithaltige Indanthrengelbreserve hergestellt. Nach diesem zweiten Verfahren wird die Ware vorteilhaft zuerst ebenfalls mit Türkischrotöl präpariert und dann mit folgender Gelbreservepaste bedruckt:

Stammfarbe:		Druckfarbe:	
9400 g	British gum (Pulver)	27000 g	Stammfarbe
6000 g	Rongalit C	2500 g	Indanthrengelb G-Teig
4800 g	Zinkoxyd	1000 g	Eisenvitriol
2400 g	Anthrachinon-Teig 30%ig	500 g	Glyzerin
24900 g	Wasser		

Nach dem Aufdruck dämpft man 4—5 Minuten im luftfreien Schnelldämpfer bei 105 °C, färbt dann wie üblich in der Indanthrenblauküpe, wäscht, säuert und wäscht nochmals.

Der in der Reserve enthaltene Indanthrenfarbstoff wird durch das Rongalit C in die Leukoverbindung übergeführt. Letztere wird dann im Färbebade von der eindringenden Natronlauge gelöst, und aus dieser im Innern der Reserve gebildeten Küpe nimmt die Faser den Farbstoff auf. Das Eisenvitriol wirkt hauptsächlich als reservierendes Mittel und unterstützt nebenbei die Reduktion.

Ein ähnliches Verfahren wurde von Felmayer & Co. in Alt-Kettenhof bei Wien ausgearbeitet[2]). Die Ware wird dabei mit 50 g Natronlauge 36° Bé pro Liter Wasser vorpräpariert und nach dem Trocknen bedruckt mit:

100 g	China clay
200 g	Ferrosulfat
40 g	Zinnchlorür
610 g	Manganchlorür-Gummi 1 : 1
50 g	Indanthrengelb-Doppelt-Teig
1000 g	

Die reservierende Wirkung wird hier durch Mitanwendung von Manganchlorür verstärkt, aus welchem sich zunächst Manganhydroxyd und dann Mangano-Manganit bildet.

ε) Die Verwendung der Farbstoffe der Hydronblaugruppe im Zeugdruck[3]).

1. Direktdruck.

Die verschiedenen Direktdruckmethoden. Die Hydronblaumarken (Hydronblau G und R, Hydronmarineblau C, Hydronschwarzblau usw.) werden für direkten Druck am besten nach der Vorschrift für schwach alkalische Druck-

[1]) Färber-Ztg. 1917, S. 330.
[2]) Österr. Patent 59164, 59155 vom Jahre 1913.
[3]) Siehe auch: „Kleines Handbuch der Färberei“, Band IV, Druckerei, Zweite, erweiterte Auflage 1924, der Fa. Leopold Cassella & Co. (jetzt Werk Mainkur der I. G. Farbenindustrie A.G., Frankfurt a. M.), S. 12 ff.

farben mit verküptem Farbstoff angewendet; sie geben selbst bei relativ ungünstigeren Dampfverhältnissen noch gute Resultate. Die für Druckzwecke sehr wichtigen Hydronblaumarken G und R werden in besonders fein verteilter Paste unter der Bezeichnung „Hydronblau-G-Teig 20 $^0/_0$ig für Druck“ bzw. „Hydron-R-Teig 20 $^0/_0$ig für Druck“ in den Handel gebracht.

Druckvorschrift:

40—200 g	Farbstoff in Teig werden mit
50— 50 g	Glyzerin
315— 50 g	Wasser
25— 50 g	Natronlauge 40° Bé
20— 40 g	Soda kalz. oder der entsprechenden Menge Pottasche
0— 30 g	Solutionssalz B und
500—450 g	Verdickung BWS 100 angeteigt und auf 70° C erwärmt; dann werden noch
10— 40 g	Hydrosulfit konz. Pulver und
40— 90 g	Rongalit C (fein pulverisiert) zugegeben und darin gelöst
1000 g	

Verdickung BWS 100:

280 g	Britishgum
100 g	Stärke
20 g	Solutionssalz B und
600 g	Wasser werden gekocht und kalt gerührt
1000 g	

Die fertigen Druckfarben läßt man vor Gebrauch zweckmäßig einige Stunden stehen. Die bedruckte Ware wird 3—4 Minuten im luftfreien Schnelldämpfer bei 101—102 C mit feuchtem Dampf gedämpft, hierauf auf der Breitwaschmaschine unter reichlichem Wasserzufluß gewaschen oder vorher zwecks Beschleunigung der Reoxydation eine schwach saure Chromkalipassage gegeben (3—5 g Chromkali und 10 cm³ Essigsäure 6° Bé oder 2—5 cm³ Salzsäure 20° Bé pro Liter Wasser bei 30—50° C). Nach dem Spülen wird heiß geseift, gewaschen und getrocknet.

Der Zusatz von Solutionssalz ist zwecks Erzielung satter Drucke von besonderem Vorteil. Lichtenstein[1]) hat sich mit diesen Verhältnissen eingehend beschäftigt und festgestellt, daß die Zugabe von Solutionssalz zur Druckfarbe die Adsorption von Teilchen der Leukoverbindung des Hydronfarbstoffs an die Stärkeverdickung verhindert. Verfasser[2]) untersuchte dann besonders die Verküpungsbedingungen und die Wirkung des Solutionssalzes auf diesen Vorgang; dabei konnte er die Beobachtungen Lichtensteins vollkommen bestätigen.

Hydronblau und Hydronmarineblau können jedoch auch ohne Solutionssalz und ohne Hydrosulfit konz. Pulver gedruckt werden. Man arbeitet dann nach folgender Vorschrift[3]):

150 g	Hydronblau R oder G-Teig 20 $^0/_0$ig für Druck bzw.
(100) g	Hydronmarineblau C-Teig 30 $^0/_0$ig
50 g (75) g	Wasser
60 g	Glyzerin
475 g (500) g	Verdickung WTBN
150 g	Pottasche und
75 g	Glykose auf 60° C erwärmen und
40 g	Rongalit C darin lösen
1000 g	

[1]) Färber-Ztg. 1912/13; siehe ferner: „Österreichs Wolle- und Leinenindustrie“, Heft Nr. 15 vom 1. August 1912, S. 313.

[2]) Färber-Ztg. 1914, S. 8 und 26.

[3]) Nach einer ganz ähnlichen Vorschrift können auch die Alizarinindigofarbstoffe und Bromindigo FB gedruckt werden („Tabellarische Übersicht“ der I. G. Farbenindustrie A.-G. Werke Leverkusen, IV. Teil, Zeugdruck, Dritte Aufl. 1926, S. 184).

Verdickung WTBN[1]):

100 g	Weizenstärke werden mit
600 g	Wasser,
150 g	Britishgum und
150 g	Tragantschleim 65:1000 gemischt und gekocht
1000 g	

Nach dem Aufdruck wird 3—4 Minuten im luftfreien Schnelldämpfer, wie für Küpenfarben üblich, feucht gedämpft, hierauf schwach sauer chromiert, gespült, heiß geseift, gewaschen und getrocknet.

Hydronfarbendruck mit Reserveeffekten. Die Drucke mit Hydronblau, sowie auch der übrigen, bezüglich chemischer Konstitution nicht zu dieser besonderen Gruppe zählenden Hydronfarben, lassen sich wie alle Küpenfarben mittels Zinkchlorid, Manganchlorür, Chloratätze und anderen entweder stark sauer oder oxydierend wirkenden Substanzen reservieren. Eine geeignete Weißreserve mit Zinkchlorid ist z. B. folgende:

150 g	Trockengummi oder Britishgum werden mit
150 g	Wasser heiß gelöst; dazu kommen
50 g	chlorsaures Natron, ferner
300—400 g	Zinkchlorid, in
200 g	Wasser gelöst und
50 g	Kaolinteig 1 : 1
1000 g	

Für Buntreserven neben dieser Weißreserve werden der letzteren, in gleicher Weise wie beim Reservedruck unter Indanthrenfarben, entsprechende Diazolösungen zugesetzt, wobei man dann, wie erforderlich, auf naphtholierte Ware druckt. Z. B.

Rotreserve auf Basis von Zinkchlorid:

800 g	Zinkchloridreserve (von vorangegebener Zusammensetzung) werden mit
180 g	Diazolösung von Paranitroorthoanisidin und
20 g	essigsaurem Natron gemischt
1000 g	

Rotreserve mit Chloratätze:

800 g	Chloratweißätze werden mit
180 g	Diazolösung von Paranitroorthoanisidin und
20 g	essigsaurem Natron gemischt.
1000 g	

Chloratweißätze:

200 g	Trockengummi oder Britishgum werden mit
200 cm³	Wasser heiß gelöst; dazu kommen
200 g	chlorsaures Natron, ferner
15 g	rotes Blutlaugensalz, in
245 cm³	Wasser gelöst und
140 cm³	Weinsäurelösung 1 : 1
1000 g	

Das diazotierte Paranitroorthoanisidin wird in genau derselben Weise als 10%ige Lösung hergestellt, wie auf S. 309 bei den Buntreserven unter Indanthrenblau angegeben.

Die mit diesen Reserven bedruckte Ware wird nicht zu heiß getrocknet und dann mit den schwach alkalischen Druckfarben von Hydronfarbstoffen unter leichter Pression überwalzt. Hierauf dämpft man im Schnelldämpfer mit luftfreiem und feuchtem Dampf, gibt eine schwach saure Chromkalipassage, wäscht, seift und trocknet.

[1]) Siehe auch: Ing. R. Schindler, „Über die Verdickungen beim Druck mit Küpenfarben". Melliands Textilberichte, Jg. 1927, S. 1030/1031.

2. Ätzen und Reservieren von Hydronfärbungen.

Das Ätzen von Hydronblaufärbungen bietet einige Schwierigkeiten, und es lassen sich nur Hydronblau G und R in sehr hellen Färbungen rein weiß ätzen. Man verwendet zu diesem Zwecke die zum Ätzen verschiedener Küpenfarben übliche, schwach alkalische Rongalit-CL-Druckpaste, welcher eine größere Menge Leukotrop W konz. enthält.

Ätzweiß:

200 g	Britishgum-Verdickung 1 : 1 werden mit
120 g	Wasser,
80 g	Glyzerin,
100 g	Zinkweiß 1 : 1,
100—200 g	Leukotrop W konz. und
100—200 g	Rongalit CL gut vermischt und während etwa 10 Minuten auf 70° C erwärmt; sodann gibt man
60—100 g	Pottasche zu. Sobald letztere gelöst ist, wird kalt gerührt
1000 g	

Diese Ätzpaste wird in einer Farbmühle (Konusmühle) fein vermahlen und dann noch durch ein Sieb getrieben oder durch ein Tuch gepreßt.

Nach dem Aufdruck und nicht zu scharfem Trocknen wird die Ware 3—6 Minuten im Schnelldämpfer bei 100—102° C mit reichlichem und etwas feuchtem Dampf gedämpft und hierauf ca. $^1/_2$—1 Minute hintereinander durch zwei kochendheiße Bäder, welche 10—15 g Wasserglas 40° Bé im Liter enthalten, genommen. Zum Schluß wird gut gewaschen, eventuell geseift, gespült und getrocknet.

Erwähnenswert ist hier ein Verfahren von R. B. Harley, W. H. Dawson und T. C. Nichol zum Ätzen von Küpenfarbstoffen, speziell von Färbungen blauer sulfurierter Indophenole oder ähnlicher, Farbstoffe wie Hydronblau, also sulfurierter Indophenol-Carbazolfarbstoffe[1]). Nach dieser Methode wird die gefärbte Ware zuerst mit wasserlöslichen Salzen schwach karboxylierter organischer Säuren mit polyvalenten Basen (z. B. Kalziumazetat, Zinkazetat) imprägniert und dann mit einer leukotrophaltigen Rongalitätze bedruckt. Durch Zusatz von etwas Alkohol zur Ätzpaste soll die Ätzwirkung erleichtert werden; man nimmt diesbezüglich an, daß der Alkohol als Lösungsmittel für das in der Ätzpaste enthaltene Zinkoxyd wirkt. Die vorgenannten Salze können auch der Ätze direkt zugesetzt werden; ferner soll beides, Imprägnieren mit den Salzen, sowie gleichzeitiger Zusatz derselben zur Ätze, von Vorteil sein. Außer Kalziumazetat und Zinkazetat sollen auch noch andere Salze verwendbar sein, welche fähig sind, mit dem Leukofarbstoff ein gegen Lufteinwirkung stabile Verbindung zu liefern.

Als am vorteilhaftesten wird das Imprägnieren der Ware mit Kalziumazetat und nachheriger Aufdruck folgender Ätzpaste empfohlen:

40 g	Stärke
32 g	Glyzerin
240 g	Wasser
220 g	Leukotrop W konz.
60 g	Soda kalz.
140 g	Rongalit C
100 g	Zinkoxyd
40 g	Kreide
80 g	Kalziumazetat
48 g	Alkohol
1000 g	

Nach dem Drucken und Trocknen wird die Ware in üblicher Weise im Schnelldämpfer gedämpft und fertiggestellt.

[1]) Englisches Patent Nr. 209188, erteilt am 7. Januar 1924.

Eine andere Vorschrift lautet:

40 g	Britishgum
30 g	Glyzerin
190 g	Wasser
75 g	Natriumazetat
175 g	Rongalit C
270 g	Leukotrop W konz.
100 g	Zinkazetat
120 g	Kalziumazetat
1000 g	

Die bedruckte und getrocknete Ware wird in diesem Falle 20 Minuten bei einer Temperatur von 130° C gedämpft.

Nach diesen Arbeitsvorschriften soll man auf dunklen Färbungen sulfurierter Indophenol-Karbazolfarbstoffe zufriedenstellende Ätzresultate erhalten, doch liegen bisher keine diesbezüglichen Berichte aus Großbetrieben vor.

Das Reservierungsverfahren. Für die Weiß- und Buntbemusterung der gangbarsten Hydronblaufärbungen, vorwiegend Mittel- und Dunkelblau, kommt daher in erster Linie das Reservierungsverfahren in Betracht, nach welchem sehr wichtige Artikel in bedeutenden Mengen fabriziert werden.

Infolge des Schwefelnatriumgehalts der Hydronblaufärbebäder ist die Anwendung von Reservemitteln, welche farblose bzw. leicht von der Faser zu entfernende Umsetzungsprodukte geben, von besonderem Belang. Die Färbungen mit Farbstoffen der Hydronblaugruppe lassen sich denn auch in der gleichen einfachen und sicheren Weise mit Hilfe von Zink- oder Zink- und Mangansalzen reservieren wie Indanthrenfärbungen bzw. Färbungen von Küpenfarben ganz im allgemeinen.

Bei diesem Reservierungsverfahren können helle und mittlere Hydronblaufärbungen auf unmerzerisierter Ware hergestellt werden; für dunkle Färbungen ist dagegen merzerisierte oder einfach vorgelaugte Ware erforderlich, damit möglichst schnell und deshalb ohne Schädigung der Reserven gefärbt werden kann.

Zwecks Herstellung lebhaft roter sowie orangefarbiger Bunteffekte mittels Eisfarben wird die gut gebleichte Ware vor dem Drucken in üblicher Weise naphtholiert und getrocknet; auf dieser Präparation erhält man auch etwas dunklere Färbungen, so wie dies beim gleichartig fabrizierten Indanthrenblauartikel der Fall ist.

Weißreserve:

280 g	Britishgum werden mit
220 cm³	Wasser und
200 g	Kaolinteig (1 : 1) gut vermischt, gekocht und
300 g	Chlorzink (fest) zugegeben; diese Paste wird dann gut vermahlen.
1000 g	

Rotreserve (auf naphtolierter Ware):

860 g	Weißreserve
120 g	Diazolösung von Paranitroorthoanisidin
20 g	essigsaures Natron krist.
1000 g	

Diazolösung:

135 g	Paranitroorthoanisidin (Tuskalinrotbase B, Azorosa NA) mit
275 g	Salzsäure 22° Bé und
175 g	heißem Wasser gut anteigen, dann abkühlen und
375 g	Eis sowie
58 g	Nitrit (fest) langsam zugeben.

Auf 1 Liter einstellen.

Für Orangeeffekte verwendet man die Diazolösung von Metanitroorthoanisidin oder Orthonitranilin (Azoorange NAS, Azoorange LO). Die Herstellung dieser Diazolösungen wurde bereits beim Reserveartikel mit Indanthrenfarben bzw. bei der Chloratbuntätze auf Indigofärbungen angegeben.

Die mit Chlorzinkreserve bedruckten Stücke müssen stets in einem warmen, gut trockenem Raume aufbewahrt werden, da das Chlorzink leicht Feuchtigkeit anzieht. Bei Nichtbeachtung dieses Umstandes fließen die Reserven im Färbebade aus und man erhält unbrauchbare Ware.

Das Ausfärben der mit den Reserven bedruckten Gewebe geschieht auf einem Foulard, dem eine Rollenkufe von ca. 600 Liter Inhalt vorgeschaltet ist; für kurze Passage genügt auch der gewöhnliche Foulard mit kleinem Trog. Die Dauer des Warendurchlaufes soll 30—40 Sekunden betragen und die Temperatur des Färbebades ca. 70° C; das Erwärmen der Flotte erfolgt durch indirekten Dampf. Die zum kontinuierlichen Nachspeisen während des Färbens erforderliche, verstärkt angesetzte Farbflotte läuft aus einem höherstehenden Behälter durch ein Schlitzrohr gegen den Boden der Rollenkufe, wo ein Rührwerk den ganzen Flotteninhalt von Zeit zu Zeit umrührt.

Die mittels der Quetschwalzen des Foulards auf etwa 100% Flüssigkeitsgehalt abgequetschte Ware passiert dann die direkt angeschlossenen Abteile einer Breitwaschmaschine und wird darin zuerst mit lauwarmen Wasser behandelt, nachher abgesäuert (10—20 cm^3 Schwefelsäure 66° Bé pro Liter) und nochmals gewaschen. Gründlicheres Auswaschen wird meist noch auf einer Haspelkufe in Strangform vorgenommen.

Nach dem Trocknen kann die Ware zwecks Erzielung größerer Lebhaftigkeit der Färbung auf der Trockenchlormaschine durch eine Lösung von 10—20 g Perborat pro Liter genommen und so getrocknet, direkt appretiert bzw. fertiggemacht werden.

Ansatz der Färbeflotte für Dunkelblau.

35 g	Hydronblau-R-Teig 30%ig	pro Liter Flotte, die auf 70° C erwärmt wird.
20 g	Schwefelnatrium krist.	
30 cm^3	Natronlauge 40° Bé	
2 cm^3	Türkischrotöl	
10 g	Hydrosulfit konz. Pulver	

Zulaufflotte:

80 g	Hydronblau-R-Teig 30%ig,	pro Liter Flotte, die auf 70° C erwärmt wird
50 g	Schwefelnatrium krist.,	
75 cm^3	Natronlauge 40° Bé und	
2 cm^3	Türkischrotöl werden mit etwas Wasser angerührt und	
25 g	Hydrosulfit konz. Pulver zugegeben	

Zur Herstellung eines Mittelblau genügen 10 g derselben Hydronblaumarke pro Liter Ansatzbad und 35 g pro Liter Zulaufflotte sowie die entsprechenden Zusätze von Schwefelnatrium, Lauge, Rotöl und Hydrosulfit konz. Pulver.

Nach der bereits erwähnten (dem R. Hallerschen Buntätzverfahren nachgebildeten) Buntreservierungsmethode der Alt-Kettenhofer Druckfabrik lassen sich echte Buntreserven mit Indanthrenfarben, Hydronfarben usw. unter Färbungen mit Produkten der gleichen Farbstoffklassen erzielen. Für Gelbreserven unter Hydronblaufärbungen benutzt man z. B. Indanthrengelb G, Hydrongelb NF oder ähnliche Produkte. Eine derartige Buntreserve wird wie folgt bereitet:

90 g	Eisenvitriol (fein pulverisiert) werden durch Erwärmen mit
625 g	Britishgum-Verdickung (1 : 1) gelöst, wonach man
15 g	Zinnsalz sowie
20 g	fein pulverisierte Weinsäure zugibt und durch Vermischen ebenfalls zur Lösung bringt. Diese Verdickung verrührt man mit
150 g	Hydrongelb-NF-Teig und setzt dann noch
100 cm³	Zinkchlorid (1 : 1) zu
1000 g	

Die bedruckte Ware passiert hierauf im Foulard während 30—40 Sekunden ein 70—80° C heißes Färbebad von Hydronblau und dann ein 80° C heißes Bad von Natronlauge 20° Bé, wodurch der in der Reserve enthaltene Küpenfarbstoff verküpt und auf den betreffenden Stellen fixiert wird. Nach der Natronlaugepassage wird gewaschen, gesäuert, wieder gewaschen und getrocknet. Alle genannten Operationen verlaufen kontinuierlich.

Tagliani verwendet bei diesem Verfahren folgende Buntreserve unter Hydronblau:

120 g	Kaolin
40 g	Wasser
50 g	Indanthrengelb-G-doppelt-Teig
320 g	Stärkeverdickung
250 g	Manganchlorür
170 g	Eisenvitriol
50 g	Zinnsalz
1000 g	

Ferner als Weißreserve:

150 g	Kaolin
130 g	Wasser
180 g	Manganchlorür
180 g	Zinkchlorid
360 g	Gummiwasser
1000 g	

ζ) Die Verwendung der Algol-, Helindon-, Grelanon- usw. Farbstoffe sowie der diesen entsprechenden Hydronfarben im Zeugdruck.

1. Direktdruck.

Für sämtliche unter diesen verschiedenen Bezeichnungen ferner noch im Handel befindlichen Küpenfarbstoffe von mehr oder minder geringeren Echtheitsgraden (meist nur hinsichtlich Lichtechtheit) als die in jeder Beziehung durchaus einwandfreien Indanthrenfarben, gelten im allgemeinen die gleichen Vorschriften für direkten Ätz- sowie Reservedruck wie solche für die Indanthrenfarben bereits ausführlich besprochen wurden.

Während sich z. B. die ebenfalls schon genannten Alizarinindigomarken und Bromindigo FBD sowie die Cibafarben ohne weiteres auch mit Rongalit C und Pottasche drucken lassen, ist es bei einigen Agolfarben und den diesen jeweils entsprechenden Hydron-, Grelanon- usw. Farbstoffen zwecks Erzielung höchster Ausgiebigkeit angezeigt, die betreffenden Farbstoffe mit wenig Lauge und Hydrosulfit konz. Pulver sowie unter Zugabe von Soda oder Pottasche in der Druckfarbe zu verküpen. Demgemäß kann die für Hydronblau auf S. 311 angegebene Vorschrift (schwach alkalische Druckfarbe mit verküptem Farbstoff) ohne weiteres, bzw. mit geringen Abänderungen in bezug auf die Art der alkalischen Substanz auch für alle anderen Hydron- sowie für Algol-, Helindon- usw. Farbstoffe in Anwendung gebracht werden. Für Pulverprodukte hat sich besonders auch das sogenannte „Bikarbonatverfahren" bewährt, bei welchem der Farbstoff, in gleicher Weise wie vorerwähnt, mit wenig Lauge und Hydrosulfit konz. Pulver verküpt und dann die Lauge mit Bikarbonat in Soda übergeführt (neutralisiert) wird[1]). Durch Zugabe von Solutionssalz (etwa 30 g pro kg Druckfarbe) erhält man bei den meisten Farbstoffen etwas tiefere Töne, und außerdem wird die Egalität der Drucke erhöht.

Druckvorschrift für das Arbeiten mit Pulverprodukten (Indanthren-, Algol-, Helindon-, Grelanon- usw. Farbstoffe):

30 g Farbstoff in Pulver,
30 g Alkohol,
80 g Glyzerin,
60 g Wasser,
50 g Natronlauge 40° Bé und
40 g Hydrosulfit konz. Pulver auf 55° C erwärmen bis der Farbstoff gelöst ist, dann zugeben:
400 g Stärke-Tragantverdickung,
60 g Natriumbikarbonat,
100 g Pottasche, sowie nach dem Erkalten
150 g Rongalit C (1 : 1)

1000 g

Verdickung für Koupüren (Abschwächung):

600 g Gummiwasser 1 : 2
80 g Glyzerin
120 g Pottasche
125 g Wasser
75 g Rongalit C 1 : 1

1000 g

Die meisten Algol-, Hydron-, Grelanon- usw. Farben lassen sich auch ähnlich wie Indigo mit viel Natronlauge und Rongalit C drucken. Aus den bereits mehrfach erwähnten technischen Gründen gibt man jedoch den schwach alkalischen Druckfarben den Vorzug und wendet die stark alkalische Druckmethode hauptsächlich nur in jenen Fällen an, wo das Alkali außer der Fixierung des Farbstoffs noch eine ätzende oder reservierende Wirkung ausüben soll.

Die bedruckte Ware wird in allen Fällen in gleicher Weise wie nach dem Aufdruck von Indanthrenfarben 3—5 Minuten im luftfreien Schnelldämpfer bei 100—102° C mit feuchtem Dampf gedämpft und hierauf in der Breitwaschmaschine unter reichlichem Wasserzufluß gespült oder vorher zwecks Beschleunigung der Oxydation schwach sauer chromiert. Nach dem Spülen wird heiß geseift, gewaschen und getrocknet.

2. Ätzdruck.

Die Färbungen einer Anzahl Algol-, Hydron-, Helindon- usw. Farbstoffe sind mit Rongalit-Leukotropätze rein weiß ätzbar. Auch hier gelten im allgemeinen die gleichen Vorschriften zur Herstellung der Ätzpasten wie für Färbungen mit Indanthrenfarben. Z. B.:

300 g Rongalit CL
300 g Britishgum 1 : 1
150 g Zinkweiß
150 g Wasser
60 g Glyzerin
40 g Wasser

1000 g

Nach dem Aufdruck wird die bedruckte Ware 1—2 mal durch den Schnelldämpfer genommen und dann wie üblich durch kochende Wasserglaslösung abgezogen.

[1]) D. R. P. 263419.

3. Reserven unter Färbungen.

Die Färbungen nahezu sämtlicher Hydron-, Algol-, Anthra- usw. Farben lassen sich in gleicher Weise wie Indanthrenfarben und Hydronblau mit Hilfe von Zinkchlorid und ähnlichen Metallsalzen reservieren, und wird besonders die für Hydronblau angegebene Zinkchloridreserve vielfach angewendet.

Bezüglich der für die verschiedenen Druckmethoden bestgeeigneten Farbstoffe und der speziellen Eigenschaften derselben kann selbstverständlich nur auf die zahlreichen Broschüren und Handbücher der zur I. G. Farbenindustrie A.G. gehörigen Farbwerke verwiesen werden. Unter den eben behandelten, durch unterschiedliche Phantasienamen vorwiegend handelstechnisch gruppierten und nur wegen geringer Echtheitsdifferenzen gegenüber Indanthrenfarben in zweite Linie gestellten Küpenfarbstoffen finden sich naturgemäß etliche Produkte von chemisch identischem Aufbau und damit durchaus gleichartigem färberei- und drucktechnischen Verhalten.

η) Die Küpenfarben im Handdruck, Spritzdruck und Garndruck.

1. Handdruck.

Die Küpenfarbstoffe werden im Handdruck hauptsächlich zur Herstellung von besonders wasch- und lichtechten Dekorationsstoffen, wie Vorhänge, Tischdecken usw., verwendet. Man arbeitet dabei vielfach nach dem Jeanmaire'schen Verfahren, indem die Farbstoffe mit Zinnsalz, Eisenvitriol und Weinsäure aufgedruckt und durch Passage in heißer Natronlauge fixiert werden.

Auch das Pottasche-Rongalit-Dämpfverfahren kann zur Anwendung kommen, doch muß dabei die Ware nach dem Drucken und Trocknen möglichst bald gedämpft werden, weil sich sonst das aufgedruckte Hydrosulfit leicht zersetzt und dann magere bzw. auch unegale Drucke entstehen[1]).

Die Zusammensetzung der Druckfarben entspricht in jedem Falle den beim Maschinendruck angegebenen Vorschriften, nur verwendet man an Stelle von Stärke-Tragantverdickungen vorteilhafter British gum oder Gummiwasser. Ferner werden diese Druckfarben etwas dünner gehalten als beim Maschinendruck und auch etwas schwächer, weil beim Handdruck mehr Farbe aufgetragen wird.

Das Dämpfen der bedruckten Ware geschieht entweder in einem luftfreien Schnelldämpfer oder bei kleineren Betrieben im sogenannten Indanthren-Schnelldämpfer (von der Wehl'scher Dämpfer)[2]). Letztgenannter Dämpfapparat ist eine Modernisierung der alten Dämpfmethode von Druckwaren auf kleindurchlochtem Kupferzylinder. Die Ware wird dabei wie ehedem auf einen perforierten (eisernen) Zylinder mit einem Mitläufer von rohem Kattun als Zwischenlage aufgewickelt, doch dann in einen schmalen, aufrecht stellbaren Kessel geschoben, in welchem der Dampf genötigt ist, durch die Warenrolle gegen den Zylinder zu strömen. Dieser Indanthrenschnelldämpfer braucht sehr wenig Platz und ist besonders zum Dämpfen von abgepaßten Decken sehr zweckmäßig. Der erforderliche Feuchtigkeitsgrad des Dampfes wird durch einen besonderen Befeuchter vermittelt.

Zu erwähnen ist noch ein von R. Pretori[3]) ausgearbeitetes Verfahren, nach welchem Küpenfarben mit träger wirkenden Reduktionsmitteln aufgedruckt werden, und zwar am besten mit Zinkstaub und Alkalisulfiten. In diesem Falle ist

---

[1]) Eine, besonders auch dieses Verfahren betreffende, praktisch wertvoll instruktive Abhandlung hat Dipl.-Ing. Horst Russina unter dem Titel: „Der Handdruck und die neuzeitlichen Druckverfahren" in Melliands Textilber., Jg. 1927, S. 54—56, veröffentlicht.

[2]) Gebaut von der „Indanthren-Echtfärberei" in Leipzig, Simildenstraße 20.

[3]) D. R. P. Nr. 411213 der Fa. Leopold Cassella & Cie., Frankfurt a. M. — Siehe auch A. Kerteß: „Über einige Neuerungen auf dem Gebiete der Textilindustrie". Melliands Textilberichte 1923, S. 478.

die Bildung des reduzierend wirkenden Hydrosulfits eine viel langsamere und gleichmäßigere als beim Drucken mit Sulfoxylaten, und man erzielt deshalb bei dem langsam vor sich gehenden Prozeß des Handdruckes durchaus gleichmäßige Drucke.

Druckvorschrift:

60—180 g Hydronfarbstoff in Teig,
50— 50 g Glyzerin,
65— 0 g Wasser,
400—320 g Gummiwasser 1 : 1 und
250—250 g Zinkstaub Ia werden in einer Farbmühle sorgfältig vermahlen und
175—200 g Kaliumsulfit 45° Bé zugefügt
1000 g

An Stelle von Kaliumsulfit 45° Bé kann mit gutem Erfolge auch eine Mischung aus Pottasche und Natriumbisulfit 30° Bé gebraucht werden (350 g Pottasche und 600 g Natriumbisulfit 30° Bé). Wichtig ist auf alle Fälle, daß die so bereiteten Druckfarben vor Gebrauch längere Zeit, mindestens über Nacht, stehen bleiben; vor dem Aufstreichen auf das Chassis sind die Druckpasten jedesmal gut durchzurühren.

Zum Fixieren der mit Zinkstaub und Sulfit hergestellten Drucke ist längeres Dämpfen erforderlich, wobei es jedoch nebensächlich ist, in welcher Weise dasselbe vorgenommen wird. Man dämpft am besten eine Stunde ohne oder bei schwachem Überdruck mit feuchten Dampf, und zwar entweder in einem Runddämpfer, Sterndämpfer, von der Wehl'schen Dämpfer oder in sonst einer einfachen, in Handdruckereien üblichen Vorrichtung.

Von der I. G. Farbenindustrie A. G. (Frankfurt a. M., Höchst a. M., Leverkusen bei Köln a. Rh., Ludwigshafen a. Rh.) wurde im April 1927 ein neues Verfahren zur Verwendung von Küpenfarbstoffen im Hand- und Spritzdruck veröffentlicht, bei welchem die Farbstoffe mit einem neuen Verdickungsmittel, dem Colloresin D[1]), aufgedruckt werden. Colloresin ist neutral und wird von den Farbwerken in gequollenem Zustande geliefert; mit kaltem Wasser läßt es sich leicht verdünnen. Die mit Druckfarben aus Indanthrenfarbstoff und Colloresin bedruckte Ware wird vor dem Dämpfen mit einer alkalischen Lösung von Rongalit C behandelt.

Beispiel einer Indanthrendruckfarbe mit Colloresinverdickung für Handdruck:

150 g Indanthrenbrillantgrün GG doppelt Teig fein,
300 g Colloresinverdickung
50 g Glyezin A (Höchst)
200 g Stärkeverdickung
300 g Wasser
1000 g

Colloresinverdickung:

500 g Colloresin D mit
500 g kaltem Wasser anteigen und zwecks Erzielung bester Auflösung über Nacht stehen lassen
1000 g

Stärkeverdickung:

150 g Weizenstärke
850 g Wasser
1000 g

Entwicklungsbad:

100 g Rongalit C
500 g Wasser
120 g Pottasche oder 75 g Soda kalz.
15 g Solutionssalz B
75 g Glyzerin, einstellen auf
1 Liter

1) Colloresin ist eine methylierte Zellulose, daher in alkalischem Medium, infolge der Verseifbarkeit des Produktes unverwendbar.

Die mit Colloresinverdickung aufgedruckten Farben sind unbegrenzt lange haltbar, so daß bei Anwendung dieses Verfahrens die bisher im Hand- und Spritzdruck vorherrschenden Schwierigkeiten in Wegfall kommen. Nach der Behandlung in alkalischer Rongalitlösung wird die Ware in der üblichen Weise gedämpft und fertiggestellt. Mit Colloresin verdickte Küpenfarben lassen sich auf Tiefdruckrotationsmaschinen[1]) und ebenso auf Reliefdruckautomaten drucken; ferner ist dieses neue Verfahren für den Kettendruck sehr gut geeignet und selbstverständlich auch im Rouleauxdruck verwendbar.

2. Spritzdruck.

Die Küpenfarben werden im Spritzdruck in beträchtlichem Maße zur Herstellung buntbemusterter Artikel, wie Dekorationsstoffe, Tischdecken, Bademäntel, Taschentücher usw., angewendet.

Zum Spritzen gebraucht man hauptsächlich die schwach alkalischen Druckfarben, welche den Farbstoff in nicht reduziertem Zustande enthalten. Dies bietet den Vorteil, daß die durch unvorsichtiges Spritzen oder durch unsaubere Schablonen etwa entstandenen Flecken bzw. sonstige fehlerhafte Stellen durch Bestreichen mit Lösungen oxydierender (Serodit usw.) oder die Oxydation vermittelnder Substanzen (Kupfersalzen) vor dem Dämpfen, beim nachfolgenden Dämpfprozeß an der Fixierung verhindert werden.

Spritzvorschrift:

75—300 g	Farbstoff in Teig
50 g	Glyzerin
125— 0 g	Wasser
100— 0 g	Gummiwasser
650 g	Stammansatz
1000 g	

Stammansatz:

550 g	Gummiwasser 1 : 1
140 g	Pottasche
40 g	Glyzerin
270 g	Rongalit C (1 : 1)
1000 g	

Verdickung für Kupüren (Abschwächung):

450 g	Gummiwasser (1 : 1)
40 g	Glyzerin
50 g	Pottasche
50 g	Rongalit C (1 : 1)
410 g	Wasser
1000 g	

Diese Spritzfarben müssen ganz dünn gehalten und sehr gut durchpassiert werden, damit kein Verstopfen der Düse des Spritzapparates eintreten kann.

Die fertig gespritzte Ware muß möglichst bald, jedenfalls noch am gleichen Tage, gedämpft werden. Dies geschieht in gleicher Weise wie beim Dämpfen der nach dem Pottasche-Rongalit-Verfahren hergestellten Handdrucke entweder im Mather-Platt-Schnelldämpfer oder bei kleineren Betrieben im Indanthren-Schnelldämpfer. Die Nachbehandlung der gedämpften Ware ist die allgemein übliche.

[1]) Das Zirkular B 1097d der I. G. Farbenindustrie A. G. vom April 1927 enthält außer einem von Hand bedruckten, auch ein sehr schönes, auf einer Tiefdruckrotations maschine gedrucktes Muster. Erfahrungstechnische Einzelheiten über die Herstellung von Colloresin-Küpenfarbendrucken sind im Zirkular B 1115 (vom August 1927) der I. G. Farbenindustrie A. G. veröffentlicht.

Falls es doch vorkommt, daß bespritzte Ware vor dem Dämpfen etwas länger liegen bleiben muß — was aber nach Möglichkeit zu vermeiden ist —, so empfiehlt es sich, die bespritzten Stellen vor dem Dämpfen mit einer Lösung von Rongalit C (Hydrosulfit NF konz.) zu überspritzen.

Zum Entfernen von Farbflecken (Bestreichen der betreffenden Stellen vor dem Dämpfen) eignet sich z. B. folgende verdickte Lösung:

200 g	Serodit MLB
500 g	Wasser
300 g	Gummiwasser (1 : 1)
1000 g	

3. Garndruck.

Die Küpenfarben werden auch im Garndruck für Buntwebartikel von außerordentlicher Echtheit vielfach verwendet. Für dieses Anwendungsgebiet eignen sich aber nur solche Farbstoffe, die schwach alkalisch gedruckt werden können. Als Vorbereitung zum Druck wird das Rohgarn zuerst mit Wasser bei einem Überdruck von 1—$1^1/_2$ Atmosphären während 3—4 Stunden ausgekocht. Alkalisches Auskochen mit Seife, Soda oder Lauge erweist sich als unzweckmäßig, weil auf derart behandelten Garnen ein Fließen der Drucke eintritt.

Das ausgekochte Garn wird gründlich gewaschen, dann 3—4 Stunden in ein $^1/_4{}^0$ Bé starkes Chlorbleichbad eingelegt, hierauf abgesäuert (5 cm^3 Schwefelsäure 66^0 Bé pro Liter Wasser) und wieder gut gespült. Zur Erzielung einwandfreier Druckresultate ist es wichtig, nur schwach zu chloren, denn auf in starken Bleichbädern behandelten Garnen wird ebenfalls das Fließen der Druckfarben begünstigt.

Zum Drucken werden die beim Maschinendruck für Gewebe bereits angegebenen schwach alkalischen Druckfarben verwendet; ihre Konsistenz wird entsprechend der Konstruktion der Garndruckmaschine und der Art des Flammdruckmusters geregelt. Bei gröberen Mustern sind die Druckfarben zweckmäßig dünn zu halten, bei feineren Flammen dagegen etwas dicker.

Was die im Garndruck gebräuchlichen Maschinen anbetrifft, so hat sich sowohl die eiserne Buntdruckmaschine der Firma Oswald Liebscher in Chemnitz i. Sa. als auch die hölzerne Flamm-Mangel von E. F. Röthig & Sohn in Seifhennersdorf i. Sa. sehr gut bewährt. Auf diesen Maschinen läßt sich der feinste Perldruck sowie zwei- und mehrfarbige Bemusterungen in einwandfreier Weise herstellen.

Nach dem Aufdruck trocknet man die Garne nicht allzu heiß und dämpft möglichst bald, damit das Reduktionsmittel der Druckfarbe nicht an Wirkung verliert. Das Dämpfen geschieht in einem zur Aufnahme von Garnen zweckentsprechend konstruierten Runddämpfer und wird eine derartige besonders geeignete Spezialkonstruktion von der Zittauer Maschinenfabrik A.G. in Zittau i. Sa. gebaut. Bei dem von den Höchster Farbwerken zum Patent angemeldeten Dämpfverfahren wird das Garn in dem doppelwandigen Kessel zwischen zwei Siebe gepackt und der Dampf von unten eingelassen; er durchströmt das Garnmaterial, verdrängt dadurch die Luft und wird oben abgeleitet. Ein Vorwärmen des Kessels ist auf alle Fälle vorteilhaft. — Die Dämpfdauer beträgt je nach Größe des Dämpfers 6—10 Minuten bei schwachem Überdruck (0,2—0,4 Atm.). Nach beendetem Dämpfen wird das Garn schwach sauer chromiert, dann gewaschen und kochend geseift.

h) Die Produkte der Indigosolgruppe im Zeugdruck[1]).

Diese wasserlöslichen und gut haltbaren Leukoverbindungen verschiedener Küpenfarben sind für den Kattundruck besonders wertvoll, und zwar sowohl für den direkten Druck als auch für Klotzungen zur Herstellung des Reserveartikels.

Die Entwicklung der meisten bisher im Handel erschienenen Indigosolfarbstoffe erfolgt am besten nach dem Dämpfverfahren, doch läßt sich bei einigen Produkten, in gleicher Weise wie bei dem bereits besprochenen Indigosol O, auch noch das Nitritverfahren anwenden.

Der direkte Druck, die Bereitung der Klotzbäder und die in Betracht kommenden Reservierungsmethoden entsprechen genau der bei Indigosol O üblichen Arbeitsweise und differieren nur hinsichtlich der Mengenverhältnisse.

Die Anwendungsmöglichkeiten der von der I. G. Farbenindustrie A.G. in Frankfurt a. M. gemeinsam mit der Fa. Durand & Huguenin in Basel in den Handel gebrachten Indigosole sind bezüglich der einzelnen Produkte folgende:

Indigosol O 4 B. Dieses Produkt entspricht in Echtheit dem Brillantindigo 4 B bzw. dem Bromindigo FBD und dem Indigo MLB/4 B. Außer für direkten Druck ist es ganz besonders zur Herstellung des wichtigen Blau-Rot-Artikels in vielfacher Verwendung. Indigosol O 4 B läßt sich nach dem Dämpfverfahren mit Chlorat besser entwickeln als nach dem Nitritverfahren, so daß man allgemein nach der erstgenannten Methode arbeitet.

Druckvorschrift:

80 g Indigosol O 4 B,
250 g heißes Wasser,
450 g Stärke-Tragantverdickung; nach dem Abkühlen der Lösung gibt man
50 g chlorsaures Natron (1 : 3),
25 g neutrales oxalsaures Ammon sowie
100 g Vanadlösung (1 : 1000) zu
Auf 1 Kilo einstellen

Nach dem Drucken und Trocknen wird 5 Minuten im Schnelldämpfer bei 95° bis 98° C gedämpft, dann gewaschen und kochend geseift.

Zur Erzeugung des Blau-Rot-Artikels klotzt man die Ware z. B. zuerst am Foulard mit:

40 g Indigosol O 4 B
650 g heißes Wasser
50 g Tragantschleim (60 : 1000)
30 g neutrales oxalsaures Ammon
40 g chlorsaures Natron (1 : 3)
100 g Vanadlösung (1 : 1000)
Auf 1 Liter einstellen.

Hierauf wird in der Hot-flue getrocknet und mit einer Nitrosaminrotreserve bedruckt, evtl. auch gleichzeitig mit einer Rongalit-Weißreserve.

Rot-Reserve:		Weißreserve:	
450 g	Stärke-Tragantverdickung	500 g	Stärke-Tragantverdickung
100 g	Natriumthiosulfat	100 g	Zinkweiß 1 : 1
150 g	Nitrosamin-Teig	150 g	essigsaures Natron
20 g	Betanaphtol	50 g	Leukotrop W konz.
35 g	Natronlauge	125 g	Rongalit C (1 : 1)
245 g	Wasser	75 g	Wasser
1000 g		1000 g	

[1]) Siehe auch die hierzu bisher in Betracht kommenden, bemusterten Zirkulare der I. G. Farbenindustrie A.G. vom Oktober 1924 bis Dezember 1926, bezeichnet Sol. 2 bis Sol. 15.

Bezüglich der Herstellung des Nitrosaminteiges aus Paranitroorthoanisidin gilt die bereits bei Indigosol O (S. 297) angegebene Vorschrift. Bequemer und zweckmäßiger ist die Verwendung der gebrauchsfertigen Nitrosamine mit Naphthol AS (Rapidechtrot).

Nach dem Aufdruck wird 5 Minuten im Schnelldämpfer gedämpft, dann durch ein heißes Wasserglasbad (5 g per Liter) genommen, gewaschen und kochend geseift. Bei Anwendung von Küpenfarbstoffen als Buntreserven muß die Ware im luftfreien Schnelldämpfer mit feuchtem Dampf gedämpft werden.

Indigosolgelb HCG. Die Entwicklung dieses Indigosols geschieht ebenfalls am besten nach dem Dämpfverfahren. Für Weißeffekte auf Klotzungen ist das Produkt weniger brauchbar, dagegen sehr gut für Buntreserven mit Küpenfarbstoffen sowie Nitrosaminen unlöslicher Azofarben. Durch Kombination mit Indigosol O oder Indigosol O4B erhält man unterschiedliche Grün- und Olivtöne von sehr guter Waschechtheit.

Druckfarbe für Gelb:

100 g	Indigosolgelb HCG
300 g	heißes Wasser
30 g	Glyzerin
400 g	Stärke-Tragantverdickung.
	Nach dem Abkühlen:
40 g	chlorsaures Natron (1 : 3)
30 g	neutrales oxalsaures Ammon
100 g	Vanadlösung (1 : 1000)
1000 g	

Druckfarbe für Grün:

65 g	Indigosolgelb HCG
40 g	Indigosol O 4 B
295 g	heißes Wasser
30 g	Glyzerin
400 g	Stärke-Tragantverdickung.
	Nach dem Abkühlen:
40 g	chlorsaures Natron (1 : 3)
30 g	neutrales oxalsaures Ammon
100 g	Vanadlösung (1 : 1000)
1000 g	

Nach dem Drucken und Trocknen wird 5—7 Minuten im Schnelldämpfer gedämpft, hierauf gewaschen und kochend geseift.

In ganz ähnlicher Weise werden die Klotzbäder bereitet, und ebenso entsprechen die zur Anwendung kommenden Buntreserven mit Küpenfarben und Nitrosamin den allgemein üblichen Vorschriften.

Beispiel einer Violettreserve:

150 g	Indanthrenrotviolett-RH-Teig
20 g	Glyzerin
20 g	Solutionssalz B
500 g	Gummiverdickung 1 : 1
100 g	Soda kalz.
120 g	Rongalit C (4 : 1)
90 g	Wasser
1000 g	

Indigosol OR. Dieses Produkt entspricht in Echtheit der Farbtöne dem Indigo MLB/R. Die Entwicklung kann sowohl nach dem Dämpf- als auch nach dem Nitritverfahren erfolgen. Für den Blau-Weiß- sowie den Blau-Rot-Artikel ist Indigosol OR sehr wertvoll; mit den verschiedenen Küpenfarben lassen sich in einfacher Weise echte Buntilluminationen herstellen. Die in Betracht kommenden Arbeitsvorschriften sind genau die gleichen wie für Indigosol O bzw. O4B.

Indigosolviolett AZB. Die Drucke und Klotzungen dieses Indigosols besitzen gute Licht-, Wasch- und Chlorechtheit; zur Entwicklung ist ebenfalls das Dämpfverfahren am zweckmäßigsten. Die Klotzungen lassen sich weiß reservieren; für Buntreserven eignen sich alle für den gleichen Zweck bei Indigosol O brauchbaren Küpenfarben.

Indigosolschwarz TB kommt ebenfalls sowohl für den direkten Druck als auch für den Reservedruck in Betracht; es läßt sich zum Abdunkeln der anderen Indigosole verwenden.

Druckfarbe für Schwarz:

125 g	Indigosolschwarz TB
225 g	Wasser
30 g	Glyzerin
500 g	Stärke-Tragantverdickung
30 g	Rhodanammon
15 g	chlorsaures Natron
75 g	Ammonvanadat (1 : 1000)
1000 g	

Druckfarbe für Blau:

90 g	Indigosol O
10 g	Indigosolschwarz TB
288 g	Wasser
30 g	Glyzerin
500 g	Stärke-Tragantverdickung
20 g	Rhodanammon
12 g	Natriumchlorat
50 g	Ammonvanadat (1 : 1000)
1000 g	

Nach dem Drucken und Trocknen wird wie üblich 5 Minuten im Schnelldämpfer bei etwa 95 ° C gedämpft, hierauf gewaschen und geseift.

Indigosolrosa IR extra ergibt lebhafte Rosatöne von vorzüglicher Wasch- und Chlorechtheit sowie guter Lichtechtheit, die sich gut weiß reservieren lassen.

Indigosolorange HR besitzt die gleichen Eigenschaften, läßt sich aber außer nach dem Dämpfverfahren auch nach dem Nitritverfahren gut entwickeln.

Sowohl bei den Druckfarben als auch bei den Klotzlösungen von Indigosolorange HR und Indigosolrosa IR extra empfiehlt sich ein Zusatz von Solutionssalz.

Druckvorschrift für Indigosolorange HR:

60 g	Indigosolorange HR
30 g	Glyzerin
50 g	Solutionssalz B (1 : 1)
255 g	heißes Wasser
450 g	Stärke-Tragantverdickung
30 g	Rhodanammon
25 g	Natriumchlorat. Abkühlen und kalt zugeben:
100 g	Ammonvandat (1 : 1000)
1000 g	

Die bedruckte und getrocknete Ware wird 5 Minuten im Schnelldämpfer bei 101 ° C mit feuchtem Dampf gedämpft und hierauf gewaschen sowie kochend geseift.

Ferner sind noch im Handel:

Indigosol AZG, mit welchem lebhafte, grünstichige Blautöne erhalten werden, sowie

Indigosolrot HR, das bläuliche Rot- und Rosatöne liefert,

Indigosolscharlach HB, welches lebhafte Rosa- und Scharlachnüancen ergibt.

Diese Produkte sind ebenfalls sowohl für den direkten Druck als auch für Klotzungen zur Herstellung des Reserveartikels von Bedeutung, und sie lassen sich infolge der guten Haltbarkeit der ungedämpften Drucke in gleicher Weise wie alle anderen Indigosole auch im Hand- und Garndruck[1]) anwenden.

Die Druckvorschrift für Indigosol AZG lautet z. B.:

60 g	Indigosol AZG
270 g	warmes Wasser
30 g	Glyzerin A
500 g	Stärke-Tragantverdickung
25 g	Rhodananmonium
15 g	Chlorsaures Natron. Abkühlen und kalt
100 g	vanadinsaures Ammon (1:1000) zugeben.
1000 g	

[1]) Siehe die Musterkarte: „Indigosole im Garndruck" der Durand & Huguenin A.-G. Basel.

Das Dämpfen und Fertigmachen der bedruckten Ware folgt dann in der üblichen einfachen Weise.

Indigosol HB, zur Herstellung von violettstichigem Blau von sehr guter Wasch- und Chlorechtheit und guter Lichtechtheit; das Produkt ist auch für den Hand- und Garndruck wertvoll.

Indigosolgrün IB liefert lebhaft blaugrüne Drucke von sehr guter Chlor- und hervorragender Licht- und Seifeechtheit; das Produkt ist besonders für den direkten Druck und zur Herstellung ebenso lebhafter wie echter Grünreserven auf Anilinschwarz von Wichtigkeit.

i) Verwendung der Schwefelfarbstoffe im Zeugdruck.

1. Direktdruck.

Die Schwefelfarbstoffe werden ähnlich wie die Küpenfarben in Form ihrer Leukoverbindungen auf der Faser fixiert. Der direkte Druck bietet gewisse Schwierigkeiten, die durch den Schwefelgehalt der meisten Produkte bedingt sind. Da Schwefelnatrium und Schwefel die Kupferwalzen angreifen und schwärzen, so wurde anfangs auch vorgeschlagen, mit vernickelten Walzen zu arbeiten (Farbwerke vorm. Friedr. Bayer & Co.), doch konnte sich dieses Verfahren nicht allgemein einbürgern.

Durch die Einführung der Sulfoxylate und die Herstellung schwefelnatrium- und schwefelfreier Produkte für Druckzwecke (die „D"-Marken der Thiogenfarbstoffe von Höchst, die konzentrierten Katigenfarbstoffe von Leverkusen sowie die „Immedialfarben für Druck" von Cassella) ist jedoch die Anwendungsmöglichkeit günstiger gestaltet worden. Man kann aber auch mit gewöhnlichen Schwefelfarbstoffen arbeiten und durch Zugabe von Sulfiten oder Formaldehyd das vorhandene Schwefelnatrium binden (z. B. 20—50 cm^3 Formaldehyd pro Kilogramm Druckfarbe).

Die Reduktion des Farbstoffs geschieht mit Rongalit C oder mit Traubenzucker oder mit Rongalit und Traubenzucker in alkalischer Verdickung; stark alkalische Druckfarben ergeben die besten Resultate.

Dicke Stoffe, besonders gerauhte Waren, werden in manchen Fällen vor dem Drucken mit Glukose-, Dextrin- oder Leimlösung präpariert, weil dadurch die Fixierung der Farbstoffe begünstigt wird. Die B.A.S.F. empfiehlt die Zugabe von Betanaphthollösung zu den Druckfarben, wodurch etwas vollere Farbtöne erhalten werden.

Seit der allgemeinen Anwendung der viel echteren Küpenfarben sind aber die Schwefelfarbstoffe für den direkten Druck nur noch von geringerer Bedeutung und größtenteils verdrängt; vielfach druckt man jedoch Schwarz mit Immedialcarbon usw., sowie ganz besonders mit Indocarbon CL fein für Druck[1]) (I. G. Farbenindustrie A.-G.); dieses letztgenannte Produkt fixiert sich leicht und sicher durch kurzes Dämpfen und liefert ein sehr echtes, tiefes Schwarz. Die Drucke mit Indocarbon CL fein für Druck können als indanthrenecht bezeichnet werden.

---

[1]) Siehe das mit effektvollen Druckmustern versehene Zirkular A. 1049d der I. G. Farbenindustrie A.-G. vom September 1927. Färbereitechnisch sehr beachtlich ist ferner eine durch viele Färbungen illustrierte Abhandlung von Adolf Kertess: Mitteilungen über Schwefelschwarz und Indocarbon. Melliands Textilber., Jg. 1927, S. 56—59.

Druckvorschrift für gereinigte Schwefelfarbstoffe:

20— 60 g	Farbstoff werden mit
40— 60 g	Glyzerin gut angeteigt, mit
40—100 g	Glukose
20— 40 g	Rongalit C (1 : 1)
60—100 g	Natronlauge 40° Bé
10— 30 g	Soda kalz. und
310—160 g	Wasser zusammen etwa 10 Minuten auf 60° C erwärmt und nach erfolgter Lösung lauwarm mit
500—450 g	neutraler Verdickung verrührt
1000 g	

Neutrale Verdickung:

100—120 g	Weizenstärke
300 g	Britishgum
580 g	Wasser; kochen
1000 g	

Der Rongalit-Zusatz kann auch weggelassen werden, doch sind dann die Mengen an Lauge und Glukose etwas zu erhöhen. Ein Zusatz von Kaolin oder Schlämmkreide verhindert in allen Fällen das Fließen der Druckfarben beim Dämpfen [60—100 g Kaolinteig (1 : 1) im Kilogramm Druckpaste].

Das von den Farbwerken Leverkusen ausgearbeitete Verfahren zum Druck der schwefelfreien Katigenfarbstoffe mit aufgeschlossener Stärke und Reduktion mit Glukose ermöglicht die Herstellung sehr billiger Druckfarben und ergibt Drucke von großer Intensität.

Druckfarbe für Schwarz:

60 g	Katigenblauschwarz 4 BD in Pulver mit
30 g	Wasser
150 g	Glyzerin
150 g	Natronlauge 40° Bé
80 g	Traubenzucker (1 : 1) anteigen, 2 Stunden auf ca. 60° C erwärmen, dann in
350 g	Verdickung ML einrühren und
100 g	Natronlauge 40° Bé zugeben. Diesen Ansatz läßt man vorteilhaft einige Stunden, am besten über Nacht, stehen und rührt dann noch
80 g	Traubenzucker (1 : 1) zu
1000 g	

Verdickung ML:

100 g	Maisstärke mit
1500 g	Wasser anteigen,
15 cm^3	Natronlauge 40° Bé zurühren, unter Umrühren auf 60° C erwärmen, bis die Masse durchscheinend geworden ist, und dann abkühlen.

Ausgezeichnete Resultate mit geeigneten Schwefelschwarzmarken erhält man ferner bei Anwendung der von Dr. Wilhelm Sieber empfohlenen Glyzerin-Stärkeverdickung bzw. Glyzerin-Pottascheverdickung[1]).

Zum Druck mit gewöhnlichen (nicht gereinigten) Schwefelfarbstoffen eignet sich die Vorschrift mit Reduktionspaste[2]) (Mischung aus Glyzerin, Kochsalzlösung, Natronlauge und Hydrosulfit konz. Pulver) und einer alkalischen Weizenstärke-Britishgum-Verdickung oder eine Glukose-Hydrosulfit-Druckfarbe mit Glyzerin-Pottascheverdickung und Formaldehydzusatz. Z. B.:

[1]) Melliands Textilberichte 1926, S. 141/142.

[2]) Leop. Cassella & Co.: „Kleines Handbuch der Färberei", Band IV, Druckerei, Zweite Auflage 1924, S. 23.

50—100 g	Schwefelfarbstoff
100—100 cm³	Natronlauge 45° Bé
80—100 cm³	Wasser und
50—100 g	Glukose werden auf 75° C bis zur Lösung erwärmt, dann
660—450 g	Glyzerin-Pottascheverdickung eingerührt sowie
20— 50 g	Hydrosulfit konz. Pulver, und
20— 50 g	Rongalit C. Nach dem Erkalten:
20— 50 cm³	Formaldehyd 30%ig
1000 g	

Pottasche-Glyzerinverdickung:

300 g	Britishgum-Pulver
140 cm³	Wasser
160 g	Gummiwasser 1 : 1
100 g	Glyzerin
300 g	Pottaschelösung 1 : 1
1000 g	

Für das Drucken von Garn bei Verwendung von Ebonit- oder Holzwalzen kann Schwefelnatrium als Reduktionsmittel verwendet werden:

30— 90 g	Katigenfarbstoff mit
30— 90 g	Schwefelnatrium krist. und
250—190 g	Wasser kochend lösen, dann zugeben
300 g	Tragantschleim 65:1000,
160 g	Natriumbisulfit 38° Bé und nach dem Erkalten:
120 g	Natriumbikarbonat,
50 g	Traubenzucker (1 : 1)
1000 g	

Die bedruckten Gewebe werden in allen Fällen in der Mansarde bei nicht zu großer Wärme getrocknet und zweckmäßig noch am gleichen Tage durch den Schnelldämpfer genommen. Steht ein gut trockener Raum zur Verfügung, so können die Stücke auch ohne Schädigung über Nacht ungedämpft liegen bleiben. Gedämpft wird im allgemeinen 3—6 Minuten mit reichlichem, gesättigtem Dampf. Nach dem Dämpfen passiert die Ware in breitem Zustande ein angesäuertes Kupfervitriolbad (2 g Kupfervitriol und 10 cm³ Salzsäure 22° Bé pro Liter Wasser von 60° C) und wird dann gut gespült und heiß geseift. Längeres Liegen der gedämpften Ware vor dem Waschen ist ebenfalls nur dann angängig, wenn dies in keinem feuchten Raum geschieht, da sonst ein Fließen der Drucke eintritt.

Zur Verbesserung des Weißfonds können die Schwefelfarben-Drucke in üblicher Weise auf dem Trocken-Tambour schwach gechlort werden.

2. Ätzdruck.

Die Färbungen mit Schwefelfarben lassen sich mit starken Chloratätzen weißätzen, doch wendet man diese Ätzmethode im allgemeinen nur für schwere Waren (dicke Stoffe), wie Moleskins, Englischleder, Genua-Cords usw. an, weil eine mehr oder weniger weitgehende Faserschwächung durch Oxyzellulosebildung kaum zu vermeiden ist. Als Ätzmittel verwendet man chlorsaure Tonerde oder die etwas weniger gefährlichere, gewöhnliche Chlorat-Prussiatätze mit Natriumchlorat und Ferrizyannatrium bzw. Ferrizyanammonium.

Ätze mit chlorsaurer Tonerde:

200 g	Britishgum,
70 cm³	Wasser,
560 g	chlorsaure Tonerde 25° Bé erwärmen und
150 g	chlorsaures Natron zugeben; nach dem Erkalten
20 g	Ferrizyankalium zusetzen
1000 g	

Starke Chloratätze mit Natriumchlorat:

200 g	chlorsaures Natron in
200 g	Wasser lösen, mit
140 g	Kaolin (1 : 1) sowie
200 g	Britishgum anteigen und aufkochen; während dem Abkühlen bei 70° C
150 g	Weinsäure (pulverisiert) zugeben und nach dem Erkalten
23 g	Ferrizyannatrium, in
87 g	Wasser gelöst, einrühren
1000 g	

Die bedruckte Ware wird sehr gut getrocknet und 1—2mal durch den Schnelldämpfer genommen; hierauf passiert die Ware ein ca. 50° C warmes Bad von verdünnter Natronlauge (5—10 cm^3 Natronlauge 40° Bé pro Liter Flotte), wird dann gründlich gespült sowie eventuell geseift und zum Schluß getrocknet.

Ein in früherer Zeit sehr gangbarer Warnsdorfer Artikel, das sogenannte Küpenleder für Schiffer- und Maurerhosen (ein unzerreißbarer, kalkechter Hosenartikel aus dem sogenannten Englischlederstoff), den man einst umständlich durch Pappdruck auf der Reliefmaschine mit Punktstreifen usw., Ausfärben auf dem Sternreifen in der Indigoküpe, Überfärben mit Katechu und Kupfer-Chrom-Nachbehandlung herstellte, wurde so z. B. später von Ed. Knispel als waschechte Küpenimitation in folgender Weise fabriziert.

Das schöne, blumige, aus Indigovorfärbung und Überfärben mit Katechu alterzeugte Schwarz wird bei dem vereinfachten Verfahren zuerst mit einer geeigneten Immedialschwarzmarke gefärbt und mit chlorsaurer Tonerde geätzt. Nach dem Dämpfen im Schnelldämpfer passiert die Ware ein Salmiakbad und wird hierauf mit Alizarinrot und Alizarinbraun ausgefärbt.

Dieser Artikel wird übrigens verschiedentlich auch unecht hergestellt, und zwar durch Färben mit Oxydiaminschwarz IW und Aufdruck einer Zinnsalzbuntätze mit Kreuzbeerextrakt.

Die Schwefelfarben lassen sich auch mit der zum Ätzen von Küpenfarben gebräuchlichen Rongalit-Leukotropätze mehr oder weniger gut ätzen. Die hauptsächlichste Anwendung dieser Ätzmethode ist jedoch nur auf die Herstellung von Halbätzen im Kordsamtartikel beschränkt. Man färbt die Ware zu diesem Zwecke entweder nur mit schwer ätzbaren Schwefelfarbstoffen vor, oder in Kombination mit leicht ätzbaren Produkten. Als Ätzpaste kann sowohl eine solche mit Leukotrop W konz. als auch eine mit Leukotrop O verwendet werden; erstere ergibt etwas lebhaftere Ätzeffekte. Nach dem Drucken wird die Ware 5—10 Minuten gedämpft, dann durch ein kochendes Wasserglasbad (5 g Wasserglas 36° Bé pro Liter) passiert, gespült und getrocknet.

3. Reserven unter Färbungen mit Schwefelfarben.

Wichtiger als die Ätzverfahren ist aber die Reservierungsmethode mit Metallsalzen. Ganz besonders eignen sich dazu Zinksalze, mit denen Weiß- und Buntreserven hergestellt werden können. Diese von der Firma Leopold Cassella & Co[1]) in Frankfurt a. M. (jetzt Werk Mainkur der I. G. Farbenindustrie A.G.) aufgefundene und der Druckereiindustrie zugänglich gemachte Arbeitsweise mit Zinkchloridreserve wurde zuerst von den großen russischen Kattunmanufakturen Hübner und Zündel in Moskau aufgegriffen. Bereits 1906 fabrizierten diese Werke schöne Artikel mit weißen, roten und orangefarbenen Reserveeffekten in verschiedenfarbiger Stückfärbung mit Immedialfarben in bedeutenden Mengen.

Die zweckmäßig vorher merzerisierte Ware wird dabei einfach mit einer

[1]) D. R. P. 130628.

Reserve bedruckt, welche entweder nur Zinkchlorid oder außerdem noch plastische Mittel, z. B. Kaolin oder Lithopone, enthält. Das Färben erfolgt dann am besten in einem mit kleinem Trog versehenen Foulard bei einmaligem Lauf der Ware durch die Farbflotte. Für diese Arbeitsweise sind fast alle Schwefelfarben verwendbar.

Weiß-Reserve:

250—200 g	Trockengummi werden in
350—300 g	Wasser gelöst und zugesetzt eine Lösung von
200—300 g	Zinkchlorid in
200—200 g	Wasser
1000 g	

oder

400 g	Gummiwasser 1 : 1
100 g	Kaolin 1 : 1
200 g	Wasser
300 g	Chlorzink
1000 g	

Für Rotreserven gibt man diesen Weißreserven einfach eine Diazolösung von Paranitranilin oder Paranitroorthoanisidin zu und druckt auf in üblicher Weise naphtholierte Ware.

Rot-Reserve:

200 g	Trockengummi
225 g	Wasser
200 g	Zinkchlorid
150 g	Kaolinteig 1 : 1
200 g	Diazolösung für Rot; vor Gebrauch
25 g	essigsaures Natron zugeben
1000 g	

Diazolösung mit Paranitranilin:

100 g	Paranitranilin werden mit
100 cm³	kaltem Wasser angeteigt
200 cm³	Salzsäure 22° Bé mit
150 g	Eis abgekühlt zugegeben, dann noch
300 g	kleinzerschlagenes Eis zugesetzt und
55 g	Natriumnitrit in
55 g	Wasser gelöst, langsam eingerührt; diese Diazolösung wird mit Eiswasser auf
1 Liter eingestellt	

Diazolösung mit Paranitroorthoanisidin:

95 g	Paranitroorthoanisidin werden mit
190 g	Salzsäure 22° Bé angeteigt, unter Zusatz von
245 g	heißem Wasser gelöst und dann mit
230 g	kaltem Wasser sowie
200 g	Eis abgekühlt; zum Schluß werden
40 g	Nitrit (fest) in kleinen Partien zugegeben und mit Wasser auf
1 Liter eingestellt	

Zur Herstellung von Orangereserven dienen die Diazolösungen von Metanitranilin oder Nitrotoluidin (siehe Reserven unter Indanthrenblau) und für Bordeaux kann diazotiertes Alphanaphthylamin benutzt werden.

Für Buntreserven wurden von der Firma Cassella auch Beizenfarbstoffe in Vorschlag gebracht und entsprechende Vorschriften ausgearbeitet. Geeignet sind z. B. Anthrazengelb BN, Gallophenin D, Chromviolett M (Modernviolett), Chromazurol S (Geigy) usw.

Beispiel einer Gelbreserve:

40 g	Anthrazengelb BN in
380 g	Wasser lösen, mit
200 g	Britishgum anteigen und aufkochen; dann
100 g	Kaolinteig (1 : 1) zugeben und nach dem Erkalten
80 g	essigsaures Chrom 20° Bé sowie
150 g	Zinkchlorid, gelöst in
50 g	Wasser, einrühren
1000 g	

Die bedruckte Ware wird zunächst durch den Schnelldämpfer genommen (ca. 7 Minuten) und vor dem Färben nochmals getrocknet.

Buntreserven mit basischen Farbstoffen können auf verschiedene Weise hergestellt werden, und zwar nach der Fixierungsmethode mittels Ferrozyanzink oder durch Anwendung von Tannin als Fixierungsmittel.

Bei Ferrozyanzinkfixierung wird das Gewebe zuerst mit 50 g gelbem Blutlaugensalz pro Liter Wasser imprägniert; zur Verhinderung der Bildung von Berlinerblau gibt man diesem Klotzbade etwas Kaliumsulfit zu. Die so foulardierte und getrocknete Ware wird dann mit einer Reserve aus basischem Farbstoff (in Azetin und Wasser gelöst), Gummiverdickung, Zinkchlorid und etwas Kaolin bedruckt, 4 Minuten gedämpft, wieder getrocknet und dann ausgefärbt. Man erhält auf diese Weise sehr lebhafte Bunteffekte, doch besitzen dieselben nur geringe Licht- und Waschechtheit.

Bezüglich der Fixierung der basischen Farbstoffe mit Tannin in Kombination mit Zinkchloridreserve ist vor allem zu bemerken, daß es durch lange Zeit nicht gelang, das Tannin mit dem Farbstoff und dem Zinkchlorid in der Druckfarbe zweckentsprechend unterzubringen. Man war daher zunächst genötigt, das Tannin aus der Druckfarbe wegzulassen und dafür die Ware mit Tannin (30—40 g pro Liter) vorzupräparieren. Die Druckfarbe enthielt dann den in Azetin und Glyzerin gelösten basischen Farbstoff, Chlorzink, Gummiwasser und etwas Brechweinstein. Nach dem Drucken wurde 6—7 Minuten im Schnelldämpfer gedämpft und hierauf mit Schwefelfarben entsprechend foulardiert. Diese Arbeitsweise ergab zufriedenstellende Resultate; Schwierigkeiten zeigten sich aber, wenn gleichzeitig auch Weiß gedruckt werden mußte, das auf dem Tanningrund nicht ganz rein herauskam.

Im Jahre 1917 gelang es dann L. Diserens[1]), die Bildung des Zinktannats in der Druckfarbe durch Zugabe von Resorzin oder Glykolsäure zu verhindern und damit eine vereinfachtes Verfahren zu schaffen, das gleichzeitig auch die Herstellung einwandfreier Weißeffekte ermöglicht. Die von Diserens ausgearbeitete Vorschrift lautet:

30 g	basischer Farbstoff
50 g	Glyzerin
150 g	Resorzin (1 : 1) oder Glykolsäure (1 : 3)
300 g	Senegalgummi
300 g	Chlorzink
50 g	Kaolin
120 g	Tannin-Essigsäure (1 : 1)
1000 g	

Die bedruckte Ware wird ca. 7 Minuten im Schnelldämpfer gedämpft und dann mit Schwefelfarben ausgefärbt. Der an den bedruckten Stellen auf der Faser gebildete Lack des basischen Farbstoffs mit dem Zinktannat steht dem Tannin-Antimonlack bezüglich Licht- und Waschechtheit nicht nach.

[1]) Revue générale des matières colorantes 1918, S. 258. Versiegeltes Schreiben vom Jahre 1916.

Das Färben der mit Weißreserve sowie mit Buntreserve jeglicher Art bedruckten Ware erfolgt, wie bereits erwähnt, mit einer Passage auf einem Foulard, und zwar, je nach Tiefe der erwünschten Färbung, in mehr oder weniger konzentrierten Farbbädern. Es genügt dazu ein kleiner Foulardtrog mit 2—3 Rollen, in welchen fortwährend Farbflotte nachfließt.

Die Bereitung der Farbbäder geschieht nach folgender Vorschrift:

10—60 g	Schwefelfarbstoff (Immedial- oder Katigen-, Thiogen- usw. Farbstoff)
30—90 g	Schwefelnatrium krist.
20—20 g	Soda kalz. und
2— 2 g	Türkischrotöl werden zusammen in heißem Wasser gelöst und
auf 1 Liter eingestellt	

Bei einigen Farbstoffen, z. B. den Immedialindogen- und Immedialgrünmarken und den diesen entsprechenden Produkten anderweitiger Fabrikationsherkunft, erhält man durch Zusatz von Traubenzucker zum Farbbade (halb so viel wie Farbstoff) etwas kräftigere Färbungen.

Hellere Töne können kalt gefärbt werden, dunkle dagegen vorteilhaft bei 50—60° C; Dauer der Passage durch die Klotzlösung 10 Sekunden. Die durch die Foulardwalzen abgequetschte Ware läuft dann zum Oxydieren über einige Leitrollen (15—20 m Luftgang), wird hierauf gewaschen, abgesäuert (5 cm^3 Salzsäure pro Liter Wasser bei 40° C), nochmals gewaschen und eventuell geseift.

Endlich können auch Buntreserven mit Küpenfarben unter Färbungen mit Schwefelfarbstoffen hergestellt werden. Derartige Reserven werden in einfacher Weise aus dem Küpenfarbstoff, Rongalit, Ätzkali, Chlorzink und Britishgum-Verdickung zusammengesetzt, doch derart, daß die Reduktion des Farbstoffs nicht in der Druckfarbe, sondern erst durch das Dämpfen der bedruckten Ware erfolgt. Durch die Passage im alkalischen Färbebad wird dann die Fixierung des Illuminationsfarbstoffes vervollständigt. Z. B.:

150 g	Küpenfarsbtoff in Teig 20%ig
250 g	Rongalit C (35:100)
250 g	Britishgum (1:3)
250 g	Chlorzink
100 g	Natronlauge 38° Bé
1000 g	

Nach dem Aufdruck und Dämpfen im Schnelldämpfer wird in üblicher Weise mit Immedialfarben oder gleichwertigen Farbstoffen am Foulard geklotzt und fertiggestellt.

k) Die Anwendung der auf der Faser erzeugten Azofarbstoffe im Kattundruck (Druck mit Eisfarben).

Die Erzeugung unlöslicher Azofarben (Eisfarben) im Wege des Zeugdrucks geschieht analog dem Färbeprozeß, und zwar im allgemeinen durch Imprägnieren der Ware mit Naphthollösung und nachherigem Aufdruck von verdickter Diazolösung. Man kann wohl auch durch Vordruck von verdickter Naphthollösung arbeiten und diese Naphtholdrucke in den entsprechenden Diazolösungen entwickeln, doch wird diese Methode nicht mehr angewendet, weil leicht ein Fließen der Drucke eintritt[1]).

Eine andere wichtige Methode ist jedoch der direkte Aufdruck der Nitrosamine unlöslicher Azofarben mit Naphthol. Dieses Problem wurde zuerst

[1]) Dieses Verfahren ist u. a. im „Kurzen Ratgeber für die Anwendung der Teerfarbstoffe", Höchst a. M. 1901, S. 111 beschrieben.

von der B. A. S. F. zu lösen versucht; das im Jahre 1894 in den Handel gebrachte Nitrosaminrot war jedoch vor allem noch zu zersetzlich, so daß keine brauchbaren Resultate erzielt werden konnten[1]). Nahezu zwei Jahrzehnte später gelang es aber der Chemischen Fabrik Griesheim Elektron, diesem Verfahren auf Basis von Naphthol AS einwandfrei Geltung zu verschaffen. Diese haltbaren Mischungen von Nitrosaminen mit Naphthol AS bzw. dessen Substitutionsprodukten sind unter dem Namen Rapidechtfarben im Handel und bilden als solche eine eigene Farbstoffklasse.

Eine Ausnahme von diesen Einheitsprodukten im Sinne der in diesem Kapitel mit zu behandelnden Methode des Aufdrucks von Nitrosamin mit Naphthol bildet jedoch der zur Herstellung von Gelbdrucken dienende haltbare Nitrosaminteig, das Rapidogen G.

α) Direktdruck mit Betanaphthol-Eisfarben.

1. Druck verdickter Diazolösungen auf Betanaphtholpräparation.

Naphtholierung. Zur Herstellung der Naphthollösung kommt Betanaphthol unter drei Bezeichnungen auf den Markt, und zwar,

a) als Betanaphthol (ohne Beimischung);

b) als Betanaphthol LC (antimonhaltig auf Grund D. R. P. 79802 von Dr. Lauber und Dr. Caberti) für haltbarere Grundierungen;

c) als Betanaphthol RC[2]), Betanaphthol R, Naphthol AR } für blaustichiges Rot (mit Beimischung von 10% Betanaphtholmonosulfosäure F).

Die Betanaphtholmonosulfosäure (2,7) ist auch unter dem Namen Nüanciersalz F im Handel; einer Lösung von z. B. 25 g Betanaphthol R (AR oder RC) pro Liter entspricht als gleichwertig die Anwendung von 23 g Betanaphthol und 2 g Betanaphtholmonosulfosäure F im Liter.

Die Gewebe werden mit einer der folgenden Naphthollösungen auf einem Foulard geklotzt und in der Hot-flue bei ca. 50° C getrocknet. Bei Anwendung von Naphthol LC kann auch auf Trockenzylindern ohne besondere Vorsicht getrocknet werden.

Naphtolgrundierung mit Betanaphthol oder Betanaphthol RC bzw. R oder AR.

15—25 g	Betanaphthol, RC, R oder AR werden mit
15—25 g	Natronlauge 40° Bé angerührt und mit
100 g	heißem Kondenswasser übergossen; dann gibt man
50 g	Türkischrotöl 50%ig oder Rizinusölseife mit
250 g	heißem Wasser gelöst zu und stellt mit Wasser auf
1 Liter ein	

Durch Zusätze von Glyzerin, Brechweinstein, Glukose oder Rongalit wird die Haltbarkeit der Präparation auf der Ware erhöht, z. B. 1—2 g Rongalit C oder 48 g Brechweinstein und 20—30 g Glyzerin pro Liter; zuweilen setzt man auch etwas Verdickungsmittel zu (20—50 g Tragantschleim 65:1000 pro Liter). Der angegebene Zusatz von Türkischrotöl oder Rizinusölseife bewirkt eine Erhöhung der Lebhaftigkeit der Farbtöne; mit gleichem Erfolg kann an deren Stelle auch Paraseife PN von Höchst (25 g pro Liter genügen) oder Monopolseife angewendet werden.

---

[1]) Dieses Problem wurde dann zunächst mit dem Nitrosamin des Paranitroorthoanisidins gelöst und später aber auch für das Nitrosamin des Paranitranilins angewendet (Zugabe von Natriumzinkat und Natriumaluminat zur Druckfarbe aus Naphtholat und Nitrosamin). Versiegeltes Schreiben Nr. 1769, deponiert am 7. 10. 1907 bei der Soc. Ind. de Mulhouse von W. Pluzanski, Ch. Dziewonski und E. Kopec.

[2]) D.R.P. 181721 (Cassella); siehe auch Rittermann und Felli, Bull. Mulh. 1907, S. 142.

Grundierung mit Naphthol LC:

74 g	Naphthol LC in
110 cm³	Natronlauge 22° Bé und
300 g	heißem Wasser lösen,
125 g	Türkischrotöl zusetzen und auf
1 Liter	einstellen

Bei Anwendung dieser Naphtholpräparation kann ohne weiteres auch auf Trockenzylindern getrocknet werden; das zu rasche Braunwerden der imprägnierten und getrockneten Ware bei längerem Liegen vor dem Ausfärben wird durch das brechweinsteinhaltige Naphthol (alkalische Antimonoxydlösung) gleichfalls hintangehalten.

Die naphtholierten Gewebe sollen jedoch möglichst noch am gleichen Tage mit der Diazolösung bedruckt werden.

W. Sieber[1]) hat zwecks Verhinderung des Braunwerdens der mit Naphthol präparierten Ware mit folgender Naphtholpräparation gearbeitet:

I.	2000 g	Betanaphthol und
	1200 g	Pottasche in
	20 l	heißem Wasser lösen.
II.	4000 g	Rizinusölsäure und
	1200 g	Pottasche ebenfalls in
	20 l	heißem Wasser lösen

Lösung I und II werden vereinigt und mit heißem Wasser auf 100 l eingestellt. Diese Naphthollösung muß während der Verwendung auf einer Temperatur von mindestens 40° C gehalten werden, denn nur bei und über dieser Temperatur bleibt die Flüssigkeit klar. Sieber hat auch nach wochenlangem Liegen der so imprägnierten Ware vor dem Bedrucken keine sichtbare Veränderung konstatiert.

Gebräuchliche Basen bzw. stabile Diazoverbindungen. Zum Aufdruck kommen die Diazolösungen folgender Basen in Betracht:

Für Rot: Paranitranilin bzw. dessen haltbar gemachte Diazoverbindung Nitrazol CF oder Parazol FB oder Azophorrot PN usw.; Paranitroorthoanisidin[2]) bzw. Azorosa NA.

Für Orange: Metanitranilin bzw. Azophororange MN; Nitrotoluidin C; Helioechtrotbase HR (Leverkusen) usw.

Für Braun: Benzidinbase bzw. Benzidinsulfat; Tolidinbase.

Für Bordeaux: Alphanaphthylamin.

Für Blau: Dianisidinbase bzw. Dianisidinsalz.

Für Schwarz: Azophorschwarz DP.

Ferner können Hell- und Dunkelrosadrucke mit diazotiertem Nitrophenetidin hergestellt werden, doch wird das kaum mehr angewendet.

Rotdruckfarbe aus Paranitranilin extra Pulver.

Bereitungsvorschrift:

22 g	Paranitranilin in
100 g	kochend heißem Wasser unter Zugabe von
40 cm³	Salzsäure 22° Bé lösen; nach Abkühlung auf ca. 65° C
113 g	kaltes Wasser sowie
100 g	Eis zusetzen und dann unter Umrühren auf einmal
115 cm³	Nitritlösung (1 : 10) beifügen; dann läßt man 5—10 Minuten stehen, bis alles gelöst ist, und rührt hierauf in
470 g	Tragantschleim (65 : 1000) ein. Unmittelbar vor Gebrauch werden
30—40 g	essigsaures Natron (krist.) zugegeben
1000 g	

[1]) Melliands Textilberichte 1926, S. 616.

[2]) D. R. P. 98637 vom Jahre 1897.

Um die Haltbarkeit der Druckfarben zu erhöhen, empfehlen die Farbwerke Leverkusen einen Zusatz von sog. Paradurol[1]). Von dieser Substanz, welche der Druckfarbe vor oder nach der Diazotierung in fester Form zugegeben wird, genügt schon ein Drittel bis ein Viertel von der angewendeten Gewichtsmenge Paranitranilin, demnach 4—6 g pro Kilo Farbe. Durch diesen Paradurolzusatz wird das Rot etwas blauer; als Ersatz für essigsaures Natron kommt das Produkt jedoch nicht in Betracht.

Zur Feststellung, ob die Druckfarbe genügend essigsaures Natron enthält, prüft man mit Methylorange-Papier; so lange sich das Papier rötet, ist noch essigsaures Natron zuzugeben.

Rotdruckfarbe mit Nitrazol CF (Parazol FB, Azophorrot PN). Beim Arbeiten mit diesen Produkten (haltbar gemachte Diazoverbindung des Paranitranilins) wird die Anwendung von Eis unnötig.

90 g	Nitrazol CF o. dgl. mit
354 g	kaltem Wasser anteigen bzw. lösen, dann ½ Stunde stehen lassen und filtrieren. Hierauf einrühren in
510 g	Tragantschleim 65:1000,
6 g	Paradurol, sowie vor Gebrauch:
30—40 g	essigsaures Natron krist. zugeben
1000 g	

Der Zusatz von Paradurol empfiehlt sich namentlich in heißer Jahreszeit sowie beim Druck von Rotmustern in kleinen Partien, welche dem Chassis nur wenig Farbe entnehmen. Der Gebrauch eines Kühlchassis wird bei Verwendung von Druckfarben mit Paradurol überflüssig.

Paranitranilin-Braun (Parabraun, Eisbraun). Durch Nachbehandlung der fertigen Pararotdrucke mit heißer Kupfervitriollösung (5 g pro Liter bei 70° C) erhält man sehr echte, gelbstichige Brauntöne.

Dieses Braun kann auch durch Zugabe einer Kupferlösung[2]) zur Naphtholpräparation hergestellt werden, doch ist die erstgenannte Arbeitsweise einfacher und daher am meisten in Anwendung gewesen.

Paranitroorthoanisidin-Druckfarbe. Die Druckfarben mit Diazolösung aus Paranitroorthoanisidin sind sehr gut haltbar, ferner bleibt das Weiß der Ware reiner als beim Druck mit diazotiertem Paranitranilin. Da die herstellbaren Rot- und Rosatöne außerdem sehr lebhaft sind, so wird vielfach mit Paranitroorthoanisidin gearbeitet. Die Ware wird mit 15 g Betanaphthol und 15 g Natronlauge 36° Bé pro Liter, doch sonst mit den gleichen Zusätzen wie bei der Naphtholpräparationen für Pararot auf dem Foulard imprägniert und nach dem Trocknen bedruckt mit:

17 g	Paranitroorthoanisidin allmählich anteigen mit
50 g	Wasser von 80° C und
10 g	Salzsäure 22 Bé; hierauf gibt man
50 g	Eis sowie
163 g	kaltes Wasser zu, nachher nochmals
30 g	Salzsäure 22° Bé und unter Umrühren nach und nach
80 g	Nitrit 1 : 10. Diese Lösung wird filtriert und eingerührt in
555 g	Tragantschleim 65:1000. Vor Gebrauch setzt man
45 g	essigsaures Natron krist. zu
1000 g	

[1]) D. R. P. Nr. 263431 der Farbenfabriken vormals Friedrich Bayer & Co. in Leverkusen bei Köln am Rhein. Paradurol ist eine Naphthalintrisulfosäure.

[2]) Die Vorschrift für eine derartige Naphtholpräparation ist im „Kleinen Handbuch der Färberei“, Band IV, Druckerei, 2. Auflage. 1924, S. 36 angegeben (Cassella).

Zur Herstellung von Rosatönen schwächt man diese Rotdruckfarbe einfach mit Tragantschleim auf die erwünschte Helligkeit ab.

Orangedrucke. Die Druckfarben für Orange[1]) mit diazotiertem Metanitranilin oder diazotiertem Nitrotoluidin werden nach der gleichen Vorschrift wie für Paranitranilin bereitet. Man erhält auf der Betanaphtholpräparation lebhaft orangefarbene Drucke, und zwar mit Metanitranilin einen etwas gelberen Farbton als mit Nitrotoluidin.

Als Verdickung eignet sich in allen Fällen Tragant am besten, doch kann man auch Weizenstärke, Maisstärke oder eine Mehlverdickung verwenden; Britishgum ist zum Verdicken von Diazolösungen völlig ungeeignet. Sehr reine Farbtöne erhält man bei Mitverwendung von Colloresin D-Verdickung[2]) in den Druckfarben; diese colloresinhaltigen Druckpasten besitzen auch eine größere Haltbarkeit.

Beim Druck bildet sich das Pigment augenblicklich auf der Ware. Nach gutem Trocknen in der Mansarde wird die Ware breit gewaschen und dabei dem ersten Kasten zweckmäßig etwas Salzsäure zugesetzt, um eine Verunreinigung der nichtbedruckten Gewebestellen zu vermeiden. Anschließend wird eventuell geseift und dann getrocknet. Zur besseren Reinigung des Weiß kann auch noch wie üblich am Trockentambour gechlort werden. Eine andere Methode zur Erzielung eines einwandfreien Weißbodens besteht darin, daß man die Ware mit 5—10 g Rongalit C pro Liter Wasser klotzt, dann trocknet und durch den Schnelldämpfer laufen läßt.

Alphanaphthylaminbordeaux.

Alphanaphthylamin-Druckfarbe:

23 g	Alphanaphthylaminbase mit
37 g	Wasser und
20 g	Salzsäure 22° Bé auf 50° C erwärmen und gut verrühren, bis Abkühlung eintritt; dann zugeben:
180 g	Eis
50 g	Wasser,
30 g	Salzsäure 22° Bé und langsam unter Umrühren
12 g	Nitrit, gelöst in
48 g	Wasser. Nach beendeter Diazotierung wird filtriert und die Lösung in
555 g	Tragantschleim 65:1000 eingerührt; vor Gebrauch
45 g	essigsaures Natron zufügen
1000 g	

Zum Naphtholieren kann ohne weiteres die für Paranitranilinrot vorgeschriebene Grundierung benutzt werden. Für dunkle Granattöne mit Alphanaphthylamin findet dagegen in manchen Fällen folgende Naphtholpräparation Anwendung:

22 g	Betanaphthol
3 g	Alphanaphthol
40 cm³	Natronlauge 22° Bé
200 cm³	heißes Wasser
50 g	Tragantschleim 60:1000

Auf 1 Liter einstellen

Die Fertigstellung der mit Naphthalyminbordeaux (Eisbordeaux) bedruckten Gewebe erfolgt in gleicher Weise wie bei Pararot angegeben.

[1]) Die etwas abweichende Druckvorschrift für Helioechtrotbase HR findet sich in der „Tabellarischen Übersicht über Eigenschaften und Anwendung der Farbstoffe der Farbenfabriken vorm. Friedr. Bayer & Co., Leverkusen", IV. Teil (Zeugdruck), Dritte Auflage 1926, Seite 137.

[2]) Siehe Zirkular B 1115 der I. G. Farbenindustrie A.-G. vom August 1927.

Dianisidinblau. Zur Erzeugung eines indigoähnlichen Blau wird Dianisidin verwendet (Dianisidinblau). Die Druckfarbe erhält einen Zusatz von Kupferchlorid[1]), wodurch auch die Lichtechtheit des Farbtones erheblich verbessert wird. Als Verdickung verwendet man am besten eine Mehl-Tragant- oder eine Weizenstärke-Tragantverdickung.

Dianisidinblaudruckfarbe:

350 g Diazolösung, einrühren in
530 g neutrale Weizenstärke-Tragantverdickung; dann zugeben:
50 g Kupferchlorid 45° Bé,
40 g Chromsäure 1:10 und vor Gebrauch
30 g essigsaures Natron krist.

1000 g

Dianisidin-Tetrazolösung:

25 g Dianisidinbase mit
200 g kaltem Wasser und
20 g Salzsäure 22° Bé anteigen,
405 g kaltes Wasser zugeben und Durchrühren, bis alles gelöst ist. Dann
150 g Eis sowie
60 g Salzsäure 22° Bé zusetzen und langsam unter Umrühren
140 g Nitrit 1 : 10

1 Liter

Man prüft mit Jodkalium-Stärke-Papier, ob Blaufärbung eintritt; ist dies nicht der Fall, so gibt man noch etwas Nitritlösung zu.

Neutrale Weizenstärke-Tragantverdickung:

500 g Tragantschleim 65:1000 und
150 g Weizenstärke,
350 g Wasser verrühren und kochen

1000 g

Als Naphtholgrundierung ist auch hier die für Pararot angegebene Vorschrift anwendbar. Nach dem Aufdruck und Trocknen wird die Ware zweckmäßig gemalzt und dann etwa 10 Minuten bei 80° C geseift

Benzidinbraun und Tolidinbraun.

Druckfarbe:

400 g diazotierte Benzidinbase oder diazotierte Tolidinbase
555 g Tragantschleim 65:1000 und vor Gebrauch:
45 g essigsaures Natron krist.

1000 g

Herstellung der Diazolösungen:

36 g Benzidinbase oder 41 g Tolidinbase werden mit
250 g kochendem Wasser und
50 g Salzsäure 22° Bé gelöst. Dann gibt man
144 g kaltes Wasser zu und fällt unter Rühren mit
70 g Salzsäure 22° Bé. Den heißen Teig läßt man bis zum Erkalten stehen, dann werden
300 g Eis zugegeben und mit
30 g Nitrit, gelöst in
120 g Wasser, langsam unter Umrühren diazotiert

1000 g

Zum Naphtholieren der Ware verwendet man dieselbe Grundierung wie für Pararot angegeben. Das aus Tolidinbase hergestellte Braun ist etwas lichtechter wie Benzidinbraun.

[1]) Diese Vorschrift wurde von F. Storck im Jahre 1893 ausgearbeitet.

Betr. Druckfarben aus haltbar gelieferten Diazoverbindungen. Besonders hervorzuheben sind noch die von den Höchster Farbwerken außer Azophorrot PN in den Handel gebrachten haltbaren Diazoverbindungen von Metanitranilinorange (Azophororange MN), von Paranitroorthoanisidin (Azorosa NA) und Azophorschwarz DP (die haltbar gemachte Diazoverbindung des Diaminodiphenylamins). Die Herstellung der Druckfarben mit diesen Produkten ist in gleicher Weise wie bei Azophorrot sehr einfach und erfordert ebenfalls keine Eiskühlung; die Druckvorschriften sind im „Ratgeber" (Druckerei-Band)[1]) der Farbwerke Höchst enthalten.

2. Druck von Begleitfarben neben Eisfarben auf naphtholierter Ware.

Zum Druck als Begleitfarben eignen sich sowohl basische Farben als auch Beizen-, Küpen- und Schwefelfarbstoffe.

Die basischen Farbstoffe werden zu diesem Zweck vielfach verwendet und bei tanninhaltigen Druckfarben am besten auf einer antimonhaltigen Naphtholpräparation fixiert, z. B. Naphthol LC von Leverkusen. Wichtig ist in jedem Falle, daß die Druckfarben stark sauer gehalten werden; man gibt deshalb einen Zusatz von 20 g Weinsäure pro Kilo Druckpaste.

Der Aufdruck der basischen Farben kann auch nach dem Verfahren von P. P. Sazanoff[2]) mit Katanol in der Druckfarbe geschehen. Es wurde gefunden, daß die Ausfällung der basischen Farbstoffe durch Katanol in der Druckfarbe verhindert wird, wenn man dabei die freien Farbbasen anwendet, die sich indifferent verhalten. In manchen Fällen übt dann auch noch die Überführung der freien Base in ihre Leukoverbindung einen günstigen Einfluß auf den erforderlichen Lösungszustand des Farbstoffs aus.

Zur Herstellung der Druckfarbe wird der basische Farbstoff in Wasser gelöst und in eine neutrale Verdickung eingerührt. Dann gibt man so viel Natronlauge zu, bis aller Farbstoff in die freie Farbbase umgewandelt ist. Ein kleiner Überschuß von Lauge ist vorteilhaft, weil dadurch die Dissoziation der Farbbase verringert wird; dieser Laugenüberschuß schützt eventuell auch gegen die Einwirkung der Kohlensäure aus der Luft. Bei manchen Farbstoffen empfiehlt sich ein geringer Zusatz von Hydrosulfit zwecks Überführung der freien Base in die entsprechende Leukoverbindung. Beim Zusatz von Katanol, Phenoresin usw. tritt dann keine Lackbildung ein, sondern der Farbstoff wird zum Aufdruck geeignet. Ein Zusatz von Türkischrotöl oder einer entsprechenden Seife ist oft zweckmäßig zur Erzielung voller und lebhafter Farbtöne.

Vor Gebrauch läßt man die Druckfarben einige Zeit stehen, druckt dann auf die gut getrockneten Gewebe und läßt dieselben 12—24 Stunden liegen. Die Fixation des Farbstoffs erfolgt zum Teil während dieses Liegens der Ware und zum Teil durch den anschließenden Dämpfprozeß. Die endgültige Entwicklung der Farbe geschieht aber erst durch eine Passage im essigsauren Bichromatbade; zum Schluß wird gewaschen und geseift.

Beispiel einer Druckvorschrift nach Sazanoff:

10 g	Thioninblau GO (Höchst)
250 g	heißes Wasser
550 g	neutrale Tragantverdickung 80 : 1000
50 g	Natronlauge 38° Bé
75 g	Katanol in Wasser 1 : 2 gelöst
25 g	Natrontürkischrotöl
40 g	Rongalit C 1 : 1
1000 g	

[1]) 5. Auflage, 1926, S. 164—172.

[2]) Brevet français No. 603121, demandé le 12 septembre 1925.

Von den Beizenfarben sind ebenfalls eine größere Anzahl leicht fixierbarer Produkte zum Druck neben Eisfarben geeignet, ganz besonders z. B. die Gallofarbstoffe. Die Druckfarben werden nach den üblichen Vorschriften bereitet, doch meist etwas sauer gehalten[1]). Sehr gut geeignet sind ferner auch die Ergan- und Erganonfarbstoffe, die sich ohne Vermittlung einer Beize durch ein kurzes Dämpfen fixieren lassen[2]).

Die Küpenfarben jeglicher Kategorie können ohne weiteres nach den in Betracht kommenden Vorschriften für direkten Druck als Begleitfarben angewendet werden, desgleichen die für Druckzwecke geeigneten, gereinigten Schwefelfarbstoffe; für Schwarz ist besonders Indocarbon CL fein für Druck[3]) in Anwendung.

Nach dem Aufdruck wird die Ware in allen Fällen einige Minuten im Schnelldämpfer gedämpft und in der für die Begleitfarben in Betracht kommenden Weise fertig gemacht.

β) Druck verdickter Diazolösungen auf Grundierungen mit Naphthol AS bzw. Cibanaphthol RP und deren Derivaten.

1. Historisches.

Auf Klotzungen mit dem von der Chemischen Fabrik Griesheim Elektron im Jahre 1912 unter dem Namen Naphthol AS in den Handel gebrachten β-Oxy-naphthoesäureanilid und mit dessen Substitutionsprodukten, sowie mit Cibanaphthol RP der Gesellschaft für Chemische Industrie in Basel erhält man beim Aufdruck verschiedener diazotierter Basen (analog dem Färbeprozeß) außerordentlich echte und schöne Farbeffekte[4]).

Die erste Anwendung der Betaoxynaphthoesäure in der Kolorie geschah durch Fischesser und Pokorny[5]) im Jahre 1891, und zwar wurde diese sehr beständige Substanz zur Herstellung eines schweißechten Dianisidinblau empfohlen. Zu diesem Zweck brachten dann die Höchster Farbwerke das Naphthol D[6]) auf den Markt, das eine Mischung aus Betanaphthol mit Betaoxynaphthoesäure und einem sulfoniertem Naphthol darstellte. Eine Imitation des Schlieper & Baum'schen Rot-Blau-Artikels war jedoch damals noch unmöglich, denn auf Basis der reinen Betaoxynaphthoesäure allein erhielt man kein befriedigendes Rot.

Dieses letztere Problem wurde aber dann im Jahre 1906 durch K. Buko-

---

[1]) Dr. Wilhelm Sieber hat gemeinsam mit seinem Assistenten Ing. R. Volenec ein Verfahren zur Fixation von Beizenfarbstoffen durch kurzes Dämpfen unter Anwendung von boraxhaltigen Beizendruckfarben ausgearbeitet. Mitteilung von Dr. W. Sieber aus der Forschungsstelle für Textilindustrie in Reichenberg: „Die Fixation von Beizenfarbstoffen durch kurzes Dämpfen — durch einfache Mather-Platt-Passage.“ Melliands Textilberichte, Jahrgang 1927, S. 62—64 und 151/152.

[2]) Siehe: „Grundzüge für die Verwendung der Farbstoffe der Badischen Anilin & Sodafabrik Ludwigshafen a. Rhein auf dem Gebiete der Druckerei“, Auflage vom Jahre 1921, S. 93—95.

[3]) Zirkular A. 1049d der I. G. Farbenindustrie A.-G. vom September 1927.

[4]) Die Gesellschaft für chemische Industrie in Basel bringt unter dem Namen Cibanaphthol RP ein gleichartiges Naphthol in den Handel, das sich in erster Linie für direkten Druck, Ätzdruck und Stückfärberei auf Baumwolle eignet. Für den Direktdruck ist das Cibanaphthol RP ganz besonders vorteilhaft, da es sich leicht wieder von der Faser entfernen läßt und deshalb stets ein reiner Weißboden zur Geltung kommt. Siehe die Broschüre Nr. 611 der Gesellschaft für chemische Industrie in Basel: „Cibanaphthol RP (Stückfärbungen und Baumwolldruck)“.

[5]) Französisches Patent 212063/1891; Bull. Mulh. 1891, S. 625.

[6]) Vorschrift siehe: „Kurzer Ratgeber“, Höchst a. M., 1901, S. 113.

wiecki[1]) (einem Mitarbeiter von Dr. W. Kielbasinski[2]) in der Druckerei von N. M. Poluschins Erben in Ivanow) in technisch befriedigender Weise gelöst. Bukowiecki war der Überzeugung, daß zur Erzielung guter Resultate die freie Karboxylgruppe der Pokorny'schen Säure hinderlich und daher abzubinden sei. Auf der Suche nach geeigneten Mitteln verwendete er einen Zusatz von Chlorbarium zur Diazolösung des Paranitranilins, wodurch die örtliche Fabrikation eines blauroten Artikels in großem Maßstabe ermöglicht wurde.

In beiden eben genannten Fällen wurde jedoch die Bedeutung der Betaoxynaphthoesäure als Ausgangspunkt für außerordentlich wichtige Kondensationsprodukte zu Färberei- und Druckereizwecken auch nicht im entferntesten vorausgeahnt. Die diesbezügliche, verdienstvolle Arbeit wurde erst von der Chemischen Fabrik Griesheim Elektron in erfolgreich vollendetem Ausmaße geleistet und zu allgemeiner Geltung gebracht.

2. Arbeitsvorschriften.

Als Vorbereitung zum Druck wird die Ware je nach den in Betracht kommenden Farbtönen bzw. der zur Erzeugung derselben geeigneten Basen mit Naphthol AS bzw. Cibanaphthol RP oder einem anderen Produkt dieser Gruppe in üblicher Weise am Foulard geklotzt und in der Hot-flue getrocknet. Die getrocknete Ware ist in aufgerolltem Zustande in trockenen und säurefreien Räumen gut haltbar.

Für die meisten Basen (siehe das Kapitel Färberei) verwendet man Naphthol AS oder Naphthol AS — BS als Grundierung[3]), wobei letzteres gegenüber ersterem blauere Farbtöne ergibt. Für leuchtende Scharlach- bis Blaurot-Nüancen sind jedoch ferner z. B. Naphthol AS—D sowie Naphthol AS—TR sehr gut geeignet, und zwar in Kombination mit Echtrot-KB-Base, Echtrot-TR-Base und Echtscharlach-TR-Base[4]).

Klotzbäder mit Naphthol AS bzw. AS — BS:

6 —24 g	Naphthol AS bzw. AS — BS mit
9,5—38 cm³	Natronlauge 36° Bé anteigen,
15 —30 g	Türkischrotöl zusetzen, dann mit kochendem Wasser lösen und auf
1 Liter einstellen	

Zum Lösen von Naphthol AS—BS wird zweckmäßig aufgekocht. Die Temperatur der Bäder beim Klotzen soll 50° C betragen.

Klotzbäder mit Naphthol AS—D bzw. AS—TR:

25 g	Naphthol AS—D bzw. AS—TR werden mit
50 g	Monopolseife (1 : 1) angeteigt, dann mit
500 cm³	kochendem Wasser übergossen und nachher mit
30 cm³	Natronlauge 40° Bé versetzt. Zur schnelleren Lösung kocht man auf und stellt hierauf mit kaltem Wasser auf
1 Liter.	

Auf Präparation mit Naphthol AS oder AS — BS druckt man beispielsweise mit diazotierter Echtscharlach-RC-Base[5]) nach folgender Vorschrift:

[1]) Zeitschrift für Farbenindustrie (Buntrock) 1912, S. 128.

[2]) „Mitteilungen aus der Praxis des Griesheimer Rots, Naphthol AS im Druck und Färben." Melliands Textilberichte 1926, S. 611.

[3]) Siehe: „Tabellarische Übersicht", II. Teil (Zeugdruck), 2. Auflage 1922 (Farbwerke Leverkusen), S. 234 ff.

[4]) Bemustertes Zirkular Nr. 92 (55038) der I. G. Farbenindustrie A.G., vom Oktober 1925.

[5]) Betreffend chemische Konstitution der Naphthol-AS-Produkte sowie verschiedener Basen siehe u. a. auch: „Taschenbuch für die Färberei" (Gnehm- von Muralt), S. 46/47. Berlin: Julius Springer 1924.

150 g	Echtscharlach RC-Base (4-Nitro-2 aminoanisol) mit
230 g	Salzsäure 22^0 Bé und
1565 g	kochendem Wasser lösen, dann
1600 g	Eis zugeben. Nach Abkühlung auf einmal unter Umrühren
375 g	Natriumnitritlösung (1 : 4) zusetzen. Bei beendeter Diazotierung mit
4580 g	Stärke-Tragantverdickung oder Tragantschleim 65 : 1000 verrühren, dann
1000 g	schwefelsaure Tonerde (1 : 1), und vor Gebrauch
500 g	essigsaures Natron (1 : 1) zufügen
10 Kilo	

Auf eine Grundierung mit Naphthol AS-D wird dann z. B. mit diazotierter Echtrot-TR-Base gedruckt:

200 g	Echtrot-TR-Base mit
2000 cm^3	Wasser und
190 cm^3	Salzsäure 22^0 Bé anteigen, hierauf
2000 g	Eis und Wasser, sowie bei 0—5^0 C
72 g	Natriumnitrit zugeben. Nach beendeter Diazotierung einstellen auf
5000 g	Diese Lösung einrühren in
4750 g	Weizenstärke-Tragantverdickung und zugeben
250 g	essigsaures Natron krist.
10000 g	

Sowohl die Diazolösung der Echtrot-TR-Base als auch die damit hergestellte Druckfarbe sind sehr gut haltbar.

Die Nachbehandlung der bedruckten Waren ist identisch mit der bei Paranitranilinrot beschriebenen Arbeitsweise. Nach dem Waschen seift man am besten unter Zugabe von 1 g Soda per Liter. Kielbasinki[1]), einer der ersten Fachleute der Textilkolorie, die sich mit Naphthol AS im Großbetriebe beschäftigten, empfiehlt zur Erzielung eines tadellosen Weiß den Zusatz von 5—10 cm^3 Natronlauge 35^0 Bé pro Liter kochendes Seifenbad.

γ) Direkter Aufdruck von Naphthol mit Nitrosaminen auf unpräparierte Ware.

Soweit dabei Betanaphthol in Betracht kommt, hat diese Methode kaum je Bedeutung erlangt. Die B. A. S. F. empfahl z. B. folgende Vorschrift:

25 g	Betanaphthol mit
30 g	Türkischrotöl,
20 g	Natronlauge 40^0 Bé,
70 g	Tonerdenatronlösung 16^0 Bé und
67 g	heißem Wasser lösen, dann abkühlen; hierauf zugeben:
80 g	Nitrosaminrosa BX,
100 g	kaltes Wasser,
600 g	Tragantverdickung 60 : 1000,
8 g	Natronlauge 40^0 Bé
1000 g	

Nach dem Aufdruck wird die Ware zwecks Entwicklung der Farbe verhängt (bei 40^0 C), dann gewaschen und schwach gesäuert. Man kann auch sofort nach dem Drucken entwickeln, was übrigens vorteilhaft ist; die Ware wird dann gleich durch eine 1$^0/_0$ige lauwarme Lösung von Natriumbichromat oder durch ein Bad mit 5 g Natriumbisulfat pro Liter genommen.

Die bedeutend leichtere Entwicklung von Rot aus Nitrosaminen und Naphthol AS hat dagegen für den direkten Druck große Bedeutung erlangt

[1]) „Drei Deposita aus dem Archiv des Internationalen Vereines der Chemiker-Koloristen", Melliands Textilberichte 1921, S. 281.

und zur Entstehung der Rapidechtfarben geführt. Eine Ausnahme von diesen, als fertige Gemische von Naphthol AS mit Nitrosaminen im Handel befindlichen Rapidechtfarben bildet jedoch das Rapidogen G, das ein haltbares und leicht lösliches Nitrosamin in Teigform ohne Beimischung eines Naphthols darstellt und dessen einfache Anwendungsmethode daher an dieser Stelle zu besprechen ist.

Rapidogen G in Teig[1]) ergibt mit Naphthol AS—G einen klaren, grünlichen Gelbton, der mit jenem identisch ist, welcher beim Färben von Garn- und Stückware mit der Kombination Naphthol AS—G—Echtscharlach-GG-Base erhalten wird. Die Druckfarbe wird in der Weise bereitet, daß man das Produkt mit Wasser und Türkischrotöl anrührt, ein Fünftel seines Gewichts an Naphthol AS—G zugibt und die entstehende Lösung in neutrale Stärke-Tragantverdickung einrührt. Die zur Bildung des Naphtholats erforderliche Natronlauge ist bereits im Rapidogenteig mit enthalten.

Druckvorschrift:

75—120 g	Rapidogen G in Teig
20— 30 g	Monopolbrillantöl
15— 24 g	Naphthol AS—G anteigen und mit
390—326 g	kaltem Wasser lösen, dann mit
500—500 g	neutraler Stärke-Tragantverdickung verrühren
1000 g	

Die bedruckte und getrocknete Ware wird 3 Minuten im Schnelldämpfer bei 100° C gedämpft und hierauf in breitem Zustande bei 70—80° C durch ein Abzugsbad genommen, das mit

25—50 cm³ Essigsäure 6° Bé und
50 g Glaubersalz krist.

pro Liter Wasser besetzt ist. Nach dem Entwickeln wird gut gespült, kochend geseift, nochmals gespült und getrocknet. Außer neben basischen Farbstoffen sowie Chrombeizen- und Küpenfarbstoffen kann Rapidogen G auch neben Ferrozyananilinschwarz gedruckt werden.

δ) Illumination der mit unlöslichen Azofarben gefärbten Böden.

1. Reserven unter Betanaphthol-Eisfarben.

Vor der Einführung der Sulfoxylate, mit deren Hilfe die auf der Faser erzeugten unlöslichen Azofarben oft sehr glatt aufspaltbar sind, war man, da Oxydationsätzen unbefriedigende Resultate ergaben, zur Herstellung von Weiß- und Bunteffekten ausschließlich auf die Anwendung von Reserven angewiesen. Dies geschah durch Aufdruck reservierend wirkender Mittel auf den Naphtholgrund in der Hauptsache nach drei verschiedenen Methoden, und zwar mittels Zinnreserven, Sulfitreserven und Tanninreserven.

Nicht zuletzt aus koloriehistorischen Gründen sollen diese Reserven hier kurz besprochen werden[2]).

Die Reservierungsmethode mit Zinnsalz wurde von der Firma Gebrüder Köchlin[3]) in Mühlhausen im Elsaß (1888) und durch F. Binder[4]) zur praktischen Anwendung und Geltung gebracht. Das Verfahren basiert auf der Umwandlung des Paranitrodiazobenzolchlorids durch Zinnsalz in Phenylhydrazin. Die Wirkung von Zinnsalz unterstützte man noch durch Zugabe von

[1]) Siehe bemustertes Zirkular Nr. 88 der I. G. Farbenindustrie A.G. vom März 1925.

[2]) Siehe auch: „Kurzer Ratgeber", Höchst a. M., 1901, S. 148ff. — Ferner: „Tabellarische Übersicht" II. Teil (Zeugdruck), 2. Auflage. Leverkusen 1922, S. 118—121.

[3]) Versiegeltes Schreiben vom Jahre 1888; Bull. Mulh. 1900, S. 44.

[4]) Bull. Mulh. 1900, S. 92.

organischen Säuren (Zitronensäure, Weinsäure) zu den Druckpasten, weil Säuren oder auch Salze starker Säuren den Kuppelungsprozeß verhindernd beeinflussen und dadurch die Erzielung eines brauchbaren Weißeffektes fördern. Außerdem erhöhte man die Wirkung dieser Zinnreserven durch Zusatz mechanisch reservierend wirkender Mittel, wie z. B. China clay, Leim, Paraffin oder Bienenwachs. Die Zinnsalzreserven ergaben im allgemeinen gute Resultate, doch war infolge der Dissoziation dieses Chemikales eine Faserschwächung nicht zu vermeiden; das erzielte Weiß hatte ferner stets einen gelblichen Ton, der beim Lagern der fertigen Ware noch etwas intensiver wurde.

Buntreserven wurden hergestellt durch Zugabe von basischen Farbstoffen (mit und ohne Tannin) oder mit Hilfe von Pigmentfarben (Chromgelb, Chromorange, Guignetgrün) sowie vereinzelt auch durch Zusatz von Farbstoffen, welche reduziert eine Küpe bildeten.

Beispiel einer Weißreserve:

250 g	Saure Stärke
250 g	Zinnsalz Ia krist.
50 g	Weinsäure
350 g	Leimlösung 1 : 2
100 g	China clay
1000 g	

Beispiel einer Buntreserve:

30 g	Auramin konz.
210 g	Essigsäure 30%ig
420 g	essigsaure Stärke-Tragantverdickung
50 g	Weinsäure
50 g	Glyzerin 28° Bé
90 g	essigsaures Tannin 1 : 1
150 g	Zinnsalz Ia krist.
1000 g	

Auch starke Alkalien wirken reservierend[1]), weil Diazoverbindungen in diesem Medium nicht kuppeln, sondern Nitrosamine bilden. Man bedruckt das naphtholierte Gewebe mit verdickter Lauge und foulardiert dann mit der Diazolösung. Für Buntreserven eignen sich verschiedene substantive Farbstoffe sowie Indigo.

Kallab[2]) verwendete mit gutem Erfolg sulfuriertes Phenylhydrazin als reservierende Substanz (Reserve H der Firma Öhler in Offenbach a. M.); für Buntreserven konnten in diesem Falle basische Farben und Chrombeizenfarbstoffe gebraucht werden.

Die Sulfitreserven wurden zuerst von Tigerstedt[3]) angewendet, und zwar konzentrierte Lösungen von Kaliumsulfit oder mit Ammoniak abgestumpftes Natriumbisulfit. Meist wurde das sehr gut lösliche Kaliumsulfit allen anderen Sulfiten vorgezogen. Mit den Sulfitreserven erhält man unter Paranitranilinrot ein reineres, nicht so gelbliches Weiß als mit Zinnreserven; ferner ist eine Faserschwächung vollkommen ausgeschlossen. Für Weißreserven unter Alphanaphthylaminbordeaux sind jedoch die Sulfitreserven nicht geeignet, denn Zinnsalzreserve gibt hier ein wesentlich besseres Weiß.

Kaliumsulfitweißreserve:

200—300 g	Britishgum	heiß lösen
800—700 g	Kaliumsulfit 45° Bé	
1000 g		

[1]) D. R. P. 108504. [2]) D. R. P. 147632 der Firma Oehler u. F. V. Kallab.
[3]) Revue générale des matières colorantes 1901, S. 75.

Zur Herstellung von Buntreserven dienten Pigmentfarben (Ultramarin usw. mit Albumin) sowie Chrombeizenfarbstoffe, bei Anwendung von Ferrozyanzinkfixierung (durch Zusatz von gelbem Blutlaugensalz zur Naphtholpräparation und Zink — Kaliumsulfit in der Druckpaste) auch basische Farben.

Blau-Reserve (Rot-Blau-Artikel nach Richard[1]):

120 g	Alizarinblau
100 g	Kaliumsulfit 45° Bé
180 g	essigsaures Chrom 20° Bé
600 g	Stärke-Tragantverdickung
1000 g	

Nach dem Aufdruck auf die naphtholierte Ware wird getrocknet, durch den Schnelldämpfer genommen, auf dem Foulard durch Diazoparanitranilin passiert mit anschließender Luftpassage, dann gewaschen, geseift, gespült und getrocknet.

Um die Unannehmlichkeit des Braunwerdens naphtholierter Ware beim längeren Liegenbleiben derselben möglichst auszuschalten, arbeitete Oswald[2]) mit dem Vordruck einer Paraffinreserve auf die weiße Ware. Diese Reserve enthielt außer Paraffin und Leim noch eine organische Säure (Weinsäure oder Zitronensäure):

Paraffinreserve für Weiß unter Alphanaphthylaminbordeaux:

3000 g	Wasser,
600 g	Leim und
600 g	Paraffin schmelzen, dann
1800 g	gebrannte Stärke zusetzen und kochen; hierauf
2400 g	Weinsäure zugeben, bis auf 40° C abkühlen lassen und
300 g	Terpentinöl einrühren

Diese Reserve wird in heißem Zustande aufgedruckt und die Ware dann erst naphtholiert und anschließend durch das Alphanaphthylamin-Entwicklungsbad genommen. Hierauf läuft die Ware durch heißes Wasser und wird zum Schluß geseift, gewaschen und getrocknet.

Zur Herstellung von Gelbeffekten setzte man dieser Paraffinreserve Bleinitrat oder Bleisulfatpaste zu und chromierte nach der Passage durch die Diazolösung; für Blaueffekte verwendete man einen Zusatz von Berlinerblau, gelöst in Oxalsäure; das Berlinerblau wird dann durch das Alkali der Naphtholflotte auf der Faser niedergeschlagen.

Derartige Reserven sind natürlich längst nicht mehr in Anwendung. Die reservierende Wirkung des Paraffins unter Eisfarben kann man jedoch heute noch oft sehr schön beobachten, da die Webereien ihre Waren an den Enden vielfach mit Paraffinstiften signieren. Diese Signierung widersteht meist dem Bäuch- und Bleichprozeß, so daß dann z. B. bei fertiggestellten Griesheimer Rotfärbungen plötzlich sehr deutliche Signierungen von der Weberei zum Vorschein kommen[3]).

Das Reservierungsverfahren mit Tannin wurde zuerst von Dr. Josef

[1]) Revue générale des matières colorantes 1901, S. 101.

[2]) Bull. Mulh. 1899, S. 272; Vorschriften siehe auch in: „Verfahren und Rezepte zur Anwendung der Farbstoffe der Farbenfabriken vorm. Friedr. Bayer & Co., Elberfeld“, im Anschluß an die „Tabellarische Übersicht“ (Erstausgabe).

[3]) Bei Versuchen, die infolge zweckwidriger Webereiparaffinierung wildbemusterten Naphthol AS-Rot-Färbungen (Naphthol AS/Echtrot GL-Base) in Einzelfällen auf einfache Weise durch direktes Umfärben anderweitig verwendungsfähig zu machen, fand R. Dax, daß dies mit Immedialschwarz oder Immedialdirektblau ohne weiteres bestens möglich ist. Die Rotfärbungen werden im schwefelalkalischen Bade glatt zerstört und man erhält durchaus einwandfreie Schwarz- oder Blaufärbungen.

Langer[1]) aus Warnsdorf aufgefunden und auch von der Firma Rolffs & Cie.[2]) in Siegburg unter Patentschutz gestellt. Tannin bildet mit Diazoparanitranilin einen unlöslichen Niederschlag, der ein Kuppeln der Diazoverbindung mit dem Naphthol der präparierten Ware an den bedruckten Stellen verhindert.

Die durch diese Entdeckung der stark reservierenden Wirkung des Tannins ermöglichte Ausschaltung der Zinnoxydulsalze bedeutete eine wesentliche Verbesserung des Reservierverfahrens. Die Langer'sche und Rolff'sche Methode hatte deshalb auch außerordentlichen Erfolg und wurde besonders auf gerauhten Waren in großem Umfange angewendet. Durch Anwendung eines satten basischen Blau in der Tanninreserve und Ausfärben in Paranitranilinrot konnte der bekannte Schlieper & Baum'sche Rot-Blau-Artikel in vollendeter Weise imitiert werden. (Bei den Bezeichnungen Rot-Blau-Artikel und Blau-Rot-Artikel nennt die erste Farbe immer die Grundfärbung, die zweite dagegen den Illuminationseffekt.)

Weißreserve mit Tannin nach Dr. Langer:

400 g	Tannin
250 g	Wasser
200 g	Gummiwasser
50 g	Glyzerin
100 g	flüssige Seife
1000 g	

Gelbreserve (nach Methode Langer-Rolffs):

258 g	Rhodulingelb T
1186 g	Essigsäure 6° Bé
3505 g	saure Stärke-Tragantverdickung
1392 g	Azetin
1649 g	Tannin (Pulver)
1443 g	Essigsäure 6° Bé
361 g	Weinsäure 31° Bé
206 g	Glyzerin
10000 g	

Die naphtholierte Ware wird mit derartigen Reserven bedruckt, kurz im Schnelldämpfer gedämpft, dann auf der Klotzmaschine in der Diazolösung ausgefärbt, anschließend gespült, durch Brechweinstein passiert und fertig gewaschen.

Romann[3]), dem gleichfalls das Verdienst gebührt, die Wirksamkeit des Tannins als reservierende Substanz erkannt zu haben, druckte auf unpräparierte Ware (250 g Tannin pro Kilo Druckfarbe, für Buntreserven Zusatz basischer Farbstoffe), dämpfte dann 1 Stunde, naphtholierte und passierte hierauf durch die Diazolösung. Bei dieser Arbeitsweise wird die Waschechtheit des Artikels erhöht.

Für den Rot-Blau-Artikel können auch verschiedene Gallofarbstoffe, die sich mit Chrom und Tannin drucken lassen, angewendet werden, z. B. GallovioIett DF (Pulver), Gallomarineblau 2 GD und S, Modernviolett usw.

Blaureserve mit Gallovioiett DF (Leverkusen):

30 g	Gallovioiett DF in Pulver
250 g	essigsaure Stärke-Tragantverdickung
200 g	Britishgum 1 : 1
200 g	Tragantschleim 65 : 1000
60 g	essigsaures Chrom 20° Bé
80 g	essigsaures Tannin 1 : 1
30 g	Glyzerin
150 g	Wasser
1000 g	

[1]) Versiegeltes Schreiben, hinterlegt in Rouen 1894, eröffnet im Januar 1898; Bull. Rouen 1898, S. 145.

[2]) D. R. P. 113238, 116694 (17. März 1898); Bull. Mulh. 1900, S. 94.

[3]) Bull. Mulh. 1897, S. 152.

Man druckt auf leichten Naphtholgrund (15 g Betanaphthol pro Liter), dämpft 2—3 Minuten im Schnelldämpfer und klotzt mit der Diazolösung des Paranitranilins. Anschließend wird die Ware zuerst durch heißes Wasser genommen und dann durch ein 30° C warmes Bad, das mit 2 g Bichromat und ½ g Soda kalz. pro Liter besetzt ist; zum Schluß wird gespült, bei 60° C geseift, wieder gespült, getrocknet und gechlort.

Der Blau-(auf)-Rot-Artikel kann auch nach der von den Farbwerken Höchst a. M.[1]) ausgearbeiteten sog. Persulfatmethode durch Aufdruck von tetrazotiertem Dianisidin erfolgen. Man druckt auf die naphtholierte Ware eine Tetrazolösung mit Kaliumpersulfat, dämpft im Schnelldämpfer und färbt in Diazoparanitranilin oder besser noch in Diazoparanitroorthoanisidin aus. Das Persulfat zersetzt an den bedruckten Stellen das überschüssige Naphthol, so daß beim Färben in der Diazolösung ein unbeeinflußter Blaueffekt erhalten wird. Die Druckfarbe hat folgende Zusammensetzung:

4951 g	Verdickung
3960 g	Tetrazolösung des Dianisidins
594 g	Kaliumpersulfat
495 g	Kupferchlorid 40° Bé
10000 g	

Tetrazolösung:

165 g	Dianisidinsalz
955 g	Wasser
100 g	Salzsäure 22° Bé
2500 g	Wasser
280 cm³	Nitritlösung 290 : 1000
4000 g	

Um ein Braunwerden des Pararots durch das Kupfersalz aus der Druckfarbe zu vermeiden, setzt man der Diazolösung des Paranitranilins etwas Ammoniumoxalat zu. Rot aus Paranitroortoanisidin wird durch Kupfersalze nicht beeinflußt und ist deshalb zweckmäßiger.

Blau-Rot-Artikel. Da sich mit Hilfe von Naphthol AS ein schweiß- bzw. säureechtes Dianisinblau herstellen läßt, so hat dieser rotilluminierte Artikel vielfach Aufnahme gefunden. Man kann dabei entweder nach der Persulfatmethode arbeiten oder nach dem von der Chemischen Fabrik Griesheim Elektron empfohlenen Verfahren mit Aluminiumsulfat (Verfahren Tschudi).

Die Ware wird z. B. mit 12 g Naphthol AS—BS pro Liter nach der üblichen Vorschrift naphtholiert, mit einer Diazolösung von Echtscharlach RC-Base bedruckt, welche außerdem 100—120 g schwefelsaure Tonerde im Kilo Druckfarbe enthält und dann mit tetrazotierter Echtblau-B-Base oder mit Echtblausalz B (d. i. die Base in fertig tetrazotierter Form) ausgefärbt.

2. Ätzdruck auf Betanaphthol-Eisfarben.

Da das Arbeiten mit einzelnen Reserven nicht immer einwandfreie Resultate lieferte (bei Zinnsalzbuntreserven geht z. B. schon eine Lackbildung in der Druckfarbe vor sich und es entstehen dadurch Farben von geringerer Intensität und mäßiger Waschechtheit) und die Empfindlichkeit der naphtholierten Ware bei längerem Liegen vor dem Bedrucken und Ausfärben oft Unannehmlichkeiten verursachte, so war man naturgemäß immer bestrebt, Weiß- und Bunteffekte auf fertigen Färbungen im Wege des Ätzdrucks herzustellen.

Das Ätzen von Paranitranilinrot. Historisches, Theorie und Praxis. Im

[1]) D. R. P. 83964.

Jahre 1896 gelang es H. Schmid[1]) mit Hilfe einer Ätze aus Zinnsalz, Ammonzitrat und Azetin brauchbare Weiß- und Bunteffekte auf Pararotfärbungen zu erzielen. Die Buntätzen wurden durch Zugabe von Chromfarben (z. B. Phenozyanin), Kreuzbeerextrakt (persische Gelbbeeren), basischen Farbstoffen sowie Alkaliblau erhalten. Das Verfahren wurde von den Höchster Farbwerken[2]) übernommen und entsprechend gebrauchsfertige Ätzpasten (Ätzweiß PN, Ätzblau PN, Ätzgelb PN, Ätzgrün PN) in den Handel gebracht. Die Höchster Vorschrift für Ätzweiß lautete z. B.:

50 g Weizenstärke,
30 g Britishgum sowie
1000 g Ätzweiß PN gut verrühren und am Wasserbade aufkochen

In gleicher Weise wurden die Druckfarben mit Ätzblau, Ätzgelb und Ätzgrün bereitet. Nach dem Aufdruck wurde die Ware 5—7 Minuten im Schnelldämpfer gedämpft, dann mit ½—1⁰ Bé-Salzsäure abgesäuert (zwecks Entfernung der Zinnverbindungen) und eventuell mit einer schwachen und etwas angesäuerten Chlorkalklösung gechlort. Bei mehrfarbigen Bemusterungen mit Gelb und Grün war ein Brechweinsteinbad erforderlich.

Mit diesen Höchster Ätzen nach dem Schmid'schen Patent konnten Azofarben aus Paranitranilin, Metanitranilin, Nitrotoluidin, Nitrophenetidin, Betanaphthylamin und Amidoazobenzol geätzt werden; auf Färbungen mit Hilfe von Alphanaphthylamin, Benzidin, Tolidin und Dianisidin war diese Ätze jedoch unwirksam.

Ferner wurden Zinkstaub-Bisulfit-Ätzen angewendet[3]); diese Ätzpasten hatten aber die bekannten Übelstände geringer Haltbarkeit und des Einsetzens in die Gravuren. Am beachtenswertesten war das Verfahren zum Ätzen von Pararot von Pelizza und Zuber[4]) mit einer Druckfarbe aus Zinkstaub, Bisulfit und Azeton oder Formaldehyd, wobei durch letztgenannte Zusätze die Haltbarkeit der Ätzpasten erhöht wurde.

Bei einer anderen, von Hermann Alt[5]) ausgearbeiteten und von der Firma Kalle[6]) zum Patent angemeldeten Methode zum Ätzen von Pararot wurde Aluminiumpulver an Stelle von Zinkstaub benutzt; die Priorität dieser Abänderung mußte jedoch der Firma Scheurer, Lauth & Cie. zuerkannt werden, weil letztere bereits seit 1895 Aluminiumpulver für Ätzen auf substantiven Färbungen verwendet hatte.

Eines der interessantesten Verfahren zum Ätzen von Paranitranilinrotfärbungen stammt von H. Züblin und A. Zingg[7]) und wurde bei der Firma Schlaepfer, Wenner & Cie. in Fratte di Salerno (jetzt Cotonificio Meridionale) in Anwendung gebracht. Die Vorgenannten ätzten mittels Traubenzucker und starker Natronlauge bei Gegenwart von Glyzerin. Die rotgefärbte Ware wurde mit heißer Glukoselösung von 12—14⁰ Bé (kalt gemessen) geklotzt, auf der Zylindertrockenmaschine getrocknet, dann mit Weiß- und Echtbuntätzen bedruckt, 35 bis 40 Sekunden im Schlieper'schen Dämpfer gedämpft und hierauf sofort kalt angesäuert (Stärke der Schwefelsäure bei leichten Mustern 3⁰ Bé, bei schweren Mustern 6⁰ B)é. Anschließend wurde zuerst breit und dann im Strang gewaschen, ferner ¼ Stunde bei 70⁰ C geseift (4 g Bariseife und 10 g phosphorsaures Natron pro Liter Wasser), gewaschen, getrocknet und am Tambour gechlort (1 Liter Chlorkalk 5⁰ Bé und 5 Liter Wasser). Für Blaueffekte wurde alkalischer Indigo-

[1]) Französisches Patent Nr. 255997; Färber-Zeitg. 1898, S. 150 u. 373.
[2]) „Kurzer Ratgeber", Höchst a. M., 1901, S. 153/154. [3]) D. R. P. 143048.
[4]) Bull. Mulh. 1900, S. 49; Revue générale des matières colorantes 1900, S. 137.
[5]) Bull. Mulh., Sitzungsbericht, 1902, S. 39. [6]) D. R. P. 123138.
[7]) Siehe: „Handbuch des Zeugdrucks" von Dr. Eduard Lauber, Ergänzungsband, 1898, S. 56; ferner Melliands Textilberichte 1923, S. 536/537.

teig aufgedruckt, für Gelb Plumbat (Chromgelb), für Grün eine Mischung aus Blau und Gelb; als Schwarz gelangte ein sehr starkes Bleichromatschwarz zur Anwendung. Zur Entwicklung der Gelb- und Grünilluminationen ist Chromieren nach dem Seifen erforderlich.

Alkalische Weißätze auf glukosierter Pararotfärbung nach Züblin und Zingg:

700—1000 g	gebrannte Stärke mit
2000 cm^3	Glyzerin anteigen, dann
1200 g	arabischer Gummi (1:1) sowie
5300 cm^3	Natronlauge 50° Bé zusetzen, gut vermischen und auf 55° R erwärmen; hierauf abkühlen und, wenn kalt,
1500 cm^3	Glukoselösung 30° Bé zufügen.
11000 g	

Diese Ätzpaste wird dann noch mit 1 g Chicagoblau pro Kilo geblendet.

Zu erwähnen ist endlich noch die von Edmund Knecht[1]) in Manchester vorgeschlagene Ätzmethode mit Titansalzen (Titanchlorid, Rhodantitan).

Durch die Entdeckung und Anwendung der stabilen Formaldehyd-Hydrosulfitverbindungen (R. Russina unter Mitarbeit von F. Kunert) wurden dann alle bisher genannten Ätzmethoden, denen mehr oder minder fühlbare Mängel anhafteten (Faserschwächung, Einsetzen der Druckpasten in die Gravuren, geringe Haltbarkeit der Druckfarben, unreine Weißeffekte usw.) außer Gebrauch gesetzt und eine völlige Umwälzung im Weiß- und Buntätzdruck hervorgerufen.

Die erste Anregung zur Anwendung von hydroschwefliger Säure in haltbarer Form für Ätzzwecke ist ein Verdienst der Badischen Anilin- und Sodafabrik. Im D. R. P. 133478 vom Jahre 1900 empfahl diese Firma erstmalig die Verwendung von Zink-Natriumhydrosulfit als Ätzmittel und später (D. R. P. 186442) das Hydrosulfit-B. A. S. F.-Pulver. Entwässertes Natriumhydrosulfit wurde auch in Mischung mit Glyzerin und Natronlauge (eine graue Paste) unter dem Namen Eradit B als Ätzmittel in den Handel gebracht.

Sowohl das leicht lösliche Hydrosulfit-B. A. S. F.-Pulver (hergestellt durch Entwässern von $Na_2S_2O_4 + 2\,H_2O$ unter Kochsalzlösung oder durch Behandeln des feuchten Salzes mit konzentrierten Ätzalkalien[2]) als auch das weniger gut lösliche Zink-Natriumhydrosulfit, sowie ferner das von L. Descamps empfohlene Kalziumhydrosulfit usw. erwiesen sich jedoch in den empfindlichen Druckpasten nicht als genügend haltbar und konnten deshalb alle auf dieser Basis aufgebauten Ätzverfahren keine irgend nennenswerte praktische Anwendung finden.

Von den Chemikern der Manufaktur E. Zündel[3]) in Moskau (Ch. Schwartz und Thesmar) wurde dann noch das schwer lösliche und gut haltbare Zinkhydrosulfit zum Ätzen von Pararot in Anwendung gebracht. (Siehe auch französisches Patent Nr. 311938 der Farbwerke Höchst a. M. vom Jahre 1901.) Die Druckfarbe enthielt Zinkhydrosulfitpaste, Zinnoxydulteig, Natriumazetat und Kochsalz. Beim Dämpfen der bedruckten Ware bildete sich durch Einwirkung von Natriumazetat auf die Zinkverbindung das Natriumhydrosulfit. Mit Hilfe dieser Zinkhydrosulfitätze konnten außer Pararot noch eine ganze Anzahl auf der Faser entwickelter unlöslicher Azofarben geätzt werden, z. B. Nitrotoluidinorange, Betanaphthylamingranat, Benzidinbraun, Tolidinbraun, das Bordeaux aus Amidoazobenzol usw. Die Zinkhydrosulfitätze war nicht für alle

[1]) Journal of the Society of Dyers and Colourists 1902, S. 359; Engl. Patent Nr. 9847 vom 13. Mai 1901.

[2]) Siehe auch: „Taschenbuch für die Färberei" (R. Gnehm — R. von Muralt), 2. Auflage, S. 91. Berlin: Julius Springer, 1924.

[3]) Versiegeltes Schreiben vom 7. Oktober 1902; Bull. Mulh. 1904, S. 36 u. 43.

Warengattungen gleich gut geeignet und verursachte besonders das Haftenbleiben der Druckfarbe in den Gravuren oft mangelhafte Ätzeffekte.

Seit 1903 geschieht das Ätzen der in Betracht kommenden Färbungen unlöslicher Azofarben in einfacher und sicherer Weise ganz allgemein mit Sulfoxylaten[1]). Die Spaltung von Paranitranilinrot erfolgt dabei ganz glatt in Amidonaphthol und Paraphenylendiamin nach folgender Gleichung:

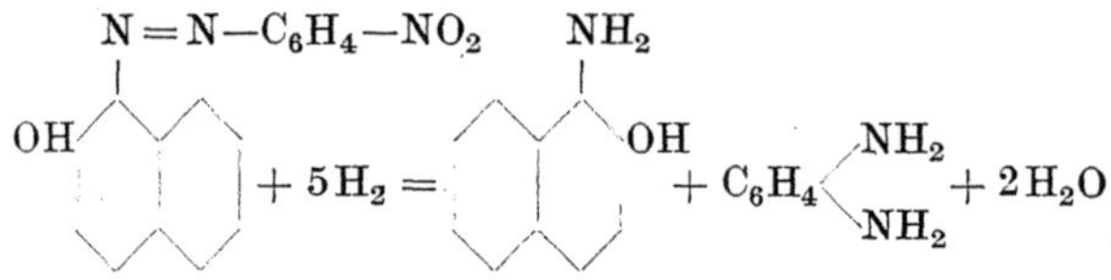

Diese Spaltungsprodukte können ohne weiteres restlos von der Faser entfernt werden.

Zum Ätzen von Pararot genügen durchschnittlich 200—300 g Rongalit C oder CW pro Kilo Druckfarbe. Bezüglich Herstellung dieser Ätzen und Fertigmachen der damit bedruckten Waren gelten in gleicher Weise die beim Ätzen von substantiven Färbungen angegebenen Vorschriften. Demnach z. B.:

Weißätze mit Rongalit C:

200—300 g Rongalit C in
300—200 g Wasser unter Erwärmen auf ca. 70° C lösen, und in
500 g neutrale Stärke-Tragantverdickung einrühren
1000 g

Nach dem Drucken und Trocknen wird die Ware gut getrocknet und 4—5 Minuten im luftfreien Schnelldämpfer bei 100—102° C gedämpft. Hierauf wird gewaschen und eventuell schwach geseift.

Verschiedentlich wurde die rotgefärbte Ware vor dem Druck noch mit schwach sauer wirkenden Substanzen, z. B. Ammonchlorid (5 g per Liter), vorpräpariert, um die Ätzwirkung des Rongalits zu erhöhen.

Auf einfachere Weise als durch umständliches Vorpräparieren der Ware erhält man eine erhöhtere Ätzwirkung durch Zusatz von Leukotrop W konz. (60—100 g) oder Anthrachinon-Teig 30%ig (30—50 g) zur Rongalitätzpaste.

Weißätze mit Rongalit CW und Zusatz von Leukotrop W konz.:

250 g Rongalit CW (Hydrosulfit NFW konz.) mit
240 g Wasser und
450 g neutraler Stärke-Tragantverdickung anteigen, ¼ Stunde auf 70° C erwärmen und dann mit
60 g Leukotrop W konz. vermischen
1000 g

Das Ätzen von Alphanaphthylaminbordeaux. Das Weißätzen von Alphanaphthylaminbordeaux bot größere Schwierigkeiten, denn mit der für Pararot entsprechenden Ätze konnte diese Bordeauxfärbung nicht aufgespalten werden. Als Ursache dieser Widerstandsfähigkeit nahm man den mangelnden sauren Charakter des Pigments an, zumal sich Nitroalphanaphthylamingranat in gleicher Weise wie Paranitranilinrot sehr leicht mit Hydrosulfit-Formaldehyd ätzen ließ. Die dann vielfach unternommenen Ätzversuche ergaben, daß durch Zusätze von Katalysatoren zur Rongalitätzpaste eine raschere und vollständige Ätzung von Naphthylaminbordeaux erreicht werden konnte.

[1]) Bezüglich der Darstellungsmethoden des Rongalits siehe u. a. ebenfalls Gnehm-von Muralt: „Taschenbuch für die Färberei", 2. Auflage 1924, S. 91/92.

Die erste brauchbare Rongalitätze mit katalytisch wirkenden Substanzen wurde von P. Wilhelm[1]) ausgearbeitet und zur Anwendung gebracht. Vorgenannter fand, daß Zusätze gewisser Farbstoffe z. B. Setopalin (Geigy), Nitroalizarin usw. als Katalysatoren gute Dienste leisteten. Die Höchster Farbwerke[2]) meldeten dann die Verwendung von Patentblau V zum Patent an, und die Badische Anilin- und Sodafabrik[3]) fand noch Indulinscharlach als sehr gut geeignet.

Die Chemiker der Manufaktur E. Zündel[4]) in Moskau verwendeten als Zusatz zur Rongalitätze eine alkalische Eisenhydroxydlösung. Diese Methode zeitigte jedoch infolge der starken Alkalität der Ätzpaste verschiedene Übelstände, und man gebrauchte deshalb dann eine Ätze mit Rongalit, Eisenzitrat und Natriumnitrit, mit welcher gute Resultate erzielt wurden[5]).

Ferner wurde Eisennitrat[6]) als Katalysator empfohlen und von der B. A. S. F. an Stelle der Eisensalze das Eisenoxyd bzw. direkt metallisches Eisen (in Pulverform)[7]).

Die Farbwerke Höchst[8]) fanden auch, daß Kondensationsprodukte von Formaldehyd mit gewissen Aminen eine günstige Wirkung beim Ätzen von Alphanaphthylaminbordeaux mit Rongalit ausübten. So z. B. das Solidogen A[9]) und das Rodogen MLB[10]). Ersteres ist das Einwirkungsprodukt von Formaldehyd auf ein Gemisch von o- und p-Toluidin und kommt als wässerige Lösung des salzsauren Salzes in den Handel, letzteres ist das Kondensationsprodukt von Formaldehyd und Xylidin. Die Chemiker der Manufaktur Prochoroff in Moskau arbeiteten in ähnlicher Weise mit Aminen wie Xylidin usw.[11]).

Zuletzt fand Ch. Sünder[12]) im Anthrachinon den idealsten Katalysator zur Vermittlung der Ätzung von Naphthylaminbordeaux mit Sulfoxylaten, mit welchem dann fast allgemein gearbeitet wurde.

Außer Anthrachinon als katalytisch wirkender Substanz haben sich von allen in Vorschlag gebrachten vorgenannten Mitteln unterschiedlichster Art nur noch das von Höchst empfohlene Patentblau V sowie besonders das von der B. A. S. F. verwendete Indulinscharlach in der Praxis gut bewährt und eingeführt.

Auf Basis von Indulinscharlach wurde deshalb von den Farbwerken eine besondere Rongalitmarke zum Ätzen von Naphthylaminbordeaux unter dem Namen Rongalit spezial bzw. Hyraldit spezial in den Handel gebracht. Dieselbe hat folgende Zusammensetzung:

Rongalit spezial	100 kg	Rongalit C
	260 g	Indulinscharlach
	40 g	Methylenblau
	100 g	Dimethylphenylbenzylammoniumchlorid

Ferner ist das zum Ätzen von Indigo im Handel befindliche, anthrachinonhaltige Rongalit CLF (Rongalit CL + Anthrachinon) naturgemäß auch zum Ätzen von Naphthylaminbordeaux sehr gut geeignet.

---

[1]) Versiegeltes Schreiben (Mülhausen) vom 2. August 1905 und 6. Januar 1906; Revue générale des matières colorantes 1906, S. 193 u. 162. [2]) D. R. P. 188700.
[3]) Siehe u. a.: Revue générale des matières colorantes 1907, S. 61.
[4]) Bull. Mulh. 1905, S. 374.
[5]) Bull. Mulh. 1905, S. 425; D. R. P. 167530 der B. A. S. F.
[6]) Zeitschr. f. Farbenindustrie, Bd. 5, S. 121, 1906. [7]) D. R. P. 172675.
[8]) Zeitschr. f. Farbenindustrie 1902, S. 12. [9]) D. R. P. 180727; 1905.
[10]) Zeitschr. f. Farbenindustrie 1906, S. 257. [11]) Bull. Mulh. 1906, S. 219.
[12]) Slatonstoffsky u. Sünder: Versiegeltes Schreiben (Mülhausen) vom 26. März 1906; Bull. Mulh. 1906, S. 365; D. R. P. 186050; 1906.

Bezüglich der Wirkung des Anthrachinons in Sulfoxylatätzen hat zuerst Planovsky[1]) folgende Erklärung gegeben:

$$2\,C_6H_4\left\langle\begin{matrix}CO\\CO\end{matrix}\right\rangle C_6H_4 + 2(Na_2S_2O_4\cdot 2\,HCOH) + 4\,H_2O =$$

$$2\,C_6H_4\left\langle\begin{matrix}C(H)(OH)\\CO\end{matrix}\right\rangle C_6H_4 + 4\,H_2C\langle^{OH}_{O.S\langle^{O}_{ONa}} \quad (NaHSO_3\cdot HCOH)$$

Das sich bildende Oxanthranol wirkt auf das Pigment spaltend ein und oxydiert sich dabei zu Anthrachinon zurück:

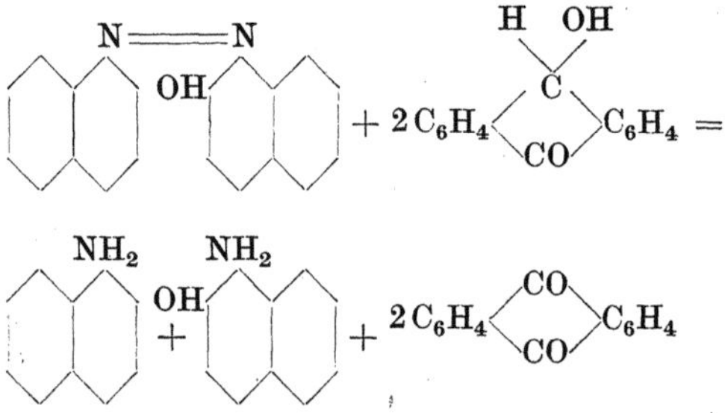

Nach neueren Untersuchungen von Kurt H. Meyer[2]) bildet sich jedoch beim Reduktionsprozeß in Gegenwart von Anthrachinon im neutralen und ebenso im alkalischen Medium vor allem das Anthrahydrochinon, eine gegen Lufteinwirkung sehr empfindliche Substanz, die schon in der Kälte in Alkalien löslich ist und eine Küpe bildet; auch diese durch Alkalieinwirkung entstehenden Derivate sind sehr luftunbeständig. Das Ätzen von Naphthylaminbordeaux beruht demnach auf der Reduktion des Anthrachinons zu Anthrahydrochinon und der Oxydation des letzteren.

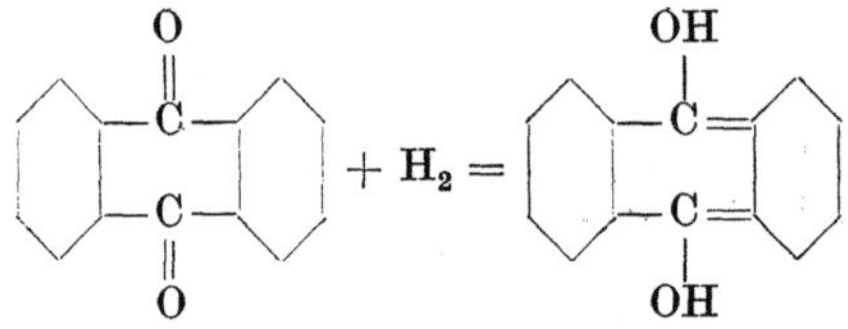

Das Oxanthranol bildet sich dagegen bei der Reduktion im sauren Medium. Es ist unlöslich in Alkalien und luftbeständig.

Zum Weißätzen von Alphanaphthylaminbordeaux dienen daher folgende Ätzpasten:

Weißätze mit Rongalit spezial:

200—300 g	Rongalit spezial mit
250—150 g	Wasser,
50— 50 g	Glyzerin und
500 g	neutraler Stärke-Tragantverdickung während etwa $^1/_4$ Stunde auf 70° C erwärmen und dann kalt rühren.
1000 g	

Beim Arbeiten mit Rongalit C ist der Zusatz von Anthrachinon erforderlich, und zwar 30—50 g Anthrachinon in Teig 30%ig im Kilo Ätzpaste.

Nach dem Drucken wird die Ware 3—4 Minuten im Schnelldämpfer bei 100—102° C gedämpft, dann gewaschen, eventuell geseift und getrocknet.

[1]) Zeitschr. f. Farbenindustrie 1907, S. 109. [2]) Ann. 1920, S. 113, 420.

Buntätzen auf Betanaphthol-Eisfarben. Zur Erzeugung von Buntätzeffekten auf Färbungen mit unlöslichen Azofarben dienen in gleicher Weise wie auf substantiven Färbungen sowohl basische Farben als auch Chrombeizenfarbstoffe und Küpenfarben. In der Regel benötigt man für die Buntätzen weniger Rongalit (150—200 g im Kilo Druckfarbe), besonders bei vielen basischen Farbstoffen, weil diese die Ätzwirkung kräftig unterstützen. Im übrigen gelten die gleichen Vorschriften wie für Buntätzen auf substantiven Färbungen. Bei Buntätzen auf Alphanaphthylaminbordeaux ist jedoch sinngemäß Rongalit spezial oder Rongalit C und Anthrachinon anzuwenden.

Für Buntätzen mit basischen Farbstoffen[1]) hat sich als Lösungsmittel für den Tannin-Farbstofflack das weniger flüchtige Resorzin noch besser als Phenol bewährt. Diesbezügliche Feststellungen und Vorschriften wurden sowohl von Dr. Wosnessensky[2]) als auch von L. Diserens[3]) veröffentlicht. Besonders gute Resultate ergibt jedoch eine Ätzfarbe, welche außer Resorzin noch Anilinöl enthält. Letzteres wurde von Jeanmaire[4]) und dann von der Badischen Anilin- und Sodafabrik[5]) als Lösungsmittel für den Tannin-Farbstofflack empfohlen. Die Mitverwendung von Anilinöl neben Resorzin beruht hier jedoch in der Hauptsache auf dem basischen Charakter desselben, wodurch das Tannin neutralisiert und damit jede zersetzliche Säureeinwirkung auf das Sulfoxylat vermieden wird.

Beispiel einer Rongalitbuntätze mit basischem Farbstoff und Resorzin und Anilinöl (auf Pararot):

40 g	Thioflavin T (Setoflavin T usw.) in
45 g	Glyzerin und
130 g	Resorzinlösung 1 : 1 (Wasser) lösen, mit
365 g	Senegalgummi (1 : 1) verdicken, bei ca. 70° C
200 g	Rongalit C zugeben und nach dem Erkalten:
80 g	Anilinöl,
140 g	Tanninalkohol 1 : 1
1000 g	

Nach dem Aufdruck wird die Ware 4—5 Minuten im Schnelldämpfer gedämpft und dann in breitem Zustande durch ein lauwarmes Brechweinsteinbad (ca. 5 g Brechweinstein pro Liter bei 30—40° C während ½ Minute) passiert, hierauf fertig gewaschen und getrocknet. Zwecks rascherer Entwicklung reduzierter Farbstoffe (Blau und Grün) nimmt man die Ware vor der Brechweinsteinpassage ebenfalls während 1/2 Minute durch ein kaltes Chrombad (5 g Bichromat per Liter).

Beim Arbeiten nach dem Verfahren der Farbwerke Leverkusen[6]), das auf der Löslichkeit des Zinktannats in Resorzin beruht, ist eine Brechweinstein-Nachbehandlung unnötig:

40 g	basischer Farbstoff in
100 g	Resorzin und
150 g	Wasser, gleichzeitig mit
160 g	Britishgum lösen, bei 70° C
200 g	Rongalit C zusetzen. Nach dem Erkalten:
100 g	Anilinöl
200 g	Tanninalkohol (1 : 1) und
50 g	essigsaures Zink 10° Bé
1000 g	

[1]) Siehe auch: A. Schneevoigt: „Über die Verwendung von Resorzin im Zeugdruck." Melliands Textilberichte 1925, S. 106/107. [2]) D. R. P. Nr. 308815 vom 22. Oktober 1918. [3]) Revue générale des matières colorantes 1919, p. 117. [4]) Bull. Mulh. 1905, S. 121. [5]) D. R. P. 165219. [6]) D. R. P. 312584 vom 31. Mai 1919.

Nach dem Dämpfen wird die Ware nach Bedarf chromiert, dann gespült und getrocknet.

In Buntätzen mit Beizenfarbstoffen (Gallofarben usw.) ist es zweckmäßig, eine möglichst neutrale Lösung von essigsaurem Chrom, die man aus festem Salz bereitet, anzuwenden. Bei Formaldehydüberschuß in der Druckfarbe ist übrigens keine Zersetzung des Rongalits zu befürchten. Einige leicht reduzierbare Farbstoffe, z. B. Modernviolett, fixieren sich auch ohne Zugabe von Beize ganz gut; man löst dabei den Farbstoff in Phenol und gibt Rongalit sowie Verdickung zu.

Zur Herstellung von Blaueffekten auf Pararot (Rot-Blau-Artikel) bedruckt man die gefärbte Ware z. B. mit folgender Buntätze:

40 g	Galloviolett DF in Pulver (Leverkusen)
1015 g	Stärke-Tragantverdickung
360 g	Rongalit C (1 : 1)
5 g	Formaldehyd 40 %ig
80 cm³	essigsaures Chrom 30° Bé
1500 g	

Die bedruckte Ware wird zweimal je 4—5 Minuten durch den Schnelldämpfer genommen, dann gewaschen, geseift, gespült und getrocknet.

Die Buntätzen mit Küpenfarbstoffen sind von ganz ähnlicher Zusammensetzung wie die Druckfarben für den direkten Druck und werden dazu sowohl Indanthrenfarben als auch Thioindigofarbstoffe (Kalle) sowie Algol-, Helindon-, Ciba- usw. Farben und ferner Hydronblau benutzt. Je nach der Tiefe des herzustellenden Farbtones und je nach der Gravur werden den Druckfarben entsprechend hohe Mengen Rongalit einverleibt, doch stets möglichst genau der erforderlichen Ätzwirkung angepaßt, weil zu viel Rongalit leicht Höfe um die Ätzeffekte hervorruft; man druckt deshalb die Küpenfarben am besten in nicht reduziertem Zustande auf. Damit ein Fließen der Drucke hintangehalten wird, vermeidet man freies Alkali in den Ätzpasten und verwendet nach Möglichkeit reine Pottaschefarben oder ersetzt den größten Teil der Lauge durch Pottasche; aus dem gleichen Grunde setzt man den Druckfarben meist auch etwas Kaolinteig zu.

Die Buntätzen mit Küpenfarben sind besonders auch auf gerauhten Artikeln viel in Anwendung, da sie keine Lacke bilden und die Ware für das Nachrauhen weich lassen.

Beispiel einer Orangeätze auf Alphanaphthylaminbordeaux:

100 g	Indanthrengoldorange G doppelt-Teig fein
60 g	Glyzerin
290 g	Weizenstärke-Tragantverdickung
100 g	Pottasche
200 g	Wasser
30 g	Olivenöl
20 g	Anthrachinon-Teig 30 %ig
200 g	Rongalit C (2 : 1)
1000 g	

Nach dem Bedrucken wird die Ware 3—5 Minuten im luftfreien Schnelldämpfer bei 101° C mit feuchtem Dampf gedämpft, dann gewaschen und geseift.

3. Ätzdruck auf Parabister (Chrysoidinbister).

Diese durch Einwirkung von diazotiertem Paranitranilin (oder Nitrazol CF, Parazol FB usw.) auf Chrysoidin resultierende, lebhafte und echte Braunfärbung (sehr gute Chlorechtheit) verdankt F. Binder[1]) ihre Entstehung und Anwendung im Zeugdruck (1889). Von den verschiedenen Chrysoidinmarken kommt besonders Chrysoidin G extra (Leverkusen) als sehr gut geeignet in Betracht, ferner Manchesterbraun GG. Ersteres liefert rötere, letzteres gelbere Braunfärbungen, sie sind mit Rongalit leicht ätzbar.

Zur Herstellung des Parabisters wird die gebleichte Ware am Foulard zuerst mit folgender Farbstofflösung geklotzt:

15—20 g Chrysoidin AG krist. oder Manchesterbraun GG in
25—50 g Essigsäure 30%ig (6° Bé) und
400 g heißem Wasser lösen, dann
80 g Tragantschleim (65 : 1000) zusetzen und mit kaltem Wasser auf
1 Liter einstellen

Nach dem Klotzen trocknet man in der Hot-flue oder auf einer Zylindertrockenmaschine, deren erste Trommeln mit Stoff umwickelt sind, und foulardiert dann mit der Lösung von diazotiertem Paranitranilin (12—14 g Paranitranilin pro Liter) oder Parazol FB usw. Meist gibt man zwei Passagen durch das Kupplungsbad u d zwar kontinuierlich durch Verwendung eines Foulardtroges mit zwei Abteilungen bzw. eines Dreiwalzenfoulards. Anschließend erhält die Ware eine kurze Luftpassage und wird dann gewaschen, gut geseift, gespült und getrocknet.

Zum Weißätzen dieser Färbungen kann die für Paranitranilinrotfärbungen übliche Rongalitätze dienen. Ch. Sünder[2]) hat zur Erzielung tadelloser Weißeffekte die Verwendung einer Zitrat-Rongalitätze empfohlen, und zwar mit 200 g Ammoniumzitrat im Kilo Ätzweiß. Ähnliche Zitrat-Rongalitätzen sind zum Ätzen von Klotzungen mit Chrombeizenfarbstoffen in Anwendung und wurden dort bereits besprochen.

Buntätzen auf Chrysoidinbister werden in gleicher Weise wie für Paranitranilinrotfärbungen hergestellt. Schöne Halbätzeffekte erhält man durch Aufdruck einer natronlaugehaltigen und entsprechend dosierten Rongalitätze (Manufaktur E. Zündel, Moskau, jetzt „Erste staatliche Kattundruck-Fabrik, vormals E. Zündel“)[3]).

Durch Einwirkung anderer diazotierter Basen auf das mit Chrysoidinlösung geklotzte Gewebe resultieren noch verschiedene andere, doch weniger gangbare Farbtöne. So ergeben z. B. diazotiertes Orthonitrotoluidin sowie Amidodiphenylamin ebenfalls brauchbare Brauntöne, die mit Rongalit leicht ätzbar sind.

4. Ätz- und Reservedruck für Paranitranilinbraun, Superpositionspuce und Cassella'schem Konversionsbister.

Auf dem durch Behandeln von Pararotfärbungen mit Kupfersalzlösungen entstehenden Paranitranilinbraun können weiße Effekte durch Ätzen des Rots mit Rongalit bei nachträglichem Verkupfern der Färbung erzielt werden; ebenso jedoch auch durch Aufdruck einer Kaliumsulfitreserve auf die kupferhaltige Naphtholpräparation und nachheriges Entwickeln mit Diazoparanitranilin.

Zu erwähnen sind noch der Konversionsbister von H. Schmid[4]) (Überklotzen einer Pararotfärbung mit Anilinschwarz) sowie der Cassella'sche Konversionsbister[5]) (Vorfärben von Diaminfarben, die einerseits mit Diazo-

[1]) Bull. Mulh. 1905, S. 54. [2]) Bull. Mulh. 1921.
[3]) Bull. Mulh. 1905, S. 54. [4]) Bull. Mulh. 1897, S. 411.
[5]) Leopold Cassella & Cie.: „Kleines Handbuch der Färberei“, Band IV (Druckerei), Zweite, erweiterte Auflage 1924, S. 98.

paranitranilin kuppeln und andererseits sowohl mit Chlorat als auch mit Rongalit C ätzbar sind, naphtholieren dieser Färbungen und Entwickeln mit Diazoparanitranilin). Beim Schmid'schen Konversionsbister erhält man Weißätzeffekte durch Aufdruck einer natriumazetathaltigen Rongalitätze auf die mit Anilinschwarzflotte foulardierte Pararotfärbung; die Rotillumination ergibt sich einfach durch Bedrucken mit verdicktem Natriumazetat, wodurch die Schwarzbildung an diesen Stellen beim Dämpfen der Ware verhindert wird.

Der Cassella'sche Konversionsbister liefert Roteffekte beim Aufdruck einer Chloratätze, welche nur die Diaminfarben, jedoch nicht das chloratbeständige Pararot zerstört.

5. Klotzen von Parafarbstoffen (Leverkusen) und Ätzdruck dieser Klotzfärbungen.

Von den im Handel befindlichen leicht ätzbaren Parafarbstoffen[1]) (mit Diazoparanitranilin kuppelbare Benzidinfarben) des Werkes Leverkusen der I. G. Farbenindustrie A.G. sind eine beträchtliche Anzahl Produkte auch zum Klotzen sehr gut geeignet, so daß für dieselben eine ganz ähnliche Fabrikationsmethode wie beim Chrysoidinbister in Betracht kommt. Man arbeitet aber mit alkalischen Farbstofflösungen und zum Teil mit, zum Teil ohne Glaubersalzzusatz.

Parascharlach G extra, Paragelb R, Paralichtgrün B und Parablau 2 BX sowie 2 RX, Paragrün B, 2 BL usw., ferner Parabraun 3 G, GK, RK usw. werden so z. B. nach folgender Vorschrift geklotzt:

1 —3	kg	Farbstoff
1,5—3	l	Natronlauge 36° Bé
100	l	Wasser

Die geklotzte Ware läßt man zunächst im nassen Zustande 12—18 Stunden aufgerollt liegen; hierauf wird getrocknet, mit Diazoparanitranilin (für satte Färbungen 12—14 g Paranitranilin pro Liter) geklotzt, gewaschen, kräftig geseift, gespült und getrocknet. Der Diazolösung setzt man pro Liter zweckmäßig 20—50 g Essigsäure 6° Bé zu.

Für Paraorange G, Paraolive G, Parabronze NB und NG, Parachrysoin MK und RK sowie für Paraschwarz R empfiehlt sich dagegen das Arbeiten mit Klotzlösungen von nachstehender Zusammensetzung:

1 — 3	kg	Farbstoff
0,5— 0,5	l	Natronlauge 36° Bé
4 — 4	l	Monopolseife (1 : 1)
4 — 4	kg	Glaubersalz krist.
91 —89	l	Wasser

Beim Arbeiten mit den vorgenannten Farbstoffen nach dieser Vorschrift wird nach dem Klotzen sofort getrocknet, dann mit diazotiertem Paranitranilin gekuppelt, gespült, gut geseift, wieder gespült und getrocknet. Ebenso wie beim Chrysoidinbister ist auch hier gutes Seifen der Kupplungsfärbungen zwecks Erzielung reiner Weißätzen von besonderer Wichtigkeit.

Für Weiß- und Buntätzen auf diesen Klotzfärbungen gelten die beim Ätzdruck auf substantiven Färbungen angegebenen Vorschriften.

---

[1]) Farbenfabriken vorm. Friedr. Bayer & Co.: „Tabellarische Übersicht über Eigenschaften und Anwendung der Farbstoffe" II. Teil (Zeugdruck), 2. Auflage 1922, S. 116/117.

ε) Illumination der mit Hilfe von Naphthol AS und dessen Derivaten sowie mit Cibanaphtol RP hergestellten Färbungen.

1. Das Reservierungsverfahren für den Blau-Rot- oder Blau-Rot-Weiß-Artikel mit Naphthol AS—BS, Echtscharlach RC—Base, Echtscharlach G—Base und Echtblausalz B.

Die Ware wird zunächst mit einer Naphthollösung von nachstehend angegebener Zusammensetzung geklotzt:

12 g	Naphthol AS—BS mit
14 g	Monopolbrillantöl und
28 g	Natronlauge 40° Bé anteigen, heiß lösen und mit Wasser auf
1 Liter	einstellen.

Dann trocknet man in der Hot-flue, bedruckt hierauf mit dem Reserverot und eventuell auch mit einer Weißreserve und entwickelt in einem Blausalzfärbebade während etwa 1 Minute Durchlaufszeit der Ware.

Rotreserve mit diazotierter Echtscharlach RC-Base:

430 g	Echtscharlach RC-Base mit
480 g	Salzsäure 22° Bé anteigen,
450 g	kaltes Wasser,
5000 g	neutrale Weizenstärke-Tragantverdickung,
500 g	Eis und
720 g	Nitritlösung (1:4) zurühren. Nach $^1/_4$—$^1/_2$stündigem Umrühren gibt man
2000 g	schwefelsaure Tonerde 1:1 und
420 g	essigsaures Natron (fest) hinzu
10000 g	

Rotreserve mit diazotierter Echtscharlach G-Base:

250 g	Echtscharlach G-Base mit
500 g	Salzsäure 22° Bé anteigen,
250 g	heißes Wasser zurühren. Dann einrühren in
4980 g	Verdickung und
465 g	Eis und zugeben:
630 g	Nitritlösung (1:4). Nach $^1/_4$—$^1/_2$ Stunde setzt man
2500 g	schwefelsaure Tonerde 1:1 und
425 g	essigsaures Natron (fest) zu
10000 g	

Eine Weißreserve kann nach folgender Vorschrift hergestellt werden:

200 g	Zinnsalz,
100 g	Milchsäure,
350 g	essigsaure Tonerde 22° Bé,
300 g	Industriegummi 1:1,
50 g	Kaolin 1:1
1000 g	

Für die Bereitung des Blausalzfärbebades werden

60— 66 g	Echtblausalz B mit
195—190 g	lauwarmem Wasser angeteigt, dann in
422—404 g	kaltem Wasser gelöst, hierauf eine Lösung von
20— 36 g	Kaliumpersulfat in
260—254 g	Wasser und außerdem
33— 40 g	Kupferchlorid 45° Bé, sowie
10— 10 g	essigsaures Natron krist. zugegeben
1 Liter	

Das Färben wird auf dem üblichen Foulard mit angegliederter Breitwaschmaschine und dazwischen geschaltetem Luftgang vorgenommen. Gründliches Spülen in fließendem Wasser ist wichtig für den guten Ausfall der Ware. Für die Fertigstellung hat sich das Malzen vor dem Seifen als vorteilhaft erwiesen.

2. Naphthol AS-Kombinationen im Reservepflatschartikel [1]).

Zur Herstellung dieses Artikels wird die Ware zunächst mit der betreffenden Naphthollösung geklotzt, in der Heißluftkammer (Hot-flue) getrocknet und mit Weißreserve sowie Rapidechtfarbe bedruckt. Hierauf überpflatscht man auf der Druckmaschine, trocknet und dämpft während ca. 3 Minuten im Schnelldämpfer bei 100° C zur Entwicklung der mitaufgedruckten Rapidechtfarbe; man kann auch sogleich nach dem Aufdruck dämpfen und nachher überpflatschen. Zum Schluß wird die Ware durch ein Bad mit 20 g Essigsäure 6° Bé im Liter bei 70° C genommen, anschließend gespült und kochend geseift.

Als Ersatz des klassischen Alizarin-Reserveartikels wird z. B. Weiß-Rot-Rosa mit der Kombination Naphthol AS—RL/Echtrot RL-Base in folgender Weise fabriziert:

Grundierung:

0,8 g	Naphthol AS—RL
5 cm³	Türkischrotöl
1,6 cm³	Natronlauge 34° Bé
auf 1 Liter	

Vordrucke:

Weißreserve:

30 g	Kaliumsulfit 45° Bé
970 g	Britishgum 1:1
1000 g	

Rot:

150 g	Rapidechtrot GL in Teig
30 g	Türkischrotöl
100 g	Chromatlösung
500 g	Stärke-Tragantverdickung
220 g	Wasser
1000 g	

Chromatlösung:

150 g	Natriumbichromat krist. in
700 g	Wasser lösen und mit
150 g	Natronlauge 34° Bé versetzen
1000 g	

Überdruck mit der Pflatschwalze:

1 g	Echtrot RL-Base	in Abschwächung 2:1 angewendet.
0,5 g	Nitrit, gelöst in	
60 g	Wasser, einrühren in	
3 g	Salzsäure 20° Bé und	
20 g	Wasser	
910 g	Tragant 65/1000	
1 g	essigsaures Natron. Einstellen auf	
1000 g		

3. Ätzen der auf Basis von Naphthol AS-Produkten und Cibanaphthol RP hergestellten Färbungen. [2])

Die mit Naphthol AS, Cibanaphthol RP und deren Derivaten in Kombination mit den verschiedenen Basen erzeugten Färbungen zeigen hinsichtlich ihrer Ätzbarkeit mit Rongalitätzen ein ebenso unterschiedliches Verhalten. So sind z. B. die Färbungen einiger Echtorange-, Echtscharlach- und Echtrotbasen auf der Naphthol-AS—BS-Grundierung (Echtrot B-Base auch auf Naphthol AS) bereits mit Rongalit C ohne Anthrachinonzusatz weiß ätzbar. Eine größere Anzahl praktisch wertvoller Färbungen auf Naphthol AS, AS—RL, AS—SW, AS—BO, AS—D, AS—TR sowie auch AS—BS, und zwar ebenfalls in Kombination mit verschiedenen Echtorange-, Echtscharlach- und Echtrot-, aber außerdem noch Echt-

[1]) Siehe bemustertes Zirkular A 1046 der I. G. Farbenindustrie A.-G. vom Oktober 1927.

[2]) Siehe besonders auch die Broschüre A 1030 der I. G. Farbenindustrie A.-G: „Indanthrenechte Naphthol AS-Kombinationen im Ätzdruck".

granat-Basen (GB und B auf Naphthol AS—BS) und Echtblausalz B (auf Naphthol AS—BS) erfordern ähnlich wie bei Naphthylaminbordeaux einen Anthrachinonzusatz zur Rongalitätze. Bei der dritten und stattlichsten Reihe verwendbarer Kombinationen von Naphthol AS und seinen Abkömmlingen mit den entsprechenden Basen muß die Ätzwirkung des Rongalit C durch Leukotrop W konz. unterstützt bzw. Rongalit CL in der Ätzpaste angewendet werden. Aus der großen Anzahl der Kombinationsmöglichkeiten ergeben sich ferner auch Färbungen, die nur in hellen Tönen ätzbar sind, bzw. solche, die auch mit Rongalit CL keine brauchbaren Weißeffekte liefern.

Bezüglich ausführlicherer Angaben über die Ätzbarkeit der Färbungen auf Naphthol AS, AS—BS, AS—BO, AS—RL, AS—SW, AS—D und AS—TR kann hier nur auf die in Betracht kommenden Broschüren und Musterkarten der I. G. Farbenindustrie A.G. verwiesen werden. Nach der von den Werken Offenbach und Leverkusen dieses Anilinfarbenkonzerns am 1. Oktober 1924 festgelegten Ätzbarkeitstabelle für Naphthol-AS-Färbungen bedeutet:

Ätzbarkeit 1: ätzbar mit 30% Rongalit C ohne Anthrachinon.
Ätzbarkeit 2: ätzbar mit 30% Rongalit C + Anthrachinon.
Ätzbarkeit 3: ätzbar mit 30% Rongalit CL.
Ätzbarkeit 4: nur in schwachen Färbungen ätzbar oder kein reines Weiß zu erzielen.

Dieser Klassifizierung sind selbstverständlich bestimmte Grundierungskonzentrationen zugrunde gelegt, ferner eine Dämpfdauer von 5 Minuten sowie ein nachheriges Passieren der gedämpften Ätzdrucke durch ein kochendes Abzugsbad von 5 cm³ Lauge 34° Bé und 5 g Seife per Liter während 2 Minuten.

Zur Erzielung rein weißer Ätzeffekte ist eine Passage der gedämpften Ware durch heiße, alkalische Abzugsbäder in den weitaus meisten Fällen durchaus erforderlich. Buntätzen mit basischen Farbstoffen können daher nur in geringem Umfange zur Anwendung kommen; dies ist möglich auf Färbungen, die schon mit Rongalit C allein (also ohne Anthrachinonzusatz) ätzbar sind, da solche Ätzdrucke meist auch ohne alkalische Nachbehandlungsbäder ein brauchbares Weiß ergeben.

Buntätzen mit Küpenfarbstoffen[1]) können dagegen auf den meisten ätzbaren Färbungen hergestellt werden. Vor dem Weglösen der Ätzprodukte im heißen, alkalischen Bade ist jedoch in jedem Falle für gründliche Reoxydation des Illuminierungsfarbstoffes zu sorgen. Bei Nichtbeachtung dieses Umstandes resultieren infolge Küpenbildung magere und wenig lebhafte Buntätzeffekte. Dies gilt besonders für die indigoiden Farbstoffe und Hydronblauprodukte; Indanthrenfarbstoffe sind in dieser Hinsicht weniger empfindlich.

Nachstehend einige Beispiele für Weißätzen. Für eine Färbung mit diazotierter Echtscharlach G-Base auf einer Grundierung mit 20 g Naphthol AS—BS pro Liter genügt eine einfache Rongalitätze von folgender Zusammensetzung:

Rongalitätze ohne Anthrachinon:

300 g	Rongalit C
120 g	Zinkoxyd 1 : 1
30 g	Glyzerin
400 g	Senegalgummi 1 : 1
150 g	Wasser
1000 g	

[1]) Siehe die mit Druckmustern aus Großbetrieben versehene Abhandlung von Dr. F. Streng: „Buntgeätzte Naphthol AS-Färbungen". Melliands Textilberichte, Jahrgang 1927, S. 708/709.

Die mit der gleichen Base (Echtscharlach G-Base) bei Verwendung auf einer Grundierung mit 20 g Naphthol AS—RL erzielte Färbung erfordert dagegen eine

Rongalitätze mit Anthrachinon:

300 g	Rongalit C
120 g	Zinkweiß 1 : 1
30 g	Glyzerin
370 g	Senegalgummi 1 : 1
150 g	Wasser
30 g	Anthrachinon-Teig 30 %ig
1000 g	

Eine Färbung mit Echtrot GL-Base auf Naphthol AS (20 g pro Liter Grundierflotte) kann jedoch nur mit Rongalit CL einwandfrei weiß geätzt werden, und zwar mit folgender Ätzpaste:

Rongalit-Leukotropätze:

300 g	Rongalit CL
120 g	Zinkweiß 1 : 1
250 g	Blanc fixe 1 : 1
250 g	Senegalgummi 1 : 1
3 g	Soda kalz.
5 g	Natronlauge 40° Bé
37 g	Wasser
35 g	Anthrachinon-Teig 30 %ig
1000 g	

Die mit vorangegebenen Rongalitätzen bedruckte Ware wird 5 Minuten im luftfreien Schnelldämpfer bei 102 ° C gedämpft, dann in breitem Zustande 2 Minuten durch ein kochendes Bad von 5 cm^3 Natronlauge 34° Bé und 5 g Seife im Liter passiert und zum Schluß heiß und kalt gewaschen.

Zum Ätzen der leuchtenden Scharlach- und Blaurot-Nüancen, die mit Naphthol AS—D sowie Naphthol AS—TR in Kombination mit der Echtrot KB-Base und der Echtrot TR- sowie mit der Echtscharlach TR-Base erhalten werden, ist die Anwendung einer stark alkalischen und anthrachinonhaltigen Rongalitätzpaste zweckmäßig.

Alkalische Weißätze:

275 g	Britishgum-Pulver
325 g	Wasser
250 g	Rongalit C (3 : 1)
50 g	Anthrachinon-Teig 30 %ig
100 g	Natronlauge 40° Bé
1000 g	

Zur Herstellung von Buntätzen mit Indanthrenfarbstoffen auf Kombinationen vorgenannter Art (also z. B. Echtrot KB-Base auf Grundierung mit 20 g Naphthol AS—TR pro Liter usw.) kann nach folgenden Vorschriften gearbeitet werden:

Ätzblau mit Indanthrenblau GCD:

150 g	Indanthrenblau GCD doppelt Teig fein
50 g	Glyzerin
400 g	Weizenstärke-Tragantverdickung
125 g	Pottasche
40 g	Solutionssalz B (1 : 1)
125 g	Rongalit C (4 : 1)
110 g	Wasser
1000 g	

Ätzgelb mit Indanthrengelb G:

150 g	Indanthrengelb G doppelt Teig fein
50 g	Glyzerin
350 g	Weizenstärke-Tragantverdickung
150 g	Pottasche
150 g	Rongalit C (4 : 1)
40 g	Anthrachinon-Teig 30%ig
110 g	Wasser
1000 g	

Die gebleichte Ware wird mit Naphthol AS—D bzw. Naphtol AS—TR am Foulard bei ca. 35° C geklotzt, in der Hot-flue getrocknet, mit den diazotierten Basen am Foulard entwickelt und dann gewaschen sowie kochend geseift. Nach dem Aufdruck der Ätzpasten wird 5 Minuten bei 101° C mit feuchtem Dampf gedämpft, hierauf gewaschen und geseift. Dieselbe Arbeitsweise gilt für die Weißätzdrucke mit der alkalischen Rongalit-Weißätze; alkalische Abzugsbäder sind demnach hier entbehrlich.

l) Rapidechtfarben.

1. Über die Zusammensetzung der Rapidechtfarben-Marken und deren Anwendung im Direktdruck.

Die einfache und leichte Entwicklung von Rot aus Nitrosaminen und Naphthol AS bzw. dessen Derivaten hat die Entstehung und große Verwendung der Rapidechtfarben zur Folge gehabt.

Bei den Rapidechtfarben handelt es sich um haltbare Gemische von Nitrosaminen verschiedener Basen mit Naphthol AS und Abkömmlingen desselben, demnach um eine besondere Farbstoffklasse, welche die Herstellung echter Eisfarbendrucke ohne vorherige Präparation der Stoffe mit Naphthollösungen gestattet[1]).

So ist z. B.

Rapidechtrot GZ = ein Gemisch vom Nitrosamin aus 2,4-Dichloranilin mit Naphthol AS;

Rapidechtrot 3 GL = ein Gemisch vom Nitrosamin aus Orthonitroparachloranilin mit Naphthol AS;

Rapidechtrot B = ein Gemisch vom Nitrosamin aus 5-Nitro-2-aminoanisol mit Naphthol AS;

Rapidechtrot BB = ein Gemisch vom Nitrosamin aus 5-Nitro-2-aminoanisol mit Naphthol AS—BS;

Rapidechtrot GL = ein Gemisch vom Nitrosamin aus 3-Nitro-4-aminotoluol mit Naphthol AS;

Rapidechtorange RG = ein Gemisch vom Nitrosamin aus Orthonitranilin mit Naphthol AS;

Rapidechtblau B = ein Gemisch vom Nitrosamin aus tetrazotiertem Dianisidin mit Naphthol AS

usw.

[1]) Über die Zusammensetzung der Rapidechtfarben siehe auch:

a) Gnehm-von Muralt: „Taschenbuch für die Färberei“, 2. Auflage. Berlin: Julius Springer 1924, S. 71.

b) Vortrag von Dr. W. Kielbasinski auf dem XI. Kongreß des Internationalen Vereines der Chemiker-Koloristen in Dresden (Mai 1926), veröffentlicht in Melliands Textilberichte 1926, S. 611.

c) The Society of Dyers and Colourists: „Colour Index“, Edited by F. M. Rowe D. Sc., F.I.C. First Edition January 1924. Published by the Society at the General Offices, 30 Pearl Assurance Buildings, Bradford (Yorkshire). S. 364 bzw. auch S. 16 sub Nr. 70.

Die Fixation der Drucke mit Rapidechtfarben erfolgt durch Dämpfen oder mehrstündiges Verhängen in einem mäßig warmen Raume. Bei Anwendung der Fixierungsmethode durch kurzes Dämpfen im Schnelldämpfer empfiehlt sich ein Zusatz von neutralem Kalium- oder Natriumchromat zur Druckfarbe; beim Entwickeln ohne Dämpfen unterbleibt aber diese Zugabe von Chromat zu den Druckfarben, mit Ausnahme bei Rapidechtblau B (Dianisidinblau). Die gedämpfte oder verhängte Druckware nimmt man dann in breitem Zustande durch 70—80° C heiße, essigsaure oder ameisensaure Abzugsbäder, gibt hierauf ein Spülbad und seift gut kochend. Sehr zweckmäßig ist ein ausgiebiges Seifen der Ware in Strangform auf einer Strangwaschmaschine (Clapeau), da auf diese Weise behandelte Ware auch größten Anforderungen sowohl hinsichtlich eines reinen Weißbodens als auch bezüglich Reibechtheit der Drucke entspricht. Man arbeitet am besten auf einer Strangwaschmaschine mit vier aneinandergeschalteten Abteilen, und zwar zwei Abteile für kochende Seifenlösung, einem Abteil für kochend heißes Spülwasser und je einem Abteil für warmes und kaltes Wasser.

Die Druckfarben mit den Produkten der Rapidechtfarbenklasse werden in einfacher Weise durch Einrühren des Farbstoffteiges in neutrale Weizenstärke-Tragantverdickung bzw. auch unter Zusatz von neutralem Chromat und etwas Monopolbrillantöl bereitet. Da länger in Vorrat aufbewahrte Stärke-Tragantverdickungen leicht sauer werden, so muß derartigen Verdickungen vor dem Eintragen der Rapidechtfarben stets etwas Ammoniak oder Lauge zugesetzt werden, weil sonst Druckfarben von geringerer Haltbarkeit entstehen, die außerdem trübere Drucke von schlechter Reibechtheit liefern; Drucke von schlechter Reibechtheit haben dann aber auch meist einen mehr oder weniger stark angebluteten Weißboden im Gefolge.

Zu beachten ist auch der Umstand, daß sich stets ein geringer Teil des durch Dämpfen oder Verhängen der bedruckten Ware gebildeten Pigmentes nur oberflächlich auf der Faser fixiert und deshalb durch kochendes Seifen entfernt werden muß. Die Druckfarben haben nur begrenzte Haltbarkeit, denn nach längerem Stehen derselben bildet sich das Pigment; der Zusatz von Chromat verbessert jedoch die Haltbarkeit. Eine vorzeitige Pigmentbildung in der Druckfarbe ist auf alle Fälle zu vermeiden, vor allem dadurch, daß man nur mit frisch bereiteten Druckpasten arbeitet. Durch Zugabe von 15—20 g Natronlauge 34° Bé per Kilo Druckfarbe kann die vorzeitige Pigmentbildung wesentlich verhindert werden. Man erhält dann zwar etwas weniger ausgiebige Druckfarben, doch empfiehlt sich dieser Zusatz besonders bei Rapidechtrot GZ und Rapidechtbordeaux B.

Druckvorschrift für die Rapidechtrotmarken[1]), ferner für Rapidhtbordeaux B und Rapidechtorange RG:

100—150 g	Farbstoffteig mit
30— 40 g	Monopolbrillantöl und
150—200 g	neutraler Chromatlösung oder neutraler Natriumchromatlösung (1 : 4) gut anteigen, in
500 g	neutrale Stärke-Tragantverdickung eintragen und
220—110 g	kaltes Wasser zusetzen
1000 g	

[1]) Drucke mit Rapidechtrot 3 GL in Teig, Rapidechtrot LB in Teig sowie Rapidechtbordo B in Teig können als indanthrenecht angesehen werden. Siehe diesbezüglich die Zirkulare $\frac{\text{J. Nr. 56}}{\text{C}}$ vom März 1927 und $\frac{\text{J. 65}}{\text{C}}$ vom Juli 1927 der I. G. Farbenindustrie A.-G., betitelt: „Indanthrenfarbige Waren“.

Vorschrift für Rosa mit Rapidechtrosa LB oder LG in Teig:

50 g	Farbstoff in Teig mit
10—30 g	Monopolbrillantöl,
6 g	Natronlauge 34° Bé und
100 g	neutraler Chromatlösung oder neutralem Natriumchromat (1 : 4) gut anteigen, in
500 g	neutrale Stärke-Tragantverdickung einrühren und
314 g	kaltes Wasser zusetzen
1000 g	

Coupüre für helle Rosatöne:

600 g	neutrale Stärke-Tragantverdickung
80 g	neutrale Chromatlösung oder Natriumchromat (1 : 4)
10— 30 g	Monopolbrillantöl
10— 36 g	Natronlauge 34° Bé
280—254 g	Wasser
1000 g	

Man druckt auf unpräparierte Ware und dämpft 3—4 Minuten bei ca. 100° C im Schnelldämpfer. Hierauf passiert man die Stücke bei 70—80° C breit durch ein Bad mit

25—50 cm³ Essigsäure 6° Bé und } pro Liter
50 g Glaubersalz krist.

Anschließend wird gespült, geseift, wieder gespült und getrocknet.

Das Dämpfen kann auch in einer essigsauren Dampfatmosphäre vorgenommen werden, wobei 2 Minuten Dämpfdauer vollständig genügen. In diesem Falle ist auch die Chromatmenge in den Druckfarben auf die Hälfte bis zwei Drittel der vorstehend pro Kilo angegebenen Mengen zu verringern und ferner das Abzugsbad nur mit

5—10 cm³ Essigsäure sowie } pro Liter
0—10 g Glaubersalz krist.

anzusetzen.

Für die Arbeitsweise des Entwickelns der Drucke durch Verhängen (ohne Dämpfen) in mäßig warmer Luft (während 6—12 Stunden) verwendet man Druckfarben ohne Chromat. Das Verhängen kann auch in essigsäurehaltigem Luftraume erfolgen. Die Abzugsbäder sind die gleichen wie bei gedämpfter Ware.

Vorschrift zum Druck mit Rapidechtblau B-Teig:

80—120 g	Rapidechtblau B-Teig
30— 30 g	Monopolbrillantöl
100—100 g	neutrale Chromatlösung
500—500 g	neutrale Stärke-Tragantverdickung
20— 10 g	Natronlauge 34° Bé
270—240 g	Wasser
1000 g	

Neutrale Chromatlösung (für alle Druckfarben):

150 g	Natriumbichromat werden in
700 g	Wasser gelöst und
150 g	Natronlauge 34° Bé zugesetzt
1000 g	

Die mit Rapidechtblau bedruckte Ware wird bei möglichst niederer Temperatur getrocknet und 2 Minuten mit angefeuchtetem Dampf gedämpft. Das dann folgende 80° C heiße Abzugsbad wird besetzt mit:

30 cm³ Essigsäure 6° Bé und } pro Liter
50 g Glaubersalz krist.

Zum Schluß wird gut gespült und heiß im Strang geseift. Zwecks Verbesserung der Lichtechtheit der Drucke empfiehlt sich eine Nachbehandlung (nach dem Seifen) in einer heißen Lösung von

2 g Kupfervitriol oder Kupferchlorid und
2 g Essigsäure 6° Bé } pro Liter

während 10—20 Minuten[1]).

Als Begleitfarben neben Rapidechtfarben können sowohl basische Farbstoffe als auch Chrombeizenfarben und Küpenfarbstoffe verwendet werden. Beim Aufdruck von säurehaltigen Begleitfarben (basische und Chrombeizenfarbstoffe) empfiehlt sich auf alle Fälle ein Zusatz von etwas Natronlauge zu den Rapidechtfarbendruckpasten, weil dadurch die Bildung von sog. Höfen vermieden wird. Die beim Dämpfen solcher Drucke frei werdenden flüchtigen Säuren genügen in den meisten Fällen zur Entwicklung der Rapidechtfarben. Es ist jedoch angezeigt, an Stelle der Essigsäure nach Möglichkeit Milchsäure in diesen Begleitdruckfarben anzuwenden, um einem vorzeitigen Freiwerden der Säure beim Trocknen in der Mansarde vorzubeugen, weil sonst die Entwicklung der Rapidechtfarben unter Trübung des Farbtones vor sich geht.

Bei Mitverwendung von basischen Farben setzt man dem Abzugsbade Antimonsalz oder Brechweinstein, für mitgedruckte Küpenfarbstoffe oder Anilinschwarz dagegen Bichromat zu, bzw. man schaltet Chromierungsbäder ein. Mit Ausnahme von Ferrozyandampfschwarz können alle anderen im direkten Druck gebräuchlichen Anilinschwarz als Begleitdruckfarbe angewendet werden; Ferrozyananilinschwarz zerstört jedoch beim Beginn des Dämpfens den unentwickelten Rapidechtfarbendruck.

2. Rapidechtfarbenmischungen mit Indigosol.

Von den Koloristen des Werkes Offenbach a. M. der I. G. Farbenindustrie A.-G. (H. Rittner und Dr. Gmelin) ist ferner ein interessantes und unter Patentschutz gestelltes Verfahren veröffentlicht worden, nach welchem Naphthol AS-Produkte in Verbindung mit Rapidogen G bzw. Rapidechtfarben und Indigosolen in Mischung gedruckt werden können[2]). Auf diese Weise erhält man verschiedene Farbtöne von großer Fülle und Lebhaftigkeit sowie sehr guter Wasch- und Reibechtheit.

Man erhält z. B. ein

Violett mit:

6 % Rapidechtbordeaux B in Teig
1 % Indigosol O 4 B

Braun mit:

13,5% Rapidogen G in Teig
2,4% Naphthol AS—RL
2,5% Indigosol O

Grün mit:

6 % Rapidogen G in Teig
1,2% Naphthol AS—G
5 % Indigosol O 4 B

[1]) Das Anwendungsgebiet der Rapidechtfarben im Zeugdruck ist u. a. in der Naphthol-AS-Musterkarte Nr. 74 der I. G. Farbenindustrie A.-G. illustriert: „Naphthol AS und Rapidechtfarben (Druckmuster aus der Praxis)“.

[2]) Siehe auch bemustertes Zirkular Nr. 91 der Werke Leverkusen, Offenbach und Berlin (I. G. Farbenindustrie A.-G.) vom August 1925; ferner H. Rittner und Dr. Gmelin: „Einige praktische Verwendungsmöglichkeiten der Indigosole in der Drukkerei“. Melliands Textilberichte, Jahrgang 1927, S. 530—534.

Orange mit:

13 % Rapidogen G in Teig
1,2% Naphthol AS—G
1,2% Naphthol AS—RL

Rot mit:

12 % Rapidogen G in Teig
1,8% Naphthol AS

Schwarz mit:

16 % Rapidogen G in Teig
1 % Naphthol AS—G
1,4% Naphthol AS—RL
10 % Indigosol O

usw.

Beispiel einer Grünmischung:

500 g Stammfarbe von Rapidogen G: Naphthol AS—G
460 g Stammfarbe von Indigosol O oder O 4 B
40 g Nitritlösung 1 : 2

1000 g

Stamm Rapidogen G: Naphthol AS—G:

120 g Rapidogen G in Teig
24 g Naphthol AS—G
30 g Monopolbrillantöl
30 g Chromatlösung
500 g neutrale Stärke-Tragantverdickung
296 g Wasser

1000 g

Stamm Indigosol O 4 B:

100 g Indigosol O 4 B in
300 g Wasser kochend lösen und in
500 g neutrale Stärke-Tragantverdickung einrühren

900 g

Schwarzdruckfarbe:

14 g Naphthol AS—RL
10 g Naphthol AS—G
30 g Monopolbrillantöl
30 g Chromatlösung
} warm anteigen und mit
160 g Rapidogen G in Teig sowie
400 g Stärke-Tragantverdickung verrühren,
100 g Indigosol O
176 g heißes Wasser
80 g Nitritlösung 1 : 2
} durch Erwärmen lösen

1000 g

Die bedruckte und bei nicht zu hoher Temperatur getrocknete Ware wird 2 Minuten bei 100° C im Schnelldämpfer mit feuchtem Dampf gedämpft und dann auf der Breitwaschmaschine mit heißer Ameisensäure entwickelt. Das Entwicklungsbad im ersten Kasten der Breitwaschmaschine wird besetzt mit:

50 cm³ Ameisensäure 90%ig und
100 g Kochsalz

im Liter Wasser von 90° C; die Dauer des Warendurchlaufs soll ca. 15 Sekunden betragen. In den anderen Abteilen wird dann zunächst mit heißem Wasser, dann kalt gespült, und zum Schluß geseift und wieder gespült.

m) Anilinschwarz und seine Abkömmlinge im Zeugdruck[1]).

α) Der direkte Druck von Anilinschwarz.

1. Historisches.

Nachdem Runge[2]) im Jahre 1834 die Bildung des schwarzen Pigments aus Anilin beobachtet hatte, versuchte er auch als erster dieses Oxydationsprodukt auf Baumwollstoff im Wege des Druckverfahrens zur Entstehung zu bringen. Zahlreiche andere Chemiker (z. B. E. Kopp, Willm, Calvert, Clift, Lowe usw.) bemühten sich dann um die Lösung dieses Problems und verwendeten auch bereits Chlorate als Oxydationsmittel (1860).

Aber erst I. Lightfoot in Accrington verbesserte im Jahre 1863 die Herstellungsmöglichkeit von Anilinschwarz auf dem Gewebe in einer Weise, welche die Brauchbarkeit des Verfahrens deutlich sichtbar machte und wiederum alle Fachleute zur Ausnutzung dieser Entdeckung anspornte. Lightfoot hatte nämlich beobachtet, daß sich eine Druckfarbe mit stark saurem Anilinchlorhydrat, welche die Kupferwalzen sehr stark angreift, viel besser auf dem Gewebe entwickelt als beim Aufdruck mit Holzmodeln. Diese Wahrnehmung brachte ihn auf den Gedanken, der Druckfarbe Kupfersalze zuzusetzen, und er arbeitete deshalb folgende Vorschrift aus[3]):

1 l	Stärkeverdickung
25 g	Kaliumchlorat
50 g	Anilin
50 g	Salzsäure
126 cm³	Essigsäure
50 g	Kupferchlorid (spez. Gewicht 1,44)
25 g	Chlorammonium

Diese Herstellungsmethode hatte jedoch noch eine ganze Reihe Übelstände aufzuweisen, so z. B. Angreifen der Stahlrackeln und dadurch Entstehen von Rackelstreifen, Schädigung der Kupferwalzen, geringe Haltbarkeit der Druckfarbe und ferner mitunter Schwächung des Gewebes. Sowohl Lightfoot als auch die Koloristen aller namhaften Druckereien bemühten sich deshalb sehr, das Verfahren einwandfrei brauchbar zu gestalten.

Cordillot[4]) ersetzte das Kupfersalz in der Lightfoot'schen Vorschrift durch Ferrizyanammonium. Er erhielt so ein schönes, echtes Schwarz, doch waren die Herstellungskosten beträchtlich, die Druckfarbe wenig beständig und der Oxydationsraum erforderte eine höhere Temperatur (40—50° C); durch Dämpfen wurde das Schwarz jedoch nahezu unvergrünlich.

Nach mancherlei Abänderungen ist dann schließlich aus diesem Verfahren das noch heute in großem Maßstabe benutzte Ferrozyandampfschwarz (Dampfanilinschwarz) entstanden, denn durch Erhöhung der Chloratmenge (Natriumchlorat) in der Druckfarbe war es möglich geworden, auch Ferrozyankalium anzuwenden. Wehrlin[5]) ersetzte das Ferrizyanammonium durch die Ferro- oder Ferrizyanverbindung des Anilins in der Druckfarbe.

Eine wichtige Verbesserung des Lightfoot'schen Verfahrens wurde von Ch. Lauth gefunden[6]). Dieser ersetzte das leicht lösliche Kupfersalz durch das unlösliche Schwefelkupfer. Das in der Druckfarbe unlösliche Schwefelkupfer wird erst im Oxydationsraum durch das Chlorat in Kupfersulfat übergeführt

[1]) Hierzu ist noch besonders auf die Monographie von E. Noelting und A. Lehne zu verweisen: „Anilinschwarz und seine Anwendung in Färberei und Zeugdruck". 2. Auflage. Berlin: Julius Springer 1904.

[2]) Färber-Zeitg. 1889/1890, S. 195. [3]) Französ. Patent 57192 vom 28. Januar 1863.

[4]) Franz. Patent 60896 vom 2. Dezember 1863. [5]) Bull. Mulh. 1874.

[6]) Bull. Soc. Chim. Paris, 1864, Bd. II, S. 416.

und dieses wirkt dann in dem von Lightfoot beabsichtigtem Sinne. Auch dieses Lauth'sche Schwefelkupferschwarz (Hängeschwarz) wird ebenfalls zum Teil noch heute angewendet.

Da reines chlorsaures Anilin, also in Abwesenheit von Metall oder Metallsalzen, durch Aufdruck mit Holzformen beim nachherigen Verhängen der Ware in der Oxydationskammer kein Schwarz lieferte, dagegen die Pigmentbildung sehr leicht eintrat, wenn auch nur Spuren von Kupfer zugegen waren, so stellte Lightfoot[1]) später Versuche über das Verhalten anderer Metalle an. Er stellte Drucke mit Holzformen her, legte auf die bedruckten Gewebestellen während 15 Minuten dünne Metallplättchen, verhängte dann den Stoff 12 Stunden in einem feuchtwarmen Raume und behandelt zum Schluß in einem alkalischen Bade. Dabei konnte festgestellt werden, daß sich die Farbe mit Vanadiummetall am raschesten entwickelte, am nächstbesten wirkte Kupfer, dann Uran und endlich Eisen.

Nachdem Vanadiumsalze für die Industrie zugänglich geworden waren, entstand auf Grund der Arbeiten von Witz[2]) über die sauerstoffübertragende Wirkung dieser Verbindungen das Vanadiumschwarz. Ursprünglich wurde Natriummetavanadat verwendet; H. Schmid[3]) empfahl jedoch als besser geeignet das Vanadiumchlorür.

Durch Schmidlin[4]) wurde das sog. Bleichromatschwarz zur Einführung gebracht. Dasselbe enthält außer einem Sauerstoffüberträger (meist Schwefelkupfer), Natriumchlorat und Anilinsalz noch Bleichromat, das in der Druckfarbe sowohl oxydierend als auch neutralisierend wirkt.

2. Die praktisch angewendeten Methoden des direkten Druckes.

Für den direkten Druck von Anilinschwarz auf weiße oder vorgefärbte Ware gibt es eine große Anzahl Vorschriften, die im Laufe der Zeit in den verschiedenen Zeugdruckereien zusammengestellt, variiert und ausprobiert worden sind; trotz mehr oder minder beachtlicher Abweichungen in der Zusammensetzung basieren sie jedoch alle auf den Lightfoot-Lauth'schen Erstarbeiten[5]).

Zur Herstellung der bereits erwähnten vier wichtigsten Anilinschwarzdruckfarben gelten daher z. B. folgende, im Großbetrieb erprobte Vorschriften:

Schwefelkupferschwarz:

2136 g	Weizenstärke und
855 g	dunkelgebrannte Stärke mit
13680 g	Wasser anrühren
570 g	Natriumchlorat zugeben und aufkochen; dann
1710 g	Anilinsalz sowie
103 g	Anilinöl zusetzen und vor Gebrauch
946 g	Schwefelkupfer in Teig
20000 g	

Schwefelkupferteig:

750 g	Kupfervitriol in
5000 cm³	Wasser lösen und dazu
780 g	Schwefelnatrium krist., gelöst in
4000 cm³	Wasser, unter Umrühren eintragen

Der Niederschlag wird mit heißem Wasser gewaschen und auf 1 Kilo abgepreßt.

[1]) Bull. Mulh. 1871, S. 285. [2]) Bull. Rouen 1876, S. 310—334.
[3]) Dinglers Polytechn. Journal, Bd. 251, S. 43. [4]) Engl. Patent 1301 vom Jahre 1879.
[5]) Siehe u. a. die Handbücher von:
A. Kerteß: „Die Anilinfarbstoffe“, S. 241 ff. Braunschweig: Vieweg & Sohn 1888.
A. Sansone: „Der Zeugdruck“, S. 189 ff. Deutsche Ausgabe von B. Pick. Berlin: Julius Springer 1890.
A. Lehne: „Färberei und Zeugdruck“, S. 116/117. Wittenberg-Berlin: A. Ziemsen 1926.

Der Schwefelkupferteig muß so gründlich gewaschen sein, daß er sowohl frei ist von überschüssigem Kupfervitriol als auch von Schwefelnatrium.

Das Schwefelkupferschwarz kann sowohl durch Verhängen als auch durch Dämpfen im Schnelldämpfer entwickelt werden; man erhält ein tiefes Schwarz mit scharfen Konturen. Beim Aufdruck neben Dampffarben ist eine Passage durch Ammoniakgas nach dem Dämpfen unbedingt erforderlich. Da dieses Schwefelkupferschwarz jedoch verschiedene Unannehmlichkeiten während des Druckens hervorruft (es erfordert z. B. ein häufiges Schärfen der Stahlrackel), so wird es meist nur noch in jenen besonderen Fällen verwendet (z. B. neben Rapidechtfarben), wo Ferrozyandampfschwarz nicht geeignet ist.

Vanadiumschwarz (Hänge-Anilinschwarz):

12700 g	Weizenstärkeverdickung 100 : 1000
1900 g	dunkelgebrannte Stärkeverdickung 1 : 1
1890 g	Wasser
1520 g	Anilinsalz
280 g	Anilinöl
760 g	chlorsaures Natron; vor Gebrauch
950 cm³	Vanadiumlösung zusetzen
20000 g	

Vanadiumlösung:

4 g	vanadinsaures Ammon mit
20 g	Salzsäure 19° Bé und
40 g	Wasser lösen, dann
5 g	Glyzerin zusetzen und erwärmen, bis Reduktion eingetreten ist. Mit Wasser auf
1 Liter	einstellen

Diese Vanadiumschwarzdruckfarbe ist infolge Vorhandenseins des Sauerstoffüberträgers in gelöstem Zustande weniger haltbar als eine Druckpaste mit Schwefelkupfer und deshalb mit entsprechender Vorsicht anzuwenden. Das aufgedruckte und dann durch Verhängen bzw. Dämpfen entwickelte Schwarz erfordert kein Nachchromieren.

Bleichromatschwarz (Dampfanilinschwarz mit Bleichromat):

960 g	Weizenstärke sowie
340 g	hellgebrannte Stärke mit
5490 g	Wasser verrühren und aufkochen; wenn lauwarm
60 g	Anilinöl und
440 g	Natriumchlorat zusetzen und nach dem Erkalten
770 g	Chromgelb in Teig (58—60%ig)
1860 g	Anilinsalz
80 g	Schwefelkupfer in Teig
10000 g	

Nach dem Drucken und Trocknen wird 5 Minuten im Schnelldämpfer gedämpft, dann gewaschen und geseift. Auch dieses Bleichromatschwarz erfordert kein Nachchromieren; für feine Druckmuster ist es noch besser geeignet als Schwefelkupferschwarz, da sich durch den Bleichromatgehalt besonders scharf stehende Konturen ergeben. Weniger angenehm wirkt der bräunliche Stich des entwickelten Schwarz; außerdem druckt sich die Farbe nicht sehr gut infolge der Anwesenheit des Chromgelbs und zum Teil auch des Schwefelkupfers. Zum Druck feiner Muster auf Hemdenstoffen ist dieses Schmidlin'sche Schwarz noch vielfach gebräuchlich.

Ferrozyandampfschwarz:

92 g	Anilinsalz in
500 g	Tragantschleim 65 : 1000 oder Stärke-Tragantverdickung lösen, dann zugeben
8 g	Anilinöl und
30 g	Natriumchlorat, gelöst in
150 g	Wasser, sowie
55 g	gelbes Blutlaugensalz (Ferrozyankalium oder -natrium) gelöst, in
165 g	Wasser
1000 g	

Das Dampfanilinschwarz mit Blutlaugensalz wird am meisten angewendet. Die Druckfarbe ist sehr gut haltbar und läßt sich einwandfrei drucken[1]). Nach dem Aufdruck wird die Ware ca. 3 Minuten im Schnelldämpfer gedämpft und dann — da sich dieses Schwarz nicht so gut entwickelt wie Schwefelkupferschwarz, Bleichromatschwarz oder Vanadinschwarz — noch in breitem Zustande während ½ Minute mit 2—5 g Bichromat und 1 g Soda kalz. per Liter bei 70 ° C behandelt.

Bei Verwendung von Ferrizyankalium als Sauerstoffüberträger zeigt die Druckfarbe folgende Zusammensetzung:

5000 g	Weizenstärke mit
19500 cm³	Wasser verrühren
19500 g	Tragantschleim 60 : 1000 zusetzen und aufkochen; wenn lauwarm
3600 g	Natriumchlorat
8500 g	Anilinsalz
2250 g	Anilinöl und
6750 g	Essigsäure 6 ° Bé zugeben. Nach dem Erkalten:
5300 g	Ferrizyankalium gelöst in
7800 cm³	Wasser

Je nach Bedarf bzw. Tiefe der in Betracht kommenden Gravuren kann diese Druckfarbe noch abgeschwächt werden, und zwar mit Stärke-Tragantverdickung.

Auf Grund der wichtigen Feststellung von M. M. Tschilikin (Moskau), wonach Anilinschwarzflotten freies Anilin enthalten, das sich beim Trocknen teilweise verflüchtigt und dadurch die bekannten Vergiftungserscheinungen hervorruft, hat N. N. Wosnessensky (Moskau) dem in gleicher Weise bei den Druckfarben bisher vorhandenen Übelstand nach eingehenden Untersuchungen verschiedener Schwarzdruckrezepturen durch Ausarbeitung der nachstehend angegebenen Vorschrift weitgehend abgeholfen[2]).

Ferrozyandampfschwarz nach N. N. Wosnessensky:

40 g	Anilinöl
— g	Salzsäure bis zur vollkommenen Neutralisierung
— g	Verdickung und Wasser
40 g	Ferrozyankalium
20 g	Natriumchlorat
1000 g	

Vom fabrikatorisch-hygienischen Standpunkt ist es naturgemäß angezeigt an Stelle von Anilinöl und Salzsäure das käufliche Anilinsalz anzuwenden.

Beim Druck auf naphtholierte Ware bieten alle Anilinschwarzdruckfarben vorgenannter Art Schwierigkeiten, weil das Naphthol die Entwicklung des Schwarz behindert. Am besten eignet sich ein Ferrozyandampfschwarz mit

[1]) Die Chemische Fabrik Felix Sager in Mannheim liefert unter der Bezeichnung „Kollamin" eine Lösung bekannt brauchbarer Substanzen als Faserschutzmittel für Anilinschwarz. Diese Flüssigkeit kann in entsprechender Menge jeder gebräuchlichen Anilinschwarz-Druckfarbe oder Klotzflotte zugesetzt werden und man erhält dadurch auch ein nahezu unvergängliches Schwarz.

[2]) N. N. Wosnessensky: „Dampfanilinschwarz". Melliands Textilberichte, Jahrgang 1927, S. 536—538.

salpetersaurem Anilin und etwas Paramin nach der bei den Reserven unter Indanthrenfärbungen angegebenen Vorschrift.

Da sich beim Dämpfen von Anilinschwarzdrucken die Entwicklung von Chlorsauerstoffverbindungen oft unangenehm bemerkbar macht, so ist stets für gute Erneuerung des Dampfes im Schnelldämpfer zu sorgen. Ferner ist es angezeigt, die gedämpften Stücke nicht ohne weiteres in Haufen liegen zu lassen, weil durch Nachoxydation nicht nur brüchige Waren entstehen, sondern unter Umständen auch Selbstentzündung eintreten kann. Vorsichtshalber läßt man daher die vom Dämpfer kommenden Stücke erst über ein Kühlreck laufen.

Ein neues, auf vollkommen anderer Grundlage aufgebautes Verfahren wurde vom Verfasser gemeinsam mit Jos. Hackl ausgearbeitet. Das Gewebe wird präpariert in einer Lösung von 80—100 g p-Toluol-sulfon-chloramid-Na (Aktivin), in der Hot-flue getrocknet und dann bedruckt mit einer Druckfarbe folgender Zusammensetzung:

650 g	neutrale Verdickung
10 g	Glyzerin
100 g	Anilinsalz
10 g	Paraphenylendiamin
160 g	Wasser
70 g	Kupferchloridlösung 40° Bé
1000 g	

Nach dem Bedrucken und Trocknen läuft die Ware in breitem Zustande durch ein Bad von 10 g Seife + 5 g Soda per Liter. Die Ware leidet in keiner Weise, so daß ganz leichte Qualitäten so bedruckt werden können; Voraussetzung ist dabei, daß man Sorge trägt, daß die Ware sofort vor dem Druck weiterverarbeitet wird. Die Druckfarbe muß mit Bronzerackel gedruckt werden.

β) Weiß- und Buntbemusterung von Anilinschwarzfärbungen.

1. Historische Grundlagen.

Das fertig gefärbte Anilinschwarz ist mit den bisher bekannten Ätzmitteln und deren Anwendungsmethoden nicht völlig zerstörbar[1]). Zur Musterung kommt daher nur das Reserveverfahren in Betracht, das im Laufe der Jahre, weitgehend ausgebildet, vorzügliche Resultate liefert.

Anfangs war man genötigt, die Gewebe mit einer Schutzpappreserve zu bedrucken und dann mit Anilinschwarz zu überwalzen (einseitiges Auftragen der Anilinschwarzdruckfarbe). Zur Herstellung der Reserven dienten Substanzen, deren Wirkung stets entweder auf Alkalinität oder reduzierenden Eigenschaften beruhte.

Storck und Strobel[2]) gingen von der Erwägung aus, daß reduzierend wirkende Mittel, durch Paralysierung der zur Bildung des Schwarz notwendigen Oxydantien, als Reserven geeignet sein müßten, und empfahlen deshalb Rhodansalze. Da die Rhodansalze außerdem alkalische Reaktion zeigten, so erhielt man einen durchaus einwandfreien Reserveeffekt. Für Buntreserven wurde das Rhodansalz als Zusatz zu Tannin- oder Albuminfarben verwendet.

H. Schmid[3]) verwendete Rhodanüre sowie xanthogensaureSalze, Witz[4]) fand essigsaures Natron und auch Natriumhyposulfit sehr gut geeignet, Romann

[1]) G. Witz hatte 1875 eine Ätzmethode durch Aufdruck einer angesäuerten Kaliumpermanganatlösung empfohlen; zur Entfernung des an den Ätzstellen gebildeten Mangansuperoxydes war eine Oxalsäurepassage vorgesehen.

[2]) Ber. der österr. Ges. zur Förderung der chem. Ind. 1879, S. 10.

[3]) Dinglers Polytechn. Journal, Bd. 251, S. 41.

[4]) Wagners Jahresber. 1882, S. 994.

arbeitete ein Verfahren mit Tannin als reservierender Substanz aus (Buntreserven). Lauber empfahl Natriumzitrat, ferner Traubenzucker und Ätznatron. Zur Herstellung echter Roteffekte wurde von Kielmeyer[1]) Natriumaluminat mit gutem Erfolge verwendet. An den durch die Alkalinität dieser Substanz reservierten Stellen wird Tonerde deponiert, so daß beim nachträglichen Ausfärben mit Alizarin ein schönes Rot entsteht. Man druckte mit folgender Reserve:

Aluminatreserve für Rot:

7000 cm³	Tonerdenatron 24° Bé
3400 cm³	Wasser
3400 g	dunkelgebrannte Stärke
400 cm³	Natronlauge 38° Bé

Dann wurde mit Anilinschwarz überdruckt, hierauf verhängt, anschließend in üblicher Weise degummiert (Soda-Kreide-Kuhmistbad bei 65° C), gewaschen und zum Schluß in Alizarin ausgefärbt.

Dieses Kielmeyer'sche Verfahren wird in modifizierter Form auf vorgeklotzter Ware (nach Prud'homme) im Tücheldruck zum Teil noch heute angewendet.

Die Herstellung weißer und bunter Effekte auf beidseitig durchgefärbtem Anilinschwarz wurde zuerst von H. Köchlin[2]) auf einem umständlichen und mit mannigfachen Schwierigkeiten verknüpften Wege versucht. Das Gewebe wurde dabei zuerst mit Manganbister grundiert und dieser dann mit Zinnsalzätzen bedruckt. Hierauf klotzte man mit Anilinsulfat und entwickelte das Schwarz.

Die einwandfreie Lösung des Problems der Weiß- und Buntbemusterung von beiderseits durchgefärbtem Anilinschwarz geschah jedoch durch Prud'homme und Woltschaninoff im Jahre 1884, und zwar mit Hilfe des von der Firma Mather & Platt in Manchester wenige Jahre vorher konstruierten Schnelldämpfers (1879).

Prud'homme[3]) fabrizierte den nach ihm benannten Artikel in der Manufaktur Prochoroff in Moskau, doch gab er selbst nur wenig Aufschluß über die Einzelheiten des Verfahrens[4]). Nähere Angaben wurden später von Krafft und Bühring veröffentlicht, doch erst Lauber[5]) gab eine ganz ausführliche Beschreibung der praktisch eingehaltenen Arbeitsweise.

Nach Dr. Lauber wird die gut gebleichte Ware zuerst mit folgender Anilinschwarzpräparation foulardiert und in der Hotflue bei 50—60° C getrocknet:

I	5400 g	Natriumchlorat, gelöst in
	58 l	Wasser
II	10800 g	Ferrozyankalium, gelöst in
	58 l	Wasser
III	16800 g	Anilinsalz, gelöst in
	58 l	Wasser

Diese drei Lösungen werden vor Gebrauch kalt gemischt.

Die Laufzeit der Ware in der Hot-flue und die Temperatur in letzterer sind so zu regeln, daß die Ware gerade trocken herauskommt, aber noch nicht vergrünt aussieht. Auf zu stark vergrünter Ware erhält man keine reinen und leb-

[1]) Kielmeyer: „Entwicklung des Anilinschwarz", Leipzig 1893.

[2]) Bull. Soc. Chim. Paris 1881, S. 286.

[3]) Siehe auch den Nachruf für den im Jahre 1927 verstorbenen, verdienstvollen Chemiker-Koloristen in Revue Mensuelle de l'Association des Chimistes de l'Industrie textile, Jahrgang 1927, S. 249—250 (Maurice Prud'homme).

[4]) Versiegeltes Schreiben, hinterlegt am 17./29. Dezember 1884 bei der Industriellen Gesellschaft in Mülhausen.

[5]) Färber-Zeitg. 1897, S. 65, 104.

haften Bemusterungseffekte. Die mit der Schwarzbrühe geklotzte und getrocknete Ware muß deshalb auch möglichst bald mit den Ätzreserven bzw. Reserven bedruckt werden.

2. Verbessertes Anilinschwarzklotzverfahren nach Prof. Tschilikin (Moskau[1]).

Wie bereits beim Direktdruck von Anilinschwarz erwähnt, hat M. M. Tschilikin als erster darauf hingewiesen, daß diese Anilinschwarzflotten freies Anilin enthalten, wodurch zur Bildung der beträchtlich gesundheitsschädlichen Anilindämpfe beim Trocknen der imprägnierten Gewebe direkte Veranlassung gegeben wird. Wissenschaftlich-technische Untersuchungen Tschilikin's ergaben vor allem, daß 21—25% des Anilingehaltes der nach bisher üblichen Vorschriften bereiteten Klotzflotten beim Trocknen der damit geklotzten Waren verloren gehen[2]), weshalb die Rationalisierung der Methoden zur Erzeugung von Anilinschwarz auf der Faser auch noch vom rein ökonomischen Standpunkt besondere Wichtigkeit erlangte. Die aus den zahlreichen Versuchen Tschilikin's entstandene Erkenntnis und deren praktische Folgerungen sind in jeder Hinsicht außerordentlich wertvoll für die Anilinschwarztechnik und als Errungenschaft vorbildlicher Forscherarbeit von dauernder Bedeutung.

Für rationelle und in hygienischer Hinsicht unschädlichere Arbeitsweise ist es auf Grund der Feststellungen Tschilikin's bei der Abänderung der Vorschriften für das Prud'homme'sche Verfahren zunächst erforderlich, die Anilinmenge von 80 g bis auf 60 g im Liter Klotzbrühe zu vermindern, ferner derselben einen kolloiden Körper wie z. B. Tragant (40 g in 1000 cm^3 Wasser) zuzusetzen und den faserschwächenden Einfluß der Säuren beim Dämpfen der Gewebe durch Zugabe geeigneter nichtflüchtiger Substanzen auszuschalten. Außerdem sind noch verschiedene Vorsorgen in den Trockenapparaten (Temperatur nicht höher als 50° C, in der letzten Abteilung des Warenlaufes muß ein Gegenstrom von kühler Luft vorgesehen werden) und im Schnelldämpfer (Temperatur nicht über 95° C, eher etwas niedriger, ferner genügend feuchter Dampf) von beachtlichem Einfluß für den zweckdienlichsten Arbeitsvorgang.

3. Weißätzreserven.

Krafft und Bühring[3]) gaben zur Herstellung einer Weißätzreserve auf Prud'homme-Klotz nachstehende Vorschrift:

10000 g	gebrannte Stärke
6000 g	Wasser und
16000 g	essigsaurer Kalk 16° Bé kochen und nach dem Erkalten
5000 g	essigsaures Natron sowie
5000 g	Natronlauge 20° Bé zufügen
42000 g	

Für gelbe, rote und blaue Ätzreserven wurden Chromgelb bzw. Zinnober und Ultramarin verwendet. Z. B.:

---

[1]) M. M. Tschilikin (Moskau): „Über die Untersuchung von Anilinschwarz". Melliands Textilberichte, 1927, S. 265—269.

[2]) Siehe auch die Veröffentlichung des von Dr. rer. techn. Ernst Kraus (Reichenberg) am 10. Dezember 1927 anläßlich der wissenschaftlichen Tagung der Sektion Tschechoslovakei des Internationalen Vereines der Chemiker-Koloristen in der Handels- und Gewerbekammer zu Reichenberg gehaltenen Vortrages: „Die Anwendung der Lehren der physikalischen Chemie zur Erklärung und Vermeidung der Anilinverluste bei Anilinschwarz" in Melliands Textilberichte, 1928.

[3]) Romens Journal 1886, S. 226.

Gelbätzreserve:

10000 g	Chromgelb in Teig
600 g	Albuminwasser
2000 g	essigsaures Natron
300 g	Natronlauge 20° Bé

Die Prud'homme'sche Weißätzreserve zeigte folgende Zusammensetzung:

2000 g	dunkelgebrannte Stärke
4000 cm³	Wasser
750 g	Natriumazetat
500 g	Natronlauge 20° Bé und
250 g	Natriumbisulfit 36° Bé
7500 g	

Aus diesen ursprünglichen Vorschriften ist zu ersehen, daß vor allem die Natronlauge der Ätzreserve an den Aufdruckstellen die Entwicklung des Schwarz verhindert. Gute Resultate erhält man jedoch auch mit Natriumazetat allein, bessere mit Natriumazetat und Natriumbisulfit oder mit Natriumazetat und Kaliumsulfit bzw. mit Kaliumsulfit allein, sowie mit Natriumthiesulfat.

Theoretisch ist das Alkali das beste Reservierungsmittel, da die Anilinschwarzbildung von der Anwesenheit von Säuren abhängig ist. Die durch Aufdruck von verdicktem Alkali herstellbaren Weißeffekte genügen aber hochgespannten Ansprüchen nicht, ganz abgesehen von der bei dieser Arbeitsweise bestehenden Gefahr der Hofbildung bzw. des Fließens der Druckfarbe.

Den Sulfitätzreserven setzt man daher in der Regel eine weiße Körperfarbe zu, welche beim Druck in die Zwischenräume des Gewebes eindringt und diese ausfüllt, so daß eine glatte und wirkungsvoll weiß kontrastierende Bemusterung entsteht. Man verwendet dazu meist Zinkweiß, ferner Blanc fixe oder Lithopone; letzteres ist ein Gemisch von Schwefelzink und Bariumsulfat. Auch gefälltes Kalziumkarbonat (Carbalin) dient dem gleichen Zwecke.

Die Verwendung von Ätznatron in den Ätzreserven ist aus vorgenannten Gründen aufgegeben worden. Für den wichtigen Trauerartikel gebraucht man fast allgemein entweder Kaliumsulfit allein oder Kaliumsulfit und Natriumazetat.

Die mit der Ätzreserve bedruckte Ware erhält zur Entwicklung des Schwarz eine kurze Passage im Schnelldämpfer, läuft dann breit durch ein 40—50° C warmes Chromierungsbad (5 g Natriumbichromat oder 5 g Natriumbichromat und 5 g Soda kalz. per Liter) und wird zum Schluß gewaschen.

Zur Herstellung von Weißeffekten können ferner Sulfoxylate (Rongalit C oder CW) verwendet werden, denen man nach Bedarf Zinkweiß und Natriumazetat oder Natriumformiat, Pottasche u. dgl. zusetzt.

Besondere Bedeutung erlangte Zinkoxyd als reservierende Substanz; es wurde in England als Vordruckreserve schon seit dem Jahre 1880 benutzt[1]). Das Zinkoxyd besitzt neben seiner reservierenden Wirkung noch den bereits erwähnten Vorteil, daß es an den Aufdruckstellen teilweise adsorbiert bleibt und dadurch ein plastisches Weiß liefert.

Nachstehend einige praktisch erprobte Vorschriften zur Herstellung von Weißätzreserven auf Anilinschwarzklotzung:

Ätzreserve nach Ad. Kerteß:

3000 g	essigsaures Natron und
5000 g	Solvay-Soda in
4000 g	Weizenstärkeverdickung lösen und nach dem Erkalten
250 cm³	Natriumbisulfit 38° Bé zugeben

[1]) Bei „The Thornliebank Co., Ltd." in Glasgow (nach I. Riley).

Ätzreserve mit Kaliumsulfit:

730 g	Kaliumsulfit 45° Bé mit
270 g	Britishgum erwärmen
1000 g	

oder

300 g	Kaliumsulfit 45° Bé
150 g	Natriumazetat
2 g	Ultramarin
548 g	Stärke-Tragantverdickung
1000 g	

Zinkoxydreserve:

200 g	Zinkoxyd,
50 g	Glyzerin,
150 g	Britishgum und
250 g	Wasser gut vermischen, dann nochmals
250 g	Wasser zusetzen und kochen. Zuletzt
100 g	essigsaures Natron zugeben
1000 g	

oder

5000 g	Zinkoxyd
4000 cm³	Wasser
16300 g	Britishgum
9000 cm³	Wasser
13000 g	essigsaures Natron
9000 g	Kaliumsulfit 45° Bé
1200 g	Glyzerin
1000 g	Terpentinöl
1000 g	Rüböl
59500 g	

Rongalitätzreserve:

2000 g	Rongalit C
2500 g	Stärke-Gummiverdickung
3700 g	Wasser
2000 g	Zinkoxyd
1650 g	ameisensaures Natron

Kaliumsulfitätzreserve mit Lithopone:

200 g	Lithopone 30%ig
210 g	Britishgum-Pulver
360 g	Kaliumsulfit 45° Bé
230 g	essigsaures Natron
1000 g	

Ätzalkalische Sulfitätzreserve:

15 kg	Britishgum
5 kg	Natronlauge 40° Bé
2 kg	Natriumbisulfit 38° Bé

4. Weiß- und Buntreserven (Vordruckreserven).

Verfahren nach W. P. Whitehead. Die aus England stammende und hauptsächlich auch dort praktizierte Arbeitsweise des Vordruckens von Zinkoxydreserven[1]) auf ungeklotzte weiße Ware stellt ein direktes Reservierungsverfahren unter Anilinschwarzfärbungen vor, zum Unterschied von der besprochenen Methode des Aufdruckes von Ätzreserven auf vorgeklotzte Ware. Zu einer Umkehrung des Prud'homme'schen Verfahrens entschloß man sich ferner auch in einigen russischen Druckereien, da sich beim Arbeiten auf vorpräparierten Geweben anfangs mancherlei Schwierigkeiten einstellten, besonders

[1]) Engl. Patent Nr. 1351 vom 11. April 1893, erteilt an W. P. Whitehead.

durch das Vergrünen der präparierten Gewebe, bevor dieselben zum Bedrucken gelangten, wodurch naturgemäß sowohl ein schlechtes Weiß als auch trübe Bunteffekte resultierten.

Durch Vordruck von Zinkoxydreserve und nachheriges Foulardieren mit Anilinschwarzbrühe werden solche Unannehmlichkeiten ausgeschaltet, da eine bequemere Arbeitseinteilung Platz greift. Während man bei vorpräparierter Ware den Aufdruck der Ätzreserven am gleichen Tage vorzunehmen genötigt ist und deshalb die Foulardierarbeit mit der Druckmanipulation durch sorgfältige Arbeitseinteilung in Einklang bringen muß, kann man vorbedruckte Ware zu jedem beliebigen, späteren Zeitpunkte klotzen und fertigstellen.

Die mit Zinkoxydreserve bedruckte, weiße Ware wird scharf getrocknet und bleibt in aufgerolltem Zustande liegen, bis man zu gegebener Zeit in Anilinschwarzflotte foulardiert. Ein kurzes Dämpfen der bedruckten Ware im Schnelldämpfer ist nur dann erforderlich, wenn die Druckpaste mit Albuminzusatz bereitet wurde.

Man klotzt zweckmäßig auf einem Zweiwalzenfoulard und zwar in der Weise, daß das Gewebe nicht direkt durch die Flotte geführt wird, sondern nur zwischen den beiden Foulardwalzen mit der rechten Seite nach unten hindurchläuft; die untere, mit Stoff umwickelte Foulardwalze besitzt einen größeren Durchmesser als die obere und bewegt sich selbstverständlich in der Flotte des Foulardtroges. Vor dem Foulard kann auch noch eine kleine Trockentrommel angebracht werden, damit die Ware gründlich getrocknet zur Imprägnierung gelangt[1]).

Das Trocknen der geklotzten Gewebe geschieht am besten auf Trockentrommeln, welche direkt hinter dem Foulard aufgestellt, also mit demselben zu fortlaufender Arbeit kombiniert sind; dadurch wird ein Fließen der Reserven vermieden. Die ersten Trommeln dieses Trockensystems umwickelt man mit Kattun oder läßt nur wenig Dampf einströmen, um ein allmähliches Trocknen zu erreichen bzw. ein Übertrocknen zu vermeiden.

Außer Zinkoxyd ist auch, wie schon erwähnt, gefälltes Kalziumkarbonat (Carbalin) sehr gut für Weißreserven geeignet; der Druckpaste setzt man in diesem Falle vorsichtshalber etwas Sodalösung zu. In jedem Falle muß zum Farbauftrag eine Bürstwalze in Anwendung kommen und außerdem möglichst tief gravierte Kupferzylinder. Für Buntreserven werden basische Farbstoffe verwendet, die zwar sehr lebhafte Illuminationseffekte ergeben, doch bei dieser Ferrozyanzinkfixierung nur mäßige Licht- und Waschechtheit aufweisen. Das Zinkoxydreserveverfahren ist für feine Bemusterungen nicht besonders geeignet, besser dagegen für alle größeren Musterflächen.

Verbessertes Verfahren bezüglich Herstellung von Zinkoxydreserven nach G. Knoop[2]). Die vorbeschriebene Arbeitsweise des Druckens von Zinkoxydreserve auf weiße Ware und nachträgliches Klotzen mit Anilinschwarzflotte erfordert besondere Vorsichtsmaßregeln, um das Fließen der Reserve zu verhüten. Auf Grund der Beobachtung, daß eine Lösung von Anilinsalz bei Zumischung von Natrontürkischrotöl einen gelatinös-undurchsichtigen Niederschlag liefert, hatte G. Knoop die Idee, diese Reaktion zwecks Bildung einer geeigneteren Schutzschicht auf dem Gewebe durch Herstellung der entsprechenden Reserve praktisch auszuwerten. Bei Anwendung einer Reserve aus Gummiverdickung, Türkischrotöl von hohem Rizinusölgehalt (75%ig) und Zinkoxyd-

[1]) Siehe auch: „Kleines Handbuch der Färberei", Band IV (Druckerei), 2. Auflage, 1924, S. 110. (Leopold Cassella & Co., G. m. b. H., Frankfurt a. M., nunmehr Werk Mainkur der I. G. Farbenindustrie A.-G.).

[2]) Versiegeltes Schreiben Nr. 1889, hinterlegt von G. Knoop am 16. März 1905 bei der Industriellen Gesellschaft in Mülhausen i. E.; der Bericht über die Nachprüfung des Verfahrens findet sich in der Revue Mensuelle de l'Association des Chimistes de l'industrie textile 1928, S. 17—19.

pulver gelang es Knoop auch tatsächlich, scharf stehende Bemusterungseffekte zu erzielen. Zur Herstellung von Buntreserven werden der Weißreserve einfach die erforderlichen basischen Farbstoffe in genügender Menge zugegeben.

Weißreserve (Druck auf ungeklotzte Ware) nach G. Knoop:

1000 g	Gummiwasser
370 g	Zinkoxyd in Pulver
500 g	Natrontürkischrotöl 75%ig

5. Bunte Ätzreserven.

Zur Erzeugung von Bunteffekten verwendete man ursprünglich, wie bereits erwähnt, Körperfarben, die man dann auch mit Anilinfarben schönte. Später benutzte man basische Farbstoffe für sich allein, und zwar entweder mittels Tannin-Antimon oder mittels Ferrozyanzink fixiert. Die basischen Farben wurden auch als Lacke oder einfach als Farbstofflösung, in beiden Fällen mit Albumin in der Druckfarbe, angewendet.

Bunteffekte mit Pigmentfarben und Farbstofflacken. Die Pigmentfarben und Farbstofflacke wurden mit Albumin fixiert und als ätzendes Agens meist essigsaures Natron angewendet. Z. B.:

10000 g	Pigment
4400 g	Tragantschleim (60 : 1000)
3000 g	Albuminwasser 1 : 1
2600 g	essigsaures Natron krist.
20000 g	

Das Albumin koaguliert im Dampf und fixiert so den Lack an den gleichzeitig durch das Natriumazetat geätzten Stellen der Anilinschwarzklotzung.

Bunteffekte mit basischen Farbstoffen. Die Fixierung der Bunteffekte mit basischen Farbstoffen mittels Tannin wurde von Grafton und Browning[1]) in der Weise vorgenommen, daß die Ware zuerst mit Tannin und Brechweinstein vorbehandelt wurde; hierauf klotzte man mit einer etwas sauer gehaltenen Anilinschwarzbrühe (wegen der reduzierenden Eigenschaften des Tannins), bedruckte (mit basischem Farbstoff + Natriumazetat), dämpfte und chromierte. C. Donald[2]) gab Tannin oder Brechweinstein zur Anilinschwarzflotte, wodurch eine Operation erspart wurde. Die Arbeitsweise nach Grafton und Browning ergab die besten Resultate, doch arbeitete man meist nach den Angaben von Donald, indem man die Ware entweder zuerst mit Tannin präparierte und der Anilinschwarzflotte „Antimonsalz"[3]) zusetzte oder dem Anilinschwarzbade Tannin zugab und eine brechweinsteinhaltige (oder antimonsalzhaltige) Druckfarbe anwendete.

Herstellung von Bunteffekten mit basischen Farbstoffen nach dem Donald'schen Verfahren:

Anilinschwarzflotte:

I	289 g	salzsaures Anilin und
	10—15 g	Tannin in einer Lösung auf
	1 Liter	einstellen
II	186 g	Ferrozyankalium in
	1 l	Wasser lösen
III	93 g	chlorsaures Natron in
	1 l	Wasser lösen

[1]) D. R. P. Nr. 70793 vom 14. August 1892.
[2]) Amerik. Patent Nr. 491961 vom 17. Februar 1893.
[3]) Von Caberti und Peco empfohlen $\{SbFl_3 + (NH_4)_2SO_4\}$; siehe Färber-Zeitg. 1895, S. 346.

Die Lösungen I, II und III werden zu gleichen Teilen kalt gemischt. Die so erhaltene Klotzbrühe ist nur beschränkte Zeit haltbar und muß deshalb möglichst bald verbraucht werden.

Nach vorsichtigem Trocknen in der Hotflue bedruckt man mit folgender Buntätzreserve:

20—30 g	basischen Farbstoff in
100 g	Essigsäure 6° Bé sowie
170 g	Wasser lösen, mit
500 g	Verdickung verrühren
200 g	essigsaures Natron zugeben
1000 g	

Verdickung:

350 g	Britishgum
50 g	Weizenstärke
540 g	Wasser
60 g	Antimonsalz
1000 g	

Die bedruckte und getrocknete Ware wird dann im Schnelldämpfer kurz gedämpft, breit durch ein 40—50° C warmes Chrombad genommen (ca. 5 g Natriumbichromat und 5 g Soda kalz. per Liter) und gewaschen.

Bei der Arbeitsweise mit Vortannierung foulardiert man die Ware zuerst mit 8—10 g Tannin pro Liter, trocknet und klotzt mit einer Anilinschwarzbrühe, welche 20 g Antimonsalz im Liter enthält. Statt antimonsalzhaltiger Anilinschwarzflotte kann auch mit brechweinsteinhaltiger Druckfarbe gearbeitet werden. Die Farbwerke Höchst a. M. haben dazu die Verwendung von Natriumbrechweinstein empfohlen:

400 g	Britishgum
360 g	Kaliumsulfit 45° Bé
30 g	Neumethylenblau N
20 g	Natriumbrechweinstein
100 g	Essigsäure 6° Bé
90 g	Wasser
1000 g	

Für derartige Kaliumsulfitbuntreserven sind nur die sulfitbeständigen basischen Farbstoffe geeignet (Irisamin G, Rhodamin 6 G, Tanninheliotrop, Methylenblau, Neumethylenblau, Brillantgrün, Diamantphosphin, Safranin usw.).

Die mittels Tanninfixierung erhaltenen Bunteffekte sind nicht so lebhaft, doch echter als die beim Aufdruck basischer Farben mit Albumin erzielten; die mangelnde Lebhaftigkeit wird verursacht durch die Trübung des Tannins durch das Eisen der Ferrozyanverbindung auf dem geklotzten Gewebe.

Bunteffekte mit basischen Farbstoffen durch Fixierung mittels Ferrozyanzink. Zur Herstellung sehr lebhafter Buntbemusterungen mit basischen Farbstoffen unter Anilinschwarz verwendet man hauptsächlich Zinkoxyd[1]) mit essigsaurem Natron oder essigsaures Zink[2]) sowie verschiedentlich auch Zinkoxyd mit Kaliumsulfit (oder Natriumbisulfit) als reservierende Substanzen. Zur besseren Fixierung der entstehenden Zinklacke setzt man den Druckfarben oft auch noch Ei- oder Blutalbumin zu.

[1]) W. P. Whitehead: Engl. Patent Nr. 1351 vom 11. April 1893.

[2]) The Thornliebank Company, Ltd. and W. E. Kay: Engl. Patent Nr. 713 vom 12. Januar 1893.

Die mit Anilinschwarzbrühe geklotzte und getrocknete Ware wird z. B. bedruckt mit:

15 g Rhodulinblau GO (Leverkusen)
70 g Wasser
115 g Essigsäure 6° Bé
800 g Verdickung
1000 g

Verdickung:

390 g Wasser
150 g essigsaures Natron
50 g Zinkoxyd und
250 g Britishgum kochen; nach dem Erkalten
160 g Albuminwasser 1 : 1 zugeben
1000 g

oder

20 g Rhodulingelb T (Leverkusen)
30 g Azetin
100 g Wasser
200 g essigsaures Zink
550 g Stärke-Tragantverdickung
100 g Albumin 1 : 1
1000 g

bzw. mit sulfithaltiger Zinkoxydreserve:

30 g basischen Farbstoff in
30 g Glyzerin und
170 g Wasser lösen, in
120 g neutrale Stärke-Tragantverdickung oder Britishgum-Verdickung (1 : 1) einrühren und nach dem Erkalten
650 g Zinkweißverdickung zugeben
1000 g

Zinkweißverdickung:

260 g Zinkoxyd
160 g Wasser
30 g Glyzerin
460 g neutrale Stärke-Tragantverdickung und
45 g Terpentinöl werden in einer Farbreibmühle (Konusmühle) gut vermahlen und dann
45 g Natriumbisulfit 38° Bé zugegeben
1000 g

Stärke-Tragantverdickung:

110 g Weizenstärke
660 g Wasser
200 g Tragantschleim 60 : 1000
30 g Olivenöl; kochen
1000 g

Nach dem Druck mit irgendeiner dieser Ätzreserven wird die Ware in gleicher Weise wie bei Tanninfixierung etwa 3—5 Minuten im Schnelldämpfer gedämpft und dann breit durch ein Chromkalibad passiert. Vielfach wendet man auch nur eine heiße Wasserglas- oder Sodapassage an.

Die Zinkoxydbuntreserven können in der für die für Zinkoxydweißreserven bereits angegebenen Weise auch direkt auf unpräparierter Ware (also als Vordruckreserve) angewendet werden.

Über die Wirkungsweise des Zinkoxdys hat H. Schmid[1]) folgende Erklärung gegeben:

$$2\,C_6H_5NH_2 \cdot HCl + ZnO = ZnCl_2 + H_2O + 2\,C_6H_5NH_2.$$

Demnach wird das Anilin der Oxydation entzogen und das gebildete Zinkchlorid ergibt durch Umsetzung mit Ferrozyankalium das Ferrozyanzink, welches den basischen Farbstoff fixiert.

Buntreserven mit basischen Farbstoffen bei Fixierung mit Katanol O[2]). Die vorgenannten Methoden der Illuminierung von Anilinschwarz mit basischen Farbstoffen sind seit der Einführung des Katanols durch die Farbwerke Leverkusen nahezu verdrängt worden. Obwohl bis jetzt noch kein durchaus einwandfreies Verfahren aufgefunden wurde, um das Katanol gemeinsam mit dem Farbstoff in der Druckfarbe anwenden zu können, so hat sich doch die erforderliche Arbeitsweise des Vorklotzens der Ware mit diesem Fixierungsmittel infolge der wesentlich erhöhteren Waschechtheit der erzielten Bunteffekte gegenüber jenen mit Tannin ebenso rasch wie allgemein eingebürgert. Zusatz von Katanol zur Anilinschwarzflotte ist nicht angängig, weil das Produkt durch die saure Flotte ausgefällt wird.

Die gebleichte Ware wird also zunächst mit folgender Katanollösung geklotzt und möglichst beidseitig auf der Zylindertrockenmaschine oder in der Hotflue getrocknet.

Katanol O-Klotz:

10 g Katanol O gelöst in
5 g Monopolbrillantöl oder Türkischrotöl
1 g Soda kalz. und
1 l heißem Wasser

Falls die geklotzte Ware nicht sogleich weiterbehandelt werden kann, so ist die Lagerung derselben in säurefreien Räumen vorzunehmen.

Die katanolisierte Ware wird dann mit einer Anilinschwarzbrühe foulardiert, welche zwecks Neutralisierung der auf dem Gewebe mitbefindlichen Soda schwach mit Essigsäure oder besser mit Ameisensäure angesäuert ist.

Anilinschwarzklotz für katanolisierte Ware:

I { 79 g Anilinsalz
280 g heißes Wasser
II { 54 g Ferrozyankalium
278 g heißes Wasser
III { 31 g chlorsaures Natron
273 g heißes Wasser

I, II und III kalt zusammengießen und
5 g Ameisensäure 90%ig zugeben.

1 Liter

Statt Ferrozyankalium verwendet man vielfach zur Erzielung eines blaustichigeren Schwarz die entsprechend erhöhte Menge Ferrozyannatrium, oder ein Gemisch aus beiden Salzen.

Zur Herstellung der bunten Ätzreserven verwendet man Kaliumsulfit mit essigsaurem Zink und etwas Zinkoxyd, wodurch die lebhaftesten Töne mit den basischen Farbstoffen erhalten werden. Diese Ätzreserven sind bei Auswahl geeigneter Farbstoffe auch bei längerem Stehen gut haltbar.

[1]) Chemiker-Zeitg. 1902, S. 272.

[2]) Siehe auch Melliands Textilberichte 1924, S. 119/120: „Neuere Erfahrungen mit Katanol im Zeugdruck" von Dr. Richard Fischer in Leverkusen.

Buntätzreseren mit Kaliumsulfit:

10— 40 g	basischer Farbstoff werden mit Verdickung aus
{ 300 g	essigsaurem Zink 10^0 Bé,
{ 270—240 g	Industriegummi-Pulver sowie
{ 50 g	Glyzerin gelöst und dann mit
100 g	Kaliumsulfit 45^0 Bé,
{ 66 g	Zinkweiß in
{ 134 g	Kaliumsulfit 45^0 Bé und
70 g	Olivenöl verrührt
1000 g	

Essigsaures Zink 10^0 Bé:

400 g	essigsaures Blei, gelöst in
750 g	heißem Wasser, mit
300 g	Zinksulfat gelöst in
750 g	heißem Wasser fällen, filtrieren und auf
10 Bé einstellen	

Weißätzreserven neben Buntreserven mit Katanol O. Für *Weißätzreserven neben den Buntätzreserven* hat sich gefälltes Zinkkarbonat[1]) mit Kaliumsulfit vorteilhafter erwiesen als das meist ziemlich gelbe Zinkoxyd, welches auf der an und für sich gelblichgrauen Katanolbeizung keine einwandfreien Resultate ergibt. Auch eine mit Lithopone versetzte Kaliumsulfit-Ätzreserve (siehe S. 372) ist gut geeignet, und zwar besonders deshalb, weil der resultierende Weißeffekt beim Waschen weniger leicht einfärbt.

Weißätzreserve mit Zinkkarbonat:

200 g	Zinkkarbonat $20^0/_0$ig
204 g	neutrale Stärke-Tragantverdickung
360 g	Kaliumsulfit 45^0 Bé
235 g	essigsaures Natron
1 g	Ultramarin
1000 g	

Zinkkarbonat-Teig $20^0/_0$ig:

180 g	Zinksulfat werden in
400 g	Wasser gelöst und in eine Lösung von
67 g	Soda kalz. in
1000 g	Wasser eingerührt. Nach dem Aufkochen läßt man absitzen, dekantiert und stellt
auf 200 g ein.	

Die mit den Weiß- und Buntätzreserven bedruckte und getrocknete Ware wird 3—4 Minuten im Schnelldämpfer gedämpft und passiert dann im ersten Kasten einer Breitwaschmaschine ein kaltes bis lauwarmes Bad, das mit 0,5 bis 1 g Katanol O und 0,05 bis 0,1 g Soda kalz. pro Liter besetzt ist. Anschließend wird fertig gewaschen und getrocknet[2]).

Man kann auch in der Weise arbeiten, daß man die Ware direkt mit Anilinschwarzflotte klotzt, mit den Ätzreserven bedruckt und im Schnelldämpfer dämpft. Die Fixierung der basischen Farbstoffe erfolgt dann erst nachträglich in der Breitwaschmaschine, indem man im ersten Kasten leicht chromiert, hierauf

[1]) Zuerst von Dr. *Alfred Oppé* von der Krefelder Textil-Forschungsanstalt als Zusatz zu Rongalitätzen auf zinnerschwerter Seide empfohlen. Siehe Melliands Textilberichte 1923, S. 540/541 sowie die „Mitteilungen der Textil-Forschungsanstalt Krefeld“ vom Juli 1923: Dr. Alfred Oppé: „*Rongalitätzen im Seidendruck*“ (als Manuskript gedruckt).

[2]) Sehr schönes Mustermaterial ist in Karte Nr. 2863 der I. G. Farbenindustrie A.-G., Farbenfabriken vorm. Friedr. Bayer & Co., Leverkusen, illustriert: „Weiß- und Buntreserven unter Dampfanilinschwarz mit Katanol O (Druckmuster aus der Praxis)“.

spült und im nächsten Kasten bei 50° C durch ein Katanolbad passiert, das 10 g Katanol O im Liter Wasser enthält; dann wird fertig gewaschen.

An Stelle von Katanol O kann man in jedem Falle auch Katanol W zur Fixierung der basischen Farben verwenden, wodurch ein etwas reineres Weiß erzielt wird; die Waschechtheit dieser Bunteffekte ist aber nicht so gut als jene auf Katanol O.

Bunteffekte mit basischen Farben und Katanol nach Verfahren Sazanoff. Zu erwähnen ist auch hier noch das Verfahren von P. P. Sazanoff[1]), nach welchem Bunteffekte mit basischen Farbstoffen unter Anilinschwarz durch direkte Zugabe von Katanol zur Ätzreserve erhältlich sein sollen. Sazanoff empfiehlt bekanntlich die Verwendung der freien Farbbasen basischer Farbstoffe bzw. auch deren Leukoverbindungen, mit denen Katanol in der Druckfarbe keine Lackbildung eingeht. Der in heißem Wasser gelöste basische Farbstoff wird durch Zugabe von Lauge zuerst in die freie Farbbase übergeführt, dann in eine Kaliumsulfit- oder in eine Zinkoxydreserve eingetragen und Katanollösung zugegeben. Das Verfahren gibt aber im allgemeinen viel zu helle Bunteffekte, vermutlich weil der Farbstoff als Base ungenügend fixiert wird.

Die diesbezüglich näheren Angaben der Patentschrift lauten für je 1000 g Druckfarbe z. B.:

10 g	Auramin O
180 g	heißes Wasser
160 g	Natronlauge 38° Bé
100 g	Kaliumsulfit
25 g	Türkischrotöl
150 g	Katanol 1 : 2 (mit Wasser)

oder

10 g	Thioninblau GO (Höchst)
200 g	heißes Wasser
50 g	Natronlauge 38° Bé
250 g	Zinkoxyd 1 : 1 (mit Glyzerin)
100 g	Kaliumsulfit
25 g	Türkischrotöl
75 g	Katanol 1 : 2 (mit Wasser)
20 g	Hydrosulfit NF 1 : 1

Die mit Anilinschwarzflotte geklotzte und getrocknete Ware wird mit diesen Ätzreserven bedruckt, zwecks Entwicklung und Fixation der Katanollacke im Schnelldämpfer gedämpft, dann durch ein essigsaures Chrombad genommen und zum Schluß gewaschen und geseift.

Über die Anwendung dieser Arbeitsweise im Großbetriebe und die damit erzielten Resultate sind jedoch bisher noch keine verläßlichen Berichte zu verzeichnen. Verschiedentlich versuchsweise ausgeführte Nachprüfungen der Originalangaben lassen dieses Verfahren nicht so ohne weiteres anwendbar erscheinen. Jedenfalls zeigt es aufs neue die Bemühungen, im Zeugdruck zu einer vereinfachten Arbeitsweise mit Katanol zu gelangen.

Buntätzreserven mit basischen Farbstoffen und Rongalit. Bald nach der Einführung der Sulfoxylate versuchte man auch diese Substanzen für Ätzreserven auf Anilinschwarzklotz in Anwendung zu bringen. Infolge der hervorragenden Reduktionswirkung ergeben die Sulfoxylate auch brauchbare Resultate, doch verwendet man solche Ätzreserven meist nur bei der Herstellung von Spezialartikeln, z. B. für gleichzeitiges Ätzen von Vorfärbungen mit substantiven (Benzidin-, Diamin- usw.) Farbstoffen. Diese Arbeitsweise ist besonders in der Samt-Industrie

[1]) Br. fr., demandé le 12 septembre 1925, No. 603121. Siehe ferner: Revue Mensuelle de l'Association des Chimistes de l'Industrie textile (Paris), Juillet 1926, No. 129, p. 149-151.

üblich, wo vor allem Schwarzfärbungen noch nachträglich mit Anilinschwarz überfärbt bzw. überspitzt werden. Zur Erzielung weißer Ätzreserveeffekte gebraucht man die normalen Weißätzen mit Rongalit CW, denen nach Bedarf noch Zinkweiß oder Natriumazetat, Pottasche usw. zugesetzt werden kann.

Für Bunteffekte können verschiedene Vorschriften in Anwendung kommen, und zwar brechweinsteinhaltige Ätzreserven[1]), tanninhaltige Ätzreserven sowie die Fixierung mittels Ferrozyanzink. Bei Verwendung brechweinsteinhaltiger Ätzreserven ist der Anilinschwarzklotzbrühe Tannin zuzusetzen.

Tanninhaltige Rongalit-Ätzreserve:

30—50 g	basischen Farbstoff in
80 g	Glyzerin und
300 g	Wasser heiß lösen, mit
160 g	Britishgum und
20 g	Weizenstärke anteigen und aufkochen; hierauf bei 70 ° C
100 g	Rongalit C zugeben und unter gutem Umrühren lösen. Nach dem Erkalten
40 g	Phenol oder Alkohol
100 g	Tannin-Glyzerin 1 : 1 sowie
150 g	essigsaures Natron zugeben
1000 g	

Es ist ersichtlich, daß diese Ätzreserven eine ganz ähnliche Zusammensetzung haben wie Buntätzen auf substantiven Färbungen, selbstverständlich sind nur rongalitbeständige basische Farbstoffe anwendbar.

Die gebleichte oder mit Diamin-, Benzidin- usw. Farbstoffen vorgefärbte Ware wird zunächst mit Anilinschwarzbrühe geklotzt und zwar beim Überklotzen von Vorfärbungen mit entsprechend abgeschwächter Flotte. Nach dem Aufdruck der Buntätzreserven dämpft man einige Minuten im Schnelldämpfer, gibt dann ein Brechweinsteinbad und chromiert hierauf bei etwa 50 ° C mit 3—5 g Natriumbichromat und 5 g Soda kalz. pro Liter; anschließend wird die Ware gut gewaschen und getrocknet.

Rongalit-Ätzreserve mit Zinkoxyd für Ferrozyanzinkfixierung:

30—50 g	basischen Farbstoff in
30 g	Glyzerin und
340 g	Wasser heiß lösen, mit
200 g	Zinkweißpaste 1 : 1
180 g	Britishgum und
20 g	Weizenstärke anteigen und kochen. Während dem Abkühlen bei etwa 70° C
100 g	Rongalit C sowie
80 g	essigsaures Natron zugeben und gut verrühren, bis alles gelöst ist
1000 g	

Die Ätzreserve mit Ferrozyanzink ergibt viel lebhaftere Bunteffekte als die tanninhaltige Rongalitpaste, doch liefert letztere die echteren Illuminationen.

Bunteffekte mit substantiven Farbstoffen. Buntätzreserven mit substantiven Farbstoffen werden nur selten bzw. kaum angewendet, weil die damit erzielten Effekte nicht genügend lebhaft und auch nicht besonders waschecht sind. In den Anfangsstadien der Erzeugung des Prud'homme'schen Artikels, als man noch ausschließlich mit Albumin fixierte Körperfarben, basische Farben und Farblacke verwendete, ergaben derart hergestellte Bunteffekte Schwierigkeiten auf Waren, die nachträglich noch gerauht werden mußten. Um das Aufrauhen zu ermöglichen, versuchte man deshalb mit geeigneten Diaminfarben, Benzidinfarben usw. zu arbeiten, die zu diesem Zwecke mit Natronlauge oder Soda oder essigsaurem Natron gedruckt wurden. Bei gerauhten Waren war außer-

[1]) Siehe auch: „Kleines Handbuch der Färberei“ von Leop. Cassella & Cie., Band IV, Druckerei, 2. Auflage 1924, S. 105.

dem auch ein Durchdringen des Buntaufdruckes bis auf die Rückseite des Gewebes wichtig; die mit Albumin fixierten Farben konnten diesem Erfordernis ebenfalls nicht entsprechen. Bezüglich Lebhaftigkeit der Farbeffekte und guter Verrauhbarkeit ergibt jedoch das bereits besprochene Verfahren von Grafton und Browning (mit Tannin fixierte basische Farbstoffe) in jeder Beziehung einwandfreiere Resultate.

Zur Herstellung von Bunteffekten mit substantiven Farbstoffen kann nach folgender Vorschrift gearbeitet werden[1]:

12 g	Benzidin- oder Diaminfarbstoff mit
303 g	Wasser
250 g	Tragantschleim 65 : 1000 und
250 g	neutraler Stärke-Tragantverdickung kochen; dann
20 g	phosphorsaures Natron zugeben und, wenn lauwarm:
150 g	essigsaures Natron sowie
15 g	Natronlauge 36° Bé
1000 g	

Nach dem Bedrucken der mit Anilinschwarzbrühe geklotzten Ware wird dieselbe 3—5 Minuten im Schnelldämpfer gedämpft, durch ein Wasserglasbad oder durch ein Bad von Chromnatron und Soda passiert, gewaschen und getrocknet.

Gelbätzreserve mit Rapidogen G[2]. Während bedauerlicherweise die Rapidechtfarben und die meisten Nitrosamine organischer Basen nicht gut zur Herstellung von Bunteffekten unter Dampfanilinschwarz geeignet sind — weil einerseits die Bildung von Höfen kaum zu vermeiden ist und andererseits die Rückseite dieser Drucke nicht farbig, sondern weiß erscheint —, eignet sich jedoch das Nitrosamin der Echtscharlach GG-Base (Rapidogen G in Teig) in Verbindung mit Naphthol AS—G sehr gut für Gelb unter Schwarz. Man arbeitet nach folgender Rezeptur:

225 g	Rapidogen G in Teig
45 g	Naphthol AS—G,
460 g	Senegalgummi 1 : 1
160 g	Zinkoxyd 1 : 1 sowie
50 g	Schlämmkreide werden vermischt und langsam
60 g	Natronlauge 34° Bé zugegeben
1000 g	

Die mit Anilinschwarzlösung geklotzte und getrocknete Ware wird nach dem Druck 3 Minuten im Schnelldämpfer gedämpft, dann mit 2 g Bichromat und 2 cm^3 Essigsäure pro Liter Wasser bei 50—60 °C behandelt und zum Schluß kochend geseift.

Buntätzreserven mit Produkten der Indigosolgruppe[3]. Nach einem von der I. G. Farbenindustrie A.-G. zum Patent angemeldeten Verfahren können eine Anzahl von Farbstoffen der Indigosolklasse, besonders Indigosolgelb HCG, Indigosolrosa IR extra, Indigosolorange HR, Indigosolscharlach HB, Indigosolviolett AZB, Indigosol O4B, Indigosol AZG und Indigosolgrün IB zur Erzeugung von echten Bunteffekten unter Anilinschwarz benutzt werden[4].

[1] Geeignete substantive Farbstoffe (Benzidinfarben) sind u. a. in der „Tabellarischen Übersicht über Eigenschaften und Anwendung der Farbstoffe der Farbenfabriken vorm. Friedr. Bayer & Co., Leverkusen", II. Teil (Zeugdruck), 2. Auflage 1922, S. 70 angegeben.

[2] Bemustertes Zirkular Nr. 88 vom März 1925 der Farbwerke Agfa-Griesheim-Leverkusen (I. G. Farbenindustrie A.-G.).

[3] Siehe auch bemustertes Zirkular $\frac{\text{Sol 15}}{\text{B}}$ „Indigosole als Buntreserven unter Anilinschwarz" der I. G. Farbenindustrie A.-G. (Frankfurt a. M., Höchst a. M., Leverkusen bei Köln a. Rh., Ludwigshafen a. Rh.) vom Dezember 1926.

[4] Rittner, H. und Dr. Gmelin: Einige praktische Verwendungsmöglichkeiten der Indigosole in der Druckerei. Melliands Textilberichte 1927, S. 530—534.

Buntätzreserve mit Indigosolorange HR:

60 g	Indigosolorange HR
345 g	Wasser
50 g	Glyezin A (Höchst)
30 g	Algosol (Solvenol, Solutionssalz B)
410 g	Weizenstärke-Tragantverdickung
40 g	neutrales oxalsaures Ammon
40 g	Kaliumsulfit 45° Bé
25 g	essigsaures Natron
1000 g	

Die mit Anilinschwarz geklotzte, in der Hot-flue nicht zu scharf getrocknete und dann mit der Indigosolfarbstoff-Ätzreserve bedruckte Ware wird 5 Minuten im Schnelldämpfer gedämpft, dann gewaschen, kochend geseift und gespült.

Buntätzreserven mit Küpenfarbstoffen. Buntätzreserven mit Küpenfarbstoffen bieten mancherlei Schwierigkeiten, vor allem ist meist die Bildung von Höfen kaum zu vermeiden, und außerdem besitzen viele Produkte nicht die erforderliche Lebhaftigkeit des Farbtones.

Beispiel einer Buntätzreserve mit Indanthrenorange RRT:

100 g	Britishgum-Pulver
75 g	gelbes Dextrin
150 g	Kaolin-Teig (1 : 1)
200 g	Indanthrenorange RRT Teig fein
300 g	Natronlauge 40° Bé
150 g	Rongalit C (2 : 1)
10 g	Petroleum
15 g	Wasser
1000 g	

Nach dem Bedrucken der mit Anilinschwarzflotte foulardierten Ware wird dieselbe 3 Minuten im luftfreien Schnelldämpfer bei 101° C gedämpft, dann schwach chromiert, gewaschen und kochend geseift. Zu feuchtes Dämpfen der Drucke ist zu vermeiden, weil dadurch sehr leicht Höfe entstehen; dieselben sind zwar bei hellen Tönen kaum sichtbar, doch in jedem Falle sind dann dunklere Bunteffekte weiß umrändert.

Als vorteilhaft hat sich der Vordruck der Küpenfarben auf weiße Ware erwiesen bei nachträglichem Klotzen mit der Anilinschwarzbrühe[1]). Ein Zusatz von Zinkoxyd als mechanisch und bzw. auch chemisch wirkende Substanz an Stelle von Kaolin ist besonders zweckmäßig, doch ist das Zinkoxyd nicht bei allen Farbstoffen anwendbar.

Beispiel einer Vordruckreserve mit Indanthrenbrillantrosa R:

60 g	Indanthrenbrillantrosa R in Teig werden mit
275 g	Wasser
30 g	Glyzerin
20 g	Natronlauge 40° Bé
60 g	Pottasche
15 g	Solutionssalz B
250 g	Britishgum (Pulver) und
200 g	Zinkweißpaste (1 : 1) gut angerührt und gekocht. Während des Kaltrührens werden bei ungefähr 60° C
10 g	Hydrosulfit konz. Pulver und
80 g	Rongalit C (fein pulverisiert) zugefügt und gelöst
1000 g	

[1]) Ausführlich beschrieben im „Kleinen Handbuch der Färberei", Band IV, Druckerei, 2. Auflage 1924, S. 108—110. (Leop. Cassella & Co., Frankfurt a. M., nunmehr Werk Mainkur der I. G. Farbenindustrie A.-G.).

Nach dem Aufdruck auf die weiße Ware wird 3—4 Minuten im luftfreien Schnelldämpfer bei 101—102° C mit feuchtem Dampf gedämpft (ohne daß die Drucke fließen) und dann in üblicher Weise auf dem zweiwalzigen Foulard mit Anilinschwarzflotte geklotzt. Die präparierte und getrocknete Ware dämpft man hierauf nochmals kurz im Schnelldämpfer (zur Entwicklung des Schwarz), chromiert und seift heiß.

Bessere Resultate als mit alkalischen Druckfarben erhält man bei der Arbeitsweise nach dem patentierten Verfahren vom Verfasser und Fr. Kurzweil[1]) Die mit Anilinschwarzflotte präparierte Ware wird dabei mit Farben bedruckt, welche außer Rongalit noch Eisenvitriol und Zinnsalz enthalten. Analog dem Haller'schen Buntätzverfahren mit Küpenfarben auf Indigofärbungen dämpft man dann die bedruckte Ware im Schnelldämpfer und passiert nachher durch warme Natronlauge von 20° Bé, wodurch der Küpenfarbstoff fixiert wird.

Beispiel einer Buntätzreserve nach Haller und Kurzweil:

120 g	Cibanonblau RS doppelt-Teig
40 g	Cibanonblau GCD doppelt-Teig
840 g	Stammansatz
1000 g	

Stammansatz:

100 g	Schlämmkreide
150 g	Britishgum-Pulver
305 g	Wasser
100 g	Eisenvitriol
60 g	Zinnoxydulteig 50%ig
275 g	Rongalit C
10 g	Terpentinöl
1000 g	

Brauchbare Verfahren wurden ferner auch von Zeidler in Guntramsdorf und Kielbasinski in Lodz ausgearbeitet.

γ) Diphenylschwarz im Zeugdruck.

Das auf Grund der Forschungen von Ed. Ullrich und Viktor Fußgänger über die Oxydation von Derivaten des Diphenylamins von den Farbwerken Höchst a. M. durch D. R. P. Nr. 134559 vom 4. April 1901 geschützte Verfahren zur Herstellung von unvergrünlichem Schwarz aus p-Amidodiphenylamin ist besonders für den direkten Druck von Bedeutung.

Das Arbeiten mit Diphenylschwarzbase ist einfach und sicher, da keine anorganischen Säuren zur Bildung des Schwarz notwendig sind, sondern nur Essigsäure und Milchsäure. Die Faser wird dadurch kaum angegriffen und das Schwarz eignet sich deshalb zum Druck schwerer Partien auf dünnen Stoffen viel besser als Anilinschwarz. Da sich aus dem Oxydationsprodukt des p-Amidodiphenylamins kein Emeraldin bilden kann, so ist das Diphenylschwarz auch unvergrünlich. Als Sauerstoffüberträger sind Blutlaugensalze sowie Sulfate nicht verwendbar, weil die entsprechenden Salze der Diphenylschwarzbase schwer löslich sind; dagegen sind Aluminiumchlorid, Schwefelkupfer, Cerchlorid, vanadinsaure Salze usw. als Sauerstoffüberträger sehr gut geeignet.

Die Höchster Farbwerke haben zahlreiche Vorschriften herausgegeben, von denen sich besonders folgende sehr gut bewährt hat:

[1]) D. R. P. Nr. 408414.

1100 g	Weizenstärke
4500 g	Wasser
1080 g	Essigsäure 6° Bé und
200 g	Olivenöl eine halbe Stunde kochen; in diese dann noch warme Verdickung
300 g	Natriumchlorat einrühren und lösen. Wenn kalt, zugeben:
350 g	Diphenylschwarzbase I (p-Amidodiphenylamin) in
1300 g	Essigsäure 6° Bé und
450 g	Milchsäure 50%ig. Vor Gebrauch noch
180 g	Aluminiumchlorid 30° Bé
100 g	Schwefelkupferteig 30%ig
300 g	Wasser und
140 g	Cerchlorid 43° Bé (oder vanadinsaures Ammon) zu mischen.
10000 g	

Nach dem Drucken und Trocknen wird 2—3 Minuten im Schnelldämpfer gedämpft, dann gewaschen und geseift; eine kurze Seifenpassage erhöht die Lebhaftigkeit des Schwarz. Nachchromieren ist nicht nur entbehrlich, sondern auch für den Farbton nachteilig.

Da beim Dämpfen von Diphenylschwarz die Faser besonders geschont bleibt, so kann man es auch in nicht zu starken Partien neben basischen Farben und Beizenfarbstoffen drucken und dann 1 Stunde dämpfen. Der Farbton von Alizarin-Tonerdelacken wird dabei, im Gegensatz zu Ferrozyandampfschwarz, in keiner Weise beeinträchtigt.

Die Illuminierung von Diphenylschwarzfärbungen ist nur mit Hilfe von Vordruckreserven möglich (Druck der Reserve auf weiße Ware und nachträgliches Klotzen mit Diphenylschwarzflotte), weil sich die Präparation auch bei vorsichtigstem Trocknen zu rasch oxydiert und daher der Aufdruck von Ätzreserven auf vorgeklotztes Gewebe kein reines Weiß liefert. Für Vordruckreserven können die gleichen Vorschriften wie bei Anilinschwarz in Anwendung kommen, z. B.:

750 g	Kaliumsulfit 45° Bé, verdickt man mit
250 g	Britishgum (Pulver)
1000 g	

Die Herstellung von Bunteffekten unter Diphenylschwarzfärbungen kommt in der Praxis aus dem vorangegebenen Grunde kaum in Frage.

δ) Paraminbraun, Fuscaminbraun.

1. Direktdruck.

Unter verschiedenen Namen, wie z. B. Paramin, Fuscamin, Ortamin usw., kommen Paraphenylendiamin, Para- und Metaamidophenol, Diamidodiphenylamin sowie ähnliche Verbindungen und auch Gemische dieser Substanzen in den Handel, die durch Oxydation braune bis olivefarbene Töne von guter Licht- und Waschechtheit ergeben.

Die Anwendung dieser Produkte nach Art der Anilinschwarzherstellung ist zuerst von H. Schmid[1]) empfohlen und das Verfahren von der Badischen Anilin- und Sodafabrik übernommen worden. Letztere liefert das Paraphenylendiamin unter der Bezeichnung Paramin, das m-Amidophenol als Fuscamin und ferner noch ein Produkt unter dem Namen Ortamin. Die Verwendung dieser Substanzen im Zeugdruck ist jedoch eine ziemlich beschränkte, weil die damit herstellbaren Brauntöne im allgemeinen nur für weniger gangbare Artikel in Betracht kommen.

[1]) D. R. P. Nr. 176062 vom Jahre 1904.

Druckfarbe mit Paramin (B. A. S. F.):

20 —25 g		Paramin
187	cm³	heißes Wasser
634	g	Stärke-Tragantverdickung
1,5— 2	g	Natriumchlorat
50	cm³	Wasser
20 —25	g	Chlorammonium
50	cm³	Wasser
20	cm³	Ammoniumvanadatlösung 1 : 1000

Diese Druckfarbe ist nur begrenzt haltbar. Man druckt auf weiße Ware, dämpft kurz im Schnelldämpfer, wäscht und seift.

Fuscamin G (Meta-Amidophenol) ergibt nach einer ähnlichen Vorschrift wesentlich gelbere Farbtöne; es dient daher mehr zum Nüancieren der Paramindrucke und weniger als Eigenfarbe.

Druckfarbe mit Fuscamin G (B. A. S. F.):

{ 20 g	Fuscamin G
{ 130 g	heißes Wasser
{ 20 g	Salzsäure 20° Bé
650 g	Stärke-Tragantverdickung
26 g	Ferrozyankalium
70 g	Wasser
24 g	chlorsaures Natron
60 g	Wasser
1000 g	

Nach dem Aufdruck wird in gleicher Weise weiterbehandelt, wie bei Paramin angegeben.

Stammfarbe mit Ortamin D (B. A. S. F.):

140—120	g	Weizenstärke,
100	g	Tragantschleim 65 : 1000,
265	cm³	Wasser und
15	cm³	Ameisensäure 90%ig kochen. Warm eine Lösung von
30	g	Ortamin D in
30	g	Azetin,
312,5	cm³	kochendem Wasser,
7,5	cm³	Salzsäure 20° Bé und
20	cm³	Ameisensäure 90%ig zusetzen, dann kalt rühren
900	g	

Diese Stammfarbe ist sehr gut haltbar. Jeweils vor Gebrauch setzt man dieser Stammfarbe die zur Oxydation des Ortamins erforderliche Menge Chlorat sowie die als Sauerstoffüberträger dienenden Mengen von Eisenvitriol oder Ferrozyankalium zu. Für 30 g Ortamin braucht man 15 g Natriumchlorat und 0,7 g Eisenvitriol oder 20 bis 30 g Ferrozyankalium.

Beispiel einer Druckfarbe:

900 g	Stammfarbe von Ortamin D, versetzt mit der kalten Lösung von
15 g	Natriumchlorat und
20 g	Ferrozyankalium in
65 g	Tragantschleim oder Wasser
1000 g	

Die bedruckte und getrocknete Ware wird ebenso wie Paramin- oder Fuscamindrucke 3—4 Minuten im Schnelldämpfer gedämpft, dann gewaschen und geseift. Durch Steigerung der Ferrozyankaliummenge kann das Braun je nach Wunsch oder Erfordernis nach Rotbraun nüanciert werden, durch Erhöhung der Chloratmenge resultieren dagegen wesentlich gelbstichigere Farbtöne.

2. Ätzreserveartikel.

Von größerer Bedeutung als für direkten Druck sind diese Amine als Klotzfarben im Ätzreserveartikel. Die gebleichte Ware wird mit den Klotzlösungen am besten auf einem Dreiwalzenfoulard geklotzt, in der Hot-flue bei 45—50° C getrocknet, mit Weiß- bzw. auch Buntätzreserven bedruckt, ca. 5 Minuten im Schnelldämpfer gedämpft, gespült und geseift bzw. in der für die Buntätzen erforderlichen Weise zwischenbehandelt (brechweinsteiniert, chromiert).

Beispiel der Herstellung von Klotzlösungen für Paramin konz. und Fuscamin G:

10 — 15 g	Paramin konz. Stücke bzw. Fuscamin G werden unter gutem Umrühren mit
300 —300 g	heißem Wasser gelöst und durch Zugabe von
300 —300 g	kaltem Wasser abgekühlt. Dann gibt man
1,5— 1,5 g	Rongalit C, gelöst in
8,5— 8,5 g	Wasser
15 — 20 g	chlorsaures Natron, gelöst in
80 — 80 g	Wasser
20 — 25 g	Ammoniumnitrat, gelöst in
80 — 80 g	Wasser
20 — 30 g	Brechweinstein-Glyzerinlösung
155 —120 g	kaltes Wasser und kurz vor Gebrauch
15 — 20 g	Ammoniumvanadatlösung (1 : 1000) zu
1000 g	

Brechweinstein-Glyzerinlösung:

40 g	Brechweinstein in
620 g	warmen Wasser lösen und
340 g	Glyzerin zugeben
1000 g	

Die Klotzlösung wird nach ½—1stündigem Stehen beinahe farblos; man filtriert dieselbe dann durch ein Baumwolltuch.

Ätzreserve für weiße Effekte:

150 g	Rongalit C werden in
350 g	Gummiverdickung (1 : 1) gelöst und mit einem Gemisch aus
100 g	Zinkweißpaste (1 : 1)
100 g	Gummiverdickung (1 : 1) sowie
300 g	Kaliumsulfit 45° Bé verrührt
1000 g	

Je nach Tiefe der Gravur ist diese Stammätze mit Gummiverdickung entsprechend abzuschwächen.

Für schwere, gerauhte Waren wird die Menge Paramin im Klotzbad zweckmäßig auf 25 g pro Liter erhöht und dementsprechend auch die übrigen Zusätze; zweimalige Passage durch den Foulard (ohne Zwischentrocknung) ist in diesem Falle gleichfalls empfehlenswert. Als Ätzreserve für Weiß benutzt man vorteilhaft Kaliumsulfit mit Rongalit C und Natriumazetat. Z. B.:

100 g	essigsaures Natron sowie
175 g	Rongalit C in
525 g	Gummiverdickung (1 : 1) lösen und
200 g	Kaliumsulfit 45° Bé zugeben
1000 g	

Zur Herstellung von Buntätzreserven verwendet man rongalitbeständige basische Farbstoffe nach folgender Vorschrift:

30 g	basischer Farbstoff in
40 g	Azetin
130 g	heißem Wasser und
220 g	Gummiverdickung (1 : 1) heiß lösen, abkühlen und bei 50—60 °C
250 g	Rongalit C zusetzen. Dann rührt man kalt und gibt
90 g	Anilinöl sowie
240 g	Tanninalkohol (3 : 4) zu
1000 g	

Für Bunteffekte kommen ferner sulfitbeständige Farblacke in Betracht, die mit Albumin in Gegenwart von Alkalisulfit fixiert werden, und außerdem auch Indanthrenfarben bzw. Küpenfarben überhaupt.

Das Klotz- und Ätzreserveverfahren für Ortamin D wird in ganz ähnlicher Weise ausgeführt; zur Bereitung der Klotzfarbe dient jedoch Eisenvitriol oder Ferrozyankalium als Sauerstoffüberträger. Bei Verwendung von Fuscamin G als Alleinklotzfarbe (nicht in Mischung mit Paramin) kann zweckmäßiger mit gelbem Blutlaugensalz gearbeitet werden. Nähere Angaben über diese Fabrikationsmethoden sind in den hierfür in Betracht kommenden Musterkarten der Werke Ludwigshafen (B. A. S. F.) der I. G. Farbenindustrie A. G. enthalten.

n) Die Verwendung der Mineral- und Pigmentfarben im Zeugdruck.

1. Historisches.

Das Bemalen und auch Bedrucken von Stoffen mit farbigen Erden in Form von Ölfarben war schon im Altertume den Ägyptern und wohl auch den Griechen bekannt. Diese Kunst breitete sich während der Verfallzeit des römischen Reiches über Süditalien nach Norden aus und wurde besonders auch in den rheinischen Klöstern durch frühgotische Mönche ausgeübt[1]).

Der der Schule des Giotto angehörige Maler Cennino Cennini hat dann um das Jahr 1400 ein Buch unter dem Titel „Di Cennino Cennini Trattato della Pittura“ verfaßt — das leider nicht mehr im Original, sondern nur noch in verschiedenen Abschriften existiert —, in welchem er sowohl diese Art des Bemalens von Geweben also auch den Zeugdruck mit Holzformen beschreibt[2]). Im Gegensatz zu dem bereits erwähnten ältesten Lehrbuch über „modernen“ Zeugdruck des Chevalier de Quarelles aus dem Jahre 1760 („Traité sur les Toiles Peintes“) behandelt also die Cennini'sche Veröffentlichung, die schon Jahrhunderte vor der Einführung des Indiennedruckes in Europa geübte Bemusterung von Geweben mit Ölfarben aus farbigen Erden und Leinöl bzw. Leinölfirnis.

In dem ältesten deutschen Buche über Zeugdruck: „Vollständige Entdeckung des bisher so geheim gehaltenen Cotton- oder Indiennedruckes“ (Karlsruhe: Maclot 1768) ist der Ölfarbendruck ebenfalls beschrieben. Auch W. H. von Kurrer berichtet noch, daß er in seiner frühesten Kindheit (er ist 1781 zu Langenbrand in Württemberg geboren) solche Drucke auf Leinengewebe herstellen sah, die als Handtücher in den Stuben der Schwarzwälder

---

1) Diesbezüglich enthält die vergleichende koloriehistorische Abhandlung in „The Principles and Practice of Textile Printing“, by Edmund Knecht and James Best Fothergill, Second Edition, London 1924, interessante Betrachtungen über die Anfänge des Zeugdruckes.

2) Siehe auch die koloriehistorische Studie von Dr. Karl Reinking: „Das Lehrbuch der Malerei von Cennini und die Tapete von Sitten“ in Melliands Textilberichte 1926, S. 539/541.

Bauern mehr zur Zierde als zum eigentlichen Gebrauche dienten. Die Muster waren meist der biblischen Geschichte entnommen[1]).

Diese Arbeitsweise mit Ölfarben ist als sogenanntes Ölfarbenpappdruckverfahren auch im Rouleauxdruck zur Anwendung gekommen (Zinkweißdruckartikel sowie Bronzedruck) und hat erst seit Einführung der Serikose als Fixationsmittel an Bedeutung verloren.

Im Jahre 1844 begann man in Frankreich Körperfarben mit Hilfe von Eiweißsubstanzen und durch Dämpfen zu fixieren. Man verwendete zunächst das Eiweiß frischer Eier und ging dann gleich auf das inzwischen in Paris fabrikmäßig hergestellte trockene Eiweiß, das Albumin, über.

Am 2. November 1848 nahm der Kattundruckfabrikant Robert Pattison aus Glasgow ein Patent auf die Herstellung von Lactarin (Käsestoff) als Verdickungs- und Fixierungsmittel für Körperfarben[2]) an Stelle des teureren Albumins. Pattison empfahl zwei Verfahren zur Darstellung des Kaseins, und zwar erstens aus Buttermilch durch Erwärmen derselben auf 57° R, Filtrieren des ausgefällten Käsestoffes, Auspressen, Trocknen und Pulverisieren desselben, sowie zweitens aus frisch abgerahmter Kuhmilch durch Erwärmen mit Oxalsäurelösung. Die Lactarin-(Kasein)-Verdickung wurde hergestellt, indem man z. B. 3 Pfund fein gepulverter Substanz mit 20 Pfund Wasser vermischte und dann 1½ Pfund Ammoniak (Salmiakgeist) zugab. Hierauf wurden mit Wasser aufgeschlämmte bzw. angeteigte Körperfarben (Ultramarin, Sienaerde usw.) eingerührt und die mit dieser Kaseindruckfarbe bedruckte und getrocknete Ware mit trockenem Dampf bei geringem Überdruck in gleicher Weise wie Albumindruckfarben gedämpft.

Den unlöslichen anorganischen Pigmenten (z. B. Chromgelb, Chromorange, Zinnober, Guignetgrün usw.), denen selbst noch im Anfang des 20. Jahrhunderts eine immerhin beachtliche Rolle auf dem Gebiete der Stoffdruckerei zukam, sind infolge der inzwischen so außerordentlichen und vielseitigen Fortschritte der Teerfarbenindustrie nur noch einige eng begrenzte Verwendungszwecke erhalten geblieben. Dasselbe gilt im allgemeinen auch für die aus den Teerfarbstoffen hergestellten Farblacke, doch haben verschiedene Teigpigmente aus Azofarbstoffen, wie Litholrot, ferner Helioechtfarben usw., im Rahmen der beschränkten Anwendungsmöglichkeit auf Textilien an Stelle anorganischer Pigmente vorwiegend Aufnahme gefunden; wichtig ist aber in jedem Falle die modern übliche Fixierung dieser Pigmente mit Serikose (Azetylzellulose) der I. G. Farbenindustrie A. G., Leverkusen.

2. Fixierung der Pigmentfarben mit Albumin.

Zur Befestigung von Pigmenten bediente man sich als Mittelssubstanz vordem fast ganz allgemein gewisser Eiweißkörper, welche die Eigenschaft besitzen, bei erhöhter Temperatur oder durch chemische Einflüsse unlöslich zu werden[3]). Vor allem wurde Albumin in Form von Ei- oder Blutalbumin verwendet, und später auch das Kasein. Durch Dämpfen der mit Albumin- oder Kasein-Druckfarben bedruckten Ware wurde die Koagulation dieser Proteinsubstanzen hervor-

[1]) W. H. von Kurrer: „Die Druck- und Färbekunst in ihrem ganzen Umfange“, Dritter Band, Wien 1850, S. 298.

[2]) Veröffentlicht im London Journal of Arts, Mai 1849.

[3]) Bezüglich der früher vielfach hergestellten „Mineraldampffarben-Drucke“ (durch Dampf fixierte Mineralfarben), wie z. B. Dampf-Chromgelb, Dampf-Berlinerblau, Dampf-Manganbraun (Balanche-Bister), Dampf-Havraneck-Grün usw., aus den erforderlichen Komponenten auf der Faser selbst, siehe A. Sansone: „Der Zeugdruck“, S. 177—183. Berlin: Julius Springer 1890.

gerufen und dadurch die Farbteilchen des Pigments innig mit der Faser verbunden. Die Waschechtheit von Pigmentdrucken mit Kasein kann durch eine Nachbehandlung mit Formaldehyd verbessert werden; man arbeitet dann am zweckmäßigsten durch Zugabe des Formaldehyds zur Appreturflotte.

Die natürlichen Farbkörper (anorganische Pigmente) werden außerdem verschiedentlich auch als Ölfarben unter Zuhilfenahme von Firnissen und Kopallacken aufgedruckt (Ölfarbenpappdruckverfahren).

Beispiel einer Pigmentdruckfarbe mit Albumin:

300 g Pigmentteig (z. B. Chromgelb oder ein Farblack)
30 g Glyzerin
370 g Britishgum 40 : 100 oder Tragantschleim 60 : 1000
150—300 g Albuminwasser (1: 1)
———
1000 g

Nach dem Drucken und Dämpfen wird gewaschen und getrocknet. Bezüglich der Bereitung von Albumin- sowie Kaseïnverdickung gelten die auf S. 200, 203 bereits angegebenen Vorschriften.

Soweit noch Reserven unter Eisfarben hergestellt werden, verwendet man für Bunteffekte dann auch manchmal Farblacke (Tannin-Brechweinsteinlacke) basischer Farbstoffe, wobei Albumin als Fixierungsmittel in Anwendung kommt. Die mit derartigen Buntreserven bedruckte, vorher naphtholierte Ware wird zunächst im Schnelldämpfer kurz gedämpft, dann in der Diazolösung auf der Klotzmaschine ausgefärbt, gespült und fertig gewaschen.

Beispiel einer Buntreserve unter Pararot mit Farblack aus basischem Farbstoff (Albuminfixierung).

Blaulack aus Rhodulinblau GO (Leverkusen):

80 g Rhodulinblau GO in
2000 g Wasser lösen, zufügen
80 g Brechweinstein in
550 g Wasser gelöst, dann
128 g Tannin in
650 g Wasser. Nach gutem Durchrühren läßt man absitzen, dekantiert, filtriert und preßt auf einen bestimmten Gehalt ab.

Für einen Gelblack verwendet man z. B.:

32 g Rhodulingelb T (Leverkusen)
56 g Brechweinstein
128 g Tannin
———

Zur Herstellung solcher Tannin-Brechweinsteinlacke eignen sich ferner Brillantgrün, Coriphosphin, Rhodamin 5 G, Rhodulinviolett, Chinagrün, Brillantrhodulinviolett usw. Diese Farbstoffe müssen völlig gefällt und das Filtrat klar sein, weil sonst die Lacke zum Abflecken neigen.

Beispiel einer Grünreserve:

500 g Gelblack (aus Rhodulingelb T)
100 g Blaulack (aus Rhodulinblau GO)
150 g Tragantschleim 65: 1000
200 g Blutalbumin (1: 1)
500 g Sulfitweiß
———

Sulfitweiß:

300 g Britishgum-Pulver
700 g Kaliumsulfit 45° Bé
———
1000 g

3. Ölfarbenpappdruckverfahren (nach Dr. A. Neuwirth).

Der sogenannte Zinkweiß-Druckartikel auf dunkel vorgefärbter Ware wurde durch Aufdruck einer Zinkweißlackfarbe hergestellt (Ölfarbenpappdruckverfahren). Zur Herstellung dieses Lackes dient Dammarharz, welches in doppelt gekochtem Leinölfirniß warm gelöst wird; je dicker der Leinölfirniß, desto weniger Dammarharz ist erforderlich. Um das Trocknen des Lackes zu beschleunigen, wird eine kleine Menge Manganborat (2—5 g pro Kilogramm Lack) zugegeben und gekocht. Ein Überschuß von Sikkativ ist zu vermeiden, weil die Festigkeit der aufgedruckten Lackfarbe darunter leidet.

Dem so bereiteten Lack wird so viel Zinkweiß zugegeben, bis eine gut deckende Druckfarbe entsteht; dieselbe soll so dick sein, daß ein eingetauchtes Spatel aufrecht stehen bleibt. Die erforderlichen Mengenverhältnisse von Zinkweiß und Lack sind durch einige Versuche leicht festzustellen, denn eine gut druckfähige und haltbare Farbe hängt von der Qualität der verwendeten Rohprodukte ab. Der Zinkweißfarbe setzt man meist auch etwas Chromorange zu, weil sonst das Weiß, besonders auf dunklen Vorfärbungen, stets zu bläulich und matt erscheint. Die Druckfarbe wird vor Gebrauch durch eine Farbmühle, am besten durch eine sogenannte Naßmühle genommen und zwar in der Weise, daß die Farbe das erstemal in einem dickeren und das zweitemal in einem dünneren Strahle durchläuft.

Die nach diesen Angaben hergestellte Druckfarbe kann ohne Bürste gedruckt werden, da sie nicht in die Gravuren einsetzt; letztere sollen jedoch sehr tief gewählt werden.

Um die Farbe vor dem Eintrocknen zu schützen, wird sie nach dem Gebrauch mit Wasser übergossen, das dann leicht wieder abgegossen werden kann.

Zur Reinigung der Druckwalzen und des Chassis von der anhaftenden Farbe wird erst soviel als möglich mit einer Karte abgekratzt und der Rest nach Bestreuen mit Sägespänen durch Abweichen mit einem in Terpentin getränkten Lappen entfernt.

Zum Drucken selbst müssen einige Änderungen an der Druckmaschine vorgenommen werden. Zunächst entfernt man die Druckdecke und den Mitläufer und umwickelt dann den Presseur mit etwa 2 Stück dünnem Nesselgewebe, um eine recht weiche Unterlage zu erzielen. Wichtig ist die Verhinderung des Abfleckens von Druckfarbe auf das Gewebe infolge seitlicher Verschiebung der Ware während des Laufes derselben durch die Druckmaschine. Dazu muß der Einlauf der Ware so reguliert werden, daß dieselbe auf der einen Leistenseite stets über ein und dieselben markierte Stelle eines Spannholzes läuft, während unter der anderen Seite ein ca. 10 cm breiter Papierstreifen von einer Rolle aus, also an Stelle des Mitläufers, mitgeht und so den Überschuß an Farbe aufnimmt.

Die bedruckten Stücke werden über die Mansarde weggezogen und durch Zwischenlegen von Preßspänen oder leichten Pappen vor dem Abflecken geschützt. Dann trocknet man auf einem mit Heizkörpern versehenen Spannrahmen, wobei die Temperatur 50° C nicht überschreiten soll, weil sonst der Lack leicht schmilzt und fehlerhafte Ware entsteht. Die getrocknete Ware wird zum Schluß entweder in Preßspähne eingestellt und in der hydraulischen Presse gepreßt oder auch nicht zu heiß kalandert.

Pigmente und ebenso Metallpulver können mit mehr oder minder gutem Erfolge auch mit Hilfe von Bakeliten (Kondensationsprodukte aus Formaldehyd und Phenol) nach dem Verfahren der Manufaktur E. Zündel in Moskau (D. R. P. Nr. 264137) fixiert werden. Die Wirkung der Bakelite wird durch Zusatz von Leim- und Serikoselösungen zur Druckverdickung bedeutend erhöht. Derartig hergestellte Drucke sind sehr reibecht, doch kann das Verfahren nicht für alle Pigmente zur Anwendung gelangen.

4. Druck der Pigmente mit Serikose[1]).

In neuerer Zeit hat man für die zum Pigmentdruck gebräuchlichen Proteinkörper Ersatz schaffen können durch Verwendung von Azetylzellulose, welche von den Farbwerken Leverkusen unter dem Namen Serikose LC extra[2]) in den Handel gebracht wird.

Serikose LC extra dient sowohl zur Fabrikation von Damasteffekten auf weißen oder vorgefärbten Stoffen als auch zur Herstellung echtfarbig bedruckter Ärmelfutterstoffe an Stelle von Albumin. Die Drucke mit Blanc fixe und Serikose auf weißer Ware (Damasteffekte) können in beliebiger Weise nachträglich überfärbt werden, wodurch brauchbare Ton-in-Ton-Effekte resultieren. Serikose ist ferner auch sehr gut zum Fixieren von Metallpulvern (Bronzedruck) geeignet.

Zum Lösen der Serikose verwendet man ein besonderes, von der I. G. Farbenindustrie A.-G., Leverkusen handelstechnisch als Serikosol A benanntes Lösungsmittel. Serikose LC extra ist in beliebiger Menge in Serikosol A löslich; meist verwendet man eine Lösung von 1 Teil Serikose LC extra in 9 Teilen Serikosol A. Diese wasserklar durchscheinenden Lösungen sind zugleich Verdickungs- und Fixierungsmittel für Pigmente. Die im Zeugdruck sonst gebräuchlichen Verdickungen können den Serikoselösungen nicht zugesetzt werden, weil die Azetylzellulose dadurch ausfällt; ebenso tritt Ausfällung ein, wenn die Wassermenge über 25 % beträgt. Verdünnungen von Serikoselösungen oder Druckfarben sind deshalb entweder nur mit Serikosol allein oder eventuell auch mit Alkohol und Cyclohexanon vorzunehmen[3]). Bei Verwendung von Teigpigmenten ist daher das in diesen enthaltene Wasser bei der Herstellung der Serikoselösung in Betracht zu ziehen. Lösungen mit zu viel Wasser setzen in die Gravuren ein und ergeben unechte Drucke.

Serikoselösung für den Druck mit Pigmenten:

80 g Serikose LC extra werden in
920 g Serikosol A während längerem Stehenlassen und öfterem Umrühren kalt oder lauwarm gelöst
1000 g

Druckfarbe für Damasteffekte:

400 g Blanc-fixe-Teig 75%ig
100 g Serikosol A und
500 g Serikoselösung werden gut verrührt
1000 g

Druckfarbe für Schwarz:

100 g amerikanischer Lampenruß
400 g Serikosol A
500 g Serikoselösung
1000 g

Druckfarbe für Blau mit Ultramarin:

80 g Ultramarin
420 g Serikosol A
500 g Serikoselösung
1000 g

[1]) Siehe auch Musterkarte Nr. 2739 der Farbwerke Leverkusen vom Jahre 1925: „Baumwolldruck mit Serikose LC extra und Enodrin". Das Enodrin ist inzwischen aus dem Handel zurückgezogen worden; als Lösungsmittel verwendet man jetzt das Serikosol A der I. G. Farbenindustrie A.-G.

[2]) Seit Februar 1924 im Handel; vordem war die nur etwa halb so ausgiebige Serikose L auf dem Markte.

[3]) Siehe auch: „Tabellarische Übersicht über Eigenschaften und Anwendung der Farbstoffe der I. G. Farbenindustrie A.-G., Werke: Farbenfabriken vorm. Friedr. Bayer & Co., Leverkusen bei Köln a. Rh." IV. Teil (Zeugdruck), Dritte Auflage 1926, S. 344—348.

Als Pigmente sind ferner sehr gut geeignet: Helioechtfarben (wie z. B, Helioechtrot RL extra in Teig, Helioechtgelb RL in Teig, H 10 GT in Teig usw.). Indanthrenfarben, Cibanonfarben und auch Beizenfarbstoffe, z. B. Anthrazenbraun RD in Teig.

Beispiel einer Druckfarbe mit Helioechtfarben:

250 g Helioechtrot RL extra in Teig (Leverkusen)
250 g Serikosol A
500 g Serikoselösung
1000 g

Serikosedruckfarbe mit Indanthrengelb:

150 g Indanthrengelb G in Teig
350 g Serikosol A
500 g Serikoselösung
1000 g

Serikosedruckfarbe mit Anthrazenbraun:

200 g Anthrazenbraun RD in Teig
300 g Serikosol A
500 g Serikoselösung
1000 g

Gründruckfarbe aus Helioechtgelb und basischem Blau mit Katanol O:

I { 20 g Katanol O werden in
100 g Serikosol A gelöst und mit
200 g Helioechtgelb H 10 GT in Teig verrührt

II { 15 g Rhodulinreinblau 3 G werden in
165 g Serikosol A gelöst und mit
500 g Serikoselösung gut vermischt
1000 g
I und II werden hierauf gut vermengt

Durch Zugabe geringer Mengen basischer Farbstoffe zu einer Blanc-fixe-Serikose-Paste erhält man z. B. bei Verwendung von Astraphloxin[1]) sehr schöne Rosadrucke:

300 g Blanc-fixe-Teig 75%ig
1 g Astraphloxin FF extra (Leverkusen)
199 g Serikosol A
500 g Serikoselösung
1000 g

Die Pigmentdrucke mit Serikose sind im allgemeinen nach dem Trocknen bereits fertig zum Appretieren, denn durch Dämpfen wird die Echtheit nicht verändert. Serikosefarben können auch ohne Schädigung z. B. neben Ätzfarben gedruckt, mitgedämpft und gewaschen werden.

Das Reinigen der Druckwalzen vom Farbüberschuß nach beendetem Drucken hat in ähnlicher Weise wie beim Ölfarbenpappdruck zu geschehen. Man streicht zunächst die Farbe mit einer Karte ab, bürstet dann mit einer in Serikosol getauchten Bürste und wäscht erst zuletzt mit Wasser nach; anstatt mit Serikosol, kann man die Walzen zuerst auch mit Essigsäure 7° Bé reinigen und dann mit Wasser nachwaschen.

Serikose kann auch für Stempelfarben zum Bezeichnen der Stücke in der Fabrikation oder für den Zollveredlungsverkehr benutzt werden. Als Pigmente

[1]) Ein äußerst lebhaftes basisches Rosarot, das von Prof. Dr. König (Techn. Hochschule Dresden) entdeckt bzw. dargestellt worden ist.

verwendet man dazu Blanc fixe, Lithopone oder Lampenruß. Auch zum Filzen von Handdruckformen mit Wollstaub (an Stelle der sonst gebräuchlichen Formenlacke) ist Serikoselösung gut verwendbar.

o) Der Bronzedruck.

1. Historisches.

Die Bemusterung von Geweben durch Auftragen von entsprechend klebfähig verdickten Metallpulvern (Bronzen) wurde zuerst von dem genialen Begründer der europäischen Kattundruckindustrie Johann Heinrich Edlen von Schüle[1]) in seinen Werkstätten zu Augsburg gegen Ende der sechziger Jahre des 18. Jahrhunderts zur Ausführung gebracht. v. Schüle verwendete Gold- und Silberbronzen, die sowohl in vorgezeichnete Konturen auf weißem Grunde als auch in echtfarbig bedruckte Zitze mit dem Pinsel wirkungsvoll künstlerisch eingemalt wurden. Zur Herstellung der Malfarben dienten Gold und Silber feinster Qualitäten in Pulverform oder auch in Form von Blättchen; dieses Edelmetallmaterial wurde zunächst geschlämmt bzw. mit ein wenig Gummiwasser fein verrieben, sowie nochmals mit Wasser ausgewaschen und dann mit Gummiwasser aus weißem, arabischen Gummi auf die zum Malen mit dem Pinsel erforderliche Konsistenz verdünnt. Da sich für manche Zwecke die Handmalerei infolge der hohen Malerlöhne wenig lukrativ erwies, so arbeitete man später durch Aufdruck mit dem Model; auf diese Weise konnten aber naturgemäß niemals gleich feine und zarte Figureneffekte erzielt werden als mit der Pinselarbeit durch Frauenhände[2]).

Diese Gold- und Silbermalerei nach Schüle'schem Vorbilde kam dann nochmals unter Wilhelm Heinrich von Kurrer[3]) in der Kattundruckerei von Schoeppler & Hartmann in Augsburg (gegründet 1781; heute „Neue Augsburger Kattunfabrik") zu neuer Blüte; im Jahre 1818 wurden dort z. B. mit Gold und Silber bemalte Dekorationsstoffe für die spanische Königsresidenz Escorial hergestellt.

Über die „Geschichte und Entwicklung des Bronzedruckes" hat Ingeniuer Oskar Gaumnitz[4]) (Augsburg) eine sehr instruktive Abhandlung veröffentlicht, die nicht zuletzt hinsichtlich der neueren Arbeitsmethoden auf praktischen Erfahrungen beruht und deshalb besonderes Interesse beansprucht.

Zur Herstellung der Bronzepulver gaben die in der Metallschlägerei beim Beschneiden der dünnen Metallfolien abfallenden Teile dieser Blättchen Anlaß. Für Metallblättchenabfälle aus messingähnlichen Legierungen hatte man nämlich durch lange Zeit keine Wiederverwertung, daher kam auch merkwürdigerweise zuerst ein einfacher Maurer und Tüncher namens Albert Huber in Fürth in Bayern auf den Gedanken der Verarbeitung dieser Abfälle zu Metallpulver. Im Jahre 1781 gelang dann dem Metallschläger Konrad Pickel die Herstellung

[1]) Eine historische Studie über die Bedeutung der industriellen Tätigkeit dieses Mannes hat Ing. Oskar Gaumnitz (Augsburg) in Melliands Textilberichten 1925, S. 919—921 veröffentlicht.

[2]) Siehe auch von Kurrer: „Die Druck- und Färbekunst in ihrem ganzen Umfange", Zweiter Band, S. 99, Wien: Carl Gerold 1849, sowie „Das Neueste in der Druck- und Färbekunst", S. 72—75. Berlin 1862.

[3]) Biographische Daten über Wilhelm Heinrich von Kurrer hat Dr. A. I. Kieser im Aufsatz V der „Skizzen zur Geschichte der Textilindustrie" in Melliands Textilberichte 1922, S. 417/418 veröffentlicht.

[4]) Melliands Textilberichte 1925, S. 923—927.

einer goldähnlichen Legierung, wodurch der Bronzefabrikation ein besonders brauchbares Material zugeführt wurde.

Die für Gewebemalerei[1]) zuerst angewendeten Bronzen aus Edelmetallen verhalfen naturgemäß den kunstvollen Fabrikaten der Schüle'schen Kattundruckerei mit zu ihrem Weltruf und ermöglichten diese großzügige Arbeitsweise in beträchtlichem Umfange.

Für metallische Bemusterungen im Wege des Handdruckes ging man aber sehr bald auch auf die Verwendung gold- und silberähnlicher Legierungen in Form von Metallstaub oder Metallblättchen über, um vor allem die Erzeugung allgemein verkäuflicherer Artikel zu ermöglichen. Zwecks Erzielung besser reibechter Drucke gebrauchte man aber nach althergebrachten Vorschriften sowohl Leim und Eiweiß als auch trocknende Öle als Fixierungsmittel; siehe diesbezüglich die Angaben über Gewebemalerei im „Handbüchlein der Kunst“ des Cennino Cennini in der Übersetzung von P. Willibrord Verkade O. S. B.

Spörlin[2]) arbeitete in Wien z. B. in der Weise, daß er das Gewebe zunächst mit Hausenblase (Fischleim) oder Tragant imprägnierte und dann mit dem Model einen Firnis (aus dickem, trocknendem Öl mit Bleiglätte und etwas essigsaurem Blei mit wenig Terpentinöl) aufdruckte. Wenn dieser Aufdruck so weit getrocknet war, daß er nicht mehr am Finger klebte, wurden die Metallblätter leicht angedrückt und das Gewebe vollständig getrocknet. Die über die Druckstellen herausragenden Metallblättchenteile bürstete man mit einer weichen Bürste ab.

Zur Erzeugung von Gold- und Silberdrucken auf dünnen Stoffen (Mousselin usw.) wurde meist Leim zur Fixierung angewendet und u. a. folgendermaßen gearbeitet: Über den Drucktisch spannte man eine Reh- oder Kalbshaut, bestrich dieselbe mittels eines Läppchens sehr leicht mit Talg, legte darauf die Metallblättchen und spannte dann das Mousselingewebe darüber. Hierauf wurde die dadurch obenaufliegende Rückseite des Stoffes mit einer heißen Leimlösung bedruckt. Die Leimlösung bereitete man aus flandrischem Leim unter Zusatz von etwas Mutterharz (Gummi galbanum), also eines Gummiharzes asiatischer Provenienz (pro Pfund flandrischem Leim 4 Lot Gummi galbanum). Das auf der rechten Stoffseite teilweise überschüssig anhängende Blattmetall wurde durch Abbürsten entfernt.

Bei einem anderen bewährten Verfahren[3]) verrieb man die Metallpulver mit einer Leimlösung (flandrischer Leim mit Wasser 1 : 1) und setzte dieser Bronzefarbe zu einem Sechstel eine Waschseifenlösung (aus hellstem Bienenwachs, dem sog. Jungfernwachs, und Pottaschelösung) zu. Nach dem Aufdruck mittels Model und erfolgtem Trocknen wurde der Stoff 5—6 Minuten in einem Alaunbade vorsichtig behandelt, dann mit Wasser ausgewaschen und getrocknet; das Alaunieren hatte den Zweck, den Leim wasserunlöslich zu machen.

Im Jahre 1830 erhielt der Engländer Yates[4]) ein Patent auf ein Verfahren zum Metallisieren von Geweben, u. z. sowohl zum einseitigen Metallüberzug der ganzen Gewebefläche als auch zur nur stellenweisen Fixierung des Metallpulvers bei Anwendung von Handdruckformen. Der Metallstaub wurde aus Zinn hergestellt (indem man zunächst auf Eisenzylinder aufgesteckte Zinkreifen in einer

[1]) Siehe besonders auch: „Des Cennino Cennini Handbüchlein der Kunst“, neu übersetzt und herausgegeben von P. Willibrord Verkade O. S. B., Mitglied der Beuroner Kunstschule (Straßburg: J. H. Ed. Heitz, 1916): 151. Kapitel (Wie man eine gute Beize macht zum Vergolden von Gewändern und Ornamenten), 162. Kapitel (Wie man auf Leinwand oder Taffet arbeitet), 166. Kapitel (Wie man auf Sammet malt und Gold aufsetzt)

[2]) Siehe Dr. I. B. Vitalis: „Lehrbuch der gesamten Färberei nebst einem Anhange über Kattundruckerei“; bearbeitet von Dr. Chr. H. Schmidt, S. 920. Weimar: Friedr. Voigt 1847.

[3]) Dinglers polytechn. Journal, Band 31.

[4]) Dinglers polytechn. Journal, Band 38.

gesättigten Zinnlösung (Zinn in Salzsäure) bewegte und dann das auf diese Weise wieder ausgeschiedene Zinn durch Auswaschen, Verreiben, Sieben usw. in fein pulverisierten Zustand brachte[1]). Als Klebe- bzw. Fixierungsmittel dienten einerseits Stärkelösung, andererseits Firnis.

Nachdem man dann im Jahre 1844 erstmals in Frankreich im Kattundruck Eiweiß zum Fixieren von Körperfarben anwendete, kam diese Methode kurz darauf auch für Bronzepulver in Aufnahme. Ursprünglich gebrauchte man für Körperfarben das flüssige Eiweiß der frischen Eier; als aber zuerst in Paris trockenes, tierisches Eiweiß fabrikmäßig hergestellt und käuflich wurde, so verwendeten sogleich alle interessierten Druckereien dieses praktisch brauchbarere, gelblichweiße Pulver.

Beim sogenannten Schmelzdruck[2]) zur Erzeugung von Bemusterungen mit Gold- und Silberbronzen unter Mitverwendung von Albumin bestreute man das Gewebe an den zu bedruckenden Stellen mit einer pulverisierten Mischung aus gleichen Teilen Mastixharz und Eialbumin, legte darauf das Blattmetall und druckte mit erwärmten messingenen oder kupfernen Modeln. Das überschüssige Blattmetall wurde dann mit einer Federfahne abgeputzt.

Für den Druck von Bronzefarben mittels Rouleauxdruckmaschine verwendete man anfangs Leim, Albumin sowie auch Kasein als Verdickungs- bzw. Fixierungsmittel. Zur Herstellung von Druckpasten mit Körperfarben wurde das Kasein zuerst in Form von Kaseinkalk angewendet, den man aus abgerahmter Milch durch Eindampfen und Behandeln mit gelöschtem Kalk bereitete. Kaseinkalk als käufliches Produkt zum Drucken mit Ultramarin wurde ebenfalls in Frankreich erzeugt[3]).

Die leichte Verderblichkeit der Verdickungen mit Proteinsubstanzen und das nicht durchaus befriedigende Festhaften der Bronzen auf dem Gewebe veranlaßte jedoch die Fachleute, auch für den Rouleauxdruck mit Bronzefarben die uralte Methode des Befestigens von farbigen Erden mit leicht trocknenden und verharzenden Mitteln in entsprechend modifizierter Weise zur Anwendung zu bringen.

Man arbeitete daher mit Firnissen, Lacken und Harzen sowie später auch mit Kautschuklösungen und erhielt damit sehr gute Resultate, so daß man sehr echte Bronzedrucke zum Teil noch immer nach dem Ölfarbenpappdruckverfahren herstellt[4]); Kautschuklösungen werden jedoch kaum mehr verwendet.

Vereinzelt wurde die Lösung von Schellack (Gummilack) in Boraxwasser als Binde- und Fixierungsmittel für Bronzen gebraucht[5]), doch besaßen derartige Drucke nur mäßige Reibechtheit.

J. Stephan[6]) wendete im Jahre 1901 eine Verdickung an, welche Substanzen enthielt, die durch das nachträgliche Dämpfen der Drucke ein

---

[1]) Derartig hergestelltes Zinnpulver wurde später unter dem Namen „Argentin" auf den Markt gebracht und mit Kaseinverdickung im Rouleauxdruck angewendet. Das Arbeiten mit diesen Druckfarben zeitigte jedoch vielfach Unannehmlichkeiten (Beschädigung der Walzen und der Rakel usw.), so daß das Argentin jetzt durch Aluminiumpulver gänzlich verdrängt worden ist.

[2]) von Kurrer: „Die Druck- und Färbekunst in ihrem ganzen Umfange", Dritter Band, Wien 1850, S. 300/301.

[3]) Die Bereitung von Kaseinkalk-Leim aus Kalk und Käse beschreibt schon Cennino Cennini („Handbüchlein der Kunst", übersetzt von P. Willibrord Verkade O. S. B., Straßburg 1916: 112. Kapitel, S. 92).

[4]) Eine ausführliche Beschreibung des Bronzedruckes nach dem Ölfarbenpappdruckverfahren hat Ing. Oskar Gaumnitz in „Österreichs Wollen- und Leinenindustrie" 1917, S. 234 und 243 veröffentlicht („Pappdruck auf baumwollenen Konfektionsstoffen").

[5]) Dr. Eduard Lauber: „Handbuch des Zeugdrucks", Band I, S. 175.

[6]) Versiegeltes Schreiben (Mülhausen) vom 7. September 1901.

Kondensationsprodukt lieferten, das die Bronzepulver fixierte. Diese Verdickung bestand aus Leim, Resorzin und Hexamethylentetramin (Formalinammoniak).

H. Wagner und M. Battegay[1]) arbeiteten später mit einer Verdickung aus Serikoselösung (Serikose L), Phenol und Formaldehyd. Diese Mischung wird einige Stunden am Wasserbad erhitzt, um die Bildung des Kondensationsproduktes aus Phenol und Formaldehyd (des sogenannten Bakelits) derart weitgehend vorzubereiten, daß dann schon nach kurzem Dämpfen der Bronzedrucke vollkommene Kondensation und damit echte Fixierung des Metallpulvers eintritt.

Die Farbwerke Leverkusen illustrierten im Jahre 1913 in einer Musterkarte[2]) Bronzedrucke, die in ähnlicher Weise fixiert waren; zum Lösen der Serikose L wurde sowohl ein Gemisch von denat. Alkohol, Formaldehyd und Phenol empfohlen, als auch Resorzin in Wasser und Alkohol[3]). Z. B.:

Serikoselösung AFP:

150 g Serikose L in einem Gemisch von
{ 450 g denat. Alkohol
300 g Formaldehyd 40%ig und
100 g Phenol lösen
1000 g

oder

Serikoselösung RWA:

130 g Serikose L in einem Gemisch von
200 g Resorzin,
270 g Wasser und
400 g denat. Alkohol lösen
1000 g

120—150 g Serikose L genügten in jedem Falle pro Kilo Lösung.

Druckfarbe:

150 g Bronzepulver
1000 g Serikoselösung AFP oder RWA

Gedruckt wurde mit sehr tief gravierten Walzen, und zwar am zweckmäßigsten auf vorkalanderte Ware. Nach dem Trocknen bei niedriger Temperatur erfolgte kurzes Dämpfen (ca. 4 Minuten) im Schnelldämpfer; die Drucke mit Resorzin wurden auf der Breitmaschine gewaschen.

W. Kielbasinski und S. von Jakubowski[4]) fanden, daß Lösungen von Serikose L in Anilin oder besser noch in Xylidin, ferner auch in Nitrobenzol u. dgl., in allen Fällen aber unter Zusatz von denat. Alkohol, ganz besonders gute Resultate im Bronzedruck ergaben. Nach dem Drucken und Trocknen wurde 3—5 Minuten gedämpft.

Nach einem Verfahren der Manufaktur E. Zündel in Moskau werden die Bronzepulver nur mit einem aus Phenol und Formaldehyd hergestell-

[1]) Versiegeltes Schreiben (Mülhausen) Nr. 2213 vom 26. November 1912; ferner auch Lehne's Färberzeitung 1913, S. 402.

[2]) Musterkarte Nr. 2216.

[3]) Siehe auch: „Tabellarische Übersicht über Eigenschaften und Anwendung der Farbstoffe der Farbenfabriken vorm. Friedr. Bayer & Co., Leverkusen" II. Teil (Zeugdruck), Erste Auflage, 1914, S. 139/140. bzw. auch Zweite Auflage, 1922, S- 139/140.

[4]) Versiegeltes Schreiben vom 11. April 1913, deponiert im Archiv des Internationalen Vereines der Chemiker-Koloristen in Wien durch Dr. Kielbasinski, veröffentlicht in Melliands Textilberichte 1921, S. 132.

ten Kondensationsprodukt verdickt (D. R. P. Nr. 264137 vom 3. Dezember 1912):

400 g	Phenol 90%ig werden mit
600 g	Formaldehyd 36%ig und
40 g	Kaliumsulfit 45° C in einem kupfernen Kessel 1—2½ Stunden mit indirektem Dampf erhitzt. Man erhält dadurch etwa
750 g	eines Kondensationsproduktes, welchem man noch
250 g	Phenol 90%ig zusetzt
1000 g	Bakelitverdickung

Druckfarbe:

650 g	Bakelitverdickung werden mit
350 g	feinstem Metallpulver vermischt
1000 g	

Derartige Bronzedruckfarben können nach Bedarf mit Azeton, Phenol, Alkohol oder Glyzerin vermischt bzw. entsprechend druckfähig verdünnt werden. Die Fixierung der Drucke geschieht durch eine kurze Passage im Schnelldämpfer.

Zum Bronzedruck mit Kautschuklösungen wurden Abfälle von vulkanisiertem Kautschuk in Naphtha und Kampferöl durch Erwärmen gelöst und diese Lösung dann noch mit Kopalfirnis (Auflösung von geschmolzenem Kopalharz in einem Gemenge von Terpentinöl und Leinöl) verdünnt.

Beispiel einer Druckfarbe:

850—800 g	Kautschuklösung
150—200 g	Metallpulver
1000 g	

Während des Druckens mußte diese Druckfarbe von Zeit zu Zeit mit Benzin vermischt werden, um das Dickerwerden hintanzuhalten. Die Fixation des Metallpulvers erfolgte durch Verdunsten des Kautschuklösungsmittels.

M. Caux[1]) erzeugte Bronzedrucke bei gleichzeitigem Drucke anderer Farben dadurch, daß er zunächst nur das Befestigungsmittel (eine klebrige Masse aus Kautschuk, Guttapercha und flandrischem Leim) für die Bronzen mit aufdruckte. Dann wurde die Ware in der zur Fixierung der anderen Farben erforderlichen Weise gedämpft sowie anschließend gewaschen, geseift und getrocknet. Die so halb fertiggestellte Ware nahm man hierauf über eine heiße Zylindertrommel und anschließend direkt durch einen mit rotierender Bürstwalze versehenen Kasten mit dem Metallstaub.

Zu erwähnen sind hier noch metallisierte Gewebe für Ballonhüllen, die auf der einen Seite eine dünne Schicht aus Aluminium besitzen, wodurch sie wasser- und gasundurchlässig werden. Die dazu geeignete Ware wird zunächst mit einer dünnen Schicht Kautschuklösung versehen und in noch feuchtem Zustande mit Aluminiumpulver überstaubt. Durch Kalandern oder Mangeln des noch nicht vollkommen trockenen Gewebes erhält man einen schließenden metallischen Überzug von besonderer Glätte[2]).

In ähnlicher Weise werden durchbrochene Gewebe, Spitzen und dergleichen metallisiert (bronziert). Man arbeitet z. B. mit einer Lösung von Speckgummi (Kautschuk) in Tetrachlorkohlenstoff, Leinöl und Terpentinöl, indem man zuerst diesen Kautschukfirnis auf die Spitzen bringt und dann die Bronze in Mischung mit verdünnter Lösung von Speckgummi in Tetrachlorkohlenstoff aufträgt;

[1]) Berichte der Soc. Ind. Rouen 1907, S. 288.

[2]) „Österreichs Wollen- und Leinenindustrie" 1913, Heft vom 1. September 1913, S. 347.

die Bronze sinkt dabei nicht in das Gewebe ein. Die so bronzierten Gewebe werden hierauf kalandert[1]).

Hinsichtlich Bronzedruck mit Lösungen von Zellulose und Zelluloseestern als Binde- und Fixierungsmittel wurde bereits das Verfahren der Farbwerke Leverkusen mit Serikose L erwähnt. Serikose L (Azetylzellulose) kann mit Hilfe verschiedenster Substanzen in den Zustand sehr viskoser Lösungen gebracht werden, die sich sehr gut zum Fixieren von Pigmenten und Metallpulvern eignen. Als Lösungsmittel kommen z. B. außer den schon genannten noch in Betracht: Azeton, Chloroform, Tetrachloräthan, Dichlorhydrin, Äthylenchlorhydrin, Azetylentetrachlorid, Essigsäure von mehr als 8° Bé sowie Rhodankalzium (in 23%iger Lösung).

H. Schmid in Mülhausen druckte Metallpulver mit einer Lösung von Zellulose in Kupferoxydammoniak; das Kupfer wurde durch Absäuern der Ware entfernt (D. R. P. Nr. 198463). Ferner wurde Zaponlack (Lösung von Zelluloid in Amylazetat) bzw. auch Cellonlack (Lösung von Cellon in Azeton) als Bindemittel für Bronzepulver in Vorschlag gebracht. Für Spitzdruckzwecke ist z. B. nach R. Dax eine Mischung von 1 Teil Bronze mit 2—3 Teilen Zaponlack sehr gut geeignet. Reuhl verwendete Kollodium als Fixierungsmittel. Nach dem Verdunsten des Lösungsmittels der Zellulosederivate sind die Metallpulver durch diese auf der Faser fixiert.

2. Bronzedruck mit Serikose LC extra.

Gegenwärtig wird für Bronzedruck fast allgemein mit der von den Farbwerken Leverkusen[2]) seit dem Jahre 1924 in den Handel gebrachten Serikose LC extra gearbeitet, welche ausgiebiger ist als die ursprüngliche Marke L. Als Lösungsmittel verwendet man meist das bereits genannte Serikosol A.

Serikoselösung LCA für Bronzedruck:

100 g	Serikose LC extra werden in
900 g	Serikosol A unter öfterem Umrühren gelöst
1000 g	

Beispiel einer Bronzedruckfarbe für Silbereffekte:

120 g	Aluminium SW 300 (Schopflocher A.-G., Frankfurt a. M.)
80 g	Alkohol denat.
800 g	Serikoselösung LCA
1000 g	

Nach dem Drucken wird nur getrocknet. Bei Verwendung von geeigneten, fein geriebenen Bronzepulvern, sogenanntem Feinschliff, kann auch ohne Bürste gedruckt werden, da solche Druckfarben nicht in die Gravuren einsetzen. Die Gravuren müssen aber möglichst tief und kräftig gehalten sein, mit nur sehr groben oder besser gar keinen Hachuren.

Bezüglich der im Bronzedruck brauchbaren Metallpulver ist zu erwähnen, daß zur Herstellung derselben in den Farben Hellgrün, Gelb, Gold, Orange und Rot entsprechend zubereitete Legierungen aus Zinn, Kupfer und Zink verwendet werden; für silberfarbigen Druck kommt jedoch ausschließlich Aluminium-

[1]) Siehe Henri Silbermann: „Fortschritte aus dem Gebiet der chemischen Technologie der Gespinstfasern", 2. Teil, Dresden 1903, S. 444 (Verfahren von Adolf Ernst in Elberfeld).

[2]) Siehe Musterkarte Nr. 2739 vom Jahre 1925: „Baumwolldruck mit Serikose LC extra und Enodrin". Bezüglich der seither ausschließlich üblichen Arbeitsweise mit Serikosol A als Lösungsmittel siehe „Tabellarische Übersicht" der I. G. Farbenindustrie A.-G., Leverkusen, IV. Teil, Zeugdruck, Dritte Auflage, 1926, S. 344—348.

pulver in Anwendung. Letzteres läßt sich auch mit spritlöslichen basischen Farbstoffen anfärben; nach dem Verdunsten des Lösungsmittels (Spiritus) wird mit Tanninlösungen nachbehandelt. Diese Manipulationen sind aber an die Einhaltung bestimmter Vorsichtsmaßregeln gebunden, da ungenügend festhaftende Farbstofflacke beim Polieren der Bronzen abgerieben werden. Für den Bronzedruck geeignete Bronzepulver in bester Qualität (Feinschliff) können z. B. von den Firmen: Frankfurter Bronzefarben- und Blattmetallfabrik Julius Schopflocher A.-G. in Frankfurt a. M. (Savignystraße), L. Auerbach & Co. (Fürth in Bayern), Eiermann & Tabor (Fürth in Bayern) und G. Benda in Nürnberg bezogen werden.

3. Ätzeffekte mit Bronzefarben.

Bei Anwendung der Fixierungsmethode mit Albumin kann Aluminiumpulver auch im Rongalitätzdruck auf substantiven (direkten, diazotierten, gekuppelten bzw. sonst geeignet nachbehandelten) Färbungen, Eisfarben usw., zur Erzielung brauchbarer Illuminationseffekte dienen. Die Bunteffekte werden dabei durch Zugabe von hydrosulfitbeständigen basischen Farbstoffen hergestellt.

Beispiel einer Rongalitbuntätze mit Aluminiumbronze:

200—300 g	Rongalit C (1 : 1)
25— 35 g	Glyzerin
{ 20— 30 g	basischer Farbstoff
{ 120—100 g	Wasser
{ 100—100 g	Aluminiumpulver (Feinschliff)
535—435 g	Eialbuminwasser (3:2)
1000 g	

Die bedruckte und getrocknete Ware wird dann in üblicher Weise im Schnelldämpfer gedämpft und fertiggemacht.

p) Bemusterung von Geweben durch Fixierung von Faserpulvern sowie kristallinischen Metallpartikeln.

Die Bemusterung von meist vorgefärbten Geweben durch Fixierung von Faserpulvern aus gefärbtem oder ungefärbtem Material, wie z. B. Wollstaub in Weiß, Schwarz, Rot usw., ergibt eigenartig plastische Effekte und mitunter auch eine besondere Kontrastwirkung. Für diesen Artikel verwendet man hauptsächlich dünne Baumwollgewebe (Mousselin, Battist usw.), ferner Halbseiden- und Seidenstoffe sowie halbwollene Gewebe, wie z. B. unigefärbte Lüster und Orleans. Außer Wollstaub können auch andere pulverförmige Faserstoffe (Kunstseidenstaub) Verwendung finden[1]).

Dieser Spezialartikel ist ziemlich schwierig herzustellen; man arbeitet dabei in ähnlicher Weise wie bei einigen älteren Verfahren zur Befestigung von Bronzepulvern. Das Gewebe wird zuerst mit Firnis, dem man zwecks Verbilligung und Erzielung besserer Mischung Kopallack oder Dammarharz zusetzt, bedruckt und dann in geeigneter Weise durch einen Kasten geführt, in welchem eine rotierende Bürste das Faserpulver (Wollstaub) überstäubt. Nach vorsichtigem Trocknen wird der überschüssige Wollstaub durch Klopfen und Bürsten vom Gewebe entfernt.

Dem Firnis setzt man vielfach ein der Farbe des Faserpulvers entsprechendes Pigment zu, bei Anwendung von weißem Wollstaub z. B. Zinkweiß, bei rotem Wollstaub Mennige.

---

[1]) Siehe auch D. R. P. 241573, Kl. 8c (Verfahren von Felix Krokert, Halle a. d. S.

Die in Betracht kommenden Muster sind fast ausschließlich Tupfen (Punkte) in mehr oder minder größeren Abständen voneinander bzw. zu kreisrunden, elliptischen oder kreuzförmigen Figuren angeordnet.

In dieses Kapitel fällt auch die Fabrikation von Wollstoff- (Filz-) Imitat durch einseitigen Auftrag gefärbten Wollfasermaterials über die ganze Fläche eines Baumwollgewebes (Nesselstoff, Kretonne).

Ein außerordentlich wirkungsvoller Artikel wird auch hergestellt durch Fixierung von kristallinischen Bleierzteilchen (z.B. Hornbleierz) auf in zarten Tönen (z. B. in Rosa) vorgefärbte Baumwoll-Voiles. Das Muster wird dabei ebenfalls mit Leinölfirnis vorgedruckt und dann die Metallpartikeln entsprechend aufgestreut.

q) Kreponartikel.

Aus der großen Zahl von Spezialdruckartikeln, die auf Grund der für den Baumwollzeugdruck geltenden Arbeitsweisen einerseits durch Kombination verschiedener Verfahren, andererseits durch Kombination von Farbstoffen verschiedener Klassen hergestellt werden können, soll hier nur noch der sogenannte Kreponartikel einer näheren Besprechung unterzogen werden, da sich derselbe besonders gut mit Küpenfarbstoffen in hervorragender Echtheit herstellen läßt.

Bei der Abhandlung über Merzerisation wurde hervorgehoben, daß die Wirkung der konzentrierten Lauge auf die Baumwollfaser eine nicht unbeträchtliche Schrumpfung derselben zur Folge hat. Während man nun zum Zwecke der Erzielung des Merzerisationseffektes bestrebt ist, diese Schrumpfung hintanzuhalten, spielt dieselbe bei der Herstellung des Kreponartikels die Hauptrolle.

Schon Mercer[1]) druckte verdickte Lauge auf feine Gewebe und beobachtete dabei ein Zusammenziehen der betroffenen Fäden (Verkürzen), so daß sich die beeinflußten Stellen wellenförmig krümmten und eine Kräuselung sowie ein eigentümlicher Damasteffekt entstand. Derartige Erzeugnisse wurden bereits im Jahre 1851 auf der Londoner Industrieausstellung bewundert; Mercer hatte dadurch die Vorarbeit für den erst später beachtlich gangbaren Artikel geleistet. Im Jahre 1895 erschien dann der durch abwechselnde wellenförmige und glatte Streifen im Gewebe gekennzeichnete Kreponartikel als marktfähiges Fabrikat und erregte anfangs gleichfalls großes Aufsehen.

Die Herstellung dieses Kreponeffektes geschieht durch streifenweise Einwirkung von starker Natronlauge, und zwar in der Hauptsache nach zwei Verfahren:

a) Aufdruck einer Reserve, welche die damit bedruckten Gewebepartien gegen die Wirkung einer Natronlaugebehandlung schützt;

b) Bedrucken des Gewebes mit entsprechend verdickter, starker Natronlauge.

Das unter a) genannte Reservierungsverfahren wird am häufigsten ausgeführt, weil die Arbeitsweise des Aufdruckens starker Lauge einerseits hinsichtlich der Herstellung der Laugenpaste Vorsicht und Sorgfalt erheischt und andererseits jede Zugwirkung während des Druckens leicht unregelmäßige Effekte ergibt.

Bei beiden Verfahren zeigen die von der Natronlaugewirkung unberührten Gewebestellen den charakteristischen Kreponeffekt, während die der Lauge durch Aufdruck oder Nachbehandlung ausgesetzten Gewebepartien als glatte Streifen erscheinen.

---

[1]) Ein Lebensbild J. Mercers hat Dr. A. I. Kieser in seinen „Skizzen zur Geschichte der Textilindustrie" in Melliands Textilberichten 1921, S. 339 und S. 365/366 veröffentlicht („John Mercer und die Mercerisation").

Für den Kreponartikel eignen sich nur leichte und nicht zu dicht geschlagene Gewebe, z. B. Kattune, Madapolams usw.; die schönsten Effekte erhält man auf Battist und Voiles-Imitaten. Diese Gewebe müssen aber gebleicht sein, da auf halbgebleichten Waren keine scharf ausgeprägten Kreponeffekte entstehen.

Beim Reservierungsverfahren verwendet man für ungefärbte Effekte einfach Verdickungen aus Gummi oder Britishgum. Bunteffekte werden meist mit Küpenfarben, seltener mit laugebeständigen substantiven Farbstoffen oder Schwefelfarben hergestellt; in jedem Falle ist aber Gummiwasser oder Britishgum als Verdickungs- und Reservierungsmittel anzuwenden.

Das Reserveverfahren arbeitet also mit leicht herstellbaren Druckpasten, die keine Vorsichtsmaßregeln beim Drucken erfordern, und bietet ferner die Möglichkeit, mit Buntreserven bedruckte Stoffe zwecks Fixierung der Farbstoffe zu dämpfen.

Reserve G:

(Für Kreponeffekte auf weißer oder mit laugebeständigen Farbstoffen vorgefärbter oder vorgedruckter Ware.)

700 g	Gummiwasser (1 : 1)
300 g	Wasser
1000 g	

Vielfach werden dieser Gummireserve auch Metallsalze einverleibt, welche die Wirkung der verdickenden Substanz durch Neutralisation der Lauge unterstützen (z. B. schwefelsaure Tonerde, Zinkchlorid).

Nach dem Aufdruck und Trocknen wird die Ware während 1 Minute durch kalte Natronlauge von 30—35° Bé passiert, ohne abzuquetschen kalt gewaschen, gesäuert und wieder gewaschen.

Die Behandlung mit Natronlauge kann in zweckmäßiger Weise auch auf einem Zweiwalzenfoulard, dessen untere Walze in der Lauge läuft, vorgenommen werden.

Die Ware wird dabei nur zwischen den beiden Foulardwalzen geführt, geht dann über eine Leitrolle durch die Luft und gleitet hierauf auf einer schiefen Ebene in kurzen Falten in einem Kasten, wo sie einige Zeit liegen bleibt. Nachher wird ohne Spannung gründlich gewaschen, mit verdünnter Schwefelsäure abgesäuert, gespült und am besten in einer Hänge getrocknet.

Zur Herstellung durchaus echter Bunteffekte verwendet man schwach alkalische, mit Gummi verdickte Druckfarben von Küpenfarbstoffen, druckt auf weiße Ware, dämpft dann in üblicher Weise im Schnelldämpfer und passiert hierauf durch Natronlauge 35° Bé.

Mit Küpenfarben oder auch anderen laugebeständigen Farbstoffen in mehrfarbigen Mustern vorbedruckte Ware wird ebenfalls vielfach kreponiert. Die durch Dämpfen, Waschen und Trocknen fertiggestellten Drucke werden einfach mit Gummiverdickung (Reserve G) überdruckt und nachher in der angegebenen Weise mit Natronlauge behandelt.

Schwach alkalische, mit Gummi verdickte Druckfarben von Küpenfarbstoffen können auch als Buntätzreserven auf ätzbaren und laugebeständigen Färbungen von substantiven Farbstoffen dienen. Die vorgefärbte, bedruckte und im Schnelldämpfer gedämpfte (geätzte) Ware wird dann durch Laugenpassage kreponiert.

Beim direkten Aufdruck starker Natronlauge zwecks Erzielung von Kreponeffekten bedruckt man die weiße oder mit Küpenfarbstoffen fertig bedruckte Ware beispielsweise mit folgender

Krepondruckpaste:

60 g Britishgum (Pulver)
790 g Natronlauge 40° Bé und
150 g Ätznatron werden auf 60° C erwärmt, bis letzteres gelöst ist; hierauf wird abgekühlt
1000 g

Die bedruckte Ware wird dann leicht getrocknet, kalt gewaschen, abgesäuert, nochmals gespült und zweckmäßig in der Hänge getrocknet.

VIII. Druck auf Kunstseide, Stapelfaser und ähnliche Fabrikate[1]).

a) Allgemeines.

Da sich die von den zahlreichen Kunstseidenfabriken nach den verschiedenen Verfahren hergestellten Imitatseiden in allen Kulturstaaten innerhalb kurzer Zeit große Absatzgebiete erobert und nicht nur die Maulbeerspinnerseide, sondern auch Baumwoll- und Leinenstoffe aus einzelnen Verwendungszwecken verdrängt haben, so ist dadurch auch dem Zeugdruck ein beachtlicher Teil dieser Fabrikate zur Kolorierung im Wege des Hand-, Spritz- und Maschinendruckes überwiesen worden. Auch der Druck auf Kunstseidengarn ist für verschiedene Zwecke in Aufnahme gekommen.

Das Bedrucken von Kunstseide der verschiedenen Herstellungsarten kann im allgemeinen nach allen für Baumwolle üblichen Verfahren ausgeführt werden, doch kommt vor allem sowohl der direkte Druck als auch der Ätzdruck besonders in Betracht; Azetatseide nimmt eine Ausnahmestellung ein und verlangt spezielle Behandlungsweise.

Für die Kolorierung nach den im Baumwolldruck geltenden Arbeitsvorschriften sind daher

Nitrozelluloseseide (hergestellt aus Kollodiumlösungen),

Kupferseide (hergestellt aus einer Lösung von Zellulose in Kupferoxydammoniak und

Viskoseseide (hergestellt aus einer Lösung von Zellulosexanthogenat), sowie ferner auch

Vistrafaserstoffe (Stapelfaser- bzw. Viskoseerzeugnisse — Vistrawolle, Vistraschappe — der „Vistra"-Textil G. m. b. H., Berlin bzw. Köln-Rottweil, A.-G.) die wichtigsten Fabrikate.

Die Azetatseide[2]) (hergestellt aus einer Lösung der Zelluloseazetate) besitzt im Gegensatz zu allen anderen (vorgenannten) Kunstseidenarten (die sehr hygroskopisch sind) nur eine sehr geringe Hygroskopizität, sie hat keine reaktionsfähigen Hydroxylgruppen; auf diesen Umstand ist das schlechte Anfärbevermögen der Azetatseide zurückzuführen. Die azetylierten Gruppen verhindern gewissermaßen eine chemische Reaktion sowohl im Färbebade als auch bei dem in der Druckerei erforderlichen Dämpfprozeß[3]). Um die Azetatseide aufnahmefähiger für

[1]) Siehe zu diesem Abschnitt auch Bd. VII dieses Handbuches, Kunstseide, 1927, bes. S. 237.

[2]) Azetatseide ist praktisch wasserfest und weicher im Griff als alle anderen Kunstseidenarten; in Deutschland hergestellt von der „Aceta"-G. m. b. H., Berlin, sowie von der „Deutsche Acetat-Kunstseide A.-G. Rhodiaseta", Freiburg im Breisgau.

[3]) Siehe übrigens Kurt H. Meyer (Ludwigshafen): Zur Physik und Chemie der Färbevorgänge (I. Über das Färben von Azetatseide. Von K. H. Meyer, Curt Schuster und W. Bülow). Melliands Textilberichte 1925, S. 737—739. — V. Kartaschoff: Beitrag zur Färbetheorie der Azetatseide. Melliands Textilberichte 1926, S. 28.

Farbstoffe zu machen, versuchte man daher dieselbe mit Säuren oder Alkalien sowie mit alkalisch reagierenden Salzen oberflächlich ganz leicht zu verseifen (Abspaltung der Azetylgruppen) und ihr dadurch den Charakter der Hydratzellulose zu geben (Verseifungsverfahren).

Eine solche teilweise Verseifung ist jedoch nur als ein Notbehelf zu betrachten, denn die Azetylgruppen bedingen die guten physikalischen Eigenschaften der Azetatseide; die auch nur teilweise Entfernung der Azetylgruppen erscheint daher wenig zweckmäßig. Während jedoch z. B. basische Farbstoffe auf reiner (nicht partiell verseifter) Azetatseide nach der im Baumwolldruck üblichen Vorschrift mit Tannin immer getrübte Farbtöne liefern, erhält man auf schwach alkalisch vorbehandeltem Material einwandfrei lebhafte Drucke von gleicher Echtheit wie auf Baumwolle.

Die ersten Versuche zum Bedrucken von Azetatseide bzw. zur Verwendung von Geweben aus reiner Azetatseide und auch von Mischgeweben aus Baumwolle und Azetatseide für Druckartikel wurden zuerst von R. Dax, und zwar im Druckereilaboratorium des Werkes Mainkur der Firma Leopold Cassella & Co.[1]) vorgenommen; das verwendete Garn- und Gewebematerial war englischer Herkunft.

Zur Erzielung einer gleichmäßigen Verseifung wurden zahlreiche Vorschriften ausgearbeitet. Besonders erwähnenswert ist u. a. auch die von der B. A. S. F. empfohlene Arbeitsweise mit Erdalkalien bei gleichzeitiger Verwendung von Formaldehyd bzw. Formaldehyd abspaltenden Produkten als Verseifungsregulator (z. B. Glyoxalsulfat, Formaldehydbisulfit, Rongalit). Derart behandelte Azetatseide ändert ihre physikalischen Eigenschaften (Glanz, Griff, Wasserfestigkeit usw.) nur wenig und zeigt weit mehr den Charakter der reinen Azetatseide als jenen der Hydratzelluloseseide.

Zum Bedrucken von Azetatseide sind naturgemäß Küpenfarbstoffe bei Anwendung als schwach alkalische Druckfarben (Pottasche-Rongalitverfahren) besonders gut geeignet. Die oberflächliche Verseifung durch das Alkali der Druckfarben ist dabei so gering, daß eine Beeinträchtigung des Glanzes nicht in Erscheinung tritt; eine Vorbehandlung der Azetatseide ist in diesem Falle ganz selbstverständlich weder erforderlich noch angängig.

Wichtig für den direkten Druck sind auch die von der I. G. Farbenindustrie A.-G. in den Handel gebrachten Farbstoffe für Azetatseide (z. B. Rosa B extra für Azetatseide, Gelb 3 G extra für Azetatseide, Blau für Azetatseide usw.). Diese als Anthrachinonabkömmlinge qualifizierten Produkte haben direkte Affinität zur Azetatseide; sie werden einfach entsprechend verdickt aufgedruckt und durch kurzes Dämpfen echt fixiert.

b) Vorbereitung der Kunstseidengewebe zum Drucken.

Da zum Verweben des Kunstseidenmaterials für die Kette eine meist aus Mehl und Gelatine bestehende Schlichte angewendet wird, so ist ein Entschlichten der Ware sehr zweckmäßig. Dasselbe gilt naturgemäß auch für gemischte Gewebe aus Baumwolle und Kunstseide.

Bei Geweben aus reiner Azetatseide erfolgt nach dem Entschlichten eventuell die schwach alkalische Behandlung. Die Ware wird also z. B. 3—4 Stunden mit 4—5 g Diastafor im Liter Wasser entschlichtet und hierauf ca. 20 Minuten in einem Bade von 1 cm^3 Ammoniak und 2 g Seife pro Liter bei 40—50° C be-

[1]) Die ersten brauchbaren Farbstoffe zum Färben von Azetatseide wurden bekanntlich von der Firma Leopold Cassella & Co. (Frankfurt a. M.) in den Handel gebracht; siehe auch Dr. H. O. R. Kramer: „Die Azetatseide und ihre Farbstoffe (Deutscher Färberkalender für das Jahr 1926, S. 112—120; Wittenberg, A. Ziemsen Verlag).

handelt, anschließend gespült, mit 5 cm³ Essigsäure 50% pro Liter Wasser abgesäuert, gespült und getrocknet.

Wenn sich in einzelnen Fällen ein Bleichen der Kunstseide nötig erweist, so arbeitet man vorteilhaft mit unterchlorigsaurem Natron von $^1/_4$—$^1/_2$ Bé, wobei eventuell bis höchstens 30° C erwärmt werden kann. Man behandelt die Kunstseide in diesem Bade so lange, bis ein genügendes Weiß erzielt ist, spült dann, säuert mit Salzsäure von $^1/_2$° Bé ab und wäscht zum Schluß gründlich. In gleicher Weise werden Gewebe aus Azetatseide und Baumwolle gebleicht.

Das Bleichen von Kunstseide kann nach R. Feibelmann[1]) sehr zweckmäßig auch mit Aktivin (Paratoluolsulfonchloramidnatrium) geschehen, indem man z. B. Viskoseseide entweder mit Lösungen von 3—4% Aktivin bei Temperaturen von 60—70° C behandelt („Egalisierungsbleiche“) oder für weitergehendere Bleichwirkung in saurer Lösung arbeitet. In letzterem Falle verwendet man pro Liter Bleichbad 3 g Aktivin und 5 cm³ Essig- oder Ameisensäure von 50% Gehalt. Dabei trübt sich die Aktivinlösung schwach infolge Bildung von Paratoluolsulfochloramid, welches ein höheres Bleichvermögen besitzt als das Paratoluolsulfonchloramidnatron (Aktivin); auch in dieser Flotte erleidet die Kunstseide keinerlei Schädigung. Nach etwa ½stündiger Behandlung im Bleichbade geht man mit dem Material in eine Bisulfit- oder Antichlorlösung und wäscht dann aus.

c) Direkter Druck und Ätzdruck auf Kunstseidenmaterial mit Ausnahme von Azetatseide.

1. Direkter Druck.

Stückwaren und Trikotstoffe werden vielfach von Hand bedruckt oder nach dem Spritzdruckverfahren koloriert. Das Bedrucken von Kunstseide in Form von Stranggarn und Ketten geschieht auf den für die gleichartigen Baumwollmaterialien üblichen Maschinen; ebenso werden Stückwaren und besonders gemischte Gewebe in gleicher Weise wie beim Baumwolldruck auf der Rouleauxmaschine bemustert.

Für den Druck mit basischen Farbstoffen, die besonders viel verwendet werden, gilt z. B. folgende Vorschrift:

10 g	Farbstoff
240 cm³	Wasser
50 cm³	Essigsäure 6° Bé
650 g	essigsaure Gummiverdickung
50 cm³	essigsaure Tanninlösung 1 : 1
1000 g	

Nach dem Drucken wird die Ware getrocknet, dann $^3/_4$—1 Stunde ohne Überdruck gedämpft, durch ein lauwarmes Brechweinsteinbad genommen (5—10 g Brechweinstein pro Liter Bad), gespült und getrocknet.

Zur Herstellung besonders gut licht- und waschechter Drucke sind die Küpenfarben nach der im Baumwolldruck üblichen Vorschrift für schwach alkalische Druckfarben sehr gut geeignet[2]).

[1]) Dr. Richard Feibelmann: „Bleichen von Kunstseide mit Aktivin“, Melliands Textilberichte 1926, S. 47/48; Aktivin wird hergestellt von der Chemischen Fabrik „Pyrgos“ in Dresden-Radebeul.

[2]) Musterkarte J. K. Nr. 17d der I. G. Farbenindustrie A.-G.: „Indanthrenfarbstoffe gedruckt auf Mischgewebe aus Kunstseide und Baumwolle“. — Richard Donner: „Bedruckte Mischgewebe aus Baumwolle und Agfa-Travisseide“. Leipziger Monatsschrift für Textilindustrie, Heft 10 vom 15. Oktober 1927, Seite 462 bis 463.

Die Badische Anilin- und Sodafabrik hat eine Musterkarte herausgegeben, welche u. a. auch die Verwendung von Alizarin-, Ergan- bzw. Erganon- sowie Indanthrenfarbstoffen zum Druck auf Vistra-Gewebe illustriert[1]).

2. Ätzdruck.

Da die verschiedenen Kunstseidenarten (mit Ausnahme der Azetatseide) eine sehr große Affinität für Farbstoffe besitzen, so daß mit substantiven Farbstoffen auch verhältnismäßig dunkle Töne noch direkt gefärbt werden können, ohne daß ein Anbluten der weißen Ätzeffekte beim Waschen nach dem Dämpfen zu befürchten ist, so kommt auch dem Ätzdruck eine beachtliche Bedeutung zu.

Zum Vorfärben der Ware benutzt man die leicht ätzbaren Benzidin- und Diaminfarben sowie Siriusfarbstoffe[2]), und zwar sowohl in direkter als auch mit Nitrazol CF gekuppelter oder diazotierter und entwickelter Färbung; auch einige mit Formaldehyd nachbehandelte Färbungen kommen für Ätzzwecke in Betracht.

Das Ätzen erfolgt mit Rongalit C oder CW.

Weißätze:

200 g	Rongalit C oder CW werden in
300 g	Wasser bei ca. 60 °C gelöst und mit
500 g	Gummiwasser (1 : 1) verdickt
1000 g	

Die bedruckte und getrocknete Ware wird einige Minuten bei ca. 102 °C in luftfreiem Dampf gedämpft, dann in kaltem Wasser gespült und getrocknet. Für die Herstellung von Buntätzen haben die im Baumwolldruck geltenden Vorschriften in gleicher Weise auch hier Geltung.

Dieselben Vorschriften gelten naturgemäß auch für die Färbungen auf Geweben aus Baumwolle und Viskoseseide[3]).

d) Direkter Druck und Ätzdruck auf Azetatseide.

1. Direkter Druck auf Azetatseide.

Die für den direkten Druck auf Azetatseide geeignetsten Farbstoffe und deren Anwendungsvorschriften wurden von den Farbwerken Höchst a. M. der I. G. Farbenindustrie A.-G. in einer im Juli 1926 zur Ausgabe gelangten Musterkarte illustriert und beschrieben[4]).

Neben Säurefarbstoffen (Azogelb konz., Orange IV) sind auch Chrombeizenfarben (Chromviolett VM Pulver, Chromblau BMI Pulver), ferner die Spezialfarbstoffe: Rotviolett extra Teig für Azetatseide, Violett B extra Teig für Azetatseide, Blau extra Teig für Azetatseide sowie basische Farben (Rhodamin B extra, Malachitgrün-Kristalle extra) und ein Schwarz mit Diphenylschwarzbase bemustert.

---

[1]) Musterkarte Nr. 2644: „Direkt- und Ätzdrucke mit Anilin-, Alizarin-, Ergan- bzw. Erganon- und Indanthrenfarbstoffen auf Vistra-Gewebe“.

[2]) Siehe auch: Dr. P. Rabe: Siriusfarben auf Kunstseide. Melliands Textilberichte 1927, S. 260/261.

[3]) Auf Mischgeweben aus Kunstseide und Baumwolle sind mit Indigosolfarbstoffen im Wege der Klotzung sowohl nach dem Nitrit- als auch nach dem Dämpfverfahren prachtvolle Unifärbungen von bester Echtheit zu erzielen. Siehe Musterkarte $\frac{\text{Sol. K. 3}}{\text{B}}$ der I. G. Farbenindustrie A.-G.: „Indigosolklotzungen auf Mischgeweben aus Kunstseide und Baumwolle“.

[4]) Musterkarte Nr. 1071 (Hö.): „Drucke auf Azetatseide“.

Beispiel einer Druckfarbe für Violett mit Violett B extra Teig für Azetatseide:

150 g Violett B extra Teig für Azetatseide (Höchst)
200 g Britishgum (1 : 1)
400 g Industriegummi (1 : 2)
20 g Glyezin A
230 g Wasser
1000 g

Beispiel einer Druckfarbe für Gelb mit Azogelb konz.:

10 g Azogelb konz. in
40 g Glyezin A und
450 g Wasser lösen, dann zugeben:
100 g Britishgum-Pulver
300 g Industriegummi (1 : 1)
40 g Ammoniak
60 g Oxalsäure (1 : 5)
1000 g

Beispiel einer Druckfarbe für Blau mit Chromblau BMI Pulver:

30 g Chromblau BMI Pulver in
30 g Glyezin A und
520 g Wasser lösen, dann zugeben:
100 g Britishgum-Pulver
300 g Industriegummi (1 : 1)
20 g Rizinusöl
1000 g

Beispiel einer Druckfarbe für Rosa mit Rhodamin B extra:

10 g Rhodamin B extra in
40 g Glyezin A,
30 g Essigsäure 50 %ig und
520 g Wasser lösen, dann zugeben:
100 g Britishgum-Pulver
300 g Industriegummi (1 : 1)
1000 g

Für ein Grün mit Malachitgrün Kristalle extra wird die gleiche Vorschrift wie für Rhodamin empfohlen.

In allen Fällen dämpft man die bedruckte Ware 1/2 Stunde im Dämpfkasten, wäscht dann und seift eventuell; vor dem Trocknen behandelt man noch in einem Bade, das 5 cm^3 Essigsäure im Liter Wasser enthält.

A. Schneevoigt[1]) hat gefunden, daß die basischen Farbstoffe auf Azetatseide sehr klare Töne liefern, wenn man dieselben mit der von der I. G. Farbenindustrie A.-G. hergestellten „Beize für Azetatseide“ aufdruckt (etwa gleiche Menge Beize wie Farbstoff im Kilo Druckfarbe). Er konstatierte ferner, daß bei Rhodamindruckfarben mit Beize für Azetatseide ein Zusatz von Resorzin und auch schon Resorzin allein die tiefsten Drucke ergibt.

Bei Anwendung der „Farbstoffe für Azetatseide“ fand Schneevoigt, daß ein Zusatz von Ludigol sehr günstig auf die Ausgiebigkeit der Druckfarben wirkt und auch glattere Drucke entstehen. Da einige dieser Produkte bei etwas längerem Dämpfen leicht sublimieren, so ist die Zugabe von Glyzerin nicht unwichtig.

Beispiel einer Druckfarbe nach Schneevoigt:

50 g Rosa B extra für Azetatseide (B. A. S. F.)
50 g Glyzerin
50 g Türkischrotöl
50 g Ludigol
800 g Britishgum
1000 g

[1]) Melliands Textilberichte 1926, S. 354.

Die für Färbezwecke unter den Namen Azanile, Silkone, Azonine usw. im Handel befindlichen Farbstoffbasen (Amidoazobenzol, Amidoazotoluol, Alphanaphthylamin usw.)[1]) haben für den Druck gar keine Bedeutung, da sie bei der in Betracht kommenden besonderen Anwendungsweise nicht einwandfrei fixiert werden können.

2. Direktdruck und Ätzdruck auf Mischgeweben aus Baumwolle und Azetatseide.

Zum Bedrucken von Mischgeweben aus Baumwolle und Azetatseide (Baumwollstoffe mit Azetatseideneffekten) sind Küpenfarbstoffe sehr gut geeignet (schwach alkalische Druckfarben).

Auf Baumwollstoffen mit Azetatseideneffekten erzielte R. Dax[2]) schöne Effekte durch Aufdruck alkalisch wirkender Substanzen und nachherigem Ausfärben der Ware mit substantiven Farbstoffen (Diamin- und Diaminechtfarben). Die Baumwolle und die Azetatseide werden dadurch auf den mit Alkali bedruckten Stellen uni gefärbt und gleichzeitig voller im Farbton als die Baumwolle an den unbedruckten Stellen, auf welch letzteren die Azetatseide ungefärbt bleibt. Zum Ausfärben eignen sich zwecks Erzielung brauchbar reiner Effekte z. B. die im „Kleinen Handbuch der Färberei", Band I, 3. Auflage 1923, S. 366 (Leopold Cassella & Co., Frankfurt a. M.) angegebenen Diamin- und Diaminechtfarben. Als alkalische Aufdruckfarbe verwendet man am besten und einfachsten verdickte Sodalösung, z. B. nach folgender Vorschrift:

30— 40 g	Soda kalz. werden mit
670—660 g	Wasser und
300—300 g	Britishgum angeteigt und aufgekocht
1000 g	

Nach dem Aufdruck wird ca. $^1/_2$ Std. gedämpft, sodann gewaschen und ausgefärbt.

Mit dem Bedrucken von Mischgeweben aus Azetatseide und Baumwolle, Azetatseide und Viskose usw. hat sich dann A. Schneevoigt[3]) noch sehr eingehend beschäftigt und besonders auch die Möglichkeiten des Ätzdruckes weitgehend ausgestaltet. Infolge des verschiedenen Verhaltens der Azetatseide gegenüber den für Baumwolle brauchbaren Farbstoffen sind in gleicher Weise wie beim Färben auch im direkten Druck unterschiedlichste Farbwirkungen zu erzielen, so z. B. durch Verwendung von substantiven Farbstoffen mit Farbstoffen für Azetatseide oder von basischen Farbstoffen mit „Beize für Azetatseide" in Kombination mit substantiven Farbstoffen in einer Druckfarbe. Nach dem Dämpfen müssen solche Drucke zwecks Entfernung der auf der jeweils indifferenten Faser nichtfixierten Farbstoffe zweckentsprechend vorsichtig geseift werden, wodurch erst die reinen Farbeffekte zum Vorschein kommen.

Bezüglich Ätzdruck hat A. Schneevoigt festgestellt, daß sich geeignete uni gefärbte Gewebe aus Baumwolle und Azetatseide weiß ätzen lassen, wenn man eine Ätzpaste anwendet, welche Rongalit CL und etwas Resorzin oder Rhodanammonium enthält. Gute Resultate ergibt auch eine Ätze mit Decrolin löslich konz. (Monozink — Formaldehydsulfoxylat von 88 % Normalgehalt) ohne vorgenannten Zusatz. Für Buntätzen kommen in geeigneten Fällen hydrosulfitbeständige basische Farbstoffe in Betracht.

[1]) Bezüglich der als „Azonine" bezeichneten Farbbasen und ihres chemischen Charakters siehe Gnehm-von Muralt: „Taschenbuch für die Färberei", 2. Auflage, S. 58. Berlin: Julius Springer 1924.

[2]) Veröffentlicht in „Kleines Handbuch der Färberei", Band IV (Druckerei) 2. Auflage 1924, S. 185. Leop. Cassella & Co., Frankfurt a. M.

[3]) „Das Bedrucken von Azetatseide-Mischgewebe"; Melliands Textilberichte 1926, S. 945.

IX. Die Appretur baumwollener Gewebe, Wirk- und Strickwaren usw.

A. Begriff und Wesen der Appretur.

Unter dem textiltechnischen Ausdruck „Appretur" faßt man alle jene Arbeiten zusammen, welche mit der vom Webstuhl, der Wirk- oder Strickmaschine usw. kommenden Rohware einerseits vor und nach dem Bleichen bzw. vor dem Färben oder Bedrucken und andererseits nach dem Färben oder Bedrucken vorzunehmen sind, um ein sowohl dem praktischen Verwendungszweck als auch dem Schönheitssinn entsprechendes Fabrikat zum Verkauf bringen zu können.

Man unterscheidet demnach eine Vorappretur, der die Reinigung und Zurichtung der Rohware für Weißwaren bzw. für das Färben oder Bedrucken zukommt, und eine Nachappretur, die bei Weißware sowie zum Teil bei Buntwebware nach dem Bleichen, bei gefärbten und bedruckten Geweben nach Beendigung aller Färbe- und Druckoperationen zur Ausführung gelangt. Diese beiden Begriffe Vor- und Nachappretur umfassen jeder für sich je nach Art der zu behandelnden Gewebe oder Gewirke und dem angestrebten Effekt mehr oder weniger zahlreiche Einzelarbeitsvorgänge, durch die diesen Textilstoffen jene charakteristischen äußeren Eigenschaften verliehen werden, welche einesteils dem Rohfabrikat und andernteils der gebleichten oder gefärbten bzw. bedruckten Ware nicht anhaften.

Es handelt sich also zunächst bei allen Waren um ihre Reinigung und dann, je nach Erfordernis, um Behandlungen, die Glätte, Transparenz, Geschmeidigkeit, Steifheit, Glanz, wolliges oder haariges sowie rauhes oder lederartiges Aussehen, Dichte und Festigkeit, Beschwerung, Bemusterung und endlich, speziell bei Florgeweben (Samt), eine gegenüber der Unifärbung andersfarbige Übersicht hervorzurufen geeignet sind.

Dem derart umgrenzten Arbeitsgebiet der Appretur nicht direkt oder nur zum Teil zugehörig sind dann noch jene Verfahren, welche dazu dienen, Gewebe regendicht (wasserdicht) oder flammensicher zu machen. Mit Ausnahme der Herstellung kautschukierter Gewebe (Gummibekleidungsstoffe für Regenmäntel, Ballonstoffe usw.), welcher Fabrikationszweig mit der Gummiindustrie in engem Zusammenhange steht, können einzelne dieser Verfahren ohne weiteres auch in allen Färbereien und Appreturanstalten ausgeführt werden.

Eine eigenartige Fabrikation von appreturähnlichem Charakter ist ferner die bedeutsame Kunstlederindustrie. „Kunstleder" ist nämlich ein mit einer Paste aus Nitrozelluloselösung, Erdfarben und Weichhaltungsmitteln entsprechend bestrichenes Baumwollgewebe, dem durch Pressen ein täuschend lederähnliches Aussehen verliehen wird.

Zu erwähnen ist auch noch die Herstellung der sogenannten Schmirgelleinen. Es handelt sich dabei um mehr oder minder leicht eingestellte Gewebe, die in einer Färberei- und Appreturanstalt auf einer Spezialappreturmaschine einseitig mit Appreturmasse behandelt und dann im Schmirgelwerk durch Auftragen von flüssigem Leim auf die unappretierte Seite sowie nachherigem Bestreuen mit Körnerschmirgel fertiggestellt werden.

Die Appretur als Anfangs- und Endarbeit umschließt das Bleichen, Färben und Bedrucken. Als zusammenhängendes Arbeitsgebiet fallen sämtliche Operationen unter den Begriff Ausrüstung oder Veredelung von Rohgeweben, Rohgewirken usw.

B. Allgemeinhistorische Betrachtungen.

Die Orientvölker, denen wir vor Jahrhunderten grundlegende Kenntnisse in Färberei und Zeugdruck[1]) durch Studium und Modifizierung ihrer Arbeitsweise und Erzeugnisse abgewonnen haben, verwendeten Reis bzw. Reisprodukte (Reismehl, Reispulver- oder Reiskleie) zum Stärken der Gewebe. Nach einem alten Verfahren der Inder wurden z. B. die Stoffe mit mehr oder weniger starken Reiswasser (Reismehlteig) getränkt, hierauf getrocknet, dann auf einem gut polierten Tische mit einer Muschelschale geglättet und zum Schluß gepreßt.

Die Anwendung unterschiedlicher Substanzen, die den Geweben weichen oder harten Griff verleihen, spielte während großen Zeiträumen keine nennenswerte Rolle, da einerseits meist relativ gute Warenqualitäten erzeugt wurden und andererseits chemische Prozesse dafür nicht in Betracht kamen. Stärke wurde zwar schon seit ungefähr 800 v. Chr. für Appreturzwecke gebraucht, doch ist ihre Verwendung später wieder in Vergessenheit geraten. Plinius der Ältere (geb. 23 n. Chr.) bespricht in seiner „Historia naturalis" die Herstellung der Stärke auf der Insel Chios. In der ersten Hälfte des 16. Jahrhunderts wurde die Stärke in England eingeführt, und unter der Regierung der „jungfräulichen Königin" Elisabeth (1558—1603) wurde das Stärken der Wäsche allgemeine Mode. Glätte bzw. Glanz als Haupterfordernisse wurden ursprünglich immer nur mit primitivsten Mitteln, durch Handgriffe, und sehr spät erst mittels maschineller Einrichtungen hervorgerufen. Französische und deutsche Lehrbücher über Färberei und Zeugdruck aus den Jahren 1847—1851 erwähnen z. B., daß vor dieser Zeit und in kleinen Etablissements auch noch zu dieser Zeit das glatte und glänzende Aussehen von Zeugen durch Glätten mit der Hand unter Anwendung der sogenannten Glättsteine aus Achat ausgeführt wurde[2]).

Das Glätten der Waren durch Ausübung eines bestimmten, gleichmäßig andauernden Druckes (Pressung) führte aber schon verhältnismäßig bald zur Herstellung von maschinellen Vorrichtungen. Gut erhaltene Fresken in den Ruinen von Pompeji (der durch den furchtbaren Ausbruch des Vesuvs vom 24. August 79 n. Chr. verschütteten Stadt) zeigen u. a. eine solche antike Presse mit zwei Druckschrauben.

Wichtigen Vorbereitungsarbeiten, wie z. B. die Erzielung einer glatten Gewebeoberfläche durch Abbrennen (Sengen) oder Abscheren der feinen Fäserchen und Härchen, wurde in den ältesten Zeiten keine oder nur geringe Beachtung geschenkt. Übrigens erforderten z. B. die nach der alten Webart der Ägypter (unter dem Einfluß von Feuchtigkeit) schon vor 8000 Jahren erzeugten Gewebe keine solche Reinigung der Oberfläche. Diesbezüglich sind hier aus dem zwanzigsten Jahrhundert die Bemühungen des Ingenieurs Prein in Hannover zu erwähnen, der diese alte Webart zur Herstellung faser- und flusenfreier Gewebe in modernisierter Form (durch Anbringung eines Befeuchtungs- und Streichapparates am Webstuhl) wieder zur Geltung bringen wollte, um dadurch das mitunter auf Kosten der Qualität der Waren vor sich gehende Sengen und Scheren zu vermeiden[3]). Das „Preinieren" (Anfeuchten und gleichzeitiges Streichen der Fäden am Webstuhl) hat jedoch keine größere Bedeutung erlangt, da

[1]) An dieser Stelle soll noch nachträglich auf eine fachtechnisch wertvoll interessante Abhandlung von Professor H. B. Shroff (Cawnpore, Indien) über Handdruck auf Kalikogewebe in Muttra (Indien) hingewiesen werden (The Dyer and Calico Printer vom 1. Juni 1926). Zu erwähnen ist auch der Yusen-Druck der Japaner auf Wolle und Seide.

[2]) F. A. W. Geest: „Lehrbuch des Bleichens und der gesamten Färberei auf baumwollene Garne und Gewebe", Weimar 1851, Zweite Auflage, S. 786/787.

[3]) Über „Prein-Gewebe" siehe: Zeitschr. f. d. gesamte Textilindustrie 1913, S. 809, sowie Österreichs Wollen- und Leinenindustrie 1913, S. 396.

es nicht so ohne weiteres als vollwertiger Ersatz für das Sengen und Scheren angesehen werden konnte.

Als man in Europa dem Aussehen von Webwaren mehr Beachtung zu schenken genötigt war, bezeichnete man als Appretur ursprünglich nur die Endbehandlungen, welche mit gefärbten oder bedruckten Zeugen dieserhalb vorgenommen werden mußten. Da nur wenige und primitive Hilfsmittel zur Verfügung standen, so besitzen wir auch nur spärliche und wenig ausführliche Berichte aus den Anfängen dieses Zweiges der Textilindustrie.

Das Sengen, als abgesondert betrachtete Vorbehandlung, wurde z. B. mit Hilfe eines bis zur Rotglut erhitzten Metallstückes und zwar derart vorgenommen, daß man dasselbe in einen Apparat einspannte und dann damit über das Gewebe hinwegstrich[1]). Das Scheren von Hand fand dagegen schon von alters her bei den Griechen und Römern außerordentliche Beachtung, weil man zu dieser Manipulation zur Verschönerung der Wollgewebe genötigt wurde. Im 15. Jahrhundert erwachte der Gedanke an maschinelle Vorrichtungen zum Scheren, und der genialste Künstler der italienischen Renaissance, der vielseitige, ingeniöse Leonardo da Vinci[2]), befaßte sich mit dieser textiltechnisch so bedeutsamen Angelegenheit. Eine Schermaschine in modernem Sinne wurde jedoch erst von dem Amerikaner Dorr im Jahre 1792 gebaut.

Dépierre erwähnt in seinem vortrefflichen Buche: „Die Appretur der Baumwollgewebe“ (Wien 1905), daß die Kattundrucker am Ende des 18. Jahrhunderts für ihre schon zahlreichen Artikel nur zwei Appreturverfahren anwendeten, über welche das in der Bibliothek der Industriellen Gesellschaft in Mülhausen i. E. aufbewahrte Manuskript von Ryhiner (begonnen 1766, beendet 1783) Auskunft gibt. Handschuhlederleim, Stärkeaufkochung als solche oder unter Beigabe von Wachs oder Fischleim waren die wichtigsten Appreturmassen für alle Artikel. Zur Erzielung eines blaustichigen Weiß auf weißbödiger Ware wurde dem Stärkekleister ein wenig Indigokarmin zugesetzt; „dann satiniert und preßt man die Stücke“ besagt kurz und bündig der Endpassus vorerwähnter Handschrift.

Die Herstellung bedruckter Kattune war übrigens damals erst endgültig in Aufnahme gekommen, denn die französische Regierung hatte bekanntlich durch nahezu 60 Jahre die Erzeugung und Verwendung bzw. die in Betracht kommende Einfuhr dieses billigen und schönen Fabrikates aus England durch zahlreiche Verbote behindert und zum Teil auch drakonische Strafen verhängt, da man eine Konkurrenz für die blühende Seidenindustrie befürchtete. Trotz alledem stieg der Verbrauch dieser Stoffe für Kleider, Möbelbezüge und Tapeten von Jahr zu Jahr; es wurde geradezu ein Sport, Kattune zu verwenden, die nur als Kontrebande ins Land kommen konnten. Der bekannte Historiograph der Mode, Max von Boehn[3]) bemerkt diesbezüglich, daß sich Frau von Pompadour im Jahre 1755 ein kleines Lustschloß Bellevue einrichtete und stolz darauf war, daß alle Möbel und Wände mit geschmuggeltem Kattun bezogen waren.

Die Verfasser von Büchern über Bleicherei, Färberei und Zeugdruck vom Anfange des 19. Jahrhunderts haben wohl fast ausnahmslos anhangsweise auch die verschiedenen Appreturverfahren erwähnt, doch dieses wichtige Arbeitsgebiet im allgemeinen sehr stiefmütterlich behandelt.

Thillaye nennt in seinem „Manuel du Fabrication des Indiennes“ (Paris 1834) vier Appreturverfahren, bei denen Kartoffelstärke und Weizenstärke,

---

[1]) Sprengel: „Handwerke und Künste“, S. 440. Berlin 1774.

[2]) Amoretti: „Memorie storiche sulla vita, gli studji e le opere di Leonardo da Vinci“. Milano 1807.

[3]) Max von Boehn: „Polizei und Mode“. Berlin W 35: Gersbach & Sohn.

weiße Seife und weißes Wachs zur Anwendung kommen; diese Substanzen dienten zur Appretur von ungefähr zehn verschiedenen Artikeln.

Thillaye beschreibt z. B. auf S. 285 die Appretur von Battisten wie folgt: „Die Battiste werden nur leicht appretiert, oft zieht man dieselben nur durch Flußwasser und läßt sie abtropfen. Man nimmt sie dann durch ein Bad, in welchem man so viel Azurblau zerrührt hat, als man die Nüance der Bläue zu haben wünscht, windet sie dann aus, breitet sie mit Stricken aus und hängt in gewissen Entfernungen Gewichte an, um die Falten zu vermeiden“[1]. Als Azurblau bezeichnete man die zu ganz feinem Pulver geriebene Schmalte.

Kreisig, der schon vor Persoz ein Handbuch der Zeugdruckerei in vier Bänden herausgegeben hat (Berlin 1837), gibt außer den vorgenannten Appreturmitteln noch Tragant an und charakterisiert acht Appreturarten.

Persoz beschreibt in seiner „Traité théorique et pratique de l'impression des tissus“ (Paris 1846, vier Bände) kurz die Reihenfolge der Appreturarbeiten; daraus ist u. a. auch schon die Verwendung von Alaun, Walrat, Gummi und Dextrin als Appreturmittel ersichtlich.

Das von Dr. Chr. H. Schmidt bearbeitete und ergänzte „Lehrbuch der gesamten Färberei nebst einem Anhange über Kattundruckerei“ (Weimar 1847) als fünfte deutsche Ausgabe der Originalarbeit des Dr. J. B. Vitalis („Cours élémentaire de teinture et sur l'art d'imprimer les toiles“, 1824 und 1827) beschreibt im letzten (fünfzehnten Kapitel) die Appretur der gefärbten und gedruckten Zeuge und gibt eine klare Übersicht über die damals verfügbaren Hilfsmittel. Der Übergang von der primitiven manuellen Arbeit der Vorzeit in das Zeitalter der Herrschaft der Maschinen kommt deutlich zum Ausdruck, und man erhält wertvolle Aufschlüsse über die eigentlichen Grundlagen der modernen Appretur. Schmidt charakterisiert die Appretur der Gewebe in jener Übergangsperiode sehr treffend (S. 927):

„Eine gute Qualität des Gewebes an und für sich selbst, gutes Sengen der Zeuge vor dem Aufdruck, damit alle Fasern, die das Gewebe rauh und unscheinbar und für die Aufnahme des Staubes und Schmutzes empfänglich machen, wegschafft und die runden Fäden rein der Aufnahme des Aufdruckes und der Farbe dargeboten werden, sind die besten Grundlagen für eine gute Appretur, die unvergänglich ist und worin das eigentliche Geheimnis aller soliden englischen und französischen Manufakturen besteht; indessen verlangen die jetzigen Zeitverhältnisse leider auch, daß man durch ein gutes und angemessenes Appretieren einem geringen Stück Ware ebenfalls ein günstiges Aussehen gibt, wobei die Verbraucher indessen freilich nicht gewinnen.“

Schmidt spricht vom Sengen der Zeuge nur in bezug auf Druckartikel, und F. A. W. Geest bemerkt in seinem „Lehrbuch des Bleichens und der gesamten Färberei auf baumwollene Garne und Gewebe“ (Weimar 1851) auf S. 458 beim Entschlichten: „Sind die Gewebe teilweise oder ganz für den Druck bestimmt, so muß dieser Operation das Sengen vorhergehen.“

Das Sengen wurde in der Hauptsache auf dem Sengofen (der Plattensenge) ausgeführt, indem man die Gewebe über eine halbzylinderförmige, glühend gemachte gußeiserne Platte entsprechend rasch hinwegführte. Für ganz feine Gewebe arbeitete man aber auf der Sengmaschine mit Alkohol (System Descroizilles, Rouen), die als Vorläufer der modernen Gassengmaschinen anzusehen ist.

---

[1]) Als zeitgenössisches deutsches Zitat nach Schmidt.

Geest, der ebenfalls die Appretur der gefärbten Zeuge in ähnlicher Weise wie die anderen Autoren beschreibt, klagt jedoch in maschineller Hinsicht: „In unseren Färbereien findet man fast durchschnittlich nichts als eine gewöhnliche Mangel, die teils durch Menschenkraft, teils durch ein einfaches Getriebe oder mittels eines komplizierten Triebwerks, teils durch animalische Kraft, oft auch durch Wasserkraft in Bewegung gesetzt wird. Diese Maschine ist von alters her in Gebrauch, erreicht aber in keiner Beziehung ihren Zweck; selbst die bestgebauteste kann, weil sie gezogen wird, nie einen ganz gleichen Gang haben, und der Druck, den sie ausübt, ist zu sehr verteilt, als daß er selbst bei der größten Last und Schwere des Kastens sehr bedeutend zu nennen wäre. Übrigens läßt sich derselbe auch nicht verschieden regeln und der zu appretierenden Ware angemessen abändern"[1]. Im übrigen beschreibt aber Geest bereits (unter Anfügung von Skizzen) in gleicher Weise wie Schmidt die englische Stärke- und Trockenmaschine, eine Appreturmaschine für baumwollene Gewebe, den gewöhnlichen Glätt- als auch den Friktionskalander, die Aufdockmaschine und die Wringmaschine, Einsprengmaschine usw.

Das Stärken und Trocknen der gefärbten oder bedruckten Waren wurde anfangs in sehr primitiver Weise ausgeführt[2]. Gewöhnlich legte man die nassen Zeuge Stück für Stück in ein hölzernes Gefäß, das mit Appreturflotte gefüllt war, und zog sie mehrmals hin und her oder haspelte bestenfalls um. Dann wurde über dem Pflock ausgewunden, ausgeschlagen, gerahmt und entweder an der freien Luft oder in einer geheizten Trockenanstalt getrocknet. Als man eine sogenannte Auswringmaschine zur Verfügung hatte, quetschte man mit dieser die in der Appreturflotte behandelten Gewebe ab. Die Auswringmaschine bestand aus zwei hölzernen Quetschwalzen aus Ahornholz, deren untere durch Elementarkraft bewegt und deren obere (mitlaufende) durch einen belasteten Hebel aufgedrückt wurde. „Zu gleicher Zeit werden die Enden von 3 Stück Ware, die in einem Kübel voll Wasser oder Stärkewasser liegen, zwischen die Walzen gebracht, durchgelassen und jenseits von einem Arbeiter in einen Bund gezogen"[3]. Diese Arbeitsweise ergab naturgemäß sehr mangelhafte und ungleiche Resultate.

In den Druckereien verwendete man sehr bald die Klotzmaschine zum Imprägnieren mit der Appreturmasse und trocknete in einer Hotflue oder arbeitete mit der kombinierten englischen Stärke- und Trockenmaschine (Klotzmaschine und Zylinertrockenmaschine). Schmidt erwähnt auch, daß man manche mit Appreturmasse imprägnierte Gewebe zwecks Erzielung einer griffigen und doch auch milde beweglichen Appretur an einem Rahmen trocknet, dem man an beiden Seiten eine Bewegung geben kann.

Aus den bisherigen Darlegungen ist ersichtlich, daß sich die Verbesserungen in den Appreturmethoden um das Jahr 1850 hauptsächlich in maschineller Hinsicht als zunächstliegendes Erfordernis auswirkten. Im Textilmaschinenbau waren die Engländer vorbildlich und erreichten dadurch anfangs in jeder Beziehung einen großen Vorsprung vor den kontinentalen Industrieländern.

Diese Übergangsperiode zu rationell großproduktiver Arbeitsweise spiegelt sich auch in dem groß angelegten Werke von Kurrer's: „Die Druck- und Färbekunst in ihrem ganzen Umfange" (Wien 1850, Dritter Band). Im dritten Abschnitt dieses Buches, das „Von dem Appretieren und Bläuen der gedruckten und gefärbten Zeuge" handelt, charakterisiert er unter Angabe

[1]) S. 785 (Geest, 2. Auflage, Weimar 1851).

[2]) Vitalis-Schmidt: S. 937 (Weimar 1847).

[3]) Geest: S. 824 (Weimar 1851).

verschiedener Appreturverfahren die damals und vordem übliche Ausführung derselben noch kurz folgendermaßen: „Beim Steifen oder Stärken der baumwollenen und leinenen Gewebe, die nicht gerahmt oder mit starkem Glanzappret versehen werden, hat man besonders darauf acht zu geben, daß beim Abtrocknen in freier Luft, Wind, Sonne und im Winter Ausfrieren vermieden werde. Durch die ersteren erfolgen ungleiche Streifen und wolkige Bläue, so wie durch das Ausfrieren der Appret meistens verloren geht. Mousseline und Jaconnet, die gerahmt werden, erfordern mäßige Wärme und womöglich Luftbewegung durch Windflügel beim Abtrocknen; ebenso müssen auch die Zeuge, welche starken Glanzappret erhalten sollen, nach dem Stärken warm und womöglich schnell abgetrocknet werden.“ Weiter heißt es dann: „Bei stark steifer und Glanzappretur verrichtet man das Stärken am besten und zweckmäßigsten vermittels der Stärkemaschine.“

Von Kurrer erwähnt jedoch auch schon die Linksappretur, die zuerst in den Kattundruckereien, und zwar in der Weise ausgeführt wurde, daß man die gedruckten Zeuge auf der Walzendruckmaschine mittels tief gravierter Streif- oder Pikotwalzen mit verdünntem Stärkekleister steifte; man verwendete Weizen- oder Kartoffelstärke mit Zusatz von etwas Alaun.

Um das Jahr 1851 begannen die Engländer, mindere, hauptsächlich für Export bestimmte Warenqualitäten durch beschwerte Appreturen (Mischungen der Kleister mit Substanzen, die dem Gewebe ein größeres Gewicht verleihen) verkaufsfähiger auszurüsten. In beschränktem Maße wurde dieses Verfahren für einzelne Artikel dann auch in anderen Ländern aufgenommen, doch stets mit großer Vorsicht gehandhabt, um den Ruf der Fabrikate nicht zu schädigen.

Die Wichtigkeit der Appretur für die Veredelung der Gewebe trat immer klarer zutage (von Kurrer sagt: „Die in der Fabrikation noch so gelungenen Druckfabrikate finden keine annehmbaren Käufer, wenn die geeignete Appretur mangelt“), aber erst die immer mehr gesteigerten Ansprüche an die Ausrüstung der Waren infolge Demokratisierung der Mode, nötigten auch die Chemikerkoloristen, diesem Zweig der Textilindustrie volle Beachtung zu schenken. Daraus ergaben sich vor allem zahlreiche Verbesserungen in der Anwendung von Appreturmitteln und in weiterer Folge verschiedene gänzlich anders geartete Verfahren.

Joseph Dépierre war einer der ersten Chemiker, welche die Appretur fachwissenschaftlich eingehend betrachteten, und sein im Jahre 1887 erschienenes Werk: „Traités des apprets de coton“ fand so außerordentliches Interesse, daß auch die zweite und dritte Auflage (1894) dieses Buches sowie das im Jahre 1905 ausgegebene deutsche Werk innerhalb kurzer Zeit nicht mehr im Buchhandel zu haben waren.

Die Literatur über das Gebiet der Appretur ist seit den achtziger Jahren des vorigen Jahrhunderts infolge des Aufschwungs der Textilindustrie und der erhöhten Aufmerksamkeit hinsichtlich der Ausbildung der Textilchemiker und Textilmaschineningenieure besonders in Deutschland nicht nur um verschiedene andere wertvolle Bücher, sondern ganz besonders auch durch zahlreiche Veröffentlichungen in den Fachzeitschriften bereichert worden[1]).

---

[1]) Über technische Fortschritte auf dem Gebiete der Appretur siehe auch Band III der Technischen Fortschrittsberichte: „Textilindustrie“, bearbeitet von Prof. Dr. Paul Krais, Dresden u. Leipzig; Th. Steinkopff 1924. Kapitel Appretur, S. 125—140.

C. Allgemeines über die Ausführungsarten der Appretur.

Die vielseitige Verwandlungsfähigkeit der Baumwollfaser durch Einflüsse mechanisch-physikalischer oder chemisch-physikalischer Natur hat das Arbeitsgebiet der Appretur besonders im Laufe der ersten Jahrzehnte des 20. Jahrhunderst um eine große Zahl wichtiger Veredelungsmethoden bereichert und dadurch die an und für sich bis dahin schon mannigfaltige Ausrüstung der Baumwollwaren durch weitgehende Spezialisierung zu außerordentlicher Bedeutung für die Textilindustrie erhoben.

Die zur Hervorrufung der verschiedenen Effekte durch mechanisch-physikalische Einflüsse erforderlichen Arbeitsvorgänge bestehen im wesentlichen in der Anwendung von Druck, Schlag, Reibung, Aufrauhung, Streckung usw. Bei den auf physikalischer oder chemischer Basis vor sich gehenden Arbeitsprozessen bilden dagegen die Anwendung von Wärme und Dampf, das Imprägnieren mit Appreturmitteln, die Einwirkung von Säuren, Alkalien, Salzen oder Lösungsmitteln usw. besonders zweckdienliche Zwischen- und Hauptphasen zur Erzielung des erwünschten Endeffekts. Im Laufe der mehr oder weniger zahlreichen Einzeloperationen, die ein Gewebe bis zur vollendeten Ausrüstung durchzumachen hat, kommen dann naturgemäß vielfach mechanisch-physikalische und chemisch-physikalische Prozesse abwechslungsweise bzw. teilweise gleichzeitig zur Anwendung und Auswirkung.

In beiden Fällen und besonders bei der mechanisch-physikalischen Appretur sind selbstverständlich maschinelle Vorrichtungen unumgänglich notwendige Hilfsmittel. Die konstruktive Durchbildung, exakte und rationelle Arbeitsleistung dieser Maschinen ist sowohl für die Erzielung des jeweils erforderlichen Ausrüstungseffektes als auch für die Produktion von allergrößter Wichtigkeit.

Die wichtigsten Maschinen werden in jedem Falle ihrer Verwendung entsprechend kurz charakterisiert werden. Eine vollständige Aufzählung und eingehende Beschreibung aller gebräuchlichen Appreturverfahren ist ebenso unmöglich wie überflüssig, da viele derselben durch oft nur geringfügige Abänderungen der einen oder anderen Arbeitsweise auf Wunsch oder Anregung der Käufer der Waren ausgeführt werden und daher zum Teil auch nur vorübergehend Geltung besitzen.

Spezialgebiete der Appretur, denen als selbständige Fabrikationszweige größere Bedeutung zukommt, werden besonders hervorgehoben werden, bezüglich detaillierter Arbeitsvorschriften sind im übrigen in allen Fällen die in Fachzeitschriften und einzelnen Spezialwerken von namhaften Fachleuten veröffentlichten Angaben zu Rate zu ziehen, auf welche unter genauer Angabe der betreffenden Literatur besonders hingewiesen wird.

Bezüglich der durchaus bzw. jeweils erforderlichen Einzeloperationen für die Ausrüstung der verschiedenen Baumwollartikel unterscheidet man:

1. Arbeiten, die eine Reinigung der Ware oder der Warenoberfläche zum Zwecke haben, z. B. Sengen, Scheren, Schmirgeln, Crabben (Auskochen), Klopfen und Bürsten;

2. Arbeiten, die eine bleibende Veränderung der Baumwollfaser auf chemischem Wege hervorrufen, z. B. Merzerisieren und zum Teil auch Permanentfinishausrüstung, sowie die Hochveredelungsverfahren, wie Pergamentieren, Opalisieren, Philanieren usw.; ferner die Herstellung von Wildlederimitation auf Trikotstoffen für die Handschuhindustrie (Schrumpfung der Ware

durch Einwirkung starker Lauge), das Imprägnieren mit Kupferoxydammoniak zur Herstellung wasserdichter Gewebe für Zelte, Decken usw.;

3. Arbeiten, die eine Veränderung des Gefüges der Waren durch mechanisch-physikalische Prozesse bezwecken, z. B. Auskochen, Dämpfen, Stärken (Gummieren, Leimen, Beschweren), Befeuchten, Brechen, Pressen, Kalandern usw.;

4. Arbeiten, die eine Veränderung der Oberfläche der Gewebe oder Gewirke auslösen, z. B. Rauhen, Ratinieren, Scheren, Bürsten, Mangeln, Kalandern, Beetlen, Moirieren, Gaufrieren, Pressen;

5. Hilfs- oder Zwischenarbeiten als Vorbereitung für die vorgenannten Operationen: Aneinandernähen der Stückwaren, Aufbäumen und Abwickeln, Trocknen usw.;

6. Aufmachungsarbeiten, durch welche die fertig appretierten Waren in die handelsübliche Form gebracht werden: Messen, Falten, Doublieren, Wickeln, Etikettieren, Verpacken.

Die zur Vorbereitung der Gewebe zum Färben oder Bedrucken erforderlichen und als Vorappretur bezeichneten Arbeitsvorgänge sind zum größten Teile und auch einschließlich der Hochveredelungsverfahren bereits im Zusammenhange mit dem Bleichen der Baumwollgewebe mehr oder weniger ausführlich behandelt worden, so daß die hier folgende Besprechung der wichtigsten Appreturverfahren in der Hauptsache der Nachappretur, also der Endausrüstung buntgewebter, gebleichter, gefärbter oder bedruckter Waren, gilt. Die Vorarbeiten werden deshalb nur nochmals kurz erwähnt bzw. bei einzelnen charakteristischen Ausrüstungsverfahren in der Reihenfolge der speziell erforderlichen Anwendung genannt werden.

Da jedoch die chemischen Hochveredelungsverfahren der Vorappretur eng verbunden sind und gleichzeitig zum größten Teil den charakteristischen Endausrüstungseffekt ausschließlich hervorrufen, so sollen die auf dieser Basis zur Herstellung wichtiger Spezialartikel in Betracht kommenden Arbeitsmethoden an erster Stelle einer näheren Betrachtung unterzogen werden.

Die für Appreturzwecke erforderlichen Maschinen werden in den verschiedenen Textilmaschinenfabriken auf Grund langjähriger Erfahrungen und vielfacher Beziehungen zur Textilindustrie in solider, ökonomisch arbeitender Bauart hergestellt. Als erstklassige Lieferanten sind u. a. zu nennen die in der „Gemeinschaft Deutscher Textilmaschinenfabriken, Unionmatex“ (Technisches Zentralbüro Berlin W 8) zusammengeschlossenen Firmen: Zittauer Maschinenfabrik A.-G. in Zittau i. Sa., C. H. Weisbach in Chemnitz, Ernst Gessner in Aue i. Sa., Th. Blass A.-G. in Seifhennersdorf i. Sa., A. Monforts in M.-Gladbach; ferner C. G. Haubold A.-G. in Chemnitz[1]), Rossweiner Maschinenfabrik A.-G. in Rosswein i. Sa., Bemberg Maschinenbau A.-G. in Barmen-Langerfeld, Moritz Jahr A.-G. in Gera, Joh. Kleinewerfer's Söhne in Krefeld, C. A. Gruschwitz A.-G. in Olbersdorf i. Sa., Maschinenfabrik zum Bruderhaus in Reutlingen (Württemberg) usw.

---

[1]) Siehe die historisch-biographische Abhandlung: „Textilveredelungsmaschinenfabrik C. G. Haubold A.-G., Chemnitz (1837—1927)“. Melliands Textilberichte 1928, S. 29/30. Ferner: „90 Jahre Textilveredelungsmaschinen-Fabrik C. G. Haubold A.-G., Chemnitz (Leipziger Monatsschrift für Textilindustrie, Heft 10 vom 15. Oktober 1927, Seite 472/473).

D. Chemische Hochveredelungsverfahren[1]).

a) Entwicklungsgeschichtliche Betrachtungen.

Bis zum Beginn des letzten Jahrzehntes des neunzehnten Jahrhunderts befaßte sich die Baumwollveredelungsindustrie hinsichtlich des Appretierens nur damit, die Waren teils durch mechanisch-maschinelle Behandlungen und teils durch Einverleibung von Substanzen die Fülle und Griff verleihen (Kleb- und Verdickungs-, Beschwerungsmittel usw.) in verkäuflichen Zustand zu bringen. Bei diesen Arbeitsmethoden mechanisch-physikalischer Natur, die für die weitaus meisten Baumwollartikel noch heute Geltung haben, bleibt naturgemäß das Fasermaterial in seinem Grundstoff durchaus unverändert. Man war jedoch stets bemüht, den gebleichten, gefärbten oder bedruckten Baumwollgeweben das Aussehen gediegenerer Faserstoffe zu geben, leinenähnliche und wollige Erzeugnisse herzustellen sowie den Glanz der Seidenstoffe nachzuahmen bzw. vorzutäuschen.

Mit den ursprünglich vorhandenen maschinellen Hilfsmitteln in Kombination mit der Anwendung unterschiedlich zusammengesetzter Appreturmassen waren jedoch nur wenig wirkungsvolle und in keinem Falle dauerhafte Effekte zu erzielen; schon durch einfaches Waschen dieser Fabrikate verschwand jeglicher Griff und Glanz.

In dieser Hinsicht ergab sich erst eine bedeutsame Änderung, als der technische Chemiker H. A. Lowe aus Heaton Moor in Lancaster sowie R. Thomas und E. Prévost in Krefeld unabhängig voneinander, doch auf Grund der Jahrzehnte zurückliegenden Vorarbeiten von Professor Leykauf in Nürnberg und John Mercer in Oakenshaw den Merzerisierungsprozeß zur Geltung brachten, der den Baumwollgeweben durch bleibende Veränderung der Faser dauerhaften Glanz verleiht[2]). Das an H. A. Lowe erteilte englische Patent Nr. 4452, datiert vom 15. März 1890; Thomas & Prévost erhielten ein D. R. P. Nr. 85564 vom 24. März 1895, Zusatzpatente und auch fremdländische Patente, die jedoch später aus patentrechtlichen Gründen für nichtig erklärt werden mußten[3]).

Es ist eine selten interessante Ehrung der Verdienste eines hervorragenden Forschers, daß die Glanzerzeugung durch Behandlung mit Alkalilauge als Merzerisation allgemeine Geltung erlangte, obwohl Mercer selbst diese Wirkung nicht beobachtete. Mercer's englisches Patent „für Verbesserungen in der Behandlung von Baumwollen und anderen Faserstoffen und Geweben" datiert vom 5. März 1851 und beschreibt im wesentlichen eine Verdichtung und Verfeinerung von Baumwollen- und Leinengeweben beim Behandeln mit Ätznatronlauge. Professor Leykauf in Nürnberg hatte jedoch schon im Jahre 1845 ein gleichartiges Verfahren gefunden und dasselbe am 28. Januar 1847 in Nr. 4 von Leuchs polytechnischer Zeitung unter der Benennung „Verfeinerung der Baumwollen- und Leinenzeuge" veröffentlicht, wobei er besonders die erhöhtere Aufnahmefähigkeit von Farbstoffen be-

---

[1]) Siehe besonders die durch außerordentlich schöne Muster illustrierte Abhandlung von A. Bodmer: „Beitrag zur Geschichte der Entwicklung der chemischen Hochveredelungsverfahren auf dem Gebiete der Baumwollindustrie", Melliands Textilberichte 1926, S. 232—234.

[2]) Betr. „Geschichtliches über Mercerisation" siehe auch: „Enzyklopädie der technischen Chemie", herausgegeben von Prof. Dr. Fritz Ullmann, 6. Band, S. 149/150. Berlin-Wien: Urban & Schwarzenberg 1915.

[3]) Diese interessante patentrechtliche Angelegenheit ist in dem Buche von Paul Gardner (Adolf Kertess): „Die Mercerisation der Baumwolle" 2. Auflage (Berlin: Julius Springer 1912) sehr eingehend behandelt.

tonte. W. H. von Kurrer[1]), der sich mit dem Mercer'schen Verfahren eingehend beschäftigte, charakterisiert jedoch die Wirkungen der Laugenbehandlung außer durch Einlaufen der Ware und Affinität zu den Farbstoffen auch schon durch das Vorhandensein von Glanz. Aber weder Leykauf noch Mercer und von Kurrer haben die Erzielung von eigentlichem Merzerisierglanz durch Behandlung vegetabilischer Fasermaterialien in gestrecktem Zustande mit Lauge in den Bereich ihrer Untersuchungen gezogen bzw. vorausgesehen. Dieses Verdienst gebührt einerseits H. A. Lowe, der aber die praktische Bedeutung dieser Entdeckung nicht sogleich erkannte, und andererseits Thomas & Prévost, die als Begründer der großproduktiven Arbeitsweise des Merzerisierens anzusehen sind.

Über die Möglichkeit des Merzerisierens mit Kalilauge hat E. Ristenpart Untersuchungen angestellt und festgestellt, daß Kalilauge ebensogut wie Natronlauge gebraucht werden kann. Um gleiche Wirkung zu erzielen, muß die Kalilauge aber nicht nur im Verhältnis der Molekulargewichte 56 : 40, sondern etwa ein- und einhalbfach verstärkt angewendet werden[2]).

Den ungefähr seit 1909 in Aufnahme gekommenen sogenannten Hochveredelungsverfahren, welche die Reaktion starker anorganischer Säuren auf Baumwolle praktisch verwerten, liegen gleichfalls die schon im textilhistorisch so bedeutsamen Patent Mercer's vom 5. März 1851 enthaltenen Anregungen zugrunde. Mercer konstatierte damals, daß die durch Natronlauge erreichbare Verdichtung und Verfeinerung der Gewebe bei Einhaltung gewisser Bedingungen auch mit Schwefelsäure, Salpetersäure, Phosphorsäure sowie mit Chlorzink hervorgerufen werden kann. Die Ansicht, daß die Reaktionen starker Lauge und starker Säure auf Baumwolle in ihren Wirkungen identisch sind, hat sich jedoch erst viel später als unzutreffend erwiesen[3]).

b) Transparenteffekte.

Die Veredelung von Baumwollgeweben durch Behandlung mit konzentrierten Säuren wagte ein halbes Jahrhundert lang niemand ernsthaft in Angriff zu nehmen, da man immer eine Zerstörung des Fasermaterials befürchtete. Erst die Firma Heberlein & Co. A.-G. in Wattwil kam im Jahre 1909 auf die Idee, den schon seit 1846 bekannten Prozeß der Erzeugung vegetabilischen Pergaments (Phytopergament) zur Anwendung auf Baumwollstoffen praktisch brauchbarer zu gestalten[4]), und fabrizierte auf Grund vielfacher Versuche auch schon im gleichen Jahre auf diese Weise durchscheinende (pergamentierte) Gewebe. Die Firma Heberlein fand auch bald, daß die Einwirkung konzentrierter Säure auf merzerisierte Ware besonders wichtig und vorteilhaft ist, um durchsichtige Stoffe von wertvoller Eigenart zu erhalten (Glasappret). Die aus dieser Fabrikationsmethode resultierenden Waren sind unter dem Namen „Transparent" (Glasbattist)[5]) im Handel.

---

[1]) W. H. von Kurrer: „Das Neueste oder die neuesten Entdeckungen und Erfindungen in dem Gebiete der Druck- und Färbekunst von dem Standpunkt der Wissenschaft und der praktischen Erfahrung bearbeitet", Berlin 1858.

[2]) Prof. Dr. E. Ristenpart, Chemnitz: „Läßt sich mit Kalilauge merzerisieren?" Melliands Textilberichte 1921, S. 130/131.

[3]) Siehe auch die Abhandlung von Prof. Dr. Krais im „Textil-Echo" 1925, S. 165.

[4]) Das Pergamentieren von Baumwollgeweben durch Behandlung mit konzentrierter Schwefelsäure zum Zwecke des Wasserdichtmachens derselben wurde schon von Neumann ausgeführt; siehe Dr. Theodor Koller: „Die Imprägnierungstechnik", S. 93/94. Wien, Pest, Leipzig: A. Hartleben: 1896.

[5]) Siehe auch: A. Marschall: „Die Appretur (Ausrüstung) der Glasbattiste

c) Imago-Transparent[1]).

Dieser ebenfalls von der Heberlein A.-G. hergestellte Artikel beruht auf der Bemusterung von Geweben durch partielle Pergamentierung in Verbindung mit Merzerisation nach einem besonderen, patentrechtlich geschützten Verfahren (D. R. P. Nr. 280314 vom Jahre 1913). Die glänzenden, merzerisierten Gewebestellen des Fertigfabrikates heben sich wirkungsvoll vom matten, transparenten Grunde ab; beim Färben wird dieser Kontrast noch erhöht, da sich die durchsichtigen Stellen viel dunkler anfärben als der übrige Teil des Gewebes.

d) Opaleffekte[2]).

Beim systematischen Studium der Säureveredelung von Baumwollwaren stellte die Firma Heberlein weiter fest, daß Schwefelsäure von Konzentrationen unter 51° Bé bei Einwirkung auf merzerisierte Gewebe einen anders gearteten Effekt von gleichfalls praktisch bedeutendem Wert hervorruft. Feine Gewebe erhalten dabei eine leicht kreppartige Beschaffenheit, besitzen keine Steifheit, zeigen ein mattes, milchiges Aussehen (Opaleffekt) und sind dichter. Derart veredelte Gewebe sind unter dem Namen „Opal" auf dem Markte und besonders von der Konfektions- und Wäscheindustrie sehr begehrt.

Durch abwechslungsweise wiederholte Merzerisation und Säurebehandlung erhält man verschiedene Zwischeneffekte der Transparent- und Opalausrüstung, die als eine wesentliche Verbesserung der ersteren (der Glasappretur) anzusehen sind[3]).

e) Verwollungseffekte.

1. Hecolan-Ausrüstung[4]).

In bezug auf die im Mercer'schen Erstpatent angedeuteten Möglichkeiten der Behandlung von Baumwollgeweben mit Säuren erwuchs dann den so außerordentlich bedeutungsvollen Heberleinschen Forschungen und erfahrungsreichen Erfolgen bei der versuchsweisen Anwendung von Phosphorsäure, Salzsäure, Salpetersäure, Chlorzink und außerdem Kupferoxydammoniak ein weiteres hervorragend wertvolles Resultat. Das besondere Verhalten der Salpetersäure führte zur Herstellung eines typischen Verwollungseffektes; die auf diese Weise erzeugte und als „Hecolan"-Ausrüstung in den Handel gebrachte Ware kann den Ruf eines erstklassigen Fabrikates vollauf in Anspruch nehmen.

2. Philanierung[5]).

Dieses durch Charles Schwartz[6]) eingeführte Veredelungsverfahren beruht ebenfalls auf Einwirkung von Salpetersäure auf Baumwolle.

(Transparente) und Rollbocks". Melliands Textilberichte 1923, S. 32; ferner D. R. P. 295816.

[1]) Die der Abhandlung von A. Bodmer Melliands Textilberichte 1926, S. 233, beigefügte Musterseite zeigt als Muster Nr. 5 diesen eigenartig schönen Effekt.

[2]) D. R. P. 290444 (1913), 294571 (1914). [3]) D. R. P. 295816 (1915).

[4]) D. R. P. 292213 vom Jahre 1914.

[5]) Siehe auch die durch eine große Musterbeilage wertvoll ergänzte Abhandlung von Marcel Melliand: „Gminder-Linnen, Opal, Glasbattist, Philana" in Melliands Textilberichte 1925, S. 340/341.

[6]) D. R. P. Nr. 389547, 392122, 392655.

E. Anderweitige Spezialveredelungsverfahren auf Basis dauernder Veränderung des Fasermaterials.

a) Wildlederimitation auf baumwollenen Wirkwaren[1]).

Bei dieser Veredelungsart, die für die Handschuhindustrie in Betracht kommt, ist ebenfalls die Vorbehandlung als Appretur für den Endeffekt ausschlaggebend. Die Trikotstücke werden zuerst in gleicher Weise wie Baumwollgewebe mehrere Stunden unter Druck ausgekocht, dann mehrmals gespült und hierauf auf besonderen Maschinen zum Zwecke des Schrumpfens ohne Spannung mit Natronlauge von 28—31° Bé behandelt, ausgequetscht und 2—8 Stunden liegen gelassen; während dieser Zeit bedeckt man die Ware mit Tüchern, als Schutz gegen die Einwirkung von Säuredämpfen und Zugluft. Nach beendetem Schrumpfungsprozeß wird mit Salzsäure oder Schwefelsäure gründlich abgesäuert und einige Male gespült.

Dickere Trikotstoffe werden dann getrocknet und bereits vor dem Färben (mit substantiven oder mit Schwefelfarbstoffen) auf einer Maschine mit zwei Schmirgelwalzen kurz angerauht (vorgeschliffen). Bei dünnerer Trikotware ist einmaliges Schleifen nach dem Färben zweckmäßiger, ebenso wird dickere Ware zum Schluß noch leicht nachgeschliffen. Dem Schleifen ist besondere Aufmerksamkeit zu widmen, damit keine Löcher in der Ware entstehen.

b) Gminder-Linnen[2]).

Obwohl nicht direkt hierher gehörig, so ist doch aus naheliegenden fachtechnischen Gründen auch die Verbaumwollung der Bastfasern noch zu erwähnen. Auf diesem Gebiete hat sich in zielbewußter, langjähriger Forscherarbeit besonders Dr. Ing. e. h. Emil Gminder[3]) in Fa. Ulrich Gminder, G. m. b. H., in Reutlingen durch großen praktischen Erfolg außerordentliche Verdienste erworben.

Die Kotonisierung (Verbaumwollung) verwertet in erster Linie die altklassischen, in Deutschland gewachsenen Bastfasern des Flachses und des Hanfes durch Zerlegung der Bastfaserbündel in ihre Einzel- oder Elementarfasern. Kotonisierte Bastfaser entspricht in Länge und Stärke der Faser der Baumwolle, besitzt aber keine guten Spinneigenschaften. Obzwar es nun trotzdem möglich ist, diese durch Kotonisierung gewonnene Faser auch allein zu verspinnen, so ist es aus wirtschaftlichen Gründen doch zweckmäßiger dem Spinnprozeß eine Mischung mit Baumwolle (als Faser mit besseren Spinneigenschaften) zuzuführen. Auch Mischungen mit Wolle sind angängig; Baumwolle ist aber jedenfalls vorzuziehen, weil dann beide Fasern als Zellulose sowohl bei der Ausrüstung als auch beim Waschen gefärbter Gewebe gleiches Verhalten zeigen. Eine Mischung von 50 bis 80% kotonisierter Faser mit 50—20% Baumwolle ergibt ein neuartiges Gewebe von ausgeprägtem Leinencharakter, das aber die Vorzüge des Leinen- und Baumwollgewebes in sich vereinigt und daher billiger ist als Originalleinen.

Die zur Kotonisierung der Bastrohfasern gebräuchlichen Verfahren basieren zum Teil auf chemischen, zum Teil auf mechanischen Vorgängen. Zum Auf-

[1]) P. Straszewski: „Herstellung baumwollener Wildlederimitationen für die Handschuhindustrie". Melliands Textilberichte 1925, S. 250.

[2]) Siehe die bereits erwähnte Abhandlung von Marcell Melliand in Melliands Textilberichte 1925, S. 340/341.

[3]) Dr. Ing. e. h. Emil Gminder: „Die Kotonisierung deutscher Bastfasern und ihre Auswirkung auf Ackerbau, Technik und Volkswirtschaft" in Melliands Textilberichte 1924, S. 569—572; ferner D. R. P. Nr. 402255.

schließen der Rohfasern verwendet man verschiedene Chemikalien: Schwefelsäure, Natronlauge, Seife, Chlor, Sauerstoff oder gasförmige Kohlensäure.

Das aus Mischfasergarnen vorbeschriebener Art nach dem Verfahren von Dr. Ing. E. Gminder hergestellte „Gminder-Linnen" wird von der Firma Ulrich Gminder in Reutlingen als hervorragendes Fabrikat in bedeutenden Mengen in den Handel gebracht, und zwar sowohl weiße Bett- und Leibwäschestoffe als auch indanthrenfarbige Kleider-, Möbel- und Dekorationsstoffe usw.

F. Die in der Appretur zum Imprägnieren der Gewebe (bzw. zum Auftragen auf die Gewebe) verwendeten Substanzen.

Außer den maschinellen Vorrichtungen kommt in der Appretur besonders auch den sogenannten Appreturmitteln eine wichtige Rolle zu; man versteht darunter zahlreiche Substanzen mineralischen, tierischen oder pflanzlichen Ursprungs sowie verschiedene Chemikalien[1]). Vom Gesichtspunkte der Zweckdienlichkeit können die in Betracht kommenden Produkte folgendermaßen gruppiert werden:

1. Verdickungsmittel, die durch Klebkraft Fülle oder Steifheit hervorrufen. Es handelt sich also um Substanzen, die infolge ihrer besonderen Eigenschaften Pseudolösungen von größerer oder geringerer Zähigkeit (Viskosität) bilden, so daß damit imprägnierte Gewebe härter und dichter werden.

Dazu gehören alle Stärkearten, welche beim Verkochen brauchbare Kleister geben (Weizen-, Kartoffel-, Mais-, Reis-, Tapiokastärke usw.) und jene Kunstprodukte, die durch Einwirkung chemischer Mittel auf Stärkesorten entstehen: Dextrin, lösliche Stärke (Stärkepräparate, welche als Ersatz für Dextrin oder Tragant dienen) sowie die unter dem Sammelnamen „aufgeschlossene Stärken" bekannten Appreturmittel (Apparatin, Aktivinstärke usw.). Ferner sind alle Gummisorten einschließlich Tragant verwendbar, ebenso Leim und Gelatine, Pflanzenschleime aus Isländischem Moos oder Algen oder Ersatzmittel für Tragant, die aus Johannisbrotkernen bzw. auch aus anderen Pflanzenschleim liefernden Kernen exotischer Pflanzen hergestellt werden (Tragu[2]), Tragasol, Leicogummi usw.). Von den aus Seetang gewonnenen Substanzen ist z. B. „Norgine"[3]) zu nennen, das wasserlösliche Natrium-Ammoniumsalz der Laminarsäure. Endlich wären noch Albumin, Kasein und Viskose zu erwähnen und gebrannte Stärken, wie z. B. Leiogomme (geröstete Kartoffelstärke).

2. Substanzen, die dem Gewebe einen geschmeidigen Griff[4]) bzw. Weichheit und zum Teil auch Feuchtigkeit verleihen: Glyzerin, Syrup, Glykose, Seifen, Wachsarten, Öle, Fette (tierische und pflanzliche, z. B. Kokosfett, Talg), Chlorkalzium, Bittersalz, Zinkchlorid. Die letztgenannten Salze beschweren die Gewebe gleichzeitig infolge ihrer Feuchtigkeit anziehenden Wirkung; ähnlich verhalten sich auch Glyzerin, Syrup und Traubenzucker als hygroskopische Substanzen. Wachsarten vermitteln bei geeigneter mechanischer Nachbehandlung gleichzeitig Glanz.

---

[1]) Prof. Dr. W. Herbig hat in einer sehr instruktiven Abhandlung: „Zur Untersuchung von Appreturmitteln und der Appretur auf Geweben" eine praktisch brauchbare „Tabellarische Übersicht zur Appreturmittelanalyse" veröffentlicht. Melliands Textilberichte 1928, S. 59—62.

[2]) Aus Spanien (Barcelona) zu beziehen.

[3]) Hergestellt von der Chemischen Fabrik Dr. Viktor Stein in Aussig a. d. Elbe.

[4]) Ing. Chem. Karl Wagner: „Der Griff an Textilgut". Melliands Textilberichte 1927, S. 868—870.

3. Körper, die als Füllmittel zum Beschweren der Stoffe angewendet werden und daher meist mineralischen Ursprungs sind, z. B.: Kaolin (Pfeifenerde, China clay), Talkum, Gips, Kreide usw., ferner Bariumsulfat, Bariumchlorid, Glaubersalz, Bittersalz, Zinkvitriol, Viskose usw. sowie Erdfarben (in der Kunstlederfabrikation zur Färbung des Lackes und gleichzeitig als Füllmittel). Als Grundlage der gewöhnlichen Füllappreturen dient in der Regel ein Stärkekleister.

Schwarzgefärbte Baumwollgarne werden häufig durch Behandlung mit Sumach (Schmack) und Eisen (holzessigsaurem Eisen) beschwert, wodurch die Färbung gleichzeitig an Fülle und Tiefe gewinnt[1]).

4. Mittel, welche entweder zur Korrektur des Weiß bestimmter Warengattungen erforderlich sind: Ultramarin oder Teerfarbstoffe (z. B. Indanthrenblau, Alizarincyanole) oder die zum Anfärben der Appreturmasse, speziell für bereits schwarz gefärbte Waren (schwarze Shirtings, Glacés usw.) dienen: Blauholzextrakt oder Blauholzextrakt und etwas Gelbholzextrakt bei gleichzeitiger Zugabe von salpetersaurem oder holzessigsaurem Eisen und etwas Chromkali[2]); das gleiche gilt für die Appretur von schwarzen Eisengarnen[3]).

Zum Blaustreichen schwarzer Samte verwendet man ferner Berlinerblau, das zu diesem Zwecke mit abgekochtem Leinöl entsprechend angeteigt wird; vielfach setzt man dieser Blaustreichfarbe auch noch etwas Rhodamin zu.

Bei der Herstellung von Kunstleder und zum Teil auch von Buchbinderkalikot kommen zum Anfärben der Nitrozelluloselacke Erdfarben in Anwendung, für hochglänzendes Kunstleder auch spritlösliche Anilinfarbstoffe[4]).

Das Färben der Gewebe im Appret gehört nicht hierher; es wurde bereits beim Kapitel Färberei besprochen.

5. Antiseptika zur Verhinderung von Schimmelbildung bzw. Bakterienwirkung auf den mit gewissen Appreturmitteln (meist stickstoffhaltigen, organischen Körpern) imprägnierten Geweben: Salizylsäure, Phenol, Formaldehyd, Aktivin (Paratoluolsulfonchloramidnatrium), Borsäure und Borax, Zinksalze usw.

6. Substanzen bzw. Chemikalien, welche die damit behandelten Gewebe wasserdicht (regendicht) machen. Es handelt sich dabei meist um kombinierte Anwendung von Seifenlösung und Tonerdesalzen, vereinzelt um die kombinierte Imprägnierung mit Kaseinkalklösung und Tonerdesalzen, Gelatine-Formaldehyd usw. Besondere Methoden sind die Imprägnierung mit Kupferoxydammoniak und das Kautschukieren der Gewebe.

7. Mittel, welche die Gewebe unentflammbar machen: Ammoniumsulfat, Alaune, Tonerdesilikate, Wolframate, Stannate, Borsalze, Phosphate, Magnesiumkarbonat usw. Diese Substanzen werden entweder als solche in wasserlöslicher Form angewendet oder durch doppelte Umsetzung als wasserunlösliche Verbindungen auf der Faser niedergeschlagen.

Auch das Metallisieren von Geweben (durch Auftragen von Metallpulvern mittels eines Rüttelsiebes auf die mit geeigneten Klebsubstanzen vor-

[1]) Siehe auch: „Kleines Handbuch der Färberei von Leopold Cassella & Co., Frankfurt a. M.", Band I (Baumwolle und verwandte Fasern), Dritte Auflage 1923, S. 197.

[2]) Siehe gleichfalls das bereits mehrfach erwähnte Cassella'sche Handbuch der Färberei, Band I, 3. Auflage, 1923, S. 371.

[3]) Siehe ebenfalls das Cassella'sche Kleine Handbuch (Band I, 1923), S. 250/251.

[4]) Siehe auch die Abhandlung von W. M. Münzinger: „Die Kunstlederfabrikation" in „Das Technische Blatt", Illustrierte Beilage der Frankfurter Zeitung, VIII. Jahrg., Nr. 16 vom 30. Juli 1926, S. 131/132.

behandelte Ware) kann als Appreturarbeit angesehen werden; diese Manipulation wurde jedoch bereits beim Bronzedruck erwähnt.

Bei gefärbten Baumwollgarnen ist ferner die vielfach erforderliche Herstellung des krachenden Seidengriffes[1]) als Appreturbehandlung anzusprechen. In allen Fällen ist dies zuerst ein Hantieren der Garne in einem Seifenbade (Marseiller- oder Bariseife) und darauffolgendes Behandeln mit Ameisensäure, Milchsäure oder Weinsäure; Färbungen auf rohem Garn werden jedoch zweckmäßiger in einem Bade aus Ameisensäure und Milchsäure (oder Weinsäure) sowie etwas Kartoffelstärke umgezogen, geschleudert und getrocknet.

G. Die verdickenden Appreturmittel u. die wichstigsten Zusätze für Appreturkleister und Appreturflotten zur Erzielung bestimmter Effekte.

a) Die Bearbeitung der Kleister aus den verschiedenen Stärkearten und deren Umwandlungsprodukten.

1. Einfache Stärkekleister.

Als Grundsubstanz der weitaus meisten Appreturmassen dienen die verschiedenen Stärkearten oder die aus denselben hergestellten Modifikationen.

Zur Bereitung der Kleister wird die Stärke mit der 15—20fachen Gewichtsmenge Wasser verrührt (angeteigt) und dann erwärmt bzw. aufgekocht. Bei ca. 40° C blähen sich die Stärkekörner auf und die Flüssigkeit verdickt sich; beim weiteren Steigern der Temperatur platzt die äußere Haut der Körner und die Stärke verwandelt sich in einen Kleister.

Bezüglich des Wirkungseffektes von Weizen-, Mais- und Kartoffelstärke als wichtigsten Stärkearten ist zu bemerken, daß bei Einhaltung gleicher Herstellungs- und Anwendungsverhältnisse der Kleister (gleiche Mengen Substanz pro Liter Wasser, Imprägnieren desselben Gewebes unter Anwendung derselben Pression der Imprägniermaschine, usw.) Maisstärke die kräftigste (steifste) und Kartoffelstärke die weichste Appretur ergibt. Beide ergeben außerdem gleichmäßigere Appreturen als die Weizenstärke; letztere ergibt eine etwas schwächere (weniger steife) Gesamtwirkung als Maisstärke. Reisstärke wird meist nur bei feinerem Gewebe verwendet.

Die Kartoffelstärke ist für Appreturzwecke von außerordentlicher Bedeutung. Für sich allein angewendet ergibt sie zwar keinen dicken Kleister und muß in solchen Fällen mit Weizenstärke gemischt angewendet werden, doch für leichte Gewebe ist sie sehr gut geeignet und besonders zur Herstellung aufgeschlossener Stärke.

Der Qualitätsauswahl von Stärkearten für die Appretur von Geweben ist stets besondere Beachtung zu schenken; nicht vollständig kleberfreie, also ungenügend gewaschene Stärken sind nämlich der Bildung von Schimmelpilzen leichter zugänglich und werden auch leichter sauer.

2. Aufgeschlossene Stärke.

Die Umwandlungsprodukte der Stärke durch Einwirkung von Chemikalien und Fermenten spielen in der Appretur ebenfalls eine wichtige Rolle; diese Stärke-

---

[1]) „Kleines Handbuch der Färberei" von Leopold Cassella & Co., Frankfurt a. M., Band I, 3. Auflage 1923, S. 194/195.

modifikationen können in den Textilbetrieben meistens in einfacher Weise selbst hergestellt werden.

Apparatin. Bemerkenswert ist zunächst die durch Einwirkung von Lauge erhaltene aufgeschlossene Stärke, das sogenannte Apparatin. Zur Herstellung derselben benutzt man Kartoffelstärke oder Weizenstärke, doch vorwiegend erstere. Durch die Zugabe von Natronlauge zu einer Suspension von Stärke in Wasser bei gewöhnlicher Temperatur unter beständigem Umrühren mittels Rührwerkes erhält man eine dicke, zähe und glasige Masse, die nach Neutralisierung mit Schwefelsäure vorzügliche Dienste bei der Appretur von Textilwaren leistet. Die Bildung von Apparatin beruht möglicherweise auf chemischen Wirkungen der Lauge und nebenher laufenden Quellungsvorgängen.

Eine bewährte Vorschrift aus der Praxis ist z. B. folgende:

$12^1/_2$	kg	Kartoffelstärke werden in einem Gefäß mit
57	l	Wasser angerührt und langsam unter gutem Umrühren (mit Rührwerk) mit
6	l	Natronlauge 25° Bé versetzt.

Das Rührwerk läßt man 20—25 Minuten in Tätigkeit, dann gibt man

$1^1/_2$	l	Schwefelsäure 66° Bé verdünnt mit
23	l	Wasser

portionenweise zu und neutralisiert derart, daß die Reaktion der Masse eben schwach alkalisch, doch jedenfalls nicht sauer ist.

Die so aufgeschlossene Stärke wird durch Zugabe von mehr oder weniger Wasser je nach erwünschtem Steifheitsgrad der Ware entsprechend verdünnt. Eine Einstellung vorbeschriebener Apparatinmasse mit Wasser auf 125 Liter dient z. B. für starke Appreturen von charakteristischer Härte. Mit Apparatin gesteifte Gewebe bleiben auch noch nach mehrmaligem Waschen beachtlich griffintakt und verhalten sich diesbezüglich weit besser als nur mit Stärkekleister behandelte Waren. Das Apparatin kann, falls erforderlich, auch mit anderen Appreturmitteln vermischt angewendet werden.

Mit Chlorkalk aufgeschlossene Stärke. Die Stärke kann ferner mittels gewisser Oxydationsmittel aufgeschlossen (löslich gemacht) und in eigentümliche Körper übergeführt werden, die meistens noch die blaue Jodstärkereaktion geben, obwohl das ganze Verhalten der Stärke selbst weitgehend verändert wird. Als solche Mittel sind vor allem Chlorkalk bzw. Natriumhypochlorit sowie Natriumperborat in Anwendung. Beim Verkochen der Stärke mit diesen Chemikalien entstehen keine Kleister mehr, sondern klare, viskose Flüssigkeiten. Ein derartiges Appreturrezept, das auch für Schlichtzwecke angewendet werden kann, ist z. B. das folgende:

$12^1/_2$	kg	Kartoffelstärke werden mit
75	l	Wasser angerührt und dann
7	l	Chlorkalklösung 10° Bé zugegeben. Hierauf erwärmt man zum Kochen, hält etwa $^1/_4$ Stunde bei Kochtemperatur, gibt
10	g	Natriumperborat zu, kocht noch ca. 20 Minuten und gibt eventuell
100—200	cm^3	Glyzerin hinzu.

Mit Perborat aufgeschlossene Stärke. Beim Arbeiten mit Natriumperborat allein genügen ungefähr 5% desselben zur vollständigen Aufschließung (Löslichmachen) der Stärke, demnach auf 1000 g Kartoffelstärke etwa 50 g Natriumperborat. Das beim Abspalten des Sauerstoffs aus dem Natriumperborat gebildete Natriumtetraborat verleiht der Stärkelösung eine nur schwach alkalische Reaktion, so daß in den meisten Fällen eine Neutralisation der mit Perborat aufgeschlossenen Stärke nicht erforderlich ist. Natriumperborat wirkt auch antiseptisch, deshalb ist der Zusatz eines Konversierungsmittels nicht notwendig. Zur Herstellung der Appreturmasse erwärmt man die mit Wasser angerührte Stärke auf ca. 60° C und läßt das Perborat zunächst bei dieser Temperatur und dann durch Aufkochen der Lösung weiter einwirken. Durch den dabei entweichenden Sauerstoff tritt starke Schaumbildung ein, weshalb im Kochgefäß ein entsprechender Raum freigehalten werden muß; zeitweise Zugabe von Wasser vermindert diese Schaumbildung.

Nach einer anderen Vorschrift wird neben Natriumperborat auch eine geringe Menge Mangansuperoxyd mit verwendet bei gleichzeitiger Zugabe von etwas Salzsäure:

25 kg	Kartoffelstärke werden bei 25—40° C mit
700 g	Natriumperborat,
5 g	Mangansuperoxyd und
50—100 cm³	Salzsäure in einem mit Rührwerk versehenen Kessel gut durchgearbeitet. Hierauf läßt man das Gemisch über Nacht stehen und rührt es am anderen Tage mit lauwarmen Wasser zu einem dünnen Teige an. Diesen gießt man dann in kochendes Wasser, wodurch die Verflüssigung der Stärke rasch beendet wird.

Derartige hergestellte Stärkelösungen (aufgeschlossene Stärken) besitzen aber stets eine gelbliche Farbe, außerdem erhält man leicht Produkte von ungleichmäßiger Viskosität.

Mit Aktivin aufgeschlossene Stärke. Als vorzügliches, in jeder Beziehung einwandfreies Mittel zum Aufschließen der Stärke hat sich in neuerer Zeit das von der Chemischen Fabrik „Pyrgos" in Dresden-Radebeul unter dem Namen Aktivin in den Handel gebrachte Paratoluolsulfonchloramidnatrium in der Appretur allgemein Eingang verschafft[1]).

Dieses Sulfamid von der Formel

$$C_6H_4\left<\begin{matrix}CH_3\\ SO_2-N\left<\begin{matrix}Cl\\ Na\end{matrix}\right.\end{matrix}\right. ,$$

das auch als eine organische Hypochloritverbindung betrachtet werden kann, spaltet sich in wässeriger Lösung in der Kälte langsam und in der Hitze rascher nach folgender Gleichung:

$$C_6H_4\left<\begin{matrix}CH_3\\ SO_2-N\left<\begin{matrix}Cl\\ Na\end{matrix}\right.\end{matrix}\right. + \begin{matrix}H\\ H\end{matrix}\!\!>O = C_6H_4\left<\begin{matrix}CH_3\\ SO_2-NH_2\end{matrix}\right. + NaCl + O\,.$$

Die Herstellung aufgeschlossener (löslicher) Stärke mit Hilfe von Aktivin geschieht in einfacher Weise durch Verkochen einer Stärkesuspension mit 1% Aktivin vom Gewicht der Kartoffelstärke. Bei günstigen Dampfverhältnissen tritt die Verflüssigung der Stärke bereits nach 10 Minuten Kochen ein. Die rasche Aufschließung kann durch Zugabe einer geringen Menge in Wasser gelöster Soda befördert werden. Die entstehende farblose, klar viskose Flüssigkeit soll noch die blaue Jodstärkereaktion geben. Nachstehend eine praktisch bewährte Vorschrift:

---

[1]) Siehe auch: Dr. Richard Feibelmann: „Die Appretur von Blaudruck und Gardinen mit Aktivin" in Melliands Textilberichten 1926, S. 144/146. Diese Abhandlung ist durch appretierte Stoffmuster illustriert. Ferner die Broschüre: „Aktivin in der Textilindustrie" der Chem. Fabrik Pyrgos G. m. b. H., Radebeul-Dresden (Schrift Nr. 70).

25 kg	Kartoffelstärke werden mit
150 l	Wasser angerührt und
250 g	Aktivin zugegeben

Dann kocht man 10—15 Minuten und gibt eventuell auch

60 g	Soda kalz. gelöst in
1 l	heißes Wasser zu.

Wird in Holzgefäßen ohne kupferne Heizschlange aufgeschlossen, so wird die Reaktion ab und zu schleppend verlaufen. Ein Zusatz von 10 cm^3 normaler Kupfervitriollösung sorgt dann für normalen Verlauf der Aufschließung.

Der Vorteil dieses Verfahrens liegt darin, daß der Abbau der Stärke stets nur bis zu einem gewissen Grade geht und auch durch längeres Kochen in keiner Weise beeinträchtigt werden kann. Dadurch erhält man — Stärkematerial stabiler Qualität vorausgesetzt — stets annähernd gleichwertige Aktivinstärkelösung bzw. Appreturen von gleichmäßigem Ausfall[1]). Die bei der Einwirkung von Aktivin auf Stärke aus ersterem gebildeten Spaltungsprodukte, nämlich Paratoluolsulfamid und Kochsalz, sind vollkommen indifferenter Natur und beeinflussen daher die Stärkelösung in keiner Hinsicht.

Ein besonderer Vorteil in der Verwendung löslich gemachter Stärke liegt in der Vermeidung der sogenannten „Verschleierung" des Farbtons gefärbter oder bedruckter bzw. auch buntgewebter Waren. Alle Stärkekleister ergeben diesen Übelstand in mehr oder minder starkem Maße; der auf die Gewebe gebrachte Stärkefilm zeigt bekanntlich als physikalische Erscheinung die Farbe dünner Blättchen, durch welche eine Verschleierung der Nüance der darunter liegenden Gewebefärbung bedingt wird. Die aufgeschlossene (löslich gemachte) Stärke besitzt diese oft und besonders für Indigofärbungen unangenehme Eigenschaft nicht; durch ihr geringes Deckvermögen bleiben selbst bei einfarbigen dunklen Waren der Glanz und die Farbe unverändert.

Durch Fermentwirkung aufgeschlossene Stärke. Aufgeschlossene Stärke wird ferner durch Fermentwirkung auf Stärkearten erhalten. Während jedoch die bisher erwähnten, durch Einwirkung von Lauge oder Oxydationsmitteln entstehenden Stärkeabkömmlinge dem Ausgangsmaterial mehr oder weniger nahestehen, so sind die durch Fermentwirkung resultierenden Stärkemodifikationen wohldefinierte chemische Substanzen (Maltose). Bei der Einwirkung von Diastase auf Stärke in der Wärme erhält man keinen Kleister, ebensowenig eine hochviskose Flüssigkeit, sondern eine dünne Lösung. Diese Lösung gibt mit Jod keinerlei Reaktion mehr, dagegen mit Fehling'scher Lösung kräftige Zuckerreaktion und ganz besonders mit Phenylhydrazin die charakteristische Osazonreaktion. Als eigentliche Versteifungsmittel sind diese Flüssigkeiten kaum mehr anzusprechen, doch kann man bei geeigneter Arbeitsweise auch steifere Lösungen (z. B. besonders dicke diastaforierte Stärke) erzielen. In vielen Fällen kann aber ein zu weitgehender Zerfall der Stärkesubstanz in einem geeigneten Stadium des Abbaues zweckentsprechend verhindert werden; man erhält dann eine Art Pflanzenleim, der aus löslicher Stärke, Dextrin und Maltose besteht.

Von den im Handel befindlichen Diastasepräparaten ist besonders das Diastafor, das von der Diamalt-Akt.-Ges. in München in verschiedenen Konzen-

[1]) Die Anwendung und Einführung der Aktivinstärkelösung (Verfahren R. Haller) auch für Schlichtereizwecke geschah zuerst durch R. Dax gelegentlich der Vornahme von Druckversuchen mit Küpenfarben auf Kunstseidengarn bei der Firma August Hoffmann A.-G. in Neugersdorf in Sachsen (Juni 1924). Die ersten Versuche zum Schlichten von Wollketten wurden von Direktor Max Kade bei der Firma Gebr. Zschille A.-G. in Großenhain i. Sa. vorgenommen und ergaben gleichfalls vorzügliche Resultate. (Melliands Textilberichte, Jahrgang 1924, Seite 390).

trationen geliefert wird, außerordentlich wirksam. Zur Herstellung einer brauchbaren Appreturflotte (Maltodextrinlösung) verrührt man z. B.:

80	kg	Kartoffelstärke mit
100	l	Wasser und gibt
$1^1/_2$	kg	Diastafor zu; dann erwärmt man mit direktem Dampf unter ständigem Umrühren auf 60—65° C

Die Masse verkleistert zunächst bis zu einem gewissen Grade, wird aber dann rasch dünnflüssig, und man erhält einen glasigen Kleister; zu diesem Zeitpunkt stellt man den Dampf ab und rührt die Masse noch während 15—30 Minuten gut durch, bis dieselbe leichtflüssig geworden ist. Hierauf unterbricht man die Wirkung des Diastafors durch Aufkochen, wobei das Enzym unwirksam wird. Je kürzer die Einwirkungsdauer des Diastafors, desto mehr unveränderte Stärke enthält die Appreturmasse; diese wirkt dann mehr steifend auf die Gewebe. Durch längere Diastaforbehandlung erhält man dagegen eine dünnflüssige, kristallklare Appreturflotte, welche in das Gewebe eindringt, die Faser glatt und geschmeidig macht und dadurch einen elastischen Appretureffekt hervorruft. Die so erhaltene diastaforierte Stärke ist sehr klebkräftig und kann auch ohne weiteres als Grundlage für verschiedenartig zusammengesetzte Appreturmassen verwendet werden[1]).

Außer dem flüssigen Diastafor liefert die Diamalt-Akt.-Ges. ein Pankreasdrüsenpräparat in Pulverform unter dem Namen Novo-Fermasol, das in ähnlicher Weise wie Diastafor angewendet werden kann. In diesem Falle muß das zum Anrühren der Stärke erforderliche Wasser einen gewissen Salzgehalt haben, wozu man Kochsalz oder Chlorkalzium verwendet. Z. B.:

10 kg	Kartoffelstärke
200 g	Kochsalz
80 l	Wasser
20 g	Novo-Fermasol

Man erhitzt mit direktem Dampf bis zur Verkleisterung, stellt dann den Dampf ab und erhitzt erst wieder, wenn die Verflüssigung eingetreten ist. Beim Erhitzen über 90° C wird die Wirkung des Novo-Fermasols durch Zerstörung des Enzyms aufgehoben, ebenso auch durch Zugabe von Säure oder Natronlauge. Chlorkalzium kann an Stelle von Kochsalz nur dann angewendet werden, wenn die so verflüssigte Stärke später keine Zusätze von Seifen oder Türkischrotölen erhält.

Von den in großer Zahl auf dem Markte befindlichen anderen derartigen Präparaten (Rapidase usw.)[2]) ist noch die von der I. G. Farbenindustrie A. G. (Werk Biebrich, vorm. Kalle & Co.) hergestellte Biolase zu nennen. Die Biolase[3]) ist ein Produkt der Einwirkung des Heubazillus (Bazillus subtilis) auf gewisse Nährböden und stellt eine ganz leicht alkalische Flüssigkeit von guter Haltbarkeit dar. Sie wirkt energischer und viel rascher auf Stärke ein als die Malzdiastasen und verträgt Temperaturen bis 90° C; sie ergibt gleichmäßig flüssige und ungefärbte Appreturmassen von großem Adhäsionsvermögen gegenüber dem Gewebe. Der Erfolg in der Herstellung einer guten Appreturmasse mit Biolase hängt wesentlich von der rechtzeitigen Unterbrechung der diastatischen Wirkung durch Zugabe von Essigsäure oder Ameisensäure oder

[1]) In der Diastaforbroschüre (Kriegsausgabe) der Deutschen Diamalt-Aktien-Gesellschaft (München) sind ab S. 53 zahlreiche Appreturvorschriften für alle Gewebearten angegeben.

[2]) Ein Qualitätserzeugnis ist auch Königs Diastase extra stark der Königs Malzfabrik A.-G., Dresden-N. 23.

[3]) Melliands Textilberichte 1924, S. 815/816: „Biolase. Ein neues Diastasepräparat zum Entschlichten von Geweben, zur Herstellung von Schlichtmassen, Appreturen, Verdickungen usw." von Kalle & Co. A.-G., Anilinfarbenfabrik in Biebrich a. Rh.

einem antiseptisch wirkenden Salz (z. B. Zinksulfat) ab. Man kann aber auch ohne besondere Vorsichtsmaßregeln flüssige Stärke erzielen; wenn man eine Mischung von Stärke, Wasser und Biolase rasch auf 80—90° C erhitzt, so verwandelt sich die Stärke in lösliche Stärke. Erhitzt man nur auf 80° C und verlängert die Einwirkung der Biolase, so erhält man eine Mischung von löslicher Stärke mit einem starken Anteil an Dextrin. Substanzen zur Erzielung besonderer Effekte (z. B. Wachs, Paraffin, Glyzerin, Kaolin usw.) werden erst nach Aufhebung der Wirkung der Biolase, also erst nach dem Verkochen, zugegeben. Auf 10 kg Kartoffelstärke verwendet man etwa 30 g Biolase. Der Appret hat keine Neigung zum Stauben und bewirkt auch kein Eingehen der Ware.

Endlich ist noch das von der Chemischen Fabrik Röhm & Haas in Darmstadt hergestellte Degomma zu erwähnen, welches als Pankreasdrüsenpräparat dem Novo-Fermasol nahesteht und gleich diesem eine kräftig stärkeabbauende Wirkung ausübt. Bei Anwendung dieses Enzyms darf aber eine Temperatur von 60° C nicht überschritten werden.

Über vergleichende Versuche zur Beurteilung der einzelnen Stärkeaufschließungsmittel haben R. Haller und A. Hohmann[1]) in Melliands Textilberichten eine größere Abhandlung veröffentlicht[2]). Die Wirkung der Oxydantien wurde als eine von den Fermenten vollkommen verschiedene festgestellt. Während erstere wahrscheinlich lediglich quellend und auf die Struktur des Stärkekornes verändernd einwirken, fanden die Genannten bei allen fermentativen Mitteln einen mehr oder weniger weitgehenden Abbau. Letzterer äußert sich in der Bildung von Zuckern, welche durch Dialyse — ob vollständig, bleibt dahingestellt — von den übrigen Abbauprodukten (vermutlich mehr kolloider Beschaffenheit) getrennt werden können. Es wurde weiter gefunden, daß auch anderen organischen Oxydantien, vorzugsweise Nitroverbindungen, mehr oder weniger kräftige Aufschließungswirkungen zukommen; dabei zeigte sich jedoch der Nachteil, daß gerade die am energischsten wirkenden Substanzen, wie z. B. o-Nitrophenol, das entstehende Produkt intensiv färben und dadurch für Appreturzwecke unverwendbar machen[3]).

3. Dextrine, Dextrinersatz („Lösliche Stärke") und Gebrannte Stärke.

Dextrine. Durch Erhitzen der Stärke, ebenso wie beim Behandeln derselben mit verdünnten Mineralsäuren (hauptsächlich Salzsäure oder Salpetersäure) und Trocknung bei Temperaturen von 100—120° C erhält man Produkte, die man als Dextrine bezeichnet. Zur Dextrinierung sind alle Stärkearten geeignet doch werden am häufigsten Kartoffelstärke, Maisstärke und Weizenstärke dextriniert. Unter dem eigentlichen Dextrin versteht man im Handel das aus Kartoffelstärke durch entsprechende Säurebehandlung hergestellte weiße und gelbe Dextrin. Weißes Dextrin enthält oft bis zu 40% unveränderte Stärke, das gelbe Dextrin dagegen nur wenig; beide Sorten enthalten mehr oder weniger Traubenzucker. Während reines Dextrin durch Jodlösung rein weinrot gefärbt wird, färbt sich das Handelsdextrin aber meist weinrot bis braunrot; diese Färbung verschwindet jedoch in der Hitze wieder[4]). Gegen Fehling'sche Lösung verhalten sich die

[1]) „Untersuchungen über die Wirkung von Stärkeaufschließungsmitteln" (Fachmitteilungen des Internationalen Vereines der Chemiker-Koloristen), Melliands Textilberichte 1926, S. 239—242.

[2]) Bockskandel behandelt in der Zeitschrift f. d. ges. Textilindustrie 1926 auf S. 260 ein ähnliches Thema; er berücksichtigt aber besonders die Verhältnisse bei der Maisstärke, die nicht unwesentlich von denen der Kartoffelstärke abweichen.

[3]) Bezüglich neuerer Untersuchungen von R. Haller, J. Hackl und M. Frankfurt siehe Melliands Textilberichte 1928.

[4]) Siehe Dr.-Ing. M. Nopitsch: „Die Jodreaktion der Stärke als Erkennungsreagens in der Textilindustrie". Melliands Textilberichte 1926, S. 358/360 u. 445/446.

Dextrine verschieden; je näher sie der Maltose stehen, um so kräftiger ist das Reduktionsvermögen der Produkte.

Viele Textilbetriebe stellen sich Dextrin selbst her und benutzen dazu vorteilhaft den als „Dextrinautomaten" bezeichneten Apparat[1]). Derselbe besteht aus einem doppelwandigen, innen verbleiten und mit Rührwerk versehenen Kessel. Die Stärke wird zuerst mit wenig Salpetersäure angefeuchtet und dann im Kessel gut durchgerührt. Durch Dampfeinlaß in die Doppelwandung erwärmt man den Kesselinhalt auf ca. 110° C, wodurch die Stärke nach einer bestimmten Zeit vollkommen in Dextrin umgewandelt wird; der Verlauf des Prozesses wird durch Probenentnahme und Prüfung derselben mit Jodtinktur kontrolliert. Diese Selbstherstellung des Dextrins ermöglicht die Verwendung einer stets gleichmäßigen, dem Produktionsgange der Gewebeausrüstung angepaßten Qualität Appretursubstanz.

Das Verdickungsvermögen des Dextrins ist 5- bis 6mal schwächer als das der Weizenstärke und man erhält damit an und für sich keine sehr harte Appretur. Die Verwendung einer großen Menge Dextrin zur Erzielung einer kräftigen (harten) Appretur ist daher sehr unzweckmäßig und zwar besonders deshalb, weil die dadurch gleichzeitig in den Geweben angereicherte Traubenzuckermenge zuviel Feuchtigkeit anzieht. Bei Anwendung von Dextrin zum Appretieren gefärbter Gewebe werden die Färbungen, im Gegensatz zur Wirkung von Stärkekleistern, nur unbedeutend beeinflußt.

Stärkepräparate unter der Bezeichnung „Lösliche Stärke". Außer der durch Natronlauge, Oxydationsmittel oder Fermente in den Textilbetrieben selbst löslich gemachten Stärke, die man im allgemeinen als aufgeschlossene Stärke bezeichnet, gibt es noch besondere Stärkepräparate als Ersatz für Dextrin oder Tragant, die als „Lösliche Stärke" in den Handel kommen. Es sind meist rein weiße, glänzende Pulver mit knisterndem Griff wie Kartoffelstärke. Die Herstellung dieser wasserlöslichen Produkte aus Stärke geschieht nach verschiedenen Verfahren, z. B. durch Erwärmen mit flüchtigen Säuren[2]), wie Essigsäure und Ameisensäure; auch die Methode der Einwirkung von Chlorgas auf trockene Stärke ist in Anwendung. Diese käuflichen, pulverförmigen Stärkepräparate besitzen kein so großes Deckvermögen wie die verkleisterte oder mit Natronlauge aufgeschlossene Stärke und geben daher der Ware auch keinen so steifen Griff; sie eignen sich besonders für Appretureffekte, die ein Durchdringen der Faser des Gewebes mit Appreturflotte erfordern. Derartige Stärkepräparate unterscheiden sich in chemischer Beziehung vom Dextrin dadurch, daß sie Fehling'sche Lösung nicht reduzieren.

Gebrannte Stärkesorten. Die durch Rösten von Weizenstärke (Erhitzen bis gegen 250° C) erhaltene sogenannte Gebrannte Stärke (Röstgummi) und das auf gleiche Weise aus Kartoffelstärke hergestellte Leiogomme werden infolge ihrer mehr oder weniger dunklen Färbung und des verhältnismäßig geringen Verdickungsvermögens nur selten für Appreturzwecke angewendet (vereinzelt z. B. für dunkle Artikel ohne Weiß, bei denen eine Beeinträchtigung der Farbe nicht zur Geltung kommen kann).

4. Pflanzenleime, Fruchtleime und Gummiarten.

Isländisches Moos und Produkte aus Algen lösen sich in kochendem Wasser beinahe vollständig und liefern als stärkere Abkochungen Gallerten, die, allein angewendet, meist sehr weiche Appreturen geben. Sie füllen jedoch die Gewebe ziemlich gut und können als Grundlage für Beschwerungsmittel zur Herstellung beschwerter Appreturen dienen.

[1]) Dextrinautomaten-Gesellschaft „Vulkan", Wien. [2]) D. R. P. 137330.

Pflanzenschleime aus Produkten, wie Tragasol, Tragu, Leicogummi, Cefen usw., dienen als Ersatz für Tragant und werden vielfach zum Appretieren von Flanellen benutzt; man erhält einen vollen, weichen und angenehmen Griff, die Appreturmasse fällt beim Rauhen nicht aus. Auch zur Nachappretur merzerisierter Gewebe sind diese Produkte vorteilhaft verwendbar.

Die verschiedenen Gummiarten ergeben sehr harte und steife Appreturen und werden besonders infolge ihres hohen Preises nur selten in der Appretur von Baumwollgeweben angewendet; Tragant als Tragantschleim findet dagegen öfters Verwendung, jedoch meist auch nur in den Appreturen hochwertiger Gewebe.

5. Zusätze zu den Appreturmassen und Appreturflotten.

Von den Substanzen, die als Zusatz zu den verdickenden Appreturmitteln Weichheit, Geschmeidigkeit sowie zum Teil auch Hygroskopizität verleihen, werden besonders Glyzerin, Türkischrotöle und Seifen allgemein angewendet.

Glyzerin erleichtert das Auftragen der Kleister und kann fast mit allen anderen gebräuchlichen Appretursubstanzen gleichzeitig angewendet werden; glyzerinhaltige Appreturmassen verleihen den Geweben einen durchaus gleichmäßigen Feuchtigkeitsgrad.

Türkischrotöl und Präparate von türkischrotölähnlichem Charakter (Universalöl, Avirol, Monopolseife usw.) lassen sich mit allen verdickenden Appreturgrundsubstanzen (Stärkekleistern usw.) sehr gut mischen und bieten als wasserlösliche Substanzen an und für sich mannigfache Vorteile. Die in der Appretur verwendeten Türkischrotöle werden auch als Appreturöle bezeichnet. Monopolseife[1]) zeichnet sich besonders dadurch aus, daß verdünnte Säuren keine Fettausscheidung bewirken und daß mäßige Mengen von Salzen sowie kalkhaltiges Wasser keine Fällungen ergeben; besonders unempfindlich ist die Monopolseife gegen Lösungen von Magnesiumsalzen. Sie entsteht durch Behandeln von Rizinusöl mit Schwefelsäure und rasches Verseifen des Reaktionsproduktes mit Natronlauge bei höherer Temperatur.

In neuerer Zeit sind auch absolut magnesium- und kalziumbeständige Öle hergestellt worden, z. B. die Avirole (H. Th. Böhme A.-G., Chemnitz)[2]) und das Prästabitöl[3]) von Stockhausen in Krefeld sowie Appret-Flerhenol der Farb- und Gerbstoffwerke Carl Flesch jun. in Frankfurt a. M., welche sich vorzüglich als Zusatz zu stark salzhaltigen Appreturen eignen.

Kernseifen (harte oder Natronseifen) und unter diesen meist die aus Olivenöl hergestellte sogenannte Grüne Seife (auch Marseiller- oder Bariseife genannt) üben infolge ihrer milden alkalischen Reaktion eine schonende Wirkung auf die Gewebe aus und dienen nur dazu, die Steifheit der Waren zu vermindern. Ziemlich häufig gebraucht man aber auch die aus Talg bereiteten harten Seifen, doch nur selten Schmierseifen (Kaliseifen).

Fette (Schweinefett, Talg usw.) haben den gleichen Zweck wie Seifen und werden vorteilhaft als Zusatz zu beschwerten Appreturen mit Kaolin angewendet.

Die zum Beschweren der Appreturen für Weißwaren gebrauchten Körper mineralischer Herkunft müssen pulverisiert, genügend weiß und zweckentsprechend unlöslich bzw. unveränderlich sein. In der Hauptsache

[1]) Wird von der Fa. Stockhausen & Co. in Krefeld fabriziert.

[2]) Dr. Walter Kling: „Spitzenleistung auf dem Gebiete der Textilhilfsmittel“. Melliands Textilberichte, Jahrgang 1928, S. 48—49.

[3]) Rudolf Fisel und Dipl.-Ing. M. Münch: „Die Prästabitöle in ihren Eigenschaften und Verwendungsmöglichkeiten“. Melliands Textilberichte, Jahrgang 1928, S. 44—46.

wird Kaolin verwendet, das jedoch vollkommen frei sein muß von gröberen Bestandteilen, wie Sand, Granit- und Quarzteilchen.

6. Wirkung des Kleisters auf die Festigkeit der Gewebe.

Mit der Appretur, soweit man damit lediglich die Imprägnierung der Gewebe mit den eben charakterisierten Mitteln versteht, bewirkt man infolge der den meisten Appreturmassen eigenen Klebkraft eine oft nicht zu unterschätzende Erhöhung der Festigkeit des Gewebes. Auf diese Tatsache hat P. Krais [1]) aufmerksam gemacht und die Festigkeitszunahme eines Gewebes nach Imprägnierung mit verschiedenen Appreturmitteln gemessen. Krais fand bei:

Dextrinlösung .	von	1,25 %	eine	Zunahme	der	Reißfestigkeit	von	0,39	kg
„	„	10 %	„	„	„	„	„	2,44	„
„	„	40 %	„	„	„	„	„	5,72	„
Kartoffelstärke .	„	2,5 %	„	„	„	„	„	1,60	„
Quellin	„	2,5 %	„	„	„	„	„	2,65	„
Löslicher Stärke	„	2,5 %	„	„	„	„	„	1,16	„

Es ist selbstverständlich, daß diese Erhöhung der Reißfestigkeit nur auf der Klebkraft der verwendeten Ingredienzien und der dadurch hervorgerufenen Konsolidierung des Fadens beruht; beim Entfernen der Appretur geht die Festigkeit naturgemäß wieder auf die alten Werte zurück.

H. Die Ausführung der Appretur baumwollener Waren.

Die appreturtechnische Behandlung der Rohgewebe ist je nach Art und Verwendungszweck der Waren eine oft sehr verschiedenartige. Man unterscheidet als Hauptgebiete die Appretur von Buntwebware, Weißware sowie Färbe- und Druckware.

Die wichtigsten Vorbehandlungsarbeiten (Vorappretur), die zum Teil aber auch nach dem Färben oder Bedrucken ausgeführt werden, sind folgende:

a) Schmirgeln bzw. Putzen der Gewebe.

Das Schmirgeln oder Putzen der Gewebe ist ein rein mechanischer Vorgang, welcher das Entfernen der Noppen (Knoten), Fadenenden sowie auch der Schalen von der Gewebeoberfläche bezweckt. Dieser Arbeitsvorgang wird nur für besondere Gewebearten in Anwendung gebracht und geschieht entweder auf der Schmirgelmaschine (mit Hilfe von rotierenden Schmirgelwalzen) oder auf sog. Gewebeputzmaschinen mittels sägeblattähnlicher Kämme oder glatter Messerklingen, die der Breite des Gewebes angepaßt sind und in der Längsrichtung desselben rasch hin und her bewegt werden [2]).

Schwere Köperstoffe und Moleskins werden so z. B. vielfach zur Entfernung der Schalen und Noppen auf der rechten Seite geschmirgelt, dann durch die Schermaschine genommen und hierauf ohne weiteres mit kochender Sodalösung gut genetzt und gefärbt.

Die Schmirgelmaschine wird auch angewendet zum Schleifen der mit Lauge (ohne Spannung; Schrumpfungsprozeß) vorbehandelten Trikotstoffe bei der Herstellung baumwollener Wildlederimitationen für die Handschuhindustrie.

---

[1]) Leipziger Monatsschrift für Textilindustrie 1923, S. 207—208.

[2]) Besondere Scher- und Gewebeputzmaschinen baut die Firma A. Monforts in M.-Gladbach.

In diesem Falle bezweckt das Schmirgeln eine feine Aufrauhung des Warenmaterials; ebenso werden z. B. buntgewebte Jackenflanelle (weiß gebleichter Fond mit roten und blauen Streifen) vor dem Behandeln mit Appreturflotte nur auf einer Schmirgelmaschine linksseitig mit 1—2 Passagen wollig gemacht (ohne anderweitige Aufrauhung).

b) Sengen.

Das Sengen bezweckt die Beseitigung der über die Gewebeoberfläche hervorstehenden Fäserchen durch Verbrennen; es erfolgt entweder mit Hilfe von Gasflammen oder durch Anwendung glühender Körper. Für die weitaus meisten Gewebearten ist das Sengen von grundlegender Bedeutung für den Ausrüstungseffekt und daher unumgänglich notwendig. Bei Geweben, die gebleicht werden, geschieht das Sengen stets vor dem Bleichen bzw. vor dem Bäuchen, da weiße Waren besonders beim Plattensengen und auch beim Gasieren leicht einen gelblichen Stich erhalten.

Die zum Sengen gebräuchlichen Maschinen lassen sich in

Gassengen,
Plattensengen,
Zylindersengen und
Elektrische Sengen

einteilen.

Früher wurden meist nur Platten- und Zylindersengen angewendet, heute dagegen in der Hauptsache die Gassenge.

Die Gassengen werden für fast alle, besonders aber für dünne, leichte Gewebe benutzt. Für Rips, Piqué und ähnliche gemusterte Stoffe sind diese Maschinen nahezu unentbehrlich, weil die Flamme in das Gewebe eindringt und auch tiefergelegene Fäserchen wegbrennt. Der wichtigste Bestandteil einer Gassenge sind die Brenner, welche jeder für sich einen der Warenbreite entsprechenden Schlitz bilden und in einem gußeisernen Gestell drehbar gelagert sind; je nach der erforderlichen Leistung sind die Maschinen mit zwei bis vier Brennern versehen. Die Zuführung des Gases geschieht durch ein im Brenner liegendes Rohr; die Beheizung der Brenner kann je nach den örtlichen Verhältnissen mit Leuchtgas, Generatorkraftgas, Benzin- oder Benzolgas oder sehr zweckmäßig auch mit Blaugas geschehen. Die zur Verbrennung nötige Luft wird durch ein neben der Senge montiertes Luftgebläse in der Weise zugeführt, daß die Vereinigung von Luft und Gas in einer Mischdüse kurz vor dem Brenner erfolgt[1]). Das Gewebe wird mit Hilfe von Leitwalzen über die intensive Stichflamme der Brenner hinweggeführt und passiert dann eine Funkenlöschvorrichtung (Dämpfkasten oder übereinander liegende Walzen, für Velvets eine Bürstvorrichtung). Die Warengeschwindigkeit richtet sich nach der Gewebeart und der erforderlichen Sengwirkung bzw. nach der Anzahl der Brenner; sie schwankt zwichen 40 und 120 Meter in der Minute. Da Baumwollwaren durch längeres Lagern viel Feuchtigkeit aufnehmen, so empfiehlt sich ein Vortrocknen derselben, um die Leistung der Gassenge zu erhöhen; zu diesem Zwecke werden am Einlaß der Maschine ein oder zwei Trockentrommeln angebracht.

Unter den verschiedenen Konstruktionen von Gassengen hat sich besonders auch die Haubold-Großleistungs-Gassengmaschine Bauart Osthoff sehr gut bewährt[2]). Diese Maschine besitzt neuartige Brenner (zwei bis vier)

[1]) Sehr bewährt hat sich auch die Gasfeuerungseinrichtung für Sengmaschinen der Pharos Feuerstätten Ges. m. b. H., Hamburg 1, Fruchthof.

[2]) Siehe diesbezüglich auch die „Druckschrift Nr. 141 II“ der Maschinenfabrik C. G. Haubold A.-G., Chemnitz.

und ein Gasluftgemischaggregat, das aus zwei Präzisions-Kreiskolbengebläsen für Gas und Luft besteht; Breite und Stärke der Flammen können durch eine Universalsteuerung mit Hilfe von zwei Handrädern genau und leicht geregelt werden. Durch eine vorteilhafte Warenführung wird eine günstige Vortrocknung der Ware erreicht; die Maschine arbeitet je nach Zahl der Brenner, Warenart und erwünschter Sengwirkung mit Geschwindigkeiten von 50 bis 180 Meter pro Minute.

Für alle Gassengen wird in der Regel Steinkohlengas (Leuchtgas) zur Beheizung der Brenner verwendet. In Orten, wo keine Zentrale für Leuchtgas vorhanden ist, sind entweder besondere Ölgasanlagen (z. B. der Benzolgasapparat der Zittauer Maschinenfabrik A.-G., Stundenleistung 5—100 m^3 Gas) erforderlich oder man arbeitet mit Blaugas.

Blaugas ist nach seinem Erfinder, dem Chemiker Hermann Blau, benannt und wird von der Deutschen Blaugas-Gesellschaft m. b. H. in Augsburg nach einem besonderen Verfahren hergestellt[1]). Es wird bis zur Verflüssigung verdichtet und kommt in gebrauchsfertigem, gut gereinigtem Zustande in Stahlflaschen zum Versand. Zur Anwendung bei der Gassengmaschine läßt man das Gas einfach aus der Versandflasche bis zu einem Druck von 6 Atm. in einen Expansionskessel überströmen; von dort passiert es vor Eintritt in die zum Brenner führende Rohrleitung einen automatisch arbeitenden Druckregler, der einen stets gleichmäßig bleibenden Verbrauchsdruck herstellt. Blaugas ist trotz seines hohen Heizwertes (die mittlere Ausbeute beträgt etwa 15000 WE) schwer zur Explosion zu bringen; es ist auch frei von Kohlenoxyd und daher ungiftig.

Die Plattensengen (Sengöfen) werden im allgemeinen nur für schwerere, dicke Gewebe (z. B. Lastings usw.), doch mitunter auch für dünnere Stoffe (wie z. B. feine Satins, Futterstoffe) sowie für Waren, die Finishappreturen erhalten, angewendet, weil das stark erhitzte Kupfermetall der Platten die darüber laufenden Gewebe schärfer absengt. Stärkere Gewebe werden vielfach in feuchtem Zustande (nach dem Krabben bzw. nach dem Dämpfen) und dann auch mehrere Male über die Platte hin und her gezogen.

Plattensengen werden mit einem Ofen (einer Platte) und mit zwei Öfen (zwei Platten) gebaut und für besondere Zwecke auch in Verbindung mit einer Gassenge. Die Öfen können für Beheizung mit festen, flüssigen oder gasförmigen Brennstoffen eingerichtet werden.

Gegenüber den Gassengen weisen die Plattensengen als Kontaktsengen mancherlei Nachteile auf: schwierigere und umständlichere Bedienung, Gefährlichkeit, Abnützung und größeren Brennstoffverbrauch.

Die Zylindersenge wirkt in ähnlicher Weise wie die Plattensenge und dient daher für die gleichen Gewebearten wie diese, besonders aber zum Sengen von Baumwollsamt. Letztere werden z. B. auf der Samtseite mit einer Geschwindigkeit von 70—100 Meter pro Minute über den sich langsam drehenden, glühend gemachten, hohlen Stahlguß- oder Kupferzylinder gezogen; um alle lang vorstehenden Fasern abzubrennen und eine völlig ausgeglichene Oberfläche zu schaffen, sind etwa 2—3 Züge (unter einem Zug versteht man den einmaligen Lauf über den glühenden Hohlzylinder) notwendig.

Die Erhitzung des Hohlzylinders geschieht entweder mittels durchstreichender Heizgase oder durch eine eingebaute Gasheizung. Bei Stillstand der Maschine kann das Gewebe durch Führungsstäbe augenblicklich vom Sengzylinder abgehoben werden.

[1]) Siehe auch die Abhandlung: „Sengen mit Blaugas" in der Leipziger Monatsschrift für Textilindustrie 1926, Heft 4, S. 15.

Die Zittauer Maschinenfabrik A.-G. in Zittau i. Sa. baut außer vorzüglich arbeitenden Gassengmaschinen, Platten- und Zylindersengen auch eine Elektrische Senge[1]). Diese Maschine trägt in einem gußeisernen Gestell eine aus unverbrennbaren Stäben (meist drei Sengstäben) bestehende Sengvorrichtung, die durch den elektrischen Strom zum Glühen gebracht wird. Am Einlaß der Maschine sind eine oder mehrere Trockentrommeln angebracht und hinter der Sengvorrichtung eine Funkentötvorrichtung, die aus zwei eisernen Löschwalzen besteht, von denen die untere in einem Wasserkasten läuft. Diese Elektrische Senge ist infolge sauberen sowie gefahrlosen Betriebes und dank guter Sengwirkung überall dort am Platze, wo billige elektrische Kraft zur Verfügung steht.

c) Das Krabben.

Baumwollkonfektionsstoffe, Schirmstoffe und Damaste und ferner auch Zanellas werden vor dem Färben bzw. nach dem Sengen auf einer Krabbmaschine (Crabbing) mit Druckwalzen gekrabbt, wobei die Stücke ein heißes, sodaalkalisches Bad passieren; hierauf wird die Ware kurz gedämpft und ist dann fertig zum Färben.

Die für diese Arbeitsweise übliche Maschine ist eine sog. dreifache Krabbmaschine; sie besteht im wesentlichen aus drei in gewissen Abständen parallel hintereinander montierten Trögen und drei schweren Eisenwalzenpaaren. Jede untere Walze läuft in einem der Tröge, die oberen Walzen werden nach Bedarf durch Hebeldruck mit Zugbelastung angepreßt. Die Ware läuft von einer Holzdocke durch die heiße Sodalösung des ersten Troges und wird auf die darin laufende Eisenwalze gewickelt; gleichzeitig wird die in einem Führungsgestell gelagerte obere Walze herabgelassen, so daß die Ware einem großen Druck zwischen den schweren Eisenwalzen ausgesetzt ist. Dieser Arbeitsvorgang wird im zweiten Troge mit kochendem Wasser und im dritten Troge mit kaltem Wasser wiederholt. Die Spannung des Gewebes beim Auflaufen auf die unteren Eisenwalzen und der Druck der oberen Walzen werden je nach Qualität der Ware und dem erwünschten Griff und Glanzeffekt jeweils abgeändert. Durch das Krabben erhält die Ware einen eigenartigen permanenten Vorglanz; in der Hauptsache ist aber das Krabben wichtig für Gewebe, die nur in breitem Zustande behandelt werden dürfen, die also das sonst übliche Auskochen (Bäuchen) in Strangform nicht vertragen.

Aus dem letzten (dritten) Trog der Crabbing bzw. von der darin laufenden Eisenwalze werden dann die Stücke auf einen durchlochten Metallzylinder gewickelt und einige Minuten gedämpft.

d) Das Dämpfen[2]).

Das Dämpfen wird als reguläre Operation bei der Vorappretur von Baumwollwaren nur bei jenen Gewebearten vorgenommen, die auf der Krabbmaschine behandelt worden sind. Es wird im Anschluß an das Krabben ausgeführt und soll in Verbindung mit diesem das sonst übliche Auskochen der Waren unter Dampfdruck in gewissem Sinne ersetzen. Die vom Krabben auf einem durchlochten Metallzylinder (Dämpfzylinder) fest aufgewickelte und mit einer schweren

[1]) Siehe Zittauer Maschinenfabrik A.-G., Zittau i. Sa.: „Sämtliche Maschinen für Bleicherei, Merzerisation und Färberei, Druckereihilfsmaschinen, Trockenapparate, Ausrüstungsmaschinen", VIII. Auflage.

[2]) Siehe auch Ing.-Chem. Karl Wagner: „Über das Dämpfen auf Grund der chemischen und physikalischen Eigenschaften der Faserstoffe". Melliands Textilberichte, Jahrgang 1926, S. 535/536.

Leinendecke fest umwickelte Ware wird entweder in einem besonderen Dämpfraume auf Dämpfstöcke gestellt und etwa 10 Minuten durchgedämpft (wobei der Dampf das Gewebe frei durchdringt) oder in einem besonderen, geschlossenen Dämpfapparat gedämpft. Damit alle Teile der Ware vom Dampf gleich wirksam durchdrungen werden, bäumt man dann noch auf einen anderen Dämpfzylinder um und wiederholt den Dämpfprozeß.

Ein Dämpfen kommt ferner für solche Buntwebwaren in Betracht, die eine anderweitige Nachbehandlung nicht erfahren. Durch die Dämpfoperation wird sowohl ein gewisses Aufquellen des Fadens als auch eine besondere Wirkung auf die im Garn enthaltene Schlichte herbeigeführt und dadurch ein vollerer Griff der Ware erzielt. Dieses Dämpfen wird jedoch meist als sog. Andämpfen ausgeführt, indem man die Ware über einen Dämpftisch laufen läßt.

Bei Waren, die kalandert und infolgedessen vorher eingesprengt werden, ersetzt man das Einsprengen zum Teil ebenfalls durch ein Andämpfen derselben. So werden z. B. baumwollene Bänder durch Behandlung auf einem Friktionsbandkalander mit vorgebautem Dämpfapparat glänzend und griffig gemacht.

Bei der Glanzgebung auf Samtwaren wird ferner z. B. die mit Hilfe des Wachsrades aufgetragene Wachsschicht durch kurzes Andämpfen mit schwachem Dampfe beim Lauf der Gewebe über einen Dämpftisch oberflächlich eingeschmolzen, worauf sogleich die Weiterbehandlung auf der Walzenfinishmaschine mit rasch rotierenden Filzwalzen einsetzt, um den seidenschimmernden Hochglanz hervorzurufen.

Normal gerauhte (nicht verfilzte) Waren werden nach dem Nachrauhen meist auf einer kombinierten Dämpf-Bürst- und Glättmaschine behandelt, um ein glattes Fabrikat mit vollem, weichem Griff herzustellen.

e) Entschlichten.

Die meisten Gewebearten werden nach dem Sengen unter Anwendung der dafür allgemein gebräuchlichen Mittel (Aktivin, Diastafor, Biolase usw.) entschlichtet.

In Druckereien läuft z. B. die von der Gassenge kommende Ware nach entsprechender Vorratsablegung kontinuierlich (Brillenführung) im Strang in einen Kochkessel, wo sie in ca. 70° C warmer Aktivinflotte über Nacht liegen bleibt. Am nächsten Tage führt man den Warenposten durch die Strangwaschmaschine in den Bäuchkessel und kocht dort in üblicher Weise.

Bei Entschlichtung mit Diastafor, Novo-Fermasol, Degomma DL u. dgl. geht die Ware von der Senge in breitem Zustande durch einen in den Erdboden eingelassenen Behälter mit der Diastaforflotte, wird dann zwischen den Quetschwalzen eines darüber befindlichen Quetschwalzenständers abgequetscht und entweder in Haufen abgelegt oder in große Wagen eingetafelt. In diesem Zustande bleibt die Ware am besten über Nacht liegen, wird hierauf ausgewaschen und kommt einesteils direkt zum Färben (z. B. schwere Kettsatins, Satin Augusta usw.) oder andernteils, besonders für Druckereizwecke, zum Bäuchen und Bleichen.

Das Entschlichten kann in einfacher Weise auch dadurch geschehen, daß man die Gewebe nach dem Sengen in breitem Zustande durch $^1/_4$—$1^1/_2$grädige Schwefelsäure oder ebenso starke Natronlauge passiert. Nach dem Abquetschen wird die Ware im Strang auf Lattenrosten in Haufen geschichtet (oder in große Holzkufen gelagert), zugedeckt und während 24 oder 48 Stunden in diesem Zustande belassen. Hierauf wird auf dem Klapot gespült, gebäucht, gebleicht oder gefärbt.

Samte, Kords und ähnliche Waren[1]), die den Druck von Quetschwalzen

---

[1]) Ein sehr wertvolles textiltechnisches Elaborat über „Die Ausrüstung von Baum-

nicht vertragen, werden auf Haspelkufen im Strang entschlichtet (z. B. mit Diastafor), gleichfalls im Strang mit Wasser gut ausgekocht, kalt nachgewaschen, dann breit herausgefacht (herausgetafelt) und hierauf entweder auf der Breitschleudermaschine entwässert oder auf der Absaugemaschine (z. B. Bauart der Maschinenfabrik M. Rudolf Jahr in Gera) abgesaugt. Anschließend wird die Ware getrocknet; die Absaugemaschine kann dabei zweckmäßig dem Spannrahmen vorgebaut werden.

„Über den Einfluß von Naphtha-Sulfosäuren bei der Entschlichtung von Baumwollgeweben" hat Professor P. P. Victoroff in Melliands Textilberichten[1]) eine sehr eingehende und interessante Abhandlung auf Grund zahlreicher Versuche mit zwei Präparaten russischer Provenienz: „Epifasol" und „Kontakt T" veröffentlicht.

Kontakt T, das ursprünglich als „Reaktiv Petroff" nur in Seifen- und Stearinfabriken zum Spalten der Öle und Fette diente, wird von der Kontakt A.-G. in Leningrad in den Handel gebracht. Die technischen Sulfonsäuren enthalten Wasser, Alkohol, Vaselinöl und eine geringe Menge Schwefelsäure (ca. 1%) sowie einige Hundertstel Prozent schwefelsaures Eisenoxydul; die reinen Sulfosäuren sind ein Gemisch von Sulfosäuren mit verschiedenem Molekulargewicht. Die Naphthasulfosäuren „Kontakt T" (eine schwärzlich ölige Masse mit scharf esterartigem Geruch) mischen sich mit Wasser in jedem Verhältnis und geben eine klare Lösung. Von der Kontakt A.-G. wird zum Entschlichten das Einlegen der Rohgewebe in eine 0,5%ige Lösung von „Kontakt T" unter Zusatz von 0,3% Schwefelsäure während 8—12 Stunden empfohlen.

„Epifasol" ist nach Angaben seines Herstellers, Ing. Sucharewsky, eine Naphthensäure von der Formel $C_{12}H_{23}COOH$; es ist eine dicke, ölige Flüssigkeit von gelber Farbe mit leicht grünlicher Fluoreszenz, die mit Wasser eine weiße Emulsion gibt. Der Gehalt an Schwefelsäure beträgt 0,35%; bei der Neutralisation des Präparats erhält man eine klare Lösung.

Zum Entschlichten wird 1 Pfund (409,51 g) „Epifasol" mit Wasser von 55° R so lange verrührt, bis eine gleichmäßige Emulsion entsteht; in diese läßt man 25—30grädige Natronlauge in feinem Strahl zufließen, wodurch sich eine klare Lösung ergibt. Die Gewebe werden 2—3mal durch diese 60° R heiße Lösung passiert, dann 2—3 Stunden liegen gelassen, hierauf ausgewaschen, gebleicht und gefärbt.

Billigere Futterstoffartikel, Stoffe für Totengewänder usw. werden übrigens und besonders in schwarzen, marineblauen und anderen dunklen Tönen ohne jede weitere Vorbereitung gefärbt, eventuell jedoch vorher gesengt.

In der Buntweberei gibt es ferner einige Gewebeartikel, die nicht appretiert, sondern als sogenannte Stuhlware in den Handel kommen, z. B. u. a. auch die Inletts; zum teilweisen Ersatz der erforderlichen Appreturmassen werden bei der Herstellung dieser Waren die Kettfäden etwas stärker geschlichtet (gefüllt).

f) Merzerisieren[2]).

Ein erheblicher Prozentsatz vieler Artikel, wie z. B. Satins, Zanellas, Serges, Baumwollcloths, ferner Gewebe aus minder guten Baumwollsorten mit viel toter

wollsamt und samtähnlichen Geweben" hat Ing. Oskar Gaumnitz in dem Fachblatt „Wollen- und Leinenindustrie" (Reichenberg), XXXIX. Jahrg., Heft Nr. 17 vom 1. September 1919, S. 182—184 veröffentlicht.

[1]) Melliands Textilberichte 1925, S. 333—336 u. 417—420.

[2]) Siehe besonders auch: G. Adler: „Über den Stand der modernen Stück-Merzerisation". Leipziger Monatsschrift für Textilindustrie, Heft Nr. 10 vom 15. Oktober 1927, S. 453—460.

Baumwolle (besonders wenn dieselben zum Färben mit Küpenfarben bestimmt sind, z. B. manchmal auch indigoblau zu färbende und für Ätzdruckzwecke bestimmte Knabensatins), werden unter Spannung auf Maschinen verschiedener Systeme (mit und ohne Spannketten) merzerisiert. Dies geschieht entweder nach dem Sengen in trockenem Zustande oder zweckmäßiger nach dem Entschlichten und Auskochen (Bäuchen). Das Bleichen wird in der Regel nach dem Merzerisieren vorgenommen; in manchen Betrieben wird jedoch auch die bereits gebleichte Ware merzerisiert.

Für leichte und mittelschwere Gewebe (Mousseline, Voile, Etamine, Panamas, Popeline, Stickereien, Damaste usw.) hat sich besonders die „kettenlose Merzerisiermaschine" der C. G. Haubold A.-G. (Chemnitz) sehr gut bewährt, desgleichen jene der Bemberg Maschinenbau Akt.-Ges. (Barmen-Langerfeld) usw. Vorzüglich arbeitende Merzerisiermaschinen verschiedener Konstruktion (mit Spannketten, halb kettenlose, ganz kettenlose) und für Spezialzwecke (Merzerisieren von Spitzengeweben, Stickereien, Trikotstoffe) baut auch die Zittauer Maschinenfabrik A.-G. (Zittau i. Sa.), ferner die C. A. Gruschwitz A.-G. in Olbersdorf i. Sa. u. a. Es werden sehr leistungsfähige Maschinen gebaut, die 15000—24000 Meter in achtstündiger Arbeitszeit liefern. Patentierte, kettenlose Ein- und Zweifoulard-Merzerisiermaschinen[1]) für alle Gewebearten baut auch die Maschinenfabrik Benninger A.-G.[2]) in Uzwil (St. Gallen), Schweiz.

g) Das Rauhen.

Das Rauhen bezweckt für die in Betracht kommenden Gewebearten die Herstellung einer wolligen Faserdecke, indem die auf der Warenoberfläche lose eingebunden liegenden Fasern durch rein mechanisches Aufkratzen herausgehoben und aufgerichtet werden; gerauhte Baumwollwaren sollen einen billigen und annehmbar repräsentablen Ersatz für teure Wollfabrikate bilden. Da die Gewebe durch das Rauhen gleichzeitig einen flaumweichen Griff erhalten, so ist die Bezeichnung „Rauhen" nicht sehr zutreffend; richtiger ist in dieser Hinsicht der französische Fachausdruck: lainer. Die Rauherei bildet ein wichtiges Kapitel der mechanisch-physikalischen Appretur der Gewebe; sie ist mit Hilfe der Universal-Kratzenrauhmaschinen sehr vervollkommnet worden, denn selbst aus verhältnismäßig leicht eingestellten Geweben stellt man Fabrikate her, die Wollwaren täuschend ähnlich sehen.

Die Kratzenrauhmaschinen arbeiten mit Rauhwalzen, die mit Kratzenbeschlag versehen sind; letzterer besteht aus zahlreichen, winkelig gebogenen Stahldrahtzähnen, welche in eine elastische Unterlage (Leder, Kautschuk u. dgl.) fest eingesetzt sind. Es gibt Kratzenrauhmaschinen mit 16, 24, 30 oder 36 Rauhwalzen. Dieselben werden außer für den Strich-Gegenstrich auch für den Halb- und Vollverfilzungseffekt konstruiert, so daß alle erforderlichen und erwünschten Rauhartikel hergestellt werden können.

Wirk- und Strickwaren werden auf besonderen Kardenrauhmaschinen mit Kardendisteln als Rauhwerkzeug gerauht.

Für ein gleichmäßiges Rauhen ist es sehr wichtig, daß die Gewebe vollständig gleichmäßig gespannt in die Maschine gelangen. Zu beachten ist ferner, daß durch

---

[1]) Dr. Otto Frischknecht: „Spannrahmen oder kettenlose Merzerisiermaschine für Gewebe". Melliands Textilberichte, Jahrgang 1926, S. 1026/1027.

[2]) Ing. Hans Weiß: „Die kettenlose Stück-Merzerisiermaschine, System Benninger". Leipziger Monatsschrift für Textilindustrie, Jahrgang 1927, Heft 4, S. 216 bis 218.

zu starke Eingriffe der Kratzenbeschläge beim Beginn des Rauhens die noch im Faden fest eingebundenen Faserenden herausgerissen und die Waren dadurch zu sehr geschwächt werden. Grundsätzlich sollen daher eher mehr und schwache, als weniger und starke Eingriffe der Kratzen auf das Gewebe stattfinden. Das Rauhen ruft infolge der Verluste an Fasermaterial naturgemäß stets eine gewisse Schwächung der Gewebe hervor; die Größe der Verluste an Fasermaterial hängt ab von der Beschaffenheit der Garne, vom Zustande der Rauhgarnituren, von der Zusammensetzung der angewendeten Schlicht- bzw. Appreturflotte und endlich auch davon, ob ein- oder beidseitig gerauht wird.

Die Baumwollgewebe werden in rohem oder entschlichtetem Zustande gerauht (vorgerauht) und nach Beendigung aller jeweils erforderlichen nachfolgenden Operationen (Bleichen, Färben, Bedrucken, Appretieren) nochmals nachgerauht, um den durch diese Behandlungen zerdrückten und verknüllten Faserpelz wieder gleichmäßg aufzurichten. Beim Aufrauhen nach den verschiedenen Veredelungsprozessen läßt man die Ware meist nur noch 1—2mal über die Rauhmaschine laufen. Die zum Bleichen bzw. Färben und Bedrucken bestimmten Gewebe werden zweckmäßig nicht zu lang angerauht (vorgerauht), weil eine langfaserige Aufrauhung durch die vielen Arbeitsvorgänge zu sehr in Mitleidenschaft gezogen wird bzw. wieder verlorengeht.

Bei den für Aufrauhung vorgesehenen Roh- und Buntwebwaren dürfen die Ketten nicht mit Schlichtmassen imprägniert sein, welche infolge gewisser Zusätze die Kratzenbeschläge schädigen; China-clay, Talkum usw. und ferner auch Glaubersalz sowie Bittersalz sind solche Substanzen. Das gleiche gilt für das Nachrauhen der Gewebe in bezug auf die Zusammensetzung der Appreturflotten.

Je nach Qualität der Waren und Art der Aufrauhung arbeitet man entweder mit den Strich- oder Gegenstrichwalzen oder mit beiden. Bei leichteren Qualitäten wendet man meistens die Strichwalzen an, bei dicht beschosseneren Warensorten auch Strichwalzen und Gegenstrichwalzen.

Bei schweren Warenqualitäten wird die Rauhoberfläche zwecks Herstellung eines samtartigen Aussehens noch auf einer sogenannten Filzrauhmaschine (Verfilzungsmaschine) verfilzt. Die meisten Warengattungen werden aber nicht verfilzt, sondern nach dem Fertigrauhen auf einer Bürstmaschine oder besser auf einer kombinierten Bürst-, Dämpf- und Glättmaschine (das ist eine Bürstmaschine mit einer Dämpfvorrichtung und ein oder zwei heizbaren Trockentrommeln) behandelt. Man erhält auf diese Weise eine schön glatte Ware, die sich dick und weich anfühlt.

Den Rauhmaschinen (besonders für das Rauhen von Buntwebwaren, z. B. buntgewebte, beidseitig gerauhte Flanells) sind heizbare Kupfertrommeln vorgelagert. Mit Hilfe derselben findet durch die in den Gewebegarnen vorhandene natürliche Feuchtigkeit eine Art Dämpfprozeß statt, die Fäden quellen auf und werden geschmeidiger und die Ware wird so für den Eingriff der Rauhwalzen empfänglicher gemacht. Ein reguläres Vordämpfen der Waren ist jedoch nicht zweckmäßig, da zu viel Feuchtigkeit den Rauhprozeß durch Faltenbildung beeinträchtigt; nur die Ausnutzung der natürlichen Gewebefeuchtigkeit bildet ein förderndes Moment für den Rauheffekt.

Die Herstellung samtähnlicher Gewebe im Wege der mechanisch-physikalischen Appretur geschieht in der Regel durch Rauhen (Verfilzen) und Scheren; letztere Operation kann eventuell auch durch Sengen auf der Plattensenge ersetzt werden. Als Gewebeart für die unter dem Namen Samtfustian, Veloutines, Velvetons usw. bekannten Artikel dient ein aus feinfädigem Garn dicht gewebter Schlußatlas; die Rückseite (linke Seite) dieser Fabrikate ist meist ebenfalls gerauht. Man rauht beispielsweise die Rohware zuerst auf der linken

Seite auf einer Strich-Gegenstrichmaschine mit 3—4 Durchgängen kurz vor und erzeugt dann durch einige Behandlungen auf einer Verfilzungsmaschine (4—6 Durchgänge) rechtsseitig einen gleichmäßig kurzen Faserfilz. Diese Rauhoberfläche wird dann auf einer Schermaschine 1—2mal vorsichtig geschoren und dadurch der Filz auf gleiche Höhe egalisiert. Hierauf bäumt man die Ware auf, kocht mit Soda auf dem Jigger aus und entschlichtet auch auf demselben in üblicher Weise mit Biolase, Diastafor oder ähnlichen Mitteln. Sehr gut bewährt hat sich das Auskochen mit Soda unter Zusatz von Aktivin, wodurch ein separates Entschlichten nicht mehr erforderlich ist. Anschließend wird in heißem Wasser gut gewaschen und dann mit den in Betracht kommenden Farbstoffen ausgefärbt. Die Weiterbehandlung nach beendetem Färben besteht zunächst im Entwässern auf einer Absaugemaschine, Trocknen in der Heißhänge, Nachrauhen beider Warenseiten und ein bis zweimaligem Bürsten im Strich auf der Längsbürstmaschine. Dann folgt die Glanzgebung auf einer Schaberfinishmaschine mit Wachsvorrichtung oder auf einer Trommelfinishmaschine in gleicher Weise wie bei Samtgeweben; eventuell wird die Ware auch auf einer Rackelappreturmaschine geleimt, dann auf einer Spannrahmmaschine getrocknet und zugleich auf die erforderliche Breite gebracht. Zum Schluß kann nochmals gefinisht werden, und zwar entweder auf einer Walzenfinishmaschine mit Wachsvorrichtung oder auf einer Trommelfinishmaschine.

Ähnlich ist die Ausrüstung der unter den Namen Affenhaut und Pfirsichhaut bekannten baumwollenen Velourartikel, die für Kleiderstoffe, für Sportanzüge, Dekorationszwecke usw. verwendet werden. Die Ware wird meist zuerst breit entschlichtet, dann gewaschen und auf dem Jigger gefärbt. Nach beendetem Färben, Spülen, Entwässern und Trocknen auf einer Zylindertrockenmaschine, kommt die Ware zur Rauhmaschine; man rauht mit 3—5 Durchgängen und gibt dann ebenso viele Schnitte auf einer Schermaschine. Hierauf folgt eine leichte Appretur mit Dextrin unter Zusatz von Universalöl, Appreturöl od. dgl. auf einem dem Spannrahmen vorgebauten Foulard. Nach dem Trocknen wird nochmals gerauht und geschoren und endlich in üblicher Weise gewachst bzw. gefinisht.

Tadellos arbeitende Rauhmaschinen liefern z. B. die Firmen: Ernst Gessner A.-G. in Aue i. Erzgeb., A. Monforts in M.-Gladbach, Franz Müller in M.-Gladbach; die bei Herstellung vorgenannter Artikel mit erforderlichen Maschinen zur Ausrüstung von Samtwaren liefert die Fa. Th. Blass A.-G. in Seifhennersdorf i. Sa.

h) Das Ratinieren.

Beim Ratinieren wird die Oberfläche gerauhter Gewebe (die Faserdecke) auf einer Ratiniermaschine mit Hilfe eines plattenförmigen Werkzeuges derart frottierend bearbeitet, daß die freien Faserenden gruppenweise zusammengedreht werden. Je nach Art der Bewegung dieses Frottierwerkzeuges entstehen verschiedene charakteristische Ratinéeffekte, die z. B. als Ratiné, Welliné, Welliné diagonal, Flockiné, Perliné usw. gekennzeichnet werden. Das Ratinieren ist also eine Verschönerungsarbeit auf gerauhten Waren (gewissermaßen ein Frisieren des Faserpelzes); es kommt hauptsächlich für gewisse Konfektionsstoffe in Betracht.

i) Das Scheren.

Das Scheren bezweckt einesteils die Herstellung einer gleichmäßigen und reinen Gewebeoberfläche durch Entfernen des Flaumes oder überstehender Faserhaare bzw. das Abschneiden von Fadenenden und Knötchen und anderenteils die

Egalisierung der Oberfläche von gerauhten Waren und Florwaren (Samte, Plüsche und ähnlicher Florgewebe) auf eine bestimmte Höhe.

Zum Entfernen von Faserflaum und Fadenenden wird das Scheren mit anschließendem Bürsten, vielfach auch in den Kattundruckereien als besondere Vorarbeit mit der zur Druckmaschine gelangenden Ware ausgeführt. Stapelwaren, wie Kretonne und andere Nesselgewebe, sind oft mit viel Fadenenden behaftet, die durch das Sengen nicht immer oder nicht vollständig abgebrannt werden; solche Fädchen verursachen beim Drucken Fehler und müssen daher vorher abgeschoren werden.

Rohgewebe, die viel Schalen enthalten und infolge ihrer Dichte und Schwere für manche Zwecke nicht im Strang ausgekocht (gebäucht) werden können (z. B. Satin Augusta, schwere Kettsatins usw.), reinigt man manchmal auch durch Scheren, doch ist die Behandlung auf einer Schmirgelmaschine bzw. Gewebeputzmaschine zweckmäßiger. In beschränkter Zahl kann man derartige Gewebe übrigens auch im Bäuchkessel auskochen, wenn man dieselben entsprechend der vollen Gewebebreite im Kessel zu unterst sorgfältig Schicht an Schicht einsetzt und darüber die Strangware einwedelt bzw. einrüsselt.

Das Scheren von glatten Waren (ohne vorheriges Sengen derselben) kann niemals die Radikaloperation einer guten Sengwirkung ersetzen; es ist deshalb in dieser Hinsicht im allgemeinen von sekundärer Bedeutung. Bei manchen Buntwebartikeln, z. B. Jupons, schert man jedoch meist die Rohware an Stelle der Sengoperation.

Zum Scheren benützt man hauptsächlich die sogenannte Längsschermaschine, welche mit zwei bis vier hintereinanderliegenden Schneidzeugen ausgestattet ist. Als wesentlichste Bestandteile einer Schermaschine sind das Schneidzeug und der Tisch zu nennen; ersteres besteht aus dem Obermesser oder Scherzylinder und dem Untermesser. Das Obermesser besteht aus einem Zylinder mit spiralförmig angebrachten Messern (meist 8 solcher Messer); das Untermesser, eine flache, an der einen Längsseite hohlkehlenartig ausgeschliffene Schiene, ist an einem Messerträger in horizontaler Lage angeschraubt und entsprechend genau zwischen Obermesser und Schertisch eingestellt. Die Scherzylinder arbeiten mit einer großen Tourenzahl; die komplette Maschine ist ferner mit Bürst-, Leit- und Zugwalzen sowie verschiedenen anderen zweckmäßigen Vorrichtungen versehen.

Durch das Scheren können auch Musterungen auf gerauhten Waren, z. B. Imitationen von Kordsamt, erzeugt werden. Zu diesem Zwecke werden auf Schermaschinen mit rillenförmigem Untermesser Längsstreifen aus dem gleichmäßigen Flor herausgeschoren. Verschiedenartigere Musterungen entstehen durch Abdecken von Teilen des Faserpelzes mit Schablonen; dieses und ähnliche Verfahren haben also den Zweck, gewisse Stellen des Gewebes der Wirkung der Schneidwerkzeuge zu entziehen[1]).

k) Das Bürsten.

Die Bürstoperation wurde bereits mehrfach erwähnt; sie bezweckt einerseits das Entfernen des beim Rauhen und Scheren auf den Waren abgelagerten losen Flaumes und spielt andererseits bei der Ausrüstung von Baumwollsamt, Plüsch- und Noppenfabrikaten eine große Rolle.

Bei der Samtfabrikation müssen die durch das Aufschneiden der Polschlingen des Gewebes entstandenen, abstehenden Fadenenden durch verschiedenartiges

[1]) Siehe auch Wilhelm Kleinewefers: „Die Gaufrage". Berlin: Julius Springer 1925, S. 59: Das Dessinscheren.

Bürsten in ihre einzelnen Faserelemente so zerteilt werden, daß sich eine gleichmäßige Flordecke bildet. Für diesen speziellen Zweck sind Maschinen in Anwendung, deren Bürstvorrichtungen mit dem Laufe oder entgegen dem Laufe der Ware (also im Strich oder gegen den Strich; unter Strichrichtung versteht man bei Samtware, die auf derselben nach dem Schneiden durch Aufzeichnen eines Pfeiles noch besonders markierte Richtung der Schnittführung) bzw. in beliebiger Kombination dieser Richtungen arbeiten. Man wendet nacheinander die Querbürstmaschine, Längsbürstmaschine und die Diagonalbürstmaschine an und bei manchen Artikeln auch noch die sogenannte Tellerbürstmaschine (eine Querbürstmaschine mit radial wirksamer Bürstenscheibe).

Ein besonders intensives Durchwühlen des Flors wird auch mittels der Querbürstmaschine mit polygonalem Angriff des Gewebes erzielt. Diese Bürstmaschine greift im Bogen zur Laufrichtung des Gewebes an, erfaßt den Flor sehr kräftig von verschiedenen Seiten und stellt ihn senkrecht auf. Die Bürsten sind auf einer Trommel montiert und werden mittels dieser in rasche Drehung versetzt; die Ware läuft über verschiedene Führungsrollen und wird währenddem mehrere Male und immer entgegengesetzt von den Bürsten getroffen.

l) Das Imprägnieren der Gewebe mit Appreturmitteln in Form sogenannter Appreturmassen (Appreturflotten).

1. Die gebräuchlichen Imprägnierungs- und Auftragsarten für Appreturflotten und Appreturkleister.

Diese wichtige, mit den weitaus meisten gebleichten bzw. gefärbten oder bedruckten Geweben sowie mit Buntwebwaren vorzunehmende Nachbehandlung (Nachappretur) erfolgt je nach Gewebeart und Verwendungszweck derselben entweder durch einseitiges Auftragen (mehr oder weniger starkes Eindringen der Appreturmasse in das Gewebe von einer Warenseite aus) oder beidseitig (reguläres Imprägnieren infolge des Laufes der Ware durch eine Appreturflotte mit anschließendem Auspressen).

Die Appreturmassen, welche als Grundsubstanz fast immer eine Stärkeart enthalten, werden entweder in einfachen Holzbottichen (Appreturfässern) oder in besonderen Kochkesseln (Kochapparaten) gekocht. Man rührt die Stärke mit Wasser an, gibt die sonst noch erforderlichen Substanzen zu und kocht gut durch.

Der mit Hilfe dieser Appreturmassen erzielte Appretureffekt hängt in erster Linie von der qualitativen Zusammensetzung und der Konsistenz bzw. Konzentration, sowie von der Art und Weise des Auftragens derselben ab, in weiterer Folge von der Ausführungsart des anschließenden Trocknens und der sonst noch erforderlichen Behandlungen, wie z. B. Nachrauhen, Kalandern usw. Diese künstliche Veränderung des Aussehens und des Anfühlens (des Griffes) der Waren durch mechanisch-physikalische Einflüsse ist naturgemäß in den allermeisten Fällen keine besonders dauerhafte; sie wird beim praktischen Gebrauch der Stoffe an und für sich mehr oder minder in Mitleidenschaft gezogen, besonders jedoch beim Waschen. Schüttere Gewebe, deren Struktur durch eine geeignete Appretur verwischt und denen dadurch das Aussehen eines dichtgeschlagenen Gewebes gegeben wurde, zeigen nach gründlicher, bzw. mehrmaliger Wäsche ihre ursprüngliche lappige Wirklichkeit und das fadenscheinige Gefüge.

Das zweiseitige Stärken oder Imprägnieren der Waren geschieht durch Klotzen oder Pflatschen auf den sogenannten Stärkemaschinen oder Stärkekalandern. Dies sind in der Regel zweiwalzige Foulards (Paddingmaschinen); die Ware läuft durch einen mit Leitwalze versehenen, unterhalb des

Quetschwalzenpaares angebrachten Trog und wird dann abgequetscht. Die Quetschwalzen sind meist aus Metall und entweder nur bombagiert oder mit Kautschukbelag versehen. Für manche Zwecke sind auch dreiwalzige Stärkemaschinen in Anwendung[1]). Je nach Pression der Quetschwalzen und der Konsistenz bzw. Zusammensetzung der Appreturmasse, dringt letztere mehr oder weniger in die Fasern des Gewebes ein.

Für Weißwaren, die vielfach mit beschwerten Kleistern appretiert werden, und ferner z. B. bei der appreturellen Herstellung gewisser Sorten Buchbinderleinen („common colours") aus Kattungeweben, verwendet man auch die Friktionsstärkemaschine, welche durch die Unterschiede der Umfangsgeschwindigkeiten der Walzen ein besseres Eindringen der Appreturmasse bewirkt. Für manche Artikel (z. B. das vorgenannte Buchbinderleinen) genügt oft ein derartig einmaliger Appretauftrag nicht; die Behandlung wird dann wiederholt (manchmal auch 4—5mal) und die Ware nach jeder Passage immer wieder sofort (meist auf dem Zylinder) getrocknet.

Das Appretieren auf den Foulards bei Anwendung nicht zu dicker Kleisterflüssigkeiten geschieht für leichtere und mittelschwere Gewebe oft auch in der Weise, daß man die untere Quetschwalze in der Appreturflotte laufen läßt und das Gewebe mit der linken oder rechten Seite nach unten direkt nur durch die beiden Quetschwalzen führt. Die Appreturflotte durchdringt auch in diesem Falle das Gewebe, da sie durch die Quetschwalzen ausgequetscht wird. Diese einfache, aus Quetschwalzen mit Hebelbelastung und einem Troge bestehende Imprägniervorrichtung wird meist einer Spannrahmtrockenmaschine vorgebaut, so daß das Appretieren und Trocknen sehr ökonomisch in einer kombinierten Operation vor sich geht. Die Kombination von Appreturmaschine und Trockenmaschine wird übrigens in allen irgend möglichen Fällen zur Anwendung gebracht.

Die einseitige Appretur wird im allgemeinen entweder bei Waren angewendet, deren Färbung oder Druckmuster (rechte Seite) vor dem trübenden Einfluß starker Appreturkleister möglichst bewahrt werden soll, oder bei Samten (die Appreturmasse darf nicht auf die Samtseite des Gewebes durchschlagen, weil sonst die einzelnen Fasern des Flors verklebt würden und der Samteffekt verloren ginge) und zum Teil auch bei samtähnlichen (gerauhten) Geweben. In diesen Fällen spricht man von Linksappretur

Außerdem kommt diese Arbeitsweise auch für Waren in Betracht, deren rechte Seite (Schauseite) nur durch den Auftrag einer starken und deckenden Appreturmasse (bei gänzlichem Verwischen der Gewebestruktur) charakterisiert wird, z. B. bei der unter dem terminus technicus „extra colours" bekannten Buchbinderleinenausrüstung und bei der Herstellung von sogenanntem Kunstleder. Die als „extra colours" bezeichneten Buchbinderleinen werden auf der rechten Seite mit einer gefärbten Appreturmasse belegt und dann noch auf der linken Seite farblos appretiert; bei diesem Artikel wird also jede Warenseite gesondert behandelt und die rechte Seite außerdem durch Gaufrage bemustert.

Übrigens werden auch viele Weißwaren (beschwerte Artikel) im Wege einseitiger Appretur mit der dafür besonders in Betracht kommenden Rackelstreichmaschine ausgerüstet, da diese noch besser füllt als eine Friktionsstärkemaschine.

Die Linksappretur kann durch Walzen oder Rollenübertragung in verschiedenartiger Kombinationstechnik auf ein-, zwei- oder dreiwalzigen Maschinen vorgenommen werden. Man läßt z. B. die Ware mit Hilfe kleiner Leitrollen

---

[1]) Für kontinuierliche Behandlung verschiedener Gewebearten haben sich auch die patentierten Compendiummaschinen der Maschinenfabrik Erckens & Brix (Rheydt im Rhld.) sehr bewährt.

über eine in der Appreturflotte rotierende Walze laufen; je nach Anordnung der Leitwalzen streift das Gewebe die mit Appreturmasse bedeckte Walze auf einer größeren oder kleineren Fläche und nimmt dadurch eine jeweils bestimmte Menge Appreturmasse auf. Die Walze kann glatt oder graviert und mit einer Rackel (Abstreichmesser) versehen sein, oder ohne letztere, ferner in oder entgegengesetzt der Laufrichtung des Gewebes arbeiten. Bei zweiwalzigen Maschinen läuft die untere Walze im Appret; die Ware geht mit der Rückseite nach unten zwischen den beiden Walzen durch. Die obere Walze ist in der Regel mit Bombage versehen, doch manchmal auch von einem breiten Mitläufergewebe umlaufen, um ein Abflecken der Appretur auf die Warenleisten hintanzuhalten.

Eine vielfach in Anwendung befindliche Maschine ist die schon erwähnte Rackelmaschine. Dieselbe besteht meist aus einer mit Pikotgravur oder mit Haschuren versehenen Messingwalze, welche sich in einem mit Appreturflotte gefüllten Troge dreht; die überschüssige Appreturmasse wird durch eine Messingrackel abgestrichen. Die Ware läuft zwischen dieser gravierten und einer leichten Pressionswalze und wird anschließend sofort getrocknet, um ein Durchschlagen der Appreturflotte auf die rechte Warenseite zu vermeiden. Zu diesem Zwecke ist die Rackelappreturmaschine vorteilhaft mit einer Zylindertrockenmaschine oder einem Spannrahmen in direkter Arbeitsverbindung.

Für manche Zwecke, z. B. bei der Fabrikation der als „Extra colours" bezeichneten Buchbinderleinen, wird der einseitige Appreturauftrag auch durch Bedrucken auf einer regulären Kattundruckmaschine vorgenommen, da dieser Artikel außer durch Auftragen einer gleichmäßig ebenen Schicht (mit Hilfe von Pikot- oder Haschurenwalzen), zum Teil auch in figürlicher Bemusterung hergestellt wird. Meist arbeitet man aber auf sogenannten Unterdruckmaschinen, die ähnlich einer Rackelappreturmaschine für Weißwaren gebaut sind und einen großen Trockenzylinder angeschlossen haben. Bei letzterer Arbeitsweise erhält man eine gut deckende Schicht mit weniger Passagen als auf der Druckmaschine.

Rackelappreturmaschinen werden für die verschiedenen Zwecke (für Weißwaren, für Buchbinderleinen, Samte, Kunstleder usw.) in unterschiedlicher Bauart hergestellt. Vorzüglich arbeitende Maschinen jeglicher Verwendungsart baut z. B. die C. G. Haubold A.-G. in Chemnitz. Stärkemaschinen (Stärkekalander, Paddings, Foulards) werden in leistungsfähigster Bauart besonders auch von der Zittauer Maschinenfabrik A.-G. in Zittau geliefert.

Im nachfolgenden sollen nun aus der großen Zahl von gebräuchlichen Appreturverfahren einige besonders charakteristische Behandlungsmethoden für verschiedene Gewebe in bezug auf Weißwaren-, Buntwebwaren-, Färbe- und Druckwaren-Appretur herausgegriffen und an Hand praktisch erprobter Vorschriften erläutert werden. Da der Art des Trocknens der mit Appreturflotten behandelten Gewebe eine besondere Bedeutung für den Gesamteffekt der Ausrüstung zukommt, so wird dieser nächstliegende Arbeitsvorgang und eventuell auch alle sonst jeweils erforderlichen (grundsätzlich wichtigen) Nacharbeiten schon jetzt immer entsprechend miterwähnt werden.

2. Weißwarenappretur.

Um bei Weißwaren einen möglichst hohen Weißgehalt zu bekommen, ist außer einer sorgfältigen Vollbleiche noch ein Bläuen erforderlich, da die Bleichware stets einen zwar schwachen, aber unverkennbar gelblichen Stich besitzt. Das Bläuen der Waren hat also den Zweck, dem Weiß die höchste Reinheit zu verleihen. Man verwendet dazu violettblaue Farbkörper in großer Verdünnung, vor allem die verschiedenen Ultramarinmarken, ferner Indanthrenblaumarken[1])

[1]) Siehe Musterkärtchen J.-K. Nr. 6 der I. G. Farbenindustrie A.-G.: „Indan-

und verschiedene Alizarinzyanole; die Produkte letztgenannter Farbstoffgruppen haben gegenüber Ultramarin den Vorzug, nicht säureempfindlich zu sein.

Vielfach wird das Anbläuen der Waren auch schon auf dem Wasserkalander vorgenommen. Die Ware läuft in diesem Falle durch einen am Kalander angebrachten, mit der Bläuflüssigkeit beschickten Trog. Die in der Weißwarenfabrikation verwendeten Wasserkalander sind entweder dreiwalzig (zwei Jutewalzen und eine mittlere Bronzewalze oder auch fünfwalzig und eine mittlere Bronzewalze) bzw. fünfwalzig und dann meist noch mit einer Chasingvorrichtung versehen, um einen besseren Ausquetscheffekt zu erreichen. Meistens setzt man aber das Bläumittel der Appreturmasse zu; bei Verwendung von Ultramarin hat man darauf zu achten, daß die Appreturflotte stets vollkommen neutral ist, da Spuren von Säure genügen, um das Ultramarin zu zerstören.

Außerordentlich wertvoll ist die Möglichkeit, das resultierende Weiß auf seinen Weißgehalt, bei Bezugnahme auf Bariumsulfat als 100, untersuchen zu können. Mit dem von W. Ostwald konstruierten Halbschattenphotometer gelingt es, das Weiß einer Bleichware zahlenmäßig festzusetzen. Unter der Voraussetzung stets gleicher Intensität des Lichtes arbeitet der Apparat genau; seine Handhabung erfordert jedoch eine gewisse Übung. Bedauerlicherweise können aber die geringsten Veränderungen in der Lichtintensität (das Vorbeiziehen einer Wolke) namhafte Abweichungen ergeben.

Das von Professor Dr. Pulfrich erfundene bzw. konstruierte und von den Zeiss-Werken in den Handel gebrachte „Stufenphotometer“[1]) gestattet dagegen eine genaue Bestimmung des Weißgehaltes ganz unabhängig von der Lichtintensität (man kann mit diesem Instrument auch bei künstlichem Licht arbeiten).

Bei der Weißwarenappretur unterscheidet man im allgemeinen beschwerte (gefüllte) und nicht beschwerte Appreturen. Es gibt Gewebeartikel, die nach der Bleiche keine weitere Nachbehandlung erhalten als ein leichtes Kalandern, ganz leicht appretierte Waren mit etwas Griff (bei denen die Fäden nicht verklebt sein dürfen), schwach appretierte und durch heißes Kalandern unter hohem Druck mit Hochglanz versehene Gewebe, ferner beschwerte Appreturen mit weichem oder hartem Griff und mattem oder glänzendem Aussehen usw. Unter natureller Weißware versteht man Gewebe, die keine Vollbleiche, sondern nur eine entsprechend gründliche Halbbleiche erhalten (z. B. auch schon infolge Aktivinzusatz zur Bäuchflotte oder gar nur durch Entschlichten mit Aktivin vor dem Bäuchen); diese Artikel werden entweder gar nicht oder nur so leicht appretiert, daß die Appretur kaum zu merken ist, und eventuell auch etwas angebläut.

Appretur für gebleichte Damaste (mit oder ohne rauschenden Seidengriff); Einstellung $^{22}/_{24}$ aus $^{36}/_{42}$.

Die gebleichte, eventuell mit Indanthrenblau vorgebläute und getrocknete Ware wird auf einer Friktionsstärkemaschine mit folgender Appreturflotte warm imprägniert:

Auf	150 l	Wasser:
	6,5 kg	Dextrin
	0,7 l	Türkischrotöl
	0,6 kg	Wachs

threnblaumarken zum Weißen von Baumwollstückware (Muster aus der Praxis)“.

[1]) Prof. Dr. C. Pulfrich (Jena): „Über ein den Empfindungsstufen des Auges tunlichst angepaßtes Photometer, Stufenphotometer genannt, und über seine Verwendung als Farbmesser, Trübungsmesser, Kolloidometer, Koloriemeter und Vergleichsmikroskop“; Zeitschrift für Instrumentenkunde, Band 45, S. 35—44, 61—70 und 109—120, 1925.

Der Zusatz von Wachs ist nicht unbedingt nötig. Man erhält dadurch jedoch nach schwachem Kalandern auf dem gewöhnlichen Kalander für Weißwaren erhöhteren Glanz und milderen Griff; ohne Wachszusatz wird der Griff kräftiger und voller und das Aussehen nach leichtem Kalandern mattglänzend. Das Trocknen geschieht entweder auf dem Spannrahmen oder in der automatischen Trockenhänge, wie eine solche z. B. von der Firma Jul. Fischer in Nordhausen als Spezialität gebaut wird. Als Spannrahmen werden in der Weißwarenappretur meist sogenannte Planrahmen angewendet; dieselben spannen die Ware mittels Kluppen und gestatten ein saubereres Arbeiten als die Etagenspannrahmen. Planrahmen solidester Konstruktion werden z. B. von der C. G. Haubold A.-G. sowie von der Firma C. H. Weisbach (beide in Chemnitz) geliefert.

Falls gleichzeitig ein sogenannter rauschender Seidengriff erzielt werden soll, so behandelt man die gebleichte Ware vor dem Appretieren zunächst in einem kochenden Seifenbade und dann in einer mit 1 cm³ Ameisensäure pro Liter besetzten Säureflotte. Die organische Säure (Essigsäure, Weinsäure oder eine andere sonst für diesen Zweck übliche) kann auch der Appreturflotte zugegeben werden.

Appreturbeispiel für gebleichten Piquébarchent[1]) (Glanzausrüstung).

Die rückseitig vorgerauhte und gebleichte Ware wird entweder schon auf dem Wasserkalander oder nachher auf einer Paddingmaschine vorgebläut und auf einem Spannrahmen — Trockenmaschine — getrocknet. Das Trocknen kann aber auch auf einer Zylindertrockenmaschine erfolgen, welcher ein sogenanntes Spannrad (Gebauer'sches Streckrad, Palmer'scher Ausbreiter) oder ein sogenanntes Einlaßfeld (zwei endlose Ketten mit automatischen Tasterkluppen) vorgebaut ist. Padding (Foulard) oder Rackelstreichmaschine sowie Breitstreckmaschine und Zylindertrockenmaschine sind übrigens in der Weißwarenappretur als kombinierte Einheit für verschiedene Artikel in rationellproduktiver Verwendung.

Die getrocknete Ware wird hierauf eingesprengt und durch heißes, starkes Kalandern mit einem speckigen Glanz versehen. Dieser Überglanz wird durch das nachfolgende Behandeln mit Appreturflotte wieder vermindert und auf den endgültig erwünschten, diskreteren Wirkungsgrad zurückgeführt. Der Appreturflotte dürfen keine Füllmittel zugesetzt werden, weil sonst der durch die Naßbehandlung an sich stark verringerte Glanz gänzlich verdeckt wird.

Die kalanderte Ware wird dann auf einem Stärkefoulard mit folgender Appreturflotte einseitig gestärkt:

Auf 250	l	Wasser:
22	kg	Dextrin
$5^1/_2$	kg	Kartoffelmehl
0,8	l	Glyzerin
50	g	Ultramarinblau

und dann auf einer Zylindertrockenmaschine getrocknet.

Nach dem Trocknen erfolgt das bei Rauhwaren übliche Nachrauhen der Rauhrückseite mit einem Durchgang auf der Rauhmaschine, um den zerquetschten und zerdrückten Flor wieder aufzurichten; eventuell läßt man die Ware auch noch über eine Verfilzungsmaschine laufen, damit eine wolligere Rauhdecke entsteht. Als Endoperation kommt eine Passage auf der Bürst-, Dämpf- und Glättmaschine in Anwendung.

[1]) Siehe diesbezüglich auch die bemerkenswert instruktive Abhandlung über „Dextrin-Seifen-Appreturen" in Melliands Textilberichten 1924, S. 387—389.

Beispiel einer Appreturvorschrift für gebleichte Barchente.

Gebleichte Barchente werden am besten mit einer Aktivin-Stärkelösung unter Zusatz von Kartoffelsyrup und etwas Monopolseife oder Türkischrotöl appretiert. Bei feineren Warenqualitäten verwendet man an Stelle von Kartoffelsyrup vielfach eine Abkochung von sehr reinem Carragheenmoos, wobei dann die Menge an Weichmachungsmittel (Appreturöl, Monopolseife u. dgl.) zweckmäßig verringert wird.

Auf 200 Liter Appreturflotte nimmt man je nach Einstellung der Ware z. B.

10—15 kg	Kartoffelmehl, das in üblicher Weise mit Wasser (100—150 Liter) angerührt und nach Zugabe von 1—$1^1/_2$ % Aktivin (also 100—150 bzw. 150—225 g) 10—15 Minuten gekocht wird, wodurch eine klare Stärkelösung entsteht; dann gibt man
6— 9 kg	Kartoffelsyrup und
300—450 g	Monopolseife sowie die zur Erzielung eines guten Weiß erforderliche Menge eines Bläumittels und das restliche Wasser (auf 200 Liter) zu.

Man appretiert zweckmäßig auf einem Spannrahmen mit vorgebauter Foulardmaschine, und zwar linksseitig. Nach dem Trocknen und Auskühlen wird nachgerauht, gebürstet und gedämpft (dekatiert) und eventuell leicht kalandert, damit die Köperseite Glanz erhält.

Leichtere Einstellungen werden manchmal auch mit einer Füllmittelappretur versehen, z. B. in 200 Liter Appreturflotte: 10 kg mit Aktivin löslich gemachtes Kartoffelmehl und 6,5 kg Talkum 00 (vorher mit Wasser eingeweicht), ohne weitere Zusätze außer etwas Ultramarin.

Mehr oder weniger leicht eingestellten Geweben (Weißwaren) werden durch eine sogenannte Füllappretur mit Hilfe der Friktionsstärkemaschine oder der Rackelstreichmaschine oft recht beträchtliche Mengen von erdigen Substanzen (Füllmitteln) einverleibt, um eine bessere Warenqualität vorzutäuschen. Obwohl die Herstellung stark beschwerter Gewebe keinesfalls im Interesse eines weitblickenden Fabrikanten liegt und mit der Reellität eines Geschäftes kaum in Einklang gebracht werden kann, so werden doch in manchen Ländern, besonders für Exportzwecke, außerordentlich hoch beschwerte Weißwaren erzeugt. Für Zwecke der Füllappretur kommen meist Gewebe der Einstellungen $^{14}/_{12}$, $^{20}/_{20}$ oder $^{14}/_{14}$, $^{20}/_{20}$, doch auch $^{16}/_{14}$, $^{20}/_{20}$ oder $^{16}/_{18}$, $^{20}/_{20}$ usw. zur Verwendung.

Füllappretur für einen leicht eingestellten Shirting, z. B. $^{14}/_{11}$, $^{36}/_{42}$.

Für 75	l	Appreturmasse:
5	kg	Weizenstärke und
5	kg	Kartoffelstärke werden mit
30	l	Wasser angerührt; dann werden
15	kg	China clay und
6	kg	Talkum 000 mit
30	l	heißem Wasser angeteigt, der Stärke zugegeben, außerdem etwa
25	g	Ultramarinblau, und das Ganze unter gutem Umrühren 2—3 Minuten aufgekocht. Hierauf gibt man
2,5	kg	weißes Appreturfett, vorher mit
15	l	Wasser emulsioniert, zu und kocht nochmals 2—3 Minuten.

Damit das Ultramarinblau möglichst fein verteilt in der Appreturmasse vorhanden ist, rührt man es vor der Zugabe mit nur wenig Wasser zu einem Teig an und verdünnt diesen unter beständigem Umrühren langsam mit einer größeren Menge Wasser. Der Fettzusatz bewirkt, daß die Appreturmasse beim Zerreißen der Ware (Reißprobe) nicht zu sehr staubt.

Die vom Wasserkalander kommende, auf einem Spannrade wieder auf die erforderliche Breite gestreckte und dann aufgerollte Ware (man appretiert die

Gewebe in nassem Zustande) wird auf einer Rackelmaschine auf jeder Seite einmal gestrichen und zweckmäßig in einer automatischen Trockenhänge, z. B. in einer Schilde-Hänge mit „Umluft-Stufentrocknung" (der Fa. Benno Schilde, Maschinenbau A.-G. in Hersfeld) getrocknet. Dieses Trocknungsverfahren bewirkt einen vorteilhaft geschmeidigen Ausfall der Ware; die Gewebe werden zuerst nahezu ausgetrocknet, dann rückgekühlt und auch auf Luftfeuchtigkeit angefeuchtet.

Durch diese besondere Art des Anfeuchtens als Endprozeß der Trocknung wird die Ware gleichmäßiger befeuchtet als beim Einsprengen, so daß letzteres bei Mangel- und Kalanderware in Wegfall kommen kann.

Die so getrockneten Gewebe werden dann auf einem Friktionskalander unter starkem Druck ein- oder zweimal kalandert; falls eine zweimalige Kalandrierung erfolgt (zwecks Erzielung eines erhöhteren Glanzeffektes), ist die Ware nach dem ersten Friktionieren nochmals einzusprengen und einige Stunden liegen zu lassen. Wird Hochglanzausrüstung verlangt, so dämpft man nach dem ersten Kalandern und mangelt auf einer hydraulischen Mangel oder auf einer Kastenmangel.

Einseitig appretierte (gestrichene) Weißware (z. B. der Einstellung $^{14}/_{14}$, $^{20}/_{20}$, bei gleichen Bestandteilen der Appreturmasse wie vorangegeben, jedoch nur den halben Gewichtsmengen an China clay, Talkum und Appreturfett in 75 Liter fertiger Appreturkochung) trocknet man manchmal auch auf der Zylindertrockenmaschine; dabei darf jedoch nur die nicht appretierte Warenseite über die geheizten Kupferzylinder laufen, was durch entsprechend angeordnete Leitwalzen ermöglicht wird. Nach dem Trocknen läßt man die Ware zunächst 24 Stunden auskühlen, sprengt dann ein, bäumt auf und läßt auch die Rollen nochmals 24 Stunden liegen. Hierauf nimmt man die Gewebe auf eine Breitstreck- und Egalisiermaschine, um sie wieder auf die notwendige Breite zu recken. An Stelle dieses langen Liegenlassens und des Einsprengens hat sich die Behandlung der appretierten Waren auf einer „Rudjahr-Naturfeuchte" als sehr vorteilhaft erwiesen. Im Innern dieser Maschine laufen endlose Feuchtbänder auf und nieder, die unten stets in Wasser tauchen. Die appretierte und getrocknete Ware läuft ganz lose über Führungswalzen dicht an den Feuchtbändern entlang und erhält so den ihrer Eigenart entsprechenden natürlichen Feuchtigkeitsgehalt wieder. Diese bewährte Naturfeuchtmaschine wird von der Firma M. Rudolf Jahr, Maschinenfabrik in Gera, nach den Patenten von Sjöströms Cooling- and Conditioning-Machine gebaut. In der Regel ist dann die Ware zum Messen und Legen fertig; ist jedoch der Griff derselben infolge der Trocknung auf den stark erhitzten Kupferzylinder der Trommeltrockenmaschine zu hart ausgefallen, so unterzieht man die breitgereckte Ware vor dem Messen und Legen einer Nachbehandlung (Weichmachen) auf einer sogenannten Appreturbrechmaschine (z. B. auf der Universal-Appreturbrechmaschine der Roßweiner Maschinenfabrik A.-G. in Roßwein i. Sa.). Diese Arbeitsvorgänge gelten also gleichzeitig für beschwerte Weißware ohne Glanzausrüstung.

3. Bleiche und Appretur der Buntwebwaren[1]).

Unterscheidung der Buntwebwaren. Die Buntwebwaren weisen eine große Mannigfaltigkeit auf; man unterscheidet im allgemeinen:

---

[1]) Siehe auch Eduard Herzinger: „Die Appretur buntgewebter Baumwollwaren"; Leipziger Monatsschrift für Textilindustrie XXXXI. Jahrg. (Heft 3 und 4 vom 15. März bzw. 15. April 1926), S. 113/114 und 151/152.

Ferner u. a. die verschiedenen appreturtechnischen Notizen von Ing. Alfred Ullrich in Melliands Textilberichten.

a) Sogenannte Stuhlware, die meist ohne weitere Nachbehandlung nur gewickelt, also vom Webstuhl aus, als Fertigfabrikat verkauft wird. Die Appretur wird bei diesen verhältnismäßig wenigen Artikeln durch eine entsprechend starke Vorbehandlung der Kettgarne in der Schlichterei bis zu einem gewissen Grade ersetzt. Manche Stuhlwaren werden jedoch gedämpft, um eine Auswirkung der im Garn enthaltenen Schlichte sowie ein Anquellen der Fäden und dadurch einen volleren Griff hervorzurufen.

b) Ungerauhte Buntwebartikel, welche entsprechend ihrem Verwendungszweck eine sorgfältige Appreturbehandlung erfordern. Z. B. Zephir, ein feinfädiges Gewebe in Leinwand- und zum Teil auch in anderer Bindung mit weißem oder buntem Fond und verschiedenartigen Zierstreifen, das in der Hauptsache als Hemden- und Blusenstoff, doch auch für Schürzen usw. Verwendung findet; ferner Gingham und Oxford, buntgemusterte, stärkere Gewebe als Zephir, die ebenfalls vorwiegend zur Herstellung von Leibwäsche bestimmt sind; rot- oder blaukarierte Bettbezugstoffe (Bettzeuge), verschiedenartig gestreifte und karierte Schürzenstoffe, Inletts (aus echtrot gefärbten Garnen sehr dicht gewebte Stoffe, die zur Aufnahme der Bettfedern dienen).

c) Einseitig und beidseitig gerauhte Buntwebwaren, Barchente, Biber, Doublage-Kleiderstoff, baumwollene Wollröcke (Ersatz für Frauen-Flanellröcke), Velours, Cheviot, Hemdenflanell, Modetuch (Imitation rein- oder halbwollener buntfarbiger Streichgarntuche), Hosen- und Rockzeuge für Männerkleidung als Ersatz für glatte buntgewebte Streichgarnstoffe und Kammgarnartikel usw.

Das Bleichen von Buntwebartikeln[1]). Buntwebwaren, die außer bunten Garnen auch ungefärbte Rohgarne enthalten (Hemden- und Blusenstoffe, Taschen- und Handtücher mit bunten Kanten usw.), werden nach dem Sengen und Entschlichten gebleicht. Bei diesen Artikeln ist es sehr wichtig, daß zur Herstellung der Garnfärbungen bleichechte bzw. chlorechte Farbstoffe verwendet werden. Vor allem kommen dazu die hinsichtlich durchaus hervorragender Echtheitseigenschaften als Indanthrenfarben bekannten Küpenfarbstoffe in Betracht, doch ferner auch alle anderen gut chlorechten Küpenfarben, wie z. B. die verschiedenen Hydronblaumarken, Algol-, Helindon-, Ciba- usw. Farbstoffe.

Bezüglich des Sengens der Buntwebwaren ist zu erwähnen, daß diese Operation manchmal auch erst nach dem Reinigen (Entschlichten usw.) vorgenommen wird; bei einzelnen Artikeln, wie z. B. Jupons (Unterrockstoffe) sengt man vielfach nicht, sondern schert die vom Webstuhl kommende Ware auf der rechten Seite 1—2 Schnitt und appretiert dann in der erforderlichen Weise.

Für den buntgewebten Bleichartikel ist gründliches Entschlichten und nachfolgendes gutes Auswaschen von grundlegender Bedeutung für den guten Ausfall der Ware beim Bleichprozeß. Man entschlichtet in üblicher Weise mit Diastafor, Biolase oder den bekannten anderen Produkten; besonders hat sich für diesen Zweck das Aktivin bewährt, da es gleichzeitig bleichend wirkt[2]).

Das Auskochen der Ware mit Alkalien wird nach Möglichkeit ganz ausgeschaltet oder es muß mit besonderer Vorsicht geschehen; starke Alkalien und Kochen unter Druck sind jedoch unzulässig, weil dadurch leicht ein Ausbluten (Abflecken der küpenfarbigen Garne) eintritt und dieser Fehler dann nicht mehr zu beheben

---

[1]) Siehe auch Ing. Oskar Gaumnitz: „Das Bleichen buntgewebter Hemdenzephire"; Melliands Textilberichte 1924, S. 244/245.

Ferner: „Kleines Handbuch der Färberei" von Leopold Cassella & Co. in Frankfurt a. M., Band I, 3. Auflage 1923, S. 127/129, sowie Zirkular D 190d (II. Erneuerung) der Jgfa.

[2]) Betr. Aktivin sei auch auf die interessante Abhandlung von Dr. Richard Feibelmann: „Ein neuartiges Bleichmittel" verwiesen, die in „Das Technische Blatt" (Illustrierte Beilage der Frankfurter Zeitung), VIII. Jahrg., Nr. 23 vom 5. November 1926, S. 187/188 erschienen ist.

ist. Bei Waren, die stark mit Schalenresten besetzte Rohgarne oder reines Makogarn enthalten, ist ein alkalisches Kochen meist nicht zu umgehen, da einerseits Schalen durch Schmirgeln oder Scheren vor dem Sengen nur unvollständig entfernt werden können und andererseits die charakteristisch braune Naturfärbung der Makobaumwolle durch einen Bleichprozeß ohne Vorkochung nur schwer zu zerstören ist. In solchen Fällen wird also die gesengte und entschlichtete Ware in offenen Kesseln oder auf Haspelkufen einige Stunden in einer Sodaflotte gekocht. Die Gefahr des Ausblutens der verwebten buntfarbigen Garne (infolge von Reduktionswirkungen in der alkalischen Flotte und der dadurch bedingten Küpenbildung) kann durch Zusätze von Perborat, Serodit MLB oder Ludigol B. A. S. F. zur Sodaflotte verringert werden. Nach Beendigung des Auskochens ist die Ware sogleich gründlich zu spülen. Hierauf werden die Gewebe im Strang gut abgequetscht, in einen Behälter mit Zirkulationseinrichtung eingelegt und dort $1^1/_2$—2 Stunden mit einer Chlorkalk- oder einer Chlorsodalösung[1]) von etwa $^1/_2{}^0$ Bé behandelt. Anschließend wäscht man auf einer Strangwaschmaschine, säuert mit Salzsäure von 0,2—0,4° Bé auf dem Clapot, läßt die Ware kurze Zeit liegen und wäscht nochmals gründlich. Die so gebleichten Buntwebwaren sind damit für die weitere Appreturbehandlung vorbereitet. Bei Geweben, die keiner alkalischen Vorkochung bedürfen, ist die Konzentration des Chlorbleichbades auf $^3/_4$—1° Bé zu erhöhen und eventuell eine nochmalige Chlorung mit einer schwächeren Chlorflotte vorzunehmen.

Für das Bleichen der Buntgewebe hat sich auch das von der Gold- und Silberscheideanstalt[2]) in Frankfurt a. M. empfohlene Bleichverfahren sehr gut bewährt. Dieses Verfahren besteht in der kombinierten Behandlung der Ware in schwach ätzalkalischem Natriumsuperoxydbade und nachfolgender Chlorbleiche, wodurch sich in den meisten Fällen ein Vorkochen erübrigt. Die entschlichtete Rohware wird also zuerst mit ca. $1^1/_2$% Natriumsuperoxyd (vom Trockengewicht der Ware) während 3 Stunden gebleicht und dann noch einer $^3/_4$stündigen Behandlung in einer schwachen Chlorkalklösung von 0,15° Bé bei einem Flottenverhältnis von 1 : 5 unterzogen. Nachher wird gespült und in einem zweiten Superoxydbad behandelt, das gleichzeitig als Antichlor dient, und zum Schluß nochmals gespült.

Auch nach dem Mohr'schen Kombinations-Kaltbleichverfahren[3]) (D. R. P. 311546 sowie D. R. P. Nr. 388925 von Direktor Robert Mohr gemeinsam mit ten Cate und Dr. Thies) mit der von der Zittauer Maschinenfabrik A.-G. in Zittau i. Sa. gebauten Apparatur erhält man einwandfrei buntweiße Gewebe[4]).

Sehr gute Resultate ergibt ferner ein ähnliches Verfahren, das mit Natriumperborat in Kombination mit Chlorsodalösung oder Aktivin arbeitet

[1]) Die Verwendung von unterchlorigsaurem Kali in der Buntbleiche zum Weißmachen der gedruckten und gefärbten Baumwollzeuge geschah zuerst durch Widmer in Jouy im Jahre 1804; siehe: W. H. von Kurrer: „Die Druck- und Färbekunst in ihrem ganzen Umfange", Dritter Band, Wien 1850, S. 546/547.

[2]) Siehe diesbezüglich auch den „Ratgeber für das Färben von Baumwolle und anderen Fasern pflanzlichen Ursprungs" der Farbwerke vorm. Meister Lucius & Brüning, I. G. Farbenindustrie A. G., Höchst a. M., 5. Auflage 1925, S. 171/172.

[3]) Siehe die durch Muster und Skizzen illustrierte Abhandlung von Robert Mohr (Eibergen): „Von der Kochbleiche zur Kaltbleiche" in Melliands Textilberichten 1925, S. 909—912.

[4]) Oberingenieur Alfred Grünert: „Die Kaltbleiche (System Mohr)". Melliands Textilberichte, Jahrgang 1927, S. 50/51. Bezüglich Bleiche System Mohr siehe ferner F. H. Thies: „Über Koch- und Kaltbleiche". Melliands Textilberichte, Jahrgang 1927, S. 433—438.

und keine Spezialapparatur erfordert. Die gesengte, entschlichtete und gewaschene Ware wird dabei mit einer Perboratflotte (pro 1000 Liter Wasser $1^1/_2$—2 kg Natriumperborat und $^3/_4$—1 kg Bäuchöl) in einem Bleichkessel eingerüsselt und darin bei einem mit der Zirkulationspumpe erzeugtem Pumpendruck von 2 Atm. während ca. 3 Stunden bei 40° C sowie weitere 3 Stunden bei 70° C behandelt. Nach dem Ablassen der Flotte (durch Abdrücken mit kaltem Wasser) wird die Ware auf der Strangwaschmaschine gewaschen, dann in einem Chlorbottich einige Stunden mit einer zirkulierenden Chlorsodalösung oder einer Aktivinflotte behandelt und hierauf in üblicher Weise für die weitere Appreturarbeit fertiggestellt.

Appreturvorschriften für Oxford-Gewebe. Ein wichtiger Artikel sind die unter der Bezeichnung Oxford (weil ursprünglich in England erzeugt) bekannten, meist in ganz heller Ausmusterung handelsüblichen Baumwollgewebe, die bei regulärer Ausrüstung in der Hauptsache als billiger Ersatz für den gleichartig bunten Leinenhemdenstoff dienen. Diesen Geweben muß also durch die Appretur das Kältegefühl und Knirschen der Reinleinenware und ein entsprechender Glanz verliehen werden. Als Qualitätsartikel gilt naturgemäß eine schon webtechnisch möglichst geschlossen hergestellte Ware, für die keinerlei Beschwerung in Betracht kommt. Geringere Warenqualitäten werden mit Hilfe geeignet zusammengesetzter Appreturmassen (Zusätze von Sirup, Bittersalz, Blanc fixe) so gefüllt, daß der Stoff, gegen das Licht gehalten, fast gar keine Lücken mehr zeigt. Ganz ähnliche Arbeitsdirektiven gelten auch für die Ausrüstung der Hemdenzephire. Zur Erzielung des sogenannten kalten Griffes bei leinenartiger Ausrüstung ist als Grundlage der Appreturmasse eigentlich Reisstärke am zweckmäßigsten, doch wird aus Billigkeitsgründen entweder Weizenstärke in Verbindung mit Kartoffelstärke oder noch besser eine Aktivin-Stärkelösung angewendet; für besondere Qualitätsartikel arbeitet man auch mit der unter dem Namen Protamol bekannten Reiseiweißstärke bzw. mit Weizen- oder Kartoffelstärke und einem bestimmten Teil Reisstärke. Für das kalte, leinenartige und gleichzeitig weiche Anfühlen sowie für den Glanz der Ware ist ferner die Zugabe von Stearin, Paraffin[1]) oder Japanwachs von besonderer Wichtigkeit.

Für die gebräuchlichste Einstellung eines guten Oxfordgewebes aus 30er Kettgarn (Doppel) und 12er Schußgarn arbeitet man z. B. mit der nachstehend angegebenen, einfach zusammengesetzten Appreturflotte:

4 kg	Weizenstärke und
1 kg	Kartoffelstärke werden mit einer entsprechenden Menge Wasser aufgeschlämmt und aufgekocht; dann stellt man mit Wasser auf
150 l	ein, kocht nochmals auf und gibt der kochenden Flotte
120 g	Stearin (eventuell vorher mit etwas Alkohol gelöst) zu.

Für das Arbeiten mit Aktivin-Stärkelösung hat sich folgende Vorschrift bewährt:

10 kg	Kartoffelstärke mit Wasser angerührt und unter Zusatz von
100—150 g	Aktivin ca. 10 Minuten aufgekocht. Bei eintretender Verflüssigung der Stärke setzt man der kochenden Flotte
300 g	Japanwachs, vorher mit einer Boraxlösung (aus
200 g	Borax) verkocht, zu und stellt auf
200 Liter	ein.

Man appretiert mit der heißen Flotte auf einem Stärkekalander und trocknet am besten auf einer Zylindertrockenmaschine. Nach dem Auskühlen der Ware wird dieselbe eingesprengt und im aufgerollten Zustande einige Stunden oder über

[1]) Die I. G. Farbenindustrie A.-G. liefert unter der Bezeichnung Ramasit I eine Paraffinemulsion, welche infolge feinster Verteilung und höchster Ausgiebigkeit sowohl für Appreturzwecke als auch für Schlichterei ganz besonders gut geeignet ist.

Nacht liegen gelassen. Hierauf wird scharf kalandert; je nach Qualität der Ware, anderweitiger Zusammensetzung der Appreturmasse und dem verlangten Glanz friktioniert man auch zweimal, dämpft dann und mangelt zweimal. Jedenfalls muß gut kalandert werden, damit die Ware infolge starker Pressung von Kette und Schuß durchaus geschlossen erscheint. Manchmal wird auch stark kalandert und zum Schluß in einer hydraulichen Presse gepreßt.

Bei beschwerten Appreturen für geringere Gewebe, die meist auf Grundlage von diastaforierter Stärke mit oft großen Mengen von Sirup und Bittersalz außer den verschiedenen anderen Zusätzen, wie Stearin, Leim, Japanwachs, Kokosnußöl usw., hergestellt werden, muß dieser Zusammensetzung besondere Aufmerksamkeit gewidmet werden, da starke Bittersalz-Sirup-Appreturen das Gewebe beim Trocknen angreifen können, so daß es nach längerem Lagern hart und brüchig wird. Durch Zugabe von Appreturölen und fetten Seifen in entsprechender Menge kann diese Gefahr hintangehalten werden; zweckmäßig ist auch die Verwendung von Apparatin mit Zusätzen von Sirup, Monopolseife und Türkischrotöl sowie den anderen Substanzen, außer Bittersalz.

Man fabriziert auch linksseitig gerauhte Hemdenoxforde. Diese werden z. B. mit 1—2 Gängen vorgerauht, dann auf einem Spannrahmen mit vorgebauten Foulard schwach appretiert (für 150 Liter Flotte etwa 4—5 kg Kartoffelmehl und 400—500 cm^3 Appreturöl), zum Schluß noch einmal nachgerauht und evtl. zwischen Baumwollwalzen ohne anderen als den Walzendruck leicht kalandert.

Appreturvorschriften für verschiedene andere ungerauhte Buntwebwaren. Ungerauhte Buntwebwaren, die eine gewisse Härte und Steifheit aufweisen sollen (was übrigens seltener in Betracht kommt), werden mit Leim und Dextrin oder mit Dextrin und Bittersalz, ferner mit diastaforierter Weizen- oder Maisstärke und Bittersalz oder auch mit Kartoffelstärke in Verbindung mit etwas Leim und Dextrin appretiert.

Eine harte Ware erhält man z. B. je nach Einstellungsdichte der Ware durch ein- bis zweimalige Behandlung (vor letzterer Zwischentrocknung!) mit folgender Appreturflotte auf der Friktionsstärkemaschine:

In 150	l	Wasser:
25	kg	Kartoffelstärke
4$^1/_2$	kg	Leim
4	kg	Dextrin
$^3/_4$	l	Appreturöl 50 $^0/_0$ig

Ungerauhte bunte Hemden-, Blusen- und Kleiderstoffe, die einen wollartig weichen Griff und Schluß (unter dem Terminus technicus „Schluß" eines Gewebes versteht man ein gleichmäßig dicht geschlossenes, also nicht fadenscheiniges oder mageres Aussehen desselben) aufweisen sollen, werden am besten auf der sogenannten „Gewebe-Veredelungsmaschine" behandelt.

Auf dieser von der Firma Ernst Gessner A.-G. in Aue i. Sa. gebauten, patentierten Maschine wird die Ware von beiden Seiten zugleich durch unzählige Nadelspitzen, die auf 16 nebeneinander gelagerten Walzenpaaren entsprechend angebracht sind, durchstochen[1]); dadurch werden sowohl die Kett- als auch die Schußfäden aufgelockert, das Gewebe wird voluminöser und weicher. Auch Waren mit hartem Griff erhalten durch dieses Auflockern der Fäden ein weiches, wollartiges Anfühlen ohne Veränderung des Aussehens der Gewebeoberfläche. Die „Gewebeveredelungsmaschine" wirkt ganz anders als die zum Weicher-

[1]) Siehe auch die durch eine schematische Skizze illustrierte Abhandlung von Professor Brenger: „Eine neue Gewebeveredlungsmaschine" in Melliands Textilberichte 1924, S. 110/111. Ferner: „Die Patent-Gewebe-Veredelungs-Maschine System Gessner" (Leipziger Monatsschrift für Textilindustrie, Heft 10 vom 15. Oktober 1927, S. 477/478; mit 10 Gewebemustern).

machen hart appretierter Stoffe öfters in Anwendung kommende Appreturbrechmaschine. Letztere mildert nur die durch starkes Appretieren hervorgerufene Härte des Griffes einer Ware, jedoch nicht das Gefüge der Fasern in den Fäden und übt deshalb auch keinen Einfluß auf den Schluß des Gewebes aus. Die auf der Gessner'schen Maschine veredelte Ware zeigt, gegen das Licht gehalten, ein bedeutend geschlosseneres Aussehen als ein gleichartiges, jedoch nicht derart behandeltes Gewebe[1]).

Für buntfarbige Matratzenstoffe mit charakteristisch weichem Griff verwendet man meist eine schwache, mit etwas Türkischrotöl versetzte Aktivin-Stärkelösung, beispielsweise nach folgender Vorschrift:

In 150 l	Wasser werden
3—4 kg	Kartoffelstärke in üblicher Weise durch Aufkochen mit 1⁰/₀ (30—40 g) Aktivin gelöst und
1 l	Türkischrotöl zugesetzt.

Man arbeitet jedoch auch mit Appreturen, die z. B. Stärkesirup enthalten, damit der Ware gleichzeitig ein bestimmter Feuchtigkeitsgrad verliehen wird:

In 150 l	Wasser:
2500 g	Weizenstärke
600 g	Kartoffelstärke
4000 g	Kartoffelsyrup

Die Ware wird linksseitig auf dem Foulard einer Spannrahmtrockenmaschine appretiert, nach dem Auskühlen eingesprengt (wobei dem Wasser zweckmäßig etwas Türkischrotöl zugesetzt werden kann), dann einige Stunden oder über Nacht liegen gelassen und zum Schluß noch schwach kalandert (nur mit Walzendruck).

Bei diesem Artikel, welcher vor der Imprägnierbehandlung nicht erst entschlichtet wird, richtet sich übrigens die Zusammensetzung der Appreturflotte nach dem bereits durch das Schlichten entstandenen Griff. Sollte daher die vom Webstuhl kommende Ware nur etwas weicher zu machen sein, so genügt in manchen Fällen auch eine Foulardierung mit 1%iger Türkischrotlösung und Trocknen auf der Spannrahmmaschine.

Appreturvorschriften für gerauhte Buntwebwaren. Bei der Ausrüstung von Hemdenflanell (beidseitig gerauht) wird die vom Webstuhl kommende Ware zunächst mit je einer Passage auf einer 24walzigen Rauhmaschine vorgerauht und dann linksseitig appretiert (Foulard-Spannrahmen).

Da diese meist leicht eingestellten Waren einen vollen und geschmeidigen Griff besitzen müssen, so verwendet man Appreturflotten aus aufgeschlossener Stärke (Aktivin-Stärkelösung) in Verbindung mit Carragheenmoos-Gallerte („Algin") oder Fruchtleimen aus Johannisbrotkernmehl (Leicogummi, Tragu, Cefen), welche sich in Anbetracht ihrer Füllkraft verhältnismäßig sehr billig stellen.

Man bereitet z. B. eine Aktivin-Stärkelösung aus

10 kg	Kartoffelmehl	10 Min. kochen
150 l	Wasser	
100 g	Aktivin	
	und gibt derselben	
20 l	Moosgallerte	
5 l	Türkischrotöl sowie	
500 g	Kochsalz zu und stellt mit Wasser auf	
200 Liter ein.		

[1]) Siehe auch die mit Stoffmustern versehene Abhandlung von Josef Klütgens: „Erzielung von Wollcharakter auf Baumwollgeweben". Melliands Textilberichte 1927, S. 29.

Die Moosgallerte wird durch Aufkochen von 3 kg Carragheenmoos in 100 Liter Wasser hergestellt. Bei Verwendung von Leicogummi kommt ungefähr das gleiche Mengenverhältnis in Betracht; die Herstellung dieser Fruchtgallerte geschieht jedoch durch einfaches Einstreuen des Johannisbrotkernmehles in kaltes Wasser unter fortwährendem Rühren.

Nach dem Trocknen wird die Ware mit einfachem Walzendruck schwach kalandert, dann je einen Gang rechts- und linksseitig nachgerauht und zum Schluß in üblicher Weise dekatiert (angedämpft).

Einseitig gerauhte Damenblusenstoffe, die ein möglichst wollähnliches Aussehen haben müssen, werden vom Webstuhl weg auf der rechten Seite zunächst geschmirgelt und dann mit 4—5 Gängen auf einer 36walzigen Rauhmaschine vorgerauht.

Zur Herstellung der Appreturflotte verwendet man Leicogummi oder Carragheenmoos unter Zusatz von ein wenig Appreturöl oder Monopolseife. Einen volleren Griff ergibt Dextrin und etwas Appreturöl oder Monopolseife.

Es genügt z. B. eine Appreturflotte, die in

150 l	Liter
2 kg	Carragheenmoos und
200 cm³	Appreturöl 50%ig

enthält.

Die auf einem, dem Spannrahmen vorgebauten Foulard appretierte und dann getrocknete Ware wird 3—4mal nachgerauht, erhält hierauf noch eine Passage über die Verfilzungsmaschine und wird zuletzt leicht gedämpft.

4. Appretur uni gefärbter Waren (Färbeware).

Im allgemeinen ist hier zu beachten, daß der Farbton der Färbungen durch die in Anwendung kommende Appreturflotte keine nachteilig verändernde Beeinflussung erfährt und speziell bei dunkel gefärbten Geweben keine merkliche Trübung erleidet. Letzteres ist z. B. besonders bei Indigofärbungen von Wichtigkeit, da dieselben durch eine reine Stärkeappretur ihren schön violettblauen, blumigen Ton verlieren und schwärzlich werden. Für derartige Färbungen sind Dextrinappreturen bzw. in den meisten Fällen als noch zweckmäßiger löslich gemachte (aufgeschlossene) Stärke (Aktivin-Stärkelösung, mit Biolase oder anderen Präparaten diastaforierte Stärke usw.) anzuwenden.

Bei verschiedenen schwarz gefärbten und hartappretierten Stoffen, wie Shirtings, Glacés, Köper bzw. Croiségeweben u. dgl., wird die Appretur häufig mit Blauholz angefärbt.

In manchen Fällen gebraucht man auch schwarze substantive Farbstoffe (Diaminschwarz, Oxydiaminschwarz- oder Baumwollschwarzmarken usw.) zum Anfärben der Appreturmasse, doch erscheinen derart behandelte Gewebe, gegen das Licht gehalten, nicht so geschlossen, als die unter Anwendung von Blauholz appretierten; letztere zeigen überdies eine schön blumige Übersicht. Bei der Herstellung des unter der Bezeichnung Hutlinon oder Rollbock bekannten Spezialartikels wird übrigens z. B. das dazu verwendete leichte Rohgewebe auf der Stärkemaschine direkt im Appret mit substantivem Farbstoff gleichzeitig schwarz gefärbt und außerdem noch von Hand aus mit einer ebenfalls gleichartig schwarz gefärbten, dickeren Stärkemasse (der sogenannten Streichstärke) in aufgespanntem Zustande überbürstet[1]).

Für die Herstellung von Buchbinderleinen erhält die Appreturmasse in der Regel den Zusatz einer Mineralfarbe, welche im Farbton mit der Gewebefärbung

[1]) Siehe A. Marschall: „Die Appretur (Ausrüstung) der Glasbatiste (Transparente) und Rollbocks"; Melliands Textilberichte 1923, S. 32/33.

übereinstimmt; bei lebhaften Grundfärbungen müssen hierzu jedoch auch Anilinfarben verwendet werden. Ähnliches gilt in der Kunstlederfabrikation für das Anfärben des sogenannten Lackes, wozu man ebenfalls in der Hauptsache Mineralfarben und zum Ausgleich kleiner Farbabweichungen auch spritlösliche Anilinfarben anwendet.

Beispiel für die Ausrüstung hell-indanthrenfarbig gefärbter Hemdenstoffe als sogenannter Rohappret (Kattun der Einstellung $^{19}/_{21}$, $^{36}/_{42}$ als billiger Ersatz für Trikolines; das Fertigfabrikat muß einen vollen, weichen Griff besitzen, es darf weder hart noch lappig sein).

Die merzerisierte und gebleichte (80 cm breite Ware) wird auf dem Jigger in sehr zarten Farbtönen (Helldrap, Dunkelbeige, Rosa, Flieder usw.) mit Indanthrenfarben in der üblich einfachen Weise gefärbt[1]):

Helldrap:

0,45 %	Indanthrenbraun G in Teig	
3 cm^3	Natronlauge	pro Liter
1,5 g	Hydrosulfit konz. Pulver	pro Liter

Dunkelbeige:

0,3 %	Indanthrenorange RRK in Teig	
0,3 %	Indanthrenbraun G in Teig	
3 cm^3	Natronlauge	pro Liter
1,5 g	Hydrosulfit konz. Pulver	pro Liter

Rosa:

0,1 %	Indanthrenrot 5 GK in Teig	
0,3 %	Indanthrenrot RK in Teig	
3 cm^3	Natronlauge	pro Liter
1,5 g	Hydrosulfit konz. Pulver	pro Liter

Flieder:

0,08 %	Indanthrenbrillantviolett RK in Teig	
0,15 %	Indanthrenbrillantviolett BBK in Teig	
3 cm^3	Natronlauge	pro Liter
1,5 g	Hydrosulfit konz. Pulver	pro Liter

Nach beendetem Färben wird die Ware, wie bekannt, kochendheiß geseift, nochmals kurz gespült und getrocknet. Bei Vorhandensein von hartem Wasser ist es vorteilhaft, nach dem Hydrosanverfahren[2]) (von Dr. Gustav Ullmann, Wien) zu seifen.

Hydrosan[3]) hat sich als Zusatz bei allen in der Textilindustrie vorkommenden

[1]) An dieser Stelle soll noch nachträglich auf die Verwendung von Indanthrengelb-Papier als Hilfsmittel zur Kontrolle der Färbeküpe hingewiesen werden. Indanthrengelb G-Papier wird in einem frisch bereiteten Lauge-Hydrosulfit-Indanthrenbad beim Eintauchen in 3 Sekunden deutlich Kornblumenblau. Tritt bei der Prüfung des Bades nach etwa 20 Minuten Färbedauer der Umschlag nach Blau erst nach 6 Sekunden ein, so ist Hydrosulfitzusatz erforderlich. Siehe das Zirkular „Indanthrengelb-Papier“ der I. G. Farbenindustrie A.-G. vom Mai 1925. Die I. G. Farbenindustrie A.-G. verausgabt auch ein sehr zweckmäßiges Kärtchen D 2861: „Reagenz-Papiere“ für praktischen Gebrauch, das alle für Laboratorium und Betrieb erforderlichen Reagenzpapiere enthält.

[2]) Dr. Gustav Ullmann: „Verfahren und Präparat zur Unschädlichmachung von Härtebildnern und Salzlösungen bei Seifprozessen“; Melliands Textilberichte Heidelberg 1926, Heft Nr. 11 und 12. Die Gesamtabhandlung ist auch als Sonderdruck erschienen.

[3]) „Hydrosan“ wird von der Chemischen Fabrik R. Bernheim in Augsburg-Pfersee und deren angegliederten Betrieben erzeugt; es besteht aus einem geeigneten Gemisch von Fettsäuren, denen ein gewisser Prozentsatz von Schutzkörpern (nach den Patentanmeldungen z. B. Harnstoff, Aminosäuren, Abbauprodukte der Glutine od. dgl.) einverleibt ist.

Seifprozessen sehr gut bewährt; es beeinflußt den Seifprozeß in hartem Wasser durch Bildung einer unschädlichen Form von Kalkseife überaus günstig, indem ein leicht flockiger Körper entsteht, der nicht an der Ware haften bleibt, sondern leicht weggespült werden kann. Die als gleichzeitiger Zusatz zu den Seifflotten erforderliche Menge Hydrosan richtet sich naturgemäß nach der Härte des Wassers. Wenn z. B. Indanthrenfärbungen in einem Wasser von 18° Härte geseift werden müßten, so genügen 2,5 g Seife und 0,6 g Hydrosan pro Liter vollkommen, entsprechend 3 g Seife pro Liter beim Arbeiten mit Kondenswasser. Das Hydrosan muß aber entweder vor oder spätestens mit der Seife dem Wasser zugegeben werden, weil seine Wirkung ausschließlich auf der Beeinflussung der Kalkseife während der Bildung derselben beruht.

Die gefärbte und getrocknete Ware wird dann auf dem Foulard einer Spannrahmtrockenmaschine (Warengang wie bei linksseitiger Appretur) mit folgendem Aktivin-Stärkeappret behandelt:

30 l	Stammappretur
12 l	heißes Wasser
4 l	Bari- (Marseiller-) Seife 1 : 10
1 l	Appreturöl
47 Liter	

Stammappretur:

25 kg	Kartoffelstärke mit
160 l	Wasser unter Zugabe von
$^1/_4$ kg	Aktivin sowie
5 g	Kupfervitriol (gelöst in Wasser) verrühren und 10—15 Minuten aufkochen; dann
3 l	Appreturöl zugeben und auf
250 Liter	einstellen.

Nach dem Trocknen auf dem Spannrahmen ist die Ware fertig; die meist ca. 120 m langen Stücke (Weben) werden nur noch auf der Leg- und Meßmaschine gefaltet und als Teilstücke (z. B. je 40 m) versandbereit verpackt.

Appretur von Fahnenstoffen, Madapolams und Köpergeweben. Zur Appretur von Fahnenstoffen (80 cm breite Kretonnes oder sogenannte Schweizer Kattune) leistet die für die hell-indanthrenfarbige Hemdenstoffe angegebene Vorschrift mit Aktivin-Stärke unter Zusatz von Seife und Rotöl in unveränderter Zusammensetzung sehr gute Dienste.

Für Madapolams (80 cm breit) in allen gangbaren Färbungen (mit basischen Farben auf Katanolbeize, mit Schwefelfarben, Naphthol-AS-Färbungen in Griesheimer Rot, Bordeaux usw.) eignet sich ferner die ebenfalls vorangehend bei der Hemdenstoffausrüstung angegebene Stammappretur vorzüglich; auch der altbekannte Satin-Augusta-Artikel (ein dichtes Köpergewebe) kann damit als einwandfreies Fabrikat ausgerüstet werden.

Farbige Schuhköper und auch Vorhangköperstoffe werden zweckmäßig mit einer Aktivin-Stärkelösung appretiert, der man je nach der gewünschten Weichheit etwas Monopolseife oder Appreturöl und etwas Glyzerin zugibt. Z. B. auf 100 Liter Appreturflotte: 10—15 kg Kartoffelstärke mit 100—150 g Aktivin aufkochen und 100—200 g Monopolseife (gelöst) sowie $^1/_2$—$^3/_4$ Liter Glyzerin zugeben.

Die als Besatzstoffartikel verwendeten Madapolams erhalten den sogenannten Rohappret und sind deshalb nach dem Trocknen auf dem Spannrahmen fertig. Die Satin Augusta (70 und 80 cm breite Ware) läßt man nach dem Trocknen auskühlen, sprengt dann ein, läßt die Rollen nochmals einige Stunden liegen und kalandert kalt bei einfachem Durchlauf der Ware zwischen Stahl- und Papierwalze unter mäßigem Druck.

Beispiel einer angefärbten Appretur für mit Immedialschwarz gefärbte Köperware (Glacé-Appretur)[1].

In 100 l	Appreturmasse:
17 kg	gelbes Dextrin
10 kg	Kartoffelsyrup
2 kg	Appreturöl
1 l	Glyzerin techn.
100 g	Kokosfett
500 g	essigsaures Natron
1 l	Blauholzextrakt 30° Bé
$^1/_2$ l	holzessigsaures Eisen
75 g	Chromkali

Die Ware wird auf dem gewöhnlichen Stärkekalander zweimal durch das Vollbad genommen, auf der Zylindertrockenmaschine getrocknet, dann eingesprengt und zuerst auf einem gewöhnlichen Rollkalander sowie anschließend noch 2—3mal auf einem Friktionskalander kalandriert.

Das Glacieren wird vielfach auch auf einer besonderen Glacier- (Lustrier-) Maschine vorgenommen. Dieselbe beruht auf der alten Methode des Glacierens von Hand mit Achatstein und besteht in der Hauptsache aus zwei Gestellen, an welche der Glaciertisch sowie eine Abwickel- und Aufrollvorrichtung montiert sind. Zwischen den Gestellen hängt oberhalb der Maschine (und dort beweglich befestigt) eine mit dem Glacierachat (oder einem stählernen Polierstein) versehene Leitstange auf den Glaciertisch herab. Diese Leitstange mit der Achatrolle wird durch eine Exzenterführung in der Richtung des Einschlages (Schusses) der nur langsam über den Glaciertisch gleitenden Ware rasch hin und her bewegt.

Die appretierte und auf der Zylindertrockenmaschine getrocknete Ware wird in diesem Falle zunächst wie üblich eingesprengt, dann einmal friktioniert, hierauf auf der Wachsmaschine (dieselbe ist ähnlich einem gewöhnlichen Aufbäumstuhle gebaut und besitzt eine mit Wachs überzogene Holzwalze, unter welcher das Gewebe hinweggeführt wird) mit Wachs bestrichen und zum Schluß auf der Glaciermaschine glaciert. Je nach erwünschtem Glanzeffekt wird das Wachsen auf der Wachsmaschine zwei- bis dreimal wiederholt.

Auch für das erstangeführte Glacieren auf dem Friktionskalander wird die Ware vielfach vorher erst mit Wachs bestrichen, um einen erhöhteren Glätt- und Glanzeffekt zu erzielen.

Appretur für Futterstoffe[2]**, Schirmstoffe, Seidensatin, Steppdeckensatin und ähnliche Artikel.** Verschiedene Futterstoffe (Satins, Satinettes u. dgl.) werden manchmal mit wachs- oder paraffinhaltigen Seifenlösungen oder mit wachs- und fetthaltigen Stärkekleistern appretiert und dann auf einem Stampf- (Stoß-) Kalander (Beetle-Maschine) mit schweren Holzstampfen durch zahlreiche Schläge bearbeitet, wodurch ebenfalls ein charakteristischer Glanz-, Griff- und Gesamteffekt erzielt wird.

Baumwollene — in der Regel nur in Schwarz gefärbte — Schirmstoffe (Schirmzanellas) bedürfen meistens keiner Behandlung mit einer Appretur-

[1] „Kleines Handbuch der Färberei von Leopold Cassella & Co., G. m. b. H., Frankfurt a. M. (jetzt Werk Mainkur der I. G. Farbenindustrie A.-G.), Band I (Baumwolle und verwandte Fasern); Dritte Auflage 1923, S. 371.

[2] Praktisch wertvolle Angaben für die Appretur von Jaconet, Croisé, Milanaise und Pocketing enthält eine mit Mustern versehene Abhandlung von Direktor Oesterreicher: „Die Ausrüstung baumwollener Futterstoffe“. Melliands Textilberichte, Jahrgang 1927, S. 53/54 und 358/359.

flotte. Ein guter Griff wird durch die charakteristische Vorbehandlung (Krabben) und der erforderliche besondere Seidenglanz auf dem Riffelkalander erzielt.

Bei der Behandlung der Rohware auf der Krabbmaschine[1]) (Crabbing) im kochendem Seifenbade empfiehlt sich ebenfalls die Anwendung des bereits erwähnten Hydrosanverfahrens, um Unannehmlichkeiten durch hartes Wasser zu vermeiden.

Gefärbt wird in der Hauptsache mit Inmedialschwarz (Marke NNG konz. oder Inmedialkarbon B, doch auch mit verschiedenen anderen Schwefelschwarzprodukten) und zwar in üblicher Weise auf dem Jigger mit Quetschwalzen; in manchen Betrieben wird Anilinoxydationsschwarz hergestellt.

Die gefärbte und getrocknete Ware wird dann eingesprengt, wobei man dem Einsprengwasser einen Zusatz von 3—4⁰/₀ Monopolseife geben kann, um einen eventuell erwünschten weichen Griff zu erzielen. Hierauf läßt man die Warenrollen einige Stunden oder besser über Nacht liegen und erzeugt zum Schluß den seidenschimmernden Hochglanz durch eine Passage auf dem Riffelkalander.

In manchen Fällen appretiert man jedoch die gefärbte Ware auf einem Stärkefoulard oder einer Paddingmaschine (zweckmäßig linksseitig) mit löslich gemachter Stärke unter Zusatz von etwas Tragantschleim oder Carragheenmoosabkochung oder Norgine und ein wenig Türkischrotöl oder Monopolseife. Auch Dextrin- oder Norgine-Appreturen bzw. Kombinationen von Dextrin mit Norgine sind für diesen Zweck sehr gut geeignet.

Das Trocknen der Schirmstoffe darf nur auf Spannrahmmaschinen mit Kluppenketten erfolgen, da dieser Artikel keine Nadellöcher aufweisen darf.

Beispiel eines Appreturrezeptes für Schirmstoffe[1]):

In 200 l	Wasser:
5 kg	Kartoffelstärke mit
50 g	Aktivin in bekannter Weise aufkochen und
12 l	Tragantschleim 65 : 1000 oder die entsprechende Menge einer Norgine-Lösung 60 : 1000 sowie
1/4 l	Monopolbrillantöl zusetzen

Der glattfarbige Zanella-Artikel (leichter eingestellte, 80 cm breite Ware für Besatzstreifen und verschiedene andere Zwecke) in Seidenfinishausrüstung (sogenannter Seidensatin) wird nach dem Färben und Trocknen meist mit einer Dextrinappretur versehen. Z. B.

14 kg	Dextrin
30 l	Marseillerseife 1 : 1
2 l	Türkischrotöl
Auf 250	Liter einstellen

Für steiferen Appret:

2,8 kg	Dextrin
1 kg	Tafelleim[2]) (vor der Zugabe einweichen und aufkochen)
6 l	Marseillerseife 1 : 1
Auf 56	Liter einstellen

Bei Appreturen mit erhöhteren Mengen Leim setzt man der Flotte hier und da noch einige Tropfen Mandelöl zur Kompensation des Leimgeruchs zu.

Man imprägniert zweckmäßig auf dem Foulard einer Spannrahmtrockenmaschine (linksseitig) und läßt dann die Ware einige Stunden oder über Nacht

[1]) Vgl. auch die Abhandlung über „Etoffes pour parapluies", S. 369/370, bei Paul Montavon: „L'apprêt des tissus". Paris 1924 (A. Davy et fils ainé. 52, Rue Madame).

[2]) Vielfach wird auch Darmstädter Flockenlederleim, ein ausgezeichnetes Spezialprodukt der Firma Röhm & Haas A.-G., chemische Fabrik in Darmstadt, für Appreturzwecke verwendet.

auskühlen. Hierauf wird eingesprengt und wieder einige Stunden liegen gelassen. Zur Herstellung des Seidenglanzeffektes läuft dann die Ware entweder nur durch den Riffelkalander, oder sie wird zunächst einmal friktioniert und anschließend geriffelt.

Dichter eingestellte Satins für Steppdecken usw. erhalten meist keine Behandlung mit Appreturflotten und werden daher nach dem Färben und Trocknen direkt geriffelt. Manchmal wendet man jedoch dünne Lösungen von Marseillerseife oder Türkischrotöl an und eventuell auch schwache Auflösungen von Norgine (der Chem. Fabrik Dr. Viktor Stein in Aussig) oder Senegalin (der Firma Kantorowicz & Co., Breslau VI) an, um einen geschmeidigeren bzw. gleichzeitig etwas volleren Griff zu erzielen.

Blaustreichen von schwarzem Samt. Aus dem ebenso wichtigen wie interessanten Arbeitsgebiet der Ausrüstung von Baumwollsamtfabrikaten[1]) soll im nachstehenden die Herstellung von schwarzem Samt mit blauer Übersicht entsprechend kurz erläutert werden.

Das vom Webstuhl kommende, auf seiner rechten Seite durch die Fadenschlingen des Polschusses charakterisierte Rohsamtgewebe erhält zunächst durch Aufschneiden dieser Fadenschlingen eine gleichmäßig dicht mit Fadenenden bedeckte Warenoberfläche (glatter Samt). Diese Fadenenden sind die Angriffsobjekte maschineller Bürstoperationen zur Erzielung des typischen Floreffektes der Samtware. Das Schneiden der glatten Rohsamte geschieht fast immer noch von Hand aus, da sich für diesen Artikel sowie für enggerippte Schußsamte mechanische Aufschneide-Vorrichtungen bisher leider noch nicht entsprechend bewährt haben; weitgerippte Schußsamte (Kordsamt, auch Schnürelsamt genannt) können dagegen ohne weiteres mit Hilfe geeigneter maschineller Vorrichtungen (Schneidemaschinen) einwandfrei aufgeschnitten werden, dieser Arbeitsvorgang ist auch auf dem Webstuhl ausführbar[2]).

Die aufgeschnittene Ware wird dann in der üblichen einfachen Weise durch Auskochen mit Soda unter Zusatz von Aktivin auf Haspelkufen entschlichtet, gleichfalls im Strang gut gewaschen, hierauf herausgefacht (breit getafelt) und auf einer Absaugemaschine, die zweckmäßig einem Spannrahmen vorgeschaltet ist, abgesaugt bzw. anschließend getrocknet.

Nach dem Trocknen erfolgen verschiedenartige Bürstprozesse auf Quer-, Längs-, Diagonal- sowie auch auf sogenannten Tellerbürstmaschinen, um den durch das Aufschneiden der Polschlingen entstandenen Fadenflor total in seine einzelnen Faserelemente zu zerlegen und dann derart intensiv nach allen Richtungen durchzuwühlen, daß eine gleichmäßige Samtdecke entsteht.

Diese Samtdecke besitzt aber infolge ungleich langer Fasern ein noch sehr unruhiges Aussehen und muß daher durch Sengen auf der Zylindersengmaschine, nachfolgendes mehrmaliges Bürsten und anschließendes Scheren auf einer Längsschermaschine sorgfältig egalisiert werden.

Hierauf wird die so vorbereitete Ware auf dem Jigger in üblicher Weise schwarz gefärbt, und zwar fast ausschließlich mit Diaminogen, Diamin-Neron oder mit Oxydiaminogen bzw. mit Diazoechtschwarzmarken von Leverkusen, in jedem Falle diazotiert und mit Diamin entwickelt. Das Entwässern der gefärbten und gespülten Ware geschieht entweder auf der Absauge- oder auf einer Breitschleudermaschine, das Trocknen meist auf der Spannrahmtrockenmachine

---

[1]) In einer besonders in webereitechnischer Hinsicht bemerkenswerten Abhandlung: „Die Doppelsamt- und Plüschfabrikation" bespricht Ing. P. Beckers z. B. auch ganz kurz die Appretur von Baumwollkragensamt unter Angabe einiger Appreturrezepte; siehe Melliands Textilberichte 1923, S. 67.

[2]) Z. B. nach D. R. P. 288657, Kl. 86d, Gr. 1.

oder in der Heißhänge. Die getrockneten Gewebe werden sodann nochmals in der Diagonal- sowie in der Längsrichtung auf den entsprechenden Maschinen je einmal durchgebürstet, ferner einen Schnitt geschoren und eventuell auch noch auf der sogenannten Schabermaschine mit schabenden Holzleisten (Schabehölzern) bearbeitet.

Die Herstellung der blauen Übersicht auf der schwarzen Samtoberfläche geschieht mit Hilfe der sogenannten Blaustreichmaschine, durch Einbürsten einer fein gemahlenen, aus Berliner- oder Pariserblau und Leinölfirnis bestehenden Paste[1]).

Diese blaue Streichfarbe wird in der Regel von den Velvetfabriken selbst bereitet, beispielsweise nach folgender Vorschrift:

4,5 kg prima Berlinerblau (feinstes Pulver) werden mit
4 kg abgekochtem Leinöl angeteigt und

dann auf einer Walzenmühle 10—15mal, d. h. so lange vermahlen, bis die durch diese Behandlung dünnflüssig gewordene Farbe, auf einer Glastafel verrieben, kein Korn mehr zeigt. Vor dem Gebrauch rührt man noch 2 kg Leinöl zu. Zu beachten ist, daß nur bestes, durch Lagern geklärtes Leinöl Verwendung finden darf und die Farbe auf das feinste verrieben sein muß.

In manchen Velvetfabriken werden dieser Blaustreichfarbe auch noch geringe Mengen Rhodamin zugesetzt; man verfährt dabei in der Weise, daß der basische Farbstoff in Pulverform ohne jedes Lösungsmittel zugegeben und dann auf der Mühle innig mit vermischt wird. Die Rhodaminmenge richtet sich nach dem jeweils gewünschten Effekt und schwankt zwischen 10 und 30 g Rhodamin in Pulver pro Liter Streichfarbe.

Nach dem Einbürsten kommt dann die Ware sogleich auf eine Heißhänge und bleibt dort bei einer Temperatur von 30—40° C mehrere Tage hängen; während dieser Zeit verharzt der Leinölfirnis und befestigt dadurch das Berlinerblau. Hierauf wird die Ware auf der Haspelkufe mit kaltem Wasser gewaschen, herausgefacht (breit getafelt), auf dem Spannrahmen getrocknet; schwächere Gewebequalitäten werden noch auf der Rackelappreturmaschine linksseitig mit einem Leimappret versehen und sofort wieder getrocknet, damit die Appreturflotte nicht auf die rechte Warenseite durchschlägt. Zum Schluß muß das Gewebe in jedem Falle noch längsgebürstet und eventuell auch geschabert werden; die Ware wird dann gemessen, gelegt und verpackt.

Buchbinderleinen. Zur Herstellung von „Buchbinderleinen" dienen Kattune in Einstellungen von $^{17}/_{14}$, $^{36}/_{42}$ bis $^{13}/_{11}$, $^{36}/_{42}$. Bei diesem Spezialartikel wird die Nachahmung des Aussehens verschiedener Ledersorten angestrebt; die aus Billigkeitsgründen ganz leicht eingestellten Rohwaren müssen also sehr dicht appretiert und dann auf der Schauseite noch mit entsprechenden Einpressungen von Leder- oder Fantasienarben-Mustern versehen werden.

In der Hauptsache unterscheidet man zwei Arten von Buchbinderleinen, und zwar:

a) Gefärbte und mit einer in gleichem Farbton angefärbten Appreturmasse derart gefüllte Waren, daß auf beiden Warenseiten die Gewebestruktur nicht mehr erkenntlich ist — „Common colours".

---

[1]) Für Tiefschwarz (ohne blaue Übersicht) werden die Velvets oft mit Anilinschwarz gespitzt. Dies geschieht aber am besten auf der Druckmaschine mittels Pflatschwalze. Man pflatscht eine Druckfarbe für Oxydationsschwarz (Hängeschwarz) und entwickelt dieses Schwarz durch Verhängen. Wenn keine Einrichtung für langsame Oxydation (Hänge) vorhanden ist, so empfiehlt es sich, Ferrozyandampfschwarz zu drucken (pflatschen).

b) Ungefärbte, rechtsseitig mit einer gleichmäßig deckenden Schicht einer geeigneten Farbpaste belegte und linksseitig mit ungefärbter Appretur versehene Ware — „Extra colours".

In letzterem Falle appretiert man die linke Gewebeseite mit einer gewöhnlichen Stärkeappretur, wodurch die Gewebestruktur auf dieser Seite sichtbar bleibt.

Für die Fabrikation der „Common colours" wird die in üblicher Weise ausgekochte und nötigenfalls auch gebleichte Ware je nach erwünschtem Farbton entweder mit substantiven Farbstoffen oder mit basischen Farben auf Katanolbeize oder auch mit Schwefelfarbstoffen auf dem Jigger vorgefärbt, gespült und getrocknet. Für diese Färbungen kommen keinerlei besondere Echtheitsansprüche in Frage, so daß die Auswahl der Farbstoffe ausschließlich nach dem Billigkeitsprinzip getroffen werden kann.

Als Beispiel für die Zusammensetzung einer brauchbaren Appreturmasse kann folgende Vorschrift gelten[1]):

90 l	Apparatin (aus 9—12 kg Kartoffelstärke) werden mit
350 g	Seife
500 g	Kokosfett und
1000—1200 g	trockener Mineralfarbe unter Anwendung eines Rührwerks gut verkocht, wodurch eine sehr dicke Appreturmasse entsteht.

Die Seife wird vor der Zugabe in Wasser gelöst, die Mineralfarbe vorher mit Wasser auf einer Walzenmühle angerieben und durch ein Sieb zugesetzt.

An Stelle von Seife kann auch Softening[2]) oder eine entsprechende Menge Palmöl angewendet werden, ferner statt Kokosfett auch Knochenfett oder Mischungen beider; im übrigen ist der Zusatz des Fettes nach dem gewünschten Grad des Griffes zu regeln. Das Fett wird vor der Zugabe zur Stärkegrundsubstanz getrennt mit Wasser verkocht (emulgiert).

Bei Verwendung von Anilinfarben, die zur Herstellung lebhafter Farbtöne erforderlich sind, nimmt man an Stelle der trockenen Mineralfarbe ein Füllmittel, z. B. China clay oder Talkum und gibt je nach erwünschter Farbtiefe bzw. Farbstärke des in Betracht kommenden basischen, sauren oder substantiven Farbstoffs, 50—200 g desselben auf die Gesamtmenge der vorangegebenen Appreturmasse, zu.

Das Stärken erfolgt auf einer Friktionsstärkemaschine oder auf einer Rackelappreturmaschine bei 4—5maliger Wiederholung dieser Prozedur und jedesmaliger Zwischentrocknung der Ware auf einer Zylindertrockenmaschine oder auch auf einem Spannrahmen.

Die getrocknete und schon fast vollständig geschlossene Ware wird dann eingesprengt, über Nacht liegen gelassen und auf einem besonders kräftig gebauten Friktionskalander für Buchbinderkalikos (z. B. Bauart der C. G. Haubold A.-G., Chemnitz) einige Male (meist 3—4mal) mit sehr starker Friktion kalandert, wodurch ein charakteristischer Friktionshochglanz (Emailleglanz) resultiert.

[1]) Eine sehr ausführliche, durch Maschinenabbildungen und Muster illustrierte sowie durch verschiedene Rezepturen beachtlich wertvolle Abhandlung über die Fabrikation von Buchbinderleinen hat Ingenieur Gustav Durst in Melliands Textilberichten 1923, S. 232 bis 234 veröffentlicht.

[2]) Softening ist ein Appretur- und Schlichtmittel, das z. B. durch Verseifen eines Gemisches von Talg und Palmöl mit Ätznatron in jedem Textilbetriebe leicht selbst hergestellt werden kann. Eine derartige Vorschrift ist von Eduard Herzinger in der Abhandlung über „Die Appretur buntgewebter Baumwollwaren" (Leipziger Monatsschrift für Textilindustrie 1926, Heft 3, S. 113) angegeben.

Für Mattausrüstung kann dieser Glanz ohne weiteres durch leichtes Andämpfen der Ware wieder zurückgedrängt werden.

Als Endarbeit erfolgt hierauf das Einpressen (Gaufrieren) von Ledernarben- oder sonstigen (leicht geblümten usw.) Mustern auf einem Gaufrierkalander mit entsprechend gravierter Stahlwalze und rapportierender Papierwalze[1]). Bei Musterwechsel müssen daher sowohl die Stahlwalze als auch die Papierwalze aus dem Kalander herausgenommen werden. Um diese zeitraubende Arbeit möglichst zu vermeiden, arbeitet man zweckmäßig mit sogenannten Revolverkalandern, die in je einem Gestell und drehbar gelagerten Scheiben vier gravierte Walzen (oben) und vier dazu im Rapport passende Papierwalzen (unten) tragen (Bauart Joh. Kleinewefers Söhne, Krefeld).

Zur Herstellung der „Extra colours" auf ungefärbten Kattungeweben arbeitet man mit ähnlich zusammengesetzten Mineralfarbpasten wie beim ersterläuterten Verfahren. Das Auftragen geschieht jedoch entweder auf einer Rouleauxdruckmaschine mit Hilfe der im Zeugdruck üblichen Pflatschwalzen (Hachurengravur) oder auf besonders konstruierten, den Rackelappreturmaschinen ähnlichen Unterdruckmaschinen. Diese Auftragsarbeit muß analog dem Arbeitsvorgang auf der gewöhnlichen Rackelappreturmaschine bei den „Common colours" so lange wiederholt werden, bis die Gewebestruktur durch die pastöse Masse vollständig gedeckt ist.

Zum Appretieren der linken, ungefärbt bleibenden Gewebeseite verwendet man einen einfachen, doch sehr dicken Stärkekleister, dem durch Zugabe von Pflanzenölen (Kokosnußöl, Palmöl u. dgl.) eine geschmeidig wirkende Konsistenz verliehen wird. Das Auftragen dieser Stärkeappretur geschieht entweder auf einem gewöhnlichen Stärkefoulard, dessen untere Walze in der Appreturmasse läuft (Warengang mit der linken Seite nach unten, nur zwischen den beiden Foulardwalzen) oder auf einer Rackelstreichmaschine und wird nach Zwischentrocknung der Ware nochmals vorgenommen. Die Weiterbehandlung — Einsprengen, Gaufrieren — erfolgt in gleicher Weise, wie bei der Ausrüstung des Färbeartikels bereits angegeben.

Die so mit Kleistern und geeigneten Farbstoffen imprägnierten und im Rapport geprägten Baumwollwaren sind im allgemeinen gegen äußere Einflüsse beachtlich widerstandsfähig, jedoch trotz ihrer Dichte naturgemäß sehr wasserempfindlich. Für wasserunempfindliche Deckschichten verwendet man daher Pasten aus Nitrozelluloselösungen in Mischung mit Erdfarben und Weichhaltungsmitteln; auch Lacke aus Zelluloseazetat, Azeton, Phenylborat und Benzylalkohol sind für diesen Zweck in Vorschlag gebracht worden, ferner Lösungen von Ölfirnislacken und verschiedene andere Mittel. Die mit Hilfe derartiger Lackpasten hergestellten Buchbinderleinen zeigen eine mehr oder weniger ausgesprochen lederähnliche Oberfläche und sind Erzeugnisse der Kunstlederindustrie.

Kunstleder. Bei der Kunstledererzeugung werden als Unterlage für die verschiedenen Fabrikate sowohl leichte und schwerere Nesselgewebe als auch vielfach (für ganz starkes Kunstleder) einseitig gerauhter Moleskin verwendet. Die Vorbehandlung der Waren besteht in Sengen, Entschlichten, Auskochen und eventuellem Bleichen; Moleskin wird zuerst rechtsseitig gesengt oder geschmirgelt und dann auf der Strich- und Gegenstrichmaschine linksseitig aufgerauht, entschlichtet, ausgekocht sowie eventuell ebenfalls gebleicht. Hierauf erfolgt das Färben der Gewebe auf dem Jigger, und zwar meist mit billigen substantiven Farbstoffen, da für die beim Fertigfabrikat nur auf der Rückseite zur Geltung kommende

[1]) Über das Gaufrieren von Buchbinderkaliko siehe das sehr instruktive Buch von Wilhelm Kleinewefers: „Die Gaufrage". Berlin: Julius Springer 1925, S. 61—63.

Färbung keinerlei Echtheit in Betracht kommt. Nach dem Färben und Trocknen auf einem Spannrahmen wird Nesselware in der Regel noch auf einer Schermaschine geschoren, um eventuell vorhandene Fadenenden und Knötchen zu entfernen.

Das Auftragen der mit Mineralfarben angefärbten und mit Weichhaltungsmitteln vermischten Nitrozelluloselösung (des sogenannten Lackes) geschieht entweder auf der sogenannten Grundiermaschine mit endlosem Gummituch (gebaut von der C. G. Haubold A.-G. in Chemnitz) oder auf der gewöhnlichen Rackelappreturmaschine.

Zur Herstellung der Nitrozelluloselösung (meist 15%ig) nimmt man hauptsächlich technische Kollodiumwolle, ferner auch Röhrchenpulver sowie Film- und Zelluloidabfälle. Letztere werden besonders aus Billigkeitsgründen verwendet; die mit solchen Lacken erzeugte Ware erhält aber einen starken Kampfergeruch, der oft erst nach längerer Zeit verschwindet. Man ersetzt deshalb meist nur einen gewissen Prozentsatz Kollodiumwolle oder Röhrchenpulver durch diese Abfälle.

Als Lösungsmittel für die Nitrozellulose werden Essigäther oder Alkohol oder eine Mischung beider und häufig auch verschiedene andere Produkte verwendet; das Lösen (die Lackbereitung) geschieht bei 40° C in geschlossenen Rührwerken (heizbaren Mischmaschinen).

Die zur Färbung des Lackes erforderlichen und gleichzeitig als Füllmittel dienenden Erdfarben werden zunächst mit Rizinusöl auf einer Farbenreibmaschine sorgsam vermahlen und dann mit dem Lack in einer Mischmaschine oder in einem Knetwerk innig vermischt. Der Arbeitsvorgang in diesen gut abgeschlossenen Maschinen erfordert längere Zeit; man gibt hier meist noch besondere Weichhaltungsmittel zu, die als Lösungsvermittler zwischen Rizinusöl und Nitrozellulose wirken sollen, um das sogenannte Ausschwitzen des Kunstleders (Klebrigwerden) in der Wärme zu verhindern.

Beispiel für die Zusammensetzung einer Kunstlederpaste[1]):

15 kg Nitrozellulose werden in
40 kg Essigäther und
60 kg Alkohol in einem geschlossenen Rührwerk bei 40° C gelöst und dann in einem Knetwerk mit
12 kg Ölfarbe (z. B. 6 kg Ocker mit 6 kg Rizinöl verrieben, also 1 : 1) innig gemischt.

Zusätze phenolhaltiger Weichhaltungsmittel sind nicht ratsam, da sie leicht Phenol abspalten und dann nicht mehr zweckentsprechend wirken; für Hutlederfabrikate sind solche Mittel jedenfalls gänzlich ungeeignet, weil dadurch schwere Hautentzündungen hervorgerufen werden können.

Je nach Qualität der Gewebe erfolgt im allgemeinen 4—6maliger Auftrag des Kunstlederapprets; bei schweren Kunstledersorten kann jedoch auch ein 10 bis 12maliger Streichprozeß erforderlich werden. Das Aufstreichen darf jedesmal nur in ganz dünner Schicht geschehen, damit ein gutes Durchtrocknen gewährleistet ist. Streichwerk und Trockenraum arbeiten kontinuierlich.

Das Trocknen wird in heizbaren, tunnelförmigen Trockenräumen bei 80—90° vorgenommen, wobei sich die Lösungsmittel innerhalb weniger Minuten verflüchtigen; von der Austrittstelle aus dem Trockenraum wird das Gewebe automatisch zur Rackelstreichmaschine zurückgeführt.

Die Bemusterung der fertiggestrichenen, gewöhnlichen Kunstlederware mit Ledernarben geschieht dann in bekannter Weise auf Gaufrierkalandern. Lack-

[1]) Siehe auch den Artikel von Paul Gerhards über „Kunstleder" in Melliands Textilberichten 1923, S. 81—83.

leder (hochglänzendes Kunstleder) erhält nach dem Gaufrieren noch einen hochglänzenden Strich mit Lack ohne Erdfarben oder eventuell mit einem durch spritlösliche Anilinfarben gefärbten Lack (gewöhnliches Kunstleder trocknet infolge des Erdfarbengehaltes der Lackpaste nur matt auf).

Man fabriziert ferner auch zweifarbiges bzw. sogenanntes antikes Kunstleder. Zu diesem Zwecke erhält das durch Gaufrieren genarbte, gewöhnliche Kunstleder auf der Rackelstreichmaschine, und zwar mit einer stark verdünnten dunklen Lackpaste (meist in Schwarz), nochmals einen Strich; dabei werden nur die vertieften Stellen der Narbeneinprägung angefärbt, und es entsteht der Zweifarbeneffekt.

Kunstleder für Büchereinbände (Schmaschenleder usw.), für das als Basis nur ungerauhte Nesselgewebe in Betracht kommen, wird nach dem Färben zunächst mit einer gewöhnlichen Füllappretur versehen, getrocknet, kalandert und dann erst mehrmals mit gefärbtem Nitrozelluloselack nach den angegebenen Vorschriften behandelt sowie zuletzt gaufriert.

Schleifleinwand. Zur Erzeugung von „Schleifleinwand" („Schmirgelleinen")[1]) werden Kattun, Kaliko und ähnliche, jedoch meist nur leicht eingestellte Baumwollgewebe (z. B. $^{19}/_{12}$, $^{36}/_{42}$; $^{19}/_{14}$, $^{36}/_{42}$; $^{19}/_{16}$, $^{36}/_{42}$) verwendet und in diesem Falle direkt vom Webstuhl weg auf einer besonderen Rackelappreturmaschine (bestehend aus zwei hintereinander angeordneten Rackelstreichvorrichtungen und drei Trockentrommeln) einseitig mit einer starken Füllappretur versehen.

Man appretiert zu diesem Zweck in der Regel zweimal, und zwar zuerst mit einer weniger konsistenten, und dann noch mit einer dickeren sowie bedeutend mehr Füllmittel enthaltenden Appreturmasse. Diese Appreturmasse wird z. B. auf Basis von Protamol (eine Reiseiweißstärke aus der Reisschälfabrikation) oder einer geringwertigen Sorte Reisstärke mit Kaolin als Füllmittel und unter Zugabe von etwas Wasserglas, Seife und Wachs nach der für derartig beschwerte Appreturen geltenden Arbeitsvorschrift hergestellt. Der Zusatz von Wasserglas wirkt ebenfalls beschwerend, doch dient er hier vor allem als Schutz gegen das Abstauben (Herausfallen) der Füllsubstanz infolge Bildung von Kieselsäure durch den Einfluß der Kohlensäure aus der Luft nach dem Trocknen der Gewebe. Die Wasserglasmenge darf nicht zu hoch bemessen sein; bei Annahme der Appreturmasse als Wasser wird im allgemeinen ein Zusatz bis zur Dichte von 1° Bé zweckmäßig sein.

Für das Vorstärken kann beispielsweise folgende Vorschrift gelten:

100 g	Stärkesubstanz	pro Liter Wasser, entsprechend verkocht.
260 g	Kaolin	
15 g	Wasserglas 37° Bé	
15 g	Kolophoniumseife	

Für das Nachstärken:

140 g	Stärkeprodukt	pro Liter Wasser entsprechend verkocht.
500 g	Kaolin	
20 g	Wasserglas 37° Bé	
15 g	Kolophoniumseife	
15 g	Japanwachs	

Kolophoniumseife (Harzseife, harzsaures Natron) wird hergestellt durch Verseifen von Kolophonium mit schwacher Natronlauge (20° Bé) und weiterem Ver-

[1]) Siehe auch: „Fabrikation von Schleifleinwand" in „Kunststoffe", Zeitschrift für Erzeugung und Verwendung veredelter oder chemisch hergestellter Stoffe. 10. Jg. 1920, Nr. 14, S. 139/140.

kochen dieser Emulsion mit einer 30%igen Sodalösung (bis zum Entstehen einer ziemlich dicken, gelblichen Flüssigkeit); dieser Seifenleim wird dann durch ein ziemlich dichtes Gewebe abgepreßt und so von Unreinigkeiten befreit.

Nach beendeter Arbeit auf der Rackelappreturmaschine wird die Ware noch schwach (nur mit Walzendruck) und nur kalt kalandert.

Die für den eigentlichen Verwendungszweck erforderliche Weiterbehandlung: das Bestreichen der unappretierten Gewebeseite mit Klebesubstanz (geeignet zubereiteter, schnell trocknender Leim) und das Auftragen des Schleifpulvers geschieht dann im Schmirgelwerk, und zwar entweder manuell oder mit Hilfe besonderer maschineller Vorrichtungen.

Bei der Handarbeit wird der Klebestoff mit großen Bürsten auf das Gewebe aufgetragen, hierauf getrocknet und eine zweite Schicht stärkerer Leimlösung aufgebürstet; so lange diese Schicht noch naß ist, siebt man das Schleifpulver auf, trocknet (Aufspannen auf Rahmen), wiederholt das Leimen sowie das Übersieben mit Schmirgelpulver nochmals und trocknet dann endlich.

Für den ersten Leimauftrag arbeitet man z. B. mit folgender Leimlösung:

In 50 l	Wasser:
$12^1/_2$ kg	heller Leim (vorher eingeweicht)
$1^1/_4$ kg	Alaun
$3^1/_4$ kg	Weizenstärke

Die stärkere Leimlösung wird dann bereitet aus

50 l	Wasser
35—40 kg	Leim
2 kg	arab. Gummi und
20 l	schwacher Leimlösung

Für maschinelle Arbeitsweise hat sich das Brückner'sche Verfahren vorteilhaft bewährt. Das Auftragen des Klebemittels geschieht dabei wie bei linksseitigem Appretauftrag durch ein 3-Walzen-System, dessen unterste, mit Filz überzogene Walze in einem mit der Klebsubstanz beschickten Troge rotiert. Nach dem Passieren dieser Walzen geht die Ware unter zwei Zerstreuungsbehältern hinweg, aus welchen das Schleifpulver in bestimmt regulierbarer Menge herausläuft. Dicht hinter den Streuapparaten befinden sich gerippte Walzen, durch welche die Ware in Vibration erhalten wird, um eine gleichmäßige Verteilung des Schleifpulvers zu erzielen; das überschüssige Schmirgelmaterial fällt dabei in einen Behälter. Anschließend folgt der Lauf über zwei Trockenzylinder, dann zwischen einem eisernen Quetschwalzenpaar hindurch (zwecks Glättung und Einpressen des Schleifpulvers in den noch zähen Klebestoff) und endlich das vollständige Trocknen mit Hilfe von zwei angegliederten Trockentrommeln. Hierauf wird die Ware auf einer Schneidemaschine in Streifen von jeweils erwünschter Breite geschnitten und auf eine Rolle aufgewickelt; das Querschneiden dieser Streifen in das handelsübliche Kleinformat geschieht dann meist von Hand.

In manchen Fällen werden dichtere und auch vorgefärbte (meist in Grau mit substantiven oder mit Schwefelfarben) Gewebe zur Herstellung der Schleifleinwand verwendet. Es ist dann zwar ein eventuelles Auskochen und Färben der Ware erforderlich, doch meist keine besondere vorherige Füllappretur.

5. Die Appretur der Zeugdruckartikel.

Die Appretur der Zeugdruckartikel umfaßt im allgemeinen ebenfalls ungerauhte und gerauhte Waren und in druckereikoloristischer Hinsicht weißbödige Ware sowie Ätz- und Reservedrucke auf bzw. unter vor- oder nachgefärbten Geweben. Die Appreturbehandlung letztgenannter Druckereierzeugnisse (Ätz- und Reserveartikel) weicht in kaum nennenswerten Belangen von der Appretur der reinen Färbe- bzw. Buntwebartikel ab. In Fällen der Herstellung von Druckartikeln, die den buntgewebten Stoffen täuschend ähnlich sehen, wird übrigens ganz selbstverständlich eine entsprechend gleichartige Ausrüstung in Anwendung gebracht; dies bezieht sich besonders auch auf weißbödige Ware für Hemden- und Blusenstoffe.

Weißbödige Ware erfordert in den meisten Fällen nach Entfernung der Verdickungsmittel durch Malzen bzw. Seifen und Spülen noch eine besondere Reinigung. Durch den Seifprozeß werden zwar die nicht befestigten, der Ware nur oberflächlich anhaftenden Farbstoffteilchen und sonstige Verunreinigungen zum größten Teil wieder weggewaschen, doch ist dabei eine Trübung des weißen Fonds kaum vermeidlich. Bei Drucken auf vorpräparierter (geölter oder naphtholierter) Ware, z. B. Paranitranilinrot, ist eine gründliche Reinigung des Fonds in jedem Falle von Wichtigkeit.

Diese Reinigung der unbedruckten Gewebestellen geschieht durch Chlorieren nach dem Seifen und Trocknen, d. h. vor dem Appretieren. Man arbeitet dabei entweder mit Chlorkalk- oder Chlorsodalösungen sowie auch mit Lösungen von Aktivin; die Ausführung geschieht in bereits bekannter Weise durch Imprägnieren der Ware mit schwacher Bleichflüssigkeit und anschließendem Trocknen auf Trockenzylindern (Trockenchlor) oder in milder wirkender Form, indem man die imprägnierte Ware zuerst durch einen Dampfkasten laufen läßt (Dampfchlor) und dann trocknet.

Mit Ferrozyandampfschwarz bedruckte Waren, deren Weißboden nach dem Chromieren, Waschen und Trocknen nicht genügend rein erscheint, werden vor dem Appretieren noch „manganisiert". Darunter versteht man die Imprägnierung der Ware mit einer schwachen Lösung von Kaliumpermanganat (1½—2 g per Liter) auf einem Foulard, anschließendes Trocknen in der Hotflue und nachfolgende Passage durch ein heißes Schwefelsäure-Oxalsäurebad auf der Breitwaschmaschine sowie gründliches Spülen.

Appreturvorschriften für weißbödige Ware. Bei weißbödigem (halbgedecktem) Druck-Kattun erhält man mit einer Appreturflotte von folgender Zusammensetzung einen sehr schönen, vollen und geschmeidigen Griff:

$1^1/_4$ l	Norgine-Auflösung
1 l	Kartoffelstärke-Leim-Flotte
3 l	Seifenlösung 1 : 10
$^1/_4$ l	Türkischrotöl 50 %ig

Auf 60 Liter stellen.

Norgine-Auflösung:

1500 g	Norgine
25 l	Wasser

Kartoffelstärke-Leim-Flotte:

34 kg	Kartoffelstärke
20 kg	Syrup
20 kg	Leimgallerte 60 : 1000

Auf 400 Liter stellen.

Man appretiert auf dem Foulard eines Spannrahmens; es ist nachher zweckmäßig, die Ware nicht einzusprengen, sondern anzudämpfen (über einen Dämpftisch umzubäumen). Zum Schluß wird nur mit schwachem Druck und ohne Anwendung der Stahlwalze kalandert.

Appreturvorschrift für 80 cm breite Bettzeug-Kretonnes ($^{16}/_{16}$, $^{20}/_{20}$).
(Bedruckt mit Rapidechtrot.)

Stammappreturflotte:

25 kg	Kartoffelstärke	10 Minuten aufkochen
250 g	Aktivin	
160 l	Wasser	
5 g	Kupfervitriol (gelöst)	
	Dann zugeben:	
10 l	Marseillerseife 1 : 10	
2 l	Appreturöl 50 %ig	

Auf 250 Liter stellen.

Dieser Stammappret wird entweder direkt oder je nach Erfordernis noch mit Wasser verdünnt angewendet, z. B.

100 l Stammappret und
10 l Wasser

Das Appretieren geschieht ebenfalls auf dem Spannrahmenfoulard (einseitig); anschließend wird die Ware eingesprengt und leicht kalandert.

Für den Bettzeugartikel sowie für Hemdenstoffe usw. werden öfters auch Dextrin-Bittersalz-Appreturen in Anwendung gebracht. Als Zusatz zwecks Erzielung eines geschmeidigen Griffes hat sich Appret-Avirol E[1]) (ein magnesiabeständiges Sulforizinat der Firma H. Th. Böhme A.-G., Chemnitz) sehr gut bewährt. Z. B.

In 150 l Wasser:
25 kg Dextrin
20 kg Bittersalz
6 kg Appret-Avirol E

Auch mit Kaolin beschwerte Appreturen sind zuweilen für weißbödige Druck-Kattune in Anwendung; beispielsweise:

In 100 l Wasser
13 kg Weizenstärke
36 kg China Clay

Die entsprechend verkochte und durchgesiebte Appreturmasse läßt man erkalten, stärkt dann damit die Ware auf einer Linksappreturmaschine und trocknet auf Trockentrommeln. Sodann foulardiert man noch auf einem gewöhnlichen Stärkefoulard mit einer Dextrinflotte:

In 100 l Wasser:
5 kg Dextrin
400 g Monopolbrillantöl

Anschließend wird die Ware wieder auf der Zylindertrockenmaschine getrocknet und zum Schluß leicht kalandert.

Bei bedruckten Tüllgeweben, die in den meisten Fällen mit einer geeigneten Stärkeappretur beschwert werden, muß das Trocknen auf einem Changierspannrahmen (Spannrahmmaschine mit periodischem Warenlauf) erfolgen, um einerseits ein möglichst fadengerades Fabrikat zu erhalten und andererseits ein Aneinanderkleben der Fäden zu vermeiden.

Appretur für Blaudruckwaren. Aktivin-Stärke-Appreturen sind ganz besonders auch zum Griffigmachen von Blaudruckwaren geeignet und sehr

[1]) Ausführlicheres siehe Dr. Ing. M. Nopitsch: „Appret-Avirol E, ein modernes Appreturöl"; Melliands Textilberichte 1926, S. 688/689.

viel in Anwendung, da die Indigofärbung dadurch in keiner Weise verschleiert wird[1]).

Beispiel der Zusammensetzung einer Appreturflotte für indigoblau gefärbte weiß- und buntgeätzte 78-cm-Nessel; Ausrüstung ohne Glanz (Rohappret):

20 kg	Kartoffelstärke	ca. 10 Minuten aufkochen.
300 g	Aktivin	
150 l	Wasser	
5 g	Kupfervitriol (gelöst)	

Dann zugeben:

12 l	Kartoffelsyrup	
2 l	Appreturöl	oder 800—1200 g Monopolseife
1 l	Glyzerin	
2 l	Bariseife 1 : 10	

Auf 200 Liter stellen.

Beim üblichen einseitigen Appretieren auf dem Foulard eines Spannrahmens ergibt sich nach anschließendem Trocknen ein einwandfreies Blaudruckfabrikat mit vollem, weichem Griff. Die Ware wird dann nur noch auf der Meß- und Legmaschine in Falten gelegt, in Stücke von ca. 40 m geteilt und diese versandfertig geheftet sowie etikettiert.

Für Indigoware (Kretonne $^{16}/_{16}$, $^{20}/_{20}$) mit Glanzausrüstung arbeitet man u. a. z. B. nach folgender Vorschrift:

13	kg	Kartoffelstärke
$7^1/_2$	kg	Knochenleim in
30	l	Wasser einweichen und aufkochen
150	g	Japanwachs
20	kg	Chlorkalzium
1	l	Rüböl; gut verkochen und dann

auf 300 Liter einstellen.

Die foulardierte und auf dem Spannrahmen (Kluppenmaschine) getrocknete Ware wird dann eingesprengt, aufgerollt und über Nacht liegen gelassen; am anderen Tage wird auf einem 3-Walzen-Kalander mit heißer Stahlwalze kalandert und dann eventuell noch leicht gemangelt. Durch das Mangeln wird ein besonders voller Griff erzielt.

Für Blaudruck-Kleiderstoffe kann man auch eine Dextrin-Sirup-Bittersalz-Appretur (sogenannte Salzappretur) in Anwendung bringen; z. B. für 78-cm-Nessel der Einstellung $^{14}/_{14}$, $^{20}/_{20}$:

18 kg	weißes Dextrin mit etwa
150 l	Wasser aufkochen
450 g	Leicogummi einrühren und nochmals aufkochen. Hierauf gibt man
15 kg	Kartoffelsyrup
14 kg	Monopolbrillantöl
9 kg	Bittersalz sowie
4 l	Chlormagnesiumlösung 30° Bé zu und stellt

auf 300 Liter ein.

Man behandelt die Ware in gleicher Weise wie bei der vorangegebenen Chlorkalziumappretur bei ca. 50° C auf dem Foulard einer Kluppenspannmaschine; nach dem Trocknen, Liegenlassen und Einsprengen wird kalandert und gemangelt.

Bei Blaudruckfabrikaten (geätzte oder reservierte sowie auch glatte Indigofärbungen usw.), die nach gewissen außereuropäischen Ländern bestimmt sind,

[1]) Siehe auch Dr. Richard Feibelmann: „Die Appretur von Blaudruck und Gardinen mit Aktivin"; Melliands Textilberichte 1926, S. 144—146.

wird manchmal der spezifische Geruch verlangt, welcher nur den auf Gärungsküpen hergestellten Färbungen eigen ist. In solchen Ausnahmefällen gibt man der in Betracht kommenden Appreturflotte etwas „Küpengeruch“[1]) (ein Indigopräparat der B. A. S. F.) zu.

Weiß und buntreservierte Hydronblaufärbungen auf Kretonnes werden naturgemäß meist nach gleichen Grundsätzen ausgerüstet. Für matte Appretur (Rohappret) mit vollem, weichem Griff bereitet man eine Aktivin-Stärkelösung (Stammflotte), der nach Bedarf hygroskopische und Weichhaltungsmittel zugegeben werden:

Stammappretur:

25 kg	Kartoffelstärke	10—15 Minuten aufkochen.
250 g	Aktivin	
5 g	Kupfervitriol (gelöst)	
150 l	Wasser;	
	hierauf	
3 l	Appreturöl zugeben und auf	
250 Liter einstellen.		

Anwendungsappret z. B.:

100 l Stammappretur
6 l Kartoffelsyrup
4 l Marseillerseife 1 : 10

Appreturvorschriften für Druckartikel auf Zanella- und Satingeweben.

Appreturvorschrift für Weiß- und buntbedruckte 80 cm breite (leichter eingestellte: $^{21}/_{30}$, $^{36}/_{42}$) schwarze Zanellas (Ätzreserven-Schwarzklotz) mit Seidenfinish:

10 kg Dextrin,
80 l Wasser,
5 kg Leim fest (vorher einweichen und aufkochen);
40 l Marseillerseife 1 : 10

Auf 200 Liter einstellen.

Dieser leimhaltigen Appreturflotte gibt man zweckmäßig noch 30—50 g Salizylsäure als Antiseptikum zu[2]).

Appretiert wird auf dem Foulard einer Kluppenspannmaschine. Nach dem Trocknen läßt man einige Stunden oder am besten über Nacht auskühlen, sprengt dann ein oder dämpft leicht an und läßt die Warenrollen wieder über Nacht liegen. Hierauf erfolgt die Glanzgebung auf dem Seidenfinishkalander unter starkem hydraulischem Druck (meist bis zu 4000 kg für je 10 cm Walzenbreite) und Heizung der Riffelwalze auf etwa 150° C.

Bessere Zanella- (Satin-) Qualitäten werden in der Regel mit keinerlei Appreturflotte, vor allem nicht mit Dextrin- und Leimlösungen, sondern eventuell nur mit schwachen Monopolseife- oder Türkischrotöllösungen foulardiert bzw. eingesprengt, weil sonst die Ware zu hart wird.

Zum Appretieren von Ärmelfuttersatins eignet sich eine Aktivin-Stärkelösung unter Zugabe von Leim, Softening und Talg[3]):

---

[1]) Bezüglich des Präparates „Küpengeruch“ siehe das Buch der Badischen Anilin- und Sodafabrik, Ludwigshafen: „Indigo rein B. A. S. F.“, S. 58/59 (Großausgabe: 299 Seiten).

[2]) Siehe diesbezüglich die Abhandlung von P. Straszewski: „Antiseptika, die eine Schimmelbildung auf Geweben verhindern“; Melliands Textilberichte 1925, S. 497. Ferner sind auch die ergänzenden Bemerkungen hierzu von Dr. Richard Feibelmann betr. Aktivin wichtig; Melliands Textilberichte 1925, S. 586/587.

[3]) Bezüglich Vorschriften für das Arbeiten mit Biolase-Stärke sei auf die Biolase-Broschüre der I. G. Farbenindustrie A.-G. (Werk Kalle & Co., Biebrich a. Rh.) verwiesen.

20 kg Kartoffelstärke
300 g Aktivin
150 l Wasser
5 g Kupfervitriol (gelöst)
} 10—15 Minuten kochen.
Kurz vor Einstellen des Kochens gibt man
$1^1/_2$ kg Leim (vorher eingeweicht und aufgekocht)
2 kg Softening sowie
$^3/_4$ kg Talg zu und stellt dann auf
200 Liter ein.

Softening (eine wasserhaltige Fettemulsion) kann z. B. nach folgender Vorschrift selbst bereitet werden:

10 kg Palmfett werden mit
$3^1/_2$ kg Natronlauge 40° Bé so lange erhitzt bis eine homogene weiße Masse entsteht, die dann mit Wasser auf
25 Liter eingestellt wird.

Für manche Druck- und Färbeartikel können auch Appreturen mit Hilfe von Quellstärke, dem sogenannten Quellin hergestellt werden. Dieses Produkt ist eine nach besonderem Verfahren aufgeschlossene Stärke und kommt als lockeres feines Pulver in den Handel. Das Quellin wird mit kaltem Wasser angerührt und quillt dabei zu einer hochviskosen Masse auf, die man noch kurz aufkocht. Für Färbeartikel wird es in Mischung mit Dextrin empfohlen[1]).

Ein ähnliches Produkt, das speziell als Ersatz für Weizenstärke in Betracht kommt, ist Haake's W.-Stärke[2]).

Mit Chlorkalklösung aufgeschlossene Stärke[3]) wird dagegen kaum mehr zum Appretieren verwendet, denn diese veraltete Arbeitsweise ist durch das einfache und sichere Verfahren mit Aktivin (p-Toluolsulfonchloramidnatron) vollständig verdrängt worden.

Bezüglich der Bereitung von Appreturmassen auf Basis der Einwirkung von Diastafor auf Stärke finden sich zahlreiche Vorschriften für alle in Betracht kommenden Warengattungen in der bereits erwähnten Diastafor-Broschüre (Kriegsausgabe) der Diamalt-Aktien-Gesellschaft München.

Für das **Appretieren gerauhter Druckartikel** gelten im allgemeinen die gleichen Grundbedingungen, die bereits bei Buntweb- sowie Färbewaren besprochen wurden.

m) Das Trocknen der Gewebe[4]).

Hinsichtlich der Wesens- bzw. Ausführungsart der in der Textilindustrie angewendeten Trocknungsmethoden unterscheidet man direkte und indirekte Trocknung. Bei der direkten Trocknung ist die Ware in unmittelbarer Berüh-

---

[1]) F. L. P. Krizkovsky: „Die Quellstärke und ihre Verwendung in der Schlichte und Appretur"; Melliands Textilberichte 1925, S. 423/424.

[2]) Dr. B. Engelhardt: „Ein neuer Weg für Schlichte und Appretur?"; Melliands Textilberichte 1926, S. 839/840.

Nach dem Ö. P. Nr. 26366 von S. und R. Haake wird Stärke in trockenem Zustande mit solchen Stoffen gemischt, die das in der Stärke enthaltene Wasser zersetzen, wobei Sauerstoff frei wird, welcher auf die Stärke oxydierend einwirkt. Als geeignete Substanzen werden in dieser Hinsicht Chlorkalk in Mischung mit Bikarbonaten genannt.

[3]) Nach einem Patent von Dr. Walter Müller-Hollkamp; eine derartige Vorschrift findet sich z. B. im „Kleinen Handbuch der Färberei von Leopold Cassella & Co. G. m. b. H., Frankfurt a. M. Bd. I (Nr. 3798), 3. Aufl., S. 250. 1923.

[4]) Siehe auch Ing.-Chem. Karl Wagner: „Über das Trocknen der Faserstoffe auf Grund der physikalischen und chemischen Eigenschaften" Melliands Textilberichte 1925, S. 344—346.

rung mit geheizten Metallflächen (Lauf der Ware über Trockenzylinder bzw. in manchen Fällen auch über Trockenplatten), bei der indirekten Trocknung wird dagegen erwärmte Luft als Trockenmittel angewendet (Hängetrocknung und das Trocknen in Spannmaschinen).

1. Die Hängetrocknung als älteste Methode und die modernen mechanischen Hängetrockner.

Das Trocknen wurde in den ältesten Zeiten in einfacher Weise durch Aufhängen der Gewebe in freier Luft vorgenommen. Die durch Witterungseinflüsse hervorgerufenen Unzuträglichkeiten und gesteigerte Produktionen führten später zur Anlage von eigenen Trockenhäusern (Trockentürmen) von mehr oder minder beträchtlicher Höhe, in denen die Ware über Lattenroste (die in der Nähe des Dachstuhles angebracht waren) frei heruntergehängt wurde (Lufthänge); die Frischluftzuführung geschah durch entsprechend angebrachte Ventilationsöffnungen, die bei Regenwetter geschlossen werden konnten. Eine derartige Trocknung nahm bei ungünstigem Wetter naturgemäß oft zu lange Zeit in Anspruch, so daß der Übergang zur Warmlufthänge als selbstverständliches und unumgängliches Erfordernis im Sinne fortschrittlicher Entwicklung sehr bald in Erscheinung trat.

Als dann in der ersten Hälfte des neunzehnten Jahrhunderts maschinelle Trockenvorrichtungen verschiedenster Art die Grundlagen großindustrieller Fabrikationsmethoden allenthalben deutlich sichtbar zum Ausdruck brachten, verschwand nach und nach das System der Hängetrocknung in den weitaus meisten Textilbetrieben. Die neuen Arbeitsmethoden haben jedoch nicht die gänzliche Ausschaltung der Hänge zur Folge gehabt, da sie zur einwandfreien Herstellung gewisser, z. B. besonders beschwerter Waren außerordentlich wertvolle Dienste leistet. Speziell beim Trocknen von Geweben, die mit Füllappreturen versehen sind, hat sich nämlich ein langsam vor sich gehender Trockenprozeß für das erforderliche innige Festhaften der Appreturmasse zwischen den Fäden als ebenso vorteilhaft wie zweckmäßig erwiesen. Bei scharfer Trocknung auf Zylinder- oder Spannrahmtrockenmaschinen kann sich die meist sehr dicke Füllappretur zwischen den Maschen des Gewebes mit den Schuß- und Kettfäden nicht immer zweckentsprechend fest verbinden, so daß dann durch die auf starker Reibung unter rollendem Druck beruhende Weiterbehandlung der Ware (Mangeln oder Friktionieren) ein Ausfallen der Füllmasse hervorgerufen und dadurch der beabsichtigte Endeffekt illusorisch gemacht wird.

Da sachgemäßes Trocknen in der Hänge diesen Übelstand nicht zur Auswirkung bringt, so hat man diese alte Trocknungsart durch automatisch und auf wärmewirtschaftlicher Basis arbeitende Apparate in jeder und besonders auch in großproduktiver Hinsicht weitgehendsten Anforderungen angepaßt.

Bewährte Konstruktionen solcher mechanischer Trockenhängen nach Kettensystem oder in kettenloser Ausführung für appretierte, gebleichte, gefärbte oder bedruckte Gewebe werden z. B. von den Firmen Julius Fischer in Nordhausen a. H. und Ernst Gessner A.-G.[1]) in Aue im Erzgebirge gebaut. Auch für das Trocknen von Öltuchen (wasserdichter, mit Ölfarben imprägnierter Gewebe) haben sich diese Trockenhängen bestens bewährt.

Sehr ökonomisch und betriebssicher arbeitet ferner die automatische Trockenhänge der Firma Benno Schilde in Hersfeld (Schilde-Hänge), bei der das sogenannte Stufenumluft-Trocknungsverfahren in Anwendung

---

[1]) Leipziger Monatsschrift für Textilindustrie, Heft 10 vom 15. Oktober 1927, Seite 482—485 („Die moderne Trockenhänge“).

kommt[1]). Die im Trockenraum laufenden Gewebe werden dabei von starken Luftströmungen jeweils konstanter Trockentemperatur umspült; letztere wird dadurch erzielt, daß die zirkulierenden Luftströme immer wieder um so viel Grade aufgewärmt werden, als sie auf ihrem Wege um und durch die feuchten Gewebebahnen für den Trocknungsprozeß abgegeben haben. Frischluftzuführung und Abluftregulierung sind wärmewirtschaftlich derart aufeinander eingestellt, daß der unvermeidliche Wärmeverlust auf ein Minimum beschränkt bleibt. Die Temperatur des Luftstromes, der für die in den Trockenraum eintretende Naßware bestimmt ist, ist am höchsten; die Temperaturen der anderen Zirkulationsströme nehmen dann gegen das Austrittsende der Ware allmählich ab. Zuletzt passiert die trockene bzw. sogar schon abgekühlte Ware eventuell noch einen Befeuchtungskanal, in welchem kühle und übersättigte Trockenluft durch die Stoffbahn geblasen wird. Durch dieses Anfeuchten wird das für Kalander- oder Mangelwaren ansonsten erforderliche Einsprengen vollkommen und mit gleichmäßigerer Wirkung ersetzt.

Mechanische Hänge-Trockner auf Grundlage stufenmäßig abnehmender Wärmegrade im Verhältnis zum stufenmäßig abnehmenden Feuchtigkeitsgehalt im Trockengut baut ferner in erstklassiger Ausführung die Maschinenfabrik Friedrich Haas in Lennep, welche übrigens auf diesem Gebiete bahnbrechend voranging[2]). Große Leistung und Wirtschaftlichkeit verbürgen auch die Stoffhängen der Radebeuler Maschinenfabrik Aug. Koebig, G. m. b. H. in Dresden-Radebeul.

2. Das Trocknen auf Zylindertrockenmaschinen.

Die wichtigste und für Gewebetrocknung produktivste Vorrichtung zur Ausführung der direkten Trocknung ist die Zylindertrockenmaschine. Dieselbe wird je nach Größe des Aufstellungsraumes bzw. der Leistungsanforderung mit 5—30 (durch direkten Dampf oder Abdampf heizbaren) drehbar gelagerten, kupfernen Trockenzylindern gebaut. Bezüglich der Anordnung der Trockenzylinder unterscheidet man eine stehende und eine liegende Bauart, also Vertikal- und Horizontal-Zylindertrockenmaschinen. Letztere erfordern größeren Aufstellungsraum und sind dafür aber übersichtlicher bzw. leichter zugänglich. Die Warenanlage auf die Trockenzylinder kann bei beiden Systemen zweiseitig oder einseitig erfolgen; zwecks einseitiger Trocknung werden jedem Zylinder zwei Umführungsleitwalzen vorgebaut.

Bei dieser Zylindertrocknung werden die Gewebe — infolge der durch den Lauf (relative Bewegung) über viele Zylinder bedingten Spannung — naturgemäß in die Länge gezogen und dadurch in der Breite verringert; je nach Spannung kann der entstehende Breitenverlust bis zu zehn Prozent und eventuell auch mehr betragen. Aus diesem Grunde baut man den Zylindertrockenmaschinen meist ein sogenanntes Einlaßfeld (eine Breitstreckmaschine, die aus zwei endlosen Ketten mit automatischen Tasterkluppen besteht) vor oder eine Breitstreck- und Egalisiermaschine mit rotierenden Scheiben (Egalisier-Rad). Auch für das Trocknen (Zwischentrocknen) gebleichter (unappretierter) Ware

---

[1]) Siehe diesbezüglich die instruktive Abhandlung von E. Rüf: „Die Hänge oder der Trockenturm"; Melliands Textilberichte 1923, S. 574—577. Ferner, Ing. Karl Rengew: „Großtrockenanlagen für die Textilveredelungsindustrie"; Leipziger Monatsschrift für Textilindustrie, Heft Nr. 10 vom 15. Oktober 1927, Seite 478—482.

[2]) Siehe auch: „Das Stufen-Trockenverfahren in der Textilindustrie"; Melliands Textilberichte 1924, S. 496. Ferner Professor Heinrich Brüggemann: „100 Jahre Textilmaschinenbau der Firma Friedrich Haas in Lennep". Melliands Textilberichte, Jahrgang 1927, S. 338.

ist die Kombination von Breitstreckmaschine mit Zylindertrockenmaschine wichtig, um den durch das Bleichen entstandenen Breitenverlust (der 10—12% betragen kann) von vornherein möglichst auszugleichen. Die aus endlosen Ketten mit automatischen Tasterkluppen bestehenden Breitstreckmaschinen besitzen in der Regel am Auslaß noch eine Fadengeradezieh-Vorrichtung und sind dann ebenfalls als Breitstreck- und Egalisiermaschine anzusprechen.

Beim Trocknen der mit Appreturflotten (Appreturmassen) imprägnierten Gewebe auf Zylindertrockenmaschinen ist infolge der direkten Berührung mit den stark erhitzten Kupferzylindern (80—90° C und darüber, bis nahe an 100°) bzw. besonders durch die anfänglich zu große Temperaturdifferenz zwischen der Heizfläche und Naßware ein mehr oder weniger harter Griff nicht zu vermeiden. Für bestimmte Warenqualitäten und Ausrüstungsarten kommt daher nur die indirekte Trocknung auf Spann- und Trockenmaschinen sowie zum Teil auch in mechanischen Trockenhängen in Frage, übrigens ist diese Trocknungsart in allen Fällen anwendbar.

Vorzüglich arbeitende Zylindertrockenmaschinen stehender und liegender Bauart liefern u. a. die Firmen Roßweiner Maschinenfabrik A.-G. in Roßwein in Sachsen sowie C. H. Weisbach in Chemnitz, und zwar letztere z. B. als kombinierte Anlage:

eine Vertikalzylindertrockenmaschine mit 16 Trockenzylindern, verbunden mit 2 Stärkmaschinen und 2 Breitstreckmaschinen, oder

eine Vertikalzylindertrockenmaschine mit 24 Trockenzylindern, mit 16 Kühltrommeln, verbunden mit Breitstreckmaschine und Kühlkasten usw.

3. Das Trocknen in Spannrahm-Trockenmaschinen.

Die indirekte Trocknung appretierter und zum Teil auch nichtappretierter Gewebe geschieht in der Hauptsache auf den Spann- und Trockenmaschinen verschiedenster Bauart. Die ursprünglichste und einfachste Form des Trocknens der Gewebe in gleichmäßig breit gespanntem Zustande geschah auf fixen Spannrahmen (Handspannrahmen); dieselben bestanden aus zwei mit Nadeln (spitzem Eisendraht) versehenen und parallel gegeneinander verstellbaren Holzschienen von der Länge des zu trocknenden Gewebes. Diese Rahmen waren entweder in heizbaren Räumen aufgestellt, oder die Trocknung erfolgte durch unterhalb des Gewebes angebrachte Dampfplatten. Bei gewissen appretierten Geweben erwies sich ein Rütteln der Rahmen während des Trockenprozesses als sehr vorteilhaft zur Erzielung eines charakteristischen Griffes; gleichzeitig wurden dadurch Gewebe mit verzerrten Fäden wieder fadengerade eingestellt. Die Rüttelbewegungen wurden durch jeweilig entsprechendes Verschieben der Holzschienen in der Längs- und Querrichtung mittels einfacher Vorrichtungen von Hand aus hervorgerufen.

Appretierte Batiste (z. B. der Einstellung $^{21}/_{23}$, $^{36}/_{42}$) werden in manchen Betrieben noch heute auf derartigen Handspannrahmen getrocknet. Die gebleichte, merzerisierte, hierauf mit Aktivinstärkelösung und etwas Glyzerin unter Zusatz eines Bläumittels (z. B. Algolblau 3 RP in Teig oder Alizarinirisol, Alizarinsaphirol B usw.)[1]) gestärkte Ware wird dann aufgespannt und der entsprechend konstruierte Rahmen während der ganzen Dauer des Trocknens

[1]) Siehe auch Farbenfabriken vorm. Friedr. Bayer & Co., Leverkusen: „Tabellarische Übersicht über Eigenschaften und Anwendung der Farbstoffe", I. Teil (Färberei der Baumwolle und Kunstseide), 6. Auflage 1925, S. 120 (Anbläuen gebleichter Baumwollwaren).

von Arbeitern gestoßen (gerüttelt). Man erhält dadurch ein Fabrikat von sehr schön gleichmäßigem, feinem Aussehen und eigenartig weichem Griff; derartig charakteristische Eigenschaften sind auf andere Weise kaum und selbst mit den besten Changier-Laufrahmen nur schwer zu erzielen.

Da jedoch die Handspannrahmen außer großer Raumerfordernis auch noch den selbstverständlichen Nachteil geringer Produktionsmöglichkeit aufweisen, so wird diese Arbeitsweise nur noch sehr selten in Anwendung gebracht. Bei Waren vorgenannter Art (Batisten, Taschentüchern u. dgl.) trocknet man daher nach dem Appretieren fast allgemein auf Changierspannrahmmaschinen, wie sie in ähnlicher Bauart, besonders auch für feine Plauener und Schweizer Artikel, gebräuchlich sind.

Die genannten Mängel der Handspannrahmen gaben schon gegen Ende des ersten Jahrzehnts des 19. Jahrhunderts Anlaß zur Herstellung kontinuierlich arbeitender Laufrahmen, aus denen sich dann die verschiedenen hervorragend bewährten Systeme von Hochleistungs-Spann- und Trockenmaschinen entwickelt haben. Die Gewebeführung geschieht durch zwei parallel laufende endlose Ketten, deren Kettenglieder entweder Nadelleisten oder Kluppen tragen oder mit beiden ausgestattet sind (kombinierte Nadel- und Kluppenkette). Dieser horizontale Breitstreckmechanismus setzt sich zusammen aus einem konischen Einlaßfeld und einem oder mehreren (je nach Länge der Maschine) parallel laufenden Spannfeldern; die im Anschluß an den konischen Einlaß (verstellbare Schenkel) — entsprechend der gewünschten Gewebebreite — parallel eingestellten Gliederketten laufen mit den von ihren Nadeln oder Kluppen festgehaltenem Gewebe durch eine mit heißer Luft geheizte Trockenkammer. Die Trocknung der Gewebe erfolgt also fortlaufend in gleich breit gespanntem Zustande. Die Ware kann dabei durch Umkehrung der Laufrichtung der Spannketten mehrmals den gleichen Weg im Trockenraum zurücklegen und man unterscheidet dementsprechend Ein-, Zwei-, Drei- und Vier-Etagen-Spannrahmtrockenmaschinen. Der Trockenraum ist in vertikaler Richtung in Abteilungen von bestimmter Länge (Spannfelder, Parallelfelder) geteilt, deren jede eine eigene Heißluftzuführung besitzt; zwecks vollkommener Ausnutzung der zugeführten Luft ist Rücksaugung vorgesehen (Längsluft-Rahmen.)

Spannmaschinen, deren Kettenglieder Nadelleisten besitzen (sogenannte Nadelmaschinen), sind nicht mehr sehr gebräuchlich, da die an den Leisten entstehenden Nadellöcher immer mehr oder weniger sichtbar bleiben und so den schönen Ausfall der Ware beeinträchtigen. Außerdem machen sich die erhabenen, durch die Nadeln durchstochenen Stellen insbesondere beim darauffolgenden Behandeln auf dem Finish-Kalander unangenehm bemerkbar, indem sie sowohl Finish-Walze als auch Papierwalze mit der Zeit unbrauchbar machen. Man arbeitet daher meist mit Kluppenmaschinen, die mit automatischen Tasterkluppen verschiedenster Ausführungsart (mit Gleit- und Rollentaster, mit und ohne Verriegelung), Federkluppen usw. versehen sind und deren Arbeitsweise unbeschädigte Gewebeleisten verbürgt (Hauboldkluppen, Bemberg-Kluppen usw.).

Die Einführung der Ware in die Kluppen (oder Nadeln) geschieht automatisch durch besondere Einführapparate und bedarf daher keiner steten Beaufsichtigung. Diese Gewebe-Einführapparate werden durch Taster (Fühlhebel) gesteuert, welche mit ganz leichtem Druck an den Gewebekanten anliegen, dabei jeder Bewegung der letzteren folgen und durch Druckluft oder elektrischen Strom die Gestellwände des konischen Einlaßfeldes (die beweglichen Schenkel) jeweils momentan derart passend einstellen, daß die Warenkanten von den Greiferkluppen der Spannketten gefaßt werden können. Ein bewährter, patentierter

Druckluft-Gewebe-Einführapparat wird u. a. von der C. G. Haubold A.-G. in Chemnitz[1]), ein elektrischer Wareneinführungsapparat von der Firma C. H. Weisbach in Chemnitz gebaut[2]).

Der Bau von Spann- und Trockenmaschinen läßt zahlreiche Konstruktions- und Kombinationsmöglichkeiten zu, die denn auch, je nach den zum Trocknen bzw. Appretieren hauptsächlich in Betracht kommenden Gewebearten, zur Ausführung gebracht werden.

Die Firma C. H. Weisbach in Chemnitz[3]) baut so z. B. u. a. eine Spann- und Trockenmaschine, Zwei-Etagen-System, mit 1 konischen Einlaßfeld und 5 parallelen Spannfeldern, verbunden mit Stärkmaschine, Vorwärmermaschine, Nachtrockenzylinder und ausgestattet mit einem patentierten elektrischen Wareneinführungsapparat. Außerordentlich wirtschaftlich arbeitet der Rudjahr-Querluft-Rahmen, eine neuartige Spann-, Rahm- und Trockenmaschine mit Schilde-Patent-Umluft-Zellen-Gebläsen der Maschinenfabrik M. Rudolf Jahr in Gera; der Luftstrom bläst dabei quer über die Breite der Warenbahnen[4]).

Für Weißwarentrocknung bzw. -appretur werden sogenannte Planrahmen (Ein-Etagen-System) bevorzugt, weil auf derartigen Maschinen ein Verschmutzen der Gewebebahn besser vermieden werden kann als auf Spannrahmen mit mehrmaliger Umkehr des Warenlaufes. Zwecks gründlicher Trocknung der Gewebe sind die Planrahmen mit einer Vortrockenmaschine (mehrere Kupferzylinder) in Verbindung und oft auch noch mit einem Nachtrockenzylinder versehen. Die bereits genannten Firmen Haubold und Weisbach bauen Planrahmen als Spezialität.

Die bereits erwähnten Changier-Spann- und Trockenmaschinen werden sowohl für wagerechten als auch für senkrechten Kettenlauf gebaut. Zur Ausrüstung feiner, elastischer und empfindlicher Gewebe wird meist die horizontale Changiermaschine (z. B. Bauart Haubold) angewendet; dieselbe gestattet ein gleichmäßiges Durchchangieren des Gewebes bis zur Mitte, genaueste Breiteneinstellung auch während des Changierens und zuverlässiges Einkluppen durch patentierte Taster-Sonderkluppen mit unterteilter Greiferkante.

n) Das Brechen der appretierten Waren.

Obwohl für jede Gewebeart und deren Ausrüstungseffekt eine stets gleichartig zusammengesetzte und gleich konsistente bzw. gleich starke (konzentrierte) Appreturmasse nach jeweils bestimmter Vorschrift in Anwendung kommt und die zweckentsprechende Wirkung derselben bei erstmaliger Anwendung selbstverständlich durch probeweises Appretieren der Ware kontrolliert und eventuell korrigiert wird, so ergeben sich beim kontinuierlichen Arbeiten infolge öfter frisch zu bereitender Flotte meist geringe Differenzen im griffigen Ausfall.

---

[1]) R. Beyerfeld: „Selbsttätige Gewebeeinführung in Spannmaschinen". Melliands Textilberichte, Jahrgang 1927, S. 339/340.

[2]) Dipl.-Ing. E. A. Anke (Prof. a. d. Staatl. Gewerbe-Akademie, Chemnitz): „Allgemeine Konstruktionsverbesserungen an Spann-, Rahm- und Trockenmaschinen"; Leipziger Monatsschrift für Textilindustrie (Ausstellungsnummer anläßlich der „Jahresschau Deutscher Arbeit Dresden 1924"), XXXIX. Jahrg., Heft 5 vom 15. Mai 1924, S. 226/227.

[3]) Siehe auch den mit Abbildungen versehenen Glaspapier-Prospekt über „Gewebe-Ausrüstungsmaschinen für Trockenappretur" der Firma C. H. Weisbach, Sonderfabrik für Gewebeausrüstungs-Maschinen in Chemnitz.

[4]) Hervorragend leistungsfähig ist auch die Hochleistungs-Spannrahm-Maschine mit Stufentrocknung der Firma H. Krantz Söhne, Aachen.

Im allgemeinen spielen solche Unterschiede keine Rolle für den erforderlichen verkaufsfähigen Zustand des Fertigfabrikates. Durch mancherlei Zufälligkeiten und unwägbare Wichtigkeiten des praktischen Großbetriebes trifft es jedoch nicht allzuselten zu, daß manche Partien appretierter Ware übermäßig hart im Griff ausfallen; derartige abweichende Ware muß daher wieder weich und geschmeidig gemacht werden.

Der dazu erforderliche Arbeitsvorgang — das sogenannte Brechen der Ware — geschieht auf der Appreturbrechmaschine. Es gibt verschiedene Systeme solcher Maschinen; für Baumwollwaren verwendet man meist die Spiral- oder die Riffelwalzenbrechmaschine. In bewährter Bauart werden dieselben u. a. von C. H. Weisbach in Chemnitz sowie von der Roßweiner Maschinenfabrik A.-G. in Roßwein i. Sa. als Universal-Appretbrechmaschine geliefert.

Bei Waren, die zum Kalandrieren bestimmt sind, geschieht das Brechen gewöhnlich vor dem Kalandern.

o) Das Anfeuchten der für Kalander- oder Mangelglanz bestimmten Waren.

Waren, die durch Kalandern oder Mangeln zu glätten und mit mehr oder minder wirkungsvollem Glanzeffekt auszurüsten sind, müssen vor diesen Behandlungen erst gründlich befeuchtet werden; nicht genügend benetzte, appretierte Ware wird durch den vom Kalander ausgeübten Druck wenig vorteilhaft beeinflußt; sie bleibt rauh und hart.

Je nach Warengattung und angewendeter Appretur sowie der in Betracht kommenden Kalandrierung bzw. dem erwünschten Glätt- oder Glanzeffekt und Griff kann das Anfeuchten in verschiedener Weise vorgenommen werden:

a) durch Dämpfen (Andämpfen),

b) durch Bestäuben mit Wasser (Einsprengen),

c) durch Anblasen kühler, übersättigter Trockenluftströme in eigenen Befeuchtungskanälen (z. B. im Anschluß an eine automatische Trockenhänge, wie dies bei der „Schilde-Hänge“ der Fall ist) und ferner auch durch Behandlung in der Naturfeuchtmaschine (z. B. Rudjahr-Naturfeuchte der Firma M. Rudolf Jahr in Gera oder auf der Kühl- und Befeuchtungsmaschine der Firma Cüsters & Co.[1]), M.-Gladbach.

Das Befeuchten der Ware durch Andämpfen mit feuchtem Dampf beim Lauf derselben über einen Dämpftisch wird meist nur angewendet, wenn es sich nachher um eine schwache Kalandrierung handelt. Hier und da wird jedoch auch Ware, die für den Riffelkalander bestimmt ist, durch derartiges Andämpfen befeuchtet; Einsprengen (Bestäuben mit Wasser und in manchen Fällen auch mit einer schwachen Lösung von Monopolseife) erweist sich aber meist als zweckmäßiger.

Wirksamer als das Andämpfen ist das Einsprengen, wozu man sich entweder einer Einsprengmaschine nach Bürstenwalzensystem (mit einer oder zwei rotierenden Bürsten und Messingantragwalze für ein- oder beidseitiges Anfeuchten) oder einer Düseneinsprengmaschine mit Wasserzerstäubungsapparat (geschlossenem Wasserbehälter und Rootsgebläse) bedient[2]).

[1]) Abbildung und Beschreibung dieser patentierten Maschine siehe Leipziger Monatsschrift für Textilindustrie Heft Nr. 10 vom 15. Oktober 1927, S. 55—57.

[2]) Für diese Art Warenbefeuchtung hat sich besonders auch die Schlick'sche Kreiselkraftdüse der Firma Gustav Schlick in Dresden-N. 6 sehr gut bewährt. Siehe auch Leipziger Monatsschrift für Textilindustrie, 1927, S. 488—489.

Wichtig ist in jedem Falle, daß die Maschine eine gleichmäßig gründliche Befeuchtung der Ware durch einen feinen Sprühregen ohne Tropfenbildung gewährleistet.

Bei appretierten (beschwerten) Waren, die dann eine automatische Trockenhänge mit angeschlossenem Befeuchtungsraum passieren (z. B. eine derart konstruierte „Schilde-Hänge"), wird in letzterem eine besonders gleichmäßige Befeuchtung erzielt, so daß diese Arbeitsweise für die in Betracht kommenden Artikel dem Einsprengen vorzuziehen ist. Gleich wirksam arbeitet auch die Naturfeuchtmaschine (Rudjahr-Naturfeuchte); diese Maschine hat jedoch in erster Linie den Zweck, der Ware an und für sich den ihrer Eigenart entsprechenden natürlichen Feuchtigkeitsgehalt wiederzugeben und derselben einen vollen, fleischigen Griff zu verleihen. Für übertrocknete Gewebe ist ein Andämpfen oder Naturfeuchten in jedem Falle vorteilhaft, weil dadurch ein Auflockern des Fasermaterials und ein voller Griff hervorgerufen wird.

p) Das Kalandern, Mangeln, Moirieren, Riffeln usw.[1]

Diese wichtigen Arbeitsmethoden der Gewebeausrüstung bezwecken in erster Linie eine Vervollkommnung der Gewebeoberfläche durch Verleihung von Glanz[2]) und festerem Schluß (dichteres Aussehen); gleichzeitig wird dem Fertigfabrikat, je nach Warengattung und Behandlungsart, jeweils ein besonderer Griff eigen.

1. Das Kalandern.

Die verschiedenen Bauarten der Kalander gestatten die Erzeugung von Glanz in den feinsten Abstufungen vom Matt- bis zum Hochglanz. Der einfachste Kalander besteht aus zwei Walzen, von denen die eine aus Metall (Stahl oder Hartguß) hergestellt und die andere aus Papier, Baumwolle, Mako oder Jute gepreßt ist. Je nach angestrebtem Ausrüstungseffekt werden jedoch Kalander bis zu sieben und auch mehr, entsprechend abwechselnd übereinander gelagerten Metall- und Papierwalzen in Anwendung gebracht. Die Kalandrierung kann kalt oder heiß vorgenommen werden; für die letztgenannte, zur Erzielung von hohem Glanz erforderliche Arbeitsweise werden die Metallwalzen heizbar hergestellt.

In der Hauptsache unterscheidet man drei Arten Kalander:

a) die besonders in der Vorappretur verwendeten Naß- (Wasser-) Kalander,

b) die Trockenkalander,

c) die Seidenglanz- und Gaufrierkalander.

Die Wasserkalander (Naßkalander) — ad a) — dienen dazu, die aus der Bleiche von der Strangwaschmaschine kommende und durch den Strangöffner wieder in volle Breite entfaltete Ware durch kräftiges Auspressen rationell zu entwässern. Diese Kalander bestehen meist aus zwei Jutewalzen und einer mittleren Metall- (Bronze-) walze; für besonders wirkungsvollen Ausquetscheffekt werden jedoch auch fünfwalzige Wasserkalander gebaut, die außerdem noch mit einer

[1]) Siehe auch die Abhandlung von Karl Schulze: „Der Walzenkalander und seine Verwendung in der Gewebeveredelung". Melliands Textilberichte, Jahrgang 1927, S. 140 und 230—232.

[2]) Privatdozent Dr. A. Klughardt hat eine neue Methode zur Glanzmessung an Geweben beschrieben: „Über die Bestimmung des Glanzes mit dem Stufenphotometer". Leipziger Monatsschrift für Textilindustrie, Jahrgang 1927, Heft 4, S. 221/222.

Glanzmesser neuester Konstruktion mit voller Glanzskala und variabler Blickrichtung liefern die Askania-Werke A.-G. (Bambergwerk) in Berlin-Friedenau, Kaiserallee 87/88.

Chasingvorrichtung für mehrmaligen Übereinanderlauf der Ware versehen sind (z. B. Bauart Joh. Kleinewefers Söhne, Krefeld). In manchen Fällen wird der Wasserkalander auch zum Bläuen sowie zum Vorstärken benutzt.

In bezug auf das Zusammenarbeiten der Walzen (die gegenseitige Geschwindigkeit derselben) spricht man — ad b) — von Roll- oder von Friktionskalandern. Bei ersteren arbeiten alle Walzen mit gleicher Umfangsgeschwindigkeit; bei letzteren laufen die Metallwalzen rascher als die Papierwalzen, wodurch infolge reibender Plättwirkung (Friktion) ein hoher Glanz hervorgerufen wird (glacierte Appretur).

Außer von der Temperatur der Stahlwalzen, der Umfangsgeschwindigkeit der Walzen, der Zahl sowie der Anordnung derselben usw. hängt die Art des Warenausfalls naturgemäß besonders auch von dem während des Gewebedurchlaufes ausgeübten Druck ab. Dieser wird entweder ausgeübt durch Druckspindel mit Parallel-Verstellvorrichtung oder durch doppelt übersetzte Eisenhebel mit beliebig regulierbarer Gewichtsauflage oder auch auf hydraulischem Wege. Im allgemeinen kann gesagt werden, daß bei gesteigertem Druck, höherer Temperatur und größerer Walzenzahl auch ein erhöhter Wirkungseffekt auf zulässig angefeuchteter Ware zum Ausdruck gelangt. Ausschlaggebend ist ferner das Arbeiten mit oder ohne Friktion und die Geschwindigkeit des Warenlaufes, denn Friktionswirkung und langsamerer Warendurchgang erzeugt z. B. einen größeren Glätt- und Glanzeffekt als Rollkalandrierung bei rascherem Lauf des Gewebes.

Für besonders eigenartige Glanzausrüstung werden die Walzenkalander mit einer sogenannten Chasing-Vorrichtung versehen, mittels welcher die Ware 2—6 mal übereinander durch die Walzen geführt wird. Man erhält auf diese Weise den gleichen Effekt, der sonst nur mit einem Stampfkalander (Beetle) erreicht werden kann.

Roll-, Friktions- und Beetle-Wirkung werden vielfach in einer maschinellen Bauart vereinigt, die dann als Universalkalander angesprochen wird. So liefert z. B. die C. G. Haubold A.-G. in Chemnitz 6- und 7-Walzen-, Roll-, Matt-, Beetle- und Friktionskalander mit 6facher Chasing-Einrichtung, mit welchen in jeder Beziehung einwandfreie Ausrüstungseffekte auf verschiedenen Geweben zu erreichen sind. Friktionskalander usw. liefert auch die Maschinenfabrik zum Bruderhaus in Reutlingen (Württemberg).

2. Das Mangeln.

Durch das Mangeln wird den Waren in ähnlicher Weise wie beim Kalandern Glätte und Glanz verliehen, doch gleichzeitig auch einige besondere günstig wirkende Nebenerscheinungen (weicher Leinengriff und Moiré) hervorgerufen. Zum Unterschiede vom Kalandern, das durch kontinuierlichen Lauf der Gewebe in einfacher oder auch mehrfacher Lage vor sich geht, wird die Ware zum Mangeln in aufgerolltem Zustande als kompakte Rolle einer hin und her gehenden Bewegung unter außerordentlich hohem Druck unterworfen.

Die bekannteste und älteste maschinelle Vorrichtung für das Mangeln ist die deutsche (schlesische) Kastenmangel[1]), welche verschiedentlich noch in der Weißwarenappretur sowie vereinzelt auch für Indigoartikel bzw. zur Herstellung des Leinenapprets auf Baumwollgeweben in Anwendung ist. Diese Kastenmangel ist eine größere Bauart der gewöhnlichen Hausmangel und ergibt einen sehr wirkungsvollen Glätteffekt. In räumlicher und betriebstechnischer Hinsicht

[1]) Völlig automatisch arbeitende Schlesische Kastenmangeln werden in allen Größen von der Firma W. Kliem in Oelse (Kreis Striegau i. Schles.) gebaut.

weist sie jedoch große Nachteile auf und ist deshalb in den Textilbetrieben durch die hydraulischen Mangelkalander nahezu vollständig verdrängt worden; diese letzteren werden in bewährtester Konstruktionsdurchbildung u. a. von der C. G. Haubold A.-G. in Chemnitz gebaut. Man liefert z. B. hydraulische Walzenmangeln mit mechanischem Kaulen-, Ein- und Ausführapparat, ferner hydraulische Revolvermangeln mit einem Revolver (bis zu 100000 kg Druckeffekt) oder mit hydraulisch gesteuertem Doppelrevolver.

Besonders bemerkenswert ist jedoch auch eine neuere Bauart hydraulischer Mangeln, das System der Firma Joh. Kleinewefers Söhne in Krefeld[1]). Zum Unterschiede von den Mangeln der Firma C. H. Weisbach, der Haubold A.-G. und der „Wumag" (Bauart Gebauer) liegen bei der Kleinewefers'schen Bauart die beiden Druckwalzen nicht übereinander, sondern nebeneinander. Bei diesem neuen Mangelsystem mit nebeneinander liegenden Druckwalzen geschieht das Aufwickeln der Ware ebenfalls in der Mangel selbst, wodurch der Transport der schweren Mangelkaulen durch Arbeiter in Wegfall kommt. Der Aufwickelapparat zeigt die übliche Revolveranordnung (zuerst von C. H. Weisbach angewendet); die beiden Revolver liegen über den Druckwalzen im Oberbau der Maschine ziemlich nahe gegeneinander. Die Zuführung der Mangelkaulen zu den Druckwalzen geschieht von oben; die Kleinewefers'sche Greiferanordnung, welche die Kaulen hebt und senkt, ist sehr einfach und dient für beide Revolver.

Zu erwähnen ist noch die Beetle-Mangel (der Stampfkalander), auf welchem die Ware ebenfalls in aufgerolltem Zustande als kompakte Rolle, jedoch durch die Stöße einer ganzen Reihe Stampfen (aus schwerem Holz) bearbeitet wird; dadurch wird ein besonders edler Warenausfall in bezug auf Griff und Glanz erzielt. Da aber dieser Ausrüstungseffekt in neuerer Zeit auch auf den mit Chasing-Vorrichtung versehenen Walzenkalandern (Universal-Kalander) erreicht werden kann, so sind die nebstbei sehr geräuschvoll arbeitenden Beetlemaschinen für Baumwollwaren wohl nur noch selten in Anwendung.

Für den guten Ausfall von Mangelware ist das vorherige gründliche Einsprengen von größter Wichtigkeit; es ist dabei sehr zweckmäßig, die Ware nach dem Einsprengen einige Stunden als Warenbündel liegen zu lassen und dann erst auf die Mangelkaule zu wickeln und das Mangeln auszuführen. Da während des Mangelns die Fäden des kompakt als Rolle hin und her bewegten Gewebes in verschiedener Lage zueinander dem hohen Druck ausgesetzt sind, so entsteht infolge der zerdrückten Fadenkreuzungsstellen als charakteristische Nebenerscheinung der sogenannte Moiré-Effekt (Mangel-Moiré).

3. Das Moirieren.

Die Erzeugung natürlicher Moiré-Effekte (zum Unterschied von webtechnisch oder durch Gaufrierung hergestellten) geschieht entweder auf dem Moirékalander oder auf der Moirémangel. Dieser sogenannte natürliche Moiré ist ein eigenartig schöner Bemusterungseffekt, der nur auf solchen gerippten Geweben erzielt werden kann, deren Kette oder Schuß (Kettrips, Schußrips) infolge Verwendung entsprechend gezwirnter Fäden als charakteristisch dicke Rippen ausgebildet ist (Moirégewebe). Die Moirierung wird ausgeführt durch Übereinanderlegen von zwei Warenstücken mit der rechten gerippten Seite gegeneinander und Kalandern oder Mangeln unter Druck und meist auch Hitze. Da die Rippen der beiden Gewebe niemals genau in gleiche Längs- bzw. Querlage zueinander gebracht werden können, so ergeben sich immer mehr oder weniger

[1]) Professor Brenger: „Hydraulische Mangeln"; Melliands Textilberichte, Jahrg. 1923, S. 474.

zahlreiche Kreuzungsstellen derselben an denen der maschinelle Druck Quetschwirkungen ausübt, die als Gesamteindruck das eigenartige Moirébild (den sogenannten „Wässerungseffekt“) ergeben. Die besondere Eigenart der Moirémusterung beruht auf der verschiedenartigen Reflexion des Lichtes durch die gequetschten und ungequetschten Rippenelemente der Gewebe. Der Gesamteindruck ist selbstverständlich abhängig von der Anzahl der sich bildenden Fadenrippenkreuzungen; je mehr Kreuzungen, desto mehr Moirémusterung auf dem Gewebe.

Auf Grund vielfacher Erfahrung und der daraus entstandenen Verbesserungen der Arbeitsweise ist man im Laufe der Zeit dazu gelangt, die Entstehung des Moirébildes in gewünschter Ausdrucksform zu beeinflussen. In dieser Hinsicht unterscheidet man im allgemeinen zwei charakteristische Arten von Moiré-Effekten, und zwar

a) das Moiré française (streifig nebeneinander liegende Augenreihen),

b) das Moiré antique (kreuz und quer laufende lange Linien ohne Augenbildung).

Die Baumwollveredlungsindustrie verwendet für Moiré in der Hauptsache Langripsware (Kettrips). Dieselbe wird zunächst meist auf der Crabbingmaschine (ohne Anwendung von Druckwalzen) in üblicher Weise ausgekocht, gedämpft, gesengt, dann eventuell auch merzerisiert sowie gebleicht und in üblicher Weise auf dem Jigger gefärbt. Falls erforderlich, wird die Ware nach dem Färben und Trocknen noch mit einem Pflanzenschleim appretiert. Hierauf werden zwei Stoffbahnen, und zwar jede für sich, auf eine Holzrolle (Wickelbaum) aufgerollt. Diese beiden Warenrollen werden dann in zwei Abrollvorrichtungen eingelegt und beide Gewebe übereinander zwischen Stahl- und Papierwalze des Moirékalanders (unter hohem Druck und Hitze) geführt. Während des Durchlaufes wird die eine der beiden Gewebebahnen zwecks fortwährender Kreuzung der Kettrippen mechanisch hin und her bewegt, wodurch charakteristisch querlaufende Augenstreifen nach Art des Moiré française entstehen. Die von der Firma Joh. Kleinwefers Söhne in Krefeld gebauten Moirékalander besitzen außer Papier- und Stahlwalze (den Arbeitswalzen) noch eine Blindwalze sowie eine untere Anwärmewalze und arbeiten unter einem hydraulischen Druck bis zu 3000 kg für je 10 cm Walzenbreite, wobei die Warengeschwindigkeit etwa 5 m in der Minute beträgt; die Stahlwalze wird durch Gas geheizt.

Wildes Moiré wird durch Ausschaltung der hin und her gehenden Führungswalze hervorgerufen, indem man die beiden Gewebebahnen willkürlich zueinander verschiebt.

Die Herstellung von Moiré antique auf Kettripsware geschieht ebenfalls ohne Anwendung einer hin und her gehenden Changierwalze und kann auch in einfacher Weise auf einem Riffelkalander (Seidenfinish-Kalander) vorgenommen werden (Arbeitsweise nach F. W. Dax).

Zur Herstellung von Moiré française auf Stoffen mit Querrippen wird zunächst die eine Stoffbahn auf einer Maschine mit Kratzvorrichtungen behandelt, um durch Verziehen des Gewebes eine wellige Lage der Rippen zu erreichen. Dann werden beide Gewebebahnen zusammen auf eine Holzrolle fest aufgedockt und durch zweimalige Passage zwischen Stahl- und Papierwalze des Moirékalanders unter hohem Druck und Hitze moiriert; der zweimalige Durchlauf hat den Zweck, beide Warenbahnen der Glättung durch die Stahlwalze auszusetzen.

Die Erzeugung von Moiré antique auf quergerippten Waren bedarf vor allem einer besonderen Faltung (Doublierung) und Tafelung der Gewebe;

die auf halbe Breite gefaltete Stoffbahn muß dann auch noch mit einer Zwischenlage aus glattem Leinen aufgebäumt und auf einer besonderen Rollmaschine (dreiwalziger Kalander) zu einer Warenrolle von großer Härte für das Moirieren vorbereitet werden. Letzteres geschieht auf einer hydraulischen Moiriermangel zwischen zwei heizbaren, auf Rollen in entgegengesetzter Richtung hin und her bewegten Tischen unter Druck. Zur Erzielung eines gleichmäßigen Effektes ist die Ware nach dem Abwickeln wieder umzutafeln und ein zweites Mal der Moirierbehandlung zu unterwerfen.

Bezüglich ausführlicher Angaben über die Moirierung von Stoffen verschiedenster Art einschließlich der Bänder, soll hier besonders auf die in jeder Beziehung vortreffliche Monographie von Wilhelm Kleinewefers: „Die Gaufrage" (S. 76—85; Berlin: Julius Springer 1925) verwiesen werden.

4. Das Gaufrieren.

Das Gaufrieren (die Gaufrage) bezweckt einesteils das Einpressen von Mustern in glatt gewebten und meist nach besonderem Appreturauftrag speziellen Zwecken dienenden Waren (z. B. Buchbinderkaliko, Kunstleder, Tekkotapeten) und anderen Teiles die Erzeugung von seidenschimmernden Hochglanz hauptsächlich auf Futterstoffen, Schürzenstoffen für Zierschürzen (Tändelschürzen; nur gefärbt oder gefärbt und bedruckt), Steppdeckensatins usw. Außerdem werden jedoch auch Baumwollsamte und samtähnliche bzw. gerauhte Stoffe gaufriert, um das Aussehen von Jacquardwaren vorzutäuschen; dabei wird vielfach gleichzeitig das Einpressen von Bronzepulver vorgenommen. Zur Herstellung der Tekkotapete (Nachahmung von Seidentapeten) dient zwar meist eine Papierbahn, doch in manchen Fällen auch ein Baumwollgewebe als Untergrund; diese werden zunächst mit einer Art Zelluloseüberzug in farbiger Deckschicht versehen und dann mittels entsprechend gravierter Walzen kunstvoll ausgeführte Muster- und Struktur-Imitationen von seidenen Geweben aufgepreßt.

Das Einpressen von Rippen- und unterschiedlichen figürlichen Mustern (Reliefmusterung) geschieht mit Hilfe der Gaufrierkalander, die Erzeugung von Hochglanz (Seidenfinishverfahren) mittels der Seidenfinishkalander (Riffelkalander).

Die Gaufriermaschine besteht im Grundprinzip aus einer gravierten Stahlwalze und einer direkt unterhalb anliegenden elastischen Gegenwalze. Durch Gegeneinanderpressen beider Walzen während des Durchlaufens der Ware erfolgt das Einprägen des Musters in letztere. Die gravierte Stahlwalze ist entweder massiv (für kalte Gaufrage) oder hohl gebohrt und dann mit Dampf oder Gas heizbar; die Gegenwalze besteht in den meisten Fällen aus einem mit aufgepreßter Papierschicht versehenen Stahlkörper und hat bei den Reliefprägungen das Negativ der Gravur aufzunehmen. Aus Zweckmäßigkeitsgründen werden diese zweiwalzigen Gaufrierkalander vielfach noch mit einer Blindwalze versehen, deren Laufscheiben nur auf die Kragen der gravierten Walze aufliegen und deshalb letztere vom Lagerdruck entlasten. Zwecks Einpressung des Musters der Stahlwalze in die Arbeitsfläche der Gegenwalze läßt man die Maschine einige Zeit unter Druck (Schrauben-, Hebel- oder meist hydraulischem Druck) und Einwirkung von Feuchtigkeit kalt oder geheizt leerlaufen („Einwaschen" oder „Einwalzen" der Papierwalze).

Für manche Zwecke sind auch dreiwalzige Gaufrierkalander vorteilhaft; in diesem Falle wird oberhalb der gravierten Walze eine zweite elastische Walze aus Papier, Baumwolle u. dgl. eingebaut; für Betriebe mit vielfachem Musterwechsel sind Revolverkalander (mit je vier drehbar gelagerten Gravur- bzw. Papierwalzen) sehr zweckmäßig.

Bei Baumwollsamt und samtähnlichen (gerauhten bzw. gerauhten und geschorenen) Geweben kommt die Rapportprägung nur selten in Frage, so daß also fast ausschließlich mit wild laufender Papierwalze gaufriert wird. Für Waren, die nur leichten Druck erfordern, arbeitet man dabei auf dem zweiwalzigen oder auf dem dreiwalzigen Kalander; bei Geweben, die einen stärkeren Druck ausgesetzt werden müssen, verwendet man jedoch einen Kalander, welcher noch mit einer vierten (nicht heizbaren) Walze als Trag- und Glättwalze ausgestattet ist. Diese zu unterst montierte Trag- und Glättwalze nimmt den ganzen Walzendruck auf und verhindert Eindrücke der Gravur in die Papierwalze.

Die Bemusterung von Samt (Velvet) durch Bronzepressung geschieht auf einem zweiwalzigen Gaufrierkalander, der mit einer Aufstreu- sowie mit einer Abklopfvorrichtung versehen ist. Das mit einer schwach klebrigen Dextrin-Bronzepulvermischung gleichmäßig bestreute Gewebe läuft zwischen geheizter Gravurwalze und der Papierwalze und erhält den Bronzepreßeffekt durch die hochliegenden Gravurpartien. Anschließend passiert die Ware einen geschlossenen Rollenkasten und wird dort durch eine die Rückseite bearbeitende Klopfvorrichtung von der auf dem Flor liegenden Bronze befreit. Zum Schluß folgt noch eine gründliche Reinigung des Flors von unzweckmäßig anhaftendem Bronzepulver durch Behandlung auf einer Bürstmaschine.

Gaufrierkalander aller Systeme für Buchbinderkalikot, Kunstleder usw. werden z. B. von der bereits mehrfach erwähnten Firma Joh. Kleinewefers Söhne in Krefeld als besondere Spezialität gebaut sowie ferner auch u. a. von der C. G. Haubold A.-G in Chemnitz.

5. Die Seidenfinish- und Permanentfinishausrüstung.

Seidenfinishverfahren. Durch das im Jahre 1894 von Dr. Schreiner in Barmen zur Anwendung gebrachte Seidenfinishverfahren (D. R. P. Nr. 85368 vom 23. Juni 1894) mit Hilfe des Seidenfinishkalanders (Riffelkalander) wurde ein außerordentlich bedeutungsvoller Fortschritt in der Glanzausrüstung von Baumwollwaren erzielt. Bei diesem Verfahren werden dem Gewebe sehr feine, mit freiem Auge nicht mehr wahrnehmbare Rillen aufgepreßt; der Seidenglanz wird dabei durch die Lichtbrechung an den Wänden der mikroskopisch feinen Rilleneindrücke verursacht. Zur Erzielung eines diskret seidenschimmernden Glanzes wird die Stahlwalze mit 10—20 und auch mehr Rillchen pro Millimeter entsprechend tief graviert. Um derart feine Gravuren auf dem Gewebe voll auspressen zu können, muß der Riffelkalander mit sehr hohem Walzendruck arbeiten und deshalb entsprechend kräftig gebaut sein. Bei der meist üblichen Bauart des Kalanders für eine Warenbahn liegt zu unterst die Papierwalze, darunter die gravierte Stahlwalze und oberhalb noch eine Blindwalze. Der hydraulische Druck kann bis zu 4000 kg je 10 cm Warenbreite und bei entsprechend kräftiger Konstruktion der Maschine auch noch weiter gesteigert werden. Die Heizung der gravierten Stahlwalze geschieht in der Regel durch Gas, seltener durch elektrischen Strom; während des Warenlaufes wird die Temperatur im allgemeinen auf etwa 150 ° C gehalten. Zur Kontrolle der Temperatur dient entweder ein zweckentsprechend anmontiertes Thermometer, oder man verwendet in einfachster Weise zwei Probierstifte aus Substanzen, deren Schmelzpunkte die untere bzw. obere zulässige Grenztemperatur der Stahlwalze genügend verläßlich sichtbar werden lassen; z. B. einerseits einen Stift aus geschmolzenem Paranitranilin und andererseits einen Stift aus geschmolzenem Betanaphthol.

Für die Glanzgaufrage sind je nach Warengattung verschiedene Riffelgravuren erforderlich, und zwar unterscheidet man Querriffel, Langriffel und Diagonalriffel. Nesselgewebe können z. B. mit jeder dieser Riffelungen gaufriert werden,

Schußsatin benötigt dagegen einen der Webbindung entsprechend angepaßten Diagonalriffel. Für Betriebe, in welchen fortlaufend verschiedene Gewebearten zu riffeln sind, baut man deshalb zur Vermeidung von zeitraubendem Walzenwechsel bzw. der Aufstellung mehrerer Maschinen ebenfalls Revolverkalander (mit vier gravierten Stahlwalzen, die in zwei drehbaren Scheiben gelagert sind).

Zum Riffeln schmaler Waren genügt ein zweiwalziger Kalander ohne Blindwalze, weil ein geringerer Gesamtdruck als bei breiter Ware erforderlich ist. Für große Produktionen baut man ferner Kalander, auf welchen zwei Warenbahnen gleichzeitig und unabhängig voneinander geriffelt werden können.

Die für Seidenfinishausrüstung bestimmten Baumwollwaren werden meist nicht oder nur leicht appretiert, da sie sonst durch den Druck und die Hitze der Riffelwalze zu hart bzw. steif ausfallen. Bei Waren, die eine Vollbleiche erfahren haben und eventuell noch Chlorrückstände enthalten bzw. zu kräftig gechlort wurden, darf keine zu hohe Riffeltemperatur in Anwendung kommen, weil sonst leicht ein brettartig hartes Fabrikat entsteht. Letztgenannter Übelstand tritt nicht allzuselten bei der in Futterstoff-Fabriken vielfach geübten Vorbehandlung der Gewebe durch Krabben und Bleichen auf dem Jigger (für helle oder lebhafte Färbungen) in Erscheinung. Auch die beim Krabben oft nicht restlos aus der Ware entfernte Schlichte trägt mit zu einem unvorteilhaft harten Ausfall durch das Riffeln bei. Ein Zusatz von etwas Aktivin zur Krabbflotte hat sich in den meisten Fällen zwecks vollständiger Entschlichtung als sehr zweckmäßig erwiesen; desgleichen ist für das Bleichen auf dem Jigger die Anwendung des Lunge'schen Bleichverfahrens (Chlorbleichlauge mit Zusatz einer geringen Menge Essigsäure) von besonderem Vorteil.

Gefärbte Waren werden nach dem Trocknen meist noch einmal gesengt (gasiert), dann eventuell mit etwas Türkischrotöl und Seife oder vorteilhaft auch mit Appret-Avirol E (der H. Th. Böhme A.-G., Chemnitz) bzw. Prästabit-Öl (der Chem. Fabrik Stockhausen & Cie. in Krefeld) oder Appret-Flerhenol (der Firma Carl Flesch jun., Frankfurt a. M.) auf dem Foulard einer Kluppenmaschine appretiert[1]). Bei leichteren Warenqualitäten verwendet man auch dünne Dextrinlösungen unter Zusatz von Türkischrotöl oder Monopolseife sowie schwache Dextrinlösung mit etwas Leim, Seife und Appret-Avirol E. Nach dem Trocknen wird die Ware eingesprengt oder angedämpft und hierauf geriffelt; das Befeuchten ist für nahezu alle Warengattungen ein unerläßlich wichtiges Moment zur Erzielung eines geschmeidigen und glanzreichen Gesamteffektes. Gewisse Qualitätswaren werden zum Schluß noch eingespähnt und durch Pressen in einer hydraulischen Presse zu besonders vorteilhaftem Aussehen geplättet; im allgemeinen wird jedoch ein Nachpressen nicht vorgenommen und die Ware nach dem Riffeln einfach zur Meß- und Legmaschine gebracht.

Eine besonders wirkungsvolle Hochglanzausrüstung erhält man durch einmaliges Vorfriktionieren der Ware auf einem gewöhnlichen Friktionskalander und darauffolgende Behandlung auf dem Riffelkalander. In diesem Falle ist selbst bei leichter eingestellten Warenqualitäten jedwede Appreturbehandlung mit Dextrinlösung usw. unzweckmäßig und daher zu unterlassen. Die gefärbte, getrocknete und eventuell noch gesengte Ware wird einfach sehr gut eingesprengt, hierauf friktioniert und entweder sogleich oder erst nach längerem Liegenlassen geriffelt.

Von der Firma Joh. Kleinwefers Söhne in Krefeld wurde durch die Konstruktion des sogenannten Hall-Kalanders eine Erhöhung der Glanz-

[1]) Sehr gut brauchbar ist auch das Türkischrotöl „Eska" (kalk-, salz- und hochsäurebeständig) der Chem. Fabrik Siegfried Kroch A.-G. in Berlin-Weißensee.

wirkung beim Seidenfinishverfahren erzielt. Dieser Kalander ermöglicht infolge winklig zueinander gestellter (entsprechend gekreuzter) Walzen die Anwendung von Umfangsfriktion auch bei Quer- und Diagonalriffelgravur und liefert deshalb einen ganz besonders effektvollen Atlasglanz. Bei den gewöhnlichen Riffelkalandern mit Parallellage der Walzenachsen kann Friktionswirkung nur bei Rundriffelgravur (rund um die Walze laufende Riffelung) angewendet werden, da quer oder diagonal verlaufende Gravuren das Gewebe in diesem Falle durchschaben bzw. zerreißen.

Permanentfinisherzeugung. Der große Nachteil des Seidenfinishverfahrens, welcher durch die Unbeständigkeit des Glanzes beim nassen Bügeln der Waren bzw. überhaupt bei Feuchtigkeits- oder Wassereinwirkung zum Ausdruck kommt, gab Veranlassung zu weitgehenden Verbesserungen in dieser Hinsicht. Dabei wurde gleichzeitig ein noch glanzreicheres Fabrikat erzielt, das im allgemeinen unter der Bezeichnung Permanent-Finish und im besonderen, je nach Erzeugungsart bzw. Herstellerfirma, unter den verschiedensten Phantasienamen (z. B. „Radium-Finish", „Adler-Finish", „Viktoria-Finish" usw.) in den Handel gebracht wird.

Auf Grund der schon vor Entstehung des Seidenfinishverfahrens bekannten Tatsache, daß eine gewisse Befestigung von Glanz auf glatten Baumwollwaren durch Pressen der bereits geglänzten und zwischen feuchte Tücher eingeschlagenen Gewebe unter großer Hitze sowie starkem Druck möglich sein kann, gelang es der J. P. Bemberg A.-G. in Barmen als erster Textilfirma, eine durchaus befriedigende Lösung des beträchtlich schwierigen Problems betriebssicherer und rentabler Arbeitsweise durch zweckentsprechende Neuerungen bezüglich Befeuchtung der Ware, Kalandrierung usw. herbeizuführen.

Im übrigen sind dann noch zahlreiche, mehr oder weniger voneinander abweichende Verfahren zur Herstellung von Permanentfinish ausgearbeitet und auch patentiert worden. Zu erwähnen sind zunächst noch jene Methoden, bei denen der Glanz des Gewebes durch Auftragen einer Nitrozelluloselösung (z. B. D. R. P. Nr. 212695 vom Jahre 1905 der The Bradford Dyers Association Ltd. in Verbindung mit Dr. Paul Krais), ferner von Albumin (Patente von Dr. Franz Düring in Berlin), von Kautschuklösungen (D. R. P. Nr. 233514 vom Jahre 1909 der Firma F. A. Bernhardt in Zittau) usw. oder durch einen Gelatineformaldehydüberzug (D. R. P. Nr. 232568 vom Jahre 1910 der Firma Jos. Eck & Söhne in Düsseldorf) gegen schädigende Feuchtigkeitseinflüsse geschützt wird. Die meisten dieser Verfahren haben sich in der vorgesehenen Ausführungsform trotz praktischer Brauchbarkeit als zu kostspielig erwiesen, so daß sich die Arbeitsweise geeigneter Kalandrierung bereits glänzender Gewebe in feuchtem Zustande als die in jeder Beziehung bestbewährte fast ausschließlich Geltung verschafft hat. Diesbezüglich ist noch das D. R. P. Nr. 235701 vom Jahre 1908 von Wilhelm Aderholdt in Köln a. Rh. bemerkenswert.

Die Entwicklung des Permanentfinishverfahrens ist in dem besonders auch textilhistorisch außerordentlich wertvollen Buche von Paul Gardner[1]): „Merzerisation und Appretur" (Berlin: Julius Springer 1912, Zweite Auflage, S. 152—188) an Hand der Patentliteratur und auf Grund genauer Kenntnis der industriellen Zusammenhänge ebenso ausführlich wie sachlich kritisch behandelt; für

[1]) Unter diesem Namen hat der Direktor der textilkoloristischen Abteilung des Werkes Mainkur der I. G. Farbenindustrie A.-G., Dr.-Ing. h. c. Adolf Kertess seinerzeit dieses Buch verfaßt. Eine biographische Skizze dieser hervorragenden Persönlichkeit ist in Melliands Textilberichten 1927, S. 529/530 enthalten (M. Melliand und F. H. Thies: Direktor A. Kertess tritt ins 71. Lebensjahr).

spezielles Interesse kann daher nur auf diese grundlegende Arbeit verwiesen werden.

Für großproduktiv rationelle Erzeugung von Permanentfinish arbeitet man in allgemeinen zweckmäßig in der Weise, daß die Ware zunächst feucht eingesprengt wird und dann den „Hall-Kalander" unter großer Hitze und starkem Druck passiert. Die auf diese Weise mit hohem Glanz versehene Ware befeuchtet man hierauf entweder nach Art linksseitiger Appretur auf einem Foulard, dessen Auftragwalze in Wasser läuft, oder auf einer kräftig wirkenden Düseneinsprenge. Sodann erfolgt die Passage durch den Permanentfinishkalander der Firma J. P. Bemberg A.-G. in Barmen bei Heizung der gravierten Stahlwalze auf ca. 250—300° C; dieser Spezialkalander kann einen Druck bis zu etwa 150000 kg ausüben. Die untere Druckwalze und die Lager der Stahlwalze sind mit Wasserkühlung versehen.

Der so erzeugte Permanentfinish erweist sich sehr widerstandsfähig gegen Feuchtigkeitseinflüsse, besonders auch beim nassen Bügeln; als absolut wasserunempfindlich ist der Ausrüstungseffekt allerdings nicht zu bezeichnen, denn es ergibt sich stets ein mehr oder weniger augenscheinlicher Glanzverlust. Je höher Druck und Temperatur sowohl beim Vorkalandern (Friktionieren auf einem Hall-Kalander oder eventuell auch zweimalige Behandlung auf einem gewöhnlichen, jedoch sehr kräftig wirkenden Friktionskalander) als auch bei der Endbehandlung auf dem Radiumkalander, desto feuchtigkeitsbeständiger resultiert der Permanentfinish. Gegenüber dem sehr feuchtigkeitsempfindlichen gewöhnlichen Riffelglanz ist jedoch der Permanentfirnish als außerordentlich widerstandfähig zu bezeichnen.

Riffelkalander werden außer von der Firma Joh. Kleinewefers Söhne in Krefeld auch von verschiedenen anderen Maschinenfabriken, so z. B. von der C. G. Haubold A.-G. in Chemnitz, geliefert. Letztere Firma baut u. a. 3-Walzen-Seidenfinishkalander sowie 3-Walzen-Radiumkalander (Permanentfinishkalander) mit hydraulischem Druck bis zu 200000 kg; der Antrieb erfolgt durch je einen Elektromotor für Kalander, Preßpumpe und Gebläse.

q) Über Längen-, Breiten- und Gewichtsveränderungen von Geweben während der verschiedenen Veredelungsphasen bei Verwendung unbeschwerter Appreturen.

Es wurde bereits bemerkt, daß die Rohgewebe durch die verschiedenen Veredelungsoperationen beträchtliche Längen- und Breitenveränderungen erfahren; insbesondere wird durch die Strangbleiche ein erheblicher Breitenverlust hervorgerufen. Damit hängt naturgemäß auch eine jeweils bestimmte Gewichtsabnahme zusammen.

Zur Erzielung eines der ursprünglichen Gewebebreite möglichst angenäherten Fertigfabrikats sind die bereits besprochenen Ausbreitevorrichtungen (Breitstreckmaschinen, Spannräder, Spann- und Trockenmaschinen) außerordentlich wichtige Hilfsmittel. Die Rohgewebebreite ist für praktisch brauchbare Fertigware in der Regel nicht wieder zu erreichen, man muß deshalb stets mit einem unvermeidlichen Breitenverlust rechnen. Bei Weißwaren beträgt derselbe im günstigsten Falle meist 4—5%, bei gefärbten oder bedruckten Waren dagegen 6—9%.

Durch die Tabelle auf S. 484 (nach W. Kufner) werden die bei Nesselware (Kretonnes) und einer vielfach verwendeten Zanellaqualität während der Veredelung vor sich gehenden Veränderungen in Länge, Breite und Gewicht deutlich zum

Ausdruck gebracht[1]). Für Zwischentrocknung der gebäuchten bzw. gebleichten Ware ist dabei eine Zylindertrockenmaschine mit vorgebautem Einlaßfeld (Breitstreckmaschine) in Anwendung gekommen, desgleichen für gefärbte Gewebe; das Trocknen bedruckter Gewebe (vor der Appretur) geschah auf einer an die Breitwaschmaschine angeschlossenen Zylindertrockenmaschine ohne eine dazwischengeschaltete besondere Breitstreckvorrichtung (nur einfache Breithalter). Appretiert wurde in allen Fällen auf dem Foulard einer Spann- und Trockenmaschine (Kluppenmaschine).

Operationen	Länge m	Breite cm	Gewicht kg
Nessel $^{16}/_{16}$, $^{20}/_{20}$			
Rohware	121,0	78	13,10
gebäucht	123,15	68	12,20
gefärbt	124,65	67	12,20
appretiert	127,30	71	13,10
Kretonne $^{16}/_{16}$, $^{20}/_{20}$			
Rohware	113,0	85	14,3
gebleicht	116,8	74	12,2
gedruckt	116,0	74	12,3
gewaschen	117,0	72	12,3
appretiert	118,5	80	13,2
Kretonne $^{14}/_{14}$, $^{20}/_{20}$			
Rohware	124,1	86	13,7
gebleicht	127,5	75	11,4
gewaschen	127,5	72	11,4
appretiert	129,0	80	12,9
Zanella $^{21}/_{42}$, $^{36}/_{30}$			
roh	117,0	86	12,1
gebäucht	123,5	77	10,1
gefärbt	123,5	77	10,5
gewaschen	123,5	77	10,5
appretiert	123,2	78	10,4

Durch die zahlreichen Behandlungen der Ware in Längsspannung (in der Strangbleiche, auf der Trommeltrockenmaschine, Jigger, Druckmaschine, Schnelldämpfer, Breitwaschmaschine usw.) wird bei vielen Warengattungen eine Längenzunahme der Stücke bewirkt; bei den in der Tabelle angegebenen Geweben beträgt dieselbe im Durchschnitt ca. 3%. Es gibt jedoch auch Gewebearten, die nur eine geringe oder gar keine Längenzunahme erfahren, übrigens auch solche, bei denen eine nicht unbeträchtliche Verkürzung gegenüber der Rohstücklänge eintritt.

J. Das Pressen, Legen (Falten), Doublieren, Messen sowie das Aufwickeln bzw. das sog. Adjustieren der Waren.

Mit Ausnahme des Pressens, das außer zum Glätten in manchen Fällen auch zur Erhöhung eines Glanzeffektes sowie für Moirierung von Waren in Anwendung kommt, haben alle vorgenannten Arbeiten nur den Zweck, die fertig appretierten (matt ausgerüsteten, kalandrierten oder gerauhten) Gewebe in eine für den Versand bzw. Verkauf jeweils zweckmäßige bzw. gefällige und vorteilhafte Aufmachung zu bringen.

[1]) Über „Festigkeitsveränderungen von Druckwaren" hat Dr. W. Kind auch vom Standpunkte der Betriebskontrolle sehr beachtliche Prüfungsergebnisse veröffentlicht. Melliands Textilberichte, Jahrgang 1927, S. 70—73.

1. Das Pressen der Waren.

Manche Warengattungen, wie z. B. Baumwollclothe (Futterstoff-Zanella), Etaminstoffe, Schweizer Voll-Voiles usw., werden nach der appreturellen Fertigstellung noch auf einer hydraulischen Warenpresse (Spanpresse) gepreßt, um ein durchaus repräsentabel geglättetes Fabrikat zu erzielen. Die meist schon gelegte und gemessene Ware wird zunächst „eingespänt", indem man zwischen die einzelnen Gewebelagen sehr glatte und harte Pappen (sogenannte Preßspäne) einlegt. Diese eingespänten Stücke werden dann zwischen die heizbaren Platten der hydraulischen Presse geschoben und längere Zeit einer mehr oder minder beträchtlichen Druckwirkung ausgesetzt. Artikel, die an und für sich schon einen hohen Glanz aufweisen und nur noch besonders geglättet werden sollen, preßt man in der Regel ohne gleichzeitige Hitzeeinwirkung, also kalt. Die ansonsten erforderliche Erwärmung der Platten erfolgt durch Dampf oder mittels Elektrizität. Im allgemeinen ist die Preßwirkung um so effektvoller, je mehr die Platten erwärmt und je rascher dieselben nach beendetem Pressen wieder abgekühlt werden. Da die Arbeitsweise mit der hydraulischen Presse nicht kontinuierlich und daher zu langsam vor sich geht, so muß man in Großbetrieben mehrere sogenannte Doppelpressen anwenden; während die einen Maschinen unter Druck stehen, werden die anderen mit Ware beschickt und andererseits die fertig gepreßten Waren wieder ausgespänt. Bei eventuell zweimaligem Pressen werden die einzelnen Gewebestapel umgespänt, damit die von der ersten Pressung herrührenden Begrenzungsfalten zwischen die Preßspäne zu liegen kommen und wieder glatt gepreßt werden.

Der Ausrüstungsgang für Schweizer Voll-Voiles ist z. B. folgender: Die Ware wird gesengt, merzerisiert, gebleicht, appretiert, auf dem Changierrahmen getrocknet und auf der hydraulischen Plattenpresse (mit Dampf- oder elektrischer Heizung) gepreßt.

Hydraulische Plattenpressen werden von verschiedenen Textilmaschinenfabriken, u. a. auch von der Zittauer Maschinenfabrik A.-G., hergestellt; hydraulische Dampfplattenpressen für Hoch- und Niederdruck-Dampf sowie hydraulische Elektroplatten-Pressen liefert ferner die Firma F. B. Rucks & Sohn in Glauchau in Sachsen. Bezüglich elektrisch geheizter Warenpressen ist noch zu erwähnen, daß man dieselben auch ohne Heizplatten baut, dafür aber die Preßspäne mit einer dünnen Metalleinlage versieht und diese elektrisch heizt (Heizpreßspäne anwendet).

2. Das Legen, Messen, Doublieren, Aufwickeln (Adjustierarbeiten).

Das Legen und das Messen sowie das eventuell erforderliche Doublieren (Zusammenlegen auf halbe Breite) der Waren wird in der Regel auf Meß-Legemaschinen bzw. auf kombinierten Doublier-, Meß- und Legemaschinen vorgenommen. Einzelne, besonders eigenartig ausgerüstete Artikel, wie z. B. stark gerauhte und elastische oder stark glacierte sowie sehr steife (bockige) Waren werden vereinzelt noch mit der Hand[1]) oder bei maschineller Arbeitsweise zuerst doubliert und dann separat gemessen und gelegt, demnach in getrennten Arbeitsgängen aufgemacht (voradjustiert). Dieser Umstand ist auf die beschränkte Anpassungsmöglichkeit der meisten kombinierten Doublier-, Meß- und Legemaschinen an die verschiedenen Warengattungen zurückzuführen.

[1]) Man bedient sich dazu am besten des sogenannten Rektometers. Dieser einfache und praktische Apparat (von Maunier in Wesserling im Jahre 1843 erfunden) wird u. a. von der Firma Ferrum A.-G. für Maschinenbau und Eisengießerei in Gera-Reuß hergestellt. Diese Firma baut ferner auch Meter-Leg- und Meßmaschinen sowie Doubliermaschinen und Aufwickelmaschinen.

In neuerer Zeit ist es jedoch, besonders in bezug auf den Charakter der das Gewebe beim Legen festhaltenden Kratzen und deren Bewegungsmöglichkeit, gelungen, eine für die weitaus meisten Artikel einwandfrei brauchbare Maschine von leichter Einstellbarkeit zu konstruieren; desgleichen wurde durch eine zweckmäßig angeordnete Vorrichtung und Einschaltung einer gewissen Kompensation (zwecks Verminderung der Spannung, welche das Legemesser beim Ziehen der Ware über den Doublierwinkel hervorruft) das vollkommen faltenfreie Doublieren schwerster und vordem Schwierigkeiten bereitender Waren ermöglicht[1]).

Derartige Doublier-, Meß- und Legemaschinen (Patent Mettler) werden von der Roßweiner Maschinenfabrik A.-G. in Roßwein in Sachsen gebaut. Die Mettler-Maschine läßt ferner einen Ausbau als sogenannte Langhubmaschine für große, bis zu 2 und $2^1/_2$ m verstellbare Faltenlängen zu; diese Bauart ist außer in der Juteindustrie auch noch bei großen Konfektionsfirmen, zum Ablegen konfektionsfertiger Schnittlängen (die dann zur Schneidemaschine gelangen) in Anwendung.

Eine gleichfalls für unterschiedlichste und nicht zuletzt für besonders empfindliche Gewebeartikel außerordentlich brauchbare, auf verschiedene Arbeitsgeschwindigkeit und besonders auf alle gangbaren Maße nur mittels einer Ansteckkurbel (von einer einzigen Stelle aus) raschest einstellbare Meß- und Legemaschine[2]) wird von der Firma Gebrüder G. u. E. Maag, Maschinenfabrik in Zürich, hergestellt (D. R. P. 306030).

Das Aufwickeln von Fertigwaren in stücklange Ballen von elliptischem Querschnitt geschieht meist auf besonderen Wickelmaschinen; diese Adjustierarbeit kann aber auch auf eigens dazu adaptierten Meß-, Lege- und Doubliermaschinen vorgenommen werden. Eine derartige Meß-, Doublier- und Wickelmaschine, die besonders für Kunstseidengewebe geeignet ist und übrigens auch für alle Arten Baumwollwaren eingerichtet werden kann, baut die Firma Robert Hall & Sons, Ltd. in Bury (England)[3]). Für ganz genaues Messen, Doublieren und farbloses Aufwickeln von Webwaren aller Art leistet besonders die Kombinierte Doublier-, Meß- und Wickelmaschine der Firma E. F. Röthig & Sohn (Seifhennersdorf i. Sa.) beste Dienste.

K. Die Herstellung wasserdichter (regendichter) Gewebe.

Das Wasserdichtmachen von gefärbten und ungefärbten Baumwollwaren (Bekleidungsstoffen, Segeltuchen, Zeltstoffen, Wagenplanen, Schirmstoffen, Rucksackstoffen usw.) hat sich im Laufe der Zeit zu einem wichtigen Nebenzweig der Appretur entwickelt und große Verbreitung erlangt.

Man unterscheidet einesteils porös wasserdichte Gewebe, welche von Wasser nicht oder nur sehr langsam benetzt werden und daher gegen Durchnässung möglichst geschützt, doch gleichzeitig luftdurchlässig sind, und andernteils wasser- und luftundurchlässig imprägnierte Gewebe, die keine Porosität mehr aufweisen und infolge der eigenartigen, vielfach auch struktur-

---

[1]) Hermann Reuter: „Das gleichzeitige Doublieren und Legen von Gewebebahnen und seine Vorbedingungen"; Melliands Textilberichte, 1924, S. 798/799; Ferner: „Neues über Meß- und Legemaschinen" vom gleichen Autor; Melliands Textilberichte 1923, S. 142.

[2]) Siehe auch: „Stoff-Meß- und Legemaschine, auf alle gangbaren Maße einstellbar"; Melliands Textilberichte, 1926, S. 221.

[3]) Eine ausführliche Beschreibung dieser Maschine findet sich in der Leipziger Monatsschrift für Textilindustrie, Heft 3 vom 15. März 1926.

verdeckenden Behandlungsmethoden ein gänzlich verändertes Aussehen erfahren[1]). Bei den porös wasserdicht herzustellenden Geweben ist eine absolute und dauernde Wasserundurchlässigkeit nicht zu erreichen[2]); der je nach Art des angewendeten Verfahrens und der Beanspruchung der Gewebe kürzer oder länger anhaltende Wasserdichtheitsgrad kann aber nötigenfalls durch neuerliche Imprägnierung des Stoffes wieder zur Geltung gebracht werden. Zur Erleichterung der Herstellung eines guten Wasserdichtheitsgrades ist im allgemeinen die Verwendung von sehr dicht gewebten Stoffen besonders zweckmäßig. Wasser und luftundurchlässige Gewebe sind für Bekleidungszwecke wenig hygienisch, doch in besonderer Herstellungsart für Wettermäntel, „Raincoats“, „Waterproofs“ ein sehr bedeutender Artikel.

a) Herstellung porös wasserdichter Gewebe.

1. Ausführungsarten.

Die Herstellung porös wasserdichter Gewebe geschieht in der Hauptsache:

a) durch Imprägnieren mit essigsaurer oder ameisensaurer Tonerde und nachfolgender Behandlung mit Seifenlösung, wodurch auf der Ware unlösliche fettsaure Tonerde niedergeschlagen wird. Diese sogenannte chemisch-naturelle Imprägnierung wird meist nur bei besseren und dichtgewebten, gefärbten oder ungefärbten Stoffen verwendet; eine Abart dieser Arbeitsweise ist die sogenannte chemisch-grüne Imprägnierung, bei deren Anwendung man dem Tonerdebade zur Erzielung einer Grünfärbung des Gewebes die dazu erforderliche Menge Kupfersulfat zugibt.

b) durch Imprägnieren mit Tonerdesalzen und nachfolgender Behandlung mit Seifenlösungen, die noch einen Zusatz von Japanwachs, Stearin und ähnlichen Substanzen sowie eventuell auch Füll- und Appreturmitteln enthalten. Diese modifizierte Art chemisch-natureller Imprägnierung wendet man hauptsächlich bei weniger dicht gewebten Waren an. Das Behandeln mit Füll- und Appreturmitteln kann bei kontinuierlich arbeitenden Imprägnieranlagen zweckmäßiger als separate Endoperation ausgeführt werden.

Die I. G. Farbenindustrie A.-G. liefert unter der Bezeichnung Ramasit WD konz. ein wertvolles Präparat zum Wasserdichtmachen aller Fasern nach dem Einbad-Verfahren; man erzielt damit einen sehr guten Wasserdichteffekt und gleichzeitig einen besonders erwünschten schönen Griff der Waren.

Für Segeltuche, Decken usw. wird verschiedentlich auch eine Behandlung mit geschmolzenem oder vorher in Benzol, Benzin, Naphta, Ligroin usw. ge-

[1]) Die verschiedenen Imprägnierungsarten sind u. a. auch in einer Abhandlung von Hugo Jaeger über: „Die Herstellung von wasserdichten Geweben oder Imprägnierungen“ (Melliands Textilberichte 1923, S. 584—586) ausführlich besprochen.

[2]) Ein Apparat zur Prüfung des Wasserdichtheitsgrades imprägnierter Gewebe ist vom Oberintendanten Alscher der ehem. österr.-ung. Armee konstruiert worden; Hersteller dieses Apparats ist die Firma W. J. Rohrbecks Nachf. in Wien V, Wehrgasse 18. Auch die Firma Louis Schopper in Leipzig liefert einen sehr brauchbaren Wasserdichtheitsprüfer. Besonders beachtlich ist ferner das von N. N. Wosnessensky erfundene und von ihm am 7. Dezember 1914 in der Gesellschaft zur Förderung des Fortschritts in der Textilindustrie demonstrierte Penetrometer. Siehe diesbezüglich die Veröffentlichungen von Prof. Dr. N. N. Wosnessensky in Melliands Textilberichten 1924, S. 260 u. 323/323: „Das Penetrometer und seine Bedeutung zur Bestimmung der Wasserundurchlässigkeit der Gewebe“, bzw. in der russischen Fachzeitschrift: Berichte der Textilindustrie des Allrussischen Textilsyndikats 1923, S. 11—19.

Im übrigen siehe auch die Abhandlung von Ingenieur Gustav Durst: „Zur Bestimmung der Wasserdichtheit von Geweben“; Melliands Textilberichte 1924, S. 473—477 u. S. 547.

löstem Wachs, Paraffin, Stearin u. dgl. vorgenommen. Beim Arbeiten ohne Anwendung von Lösungsmitteln erfolgt das ein- oder beidseitige Auftragen der Paraffin-, Stearin- oder Wachsmasse mit Hilfe besonderer Auftragemaschinen. Dabei wird meist zuvor noch eine Behandlung der Ware mit Tonerdesalzlösung angewendet;

c) durch Imprägnieren mit Leim oder Gelatine und nachfolgender Fixierung dieser Substanzen mit Alaun, Tannin, Chromat oder Formaldehyd.

2. Die Arbeitsmethoden bei der chemisch-naturellen Imprägnierung.

Die chemisch-naturelle Imprägnierung durch Fixierung von fettsaurer Tonerde ist die am meisten gebräuchliche Methode zur Herstellung porös wasserdichter Gewebe. Als Seife wird im allgemeinen Marseillerseife (Bariseife), für manche Imprägnierungen jedoch auch Harztalgseife (weiße oder gelbe Imprägnierseife) verwendet. Die Tonerdesalze können in Form von basisch essigsaurer Tonerde, basisch ameisensaurer Tonerde, basisch schwefelsaurer Tonerde sowie als basischer Alaun in Anwendung kommen.

Die Verwendung von basisch essigsaurer und basisch ameisensaurer Tonerde hat sich am zweckmäßigsten erwiesen; basisch schwefelsaure Tonerde und basischer Alaun werden meist nur gebraucht, wenn Billigkeitsgründe durchaus maßgebend sind. Wichtig ist in allen Fällen die Verwendung basischer (mit Soda abgestumpfter) Tonerdesalzlösungen, die man sich deshalb in den Betrieben stets selbst bereitet. Das Arbeiten mit nicht abgestumpften Lösungen von schwefelsaurer Tonerde und Alaun ist nicht angängig, weil es leicht vorkommen kann, daß die Gewebe beim Trocknen oder Lagern infolge Bildung von Schwefelsäure angegriffen werden.

Basisch essigsaure Tonerde wird z. B. nach folgender Vorschrift bereitet:

5	kg	schwefelsaure Tonerde werden in
25	l	warmem Wasser gelöst; nach dem Erkalten gibt man langsam und unter Umrühren
$^3/_4$	kg	Soda kalz., gelöst in
$2^1/_2$	l	Wasser, zu. Diese Mischung wird hierauf mit einer Lösung von
$2^1/_2$	kg	rohem, essigsaurem Kalk in
10	l	Wasser versetzt und gut durchgerührt.

Man läßt dann das Ganze über Nacht absitzen, zieht am anderen Tage die klare Lösung ab und stellt jeweils vor Gebrauch mit Wasser auf die erforderliche Grädigkeit (3—4° Bé, in manchen Fällen auch 6—8° Bé) ein.

Die getrocknete Ware wird auf einer Paddingmaschine oder auf einem zweiwalzigen Foulard (Bauart C. H. Weisbach, Chemnitz) zunächst durch eine 40 bis 50° C warme Lösung von 8—12 g Marseillerseife pro Liter genommen und gut abgepreßt. Hierauf erfolgt die Behandlung in einem 3—4° Bé starkem Tonerdebad, und zwar entweder ebenfalls auf einer Padding bzw. einem Foulard oder auch auf einem Quetschwalzenjigger. Nach gutem Abpressen wird die Ware möglichst heiß getrocknet[1]).

Vielfach arbeitet man auch in der Weise, daß zuerst ein- oder mehrmalige Foulardierung mit essigsaurer Tonerde vorgenommen, anschließend in der Hänge getrocknet und dann auf einem Zwei-Jigger-System mit Seifenlösung in einmaliger Passage (der erste Jigger enthält das Seifenbad, der zweite, mit Quetschwalzen versehene, dient zum Abquetschen) behandelt wird; das Trocknen geschieht wieder

[1]) Siehe auch Zirkular Nr. 3679 der Anilinfarbenfabrik Leopold Cassella & Co., G. m. b. H., Frankfurt a. M. (jetzt Werk Mainkur der I. G. Farbenindustrie A. G.): „Vorschriften zum Wasserdichtmachen der Garne und Stoffe für Brotbeutel und Zeltbahnen".

in der Hänge. Man verwendet ferner oft eine 6° Bé starke Lösung von basisch essigsaurer- oder ameisensaurer Tonerde und 4—5%ige Seifenlösung; Bekleidungsstoffe werden zum Schluß, je nach Bedarf, kalandert oder gemangelt.

Für die Imprägnierung weniger dicht gewebter Stoffe gibt man dem Seifenbade Paraffin, Japanwachs oder Stearin zu und arbeitet damit bei erhöhterer Temperatur (80—90)° C, sonst in gleicher Weise wie vorher angegeben[1]). Sehr gut bewährt hat sich eine Emulsion von Paraffin in Ammoniak-Harzseife.

Bei geringeren Warenqualitäten kann durch Zugabe von Leim, Dextrin oder Stärke und eventuell auch Füllmitteln, wie Kaolin oder Lithopone, zu den Seifenbädern der erforderliche bessere Griff und vorteilhafteres Aussehen erreicht werden. Als zweckmäßiger hat sich jedoch eine gesonderte Appreturbehandlung nach erfolgter Befestigung der fettsauren Tonerde erwiesen. Zur Vermeidung des dadurch bedingten umständlichen und zeitraubenden Arbeitens in genannten Bädern bzw. getrennter mehrmaliger Zwischentrocknung hat man kombinierte, kontinuierlich arbeitende Anlagen geschaffen. Diese Spezial-Imprägnier-Anlagen System Hugo Jaeger werden von der C. G. Haubold A.-G. in Chemnitz gebaut; auf diesen Maschinen kann sowohl die Tonerde-Seife-Imprägnierung als auch das Auftragen von Wachs, Stearin, Paraffin sowie das Appretieren je auf geeigneten, zweckmäßig hintereinander geschalteten Vorrichtungen mit Einschluß der erforderlichen Trocknung in einem Warenlaufe rationell zur Ausführung gelangen. Für die Imprägnierung gefärbter Gewebe ist bei diesen Anlagen auch die kontinuierliche Arbeitsweise des Färbens und anschließenden Imprägnierens ohne weiteres und in zufriedenstellender Weise durchführbar. Die Maschinen sind ferner so eingerichtet, daß die einzelnen Abteilungen in eventuell verschiedenartiger Kombination arbeiten können, wodurch ein universeller Verwendungszweck der Anlage gewährleistet ist.

Hinsichtlich der Appretur von Geweben, die bereits mit Tonerdesalzen und Seifen imprägniert sind, ist noch zu erwähnen, daß eine Nachbehandlung mit schwacher, heißer Leim- oder Ceratoniagummi-Lösung in jedem Falle sehr vorteilhaft wirkt, weil dadurch das sonst sehr unangenehme Ankleben der Ware auf dem Kalander verhindert wird.

Bezüglich ausführlicher Angaben über die rezeptuelle Arbeitsweise bei der Herstellung porös wasserdichter Gewebe und aller sonst interessierenden Einzelheiten, besonders auch in maschineller Hinsicht, wird nur auf die Veröffentlichung von Ing.-Chem. Hugo Jaeger in Melliands Textilberichten 1926, S. 149ff. verwiesen.

Die kolloidchemischen Grundlagen des schon seit einem Jahrhundert bekannten Imprägnierungsverfahrens mit einem Gemisch von Alaun, tierischem Leim und Seife sind im Jahre 1913 durch H. Pomeranz näher untersucht worden[2]). Er konstatierte, daß die Seife und der Alaun den wirksamen Teil der Imprägnierflotte bilden, während der Leim nur dazu dient, die beim Vermischen der erstgenannten Bestandteile entstehende Tonerdeseife in kolloider Lösung zu erhalten. Die Wirkung dieser kolloid gelösten fettsauren Tonerde ist nach Pomeranz unter allen Umständen der auf der Faser erzeugten gleichzustellen,

[1]) Eine diesbezügliche Vorschrift ist u. a. im „Ratgeber für das Färben von Baumwolle und anderen Fasern pflanzlichen Ursprungs" (5. Auflage 1925) der Farbwerke vorm. Meister Lucius & Brüning, Höchst a. M., auf S. 208 angegeben; in diesem wertvollen Handbuch sind übrigens alle wichtigeren Verfahren zur Herstellung wasserdichter Gewebe kurz besprochen.

[2]) H. Pomeranz: „Das Wasserdichtmachen von Geweben"; Leipziger Monatsschrift für Textilindustrie, XXXIX. Jahrg., Heft 5 vom 15. Mai 1924, S. 227/228 (Ausstellungsnummer der Leipziger Monatsschrift für Textilindustrie anläßlich der „Jahresschau Deutscher Arbeit in Dresden 1924").

wenn die Wahl der Seife und die Menge des Leimes richtig getroffen ist. Da der Leim weder an sich noch in der vorliegenden Anwendungskombination als wasserdichtmachendes Mittel, sondern eher als Netzmittel wirkt, so ist die Zugabe desselben nur auf die zur Erzielung einer kolloiden Tonerdeseifelösung jeweils erforderliche Mindestmenge zu beschränken. Derartige kolloide Lösungen fettsaurer Tonerde besitzen auch die Eigenschaft, Fettstoffe, Harze und Wachse zu emulgieren. Diese Emulsionen sind zwar weniger beständig als die mit Hilfe von Alkaliseifen erzeugten, gewähren aber dennoch eine Verbindung der wasserabstoßenden Bestandteile mit der fettsauren Tonerde im Innern der Faser. Pomeranz hat im übrigen festgestellt, daß sich das Wasserdichtmachen mit bestem Erfolg durch kolloidale Lösungen ausführen läßt.

b) Die Herstellung wasser- und luftundurchlässiger Gewebe.

Die Herstellung wasser- und luftundurchlässiger Gewebe (Wasserdichtmachen bei gleichzeitigem Schließen der Poren) geschieht, je nach dem in Betracht kommenden Verwendungszweck:

a) durch Imprägnieren mit Kupferoxydammoniak,

b) als sogenannte Ölimprägnierung durch Auftragen eines Gemisches von Leinölfirnis, Teer, Gummi usw. mit Ruß, Erdfarben oder sonstigen Füllmitteln,

c) durch Imprägnieren mit Kautschuk.

1. Das Imprägnieren mit Kupferoxydammoniak.

Das Imprägnieren mit Kupferoxydammoniak beruht auf seiner Eigenschaft, Zellulose zu lösen; dabei bildet sich auf der Oberfläche entsprechend dicht geschlagener Gewebe eine die Poren verschließende gleichmäßige und glänzende, grüngefärbte Schicht, welche als gut wasserdicht zu bezeichnen ist. Nachbehandlung mit Seifen- oder Gummilösungen erhöht den Wasserdichtheitsgrad, vermindert aber den Glanz.

Die Imprägnierung mit Kupferoxydammoniak kann nur auf einer besonderen Spezialmaschine (Kupferoxydammoniak-Imprägnieranlage der C. G. Haubold A.-G., Chemnitz) vorgenommen werden. Diese Maschine setzt sich zusammen aus einem mit Leitwalzen versehenen Eisenkasten zur Aufnahme der Kupferoxydammoniaklösung, einem Zwei-Walzen-Foulard, einer Heißluftmansarde mit Ventilation zwecks Vortrocknung (bei 60—70 ^{0} C), dahinter geschalteter Appreturmaschine nach Art der Spannrahmen-Foulards zwecks Nachbehandlung mit Seifen- oder Gummilösungen und einer Trommeltrockenmaschine stehender Bauart mit 10 Trockenzylindern.

Die Kupferoxydammoniaklösung wird durch Auflösen von gefälltem und ausgewaschenem Kupferoxydhydrat in Ammoniak oder Mischung einer Lösung von kohlensaurem Kupfer mit technischem Ammoniak oder durch Einwirkung von Ammoniak auf Kupferdrehspäne hergestellt und je nach Qualität der zu behandelnden Ware 4—8 ^{0} Bé stark angewendet. Die Behandlung mit Kupferoxydammoniak erfolgt durch langsame Passage und wird eventuell auch mehrmals hintereinander ausgeführt; in letzterem Falle geschieht die Nachbehandlung mit Seifen- oder Gummilösungen nur einmal, und zwar beim letzten Warendurchlauf.

Das Imprägnieren mit Kupferoxydammoniak findet besonders Anwendung für Zeltstoffe und Decken, welche infolge periodisch praktischen Gebrauches oft längere Zeit zusammengefaltet beiseite liegen (z. B. Decken für Geschütze, für Maschinen auf Schiffen, für Eisenbahngüterwagen oder Wettertuche in Bergwerken usw.). Bei diesen Verwendungszwecken kommt die durch die Kupfersalzbehandlung gleichzeitig hervorgerufene Widerstandsfähigkeit der Gewebe gegen Fäulnis vorteilhaft zur Geltung. Die Kupferoxydammoniak-Imprägnierung wird ferner vielfach für Filterstoffe angewendet; da in diesem Falle nur größere Dauerhaftigkeit der Gewebe erwünscht ist, so kann selbstverständlich nur mit schwächeren Lösungen imprägniert werden, um die Filtrierfähigkeit des Stoffes nicht in Frage zu stellen.

Auch vorgefärbte Gewebe können mit Kupferoxydammoniak imprägniert werden, doch ist dabei außer der eventuell an und für sich für das Färben erforderlichen besonderen Auswahl der Farbstoffe die in jedem Falle eintretende Nuancenveränderung zu berücksichtigen.

2. Die Herstellung von Ölimprägnierungen.

Die Herstellung von Ölimprägnierungen (Bekleidungsstoffe für Seeleute, Fischer, Schiffer usw., Decken für Landmaschinen aller Art usw.) wird auf Basis von gut gekochtem Leinölfirnis mit Ölfarben und für manche Zwecke (z. B. für Wetterlaken) außerdem auch unter Zuhilfenahme von fetthaltiger Appreturmasse vorgenommen[1]).

Die Waren werden meist zunächst mit heißer, fett- oder ölhaltiger Seifenlösung vorbehandelt und nach dem Trocknen stark kalandert; Vorkalandern oder Mangeln ist besonders bei leichteren Warenqualitäten in jedem Falle zweckmäßig (geschlosseneres Gewebe).

Das Behandeln der Ware (Öltuche) mit Imprägniermasse wird zweimal ausgeführt. Das erste Mal geschieht dies zweiseitig auf einem geeigneten zweiwalzigen Appreturfoulard mit anschließendem Trocknen in der Hänge. Die zweite Behandlung besteht in einseitigem Aufbürsten der Ölfarbe von Hand aus oder erfolgt mit Hilfe einer Rackelstreichmaschine; das Trocknen geschieht dann abermals in der Hänge. Bei Bekleidungsstoffen wird vielfach noch die eine Warenseite auf einer Schleifmaschine geglänzt oder geschmirgelt und mit einer Poliermasse nachbehandelt.

Auch für die Ölimprägnierung haben sich kontinuierlich arbeitende Maschinenanlagen (z. B. der Zittauer Maschinenfabrik A.-G., Zittau i. Sa.) sehr bewährt. Die Trocknung nach der ersten Behandlung mit Ölfarbe geschieht dabei in einer Heißluftmansarde, die Endtrocknung nach dem einseitigen Ölfarbenauftrag dagegen auf einer automatischen Trockenhänge.

Die bereits bei der Weißwarenappretur besprochene automatische Trockenhänge leistet auch beim Trocknen der Öltuche vorzügliche Dienste; es sind Maschinen mit über 2 m Warenbreite in zufriedenstellendster Anwendung.

3. Die Fabrikation kautschukierter Gewebe.

Die Fabrikation kautschukierter Gewebe steht mit der Gummiindustrie in engem Zusammenhange und ist besonders auch für den Färbereifachmann von gewissem Interesse, weil für das Färben der nachträglich mit Kautschukbelag zu versehenden Stoffe vulkanisierbeständige Farbstoffe verwendet werden müssen. Da das Vulkanisieren in sehr verschiedener Weise ausgeführt werden kann und unter Umständen die für das eine Verfahren geeigneten Färbungen bei Anwendung einer anderen Vulkanisiermethode größere

[1]) Ausführliche Angaben über die Zusammensetzung und Bereitung der Imprägniermassen für Öltuche sind von Ing.-Chem. Hugo Jaeger in der bereits erwähnten Abhandlung über: „Die Herstellung wasserdichter Gewebe (Imprägnierungen) veröffentlicht worden; Melliands Textilberichte 1926, S. 149—156 (bzw. S. 154—156).

oder geringere Veränderung erleiden können, so ist es für den Färber in jedem Falle angezeigt, die Färbungen bei der in Betracht kommenden Vulkanisieranstalt jeweils vorher überprüfen zu lassen. Anhaltspunkte über die zur Herstellung vulkanisierbeständiger Färbungen brauchbaren Farbstoffe finden sich in den diesbezüglichen Tabellen der von den einzelnen Werken der I. G. Farbenindustrie A. G. herausgegebenen Färbereihandbücher[1]). Wichtig ist ferner, daß die gefärbte Ware keine Öle oder Fette enthält; in jedem Falle ist daher das Färben mit Ölzusatz sowie ein nachträgliches Seifen oder Avivieren der Färbungen mit Öl oder Fett zu unterlassen. Für Heißvulkanisation kommen auch mit Metallsalzen nachbehandelte Färbungen nicht in Frage, weil der Kautschukbelag dadurch zerstört wird (abbröckelt).

Bei den meisten praktisch ausgeführten Verfahren zur Herstellung wasserdichter Stoffe unter Verwendung von Kautschuk (Speckgummi), Guttapercha, Balata usw. werden die Gewebe mit einer Schutzschicht aus diesem Substanzen ein- oder beiderseitig versehen, meist jedoch nur einseitig, und sodann vulkanisiert, um die Widerstandsfähigkeit des Kautschuks gegen atmosphärische Einflüsse usw. zu erhöhen.

Das Kautschukmaterial ist im Verhältnis zu den sonst zum Imprägnieren verwendeten Substanzen bedeutend kostspieliger, weshalb diese Verfahren nur für Spezialzwecke, so z. B. für die viel verwendeten Gummibekleidungsstoffe (Regenmäntel), Ballonstoffe und einige andere, in Anwendung sind.

Aus dem technisch reinen Kautschuk wird durch einen eventuellen Zusatz von Füllmitteln und, wenn die Gummimischung für Heißvulkanisation bestimmt ist, auch durch Zugabe von Schwefel in einem Mischwalzwerk zwischen erhitzten Walzen eine homogene Masse gewalzt.

Die so erhaltenen Gummimischungen werden dann durch Auflösen in Benzol oder Benzin oder auch in Xylol in die streichfähige Form einer geschmeidigen Paste gebracht.

Die vor allen Dingen gut trockenen und mit geeigneten vulkanisierbeständigen Farbstoffen gefärbten Gewebe werden hierauf mit diesem gelösten Kautschukteig auf einer Streichmaschine (Spreadingmaschine) mehrmals bestrichen, wobei das Lösungsmittel durch die Trockenplatten derselben verdunstet wird.

Der nun folgende Schwefelungsprozeß, das Vulkanisieren, wird entweder als Warmvulkanisation oder als Kaltvulkanisation[2]) ausgeführt, je nachdem ob die Weiterbehandlung einer Schwefel enthaltenden Gummimischung oder einer ungeschwefelten Mischung in Betracht kommt.

a) Die Warmvulkanisation kann sowohl mit direktem Dampf als auch mit trockener, heißer Luft unter Druck vorgenommen werden; in beiden Fällen geschieht dies auf der Trommel in doppelwandigen Kesseln. Für gefärbte Stoffe ist meistens die Heißluftvulkanisation in Anwendung, die auch vielfach in eigenen Heizkammern oder im sogenannten kontinuierlichen Vulkanisierofen ausgeführt wird.

Die mit einer schwefelhaltigen Kautschuklösung imprägnierten und auf der Belagseite gut mit Stärkemehl, feinst gepulvertem Kaolin oder feinstem Paraffin-

[1]) „Kleines Handbuch der Färberei" von Leopold Cassella & Co., Frankfurt a. M., Band I (Baumwolle und verwandte Fasern), Dritte Auflage (Nr. 3798), S. 190—192.

„Ratgeber für das Färben von Baumwolle und anderen Fasern pflanzlichen Ursprungs" der Farbwerke vorm. Meister Lucius & Brüning, Höchst a. M., 5. Auflage 1925, S. 298—301.

„Tabellarische Übersicht über Eigenschaften und Anwendung der Farbstoffe" der Farbenfabriken vorm. Friedrich Bayer & Co., Leverkusen b. Köln a. Rh. I. Teil (Färberei der Baumwolle und Kunstseide), 6. Auflage 1925, S. 195—202, 209—212.

[2]) Die Heißvulkanisation wurde im Jahre 1839 durch Charles Goodyear, die Kaltvulkanisation im Jahre 1846 durch Alexander Parkes entdeckt.

talkum eingestreuten Gewebe werden dabei ca. 2 Stunden einer Temperatur von ungefähr 130 ^{0} C ausgesetzt.

Das Streumittel verleiht der Ware einen samtartigen, trockenen Griff; der Überschuß wird nach dem Abkühlen der vulkanisierten Gewebe durch Bürstenwalzen wieder entfernt.

b) Die Kaltvulkanisationsverfahren sind vorzugsweise für feinere Stoffe in Anwendung und erfolgen durch Einwirkung von Chlorschwefellösung oder Chlorschwefeldämpfen auf ungeschwefelten Kautschukbelag.

Beim Arbeiten mit einer Lösung von Chlorschwefel in Schwefelkohlenstoff wird diese mittels einer Auftragwalze auf die Kautschukseite der Ware aus einem verbleiten Holztrog oder aus einem Porzellantrog übertragen. Die so behandelten Gewebe laufen dann über eine angewärmte Trommel und werden in gut ventilierten, trockenen Verlüftungsböden verhängt.

Beim Kaltvulkanisieren mit Chlorschwefeldämpfen werden die mit Kautschukaufstrich versehenen Stoffe in einem luftdicht verschlossenen, hotflueähnlichen Raum über Leitrollen rundgeführt und die Chlorschwefeldämpfe vom Boden dieser gut ventilierbaren Vulkanisierkammer aus einem Gefäße entwickelt. Die Vulkanisationstemperatur darf 25 ^{0} C nicht übersteigen.

Nach beendetem Prozeß werden Ventilatoren in Tätigkeit gesetzt, um die Chlorschwefeldämpfe zu entfernen, oder es wird zu dem gleichen Zwecke trockene Luft eingeblasen. Nachher werden die Stoffe in gleicher Weise wie die mit Chlorschwefellösung vulkanisierten zum völligen Ausdunsten in Trockenkammern verhängt.

Infolge der bedeutenden Reaktionsfähigkeit des Chlorschwefels mit anderen Substanzen als Kautschuk ist große Vorsicht bezüglich zweckmäßiger Zusammensetzung der Kautschukmasse geboten, um schlechte Resultate, die sich durch Knittrigwerden und Abbröckeln der Kautschukschicht äußern, zu vermeiden.

Neuere, versuchsweise in Anwendung gebrachte Verfahren zum Kautschukieren von Geweben beruhen auf der Verwendung von Latex, der Milch vom Gummibaum, welche sich, mit Ammoniak geschützt, leicht versenden läßt[1]). Mit Kautschukmilch imprägnierte Waren sind sehr widerstandsfähig gegen Wasser und werden in ihrem Aussehen nur unwesentlich verändert, da der Belag durchsichtig ist.

L. Das Unentflammbarmachen von Geweben[2]).

Für Stoffe zu Theaterdekorationen oder für anderweitige Ausschmückung von Räumen (z. B. Fahnenstoffe für Innendekoration, Gardinenstoffe) und vereinzelt auch für Bekleidungsstoffe verlangt man die Eigenschaft der Unentflammbarkeit (sog. Flammensichere Gewebe). Mit Kaolin beschwerte Appreturen erfüllen diesen Zweck schon bis zu einem bestimmten Grade; denn je höher der Gehalt der Appretur an gewissen mineralischen Stoffen, um so schwerer entzündbar werden derartig imprägnierte Gewebe. Sie entzünden sich zwar, doch kommt es im allgemeinen nicht zur Flammenbildung, das Gewebe glimmt nur weiter.

Es gibt nun eine ganze Anzahl Mittel, welche die Stoffe derart schwer entflammbar machen, daß dieselben nur langsam verkohlen; der eigentlich er-

---

[1]) Nach Arnold H. Hard im Text. Rec. 1923, S. 55.

[2]) Siehe auch Dr. Theodor Koller: „Die Imprägnierungstechnik. Handbuch der Darstellung aller fäulniswiderstehenden, wasserdichten und feuersicheren Stoffe“ (Wien, Pest, Leipzig: A. Hartleben's Verlag, 1896).

strebte Zweck der Feuersicherheit wurde aber in keinem Falle in idealer Weise erreicht. Als brauchbare Mittel kommen in Betracht: schwefelsaures Ammon, Chlorammonium, Ammoniumkarbonat, wolframsaures Natron, phosphorsaures Natron, Borax, Magnesiumsalze, Wasserglas, Zinnsoda (Präpariersalz), Alaun, Tonerdesilikate, Stannate usw.

Man arbeitet dabei entweder nur auf der Basis der Eignung der Salze an sich, also

1. in einfacher Weise durch Imprägnierung der Waren mit wässerigen Lösungen und nachfolgendem Trocknen bzw. mit entsprechend bereiteten Appreturflotten (derartige Imprägnierungen sind naturgemäß leicht auswaschbar), oder
2. durch Ausfällung einer brauchbaren (wasserunlöslichen) Substanz auf und in der Faser im Wege aufeinanderfolgender Imprägnierungen mit den Lösungen der erforderlichen Komponenten zwecks Erzielung einer dauerhaften Wirkung.

Ad 1 wird als einfaches Mittel zum Feuersichermachen von Geweben fast allgemein das bereits im Jahre 1839 von Gay-Lussac empfohlene, technische schwefelsaure Ammoniak angewendet, das gleichzeitig den Vorzug besitzt, verhältnismäßig billig zu sein. Die Stoffe werden mit einer kalten, möglichst konzentrierten Lösung (ca. 150 g schwefelsaures Ammoniak pro Liter Flotte) auf einem Foulard oder einer Paddingmaschine imprägniert und nach dem Abquetschen in üblicher Weise getrocknet. Zum gleichzeitigen Appretieren der Gewebe verwendet man dann einfach z. B. die erforderliche Menge Dextrin im Liter.

Ferner hat sich das Arbeiten mit einer Lösung von wolframsaurem Natron (vorgeschlagen von F. Versman und A. Oppenheim auf der Naturforscherversammlung zu Aberdeen, 15. September 1857) bewährt. Ein Zusatz von phosphorsaurem Natron ist dabei sehr zweckmäßig; infolge des verhältnismäßig hohen Preises von wolframsaurem Natron kommt dessen Anwendung jedoch seltener in Frage.

Bergrat Patera[1]) empfahl gegen Ende des fünften Jahrzehnts des 19. Jahrhunderts das Imprägnieren mit einer Lösung von Borax und Bittersalz, die als solche zunächst keine Fällung ergibt, doch auf der Faser infolge doppelter Umsetzung unlösliche borsaure Magnesia und lösliches schwefelsaures Natron entstehen läßt. Die Wirkung dieser Imprägnierung kann als gleichwertig derjenigen mit wolframsaurem Natron hingestellt werden; als Vorteil ergeben sich billigere Gestehungskosten.

J. A. Martin (Paris) hat im Jahre 1880 folgende Präparation zugleich als Appretur empfohlen und die Brauchbarkeit derselben durch eine besondere Fachkommission überprüfen lassen:

8	kg	schwefelsaures Ammoniak
$2^1/_2$	kg	kohlensaures Ammoniak
3	kg	Borsäure
2	kg	Borax
2	kg	Stärke
100	kg	Wasser

Nach den Erfahrungen des Verfassers ist auch eine Lösung von Rhodanammonium gut geeignet und ebenfalls in Verbindung mit regulären Appreturen anwendbar. Auch das Appretieren mit Harnstofflösung vermindert die Feuergefährlichkeit der Faserstoffe (D. R. P. Nr. 423857 vom Jahre 1925).

---

[1]) Über Flammenschutzmittel. Wien 1871.

Ad 2 ist bezüglich der Bemühungen zwecks Herstellung einer dauerhaften Imprägnierung zunächst das Verfahren von William Henry Perkin[1]) zu erwähnen; der Genannte hat darüber während des VIII. Internationalen Kongresses für angewandte Chemie (4. bis 13. September 1912 in Washington und New-York) Bericht erstattet. Perkin imprägniert die Ware erst mit einer Lösung von Natriumstannat 45° Tw. (26,5° Bé), trocknet, präpariert hierauf mit einer Ammoniumsulfatlösung von 15° Tw. (10° Bé) und trocknet wieder. Das Gewebe enthält dadurch gefälltes Zinnoxyd und überschüssiges Ammoniumsulfat; letzteres kann durch Auswaschen mit Wasser entfernt werden. Der auf diese Weise erzielte Effekt der Flammensicherheit wird auch durch öfteres Waschen der Waren in heißer Seifenlösung nicht beeinträchtigt.

Nach dem D. R. P. Nr. 342410 der Farbenfabriken Bayer & Co. soll auf der Faser aus o-kieselsäuremethylestern durch Hydrolyse abgeschiedene Kieselsäure sehr zweckmäßig sein. H. Meding gibt im D. R. P. Nr. 337842 ein Verfahren zum Feuersichermachen an, das besonders für Arbeitskleider, welche in Sprengstoffbetrieben getragen werden, Verwendung finden soll. Die Stoffe werden hintereinander mit Chlormagnesium und dann mit Wasserglaslösung imprägniert.

Auch Zirkonverbindungen wurden zum Feuersichermachen empfohlen. Dr. Hauser und Hedwig Herzfeld ließen sich ein Verfahren schützen, nach welchem die Faser mit solchen Zirkonsalzen imprägniert wird, welche beim nachträglichen Behandeln mit Neutralsalzlösungen, z. B. Chloriden, Sulfaten und Nitraten der Alkalien, auch alkalischer Erden, eine Fällung von Zirkonhydroxydgel geben. Solche Zirkonsalze sind das Nitrat, das Sulfat und das Azetat. Besonders brauchbar haben sich zu dem Zweck die Azetonitrate erwiesen. Dieselben werden dargestellt durch Abrauchen von Zirkonnitrat mit Essigsäure. Die Faser wird in einer Lösung von 200 g dieses Produktes und 200 g Magnesiumsulfat pro Liter Wasser getränkt und naß auf etwa 60—70° erhitzt. Das Zirkonhydroxydgel scheidet sich dann in der Faser in feinverteilter Form ab.

---

[1]) Prof. Dr. Ernst Beutel: „Über flammensichere Baumwollstoffe". Österreichs Wollen- und Leinenindustrie (Reichenberg).

Die mechanischen Hilfsmittel zur Veredlung der Baumwoll-Textilien.

Von Dipl.-Ing. Prof. **Hugo Glafey**, Geh. Reg.-Rat, Heidelberg.

Einleitung.

Um das Verwendungsgebiet der Rohstoffe, der Halbfabrikate und der Ganzfabrikate zu erweitern und deren wirtschaftlichen Wert zu erhöhen, werden sie veredelt. Im weitesten Sinne des Wortes umgreift dieser Sammelbegriff das Waschen, Bleichen, Merzerisieren, Färben, Imprägnieren usw., sowie das Bedrucken und eine ganze Reihe von Zurichtungs-, Ausrüstungs- und Nacharbeiten. Die drei letztgenannten Gruppen von Arbeiten faßt man vielfach aber auch unter der Bezeichnung „Appretur" zusammen und dies dann, wenn es sich lediglich um die Behandlung von Fertigfabrikaten in Gestalt von Garnen, Geweben, Wirkwaren usw. handelt. Diese in den Hauptzügen fertiggestellten Waren müssen entweder unmittelbar nach ihrer Fertigstellung gereinigt, in bezug auf Aussehen und Griff vervollkommnet und in ihrem Charakter verändert werden oder es wird ihnen nach einer Vorbehandlung durch Waschen, Bleichen Merzerisieren, Färben usw. noch ein besonderes gefälliges Aussehen bzw. ein bestimmter Griff und Charakter gegeben. Da der Verbraucher die Ware vielfach nach Aussehen und Griff beurteilt, ist man in den letzten Jahren immer mehr dazu übergegangen, durch die Appretur nicht nur die wirkliche Qualität der Ware zur Geltung zu bringen, sondern die Warenqualität durch Verleihung vorteilhafter oder begehrter Eigenschaften zu verändern.

Aus dem Vorstehenden ergibt sich, daß der Begriff „Appretur" keineswegs sich mit dem Begriff „Veredlung" deckt, daß er vielmehr nur einen Teil der Veredlung umgreift. Es kann aber doch wohl keinem Zweifel unterliegen, daß einerseits alle sogenannten Appreturarbeiten, also zum Beispiel das Sengen, Scheren, Rauhen, Pressen, Dämpfen usw. eine Veredlung des Erzeugnisses in dem oben gekennzeichneten Sinne herbeiführen und andererseits wird anerkannt werden müssen, daß durch das Waschen, Bleichen, Merzerisieren, Färben usw. Rohstoffe, Halbfabrikate und Ganzfabrikate veredelt werden. Es erscheint deshalb der Vorschlag wohl gerechtfertigt, im weiteren Sinne von einer „Veredlung der Textilien" zu sprechen, wie es schon Dr. Paul Heermann in seinem im Jahre 1921 erschienenen Buch: „Technologie der Textilveredlung" getan hat.

Mit dieser Unterstellung sollen im nachstehenden die wesentlichen der der Baumwollveredlungsindustrie zur Verfügung stehenden mechanischen Hilfsmittel nach Einrichtung und Wirkung im Zusammenhang vor Augen geführt werden und dabei soll auch der Rohstoff selbst mit in den Kreis der Betrachtung gezogen werden, denn sein Bleichen, Färben usw. ist auch nichts anderes als eine Veredlung. Die Zahl der in Betracht kommenden Hilfsmittel ist eine außerordentlich große. Von ihnen macht der Fachmann nach Bedarf Gebrauch, die Reihenfolge ihrer Anwendung ist keineswegs eine unzweideutig festgelegte, sie wird vielmehr bestimmt durch die Eigenschaften des Werkstoffs an sich, die Art seiner Verarbeitung und die vielseitigen Forderungen, welche an das fertige Erzeugnis gestellt werden. Aus diesem Grunde ist auch nicht möglich, bei ihrer Erläuterung eine bestimmte Reihenfolge einzuhalten. Es soll deshalb nur unterschieden werden in die Veredlung auf nassem und auf trockenem Wege. Der ersteren dienen das Waschen, Bleichen, Merzerisieren, Färben, Imprägnieren usw., der letzteren alle sonstigen Vorgänge, insbesondere das Trocknen, Sengen, Rauhen, Scheren, Kalandern, Mangeln, Pressen usw.

Waschen, Bleichen, Merzerisieren, Färben, Imprägnieren usw. der Baumwoll-Textilien.

Die vorstehend genannten Arbeitsvorgänge dienen, wie bereits ausgeführt, der Veredlung der Textilien auf nassem Wege. Der Naßbehandlung unterworfen werden das Fasergut als solches, aus ihm hergestellte Faserbänder, Garne, Gewebe, Wirkwaren, Spitzen, Gardinen usw. Die bei der Naßbehandlung zur Anwendung kommenden Mittel werden entweder nur auf die Oberfläche aufgetragen oder auf das Arbeitsgut in seiner vollen körperlichen Ausdehnung zur Wirkung gebracht, wobei dieses entweder in das der Naßbehandlung dienende Mittel eingeführt wird und in ihm bis zur Beendigung des Arbeitsprozesses verbleibt, durch das fragliche Mittel hindurchgeführt oder endlich dieses durch das Arbeitsgut hindurchgetrieben wird.

I. Waschen.

a) Waschen loser Baumwolle. Die Baumwolle wird bekanntlich durch das sogenannte Pflücken aus den aufgesprungenen Samenkapseln der Baumwollpflanze geerntet. Von der Öffnung der Samenkapseln bis zur Ernte und von dieser bis zum Entkörnen und Pressen des Faserguts zu Ballen hat dieses die Möglichkeit, Staub, Sand u. dgl. Fremdkörper aufzunehmen. Ihnen gesellen sich bei der Ernte noch weitere Fremdkörper in Form von Blattresten, Samenkapselteilen usw. hinzu. Alle diese Verunreinigungen werden auf trockenem Wege im Laufe der Verarbeitung der Faser entfernt. Eine Reinigung auf nassem Wege durch Waschen findet nur dann Anwendung, wenn die Trockenreinigung nicht genügt, sie besteht im allgemeinen in einer Behandlung mit warmem oder kaltem Wasser. Handelt es sich darum, das Fasergut von Rückständen zu befreien, die ihm aus etwa schon durchgeführten Arbeitsprozessen, z. B. dem Bleichen, Färben usw. noch anhaften, so bezeichnet man diesen Arbeitsvorgang gewöhnlich als Spülen. Die natürlichen Verunreinigungen der Faser in Form von inkrustierenden Substanzen, Fetten, Wachs u. dgl. können weder durch das Waschen noch durch das Spülen entfernt werden. Ist dieses erforderlich, so kommt das Abkochen mit alkalisch wirkenden Mitteln, das sogenannte Bäuchen, zur Anwendung, es bildet im allgemeinen die Vorbehandlung für das Bleichen und wird dort berücksichtigt werden.

Die nebenstehenden beiden Abb. 1 und 2 veranschaulichen eine Maschine zum Waschen und Spülen von loser Baumwolle. Sie besteht aus einem ovalen Eisenblechbottich mit leicht heraushebbarem Siebboden und inselartigem Einbau mit Überlauf und Ablaßventil. In dem zwischen der Bottichwandung und dem Einbau befindlichen Ringkanal wird das Fasergut durch einen oder zwei sich drehende Flügel mit bogenförmig gekrümmten Zinken in der Behandlungsflüssigkeit unter beständigem Tauchen in kreisende Bewegung versetzt, während eine Aushebevorrichtung das Fasergut aus dem Bottichkanal auf ein endloses

Förderband überführt. Die Aushebevorrichtung besteht aus drei kreisenden, durch Führungsbogen und Leitrolle gesteuerten Auswurfgabeln. An Stelle der sich drehenden Flügel kommen auch Rechen mit langen geraden Zinken zur Anwendung, welche frei pendelnd auf einer gekröpften Welle sitzen und bei Drehung dieser durch Lenker so gesteuert werden, daß sie das Arbeitsgut in der Behandlungsflüssigkeit nur vor sich herschieben.

Abb. 1. Wasch- und Spülmaschine für Fasergut; Zittauer Maschinenfabrik A.-G., Zittau.

b) Waschen der Baumwollgarne. Die Baumwollgarne werden dem Wasch- oder Spülprozeß in Form von Strähnen, Kreuzspulen oder Kettbäumen unterzogen. Die Durchführung der genannten Arbeitsprozesse dient im wesentlichen nur der Beseitigung von Rückständen, die den Garnen aus bereits durchgeführten Veredlungsprozessen, insbesondere dem Bleichen, Merzerisieren und Färben noch anhaften und sie erfolgt entweder auf besonderen Maschinen oder auf denjenigen Vorrichtungen, auf denen die Veredlungsprozesse selbst ausgeführt werden. Maschinen der erstgenannten Art sind entweder solche, bei denen die Garne in Strähnform freihängend in der Wasch- oder Spülflüssigkeit nur umgezogen und dabei im Bedarfsfalle auch noch abgepreßt werden oder Maschinen, bei denen die Garnsträhne nicht nur umgezogen, sondern gleichzeitig auch noch in der Flüssigkeit quer zu ihrer Länge hin und her oder fortbewegt werden.

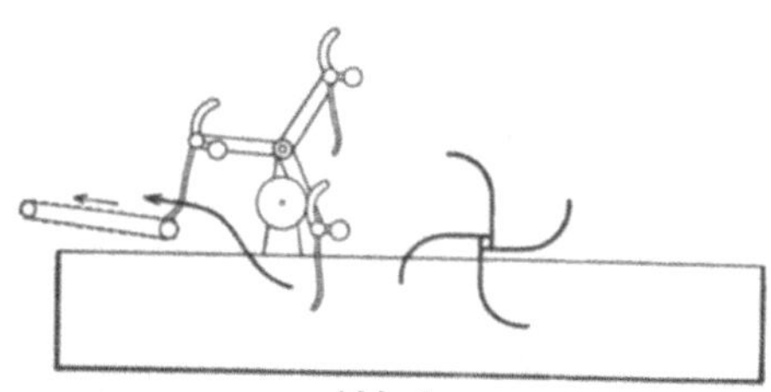

Abb. 2.

Die Abb. 3 bis 8 geben Ausführungsbeispiele der vorstehend gekennzeichneten Maschinen.

Bei der in Abb. 3 dargestellten Strähngarnwaschmaschine werden die zu behandelnden Strähne auf längs gerillte Porzellanspulen oder solche aus Hartgummi, Zelluloid usw. aufgehängt. Diese sitzen auf jeder Maschinenseite fest auf reihenweise über einem Bottich wagrecht angeordneten, frei tragenden Achsen, welche mittels eines von einem direkt gekuppelten Elektromotor in Bewegung versetzten Wendegetriebes abwechselnd Rechts- und Linksdrehung erhalten. Dies hat zur Folge, daß die Strähne durch die Spulen abwechselnd nach rechts oder links umgezogen werden. Durch über den Spulen und seitlich derselben angeordnete Spritzrohre wird während des Umlaufs der Strähne Wasser gegen diese getrieben und dieses sammelt sich in dem unter den Spulen befindlichen, in der Abbildung nicht dargestellten Bottich. Das Wendegetriebe teilt die Maschine der Länge nach in zwei Teile, und es arbeiten die einander gegenüberliegenden Spulen der beiden Maschinenhälften derart, daß abwechselnd die Spulen einer Maschinenhälfte in Bewegung sind, die Spulen der anderen Maschinenhälfte dagegen stillstehen, also beschickt werden können. Jede Maschinenhälfte ist auch mit einem besonderen Wasserabschluß für das Spritz-

Abb. 3. Strähngarn-Waschmaschine; Maschinenfabriken Tillm. Gerber Söhne & Gebr. Wansleben, Krefeld.

wasser ausgerüstet. Die Spritzrohre bestehen gewöhnlich aus Kupfer, für besondere Zwecke werden sie aber auch aus Hartgummi, Zelluloid usw. hergestellt. Ihr Nachtropfen wird durch besondere in den unteren Maschinenlängsbalken eingebaute selbsttätige Ablaßventile verhindert. Die Maschine wird mit 16 bis 64 Spulen von 450 oder 650 mm Länge in doppelseitiger Anordnung ausgeführt. Der Kraftbedarf beträgt etwa 2 bis 3 PS bei einer Spulenlänge von 650 mm. Der Raumbedarf für eine Maschine beläuft sich bei:

	Länge	Breite	Höhe
24 Spulen auf	4100	2100	1700 mm
32 „ „	5350	2100	1700 „
40 „ „	6600	2100	1700 „
48 „ „	7800	2100	1700 „
64 „ „	10200	2100	1700 „

Die Maschine nach Abb. 4 gleicht in ihrem äußeren Aufbau im wesentlichen der vorbesprochenen. Es sind auch bei ihr als Träger für die zu waschenden Garnsträhne Porzellanspulen zur Anwendung gebracht. Ihre freitragenden Achsen, auf denen sie befestigt sind, sitzen jedoch exzentrisch auf Triebrädern, welche durch eine endlose Kette wechselweise in Rechts- und Linksdrehung versetzt werden. Diese eigenartige Anordnung der Spulenachsen auf ihren Triebrädern hat zur Folge, daß die Strähne abwechselnd aus der Waschflüssigkeit im Bottich gehoben und wieder in sie gesenkt, dabei umgezogen und gleichzeitig versetzt werden. Da jedoch die Spulenachsen auf den einander folgenden Triebrädern

Abb. 4. Strähngarn-Waschmaschine; Textilmaschinenfabrik B. Cohnen G. m. b. H., Grevenbroich b. Köln.

um 180° versetzt angeordnet sind, steigen zum Beispiel die auf den geradzahligen Spulen hängenden Strähne nach oben, während die auf den ungeradzahligen Spulen befindlichen Strähne gesenkt werden, wie dies die Abbildung erkennen läßt, und umgekehrt. Zwischen den Strähnen vorgesehene Spritzrohre geben beim Umzug der Strähne dauernd Waschflüssigkeit gegen diese.

Bei der Maschine nach Abb. 5 sitzen die zur Aufnahme der Garnsträhne dienenden kupfernen Vierkantspulen paarweise auf gemeinsamen Achsen, welche

Abb. 5. Strähngarn-Spülmaschine (Schaukelsystem); Zittauer Maschinenfabrik A.-G., Zittau.

ihrerseits zu einer endlosen Doppelkette verbunden sind, die Führung und fortschreitende Bewegung durch zwei Kettenräder empfängt. Die Achsen dieser Kettenräder ruhen in Wiegebogen, welche vermittels Kurbelwelle hin und her geschaukelt werden. Zwischen den Ketten liegen die Spulen mit Leitrollen auf Laufschienen auf. Aus dieser Einrichtung ergibt sich, daß die auf den Spulen hängenden Strähne im unteren Kettenlauf in der Waschflüssigkeit eines unter dem Kettenlauf vorgesehenen Bottichs fortbewegt, dabei gleichzeitig umgezogen und geschwenkt werden. Beschicken und Entleeren der Spulen erfolgt an den entgegengesetzten Stirnseiten der Maschine. Die Waschflüssigkeit durchströmt den Bottich entgegengesetzt zum Kettenlauf, also entgegengesetzt zur fortschreitenden Bewegung der Garnsträhne.

Abb. 6 zeigt eine sogenannte Strähngarn-Rundwasch- und Spülmaschine. Die zur Aufnahme der Garnsträhne bestimmten kupfernen Vierkantspulen sitzen auf oberhalb eines ringförmigen Bottichs für die Waschflüssigkeit sternförmig in einem Kranz wagrecht gelagerten Achsen. Der Achsenkranz wird in Drehbewegung versetzt und hierdurch werden die Spulen im Kreise fortbewegt, die auf den Spulen hängenden Garnsträhne also durch die Waschflüssigkeit im Ringbottich bewegt. Bei dieser fortschreitenden Bewegung der Spulen über

Abb. 6. Strähngarn-Wasch- und Spülmaschine (Rundwaschmaschine) mit 12 Kupferspulen; C. G. Haubold A.-G., Chemnitz.

dem letzteren empfangen die Spulenachsen gleichzeitig noch Drehbewegung und hierdurch werden die Strähne bei ihrer fortschreitenden Bewegung in der Waschflüssigkeit auch noch umgezogen.

In den Abb. 7, 7a und 8 sind in zwei Ausführungsformen Strähngarn-Wasch- und Spülmaschinen wiedergegeben, bei denen die Strähne bei ihrem Umlauf abgepreßt werden. Die Maschine nach den Abb. 7, 7a ist mit einem T-förmigen Spulenträger ausgestattet, dessen wagrechter Schenkel an seinen beiden freien Enden auf je einer Achse freitragend und frei drehbar eine Spule trägt und dessen lotrechter Teil als Zahnstange ausgebildet ist, mit deren Hilfe der ganze Spulenträger gehoben und gesenkt werden kann. Lotrecht unter den genannten beiden Spulen sind in einem Bottich zwei weitere Spulen angeordnet, die zwangläufig in Drehbewegung versetzt werden. Unmittelbar über diesen Spulen sind, in Schwenkarmen gelagert, zwei Abquetschwalzen angeordnet. Über sie und die Spulen im Spulenträger werden die zu waschenden Garnsträhne in der aus den Abb. 7, 7a ersichtlichen Weise geschoben. Werden die Abquetschwalzen sodann gesenkt, so pressen sie die Strähne gegen die unteren sich drehenden Spulen und dies hat zur Folge, daß die Strähne umgezogen werden. Gleichzeitig wird dabei die durch oberhalb der Abquetschwalzen angeordnete Spritzrohre gegen die Strähne gebrachte Waschflüssigkeit abgepreßt. Sie sammelt sich in dem Bottich und wird von hier abgeleitet. Um einen ununterbrochenen Betrieb zu ermöglichen, senken sich die beiden Abpreßwalzen nicht gleichzeitig, sondern immer nur eine derselben, während die andere sich in Hochstellung befindet. Infolgedessen kann die eine Maschinenseite arbeiten, während die andere neu beschickt wird; vgl. Abb. 7a. Die Verstellbarkeit des T-förmigen Spulenträgers in lotrechter Richtung ist vorgesehen, um den Abstand der Oberspulen von den Unterspulen der Strähnlänge entsprechend ändern zu können. — Wesentlich abweichend von der vorstehend erläuterten Maschine hinsichtlich der Bauweise und Arbeitsweise ist die in Abb. 8 veranschaulichte Maschine. Bei ihr werden die zu waschenden Strähngarne nicht in lotrechter, sondern in wagrechter Lage umgezogen und abgequetscht und dabei im entspannten Zustande durch die im Bottich enthaltene Waschflüssigkeit gezogen. Die doppelseitig ausgebildete Maschine ist auf jeder Seite oberhalb des Troges über dessen Längenmitte mit einem freitragend gelagerten Zylinder und zu beiden Seiten desselben mit je einem in gleicher Weise gelagerten Walzenpaar ausgestattet, auf welche die zu waschenden Strähne aufgebracht werden. Die dem benannten Zylinder benachbarten beiden Walzen können den beiden äußeren

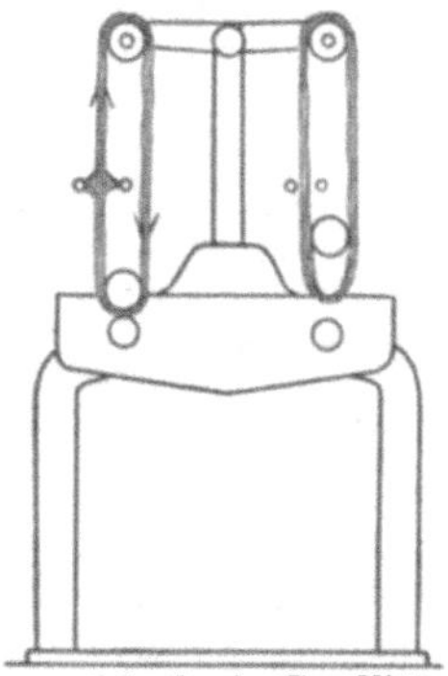

Abb. 7 und 7a. Strähngarn-Spülmaschine; Zittauer Maschinenfabrik A.-G., Zittau.

Abb. 8. Strähngarn-Waschmaschine (vierfach), C. G. Haubold A.-G., Chemnitz.

Walzen genähert oder von ihnen entfernt werden. Geschieht das erstere, wird also der Abstand der beiden zusammengehörigen Garntragwalzen verringert, so werden die auf ihnen befindlichen Strähne entspannt, können gegen nicht gewaschene ausgewechselt und diese können bei einer Drehung der Außenwalze in der im Bottich befindlichen Waschflüssigkeit umgezogen werden. Wird dagegen der Abstand der Garntragwalzen vergrößert, so werden die auf ihnen befindlichen Strähne aus der Waschflüssigkeit herausgehoben, gespannt und, da die Innenwalze sich gegen den Zylinder anlegt, beim Umlauf abgequetscht. Die Abstandsänderungen der Walzen geschehen vollständig automatisch und wechselweise für die beiden Walzenpaare einer jeden Maschinenseite.

c) **Waschen der Baumwollgewebe.** Für das Waschen der Baumwollgewebe kommen zur Anwendung die sogenannten Paketwaschmaschinen, die Strang- und Breitwaschmaschinen.

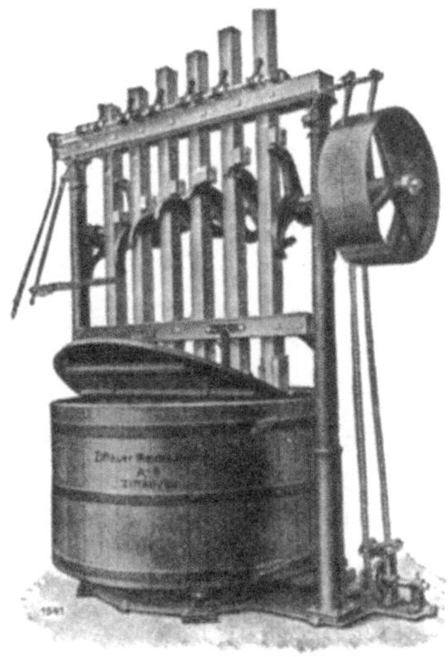

Abb. 9. Stampfwaschmaschine (Stampfwalke) mit Drehbottich; Zittauer Maschinenfabrik A.-G., Zittau.

Abb. 10. Stampfwaschmaschine (Stampfwalke) mit zwei sich hin- und herbewegenden Vierkanttrögen; Zittauer Maschinenfabrik A.-G., Zittau.

Bei den Paketwaschmaschinen wird das Waschgut in sich drehenden Trommeln unter Sturzbewegung der Wirkung der Waschflüssigkeit ausgesetzt (Waschräder) oder es wird in der Waschflüssigkeit durch schwingende Hämmer oder frei fallende Stampfen einer mechanischen Bearbeitung unterworfen. Die Abb. 9 und 10 geben beispielsweise zwei Maschinen der letzteren Art wieder, sie führen im allgemeinen den Namen Stampfwaschmaschinen oder Stampfwalken. Die Maschine nach Abb. 9 ist mit einem zylindrischen Waschbottich ausgestattet, der um einen senkrechten Zapfen langsam gedreht wird, während die Stampfen abwechselnd durch eine Daumenwelle angehoben und dann für den freien Fall freigegeben werden. Das Waschgut ruht auf einem gelochten Doppelboden, welcher die Abscheidung der Unreinigkeit aus der Waschflüssigkeit ermöglicht. Ein an der Stampfenführung gelenkig befestigter zweiteiliger Deckel bietet die Möglichkeit, den Waschbottich abzudecken. — Die Stampfwalke nach Abb. 10 unterscheidet sich von der vorbesprochenen im wesentlichen dadurch, daß sie an Stelle des zylindrischen Troges zwei Vierkanttröge aufweist, welche auf Schienenbahnen mechanisch geradlinig hin und her bewegt werden, während die Stampfen ihre auf- und abgehende Bewegung ausführen.

Das Wesen der **Strangwaschmaschine**, vielfach mit Clapot (clapoter = plätschern) bezeichnet, besteht darin, daß das Gewebe als Strang in schraubengangförmigen Windungen, gespannt oder ungespannt, durch die Waschflüssigkeit und ein Paar über ihr angeordnete Waschwalzen aus Hartholz so geführt wird, daß sie abwechselnd mit Flüssigkeit gesättigt und wieder von ihr befreit wird. Die Abb. 11 veranschaulicht eine Strangwaschmaschine neuester Bauweise. Auf ihr wird der Gewebestrang in ungespanntem Zustande der Waschflüssigkeit ausgesetzt, die sich in einem in den Fußboden versenkt angeordneten Zementbottich befindet, kann sich in ihr also entfalten und die Waschflüssigkeit gut aufnehmen. Da jedoch der Strang in der Flüssigkeit keine Führung hat, darf die Maschine nur mit geringer Geschwindigkeit laufen, damit kein Verwirren der in der Waschflüssigkeit schwimmenden Strangläufe eintritt. Ein den Waschwalzen vorgelegter Führungsrechen sichert einen gleichmäßigen Abstand der Strangläufe bei ihrem Einlauf in die Waschwalzen und verhindert infolge einer axial hin und her gehenden Bewegung gleichzeitig eine nur stellenweise Abnutzung der Waschwalzen durch den laufenden Strang. Endlich dient der Führungsrechen auch noch der selbsttätigen Stillsetzung der Maschine bei Bildung von Knoten im Warenstrang. Er ist zu diesem Zweck an einem Ende drehbar gelagert, kann also durch einen einlaufenden Knoten angehoben werden. Geschieht dies, so wird die Sperrung für die Ausrückvorrichtung ausgelöst. Über den Waschwalzen sind unmittelbar neben den Gestellwandungen zwei Quetschwalzenpaare angeordnet, deren untere Walze einen Messing-, deren obere einen Gummibelag besitzt. Durch das eine dieser Quetschwalzenpaare wird, sofern erforderlich, der Warenstrang unter Mitwirkung eines Porzellanauges den Waschwalzen am einen Stirnende zugeleitet und durch das andere am entgegengesetzten Walzenende abgeleitet. Sowohl der Druck dieser Abquetschwalzen als auch derjenige der Waschwalzen ist regelbar. Ein den letzteren an der Auslaufseite vorgelagerter Haspel hebt die Warenstrangläufe von der unteren Walze ab und übergibt sie der Waschflüssigkeit. Ein unmittelbar unter den Waschwalzen angeordneter rinnenartiger Trog fängt die durch die Waschwalzen abgequetschte Flüssigkeit auf und leitet sie ab. — Ist der Einbau des Zementbottichs in den Fußboden nicht möglich, so kommt ein Holzbottich oder sogenannter Kump zur Anwendung, der zwischen die die Waschwalzenlager enthaltenden Stirnwände der Maschine eingebaut ist. Der Auffangtrog für das Schmutzwasser

Abb. 11. Strangwaschmaschine mit in den Fußboden versenkt angeordnetem Zementbottich; Zittauer Maschinenfabrik A.-G., Zittau.

kann wegbleiben und ebenso kann auch auf die kleinen Abquetschwalzen verzichtet werden, sofern sie nicht erforderlich sind. Eine so eingerichtete Maschine zeigen die Abb. 12, 12a in Ansicht und Schnitt.

Abb. 12.

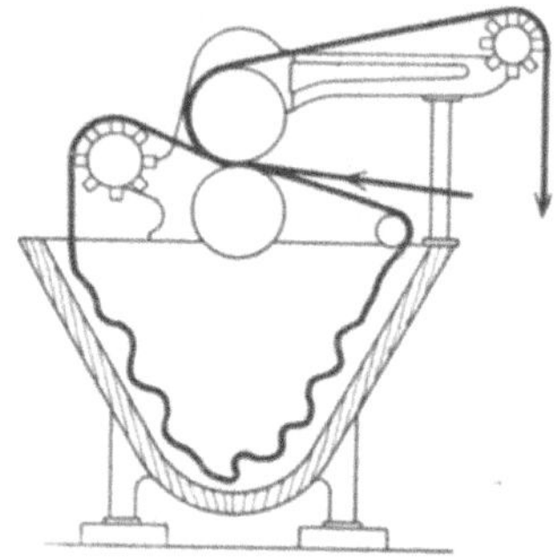

Abb. 12a.

Abb. 12 und 12a. Strangwaschmaschine mit Kump; Zittauer Maschinenfabrik A.-G., Zittau.

Abb. 13. Breitwasch- und Seifmaschine mit einem Vor- und Beizkasten und sechs Seif- bzw. Waschkästen; Zittauer Maschinenfabrik A.-G., Zittau.

Bei den Breitwaschmaschinen wird die durch Zusammennähen ihrer Enden endlos gemachte Gewebebahn entweder im Kreislauf durch ein Quetschwalzen-

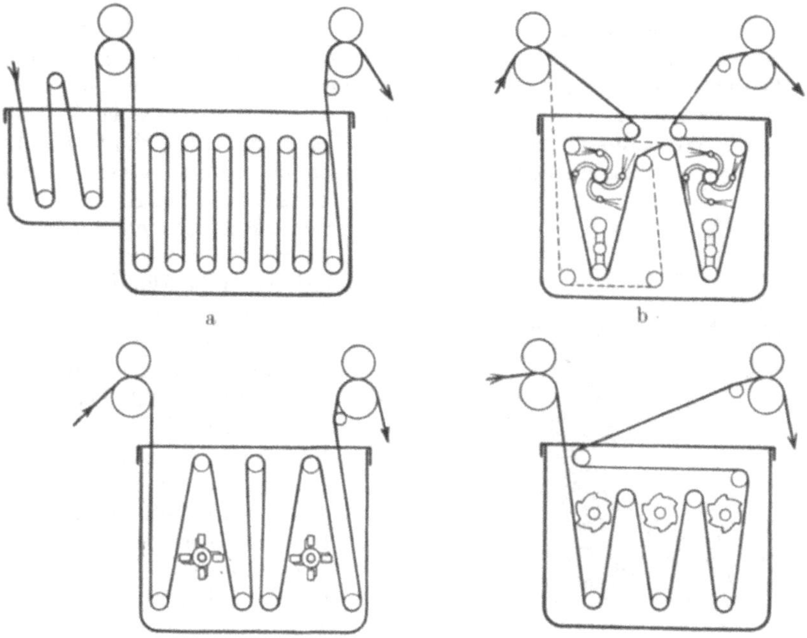

c Abb. 13a—d. d

paar und einen unter diesem befindlichen, die Waschflüssigkeit enthaltenden Bottich (Kump) geführt oder im ununterbrochenen Lauf in auf- und absteigenden Gängen durch eine Reihe von hintereinander angeordneten Flüssigkeitsbehältern mit zwischengeschalteten Walzenquetschen geleitet oder sie passiert endlich mehrere übereinanderliegende Waschtröge. Bei der Anordnung der Flüssigkeitsbehälter hintereinander, Abb. 13, erfolgt bisweilen noch eine mechanische Bearbeitung des

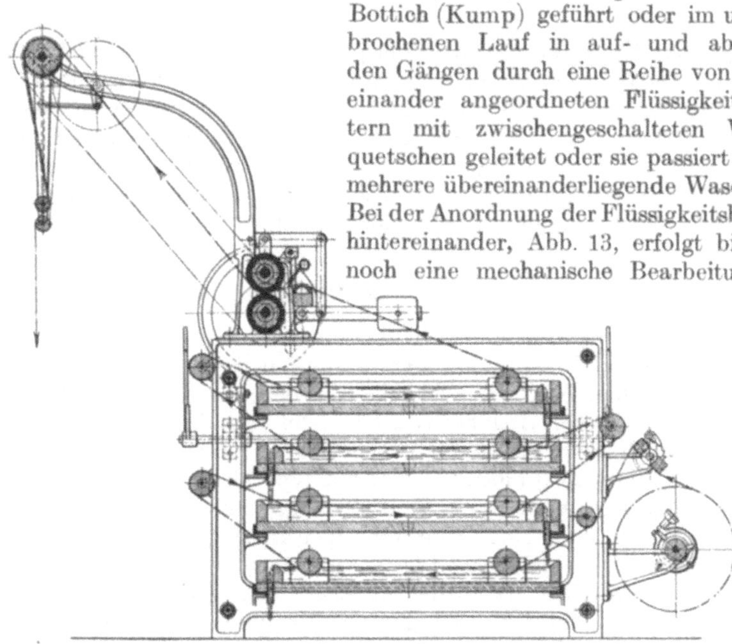

Abb. 14. Gewebe-Breitwaschmaschine mit übereinander angeordneten Trögen (Vormals geb. von Gebauer).

Gewebes in den Bottichen durch Flügelwellen, Flüssigkeitsschleudern oder dergl., durch welche das Spülwasser gegen das um sie geführte Gewebe geworfen wird, wie dies zum Beispiel die Abb. 13a—d erkennen lassen. Bei den mit übereinander angeordneten Flüssigkeitsbehältern ausgestatteten Breitwaschmaschinen wird das Gewebe entweder nur beim Verlassen der Maschine oder auch noch beim Übergang von einem Trog zum andern ausgequetscht. Ersteres läßt Abb. 14 erkennen. Die Waschflüssigkeit wandert von oben nach unten durch die Bottiche, das Gewebe läuft dagegen von unten nach oben durch diese. Je nach der Art des Übertritts der Waschflüssigkeit aus dem einen Trog in den nächstfolgenden bewegt sich dabei die Flüssigkeit in den Waschtrögen in der gleichen Richtung wie das Gewebe oder entgegengesetzt zu ihm.

Abb. 15. Doppeltrommel-Wasch- und Spülmaschine; Ernst Gessner A.-G., Aue.

d) Waschen der Wirk- und Strickwaren. Die Maschengebilde kommen entweder in Form langer Stoffbahnen oder als regulär gearbeitete bzw. konfektionierte Warenstücke in die Waschmaschine. Sie ist im letzteren Falle gewöhnlich eine Trommel- oder Stampfwaschmaschine. Abb. 15 gibt eine Trommelwaschmaschine wieder, deren der Länge nach durch eine Querwand in zwei Abteilungen geteilte Waschtrommel in einem geschlossenen, die Waschflüssigkeit enthaltenden Gehäuse in Kehrdrehung versetzt wird, im Innern mit Mitnehmern für das Waschgut und im Mantel mit Schlitzen für den Durchtritt der Waschflüssigkeit versehen ist. Das Gehäuse besitzt zwei Heizschlangen, sowie Zu- und Ablauf für die Waschflüssigkeit. — Stampf- und Breitwaschmaschinen gleichen hinsichtlich ihrer Bauweise im wesentlichen den für das Waschen der Gewebe verwendeten, oben gekennzeichneten Maschinen.

II. Bleichen.

Das Bleichen dient bekanntlich dem Zweck, die dem Fasergut eigentümliche Färbung durch Oxydation oder Reduktion zu beseitigen und ein mehr oder weniger reines Weiß zu schaffen. Zu den oxydierenden Bleichmitteln, deren Wirkung auf der Abgabe von Sauerstoff an das Bleichgut beruht, gehören der Sauerstoff der Luft (Naturbleiche), die unterchlorige Säure in ihren verschiedenen Formen (Chlorkalk, Natriumhypochlorit, Elektrolytbleichlauge), die verschiedenen Superoxyde usw. Die reduzierend wirkenden Bleichmittel nehmen Sauerstoff auf, indem sie ihn dem Bleichgut entziehen. Sie finden ihre Hauptvertreter in der schwefligen Säure als Gas oder in wässeriger Lösung und dem Natriumbisulfit. Dem Bleichprozeß voraus geht ein Reinigungsprozeß, der den Zweck hat, die dem Fasergut anhaftenden Unreinigkeiten, Öle, Fette, Schlichtmittel usw. zu beseitigen, so daß das Bleichmittel ungehindert auf die Fasersubstanz einwirken kann.

Für Baumwolltextilien ist das Bleichen von der größten Bedeutung. Es handelt sich hierbei in erster Linie um die Frage, welche Verunreinigungen sie enthalten und bis zu welchem Grade deren Entfernung notwendig ist; ob man mit Rücksicht auf die weitere Verarbeitung oder Verwendung den Hauptwert auf eine chemisch reine Zellulose legen muß, oder ob es wichtiger ist, eine zwar rein weiße, dabei aber gut verarbeitungsfähige Faser zu erhalten. Eine Faser, die in zarten und lebhaften Tönen gefärbt werden soll, erfordert z. B. eine vollständigere Bleiche als eine solche, die in dunklen Farben gefärbt wird. Während man bei Waren, die weiß bleiben, nur auf ein schönes und reines Weiß zu sehen hat, muß ein Baumwollgarn oder Gewebe, das für den Druck bestimmt ist, meist die vollkommenste Reinigung und Bleichung erfahren, da jede zurückbleibende Unreinheit die Gewinnung fehlerloser Druckware unmöglich machen würde.

Als Bleichmittel kommt heute noch in erster Linie der Chlorkalk zur Anwendung; die unter seiner Verwendung durchgeführte Bleiche bezeichnet man als Chlorbleiche. Der ihr vorausgehende, gewöhnlich als Bäuche bezeichnete Reinigungsprozeß besteht in einem Abkochen mit Ätznatron, Soda und Zusätzen von Seifen, sowie Fettlösungsmitteln. Neben der Chlorbleiche haben noch Bedeutung erlangt die elektrische Bleiche, die Sauerstoffbleiche und die Ozonbleiche.

Baumwolle wird heute gebleicht in der Flocke, insbesondere für die Zwecke der chemischen Industrie (Nitrozellulose, Kunstseide) und für die Wattefabrikation, als Faserband, als Fertiggespinst in Form von Cops, Strähnen, Kreuzspulen und Kettbäumen, als Gewebe, Wirkware, Spitze, Stickerei usw. Die Form des Bleichgutes ist also eine sehr verschiedene; es sind aber auch die Ansprüche, die an das Erzeugnis gestellt werden, sehr verschieden; infolgedessen zeigen die zur Verwendung kommenden Prozesse und mechanischen Hilfsmittel große Unterschiede.

1. Chlorbleiche.

a) Bleichen loser Baumwolle. Das Bleichen loser Baumwolle hat in den letzten Jahren einen großen Aufschwung genommen. Die Art der Durchführung des Bleichprozesses und der Vorbehandlung hängt von der Reinheit des Rohstoffes und dessen weiterer Verwendung ab. Spinnereiabfälle, kurze Kämmlinge, Krempelabfall usw., die bisweilen durch Schmieröle stark verunreinigt sind, verlangen z. B. große Sorgfalt beim Abkochen. In der Feinspinnerei läßt sich abgekochtes Material nur schlecht verarbeiten, weil durch das Kochen besonders das Pflanzenwachs, welches die Reibung der Fasern vermindert und das Auftreten elektrischer Spannungen verhütet, beseitigt wird. Für Fasern, die nach den Grundregeln der Streichgarnspinnerei verarbeitet werden, kommt dies weniger in Betracht, da sie durch Schmelzen wieder geschmeidig gemacht werden können.

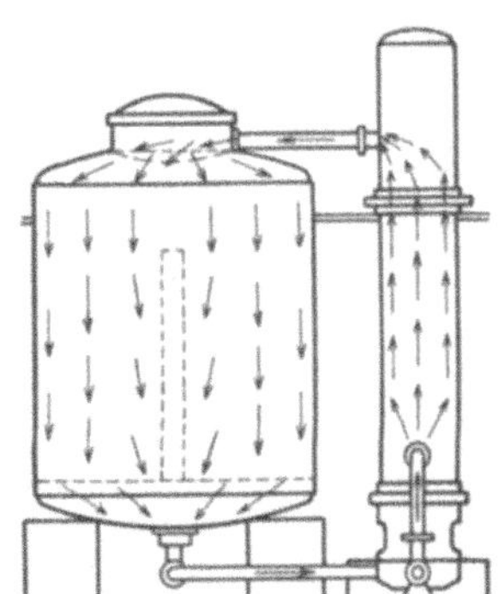

Abb. 16. Hochdruck-Kochkessel mit Vorwärmer; Zittauer Maschinenfabrik A.-G., Zittau.

Die Durchführung einer normalen Chlorbleiche für lose Baumwolle erfordert an mechanischen Hilfsmitteln: einen Kochkessel, ein sogenanntes Bleichfaß (Bleichbottich) sowie eine Spülmaschine und Quetsche. Ihnen folgen noch die Hilfsmittel zum Auflockern und Trocknen des gebleichten Faserguts.

Abb. 16 veranschaulicht einen Kochkessel mit seitlich angeordnetem Vorwärmer. Der am Kopf mit einem Mannlochdeckel und bisweilen zwecks leichter Beschickung und Entleerung auch am Mantel noch mit einem solchen versehenen Kessel besitzt über dem Boden einen gelochten Zwischenboden als Träger für das Arbeitsgut, auf dem zentral ein gelochtes Standrohr angeordnet ist. In den den oberen Mannlochdeckel aufweisenden Kesselhals wird nach dem Füllen des Kessels mit Fasergut eine Verteilerplatte eingesetzt. Der Vorwärmer besitzt die Höhe des Kessels oder ragt über ihn hinaus, und es bildet dann der überragende Teil eine Sammelkammer für sich abscheidende Luft. Eine Flügelpumpe, mittels welcher der Kessel mit Kochlauge gefüllt wird, saugt nach der Füllung die Kochlauge am Boden des Kessels ab und treibt sie durch den Vorwärmer erwärmt oberhalb der Verteilerplatte wieder in den Kessel zurück, wie dies die Abbildung erkennen läßt. Bei dem Kreislauf, welchen die Kochlauge so ausführt, geht diese teils lotrecht nach abwärts, teils folgt sie auch der Saugwirkung des Standrohrs und durchfließt infolgedessen das Bleichgut in mehr oder weniger wagrechter Richtung. Aus dem Kochkessel kommt das Fasergut in das Bleichfaß, einem runden hölzernen Bottich mit gelochtem Doppelboden, Abb. 17 und 17a, in dem das Bleichen, d. h. die aufeinander folgende Behandlung des Faserguts mit Chlorlauge und Säure, sowie das Waschen, Seifen und Bläuen ohne Umpacken vor sich geht. Für das Ansaugen der verschiedenen Flotten, deren Kreislauf durch das Bleichgut und das Wegdrücken der gebrauchten Flotte aus dem Bottich ist eine Flügelpumpe aus Hartblei vorgesehen, deren Steigrohr in einen in wagrechter Richtung aufgehängten, in eine Übergußhaube auslaufenden Schlauch ausläuft. — Die Spülmaschine besitzt die aus der Abb. 1 ersichtliche Einrichtung; auf das dort Gesagte sei deshalb verwiesen. — Die Einrichtung der Quetsche ergibt sich aus Abb. 141.

Abb. 17. Bleichfaß; Zittauer Maschinenfabrik A.-G., Zittau.

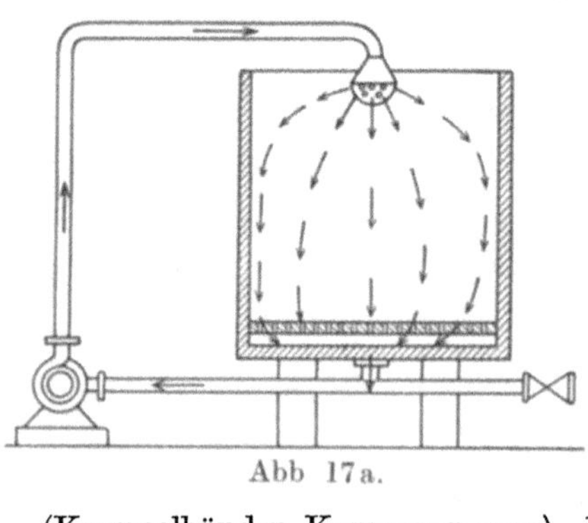

Abb 17a.

b) Bleichen der Baumwollfaserbänder (Krempelbänder, Kammzug usw.). Das Bleichen der Faserbänder in Gestalt von Krempelbändern usw. wird verhältnismäßig selten durchgeführt, erfordert aber wegen der Empfindlichkeit des Bleichgutes stets Winkelbildung (Kreuzwickel) und geschieht zweckmäßig in Apparaten nach dem Packsystem. Vergl. S. 543 u. f. In ihnen verbleibt das Bleichgut so lange, bis alle Operationen der Bleiche (Abkochen, Spülen, Chloren, Waschen, Säuren, Waschen, Schleudern) beendet sind. Es muß deshalb in der Wahl der Baustoffe, aus denen die Einrichtung hergestellt wird, auf die zur Anwendung kommenden Bäuch- und Bleichmittel Rücksicht genommen werden. In Betracht kommen als Baustoffe im wesentlichen Hartblei, Phosphorbronze oder Nickellegierungen.

c) Bleichen der Baumwollgarne. Baumwollgarne werden gebleicht in Strahnform, in Form von Cops oder Kreuzspulen oder endlich als Kettbäume.

Für das Bleichen von Baumwollgarnen in Strahnform sind im allgemeinen erforderlich: Kochkessel, Bleichfaß und Spülmaschine. Ihnen folgen noch die Schleuder, Schlagmaschine und Trockenmaschine. Der schmiedeeiserne, zylindrische Kochkessel, Abb. 18 und 18a, besitzt gewöhnlich im Gegensatz zu dem beim Abkochen von loser Baumwolle verwendeten Kessel keinen Mannlochdekkel, sondern einen über den ganzen Durchmesser reichenden Deckel, der entweder, wie dies die Abbildung erkennen läßt, in einem Führungsbogen hochgehoben oder gelenkartig aufgeklappt werden kann. Den Kreislauf der Kochlauge bewirkt eine unter dem gelochten Doppel-

Abb. 18.

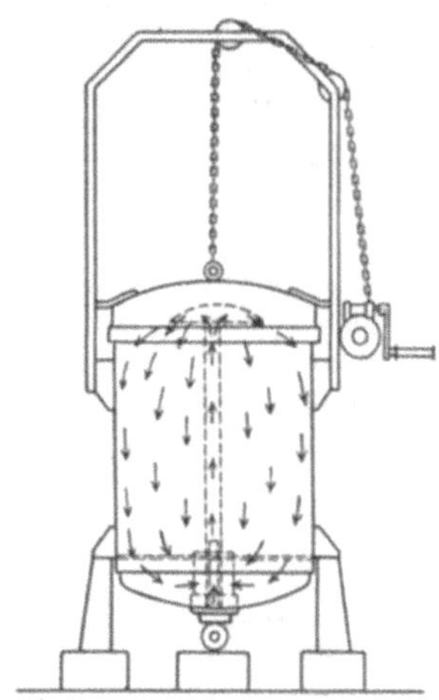

Abb. 18a.

Abb. 18 und 18a. Hochdruckkochkessel mit Injektor; Zittauer Maschinenfabrik A.-G., Zittau.

boden in ein Standrohr mit Übergußhaube einmündende Dampfeinblasedüse und die Anwärmung der Lauge eine Heizschlange unterhalb des Doppelbodens. Erforderlichenfalls ist auch noch eine Pumpe für die Laugenbewegung vorgesehen. — Das Bleichfaß gleicht dem in Abb. 17 dargestellten. — Während es bei der Anwendung eiserner Hochdruckkocher unvermeidlich ist, die gekochten Garne herauszunehmen und sie in das hölzerne Bleichfaß, evtl. auch in einen dieses ersetzenden verbleiten oder gemauerten Behälter zum Chloren und Säuern zu bringen, kann man bei Anwendung hölzerner Bottiche den ganzen Bleichprozeß, also das Abkochen und eigentliche Bleichen ohne Umpacken durchführen. Abb. 19 zeigt eine derartige Anlage in ihren wesentlichen Bestandteilen. Der zur Aufnahme des Bleichguts bestimmte Bottich, von dem bisweilen auch zwei vorhanden sind, die wechselweise gefüllt und in den Flottenkreislauf eingeschaltet werden können, besitzt einen gelochten Doppelboden als Bleichgutträger, eine unter diesem angeordnete Heizschlange und einen auf dem Bleichgut ruhenden, als Flottenverteiler wirkenden gelochten Deckel. Für den Abschluß des Bottichs ist ein durch Klemmschrauben dicht verschließbarer Deckel vorgesehen. Das Aufbringen der Flotten erfolgt durch eine Rotationspumpe aus Phosphorbronze, ebenso der Kreislauf der Chlor- und Säureflüssigkeit. Dagegen wird der Kreislauf der Lauge beim Abkochen durch eine besondere Rohrleitung mit Dampfeinblasedüse hergestellt. Spülmaschinen kommen in den verschiedensten Ausführungsformen zur Anwendung, wie sie beispielsweise in den Abb. 3 bis 7 veranschaulicht sind. Um den Strähngarnen nach der Behandlung mit den verschiedenen Flotten wieder ein glattes und geordnetes Aussehen zu geben, werden sie geschlagen. Dies geschieht noch vielfach mit der Hand auf Stöcken. Diese Arbeit ist zeitraubend und erfordert viel Kraft. Man hat deshalb sogenannte Schlagmaschinen eingeführt. Abb. 20 zeigt eine solche in doppelseitiger Ausführung. Von den zwei Paar die Garnsträhne aufnehmenden Spulen aus Bronze sind die oberen ortsfest gelagert und empfangen Drehbewegung, während die unteren auf durch Exzenter in Schwingbewegung versetzten Tischen frei drehbar gelagert sind und als Schlagwalzen das Ausrecken der Garne bewirken. Die Anzahl der Tischhübe bzw. der Spulenschläge kann durch eine besondere Vorrichtung eingestellt werden. Ist die gewünschte Zahl von Schlägen ausgeführt, so rückt die Maschine den Tisch selbsttätig aus.

Abb. 19. Koch- und Bleichbottich; Zittauer Maschinenfabrik A.-G., Zittau.

Abb. 20. Garnschlagmaschine; Zittauer Maschinenfabrik A.-G., Zittau.

Das Bleichen von Garnen in Form von Cops und Kreuzspulen wird im allgemeinen in einem Koch-Bleichbottich nach Abb. 19 durchgeführt, weil dieser ein Umpacken entbehrlich macht, es kommen jedoch auch liegende Kocher in Verbindung mit einem gewöhnlichen Bleichfaß zur Anwendung. Einen liegenden Kochkessel zeigt Abb. 21. Das Kochgut kommt in zwei oben offene Kesselwagen, deren Böden und Längswandungen mit einem gelochten Doppelmantel ausgestattet sind. Die gefüllten Wagen werden auf Schienen in den zylindrischen Kessel eingeschoben und dabei durch besondere Abdichtungsvorrichtungen am Boden in den Flottenkreislauf eingeschaltet. Nach dem Einbringen der Wagen in den Kessel wird dessen vorderer als Tür ausgebildeter Boden dampfdicht geschlossen und die Pumpe für das Ansaugen und den Kreislauf der Lauge eingerückt. Sie gibt die Lauge auf ein muldenförmiges, im Oberteil des Kessels angeordnetes Siebblech, welches sie gleichmäßig auf den Wageninhalt verteilt. Ihn durchdringt die Lauge und sammelt sich unterhalb eines gelochten Doppelbodens im Kessel, von wo sie wieder abgesaugt wird.

Abb. 21. Liegender Hochdruck-Kochkessel; Zittauer Maschinenfabrik A.-G., Zittau.

Baumwollketten, wie sie die Weberei braucht, hat man ursprünglich in Strangform wie Gewebe gebleicht, heute bleicht man sie auf gelochten Kettbäumen. Zwei diesem Zweck dienende Vorrichtungen zeigen die Abb. 22 und 22a einerseits und

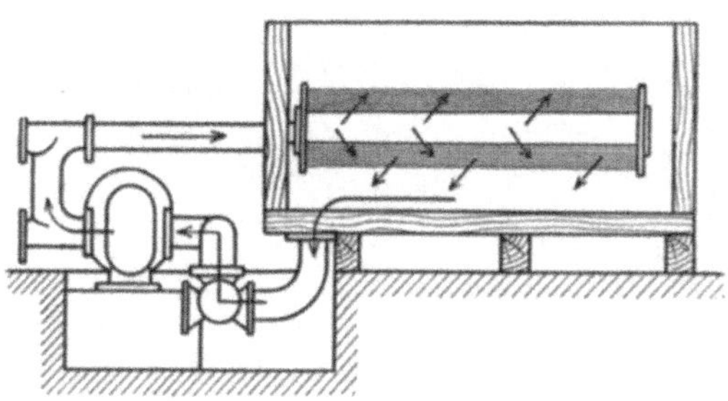

Abb. 22 a.

Abb. 23 andererseits. Erstere ist für die gleichzeitige Behandlung von drei Kettbäumen eingerichtet und besteht aus einem innen verbleiten, offenen Holzbottich von rechteckigem Querschnitt, in dem die Kettbäume der Wirkung der kreisenden Flotten ausgesetzt werden. Ihre Förderung erfolgt durch eine Rotationspumpe aus Phosphorbronze, welche mittels eines Wechselgetriebes in Rechts- und Linksdrehung versetzt werden kann und dabei die Flotte entweder am Bottichboden absaugt und durch eine Seitenwandung in den Bottich zurückgibt oder umgekehrt. An die von der Pumpe

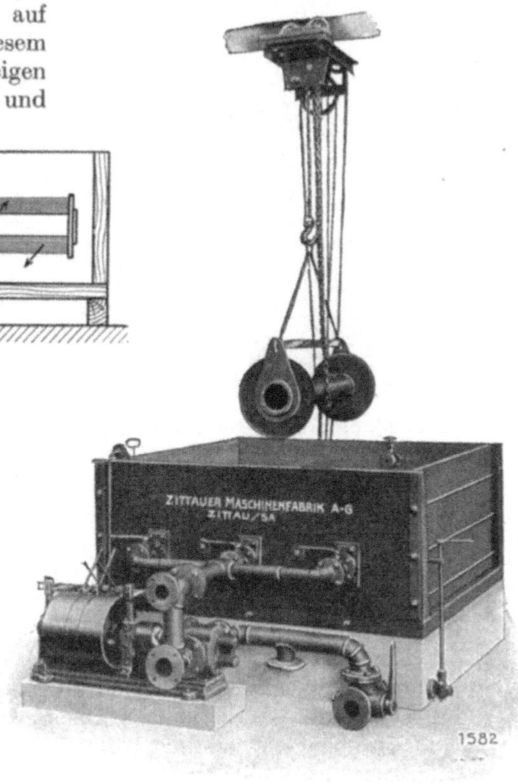

Abb. 22 und 22a. Offene Kettenbaum-Bleichvorrichtung; Zittauer Maschinenfabrik A.-G., Zittau.

ausgehenden, in die Bottichseitenwandung einmündenden Flottenleitungsstutzen werden die in den Bottich einzusetzenden Kettbäume, wagrecht liegend, angeschlossen. Es werden infolgedessen die Flotten von innen nach außen durch die aufgebäumte Kette getrieben, vgl. Abb. 22a, oder umgekehrt. Jeder der Anschlußstutzen ist mit einem Absperrhahn versehen, der die Möglichkeit bietet, den zugehörigen Kettbaum aus dem Flottenkreislauf auszuschalten. Die den Flottenkreislauf herbeiführende Pumpe dient weiter auch dazu, die zur Verwendung gebrachte Flotte aus dem Bottich in den Vorratsbehälter zu drücken, sowie Spülwasser und Druckluft durch den Kettbaum zu treiben. — Bei der Vorrichtung nach Abb. 23 werden die zu behandelnden Kettbäume stehend paarweise nacheinander in einen Bottich zum Abkochen, einen zweiten zum Spülen,

Abb. 23. Vierbaum-Bleichanlage für aufgebäumte Garnketten — Leistung 1000 kg in 8 Stunden; Obermaier & Co., Neustadt a. d. Hdt.

einen dritten zum Bleichen und Säuren und hierauf wieder in den zweiten zum Spülen bzw. Bläuen eingesetzt und dabei mit ihrem einen Stirnende an die durch die Bottichböden einmündenden Stutzen für den Flüssigkeitskreislauf angeschlossen. Dem dritten oder Bleichbottich folgt die Schleuder, auf der die behandelten Bäume einzeln und stehend entnäßt werden, vgl. hierzu Abb. 97. Die Bottiche sind je nach der geforderten Leistung der Bleichanlage für die Aufnahme von einem, zwei oder vier Kettbäumen eingerichtet, letzteres zeigt die Abbildung. Bei geringeren Ansprüchen genügen offene Kocher, zwecks Erzielung einer Vollbäuche verwendet man jedoch geschlossene Kocher für etwa $2^1/_2$ Atm. Arbeitsdruck. Koch- und Spülbottich sind aus Schmiedeeisen, alle mit Chlor und Säure in Berührung kommenden Teile dagegen aus Phosphorbronze, Blei, Nickelin bzw. Monelmetall hergestellt. An Stelle der Kettbäume können mittels der Anlage auch Kardenbänder in Scheibenform oder Kreuzspulen, Sonnenspulen und Cops nach dem Aufstecksystem unter Verwendung eines sogenannten Igels gebleicht werden.

d) Bleichen der Baumwollgewebe. Das Bleichen der Baumwollgewebe bietet wesentlich größere Schwierigkeiten wie das Bleichen des Rohstoffs und dasjenige der Garne, denn es gilt nicht nur die der Faser an sich anhaftenden Fremdkörper, Wachse, inkrustierende Substanzen usw. und die ihr eigenen natürlichen Farbstoffe, sowie die beim Spinnprozeß etwa an sie gelangten Öle usw. zu beseitigen, sondern auch die Schlichte, mit welcher die Kettgarne vor Ausführung des Webprozesses behandelt worden sind.

Das Bleichen der Gewebe beginnt mit der sogenannten Vorbehandlung. Sie besteht in einem Auszeichnen der einzelnen Gewebe, Aneinanderheften derselben und dem Sengen, evtl. auch Rauhen. Das Sengen hat den Zweck, die auf der Gewebeoberfläche befindlichen Fäserchen abzubrennen und so eine glatte Oberfläche zu schaffen. Eine nicht gesengte Ware zeigt nach der Bleiche eine wollige Oberfläche und ist z. B. zum Drucken unbrauchbar. Waren, welche ein wolliges, haariges Aussehen bekommen sollen, wie z. B. Barchente, Flanelle, Moleskins usw., werden vor der Bleiche gerauht, da sich die rohe Faser besser

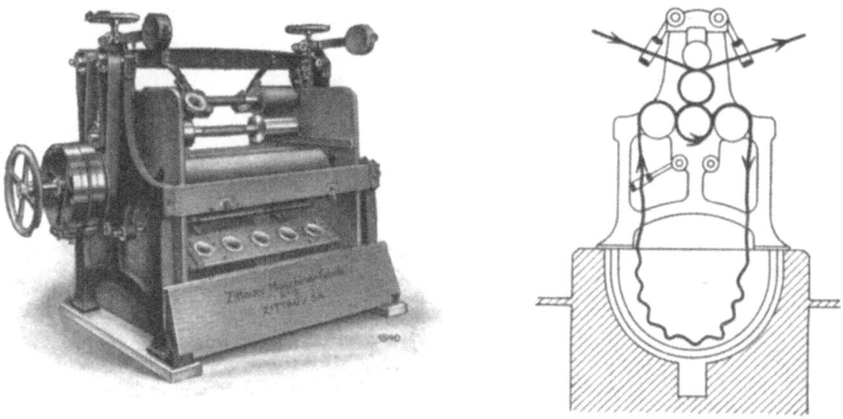

Abb. 24 und 24a. Chlor- und Säuermaschine; Zittauer Maschinenfabrik A.-G., Zittau.

rauhen läßt als eine durch das Kochen entfettete Faser. Hinsichtlich der Seng- und Rauhmaschinen sei auf die sie behandelnden Abschnitte verwiesen.

An die Vorbehandlung (Vorappretur) reiht sich das Entschlichten an. Es gibt verschiedene Wege zur Aufschließung der hauptsächlich aus Stärke bestehenden Schlichte; die wichtigsten sind: Vergären, Hydrolyse durch Säuren und Lösen in verdünnter, heißer Natronlauge. Beim Vergären wird das Bleichgut in warmem Wasser eingeweicht, dem evtl. Entschlichtungspräparate zugesetzt sind, durch welche der Gärungsprozeß abgekürzt wird, gewöhnlich wird jedoch das Gewebe in Strangform auf einer Imprägniermaschine mit Diastaforflotte gesättigt und dann in einen Behälter abgelegt, von dem aus es nach ausreichender Lagerung in die Strangwaschmaschine kommt, welche es an den Bäuchkessel abgibt. Abb. 24 und 24a zeigen eine Imprägniermaschine. Sie ist mit drei in einer Ebene nebeneinander liegenden Hartholzwalzen ausgestattet, deren mittlere, ortsfest gelagerte, Antrieb empfängt, während die beiden äußeren in Pendelhebeln gelagert durch ihr Eigengewicht gegen die Mittelwalze angepreßt und durch sie in Drehung versetzt werden. Über der Mittelwalze sind an jedem Ende derselben zwei aus Gußeisen hergestellte Abpreßwalzen vorgesehen, deren untere mit einem Messing-, deren obere mit einem Gummibezug versehen ist und die beide unter Gewichtshebeldruck stehen. Durch ein Porzellanleitauge wird der Gewebestrang dem einen Paar dieser Abpreßwalzen auf der einen

Stirnseite der Maschine zugeführt, umläuft dann die Hartholzwalzen in freien, in den Bottich hängenden schraubengangförmigen Windungen, vgl. Abb. 24a, und verläßt sie durch das zweite Abpreßwalzenpaar und ein diesem vorgeordnetes Leitauge auf der anderen Maschinenseite. — Die Strangwaschmaschine hat die übliche Einrichtung, vgl. Abb. 11 und 12.

Die entschlichteten Gewebe werden in Strangform oder in ausgebreitetem Zustand gebleicht, und man unterscheidet demgemäß in Strangbleiche und Breitbleiche. Die Nachteile der ersteren, welche noch heute die üblichere ist, liegen in erster Linie darin, daß die Oberflächen empfindlicher Stoffe, wie z. B. der Ripse, Damaste usw., leicht beschädigt werden, indem sich Falten bilden,

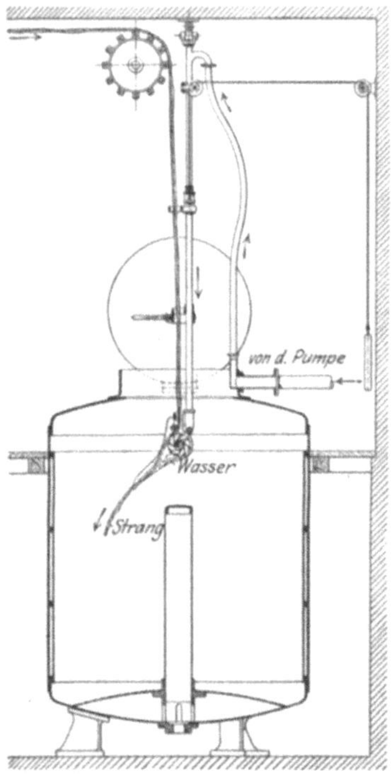

Abb. 25. Sektions-Bleichkochkessel mit Turbo-Einleger (vorm. geb. von Gebauer).

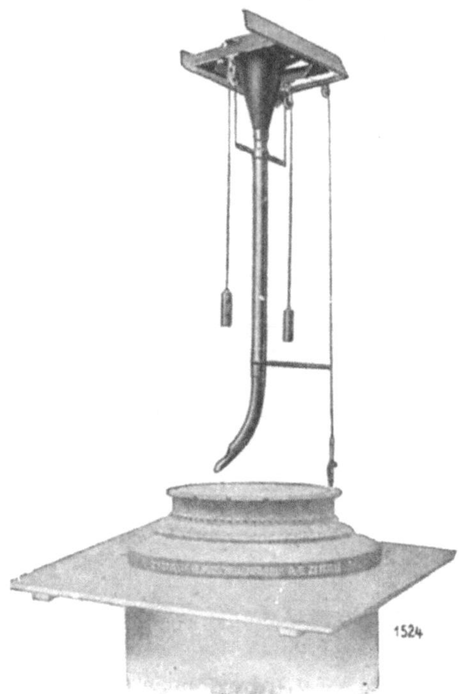

Abb. 26. Mechanischer Strang-Ableger (Rüssel) (Mathesius-Thies); Zittauer Maschinenfabrik A.-G., Zittau.

die später schwer wieder zu beseitigen sind. Aus diesem Grunde hat man die Breitbleiche eingeführt, sie macht zugleich das Öffnen der Gewebestränge für die Weiterbehandlung entbehrlich.

Strangbleiche. Der aus der Waschmaschine kommende Warenstrang wird bei der Chlorbleiche zunächst in einen Bäuchkessel abgelegt. Er ist entweder ein solcher mit abhebbarem Deckel nach Abb. 18 oder ein solcher mit Mannloch im oberen Boden. Im letzteren Falle ist dem Kessel an Stelle der Innenheizung ein Vorwärmer zugeordnet, dessen Höhe gleich der Kesselhöhe ist oder diese überragt, Abb. 16. Eine besondere Bedeutung hat der sogenannte Sektions-Bleichkochkessel von Gebauer erlangt. Bei ihm durchströmt die kreisende Kochlauge das im Kessel vorhandene Bleichgut nicht nur von oben nach unten wie bei den vorgenannten Kesseln, sondern auch in radialer Richtung. Der Kessel ist zu diesem Zweck mit einem gelochten Doppelmantel versehen und der durch ihn geschaffene Raum von ringförmigem Querschnitt ist durch Trennungsstücke in sogenannte Sektionen eingeteilt. Die in den Kessel oben eintretende Lauge gelangt teilweise in den Ringraum, geht in ihm nach abwärts und fließt in mehr oder weniger radialer Richtung nach dem auf dem gelochten Doppelboden stehenden gelochten Standrohr, durch welches die Lauge abgesaugt wird, soweit dies nicht unterhalb des gelochten Doppelbodens erfolgt, siehe Abb. 25. Das Einlagern des Warenstrangs in den Bäuchkessel muß regelmäßig und kunstgerecht geschehen, damit die Stücke den ganzen Kesselraum gleichmäßig ausfüllen. Ist das Einlegen beendet, so wird die Ware mit reinen Packtüchern abgedeckt und beschwert. Sobald die beim Packen des Kessels gleichzeitig zugelassene Lauge etwa bis zum Siedepunkt erhitzt ist, wird der Kessel geschlossen und nunmehr mit der kreisenden Lauge bei etwa $2^1/_2$ Atm. Druck gearbeitet.

Zum Zwecke des Einlagerns der Ware in den Kessel wird der Warenstrang diesem über eine Laufrolle im freien Fall oder durch eine rüsselartige Einrichtung Abb. 25 und 26 zugeführt und dabei vielfach, soweit erforderlich, durch einen im Kessel befindlichen Arbeiter für eine ordnungsgemäße Ablagerung und dichte Schichtung gesorgt. Der in Abb. 26 veranschaulichte Rüssel besteht aus einem in einem kardanischen Gelenk aufgehängten Trichter, der in ein teleskopartig ausgebildetes Rohr ausläuft, dessen unteres Ende gekrümmt ist und durch das Mannloch in den Kessel eingesenkt wird. Das Bleichgut läuft über eine Leitrolle in den Trichter ein und von hier durch das Rohr, den Rüssel, in den Kessel. Sein Lauf durch das Rohr wird dabei durch einen gleichzeitig in den Trichter eingeführten Laugenstrom unterstützt und gefördert. Er bewirkt zugleich eine Entlüftung des Gewebestrangs. Ein auf der Plattform stehender Arbeiter lenkt den Rüssel beim Füllen des Kessels so, daß sich in ihm gleichmäßige Warenschichten bilden. Nach beendetem Bäuchprozeß erfolgt Auslaugen des Bleichguts im Kessel mit Wasser und dann Abführen des Gewebestrangs zur Strangwaschmaschine, Abb. 11 und 12. Das so vorbereitete Bleichgut wird nun dem eigentlichen Bleichprozeß unterworfen und zu diesem Zweck auf einer Imprägniermaschine nach Art der in Abb. 24 dargestellten, mit Bleichflüssigkeit (Chlorkalklösung) getränkt, hierauf abgelegt, abermals gespült, dann gesäuert und nochmals gespült.

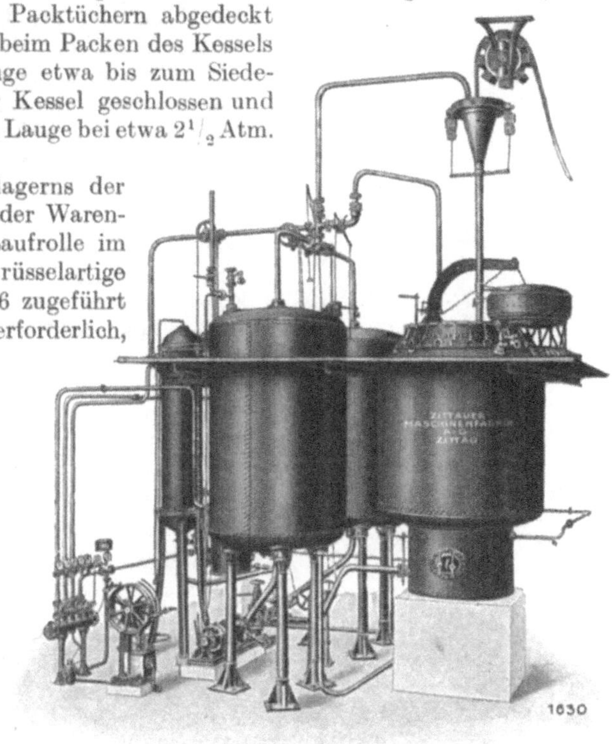

Abb. 27. Bäuchkesselanlage (Mathesius-Freiberger-Thies); Zittauer Maschinenfabrik A.-G., Zittau.

Für das Behandeln großer Bleichpartien in einem Arbeitsgang bei größtmöglicher Wirtschaftlichkeit ist das Bleichverfahren von Mathesius-Frei-

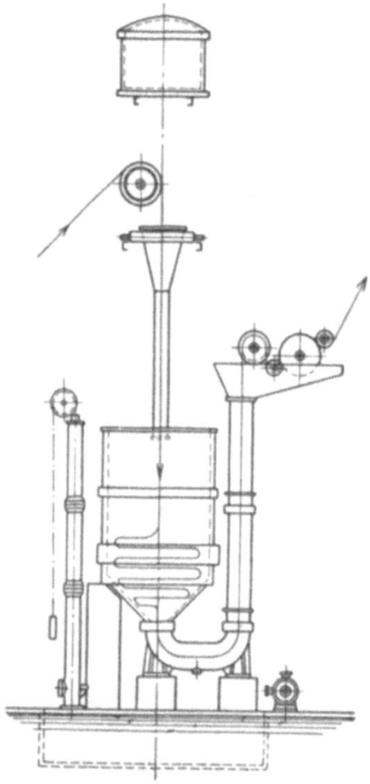

Abb. 28. Kontinue-Chlorierungs-Säure- und Entschlichtungsvorrichtung (Mathesius-Freiberger); Zittauer Maschinenfabrik A.-G., Zittau.

berger-Thies in Aufnahme gekommen. Sein Wesen besteht darin, daß mit Ätzalkalien in weit stärkerer Konzentration als sonst üblich gründlich gebäucht, dafür aber mit einer im Verhältnis zur Bleichgutmenge geringen Flüssigkeitsmenge gearbeitet wird. Dies wird ermöglicht durch eine Kesselanlage, wie sie Abb. 27 wiedergibt. Sie besteht aus dem eigentlichen Bäuchkessel mit Strangableger, zwei Hilfskesseln, die abwechselnd zur Entlüftung des Bäuchkessels und zur Aufnahme der frischen oder gebrauchten Bäuchlauge dienen, einem Laugenerhitzer, einem Kondenswassersammler und einer rotierenden Pumpe. Ein zylindrischer Unterbau unter dem Bäuchkessel dient zur Herstellung eines Druckunterschieds zwischen den leeren Räumen oberhalb und unterhalb der in den Bäuchkessel eingeschichteten Ware. Durch diesen Druckunterschied wird die Möglichkeit gegeben, die Kochlauge mit großer Energie durch alle Teile der eingeschichteten Ware hindurchzuführen. Für das Chloren und Säuren kommt eine Vorrichtung nach Abb. 28 zur Anwendung. Der im Bäuchkessel mit Kondenswasser entlaugte Gewebestrang wird mittels Rüssels in der aus der Abbildung ersichtlichen Weise kontinuierlich in einen oben offenen Behälter mit kegelförmigem Boden eingelegt und vom Boden aus durch ein sich an diesen anschließendes Steigrohr wieder ab- und einer Strangwaschmaschine zugeführt. Im Kessel selbst verbleibt der Warenstrang infolge der eigenartigen Schichtung etwa 20 bis 40 Minuten. Die angewärmte Behandlungsflotte (Chlor- oder Sauerflotte) bewegt sich im Gegenstrom durch den Behälter.

Abb. 29. Gewebe-Strangwasch- oder Säuremaschine; (vormals geb. von Bemberg-Maschinenbau A.-G., Barmen-Langerfeld).

Als Strangwaschmaschine kommt vielfach eine solche nach Abb. 29 zur Verwendung. Bei ihr wird der Warenstrang in schwacher Spannung in schraubengangartigen Windungen um eine obere, im Maschinengestell gelagerte Walze von außergewöhnlich großem Durchmesser und zwei in einem flachen

Waschtrog in etwa 3 m Entfernung voneinander gelagerte Walzen geführt. Hierdurch wird ihm die Möglichkeit gegeben, sich im Wasser vollständig zu öffnen und das Wasser bis ins Innerste aufzunehmen. Auf der Oberwalze ruht unter Federdruck eine Abquetschwalze, welche das vom Warenstrang aufgenommene Wasser abpreßt, so daß dieser entnäßt wieder nach dem Waschbottich läuft, wo er sich mit dem durch einen Spritzkasten zugeführten Wasser erneut gleichmäßig sättigt. Die beiden im Maschinengestell gelagerten Walzen liegen nicht lotrecht übereinander, sondern es wird die Oberwalze unter einem Winkel von 45^0 auf die Unterwalze so gepreßt, daß die Warenstränge die große Oberwalze auf einen erheblichen Teil ihres Umfangs berühren, bevor sie zwischen sie und die Abpreßwalze treten. Hierdurch wird erreicht, daß das Wasser schon allmählich aus dem Strang entweichen kann, bevor dieser abgepreßt wird, ein Zersprengen des Strangs also nicht eintreten kann. Die Maschine wäscht ein bis fünf Warenstränge mit einer Umlaufgeschwindigkeit bis etwa 220 m.

2. Elektrische Bleiche.

Das Auflösen des bei der Chlorbleiche verwendeten Chlorkalks in Wasser erfordert große Sorgfalt. Die Lösungen sollen vollkommen klar, also frei von suspendierten festen Teilchen sein. Sind solche noch in der Lösung vorhanden, so setzen sie sich auf dem Bleichgut ab und bewirken eine sogenannte Überoxydation, welche ihrerseits Oxyzellulosebildung zur Folge hat. Dieser Mißstand hat zur Einführung der sogenannten elektrischen Bleiche geführt. Bei ihr kommt eine Elektrolytlauge zur Verwendung. Sie enthält statt der Kalkverbindungen, die immer zu unlöslichen Ausscheidungen Anlaß geben, vollkommen lösliche Natronverbindungen in Form von Natriumhypochlorit (unterchlorigsaurem Natron) und wird auf elektrolytischem Wege aus einer Salzlösung, gewöhnlich Chlornatrium, gewonnen. Diese wird durch den elektrischen Strom in Chlor und Natrium zerlegt. Das am negativen Pol der Kathode gebildete Natrium reagiert mit dem Wasser der Salzlösung unter Bildung von Natriumhydroxyd, wobei Wasserstoff frei wird. Das am positiven Pol (Anode) gebildete Chlor gibt mit dem an der Kathode entstandenen Natriumhydroxyd unterchlorigsaures Natrium (Natriumhydroxyd). Die elektrochemische Zersetzung der Salzlösung erfolgt in besonderen Apparaten, die unter dem Namen Bleichelektrolyseure in verschiedenen Ausführungsformen bekannt sind. Genannt seien diejenigen von Siemens & Halske, Siemens-Schuckert und die von der Firma Elektrolyser-Bau Arthur Stahl in Aue nach System Haas und Dr. Oettel ausgeführten. Die Wirkung ist bei allen die gleiche, nur die bauliche Einrichtung ist verschieden.

Abb. 30. Bleich-Elektrolyseur, System Siemens & Halske, mit Sandsteingefäß.

Abb. 30 zeigt einen Elektrolyseur der Firma Siemens & Halske. Er besteht aus einem Sandsteingefäß, das durch senkrechte Glaswände so in Zersetzungszellen unterteilt ist, daß die Salzlösung bzw. Bleichlauge alle Zellen nacheinander in wagrechter Richtung auf schlangenförmigem Wege durchfließen muß und in jeder Zelle der Einwirkung des elektrischen Stromes ausgesetzt wird. Die Elektroden sind als Platin-Iridium-Drahtnetze wagrecht so eingebaut, daß sich die Anode stets unter der Kathode befindet. Zwischen den einzelnen Elektroden sind keine Verbindungen vorhanden, sie sind bipolar geschaltet.

Abb. 31. Bleich-Elektrolyseur, System Siemens-Schuckert, mit Innenkühlung.

In Abb. 31 ist ein Elektrolyseur System Siemens-Schuckert wiedergegeben. Er besteht aus zwei hintereinander angeordneten glasierten Steinzeugwannen. Sie sind durch Glaszwischenwände in eine Reihe Zellen unterteilt. Die Salzlösung durchfließt alle Zellen im Zickzackweg nacheinander und verläßt sie als fertige Bleichlösung. Die Elektroden mit Ausnahme der in jeder Wanne befindlichen Anschlußelektroden bestehen aus Platin-Kohle-Elementen, die in Tonrahmen eingebaut sind.

Abb. 32. Elektrische (Hypochlorit-) Bleiche (System Haas u. Dr. Oertel); Elektrolyser-Bau Arthur Stahl, Aue.

Der Elektrolyser-Bau Arthur Stahl stellt einfache Elektrolyser für einmaligen Durchlauf der Salzlösung und solche für einen Umlauf derselben her. Die ersteren bestehen aus einem Steinkasten, an dessen einer Stirnseite, wie Abb. 32 erkennen läßt, die Salzlösung aus einem Lösungsgefäß zuläuft und an dessen anderer Stirnseite sie als Hypochloritlösung mit bis zu 6,5 g Chlorgehalt ins Sammelgefäß abläuft. In dem an zweiter Stelle genannten Elektrolyser führt die Salzlösung einen 8stündigen Umlauf aus, es ergibt sich somit eine hohe Chlorkonzentration. Die Einrichtung eines solchen in Abb. 33 dargestellten Elektrolysers ist folgende. Durch in Nuten der Längswandungen eines aus Steinzeug hergestellten wannenförmigen Gefäßes vertikal eingesetzte Elektroden sind eine Reihe von Einzelzellen gebildet, die unter sich keine Verbindung haben. Jede Zelle besitzt im Boden eine Zulauföffnung und oben je ein Überlaufröhrchen aus Glas oder Porzellan. Die so in Kammern geteilte Wanne ist in einen größeren Steinzeugtrog, das Entwicklergefäß, so eingefügt, daß zwischen den beiden Gefäßen ein Zwischenraum bleibt. Wird das Entwicklergefäß mit Salzlösung gefüllt, so dringt diese in die Zellen des Innengefäßes durch deren Bodenöffnungen ein, es füllt sich also auch das Innengefäß, der eigentliche Elektrolyser mit Salzlösung. Wird dieser nun unter Strom gesetzt, so steigt die Flüssigkeit in den Zellen infolge Bildung von Wasserstoff unter Aufschäumen und läuft durch die Überlaufröhrchen in das Entwicklergefäß, während gleichzeitig aus diesem die frische Salzlösung durch die Bodenöffnungen in die Kammern nachgesaugt wird. Dieser so erzielte Kreislauf der Lauge bewirkt ein gründliches Mischen der Bleichflüssigkeit. Damit die Temperatur der Bleichflüssigkeit nicht über eine bestimmte Grenze —

Abb. 33. Elektrolyseur (Haas u. Dr. Oertel); Elektrolyser-Bau Arthur Stahl, Aue.

Abb. 34. Elektrische Stück-Bleicherei, täglich etwa 60 kg Chlorkalk-Ersatz (Salzauflöser, Elektrolyseur, Apparatenschrank, Kochkessel, Waschmaschine usw.), Elektrolyser-Bau Arthur Stahl, Aue.

Max. 35^0 C — steigt, ist im Laugenbehälter auf jeder Seite des Elektrolysers je eine Kühlschlange so angeordnet, daß diese die aus dem Elektrolyser abfließende Lauge erst durchströmen muß, bevor sie wieder in den Elektrolyser zurückkehrt. Hat die Bleichflüssigkeit die gewünschte Stärke erreicht, so wird der Strom ausgeschaltet und die Bleichlauge in das Sammelgefäß abgelassen oder direkt zum Gebrauch verwendet. Unreinigkeiten, teils vom verwendeten Salz, teils von den Elektroden stammend, sammeln sich auf den Böden der Zellen, werden von hier aus leicht durch die Bodenöffnungen abgespült, und dann wird der Elektrolyser wieder gefüllt. Abb. 34 läßt die Einrichtung einer elektrischen Strangbleiche erkennen.

3. Sauerstoffbleiche Mohr.

Während bei der heute noch im größten Umfange angewendeten Chlorbleiche ein langer Kochprozeß — meist unter hohem Druck — erforderlich ist, fällt bei der Mohrschen Sauerstoffbleiche das Kochen fort, man bezeichnet sie deshalb vielfach auch als Sauerstoff-Kaltbleiche. Das Bleichgut ruht fast während des ganzen Veredlungsprozesses im Bleichkessel und wird in diesem wechselweise von der Chlor-, Säure- und Sauerstoff-Flotte durchströmt. Diese verschiedenen Flotten werden unter hydraulischem Druck von 2 bis 3 Atm. im Kreislauf durch das Bleichgut geführt. Die vom Warenlager kommende Rohware wird in der üblichen Weise gesengt und dann mit alter Sauerstoff-Flotte entschlichtet. Zum Zwecke der Entschlichtung kommt die gesengte Ware auf eine Imprägniermaschine nach Abb. 35. Sie besteht aus einem schmiedeeisernen Trog zur Aufnahme der Imprägnierflüssigkeit, der durch senkrechte Scheidewände in drei mit Leitwalzen ausgestattete Abteile zerlegt ist. Über jeder Scheidewand ist ein Quetschwalzenpaar angeordnet, deren letztes das Bleichgut einer Dämpfkammer übergibt, die am Ein- und Austritt gegen die Außenluft hydraulisch abgeschlossen ist und durch die das imprägnierte, abgequetschte Bleichgut mittels Leitwalzen in zickzackförmig auf- und absteigenden Läufen hindurchgeführt wird. Die Imprägnierflotte bewegt sich im Gegenstrom durch die drei Bottichabteilungen, es erfolgt also die Schmutzablagerung im ersten Abteil. Durch das Dämpfen wird die Wirkung der Imprägnierflotte erhöht. Die entschlichtete Rohware kommt auf eine Strangwaschmaschine, deren Spülwasserbehälter durch senkrechte Zwischenwände in Abteile geteilt ist. Sie durchläuft der Warenstrang im Gegenstrom zum Spülwasser. Der Waschmaschine folgt die Bleichkesselanlage. Abb. 36. Diese besteht aus einem innen gut verbleiten Bleichkessel, der mit Mannlochverschluß, Siebboden und einem Flottenverteiler im Oberteil versehen ist. Für den Flottenkreislauf sorgt eine aus chlor-, säure- und sauerstoffbeständigem Material hergestellte und mit einer vollständigen Hartbleirohrleitung

Abb. 35. Intensiv-Imprägniermaschine (System Mohr); Zittauer Maschinenfabrik A.-G., Zittau.

versehene Rotationspumpe. Ein Expansionsgefäß dient für die Regulierung der Druckunterschiede sowie Wiedergewinnung der freien Chlorgase und des freien aktiven Sauerstoffs. Ein Filtrier- und Sättigungsgefäß bewirkt das Klären und Reinigen der Flotte, außerdem nimmt es entwichene Chlorgase und aktiven Sauerstoff auf und vereinigt sie beide wieder mit der kreisenden Flotte. Zum Entlüften und Zusammendrücken des Bleichguts im Bleichkessel dient eine mit dem Expansionsgefäß verbundene Luftpumpe, welche zugleich

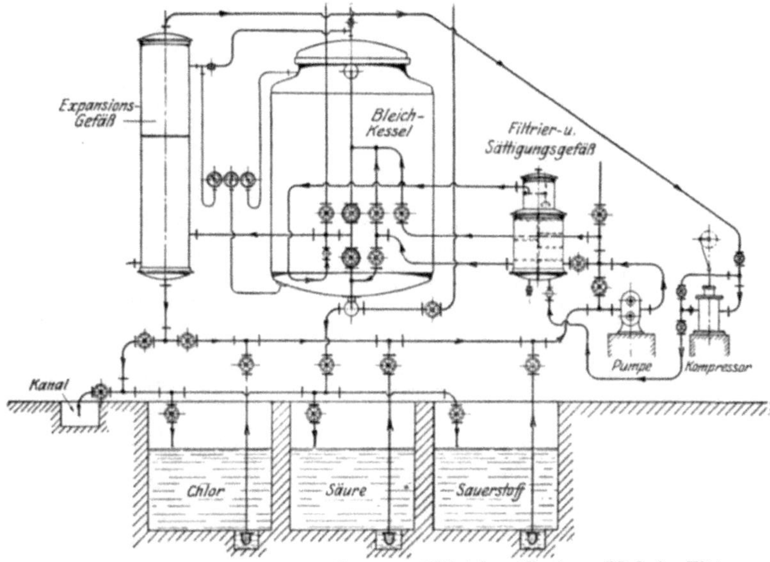

Abb 36. Bleichanlage für die Sauerstoffbleiche (System Mohr); Zittauer Maschinenfabrik A.-G., Zittau.

die Chlorgase sowie den abgespaltenen Sauerstoff in die Bleichflotten zurückführt. Die aus der erläuterten Strangwaschmaschine ablaufende Ware wird mittels eines Rüssels in den Bleichkessel eingelegt, dieser wird nach dem Füllen geschlossen und dann entlüftet. Hierauf werden Chlor-, Säure- und Sauerstoff-Flotte, diese auf etwa 7° C erwärmt, unter starker Pressung nacheinander mit Zwischenspülung im Kreislauf durch das Bleichgut geführt. Nachdem das Gewebe im Kessel nochmals gespült worden ist, wird es einer Strangseif- und -waschmaschine zugeleitet, denen sich eine Walzenquetsche anschließt.

4. Ozonbleiche.

Ozon, dreiatomiger Sauerstoff, ist ein außerordentlich energisches Oxydationsmittel und somit ein kräftig wirkendes Bleichmittel. Es entsteht, wenn Luft durch das Entladungsfeld hochgespannter Wechselströme geleitet wird. Es spaltet sich dabei aus den Sauerstoffatomen der Luft das Ozon ab; das Ergebnis ist ein Ozon-Luftgemisch, die sogenannte Ozonluft.

Abb. 37 veranschaulicht eine Vorrichtung zur Erzeugung von Ozonluft, die infolge ihrer Konstruktion die größtmögliche Ozonmenge bei geringstem Aufwand an elektrischer Energie und unter Gewähr größter Betriebssicherheit bei einfachster Bedienung liefert. Die Frischluft wird durch einen Kompressor angesaugt und zunächst in einen Lufttrockner getrieben, in welchem sie gleichzeitig gefiltert wird. Aus diesem Trockner gelangt die

Luft in den Ozonisatorenschrank, Abb. 38, und aus diesem als Ozonluft in die Bleichkammer. In dem Ozonisatorenschrank befinden sich Ozonisatorenröhren zur Umwandlung der gereinigten und getrockneten Frischluft in Ozonluft mittels einer in den Unterteil des Schrankes eingebauten 12000-Volt-Wechselstrom-Hochspannungsanlage, in welche das gewöhnlich mit verdünnter Schwefelsäure, Terpentinöl usw. vorbehandelte Bleichgut in Faltenform eingehängt oder durch welche es im zickzackförmigen Lauf hindurchgeführt

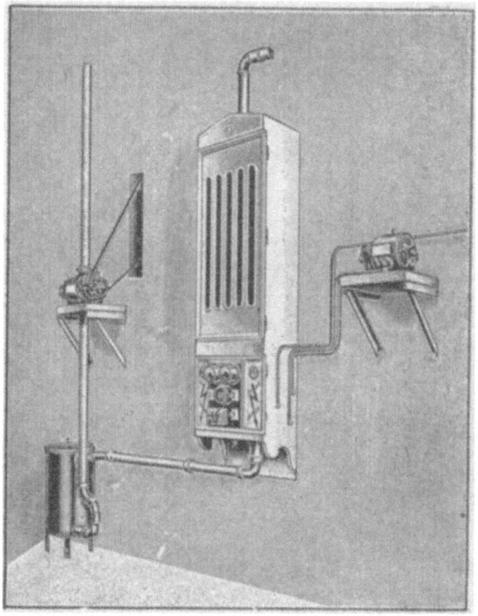

Abb. 37. Ozon-Bleichanlage; Aktiengesellschaft für Ozonindustrie, Berlin-Wilmersdorf.

Abb. 38. Ozonisatoren- und Transformatorenschrank mit Schalttafel; Aktiengesellschaft für Ozonindustrie, Berlin-Wilmersdorf.

wird. Durch die eigenartige, durch D.R.P. geschützte Einrichtung der Ozonisatoren wird erreicht, daß nicht nur die zwischen den Elektroden hindurchströmende Luft, sondern auch die innerhalb der Innen-Elektroden und die um die Außenelektroden strömende Luft ozonisiert und damit die Ozonausbeute ohne Mehrverbrauch an Strom wesentlich erhöht wird. Dabei geht zugleich infolge spezifisch sehr großer Entladungsflächen der Elektroden die Entladung der Hochspannungsströme ohne wesentliche Wärmeentwicklung vor sich. Die Anwendung von Kühlwasser erübrigt sich infolgedessen, und es ist die Gewähr dafür geboten, daß das gebildete Ozon nicht wieder zerfällt, was bei einer Temperatur von etwa 60° C geschieht.

Breitbleiche. Das Wesen einer ganzen Reihe von Breitbleichverfahren besteht darin, daß bei der Vorbehandlung (Kochen), die mit Lauge imprägnierten Stücke im ausgebreiteten Zustand in einer geschlossenen Kammer der Einwirkung von Dampf unter schwachem Druck ausgesetzt werden. Nach weiteren Verfahren wird ein lokales Anstauen der Ware in der Bäuchkammer angewendet, um die Einwirkung der Lauge und des Dampfes auf längere Zeit zu erstrecken. Im Gegensatz zu diesen kontinuierlichen Breitbleich-Verfahren stehen diejenigen Verfahren, bei denen die Bäuchlauge durch die auf einen Zylinder aufgerollte Ware in der Achsenrichtung oder in radialer Richtung hindurchgetrieben oder im Kreislauf mit der in dem Kessel durch einen verschließbaren Längsschlitz der Kesselwandung eingefachten Ware in Berührung gebracht wird (Patent Gminder). Das Chloren, Säuren und Waschen erfolgt bei allen diesen Verfahren auf einer der Breitwaschmaschine gleichenden Maschine. Endlich ist noch der Verwendung des Jiggers Erwähnung zu tun. Er findet entweder nur für das Chloren, Säuren und Waschen einer im Strang gebäuchten Ware oder auch noch für das diesen Vorgängen vorausgehende Bäuchen Anwendung. Ausführliches über die Breitbleiche enthält das grundlegende Werk von F. C. Theis, Die Bleicherei baumwollener Gewebe.

Bleichen der Wirkwaren, Gardinen, Spitzen, Stickereien u. dgl. Das Bleichen der Gewebe in Strangform und in ausgebreitetem Zustand bringt Zugbeanspruchungen mit sich. Diese vertragen neben vielen Geweben auch die vorgenannten Erzeugnisse nicht. Für sie alle empfiehlt sich die Durchführung des Bleichprozesses mit seiner Vorbehandlung des Arbeitsgutes in einem Koch-Bleichbottich nach Abb. 19. In ihm können Kochen, Chloren, Säuren und Waschen, erforderlichenfalls auch Seifen und Bläuen ohne Umpacken durchgeführt werden.

III. Merzerisieren.

Wird Baumwolle mit starker, kalter Natronlauge behandelt, so quellen die Fasern auf, werden dicker und fester, schrumpfen in der Länge und erhalten große Affinität zu Farbstoffen. Wird das Schrumpfen der Faser durch Spannung verhindert, so erhält sie zudem noch einen mehr oder weniger starken Glanz. Die Versuche, Baumwolle im losen Zustand oder in Form von Spinnereizwischenprodukten zu merzerisieren, haben wegen der Schwierigkeit, die Fasern so festzuhalten, daß Spannung erzeugt werden kann, bisher keine Erfolge gehabt, aber auch das Merzerisieren von Faserbandwickeln, Fadenspulen und Kettbäumen hat keine technische Anwendung gefunden, weil das nach dem Eindringen der Lauge in den Wickelkörper aufgequollene Material dem Durchtreiben von Spülwasser einen außerordentlichen Widerstand entgegensetzt. Es beschränkt sich deshalb das Merzerisieren auf Garne in Strahnform, Gewebe und Wirkwaren. Für seine Durchführung kommen zwei Verfahren in Betracht. Bei dem einen erfolgt das Spannen des Arbeitsguts während der Behandlung, bei dem anderen nach der Behandlung mit Lauge. Für beide Verfahren sind eine außerordentlich große Zahl von Maschinen in Vorschlag gebracht worden, sie erschöpfend hier zu behandeln erscheint ausgeschlossen. Es sollen deshalb nur einige Beispiele erläutert werden; im übrigen sei auf das grundlegende Buch von Paul Gardner, Merzerisation und Appretur, sowie auf das neueste Werk von Dr. Sedlaczek, Die Merzerisierungsverfahren; — beide im Verlag Julius Springer, Berlin, — verwiesen. Das Bleichen kann vor dem Merzerisieren erfolgen, geschieht jedoch im allgemeinen nach diesem.

a) Merzerisieren der Garne. Nicht zu hart gedrehte Garne aus gekämmter, langfaseriger Baumwolle geben die besten Resultate. Die zu behandelnden Garne werden gesengt, dann mit Soda oder Natronlauge im Druckkessel oder in der Kufe abgekocht oder auch in geeigneter Weise genetzt und hierauf durch Abschleudern entnäßt. In noch feuchtem Zustand kommen die Garne hierauf auf die Merzerisiermaschine.

Allen Maschinen zum Merzerisieren von Strähngarn sind paarweise angeordnete Walzen gemeinsam, auf welche die Garnsträhne aufgebracht werden und deren Abstand in der für die Durchführung des Arbeitsprozesses erforderlichen Weise geändert werden kann. Alle Walzen sind entweder in zwei Ebenen übereinander oder in einer Ebene angeordnet. Im letzteren Falle liegen sie alle parallel zueinander oder sie bilden einen karussellartigen Stern.

Abb. 39 veranschaulicht eine zweiseitige Garn-Merzerisiermaschine mit 8 Walzenpaaren, 4 auf jeder Seite, von denen 4 Paar in einem unteren Holm ortsfest gelagert sind und die 4 anderen dagegen in einem oberen Holm ruhen, welcher zwecks Änderung des Walzenabstandes hydraulisch gehoben und gesenkt werden kann. Zu Beginn des Arbeitsprozesses werden die Oberwalzen mittels Handrad und Skala gegenüber den Unterwalzen der Strahnlänge entsprechend eingestellt und dann werden die übereinanderliegenden Walzen in der aus der Abbildung ersichtlichen Weise mit den Garnsträhnen behängt. Ist die Maschine beschickt, so werden die Strähne zunächst in losem Zustand durch abwechselnden Rechts- und Linkslauf der Walzen in der Lauge, welche sich in dem die Unterwalzen ein-

Abb. 39. Merzerisiermaschine für Strähngarn; Maschinenfabrik Tillm. Gerber Söhne & Gebr. Wansleben, Krefeld.

schließenden Trog befindet, umgezogen und dadurch mit Lauge getränkt. Hierauf wird nach erfolgtem Schrumpfen durch Anheben der Oberwalzen gestreckt und in der Lauge weiter umgezogen. Ein Überstrecken kann dabei nicht eintreten, weil die hydraulischen Preßpumpen selbsttätig stillgesetzt werden, sobald der Walzenabstand die zuvor eingestellte Größe erreicht hat. Unter den Unterwalzen befinden sich gewichtsbelastete Gummiwalzen. Sie pressen durch Anlegen an die Unterwalzen die umlaufenden Strähne ab und befreien sie dadurch von der überschüssigen Lauge. Ist die Belaugung beendet, so werden die umlaufenden Strähne durch Spritzvorrichtungen mit warmem und kaltem Wasser gespült und dann nach der Senkung der Oberwalzen abgenommen. Das erste Spülwasser, welches stark laugenhaltig ist, wird besonders abgefangen, um aus ihm die wertvolle Lauge zurückzugewinnen. Jedes Walzenpaar faßt $2^1/_2$ Pfund Garn. Während 1 Stunde erfolgen einschließlich Auf- und Abhängen 6 Merzerisagen, die Maschine liefert infolgedessen in 8 Arbeitsstunden 960 Pfund.

In Abb. 40 ist eine Strähngarn-Merzerisiermaschine wiedergegeben, welche mit zwei in wagrechter Ebene liegenden Walzenpaaren ausgestattet ist, von denen je eins auf jeder Seite der Maschine liegt und deren jedes aus einer ortsfest gelagerten und einer in Gleitschienen parallel zu dieser verschiebbar gelagerten Walze besteht. Mit der ortsfesten Walze arbeitet eine oberhalb derselben angeordnete Quetschwalze mit kräftigem Gummibezug zusammen, die während der ganzen Dauer des Belaugens und Spülens fest auf dem Garn aufliegt und nur beim Abnehmen der merzerisierten, sowie Aufbringen neuer Garnsträhne angehoben wird. Die beiden Walzen eines jeden Walzenpaares werden beim Merzerisieren abwechselnd in Rechts- und Linksdrehung versetzt. Unterhalb eines jeden Walzenpaares ist ein flacher Kasten zur Aufnahme der Lauge vorgesehen und seitwärts des genannten Walzenpaares ruht auf Schienen ein zweiter Kasten für die Aufnahme des aus Spritzrohren zugeführten und abzuführenden Spül-

Abb. 40. Merzerisiermaschine für Strähngarn; Kleinewefers Söhne, Krefeld.

wassers. Der erstgenannte Kasten kann gehoben und gesenkt und der zweite Kasten bei gesenktem Laugenkasten so eingefahren werden, daß er unter die Garntragwalzen zu stehen kommt und gleichzeitig den Laugenkasten abdeckt. Laugen- und Wasserkasten sind mit geeignetem Ab- und Zulauf versehen. Die Lauge im Laugenkasten wird durch eine besondere Vorrichtung immer auf der ursprünglichen Konzentration gehalten. Die Verschiebung der beiden Kästen in der vorgekennzeichneten Weise erfolgt durch von Kurvenscheiben beeinflußte Hebel. Die Verschiebung der beweglichen Garntragwalze von der ortsfesten weg und das Anpressen der Quetschwalze gegen letztere erfolgt durch hydraulischen Druck. Die Verschiebung der beweglichen Garntragwalze gegen die ortsfeste hin bewirken dagegen Federn. Für die Erzielung des hydraulischen Drucks ist eine mechanisch automatische Doppelpumpe mit Druckakkumulator vorgesehen. Beim Höchststand des letzteren wird die Pumpe selbsttätig ausgeschaltet, beim Sinken des Akkumulators unter einen bestimmten Stand beginnt dagegen die Pumpe selbsttätig wieder zu arbeiten. Die Regulierung des Drucks für die Garnspannung und das Abquetschen erfolgt durch ein Steuerventil, dessen Öffnen und Schließen während des Betriebs automatisch durch eine Steuerkurve bewirkt wird. Die Einstellung des Abstandes der beiden Garntragwalzen der Weiflänge entsprechend vor dem Beginn der Arbeit erfolgt vom Arbeiterstand aus mittels Handrads. An einer Skala mit Zeiger kann der Grad der Einstellung abgelesen werden. Der Antriebräderkasten, der für vier verschiedene Geschwindigkeiten eingerichtet ist, ist mit dem Hauptbock der Maschine aus einem Stück gegossen und durch einen Deckel sicher geschlossen, so daß Lauge und Wasser nicht in das Räderwerk eindringen können. Der Räderkasten enthält ferner die Räder für Rechts- und Linkslauf der Garntragwalzen. Die Antriebräder für die letzteren laufen in einem Ölbad. Sobald die zu behandelnden Garnsträhne auf die einander genäherten Tragwalzen aufgebracht sind, werden sie unter Spannung gesetzt und gleichzeitig wird der Laugentrog angehoben. Die Garnsträhne werden in-

Abb. 41. Revolver-Merzerisiermaschine für Strähngarn; Kleinewefers Söhne, Krefeld.

folgedessen, sobald die Tragwalzen ihre Drehung beginnen, in der Lauge unter Abquetschen umgezogen und zwar, da die Walzen automatisch ihre Drehrichtung ändern, in wechselnder Richtung. Nach Verlauf einer Zeitperiode wird die Garnspannung für eine zweite Zeitperiode geändert und schließlich für eine dritte Zeitperiode wieder auf volle Höhe gebracht. In dieser verbleibt sie auch während des weiteren Abquetschens und Spülens. Für das Spülen sinkt der Laugenkasten und der Spülkasten wird über ihn gestellt. — Die vorstehend gekennzeichnete, unter dem Namen „Liliput" bekannte Merzerisiermaschine wird in zwei Größen gebaut. Die kleinere, für eine Stundenleistung von 40 Pfund eingerichtete Maschine erfordert für den Betrieb 2 PS, die größere mit 70 Pfund Stundenleistung verlangt 3 PS. Der Laugenverbrauch beträgt bei beiden Maschinen 300 g pro Pfund.

Die in Abb. 41 dargestellte Revolver-Merzerisiermaschine ist für große Leistungen bestimmt. Sie ist auf einem gänzlich anderen Konstruktionsprinzip aufgebaut als die Liliput-Maschine. 8 Garntragwalzenpaare sind wagrecht, radsternartig in einem drehbaren Revolverkopf gelagert, welcher schrittweise so geschaltet wird, daß die auf ein Walzenpaar aufgebrachten

Garnsträhne fortschreitend in die einzelnen Arbeitsstellen zum Zwecke des Belaugens, Abquetschens und Spülens gebracht werden. Das in der Stellung *1*, dem Arbeiterstand, mit Garn beschickte Walzenpaar wandert nach erfolgter Streckung des aufgebrachten Garns in die Stellung *2*, wo es in den Laugenkasten eintritt. Auch in den Stellungen *3* und *4* befindet sich das Garn noch in der Lauge. Es wird dabei in jeder Stellung in der Lauge wie bei der Liliputmaschine mehrmals entspannt und wieder gespannt. Auch führen die Garntragwalzen eine Kehrdrehung aus und ziehen infolgedessen die Garnsträhne in abwechselnden Richtungen in der Lauge um. In Stellung *5* der Garntragwalzen erfährt das Garn die erste Abquetschung und zwar mit sehr starkem, hydraulischem Druck auf die Ausquetschwalze. Die ausgepreßte Flüssigkeit ist reine hochgradige Lauge, die sofort wieder mit verwendet werden kann, evtl. nach vorheriger Sättigung mit festem Ätznatron. In der Stellung *6* des Walzenpaares findet nochmals Ausquetschen durch hydraulischen Druck statt, es werden jedoch dabei geringe Mengen heißes Wasser auf das Garn aufgeträufelt. Die abgepreßte Lauge hat noch 15% Bé, so daß sich noch eine Rückgewinnung lohnt. Entweder läßt man die abgepreßte Lauge zirkulieren und sich dabei an festem Ätznatron wieder sättigen oder man dampft sie ein. In der Stellung *7* der Garnwalzen beginnt die eigentliche Spülung und zwar mit einer reichlichen Menge heißem Wasser, und in der Stellung *8* wird die Spülung mit kaltem Wasser fortgesetzt, wobei gleichzeitig noch ein letztes Mal abgequetscht wird. Die Dauer der einzelnen Arbeitsvorgänge kann von dem die Maschine bedienenden Arbeiter beliebig eingestellt und von 35 bis 65 Sekunden in Abständen von 5 zu 5 Sekunden geregelt werden. Normal rechnet die Erbauerin mit einer Arbeitsdauer von 55 Sekunden für die einzelnen Phasen, es nimmt also der ganze Arbeitsgang 440 Sekunden in Anspruch. Bei Annahme einer Garnauflage von $2^1/_2$ Pfund pro Walzenpaar ergibt sich hieraus eine Stundenleistung von 200 Pfund. An Lauge wird verbraucht 200 g pro Pfund. Die Verschiebung der beweglich gelagerten Walze eines jeden Walzenpaares für die Spannung des Garnes, die Bewegung der Abquetschwalze sowie das Heben und Senken des Laugenkastens, der für drei Walzenstellungen bestimmt ist, erfolgt vollständig zwangläufig hydraulisch, wie bei der Liliputmaschine, mittels einer Druckpumpe, eines Akkumulators und einer Reihe von gesteuerten Ventilen, 8 für die Walzenpaare und 1 für die Quetschwalze und den Laugenkasten. Die ortsfest gelagerten Garntragwalzen erhalten Antrieb für Drehbewegung, die beweglichen Walzen laufen in Rollenlagern und können daher bei der Umlaufbewegung des Garnes leicht mitgenommen werden. Der Antriebräderkasten und seine Anordnung sind dieselben wie bei der Liliputmaschine.

Abb. 42. Selbsttätig arbeitende hydraulische Merzerisiermaschine für Strähngarn; C. G. Haubold A.-G., Chemnitz.

Abb. 42 zeigt eine Maschine zum Merzerisieren von Strähngarn, welche ebenfalls doppelseitig ausgebildet und auf jeder Seite mit einem

Streckwalzenpaar versehen ist, dessen eine Walze, rechts der Abbildung, ortsfest gelagert ist und mit einer Abquetschwalze zusammenarbeitet, dessen andere Walze dagegen zwecks Änderung des Walzenabstands parallel zu sich selbst verschoben werden kann. Die freien Enden der beiden Walzenachsen eines jeden Walzenpaares sind durch teleskopartig ausgebildete, hydraulische Zylinder miteinander verbunden, durch die ein Abbiegen der Garnwalzen beim Auftreten der Garnspannung verhindert werden soll. Die Achsen dieser Zylinderpaare liegen in den Achsenebenen der Spannwalzen, es wird deshalb die Schrumpfkraft unmittelbar von ihnen aufgenommen. Die Verschiebung der beweglichen Garntragwalze gegen die ortsfeste, die Bewegung der Gummiabquetschwalze sowie die Einstellung des Spülwasserkastens er-

Abb. 43. Strähngarn-Merzerisiermaschine; Niederlahnsteiner Maschinenfabrik G. m. b. H. Niederlahnstein a. Rh.

folgen hydraulisch, alle anderen Bewegungen durch Unrundscheiben. Zu diesem Zweck ist eine Druckpumpe mit Windkessel vorgesehen. Die Druckpumpe hält von selbst den eingestellten Druck in den Druckkolben in voller Stärke. Dabei kann der Höchstdruck nicht überschritten werden, weil die Pumpe bei Erreichung desselben selbsttätig ausgerückt wird. Beide Walzen eines jeden Streckwalzenpaares erhalten Drehbewegung in wechselnder Richtung. Das Spülen des Garnes erfolgt durch Abspritzen mit warmem und kaltem Wasser.

Die Garn-Merzerisiermaschine nach Abb. 43 besitzt ebenso wie die Maschinen von Kleinewefers und Haubold auf jeder Seite ein Streckwalzenpaar, dessen eine mit einer Abquetschwalze zusammenarbeitende Walze ortsfest gelagert ist, Abb. 43 links, und dessen andere Walze durch Parallelverschiebung gegen die erstere hin und von ihr wegbewegt werden kann, auch sind bei ihr zwei Becken, eines für die Belaugung und eines für das Absaugen des Spülwassers, vorgesehen. Die Bewegung der verschiebbaren Garntragwalzen, des Laugenbeckens und der Abquetschwalzen erfolgt aber durch Unrundscheiben und nicht auf hydraulischem Wege. Dabei ist Vorsorge dafür getroffen, daß auch bei dieser Art der Bewegung der Spann- und Abquetschwalze die Spannung und der Anpressungsdruck elastische sind; vgl. hierzu die Patentschriften Nr. 278710 und 414183. Die Spannkraft wird dabei durch besondere auf die ersichtlichen Tragstangen auflegbare Tellergewichte bestimmt. Die Spannlängen werden mittels einer aus Handstellspindel und Skala bestehenden Vorrichtung eingestellt. Haben die Garntragwalzen ihren geringsten Abstand, so werden die Strähne in der üblichen Weise aufgelegt und dann beginnt das Spannen durch Entfernen der pendelnd aufgehängten Spannwalze von der ortsfest gelagerten. Unterdessen wird diese in Drehung versetzt, das Laugenbecken angehoben und

Abb. 44. Hydraulische Streck- und Lüstriermaschine; Maschinenfabriken Tillm. Gerber Söhne & Gebr. Wansleben, Krefeld.

die Abquetschwalze zur Anlage gebracht. Nach kurzem kräftigem Spannen wird dieses gemildert und damit dem Bestreben des Garnes zu schrumpfen nachgegeben. Die Drehrichtung der ortsfest gelagerten Walze wird geändert, um ein Übereinandergleiten der Fäden und Reißen dieser zu verhindern. Die Spannung wächst hierauf wieder bis zur Beendigung der Warm- und Kaltwasserspülung durch Spritzrohre bei eingefahrenem Spülbecken. Die Quetschwalze bleibt dabei dauernd im Anpressungsdruck. Der erste Teil des Spülwassers wird mittels eines gesteuerten Ablauftrichters gesondert abgeleitet. Nach beendetem Spülen wird trocken abgequetscht. Der Walzenabstand wird schließlich wieder verringert und das Garn abgenommen. Das Belaugen dauert zwei Minuten, der ganze Arbeitsprozeß fünf Minuten.

b) Nachbehandlung merzerisierter Strähngarne. Die merzerisierten Strähngarne kommen zum Zwecke der Glanzerhöhung nach dem Trocknen auf die Lüstrier- oder Chevilliermaschine. Die Abb. 44 und 45 zeigen diese beiden

Maschinen in je einer Ausführungsform. Bei der erstgenannten Maschine werden die zu behandelnden Strähne in der ersichtlichen Weise auf paarweise übereinander angeordnete Walzen aufgebracht, von denen die oberen drehbar in einem gemeinsamen Kopf gelagert sind, der hydraulisch gesenkt und gehoben werden kann, um einerseits die Garnsträhne auf die Walzen aufbringen und sie dann beliebig spannen zu können. Nach dem Beschicken der Walzen und Spannen der Strähne werden die Walzen beheizt und in Drehung versetzt und gleichzeitig wird das Umschlußgehäuse mit Naßdampf gespeist. — Bei den Chevellieren wird der erhöhte Glanz auf dem Garn durch wiederholtes Winden der Strähne um ihre Längsachse erreicht. Dieses Winden hat ein Reiben der Fäden aneinander zur Folge und hieraus ergibt sich ein gegenseitiges Glätten der Fäden. Die Strähne kommen zum Zwecke dieser Glanzerzeugung auf übereinander angeordnete Spulenpaare, deren untere Spulen

Abb. 45. Chevelliermaschine; Maschinenfabriken Tillm. Gerber Söhne & Gebr. Wansleben, Krefeld.

mechanisch gehoben und durch Belastungsgewichte wieder gesenkt werden können. Sind die Spulenpaare nach dem Anheben der Unterspulen mit Strähnen beschickt, so beginnen die Unterspulen sich um Senkrechte zu ihren Längsachsen zu drehen und dieses hat ein Zusammenwinden der Strähne in der aus der Abb. 45 ersichtlichen Weise zur Folge. Ist ein ausreichender Windungsgrad erreicht, so werden die Strähne wieder aufgedreht und durch Drehung der Oberwalzen ein Stück umgezogen, worauf sich der Windevorgang wiederholt.

c) Merzerisieren von Geweben. Die zu merzerisierenden Gewebe werden zunächst einer Vorbehandlung unterzogen. Sie besteht in einem Sengen und Bürsten oder in einem Sengen und Abkochen. Unter Umständen wird auch noch entschlichtet.

Für die Durchführung der Merzerisage selbst sind im allgemeinen erforderlich: eine Imprägniervorrichtung, eine Spannvorrichtung, eine Entlaugvorrichtung und eine Neutralisiervorrichtung. Das zu behandelnde Gewebe durchläuft nun entweder alle diese Vorrichtungen oder auch nur einen Teil derselben im geschlossenen Arbeitsgang oder es sind Zwischenablagen bzw. Zwischenbehandlungen eingeschaltet. Eine Merzerisieranlage, die lediglich für noch zu bleichende Waren Anwendung finden soll, kann hinsichtlich der Ausbildung der Entlaug- und Neutralisationsvorrichtung wesentlich einfacher gehalten werden, als eine Anlage für schon gebleichte Ware, da die Ware im ersteren Fall beim späteren Bleichen sowieso mit Lauge abgekocht wird und daher nicht vollständig entlaugt zu sein braucht. Dagegen ist für eine vor der Merzerisation gebleichte Ware und für eine Ware, die nach dem Merzerisieren z. B. in die Färberei gelangt, eine gründliche Entlaugung dringend erforderlich.

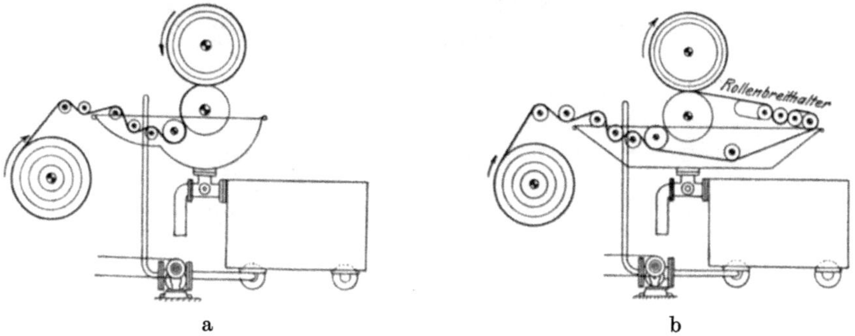

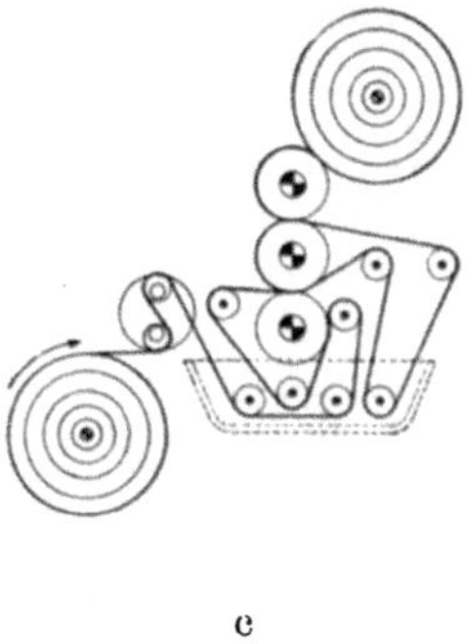

Abb. 46a—d. Imprägniermaschine
a und b mit rollendem Druck und Rollenbreithalter (vor- oder angebaut);
c mit Hebeldruck (für dreimaliges Eintauchen und Ausquetschen);
d mit hydr. Druck (für dreimaliges Eintauchen und Ausquetschen);
C. G. Haubold A.-G., Chemnitz.

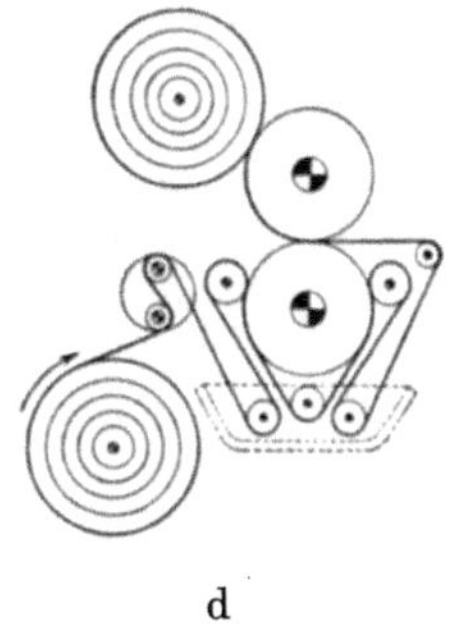

Die Imprägniervorrichtung dient dem Zweck, das zu merzerisierende Gewebe mit Lauge zu sättigen. Sie wird gewöhnlich aus einem sogenannten Foulard gebildet, wie er in den Abb. 46a—d in verschiedenen Ausführungsformen schematisch dargestellt ist. Auf dem Foulard wird das Gewebe einmal oder mehrere Male durch die Lauge geführt und nach jeder Passage durch diese abgequetscht. Zur Anwendung kommt hierbei rollender, Gewichtshebel- oder hydraulischer Druck. An Stelle des Foulards bedient man sich bisweilen auch sogenannter Laugenkästen. Sie sind mit einer Reihe leichter Walzenquetschwerke und zwischengeschalteten Ausbreitern versehen, über welche die Ware zwischen den Quetschwerken durch die Lauge läuft. Ist es erforderlich, der Lauge längere Zeit für das Eindringen in das Gewebe zu lassen, wie es z. B. besonders für schwere Gewebe in Frage kommt, so werden diese beim Auslauf aus der Imprägniermaschine aufgedockt, wie es z. B. Abb. 47 erkennen läßt, und verbleiben im aufgewickelten Zustand eine

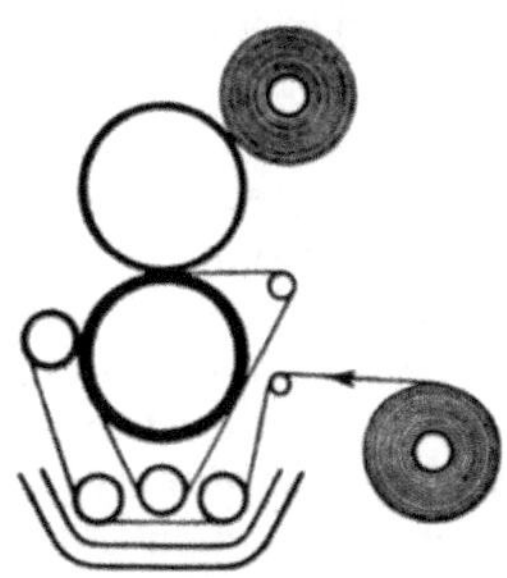

Abb. 47. Warengang beim hydraulischen Foulard; Zittauer Maschinenfabrik A. G. Zittau.

Zeitlang, bevor sie weiter behandelt werden. Dieses Verfahren läßt ein Arbeiten im kontinuierlichen Betrieb nicht zu. Soll er beibehalten werden, so kommen zwei Foulards mit zwischengeschalteten Überführungstrommeln zur

Abb. 48. Hebeldruck-Merzerisierfoulard mit darüber befindlichen Überführungstrommeln und vorgebautem Bürstkasten; Zittauer Maschinenfabrik A.-G., Zittau.

Anwendung, wie dies z. B. Abb. 48 erkennen läßt. Sie zeigt gleichzeitig auch die Anordnung eines dem ersten Foulard vorgeschalteten Bürstkastens, rechts oben, in welchem das gesengte Gewebe zwischen zwei sich entgegengesetzt zum Warenlauf drehenden Bürstenpaaren hindurchläuft, die es von dem beim Sengen zurückbleibenden verkohlten Faserteilchen und anderen Unreinigkeiten befreien. Von dem Bürstkasten, der an einen Staubsauger angeschlossen ist, läuft das Gewebe in den ersten Foulard und von diesem über ein Ausbreitwalzenpaar und die Überführungstrommeln zum zweiten Foulard. Auf den genannten Trommeln wird der vom Gewebe im ersten Foulard aufgenommenen Lauge Zeit gegeben, gründlich in das Gewebe einzudringen.

Abb. 49. Gewebeeinlauf mit Rollenausbreiter; C. G. Haubold A.-G., Chemnitz.

Die Spannvorrichtung hat den Zweck, das belaugte Gewebe entgegen der nach dem Belaugen auftretenden Schrumpfkraft auf eine bestimmte, der Warengattung angepaßte Breite zu bringen und in dieser so lange zu erhalten, bis durch Spülung der erste Teil der ihm noch anhaftenden Lauge entfernt und damit der weiteren Schrumpfung Einhalt getan ist. Das Ausrecken des Gewebes in der Schußrichtung erfolgt mit Hilfe von Kluppenketten, welche das Gewebe wie bei den Spannrahmen-Trockenmaschinen an den beiden Sahlleisten fassen und breitziehen, oder mit Hilfe einer Reihenfolge von Breitstreckwalzen oder endlich durch beide Mittel. Man unterscheidet demgemäß in: Mercerisiermaschinen mit Spannketten, Merzerisiermaschinen ohne Spannketten, sogenannte kettenlose Merzerisiermaschinen und halbkettenlose Merzerisiermaschinen.

Abb. 49 läßt den Einlauf des von einem Foulard oder einer Docke ablaufenden Gewebes in das sogenannte Spannfeld einer mit Tastenkluppenketten ausgestatteten Spannvorrichtung erkennen. Sie zeigt zugleich aber auch, daß dieser Einlauf über eine ausbreitend wirkende Vorrichtung, einem sogenannten

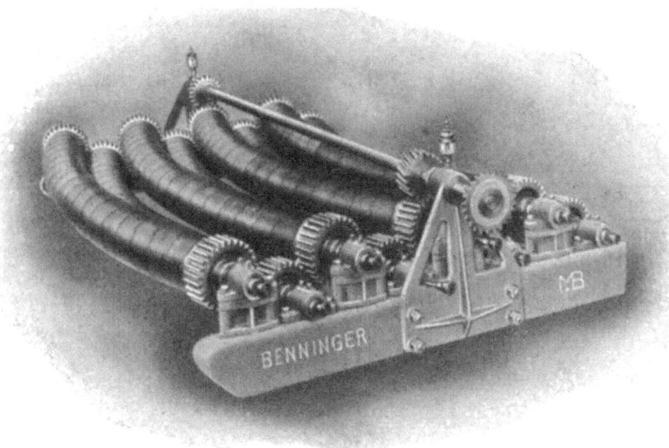

Abb. 50. Breitstrecker für Gewebe mit 8 gebogenen, mechanisch angetriebenen Ausbreitwalzen; Maschinenfabrik Benninger A.-G., Uzwil (Schweiz).

Rollenausbreiter erfolgt, welcher das zulaufende Gewebe von der Mitte aus nach den Sahlleisten hin ausreckt und somit seinen faltenfreien Einlauf in die Spannketten gewährleistet. — Abb. 50 gibt einen solchen Rollenausbreiter gesondert in einer Ausführungsform wieder, wie er von der dort benannten Firma geliefert wird. Er besitzt acht gebogene Walzen, die untereinander durch Triebräder auf Drehung verbunden sind und mechanischen Antrieb empfangen. — Die Längsspannung des Gewebes wird durch Regelung der Geschwindigkeit für den Einlauf in das Spannfeld oder dem Ablauf von der ihm vorausgehenden Vorrichtung erreicht. Ist die letztere ein Foulard, so erfolgt dessen Antrieb gewöhnlich von der Spannvorrichtung aus und zwar mittels eines zwischen beide Vorrichtungen eingeschalteten Riemenkegelgetriebes.

Entlaugvorrichtung. Vom Spannfeld aus gelangt das Gewebe in der ihm durch dieses gegebenen Breite, noch von den Kluppenketten gehalten, zu derjenigen Stelle, wo es zunächst von dem größten Teil der ihm noch anhaftenden Lauge befreit wird. Dies geschieht durch Abspritzen mit warmem Wasser von beiden Seiten aus, durch Hindurchsaugen von Spülwasser durch das Gewebe oder endlich durch Hindurchführung desselben durch das Spülwasser. Die für das Abspritzen verwendeten Spritzrohre liegen quer zum Gewebelauf und können um senkrecht zu diesen stehende hohle Zapfen geschwenkt werden. Dadurch wird die Möglichkeit geboten, sie dem Spannkettenabstand entsprechend einzustellen. Gleiches gilt von dem für das Hindurchsaugen des Spülwassers durch das Gewebe verwendeten Überläufen und Saugkästen; vgl. Abb. 51. Sowohl die in der Laufrichtung des Gewebes hintereinander angeordneten Spritzrohre, als auch die in gleicher Weise angeordneten Überlaufrohre für die Saugkästen werden derart mit der Spülflüssigkeit gespeist, daß diese im Gegenstrom zur Wirkung kommt, d. h. das reine Spülwasser wird der Ware dort zugeführt, wo sie nahezu vollkommen entlaugt ist, während der Abfluß des Spülwassers dort erfolgt, wo es mit dem laugenhaltigsten Gewebe in Berührung kommt, so daß nur stark mit Lauge geschwängertes Spülwasser der Anlage entnommen wird. Eine weitere Verwendung findet das Spülwasser in der Bleicherei sowie beim Ansetzen von Frischlauge. Für das an dritter Stelle genannte Verfahren zum Entlaugen des

Abb. 51. Überlauf- und Durchsaugvorrichtung; C. G. Haubold A.-G. Chemnitz.

Abb. 52. Gewebe-Merzerisiermaschine mit Spannketten und Tauchbottich (vorm. geb. von Bemberg-Maschinenbau A.-G., Barmen-Langerfeld).

von den Spannketten gehaltenen Gewebes kommen sogenannte Tauchbottiche zur Anwendung, welche das Spülwasser enthalten. Durch sie laufen die Spannketten mit dem Gewebe. Sie bieten den Vorteil, daß dieses auf beiden Seiten von Flüssigkeit bespült, also beim Spülen vollständig von der Luft abgesperrt ist

Abb. 52 läßt eine Merzerisiermaschine für Gewebe erkennen, welche aus einem Foulard mit Gewichtshebelbelastung und einer sich anschließenden Kettenspannvorrichtung besteht, deren Ketten schräg nach abwärts in einen Tauchbottich von dreieckförmiger Gestalt laufen, an dessen Ende die Kluppen der Spannketten das Gewebe für die Weiterbehandlung freigeben.

Abb. 53. Gewebe-Merzerisiermaschine mit Spannketten und 2 übereinanderliegenden Tauchfeldern im Tauchbottich; C. A. Gruschwitz A.-G., Olbersdorf Sa.

Abb. 53 zeigt dagegen eine Gewebe-Merzerisiermaschine mit Spannketten, bei welcher das von einer gebremsten Wickelwalze (Docke) ablaufende Gewebe über Rollenausbreiter in die Spannketten gelangt, die das Gewebe, nachdem es auf die richtige Breite gereckt worden ist, wagrecht in zwei übereinanderliegenden Tauchfeldern durch den Tauchbottich führen. Hierdurch wird eine längere Warenpassage in der Spülflüssigkeit unter gleichzeitiger Kürzung der Maschine erreicht.

Bei den Merzerisiermaschinen ohne Spannketten, die in erster Linie für alle diejenigen Gewebe zur Anwendung kommen, welche ein Erfassen ihrer Sahlleisten durch Kluppen nicht vertragen, also ganz besonders für Stickereien und empfindliche Gewebe, welche andererseits aber auch die Möglichkeit bieten, zwei übereinander liegende Gewebebahnen gleichzeitig zu behandeln, erfolgt das Recken der belaugten Gewebe in der Schußrichtung durch Ausbreitwalzen, die in der Laufrichtung des Gewebes in einer Reihe oder in zwei versetzt übereinanderliegenden Reihen hintereinander angeordnet sind. Sie wirken auf das um sie geführte Gewebe entweder von den Sahlleisten aus nach der Mitte, Abb. 54, oder umgekehrt, Abb. 55. Das Spülen erfolgt durch Spritzrohre, welche ober- und unterhalb der Ausbreitwalzen angeordnet sind. Diese sind entweder nur in einem Satz vorhanden oder es kommen deren zwei nacheinander zur Anwendung. In diesem Fall wirkt der erste Satz nur ausbreitend, wie das Spannfeld einer Maschine mit Kluppenketten, während der zweite Satz der Führung des Gewebes während des Spülens dient.

Die halbkettenlosen Merzerisiermaschinen besitzen Ausbreitwalzen und Spannketten, die ersteren gehen den letzteren voraus und dienen der Breitstreckung des Gewebes nach dem Belaugen, während die letzteren lediglich

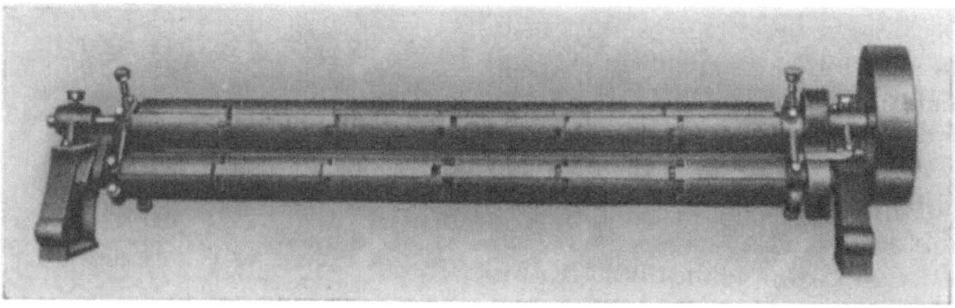

Abb. 54. Lattenbreitstreckwalze (vorm. geb. von Bemberg-Maschinenbau A.-G., Barmen-Langerfeld).

für das Halten des Gewebes beim Spülen bestimmt sind. Behandelt werden auf den halbkettenlosen Maschinen diejenigen Gewebe, welche ein intensives Recken in der Breite, wie es das Spannfeld einer Merzerisiermaschine mit Kluppenketten mit sich bringt, nicht vertragen.

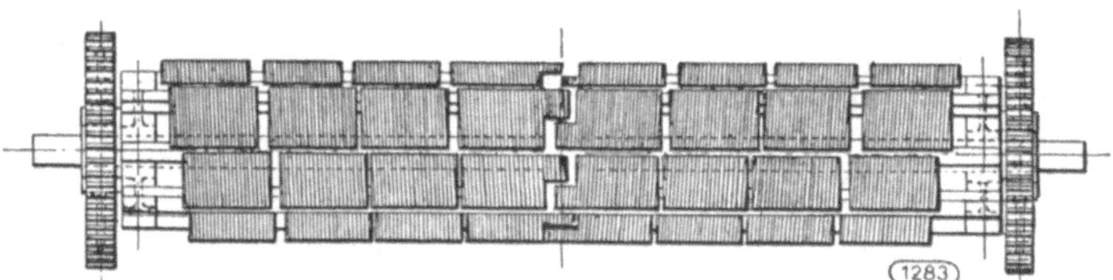

Abb. 55. Breitstreckwalze; Zittauer Maschinenfabrik A.-G., Zittau.

Nachdem das Gewebe auf den Kluppenketten oder Ausbreitwalzen durch Spülwasser soweit von Lauge befreit ist, daß es seine Schrumpfkraft verloren hat, gelangt es zur vollkommenen Entlaugung mit weiterer Laugenrückgewinnung. Sie wird bei denjenigen Merzerisiermaschinen, welche mit doppeltem Tauchfeld ausgestattet sind (Abb. 53), entbehrlich. Die Abb. 56 und 57 zeigen zwei der vollständigen Entlaugung dienende Vorrichtungen mit Warenlauf im Schnitt. Ihnen gemeinsam ist, daß sie unter Luftabschluß arbeiten, somit eine schädliche Anreicherung der Lauge mit Soda vermieden wird.

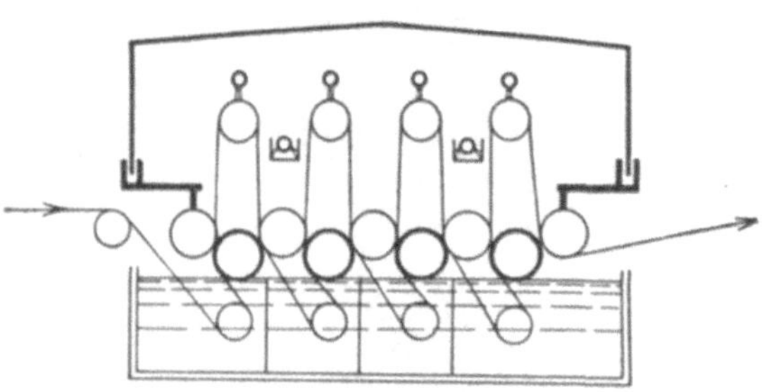

Abb. 56. Entlauger; Zittauer Maschinenfabrik A.-G., Zittau.

Der in Abb. 56 wiedergegebene Entlauger besteht aus einem schmiedeeisernen, glockenförmigen Kasten, der gelochte Spritzrohre und gelochte Dampfrohre enthält, von denen die letzteren zwecks Vermeidung von Tropfenfall in Auffangrinnen liegen. Unten wird der Kasten durch neun Quetschwalzen abgeschlossen, die in zwei versetzten Reihen derart angeordnet sind, daß nur das Gewebe, nicht aber auch die Luft in den Kasten ein- und aus ihm austreten kann. Die vier unteren Quetschwalzen sind mit Gummibezug versehen und werden gegen die oberen, die keinen Bezug aufweisen, durch ein Doppelhebeldruckzeug mit augenblicklicher Entlastung angepreßt. Oberhalb und unterhalb der Quetschwalzen sind je vier Führungszylinder vorgesehen. Unter dem Entlaugungskasten befindet sich ein doppelwandiger Spülwasserbehälter mit Wasserkühlung, der in der Laufrichtung des Gewebes durch abgestufte Zwischenwände in mehrere die unteren Führungszylinder enthaltende Abteile getrennt ist und zwar derart, daß das Wasser im Gegenstrom zum Gewebelauf von Abteil zu Abteil übertritt. Das Gewebe wird abwechselnd viermal im Spülwasser gekühlt, abgequetscht und unter Luftabschluß gedämpft. Um das Gewebe bequem einführen zu können, läßt sich der durch Wasserverschluß abgedichtete Deckel des Entlaugungskastens hochheben und der Spülwasserbehälter senken. Beides geschieht zu gleicher Zeit mit Hilfe mehrerer durch Handkurbel zu bewegender Zahnstangengetriebe. Der Antrieb erfolgt durch Kegelscheibenvorgelege und Stirnradübersetzung auf die oberen Quetschwalzen.

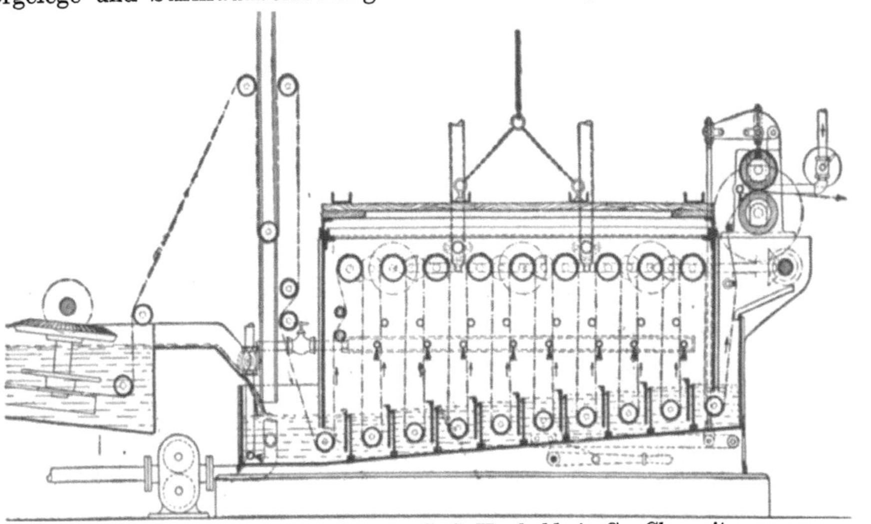

Abb. 57. Matter-Entlauger; C. G. Haubold A.-G., Chemnitz.

Der Entlauger nach Abb. 57 (D.R.P. 215045, Julius Matter, Laaken i. Rh.) entlaugt das Gewebe ebenfalls unter Verwendung von Dampf und Spülflüssigkeit im Gegenstrom. Am Boden eines durch hydraulischen Verschluß gegen Zutritt der Luft gesicherten Behälters sind stufenförmig miteinander in Verbindung stehende, mit Leitwalzen ausgestattete Abteile zum Durchströmen der Waschflüssigkeit bzw. Lauge angeordnet und über jedem solchen Abteil befindet sich unterhalb einer oberen Leitwalze ein gelochtes Dampfzuleitungsrohr sowie ein Abstreicher. Das im Tauchkasten die Spannketten verlassende Gewebe wird in der aus der Abbildung ersichtlichen Weise mittels der unteren und oberen Leitwalzen im Zickzack durch den Entlauger geführt und läuft dabei in jedem Aufwärtsgang so zwischen ein Dampfzuleitungsrohr und einem Abstreicher hindurch, daß der aus den ersteren ausströmende Dampf und die Laugenabstreicher wechselweise auf die beiden Seiten des Gewebes wirken. In die auf dem Boden des Entlaugungsbehälters angeordneten Abteile sind Zwischenwände so eingesetzt, daß sie nicht bis auf den Boden der Abteile reichen. Die von dem einen Abteil in den benachbarten Abteil übertretende Spülflüssigkeit muß infolgedessen bei ihrem Weiterlauf zum nächsten Abteil einen Zickzackweg von oben nach unten und unten nach oben machen.

Die **Neutralisiervorrichtung**, welche, wie bereits ausgeführt, nach Bedarf zur Anwendung kommt, setzt sich im allgemeinen aus einer Reihe von unmittelbar aneinandergefügten Kästen und Bottichen zusammen, durch die das Gewebe im ausgebreiteten Zustande mittels Leitwalzen im Zickzack hindurchgeführt wird. Von diesen Kästen ist der erste gewöhnlich ein Waschkasten, der zweite ein Säuerkasten, der dritte ein Abspritzkasten und der vierte wieder ein Waschkasten. Zwischen je zwei Kästen ist eine Walzenquetsche vorgesehen, durch die das Gewebe, bevor es in einen neuen Kasten einläuft, von der ihr anhaftenden Flüssigkeit befreit wird. Ausbreitschienen und Spritzrohre unterstützen bisweilen die Wirkung der Quetschwerke.

Für kleine Leistungen kommen **Merzerisier-Foulards** für rollenden Druck zur Anwendung, auf welchen das zu behandelnde Gewebe mit Lauge getränkt,

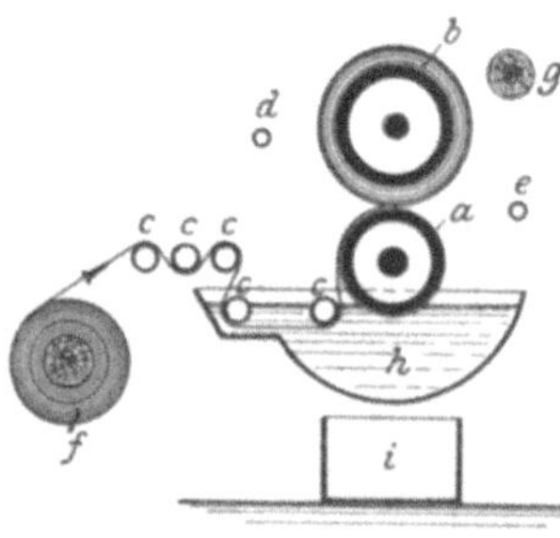

Abb. 58.

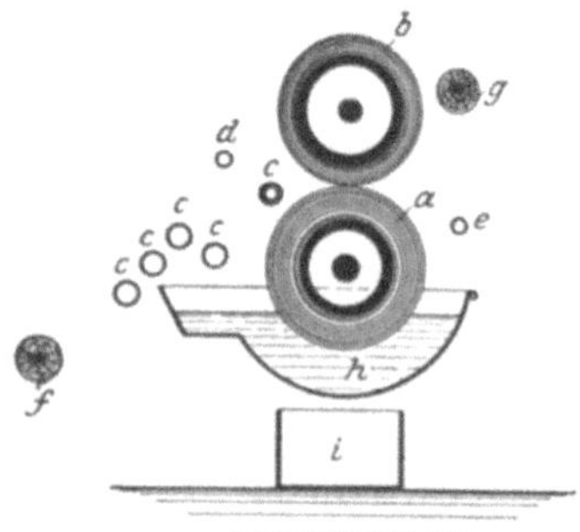

Abb. 59.

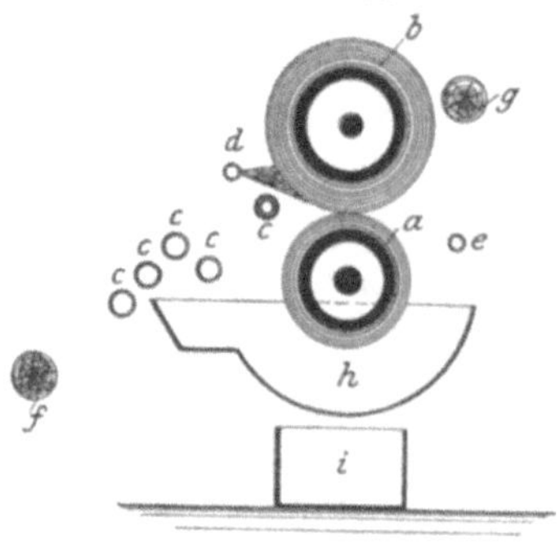

Abb. 60.

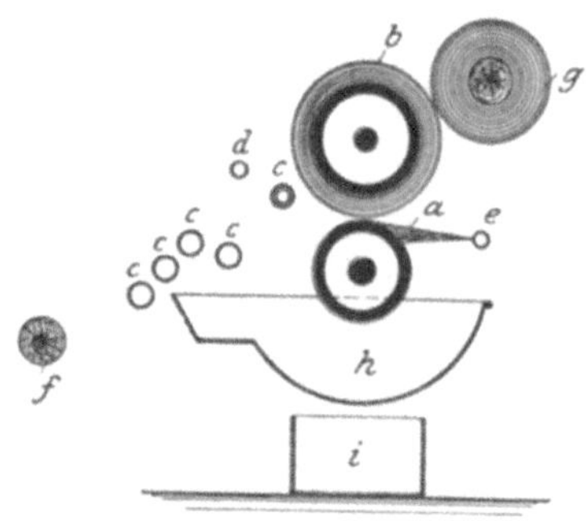

Abb. 61.

Abb. 58—61. Merzerisier-Foulard; Zittauer Maschinenfabrik A.-G. Zittau.

abgespritzt und aufgedockt wird. Der Arbeitsgang ergibt sich aus den obenstehenden Abb. 58 bis 61 und ist folgender:

Die Ware *f* wird über einige Leitwalzen und Breithalter *c* durch den Imprägnierkasten *h* gezogen und unter starkem Hebeldruck auf die eiserne Oberwalze *b* aufgewickelt (Abb. 58). Der Antrieb wird hierauf umgesteuert und dadurch das Gewebe auf die eiserne Unterwalze *a* gewickelt (Abb. 59). Durch dieses mehrmalige Tränken und Abquetschen erreicht man ein vollständiges Durchdringen der Ware mit Lauge. Sodann wird die Lauge in den unteren Kasten *i* abgelassen. Nach weiterem Umschalten wickelt man das Gewebe unter gleichzeitigem Abspritzen mit warmem Wasser, *d*, wieder auf die Oberwalze *b* (Abb. 60) auf, von wo das Gewebe unter wiederholtem Spritzen, *e*, auf eine Steigdocke *g* gerollt wird (Abb. 61).

d) Merzerisieren von Wirkwaren. Bei dem Merzerisieren von Wirkwaren ist zu beachten, ob sie als Warenstücke oder als Gebrauchsgegenstände (Strümpfe, Handschuhe usw.) der Veredlung unterzogen werden sollen, weiter ist zu berücksichtigen, ob die Behandlung mit Lauge lediglich dem Zwecke der Quellung und Schrumpfung dient, wie es z. B. die Erzeugung des künstlichen Leders verlangt, oder ob neben der Quellung auch noch Glanzerzeugung gefordert wird. Im ersteren Falle kommt eine der Schrumpfung entgegenwirkende oder sie verhindernde Reckung weniger in Frage.

Die Vorrichtungen, welche der Behandlung der Wirkwaren in Form von Warenstücken dienen, sind in ihrer Bauweise verschieden, je nachdem flache Warenstücke, wie sie zum Beispiel der flache Kettenwirkstuhl liefert, oder Schlauchware des Rundwirkstuhls behandelt werden soll. Die letzteren ermöglichen eine Streckung von innen.

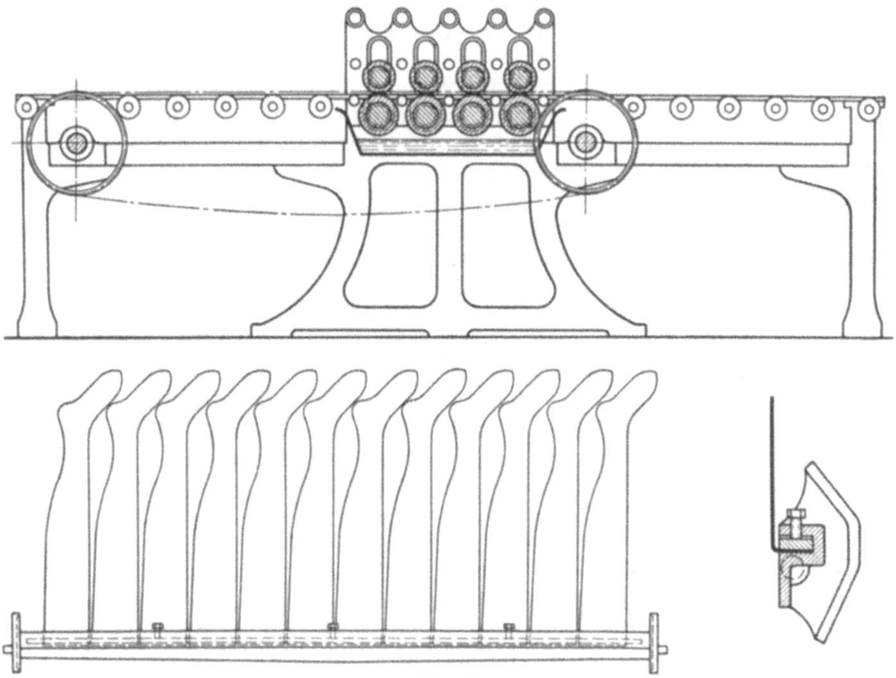

Abb. 62.

Werden fertige Gebrauchsgegenstände merzerisiert, so werden diese auf flache Formen aufgezogen und auf diesen belaugt und gespült. Die genannten Formen werden zu diesem Zweck entweder einzeln oder paarweise an eine in wagrechter Ebene sich bewegende endlose Fördervorrichtung angehangen und mittels dieser hängend durch die Belaug- und Spülvorrichtung geführt, oder es werden die Formen reihenweise mit ihrem einen Ende in Schienen eingespannt und mit diesen in die Laugen- und Spülkästen gesenkt oder durch Förderketten durch die Belaug- und Spülvorrichtung hindurchgeführt. Endlich hat man auch vorgeschlagen, die Formen radialstehend auf einer Achse anzuordnen und durch Drehung dieser durch die Belaug- und Spülvorrichtung zu bewegen.

Die obenstehende Abb. 62 läßt die reihenweise Befestigung von zur Aufnahme von Strümpfen bestimmten Formen in einer Tragschiene erkennen (D.R.P. 212263). Solche Tragschienen werden, nachdem die Strümpfe auf die

Formen aufgezogen sind, mit ihren beiden Enden in Mitnehmer zweier in wagrechter Ebene parallel zueinander laufende Förderketten so eingelegt, daß die Formen horizontal zu liegen kommen, und zwar mit ihrem in die Tragschiene eingespannten Ende in der Kettenlaufrichtung nach vorn. So werden sie dann durch eine Reihe von Quetschwalzenpaaren hindurchgeführt, zwischen welchen Spritzrohre ober- und unterhalb der Kettenlaufbahn für das Aufbringen der Lauge und des Spritzwassers auf die Strümpfe vorgesehen sind. Unter den Quetschwalzenpaaren sind zwei Auffangtröge, je einer für die ablaufende Lauge und das ablaufende Spülwasser angeordnet. Damit die Formen mit ihren freien Enden sich auf dem Weg zu den Quetschwalzen und nach dem Verlassen dieser sich nicht senken, sind am Einlauf zwischen den Förderketten und am Auslauf hinter diesen Walzenbahnen vorgesehen, auf welche die Formen zu liegen kommen. Jede Formentragschiene ist an ihren beiden Enden mit Leitstücken ausgestattet, durch welche die Oberwalzen von den Unterwalzen für die Zeit des Durchgangs der Formentragschiene durch die Quetschwalzen abgehoben werden.

Die auf die Formen aufgebrachten Strümpfe, Handschuhe usw. schrumpfen bei der Behandlung mit Lauge nicht nur in der Quer-, sondern auch in der Längenrichtung zusammen. Da das eine Längenende des in Frage kommenden Gebrauchsstücks, zum Beispiel der Doppelrand eines Strumpfes, nach dem Aufziehen auf die an sich glatte Form keinen Halt hat und somit der Schrumpfkraft folgen kann, muß ein solcher geschaffen werden. Es sind für diesen Zweck auf der Form verschiebbare und einstellbare Haltevorrichtungen mit Nadelleisten, Klemmen usw. in Vorschlag gebracht worden.

IV. Färben.

Das Färben spielt bei der Veredlung der Baumwolltextilien eine bedeutsame Rolle. Gefärbt werden der Rohstoff als solcher, die aus ihm gewonnenen Faserbänder und Vorgespinste, Garne, Gewebe, Gewirke usw.; die Garne wieder in Form von Strähnen und Ketten, als Cops und Kreuzspulen. Mit dem Färben bezweckt man entweder nur eine Musterwirkung oder die Schaffung einer das Aussehen des Werkstückes durchweg veränderten Farbe. Dabei wird in beiden Fällen entweder nur die Oberfläche des Werkstücks oder dieses in seiner ganzen körperlichen Ausdehnung einer entsprechenden Behandlung unterzogen. Die technischen Hilfsmittel, welche für die Durchführung der für den einen oder anderen Zweck in Betracht kommenden Arbeitsprozesse in Vorschlag gebracht worden sind, sind außerordentlich zahlreich. Ihre erschöpfende Besprechung würde weit über den Rahmen dieser Arbeit hinausgehen[1]). Es sollen deshalb nur einige Beispiele vor Augen geführt werden, um das vorstehend Gesagte zu erläutern, und es sei hervorgehoben, daß die Hilfsmittel, welche bei der Behandlung des Arbeitsgutes in seiner ganzen körperlichen Ausdehnung Anwendung finden, sich unterscheiden lassen in solche, bei denen das Arbeitsgut in die Flotte eingeführt, die Flotte durch dieses hindurchgeführt oder endlich das Arbeitsgut durch die Flotte geführt wird.

a) Färben der Baumwolle. Die lose Baumwolle wird, soweit erforderlich, zum Zweck der Ausfärbung einer Vorbehandlung unterzogen. Diese besteht in einem Auflockern des Faserguts auf dem Öffner, einem Netzen, einem Abkochen und Bleichen.

---

[1]) Vgl. hierzu: Die Apparatfärberei von Dr. Gustav Ullmann, Berlin 1905.

Das Ausfärben selbst erfolgt entweder durch Einbringen der Baumwolle in die Flotte oder durch Hindurchtreiben dieser durch das ruhende Arbeitsgut. Das erstgenannte Arbeitsverfahren war früher das allein gebräuchliche. Heute findet es nur noch in beschränktem Umfange Anwendung. Zur Aufnahme der Flotte und des Faserguts dienen hierbei Kufen oder Wannen aus Holz oder halbkugelförmige Kessel aus Kupfer, Eisen oder Nickelin, welche am Boden mit einer Heizschlange ausgestattet sind. Das Wenden der Baumwolle in der Flotte erfolgt mittels sogenannter Hantierstangen oder Gabeln, deren letztere auch ihr Auswerfen auf Lattengitter oder in Körbe ermöglichen. Um das Ausbringen des Faserguts aus der Flotte zu erleichtern, hat man auch Kufen in Vorschlag gebracht, welche mit einem siebartigen, ausschwenkbaren Einsatz versehen sind.

Das an zweiter Stelle genannte Verfahren erfordert sogenannte Packapparate. Bei ihnen wird der Rohstoff in einem Behälter, unter Preßdruck gehalten der Wirkung der in kreisende Bewegung versetzten Flotte ausgesetzt. Grundlegend für die Ausbildung dieser Färbevorrichtungen war zweifellos der sogenannte „Obermaier" (D.R.P. 23177 A.D. 1882), wie er in seiner ältesten Ausführung in der nebenstehenden Abb. 63 wiedergegeben ist. Durch seine Einführung hat die sogenannte Apparatfärberei einen gewaltigen Aufschwung genommen. Der Materialbehälter wird durch zwei konaxial auf einer gemeinsamen Bodenplatte befestigte Zylinder B und C mit gelochtem Mantel gebildet, deren innerer oben durch ein Einsatzstück abgeschlossen ist, welches einer Schraube g als Mutter dient, durch die der Preßdeckel E, welcher auf das in dem ringförmigen Materialraum eingebrachte Fasergut M aufgelegt wird, festgelegt und nachgestellt werden kann. Der mit einer Dampfheizschlange ausgestattete Flottenbehälter A ist am Boden an den Saug- und Druckstutzen einer Flügelpumpe G angeschlossen. Der Druckstutzen mündet axial in den Bottichboden ein und ist innerhalb des Bottichs mit einem Konus ausgestattet, auf dem der Materialbehälter B C mit dem Zylinder C aufgesetzt werden kann. Der Saugstutzen ist durch ein von Hand steuerbares Ventil abschließbar. Ist der gefüllte Materialbehälter in der aus der Abbildung ersichtlichen Weise in den Bottich A eingesetzt und das Ventil geschlossen, so saugt die Pumpe, sobald sie angelassen wird, Flotte aus dem Flottenbehälter an und treibt sie in den Zylinder C und aus diesem in und durch das Fasergut und den Außenzylinder B in den Flottenbehälter A. Ist dieser auf diese Weise mit Flotte gefüllt und wird nunmehr das Ventil geöffnet sowie der Flottenzulauf abgesperrt, so bewegt die Pumpe die Flotte in der durch Pfeile kenntlich gemachten Weise im Kreislauf durch das Fasergut. Ein Zulauf ermöglicht die Einführung einer Zusatzflotte in den Bottich A unmittelbar am Saugstutzenanschluß. Ist der Flottenkreislauf abgestellt, so wird die Flotte aus dem Bottich A abgelassen. Soll das ausgefärbte Fasergut einer Nachbehandlung unterzogen, z. B. gespült werden, so wiederholt sich der Arbeitsgang nach Anschluß der Pumpe an einen anderen Flüssigkeitsbehälter. Zwecks Entleerung des Materialbehälters nach beendeter Behand-

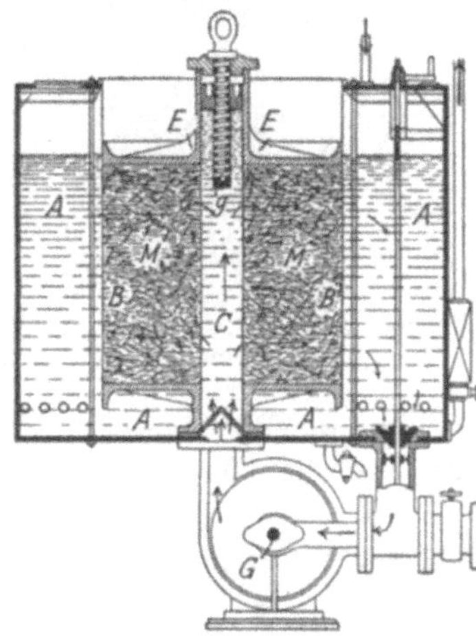

Abb. 63. Färbevorrichtung mit kreisender Flotte nach D.R.P. 23177 vom 6. 12. 1882 der Firma Obermaier & Co., Neustadt a. d. H.

lung des Faserguts wird dieser durch ein Hebezeug aus dem Bottich *A* ausgehoben, dann der Preßdeckel entfernt und hierauf der Materialbehälter entleert. Um das Arbeitsgut in dem letzteren selbst auch noch entnässen zu können, hat die Firma Obermaier & Co. der Färbevorrichtung später eine Schleuder hinzugefügt, in welche der Materialbehälter als Schleuderkessel eingesetzt werden kann. Eine weitere Verbesserung hat der Obermaier dadurch erfahren, daß der Flottenbehälter zur Aufnahme mehrerer Materialbehälter eingerichtet und der Außenzylinder des Materialbehälters lösbar so mit dessen Boden verbunden worden ist, daß er nach beendeter Behandlung des Faserguts von diesem abgehoben werden kann. Hierdurch wird das Arbeitsgut freigelegt und kann mit Leichtigkeit vom Boden des Materialbehälters nach dem Herausheben desselben aus dem Flottenbehälter oder der Schleuder abgenommen werden. Endlich sind zwischen Pumpe und Flottenbehälter ein Vierweghahn und zwei Dreiweghähne so eingeschaltet und von den letzteren der eine so mit einem Spülwasserzufluß und der andere so mit einem Steigrohr zum Flottenreservoir verbunden worden, daß die Möglichkeit gegeben ist, die Farbflotte von innen nach außen durch das Arbeitsgut zu führen, sie durch Zurücktreiben in das Flottenreservoir wiederzugewinnen und eine Spülung mit abfließendem Spülwasser in kürzester Zeit auszuführen. Abb. 64 zeigt die verbesserte Färbevorrichtung in Verbindung mit einer Schleuder (linke Seite der Abbildung). Sie eignet sich auch zum Färben von Kardenband, Strähngarn und Kreuzspulen. Für das Färben der letzteren nach dem Aufsteckverfahren kommen besondere Materialträger zur Verwendung. Um beim Packen des ringförmigen Materialbehälters die Handarbeit nach Möglichkeit auszuschalten, die Zeit für das Beschicken nach Möglichkeit zu kürzen und eine

Abb. 64. Verbesserte Färbevorrichtung mit Schleuder der Firma Obermaier & Co., Neustadt a. d. H.

Abb. 65. Presse für das Füllen des Materialbehälters der Färbevorrichtung der Firma Obermaier & Co., Neustadt a. d. H.

große Fasergutmenge dicht in den Materialbehälter einzubringen, hat die Firma Obermaier für ihre Färbevorrichtungen eine Presse eingeführt, bei der ein mechanisch bewegter Preßstempel das Fasergut in den Materialbehälter treibt wie dies Abb. 65 erkennen läßt.

In den Abb. 66 und 67 ist eine Färbevorrichtung wiedergegeben, bei welcher die Flotte unter Luftabschluß in zwei verschiedenen Richtungen durch das Arbeitsgut geführt und dieses nach dem Färben und Spülen unter Vermeidung des Umpackens oder einer Ortsveränderung des Materialbehälters durch Anwendung der Fliehkraftwirkung entnäßt werden kann. Die Vorrichtung ist zu diesem Zweck mit einem Schleuderkessel mit ungelochtem Mantel versehen, der durch einen Deckel geschlossen werden kann, welcher verschiebbar auf der mit Oberantrieb ausgestatteten Kesselachse sitzt und eine ringförmige Flottenzuleitungskammer *a* trägt, die durch den Deckel in einen seitlich zur Kesselachse liegenden Stutzen ausläuft, während ein diametral zu diesem liegender zweiter Stutzen in den

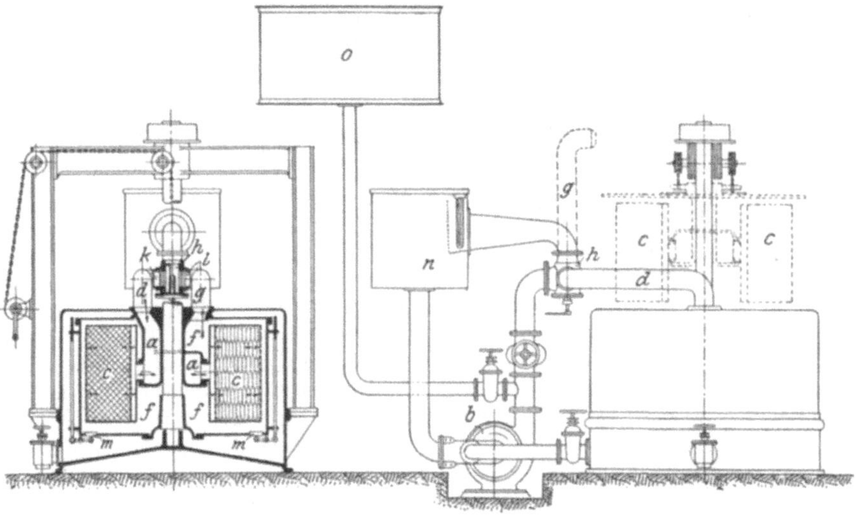

Abb. 66. Abb. 67.

Abb. 66 und 67. Färbezentrifuge (vorm. geb. von Textilmaschinenfabrik B. Cohnen. G m. b. H. Grevenbroich b. Köln).

Schleuderkessel *f* einmündet. Die Flottenzuleitungskammer *a* besitzt in etwa halber Kesselhöhe radial zur Kesselachse stehende Ausmündungen; sie dienen zur Aufnahme von konischen rohrartigen Ansätzen der Materialbehälter *c*, deren gewöhnlich sechs zur Anwendung kommen. Jeder dieser Materialbehälter besteht aus einem kastenartigen Gebilde mit gelochtem Doppelboden über dem Rohransatz und gelochtem Preßdeckel. Zwischen Doppelboden und Preßdeckel kommt, wie Abb. 66 erkennen läßt, das Arbeitsgut zu liegen. Sind die Kästen *c* gepackt, sei es mit losem Fasergut, sei es mit Cops usw., so wird der Schleuderkesseldeckel angehoben, Abb. 67, und dann werden die gefüllten Materialbehälter *c* an die Flottenverteilungskammer angesetzt und mit ihr durch geeignete Verriegelungen dicht und unverrückbar verbunden. Hierauf wird der Deckel aus der gehobenen Stellung, punktiert in Abb. 67, in den Schleuderkessel gesenkt und damit dieser zugleich geschlossen; Abb. 66. Nunmehr werden die beiden durch das Hahngehäuse *hk* an die Leitungsrohre der Zentrifugalpumpe *b* angeschlossenen Schwenkrohre *d* und *g* auf die beiden

Deckelstutzen gesenkt und damit wird die Verbindung der Flottenzuleitungskammer *a* und des Schleuderkesselraumes *f* mit der Pumpe bzw. dem an diese angeschlossenen Flottenbehälter *o* und dem Expansionsgefäß *n* hergestellt. Ist der Schleuderkessel *f* vom Behälter *o* aus durch Rohr *d* unter Verdrängung der Luft aus dem Arbeitsgut gefüllt, so wird die Pumpe *b* eingerückt, damit die Flotte unter Mitwirkung der Rohre *d g* und des Schleuderkessels *f* in kreisende Bewegung versetzt und je nach der Stellung des Hahnes *h* von innen nach außen oder umgekehrt durch die Materialkästen *c* getrieben. Nach beendeter Ausfärbung kommt die Pumpe zum Stillstand, die Rohre *d g* werden vom Schleuderkessel abgehoben und der Schleuderkessel wird in Drehung versetzt. Infolgedessen wird das in den Materialkästen befindliche Material entnäßt. Die abgeschleuderte Flüssigkeit sammelt sich im Schleuderkessel und verläßt diesen durch die Bodenventile *m* in das Schleuderkessel-Umschlußgehäuse, aus dem sie zum Sammelgefäß fließt, von welchem sie mit der Flotte im Expansionsgefäß in das Flottengefäß gepumpt wird. Nach dem Abschleudern setzt man die Trommel still, löst den Trommeldeckel und hebt ihn an. Hierdurch kommen die Materialkästen über die Schleuder und können ausgewechselt werden.

Beim „Obermaier“ und den ihm gleichartigen Vorrichtungen wird die Flotte radial in divergierenden oder konvergierenden Strahlen oder auch wechselweise divergierend und konvergierend durch das Fasergut getrieben. Wesentlich abweichend hiervon sind diejenigen Vorrichtungen, bei denen die Flotte in parallelen Strahlen durch das Arbeitsgut geführt wird. In Abb. 68 ist ein Ausführungsbeispiel hierfür wiedergegeben. Das zu färbende Material wird in zwei getrennte Abteilungen des Warenbehälters eingepackt. Zwischen beiden befindet sich eine Flottenverteilungskammer, die durch den nicht gelochten zylindrischen Mantel des Warenbehälters und zwei in diesem in bestimmter Entfernung voneinander fest eingesetzte gelochte Böden gebildet wird. Sie ist mit einem Stutzen *a* versehen, der mit dem Pumpendruckrohr *b* verbunden werden kann. Zwecks Beschickung der beiden Abteilungen *A* und *E* des Materialbehälters wird dieser mit zwei Zapfen *f* in die Lager eines Hebewerks *g* eingelegt, dann um etwa 20 cm gehoben und hierauf um 90° geschwenkt, so daß die eine Kammer nach oben zu liegen kommt. Nach dem Füllen derselben wird ein gelochter Deckel aufgebracht und durch Querriegel festgelegt. Alsdann wird der Warenbehälter um 180° geschwenkt und seine zweite Abteilung in gleicher Weise wie die erste gefüllt. Nunmehr folgt eine weitere Drehung des Materialbehälters um 90° so, daß der Anschlußstutzen *a* nach oben zu liegen kommt und hierauf eine Senkung des Behälters mittels Hebezeugs auf einen untergeschobenen Wagen *d*, mit dessen Hilfe er in den durch Abnahme der Vorderwand *D* geöffneten Färbebottich *B* eingeschoben wird, wie dies die Abbildung erkennen läßt. Ist alsdann die Verbindung zwischen dem Stutzen *a* und dem Pumpendruckrohr *b* durch Bajonettverschluß *c* hergestellt und der Bottich durch Anlegen der Wand *D* geschlossen, so wird der Bottich *B* vom Flottenbehälter aus mit Flotte gefüllt und die Pumpe in Tätigkeit versetzt. Sie saugt die Flotte an, treibt sie im Kreislauf in die Verteilungskammer des Materialbehälters und von dieser aus durch die beiden Warenschichten wieder in den Bottich. Sofern erforderlich, kommt eine umsteuerbare Pumpe zur Anwendung, um die Flotte auch den umgekehrten Weg durch das Fasergut gehen zu lassen, d. h. vom Bottich *B* durch die Materialschichten in die Verteilungskammer. Nach beendetem Färbeprozeß wird die Flotte in den Flottenbehälter getrieben, der Bottich *B* geöffnet, die Verbindung *c*, *a* gelöst, der Materialbehälter ausgefahren, entleert und ein inzwischen neu beschickter eingefahren, worauf sich der Arbeitsgang wiederholt.

Während bei den im vorstehenden durch Beispiele erläuterten Vorrichtungen für den Kreislauf der Flotte mechanische Fördermittel in Gestalt von Pumpen zur Anwendung kommen, die mit Saug- und Druckrohr an einen geschlossenen Flottenbehälter angeschlossen sind, bei denen also die Pumpe selbst eine unmittelbare Saug- und Druckwirkung auf die Flotte ausübt und

Abb. 68. Färbevorrichtung; H. Schirp, Maschinenfabrik, Vohwinkel-Elberfeld.

demgemäß der Flottenkreislauf umgekehrt werden kann, ist dies bei den mit sog. Überguß arbeitenden Färbevorrichtungen nicht möglich. Bei ihnen ist innerhalb oder außerhalb eines oben offenen Färbebottichs ein sog. Flottensteigrohr vorgesehen, in welchem die unterhalb eines gelochten Doppelbodens durch eine Pumpe angesaugte Flotte durch diese nach oben über das in den Färbebottich eingepackte Fasergut getrieben wird, um dann infolge der Saugwirkung der Pumpe durch dieses wieder nach abwärts zu gehen. Abb. 69 läßt eine Färbevorrichtung dieser Art erkennen. Sie besteht aus zwei nebeneinander angeordneten Färbebottichen, deren jeder mit einem zentralen Flottensteigrohr, einem in dieses einmündenden Injektor, einem gelochten Doppelboden und einem auf das eingepackte Fasergut aufzulegenden Preßdeckel versehen ist, der nachgestellt werden kann. Beide Bottiche sind ferner durch einen in ihre Böden einmündenden Rohrstrang in Verbindung gebracht, an den ein mit Handflügelpumpe ausgestattetes, im Auslauf schwenkbares Flottensteigrohr angeschlossen ist. Durch dieses wird die Möglichkeit geschaffen, die Flotte aus dem einen Bottich in den anderen zu fördern.

Um jede unmittelbare Berührung zwischen Pumpe und Flotte auszuschalten, sind Färbevorrichtungen in Vorschlag gebracht worden, bei denen für das Durchsaugen der Flotte durch das Arbeitsgut ein Vakuum zur Anwendung gebracht wird. Zu besonderer Bedeutung ist die Färbevorrichtung von B. Thies in Coesfeld i. W. gelangt. Bei ihr befindet sich oberhalb des eigentlichen Färbebottichs ein mit diesem verbundener Flottensammler, der seinerseits wieder an die Saugleitung einer Vakuumstation angeschlossen ist.

Abb. 69. Färbevorrichtung für lose Baumwolle; H. Schirp, Maschinenfabrik Vohwinkel-Elberfeld.

Wird von dieser aus nach dem Einsetzen des Materialträgers in den Färbebottich das Flottensammelgefäß entlüftet, so strömt die Flotte aus dem Färbebottich von außen nach innen durch das Arbeitsgut in das Flottensammelgefäß. Ist dies erreicht, so wird die Saugwirkung nach dem Sammelgefäß unterbrochen und der Flotte die Möglichkeit gegeben, unter Wirkung des Atmosphärendrucks aus dem Sammler in den Färbebottich zurückzufließen, und zwar unmittelbar oder durch das Fasergut von innen nach außen, worauf der Arbeitsgang sich wiederholt.

An letzter Stelle ist endlich derjenigen Vorrichtungen Erwähnung zu tun, bei welchen die Fliehkraftwirkung nutzbar gemacht wird, um die Flotte durch das Fasergut zu treiben. Bei ihnen wird dieses in einen auf lotrechter Achse angeordneten Schleuderkessel eingepackt, welchem die Flotte in axialer Richtung zugeleitet wird, während er umläuft. Die Flotte durchdringt infolgedessen das Arbeitsgut, ganz wie bei dem Obermaier, in divergierenden Strahlen von innen nach außen und wird von dem den Schleuderkessel einschließenden Gehäuse abgefangen und evtl. erneut für den Kreislauf benutzt. Abb. 70 zeigt eine derartige Vorrichtung neuester Konstruktion. Ihr Wesen besteht darin, daß der Schleuderkessel während seines Umlaufs gleichzeitig eine auf- und absteigende Bewegung ausführt. Hierdurch soll erreicht werden, daß das Arbeitsgut seine Stellung gegenüber der aus dem Flottenzuleitungsrohr radial ausströmenden Flotte dauernd ändert und damit ständig neue Flüssigkeitswege für die Flotte durch das Fasergut geschaffen werden. Auch kommt eine Art Wellenbewegung der Flotte im Schleuderkessel zustande. Während der Zuströmung der Flotte dreht sich der letztere nur mit verhältnismäßig geringer Tourenzahl, nach Abstellung des Flottenzulaufs wird dagegen die Umdrehungszahl erhöht, um das Fasergut zu entnässen.

b) Färben von Faserbändern (Krempelbänder). Für das Färben von Faserbändern kommen verschiedene Verfahren und demgemäß auch in ihrer Bauweise wesentlich voneinander abweichende Vorrichtungen zur Anwendung. Sie sind entweder solche, bei denen die Faserbänder in sogenannter kontinuirlichen Passage durch die Flotte geführt werden, oder solche, bei denen sich das Arbeitsgut in Ruhe befindet und die Flotte durch dasselbe getrieben wird. Im letzteren Falle ist wieder zu unterscheiden in das Pack-, das Topf- und das Aufstecksystem. Bei dem erstgenannten Verfahren, das insbesondere von Diego Mattei in Genua ausgebildet worden ist, laufen die Faserbänder in einer Vielzahl nebeneinander zunächst über einen gelochten Zylinder unter einem mit gelochtem Boden versehenen Sattel hinweg, welcher mit zwei nebeneinander liegenden Kammern versehen ist, durch deren erste Dampf zum Zwecke der Entlüftung des Faserguts gegen dieses getrieben wird, während mittels der zweiten Kammer die Faserbänder angefeuchtet und damit gewissermaßen zu einer geschlossenen Fasergutbahn vereinigt werden. Dieses so vorbereitete Arbeitsgut wird nunmehr mittels einer mit rippenartigen Leisten versehenen Trommel durch die Flotte geführt und verläßt schließlich über einen Zylinder mit anliegender Quetschwalze die Vorrichtung. Sofern erforderlich, wiederholt sich der gekennzeichnete Arbeitsgang einmal oder mehrmals, je nachdem substantive Farbstoffe, Schwefelfarbstoffe, basische, diazotierbare, kuppelbare oder nachzubehandelnde Farbstoffe zur Anwendung kommen. Das letzte Element dient lediglich zum Waschen und Aufrollen des etwa 60 mm breiten Faserbands, das dann abgeschleudert und getrocknet wird.

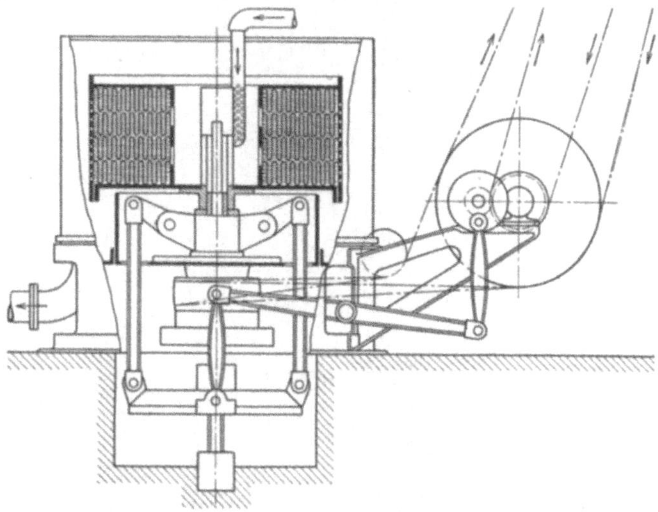

Abb. 70. Färbezentrifuge; Emil Mühlmann, Viersen (Rhld.).

Bei Anwendung des Packsystems werden die als Kreuzspulen hergestellten Faserbandwickel, nachdem durch einen jeden ein Bindfaden gezogen und dessen freie Enden verknüpft sind, stehend in gleicher Weise wie die lose Baumwolle in eine Materialkammer eingeschichtet, wie dies Abb. 63 beispielsweise erkennen läßt, vgl. auch Seite 544, Abb. 64 und Seite 547, Abb. 68. Etwa dabei entstehende Hohlräume werden durch Füllmaterial ausgestopft. Die in die Wickel eingezogenen Schnuren bieten die Möglichkeit, die Wickel beim Entleeren des Packraumes auszuheben, auch werden die Wickel häufig an diesen Schnuren zum Trocknen aufgehängt.

Das Wesen des sogenannten Topfsystems besteht darin, daß entweder jeder Faserbandwickel in einen auf einer Flottenverteilungskammer sitzenden topfartigen Behälter mit gelochtem Boden und durch Bajonettverschluß festlegbarem Deckel eingesetzt wird, wie dies z. B. Abb. 71 erkennen läßt, oder daß

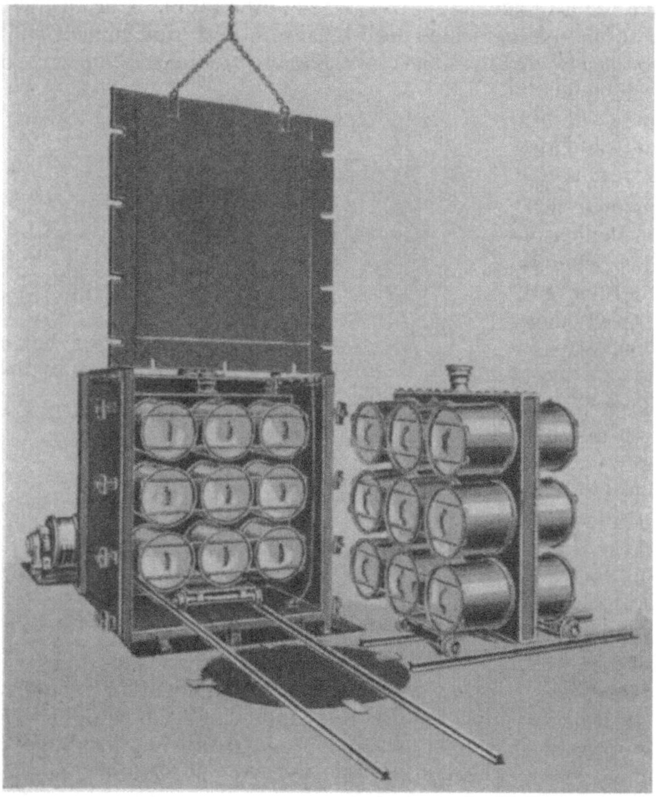

Abb. 71. Färbevorrichtung für Kammzug; H. Schirp, Maschinenfabrik, Vohwinkel-Elberfeld.

das Krempelband in einen Zylinder mit gelochtem Mantel um ein axial angeordnetes gelochtes Rohr in zykloidartigen Legungen gesammelt und die so gefüllten Zylinder in gleicher Weise in den Flottenkreislauf eingeschaltet werden, wie die die Töpfe tragende Flottenverteilungskammer. Im ersteren Falle wird die kreisende Flotte in der Achsenrichtung durch die Wickel getrieben, im letzteren Falle quer durch diese.

Wird nach dem Aufstecksystem gearbeitet, so wird, wie schon der Name sagt, jeder Faserbandwickel auf einer gelochten Hülse sitzend der Wirkung der kreisenden Flotte ausgesetzt. Die Hülse selbst wird zu diesem Zweck mit dem einen Ende unmittelbar in die Wandung einer Flottenverteilungskammer ein- oder auf einen in dieser vorgesehenen Nippel aufgesetzt. Das freie Hülsenende wird dagegen durch einen auf dem Faserbandwickel aufruhenden Preßdeckel mit zylindrischem Stutzen abgeschlossen. Durch den Preßdeckel wird ein axiales Entweichen der Flotte verhindert, er sinkt in dem Maße, wie die Höhe des Faserbandwickels beim Flottenkreislauf schrumpft, und schließt dabei gleichzeitig mit seinem Stutzen das etwa frei werdende Hülsenende ab. Im Interesse einer Steigerung der Produktion werden auch mehrere Faserbandwickel mit ihren Hülsen aufeinander gesetzt.

c) **Färben von Vorgespinst.** Vorgespinst wird in Form von Flyerspulen nach dem Aufstecksystem mit kreisender Flotte gefärbt.

d) **Färben der Garne.** Baumwollgarne werden im Strahn, als feste Wickel in Form von Cops und Kreuzspulen sowie auch als Ketten gefärbt. Erfolgt die Behandlung des Garnes in Strahnform, so bedient man sich entweder

Abb. 72. Färbebottich für Strähngarn-Handfärberei; R. Then, Chemnitz.

rechteckiger Kufen oder Wannen aus Holz, Kupfer oder Eisen, in denen die Garnsträhne unter Verwendung sogenannter Garnstöcke mittels Hand oder auf mechanische Weise umgezogen, geschwenkt und versetzt werden, oder man hängt die Strähne auf Stäben in einer Kammer auf, in der sie der Wirkung der in lotrechter Richtung sich auf- und abbewegenden bzw. kreisenden Flotte ausgesetzt werden oder man wendet endlich das sogen. Pack- bzw. das Aufstecksystem an.

Abb. 72 läßt die Benutzungsweise einer Kufe beim Ausfärben der Strähne mit Hand unter Verwendung gerader Garnstöcke erkennen. Sie tragen die Garnsträhne freihängend und finden mit ihren beiden Enden ihre Stützung auf den Längswandungen des Bottichs. Hier werden zum Zwecke des Schwenkens und Versetzens der Strähne von zwei Arbeitern immer je zwei Stöcke gleichzeitig erfaßt und in geeignete Bewegung versetzt. Sollen die Garnsträhne dagegen in der Flotte umgezogen werden, so geschieht dies durch Verziehen der Strähne auf dem Trogstock mittels Hand unter Mitbenutzung eines neben dem Trogstock in die auf ihm hängenden Strähne einzuschiebenden Hilfsstocks.

Ist es erforderlich, das Ausfärben der Strähne völlig unter Luftabschluß durchzuführen, so kommen an Stelle der geraden Garnstöcke U-förmig gekröpfte Garnträger zur Anwendung.

Strähngarnfärbevorrichtungen sind in außerordentlich großer Zahl in Vorschlag gebracht worden. An einigen Ausführungsbeispielen soll ihr Wesen erläutert werden.

Abb. 73 veranschaulicht eine doppelseitige Vorrichtung, welche auf jeder Seite mit einer Reihe von mit Längsrippen versehenen Garntragwalzen aus

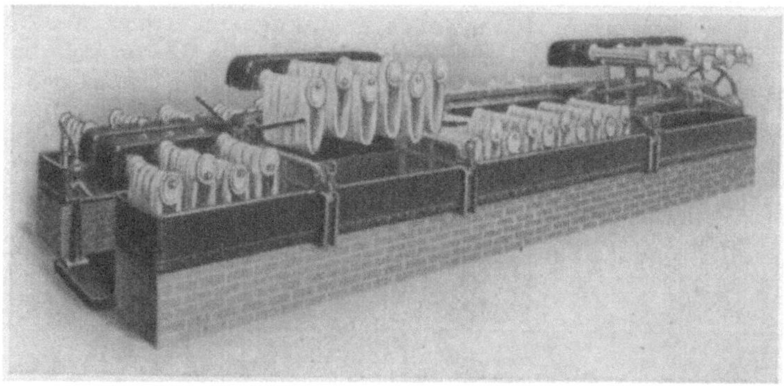

Abb. 73. Maschine zum Färben von Strähngarn; Maschinenfabriken Tillm. Gerber Söhne & Gebr. Wansleben, Krefeld.

hochfein glasiertem Porzellan ausgestattet ist, die gruppenweise hydraulisch gehoben und gesenkt werden können, exzentrisch auf ihren Achsen angeordnet sind und durch diese in Drehung versetzt werden, sobald sie die aus der Abbildung ersichtliche Tieflage einnehmen. Die Überführung einer Walzengruppe in die Hochstellung erfolgt zum Zwecke der Abnahme der ausgefärbten Garnsträhne und der Neubeschickung der Walzen. Unter den Walzen befinden sich entweder eine Reihe von zur Aufnahme der Färbflotte bestimmten Becken oder nur ein solches, welches durch einzusetzende Schotten der Länge nach geteilt werden kann. Hierdurch wird die Möglichkeit geboten, gleichzeitig mit mehreren Flotten zu arbeiten. Infolge der exzentrischen Anordnung der Garntragwalzen auf ihren Achsen werden die Strähne nicht nur umgezogen, sondern auch noch geschwenkt.

Abb. 74. Maschine zum Färben von Strähngarn; Ph. Welker, Maschinenfabrik, Lambrecht (Rhpf.).

Bei der in Abb. 74 wiedergegebenen Vorrichtung zum Färben von Baumwoll-Strähngarn mit Indanthren, Küpen- und Schwefelfarben sowie Indigo werden die auf Garnstöcken in der Flotte hängenden Strähne mittels Hand umgezogen und mechanisch durch Versetzen in der Flotte schrittweise einer Walzenquetsche zugeleitet, mittels deren sie unmittelbar nach dem Verlassen der Flotte entnäßt werden. Die Walzenquetsche, deren beide Quetschwalzen mit einem Weichgummiüberzug versehen sind und unter Federdruck stehen, ist stationär, oder, sofern mehrere Färbebottiche nebeneinander angeordnet sind, so auf Geleisen verschiebbar, daß sie nach Bedarf vor die Stirnseite eines jeden der Bottiche gebracht werden kann. Die beiden Längswandungen des Bottichs sind mit Zahnschnittleisten versehen, in deren Lücken die aus Flacheisen hergestellten ⅂⌠-förmig gekröpften Garnträger beim Beschicken des Bottichs mit ihren beiden freien Schenkeln eingelegt werden. Die lotrechte Abkröpfung der Garnträger ist derart bemessen, daß die Strähne sich nach dem Einsetzen in die Flotte vollständig unter dem Flottenspiegel befinden. Zu beiden Seiten der Bottichlängswandungen sind parallel zu den Zahnschnittleisten zwei Flacheisenschienen angeordnet, die mechanisch in eine lotrechte auf- und abwärtsgehende, sowie wagrecht hin- und hergehende, also Axialbewegung zugleich versetzt werden können. Durch diese Schienen können alle in den Zahnschnittleisten ruhenden Garnträger lediglich aus diesen ausgehoben oder auch noch fortschreitend gegen die Walzenquetsche hin versetzt werden. Ersteres findet dann statt, wenn es sich lediglich um Schaffung glatter Gleitbahnen für das Umziehen der Strähne handelt. Letzteres dann, sobald der Arbeiter den Bottich an dem der Quetsche entgegengesetzten Stirnende beschickt, und weiter dann, wenn die Strähne einzeln nacheinander dem Quetschwerk zugeführt werden sollen. Sobald ein Garnträger vor der Quetsche angekommen ist, wird er an seinen beiden freien Enden von zwei Mitnehmern erfaßt, mit denen die Quetsche ausgestattet ist, und durch sie den Quetschwalzen zugeleitet.

Abb. 75. Vorrichtung zum Waschen, Säuren, Bleichen usw. von Strähngarn nach D.R.P. 396030; Niederlahnsteiner Maschinenfabrik G. m. b. H. Niederlahnstein a. Rh.

Abb. 75 bringt im Schaubild eine Vorrichtung zum Färben von Strähngarn zur Darstellung, auf welcher die Garnsträhne in der Flotte vollständig selbsttätig umgezogen und gleichzeitig auch versetzt werden. Wie aus dieser Abbildung ersichtlich ist, weist die Vorrichtung ebenso wie die vorbesprochene Vorrichtung einen Bottich auf, dessen Längsseitenwandungen Zahnleisten tragen, welche zur Aufnahme der Garnträger dienen. Diese kommen jedoch nicht als einfach ⅂⌠-förmig gekröpfte Flacheisenstäbe, sondern als rahmenartige Gebilde zur Anwendung, die zwei hinsichtlich ihrer Länge der Breite des Bottichs entsprechende, beim Umziehen der Strähne wechselweise als Garnträger dienende Stege aufweisen, die von zwei Seitenwangen gehalten werden, welche einseitig verlängert sind und über die hinaus der eine Steg in zapfenartige Ansätze ausläuft. Zu beiden Längsseiten des Bottichs sind Schienengeleise angeordnet, auf denen sich ein Wagen bewegt, welcher zwei Mitnehmerscheiben aufweist, je eine auf jeder Bottichseite, durch die die rahmenartigen Garnträger an ihren seitlichen Zapfen erfaßt, aus dem Bottich ausgehoben, gewendet und versetzt wieder abgelegt werden, wie dies die Abb. 76 erkennen läßt. Der Arbeitsgang ist folgender: Bei der fortschreitenden Bewegung des vorgenannten Wagens in der Pfeilrichtung drehen sich die auf ihren Umfängen mit vier um 90^0 versetzten nasenartigen Vorsprüngen *b* versehenen Scheiben *a* mit solcher Geschwindigkeit, daß beim Fortgang des Wagens um eine Teilung der Zahnleisten die Mitnehmerscheiben jedesmal mit zwei einander entsprechenden Nasen *b* unter die in den Zahnleisten *f* ruhenden Zapfen *o* eines Garnträgers *komo* fassen und so diesen, lotrecht hängend, anheben und mitnehmen. Die Verlängerungen *e* der beiden Wangen *km* kommen dabei an einem im Wagen untergebrachten ersten Widerlager *h* von epileptischem Querschnitt zu Anlage, und dies hat zur Folge, daß der Unterteil des Garntragrahmens in der durch punktierte Linien angegebenen Weise so angehoben wird, daß dieser Unterteil über einem zweiten Anschlag *g* zu liegen kommt. Auf ihn legt sich der Garn-

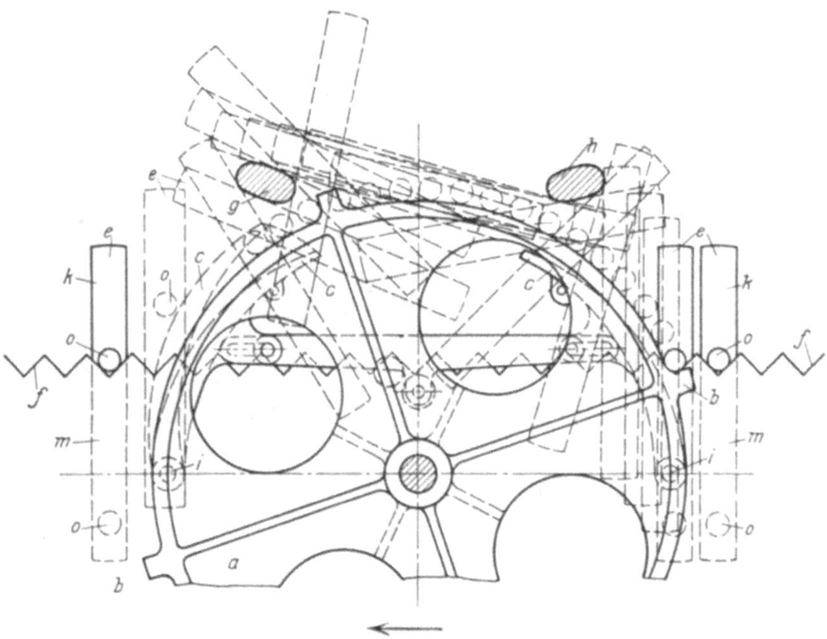

Abb. 76.

tragrahmen bei der fortschreitenden Bewegung seiner Zapfen *o* auf, gleitet auf seinem Umfang entlang und kommt damit in die um 180^0 versetzte Hochstellung. Aus dieser kippt er schließlich unter Wirkung des Garngewichts wieder in die Ausgangshochstellung und der Überwurfelhebel *c* leitet ihn beim Fortgang der Scheibendrehung mit seinen Zapfen in die richtigen Auskehlungen der Zahnleisten *f*. Bei der Bewegung des Fahrgestells in der umgekehrten Richtung ist der Arbeitsvorgang der gleiche. Soll das Garn nur versetzt werden, so werden die Widerlager *h* und *g* aus dem Fahrgestell herausgenommen. Während die Verlängerungen *e* der Garntragrahmen am Widerlager *h* entlang gleiten, nimmt die Umlaufgeschwindigkeit der Scheiben *a* zu, sie nimmt dagegen ab, sobald der Tragrahmen auf dem Widerlager *g* gleitet.

Ebenso wie bei der vorstehend erläuterten Vorrichtung werden auch bei der nachfolgend beschriebenen die Garnsträhne in der Flotte umgezogen und versetzt. Die hierzu vorgesehenen Hilfsmittel sind jedoch nicht in einem Fahrgestell untergebracht, welches auf Schienengeleisen, die auf dem Fußboden angeordnet sind, dem Bottich entlang bewegt wird, sondern in einem Gestell, das nach Art einer Laufkatze von Schienenbahnen getragen wird, welche sich über dem Färbebottich befinden, wie dies die Abb. 77 bis 79 erkennen. Zu beiden Stirnseiten des Färbebottichs beziehentlich einer Mehrzahl einander folgender Bottiche ist je ein sogenanntes Ablegegestell angeordnet, welches ebenso wie die Bottiche auf der Oberseite ihrer Längswandungen verzahnte Leisten aufweist, die den Garnträgern mit ihren Enden als Rast dienen. Als Garnträger kommen flache Bretter aus Ahorn zur Anwendung. Sie sind an den Enden mit Köpfen aus Bronze versehen, die derart gekröpft und für das Umziehen und Versetzen der Garnsträhne von ebenfalls aus Bronze hergestellten Mitnehmern des Fahrgestells nacheinander so erfaßt werden, daß die Bretter beim Umziehen um ihre Längsmittelachse gewendet werden. Bei

Abb. 77: Färbemaschine für Strähngarn (vorm. geb. von Bemberg-Maschinenbau A.-G., Barmen-Langerfeld).

Benutzung der Vorrichtung werden die zu färbenden Garnsträhne einer Partie in der üblichen Weise auf die Garnträger aufgereiht und diese dabei nacheinander in die Zahnleisten des Ablegegestells abgelegt, Abb. 77 links. Hierauf wird das Fahrgestell mit der Vorrichtung für das Umziehen und Versetzen auf seiner Laufbahn so weit verschoben, daß zwei von ihm an einem Hebezeug getragene Bretter unter die über dem Ablegegestell vorstehenden Enden der in dieses eingelegten beschickten Garnträger gelangen. Ist dies erreicht, so werden die beiden genannten Bretter mittels des Hebezeugs angehoben, und dies hat gleichzeitig ein Anheben aller in dem Ablegegestell ruhenden Garnträger von diesem zur Folge. Nunmehr wird das Fahrgestell so weit rückwärts verschoben, daß die angehobenen Garnträger über die Farbkufe gelangen, Abb. 78, die Garnträger werden gesenkt und damit die Garnsträhne der ganzen Partie mit einem Mal in die Flotte getaucht. Ist dies erreicht, so beginnt das schrittweise Ausheben der Garnträger aus dem Bottich nacheinander, ihr Wenden und Versetzen in einen anderen Teil des Färbebottichs, Abb. 79, oder einen anderen Bottich, für erneutes Ausfärben, Spülen usw. Das Fahrgestell

Abb. 78. Färbemaschine für Strähngarn (vorm. geb. von Bemberg-Maschinenbau A.-G., Barmen-Langerfeld).

Abb. 79. Färbemaschine für Strähngarn (vorm. geb. von Bemberg-Maschinenbau A.-G. Barmen-Langerfeld).

kann rückwärts und vorwärts bewegt werden, die in ihm völlig unter Verschluß untergebrachte Vorrichtung zum Erfassen, Wenden und Versetzen der Garnträger kann nach der einen oder anderen Richtung zur Wirkung gebracht und endlich kann die Vorrichtung für das Wenden auch ganz ausgeschaltet, also nur versetzt werden. Nähere Angaben über die hierfür getroffene bauliche Einrichtung enthält die Patentschrift 291999. Ist der Arbeitsprozeß beendigt, so werden die Strähne mit ihren sie tragenden Brettern durch das Hebezeug aus dem letztbenutzten Bottich ausgehoben, auf das Ablegegestell gebracht und dann weiterbehandelt.

Abb. 80. Vorrichtung zum Färben von Strähngarn in der Hänge mit bewegter Flotte; Obermaier & Co., Maschinenfabrik, Neustadt a. d. H.

Abb. 80 zeigt eine Färbevorrichtung für Strähngarn, bei der die Strähne in einer durch Tür verschließbaren eisernen Kammer auf zwei Stäben versetzt aufgehängt werden und die Flotte mittels eines Propellers abwechselnd von oben nach unten und unten nach oben durch die beschickte Kammer bewegt wird. Der Propeller wird mittels Riemens oder durch einen direkt gekuppelten Motor angetrieben, und es ist dabei der Antrieb derart eingerichtet, daß die Flottengeschwindigkeit der Färbeweise angepaßt werden kann. Im Bedarfsfalle ist noch eine Hochpumpvorrichtung mit Reservoir vorgesehen.

Das Färben der Strähngarne nach dem Packsystem bietet nichts Besonderes. Es finden hier die gleichen mechanischen Hilfsmittel wie beim Färben von losem Fasergut Anwendung.

Beim Färben nach dem Aufstecksystem kommen die Garnsträhne in Wickelform auf gelochte Spindeln, wie dies Abb. 81 erkennen läßt. Diese oben durch einen Preßdeckel abgeschlossenen, so gebildeten zylindrischen Wickel werden dann auf einen Flottenverteiler aufgesetzt und mit diesem in den Färbebottich eingesetzt. Der Flottenverteiler kommt dabei in Verbindung mit der Flottenleitung, und die Flotte kann nunmehr im Kreislauf von innen nach außen bzw. umgekehrt durch die Garnwickel getrieben werden. Ein allen Spindeln gemeinsamer nachstellbarer Preßdeckel bietet die Möglichkeit, das Arbeitsgut unter dem erforderlichen Druck zu halten.

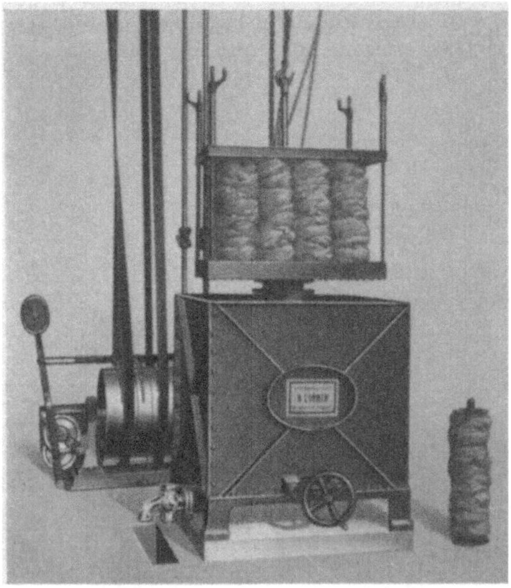

Abb. 81. Vorrichtung zum Färben von Strähngarn nach dem Aufsteckverfahren; Textilmaschinenfabrik B. Cohnen G. m. b. H. Grevenbroich b. Köln.

Das Färben von Garnen in Form festgewickelter Spulen (Cops- und Kreuzspulen) ist zur größten Bedeutung gelangt. Es kommt sowohl das Pack- als auch das Aufstecksystem zur Anwendung; das letztere dürfte jedoch das überwiegend angewendete sein. Die Cops sind meist auf Hülsen gesponnen, diese sind entweder solche aus Papier oder — seltener — aus Metall. Für das Arbeiten nach dem Aufsteckverfahren sind kurze, gelochte Hülsen erforderlich, durchlaufende gelochte Hülsen bieten beim Abarbeiten der Garne Schwierigkeiten. Die Ausfärbung nach dem Packverfahren verlangt dagegen keine gelochten Hülsen, es können Cops sowohl auf kurzen gelochten oder auch auf durchlaufenden ungelochten Hülsen behandelt werden. Beliebt sind besonders die letzteren, weil ihre Anwendung den Abfall verringert und das spätere Aufspindeln erleichtert. Kreuzspulen werden im allgemeinen auf gelochten oder ungelochten Papier- oder Metallhülsen geliefert. Das Verfahren nach dem Packsystem ist gewöhnlich billiger als das nach dem Aufstecksystem, weil die sogenannte Apparatur weit einfacher und die Betriebsmittel billiger und betriebssicherer sind. Dem Aufstecksystem gebührt aber trotzdem bei gewissen schwierigen Farben, besonders solchen, die egales Entwässern und Oxydieren unbedingt verlangen (Indigo, Schwefelfarben), ferner bei Farben, für die das Imprägnierungsprinzip das einzig richtige ist (Türkischrot usw.), und überall dort der Vorzug, wo tadellose Erhaltung der Garnkörper unerläßlich ist.

Für die Ausfärbung nach dem Pack- und Aufsteckverfahren müssen die Garnkörper jedenfalls aufgespindelt werden. Den hierbei zur Anwendung kommenden Spindeln fällt jedoch eine grundverschiedene Aufgabe zu. Bei dem ersteren haben sie nur den Zweck, den Spulenkanal auszufüllen, ihn für die weitere Verarbeitung der Spulen offen zu halten und diese selbst vor Deformation zu bewahren, indem sie einen festen Kern im Spuleninnern bilden. Bei dem zweitgenannten Verfahren haben die Aufsteckspindeln aber außer dieser Aufgabe noch die weitere, der Zu- und Abführung der Flotte zu dienen. Außerordentlich zahlreich sind die Vorschläge für die Ausbildung der beiden Spindelarten in bezug auf Gestalt und Material. Bei dem Färben nach dem Packverfahren schließt sich an das Aufspindeln noch die wichtige und schwierige Arbeit des Einpackens, die Vereinigung der Garnkörper zu einem Block mit überall gleichem Widerstand für den Flottendurchgang an. Prismatische Packräume sind runden, ringförmigen Materialbehältern vorzuziehen. Das Packen von Cops bietet wesentlich größere Schwierigkeiten als dasjenige von Kreuzspulen, insbesondere weicher Kreuzspulen. Um sie zu einem gemeinsamen Körper zusammenzufügen, genügt das Pressen allein nicht. Je härter der Cop gesponnen ist, desto geringer ist seine Deformation beim Pressen und desto besser seine Verwendbarkeit beim Weben, desto weniger ist er aber geeignet für das Packen zu einem Block mit überall gleichem Durchgangswiderstand für die Flotte. Beim Einschichten der Cops in den Packraum entstehen freie Räume, sie müssen ausgefüllt werden. Die Wahl des geeigneten Ausfüllmaterials ist ein Sorgenkind des Färbeverfahrens nach dem Packsystem. Vorschläge sind in großer Zahl gemacht worden, aber wenige haben sich wegen der vielen Bedingungen, denen der Füllstoff gerecht werden muß, bewährt. Genannt seien: Flocken, Garn, zerrissene Cops, Trikotagenabfall, Sand, Porzellankügelchen, Glasperlen, Asbest, Sägespäne, Hobelspäne und Häcksel. Stets empfiehlt es sich, den Materialraum mit einem Tuch (Baumwolltuch, Jutetuch) auszulegen, das das Arbeitsgut einzufüllen hat und als Filter wirkt, sei es für das Zurückhalten von festen Teilchen aus Flotte und Wasser oder Teilchen des gepackten Materials, sei es als Schutz gegen die Oxydationswirkung der Luft. — Kreuzspulen werden in ähnlicher Weise gepackt wie Cops, auch hier sind Ausfüllmaterial und Filtertuch erforderlich. Vielfach werden auch Kreuzspulen und offene Garne zugleich gepackt, und zwar kommen die letzteren zwischen die Spulenreihen oder die Spulenschichten zu liegen. — An einigen Ausführungsbeispielen soll das Wesen von Färbevorrichtungen für Garne in Cops und Kreuzspulenform nach dem Aufstecksystem erläutert werden. Die Spindeln, welche der Flottenzu- und -ableitung dienen, sind meist auf einem gemeinsamen Träger vereinigt und dabei entweder lösbar oder unlösbar mit ihm verbunden, oder der Spindelträger selbst sitzt in der Vorrichtung lösbar oder unlösbar. Wenn die Spindeln lösbar mit ihrem Träger verbunden sind, so bringt dies Vorteile beim Aufstecken und beim Abnehmen der Wickel von den Spindeln. Wenn der Spindelträger lösbar und daher auswechselbar mit der Färbevorrichtung verbunden ist, dann tritt nur beim Partienwechsel ein geringer Stillstand im Arbeitsgang ein, der lediglich durch die Auswechselung des Spindelträgers bestimmt ist. Der letztere ist entweder nur eine gelochte Platte oder ein gelochter Zylinder. In den Perforationen sitzen entweder die Spindeln als solche fest oder es sind die Perforationen mit sogenannten Nippeln ausgestattet, welche die Träger der auswechselbaren Spindeln sind.

Abb. 82 veranschaulicht eine Färbevorrichtung für Cops nach dem Aufstecksystem, bei der ein plattenförmiger Spindelträger zur Anwendung gebracht ist. Er wird von vorn in einen Färbebottich nach Abnahme seiner Vorderwand eingeschoben und findet dabei seine Stützung auf Unrundscheiben, deren Achsen drehbar in den beiden Seitenwandungen des Bottichs gelagert und von außen in Drehung versetzt werden können. Geschieht dies nach dem Wiederansetzen der Bottichvorderwand, so wird die eingeschobene, mit aufgestecktem Cops beschickte Tragplatte angehoben und dadurch mit ihren Randleisten gegen Leisten gepreßt, welche an allen vier Wandungen des Bottichs vorgesehen sind. Hierdurch wird der ganze Bottichraum in zwei übereinanderliegende Kammern geteilt, wie dies die Abbildung erkennen läßt. Eine jede derselben ist an die Rohrleitung einer umsteuerbaren Pumpe für den Flottenkreislauf angeschlossen. Infolgedessen wird die Flotte wechselweise aus der unteren Bottichkammer durch die Cops von innen nach außen in die obere offene Bottichkammer getrieben und aus dieser durch die Cops von außen nach innen in die untere Bottichkammer gesaugt, sobald die Pumpe durch ein selbsttätig gesteuertes Wendegetriebe in Umlauf kommt. — Um bei wenig Raum- und Kraftbedarf eine möglichst große Menge von Cops gleichzeitig behandeln zu können, ist der Färbebottich auch derart ausgebildet worden, daß mehrere Spindeltragplatten übereinander in ihn eingeschoben werden können, und es ist die Bottichwandung über jedem der Materialträger abstellbar an die Flottenleitung angeschlossen. Um Strahlenbildung der in die Kammern eintretenden und sie verlassenden Flotte zu verhindern, sind die Einflußrohre trichterartig erweitert. Die Vorrichtung bietet auch die Möglichkeit, Fasergut als solches, Cops und Kreuzspulen nach dem Packsystem und die letzteren auch nach dem Aufstecksystem zu färben, wenn die einzuschiebenden Tragplatten entsprechend ausgebildet sind. Zum Entwässern, Oxydieren usw. ist Vakuum angeschlossen.

Abb. 82. Färbevorrichtung für Cops, Kreuzspulen, Strähne und loses Material; Carl Wolf, Schweinsburg (Pleiße).

Ein Färben von Cops und Kreuzspulen nach dem Aufstecksystem gestattet auch der Obermaier. Der in den Färbebottich einzusetzende Materialträger ist in diesem Fall als sogenannter „Igel“, d. h. als Zylinder ausgebildet, welcher auf seinem Mantel radial nach außen stehende Spindeln für das Aufschieben der Garnspulen aufweist oder mit solchen besetzt wird. Auch bei der so eingerichteten Vorrichtung kann eine besondere Absaugevorrichtung vorgesehen sein, sofern dies erforderlich oder erwünscht ist.

Abb. 83. Vorrichtung zum Färben von Cops und Kreuzspulen nach dem Aufsteckverfahren; Textilmaschinenfabrik B. Cohnen G. m. b. H., Grevenbroich b. Köln.

Abb. 83 zeigt eine Färbevorrichtung für Cops und Kreuzspulen, deren Wesen darin besteht, daß sie mit zwei unmittelbar nebeneinander angeordneten Färbebottichen ausgestattet ist, von denen der eine zum Ausfärben mit kreisender Flotte, der andere zum Spülen bestimmt ist. In diese beiden Bottiche wird der für die Behandlung von Cops bestimmte zylindrische oder der für die Behandlung von Kreuzspulen bestimmte hohlplattenförmige Materialträger mittels eines Hebezeugs nacheinander eingesenkt und dabei an die in ihre Böden einmündenden Flottenleitungsrohre angeschlossen. Zwischen den beiden Bottichen ist der Anschlußstutzen einer Saugleitung vorgesehen, auf dem der Materialträger vor der Einführung in den Färbebottich zum Zwecke der Entlüftung und nach dem Ausheben aus dem Färbe- bzw. Spülbottich zum Zwecke der Entnässung aufgesetzt werden kann, siehe Abbildung.

Abb. 84. Hülseneinstoßvorrichtung für das Färben von Kreuz- und Sonnenspulen; Textilmaschinenfabrik B. Cohnen G. m. b. H., Grevenbroich b. Köln

Wie bereits erwähnt, werden die für das Ausfärben bestimmten Kreuzspulen im allgemeinen auf gelochten Papier- oder Metallhülsen geliefert. Da die Papierhülsen nur einmal gebraucht werden können, sind die Auslagen für diese fortlaufende und verhältnismäßig hohe. Wenn Werke, die ihre eigenen Spulen herstellen, diese in gefärbtem oder gebleichtem Zustand auch verarbeiten, werden die Spulen deshalb mit Vorteil nicht auf gelochten Papierhülsen, sondern auf zylindrischen Holzwälzchen gebildet und diese werden vor dem Bleichen, Färben usw. mittels eines sogenannten Hülseneinschiebers, siehe Abb. 84 unter gleichzeitiger Einführung weiter Nickelinhülsen in die Spulen aus diesen ausgestoßen. Nach der Naßbehandlung der Spulen und einem eventuellen Abschleudern werden die Nickelinhülsen mit der Hand aus den Spulen herausgezogen und durch konische Holzbobinen mit Randscheibe ersetzt. Auf ihnen werden die Spulen getrocknet und von ihnen werden sie abgearbeitet. Da die Bobinen aus hartem Weiß- oder Rotbuchenholz bestehen, eine Politur erhalten und mit der kochenden Flotte nie direkt in Berührung kommen, bleiben sie für lange Zeit gebrauchsfähig und es fallen somit, da die gelochten Papierhülsen

Abb. 85. Färbevorrichtung mit Rundbottich und in diesen einzusetzenden, unter Verwendung des Cohnenschen Aufschiebeverfahrens gebildetem Spulenträger.

vielfach nur einmal verwendet werden können, die großen Ausgaben für die Papierhülsen weg. Vermöge des großen Durchmessers der Färbehülsen und ihrer besonderen Form können sechs bis sieben Reihen Kreuzspulen und 10 bis 12 Reihen Sonnenspulen, übereinanderstehend in einwandfreier Weise gefärbt werden. Eine. Spulensäule, in die sich die einzelnen Spulen infolge eines auf sie in achsialer Richtung ausgeübten Druckes an den Strinflächen gegeneinander abdichten, gleicht somit einer langen Spule, wie dies aus den Abb. 85 und 86 zu ersehen ist. Abb. 85 zeigt eine Färbevorrichtung mit rundem Flottenbehälter und entsprechend ausgebildetem, in diesen einzusetzenden Spulenträger. Abb. 86 läßt einen beladenen Spulenträger für Vierkantbottiche erkennen.

Während bei all den vorbesprochenen Färbevorrichtungen der Spulenträger während des Durchgangs der Flotte durch die Garnkörper keinerlei Bewegung ausführt, kommt bei der in Abb. 87 dargestellten Färbevorrichtung für Kreuzspulen mit Naphthol ein sich im Färbebottich drehender zylindrischer Spulenträger zur Anwendung. Auf seinen Mantel werden die Spulen paarweise versetzt aufgesteckt, wie dies die Abbildung erkennen läßt. Bei der Drehung des wagrecht liegenden Spulenträgers werden diejenigen Spulen, welche jeweils in die Flotte eintauchen, durch den sich drehenden Spulenträger an eine Saugleitung angeschlossen, welche die Farbflotte aus dem Färbebottich durch sie hindurchsaugt und wieder in den Bottich zurückfördert. Sobald die gefärbten Spulen die Flotte auf der der Eintrittsseite entgegengesetzten Seite wieder verlassen, erhalten sie Anschluß an eine Vakuumleitung, die den Flottenüberschuß absaugt und ebenfalls wieder in den Bottich zurückbringt. Hat ein Spulenpaar seine Aufsteckstellung wieder eingenommen, so ist auch der Absauganschluß unterbunden, die Spulen können ausgewechselt werden. Durch einen besonderen Vorratsbehälter kann Verstärkungsflotte einem Sammelgefäß zugeleitet werden, von dem aus sie durch die Pumpe angesaugt und intensiv mit der gebrauchten Flotte gemischt dem Färbebottich wieder zugeführt wird. Auf diese Weise wird die Möglichkeit geboten, die Flotte immer auf dem gleichen Konzentrationsgrad zu erhalten. Mit der Vorrichtung können nach Angabe der genannten Firma etwa 1000 Kreuzspulen, 350 kg, in $1^1/_4$ Stunde behandelt werden.

Abb. 86. Unter Verwendung des Cohnenschen Aufschiebeverfahrens gebildeter Spulenträger für Vierkantbottiche.

Kettengarne werden nach dem Packsystem, in kontinuierlicher Passage oder auf Bäumen gefärbt. Für das erstgenannte Verfahren kommen die gleichen mechanischen Hilfsmittel wie für das Ausfärben loser Faser zur Anwendung. Das Ausfärben durch kontinuierliche Passage erfolgt in besonderen Rollenkufen oder in der Schlichte. Die Rollenkufen bestehen aus einem oder mehreren die Flotte usw. enthaltenden Bottichen, durch welche die Kette in ausgebreitetem Zustand über Leitrollen hindurchgeführt wird, und welche sie durch Abquetschwalzen verläßt. Beim Färben in der Schlichte werden die Garnketten entweder in der Schlichte selbst gefärbt oder es passieren die Ketten zunächst

Abb. 87. Färbevorrichtung für Kreuzspulen; Zittauer Maschinenfabrik A.-G., Zittau.

einen oder mehrere Tröge, welche die Farbflotte enthalten, und gehen dann durch die Schlichte. — Beim Färben auf Bäumen wird die Flotte im Kreislauf durch die auf gelochte Bäume aufgewickelte Garnkette getrieben. Diese Art der Färberei hat sich mehr und mehr eingebürgert. Die hierbei verwendeten mechanischen Hilfsmittel haben eine hohe Ausbildung erfahren und sind

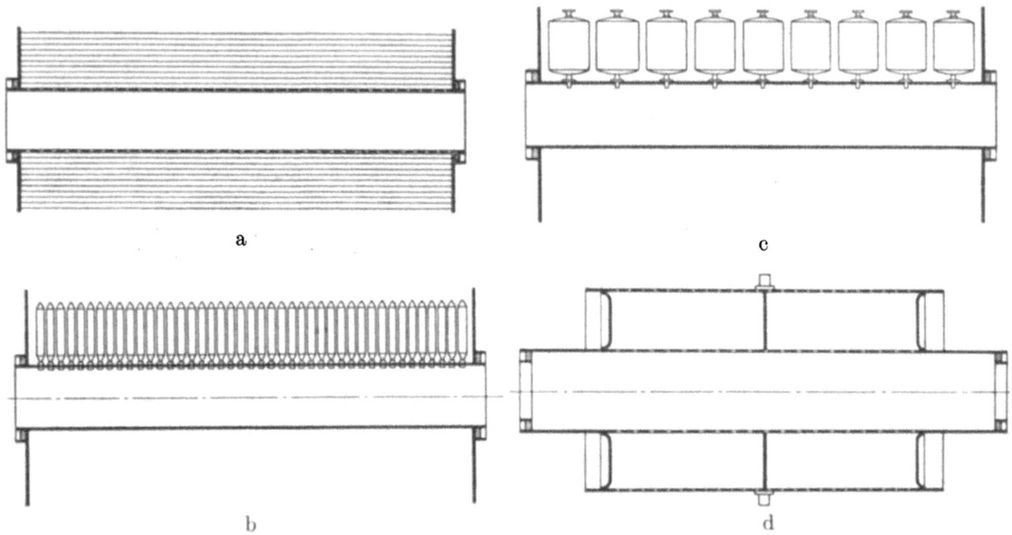

Abb. 88a—d. a Färbebaum für Ketten; b Aufsteckzylinder für Cops; c Aufsteckzylinder für Kreuzspulen; d Packzylinder für loses Material, Kardenband, Garn u. dgl. Zittauer Maschinenfabrik A.-G. Zittau.

im allgemeinen derart eingerichtet, daß auf ihnen auch Cops und Kreuzspulen nach dem Aufstecksystem oder loses Fasergut nach dem Packsystem behandelt werden können. Siehe Abb. 88a—d. Es kommt ein liegender Zylinder mit gelochtem Mantel und ungelochten, mit Hohlzapfen versehenen Stirnscheiben zur Anwendung, der nach seiner Beschickung mit Arbeitsgut mit einem seiner beiden Stirnzapfen oder auch mit beiden an die Flottenleitung angeschlossen werden kann. (Abb. 89 u. 90.) Dies geschieht in einem oben offenen Bottich oder auch in einem geschlossenen Kessel. Abb. 91 zeigt eine Vorrichtung der erstgenannten Art, bei der der Färbebottich zur gleichzeitigen Aufnahme von zwei zylindrischen Materialträgern eingerichtet ist. Sie können anstatt nebeneinander, wie dargestellt, auch übereinanderliegend eingesetzt werden, und dies geschieht in der Weise, daß jeder der beiden Materialträger mit seinem einen Stirnscheiben-Hohlzapfen auf einen durch die Bottichwand hindurchragenden Anschlußstutzen der Flottenleitung aufgeschoben und auf diesen durch eine in der gegenüberliegenden Bottichwandung angeordnete Einspannvorrichtung aufgepreßt wird, welche gleichzeitig den Hohlzapfen der

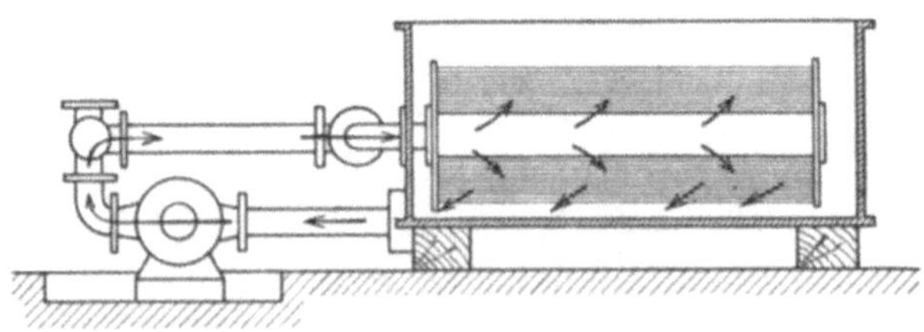

Abb. 89. Offene Kettenbaum-Färbevorrichtung; Zittauer Maschinenfabrik A.-G., Zittau.

zweiten Stirnwandung abschließt. Zur Erwärmung der Flotte oder des Waschwassers sind eine geschlossene und eine offene Heizschlange vorgesehen. Dem Flot-

Abb. 90. Offene Kettenbaum-Färbevorrichtung; Zittauer Maschinenfabrik A.-G., Zittau.

tenumlauf dient eine Zentrifugalpumpe mit mechanischer Umsteuerung des Flottenumlaufs ohne Änderung der Pumpendrehrichtung. Durch Anschlüsse für Dampf, Wasser, Druck- und Saugluft ist die Möglichkeit gegeben, anschließend an das Färben zu dämpfen, zu waschen und zu entwässern. Abb. 92 veranschaulicht eine Vorrichtung zum Färben von Ketten auf dem Baum, bei der ein verschließbarer Behandlungsbottich in Gestalt eines liegenden Kessels zur Aufnahme des zylindrischen Materialträgers vorgesehen ist.

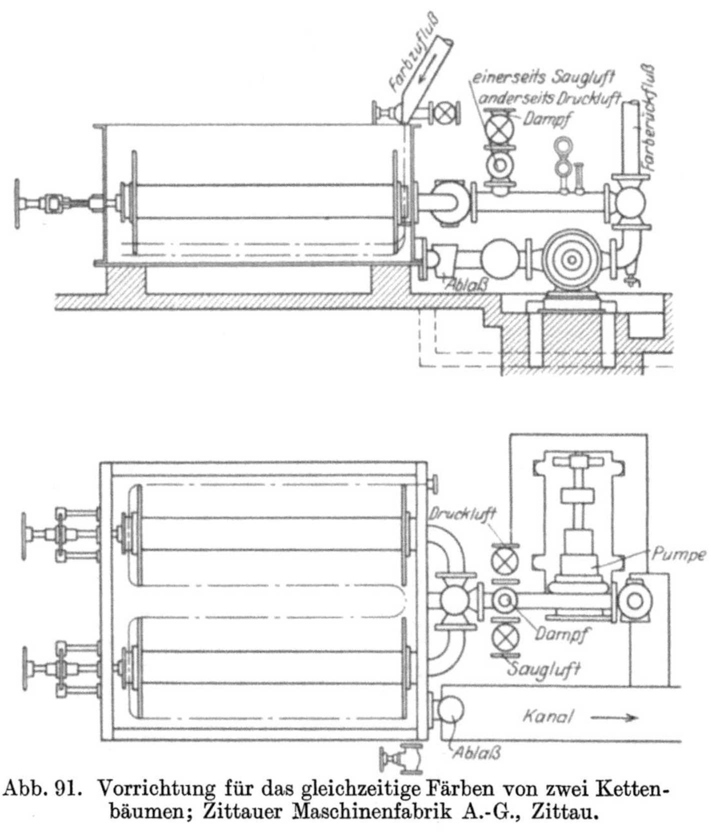

Abb. 91. Vorrichtung für das gleichzeitige Färben von zwei Kettenbäumen; Zittauer Maschinenfabrik A.-G., Zittau.

In ihn wird dieser Materialbehälter von der einen Stirnseite aus axial eingeschoben, dabei mit einem den Deckel der anderen Stirnseite durchsetzenden Stutzen der Flottenleitung gekuppelt und beim Schließen des Deckels auf der

Abb. 92. Färberei-Anlage; Zittauer Maschinenfabrik A.-G., Zittau.

Beschickungsseite durch eine Spannvorrichtung fest auf diesen Stutzen aufgepreßt. Der geschlossene Kessel gibt die Möglichkeit unter Druck zu arbeiten. Sobald er beschickt, geschlossen und vollständig mit Flotte gefüllt ist, wird

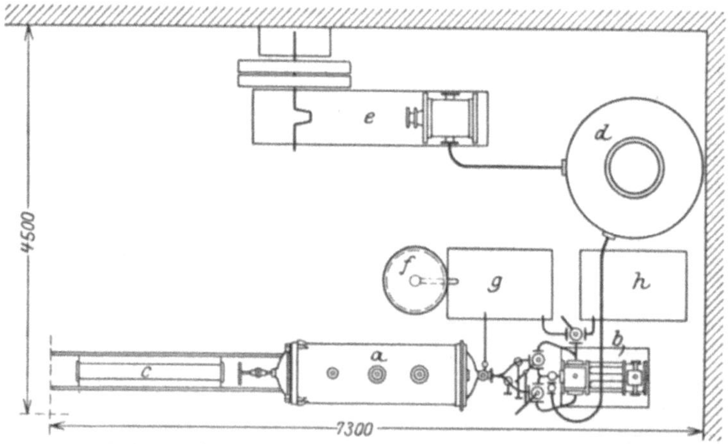

Abb. 93. Schema einer Kettenbaum-Färbereianlage; Zittauer Maschinenfabrik A.-G., Zittau.

a der Färbekessel mit Wagen und Fahrbühne; *b* die Dampfpumpe; *c* die Materialträger; *d* der Druckluftkessel; *e* die Luftpumpe; *f* das Farbezusatzgefäß; *g* der Flottenbehälter; *h* der Wasserbehälter.
Druckluftkessel *d* und Luftpumpe *e* bilden die Luftstation, der im Falle auch noch ein Saugluftkessel hinzugefügt werden kann.

die Saugleitung nach dem Flottenbehälter abgestellt, und der Arbeiter hat dann während des Färbens weiter nichts zu tun, als die beiden miteinander verbundenen Hebel der Steuerhähne gemeinschaftlich in gewissen Zeitabschnitten umzustellen, wodurch jedesmal die Laufrichtung der Flotte geändert wird. Nach dem Färben kann sofort gewaschen, geseift oder gedämpft und auch durch Saugen oder Pressen entwässert werden. In Abb. 93 ist die Anlage einer Färbevorrichtung der vorgekennzeichneten schematisch wiedergegeben.

Wird Wert darauf gelegt, daß die Färbevorrichtung voll für das Färben ausgenutzt wird, so kommen für die Nachbehandlung, insbesondere das Waschen, Dämpfen und Entnässen, besondere Vorrichtungen zur Anwendung. Abb. 94 zeigt eine solche. Ihr Wesen besteht in einem stehenden, umlegbaren oder einem liegenden Einspanngestell, in welches der aus dem Färbebottich herausgehobene Kettbaum überführt und in welchem er an die Armatur angeschlossen wird.

Während bei den vorstehend gekennzeichneten Vorrichtungen zum Färben von Kett- bezw. Zettelbäumen diese in wagrechter Lage der Wirkung der bewegten Flotte ausgesetzt werden, werden sie bei Vorrichtungen, wie sie in Abb. 95 in einer Ausführungsform wiedergegeben sind, stehend behandelt und zu diesem Zweck in verschließbare Zylinder eingesetzt, die an die Leitung für den Flottenkreislauf angeschlossen sind und von denen jeder ausschaltbar ist. Die dargestellte Vorrichtung gestattet die gleichzeitige Behandlung von zwei Kettbäumen.

a

b

Abb. 94. Wasch- und Absaugevorrichtung; a in stehender Ausführung, b in liegender Ausführung; Zittauer Maschinenfabrik A.-G., Zittau.

Sowohl die Vorrichtungen, wie sie die Abb. 88 bis 94 wiedergeben, als

Abb. 95. Kettenbaum-Färbevorrichtung; Obermaier & Co., Neustadt a. d. H.

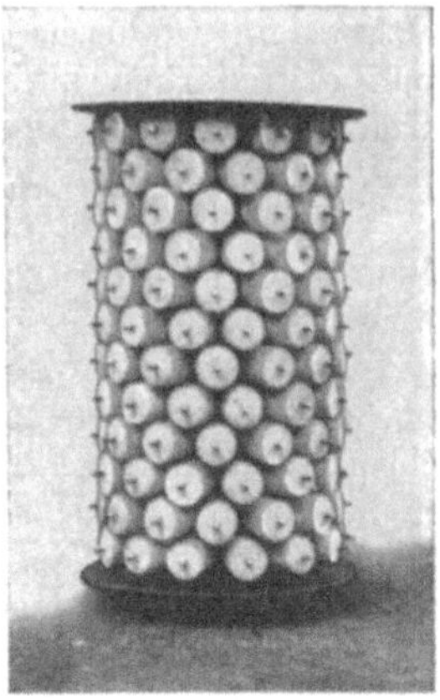

Abb. 96. Gefüllter Kreuzspulenträger für Färbevorrichtungen; Obermaier & Co., Neustadt a. d. H.

Abb. 97. Schleuder für Kettenbäume; Obermaier & Co., Neustadt a. d. H.

auch die Vorrichtungen nach Abb. 95 lassen sich ohne weiteres auch zum Färben von konischen und zylindrischen Kreuzspulen, Sonnenspulen, Cops usw. verwenden, vergl. Abb. 88, 92 und 96.

Für die Kettenbaum-Färberei kommen zum Entnässen noch Kettenbaum-Schleudern zur Anwendung. Abb. 97 zeigt eine solche. Bei ihr wird der Kettenbaum innerhalb eines Zylinders stehend in Rotation versetzt.

e) **Färben der Gewebe.** Das Färben baumwollener Gewebe erfolgt in der Kufe, auf dem Foulard, der Kontinuemaschine oder im Aufsetzkasten (Jigger). In der Kufe wird das Gewebe entweder im breitgespannten Zustand oder im Strang behandelt. Im ersteren Falle wird es mittels kleiner Haken in einer Spiralwindung auf einen Rahmen, dem sogenannten Sternreifen, befestigt und mit diesem in Richtung des Schusses in den Flottentrog gesenkt bzw. wieder aus ihm herausgehoben. Bei der Behandlung des Gewebes in Strangform wird

Abb. 98.

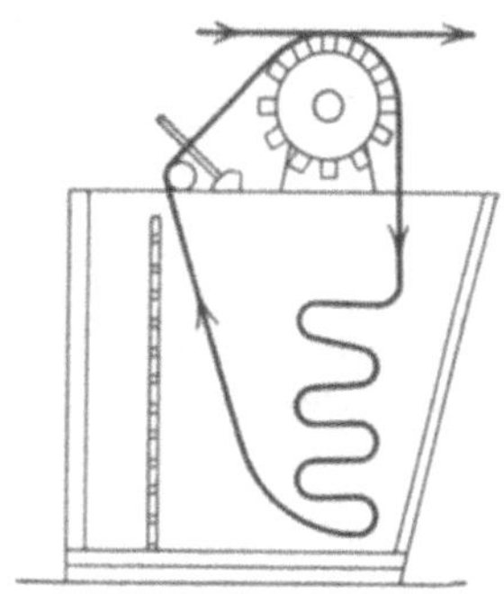

Abb. 98a.

Abb. 98 und 98 a. Haspelkufe; Zittauer Maschinenfabrik A.-G., Zittau.

dieses mittels eines Haspels in der Flotte umgezogen, wie Abb. 98 und 98a erkennen lassen. Die Kufe besteht zu diesem Zweck aus einem Holzbottich, in welchem durch eine gelochte Zwischenwand eine besondere Kammer zum Ansetzen der Farbe und Anwärmen der Flotte gebildet ist; die unmittelbare Berührung des Dampfes mit dem Gewebe wird dadurch verhindert und der Zusatz von Farblösungen und Salzen während des Färbens erleichtert. Über dem Holzbottich sind der Umziehhaspel, sowie ein Rechen und eine Leitwalze für die Führung der Gewebestränge angeordnet. Bisweilen ist die Farbkufe auch noch mit einem Quetschwerk oder mit einer Spritzvorrichtung versehen. Kufen mit der letztbenannten Einrichtung bezeichnet man gewöhnlich als Spülkufen.

Der Foulard, auch Paddingmaschine genannt, wird vorzugsweise zum Klotzen (Imprägnieren) des Gewebes z. B. mit Anilinsalzen in der Anilinschwarzfärberei, aber auch zum Färben mit verdickten Farblösungen benutzt. Das Wesen des Foulards besteht in einem Flottentrog, in welchem eine oder eine Mehrzahl von Leitwalzen und über welchen zwei oder mehr Quetschwalzen, die unter Gewichtshebel- oder hydraulischem Druck stehen, angeordnet sind. Im ersteren Falle läuft das Gewebe über die im Trog angeordneten Leitwalzen und sodann durch die Quetschwalzen, im letzteren Fall ist eine mehrmalige Passage durch die Flotte und die Quetschwalzen möglich. Soll der Foulard für Küpenfärberei verwendet werden, so werden seine Quetschwalzen, wie Abb. 99 erkennen läßt, nicht lotrecht übereinander, sondern versetzt zueinander so angeordnet, daß der Flüssigkeitsspiegel in die Höhe der Quetschzone zu liegen kommt. Hierdurch wird erreicht, daß Schaum, welcher bei schnellem Arbeiten leicht entsteht, sich nicht auf dem Gewebe ablagern kann, und damit wird Fleckenbildung ausgeschlossen. — Um der breitgefärbten und gewaschenen Ware einen hohen Prozentsatz an Feuchtigkeit zu entziehen und dadurch die nachfolgende Trocknung zu beschleunigen und wirtschaftlicher zu gestalten, wird die Ware durch sogenannte Abquetschfoulards genommen, die ihr gleichzeitig ein glattes und faltenloses Aussehen geben. Es sind dies entweder Dreiwalzenfoulards mit Hebelbelastung, Abb. 100, oder Zweiwalzenfoulards mit hydraulischem Druck, Abb. 101. Bei den ersteren sind die drei Walzen, von denen die beiden unteren unter Hebeldruck bis zu 10000 kg stehen, aus Gußeisen, und es hat die mittlere einen Bronzemantel, während die beiden anderen mit einem Gummimantel versehen sind. Der unter den Walzen liegende Trog hat nach Abb. 100, zwei Abteile und zwei Leitwalzen, so daß ein zweimaliges Eintauchen und Ausquetschen der Ware möglich ist. Bevor das Gewebe durch die Quetschwalzen läuft, wird es über Breithalter geführt. Vor dem zweiten Durchgang durch die Quetschwalzen wird es da-

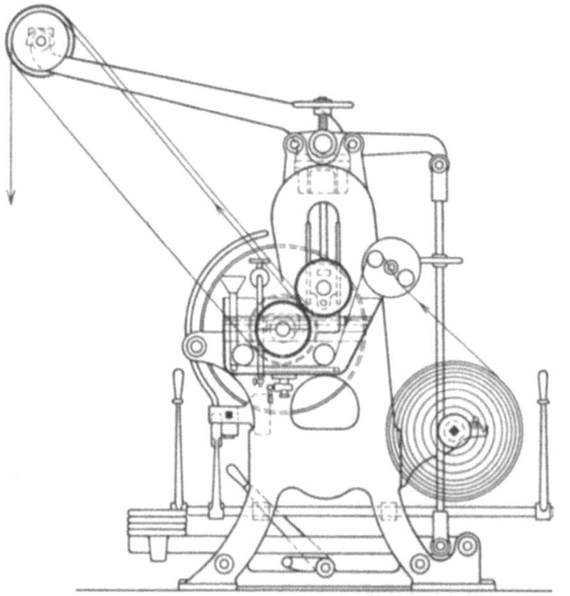

Abb. 99. Foulard für Küpenfarben; Zittauer Maschinenfabrik A.-G., Zittau.

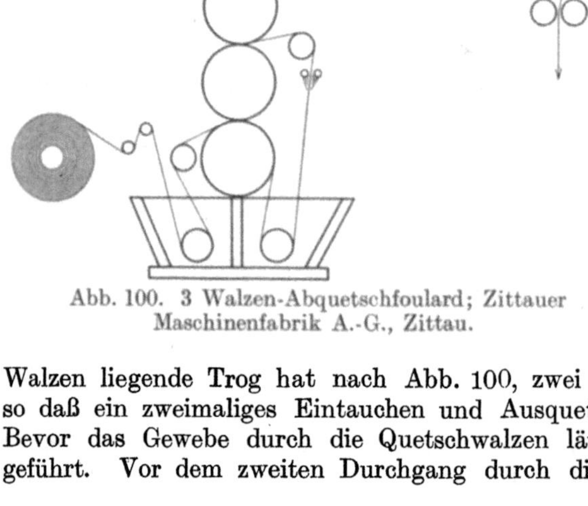

Abb. 100. 3 Walzen-Abquetschfoulard; Zittauer Maschinenfabrik A.-G., Zittau.

gegen durch Spritzrohre nochmals abgespült. Das Aufwickeln erfolgt mittels Steigdocke oder durch eine Abtafelvorrichtung. Bei dem mit hydraulischem Druck bis zu 20000 kg arbeitenden Foulard, Abb. 101, wird die Unterwalze gegen die festgelagerte Oberwalze gepreßt. Die eine der beiden Walzen hat Bronzemantel, die andere Gummibezug. Auch hier hat der Trog zwei Abteile, von denen das eine als Quetschwasserauffangtrog dient. Zwei Paar Spritzrohre, von denen sich das eine im, das andere über dem Trog befindet, bewirken ein Abspülen des Gewebes vor seinem Eintritt in den Trog und nach dem Verlassen desselben.

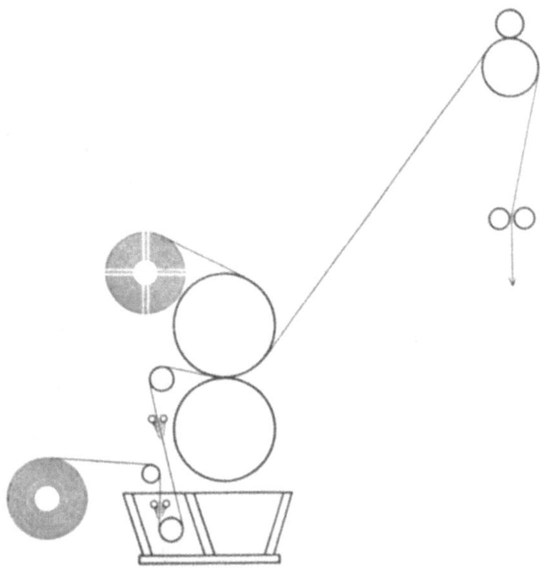

Abb. 101. Hydraulischer Abquetschfoulard; Zittauer Maschinenfabrik A.-G., Zittau.

Die sogenannten Kontinuemaschinen besitzen in normaler Ausführung einen oder eine Mehrzahl von mit Leitrollen ausgestatteten Bottichen (Rollenkästen), deren jeder am Auslauf mit einem normalen Walzenquetschwerk versehen ist, in welches das den Bottich verlassende Gewebe über einen Ausbreiter einläuft und durch welches es den Bottich verläßt. Es sind jedoch auch, insbesondere für das Hydrosulfitverfahren, unter dem Namen Roulett- oder Kontinueküpe Kontinuemaschinen mit einem Bottich bekannt, über welchem mehrere Quetschwerke und ein sogenannter Luftgang angeordnet sind, wie dies Abb. 102 erkennen läßt. Bei den so eingerichteten Vorrichtungen läuft das Gewebe mehrmals wechselweise durch die Flotte, ein Quetschwerk und den Luftgang, in dem die Farbe zur Oxydation (Vergrunung) kommt. Nach Bedarf wird der Küpe ein Vorkasten zum Netzen der Ware vorgebaut, und es sorgen Rührwerke unterhalb der Leitrollen für eine gute Flottenbewegung. — In Abb. 103 ist eine

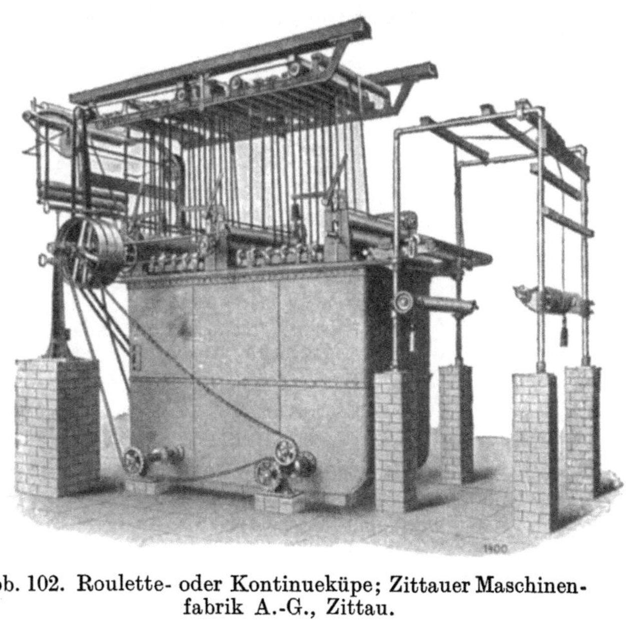

Abb. 102. Roulette- oder Kontinueküpe; Zittauer Maschinenfabrik A.-G., Zittau.

Breitfärbemaschine wiedergegeben, bei welcher das zu behandelnde Gewebe zwar wie bei der sogenannten Kontinuemaschine nur einmal durch die Flotte geführt, dann aber nicht durch ein Quetschwerk abgepreßt, sondern lediglich aufgedockt wird. Um bei dieser einmaligen Passage eine gründliche Farbflottenaufnahme zu erreichen, wird die Flotte durch Düsen *a h f* und *b h f* gegen das Gewebe getrieben, bevor es in die Flotte eintritt und nachdem es diese verlassen hat. Der Bottich *g* ist mit einer Bodenöffnung *s* und einer Öffnung *c* in der Wandung versehen, an welche sich die den Bottich *g* mit dem Pumpenkasten verbindenden Rohre anschließen.

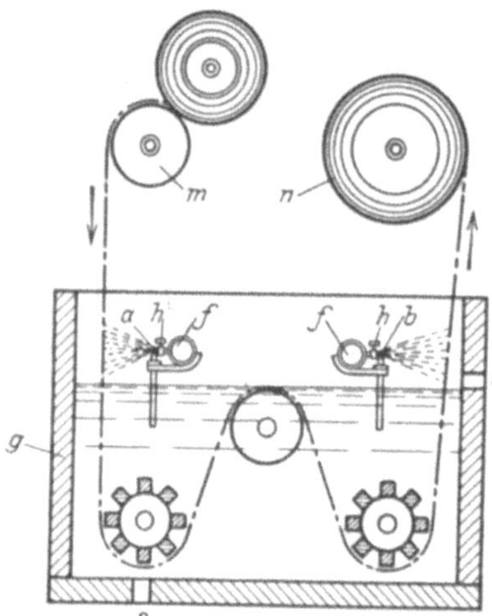

Abb. 103. Breitfärbemaschine nach der schweizerischen Patentschrift 30712.

Der Jigger oder Aufsetzkasten ist die in der Baumwollstückfärberei am meisten benutzte Vorrichtung zum Färben von Geweben in ausgebreitetem Zustand. Der Jigger besteht in seiner einfachsten Ausführungsform aus einem Trog aus Holz oder Eisen, welcher mit Leitrollen ausgestattet ist und auf welchem parallel zu den beiden Troglängsseiten zwei Wickelwalzen gelagert sind, deren jede mittels eines mit Umsteuerung versehenen Vorgeleges zwangläufig in Drehung versetzt oder vom Getriebe entkuppelt, gebremst werden kann. Hierdurch wird die Möglichkeit geboten, das mit einem Vorläufer versehene Gewebe im mehrmaligen Vor- und Rücklauf durch die Flotte zu führen. Wird die Zugwalze zugleich auch als Wickelwalze benutzt, so wird das Gewebe mit wachsender Geschwindigkeit und unter sich

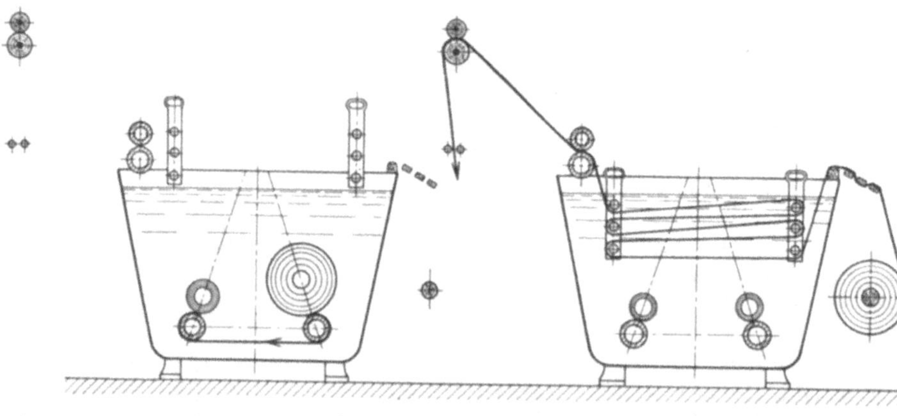

Abb. 104. Unterflottenfärbemaschine mit Umrollvorrichtung. Abb. 104a. Unterflottenfärbemaschine als Kontinue-Küpe.

Textilmaschinenfabrik B. Cohnen G. m. b. H., Grevenbroich b. Köln.

ändernder Spannung durch die Flotte gezogen. Hieraus ergibt sich eine ungleiche Farbaufnahme. Sie kann ausgeglichen werden durch mehrmaligen Hin- und Herlauf des Gewebes. Um diesen Übelstand zu beseitigen, hat man den Jigger so ausgebildet, daß das Gewebe auch auf eine von der Zugwalze durch Umfangsreibung angetriebene Steigdocke aufgewickelt werden kann. Weiter hat man die Wickelwalzen so in den Bottich hineinverlegt, daß das Gewebe beim Ausfärben überhaupt nicht mit der Luft in Berührung kommt. Jigger dieser Art bezeichnet man als Unterflotten-Jigger; Abb. 104 zeigt einen solchen. Um bei dem Unterflotten-Jigger auch noch eine längere Flottenpassage nach der Umwickelung zur Anwendung bringen zu können, hat man sie mit einem versenkbaren Rollenkorb ausgestattet. Beim Färben durch Umwickeln nimmt dieser Rollenkorb die aus Abb. 104 ersichtliche Stellung über dem Bottich ein, beim Färben nach dem sogenannten Kontinueverfahren die Stellung im Bottich nach Abb. 104a. — Für das Ausfärben von Geweben mit Küpenfarbstoffen in der

Abb. 105. Unterflottenfärbemaschine (-Jigger) zum Färben von Indigo und sonstigen Küpenfarbstoffen mit selbsttätiger Umschaltung und Luftgang; Textilmaschinenfabrik B. Cohnen G. m. b. H., Grevenbroich b. Köln.

Weise, daß die Behandlung des Gewebes in der Flotte und die Oxydation der aufgenommenen Flotte in einem geschlossenen Arbeitsgang erfolgt, kommen Unterflotten-Jigger mit sogenanntem Luftgang zur Anwendung. Abb. 105 zeigt einen solchen. Das zu behandelnde Gewebe wird über einstellbare Spannriegel, rechte Seite der Abbildung, der im Bottich auf der rechten Zugwalze ruhenden Steigdocke zugeleitet und auf diese aufgewickelt. Durch wechselweises Umwickeln von der rechten Steigdocke auf die linke und umgekehrt erfolgt die Ausfärbung und schließlich durch Ablauf von der linksseitig gelegenen Steigdocke unmittelbares Ablegen der Ware durch eine Abtafelvorrichtung oder Überleitung in den Luftgang, der aus einer Vielzahl von in einem rahmenartigen Gestell wagrecht gelagerten Leitwalzen besteht, über die das Gewebe im Zickzack hin und her geführt wird. Nach beendetem Durchlauf erfolgt Ablegung wie ersichtlich. Beim Umwickeln der Ware im Bottich wird der Warenlauf durch Umstellung eines auf ganz geringen Druck eingestellten Hebelsegments mittels einer unter dem Vorläufer angebrachten Führungsschiene selbsttätig umgesteuert, wenn die eine der beiden Wickelwalzen leer geworden ist. — Soll auf dem Jigger unmittelbar nach dem Ausfärben eine Nachbehandlung, z. B. ein Waschen erfolgen, so muß selbstverständlich erst die Flotte abgelassen und durch die Waschflüssigkeit ersetzt werden. Um dies entbehrlich zu machen,

Abb. 106 und 106a. Doppel-Jigger; Zittauer Maschinenfabrik A.-G., Zittau.

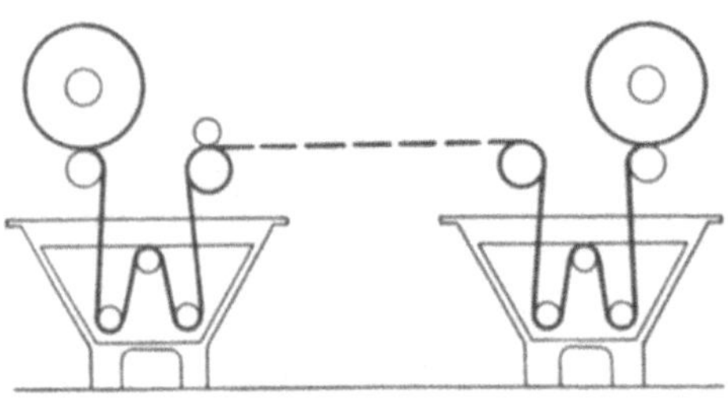

Abb. 106a.

stellt man die Jigger paarweise in der aus Abb. 106 und 106a ersichtlichen Weise nebeneinander auf und benutzt den einen zum Färben, linke Seite der Abbildungen, den anderen zum Waschen. Der Antrieb der Zugwalzen erfolgt von einer Längswelle aus durch Kegelräder mit Klauenkupplungen. Beim Übergang des Gewebes von dem erstgenannten Jigger zum zweitgenannten läuft es durch ein Quetschwalzenpaar, dessen obere Walze mit Gummibezug versehen ist und unter einem leicht abhebbaren Gewichtshebeldruck steht. — Die in den Abb. 107 und 107a dargestellte Vorrichtung bietet infolge Anwendung zweier nach Bedarf in Arbeitsstellung schwenkbarer Flüssigkeitströge mit geringerem Fassungsraum die Möglichkeit, bei geringem Raum-, Kraft- und Flottenbedarf außer dem eigentlichen Färbeprozeß auch noch die Vor- und Nachbehandlung der Ware in einfachster Weise durchzuführen und macht infolgedessen die Aufstellung mehrerer Jigger entbehrlich. Die beiden Tröge sind pendelnd in einem Rahmen gelagert, der um eine wagrechte, heb- und senkbare Achse so geschwenkt werden kann, daß jeder der beiden Tröge in Arbeitsstellung, beide aber auch außer Arbeitsstellung gebracht werden können. Im ersteren Falle nimmt der gehobene Bottich die im Gestell ortsfest gelagerten Leitwalzen auf, im letzteren Falle befinden sich die beiden Tröge zu beiden Seiten der Leitwalzen nebeneinander. In diesem Fall kann das Gewebe mittels der beiden in üblicher Weise vorgesehenen Zugwalzen über die Leitwalzen im Vor- und Rücklauf

Abb. 107.

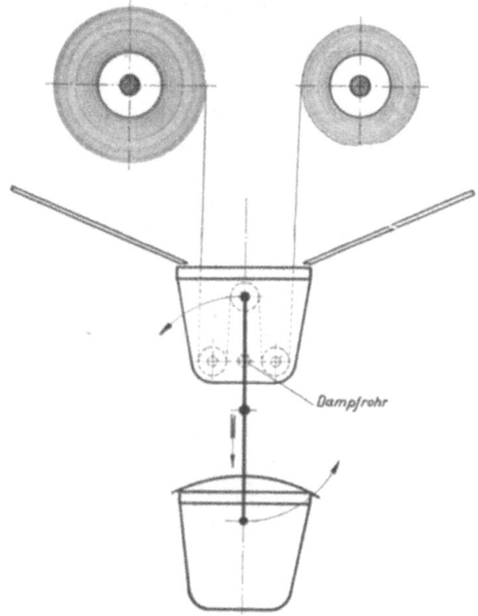

Abb. 107a.

Abb. 107 und 107a. Gewebe-Breitfärbemaschine mit schwenkbarem Trog; Julius Fischer, Nordhausen a. H.

hinwegbewegt werden, ohne daß es mit der Flotte in Berührung kommt, es wirkt also die Vorrichtung als Luftgang. Stehen dagegen die beiden Tröge übereinander, also so, wie es die Abbildungen erkennen lassen, so läuft das Gewebe beim Umwickeln durch die im oberen Trog befindliche Flüssigkeit, z. B. ein Entschlichtungs-, Spül- oder Kochbad, im unteren freien Trog wird indessen die Farbflotte vorbereitet. Kommen Küpenfarben zur Anwendung, so wird der Trog zugedeckt; vgl. Abbildung unten. Ist der Durchzug im Obertrog beendet und die Farbflotte fertig angesetzt, so wird der Trograhmen gesenkt, geschwenkt und wieder gehoben. Die Leitwalzen haben Aufnahme im gehobenen Trog gefunden, der Färbeprozeß kann durchgeführt und währenddessen der Untertrog entleert, mit einer neuen Flüssigkeit beschickt werden. Muß die Ware beim Aufwickeln abgepreßt werden, so werden die Zapfen der Steigdocke mit Anhängegewichten belastet. — Einen Jigger mit Porzellanwalzen, sich bei Änderung des Gewebelaufs selbttätig umstellender Ausbreitvorrichtung und einer elektrischen Heizvorrichtung zeigt Abb. 108.

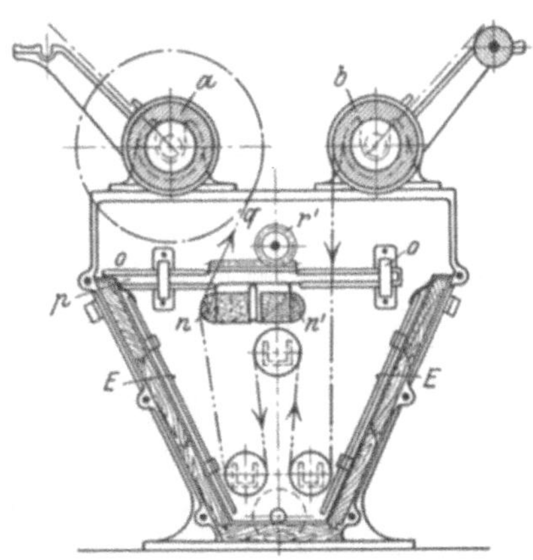

Abb. 108. Jigger mit Porzellanwalzen, sich selbsttätig umstellender Ausbreitvorrichtung und elektrischer Heizung (vorm. geb. von Gebauer-Wumag).

Den in üblicher Weise durch ein umschaltbares Wechselgetriebe in Vor- und Rückwärtsgang zu versetzenden beiden Wickelwalzen *a* und *b* entsprechen die beiden Ausbreitvorrichtungen *n* bzw. *n'*, die miteinander starr verbunden und parallel zu den Wickelwalzen in Führungen *o*, *o'* verschiebbar angeordnet sind. Ihre Führungsschlitten *p* sind mit einer Verzahnung *q* versehen, in die Stirnräder *r'* auf einer Querwelle eingreifen. Diese Stirnräder sind fest auf einer Welle angeordnet, die in den Seitenwänden des Troges gelagert, außen ein Kegelrad trägt, das mit einem Kegelrade auf der Umschaltwelle in Eingriff steht, die mittels Handrad drehbar ist. Hieraus ergibt sich, daß bei jeder Umschaltbewegung des Umschalthebels den Ausbreitvorrichtungen *n*, *n'* eine Verschiebungsbewegung derart erteilt wird, daß die eine Ausbreitvorrichtung aus ihrer Arbeitsstellung entfernt wird und die andere in ihre Arbeitsstellung gelangt. In der Zeichnung befindet sich z. B. die Ausbreitvorrichtung *n* in der Arbeitsstellung, d. h. an der auf die angetriebene, jetzt als Aufwickelwalze dienende Wickelwalze *a* auflaufenden Gewebebahn, während die Ausbreitvorrichtung *n'* von der von der Wickelwalze *b* ablaufenden Gewebebahn entfernt ist. Etwa entstandene Falten werden infolgedessen jeweils vor dem Auflaufen des Gewebes auf die Wickelwalze *a* ausgestrichen und entfernt, so daß die Gewebebahn vollkommen breit und faltenfrei aufläuft. Die Ausbreitvorrichtungen selbst können beliebiger und bekannter Art sein. Es können Ausbreitstäbe mit und ohne Riffelung, Ausbreitwalzen oder sonstwie dafür geeignete Vorrichtungen gewählt werden. Die Heizelemente *E* sind gruppenweise ein- und ausschaltbar innen an den Seitenwänden des Jiggers angeordnet. Ihre Ausbildung und Anordnung ist solcher Art, daß die Heizvorrichtung nicht nur in jeden vorhandenen Jigger eingehängt, sondern auch jederzeit, wenn sie nicht gebraucht wird, ohne weiteres entfernt werden kann. — Das Wesen des in Abb. 109 wiedergegebenen Jiggers besteht darin, daß die Umschaltung des Getriebes zwecks Änderung des Gewebelaufs selbsttätig erfolgt, der Färbeprozeß nach einer beliebig einstellbaren Anzahl von Passagen selbsttätig unterbrochen, die Ausbreitvorrichtung beim Wechsel der Stofflaufrichtung umgeschaltet wird und die beiden Bremsen wechselweise in Tätigkeit gesetzt werden. Im Oberteil des Gestells ist eine Nummerscheibe vorgesehen, auf der die Anzahl der gewünschten Passagen eingestellt wird und an der man jederzeit erkennen kann, wieviel Pas-

Abb. 109. Jigger; Benninger A. G., Uzwil (Schweiz).

sagen noch bis zum Stillstand des Jiggers zurückzulegen sind. Die Umschaltung der Walzendrehrichtung wird durch einen Schlagstab hervorgerufen, der in die Zugwalze eingelassen ist, beim Ablauf der letzten Gewebewindung aus der Zugwalze herausfällt und damit die Umschaltung herbeiführt. Ein ebenfalls in die Zugwalze eingelassener Stoffklemmstab sorgt dafür, daß das Gewebe nicht ganz ablaufen kann. Um die besonders beim Ausfärben empfindlicher Gewebe zur Geltung kommenden schädlichen Spannungen im Gewebe zu vermeiden, werden beide Zugwalzen durch ein Spezialgetriebe so in Drehung versetzt, daß alle Widerstände aufgehoben sind und die Warengeschwindigkeit im Trog annähernd konstant bleibt.

f) Färben von Wirkwaren. Bei dem Färben der Wirkwaren ist zu unterscheiden, ob es sich um fertige Gebrauchsgegenstände, insbesondere Strümpfe oder um Warenstücke, insbesondere Schlauchware, handelt, wie sie der Rundstuhl liefert. Strümpfe u. dgl. werden zum Zwecke des Ausfärbens in die ruhende Flotte gebracht und in dieser bewegt, oder es wird die Flotte im Kreislauf durch das ruhende Arbeitsgut getrieben. Im ersteren Falle kommen im Kleinbetrieb für die Aufnahme der Flotte Kufen mit gelochtem Doppelboden, bzw. Kessel aus Kupfer oder Eisen zur Verwendung, in denen die zu färbenden Gegenstände mittels Stöcken hantiert werden. Im Großbetrieb dient dagegen zur Bewegung der Strümpfe usw. in der Flotte eine Trommel mit gelochtem Mantel, die in einem allseitig geschlossenen, die Flotte enthaltenden, Gehäuse in Drehung versetzt wird und dadurch die Strümpfe nicht nur durch die Flotte führt, sondern sie in dieser auch einer Sturzbewegung unterzieht. Die nebenstehende Abb. 110 zeigt eine solche Trommel-Färbemaschine neuester Konstruktion. Die Trommel ist aus Monelmetall, einer Nickel-Kupfer-Naturlegierung, hergestellt, die allen beim Färben zur Verwendung gelangenden Säuren aufs beste widersteht und durch Zwischenwände in sechs, neun oder mehr Abteile geteilt ist. Jedes Abteil ist mit einer in einem säurebeständigen Rahmen gefaßten, dicht schließenden Tür versehen. Die aus säurebeständigem Metall hergestellten Trommelzapfen sind an die Stirnwände der Trommel angeschraubt, in den Stirnwandungen des die Trommel umschließenden Gehäuses durch Metallstopfbüchsen abgedichtet und laufen in Ringschmier- bzw. Kugellagern, die auf den Stirnwandungen des das Trommelumschlußgehäuse tragenden Gestells ruhen. Die Stirnwandungen des Trommelumschlußgehäuses sind aus Gußeisen und mit Monelmetall belegt, um eine Berührung der Flotte mit den gußeisernen Stirnwänden zu verhindern. Der Gehäusemantel selbst besteht aus reinem Monelmetall und ist mit einer gut schließenden Schiebetür versehen. Der Zwischenraum zwischen Trommelmantel und Gehäusemantel wird beim Einbringen des Arbeitsguts in die Trommel und beim Herausnehmen aus

Abb. 110. Trommel-Färbemaschine; W. Langner, Breslau.

dieser durch eine aus Monelmetall gefertigte, in Gelenken am Mantel des Trommelumschlußgehäuses drehbar gelagerte Klappe überbrückt, es ist infolgedessen ausgeschlossen, daß Arbeitsgut zwischen Trommel und Gehäuse gelangt. Das Trommelumschlußgehäuse ist mit Anschlüssen für Kalt- und Warmwasser versehen. Durch ein Farbzusatzgefäß kann dem in das Gehäuse eingelassenen Wasser die erforderliche Farbe zugeführt werden, außerdem gestattet dieses Gefäß aber auch die in dem Trommelumschlußgehäuse befindliche Flotte während des Arbeitsganges mit Farbstoff zu sättigen. Ein Klapphahn am Gehäuseboden ermöglicht das Ablassen der Flotte, des Spülwassers usw. Ein Riemenscheibenvorgelege regelt den Vor- und Rückwärtslauf der Trommel vollständig selbsttätig.

Beim Färben mit kreisender Flotte werden die Strümpfe, um Brüche zu vermeiden, paketweise möglichst glatt in den Materialbehälter eingelegt.

Das Färben von Warenstücken erfolgt im Bottich mit Umzughaspel oder im sogenannten Packapparat. Bei Verwendung eines solchen werden die Warenstücke in Rollenform fest eingeschichtet.

Schaumfärben.

Das Wesen der Schaumfärberei besteht darin, daß die Flotte in einem mit Heizschlange versehenen Flottenbehälter zum Kochen gebracht wird, bis sie schäumt und das in einem Lattenkasten verpackte Arbeitsgut durch Einsetzen in den Flottenbehälter in entsprechender Höhe über dessen Boden der Wirkung des Schaumes ausgesetzt wird. Die Schaumfärberei eignet sich für alle Textilien, wird jedoch besonders für Kreuzspulen zur Anwendung gebracht.

Mustergemäßes Färben.

Das mustergemäße Färben bildet gewissermaßen den Übergang zum Drucken. Es findet Anwendung für Faserbänder, Garne, Gewebe und Wirkwaren. Sein Wesen besteht darin, daß der Flotte die Möglichkeit genommen wird, auf alle Teile des Arbeitsgutes gleichmäßig einzuwirken. Dieses Arbeitsverfahren kommt zur Anwendung für Faserbänder, Garne und Gewebe, und zwar wird dabei von dem Einführen des Arbeitsguts in die Flotte und von dem Auftragen der Flotte auf die Oberfläche des Arbeitsguts Gebrauch gemacht. Sollen Faserbänder mustergemäß gefärbt werden, so werden sie in Zickzacklegungen zwischen Klemmleisten von rundem oder polygonalem Querschnitt oder auch Klemmleistenrahmen gebracht und mit diesen in die Flotte eingesenkt. Diese kann nur dort auf das Arbeitsgut wirken, wo es nicht eingeklemmt ist, wird jedoch von seinen zwischen den Klemmen liegenden Teilen dochtartig angesaugt, es entstehen infolgedessen keine scharf begrenzten, sondern schattenartig verlaufende Farbstreifen auf dem Arbeitsgut. Natürlich läßt sich nach der ersten Ausfärbung unter Umspannen des Arbeitsguts eine zweite und dritte anwenden.

Werden Garne in der gleichen Weise behandelt wie Faserbänder, so ergibt sich auch der gleiche Erfolg. Es lassen sich die Garne aber auch in Spulenform (Cop oder Kötzer) mustergemäß ausfärben. Hierzu sind eine große Zahl von Vorschlägen gemacht worden. Cops oder Kötzer werden so lange in die Farbflotte eingetaucht, bis sie infolge der Saugfähigkeit der Garne mehr oder weniger durchtränkt sind. Da dabei die Farbaufnahme in den äußeren Garnschichten des Garnkörpers eine stärkere als in den inneren ist und die Wickelung der genannten Garnkörper stets von außen zum Kern und wieder zurückführt, werden Garne erhalten, welche gewissermaßen abschattiert verlaufende Farbstreifen aufweisen. — Ein weiteres Verfahren besteht darin, daß man die Garnkörper parallel zur Achse auf halbem Durchmesser in eine Farbflotte, z. B. eine blaue und nach Drehung um ihre Längsachse mit der anderen

Hälfte in eine andere Farbflotte, z. B. eine rote, eintaucht. Man erhält so, ein weißes Garn vorausgesetzt, ein Produkt, das bei Anwendung der vorstehend genannten beiden Flotten zur Hälfte blauweiß, zur Hälfte rotweiß gefärbt ist. Bringt man die Garnkörper vor dem Eintauchen auf gelochte Spindeln, die mit einer Vakuumvorrichtung in Verbindung gebracht sind, so wird nach dem Eintauchen der Garnkörper in vorstehend angegebener Weise und Ansetzen der Saugwirkung die Flotte durch den Garnkörper von außen nach innen hindurchgesaugt und färbt ihn durchweg, eine bis zur Grundfarbe verlaufende an Intensität abnehmende Ausfärbung kommt also nicht zustande, wohl aber werden abgegrenzte wechselnde Farbstreifen auf jeder Windung erzielt. — Durch Abdecken der Garnwickel mit einem durchbrochenen Gummistreifen oder dgl. oder ein starkes Zusammenpressen des Garnkörpers an gewissen Stellen wird erreicht, daß die Flotte nur an den nicht abgedeckten Stellen an das Garn gelangt oder an den abgepreßten Stellen in geringerer Menge. — Endlich hat man auch vorgeschlagen, die Garnwickel in kapselartige Behälter einzuschließen, die Durchbrechungen aufweisen, und mit diesen in die Flotte einzusenken. Die Durchbrechungen bestimmen nach Zahl, Größe und Anordnung die Musterwirkung.

Das mustergemäße Färben von Geweben kann auf zweierlei Weise erfolgen. Entweder wird die Farbflotte nur mustergemäß auf die Gewebeoberfläche aufgebracht oder das Gewebe wird durch und durch ausgefärbt, nachdem zuvor einzelne Teile desselben dem Muster entsprechend durch eine den Zutritt der Flotte zum Gewebe verhindernde Reservage abgedeckt oder mit den Zutritt der Flotte erschwerenden Abschnürungen versehen worden sind.

Der sogenannte Spritzdruck und Batik sind aus den vorgekennzeichneten beiden Verfahren hervorgegangen und zu großer Bedeutung gelangt.

Beim Spritzdruck wird die Flotte mittels eines Zerstäubers auf das Gewebe aufgetragen und zwar entweder in völlig freier Verteilung oder nach dem Abdecken des Gewebes mit einer Schablone. Im letzten Falle entstehen begrenzte Muster. Das Färben mit dem Zerstäuber, für das heute vielfach die technologisch falsche Bezeichnung Spritzdruck zur Anwendung gebracht wird, ist keineswegs neu, nur die technischen Hilfsmittel haben die weitgehendste Ausbildung erfahren. Die Abbildungen 111 bis 115 zeigen einige Ausführungsbeispiele. Preßluftkessel, Zerstäuberdüse, deren auch mehrere, einzeln ausschaltbare, vorgesehen sein können, und Farbbecher, deren Zahl der Zahl der Düsen entspricht, sind auf einem handgriffartigen Träger untergebracht, in welchem sich zugleich auch die aus Abb. 111 ersichtliche, durch einen Handhebel zu beeinflussende Steuerung für die Nadel der Spritzdüse und das Ventil zur Regelung des Zutritts der Preßluft aus dem Preßluftkessel

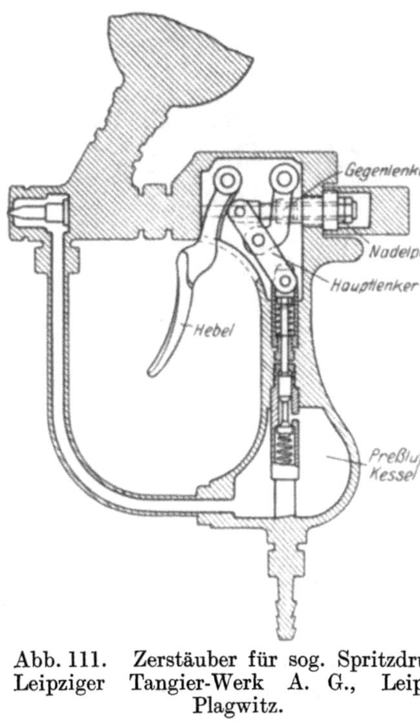

Abb. 111. Zerstäuber für sog. Spritzdruck; Leipziger Tangier-Werk A. G., Leipzig-Plagwitz.

zur Düse befindet. Je nach dem Textilgut, welches farbig gemustert werden soll, benutzt man mehr oder weniger lichtempfindliche oder waschechte Farben. Kommen dickflüssige Farben zur Anwendung, so empfehlen sich Zerstäuber, deren Farbbecher mit einer Heizvorrichtung versehen sind, Abb. 114 und 115. Mit solchen Zerstäubern kann auch die Batikfärberei zur Ausführung gebracht werden. Man spritzt zunächst flüssiges Wachs auf das durch Schablonen abgedeckte Gewebe und überspritzt dann die durch Wachs nicht abgedeckten Teile eventuell unter Verwendung weiterer Schablonen mit der Farbflotte.

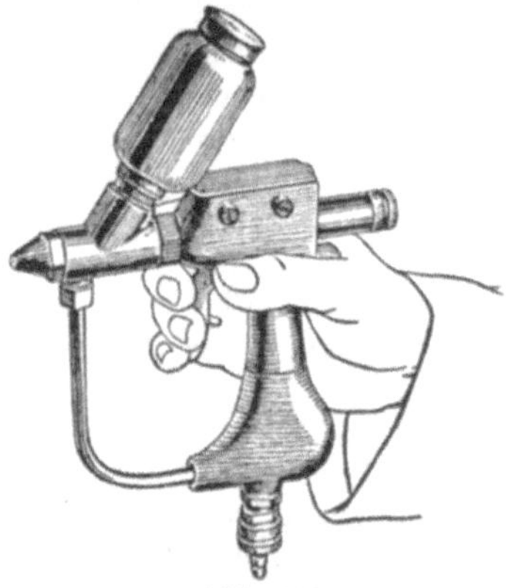

Abb. 112.

Abb. 113.

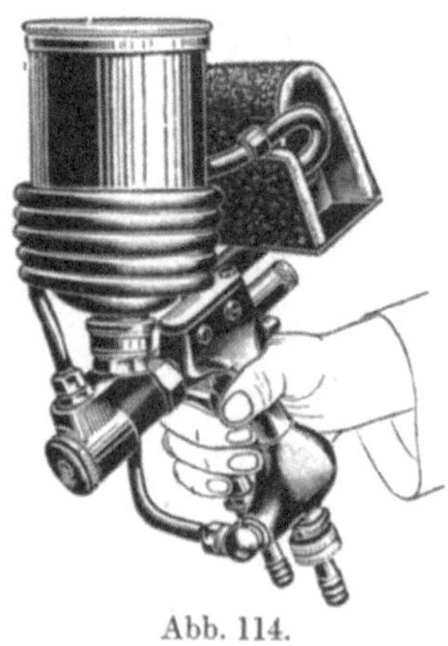

Abb. 114.

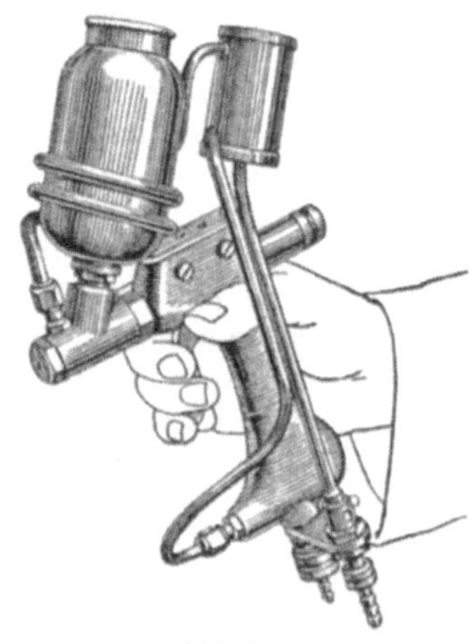

Abb. 115.

Zerstäuber für sog. Spritzdruck; Leipziger Tangier-Werk A. G., Leipzig-Plagwitz.

Das Wesen der normalen Batikfärberei, die ihre Heimat auf Java hat, besteht darin, daß gewisse Stellen des von Appret befreiten Gewebes mit geschmolzenem Wachs abgedeckt, dann das so vorbehandelte Gewebe in einem kalten bis lauwarmem Bad ausgefärbt und hierauf das Wachs durch Auskochen, ein geeignetes Lösungsmittel, z. B. Benzin, oder durch Bügeln wieder entfernt wird. Die Wachsabdeckung, welche, da sie beim Auftragen dünnflüssig ist, das Gewebe durchdringt, schützt dieses vor Farbaufnahme, es erscheinen infolgedessen alle vor dem Ausfärben abgedeckten Stellen des Gewebes nach dem Entfernen des Wachses in der Grundfarbe des Gewebes und ergeben infolgedessen das Muster, z. B. weiß in blauem Grund. Wachsabdeckung und Ausfärbung können mehrmals wiederholt und dadurch die verschiedensten Farbwirkungen erreicht werden. Wird die Wachsdeckschicht vor dem Ausfärben durch Raffen, Falten usw. gebrochen, so dringt die Farbflotte beim Ausfärben durch die hierdurch im Wachs gebildeten Risse zum Gewebe und es entsteht hierdurch eine farbige Aderung auf diesem. Ähnliche Wirkungen kommen zustande, wenn das Wachs mit einem Nadelstempel durchstochen wird. Zum Auftragen des flüssigen Wachses auf das Gewebe bedienen sich die Javaner des sogenannten Tjantings, eines das geschmolzene Wachs aufnehmenden, wallnußschalenartigen Kupferkessels mit Stiel und einem röhrenförmigen Auslauf, deren bisweilen auch mehrere vorhanden sind. Der Auslauf wird auf dem Gewebe entweder in völlig freier Linienführung oder nach einer Vorzeichnung entlang geführt, und dadurch wird das Wachs auf das Gewebe übertragen. Größere Flächen werden mit einem Pinsel mit Wachs bedeckt. An Stelle des javanischen Tjantings ist durch den verstorbenen Dr. Walther, Krefeld, der Glas-Tjanting zur Anwendung gebracht worden; Abb. 116. Die Schule Reimann in Berlin hat einen dem Füllfederhalter ähnlichen Stift zum Auftragen des Wachses eingeführt, bei welchem Wachsstangen in eine Metallkapsel des Handgriffs eingeführt und durch Anwärmen des Stiftes zum Schmelzen gebracht werden. Im Laufe der Jahre hat sich auch die Großindustrie der Batikfärberei bemächtigt. Tjanting und Zeichenstift sind ersetzt worden durch die im Handdruck bekannten Druckformen (Model) aus Holz oder Holzblöcke mit mustergemäß eingesetzten Messingstreifen sowie gleichartig ausgebildete Musterwalzen, Zerstäuber mit Schablonen, siehe vorstehende Seite, usw.

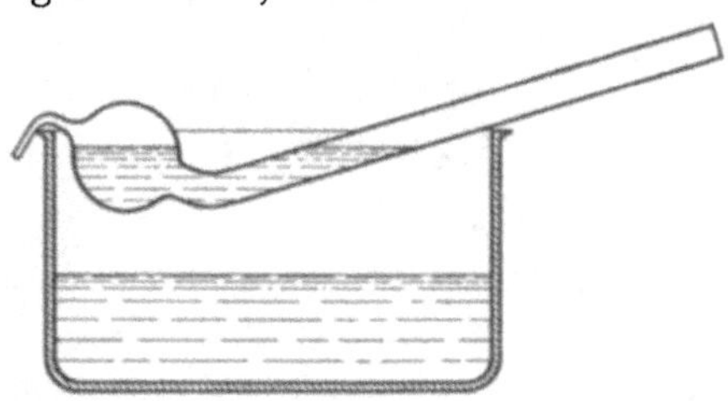

Abb. 116. Glas-Tjanting für Batikfärberei; nach Dr. Walther, Krefeld.

V. Imprägnieren.

Bei der Veredlung der Baumwolltextilien bietet das Imprägnieren wegen der Vielseitigkeit der zu lösenden Aufgaben (Steifmachen und Füllen, Weichmachen, Beschweren, Wasserdichtmachen, Gasdichtmachen, Unverbrennlichmachen usw.), der zahlreichen hierfür in Frage kommenden Arbeitsverfahren, sowie der zur Verfügung stehenden Appreturmittel und mechanischen Vorrichtungen vielfache Schwierigkeiten.

Garne werden in Form von Cops und Kreuzspulen, als Strahn und als Kette imprägniert.

Durch das Stärken (Schlichten) wird bezweckt, den Garnen die für ihre weitere Verarbeitung notwendige Versteifung und Geschmeidigkeit, sowie Gewichtszunahme und Glanz zu erteilen. Dabei sollen gleichzeitig diejenigen Färbungen, welche zum Abrusen oder Abreiben neigen, durch besondere Zusätze zur Schlichte in dieser Eigenschaft gebessert werden. Das Stärken (Schlichten) usw. der Garne als Cops oder als Kreuzspulen erfolgt im Packapparat mit kreisender Flüssigkeit. Das Stärken (Schlichten) der Garne in Strahnform wird ausgeführt auf der sogenannten einfachen Garnpassiermaschine, der Garnpassier- und Auswindemaschine und der Revolver-Schlichtmaschine. Garnketten werden laufend, wie bei der Vorbereitung für die Weberei, oder auf dem Baum geschlichtet, im letzteren Fall mit kreisender Schlichte wie die Cops und Kreuzspulen. Für alle anderen Imprägnierverfahren kommt gewöhnlich die Kufe zur Anwendung.

Abb. 117. Strähngarn-Imprägnier- und Auswindemaschine; Zittauer Maschinenfabrik A.-G., Zittau.

Das Wesen der einfachen Passiermaschine besteht darin, daß über dem Stärke- bzw. Schlichtetrog freitragend ein mit Kupfer überzogener Zylinder drehbar gelagert ist, gegen welchen eine Abquetschwalze zur Anwendung gebracht werden kann. Auf den Zylinder werden die zu behandelnden Garnsträhne aufgehängt und durch die Zylinderdrehung bei anliegender Abquetschwalze in der Stärke umgezogen und abgepreßt. Ist das Tränken des Garnes ausreichend durchgeführt, so wird es mittels einer von ihm umschlossenen Leitwalze aus der Stärke ausgehoben, gespannt und in gespanntem Zustand bei fortdauerndem Umlauf mittels der noch immer anliegenden Quetschwalze von dem Stärkeüberschuß befreit. —

Abb. 118. Revolver-Schlichtmaschine für Strähngarn; Textilmaschinenfabrik B. Cohnen G. m. b. H., Grevenbroich b. Köln.

Ein Ausführungsbeispiel einer Garnpassier- und Auswindemaschine zeigt Abb. 117. Sie ist als doppelseitige Maschine ausgebildet. Jede Seite ist über dem Stärketrog mit einem freitragend drehbar gelagerten, als Garnträger wirkenden geriffelten Zylinder, einer mit diesem periodisch zusammenwirkenden Abquetschwalze, einem Garntauchhebel und einem am freien Ende mit einer Leitrolle ausgestatteten drehbar und axial verschiebbaren Windehaken versehen. Die zu behandelnden Strähne werden über diesen und den geriffelten Zylinder gelegt, sobald der Haken sich dem Zylinder genähert hat. Ist dies geschehen, so legt sich die Quetschwalze gegen den genannten, in Drehung versetzten Zylinder und der Tauchhebel senkt den Garnstrahn mit seinem

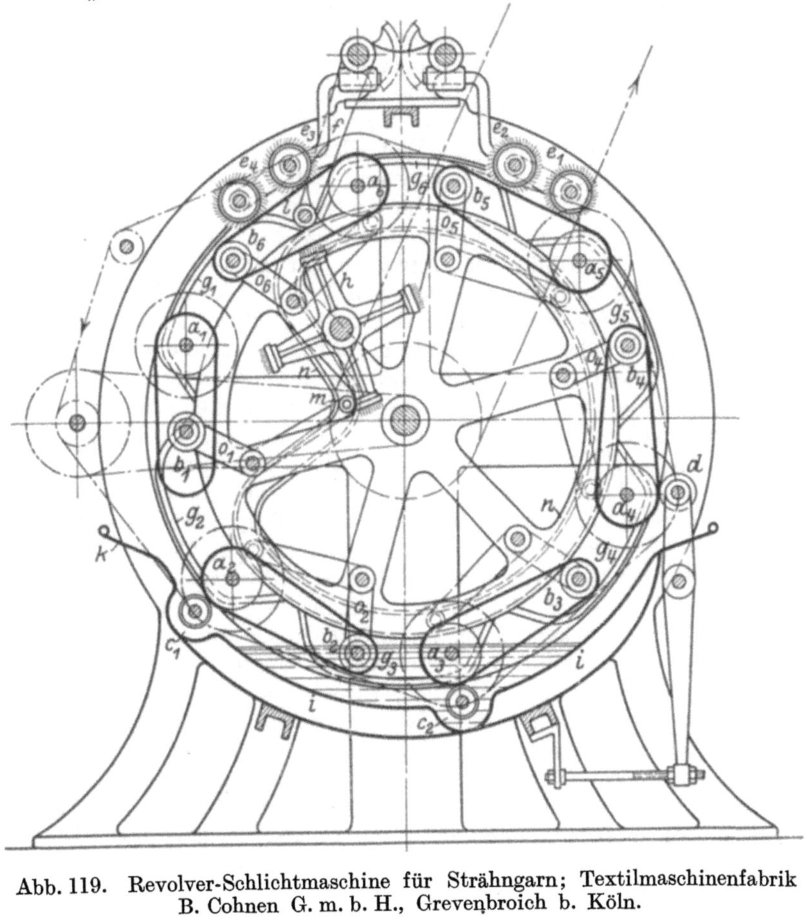

Abb. 119. Revolver-Schlichtmaschine für Strähngarn; Textilmaschinenfabrik B. Cohnen G. m. b. H., Grevenbroich b. Köln.

hängenden Unterteil in die Stärke. Ist die Durchstärkung beendet, so bleibt der Umzugszylinder stehen, die Quetschwalze entfernt sich von ihm und ebenso der Windehaken unter beginnender Drehung. Der Strahn wird gespannt und ausgewunden. Hierauf folgen Rückwärtsdrehen, also Wiederaufdrehen des Strahnes, Versetzen desselben durch kurzen Umzug und erneutes Zudrehen. In dieser Folge widerholen sich die Arbeitsvorgänge noch mehrmals, und dann kommt die Maschine selbständig zum Stillstand.

Die Abb. 118 und 119 lassen das Wesen einer Revolver-Schlichtmaschine erkennen. Sechs die zu schlichtenden Garnsträhne aufnehmende Walzenpaare sind im Kreise in einem, um eine wagrechte Achse drehbaren sternartigen Träger untergebracht. Die größeren Walzen a_1, a_2 . . . sind drehbar aber ortsfest in dem genannten Träger gelagert, die kleineren Walzen b_1, b_2 ... werden dagegen von zweiarmigen Hebeln o_1, o_2 ... getragen, deren freie Enden mit Laufrollen m in einer Kurvenbahn n liegen, durch die die Hebel o bei der Schaltung des sternartigen Walzenträgers so bewegt werden, daß sich die kleinen Walzen b den großen Walzen a nähern oder sich von ihnen entfernen. Befinden sich die Walzen a, b in der Stellung a_1, b_1, so ist ihr Abstand der kürzeste, die Garnsträhne können bequem auf sie aufgelegt werden. Gehen die Walzen a, b mit den Strähnen durch Schaltung des Walzenträgers aus der Stellung a_1, b_1 in die Stellung a_2, b_2 über, so kommt das auf der Achse der großen Walze a sitzende Kettenrad mit einer in der Pfeilrichtung umlaufenden Kette und die große Walze selbst mit einer Abquetschwalze c_1 in Eingriff, während gleichzeitig die kleine Walze b die Strähne spannt und in den Schlichtetrog k senkt. Die Folge davon ist, daß diese in der Schlichte unter beständigem Abquetschen und Eintreiben derselben umgezogen werden. In der dritten Stellung, a_3, b_3, wiederholt sich dieser Arbeitsvorgang, nur taucht jetzt die große Walze in den Schlichtetrog ein und in ihm erfolgt das Eintreiben der Schlichte durch die Quetschwalze c_2. Nehmen die Walzen die Stellung a_4, b_4 ein, so erfolgt das Abpressen der umlaufenden Strähne durch eine Paragummiwalze d in der ersichtlichen Weise. Die abfließende Schlichte wird im Trog k aufgefangen. In der Stellung a_5, b_5 senken sich Nadelwalzen e_1, e_2 mit Nadeln aus Nickeldraht auf die umlaufenden Strähne und lösen die Fäden, indem sie durch die Strähne in Umdrehung versetzt werden. In der Stellung a_6, b_6 wirken rotierende Bürsten in gleichartiger Weise auf die Garne ein, streichen die Schlichte ein und glätten die Fäden.

Bei den einfachen Garnpassiermaschinen sowie Garnpassier- und Auswindemaschinen fehlen die Bürsten, es müssen die auf ihnen behandelten Garnsträhne deshalb auf besonderen Bürstmaschinen einer Nachbehandlung unterzogen werden. Sie ist gewöhnlich als doppelseitige Maschine ausgebildet und besitzt auf jeder Seite einen heizbaren Kupferzylinder, welcher in Drehung versetzt wird und dadurch die auf ihn aufgehängten, mittels einer durch Gewichtshebel belasteten Walze in Spannung gehaltenen Garnsträhne in Umlauf versetzt. Die freien Garnläufe werden dabei von rotierenden Bürsten bearbeitet, deren je eine auf jeder Maschinenseite vorgesehen ist. Mittels je eines Fußtritts kann jede Spannwalze angehoben werden, sobald es erforderlich wird, die Spannung der Garne aufzuheben, die behandelten Strähne gegen nicht behandelte auszuwechseln.

Das Imprägnieren der Gewebe bezweckt den durch die Vorbereitung, das Auskochen und Bleichen entstandenen Gewichtsverlust an Material wieder auszugleichen, sie zu füllen, ihnen ein gutes Aussehen, Glanz und Glätte, sowie vollen und je nach Wunsch weichen oder harten, glatten oder rauhen Griff zu erteilen. In besonderen Fällen soll die Nachbehandlung dem Gewebe auch die Eigenschaft verleihen, gas-, wasserdicht und feuersicher zu sein. Porös wasserdichte Gewebe müssen die Eigenschaft haben, einerseits vom Wasser nur sehr langsam benetzt zu werden, dieses also am Ein- und Durchdringen möglichst verhindern, andererseits aber der Luft freien Durchgang gestatten, während voll wasserdichte Gewebe sowohl den Durchgang von Wasser als auch den der Luft ausschließen müssen. Diesen verschiedenen Anforderungen entsprechend sind auch die zur Anwendung kommenden Verfahren sowohl in bezug auf die zu verwendeten Appreturmittel als auch hinsichtlich der zu benutzenden mechanischen Mittel verschieden. Die zum Imprägnieren der Gewebe verwendenden Maschinen werden bezeichnet als: Stärkemaschine, Stärkekalander, Klotz- oder Paddingmaschine, Gummiermaschine, Leimmaschine, Streichstuhl, Grundiermaschine usw.

Die erstgenannten Maschinen sind im allgemeinen mit einer Spannvorrichtung für das einlaufende Gewebe, einem in der Höhe verstellbaren Trog aus Holz oder Kupfer für die Appreturmasse, einer oder mehreren Walzen zum Auftragen evtl. auch Eintreiben der Appreturmasse, einer oder mehreren Abstreichschienen (Rackeln) und einer Ablege- oder Aufwickelvorrichtung ausgestattet, sofern sich keine Trockenvorrichtung unmittelbar an die Stärkemaschine anschließt. Das Appreturmittel wird entweder einseitig oder auf beide Seiten des Gewebes aufgetragen.

Bei dem einseitigen Stärken führt man das Gewebe gewöhnlich über bzw. um eine Walze, die in der Stärke läuft, eine glatte Oberfläche besitzt oder mit einer Gravur versehen ist und sich in der Laufrichtung der Ware oder,

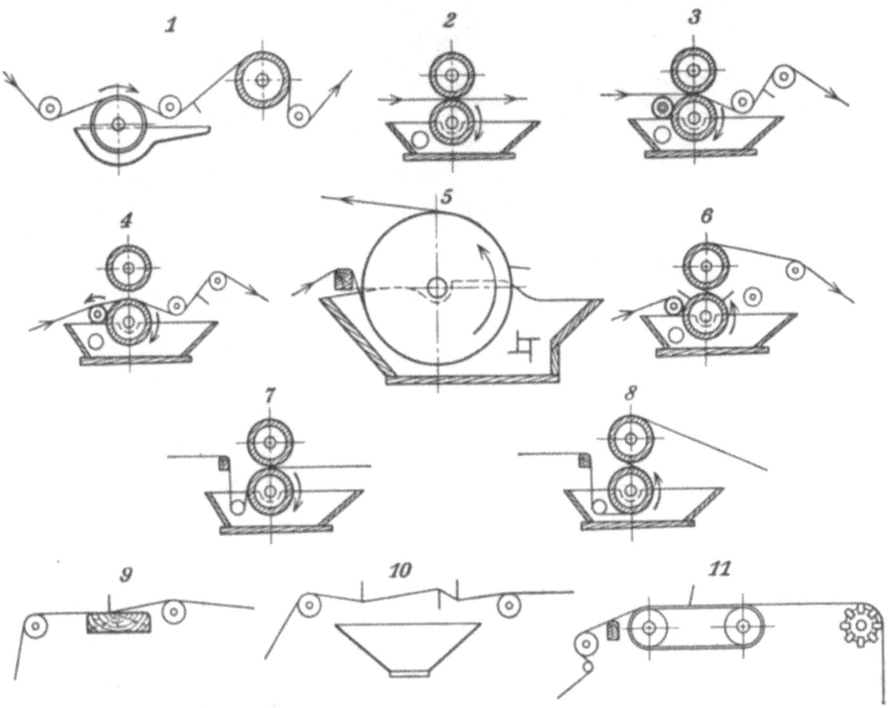

Abb. 120. Warenlaufschemas verschiedener Imprägniermaschinen; C. H. Weisbach, Chemnitz.

wenn Friktion gewünscht wird, entgegengesetzt zu dieser dreht. Vielfach ruht auf dieser Walze eine druckgebende Walze, auch ist zwischen diese und die in der Stärke laufende Walze bisweilen noch eine verteilend wirkende Übertragungswalze eingeschaltet. Rackeln streichen nach Bedarf die überschüssige Stärke von der im Stärketrog laufenden Walze und vom Gewebe ab.

Neben den vorgekennzeichneten Stärkemaschinen sind für das einseitige Auftragen der Stärke auch noch solche bekannt, bei denen das Gewebe unter einem Stärketrog mit geschlitztem Boden, diesen berührend, hinweggeführt wird und dabei die Stärke aufnimmt. Eine auf dem mit dem Stärkeüberzug versehenen Gewebe aufruhende Rackel streicht den Überschuß an Stärke ab und treibt diese gleichzeitig ein.

Bei zweiseitigem Stärken (Klotzen und Pflatschen) führt man die Ware zunächst durch die Stärkelösung und unmittelbar darauf in einer oder in zwei Passagen durch über dem Stärketrog angeordnete Quetschwalzen mit regelbarem Druck. Sie sind entweder Holz- oder Metallwalzen und diese entweder wieder solche ohne oder solche mit Kautschuküberzug bzw. einer geeigneten Bombage. Sie haben gleiche oder verschiedene Umfangsgeschwindigkeit, wenn ein Eintreiben des Appreturmittels durch Friktion erwünscht ist.

Abb. 121 und 122. Stück-Imprägnier- und Färbemaschine; Julius Fischer, Nordhausen a. H.

In der Abb. 120 sind unter *1* bis *6* Maschinen für die einseitige Auftragung des Appreturmittels, unter *7* bis *8* solche für zweiseitigen Auftrag desselben mittels einer im Trog laufenden Walze schematisch dargestellt, während unter *9* bis *11* Sonderausführungen von Imprägniermaschinen wiedergegeben sind.

Eine weitere Ausführungsform einer Imprägniermaschine für zweiseitigen Auftrag, die sich wesentlich von den vorgekennzeichneten unterscheidet, ist in den Abb. 121 u. 122 veranschaulicht. Sie arbeitet nach Art eines Jiggers, stellt eine weitere Ausbildung der in Abb. 107 veranschaulichten Maschine des gleichen Erfinders dar und soll ebenso wie diese auch zum Färben dienen. Die beiden Tröge hängen nicht mehr pendelnd an einem Schwenkrahmen, sondern sind unabhängig voneinander frei beweglich und oberhalb der Unterflottenleitwalzen ist ein Quetschwalzenpaar angeordnet, dessen eine Walze von Hebeln getragen wird, die unter Gewichtsbelastung stehen und deren Schwingachse so in Exzentern gelagert ist, daß durch Drehung dieser die fragliche Quetschwalze von der Gegenwalze abgehoben oder gegen diese angestellt

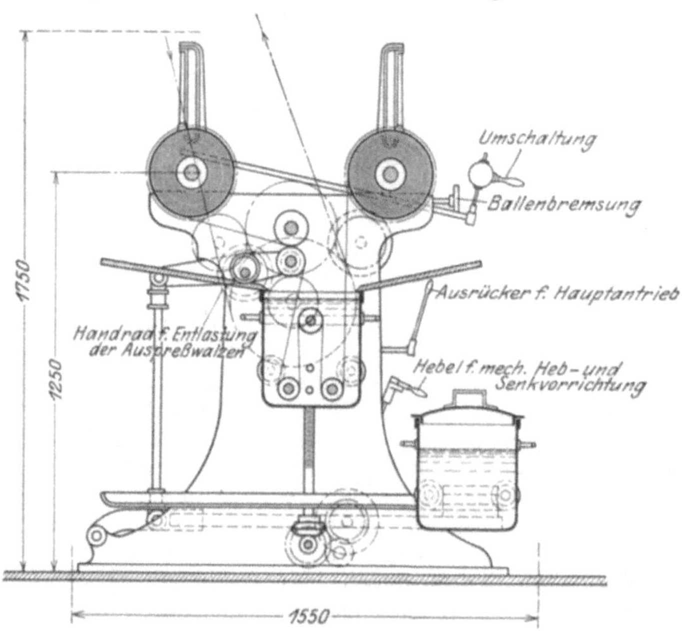

Abb. 122.

werden kann, wenn die Wirkung des Quetschwerks erwünscht ist. Die Überführung der beiden Tröge in die Arbeitsstellung erfolgt mechanisch durch ein Hebezeug und zwar wird jeweils immer nur ein Trog durch dieses Hebezeug gehoben, während der zweite Trog verschiebbar auf Laufschienen im Unterteil des Maschinengestells ruht. Ebenso wie die ältere ist auch die neue Maschine mit zwei Wickelwalzen ausgestattet. Sollen diese nicht als solche benutzt werden, so wird von der Steichdockenbildung Gebrauch gemacht, wozu die vorgesehenen Schlitzlager die Möglichkeit bieten. Jede der beiden Wickelwalzen kann in Rechts- oder Linksdrehung versetzt und beim Ablauf des Gewebes gebremst werden, ihr Antrieb erfolgt durch Friktion.

Abb. 123. Appret-Brechmaschine mit Spiralwalzen, ohne Faltenleger; C. H. Weisbach, Chemnitz.

Appret-Brechmaschinen. In fast jedem Ausrüstungsbetrieb werden Gewebe appretiert, die durch die Eigenart der angewendeten Appretur zu hart ausfallen. Diese Härte kann sich auf die Kett- oder die Schußfäden oder auch auf beide erstrecken und muß wieder beseitigt werden. Erreicht wird dies durch Brechen des Apprets mittels der sogenannten Appret-Brechmaschinen oder der Changier-Spannrahmen-Trockenmaschinen. Die ersteren arbeiten entweder mit Rillenwalzen, die mit Gummihosen überzogen sind, mit spiralförmig geschnittenen Walzen oder mit sogenannten Knopfwalzen. In den Abb. 123 und 125 sind zwei Ausführungsformen solcher Maschinen zur Darstellung gebracht. Die Maschine nach Abb. 123 ist mit einer Reihe von im Halbkreis angeordneten, spiralförmig geschnittenen, ein- bzw. beiderseitig durch gefräßte Räder angetriebenen Stahlwalzen versehen, über die das Gewebe in der aus Abb. 124 ersichtlichen Weise durch Umsteuerung des Antriebes in wechselnder Richtung geführt und dabei gebrochen wird. Zwecks Herbeiführung einer beliebig großen Warenspannung ist an jeder Gestellbreitseite der Maschine eine Bremsvorrichtung vorgesehen, eine gebogene mittels Handrad und Schnecke stellbare Warenführungsstange dient zum Regulieren des Warenlaufs und zum Ausstreichen etwa vorhandener Falten. Die Maschine arbeitet in der Regel mit einer Warengeschwindigkeit von 40 m pro Minute. — Bei der in Abb. 125 wiedergegebenen Maschine sind sogenannte Knopfwalzen zur Anwendung gebracht. Sie sind in zwei wagrechten Reihen versetzt übereinander angeordnet

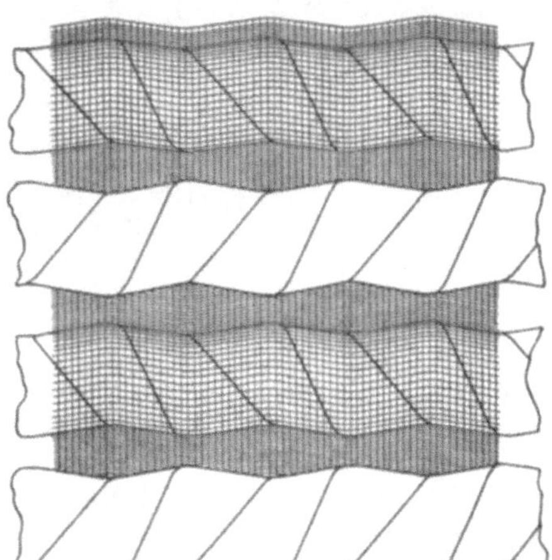

Abb. 124. Brechwalzen; C. H. Weisbach, Chemnitz.

und es können die Walzen der oberen Reihe durch Heben und Senken ihres gemeinsamen Trägers denjenigen der unteren Reihe genähert bzw. zwischen sie gesenkt werden.

Abb. 125. Appret-Brechmaschine mit Knopfwalzen; C. H. Weisbach, Chemnitz.

Die Changier-Spannrahmen-Trockenmaschinen bewirken ein Brechen der Appretur durch Diagonalverzug. Bei ihnen wird das Gewebe mit seinen beiden Sahlleisten in Kluppen eingespannt, welche von Gliedern zweier umlaufenden Ketten gebildet werden, die eine gleichmäßig fortschreitende Bewegung ausführen und dadurch das Gewebe fördern, gleichzeitig aber periodisch auch noch unter Änderung des Abstandes der beiden Kettenlaufbahnen eine Zusatzbewegung oder eine Verzögerung in der fortschreitenden Bewegung derart erhalten, daß die eine Sahlleiste des Gewebes der anderen zeitweise vorauseilt. Diese Maschinen werden gewöhnlich in zwei Ausführungsformen gebaut. Bei der einen laufen die beiden Kluppenketten in einer wagrechten Ebene um, siehe Abb. 126, bei der anderen in zwei parallelen senkrechten Ebenen. Im ersteren Fall tritt das Gewebe an einem Stirnende der Maschine in diese ein und verläßt sie am anderen Stirnende, im zweiten Falle führt das Gewebe in der Maschine einen Hin- und Rücklauf aus.

Abb. 126. Changier-Spannrahmen-Trockenmaschine; C. G. Haubold A.-G., Chemnitz.

VI. Trocknen.

Um die Zeit für die Durchführung des Trockenprozesses nach Möglichkeit abzukürzen und gleichzeitig auch die Kosten wesentlich herabzumindern, werden heute die Textilien vor dem eigentlichen Trocknen weitgehendst entnäßt. Erreicht wird dies durch Auswringen, Abquetschen, Abschleudern, Absaugen oder Abdrücken. Von all diesen Hilfsmitteln wird auch beim Trocknen der Baumwolltextilien Gebrauch gemacht.

a) Trocknen der losen Baumwolle. Der zu trocknende Rohstoff wird zunächst entnäßt, dann aufgelockert und hierauf dem eigentlichen Trockenprozeß unterzogen. Das Entnässen erfolgt durch Absaugen, Abdrücken, Abquetschen oder Abschleudern. — Für das Absaugen oder Abdrücken kommen Saug- und Preßluft zur Anwendung und zwar in unmittelbarem Anschluß an die Naßbehandlung, wie sie bei der sogenannten Apparatebleicherei und -Färberei durchgeführt wird, vgl. z. B. Abb. 82 und 83. — Das Abquetschen erfolgt auf dem Walzenquetschwerk, Abb. 127, dessen Wesen in zwei durch Spiralfederdruck aufeinander gepreßten eisernen Walzen besteht, deren obere, unter Wirkung der Druckfedern stehende, mit einem Weichgummibezug oder einer Seilumwicklung versehen ist, während die untere ortsfest gelagerte Walze eine solche Bombage gewöhnlich nicht besitzt. Das zu entnässende Fasergut wird den beiden Walzen durch ein endloses Lattentuch zu- und durch ein gleiches Tuch auch von ihnen abgeführt. — Für das Entnässen des Faserguts durch Abschleudern sind zwei Möglichkeiten gegeben. Es erfolgt entweder in dem Materialbehälter, in welchem die Naßbehandlung durchgeführt worden ist, oder es wird diesem entnommen und in den Schleuderkessel einer Zentrifuge überführt. Im ersteren Falle wird der als Zylinder mit gelochtem Mantel ausgebildete Materialbehälter nach der Naßbehandlung dem Behandlungsbottich entnommen und auf die Achse einer Zentrifuge aufgesetzt oder es dient diese der Naßbehandlung und dem Entnässen zugleich. Beispiele für das erstgekennzeichnete Arbeitsverfahren liefern die als Obermaier bekannten und aus ihnen hervorgegangenen Vorrichtungen, Abb. 63 und 64, Beispiele für das zweitgekennzeichnete Arbeitsverfahren geben die Färbevorrichtungen nach Abb. 66 und 70.

Abb. 127. Walzenquetsche; Zittauer Maschinenfabrik A.-G., Zittau.

Die Zentrifugen als solche haben eine außerordentlich vielseitige Ausbildung erfahren. Sie bestehen in normaler Ausführung aus einem gelochten, oben offenen zylindrischen Schleuderkessel, der auf einer stehenden Achse sitzt und durch diese in einem den Kessel einschließenden, am Boden mit einem Auslaß versehenen Mantel in Drehung versetzt wird. Geschieht dies, so entweicht die dem Arbeitsgut anhaftende Flüssigkeit durch die Lochungen der Kesselwand, wird in dem ihn einschließenden Mantel aufgefangen und durch ihn abgeleitet. Die Kesselachse besitzt Unter- oder Oberantrieb, der erstere ist der üblichere, weil er die Beschickung des Kessels sowie seine Entleerung in keiner Weise behindert. Die motorische Kraft wird der Kesselachse entweder durch Vermittlung eines gesondert von der Zentrifuge angeordnetes, ein an dem den Zentrifugenmantel tragenden Ständer sitzendes oder ein am Zentrifugenmantel selbst befestiges Vorgelage oder auch unmittelbar vom Motor zugeleitet. Dieser ist im letzteren Falle gewöhnlich ein Elektromotor; er treibt durch einen Riemen auf die Kesselachse, sitzt auf ihr oder ist mit ihr gekuppelt. Trotz der großen Einfachheit, welche die Zentrifugen hinsichtlich ihrer baulichen Durchbildung aufweisen, bringen sie doch vielfache Unfälle mit sich, die im wesentlichen durch das Hineinfassen der bedienenden Person in den umlaufenden Kessel entstehen. Man hat deshalb die Zentrifugen mit Verschlußdeckeln und diesen wieder mit Sicherungen ausgestattet, welche ein frühzeitiges Öffnen des Deckels verhindern. Die untenstehende Abb. 128 zeigt eine Zentrifuge mit Unterantrieb durch ein am Mantel befestiges Vorgelege, Verschlußdeckel und Sicherungsvorrichtung für diesen. Die letztere besteht aus einem am Zentrifugenmantel befestigten, vollkommen abgeschlossenen Gehäuse, in dem sich die Sicherungsteile befinden. Ihre Verstellung erfolgt durch Preßluft, welche von einem auf der Kesselachse sitzenden Propeller erzeugt und durch den ersichtlichen Schlauch auf die Sicherungsteile geleitet wird. Aus dieser Einrichtung ergibt sich, daß der Deckel erst dann geöffnet werden kann, wenn der Kessel nur noch mit geringer Tourenzahl läuft; denn ist dies der Fall, so läßt auch die Wirkung des Propellers und damit die Wirkung der Preßluft auf die Sicherungsvorrichtung nach, der Deckel wird entriegelt und kann geöffnet werden.

Abb. 128. Zentrifuge mit Unterantrieb durch ein am Zentrifugenmantel befestigtes Vorgelege und Sicherheitsdeckelverschluß; C. G. Haubold A.-G., Chemnitz.

Das durch Absaugen oder Abdrücken, Abquetschen oder Abschleudern entnäßte Fasergut ist durch das für Entnässen in Anwendung gebrachte Mittel außerordentlich verdichtet und bietet in dieser zusammengeballten Form dem Eindringen der Trockenluft großen Widerstand. Um diesen Übelstand zu beheben, wird das Fasergut vor seinem Übergang in die Trockenvorrichtung zunächst aufgelockert, gezupft. Diesem Zweck dienen sogenannte Zupfvorrichtungen oder Öffner. Sie kommen entweder als solche zur Anwendung oder sind der Trockenvorrichtung vorgebaut und bestehen im wesentlichen aus einem von einem endlosen Lattentuch gespeisten, gezahnten Zuführwalzenpaar, welchem eine Nasen- oder Schlägertrommel folgt, die das aus den Zuführwalzen austretende Fasergut abschlägt, abzupft und aufgelockert auswirft, wie dies die Abb. 129 und 129a ohne weiteres erkennen lassen.

Das Trocknen des aufgelockerten Faserguts erfolgt in Trockenkammern, in sogenannten Bandtrocknern oder in Hordentrocknern.

In der Trockenkammer ruht das Fasergut auf einem durchlochten Boden, unter dem sich Heizkörper befinden und über dem ein Exhaustor Frischluft durch die Heizkörper und die so angewärmte Luft durch das Fasergut saugt und abführt. Sie finden heute nur noch in kleinen Betrieben Anwendung und sind im Großbetrieb ersetzt durch die Band- und Hordentrockner, welche die vielseitigste Ausbildung erfahren haben.

Bei den Bandtrocknern wird das Fasergut mittels endloser, in Abständen parallel übereinander und versetzt zueinander angeordnete Förderbänder durch die Trockenkammer geleitet, welche am Boden mit Heizkörpern und im Oberteil mit Exhaustoren ausgestattet ist. Sie bewegen die an den Heizkörpern angewärmte Frischluft von unten nach oben durch die Trockenkammer. Das zu trocknende Fasergut wird dagegen dem obersten Förderband, wie Abb. 130 erkennen läßt, durch einen sogenannten Selbstaufleger zugeführt, welcher einerseits wieder durch eine

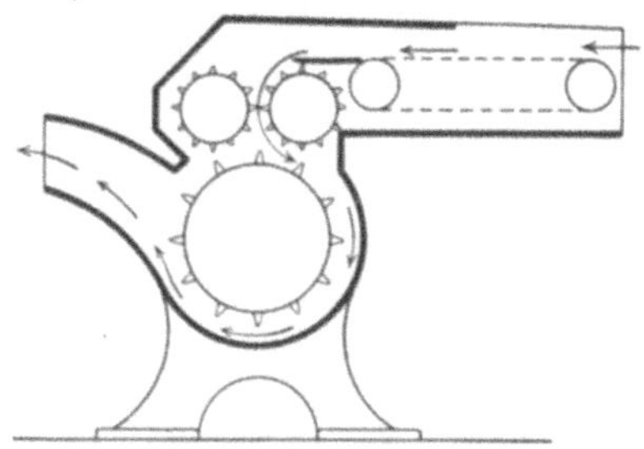

Abb. 129 a.

Abb. 129 u. 129a. Zupfmaschine; Zittauer Maschinenfabrik A.-G., Zittau.

Zupfvorrichtung gespeist werden kann; siehe Abbildung. Auf dem obersten Faserband wandert das Fasergut von rechts nach links, fällt dann auf das nächstfolgende, tieferliegende Förderband und wird dabei gewendet. Mit ihm geht es von links nach rechts und kommt dann wieder unter Wenden auf das dritte

Abb. 130. Bandtrockner; F. Bernhardt, Leisnig i. Sa.

Förderband, durch das es wieder von rechts nach links gebracht wird usw. Das unterste Förderband übergibt das Fasergut einem Auswurfförderband. Der ganze Trockenvorgang spielt sich also nach dem Gegenstromprinzip ab. —

Bei den Hordentrocknern wird das Arbeitsgut in flachen Kästen mit Siebboden dem Trockenluftstrom ausgesetzt. Diese Kästen oder Horden werden außerhalb der Trockenkammer gefüllt und dann in diese eingeführt. In der

Trockenkammer wandern sie in lotrechter oder wagrechter Richtung, während gleichzeitig die Trockenluft nach dem Gegenstromprinzip mit ihrem Inhalt in Berührung gebracht wird. Vertreter der erstgekennzeichneten, als Schachttrockner bekannten Trockenvorrichtungen sind der Simplex- und Triotrockner, Vertreter der letztgekennzeichneten Art die große Zahl der Kammer- und Kanaltrockner. —

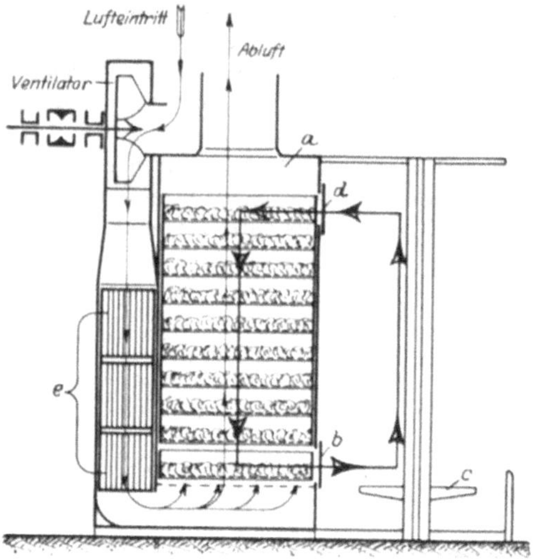

Abb. 131. Hordentrockner (Simplextrockner); Benno Schilde, Hersfeld.

Bei dem mit Abdampf gespeisten Simplextrockner, Abb. 131, wandern die in entsprechender Anzahl aufeinander gestapelten Horden in dem Trockenschacht *a* gemeinsam abwärts. Immer die unterste Horde verläßt zu gegebener Zeit den Trokkenschacht durch die Tür *b*, tritt auf den Fahrstuhl *c*, der sie nach ihrer Ent- und Neubeladung mit Trockengut so weit in die Höhe fördert, daß sie durch Tür *d* wieder in den Trockenschacht *a* einfahren kann. Die Horden beschreiben also den durch die kräftig gezeichnete Pfeillinie markierten Kreislauf. Der Ventilator fördert die Trockenluft nach der schwach ausgezogenen Pfeillinie. Entsprechend dieser Markierung durchstreicht der Trockenluftstrom zuerst die hinter dem Schacht *a* angeordnete Heizfläche *e*, tritt dann unten in den Schacht *a* ein, durchdringt die in diesem befindlichen Horden bzw. Materialschichten und nimmt schließlich seinen Weg durch ein Abzugsrohr ins Freie. Auf diesem Wege durch den Trockenschacht nimmt der Luftstrom, unter gleichzeitiger Abkühlung bis zu einem gewissen Grade, Feuchtigkeit auf, während umgekehrt das Trockengut sich allmählich erwärmt und Feuchtigkeit abgibt. Mit fortschreitender Trocknung kommt das Material in immer trocknere und wärmere Luft, bis es schließlich in der untersten Horde von der wärmsten und noch ganz trockenen Luft fertig getrocknet wird. Ein einziger Handgriff, nämlich ein einmaliges Ziehen an einem Hebel genügt, um den Vollzug eines Hordenwechsels, also das Ausfahren einer Horde, das Hochheben derselben vor dem Schacht, den Niedergang der Horden im Schacht und das Einfahren einer Horde in den Schacht zu bewirken. —

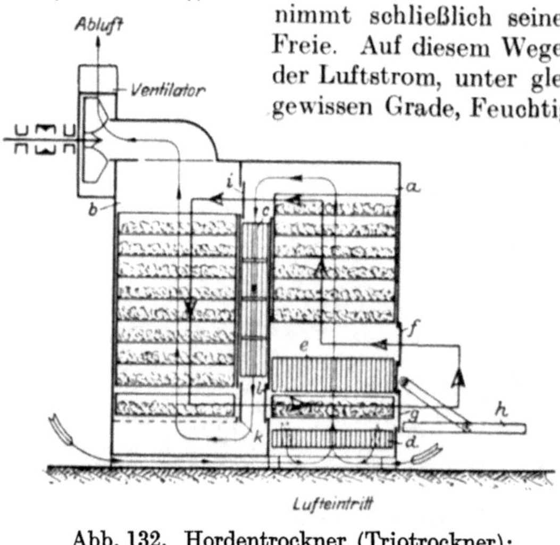

Abb. 132. Hordentrockner (Triotrockner); Benno Schilde, Hersfeld.

Überall da, wo Abdampf zur Erwärmung der Luft nicht zur Verfügung steht und infolgedessen an die Verwendung direkten Dampfes herangetreten werden muß, kommt an Stelle des Simplex-Trockners der Triotrockner, Abb. 132, zur Anwendung. Durch die nebeneinander angeordneten Trockenschächte *a* und *b* wandern die Horden teils in vertikaler, teils in horizontaler Richtung, wie durch die kräftig gezeichnete Pfeillinie markiert ist. Sie fahren durch Tür *g* aus dem Schachte *a* heraus auf die Hubvorrichtung *h* und werden auf dieser ent- und von neuem beladen, um von hier aus ihren Weg durch die Trockenschächte wie folgt anzutreten: Die gefüllten Horden werden von der Hubvorrichtung *h* bis vor die Tür *f* bewegt und durch diese in den Schacht *a* eingeschoben. In ihm steigen sie aufwärts und oben wechseln sie durch Tür *i* den Trockenschacht. In Schacht *b* wandern nun die Horden abwärts und unten angelangt werden sie durch die Türen *k* und *l* wieder von Schacht *b* nach Schacht *a* hinübergeführt und von hier aus nehmen sie ihren Weg wieder auf die Hubvorrichtung *h* und so fort. Die horizontalen Bewegungen der Horden erfolgen immer der Reihe nach, während die vertikalen Bewegungen, mit Ausnahme derjenigen durch die Hubvorrichtung *h* jeweils von einer entsprechenden Anzahl aufeinanderstehender Horden gemeinschaftlich ausgeführt werden. Alle diese Bewegungen und auch das Öffnen und Schließen der Türen *g*, *i*, *k* und *l* erfolgen selbsttätig. Der Ventilator wird mit seiner Saugöffnung an dem an der Decke des Trockenschachtes *b* befindlichen Stutzen angeschlossen und fördert die Trockenluft nach der schwach gezeichneten Pfeillinie durch die Trockenkammer. Wie letztere zeigt, tritt der Trockenluftstrom von unten bei dem Schacht *a* in die Maschine ein, bestreicht hier zunächst eine kleine Heizfläche *d*, dann eine Materialschicht, hierauf eine große Heizfläche *e*, nunmehr mehrere Materialschichten, hiernach eine dritte Heizfläche *c* und endlich die Materialschichten im Trockenschacht *b*. Diese Luftführung erlaubt, die Trocknung teilweise mit sehr hoher Temperatur vorzunehmen, ohne daß das Gut irgendwie Gefahr läuft, beschädigt zu werden. Die Temperatur ist am höchsten in der Mitte des Trockenschachtes *a*, gleich hinter Tür *f*. Hier ist der Luftstrom durch eine kleinere und eine größere Heizfläche, also durch eine sehr große Gesamtheizfläche sehr stark erwärmt und außerdem hat er noch dem Material in der zwischen den beiden Schächten befindlichen Horde Wärme entzogen. Auf diese Weise auf sehr hohe Temperatur gebracht, durchdringt er nun das eben eingebrachte, noch ganz nasse und kalte Trockengut.

Der in Abb. 133 im Schnitt gezeichnete Kammertrockner besteht, wie schon der Name sagt, aus mehreren in ein eisernes mit Kieselgur verkleidetes Rahmengestell eingebauten Kammern, deren Zahl sich nach der gewollten Leistung richtet, deren Ausstattung dem Trokkengut — Rohstoff, Kardenband, Strähngarn, Cops, Kreuzspulen — angepaßt ist und denen demgemäß das Trockengut in kastenartigen Horden, Garntrag- oder Garnspannrahmen usw. zugeführt wird. Für die Beschickung ist vor der Trockenvorrichtung ein Gleis angeordnet, auf welchem ein Wagen entlang bewegt werden kann. Neben bzw. zwischen den Trockenkammern liegen die mit Rippenrohrbatterien versehenen Heizkammern, deren jede auf der Kammervorderseite mit einer Frischluft-

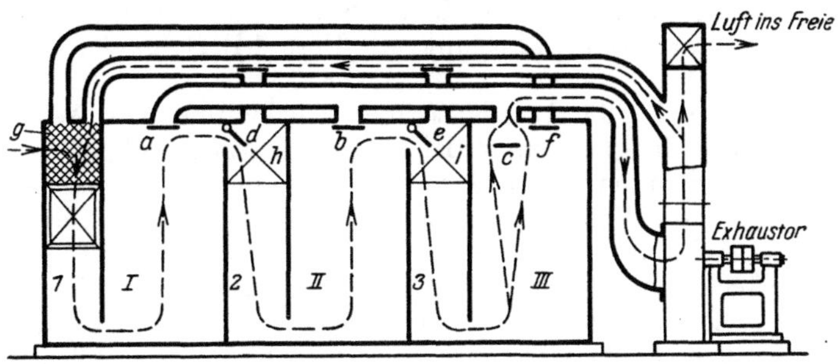

Abb. 133. Kammertrockner; (vorm. geb. von Gebauer).

klappe (g, h, i) versehen und an eine allen gemeinsame Rohrleitung angeschlossen ist, die mit der von einem Exhaustor ausgehenden ins Freie führenden Luftabteilung in Verbindung steht. Ebenso wie alle Heizkammern sind auch alle Trockenkammern durch abschließbare Stutzen an ein gemeinsames Rohr angeschlossen, welches zur Saugstelle des Exhaustors führt. Aus dieser Einrichtung und der aus der Abbildung ersichtlichen sonstigen Einrichtung der Trockenvorrichtung ergibt sich der folgende Arbeitsgang. Angenommen, die Trockenkammern seien der Reihe nach so mit dem Trockengut beschickt, daß sich in Kammer *I* das trockenste, in Kammer *II* das halbfeuchte und in Kammer III das ganz feuchte Material befindet, so werden die Frischluftklappe g und die Klappen d, e, c geöffnet. Die Luft tritt infolge der Wirkung des Exhaustors bei g in die erste Heizkammer *I* ein und wird in der Richtung der Pfeile abwechselnd durch die Kammern *I*, *2*, *II*, *3*, *III* gesaugt und schließlich ins Freie geführt. Das trockenste Material in Kammer *I* wird also von der frischesten, nur einmal vorgewärmten Luft durchdrungen, während das in Kammer *III* befindliche feuchteste Material von der nachgehitzten Luft vorgetrocknet wird. Ist das Material in Kammer *I* getrocknet, so wird diese Kammer entleert und mit frischem (nassen) Trockengut beschickt. Es ist nunmehr in Kammer *II* das trockenste und in Kammer *I* das feuchteste Material enthalten. Ersterer muß also die frischeste und der Kammer *I* die bereits nachgeheizte Luft zugeführt werden. Um dies zu erreichen, ist Klappe g zu schließen und h zu öffnen. Die Luft tritt bei h in die Heizkammer *2*, durchströmt diese und die Kammern *II*, *3*, *III*, wird dann durch Klappe f und Zwischenrohr nach Kammer *I* zurückgeführt und durch diese, die Kammer *I* und Klappe a hindurch vom Exhaustor abgesaugt. Nach Trocknung des Gutes in Kammer *II* wird nun diese entleert und wieder beschickt. Man schließt die Frischluftklappe h und öffnet i. Durch die Klappe i wird die Luft zugeführt und durch die Kammern *3*, *III*, durch die Klappe f und Zwischenrohr nach Heizkammer *1* und die Kammern *I*, *2*, *II* hindurchgesaugt und durch Klappe b vom Exhaustor entfernt. Die sogenannte Abluft ist noch nicht voll geschwängert und daher in gewissem Umfang erneut nutzbar zu machen. Man führt zu diesem Zweck einen Teil jener Luft durch einen Kanal derjenigen Heizkammer zu, die gerade Frischluft ansaugt. Hier vermischt sich die Frischluft mit der bereits angewärmten Luft. Die nunmehr gemischte Luft passiert die bereits oben erwähnte Heizkammer, wird hierin nachgeheizt und kommt als ganz trockene Frischluft in die nächstfolgende Trockenkammer.

Abb. 134 gibt Aufschluß über Einrichtung und Wirkung eines Kammertrockners, bei dem zwar das bewährte stufenmäßige Trocknen mit Hilfe abwechselnd aufeinanderfolgender Heiz- und Trockenabteilungen beibehalten, aber auf die Verwendung nur eines Saugexhaustors verzichtet und dafür über jeder Heizabteilung ein Windrad angeordnet ist, welches die Luft aus der Trockenkammer abzieht und in die Heizabteilung hineinbefördert. Hierdurch soll nach Angaben der Erbauerin der Kraftverbrauch der Trockenvorrichtung wesentlich herabgesetzt werden. Angegeben werden 60% Kraftersparnis. Neben fortschreitender Luftbewegung findet gleichzeitig kreisende Luftbewegung durch alle Heiz- und Trockenkammern statt, es wird somit eine vielmalige Passage (fortlaufende Kreisung) der Trockenluft durch jede Trockenkammer erzielt. Der Trockner besteht aus mehreren Trockenkammern, A, B, C, und den zugehörigen Heizabteilungen a, b, c. Die Turbowindräder (W_1, W_2, W_3) über den Heizabteilungen sind auf einer durchgehenden gemeinschaftlichen Welle angeordnet. Jedes Turbowindrad saugt die Luft aus der Trockenkammer an, fördert sie in die zugehörige Heizabteilung und durch eine Verbindungsöffnung am unteren Ende wieder in die Trockenkammer. Eins der Windräder und zwar stets dasjenige an der mit dem nassesten Material beschickten Trockenkammer, befördert einen Teil der angesaugten Luftmenge durch eine verschließbare Öffnung ins Freie. Jede Heizabteilung hat eine derartige Öffnung, die jedoch nur bei der nassesten Trockenkammer geöffnet ist. Desgleichen hat jede Trockenkammer in der Decke eine Öffnung für den Eintritt der Frischluft, die jeweils an der Kammer mit dem trockensten Material geöffnet wird. Es entsteht eine doppelte Luftbewegung, und zwar einmal eine kreisende Luftbewegung aus jeder Trockenkammer durch das Turbowindrad in die zugehörige Heizabteilung und zurück in die Trockenkammer, sowie eine fortschreitende Luftbewegung durch die Eintrittsöffnung an der trockensten Kammer (bei *2*, *3* oder *1*), alle Heiz- und Trockenabteilungen durchziehend, bis zur nassesten Kammer, wo sie (durch die Windräder W_1, W_2, W_3) austritt. Die Widerstände in den einzelnen Trockenkammern und Heizabteilungen sind gering und summieren sich nicht. Unterdruck in der Trockenkammer und Überdruck in der Heizabteilung können demzufolge sehr gering gehalten werden. Mit dem Schließen der Trockenkammertüre der jeweils frisch gefüllten Kammer erfolgt auch die selbsttätige Umschaltung der genau ausbalancierten Ventile durch ein Hebelwerk. Die Bedienung des Trockners wird hierdurch vereinfacht und erleichtert.

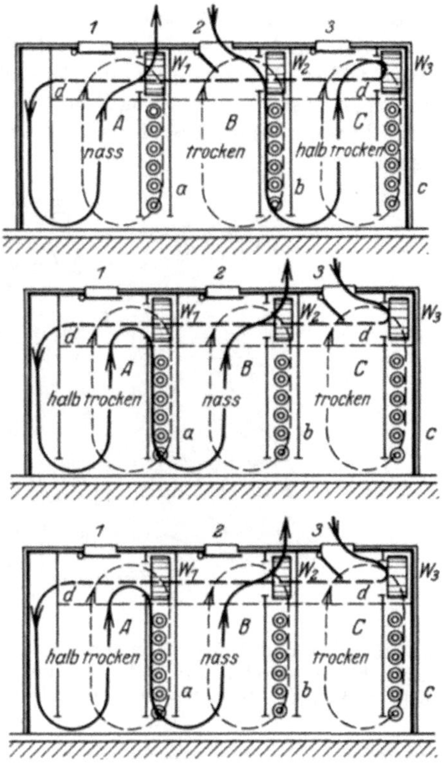

Abb. 134. Kammertrockner; Friedrich Haas, Lennep i. Rhld.

In den Abb. 135 ist ein Kanaltrockner veranschaulicht, durch dessen gut isolierten Trockenkanal das Trockengut, auf Wagen ruhend, hindurchbewegt wird. Auf der durch eine Schiebetür verschließbaren Kanaleingangsseite, linke Seite der Abbildung, findet die Absaugung des Wasserdampfes statt, während die Frischluft durch das andere offen bleibende Ende des Kanals eintritt. Zu beiden Seiten des Trockenkanals befinden sich Heizkammern, über denen je ein Ventilator angeordnet ist, der die Luft an der Decke des Kanals absaugt und durch die Heizkammer wieder unten in den Trockenkanal hineinbläst, wie dies Abb. 135b erkennen läßt. Auf diese Weise findet eine außerordentlich wirksame Luftbewegung in senkrechter Richtung durch das Trockengut statt, die vollständig unabhängig ist von der durch das Absaugen in wagrechter Richtung hervorgerufenen Luftbewegung (Abb. 135a und 135b); die Luft durchzieht gewissermaßen in zwei Spiralen den Trockenkanal. Wie aus der Abb. 135 ersichtlich ist, enthält die an der Eintrittsseite des Trockenkanals liegende Abteilung desselben in ihren Heizkammern die größte Anzahl

Heizkörper, ihre Zahl nimmt stufenweise in den übrigen Abteilungen ab, sodaß auch die Temperatur im Trockenkanal nach der offenbleibenden Ausgangsseite zu entsprechend abnimmt. Das naß eingeführte Trockengut wird demgemäß in der ersten Abteilung des Trockenkanals der heißesten Temperatur und in den nächsen Abteilungen allmählich abnehmenden Temperaturen ausgesetzt, während schließlich in der letzten Abteilung, die keine seitlichen Heizkörper besitzt, eine Abkühlung des Trockenguts stattfindet, und dabei die im Fasergut enthaltene Wärme an die hier eintretende Frischluft abgegeben wird.

Abb. 135, 135a und 135b. Kanaltrockner mit abgedeckten Heizkammern, die Abstufung der Heizkörper darstellend: a Längsschnitt, die Bewegung der Absaugeluft darstellend; b Querschnitt, die Bewegung der Zirkulationsluft darstellend; Zittauer Maschinenfabrik A.-G., Zittau.

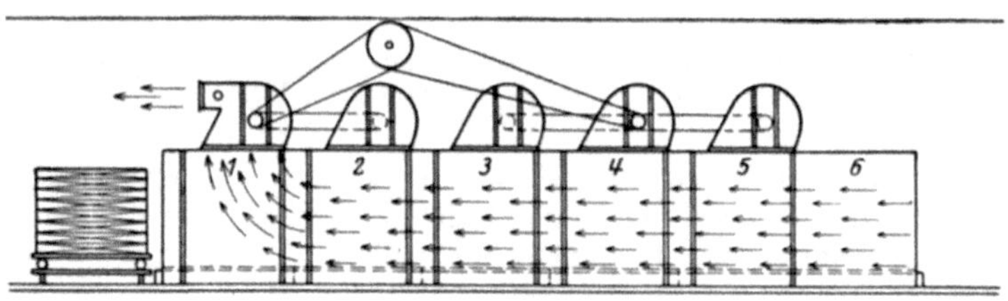

Abb. 135a.

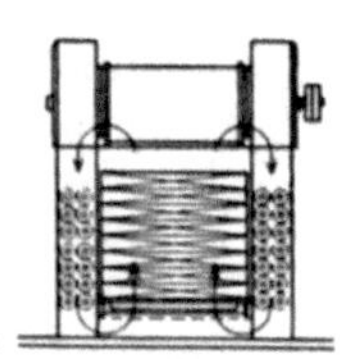

Abb. 135b.

b) Trocknen der Krempel- oder Kardenbänder. Das Bleichen und Färben der Krempel- oder Kardenbänder erfolgt in der Weise, daß die Flotte durch die sich in laufender Bewegung befindenden Faserbänder oder durch aus ihnen gebildete, sich in Ruhezustand befindende Spulen getrieben wird. Diese sind entweder sogenannte Sonnenspulen oder in den der Krempel zugehörigen Drehkannen gebildete, in ihnen zusammengepreßte und abgebundene Bandwickel von etwa $1^1/_2$ bis 2 kg Trockengewicht oder endlich 4 bis 6 kg schwere, auf besonderen Wickelböcken aus den Bändern gebildete Kreuzwickel. Die letztbenannten Verfahren sind die üblichen. Die Bandspulen oder Wickel kommen nach der Naßbehandlung zum Zwecke des Entnässens zunächst auf die Schleuder und dann auf die Trockenvorrichtung und werden in ihr als solche oder wieder zu Bändern aufgelöst der Trockenluft ausgesetzt. Eine Bandtrockenvorrichtung zeigt Abb. 136. Sie besteht im wesentlichen aus dem

Einlauf mit Vorstrecke, der Trockenkammer und dem Auslauf mit Streckwerk. Zwischen Trockenkammer und Auslauf kann noch eine Befeuchtungskammer angeordnet sein, wenn es erforderlich ist, die fast gänzlich getrockneten Kardenbänder wieder gleichmäßig anzufeuchten. Der Einlauf ist mit einem etwa 2 m langen und 1 m breiten Tisch ausgestattet, unter dem die ausgeschleuderten Bandwickel aufgestellt und auf den die von diesen Wickeln ablaufenden Faserbänder, 40 an der Zahl, durch Ösen geführt, nebeneinander liegend der Vorstrecke zugeführt werden, welche mit mäßigem Verzug arbeitet und lediglich den Zweck hat, die durch das Bleichen, Färben und Ausschleudern zusammengepreßten und geknitterten Bänder etwas auszuziehen und zu glätten.

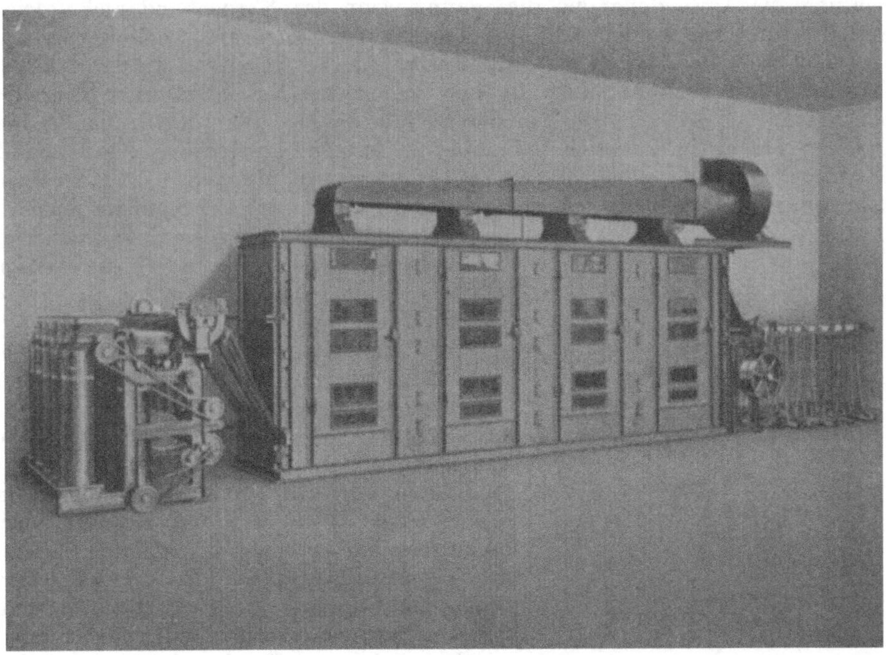

Abb. 136. Kardenband-Trockenmaschine (Patent Werner); Carl Fleißner & Sohn, Asch i. Böhmen.

Von der Vorstrecke gehen diese durch ein Walzenpaar in die Trockenkammer, in welcher die Faserbänder mittels angetriebener Leitwalzen in mehreren (fünf) wagrechten Zügen hin und her geführt werden, bevor sie die Kammer wieder verlassen, um über eine Führungsschiene mit verstellbaren Leitrollen, die sich langsam axial hin und her bewegt, in die Auslaufstrecke überzugehen. Die für das Trocknen der Bänder in der Kammer erforderliche Warmluft wird durch Rippenheizközper erzeugt, deren mehrere (drei) übereinander zwischen den Bandlaufbahnen angeordnet sind. Die Bewegung der von diesen Rippenheizkörpern erzeugten Warmluft durch die Bänderbahnen erfolgt durch einen Ventilator, dessen Saugrohr sich parallel zur Abdekung der Trockenkammer der Länge nach über diese erstreckt und durch eine Anzahl (vier) von oben in die Trockenkammer einmündende Stutzen an diese angeschlossen ist. Durch Drosselklappen in den Stutzen und die richtige Bemessung der Stutzenquerschnitte wird die Luftbewegung vom Boden der Trockenkammer durch die Bänderbahnen so geregelt, daß jeder Stutzen die gleiche Luftmenge fördert und die Trockenluft sich gleichmäßig über den ganzen Kammerquerschnitt verteilt. Die aus der Trockenkammer abgesaugte Luft wird durch einen gemauerten Kanal der Trockenkammer so lange von unten wieder zugeführt, bis sie vollständig gesättigt ist. Die gesättigte Luft wird durch ein mit Polymeter und Drosselklappe ausgestattetes Abstoßrohr abgeleitet. Die Frischluftzuführung zur Trockenkammer erfolgt beim Bänderauslauf und wird durch einen Schieber geregelt. Die Auslaufstrecke ist eine Walzenstrecke, in der jeweils immer vier Bänder dupliert und auf das drei- bis fünffache verstreckt werden. Hierdurch wird es möglich, die 40 durch die Trockenkammer laufenden Bänder in zehn Drehkannen zu sammeln. An Stelle des Auslaufs mit Strecke kommt auch eine Wickelvorrichtung zur Anwendung und dies dann, wenn das Kardenband nicht gleich weiter verarbeitet werden soll oder die Trockenvorrichtung weit ab von den Strecken sich befindet. Eine mit Auslaufstrecke ausgestattete Trockenvorrichtung liefert nach Angaben der oben genannten Firma bei einer Kammertemperatur von 120 bis 130° in der Stunde 85 bis 90 kg Kardenband. Der Dampfverbrauch beläuft sich auf 2 bis 2,2 kg für 1 kg trockenes Kardenband. Der Trockenprozeß selbst beansprucht nur wenige Minuten. Eine Trockenkammer mit vorgebauter Wickelvorrichtung wird mit 50 Bändern gespeist und liefert 125 kg trockenes Kardenband.

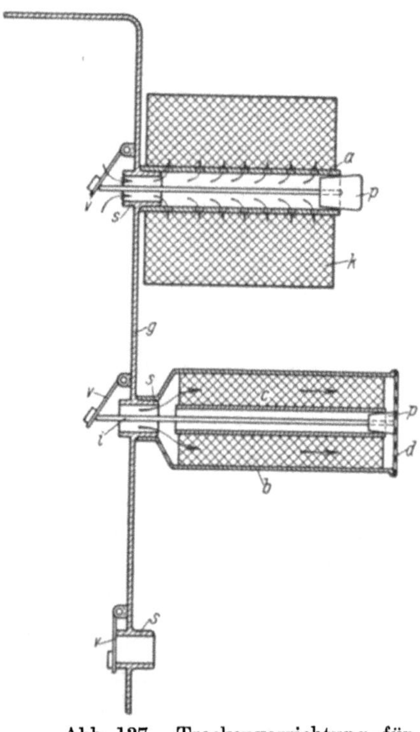

Abb. 137. Trockenvorrichtung für Garne in Spulenform; D. R. P. 305856 der Firma Ferd. Emil Jagenberg, Düsseldorf.

c) Trocknen der Garne. Garne werden getrocknet als Cops, Kreuzspulen, in Form von Strähnen und als Ketten.

Cops und Kreuzspulen werden vor dem Trocknen entweder durch Schleudern oder Absaugen, evtl. auch durch Abdrücken mittels Preßluft gut entnäßt. Das eigentliche Trocknen erfolgt, indem man die Garnkörper in Kästen oder Horden einschichtet und in diesen einem Warmluftstrom aussetzt, vorteilhafter aber auf einem sogenannten Spulenbrett, einem Lattengitter, durch welches von unten her verzinnte Nägel geschlagen sind, auf die die Garnkörper aufgesteckt und welche nach dem Beschicken übereinander in den Trockenraum eingeschoben werden. Beide Trockenverfahren sind langwierig und ergeben auch nicht immer ein einwandfreies Trockengut. Entweder verbleibt in den Innenschichten eine gewisse Feuchtigkeit oder es sind die Außenschichten zu stark getrocknet und infolgedessen spröde. Um diese Übelstände zu beheben, hat man das Trocknen durch angewärmte Saug- oder Preßluft zur Anwendung gebracht. Nach dem Aufstecksystem gefärbte Cops und Kreuzspulen trocknet man nach dem Entwässern auf den zylindrischen oder plattenförmigen Spindelträgern unmittelbar, indem man sie in einen heißen Trockenraum stellt und mittels Vakuumpumpe die Trockenluft durch die Garnkörper hindurchsaugt. Eine Vorrichtung, bei welcher Preßluft zur Anwendung kommt, zeigt Abb. 137. Eine allseitig geschlossene, mit Heizkörpern ausgestattete Heißluftkammer ist in ihren Wandungen *g* mit Aufsteckstutzen versehen, die im Kammerinnern durch selbstschließende Klappen (v) für gewöhnlich geschlossen gehalten werden. Auf diese Stutzen werden die Garnkörper selbst mittels ihrer gelochten Hülsen a, oder auch zylindrischen Kapseln b mit geschlossener Wandung und gelochtem Klappdeckel d für die Aufnahme der Garnkörper aufgesteckt. Ist dies geschehen, so werden die Spulenhülsen durch Pfropfen (p) geschlossen und dabei mittels an ihnen sitzender Spindeln i die Klappen v aufgestoßen. Die Folge davon ist, daß die Heißluft in die Spulenhülsen a (Abbildung oben), oder in die Kapseln b (Abbildung unten) eintritt und die Garnkörper entweder radial oder axial durchdringt.

Strähngarne werden durch Auswringen, Ausschleudern oder Abquetschen entnäßt. Das Auswringen geschieht gewöhnlich mit Hand unter Verwendung zweier Holzstöcke, von denen der eine ortsfest angeordnet ist und als Garnträger dient, während mittels des zweiten von Hand geführten Stockes der Strähn um seine Längsachse gewunden wird. Für das Ausschleudern kommt die Zentrifuge zur Anwendung, während das Abquetschen durch Walzenquetschen erfolgt, die gewöhnlich am Färb- bzw. Spülbottich angebracht sind (siehe z. B. Abb. 74).

Die Trockenvorrichtungen für Strähngarne sind solche, bei denen die Garnsträhne im ruhenden Zustand dem Trockenluftstrom ausgesetzt werden, oder solche, bei denen die Garne eine Bewegung ausführen. Trockenvorrichtungen der erstgenannten Art werden im allgemeinen ausgeführt als Schacht- oder Kammertrockner, solche der zweitgenannten Art als rotierende Trockenhaspel oder als Kanaltrockner. Die Schachttrockner gleichen im wesentlichen der in Abb. 131 dargestellten Trockenvorrichtung, nur sind an Stelle der kastenförmigen Horden Rahmen mit Tragstangen für die Garnsträhne vorgesehen. Gleiches gilt von den Kammertrocknern in bezug auf Abb. 133 und 134. Die Trockenhaspel sind solche mit vertikaler und solche mit horizontaler Drehachse. Im letzteren Falle ist entweder nur ein Haspel vorhanden, oder es sind deren zwei, parallel nebeneinander liegend, vorgesehen, die gegenläufig in Umdrehung versetzt werden. Die Garnsträhne werden entweder ohne wesentliche Spannung so auf Tragstangenpaare aufgebracht, daß sie radial oder annähernd radial zur Haspelachse zu liegen kommen, oder es kommen, und das gilt von den Trockenvorrichtungen für mercerisierte Strähngarne, an Stelle der Tragstangenpaare Spannrahmen zur Anwendung.

Abb. 138. Strähngarn-Trockenhaspel; Textilmaschinenfabrik B. Cohnen G. m. b. H., Grevenbroich b. Köln.

In Abb. 138 ist eine Trockenvorrichtung mit zwei Haspeln dargestellt, die in einem sie umschließenden aufklappbaren Gehäuse gelagert sind, auf dessen Boden sich eine Heizvorrichtung befindet, und das mit einem Abzugskanal für die verbrauchte Trockenluft versehen ist, die durch einen Ventilator durch Frischluft ersetzt wird. Von den zur Aufnahme der Garnsträhne vorgesehenen

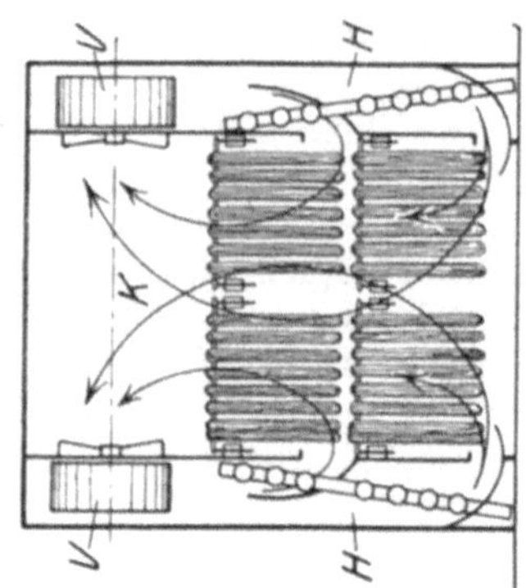

Abb. 139 b.

Stangenpaaren sind die der Haspelachse zunächst liegenden Stangen in Achsenrosetten drehbar gelagert, während die außen liegenden Stangen mit ihren Zapfen in radial verstellbar an der Rosette sitzenden speichenartigen Armen ruhen. An Stelle der verstellbaren speichenartigen Arme kommen auch fest mit den Rosetten verbundene Arme mit schlitzförmiger Aussparung für die Tragstangenzapfen zur Anwendung und bisweilen werden auch die innen liegenden Tragstangen für die Garnsträhne mit Antriebmitteln für die Drehbewegung ausgestattet. Wird eine solche angewendet, so werden die Strähne während ihrer kreisenden Bewegung auch noch umgezogen.

Abb. 139, 139a und 139b. Turbo-Kanaltrockner mit Kettenbetrieb für Strähngarne; Friedrich Haas, Lennep i. Rld.

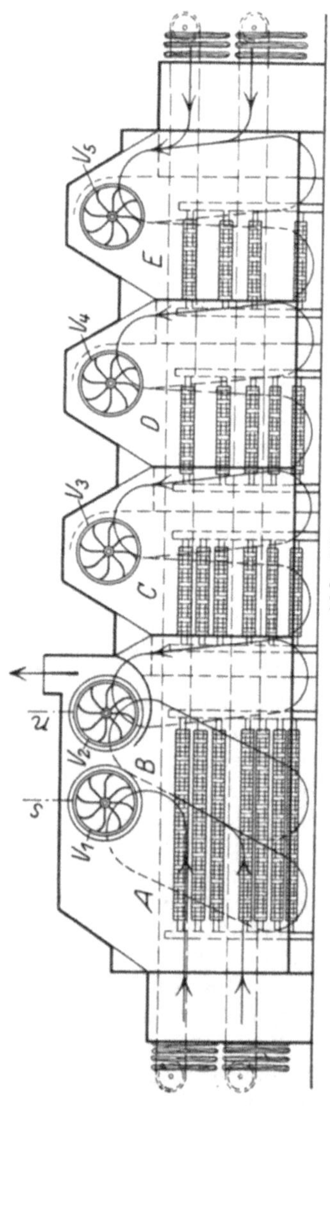

Abb. 139 a.

Bei den Kanaltrocknern wandern die Garnsträhne in Wagen hängend mit diesen durch den Trockenkanal oder sie werden mit Hilfe zweier paralleler, endloser Ketten, in deren Gliedern die Garnträgstangen mit ihren Zapfen eingelegt werden, durch den Trockenkanal hindurchbewegt. Die Abb. 139 zeigt eine als „Turbo-Kanaltrockner" mit Kettenbetrieb bekannte Trockenvorrichtung. Sie besitzt einen Trockenkanal mit seitlich angegliederten Heizabteilen. In der Querschnittskizze (Abb. 139b) stellt *K* den für die Aufnahme des Gutes bestimmten Raum dar. Das Naßgut wird mittels zweier endloser Ketten durch den Trockenkanal geführt, der in seiner ganzen Länge durch entsprechende Ausbildung der Dachhauben in Abschnitte, z. B. *A*, *B*, *C*, *D*, *E* (Abb. 139a) geteilt ist. Die Heizabteile *H* stehen oben durch Schraubenlüfter *V* und unten durch offene Luftwege mit dem Kanalinnern in Verbindung. Wie aus der Querschnittskizze ersichtlich, saugen die Lüfter *V* die Luft aus dem Kanal über den Kettengängen ab, befördern sie in die Heizabteile und aus diesen unterhalb der Kettengänge wieder in den Trockenkanal, wo sie das Gut von unten nach oben durchströmt. Es entsteht dadurch eine kreisende Luftbewegung, die das Trockengut einerseits und die Heizabteile andererseits ununterbrochen durchzieht. Um neben der Kreisluftbewegung auch eine fortschreitende Luftströmung — und dadurch Lufterneuerung — in dem Kanal zu erzielen, sind die Heizabteile so angeordnet, daß sie von einem Kanalabschnitt in den anderen übergreifen. Es entsteht dadurch außer der Kreisluftbewegung die fortschreitende Luftströmung, wie sie mit der eingezeichneten Pfeillinie angedeutet ist, und wiederum dadurch allmählich Summierung der Heizwirkungen der einzelnen Heizbatterien zum Kanaleintritt hin, somit: stufenmäßige Trocknung. Ebensoviel Luft wie von E nach D, von D nach C usw. übergeleitet wird, muß von außen in den Abschnitt E neu eintreten. Da hier das trockene Gut aus dem Kanal austritt, kann der Zugang zum Trockenraum vollständig offen bleiben. Ein Türverschluß ist also hier nicht mehr erforderlich. Würde nun der ganze Trockenkanal bis zu dem Abschnitt A, also da, wo das Naßgut eintritt, in gleichem Sinne ausgebildet sein, so würde das Windrad V_1 die Luftmenge, wie sie als Frischluft bei E eintritt, als Abluft ins Freie werfen müssen. Gleichbedeutend damit aber ist, daß es im letzten Abschnitt A einen Unterdruck erzeugt, der die Luft aus dem Kanal an sich zieht und demzufolge auch Kaltluft in den Trockenraum durch die Eintrittsöffnung im Abschnitt A einsaugen würde, wenn dieser offen bliebe. Diese Kaltluft würde die Heizkörper in den Heizabteilen überhaupt nicht berühren und demzufolge eine hinreichende Erwärmung des Gutes verhindern. Um das zu vermeiden, war es bisher erforderlich, den Abschnitt A da, wo die Kettengänge einlaufen, gegen den Luftzutritt von außen abzuschließen. Ein solcher Verschluß ist aber außerordentlich umständlich und er kompliziert, wenn er mechanisch arbeitend gestaltet wird, den ganzen Arbeitsmechanismus der Trockenanlage wesentlich. Eine hinreichende Erwärmung der eintretenden Kaltluft und des eingeführten Naßgutes wird, auch wenn der Kanaleintritt offen bleibt, also keinen Türverschluß erhält, dadurch erreicht, daß die beiden letzten, das nasseste Gut enthaltende Abschnitte (A, B) in einem Raum vereinigt sind, welcher auf jeder Seite zwei Windräder V_1, V_2 erhält, von denen das nach der Kanalmitte zu gelegene Rad V_2 die Abluft ins Freie wirft. Das Windrad V_1 gibt dadurch die gesamte von ihm geförderte Luftmenge durch Vermittlung des Heizraumes wieder in den Trockenraum ab, so daß also auch die geringe Menge Kaltluft, die durch den offenen Eintrittsquerschnitt zutritt, mehrfach über die Heizrohre streicht und stark erwärmt wird. Es kann somit auch an der Einlaufstelle des Naßgutes der sonst notwendige Türverschluß wegfallen.

Besondere Erwähnung verdienen noch diejenigen mit Förderketten ausgestatteten Kanaltrockenmaschinen für Strähngarne, bei denen die endlosen Förderketten nicht einfach wagrecht durch den Trockenkanal laufen, sondern mit ihrem das Garn tragenden Oberteil in auf- und absteigenden Gängen durch ihn geführt werden, während die Warmluft durch unterhalb des unteren Kettenlaufs angeordnete Heizelemente erzeugt, durch unterhalb des Kettenoberlaufs in dessen sich nach oben erstreckenden dachförmigen Ausläufen vorgesehene Windräder angesaugt und durch die über ihn hängenden, wandernden Garnsträhne hindurchgetrieben wird.

d) Trocknen der Gewebe. Das dem Trocknen vorausgehende Entnässen der Gewebe erfolgt durch Absaugen, Abschleudern oder Abquetschen. — Zum Zwecke des Absaugens wird das Gewebe in ausgebreitetem Zustand unter Spannung über einen Saugkasten mit schlitzförmiger Öffnung in der Abdeckung geführt. Die wirksame Breite des Saugschlitzes wird der Gewebebreite entsprechend durch Schieber eingestellt. Der Abfluß der abgesaugten Flüssigkeit aus dem Saugkasten erfolgt während des Betriebes selbsttätig ohne Stillsetzung der Saugvorrichtung. — Für das Abschleudern kommen normale Zentrifugen oder sogenannte Breitschleudern zur Anwendung; die ersteren dann, wenn das Gewebe sich in Strangform befindet. Der Gewebestrang wird mittels Hand, bisweilen auch unter Mitwirkung einer Zuführvorrichtung in den Schleuderkessel eingebettet. Bei den Breitschleudern wird dagegen das Gewebe im ausgebreiteten Zustand auf einen mit Stirnscheiben versehenen Zylinder aufgewickelt, der entweder um seine wagrecht liegende Längsachse oder um eine senkrecht zu dieser stehende Achse in Drehung versetzt wird. Abb. 140 zeigt eine Breitschleuder der letztgekennzeichneten Art. Wird der Warenwickel in Drehung versetzt, so entweicht die Flüssigkeit in axialer Richtung durch die gelochten Stirnscheiben. — Das Entnässen der Gewebe durch Ab-

Abb. 140. Zentrifuge mit Unterantrieb für das Ausschleudern gerollter Waren; C. G. Haubold A.-G., Chemnitz.

Abb. 141. Strangquetsche; Zittauer Maschinenfabrik A.-G., Zittau.

quetschen, sowie dasjenige in der normalen Schleuder, kommen nur dann zur Anwendung, wenn die Gewebe sich in Strangform befinden. Die dem Abquetschen dienenden Vorrichtungen bezeichnet man ganz allgemein als Squeezer. Ihr Wesen besteht, wie Abb. 141 erkennen läßt, aus zwei Walzen, einer unteren mit Antrieb versehenen Walze aus Bronze und einer oberen unter Gewichtshebelbelastung stehenden Walze aus Baumwolle oder Eisen mit Gummibezug. Zwischen diesen beiden Walzen wird das Gewebe hindurchgeführt. Seine Zuleitung erfolgt durch ein Porzellanauge, welches eine hin und her gehende Bewegung parallel zu den Walzen ausführt, um eine gleichmäßige Abnützung dieser durch den laufenden Gewebestrang zu erreichen.

In Strangform entnäßte Gewebe bedürfen zum Zweck der Weiterbehandlung zunächst der Wiederauflösung. Hierzu dient der Strangöffner oder Breitschläger.

Das eigentliche Trocknen der Gewebe erfolgt in der Hänge, auf der Zylindertrockenmaschine, auf der Spannrahmen-Trockenmaschine oder endlich auf der kombinierten Zylinder-Spannrahmen-Trockenmaschine.

Beim Trocknen in der Hänge wird die Gewebebahn freihängend in Falten der Warmluftwirkung ausgesetzt. Es kommt gewöhnlich überall da noch zur

Anwendung, wo Stoffe während des Trocknens nicht gespannt werden dürfen oder nicht glatt und faltenfrei werden sollen, z. B. Inlettstoffe, Hemdentuche. Ursprünglich benutzte man für das Trocknen in der Hänge ausschließlich einen sogenannten Trockenturm, der unter dem Dach mit einem dem Aufhängen des Gewebes dienenden Lattenboden ausgestattet ist, viele Fensteröffnungen in den Wandungen besitzt und für den Winterbetrieb mit Heizkörpern ausgestattet ist. Das Trocknen in derartigen Trockentürmen verursacht bedeutende Raumkosten und hohe Arbeitslöhne und ist somit sehr kostspielig. Man hat deshalb diese alten Hängetrockner durch Kanaltrockner ersetzt, bei denen das Gewebe in Hängefalten durch den Trockenkanal geführt und dabei Warmluftströmen ausgesetzt wird. Die Abb. 142 veranschaulicht einen solchen. Der Trockenkanal ist mit zwei endlosen, in lotrechten Ebenen unmittelbar neben den Seitenwandungen schrittweise umlaufenden endlosen Ketten ausgestattet,

Abb. 142. Hänge-Trockner; Ernst Gessner A.-G., Aue i. Erzgeb.

deren Glieder durch Hängestäbe aus feuerverzinkten Stahlröhren, welche sich mit Rollen auf eisernen Führungen entlang bewegen, so verbunden sind, daß man die Ketten in leichter Weise schließen oder einzelne Teile derselben einsetzen oder herausnehmen kann. An der Kanaleinlaufseite wird das zu trocknende Gewebe mittels einer automatischen Einhängevorrichtung in Falten auf die ankommenden Tragstäbe aufgehängt, an der Kanalausgangsseite ihnen dagegen wieder entnommen und sofort aufgewickelt. Belüftung und Beheizung des Trockenkanals erfolgen nach dem Gegenstrom-Umwälzungsprinzip. Es wird nur diejenige Menge Frischluft in den Trockenraum eingeführt, die zur Aufnahme und Entfernung der verdampften Feuchtigkeit erforderlich ist. Zur Heranführung der erforderlichen Wärmemengen sowie zur Erzielung einer hochwertigen Sättigung der Trockenluft erfährt dieser Luftstrom im Kreislauf zwischen Ventilator, Erhitzer und Stoffbahn eine vielfache Umwälzung mit stetig sich steigernder Temperatur nach der Eintrittsseite des Gewebes hin. Die Zahl der Umwälzungen richtet sich nach der Länge des Trockenkanals und ist so bemessen, daß jede Stoffschleife in vertikaler Richtung von Heißluftstrom bestrichen wird. Die Umwälzungsventilatoren sind oben seitlich auf einer oder auf beiden Seiten des Trockenkanals angeordnet. Die Abführung der gesättigten Luft erfolgt beim Einlaßständer. Um die einlaufende Ware rasch auf die

Höchsttemperatur zu bringen und mit dem Verdampfungsprozeß schnellmöglichst einzusetzen, wird sie vor Eintritt zwischen die Tragstäbe über zwei rotierende kupferne Heiztrommeln geführt.

Die älteste Gewebetrockenmaschine ist die Zylindertrockenmaschine. Bei ihr wird das nasse Gewebe direkt mit dem Metallmantel von mit Dampf geheizten Zylindern in Berührung gebracht, und zwar kommt entweder nur ein Zylinder zur Anwendung, oder es läuft das Gewebe in einem Arbeitsgang um eine Vielzahl von Trockenzylindern, bis zu 30. Die Zylindertrockenmaschinen werden gebaut für einseitiges oder beidseitiges Trocknen als liegende oder

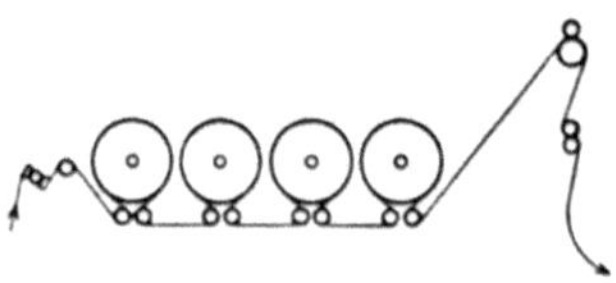

Abb. 143a.

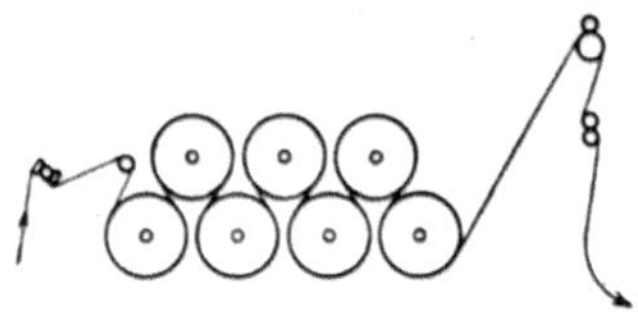

Abb. 143b.

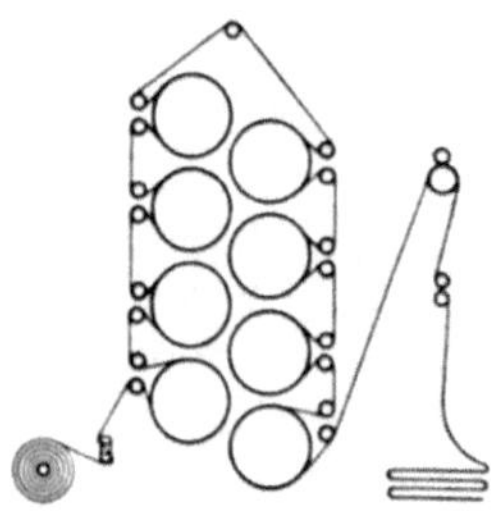

Abb. 143c.

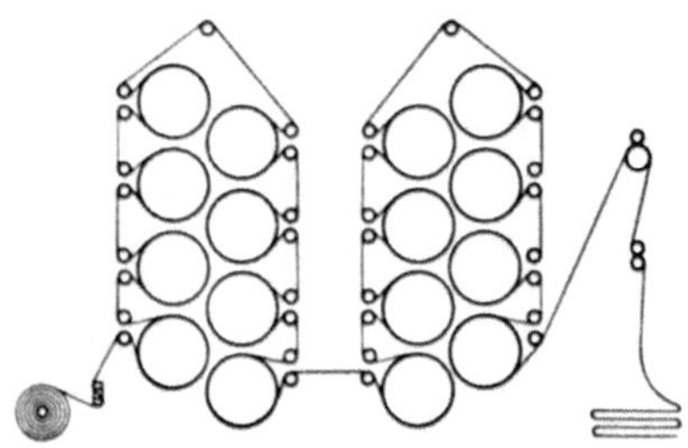

Abb. 143d.

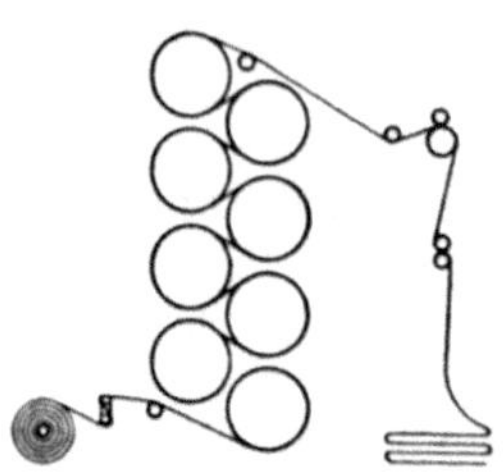

Abb. 143e.

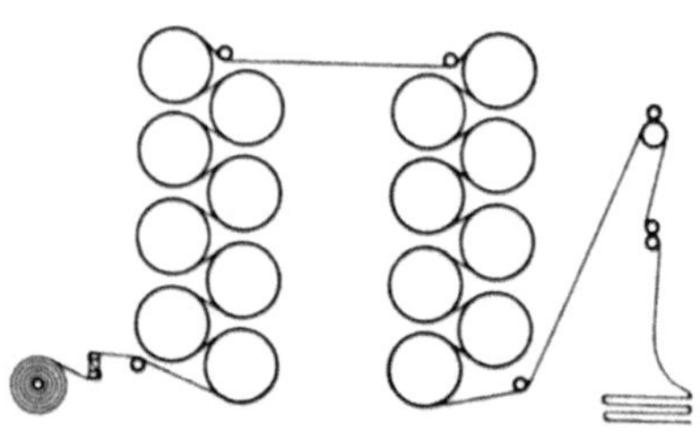

Abb. 143f.

Abb. 143a—f. Zylinder-Trockenmaschinen; C. H. Weisbach, Chemnitz.

stehende Maschinen. Bei den Maschinen für einseitige Trocknung liegt immer nur dieselbe Gewebeseite am Trockenzylinder an. Diese Trocknung wird angewendet bei gewissen Weißwaren aus der Bleiche, einseitig appretierten und imprägnierten Geweben sowie bei Gebild- und Jacquardwaren. Bei beidseitiger Trocknung liegt das Gewebe abwechselnd mit der linken und der rechten Seite an den Trockenzylindern an. Diese Art der Trocknung findet Verwendung bei Bleichwaren, gewaschener Druck- und Farbware, sowie bei vielen beidseitig appretierten Geweben. Liegende oder horizontale Zylindertrockenmaschinen sind solche, bei denen eine Mehrzahl von Trockenzylindern nebeneinander gelagert sind. Dabei liegen sie für einseitige Trocknung in einer Reihe nebeneinander, Abb. 143a, für beidseitige Trocknung in zwei Reihen nebeneinander und versetzt übereinander, Abb. 143b. Im ersteren Falle wird die Ware über

Leitwalzen oder Haspel von einem Zylinder zum anderen geführt. Die stehenden oder vertikalen Zylindertrockenmaschinen haben übereinandergelagerte Trockensylinder in einer Reihe oder zwei Reihen versetzt zueinander in einer Serie oder deren mehreren, für einseitige oder beidseitige Warenanlage, Abb. 143c—f. — Die Entfernung des Kondenswassers aus den aus gewalztem Kupferblech hergestellten Trockenzylindern erfolgt durch Heberohre oder Schöpfwerke. Die ersteren ragen säbelartig von den Stopfbüchsenlagern in den unteren Teil des Zylinders, und es wird das Kondenswasser durch den Dampfdruck in das Heberohr und durch dieses aus dem Zylinder herausgedrückt, ganz unabhängig davon, ob die Trockenzylinder sich in der einen oder anderen Richtung drehen oder stillstehen, ein Vorteil gegenüber den Schöpfern. Jeder Zylinder ist ferner mit einem Luftventil ausgestattet, das sich bei etwa eintretender Luftleere im Zylinder selbsttätig öffnet. — Weiter sind bei Trockenmaschinen mit serienweise angeordneten Zylindern Vorkehrungen getroffen, die Trockenzylinder serienweise mit verschieden hohem Druck zu beheizen. Durch diese stufenweise Trocknung werden empfindliche Farben und Appreturen geschont. — Der Betrieb der Zylinder untereinander erfolgt durch fest auf dem Zylinderzapfen sitzende Stirnräder. Bei Maschinen für beidseitige Warenanlage greifen diese Zylinderräder direkt ineinander, bei solchen für einseitige Warenanlage sind Übertragungsräder zwischen sie geschaltet. Der Antrieb der Maschine muß die Möglichkeit bieten, die Umlaufgeschwindigkeit der Trockenzylinder zu regeln, um die Gewebebahn mit der ihr zuträglichen Geschwindigkeit durch die Maschine zu führen. Verwendet werden hier Stufenscheiben-, Riemenkegel- und Planscheibengetriebe oder Stufenrädervorgelege. Erstere leiden in feuchten Räumen wie Bleichereien, Färbereien u. dgl. unter ungünstigen Betriebsverhältnissen und gewährleisten infolgedessen kein absolutes Durchziehen. — Der Einlaß der Trockenmaschine ist gewöhnlich mit Brems- bzw. Spannvorrichtung sowie Breithaltern bzw. Breitstreichern für eine oder mehrere Gewebebahnen versehen, der Auslaß besitzt einen Faltenleger oder eine Friktionsaufwicklung. — Vielfach ist der Trockenmaschine eine Stärkemaschine oder eine Breitstreckvorrichtung oder auch beides vorgeschaltet. Ersteres dann, wenn die Trockenmaschine lediglich dazu dient, gestärkte Waren zu trocknen, die Breitstreckvorrichtung dann, wenn es erforderlich wird, einem Schmälerwerden der Ware vorzubeugen, wie es ihre unvermeidliche Längenreckung mit sich bringt, die sich aus dem Lauf der Ware über die Zylinder ergibt. — Auch Kühlzylinder und Kühlkammern kommen getrennt oder gleichzeitig zur Anwendung.

Die Abb. 144 bis 146 zeigen beispielsweise Ausführungsform von Zylinder-Trockenmaschinen.

Die Verwendung der Zylindertrockenmaschine ist auf gewisse Stoffarten beschränkt, sie spielt aber, da diese in großen Mengen hergestellt werden, eine bedeutsame Rolle in der Veredlungstechnik. Für bessere Baumwoll-Buntwaren, Rauhwaren u. dgl. wird sie selten gebraucht. Beim Lauf der Ware im gespannten Zustand über die heißen Zylindermantelflächen werden die Fäden mehr oder weniger flachgedrückt, und damit ist ein gewisses Glätten der Warenflächen verbunden. Empfindliche Farben können durch die hohen Temperaturen der Zylindermäntel trübe werden, gebleichte Waren werden gelblich. Zylindertrocknung gibt der Ware einen harten Griff. In allen Fällen, wo diese Erscheinungen ins Gewicht fallen, kommt an Stelle der Zylindertrockenmaschine die bereits erwähnte Hänge oder die Spannrahmen-Trockenmaschine zur Anwendung. Bei der letzteren wird das Gewebe mit seinen beiden Salleisten auf endlose, wandernde Ketten aufgebracht, durch diese breitgespannt und im

Abb. 144. Zylinder-Trockenmaschine für zweiseitige Trocknung, stehende Bauart, mit 6 Zylindern, Stärkemaschine und Breitstreckvorrichtung zwischen dieser und den Trockenzylindern; C. H. Weisbach, Chemnitz.

Abb. 145. Zylinder-Trockenmaschine für einseitige Trocknung, liegende Bauart, mit 7 Trockenzylindern, 6 Haspeln versetzt zu diesen und Stärkemaschine; C. H. Weisbach, Chemnitz.

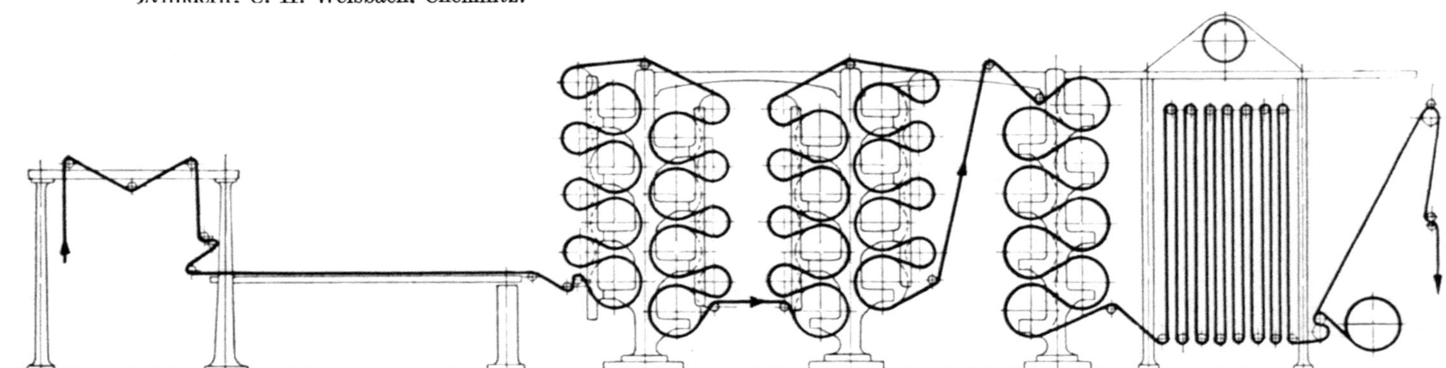

Abb. 146. Zylinder-Trockenmaschine, stehende Bauart, mit 24 Trockenzylindern, 16 Kühltrommeln, Breitstreckvorrichtung und Kühlkasten; C. H. Weisbach, Chemnitz.

gespannten Zustand durch die Trockenkammer geführt. Hiermit ist gleichzeitig ein Geraderichten der Schuß- und Kettfäden verbunden, was auf der Zylindertrockenmaschine nicht erreicht werden kann.

Für feine Baumwollstoffe, wie Organdin, Musseline, Tarlatan, Gaze, Gardinenstoffe u. dgl. werden einfache horizontale Trockenrahmen benutzt, über welchen vielfach Windflügel angebracht sind. Diese Trockenrahmen bestehen aus zwei parallelen in ihrem Abstand der Gewebebreite entsprechend einstellbaren Langhölzern mit sogenannten Klaviernadeln, auf welche die Sahlleisten des Gewebes mit der Hand aufgebracht werden. Läßt das Gewebe die Anwendung von Nadelleisten nicht zu, so werden diese durch Klemmleisten ersetzt. Ist es erforderlich, daß aufgenadelte Gewebe nicht nur in der Breite zu spannen, sondern auch noch diagonal zu verziehen, um die Schuß- und Kettfäden rechtwinkelig zueinander auszurichten, so werden die Nadel- oder Klemmleisten gegenläufig axial verschiebbar angeordnet.

Wiederstandsfähigere Baumwollgewebe kommen auf die Spannrahmen-Trockenmaschinen. Die ihnen eigenen Trag- und Förderketten laufen auf Kettenführungsschienen, welche von Kettenführungswänden getragen werden, die mittels in zwei Ständerpaaren gelagerter Gewindespindeln einander genähert oder voneinander entfernt werden können. Ihre Verstellung erfolgt durch ein Kegelradvorgelege mit Klauenkupplung. Ein seitlich angebrachter Maßstab zeigt die jeweilig eingestellte Spannbreite an. Eine automatisch arbeitende Vorrichtung schaltet beim Überschreiten der geringsten oder größten zulässigen Spannbreite die Maschine aus. Die isolierten, mit Blech abgeschlagenen Kettenführungswände, die obere und untere Abdeckung sowie ein hinterer und vorderer Verschluß bilden die Trockenkammer der Maschine. In ihr wird das Gewebe mittels der in senkrechten Ebenen umlaufenden Förderketten in nur einer Schleife oder in einer Vielzahl solcher hin und her geführt, und man unterscheidet demgemäß in 1-, 2-, 3- und mehr-Etagenmaschinen. Außerdem sind auch noch Spannrahmen-Trockenmaschinen in Verwendung, bei welchen die obere Abdeckung der Trockenkammer durch das Gewebe selbst gebildet wird, bei denen dieses also nur im einfachen Lauf die Maschine passiert. Maschinen dieser Art führen allgemein die Bezeichnung Planrahmen.

Abb. 147a. Tasterkluppe für horizontalen Kettenlauf, findet Verwendung bei Breitstreck- und Egalisiermaschinen sowie den als Planrahmen bekannten Spann- und Trockenmaschinen.

Auf die Ausbildung der das Gewebe an den Salleisten haltenden Spannkettenglieder ist seit der Einführung der Spannrahmen-Trockenmaschinen die größte Aufmerksamkeit verwandt worden. Als bedeutsamster erfinderischer Schritt muß die Schaffung der sogenannten Tasterkluppe angesprochen werden, einer Kluppe, welche sich erst dann schließt und die Ware erst dann faßt, wenn deren Salleiste die richtige Lage in der Kluppe einnimmt. Man unterscheidet im allgemeinen in Nadelkettenglieder und Kluppenkettenglieder. Für jede dieser beiden Gruppen sind wieder zahlreiche Ausführungsformen bekannt. Die neben- und nachstehenden Abb. 147a—h veranschaulichen eine Reihe von Kettengliedern, wie sie zurzeit von der in der Unterschrift benannten Firma gebaut werden.

Abb. 147 b. Tasterkluppe für besonders feine oder stark appretierte Waren. Sie ist mit Röllchentaster ausgestattet und mit oberem Finger versehen, der zum zentralen Öffnen der Kluppenklappe durch eine rotierende Tellerscheibe dient.

Abb. 147 c. Tasterkluppe mit hinterer nochmaliger Führung, Schleiftaster mit Entlastungsbügel sowie beweglicher Greiffläche am Hebel, so daß jede Warenstärke mit voller Sicherheit und bei größter Schonung gehalten werden kann.

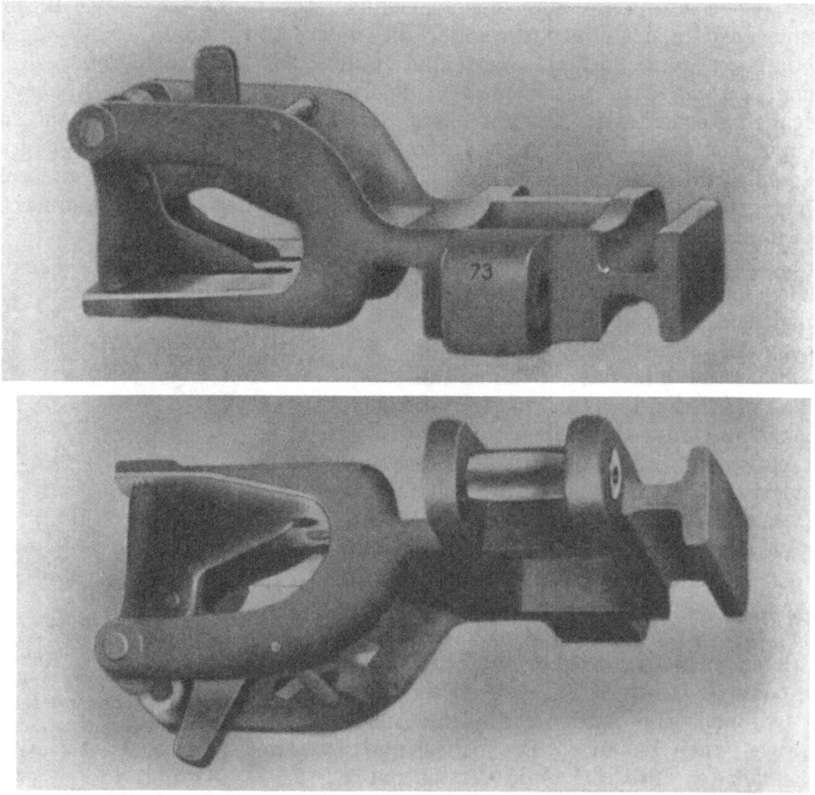

Abb. 147 d. Tasterkluppe für vertikalen Kettenlauf mit selbsttätiger Zuhaltevorrichtung für den Kluppenhebel beim Rücklauf.

Um einen guten Lauf der Spannketten zu sichern, die Reibungswiderstände und damit den Kraftbedarf der Maschine nach Möglichkeit zu mindern, also die Lebensdauer der Ketten zu erhöhen sowie eine Gewähr für fleckenfreie Ware zu geben, muß für eine ausreichende Schmierung und Reinigung der Ketten Sorge getragen werden. Die Schmierung erfolgt durch in den Kettenlauf eingebaute Schmierapparate und die Reinigung der Kettengliedergelenke mittels Dampf, Druckluft, Saugluft od. dgl.

Abb. 147e. Nadelkettenglied, welches eine Messingleiste trägt, die mit Stahlnadeln besetzt ist.

Der Trockenkammer ist ein schräg nach oben steigendes sogenanntes Einlauffeld vorgeordnet. Am Eingang desselben haben die Spannketten zwecks Aufnahme des ihnen über Leitwalzen zugeführten Gewebes den geringsten Ab-

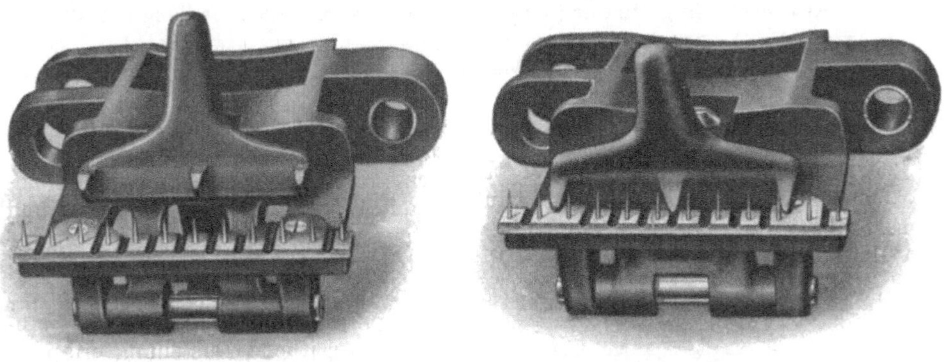

Abb. 147f. Nadelkettenglied mit Sicherungshebel, welcher im geöffneten Zustand (links) ein ungehindertes Aufnadeln der Ware ermöglicht, in zugeklappter Stellung (rechts) die Salleiste in den Nadeln hält, selbst dann, wenn im Rücklauf der Kette die Ware nicht gespannt ist.

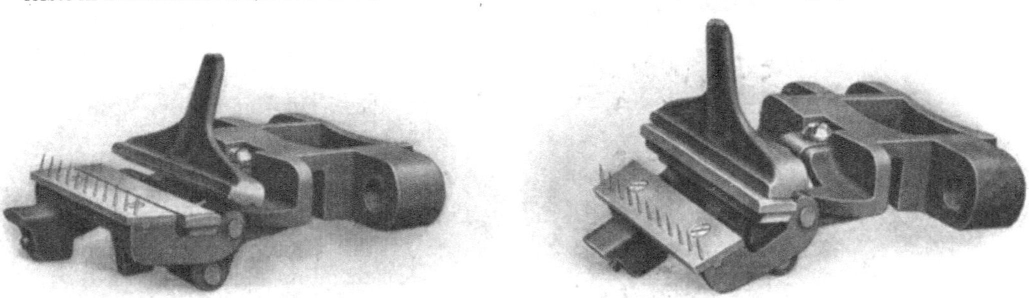

Abb. 147g. Kombiniertes Nadel- und Kluppenglied. Als Nadelglied verwendet ist der Kluppenhebel zurück- und die Nadelleistenklappe hochgeschlagen (links). Als Kluppenglied wird die Nadelleistenklappe heruntergedrückt (rechts).

stand, er vergrößert sich in der Richtung des Gewebelaufs fortschreitend bis zum Eintritt des Gewebes in die Trockenkammer. Sie durchläuft das Gewebe breitgespannt in einem, zwei und mehr Spann- oder Parallelfeldern. Nach dem Austritt des Gewebes aus der Trockenkammer vermindert sich der Abstand der Spannketten wieder dermaßen, daß das Gewebe mit seinen Sahlleisten die Kettglieder verlassen und zum Ableger oder einer Wickelvorrichtung gelangen kann. Den Einlauf der Sahlleisten in die Kettenglieder überwachen bei den

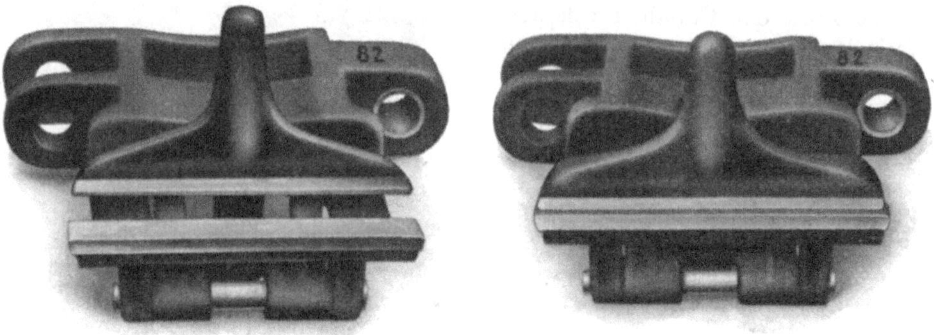

Abb. 147h. Normales Kluppenglied, bei welchem eine Plattfeder, auf Röllchen laufend, den Klemmhebel in geöffneter (links) oder geschlossener (rechts) Stellung festhält.

Abb. 147a—h. Kettenglieder für Gewebe-Spannrahmen-Trockenmaschinen u. dgl.; C. H. Weisbach, Chemnitz.

älteren Maschinen in der Regel zwei Personen, eine für jede Kette. Um diese kostspielige Art der Bedienung entbehrlich zu machen, hat man die Spannrahmen-Trockenmaschinen im Einlauffeld mit Wareneinführvorrichtungen und selbsttätigen Ausrückvorrichtungen ausgestattet. Das Wesen der ersteren besteht darin, daß bei einem Verlaufen der Sahlleisten des Gewebes die Spannkettenführungen eine entsprechende seitliche Verstellung erfahren, das Wesen der letzteren dagegen darin, daß die Maschine stillgesetzt wird, sobald die Sahlleisten überhaupt nicht in die Spannkettenglieder einlaufen, wie es z. B. vorkommt, wenn das Stückende schlecht mit dem Stückanfang des nächsten Stückes zusammengefügt ist oder Stücke mit in der Vorbehandlung ein- oder abgerissenen Leisten in die Maschine kommen. Die Wirkung der beiden genannten Vorrichtungen beruht auf der Verwendung von die Gewebeleisten abfühlenden Tastern. Ihre Bewegung wird pneumatisch oder elektrisch zur Auswirkung gebracht. Abb. 148 zeigt eine elektrische Wareneinführvorrichtung. Ihr aus der Abbildung ersichtlicher mit winkelförmiger Abkröpfung versehener Taster ist pendelartig so aufgehängt und am abgekröpften Schenkel so belastet, daß er sich mit sanftem Druck seitlich an die Sahlleiste anlegt und ihr ohne weiteres folgen kann, sobald sie in ihrem Lauf vom normalen Weg abweicht, also entweder nicht tief genug oder zu tief in das Kettenglied einläuft. Schwingt

Abb. 148. Elektrische Wareneinführvorrichtung „Ewa“ Patent C. H. Weisbach.

der Taster aus, so kommt eine mit ihm verbundene Zunge mit einem von zwei Kontakten in Berührung, und dies hat zur Folge, daß ein Stromkreis geschlossen wird, der seinerseits wieder eine von zwei Kupplungen schließt, welche mittels Schnur auf eine Rillenscheibe wirkt, die auf der in der Länge geteilten Gewindespindel sitzt. Diese wird dadurch in Rechts- oder Linksdrehung versetzt und die Kettenführung demgemäß nach außen oder innen bewegt.

Zur Erwärmung der Luft dient als Heizelement ein gewöhnlich unter der Trockenmaschine gelagerter Heizrohrkessel, Abb. 149, oder ein hinter oder über der Trockenkammer angeordneter Kalorifer. Durch beide wird die von einem Ventilator angesaugte Luft hindurch in die Trockenkammer getrieben. Der Ka-

Abb. 149. Spannrahmen-Trockenmaschine, Einetagen-System mit 3 Parallelfedern; C. H. Weisbach, Chemnitz.

lorifer besteht aus Dampfheizrohren, auf welchen zahlreiche Lamellen befestigt sind. Der durch sie erzielte große Luftquerschnitt ermöglicht gegenüber anderen Heizkörpern kleine Abmessungen, man ist infolgedessen hinsichtlich der Anordnung des Kalorifers nicht beschränkt. Er kann z. B. direkt an das Düseneinblaserohr angebaut und mit dem Ventilator so verbunden werden, daß keine Rohrleitung nötig ist, Abb. 150. Der Wärmeverlust wird auf das geringste Maß beschränkt. Der für eine benötigte Luftmenge berechnete Kalorifer besteht aus Teilkaloriferen. Dadurch ist die Möglichkeit gegeben, sowohl mit Frischdampf als auch mit Abdampf gleichzeitig zu arbeiten. Die Luft wird durch die mit Abdampf gespeisten vorderen Elemente vorgewärmt und durch die ihnen folgenden kleineren mit Frischdampf geheizten Elemente auf die erforderliche Temperatur gebracht. Auch eine stufenweise Trocknung ist möglich, indem man die Einzelelemente mit Absperr- und Reduzierventilen versieht, sodaß mit verschieden hoch geheizten Elementen gearbeitet und die Luft demzufolge stufenweise erwärmt der Trockenkammer zugeführt werden kann. Für ganz empfindliche Gewebe und

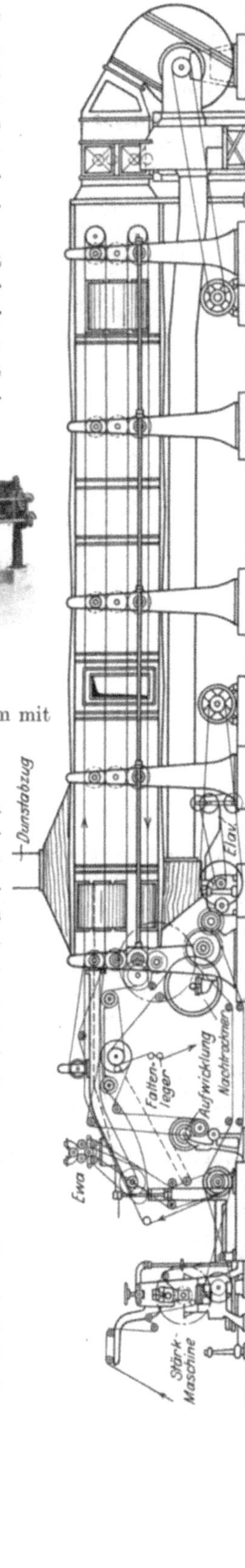

Abb. 150. Zwei-Etagen-Spannrahmen-Trockenmaschine mit Stärkemaschine, Nachtrockenzylinder, elektrischer Ausrückung und Kalorifer hinter der Trockenkammer; C. H. Weisbach, Chemnitz.

Farben ist diese Abstufung der Temperatur der Luft von nicht zu unterschätzender Bedeutung.

Ebenso wie die Zylindertrockenmaschinen kommen auch die Spannrahmen-Trockenmaschinen in Verbindung mit einer ihnen vorgeordneten Stärkemaschine zur Anwendung. Weiter werden sie nach Bedarf auch ausgestattet mit einem Zylinder- oder Plattenvortrockner, Zwischenkompensator und Nachtrockentrommel.

Bei den vorstehend gekennzeichneten Spannrahmen-Trockenmaschinen wird das Gewebe vor dem Eintritt in die Trockenkammer im sogenannten Einlauffeld durch die beiden divergierend fortschreitenden Spannketten lediglich in Richtung der Schußfäden gereckt und verbleibt in diesem Zustand während seines Laufes durch die einzelnen Abteilungen der Trockenkammer. Ein Schräg- oder Diagonalverzug der Schußfäden gegenüber den Kettfäden findet nicht

Abb. 151. Changier-, Spannrahmen-Trockenmaschine für elastische Gewebe, mit wagerechtem Kettenlauf, Einlaßfeld und 10 Trockenfeldern, patentierter Einlaßvorrichtung und Druckluft-Gewebe-Einführvorrichtung, verbunden mit Stärkmaschine, 6 Vortrocken-Zylindern, 2 Nachtrocken-Zylindern, sowie je einem großen Kompensator am Ein- und Auslaß. E. G. Haubold A.-G., Chemnitz.

statt. Er wird durchgeführt auf Spannrahmen-Trockenmaschinen mit Diagonalverzug, den sogenannten Changier-Spannrahmen-Trockenmaschinen, und liefert getrocknete Gewebe, mit gut ausgerichteten, an den Fadenkreuzungsstellen voneinander gelösten Kett- und Schußfäden. Vgl. Abb. 151.

e) Trocknen von Wirkwaren. Beim Trocknen von Wirkwaren ist zu berücksichtigen, ob sie als für die Konfektion bestimmte Warenbahnen in Schlauchform oder als reguläre Waren vorliegen. Beide Arten werden im allgemeinen auf der normalen Schleuder entnäßt. Das Trocknen der entnäßten Warenbahnen erfolgt entweder auf dem Hängetrockner, wie er beispielsweise in Abb. 142 veranschaulicht ist, oder es kommen Vorrichtungen zur Anwendung, bei denen die Trockenluft in den Warenschlauch hinein und damit durch ihn hindurchgetrieben wird. Eine solche Trockenvorrichtung zeigt Abb. 152. Sie ist mit einem Kalander in Verbindung gebracht, durch welchen der ihn über einen Ausbreiter zugeführte, getrocknete, evtl. auch noch gedämpfte Warenschlauch flach zusammengelegt geglättet wird. Wie die Abbildung erkennen läßt, ist diese Trockenvorrichtung mit zwei sogenannten Warenkesseln ausgestattet, die um senkrechte Zapfen drehbar auf einer gemeinsamen Tragplatte angeordnet sind, welche ihrerseits wieder um eine senkrechte Achse geschwenkt werden kann. Jeder Warenkessel ist über einer zentralen Bodenöffnung mit einem im Mantel perforierten Rohr ausgestattet, welches, sobald sein Warenkessel sich unterhalb des Kalanders befindet, mit einer Zuleitung für die durch einen Kalorifer erzeugte Warmluft in Verbindung kommt, Abbildung linke

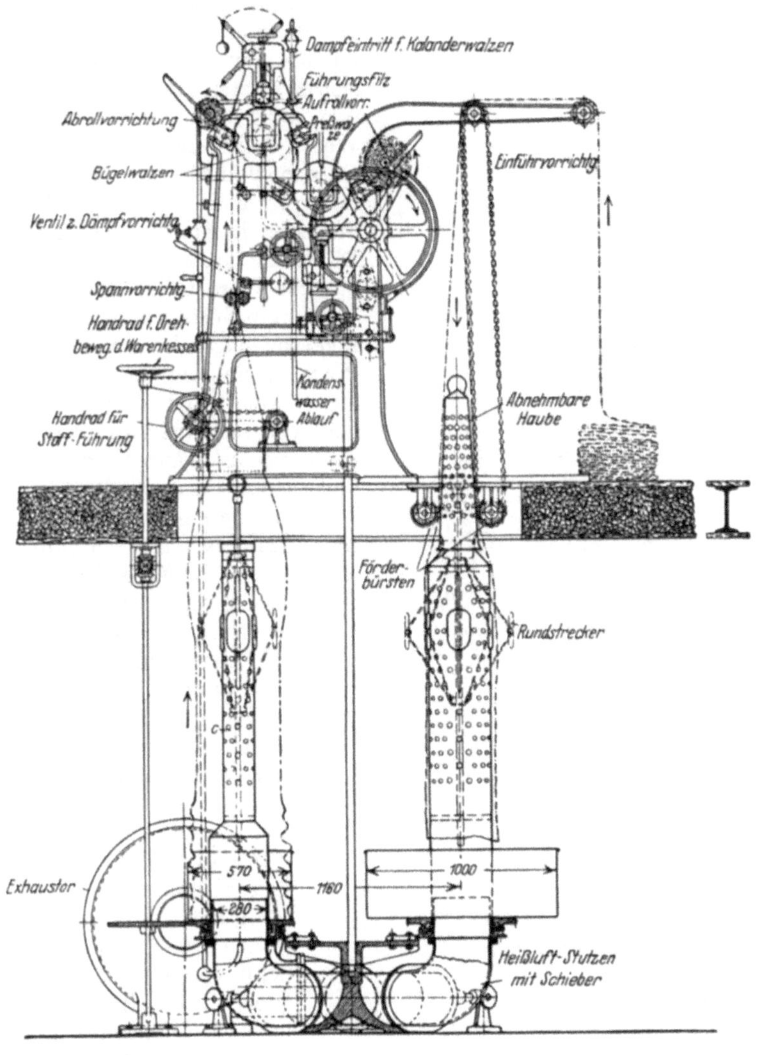

Abb. 152.

Seite. Der seitwärts des Kalanders stehende Warenkessel wird beschickt, indem die Ware über das in ihm angeordnete Rohr nach abwärts geschoben wird. Ist die Beschickung des einen Warenkessels beendet und die Ware aus dem anderen Kessel abgelaufen, erfolgt Schwenkung der Warenkesseltragplatte um 180°. Hierdurch kommt der beschickte Warenkessel unter den Kalander zu stehen und der in ihm aufgespeicherte Warenschlauch kann über das Luftzuleitungsrohr nach oben abgezogen und in den Kalander eingezogen werden. Sich beim Ablauf der Ware etwa bildende Verwindungen können durch Drehung des Warenkessels um seine Achse mittels des ersichtlichen Handstellzeugs ausgeglichen werden. — Das Trocknen regulärer Warenstücke, als welche in der Hauptsache Strümpfe, Socken und Handschuhe in Frage kommen, erfolgt auf Formen in Trockenöfen oder auf in sich beheizten Formen. In die Trockenöfen werden die mit den zu trocknenden Waren bezogenen Formen eingehängt oder hochkant liegend eingeschoben. Im letzteren Falle finden die Formen ihre Stützung in einem fächerartigen Rost. Da es sich dabei schwer vermeiden läßt, daß die Ware mit den Wandungen der Formen in Berührung kommen, ergeben sich sehr leicht glänzende Stellen auf der Ware, sowie Seng- und Schmutzflecken. Um diesem Übelstand abzuhelfen, hat man vorgeschlagen, die Formen in den Öfen nur an den von der Ware nicht bedeckten Stellen zu halten. Die Abb. 153 läßt eine diesem Zwecke dienende Vorrichtung für das Trocknen von Strümpfen erkennen. — Ihr Wesen besteht nach den genannten Patenten (D.R.P. 310878 und 312992) darin, daß die Formen gegen seitliches Umlegen und Kippen des Fußteils durch Anlagen *d* und *g* gesichert werden, welche beide die Formen nur am hinteren, strumpffreien Teil halten. Um beim Öffnen der Tür *b* die die Formhalter *d* und *g* aufweisenden, auf Bodenschienen *a* verschiebbaren Schlitten *c* gleichzeitig nach vorn aus dem Ofen zu ziehen und andererseits beim Schließen der Tür *b* wieder in den Ofen einzuschieben, sind die benannten Schlitten durch Gelenkhebel mit der Ofentür *b* verbunden. — Die durch Dampf zu beheizenden Formen sind aus Stahlblech hergestellt, außen vernickelt und besitzen als Strumpfformen in ihrer neuesten Ausführungsform auswechselbare Fußspitzen[1]). Die

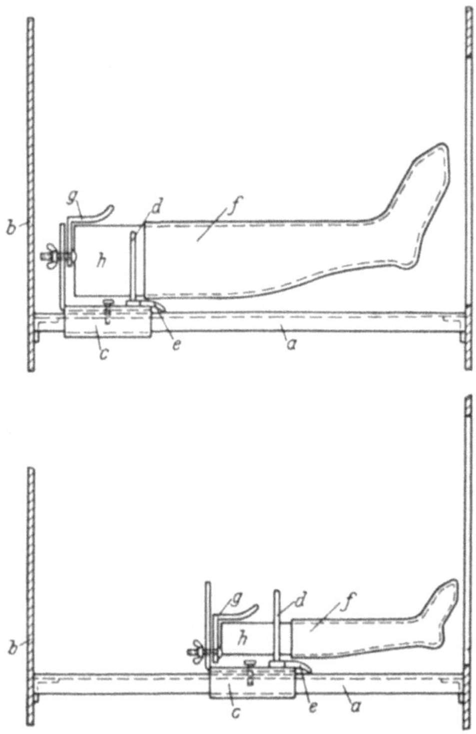

Abb. 153. Trockenofen für Strümpfe.

Abb. 154. Strumpf-Trockentisch für zwei Formerinnen, je eine auf jeder Längsseite; Fritz Schuster, Chemnitz.

[1]) Vgl. Melliand Textilberichte, 1926, S. 139.

elektrisch zu beheizenden Formen bestehen aus Aluminiumbronze und sind mit Druckkontakten versehen. Ihre Heizdrähte sind bei der Ausführungsform nach Abb. 154, einzeln in Rillen verlegt und durch Porzellan vollständig hermetisch eingeschlossen, eine Oxydation und gegenseitige Berührung ist infolgedessen ausgeschlossen. Die durch Dampf und elektrisch zu beheizenden Formen werden bei ihrer Verwendung aufrechtstehend auf sogenannte Arbeitstische aufgesetzt, wie dies Abb. 154 für elektrisch zu beheizende Strumpfformen erkennen läßt. Dabei tritt eine Kupplung mit der Dampfzuleitung oder der elektrischen Leitung ein. Bei der in Abb. 154 wiedergegebenen Einrichtung für elektrischen Betrieb ist der Arbeitstisch mit aus Gußeisen hergestellten Formenhaltern ausgestattet, welche um 180° drehbar in Ringführungen auf Kugellagern ruhen. Durch die drehbare Anordnung der Formenhalter wird eine gute Kontrolle möglich und die Bedienung der ganzen Einrichtung erleichtert.

VII. Bedrucken.

Bedruckt werden als textile Erzeugnisse: Faserbänder, Garne, Gewebe und Wirkwaren. Allem Druckverfahren gemeinsam ist, daß beim Auftragen des musterbildenden Mittels eine Druckwirkung zur Anwendung kommt, durch die entweder das auf erhabenen Teilen des Druckwerkzeugs, der Druckform, sitzende, dickflüssig gemachte Druckmittel in Form einer Farbe, Beize, Reservage usw. durch Inberührungbringen der erhabenen Teile der Druckform mit dem Werkstück auf das letztere übertragen oder das Werkstück an den das zu erzeugende Muster umgrenzenden Teilen durch Druck verdichtet und ihm dabei die Möglichkeit gelassen wird, das Druckmittel innerhalb der das Muster umgrenzenden Linien lediglich durch Saugwirkung aufzunehmen. Im erstgenannten Falle bezeichnet man den Druck als Hoch- oder Reliefdruck, im zweitgenannten Falle dagegen als Tiefdruck, sofern das Druckmittel sich in den dem Muster entsprechenden Vertiefungen des Druckwerkzeuges aufgespeichert befindet, und als Schablonendruck, sofern bei Abgabe des Druckmittels an das Werkstück dieses durch eine mustergemäß durchbrochene Schablone teilweise abgedeckt wird.

Ausgeführt wird der Druck mit der Hand oder mit der Maschine. Der Handdruck verwendet als Druckwerkzeug plattenförmige Druckformen, in welche das Muster erhaben eingearbeitet ist oder auf welche die eigentliche Druckform als Stereotypie aufgesetzt ist, sofern es sich um die Hervorbringung einfacher Zeichnungen mit starken Konturen handelt oder auf welchen das Musterrelief durch eingeschlagene Messingstreifen und Stifte gebildet ist, die etwa 6 mm vorstehen, wenn kunstvolle Zeichnungen in Frage kommen. Der Maschinendruck verwendet Druckplatten der vorgekennzeichneten Art oder Druckwalzen, welche das Muster erhaben oder vertieft aufweisen. Mit Druckplatten ausgestattete Maschinen bezeichnet man als Perrotinen, die mit Druckwalzen arbeitenden Maschinen führen gewöhnlich den Namen Rouleauxdruckmaschinen und sind solche für Tief- oder Hoch- bzw. Reliefdruck. — Bei den Schablonendruckmaschinen empfängt das Werkstück die Farbe von einer elastischen Walze oder Bürste dadurch, daß es unter dieser, von der Schablone abgedeckt, unter Druck hinweggeführt wird.

a) Das Bedrucken der Garne. Baumwollgarne werden gewöhnlich in Strähnform, bisweilen jedoch auch in Form einer Kettenbahn oder endlich als einzelne Fäden bedruckt und zwar nach dem Hochdruckverfahren im Einfarben- und Buntdruck. Das Druckmuster wird dabei lediglich durch quer über das Garn laufende Farbstreifen gebildet und diese werden erzeugt mit Hilfe von

Druckwalzen, welche entweder parallel zur Walzenachse laufende oder den Walzenmantel ringartig umgebende Rippen aufweisen, deren Breite der Breite der zu erzeugenden Farbstreifen entspricht.

Garndruckmaschinen für Strähngarn sind in den Abb. 155 bis 157 wiedergegeben. In den Abb. 155 und 155a ist eine Strähngarn-Druckmaschine für Einfarbendruck veranschaulicht. Bei ihr werden die zu bedruckenden Garnsträhne über drei horizontal und im Dreieck in einem Schwenkrahmen drehbar gelagerte, längsgerippte Leitwalzen *a* gespannt, von denen die eine der Strahn- oder Weiflänge entsprechend eingestellt werden kann. In dem genannten Schwenkrahmen ist auch die eine der beiden Druckwalzen gelagert, während die mit ihr zusammenarbeitende Gegenwalze im festen Gestell untergebracht ist. Unter jeder Druckwalze befindet sich eine mit einem Filzschlauch überzogene Farbübertragungswalze *c* und unter dieser wieder, zur Hälfte in einem kupfernen

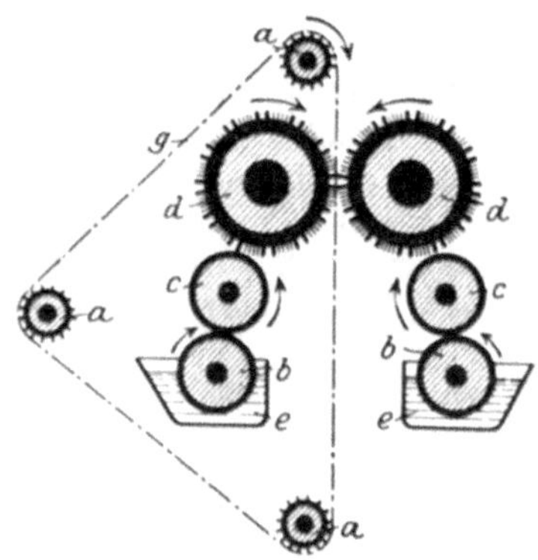

Abb. 155 und 155a. Strähngarn-Druckmaschine (Perldruckmaschine); C. Oswald Liebscher, Chemnitz.

Farbtrog liegend, die eigentliche Farbwalze *b*, welche die verdickte Farbe nach oben an die Übertragungswalze *c* und durch diese weiter nach oben an die Musterwalze oder Druckwalze abgibt. Wird der Schwenkrahmen um seinen senkrechten Zapfen nach außen gedreht, so können etwa bedruckte Garnsträhne von den Tragwalzen abgenommen und zu bedruckende Strähne auf sie aufgebracht werden. Ist letzteres geschehen, so wird der Rahmen wieder nach innen geschwenkt und in dieser Stellung mit dem Gestell verriegelt. Werden dann mittels der ersichtlichen Handkurbel die Walzen in der ersichtlichen Pfeilrichtung in Drehung versetzt, so wandern die aufgespannten Strähne zwischen den beiden Druckwalzen *d* von oben nach unten hindurch und werden dabei auf beiden Seiten bedruckt. Damit der Druck ein elastischer ist und die Fäden nicht durchgequetscht werden, ist die eine der Druckwalzen elastisch gelagert und kann außerdem gegenüber der zweiten Walze verstellt werden. Um ferner beliebig mager oder fett drucken zu können, können die Walzen *b*, *c* gegeneinander und die Walzen *c* gegenüber den Druckwalzen *d* verstellt werden. — In Abb. 156 und 156a ist eine Mehrfarben-Strähngarn-Druckmaschine dargestellt, bei welcher Druckwalzen mit Druckringen für das Auftragen der Farbstreifen zur Anwendung kommen. Auf Führungsleisten des Gestells ist ein Drucktisch schlittenartlg verschiebbar gelagert. In diesem Drucktisch sind zwei längsgeriffelte Garntragwalzen *a* drehbar und aushebbar gelagert, deren eine mittels einer Handkurbel in Drehung versetzt werden kann. Die Druckwalzen sind in dem Gestell der Maschine untergebracht, und zwar ruht die untere *b* ortsfest in diesem, während die obere *d* von Gewichtshebeln getragen wird. Die untere Druckwalze *b* taucht mit ihren Druckringen in einen Farbbehälter *e*, der in ebenso viele Farbkammern geteilt ist wie die Walze Ringe aufweist, jeder Druckring wird also mit einer Farbe gespeist. Da es möglich ist, der Druckwalze bis zu 60 Ringe zu geben, kann man bis zu 60 Farben auf einmal drucken. Selbstverständlich kann man die Farbkammern so mit Farben speisen, daß sich die einzelnen Farben regelmäßig wiederholen oder unregelmäßig einander folgen, auch können einzelne Farbkammern frei von Farbe bleiben. Der Drucktisch ist auf einer Seite mit einer Zahnstange ver-

Abb. 156 und 156a. Strähngarn-Druckmaschine für Buntdruck; C. Oswald Liebscher, Chemnitz.

sehen und die obere Druckwalze trägt auf ihrer Achse ein ihr entsprechendes Zahnrad. Sind die Tragwalzen *a* in der Vorderstellung des Drucktisches, Abb. 156, links, mit Garnsträhnen bespannt, so wird der Drucktisch nach hinten geschoben. Hierbei kommt der Zahntrieb auf der oberen Druckwalze mit der Zahnstange des Drucktisches in Eingriff und dies hat zur Folge, daß nunmehr, sobald die obere Druckwalze mittels der Handkurbel in Drehung versetzt wird, der Drucktisch zwangläufig nach hinten gezogen wird. Die Garnsträhne gehen dabei zwischen den beiden Druckwalzen hindurch und empfangen durch die Unterwalze im Zusammenwirken mit der von ihr zuvor mit Farbe versehenen Oberwalze den Streifendruck. Ist der Drucktisch in der hinteren Stellung angekommen, so werden die Strähne durch Drehen der einen Garntragwalze mittels der aufgesetzten Kurbel um die der Druckwalzenlänge entsprechende Rapportlänge umgezogen. Hierauf wird der Drucktisch wieder nach vorn geschoben, der Druckvorgang wiederholt sich dabei und dann beginnt das Arbeitsspiel aufs neue. Ist der Aufdruck beendet, so wird die obere Druckwalze von der unteren abgehoben, der Drucktisch in seine Vorderstellung überführt und sodann werden die bedruckten Strähne abgenommen bzw. durch neue

Abb. 157. Buntdruckmaschine für Strähngarn; C. Oswald Liebscher, Chemnitz.

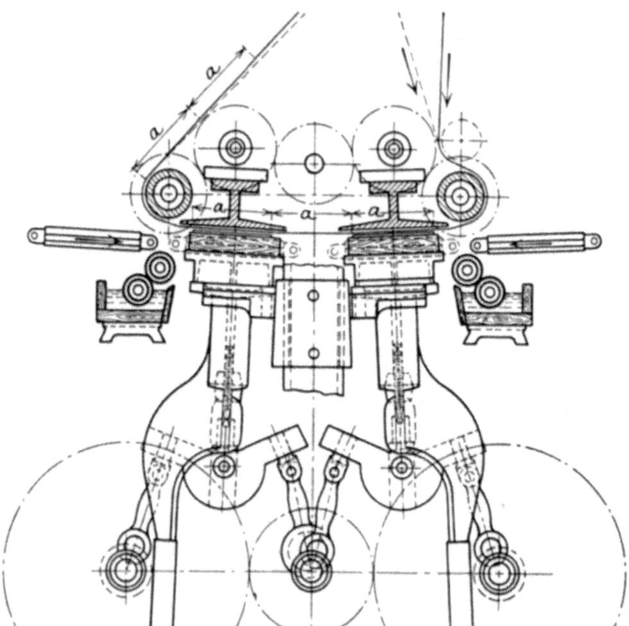

Abb. 158. Zweifarben-Perrotine für einseitigen Druck; C. G. Haubold A. G., Chemnitz.

ersetzt. — Die Maschine nach Abb. 157 ist ebenso wie die vorerläuterte eine Mehrfarbendruckmaschine, deren Druckwalzen Druckringe tragen, es sind jedoch mehrere Walzen hintereinander angeordnet. Eine jede derselben kann nach Bedarf aus der Maschine herausgenommen und alle Walzen können gleichzeitig von den Unterwalzen abgehoben werden. Jede dieser läuft in einem Farbkasten und speist aus ihm die Oberwalze. Die Maschine wird gebaut für 1 bis 2 Farben mit einer Ober- und zwei Unterwalzen, für 1 bis 4 Farben mit zwei Ober- und vier Unterwalzen und für 1 bis 6 Farben mit drei Ober- und sechs Unterwalzen.

Die Garndruckmaschinen für Kettengarne und einzelne Fäden (Kettendruckmaschinen) unterscheiden sich von den Garndruckmaschinen für Strähngarn im wesentlichen nur hinsichtlich der Zuführung der Garne zu den Druckwalzen und Abführen von diesen. Der Einlauf der Garne zwischen die Druckwalzen erfolgt von oben her über eine Leitwalze. Um bei der Nachbehandlung bedruckter Kettgarne ein Verziehen des aufgedruckten Musters zu verhindern, werden in die Kette vielfach in Abständen von etwa $^1/_2$ m einige Schußfäden lose eingetragen, die später beim Verweben der Kette wieder entfernt werden.

b) Das Bedrucken der Gewebe. Für das Bedrucken baumwollener Gewebe kommen der Handdruck und der Maschinendruck zur Anwendung. Der Handdruck ist Hochdruck, der Maschinendruck wird als Flachdruck, Tiefdruck, Hochdruck und Schablonendruck ausgeführt.

Handdruck. Bei der Ausführung des Handdrucks, welcher auch als Klotzdruck bezeichnet wird und vornehmlich zum Bedrucken von Decken, insbesondere solchen mit Kanten und mehrfarbigem Mittelbild, Verwendung findet, wird das zu bedruckende Gewebe auf einen Tisch mit elastischem Belag aufgespannt. Die das Muster erhaben tragende Druckplatte wird dann zwecks Einfärbuug ihrer Musterteile zunächst auf ein Farbkissen aufgesetzt und hierauf die aufgenommene Farbe nach dem Abheben der Druckplatte vom Farbkissen durch Aufsetzen auf das zu bedruckende Gewebe auf dieses übertragen. Weist das herzustellende Musterbild mehrere Farben auf, so kommt eine der Zahl dieser Farben entsprechende Zahl von Druckplatten und Farbkissen zur Anwendung.

Abb. 159. Zweifarben-Perrotine für zweiseitigen Druck, mit zentralem Chassiantrieb, auch als Vierfarben-Perrotine für einseitigen Druck verwendbar; C. G. Haubold A.-G., Chemnitz.

Maschinendruck. α) Perrotine. Bei dieser nach Perrot, ihrem erstmaligen Erbauer (Rouen 1834) benannten Maschine kommen für die Erzeugung der Muster ganz wie beim Handdruck Druckplatten zur Anwendung. Die Maschine arbeitet also nach dem Hochdruckverfahren und 'eignet sich sowohl für die Gewinnung fortlaufender als auch für die Erzeugung abgepaßter Muster. Die Perrotinen werden im allgemeinen für einseitigen Druck von 1 bis 6 Farben und zweiseitigen Druck von 1 bis 3 Farben gebaut. Die Maschinen der letztgenannten Art sind auch für einseitigen Druck von 2 bis 6 Farben verwendbar. Abb. 158 veranschaulicht im Schnitt eine Zweifarbenperrotine für einseitigen Druck in ihren wesentlichen Bestandteilen. Abb. 159 dagegen in Ansicht eine Zweifarbenperrotine für zweiseitigen Druck, die auch als Vierfarbenperrotine für einseitigen Druck verwendet werden kann. Die normale Perrotine besitzt zwei Seitenwände, die durch geeignete Querstücke und die Drucktische, nach Abb. 158 sind es deren zwei, miteinander verbunden sind. Den mit einer Filzauflage und einem festen, glatten Wachstuchüberzug versehenen Drucktischen gegenüber sind die Druckplattenträger, die sogenannten Drucker angeordnet, auf denen die Druckplatten durch Holzschrauben und Spanneisen befestigt werden. Stellkloben ermöglichen die genaue Einstellung der Druckplatten. Seitlich der Drucktische sind die Farbkissen oder Chassis derart verschiebbar angeordnet, daß sie zwischen die Drucktische und die Drucker eingeschoben werden können und beim Rücklauf zwecks Farbaufnahme über ein Walzenfarbwerk hinweggehen. Die Drucker werden gegen die Drucktische in zwei Perioden bewegt, und zwar zunächst nur so weit, daß sie zwecks Einfärbens der Druckform mit dem eingeschobenen und eingefärbten Farbkissen in Berührung kommen und dann nach wiederausgezogenem Farbkissen weiter bis an den Drucktisch zwecks Abgabe der Farbe an das mit einem Mitläufer über den Drucktisch geführte Gewebe. Dieses läuft von einer mit Bremse versehenen Abwickelwalze ab über Glättschienen und Leitwalzen zu den Drucktischen. Für seine Fortbewegung über

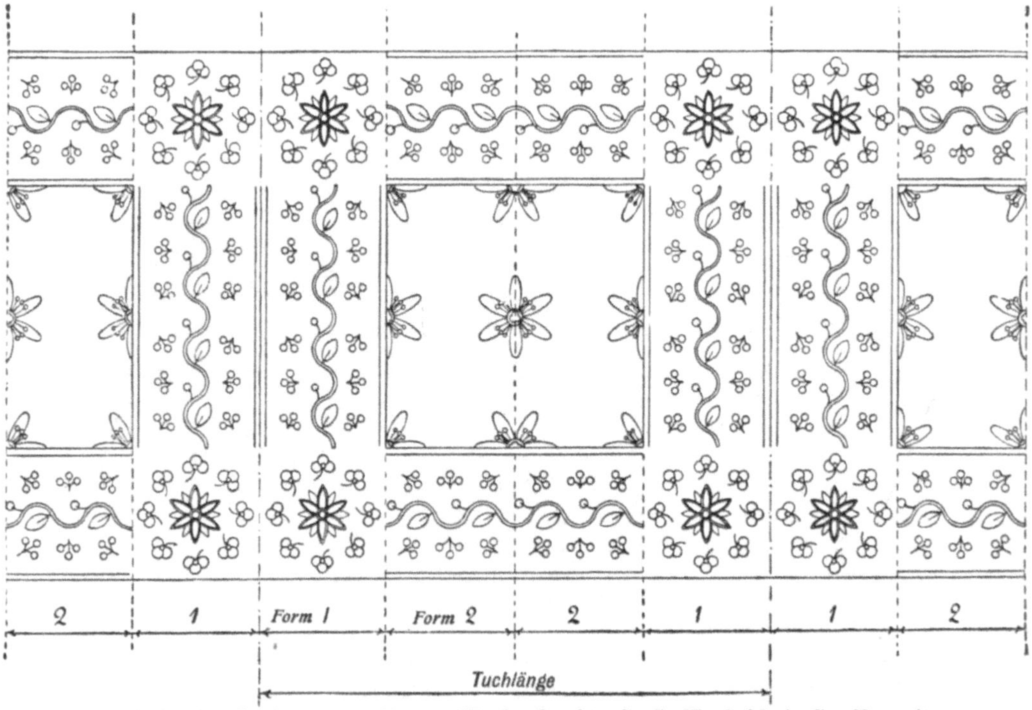

Abb. 160. Druck abgepaßter Muster (Tücherdruck); C. G. Haubold A.-G., Chemnitz.

diese in genau abgemessenen Größen ist seitlich vor und hinter den Drucktischen oder einem jeden derselben eine Nadelwalze, Rapportwalze, vorgesehen, welche das Gewebe sicher hält und vorwärts bewegt. Nachdem dieses auf dem ersten Tisch seinen Aufdruck empfangen hat, wird es, durch die genannten Rapportwalzen gefördert, auf dem zweiten Tisch bedruckt und so weiter. Zwecks Erzielung eines fetten Drucks kann die Maschine auch so eingestellt werden, daß der Vorschub des Gewebes einmal oder zweimal aussetzt. Es wird dann von den Formen zwei- oder dreimal Farbe auf dieselbe Stelle der Ware aufgetragen.

Die nebenstehenden beiden Abb. 160 und 161 veranschaulichen den Druck von abgepaßten Mustern (Tüchern) je mit zwei verschiedenen Formen. Jede von ihnen wird in einem besonderen Durchgang der Ware durch die Maschine gedruckt derart, daß die Drucker beim Druck der Form *1* aussetzen, wenn der für die Form *2* bestimmte Teil des Musters über die Drucktische geht und umgekehrt beim Druck der Form 2. In gleicher Weise werden auch Muster mit noch mehr als zwei Formen gedruckt.

Beim zweiseitigen Druck wird die Ware in einem Durchgang durch die

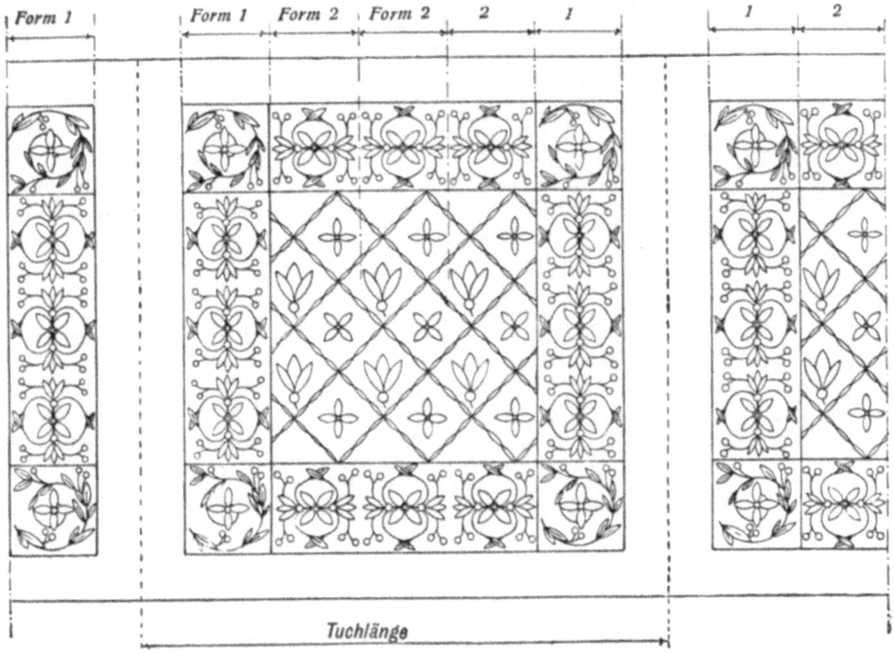

Abb. 161. Druck abgepaßter Muster (Tücherdruck); C. G. Haubold A.-G., Chemnitz.

Maschine auf beiden Seiten bedruckt, die erste Seite wird aber, nachdem sie bedruckt ist, erst durch Trockenzylinder oder Lufterhitzer getrocknet, bevor die Ware zum Bedrucken der zweiten Seite auf die Drucktische gelangt.

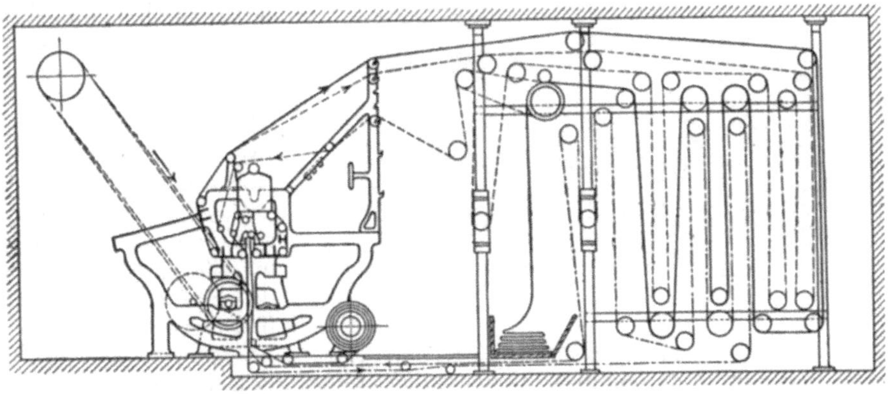

Abb. 162. Perrotine mit Trockenstuhl; C. G. Haubold A.-G., Chemnitz.

Nach dem Verlassen der Druckmaschine geht die Ware mit dem Mitläufer über Leitwalzen zum Trockenstuhl, Abb. 162. Durch ihn werden beide Stoffbahnen mittels Leitwalzen in auf- und absteigenden Gängen geführt, und hierauf wird das bedruckte Gewebe hinter dem Trockenstuhl, der Mitläufer vor ihm abgelegt, sofern er nicht als endloser Mitläufer wieder zur Druckmaschine zurückläuft. Da zum Trocknen der Ware im Trockenstuhl meistens die vorhandene Raumwärme genügt, werden Heizkörper (Dampfheizschlangen) nur selten angeordnet.

Abb. 163. Zehnfarben-Walzendruckmaschine für einseitigen Druck; Franz Zimmers Erben, Warnsdorf i. Böhmen u. Zittau.

β) Walzendruckmaschinen (Rouleauxdruckmaschinen). Die Walzendruckmaschinen arbeiten, wie bereits oben ausgeführt worden ist, entweder nach dem Tiefdruck- oder nach dem Hochdruckverfahren.

1. Walzendruckmaschinen für Tiefdruck. Bei ihnen erfolgt das Auftragen der Farbe bzw. Farben mit Hilfe von Druck- oder Musterwalzen, welche, auf Stahlachsen sitzend, aus Kupfer oder Messing mit wenigstens 15 mm Wandstärke bestehen und auf ihrer Oberfläche das Muster vertieft aufweisen. Die Tiefe richtet sich nach dem Charakter des zu bedruckenden Gewebes; für leichte glatte Ware kommt eine geringe, für stärkere Ware eine größere Tiefe zur Anwendung. Die Musterwalzen arbeiten mit einem Zylinder, dem sogenannten Gegendruckzylinder oder Presseur, zusammen und sind zu diesem Zweck in der aus Abb. 163 ersichtlichen Weise um diesen gruppiert. Der Gegendruckzylinder sitzt frei drehbar auf seiner Achse, die in Gleitlagern ruht, welche zwecks Veränderung der Höhenlage des Zylinders mit Hilfe des ersichtlichen, aus Handrad, Kegelrädern und Stellspindeln bestehenden Stellzeuges in Schlitzführungen der Gestellseitenwandungen gehoben und gesenkt werden können. Seine Drehbewegung empfängt der Gegendruckzylinder durch die Musterwalzen. Die Druckwalzenlager sitzen zu diesem Zweck ebenfalls verschiebbar in Schlitzführungen der Gestellwandungen, und zwar so, daß die Druckwalzen mehr oder weniger fest an den Gegendruckzylinder angepreßt werden können. Hierzu dienen Gewichtshebel allein, von Stellspindeln beeinflußte Stahlpuffer oder diese in Verbindung mit

Abb. 164. Rapporträder für das Einstellen der Druckwalzen; Franz Zimmers Erben, Warnsdorf i. Böhmen und Zittau.

Gewichtshebeln. Außerhalb der einen Gestellseitenwand sind alle Musterwalzenachsen mit Zahnrädern, den sogenannten Rapporträdern, ausgestattet, und diese stehen sämtlich mit einem auf der Gegendruckzylinderachse fest angeordneten Stirnrad in Eingriff, wie dies Abb. 163 erkennen läßt. Empfängt die letztgenannte Achse Drehbewegung, so setzt das auf ihr befindliche Stirnrad alle Musterwalzen in Drehung, und diese drehen den Gegendruckzylinder durch Umfangsreibung, wodurch das um ihn geführte zu bedruckende Gewebe gefördert wird und dabei die Abdrucke der einander folgenden Musterwalzen nacheinander aufnimmt. Um die Möglichkeit zu haben, die Musterwalzen so gegeneinander einstellen zu können, daß die einzelnen Musterteile im richtigen Rapport auf dem Gewebe zum Abdruck kommen, ist jedes Rapportrad aus zwei Teilen hergestellt, und zwar einer auf der Walzenachse festzukeilenden, mit Schneckenrad ausgestatteten Nabe, Abb. 164, und einem auf dieser drehbaren Zahnkranz, dessen Nabe mit einer Schnecke ausgestattet ist, die mit dem Schneckenrad in Eingriff steht und so mit diesem ein Gesperre bildet. Empfängt die Schnecke durch einen Schlüssel Drehbewegung, so erteilt sie durch das mit ihr in Eingriff stehende Schneckenrad der Musterwalzenachse und damit auch der auf ihr sitzenden Musterwalze selbst eine Drehbewegung gegenüber dem Antriebzahnkranz, der seinerseits nicht ausweichen kann, weil er durch sein Antriebrad gesperrt ist. Unter jeder Musterwalze befindet sich ein Farbtrog aus Kupferblech, Abb. 165, in welchem eine hölzerne, mit einem Gummibezug versehene oder mit einem etwa 5 mm dicken sogenannten Lapping bewickelte Farbauftragwalze oder auch eine Bürstenwalze läuft. Sie geben die aus dem Trog aufgenommene Farbe an die Musterwalze ab. Bürstenwalzen werden dann angewandt, wenn Druckfarben zur Anwendung kommen, welche leicht zum Festsetzen in der Gravur der Musterwalze neigen, eine gleichzeitige Reinigung dieser also erwünscht ist. Gegen jede Musterwalze werden unter Gewichtsdruck zwei Abstreichmesser aus Bronze oder Stahl, die sogenannten Rakeln, angepreßt. Die erste Rakel, Farb- oder Hauptrakel, streicht, während sich der Walzenmantel unter ihr hinwegbewegt, die auf der Musterwalze befindliche überschüssige Farbe so ab, daß diese nur noch in den Vertiefungen verbleibt, die zweite gegen

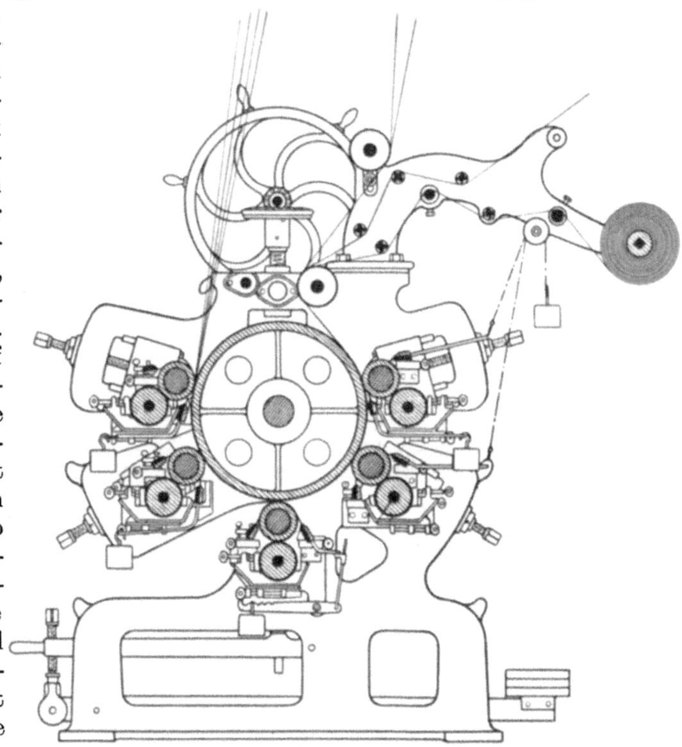

Abb. 165. Fünffarben-Walzendruckmaschine für einseitigen Druck; Franz Zimmers Erben, Warnsdorf i. Böhmen und Zittau.

die Walzendrehrichtung angestellte Rakel, Gegenrakel, hat den Zweck, alle Unreinigkeiten, Stoffasern usw. von der Druckwalzenoberfläche abzunehmen. Die Hauptrakeln werden axial hin und her bewegt, damit sie sich durch die unter ihnen vorbeistreichende Liniengravur der Musterwalzen nicht ungleichmäßig abnützen. Das zu bedrukkende Gewebe wird auf einen Mitläufer und mit diesem auf einem Drucktuch (Wollsack oder Gummituch) ruhend um den Druckzylinder geführt. Das Drucktuch ist endlos, wird durch Leitwalzen gut gespannt vom Druckzylinder angetrieben und bildet die elastische Unterlage für das Gewebe beim Drucken. Der Mitläufer schützt das Drucktuch vor einem etwaigen Bedrucken und läuft gleich dem zu bedruckenden Gewebe als offenes Stück durch die Maschine. — Handelt es sich darum, das Gewebe nicht nur einseitig, sondern zweiseitig zu bedrucken, so kommt die sogenannte Doppel- oder Duplex-Druckmaschine zur Anwendung. Sie ist eine Zusammenstellung zweier Einzelmaschinen mit je einem Gegendruckzylinder und den um ihn gruppierten Musterwalzen sowie Farbwerken. Die beiden Gegendruckzylinder sind nahe aneinanderliegend im Gestell gelagert, wie dies die Abb. 166 und 167 erkennen lassen, und es läuft das Gewebe über den einen Zylinder mit seiner Vorder-, über den anderen mit seiner Rückseite. Die Doppel-

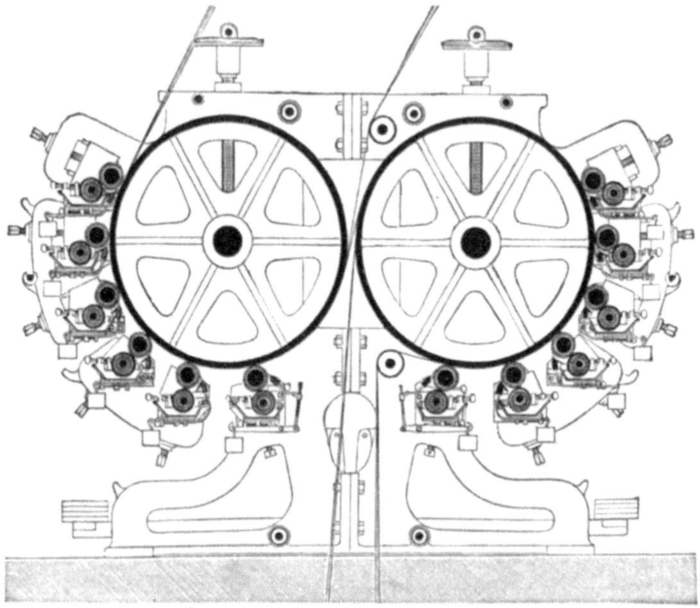

Abb. 166. Sechsfarben-Walzendruckmaschine für zweiseitigen Druck; Franz Zimmers Erben, Warnsdorf i. Böhmen und Zittau.

Abb. 167. Vierfarben-Doppeldruckmaschine; Franz Zimmers Erben, Warnsdorf i. Böhmen und Zittau.

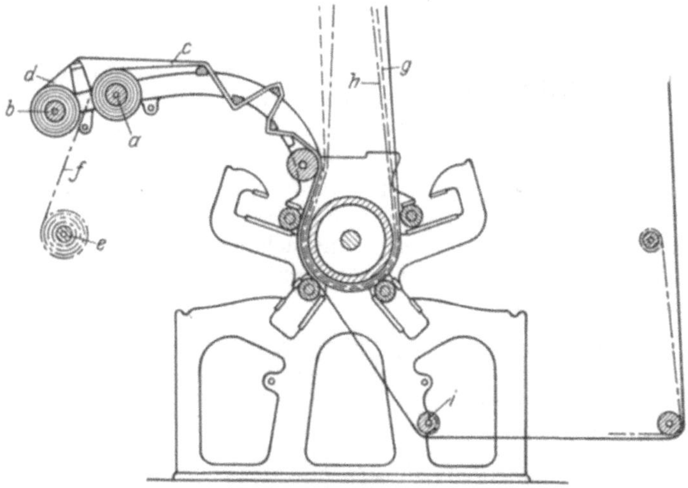

Abb. 168.

druckmaschinen werden auch so gebaut, daß mit ihnen unter Verwendung aller Druckwalzen nur einseitig gedruckt werden kann. — Die vorbehandelten Walzendruckmaschinen sind für das Bedrucken einer Gewebebahn bestimmt. Um die Arbeitsleistung einer solchen Maschine zu erhöhen, hat man vorgeschlagen, auf ihr gleichzeitig zwei Gewebebahnen zu bedrucken. Abb. 168 läßt die Einrichtung einer solchen Maschine erkennen. Die beiden von den gebremsten Wickelwalzen *a* und *b* ablaufenden Gewebebahnen *c* und *d* werden mit einem von einer dritten Wickelwalze *e* kommenden und zwischen sie geführten Mitläufer *f* über Spannriegel, Ausbreitschienen und eine Leitwalze dem Gegendruckzylinder zugeführt, auf dem sie sich auf einen zweiten Mitläufer *g* und das Drucktuch *h* auflegen. Diese fünf aufeinanderliegenden Bahnen *cfdg* und *h* laufen unter den ersten beiden Druckwalzen hinweg, und dabei empfängt die außenliegende Gewebebahn *c* durch sie den Aufdruck. Zwischen der zweiten und dritten Druckwalze wird die bedruckte Gewebebahn *c* mit ihrem Mitläufer *f* vom Gegendruckzylinder ab und über eine Führungswalze *i* der Mansarde zugeleitet. Die zweite Gewebebahn *d* mit ihrem Mitläufer *g* und dem Drucktuch *h* laufen, auf dem Gegendruckzylinder verbleibend, unter der dritten und vierten Musterwalze

Abb. 169. Einfarben-Endendruckmaschine; Franz Zimmers Erben, Warnsdorf i. Böhmen und Zittau.

hinweg, und dabei empfängt die zweite Gewebebahn *d* durch sie ihren Aufdruck in der gewöhnlichen Weise. An Stelle von vier Musterwalzen können deren auch mehr angewendet werden, und auch die Ausnutzung dieser Walzen für die beiden Gewebebahnen kann eine von der dargestellten abweichende sein.

Die Walzendruckmaschinen werden als sogenannte Kattundruckmaschinen für einseitigen Ein- bis Zwölffarbendruck und beiderseitigen Ein- bis Achtfarbendruck ausgeführt. Der Umfang der Musterwalzen entspricht dem Musterrapport und liegt etwa zwischen 500 bis 900 mm. Von ihnen unterscheiden sich die Tücher- und Deckendruckmaschinen im wesentlichen nur dadurch, daß die Musterwalzen einen wesentlich größeren Umfang haben, weil dies der Rapport bedingt.

Abb. 170. Regelbarer Elektromotorenantrieb für Rotationsdruckmaschinen mit Treibriemen zwischen Motor und Vorgelegewelle; Franz Zimmers Erben, Warnsdorf i. Böhmen und Zittau.

Um das Entwenden von Waren durch Abschneiden von Stückenden zu erschweren, werden farbige Streifen oder Ränder auf die Enden der Warenstücke aufgedruckt. Diesem Zweck dient die in Abb. 169 dargestellte Einfarben-Endendruckmaschine. Sie ist ihrem Zweck entsprechend nur für Handbetrieb durch Kurbel gebaut. Der linke Seitenständer ist zwischen Presseur und Druckwalze offen, um dort das Stückende quer zur Achse der Druckwalze ein- und durchführen zu können.

Der Antrieb der Druckmaschine durch die Achse des Gegendruckzylinders oder Presseurs erfolgt in der einfachsten Form von einer Transmission aus durch Riemen, in welchem Falle die genannte Achse mit Fest- und Losscheibe versehen ist, durch eine sogenannte Bock- oder Diagonaldampfmaschine oder endlich durch einen Elektromotor. Der letztere kommt zur Anwendung als nicht regelbarer oder regelbarer Motor. Im ersteren Falle wird gewöhnlich zwischen den Motor und die Druckmaschine ein sogenanntes Räderschaltvorgelege eingebaut, welches ermöglicht, bei mit gleichbleibender Tourenzahl laufendem Motor die Druckmaschine mit verschiedener Geschwindigkeit zu treiben. Das gleiche Schaltvorgelege wird auch beim Riemenantrieb zur Anwendung gebracht. Der Dampfmotor wird, obwohl er nicht wirtschaftlich arbeitet, von solchen Druckereien vorgezogen, denen eine billige Dampferzeugung möglich und denen daran gelegen ist, den Betrieb der Druckerei unabhängig von der elektrischen Stromzuführung zu machen. Der regelbare Elektromotor ist zweifellos heute das vollkommenste Antriebmittel, denn mit ihm ist eine sehr feinstufige Regulierbarkeit in weiten Grenzen möglich. Der Antrieb vom Motor zur Maschine erfolgt durch Zahnräder oder Riemen. Der Riemenantrieb sichert den denkbar ruhigsten Gang der Maschine, Abb. 170.

Von der Druckmaschine gehen Gewebe, Mitläufer und Drucktuch in die Trockenvorrichtung. Sie ist entweder ein sogenannter Trockenstuhl (Mansarde), in welchem das bedruckte Gewebe in spiralförmigen Windungen über Leitwalzen geführt und dabei der Warmluft ausgesetzt wird, oder eine sogenannte Trockenhänge, bei welcher das Gewebe in Faltenform aufgehängt durch einen Trokkenraum geführt wird, vgl. Abb. 171. — Je nach der Beheizungsart sind die Trockenstühle solche mit Dampfplatten-, Rippenrohr- oder Heißluftbeheizung. Die erstgenannte Art der Beheizung kommt überall dort zur Anwendung, wo eine scharfe, schnelle Trocknung erwünscht ist. Bei den mit ihr ausgestatteten Trockenstühlen wird das bedruckte Gewebe zwischen einer Anzahl doppelwandiger eiserner Platten, die mit Dampf geheizt werden, hindurchgeführt. Der Trockenstuhl mit Rippenrohrbeheizung ist unterhalb der Leitrollen mit Rippenrohrheizkörpern ausgestattet und bei den Trockenstühlen mit Heißluftbeheizung wird die Trockenluft durch Röhren- oder Lamellen-Heizkörper in den Trockenstuhl eingeblasen uud in ihm durch einen Ventilator und regelbare Luftleitungen so in Bewegung gesetzt, daß eine möglichst vollkommene Ausnützung derselben erreicht wird, Abb. 172. Vor den das zu trocknende Gewebe leitenden Walzen ist ein zweiter Satz von Leitwalzen angeordnet, über die der Mitläufer in senkrecht auf- und absteigenden Gängen geführt wird, und vor diesem Abteil des Trockenstuhls befinden sich die Leitwalzen für das Drucktuch. Dieses läuft zum Gegendruckzylinder zurück, der Mitläufer wird zwischen Druckmaschine und Trockenstuhl und das bedruckte Gewebe hinter diesem durch einen Faltenleger abgelegt. Vielfach geht bei den Heißlufttrockenstühlen das bedruckte Gewebe vor dem Ablegen noch durch eine Kühlkammer, welche

Abb. 171. Sechsfarben-Reliefwalzendruckmaschine mit Mitläufertrockner, mechanischer Trockenhänge und Ablegependel; Julius Fischer, Nordhausen a. H.

dem Trockenstuhl unmittelbar angefügt ist und durch welche die Frischluft angesaugt wird.

Der Mitläufer schützt das Drucktuch beim Drucken vor einem Beschmutzen durch die Druckwalzen und muß deshalb von der auf ihn gelangenden Farbe durch Waschen befreit werden. Dieses Waschen erfolgt im allgemeinen außerhalb der Druckmaschine mittels Hand oder auf besonderen Waschmaschinen. Man hat jedoch auch vorgeschlagen, die Reinigung innerhalb der Druckanlage durch eine zwischen Druckmaschine und Trockenstuhl eingeschaltete Wasch- und Trockenvorrichtung durchzuführen. Wird der Mitläufer im Interesse einer Vereinfachung und Verbilligung des Betriebes weggelassen, so muß das Drucktuch gereinigt werden. Abb. 173 läßt eine derartige Einrichtung erkennen (D.R.P. 192985 und 225097). Es wird zu diesem Zweck nach dem Verlassen des Gegendruckzylinders *a* und Wiederauflauf auf ihn an einem die Farbe abnehmenden Wischzylinder *b* vorbeigeführt, der seinerseits durch eine Waschvorrichtung *c* dauernd gereinigt wird, geht hierauf über einen zweiten, der Vortrocknung dienenden Zylinder *d*, und schließlich durch eine Trockenkammer *e*.

Abb. 172. Zehnfarben-Walzendruckmaschine mit durch Haubold-Lamellen-Heizkörper beheiztem Heißluft-Trockenstuhl; C. G. Haubold A.-G., Chemnitz.

Herstellung der Druckwalzen. Die älteste Art der Herstellung der Tiefdruckformen auf den Druckwalzen ist das Stechen mit dem Grabstichel unter einer Lupe. Dieses mühsame Verfahren wendet man heute nur noch bei der Herstellung solcher Muster an, die sich auf der Druckfläche nicht wiederholen. Andere Muster sticht man einmal in eine Zinkplatte und überträgt sie mit Pantographen auf die glattpolierte und mit einem säurefesten Lack überzogene Kupferwalze. Die Diamantspitzen des Pantographen schneiden dabei das Muster in den Lacküberzug der Kupferwalze, die nachher so lange in verdünnter Salpetersäure gedreht wird, bis das Muster die gewünschte Tiefe erlangt hat. Sollen größere glatte Flächen gedruckt werden, so darf man das Muster an diesen Stellen der Druckwalze nicht gleichmäßig ausheben, da eine derartige Walze keinen gleichmäßigen Druck ergeben würde. Man muß vielmehr der Farbe an diesen Stellen Stützpunkte durch Einarbeiten von Linien (Hachuren) oder Punkten (Picots) verschaffen. Zur Herstellung von tiefen Gravuren bedient man sich der Molettiermaschine und als Hilfswerkzeug dabei einer Walze, der Molette. Man sticht das Muster mit dem Grabstichel in die aus weichem Stahl bestehende Molette, deren Umfang dem Musterrapport in der Längsrichtung des Gewebes oder einem Vielfachen davon gleich ist. Diese Muttermolette wird gehärtet und in der „Releviermaschine“ gegen eine zweite gleich große Tochtermolette unter gleichzeitigem Drehen gepreßt. Das Muster erscheint nunmehr auf der Tochtermolette erhaben (im Relief). Nachdem man diese Molette gleichfalls gehärtet hat, preßt man damit das Muster in die Oberfläche der

Druckwalze, die zumeist in Breite und in Umfang ein Vielfaches der Molette ist. Hierzu dient die Molettiermaschine; sie ähnelt einer Drehbank, zwischen deren Spitzen die Kupferwalze ei gespannt wird, während die in einem verstellbaren Lagerstuhl gelagerte Molette ihr Muster in Streifen einpreßt. Der Druck auf die Molette wird allmählich verstärkt, bis ihr Relief vollständig in die Kupferwalze eingedrungen ist. Man fährt dann noch einige Male mit der Molette über die Walze, um alle Feinheiten des Musters zu übertragen. Auch die Muttermolette stellt man vielfach nicht mit der Hand, sondern mit Hilfsmaschinen her, doch lassen sich dabei Nacharbeiten an der Walze, besonders der Halbtöne und Übergänge, mit der Hand nicht vermeiden. — Neuerdings stellt man die Druckwalzen auf photographischem Wege her. Man fertigt von dem gezeichneten Muster ein Diapositiv auf Folie, legt diese um die mit einer lichtempfindlichen Schicht überzogene kupferne Druckwalze und kopiert so das Muster darauf. Diese Kopie wird dann wie ein Druckstock geätzt. Solche Tiefdruckwalzen haben besonders im Zeitungsdruck Eingang gefunden, sind aber auch im Zeugdruck gut verwendbar. — Ein weiteres Verfahren zur Herstellung der Tiefdruckform auf dem Walzenmantel, welches besonders für größere Muster in Frage kommt, besteht darin, daß dieses zunächst auf einen Lithographierstein gezeichnet, von diesem ein Abdruck auf Umdruckpapier hergestellt, mittels dessen dann das Muster auf die Walze übertragen und hierauf diese schließlich durch Behandlung mit chemischen Mitteln (Ätzen) druckfertig gemacht wird. Dieses schwierige Verfahren ist im Laufe der Zeit durch photochemische Verfahren ersetzt worden. Grundlegend für sie war die Erfindung von Mertens. Heute wird auf photographischem Wege zunächst ein Diapositiv des Bildes mit allen seinen Halbtönen hergestellt. Dieses Diapositiv wird durch Belichtung auf lichtempfindliches Pigmentpapier übertragen und darüber ein Netz feiner gekreuzter Linien kopiert. Das Pigmentpapier wird hierauf unter Wasser, das mit Methylalkohol versetzt ist, um die vorher gründlich gereinigte Walze gelegt und auf ihr festgequetscht. Durch Behandeln mit warmem Wasser läßt sich zunächst das Papier entfernen und dann die vom Licht nicht veränderte Gelatine, bis das Bild mit allen seinen Einzelheiten erscheint. Nach dem Abtrocknen und Abdecken der Ränder mit Asphaltlack wird die Walze mit verschiedenen Eisenchloridbädern behandelt und dadurch das Bild in die Walze eingeprägt. Um rapportierende Muster auf photogra-

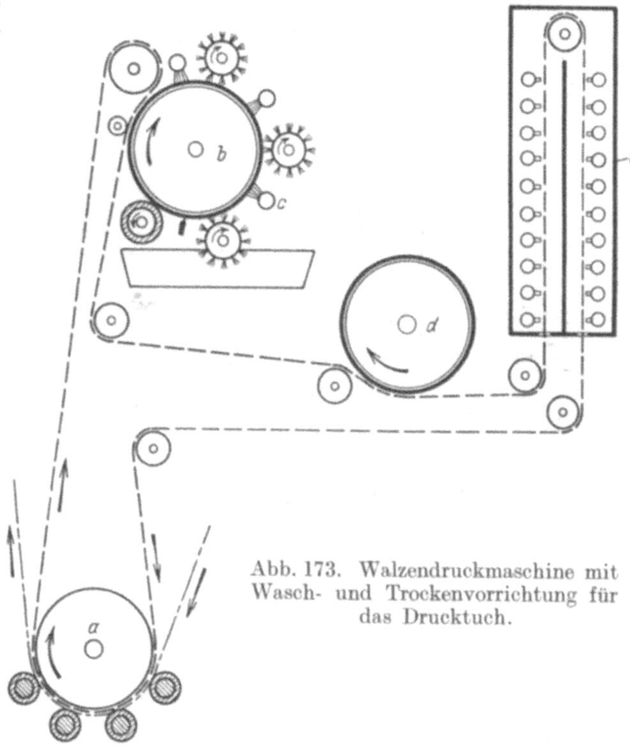

Abb. 173. Walzendruckmaschine mit Wasch- und Trockenvorrichtung für das Drucktuch.

phischem Wege auf Walzen zu übertragen, muß man diese mit einer lichtempfindlichen Schicht versehen. Die Übertragung von Mustern, die zu diesem Zweck in verschieden große Punkte mit Hilfe der Autotypie zerlegt sein müssen, auf derart lichtempfindlich gemachte Walzen geschieht mit Hilfe von Folien (Filmen). Weiteres hierüber enthält eine Arbeit von Schöpff in Melliands Textilberichten 1924, S. 535. Auf sie sei deshalb verwiesen.

Aufspindeln der Druckwalzen. Die Herstellung eines jeden Druckmusters erfordert neue Druckwalzen. Die Beschaffung dieser und das Lager gebrauchter Druckwalzen stellen für eine Zeugdruckerei eine bedeutende Kapitalanlage dar. Um diese herabzumindern, versieht man die Druckwalzen nicht mit festen Achsen, sondern spindelt sie erst dann auf diese auf, wenn sie gebraucht werden. Hierzu dienen heute sogenannte Walzenaufspindelmaschinen. Bei ihnen geschieht das Eintreiben der im Mittelteil ihrer Länge kegelförmig gestalteten Stahlachse in die mit kegelförmiger axialer Aussparung versehenen Druckwalze durch Schraubenspindeldruck, der entweder durch Hand-, Transmissions-, hydraulischen oder elektrischen Antrieb erzeugt wird. Die in Abb. 174 veranschaulichte Aufspindelmaschine ist eine solche der letzteren Art. Sie ist derart eingerichtet, daß durch Reibungskupplungen ein langsamer und ein schneller Gang eingestellt werden können. Der Motorschalter ist zugleich als selbsttätiger doppelter Endausschalter ausgebildet, der in jeder der beiden Endstellungen der Preßspindel den Strom unterbricht. Erforderlichenfalls wird die Maschine auch mit einer selbsttätigen elektrischen Auslösevorrichtung mit Maximaldruckeinstellung versehen.

Abb. 174. Aufspindelmaschine für elektrischen Betrieb mit eingebautem Antriebsmotor; Franz Zimmers Erben, Warnsdorf i. Böhmen und Zittau.

2. Walzendruckmaschinen für Hoch- (Relief-) Druck. Die Walzendruckmaschine für Reliefdruck soll den kostspieligen Handdruck ersetzen und das absatzweise Arbeiten der Druckform, wie es bei diesem und der Perrotine erforderlich ist, beseitigen. Die flachen Druckformen, wie sie beim Handdruck oder Perrotinendruck gebraucht werden, sind durch Musterwalzen ersetzt, die genau wie die Handmodel in Formstecherarbeit hergestellt werden, soweit nicht für bestimmte Muster reliefartig geätzte Metallwalzen bevorzugt werden. Zum Auftragen der Druckfarben auf die Oberfläche der Musterwalzen dienen nahtlos gewebte umlaufende Farbtücher (Abb. 171). Die Farbmenge läßt sich auf das genaueste regulieren, so daß sowohl zarte Konturen wie auch vollgedeckte Flächen des Musters in der richtigen Weise eingefärbt werden können. Diese Art der Farbauftragung eignet sich für alle Druck- und Ätzfarben und in besonderer Weise auch für den Echtdruck mittels Indanthrenfarben. Auch die Stärke oder Art der zu bedruckenden Gewebe spielt keine Rolle. Es werden die verschiedensten Gewebe vom dünnsten Voile bis zum Plüsch gedruckt,

und zwar mit 2 bis 12 Farben. Die bequeme Bedienungsweise, die fast verlustfreie Einregulierung und die unbegrenzte Dauerhaftigkeit der Maschinen sind ihre Vorzüge.

Wenn auch keine Bedenken bestehen, die Reliefdruckmaschine mit einer Trockenmansarde in Verbindung zu bringen, um Ware und Mitläuferstoff zu trocknen, so hat doch die Praxis erwiesen, daß es sowohl für die Qualität als auch für die Rentabilität in den meisten Fällen vorteilhafter ist, die Lufttrocknung ohne große Hitze und ohne Spannung der Gewebe durchzuführen, also die sogenannte mechanische Hänge anzuwenden; vgl. Abb. 171.

3. **Walzendruckmaschine für Tief- und Hochdruck.** Bei den Walzendruckmaschinen für Tiefdruck müssen die Musterwalzen verhältnismäßig fest gegen den Mantel des Gegendruckzylinders abgepreßt werden, damit scharfe Musterkonturen entstehen und eine gute Abgabe der in den Vertiefungen der Druckwalze sitzenden Farbe an das Gewebe erreicht wird. Dieser hohe Anpressungsdruck der Musterwalzen bietet die Möglichkeit, den Gegendruckzylinder mittels der Musterwalzen durch Umfangsreibung anzutreiben. Bei den Walzendruckmaschinen für Hochdruck ist diese Art des Antriebs des Gegendruckzylinders nicht zulässig, da das Musterrelief leicht beschädigt werden könnte und die dick aufgetragene Farbe verlaufen würde. Soll also eine Walzendruckmaschine die Möglichkeit bieten, nach Bedarf Hoch- oder Tiefdruck herzustellen, so muß sie diesem Umstand Rechnung tragen, sie muß also, abgesehen von der Auswechselbarkeit der Druckwalzen für Hochdruck gegen solche für Tiefdruck, so eingerichtet sein, daß der Gegendruckzylinder beim Tiefdruck in der üblichen Weise durch die angetriebenen Musterwalzen Bewegung empfängt, beim Hochdruck unter Ausschluß dieser. Diesen Bedingungen entspricht die in der Abb. 175 wiedergegebene Walzendruckmaschine. Die mit dem Gegendruckzylinder *a* zusammenwirkenden Musterwalzen *b* empfangen durch die auf ihren Achsen sitzenden Rapporträder *c* von einem sogenannten Zentralrad *d* aus Drehbewegung und übertragen diese auf den lose auf

Abb. 175. Walzendruckmaschine für Tief- und Hochdruck. Nach D.R.P. 290330.

seiner Achse oder auf einer von der Vorgelegeachse getrennt gelagerten Achse festsitzenden Gegendruckzylinder. Neben den Musterwalzen sind auch die glatten, ebenfalls gegen den Gegendruckzylinder angepreßten Walzen *e* vorgesehen, über welche das Gewebe ein- und ausläuft. Sie bilden das Antriebmittel für den Gegendruckzylinder, sobald mit erhaben gemusterten Walzen gearbeitet wird, und empfangen in diesem Fall Antrieb von einem zweiten Zentralrad *g* aus durch die mit ihm in Eingriff stehenden Triebe *h*. Das letztgenannte Zentralrad sitzt mit seiner Nabe frei drehbar auf der Nabe des erstgenannten Zentralrades *d*; kann aber auch mit ihm gekuppelt werden. Geschieht dies, so drehen sich die Musterwalzen *b* und die Triebwalzen *e*, wie es der Hochdruck fordert. Wird die Kupplung gelöst und werden gleichzeitig die Walzen *e* vom Gegendruckzylinder abgestellt, so empfangen nur die Musterwalzen Antrieb, wie es für Tiefdruck erforderlich ist. Daß bei der Ausführung von Hochdruck auf die Musterwalzen wirkende Rakeln entbehrlich werden, ist selbstverständlich. Bei der dargestellten Maschine sind zu diesem Zweck die Rakeln derart verschiebbar angeordnet, daß sie nach Bedarf auf die Musterwalzen *b* (Tiefdruck) oder Farbübertragungswalzen *k* (Hochdruck) zur Wirkung gebracht werden können.

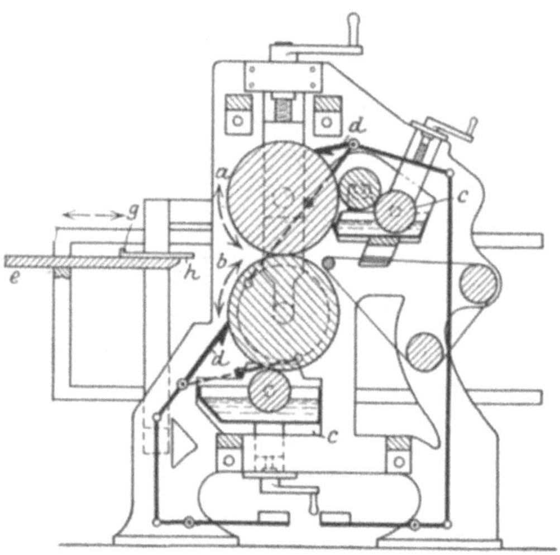

Abb. 176. Tiefdruckmaschine für Strümpfe.

c) Bedrucken der Wirkwaren. Für das Bedrucken der Wirkwaren kommen im wesentlichen die gleichen Hilfsmittel zur Anwendung wie für das Bedrucken der Gewebe. Bedingung für ein gutes Gelingen des Druckes ist aber, daß das Werkstück den Druckwerkzeugen im gespannten Zustande dargeboten wird. Strümpfe werden zu diesem Zweck auf flache Formen aus Linoleum, Holz u. dgl. aufgezogen und mit diesen durch Druckwalzen hindurchgeschickt. Abb. 176 läßt die Einrichtung einer Tiefdruckmaschine für Strümpfe erkennen. Sie ist mit den beiden Tiefdruckwalzen *a* und *b* ausgestattet, deren jede mit einem Farbwerk *c* und einer gewichtsbelasteten Rakel *d* zusammenarbeitet. Der Anlegetisch *e* führt eine wagrecht hin und her gehende Bewegung gegenüber den Druckwalzen aus und bringt hierdurch die auf die Formen aufgezogenen Strümpfe in den Bereich der Druckwalzen. Damit hierbei die Formen nicht ausweichen können, ist der Tisch mit einem Anschlag *g* versehen, an welchem die Formen ihre Stütze finden. Ein endloses Tuch nimmt die durch die Druckwalzen hindurchgegangenen Formen mit den bedruckten Strümpfen auf und führt sie ab.

d) Vor- und Nachbehandlung der Druckwaren. Die Druckwaren lassen sich so, wie sie von den Maschinen kommen, im allgemeinen nicht ohne weiteres bedrucken, sie müssen vielmehr einer Vorbehandlung unterzogen werden. Diese Art der Vorbehandlung ist abhängig von der Warenart einerseits sowie dem zur Anwendung zu bringenden Druckverfahren und der Wahl des Druckmittels andererseits. Die Vorbehandlung für die Garne erstreckt sich im wesentlichen auf ein Abkochen, Bleichen, Mercerisieren, Beizen und Färben. Die Durchführung dieser Verfahren ist die übliche, es sei deshalb auf die entsprechenden Abschnitte dieser Arbeit verwiesen. Bei der Vorbehandlung der Gewebe kommen nach Bedarf zur Anwendung: Sengen, Entschlichten, Bäuchen, Mercerisieren, Bleichen, Beizen, Färben, Scheren, Bürsten. Auch hinsichtlich all dieser Verfahren gilt das gleiche wie für die Verfahren zur Vorbehandlung der Garne. Wirkwaren — im allgemeinen nur Strümpfe — werden zum Zwecke des Bedruckens auf flache Formen aus Pappe oder Metallblech aufgezogen, aufgespänt, einer sonstigen weiteren Vorbehandlung aber nicht unterzogen.

Die Nachbehandlung bedruckter Garne, Gewebe und Wirkwaren besteht zunächst in einem Dämpfen. Ihm schließen sich bei den Garnen nach Erfordernis ein Waschen, Seifen, das Fixieren des Farbstoffs, die Abstumpfung der nach dem Dämpfen vorhandenen überschüssigen Säure, die Entfernung der Verdickungsmittel usw. an. Die Weiterbehandlung der bedruckten Gewebe ist eine außerordentlich vielseitige und vielfach chemischer Natur. Genannt seien als wesentlich nur das Entfernen der Verdickungsmittel, das Waschen, Seifen, Chloren, Bleichen, Färben.

Abb. 177. Vordämpfer mit zwei Faltenlegern; Zittauer Maschinenfabrik A.-G., Zittau.

Dem Dämpfen bedruckter Waren kommt die größte Bedeutung zu; es wird mit trockenem und feuchtem Dampf, bei verschiedener Dampfspannung und verschieden lange Zeit sowie unter Luftabschluß gedämpft. Die Ausbildung der Dämpfer hat deshalb eine große Vollkommenheit erreicht, um allen diesen verschiedenen Anforderungen gerecht werden zu können. — In Abb. 177 ist ein sogenannter Vordämpfer wiedergegeben, der vielfach noch als Mather & Platt bezeichnet wird. Er fand ursprünglich nur für das schnelle Oxydieren von Anilinschwarz Anwendung, dient aber heute zum Continue-Dämpfen der weitaus meisten Druckwaren. Er stellt eine aus Gußeisen hergestellte Kammer dar, deren Wandungen außen dampfdicht zusammengefügt, innen aber vollständig glatt sind, damit das Kondenswasser an ihnen herablaufen kann. In diese Kammer wird das zu behandelnde Gewebe durch einen am unteren Teil der vorderen Stirnwand angebrachten gußeisernen Vorkasten eingeführt, der sowohl mit der Dämpfkammer als auch mit der Außenluft durch je einen engen nur das Gewebe durchlassenden Schlitz verbunden ist. Dieser Vorkasten dient gleichzeitig für den Abzug des Brodens, der ohne die Anwendung eines besonderen Windflügels durch den beständig zuströmenden neuen Dampf an dieser Stelle herausgedrückt wird und dadurch gleichzeitig als sicherer Luftabschluß wirkt. Das in die Dämpfkammer eingeführte Gewebe wird in dieser mittels im Ober- und Unterteil vorgesehener Leitwalzen in senkrechten Läufen geführt. Die Leitwalzen ruhen mit ihren

Zapfen in Scheibenlagern, welche außen auf die Seitenwandungen der Dämpfkammer aufgesetzt sind. Nach der Abnahme eines solchen Lagers kann die zugehörige Leitwalze seitlich aus der Kammer herausgezogen werden. Um Tropfenbildung in der Kammer zu verhüten, sind die Kammerdecke und die Decke des Vorkastens als heizbare Doppeldecke ausgebildet, unter den an der Decke liegenden Dampfzuleitungsrohren Schutzmulden und oberhalb des Warenein- und Austrittschlitzes heizbaren Rinnen vorgesehen, außerdem haben die Schlitze im Vorkasten mit Dampf heizbare Lippen und Auffangrinnen. — Für das Hydrosulfit-Ätzdruckverfahren sind heiße trockene Dämpfe erforderlich. Zu diesem Zwecke wird in die nach den Dampfzuleitungsrohren führende Leitung ein Dampftrockner eingeschaltet und am Boden des Dämpfkastens ein Rippenheizkörper angeordnet. Der für die Beheizung des letzteren

Abb. 178. Strähngarn-Dämpfkessel mit Spulenwagen für oben liegende Leitschienen; Zittauer Maschinenfabrik A.-G., Zittau.

bestimmte hochgespannte Dampf wird durch den Dampftrockner bzw. durch ein darin angebrachtes Heizrohrbündel geführt und dieses von dem zu trocknenden Dampf umspült. — Ein anderes Mittel, um hohe Dampftemperaturen zu erreichen, besteht in der Ausbildung der Kammer-Stirnwände zu heizbaren Stirnwänden. — Zum Zwecke der Beseitigung von auf dem Gewebe zurückbleibenden Mengen von Säure oder sauren Salzen wird der Dampfkammer Ammoniak zugeführt. Für seine Einführung ist auf den Einlaßstutzen für die Dampfrohre ein eisernes Gefäß mit Fülltrichter aufgesetzt. — Ist ein Arbeiten mit recht feuchtem Dampf erforderlich, so wird die Dampfkammer so ausgebildet, daß das Kondenswasser in ihm bis zu einer bestimmten Höhe gesammelt und durch die am Boden der Dampfkammer liegenden Rippenheizrohre verdampft werden kann, oder es wird der Dampfkammer ein außerhalb derselben liegender geschlossener Kessel zugeordnet, der halb mit Wasser gefüllt wird, durch das der in die Dampfkammer einzuführende Dampf hindurchgeht und dabei Wasserteilchen mitnimmt. — Wesentlich abweichend hinsichtlich Einrichtung und Wirkung von dem vorstehend erläuterten

Dämpfer sind diejenigen Dämpfkästen und Dämpfkessel, welche periodisch beschickt, nach der Beschickung luftdicht geschlossen und nach dem Schließen beliebig lange unter Druck gehalten werden können. Die Beschickung dieser Dämpfer erfolgt mit Hilfe von an Schienen hängenden oder auf Schienen stehenden Spulen-, Stab-, Nadelrahmen- oder Plattform-Wagen.

Abb. 178 zeigt einen Dämpfkessel mit an Laufschienen hängenden Spulenwagen.

Das Wesen des in Abb. 179 wiedergegebenen als „Indanthren-Schnell-Dämpfer" bekannten Dämpfers beruht darauf, daß der Dampf, nachdem er einen Dampfbefeuchter passiert hat, der eine genaue Einstellung des Feuchtigkeitsgrades des Dampfes ermöglicht, durch die auf einen durchlochten Zylinder aufgewickelte Ware hindurchgeführt und infolgedessen voll ausgenutzt wird. Er arbeitet ferner vollkommen luftfrei. Da der Dämpfer keinen großen Inhalt aufweist und dieser im wesentlichen von der zu dämpfenden Ware erfüllt wird, wird zur Füllung des den durchlochten Zylinder einschließenden Kessels nur wenig Dampf benötigt. Der Dampf erfüllt den Kessel infolgedessen rasch und verdrängt die Luft aus dem Kessel und aus den Poren der Ware so schnell, daß nach Ablauf von $^1/_2$ Minute, vom Öffnen der Dampfventile an gerechnet, an allen Stellen der zu dämpfenden Ware die gleichen Dampfverhältnisse herrschen. Beim Indanthren-Schnell-Dämpfer ist die Möglichkeit gegeben, unter Druck bis zu $^1/_2$ at mit durchströmendem Dampf zu dämpfen, so daß also im abströmenden Dampf etwa entstehende Reaktionswärme oder bei sauren Farben alle Säuredämpfe, die die Ware beeinträchtigen können, mit abgeführt werden. Die Dämpfzeiten für die einzelnen Farben sind nach Angaben der Erbauerin je nach den örtlichen Verhältnissen verschieden. Für Indanthren- und Küpenfarben beträgt sie etwa 3 Minuten, für basische und substantive Farben 15 bis 20 Minuten, Ätzungen $^1/_2$ bis 5 Minuten, und zwar werden nur Indigo-Ätzungen 5 Minuten gedämpft. Maschinendrucke können meist ohne Zwischenläuferstoff gedämpft werden, weiße Stoffe und dünne Stoffe namentlich im Spritz- und Handdruck verlangen das Aufwinden auf die Warenzylinder mit Zwischenläufer, die bei Indanthren- und Küpenfarben-Drucken eine wiederholte Verwendung gestatten, ohne gewaschen werden zu müssen. Der Indanthren-Schnell-Dämpfer eignet sich wie kaum ein zweiter Dämpfer auch dazu, einzelne Abschnitte und konfektionierte Ware zu dämpfen; die auf den Zwischenläufer aufgelegt werden und so auf den Warenzylinder aufgewickelt werden können. Der Indanthren-Schnell-Dämpfer wird auch in einer besonderen Ausführung zum Dämpfen von bedruckten Garnen geliefert. Die bedruckten Garne werden in einem Sack verpackt und dieser in den Dämpfer eingesetzt und so durchgedämpft, also ebenfalls eine sehr einfache Handhabung.

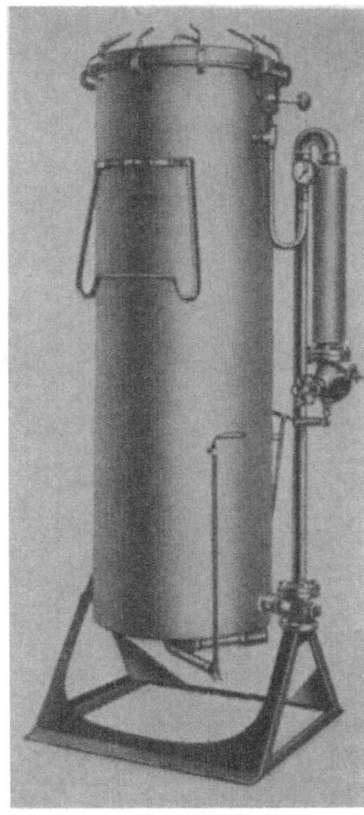

Abb. 179. Indanthren-Schnell-Dämpfer; Indanthren-Echt-Färberei, Leipzig, Hans von Wehl.

Neben dem Dämpfer fällt der Breitwasch- und Seifmaschine bei der Nachbehandlung bedruckter Gewebe eine wichtige Rolle zu. Sie besteht im allgemeinen aus einer Reihe von zusammengefügten Kästen oder Bottichen, durch welche das Gewebe in einem Lauf nacheinander hindurchgeführt wird. Es folgen zum Beispiel bei der in Abb. 180 dargestellten Anlage einander: 1 Vor- und Beizkasten, 1 Waschkasten, 6 Seifkästen, 2 Waschkästen und 1 Chlorkasten. Angefügt sind ferner dieser Bottichbatterie weiter noch ein Dämpfkasten, ein Wasserkalander und eine Zylindertrockenmaschine. Die Beiz-, Wasch- und Seifkästen sind mit oberen und unteren Leitwalzen aus geeignetem Material (Messing, Holz usw.) ausgestattet, mittels deren das Gewebe in auf- und absteigenden Gängen durch die Bottiche geführt wird. Bei seinem Übergang von einem Bottich zum anderen passiert das Gewebe ein Quetschwalzenpaar, dessen beide Walzen aus Gußeisen gefertigt sind und von denen die untere mit einem Messing-, die obere mit einem Weichgummibelag versehen ist. Besondere Aufmerksamkeit hat man der Ausbildung der Wasch- und Seifkästen zugewendet. Die ersteren sind in der aus Abb. 181 ersichtlichen Weise mit Zentrifugalspritzkörpern, die letzteren in der aus Abb. 182 ersichtlichen Weise mit sich drehenden Holzschlagkreuzen ausgestattet.

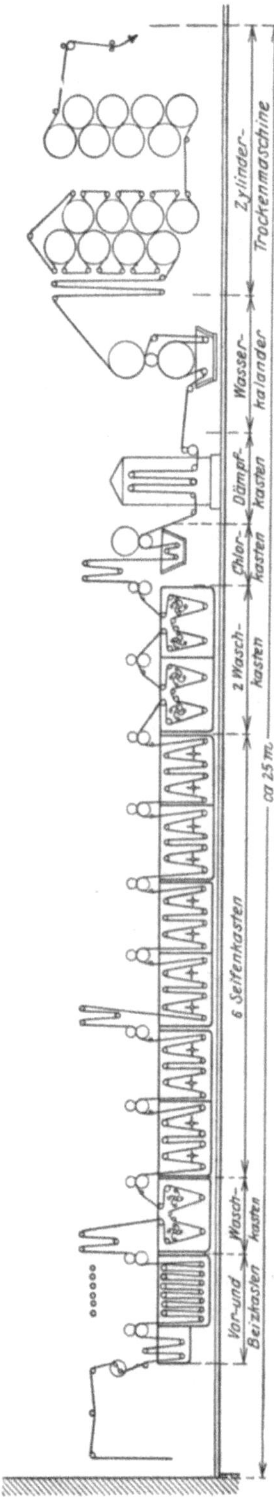

Abb. 180. Breitwasch- und Seifmaschine; Zittauer Maschinenfabrik A.-G., Zittau.

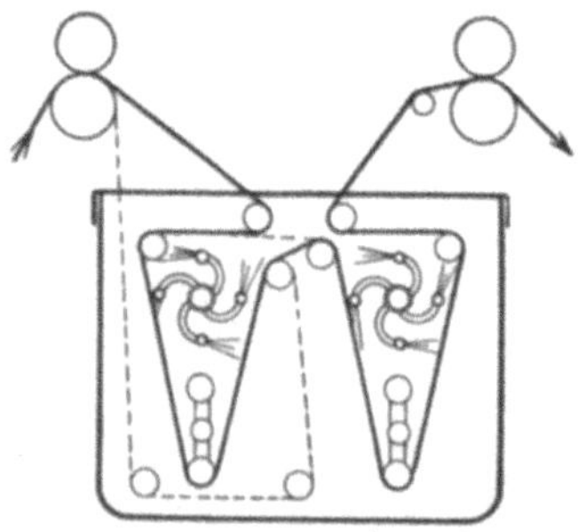

Abb. 181. Schema eines Spritz- bzw. Waschkastens; Zittauer Maschinenfabrik A.-G., Zittau.

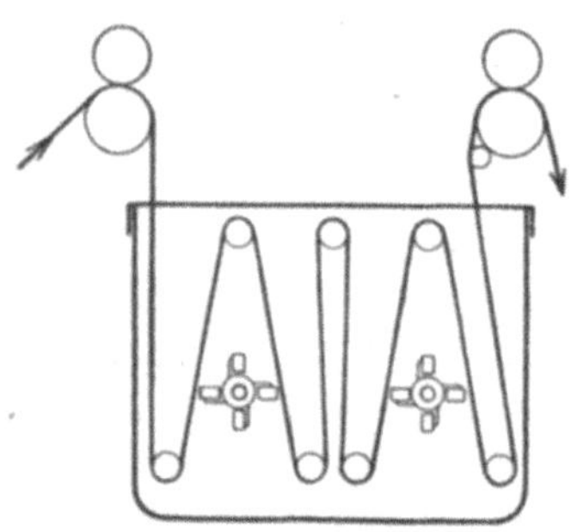

Abb. 182. Schema eines Seifkastens; Zittauer Maschinenfabrik A.-G., Zittau.

Kommen nur kleinere Leistungen in Frage, so wird an Stelle einer Bottichbatterie, wie sie vorstehend in einem Ausführungsbeispiel erläutert ist, die normale Breitwaschmaschine verwendet, wie sie auf S. 506/7 behandelt ist.

Eine fast in jeder Zeugdruckerei benötigte Maschine ist die Heißlufttrockenmaschine (Hotflue). Sie dient nicht nur zum Trocknen derjenigen bedruckten Gewebe, die gegen die unmittelbare Hitze der Zylindertrockenmaschine oder die Kluppeneingriffe der Spann-

Abb. 183. Heißlufttrockenmaschine für wagrechten Gewebelauf mit vorgebautem Foulard; Zittauer Maschinenfabrik A.-G., Zittau.

und Trockenmaschine empfindlich sind, sondern sie findet auch fast regelmäßig zum Trocknen der mit Beizen oder anderen Flüssigkeiten imprägnierten Gewebe Anwendung. Die Hotflues werden ausgeführt für wagrechten oder senkrechten Gewebelauf. Abb. 183 zeigt eine Einrichtung der erstgenannten Art ohne äußere Verkleidung in Verbindung mit einem Foulard. In dem ersten und letzten Ständerpaar sind Zughaspel, in den Zwischenständerpaaren Leitwalzen angeordnet. Beide sind aus verzinktem Kupferrohr. Die für das Trocknen bestimmte Luft wird mittels eines Ventilators durch Lamellenheizkörper aus verzinktem Eisen in einen Einblasekanal getrieben und durch Zungen den einzelnen Warengängen gleichmäßig zugeleitet. Das Absaugen der gesättigten Luft erfolgt durch einen Exhaustor. Wird die Hotflue als Oxydationsmaschine verwendet, so werden Zughaspel und Leitwalzen aus gedämpftem Holz angefertigt. — Die Hotflue für senkrechten Gewebelauf, Abb. 184, wird vielfach auch so ausgeführt, daß sie Hotflue- und Oxydationskammer in sich vereinigt. Im

Abb. 184. Hotflue für senkrechten Gewebelauf mit vorgebautem Dreiwalzen-Foulard; Zittauer Maschinenfabrik A.-G., Zittau.

ersten Teil der Maschine, der Hotflue, wird das Gewebe vorgetrocknet, im zweiten Teil, der Oxydationskammer, fertig getrocknet und zugleich oxydiert. Für die Beheizung der in Abb. 184 wiedergegebenen Hotflue sind in besonderen seitlichen Heizkammern Rippenrohrkörper angeordnet. Darüber trägt jede Heizkammer einen Ventilator, der die Luft in beständigem senkrechten Kreislauf durch die Heizkörper drückt und durch die Trockenkammer wieder ansaugt. Die Luft durchstreicht dabei das Gewebe und wird zugleich mit fortschreitender Sättigung durch die saugende Wirkung eines über dem Eingang der Maschine sitzenden Exhaustors nach vorn, also gegen den Warenlauf und schließlich ins Freie gefördert.

VIII. Sengen.

Das Sengen hat den Zweck, Garne, Gewebe und Wirkwaren von dem auf ihrer Oberfläche befindlichen Faserflaum durch Abbrennen zu befreien. Es geschieht dies entweder durch zum Glühen gebrachte Körper in Gestalt von Stäben oder stabartigen Gebilden, Platten oder Zylindern oder mittels nicht leuchtender Gasflammen. Die Beheizung der erstgenannten Hilfsmittel erfolgt durch den elektrischen Strom, diejenige der Platten oder Zylinder durch Verbrennungsgase. Zur Speisung der Gasflammen dient im allgemeinen das Leuchtgas in Mischung mit Luft. Wo Leuchtgas nicht zur Verfügung steht, bringt man die Sengmaschine mit einem Gaserzeuger in Verbindung, in welchem leichte und schwere Kohlenwasserstoffe von einem spezifischen Gewicht von 0,60 bis 0,88, hauptsächlich aber Benzol, auf kaltem Wege mittels Druckluft vergast werden.

a) Sengen der Garne. Das Sengen der Garne erfolgt auf elektrischen Sengmaschinen oder auf Gassengmaschinen.

Die Brenner der elektrischen Sengmaschinen haben im Laufe der Jahre eine vielseitige Ausbildung erfahren. Ihr Sengkörper (Brenner) besteht aus einem mit seinen beiden Enden in den Stromkreis eingeschalteten Blechstreifen oder aus zwei oder drei parallel zueinander liegenden Blechstreifen, welche an einem Ende durch einen Steg elektrisch leitend miteinander verbunden und mit ihren auf der anderen Seite liegenden freien Enden an den Stromkreis angeschlossen sind oder endlich aus einem stäbchenartigen Körper, der parallel zu seiner Längsachse mit einer muldenförmigen Aussparung versehen ist.

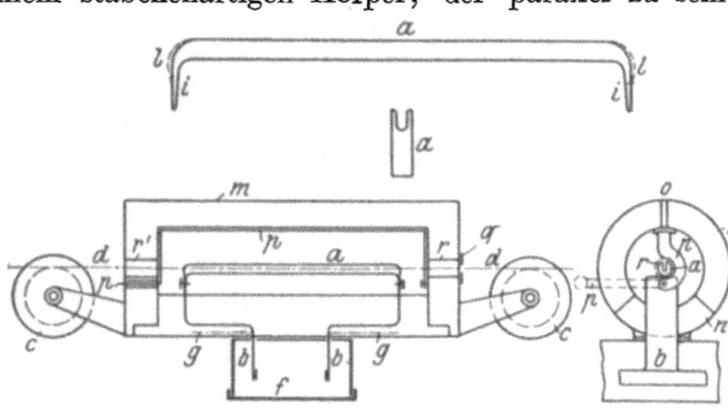

Abb. 185. Brenner für elektrische Garnsengen nach D.R.P. 314309.

Eine Brennerausführung der letztgekennzeichneten Art ist in Abb. 185 wiedergegeben. Der Sengkörper *a* ist vermittels der Leiter *b* in den Stromkreis eingeschaltet. Da der Sengkörper selbst aus einem schlechtleitenden, hitzebeständigen Material besteht, so wird er durch den Strom ins Glühen gebracht. Vermittels der beiden Porzellanleitrollen *c* wird der zu sengende Faden *d* durch den glühenden Sengkörper geleitet. Die äußeren Enden der Leiter *b* sind durch eine Ummantelung gegen Berührung und Beschädigung geschützt. Die Teile der Leiter *b*, die sich im Innern der den Sengkörper umgebenden Wärmeschutzröhre befinden, sind gegenüber dieser durch die Isolation *g* isoliert. Die Wärmeschutzröhre besteht aus dem Oberteil *m* und dem Unterteil *n*, sie ist, abgesehen von den zur Einführung des Garnes und zur Zu- und Abführung von Luft bzw. Verbrennungsgasen dienenden Stellen, allseitig abgeschlossen. In den luftdicht abgeschlossenen Hohlräumen zwischen den Wandungen der Wärmeschutzröhre befindet sich Luft, Alaun oder ein anderer, schlecht wärmeleitender Körper. Dadurch sollen die Verluste des Sengkörpers *a* durch Wärmestrahlung auf wenige Prozent herabgemindert werden. Zum Einführen des zu sengenden Fadens in den Sengraum dient der Spalt *o*, der durch den Spaltdeckel *p* gegenüber dem Sengraum abgeschlossen ist. Die durch den Schieber *q* regulierbare Öffnung *r* dient zum Hereinlassen des zu sengenden Fadens und der zur Verbrennung nötigen Luft, während r^1 dem Austritt des gesengten Fadens und der Verbrennungsgase dient.

In Abb. 186 ist eine nach den Patenten der Société Anonyme Electro-Textile in Paris von der Firma W. Schlafhorst & Co. in M.-Gladbach ausgeführte doppelseitige elektrische Garnsengmaschine mit 60 Brennern wiedergegeben, deren Brennereinrichtung die Abb. 187 erkennen läßt. Die Führung des Fadens durch den im Querschnitt muldenförmig ausgebildeten Platinbrenner ist wesentlich verschieden von derjenigen nach Abb. 185. Sie ge-

Abb. 186. Elektrische Garnsenge; W. Schlafhorst & Co., M.-Gladbach.

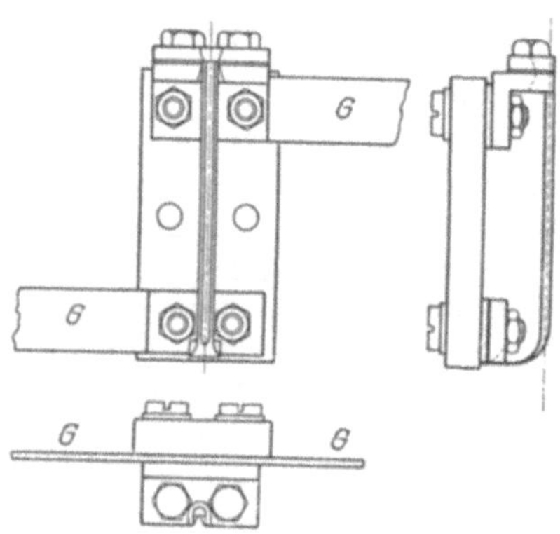

Brennereinrichtung der elektrischen Garnsenge nach Abb. 186.

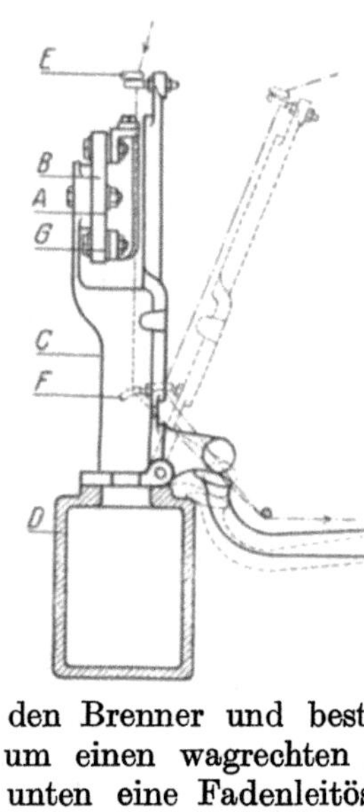

Abb. 187.

stattet ein leichtes Einbringen des Fadens in den Brenner und besteht zu diesem Zweck aus einem am Sauggehäuse CD um einen wagrechten Zapfen schwenkbar gelagerten Arm, welcher oben und unten eine Fadenleitöse E, F besitzt und in seinem Unterteil gleichzeitig als Saugkastendeckel dient, sobald der Fadenleiter sich in Arbeitsstellung befindet. Bei der Überführung des Fadenleiters aus der punktiert gezeichneten Schräglage in die senkrechte Stellung gelangt der zwischen den beiden Leitaugen frei laufende Faden in den Brenner und umgekehrt aus diesem heraus. Durch die Leitung *G* wird dem Brenner elektrischer Strom zugeführt. Die Art der Absaugung der Verbrennungsrückstände durch das Sauggehäuse ergibt sich ohne weiteres aus den Abbildungen. Die gesengten Fäden werden nach dem Verlassen der Sauggehäuse durch deren Deckel zu Spulen aufgewickelt, denen die Fäden durch Schlitztrommeln zugeführt werden. Infolge geringen Trommeldurchmessers (200 mm) und Fadenhubs (75 mm) kann der Faden ohne Anhalten und Stillsetzen der Leittrommel in sie eingelegt werden. Mit dem Ingangsetzen der Trommel wird der Faden selbsttätig in den Brenner eingeführt. Bei Fadenbruch fällt der in Abb. 187 unten rechts gezeichnete Abstellhebel in die gestrichelte Lage, was zur Folge hat, daß der Saugkastendeckel seine Unterstützung verliert und mit der Fadenleitung nach außen schwingt. Die Laufgeschwindigkeit des Fadens kann nach Angabe der Erbauer bis zu 400 m in der Minute betragen.

Zur Speisung der Brenner kann jede Stromart verwendet werden. Stromspannung jedes Brenners, je nach der erforderlichen Temperatur, 3—4 Volt.

Stromstärke, je nach dem Grade der Sengung, bis 43 Amp.

Stromverbrauch je Brenner in 8 Stunden durchschnittlich etwa 1,5 kW.

Bei Anschluß der Maschine an ein Netz mit Gleichstrom oder Einphasen-Wechselstrom von 110 Volt kann die Maschine 30, 60, 90 oder 120 Brenner erhalten.

Bei Anschluß an ein solches Netz von 220 Volt darf die Maschine 60 oder 120 Brenner haben.

Bei Drehstrom von 200—220 Volt zwischen den Phasen (bzw. 120 Volt zwischen den Phasen und dem Nulleiter) kann man die Maschine von 90 Brennern mittels dreipoligen Regulierrheostats direkt an das Netz legen.

Falls kein Betriebsstrom vorhanden ist, kann die Sengmaschine stets durch eine besondere Gleichstromdynamo gespeist werden.

Die G a s s e n g m a s c h i n e n für Garne sind entweder solche, bei denen diese quer durch Gasflammen geführt werden, oder solche, bei denen die zu sengenden Fäden durch sogenannte Sengrohre laufen. Um bei den erstgenannten Maschinen eine gute Ausnützung der Flammen herbeizuführen, werden entweder mehrere Fäden neben- oder übereinander laufend durch eine Flamme geführt.

Abb. 188 zeigt einen Brenner für Sengmaschinen der erstgekennzeichneten Art, bei welchem zwei Fäden durch die Flammen laufen (D.R.P. 326276).

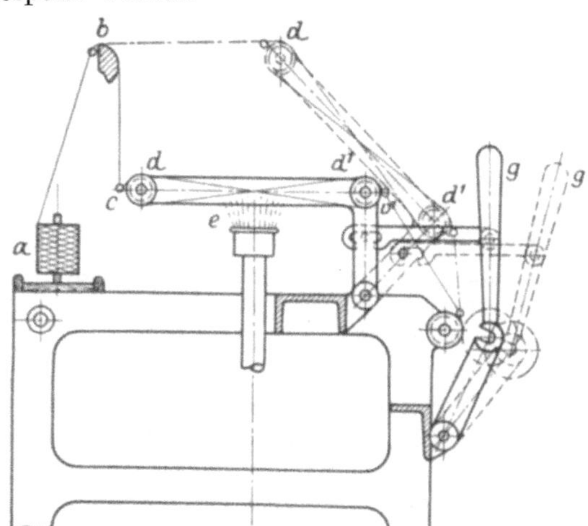

Abb. 188. Gassenge für Garne nach D.R.P. 326276; Gebrüder Wolf, Naundorf-Crimmitschau.

Jeder der Fäden wird von einer Spule *a* über die Plüschleiste *b* durch eine Öse *c* und von hier ab ein oder mehrere Male kreuzweise über die Rollen *d* und d_1 geführt, zwischen denen sich der Brenner *e* befindet. Nach Verlassen der Rolle d_1 läuft der Faden durch eine zweite Öse und von dieser auf die

Wickelspule, welche in einem schwenkbaren Handhebel *g* gelagert ist und Antrieb durch Umfangsreibung empfängt. Wird dieser Handhebel in die punktiert gezeichnete Stellung überführt, so wird die Wickelspule von ihrem Antrieb entfernt, also ausgeschaltet. Gleichzeitig wird aber auch der Rollenträger in die punktierte Stellung überführt und damit der über die Rollen laufende Faden so weit von der Flamme *e* entfernt, daß ein Absengen nicht mehr möglich ist. Da durch jede Flamme zwei Fäden nebeneinander laufen, ist die vorgekennzeichnete Einrichtung doppelt vorhanden, und es kann jede derselben für sich bedient werden.

In den Abb. 189 bis 191 sind Brenner für Gassengmaschinen wiedergegeben, bei welchen die Garne durch Sengrohre laufen.

Nach Abb. 189 ragt in jedes Sengrohr *b* von unten im Winkel zu dem Rohr ein Gasbrenner *c*. Die Gasbrenner sind an eine gemeinsame Gasleitung *d* angeschlossen. Jedes Sengrohr ist mit einem nach unten ragenden Rohr *e* verbunden. Dicht über der Verbindungsstelle der Rohre *b* und *e* ist eine vorteilhaft aus Porzellan bestehende, mit Rändern versehene, als Reibstelle dienende Führungsrolle *g* angebracht. Das Rohr *e* endet in ein im Gestell horizontal verlaufendes Absaugrohr *h*. An letzteres schließt sich ein sich oben zu einer schmalen Öffnung *i* verengender, abnehmbarer Trichter *k* an, der etwas breiter als die geschlitzte Fadenführertrommel ist. An dem unteren Ende des Trichters ist ein als Reibstelle dienender Führungshaken *l* befestigt. Dicht am oberen Ende des Trichters sitzt parallel zum Schlitz *i* des Trichters ein Leitstab *m*, der ebenfalls als Reibstelle dient. Ungefähr in der Mitte des Trichters ist ein Winkelstück *n* angebracht, nahe welchem der Trichter eine der Länge dieses Stückes entsprechend lange, schlitzartige Öffnung *o* aufweist. Die freie Längskante des Winkelstückes ist wellenförmig gestaltet, so daß sie einen Kamm bildet. Der Faden *a* wird von einer Spule aus über eine Bremswalze, einen Führungshaken durch das mit einem Schlitz versehene Sengrohr *b* und über die Führungsrolle *g* geführt. Von hier gelangt er unter dem Führungshaken *l* her über den Leitkamm *n* und von da durch den Schlitz der Fadenleittrommel zur Wickelspule. Letztere wird durch die Schlitztrommel gedreht. Der Faden wird durch sie mit großer Geschwindigkeit von der Vorratsspule abgezogen und durch die Bremswalze *g* gebremst, in Kreuzwicklung auf die Spule aufgebracht. Dabei wird er in dem Rohr *b* durch die Flamme des Gasbrenners hindurchgeführt, wobei die dem Faden anhaftenden Fasern abgesengt werden. Die durch das Absengen entstehenden Verbrennungsprodukte werden von dem Saugstrom des Rohres *h* abgesaugt. Dadurch, daß der Faden hinter dem Führungshaken *l* durch den Schlitz der Fadenleittrommel fortwährend eine Lageveränderung erfährt, wird er, über den Leitkamm gleitend, von dem einen zum anderen Ende desselben geführt und dadurch von den ihm allenfalls noch anhaftenden Unreinigkeiten befreit. Sie werden durch die Saugöffnung im Rohr *k* abgeführt.

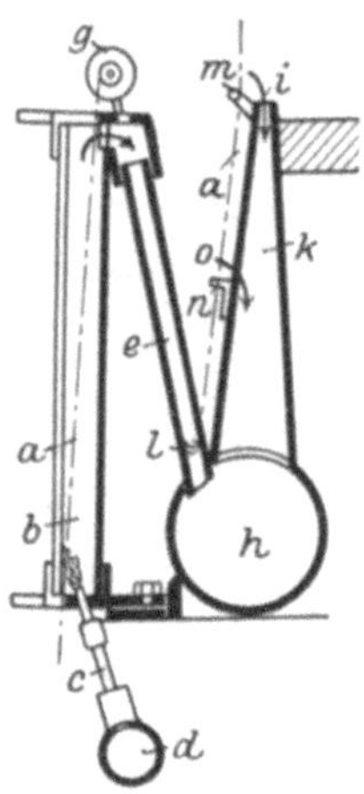

Abb. 189. Gassenge für Garne.

Die Abb. 190 und 191 zeigen einen Brenner für Gassengmaschinen, der die Gewähr dafür bieten soll, daß der Faden bei geringstem Gasverbrauch auf seinem ganzen Umfang gleichmäßig gesengt wird, ein Verstopfen der Gasaustrittsöffnungen ausgeschlossen bleibt und ein Zerlegen sowie Reinigen des Brenners mit Leichtigkeit durchgeführt werden kann. Der Brenner ist zu diesem Zweck, wie die genannten Abbildungen erkennen lassen, rohrförmig gestaltet und aus geschlitzten doppelwandigen Ringstücken aufgebaut, die durch eine konsolartige Bodenplatte, auf der sie ruhen, und eine Deckplatte mittels zweier Verschraubungsbolzen unter axialem Druck zusammengehalten werden. Die äußeren Wandungen zweier einander folgenden Brennerelemente sind dichtschließend ineinander gefalzt, während zwischen den Innenwandungen zweier einander folgenden Ringstücke durch Abdrehen der einen Stirnfläche ringförmige Brennschlitze gebildet werden, durch welche das in den von den Brennerelementen gebildeten Ringhohlraum des Brenners eingeleitete Gas-Luft-Gemisch in das Fadenleitrohr austritt und hier Ringstichflammen erzeugt, durch die der zu sengende Faden hindurchlaufen muß. Seine Einführung in den Brenner erfolgt durch den über dessen ganze Länge sich erstreckenden, aus den Teilschlitzen der Brennerelemente gebildeten Schlitz mittels eines als Schwingbügel ausgebildeten Fadenleiters, wie dies die Abbildungen erkennen lassen. Nach Lösung der Verschraubungsbolzen und Abnehmen des Deckels kann der Brenner ohne weiteres in seine Elemente aufgelöst werden. Die vorteilhaft von Kreuzspulen ablaufenden zu sengenden Fäden werden nach dem Verlassen der Brenner zu Kreuzspulen aufgewikkelt. Abb. 192 zeigt eine mit den besonderen Brennern ausgestattete Kreuzspulenmaschine, bei der die Wickelspulen ihre Drehbewegung durch Umfangsreibung von Trommeln empfangen, auf deren Umfang der aufzuspulende Faden von hin- und hergehenden Fadenführern aufgelegt wird und von denen ihn die Wickelspulen abnehmen. Abb. 193 läßt den Fadenlauf erkennen. Die beiden äußeren Ränder *i* des Mantels der Spulentriebtrommel *a* sind um einige Millimeter abgedreht und an den hierdurch gebildeten Stirnkanten des auf die Wickelspule wirkenden Mittelteils der Triebtrommel sind Fangnasen *c* ausgebildet, deren Höhe der

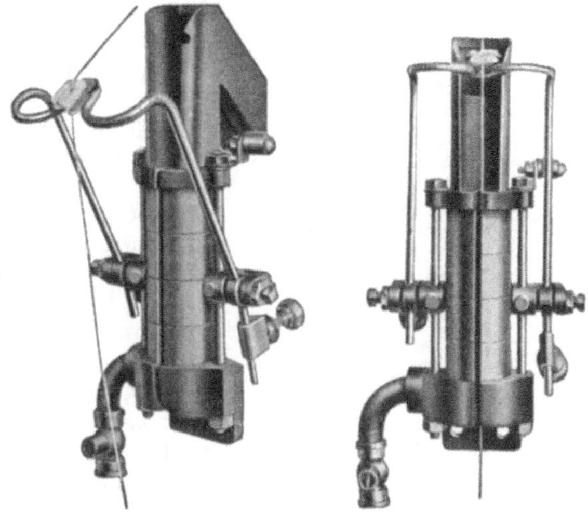

Abb. 190 u. 191. Gasbrenner für Gassengmaschine; „Mabag“ Maschinenbau A.-G., Langenthal in Langenthal/Schweiz.

Abb. 192. Kreuzspulmaschine, System „Hirt-Kappeler“ mit Gasbrennern, System Mabag; Maschinenbau A.-G., Langenthal i. d. Schweiz.

Höhe der Abdrehung entspricht. Durch sie wird der aufzuspulende Faden bei der Umkehr *hg* des hin- und hergehenden Fadenführers *de* gefangen und erhält so eine zickzackförmige Schräglage *f* auf dem Mantel der Triebtrommel *a*. Da die hin- und hergehende Bewegung des Fadenführers ohne Einfluß auf die Legung des Fadens auf der sich bildenden Spule ist, diese vielmehr von der Triebtrommel bestimmt wird, kann die Spitze der herzförmigen Unrundscheibe für die Bewegung der Fadenführerstange stark abgerundet werden. Die letztere wird infolgedessen stoßlos hin- und herbewegt und damit ergibt sich die Möglichkeit, bei größter Tourenzahl auch das feinste Material ohne schädliche Beanspruchung zu spulen. Für jeden Gang ist ein Ausschalter vorgesehen, durch welchen bei etwaigem Fadenbruch oder Fadenablauf die Wickelspule von der Triebtrommel abgehoben wird.

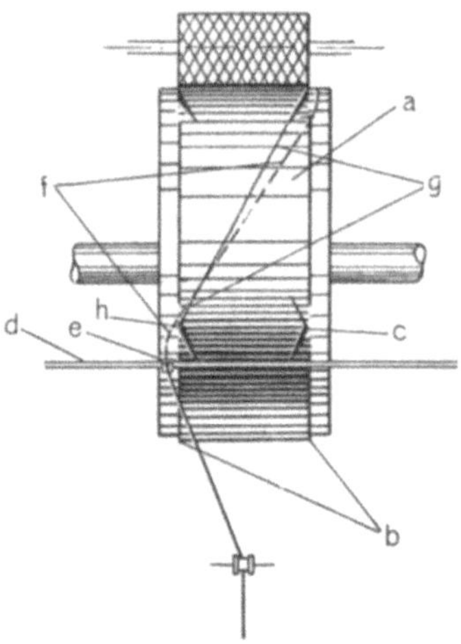

Abb. 193.

b) Sengen der Gewebe. Das Sengen der Gewebe erfolgt auf der elektrischen Sengmaschine, der Platten- und Zylindersengmaschine oder auf der Gassengmaschine. Die erstgenannten Sengmaschinen ermöglichen ein gefahrloses und sauberes Arbeiten, können aber nur dort zur Anwendung kommen, wo billiger Strom zur Verfügung steht, weil sie sonst unwirtschaftlich arbeiten. Die Platten- und Zylindersengmaschinen sind eine Weiterentwicklung derjenigen Sengmaschinen, bei denen das Gewebe über einen glühenden Eisenbolzen gezogen wurde, und finden, obwohl ihre Benutzung teuer, umständlich und unsauber ist, noch immer Anwendung, da sie durch die sonst allgemein gebräuchliche Gassengerei für gewisse Stoffe, z. B. Velvet,

Abb. 194. Elektrische Senge für Gewebe; Zittauer Maschinenfabrik A.-G., Zittau.

Genau-Cord, nicht ganz ersetzt werden können. Sie sengen nur die aus der Gewebeoberfläche hervorstehenden Faserspitzen ab. Auch für Betriebe, in denen kein Gas zu haben ist, kommt die Platten- und Zylindersengerei in Frage, wenngleich es heute möglich ist, mit Hilfe eines sogenannten Gasolinapparates selbst Gas zu erzeugen. Die Gassengmaschine bietet die Möglichkeit, nicht nur die aus der Gewebeoberfläche herausragenden Faserspitzen abzusengen, sondern auch die zwischen den Kett- und Schußfäden eingebetteten Fasern. Sie macht das lästige Anheizen des Sengkörpers entbehrlich, ist also stets gebrauchsfertig.

In Abb. 194 ist eine elektrische Sengmaschine für Gewebe dargestellt. Sie ist mit einer Anzahl von widerstandsfähigen, unverbrennbaren Metallstäben ausgestattet, die durch den elektrischen Strom zum Glühen gebracht werden und über die das zu sengende Gewebe hinweggeführt wird. Vor der eigentlichen Sengvorrichtung sind eine oder mehrere kupferne Trockentrommeln angeordnet, während sich hinter der Sengvorrichtung eine Funkenlöschvorrichtung befindet, welche aus zwei eisernen Löschwalzen besteht, von denen die eine in einem Wasserkasten läuft. Anzahl und Länge der Sengstäbe richten sich nach der gewünschten Leistung. Eine Maschine mit drei Sengstäben darf als die gebräuchlichste bezeichnet werden.

Die Plattensengmaschine besitzt in ihrer einfachsten Ausführungsform eine aus Eisen oder Kupfer bestehende gewölbte Platte, welche, in einem Ofen eingebaut, den oberen Abschluß seiner Feuerung bildet und über welche, sobald die Abdeckplatte zum Glühen gebracht ist, das zu sengende Gewebe hinweggezogen wird. Eine besondere Abhebevorrichtung gestattet, das Gewebe im Notfalle sofort von der glühenden Platte abzuheben. Am Gewebe hängen-

Abb. 195. Platten-Senge für Gewebe mit zwei Sengplatten und Warenbewegungsvorrichtung; Zittauer Maschinenfabrik A.-G., Zittau.

bleibende Funken werden durch eine Bürste gelöscht, über die das Gewebe nach dem Verlassen der Sengplatte streicht. Die Bewegung des Gewebes über die Sengplatte erfolgt durch eine Wickelwalze, welche ihre Drehbewegung durch eine Handkurbel, die Transmission, eine kleine Dampfmaschine oder einen Elektromotor erhält. Genügt eine Passage des Gewebes über die Sengplatte nicht, so wird es im Vor- und Rücklauf mehrere Male über sie geführt. Zu diesem Zweck sind zu beiden Seiten des Ofens Wickelwalzen angebracht, die wechselweise zur Wirkung kommen. Um den Vor- und Rücklauf des Gewebes entbehrlich zu machen, werden die Sengmaschinen mit zwei einander folgenden Öfen ausgestattet. Abb. 195 zeigt eine solche Ausführungsform. Die Öfen werden für feste, flüssige oder gasförmige Brennstoffe gebaut. Um eine möglichst gleichmäßige Abnützung der Sengplatten zu erzielen und zugleich ein stellenweises Abkühlen dieser zu verhüten, wird die Senge mit einer Warenbewegungsvorrichtung ausgestattet, durch welche die Berührungsfläche zwischen Platte und Gewebe dauernd wechselt.

Zylindersengmaschine. Da bei Plattensengmaschinen eine dauernde Abkühlung der Sengplatte an der Berührungsstelle des Gewebes mit der Platte eintritt, die durch starkes Heizen ausgeglichen werden muß, hat man an Stelle der festliegenden Platte einen hohlen Kupferzylinder oder Stahlgußzylinder zur Anwendung gebracht, der ebenfalls rotglühend gemacht, aber dabei auch gedreht wird, so daß er dem Gewebe dauernd eine neue glühende Fläche darbietet. Um eine bessere Ausnützung des Zylindermantels zu erreichen, wird bei den neueren Zylindersengmaschinen (Abb. 196) das Gewebe so geführt, daß es den Zylinder zweimal, oben und unten, bestreicht. Um die Wärmeausstrahlung zu vermindern, ist der Zylinder vorn und hinten durch gußeiserne Mulden abgedeckt. Aus dem seitlich gelegenen Ofen streichen die Heizgase durch den Zylinder und gelangen auf der anderen Seite in den Schornstein. Einzelne Betriebe benutzen die Abgase auch zum Heizen von Trockenräumen oder zum Erwärmen von Wasser. Zur Führung des Gewebes dienen vor und hinter dem Zylinder je zwei eiserne Leitwalzen und je zwei unmittelbar am Zylinder gelegene schmiedeeiserne Stäbe, welche in einem Hebelwerk gelagert sind und ein augenblickliches Abheben des Gewebes vom Zylindermantel gestatten. Eine Zugwalze dient zur Förderung des Gewebes durch die Senge.

Abb. 196. Zylindersenge für Gewebe; Zittauer Maschinenfabrik A.-G., Zittau.

Bei der Gassengmaschine erfolgt das Abbrennen der Faserenden durch eine einem Schlitzbrenner entströmende Gasflamme dadurch, daß das Gewebe über diese hinwegführt oder seitlich an ihr entlang bewegt wird. Im ersteren Fall ist die Führung des Gewebes eine solche, daß die Gasflamme entweder durch das Gewebe hindurch oder nur gegen dasselbe schlägt. Um eine vollständige, also rußfreie Flamme zu erhalten und den Heizwert des Gases ganz auszunutzen, sind die Brenner nach Art der Bunsenbrenner konstruiert, d. h. es kommt ein Gasluftgemisch zur Verbrennung. Für die Zuführung der Luft dient ein Luftgebläse, das mit einem Druckluftsammler in Verbindung steht. Die Vereinigung von Gas und Luft findet gewöhnlich im Brenner selbst oder kurz vor dem Brenner in einer sogenannten Mischdüse statt. Skalahähne gestatten dabei eine leichte Regelung des Mischungsverhältnisses von Gas und Luft. Die Brenner, deren Breite der normalen Gewebebreite entspricht, sind, um sie gegenüber dem Gewebe ein- oder von ihm abstellen zu können, drehbar im Maschinengestell gelagert und derart ausgebildet, daß die Schlitzweite geändert und die Schlitzlänge der Gewebebreite angepaßt werden kann. Die richtige Führung des Gewebes gegenüber den Brennern erfolgt mit Hilfe eiserner oder kupferner, durch Luft oder Wasser gekühlter Zylinder oder gleichwertiger Hohlkörper. Dabei sind diese Leitmittel bei Anordnung mehrerer Brenner in einer Maschine derart angeordnet, daß das Gewebe einseitig oder beiderseitig oder auf einer Seite ein- oder auch mehrmals gesengt werden kann. Bürstwalzen beseitigen die veraschten Teile, Dämpf- oder Wasserkästen dienen zum Ablöschen etwaiger Funken. Bisweilen sind den Brennern noch Trockenzylinder vorgelagert, über welche das Gewebe läuft, bevor es zu den Sengflammen kommt. Hierdurch wird deren Wirkung erhöht. Um das Gewebe mit beliebiger Geschwindigkeit über die Brenner führen zu können, wird die Sengmaschine für den Antrieb mit einem Stufenscheiben-, Kegelscheiben-, Planscheiben- oder Wechselrädergetriebe ausgestattet.

Im vorstehenden sind die grundlegenden Einrichtungen einer Gassengmaschine gekennzeichnet. Sie haben im Laufe der Zeit vielfache Änderungen erfahren.

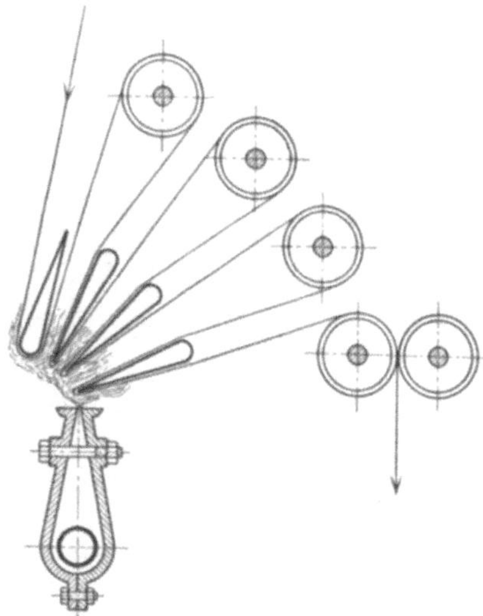

Abb. 197. Mehrfaches Sengen der Ware mit einem Brenner bei einem Durchgang; C. G. Haubold A.-G., Chemnitz.

Für das mehrmalige Sengen eines Gewebes in einem Arbeitsgang sind, wie sich aus obigem ergibt, mehrere Brenner erforderlich, über die das Gewebe nacheinander geführt wird. Um die Anwendung mehrerer Brenner entbehrlich zu machen, hat man die Sengmaschine auch derart eingerichtet, daß das Gewebe im Vor- und Rücklauf über einen Brenner geführt werden kann. Erreicht wird dies durch umsteuerbare Wickelwalzen. Ein wesentlich hiervon abweichender Weg kommt bei den Sengmaschinen zur Anwendung, bei welchen das Gewebe mehrmals an ein und dieselbe Flamme geführt wird, wie dies Abb. 197 erkennen läßt (D.R.P. 119929). Die Leitkörper für das Gewebe sind zu diesem Zweck lamellenartig gestaltet. Durch Regulierung der Flamme sowie die Benutzung aller oder auch nur einiger Leit-

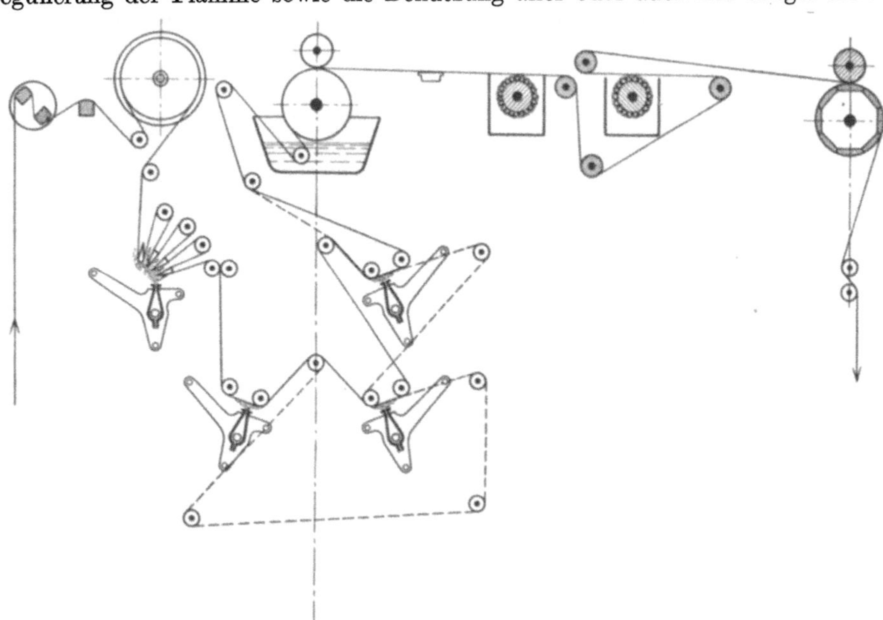

Abb. 198. Warenführung bei Gassengen; C. G. Haubold A.-G., Chemnitz.

körper hat man es in der Hand, die Sengwirkung zu regeln. Ein weiterer Vorteil besteht in der großen Ersparnis an Gas und endlich ergibt sich, obwohl die Flamme nicht durch das Gewebe hindurchschlägt, eine energische Wirkung dieser dadurch, daß das Gewebe infolge der scharfen Umkehr über der Flamme gewissermaßen geöffnet wird, indem die Schußfäden voneinander entfernt werden. Abb. 198 läßt die Anwendung der eigenartigen Gewebeführung an einer mit vier Brennern ausgestatteten Maschine erkennen und zeigt, daß sie ohne Änderung der Brenneranlage in eine Sengmaschine normaler Konstruktion eingebaut werden kann.

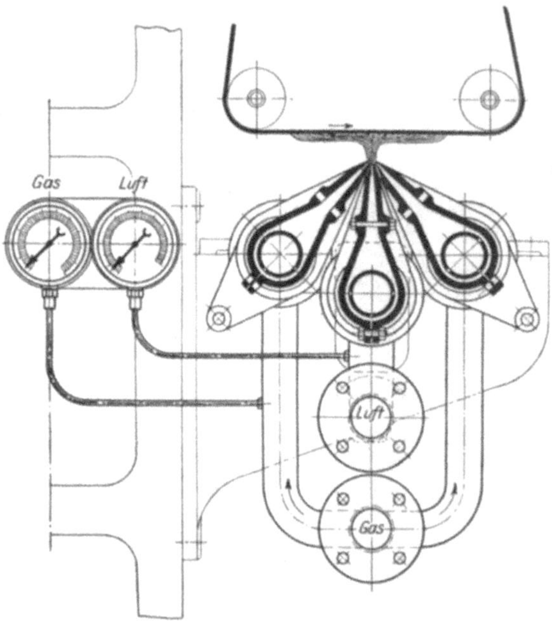

Abb. 198a. Brenner für Gassengen mit getrennter Zuführung von Gas und Luft; C. G. Haubold A.-G., Chemnitz.

Durch den in Abb. 198a wiedergegebenen Brenner soll die übliche Mischung von Gas und Luft im Brenner oder in einer Düse unmittelbar vor diesem beseitigt werden. Gas und Luft werden durch drei Düsen getrennt zur Brennstelle geführt und hier gemischt. Hierdurch wird die Möglichkeit geboten, Gas und Luft in jedem gewünschten Mischungsverhältnis ohne Explosionsgefahr zur Anwendung zu bringen.

Die Breite der Brenner entspricht der normalen Gewebe-

Abb. 199. Großleistungs-Gassenge, Bauart Osthoff mit 4 Brennern, Universalsteuervorrichtung, 2 Trockenzylindern und Dämpfvorrichtung; C. G. Haubold A.-G., Chemnitz.

breite. Kommen sehr schmale Gewebe auf die Senge, so werden gleichzeitig zwei Gewebebahnen nebeneinander über einen Brenner geführt. Bei geringeren

Breitenabweichungen muß dafür Vorsorge getroffen werden, daß der unbenutzte Teil des Brennerschlitzes keine Flamme liefert. Erreicht wird dies im allgemeinen durch Abdeckschieber. Ein hiervon wesentlich abweichendes Mittel kommt bei der in Abb. 199 dargestellten Gassengmaschine System Osthoff zur Anwendung. Bei ihr wird die Flammenbreite durch von den Stirnseiten der Brenner aus in diese eingetriebene Preßluft geregelt. Durch eine besondere Steuervorrichtung wird die Mischung des Gases mit Luft genau bestimmt, die Flammenstärke und -breite eingestellt und die Flamme gelöscht oder durch kleine Zündflammen wieder angezündet.

Das Sengen der Gewebe durch offene Gasflammen geschieht, wie ausgeführt, in der Weise, daß ein Gasluftgemisch aus einem besonders hierzu geeigneten Brenner zur Verbrennung gebracht wird. Das Gewebe läuft über einen über der Flamme angebrachten Leitkörper oder in einer geringen Entfernung von der Flammenbasis über diese hinweg. Im letzteren Falle wird auf der der Sengseite entgegengesetzten Seite des Stoffes eine beträchtliche Menge Rauch entwickelt, welcher durch das Vergasen der Gewebefasern entsteht. Dieser Rauch besteht aus brennbaren Gasen. Diese sollen nach einer Erfindung von Walter Osthoff, Barmen (D.R.P. 331589) mit Hilfe geeigneter Vorrichtungen gesammelt und zur Verbrennung gebracht werden, so daß eine neue Flamme entsteht. Durch die von der Hauptgasflamme abhängige zweite Flamme, welche durch die Rauchgase des Stoffes gebildet wird, soll jedoch nicht nur der Stoff auf einer zweiten Bahn gesengt werden, wie dies Abb. 200 erkennen läßt, die Heizwirkung dieser Rauchgasflamme soll vielmehr auch noch zum Vortrocknen des Stoffes bzw. zur Ausscheidung der im Stoff enthaltenen Feuchtigkeit dienen, so daß also durch diese Anordnung die bis jetzt in der Praxis zu diesem Zweck benutzten Trockenzylinder in Fortfall kommen können.

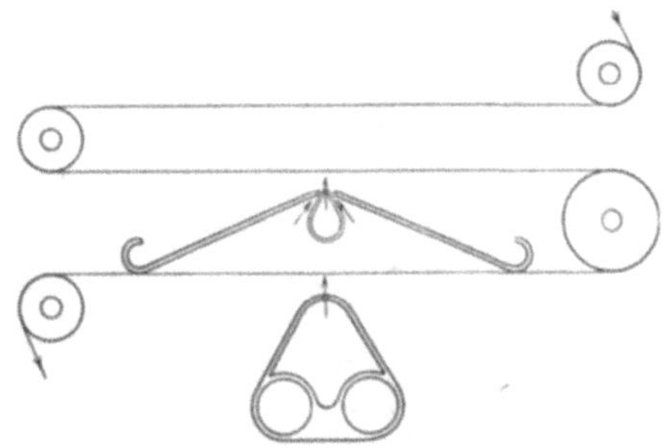

Abb. 200. Gassenge für Gewebe zum zweiseitigen Sengen nach D.R.P. 331589.

c) Sengen der Wirkwaren. Strümpfe kommen auf die Gassengmaschine. Bei ihr sind in einem eisernen Untergestell zwei Förderwalzenpaare hintereinander gelagert und jedem dieser Walzenpaare sind zwei Flammenrohre zugeordnet, durch die das Sengen der auf Holzformen aufgezogenen Strümpfe auf beiden Seiten gleichzeitig erfolgt.

IX. Putzen — Schleifen — Scheren.

Rohe Baumwollgewebe, die aus unreinen Garnen hergestellt sind, zeigen vielfach eine durch Schäben- und Blatteilchen stark verunreinigte Oberfläche, außerdem weist diese vielfach Knoten, Noppen, Fadenenden usw. auf. Durch Beseitigung dieser Fremdkörper wird die Oberfläche des Gewebes veredelt und dieses selbst gleichzeitig auch für eine weitere Veredlung vorbereitet. Erreicht wird dieses durch Putzen, Schleifen oder Scheren. Das Schleifen bietet gleichzeitig noch die Möglichkeit, die Gewebeoberfläche mit einer feinen Faserflordecke zu versehen, während durch das Scheren eine bereits vorhandene Flordecke, wie sie zum Beispiel durch das Rauhen oder auf webtechnischem Wege (Samt, Plüsch usw.) gewonnen worden ist, auf eine ganz bestimmte Höhe gebracht werden kann.

a) Putzen. Beim Putzen werden die bezeichneten Fremdkörper durch einseitiges oder beiderseitiges Abschaben der Gewebeoberfläche mit Messern beseitigt. Diese Messer bilden die arbeitenden Werkzeuge der Gewebeputzmaschine. Sie sitzen bei den älteren Maschinen als gezahnte linealartige Klingen auf den freien Enden stehender und schwingbar gelagerter Hebel, den sogenannten Putzladen, mit ihren gezahnten Längskanten einander zugekehrt und schräg gegeneinander gestellt. Über diese Putzladenköpfe wird das zu bearbeitende Gewebe, mehr oder weniger dicht gegen die Messer angestellt, hinweggeführt, während die Putzladen in Schwingbewegung versetzt werden. Die Messer kommen infolgedessen wechselweise zur Wirkung. — Neben diesen Putzmaschinen werden auch solche angewendet, bei welchen glattkantige linealartige Messer schraubengangförmig auf den Mantel eines Zylinders aufgezogen sind, an welchem das Gewebe, ihn berührend, vorbeigeführt wird, während er Drehbewegung ausführt. Die glatten Messerkanten schleifen hierbei über das Gewebe und reinigen es so. Maschinen dieser Art bezeichnet man als Croppingmaschinen. Sie besitzen nur einen Messerzylinder, wenn das Gewebe nur einseitig bearbeitet werden muß, weisen aber zwei oder vier Zylinder auf, und dies besonders dann, wenn eine Behandlung des Gewebes auf beiden Seiten erforderlich ist. Bei einer Vierzylindermaschine wirken z. B. auf jede Gewebeseite in einem Arbeitsgang zwei Messerzylinder wechselweise nacheinander.

Abb. 201. Putz- und Schleifmaschine für Gewebe; A. Monforts, M.-Gladbach.

b) Schleifen. Das Schleifen der Gewebe erfolgt mit Hilfe sich drehender Walzen, deren Oberfläche mit Schmirgel oder pulverisiertem Glas überzogen und vielfach zwecks Erzielung eines besseren Angriffs des Überzugs mit sich kreuzenden schraubengangförmig verlaufenden Rinnen versehen ist. An diesen Walzen wird das zu behandelnde Gewebe mit Hilfe von Leitwalzen, mehr oder weniger dicht angestellt, tangential vorbeibewegt. Die Schleifmaschinen sind mit nur einer Arbeitswalze oder deren mehrere ausgestattet. Abb. 201 zeigt eine Maschine der letzten Art. Im Bedarfsfalle werden die Maschinen mit Warenrückführung und Heizwalze an der Einlaufseite ausgestattet. Durch das Vorbeistreichen des Bezugs der Arbeitswalzen an der Gewebeoberfläche werden einerseits die Unreinigkeiten abgestreift, gleichzeitig werden aber auch die Fasern, insbesondere die freien Faserenden aus den Gewebefäden herausgelöst, und hierdurch entsteht eine flaumige Faserdecke. Hiervon wird bei der Herstellung von Wildlederimitationen aus Gewirken ausgiebiger Gebrauch gemacht.

c) Scheren. Das Wort läßt schon auf das Arbeitsverfahren schließen. Es wird die Gewebeoberfläche mit einer Schere bearbeitet. Diese Schere (Schneidzeug) besteht bei der Schermaschine aus dem sogenannten Unter- und Obermesser. Beiden wird das Gewebe mittels eines Schertisches so dargeboten, daß die auf seiner Oberfläche vorhandenen Faserenden zwischen die Schneiden der Schere kommen. Ihr Untermesser wird durch ein freitragend festgelagertes, parallel zur Tischkante liegendes Lineal gebildet, mit dessen hohlkehlenartig ausgearbeiteter freien Längskante das Obermesser zusammenarbeitet. Dieses besteht aus einem Zylinder mit schraubengangförmig auf ihm befestigten Messern (Spiralen). Der Schertisch gibt entweder dem Gewebe an der Schneidstelle eine feste Unterstützung (Festtisch) oder bietet dem Schneidzeug das Gewebe hohlliegend dar (Hohltisch). Beide Ausführungsformen des Schertisches zeigt Abb. 202 schematisch, sie läßt gleichzeitig auch seine Lage zu dem Schneidzeug und die Lage der beiden Messer desselben zueinander erkennen. Ursprünglich verwandte man nur Scherzylinder mit eingestemmten Spiralen, wie in Abb. 203 dargestellt. Das Bestreben nach einer leichteren Auswechselbarkeit der Spiralen bei Verschleiß oder Beschädigungen führte dazu, die Spiralen lose um den Zylinder zu legen und an den Stirnseiten des Zylinders durch Schrauben zu verspannen. Zunächst verwandte man auch hierbei, wie bei den Einstemmspiralen, Spiralen mit geradem Querschnitt. Sie weisen

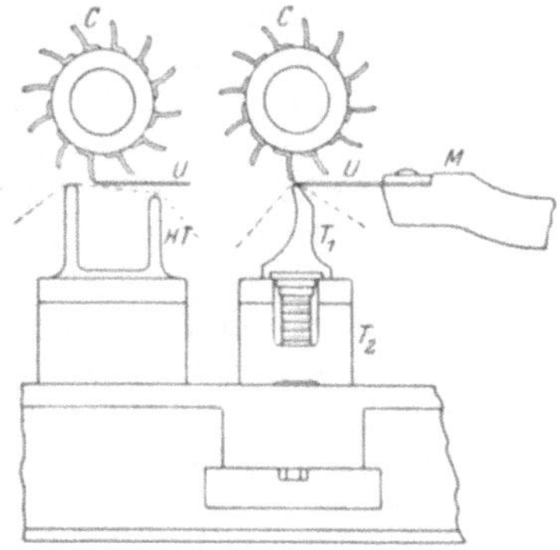

Abb. 202. Scheren eines an der Schneidstelle hohl liegenden und unterstützten Gewebes; Severin Heusch, Aachen.

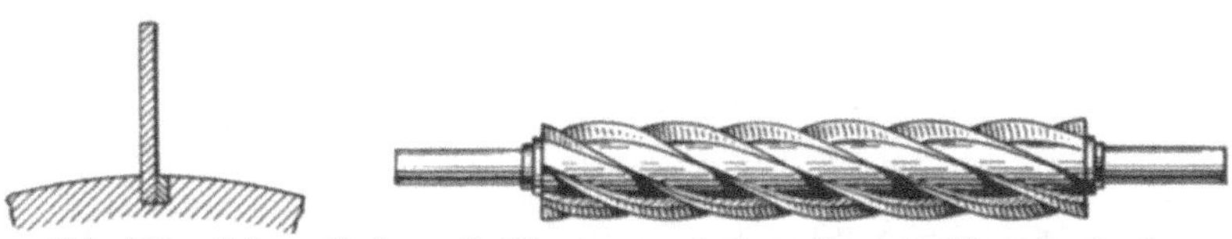
Abb. 203. Scherzylinder mit Einstemmspiralen; Severin Heusch, Aachen.

einen stumpfen Schnittwinkel auf; die Spiralen mußten infolgedessen häufig nachgeschliffen werden. Um diesen Übelstand zu beseitigen, kam die sogenannte Konkavspirale zur Anwendung, die einen spitzen Schneidwinkel hat, Abb. 204, den sie bis zum letzten Rest der Verwendungsmöglichkeit beibehält. Infolgedessen ist der Schnitt an sich schärfer, die Arbeitsleistung besser. Ursprünglich wurden zum Scheren aller Gewebe sogenannte glatte Spiralen verwendet; man ging dann aber dazu über, für Gewebe mit widerspenstigen Fasern Spiralen mit sogenanntem Feilenhieb auf der konkaven Innenfläche zu verwenden. Durch den Feilenhieb werden die Fasern am Ausweichen verhindert und so dem Untermesser in der richtigen Stellung zugeführt. Für Baumwollgewebe trifft dies insbesondere zu, und man verwendet deshalb dafür heute im

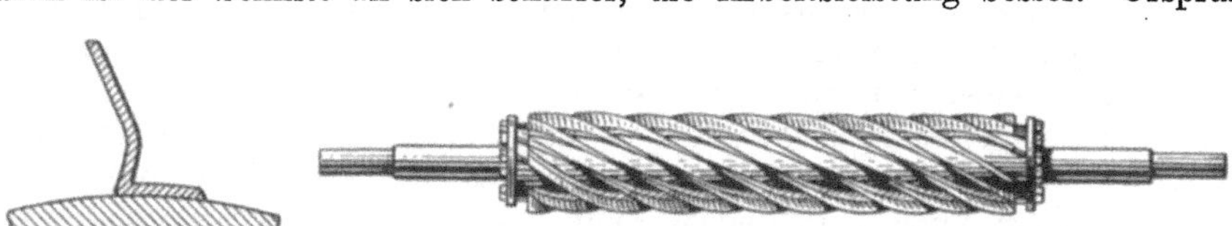
Abb. 204. Scherzylinder mit Konkavspiralen; Severin Heusch, Aachen.

wesentlichen nur noch Spiralen mit Feilenhieb und als Ideal der Spiralen die Konkavspirale. Geschoren werden die Baumwollgewebe im allgemeinen auf dem Hohltisch, Abb. 202, weil bei Verwendung eines Festtisches etwa im Gewebe vorhandene Knötchen dieses beim Passieren der Leitkante des Tisches zu hoch heben und es so dem Einschneiden durch das Schneidzeug aussetzen. Die Schermaschinen sind mit einem Schneidzeug oder deren mehreren ausgestattet. In letzterem Falle wirken die vorhandenen Schneidzeuge sämtlich auf die gleiche Gewebeseite oder auf beide Seiten. Da für eine gute Schur mehrere Schnitte erforderlich sind, muß das Gewebe dann, wenn dies in einem Arbeitsgang nicht erreicht werden kann, mehrmals durch die Maschine laufen und wird zu diesem Zweck durch Zusammennähen seiner Endkanten endlos gemacht. Abb. 205 zeigt eine Schermaschine mit zwei Schneidzeugen für jede Warenseite. Sie ist eine sogenannte Langschermaschine, d. h. eine Maschine, bei der das Gewebe in der Kettrichtung durch die ortsfesten Schneidzeuge

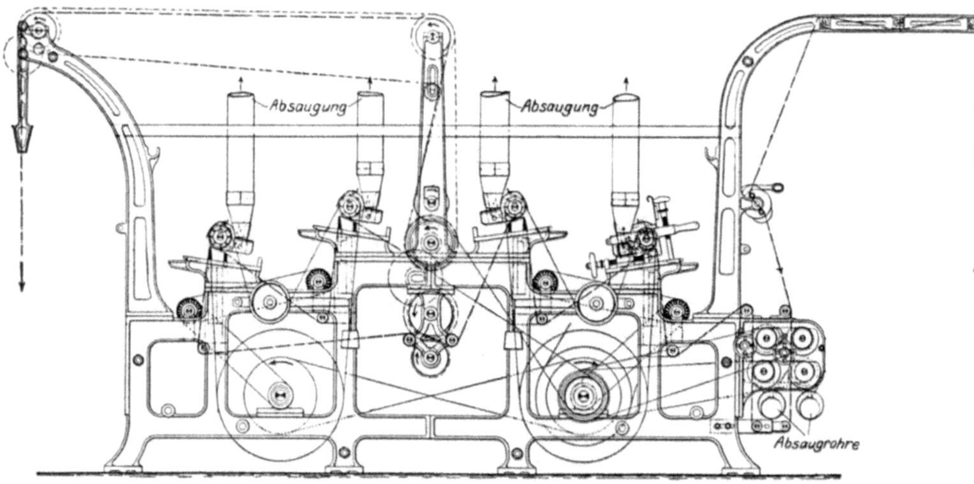

Abb. 205. Schermaschine mit 2 Schneidzeugen für jede Warenseite, mit 2 Schabe- und 6 Bürstenwalzen und Entstaubungsanlage; Bauart A. Monforts, M.-Gladbach.

geführt wird. Außer den Langscherern sind noch Querschermaschinen in Verwendung, bei welchen das Schneidzeug in der Schußrichtung über das über einen Hohltisch gespannte, ruhende Gewebe geführt und dieses nach jedem Schnitt um die Länge des Scherzylinders geschaltet wird. Sie eignen sich besonders zum Kahl- und Nachscheren. Langschermaschinen und Querschermaschinen kommen entweder für sich oder auch nacheinander zur Anwendung. — Das Schneidzeug einer Schermaschine ist im allgemeinen mit seinem Träger derart schwenkbar im Maschinengestell gelagert, daß es mittels eines Handgriffs, eines Fußtritts oder durch ein Treibmittel der Maschine vom Tisch abgehoben werden kann. Dies kommt besonders dann in Betracht, wenn Nahtstellen endlos gemachter Gewebe das Schneidzeug passieren. Hat das Gewebe die erforderliche Zahl von Umläufen gemacht, so wird die Maschine von Hand ausgerückt. Um das Stillsetzen zu einem selbsttätigen zu machen, hat man jedoch auch den Einbau einer Einstell- und Ausrückvorrichtung in die Maschine vorgeschlagen. Abb. 206 zeigt eine solche schematisch (D.R.P. 281682). Von der Abzugswalze *a* aus wird durch ein geeignetes Triebmittel *b* eine Unrundscheibe in Drehung versetzt, die das Schneidzeug *c* beim Durchgang der Naht *i* zwischen Tisch *d* und Schneidzeug mittels Hebelwerks *egh* vom Tisch abhebt.

Das Hebelwerk schaltet hierbei gleichzeitig das Zählwerk *k*, dessen einstellbarer Ausrücker die Maschine zur geeigneten Zeit stillsetzt. — Die Höhenlage des Schneidzeugs gegenüber dem Tisch wird durch Mikrometerschrauben geregelt

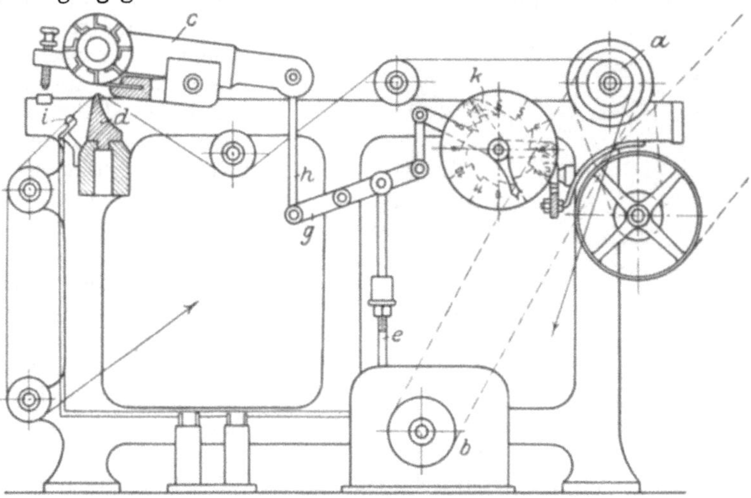

Abb. 206. Schermaschine mit Vorrichtung zum selbsttätigen Abheben des Scherzylinders vom Tisch.

und endlich kann auch die Höhenlage des Obermessers gegenüber dem Untermesser durch Stellzeuge geändert werden. — Um Verletzung des Arbeiters durch das Obermesser zu verhüten, ist vor diesem ein Schutzgitter angeordnet, welches erst bei völligem Stillstand der Maschine entfernt werden kann. — Um ein Ansammeln der sich durch die Schur ergebenden Scherhaare hinter dem Scherzylinder zu verhindern, werden die Maschinen mit Saugvorrichtungen ausge-

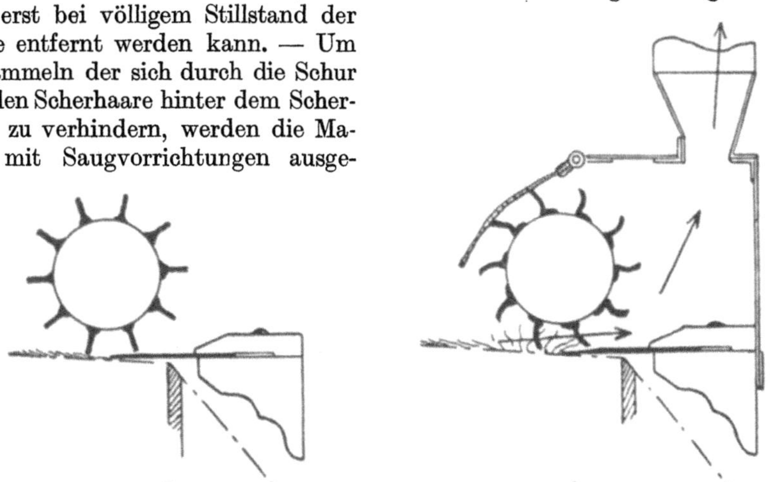

Abb. 207. Schneidzeug. a ohne Luftsaugvorrichtung, b mit Luftsaugvorrichtung; Friedrich Haas, Lennep i. Rhld.

stattet, Abb. 205 und 207, oder es wird das ganze Schneidzeug derart schräg nach hinten gelagert, daß die Scherhaare nach rückwärts in einen Kasten fallen.

Für das Putzen und Scheren eines Gewebes in einem Arbeitsgange sind kombinierte Putz-, Bürst- und Schermaschinen in Vorschlag gebracht worden. Bei ihnen sind gewöhnlich jedem Scherzeug zwei Spiralputzzylinder und eine

Vollbürste vorgeordnet, vgl. Abb. 208 und Abb. 205 rechte Seite. Die glatten Arbeitskanten der Putzspiralen streichen einmal von links nach rechts, einmal von rechts nach links, einmal mit, einmal gegen den Warenlauf über das Gewebe. Die auf die Putzzylinder folgende Vollbürste hat den Zweck, alle losen Verunreinigungen zu entfernen, die abzuscherenden Bestandteile aufzulockern und so zu stellen, daß sie von dem Schneidzeug sicher gefaßt werden können. Um den entstehenden Faserstaub zu beseitigen, werden die Spiralputzzylinder noch mit Luftsaugern ausgestattet, vgl. Abb. 208 unten. Sie unterstützen durch Aufrichten der Fasern zugleich die Wirkungsweise des Schneidzeuges, vgl. auch Abb. 207b. — Bei der in Abb. 209 schematisch dargestellten Schermaschine für beiderseitige Schur sind die Hohltische auf einem schwenkbaren Rahmen so angeordnet, daß sie durch Drehen dieses Rahmens mittels eines Stellzeuges gleichzeitig von ihren Messern entfernt und gegen sie angestellt werden können. Die Putzvorichtungen für beide Gewebeseiten befinden sich unmittelbar einander folgend vor dem ersten Schneidzeug. Die Spiralputzzylinder können nach Bedarf auch durch Schmirgelwalzen ersetzt oder mit ihnen verwendet werden.

Abb. 208. Putz- und Bürstvorrichtung; Friedrich Haas, Lennep i. Rhld.

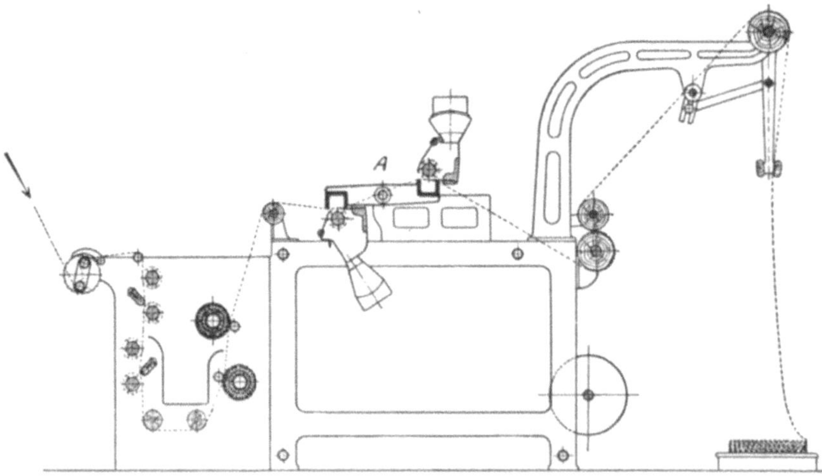

Abb. 209. Gewebeschermaschine mit 2 Schneidzeugen und schwenkbaren Schertischen; Friedrich Haas, Lennep i. Rhld.

Man ist beim Scheren von Geweben mit Faserdecke nicht nur in der Lage eine über die ganze Gewebefläche sich erstreckende gleich hohe Faserdecke zu erzeugen, sondern man kann auch eine Musterung hervorbringen. Wird dies angestrebt, so müssen besonders geformte Messer, Tische oder Musterschablonen zur Anwendung kommen, mit welch letzteren das Gewebe am

Schneidzeug vorbeigeführt wird. Das Schneidzeug kann dann nur die durch die Schablone hindurchtretenden Fasern fassen. Die Schablonen geben die Möglichkeit, beliebige Muster zu erzeugen, die weiter genannten Mittel lassen dagegen im allgemeinen nur eine Langstreifenbildung zu.

X. Rauhen.

Das Rauhen hat den Zweck, auf der Oberfläche eines Gewebes oder eines Gewirkes durch Herauslösen der freien Faserenden aus den Fäden eine Faserdecke, Rauhdecke, zu erzeugen. Erreicht wird dies mittels der sogenannten Rauhkarden, durch Borsten oder mit Hilfe von Metallkratzen. Die Rauhkarden sind die Fruchtköpfe einer Distel, welche vielfach wild wächst, für den fraglichen Zweck aber auch in Frankreich, den Niederlanden, England, Rußland, Österreich und Deutschland angebaut wird. Die Metallkratzen bestehen aus einem Grundstoff (Leder, Filz usw.), in den von der Rückseite aus U-förmig gebogene metallische Kratzenzähnchen aus Eisen, Stahl, Messing, Aluminium usw. eingesetzt sind, deren aus dem Grundstoff herausragende freie Enden gerade oder kreisförmig abgebogen sind. Man unterscheidet im allgemeinen in Karden- und Kratzenrauhmaschinen.

a) Rauhen der Gewebe. Für das Rauhen der Baumwollgewebe kommen in erster Linie die Kratzenrauhmaschinen zur Anwendung, und zwar als sogenannte Trommelrauhmaschinen. Sie besitzen einen trommelartigen Rotationskörper, dessen Umfang aus Walzen mit Metallkratzenbezug gebildet ist, die mit ihren Zapfen im Kugellagern der beiden Trommelstirnscheiben ruhen, welche mit Zentralschmiervorrichtung ausgestattet sind. Um diese Rauhtrommel wird, während sie sich dreht und die Rauhwalzen gleichzeitig eine Drehbewegung auf ihren Achsen ausführen, das zu rauhende Gewebe unter bestimmter Spannung geführt. Die Rauhwalzen, deren gewöhnlich 16, 24 oder 36 zur Anwendung kommen, besitzen entweder alle einen Kratzenbeschlag mit in der gleichen Richtung gekrümmten Zähnchen oder es ist die eine Hälfte der Walzen mit einem entgegengesetzt zu dem der anderen Hälfte gekrümmten Kratzenbeschlag derart versehen, daß zum Beispiel der Beschlag aller ungeradzahligen Walzen in der der Trommeldrehrichtung gleichgerichteten Laufrichtung des Gewebes der der geradzahligen Walzen entgegengesetzt hierzu gekrümmt ist. Die erstgenannten Walzen bezeichnet man als Strichwalzen, die zweitgenannten Walzen dagegen als Gegenstrichwalzen. Die Strichwalzen wirken kratzend in der Richtung des Warenlaufs auf die Ware, die Gegenstrichwalzen aber in der entgegengesetzten Richtung. Der Faserflor, welcher sich nach und nach entwickelt, wird demgemäß durch den einen Walzensatz vorwärts-, durch den anderen wieder zurückgelegt, der Schuß wird also wechselweise von beiden Seiten durch die Kratzenzähnchen gefaßt. Diese eigenartige Wirkung der beiden Rauhwalzensätze hat zur Bezeichnung: Strich-Gegenstrich-Rauhmaschinen im Gegensatz zur reinen Strichrauhmaschine geführt. Die Rauhwirkung dieser beiden Rauhmaschinenarten ist abhängig von der Umfangsgeschwindigkeit der Rauhtrommel, derjenigen der Rauhwalzen auf der Trommel und der Laufgeschwindigkeit des Gewebes. Bei den Strichrauhmaschinen ist, wie dargetan, nur eine Art von Rauhwalzen vorhanden, es bedarf also für den Antrieb dieser auch nur eines Triebmittels, bei den Strich-Gegenstrich-Rauhmaschinen sind dagegen deren zwei, je eins für jeden Rauhwalzensatz, erforderlich. In jedem Fall ist aber der Antrieb derart regelbar, daß die Umlaufgeschwindigkeit der Rauwalzen während des Ganges der Maschine nach Bedarf geändert werden kann. Als Antriebmittel kommen ringartige Riemen, die an lose auf der

Trommelachse sitzende Mitnehmerscheiben angeschlossen sind, Abb. 210, zur Verwendung, oder ablaufende Riemen, Abb. 211. Abb. 212 zeigt eine Kratzenrauhmaschine (für Strich- und Gegenstrich) mit 36 Rauhwalzen auf der Trommel und Antrieb dieser durch zwei ablaufende Riemen, je einen auf jeder Stirnseite der Trommel für einen Satz Rauhwalzen. Diese beiden Riemen *i* und *e* empfangen, wie die Abb. 211 erkennen läßt, ihre Bewegung durch zwei

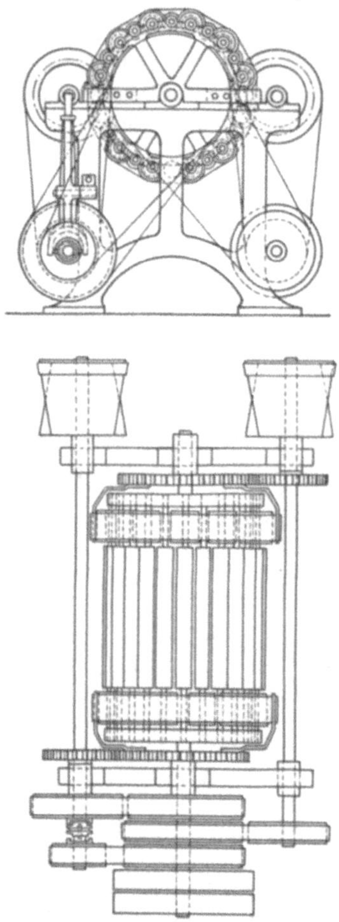

Abb. 210.

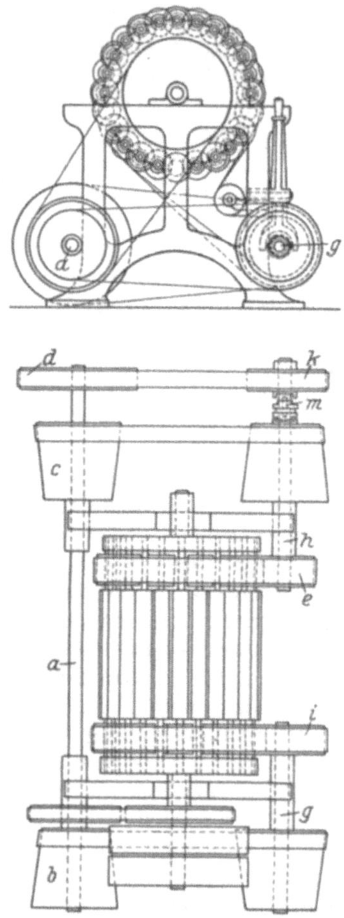

Abb. 211.

Abb. 210 und 211. Antriebvorrichtung für die Rauhwalzen von Trommel-Rauhmaschinen mit Strich- und Gegenstrichwalzen; Ernst Geßner A.-G., Aue i. E.

Riemenscheiben zweier mit Riemenkegeln ausgestatteter kurzer Wellen *h* und *g*, und diese werden wieder von einer Welle *a* aus durch zwei Riemenkegel *b* und *c* in Drehung versetzt. Die Rauhtrommelwelle ist mit Fest- und Losscheibe ausgestattet. Sie überträgt ihre Drehung einerseits auf die Kegelwelle *a* und andererseits durch eine Stufenscheibe auf die Warenzugwalze, deren Antrieb mit einer entsprechenden Stufenscheibe ausgestattet ist, vgl. Abb. 212. Durch die beiden Riemenkegelgetriebe *b* und *c* ist die Möglichkeit gegeben, die Drehgeschwindigkeit der beiden Rauhwalzensätze während der Drehung der Trommel unabhängig voneinander zu ändern, und durch das

Stufenscheibengetriebe läßt sich die Laufgeschwindigkeit des Gewebes über die Trommel gegenüber deren Umfangsgeschwindigkeit ändern. Durch am Einlauf vorgesehene Spannriegel und eine Trockentrommel wird das Gewebe faltenfrei gemacht und der Abzugswalze ein mehr oder weniger großer Widerstand für die Förderung des Gewebes entgegengesetzt. Es kann infolgedessen auch die Spannung, mit welcher das Gewebe um die Trommel läuft, und damit die Eingriffstiefe der Kratzenzähnchen in das Gewebe geregelt werden. Das Ausputzen des Kratzenbeschlags der Rauhwalzen besorgen während des Betriebs zwei außerhalb der Trommel gelagerte Rundbürsten, deren je eine auf einen Walzensatz wirkt. — Die auf der Rauhmaschine erzeugte Faserdecke wurde ursprünglich durch Bürsten in eine bestimmte Richtung gelegt und gewöhnlich durch nachträgliches Kalandern etwas an das Gewebe angedrückt. Diese im Strich liegende Faserdecke kommt sehr leicht in Unordnung, da sich

Abb. 212. Kratzen-Rauhmaschine mit 36 Rauhwalzen für Strich- und Gegenstrich mit ablaufenden, durch Vorgelegewellen angetriebenen Rauhwalzenriemen; Ernst Geßner A.-G., Aue i. E.

die Fasern bei der geringsten Berührung aufrichten. Zwecks Beseitigung dieses Übelstands hat man den sogenannten „Verfilzungseffekt" eingeführt. Er kommt dadurch zustande, daß eine in Strich gelegte Faserdecke aufgerichtet und dann ihre Faserspitzen umgebogen, gewissermasen in den Flor hineingesteckt werden. Man unterscheidet gewöhnlich in „Halbfilz und Vollfilz". Den ersteren gewinnt man auf einer Strich- und Gegenstrichrauhmaschine durch Änderung der Drehrichtung der Rauhtrommel oder durch Änderung der Umlaufgeschwindigkeit der im Strich arbeitenden Walzen mittels der sogenannten Momentumstellung, derart, daß die bezeichneten Walzen nicht mehr rauhend, sondern im Verein mit den Gegenstrichwalzen eine stauchende Wirkung auf den bereits erzielten Rauhstapel ausüben. Eine größere Veränderung der Umlaufgeschwindigkeit einer Rauhwalzengruppe mit den an sich bekannten Mitteln (Kegelscheiben- oder Reibscheibengetriebe) während des Ganges der Maschine nimmt verhältnismäßig viel Zeit in Anspruch, die Ware erhält dabei ein ungleichmäßiges Aussehen. Um diesen Übelstand zu beseitigen, also den Übergang von einer Walzengeschwindigkeit zur anderen in kürzester Zeit zu erreichen, hat man die Rauhmaschine für Strich und Gegenstrich mit einer sogenannten Momentumstellung versehen (D.R.P. 149 980). Bei ihrer Verwendung wird die zur Veränderung des Rauhgrades dienende Antriebvorrichtung für die Strichrauhwalzen außer Wirkung gesetzt und die genannten Rauhwalzen erhalten eine von dem eingestellten Rauhgrad unabhängige ganz bestimmte, stets gleichbleibende, für das Stauchen des Flors erforderliche Geschwindigkeit. Die Abb. 210 und 211 zeigen schematisch die Einrichtung einer mit Momentumstellung versehenen Rauhmaschine in zwei Ausführungen, Abb. 213 gibt die Maschine nach Abb. 211 im Schaubild wieder. Auf der von der Trommelwelle aus angetriebenen Welle *a* sitzt an einem Ende der Riemenkegel *b* und am anderen Ende der Riemenkegel *c* und die Riemenscheibe *d*. Von den beiden Kegeln *b* und *c* werden die Kegel auf den Wellen *g* und *h* und von diesen die beiden

Abb. 213. Kratzen-Rauhmaschine mit 24 Rauhwalzen und Patent-Momentumstellung (D.R.P. 149980); Ernst Geßner A.-G., Aue i. E.

Rauhwalzensätze mittels der ablaufenden Riemen *i* und *e* angetrieben. Der Kegel auf der Achse *h* sitzt lose auf dieser und neben ihm ebenfalls lose die Riemenscheibe *k*, welche mit der Scheibe *d* durch einen Riemen auf Drehung verbunden ist. Zwischen Kegel und Scheibe *k* ist eine mit der Welle *h* auf Drehung verbundene Kupplungsmuffe *m* vorgesehen. Durch entsprechende axiale Verschiebung kann diese Muffe mit dem Kegel oder der Scheibe *k* zum Eingriff gebracht werden und kuppelt dadurch das eine oder andere Triebmittel mit der Welle *h*. Wird der Kegel mit der Welle *h* gekuppelt, so arbeitet das Riemenkegelgetriebe *c*, die Strichwalzen können mit veränderlicher Geschwindigkeit getrieben werden. Findet aber Kuppelung der Riemenscheibe *k* mit der Welle *h* unter Freigabe des Riemenkegels statt, so empfangen die Strichwalzen von der Welle *h* konstante Drehgeschwindigkeit, entsprechend dem Umsetzungsverhältnis *d* — *k*. Die Strichwalzen enthalten also sofort eine Drehgeschwindigkeit, welche eine stauchende Wirkung des zuvor erzielten Rauhstapels zur Folge hat. Bei der Ausführung der Maschine nach Abb. 210 ist die Umschaltung auf die Antriebseite der Rauhtrommel verlegt und die Riemen für den Antrieb der beiden Rauhwalzensätze sind keine ablaufenden, sondern Umschlußriemen. — Für die Erzeugung von Vollfilz ist eine besondere Verfilzrauhmaschine erforderlich. Sie unterscheidet sich von der Rauhmaschine für Strich und Gegenstrich dadurch, daß die Rauhmaschine entgegengesetzt zur Warenlaufrichtung umläuft, die Zähnchen des Kratzenbeschlags aller Rauhwalzen in dieser Richtung gekrümmt sind und alle Walzen auch in dieser Richtung sich drehen. Das auf einer Rauhmaschine für Strich und Gegenstrich vorgerauhte Gewebe wird so durch die Rauhmaschine für Verfilzungseffekt geführt, daß die auf der ersten Maschine gewonnene, im Strich liegende Faserdecke mit ihren Faserspitzen von der Laufrichtung des Gewebes abgewendet zu liegen kommt. Die Kratzenwalzen bewegen sich also mit der Trommel in der Strichrichtung der vorhandenen Faserdecke, die Rauhwalzen an sich gegen diese. Da die Kratzenzähnchen in dieser Richtung ge-

Abb. 214. Doppel-Rauhmaschine für rundgewirkte glatte Stoffe; Maschinenfabrik Arbach G. m. b. H., Reutlingen i. W.

krümmt sind, fahren sie mit ihren Spitzen in die liegende Faserdecke hinein, heben sie an und legen gleichzeitig die Faserspitzen um.

b) Rauhen der Wirkwaren. Für das Rauhen baumwollener Wirkwaren kommen heute überwiegend die Kratzenrauhmaschinen zur Anwendung und zwar in Form einfacher Walzenrauhmaschinen oder als Trommelrauhmaschinen. Ihre Anwendung wird bestimmt durch die Art der zu rauhenden Waren. Diese sind entweder Schlauchgewirke, wie sie die Rundwirkstühle liefern, den flachen Wirkmaschinen entstammend Flachgewirke, zugeschnittene Warenstücke, aus diesen nach den Grundregeln der Konfektion gewonnene Erzeugnisse und solche der Strickmaschinen. Die Walzenrauhmaschinen sind entweder mit nur einer mit Kratzenbeschlag versehenen Rauhwalze oder auch deren zwei ausgestattet, welche nacheinander zur Wirkung kommen. Die Trommelrauhmaschinen weisen eine Vielzahl von Rauhwalzen auf, welche ganz wie bei den Trommelrauhmaschinen für Baumwollgewebe den Umfang einer Trommel bilden und bei deren Drehung Antrieb um ihre eigenen Achsen empfangen. Die besondere Einrichtung der Walzenrauhmaschinen ist davon abhängig, ob auf ihnen Rund- oder Flachstuhlware in Form von Bahnen oder nur abgepaßte Warenstücke bzw. geformte Erzeugnisse behandelt werden sollen. Im ersteren Falle wird bei den mit nur einer Rauhwalze ausgestatteten Maschinen die Ware durch verstellbare Spannriegel und ein mit Antrieb für veränderliche Geschwindigkeit versehenes Walzenpaar der Rauhwalze zugeführt und durch eine Reihe von während des Arbeitsganges der Maschine verstellbaren Leitwalzen tangential an der Rauhwalze vorbeigeführt. Je nach der Einstellung der Leitwalzen wirkt der Kratzenbeschlag mehr oder weniger kräftig auf die Ware ein. Sollen auf der vorstehend erläuterten Maschine flache Waren beiderseitig oder Schlauchwaren auf dem ganzen Umfang gerauht werden, so müssen diese Waren zweimal durch die Maschine gehen. Um dem abzuhelfen, hat man die Walzenrauhmaschine mit zwei in der Laufrichtung des Arbeitsguts einander folgenden Rauhwalzen versehen. Sie bieten die

Abb. 215. Strickwaren-Rauhmaschine; Maschinenfabrik Arbach G. m. b. H., Reutlingen i. W.

Möglichkeit, die beiden Seiten einer flachen Warenbahn oder schlauchförmige Wirkwaren auf dem ganzen Umfang in einem Arbeitsgang zu rauhen. Eine Maschine in solcher Ausführung zeigt Abb. 214. Sie besitzt hinsichtlich der Wareneinführung und -anstellung die gleiche Einrichtung wie die Einwalzenmaschine, die Ware wird jedoch beim Übergang der einen Rauhwalze zur anderen gewendet. Jede Rauhwalze ist ferner mit einer Schutzhaube versehen und unter jeder Rauhwalze befindet sich ein Staubsammelkasten, aus welchem der Rauhabgang abgesaugt werden kann. — Walzenrauhmaschinen für abgepaßte Warenstücke sind mit einer parallel zur Rauhwalze gelagerten, als Zuführwalze wirkenden zweiten Kratzenwalze ausgestattet, welche mit Stufenscheibenantrieb versehen ist und durch eine Trittvorrichtung mehr oder weniger dicht gegen die Rauhwalze angestellt werden kann (Abb. 215). Auf diese Walze werden die Warenstücke in der aus der Abbildung ersichtlichen Weise aufgelegt, durch ein unter Gewichtshebeldruck stehendes Streifblech fest auf ihren Kratzenbeschlag aufgedrückt und so glatt ausgestrichen an der Rauhwalze vorbeigeführt. Durch eine Abzugsvorrichtung wird die gerauhte Ware selbsttätig von der Zuführwalze abgezogen und einem Sammelkasten zugeleitet. — Die Trommelrauhmaschinen für Wirkwaren arbeiten ebenso wie diejenigen für Baumwollgewebe im Strich, im Strich und Gegenstrich oder sie erzeugen den sogenannten Verfilzungseffekt. Sie besitzen entweder nur eine Rauhtrommel oder sind mit zwei solchen ausgestattet. Maschinen der erstbenannten Art erfordern einen zweimaligen Durchgang der Ware durch die Maschine, wenn sie als Flachware beiderseitig oder als Schlauchware auf dem ganzen Umfang gerauht werden soll. Diese zweimalige Passage macht die Zweitrommel-Rauhmaschine entbehrlich. Abb. 216 zeigt eine solche als Verfilzungsrauhmaschine mit je 20 Rauhwalzen auf jeder Trommel. Dieser Maschine wird die Ware in getafeltem oder gerolltem Zustand vorgelegt. Sie geht zunächst durch eine verstellbare Spannvorrichtung, ein Einzugswalzenpaar und einen Breithalter zur ersten Rauhtrommel, die sie auf der der Einlaufseite

Abb. 216. Doppeltrommel-Verfilzungsrauhmaschine; Maschinenfabrik Arbach G. m. b. H., Reutlingen i. W.

gegenüberliegenden Seite über eine Warenabzugswalze verläßt. Ihr folgt eine zweite, der ersten gleichartige Einführvorrichtung, durch welche die auf der einen Seite beziehentlich einen Hälfte gerauhte Ware gewendet der zweiten, oberhalb der ersten Trommel angeordneten Rauhtrommel zugeführt wird, über welche sie nach vorn zur zweiten Abzugswalze läuft, welche die Ware an eine Tafelvorrichtung abliefert. Beim Rauhen von Schlauchware begleiten Kartonbreithalter die Ware bei ihrem Lauf um die beiden Rauhtrommeln, um eine schöne, gleichmäßige Einwirkung der Rauhwalzen auf die Ware zu erzielen und ein Schmälerwerden dieser zu verhindern.

XI. Ratinieren.

Das Ratinieren bezweckt das Zusammendrehen der Fasern einer durch Rauhen gewonnenen Faserdecke zu Löckchen oder ein Zusammenschieben dieser Fasern zu in der Längs-, Quer- oder Diagonalrichtung reihenförmig auf dem Gewebe verlaufenden Gruppen. Ursprünglich wurde das Ratinieren

Abb. 217. Ratiniermaschine; Rudolph & Kühne G. m. b. H., Berlin.

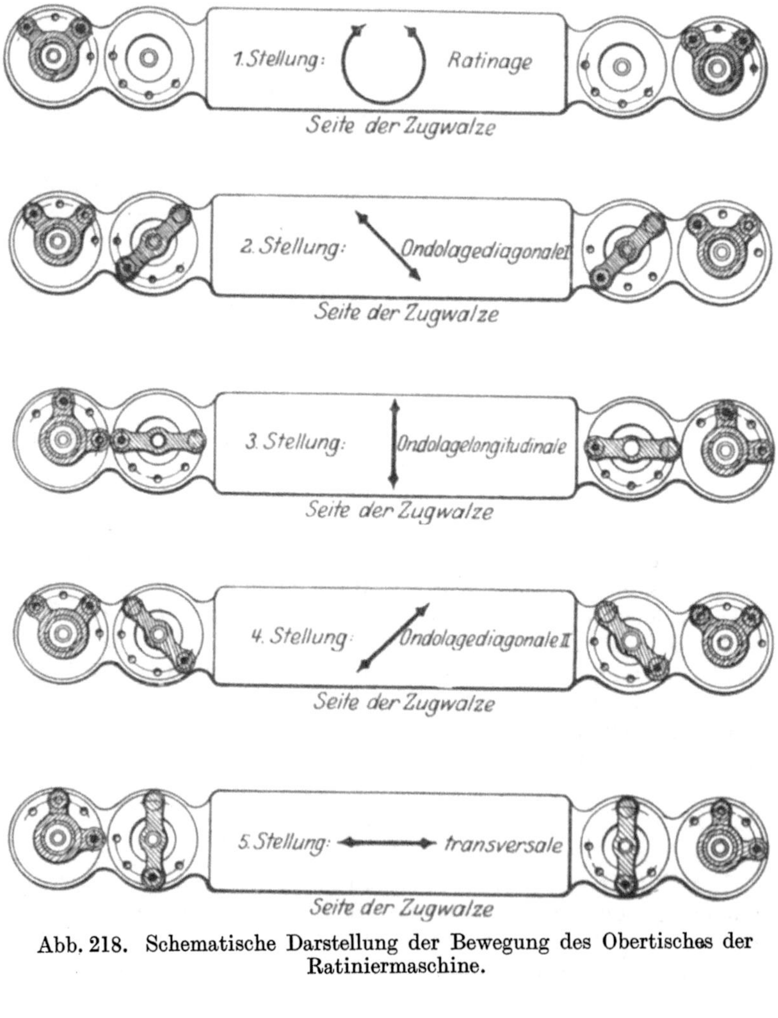

Abb. 218. Schematische Darstellung der Bewegung des Obertisches der Ratiniermaschine.

nur für Wollgewebe angewendet, kommt jetzt aber auch bei der Veredlung von Baumwollgeweben zur Anwendung.

Die Ratiniermaschine, welche in Abb. 217 in einer Ausführungsform wiedergegeben ist, besitzt einen festliegenden Untertisch und einen über diesem angeordneten Obertisch (Frottierplatte). Zwischen beiden geht das zu ratinierende Gewebe hindurch. Der Untertisch ist mit Plüsch oder einem anderen gleichwertigen Stoff überzogen. Der Obertisch besteht aus einem Metallrahmen, in welchem eine mit Stoff bezogene Holzplatte auswechselbar eingesetzt ist. Er kann von dem Untertisch durch ein Handstellzeug abgehoben und in der Hochlage festgelegt werden. Seine Tieflage, in welcher er mehr oder weniger dicht auf der mit Rauhdecke versehenen Oberseite des Gewebes aufruht, wird durch vier in seinen Ecken angeordnete, mit Stellzeug versehene Schrauben bestimmt, welche sich auf vier Stahlplatten aufsetzen. Das zu ratinierende Gewebe wird zwischen Unter- und Obertisch entweder kontinuierlich oder schrittweise hindurchbewegt. Zwecks Hervorbringung des Ratinés wird die gesenkte Frottierplatte mittels zweier an ihren Enden auf sie einwirkender, aus Exzenterkurbeln bestehender Getriebe je nach dem gewünschten Mustereffekt in der aus der Abb. 218 ersichtlichen Weise bewegt.

XII. Kalandern.

1. Kalandern der Gewebe.

Das Kalandern nimmt in der Veredlung der Baumwollgewebe eine bedeutsame Stellung ein. Es bietet nicht nur die Möglichkeit, dem Gewebe Schluß, Glätte, Glanz und Griff in jedem beliebigen Grad zu geben, sondern ermöglicht auch, die Gewebeoberfläche mit einem Moiré, mit einer mustergemäßen Prägung (Gaufrage) oder einer Rillenprägung zwecks Erzielung eines Seidenglanzes (Seidenfinish) zu versehen. Die Maschinen, welche die Ausführung aller dieser Veredlungsarbeiten gestatten, führen in ihrer Gesamtheit die Bezeichnung Kalander. Ihre arbeitenden Werkzeuge sind Walzen, welche durch Gewichtshebeldruck, hydraulischen Druck oder beides beliebig stark gegeneinander gepreßt werden können, und zwischen welchen das Gewebe hindurchgeführt wird. Sie kommen als sogenannte Hart- und Weichwalzen zur Anwendung — die ersteren werden aus Gußeisen, Stahl, Hartguß oder Messing hergestellt, während die zweitgenannten Walzen aus Papier, Baumwolle oder Jute bestehen. Zwecks Gewinnung der Weichwalzen, welche sich durch Elastizität auszeichnen müssen, werden auf eine Stahlachse zentral gelochte Scheiben aus Papier, Baumwollvliesen oder Jutefaservliesen aufgereiht, durch starken Druck bis zu 1000000 kg zusammengepreßt und dann in dieser verdichteten Lage durch die Stirnscheiben gesichert. Für eine Walze von 1 m Länge werden etwa 20000 Papierscheiben im Gewicht von 200 bis 250 kg gebraucht. Genau zylindrische Form erhalten die Walzen durch Abdrehen und Glätten. Papierwalzen sind härter als Baumwollwalzen; abgesehen hiervon wird die Härte der fertigen Walze durch den bei ihrer Herstellung angewendeten Druck bestimmt. Soll beim Kalandern zwecks Erzielung eines hohen Glanzes Wärme zur Anwendung kommen, so werden die in Betracht kommenden Hartwalzen durch Dampf oder Gas geheizt und sind zu diesem Zweck als Hohlwalzen ausgebildet. Das Gewebe wird in trockenem Zustand oder angefeuchtet behandelt.

Die auf einem Kalander zu erzielende Wirkung ist abhängig von der Beschaffenheit der Walzen, d. h. dem Material, aus welchem sie hergestellt sind, ihrer Härte und ihrem Durchmesser, der Höhe des zur Anwendung gebrachten Drucks, dem Wärmegrad, dem Feuchtigkeitsgrad des Gewebes, der Anzahl der Druckstellen bzw. der Art der Gewebeführung, der Laufgeschwindigkeit des Gewebes und endlich davon, ob nur Druck angewendet wird oder neben diesem auch Reibung. Diese große Zahl der zur Verfügung stehenden Mittel und die Menge ihrer möglichen Kombinationen geben im Verein mit verschiedenen Vor- und Nachbehandlungen sowie mit verschiedenen Appreturmitteln, welche man dem Gewebe zuvor einverleiben kann, eine unerschöpfliche Fülle von Effektmöglichkeiten.

Die Kalander lassen sich einteilen in: Rollkalander, Friktionskalander, Moirierkalander, Gaufrierkalander und Seidenfinishkalander.

a) Roll- und Friktionskalander. Die Roll- und Friktionskalander sind entweder Trocken- oder Naß- bzw. Wasserkalander. Die letzteren finden An-

Abb. 219. Dreiwalzen-Rollkalander mit unmittelbarem Antrieb durch Elektromotor; C. G. Haubold A.-G., Chemnitz.

wendung, um dem Gewebe vor dem Füllen mit Appreturmasse Schluß zu geben, im übrigen dienen sie nur als Abquetschmaschinen für Gewebe, die gewaschen oder gebleicht sind. Beim Rollkalander wird die angestrebte Veredlung lediglich durch den Druck erreicht, unter welchem die Walzen gegeneinander gepreßt werden. Die zusammenarbeitenden Walzen haben zu diesem Zweck die gleiche Umfangsgeschwindigkeit und ihr entspricht auch die Laufgeschwindigkeit des Gewebes. Beim Friktionskalander kommt zur Druckwirkung noch eine Reibwirkung; die Metallwalzen erhalten eine etwa $1^1/_2$ mal größere Umfangsgeschwindigkeit als die mit ihnen zusammenwirkenden Papierwalzen oder dergl. Da mit diesen Kalandern größere Glanzwirkung und höhere Glätte erzielt werden können wie mit den Rollkalandern, führen sie auch die Bezeichnung Glätt- oder Glanzkalander. Die Roll- und Friktionskalander werden mit zwei bis zehn und mehr Walzen ausgestattet, und man spricht demgemäß von einem zwei-, fünf- usw. welligen Kalander. Zahl und Gruppierung der Hart- und Weichwalzen und ebenso auch die Art der Führung des Gewebes durch die Walzen werden dem Verwendungszweck des Kalanders entsprechend gewählt.

Soll auf dem Gewebe eine ähnliche Wirkung hervorgebracht werden, wie man sie durch mehrstündige Behandlung auf einer Mangel oder einem Stampfkalander (Beetle) erzielt, sollen also voller Schluß und guter weicher Griff bei Erhaltung der Fadenrundung zustande kommen, so wendet man den Kalander als sogenannten einfachen Beetle- oder Mattkalander, Beetle-Kalander mit auflaufender Kalandrierung und Beetle-Kalander mit Chasingeinrichtung (Chasingkalander) an. Bei den Beetle-Kalandern, die man auch benutzt, um den durch heiße Hartgußwalzen beim Rollen oder Friktionieren hervorgerufenen mehr oder weniger speckigen Glanz wieder zu mildern,

Abb. 220. Dreiwalzen-Wasserkalander; C. G. Haubold A.-G., Chemnitz.

abzuziehen, kommen für die Erreichung des angestrebten Zieles vorwiegend Baumwollwalzen und hoher Druck zur Anwendung. (Allen Beetle-Kalandern gemeinsam ist das Überwiegen der Walzen aus elastischem Material, also Papier, Baumwolle usw.) Bei den Beetle-Kalandern mit auflaufender Kalandrierung wird das Gewebe nach dem Durchlaufen der Walzenreihe oder eines Teiles dieser von unten nach oben auf die oberste Walze aufgewickelt und hierbei auf dieser einer Art Mangelprozeß unterworfen. Die oberste Walze ist zu diesem Zweck so gelagert, daß sie sich bei der Zunahme ihres Durchmessers mit ihren Lagern heben kann. Bei den Beetle-Kalandern mit Chasingeinrichtung (Abb. 221 u. 222) passiert das Gewebe die Walzenfugen in mehreren übereinander liegenden Lagen, für deren Führung Leitwalzen vorgesehen sind, die in ihrer Gesamtheit als Chasingeinrichtung bezeichnet werden. Sind die Kalander derart eingerichtet, daß sie als Matt-, Friktions- und Beetle-Kalander verwendet werden können, so bezeichnet man sie allgemein als Universalkalander. Die fünf-, sechs-, sieben- und mehrwalzigen Kalander zählen im allgemeinen zu diesen.

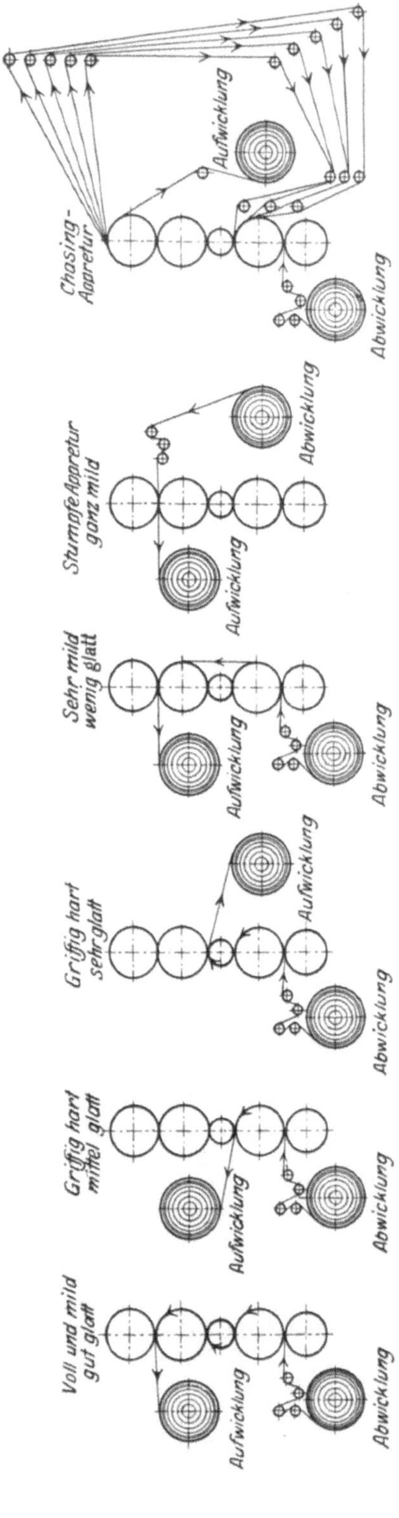

Abb. 221. Schematische Darstellung der verschiedenartigen Anwendung eines Fünfwalzenkalanders; C. G. Haubold A.-G., Chemnitz.

Der wohl am häufigsten vorkommende Rollkalander ist der als Trockenkalander ausgebildete Dreiwalzen-Rollkalander. Bei ihm liegt die aus Hartguß hergestellte, polierte hohle und heizbare Hartwalze zwischen zwei Weichwalzen, deren unterste die sogenannte Tragwalze ist. Abb. 219 läßt die Ausführungsform eines solchen Kalanders erkennen. Die Hartwalze empfängt Antrieb

Abb. 222. Sechswalzen-Roll-, Matt-, Beetle- und Friktions-Kalander mit sechsfacher Chasing-Einrichtung; C. G. Haubold A.-G., Chemnitz.

durch einen Elektromotor und versetzt die beiden Weichwalzen durch Umfangsreibung in Drehung. Das Gewebe kann entweder nur zwischen der unteren Weichwalze und der Hartwalze oder auch zwischen der unteren Weichwalze und der Hartwalze und unmittelbar darauf zwischen dieser und der oberen Weichwalze hindurchgeführt werden. Im ersteren Falle empfängt die mit der Hartwalze in Berührung kommende Gewebeoberseite wenig, die Unterseite keinen Glanz, im zweiten Falle dagegen die Oberseite ziemlich hohen Glanz, weil sie um die Hartwalze herumläuft und zweimaligem Druck ausgesetzt ist. Abb. 220 zeigt einen Dreiwalzen-Wasserkalander mit Antrieb der Hartwalze durch Fest- und Losscheibe. Am Wareneinlaß befindet sich ein Wasserkasten. Er ist für die Warenführung entweder mit Leitwalzen, Holzriegeln oder Ausbreitvorrichtungen ausgestattet und ihm folgt in der Richtung des Gewebelaufs eine Einlaßvorrichtung mit einem angetriebenen, dem Lauf des Gewebes sich entgegendrehenden Breithalter aus Messingrohr mit eingeschnittenen Spiralen zum Spannen und faltenfreien Einführen des Gewebes und mit einer Leit- und Spannwalze aus Messingrohr. Bei den Drei- und Fünfwalzen-Naßkalandern liegt je eine aus Eisen hergestellte mit Bronzebezug versehene Heizwalze zwischen zwei nicht heizbaren Walzen. Bei den Vier- und Sechswalzen-Kalandern ist die unterste Walze als nicht heizbare Eisentragwalze mit Bronzebezug ausgebildet, Abb. 222.

Abb. 221 läßt die vielseitige Verwendungsmöglichkeit eines Fünfwalzen-Trockenkalanders erkennen, bei dem übereinander angeordnet sind: zwei Weichwalzen, eine hohle, heizbare Hartwalze und zwei weitere Weichwalzen. Die Anschriften geben Aufschluß über die durch die verschiedene Führung des Gewebes zu erzielenden Wirkungen.

Abb. 223. Friktionsräder-Anordnung (drei Räder) für Kalander; C. G. Haubold A.-G., Chemnitz.

Soll auf dem Kalander hoher Glanz durch Anwendung von Friktion erzeugt werden, so dürfen, wie bereits ausgeführt, die Weichwalzen nicht lediglich durch Umfangsreibung von der Hartwalze aus in Drehung versetzt werden, sondern müssen von dieser aus besonderen Antrieb empfangen. Hierzu dienen Rädergetriebe. Abb. 223 läßt die Ausführung eines solchen erkennen. Es besteht aus drei zusammenarbeitenden Zahnrädern, deren mittleres auf dem Zapfen eines Tragstücks sitzt, welches drehbar auf einem Zapfen der Unterwalze ruht und durch ein Handstellzeug mittels Schlitzführungen auf Gestellbolzen so verstellt werden kann, daß der Eingriff des von ihm getragenen Zahnrades mit den anderen beiden Zahnrädern hergestellt, aufgehoben oder nach der Stärke der beabsichtigten Friktionswirkung eingestellt werden kann.

Abb. 224 zeigt einen Siebenwalzen-Universalkalander mit Seilscheibenantrieb und Walzenaushebevorrichtung. Die Reihenfolge der Walzen von unten nach oben ist: 1 Eisenwalze, 1 Baumwollwalze, 1 heizbare Hartgußwalze, 1 Papierwalze, 1 heizbare Hartguß- und 2 Baumwoll- oder Papierwalzen. Das Gestell, in welchem die Walzen in ihren Lagern lotrecht verschiebbar ruhen, ist ein sogenanntes einseitig offenes Gestell. Es bietet gegenüber den geschlossenen Gestellen den Vorteil, daß jede Walze unabhängig von den anderen Walzen nach dem Öffnen der Lagerdeckel mittels der Aushebevorrichtung nach vorn herausgenommen werden kann.

Der Antrieb der Kalander erfolgt durch Vorgelege verschiedener Art. Sie wirken entweder durch Zwischengetriebe auf die Antriebwalze oder unter Vermeidung jedweder Antriebräder unmittelbar auf diese. Im letzteren Falle sind sie durch eine elastische Kupplung mit dem Walzenzapfen verbunden. Der Antrieb ist weiter derart eingerichtet, daß die Walzen entweder nur mit einer oder auch mit zwei Geschwindigkeiten in Drehung versetzt werden können. Im letzteren Falle kommt die kleine Geschwindigkeit für das Einlassen der Ware zur Verwendung, die große dann, wenn der Einlaß durchgeführt ist, der Kalander also regelrecht zu arbeiten beginnt. Als Vorgelege kommen im wesentlichen solche für Seiltrieb oder Riemenantrieb mit Fest- und Losscheibe, für eine oder für zwei Geschwindigkeiten (Abb. 220, 224), solche mit Friktionsscheibe für eine oder für zwei Geschwindigkeiten (Universal-Friktionsvorgelege) Abb. 225, solche mit angekuppeltem Elektromotor (Abb. 219) und endlich solche mit angekuppelter Dampfmaschine zur Anwendung.

Abb. 224. Siebenwalzen-Universalkalander mit Seilscheibenantrieb und Walzen-Aushebevorrichtung; C. G. Haubold A.-G., Chemnitz.

b) Moirierkalander. Läßt man ein in Schuß- oder Kettrichtung geripptes längsgefaltetes Gewebe oder zwei derartige Gewebe, mit ihren rechten Seiten aufeinandergelegt, ein- oder zweimal durch einen Zweiwalzen-Rollkalander laufen und wendet man dabei starken Druck, evtl. gleichzeitig auch noch hohe Temperatur an, so drücken sich die Fäden der beiden Gewebelagen dort, wo sie sich überkreuzen, gegenseitig glatt. Hierdurch entstehen sogenannte Lichtspiegel; sie reflektieren das auffallende Licht anders als diejenigen Stellen des Gewebes, welche flach gedrückte Fäden nicht aufweisen und geben infolgedessen dem Gewebe eine Musterung. Diese Musterung bezeichnet man, da sie eine vollständige unregelmäßige ist, als wilden Moiré oder Moiré antique. Er zeichnet sich im wesentlichen durch kreuz und quer laufende Längslinien aus. Kräftiger wird die Moiréwirkung, wenn man die eine der Gewebebahnen beim Durchlauf durch den Kalander seitlich, also in Richtung der Schußfäden verschiebt und damit dauernd verschiedene Fäden zur Deckung bringt oder vor dem Eintritt zwischen die Walzen des Kalanders gespannt über eine wellenförmige ausgebildete Eisenschiene laufen läßt und dadurch in Richtung der Kettfäden verzieht, also die Schußfäden aus der ihnen durch den Webvorgang gegebenen geraden Lage in eine gekrümmte Lage bringt.

Abb. 225. Fünfwalzen-Matt- und Roll-Kalander mit direktem Antrieb der Hartwalze durch eine Friktionsscheibe; C. G. Haubold A.-G., Chemnitz.

Es genügt dabei, wenn eine Stoffbahn verzogen wird, man kann aber auch beide zur Deckung zu bringende Gewebelagen verziehen. Wesentlich verschieden von Moiré antique ist Moiré française. Er wird gekennzeichnet durch streifenförmig nebeneinander liegende Augenreihen. Zwecks Gewinnung eines solchen Moirés werden die Schußfäden des einen der zur Deckung zu bringenden Gewebe durch Schaben mit Messern verschoben, und dann wird ein so vorbereitetes Gewebe mit einer nicht vorbehandelten Gewebebahn zur Deckung gebracht auf dem mit hydraulischem Druck arbeitenden Moirierkalander zwischen Stahl- und Papierwalze einer starken Pressung unterzogen. Die Ware durchläuft den Kalander gewöhnlich zweimal, damit die Stahlwalze auf beide Gewebebahnen wirken kann. — Abb. 226 zeigt einen Moirierkalander. Er besitzt außer den beiden Arbeitswalzen noch eine untere Anwärmewalze und eine sogenannte Blindwalze, welche mit Randscheiben auf die Ränder der heizbaren Stahlwalze drückt und so deren Durchbiegung verhindert. — Eine weitere Gruppe von Moirés bilden die figürlichen Moirés. Für ihre Gewinnung kommen im wesentlichen zwei Verfahren zur Anwendung. Nach dem einen wird beim

Arbeiten des Gewebes auf dem Webstuhl der Schuß, welcher die Rippen des Gewebes bildet, durch sogenannte Wellenriete in wellenförmig verlaufenden Bahnen eingearbeitet. Ihre Form bestimmt die Figur des Moirés. Nach dem zweiten Verfahren erfolgt das obenerwähnte Verkratzen der Schußfäden auf einer erhaben gemusterten Unterlage. Ihre erhabenen Musterteile stützen das Gewebe bei der Wirkung der Kratzmesser und begrenzen dadurch das Verschiebungsfeld der Schußfäden, bestimmen also die Form der Moiréfigur[1]).

c) **Gaufrierkalander.** Unter Gaufrieren versteht man das Mustern eines Gewebes durch Prägung. Die Gaufrage hat insbesondere seit der Einführung

Abb. 226. Moirierkalander für breite Waren; Joh. Kleinewefers Söhne, Krefeld.

der Mercerisation für die Veredlung der Baumwollgewebe eine außerordentliche Bedeutung erlangt und kommt heute entweder in Verbindung mit dem Mercerisieren oder auch ohne dieses zur Anwendung. Vielfach wird sie auch noch durch gleichzeitige Anwendung von Farben oder auch durch das Aufpressen farbiger Bronzen wirkungsvoller gestaltet. Diese werden in Pulverform und mit einem Klebstoff versetzt vor dem Gaufrieren auf das Gewebe aufgetragen und mit diesem durch das bei Ausübung des Prägedrucks zur Wirkung kommende Bindemittel verbunden. Die Prägung wird erzielt mittels gravierter Platten oder Walzen aus Stahl oder Bronze. Für sehr tiefe Gravuren eignet sich besser Bronze, für flache Gravuren ist Stahl geeigneter. — Die mit Prägewalzen ausgestatteten Maschinen bezeichnet man im allgemeinen als Gaufrierkalander. Bei ihnen arbeitet eine gewöhnlich durch Dampf, Gas oder

[1]) Vgl. hierzu: „Melliands Textilberichte" 1928, S. 30ff.

elektrischen Strom heizbare Prägewalze unter hohem Druck mit einer elastischen Gegenwalze aus Papier oder Baumwolle zusammen, mit der sie durch sogenannte Rapporträder auf Drehung verbunden ist. Damit beim Durchlauf des zu gaufrierenden Gewebes durch diese beiden Walzen die Gravur der Musterwalze voll zur Wirkung kommt, schafft man für diese vor Benutzung des Kalanders in der Gegenwalze durch Leerlauf unter zunehmendem Druck ein Negativ. — Die Walzengravur ist entweder eine einfache Rillengravur oder eine Figurengravur. Bei der Gaufrage mit Rillengravur spielt die Struktur der Gewebeoberfläche eine wichtige Rolle. Man verwendet grobfädige Gewebe und kann dadurch, daß man den Winkel, unter dem z. B. die groben Schußfäden die Walzenrippen passieren, durch Hin- und Herschieben des Gewebes fortwährend ändert, moiréartige Wirkungen von großer Mannigfaltigkeit erzielen. Die Riffelungen der Walzen können parallel, rechtwinklig oder schräg zur Walzenachse verlaufen. Bestimmte Muster erzielt man bei Anwendung einer Riffelgravur, wenn man diejenige des Grundes nach einer und die der Figur nach der entgegengesetzten Richtung laufen läßt. Die verschiedenen sich hierdurch ergebenden Lichtspiegel lassen das Muster deutlich hervortreten. Auch die Friktion läßt sich gleichzeitig anwenden, die Musterwalze prägt dann nicht nur das Gewebe, sondern reibt es auch, so daß hoher Glanz entsteht.

Abb. 227. Dreiwalzen-Gaufrierkalander; Joh. Kleinewefers Söhne, Krefeld.

Mit der größeren Länge der Musterwalze muß ihr Durchmesser gleichen Schritt halten, um eine übermäßige Durchbiegung zu verhindern. Mit dem wachsenden Durchmesser der Musterwalze steigen aber die Kosten für ihre Herstellung wesentlich, die Wandstärke muß größer gewählt werden und dadurch steigen wieder die Kosten für die Beheizung. Um nun für die gravierte Walze eines Gaufrierkalanders auch bei großer Länge einen möglichst kleinen Durchmesser beibehalten zu können, hat man an Stelle des Zweiwalzen-Kalanders den Dreiwalzen-Kalander eingeführt (Abb. 227). Bei ihm läuft die gravierte Walze zwischen zwei elastischen Walzen. Die obenliegende Walze wirkt beim Prägen nicht mit, sondern sie dient nur als Druckwalze. Die Anwendung einer zweiten Walze bringt jedoch verschiedene Nachteile mit sich. Vor allen Dingen unterliegt die Musterwalze einer doppelten Reibung, weil sie mit zwei Weichwalzen zusammenläuft, ihre Abnützung ist deshalb größer als bei Zweiwalzen-Kalandern, was besonders bei feinen Gravierungen in Betracht kommt. Weiter wirken die scharfen Kanten der Hartwalzengravur mahlend auf den Walzenkörper der Oberwalze und die sich dabei ergebenden Staubteilchen versetzen die Gravur. Diese Übelstände haben dazu geführt, an Stelle der vollzylindrischen Weichwalze eine Oberwalze einzuführen, welche lediglich aus einer starken Achse mit Laufscheiben an ihren beiden Enden besteht. Die Laufscheiben dieser als Blindwalze bezeichneten Oberwalze drücken nur auf die Kragen der gravierten Walze und entlasten sie dadurch vom Lagerdruck.

Die Art der verlangten Preßmuster gestattet manchmal nicht, die Gravur auf einem Walzenmantel anzubringen. In diesem Fall verteilt man sie auf zwei Walzen, läßt jede derselben mit einer Gegenwalze zusammenarbeiten und führt das zu behandelnde Gewebe in einem Arbeitsgang durch beide Walzenpaare. Maschinen dieser Art bezeichnet man als Doppel- oder kombinierte Kalander.

Um auf einem Gaufrierkalander verschiedene Prägungen erzeugen zu können, müssen seine Musterwalze und die ihr zugehörige Gegenwalze auswechselbar sein. Um dieses Auswechseln nach Möglichkeit entbehrlich zu machen, hat man Gaufrierkalander in Vorschlag gebracht und auch eingeführt, bei welchen eine größere Zahl von Musterwalzen und eine ihr gleiche Zahl von elastischen Walzen auf je einem drehbaren zylindrischen Walzenträger angeordnet und die beiden Walzenträger derart zueinander angeordnet und derart schaltbar gelagert sind, daß je zwei zusammengehörige Walzen in Arbeitsstellung gebracht werden können. Kalander dieser Art bezeichnet man als Gaufrierkalander mit Walzenrevolver.

d) Seidenfinishkalander. Unter Seidenfinish versteht man einen seidenartigen Glanz, der auf Baumwollgeweben durch Einprägen feinster Rillen, 10 bis 20 oder mehr auf 1 mm, erzielt wird. Diesem Zweck dienen die Seidenfinishkalander. Sie sind in ihrer einfachsten Ausführungsform mit einer unten liegenden harten Papierwalze, einer mit dieser unter außergewöhnlich hohem Druck zusammenarbeitenden, mit Rillengravur versehenen heizbaren Stahlwalze und einer auf diese wirkenden Blindwalze ausgestattet, welche bisweilen auch wegbleibt (Abb. 228). Der hohe Druck wird bedingt durch die außerordentlich große Zahl feiner Rippen, die gleichmäßig scharf so in die Gewebeoberfläche eingepreßt werden müssen, daß lediglich diese das genaue Negativ der Gravur wiedergibt, die Warenrückfläche aber glatt bleibt. Der Druck muß um so stärker sein, je feiner die Riffelung ist. Er kann erzielt werden durch Gewichtshebel, wird aber heute wohl ausschließlich auf hydraulischem Wege gewonnen, und es ist dabei die Anlage derart eingerichtet, daß der Druck jederzeit in kürzester Zeit aufgehoben und wiederhergestellt werden kann, um etwa vorhandene Quernähte ohne Beschädigung der Papierwalze durch die Walzen hindurchzulassen.

Für den Großbetrieb sind Kalander in Vorschlag gebracht worden, auf welchen zwei Gewebebahnen unabhängig voneinander zu gleicher Zeit behandelt werden können. Bei ihnen ist entweder die gravierte Walze oder eine Papierwalze ortsfest in dem Kalandergestell gelagert und es ruht zu beiden Seiten dieser Walze, unten und oben, in Gleitlagern im ersteren Falle je eine Papierwalze, im zweiten Falle je eine gravierte Walze. Beide Außenwalzen werden gegen die Mittelwalze durch von unten und oben auf sie wirkende hydraulisch betriebene Kolben bewegt. Dabei ist jede der beiden Druckvorrichtungen mit einer Entlastungsvorrichtung ausgestattet, welche ermöglicht, jede der beiden Außenwalzen zu lüften. Sind beide angestellt, so kann in dem oberen und unteren Walzenwinkel je eine Gewebebahn eingeführt werden. Der Kalander bearbeitet zwei Gewebebahnen gleichzeitig. Kommen dabei bei dem Kalander mit zwischen zwei gravierten Walzen liegender Papierwalze für die beiden Hartwalzen verschiedene Gravuren zur Anwendung, also z. B. eine Quer- und eine Diagonalgravur, so können die beiden Gewebebahnen mit verschiedener Riffelung geprägt werden, es kann aber auch eine Gewebebahn nacheinander zwei sich überschneidende Riffelprägungen empfangen. In diesem Falle entstehen kleine Pyramiden als reflektierende Körper auf der Gewebeoberfläche.

Ein weiterer den Forderungen des Großbetriebs angepaßter Seidenfinishkalander ist der Revolverkalander. Er bietet den Vorteil, daß mit ihm ohne

Abb. 228. Dreiwalzen-Seidenfinishkalander; Joh. Kleinewefers Söhne, Krefeld.

Walzenauswechslung eine größere Zahl verschiedener Prägungen ausgeführt werden kann. Bei ihm sind, wie Abb. 229 erkennen läßt, in zwei auf gemeinsamer Achse sitzenden Scheiben parallel zu dieser Achse eine größere Zahl von gravierten Walzen in radial verschiebbaren Lagern drehbar untergebracht. Die Achse dieses Walzenrevolvers ist zur Blindwalze ausgebildet und unter dem Revolver ruht mit ihren Lagern auf zwei durch Druckwasser bewegbaren Kolben eine Papierwalze. Durch Schaltung des Revolvers kann jede der in ihm gelagerten Walzen der Papierwalze gegenüber in Arbeitsstellung gebracht und nach beendeter Schaltung kann die Papierwalze durch Anheben mittels der Preßkolben an die Prägewalze angestellt werden.

Die Prägewalzen der Seidenfinishkalander werden im allgemeinen mit Querriffeln, Diagonalriffeln oder mit rund um die Walze laufenden Riffeln ver-

Abb. 229. Seidenfinishkalander mit Musterwalzenrevolver; Joh. Kleinewefers Söhne, Krefeld.

sehen. Die letzteren gestatten ohne weiteres auch die Anwendung von Friktion, die beiden anderen Riffelarten dagegen nicht. Um auch sie mit Friktion zur Anwendung bringen zu können, hat man die gekreuzte Lagerung der zusammenarbeitenden Walzen zueinander mit Erfolg zur Einführung gebracht.

Der in Abb. 230 schematisch wiedergegebene Kalander ermöglicht mittels einer glattgeschliffenen Stahlwalze dem zu prägenden Gewebe zunächst einen Friktionsglanz zu geben und dann die friktionierte Gewebeoberfläche mit einer Stahlwalze mit Rillengravur zu prägen. Der Kalander ist zu diesem Zweck mit einer unten liegenden, mit ihren freien Lagern auf hydraulischen Preßkolben ruhenden Baumwoll- oder Papierwalze, einer oben ortsfest in den Gestellwandungen gelagerten Blindwalze und einem segmentartigen Walzenträger für eine glatte Stahlwalze und eine, wie in der Abbildung, oder mehrere Riffelwalzen ausgestattet. Durch Drehung des Segments kann nach Bedarf die glatte Stahlwalze oder eine der Prägewalzen zwischen Papier- und Blindwalze, also in Arbeitsstellung gebracht werden. Seitlich vom Kalander ist ein Antriebsvorgelege für eine oder zwei Geschwindigkeiten mit Fest- und Losscheibe, Friktionsscheiben, Elektromotor oder auch Dampfmaschine angeordnet, welches mit der jeweils in Arbeitsstellung gebrachten Stahlwalze durch eine Kreuzkupplung in Verbindung gebracht werden kann.

Abb. 230. Seidenfinishkalander mit Segmentmagazin für zwei, drei und vier Stahlwalzen; C. G. Haubold A.-G., Chemnitz.

Von der einfachen Riffelung ist man im Laufe der Zeit übergegangen zur Musterriffelung. Man wendet auf ein und derselben Walze Riffelungen an, die mustergemäß nach verschiedenen Richtungen verlaufen. Sie ergeben Licht und Schatten und damit eine Musterwirkung. Schattenspiele werden weiter erzielt durch wellenartig verlaufende Rillen, ebenso auch durch gruppenweise nach allen Richtungen geschweifte Rillen usw. Ebenso werden in der Feinheit der Riffelteilung kleine Punkt-, Pyramiden-, Korn- oder Kreppgravuren hergestellt.

Um die nach dem Seidenfinishverfahren erzielte Prägung auch bügelecht zu machen, sind eine große Anzahl Verfahren in Vorschlag und teilweise zur

Abb. 231. Hoher Trikotkalander für rundgewirkte Stoffe; Maschinenfabrik Arbach G. m. b. H., Reutlingen i. W.

Anwendung gebracht worden. Sie beruhen zum Teil auf Naßbehandlung, zum Teil auf der Anwendung wasserunlöslicher Überzüge.

2. Kalandern der Wirkwaren.

Auch bei der Veredlung baumwollener Wirkwaren findet das Kalandern ausgedehnte Verwendung. Die Kalander sind einfache Rollkalander oder Friktionskalander, die ersteren sind nur mit Hartwalzen oder mit Hart- und Weichwalzen ausgestattet und besitzen nur ein Paar Preßwalzen oder deren mehrere. Bei den Friktionskalandern wird, sofern sie nur mit Walzen versehen sind, die Glättwirkung durch Wahl verschiedener Umfangsgeschwindigkeiten für die zusammenarbeitenden Walzen erzielt, sofern sie mit Zylinder und Filzmitläufer versehen sind (Bügelmaschinen), dagegen durch eine größere Umfangsgeschwindigkeit des Zylinders gegenüber derjenigen des ihn auf einem mehr oder weniger großen Teil seines Umfangs umschließenden Mitläufers. Die Ausführungsformen der Kalander für Wirkwaren sind sehr vielseitige und bedingt durch die Art der zu behandelnden Ware, ob schlauchförmige Wirkware, ob zugeschnittene Warenstücke oder endlich Strickwaren.

Abb. 231 zeigt einen sogenannten hohen Trikotkalander mit zwei harten, heizbaren Walzen für die Behandlung schlauchförmiger Wirkware. Sie wird den beiden nebeneinander liegenden unter Gewichtshebeldruck stehenden Preßwalzen aus einem frei drehbaren Warenkessel über einen Breitstrecker freihängend von unten zugeführt. Der Warenkessel ist mit einem zentralen, gelochten Rohr ausgestattet, auf welchem der genannte Breitstrecker sitzt und in welchen eine Dämpfvorrichtung eingebaut ist, die nach Bedarf benutzt

Abb. 232. Kleiner Trikotkalander für rundgewirkte Stoffe; Maschinenfabrik Arbach G. m. b. H., Reutlingen i. W.

wird. Oberhalb der Preßwalzen wird die fertige Ware auf eine durch Umfangsreibung angetriebene Wickelwalze aufgerollt.

In Abb. 232 ist ein sogenannter kleiner Trikotkalander für rundgewirkte Waren mit zwei übereinander liegenden heizbaren Hartwalzen veranschaulicht, denen die von einer Wickelwalze ablaufende Ware in senkrecht-wagrechtem Lauf über einen einstellbaren Spannriegel, eine Dämpfvorrichtung und einen Breitstrecker zugeführt wird. Die Dämpfvorrichtung besteht aus einem im Querschnitt ovalen, mit schlitzförmiger Öffnung für den Ein- und Austritt der Ware versehenen Dämpfkasten mit vier geschliffenen, stark verzinnten Leitwalzen, von denen zwei im Dämpfkasten selbst liegen, während die beiden anderen für die Führung der Ware bei ihrem Eintritt in den Dämpfkasten und Austritt aus ihm bestimmt sind und gleichzeitig als Abschluß wirken. Der Dampf wird dem Dämpfkasten durch ein am Boden liegendes Rohr mit Austritt gegen den Boden zugeführt, erfüllt den ganzen Dämpfkasten und wirkt infolgedessen auf die zu kalandernde Ware von außen nach innen.

Der Kalander nach Abb. 233 ist mit zwei je aus Hart- und Weichwalze bestehenden Walzenpaaren ausgestattet, die als reine Preßwalzen zur Anwendung kommen oder mit Friktionswirkung arbeiten. Die Weichwalzen stehen unter Gewichtshebeldruck. Eine Entlastungsvorrichtung ermöglicht, den Druck der Walzen aufeinander rasch aufzuheben. Die beiden Walzenpaare sind so zueinander angeordnet und die Führung der durch einen Breitstrecker flach gestreckten Ware ist eine solche, daß sie in ihrem Lauf mit ihren beiden Seiten nacheinander mit den beiden Hartwalzen in Berührung kommt und so auf dem ganzen Umfang Preßglanz erhält. Am Ausgang des zweiten Walzenpaares ist eine Wickelvorrichtung vorgesehen.

Die Friktionskalander mit Filzführung gleichen in ihrer Bauweise im wesentlichen den Rollkalandern mit Filzmitläufern. Sie unterscheiden sich von den letzteren hinsichtlich ihrer Wirkungsweise aber da-

Abb. 233. Preß- und Friktionskalander für Trikotstoffe; Maschinenfabrik Arbach G. m. b. H., Reutlingen i. W.

durch, daß zwecks Erzielung einer Friktionswirkung die Umfangsgeschwindigkeit des beheizten Zylinders größer ist als die Umlaufsgeschwindigkeit des Mitläufers, er hält die Ware, während der Zylindermantel an ihr entlang streicht und dadurch glättend wirkt. Die Stärke der Glättwirkung wird dabei bestimmt durch den Druck, mit welchem die beiden Walzen, über deren eine der Mitläufer an den Zylinder herangeführt wird und über deren andere er von ihm abläuft, gegen den Zylinder angepreßt werden. Um bei der Behandlung von Schlauchwaren geringen Durchmessers oder auch schmaler Flachwaren die Arbeitsbreite der Kalander voll ausnützen zu können, werden diese auch so ausgeführt, daß gleichzeitig zwei Warenbahnen nebeneinander durch sie hindurch laufen können. Abb. 234 zeigt einen solchen Kalander. Er ist mit Dämpfvorrichtung ausgestattet und für Schlauchwaren verschiedener Durchmesser bestimmt. Demgemäß sind die Wickelwalzenlagerungen und die die Breitstrecker haltenden Rollen in der aus der Abbildung ersichtlichen Weise seitlich verstellbar angeordnet. Soll eine Schlauchware in einem Arbeitsgang auf dem ganzen Umfang geglättet werden, so muß der Kalander mit zwei Zylindern und zwei diesen zugeordneten Mitläufern ausgestattet sein. Der Zulauf der Ware erfolgt wie bei den Rollkalandern mit Filzmitläufer von einem frei drehbaren Warenkessel aus oder maschengerade vorgerollt von einer Wickelwalze aus, und zwar lotrecht oder lotrecht-wagrecht über geeignete Streckvorrichtungen.

Abb. 234. Friktions-(Bügel-) und Dämpfkalander für Trikotstoffe, zwei Stück nebeneinander; Maschinenfabrik Arbach G. m. b. H., Reutlingen i. W.

XIII. Mangeln.

Das Mangeln findet Anwendung bei der Veredlung von Garnen und Geweben.

a) Mangeln der Garne. Gebleichte, gefärbte und mercerisierte Baumwollgarne werden in Strahnform gemangelt, um sie weich zu machen und ihnen Glanz zu geben. Es geschieht dies auf der Garnmangel. Sie ist entweder mit zwei oder drei übereinander angeordneten Mangelwalzen ausgestattet, und man unterscheidet demgemäß in Zwei- und Dreiwalzenmangeln. Bei den ersteren kommen entweder zwei Weichwalzen oder eine Weich- und eine Hartwalze zur Anwendung. Von ihnen ist die eine und zwar die untere als Strahnträger ortsfest gelagert und wird durch den Antrieb in Drehung versetzt, während die zweite durch Fußtritt oder Hebelbelastung gegen sie angepreßt wird. Eine Belastungswalze hält den Strahn beim Umlauf in Spannung.

Abb. 235 zeigt eine zweiseitige Zweiwalzen-Garnmangel mit je zwei Weichwalzen (Stoffwalzen), Gewichtsbelastung für die Oberwalze, durch Fußtritt anhebbarer Spannwalze und Leitfinger zum axialen Einführen des auf das freie Ende der Unterwalze nach dem Anheben der Spannwalze aufgebrachten Strahns zwischen die beiden Mangelwalzen auf jeder Seite. Bei den Garnmangeln mit drei Walzen liegen unter der ortsfest gelagerten Hartwalze lotrecht übereinander zwei Weichwalzen, auf deren der Hartwalze zunächst liegende der Strahn aufgebracht wird. Sie ist zu diesem Zweck seitwärts ausschwenkbar. Der Strahn läuft beim Mangeln in wagrechter Richtung um und wird dabei durch eine in der gleichen Richtung wirkende Spannwalze gestreckt gehalten. Abb. 236.

b) Mangeln der Gewebe. Durch das Mangeln der Baumwollgewebe beabsichtigt man, ebenso wie durch das Kalandern, deren Oberfläche zu glätten, nur ist die Art der Druckgebung und der Erfolg ein anderer als beim Kalandern. Beim Mangeln wird das Gewebe, auf eine Walze, die sogenannte Mangelkaule, aufgewickelt, aufgebäumt, aufgedockt, der Druckwirkung unter Hin- und Herrollen der bewickelten Kaule ausgesetzt.

Abb. 235. Zweiseitige Zweiwalzen-Garnmangel; C. G. Haubold A.-G., Chemnitz.

Abb. 236. Garnmangel mit drei Walzen; C. G. Haubold A.-G., Chemnitz.

Infolge des Druckes werden die Gewebelagen fest gegeneinander gepreßt, wodurch sich ihre Oberflächenstrukturen gegenseitig aufprägen und dabei ihre Fäden teils runden, teils abplatten. Durch das Rollen wird ein dauernder Wechsel zwischen Druck und Entlastung herbeigeführt und gleichzeitig werden die aufeinanderliegenden Gewebelagen bei der Bewegungsumkehr der Kaule gegeneinander verschoben. Die Mangelwirkung ist eine Steigerung der mit der auflaufenden Kalandrierung erzielten Wirkung. Es tritt also auch eine Moirébildung in die Erscheinung. Wünscht man starken Moiré, so darf nur kurze Zeit unter hohem Druck gemangelt werden. Soll der Moiré zurücktreten oder ganz verschwinden, so muß lange gemangelt und das Gewebe umgebäumt werden. Hierdurch wird erreicht, daß die Gewebelagen ihre Lage zueinander stark ändern und infolgedessen nach und nach scharf ausgeprägte gerippte und flache Stellen ganz verschwinden. Damit werden Weichheit, Schluß und ein

Abb. 237. Einsprengmaschine mit Wasserzerstäuber und Gebläse; C. G. Haubold A.-G., Chemnitz.

gleichmäßiger lebendiger Glanz mehr und mehr erreicht. Es ist also der Erfolg ganz abhängig von der Mangeldauer und Druckhöhe. Die zu mangelnde Ware muß, da sich die Ware infolge des starken Druckes und der Reibung erwärmt und deshalb leicht trocken wird, vorher gedämpft oder eingesprengt werden. Das Anfeuchten muß auch dann wiederholt werden, wenn ein Umbäumen erforderlich wird. Abb. 237 zeigt eine diesem Zweck dienende Einsprengmaschine.

Die Mangeln für Gewebe werden unterschieden in Kasten- und Walzenmangeln. Bei den ersteren werden die bewickelten Kaulen zwischen zwei ebenflächigen, bei den Walzenmangeln dagegen zwischen runden Druckkörpern einer rollenden Bewegung ausgesetzt.

Kastenmangeln. Die Kastenmangel, Abb. 238, auch deutsche Mangel oder Blockmangel genannt, gleicht einer gewöhnlichen Hausmangel, nur besitzt sie eine bedeutendere Größe und motorischen Antrieb. Die bewickelten Kaulen werden

Abb. 238. Schlesische Kastenmangel; W. Kliem vorm. H. Bartsch, Oelse, Kr. Striegau.

auf einem horizontalen, gut geglätteten, hölzernen oder eisernen Mangeltisch durch einen mit Steinen, Eisenstücken usw. beschwerten Mangelkasten von 10 bis 30000 kg Gewicht aus Holz mit glattpolierter Unterseite hin- und hergerollt. Es werden gewöhnlich zwei, bisweilen aber auch drei Kaulen gleichzeitig bearbeitet. Die Hin- und Herbewegung des Kastens erfolgt durch eine Kehrdrehung ausführende über der Längenmitte des Tisches gelagerte Kettenscheibe mittels zweier an den Kastenenden befestigter Ketten. Kennzeichnend für die Wirkung der Kastenmangel ist, daß der Kastendruck auf die Kaulen ständig wechselt. Er ist am größten, wenn die Kaule unter der Längenmitte des Kastens liegt. Weiter kommt in Betracht, daß die Berührungsstellen zwischen den Kaulen, dem Tisch und dem Kasten breitere Flächen sind als bei der Walzenmangel. Endlich kommt bei der Kastenumkehr eine stärkere Verschiebung der Gewebelagen gegeneinander zustande als bei der Walzenmangel.

Walzenmangeln. Die Tatsache, daß die Kastenmangeln viel Raum und Kraft für ihren Betrieb gebrauchen, einer starken Abnutzung unterworfen sind und eine geringe, teuere Leistung ergeben, hat zur Konstruktion der

Walzenmangeln geführt, die, sofern sie im Großbetrieb Verwendung finden, auch als hydraulische Mangeln bezeichnet werden, weil die Druckgebung bei ihnen heute ganz allgemein durch Preßwasser erfolgt. Obwohl die Kastenmangeln den hydraulischen Mangeln gegenüber einen wesentlich besseren Schluß der Ware geben, ohne die Fäden vollständig flach zu drücken, führen sich die hydraulischen Mangeln wegen ihrer Vorteile mehr und mehr ein. Man unterscheidet heute nach der Zahl der Druckwalzen in hydraulische Zwei- und Drei-Walzenmangeln. Bei ihnen allen wirken auf die Zapfen der druckgebenden Walze (Unterwalze) die Kolben hydraulischer Pressen, während die den Druck aufnehmenden Walzen (Oberwalze) entweder ortsfest im Gestell gelagert oder ihre Lager drehbar mit einarmigen Hebeln verbunden sind. Ihre Drehzapfen befinden sich an den Gestellseitenwandungen, ihre freien Enden sind an zweiarmige Hebel mit Laufgewicht angeschlossen und stehen unter

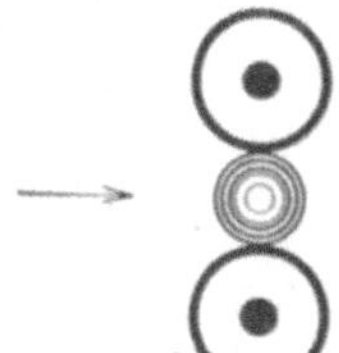

a

Hydraulische Zweiwalzen-Mangel: Kaulenzuführung von Hand.

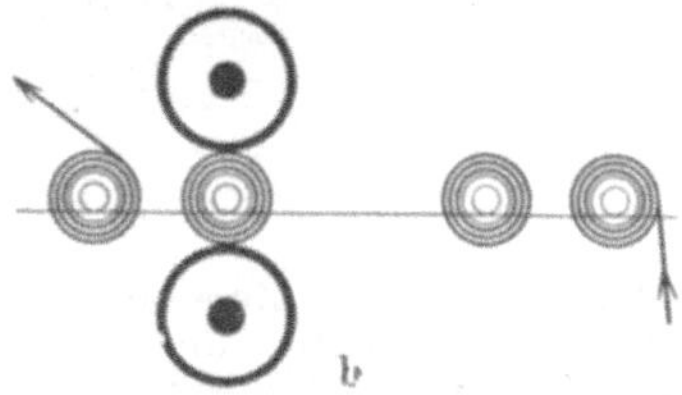

b

Hydraulische Zweiwalzen-Mangel mit Kaulenmagazin: Kaulenzuführung auf Schlitten.

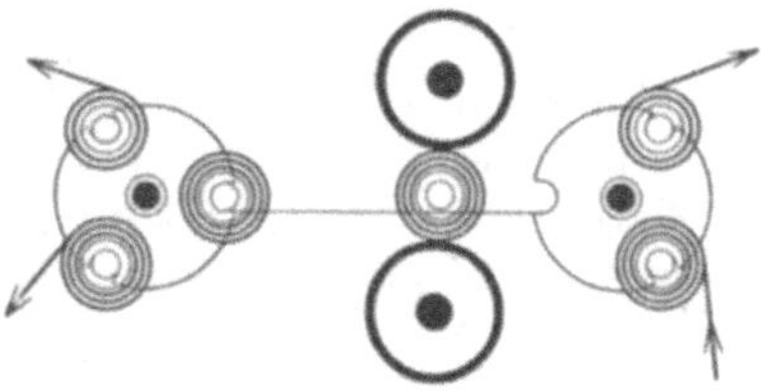

c

Hydraulische Zweiwalzen-Doppelrevolver-Mangel: Kaulenzuführung durch Revolver auf beiden Seiten.

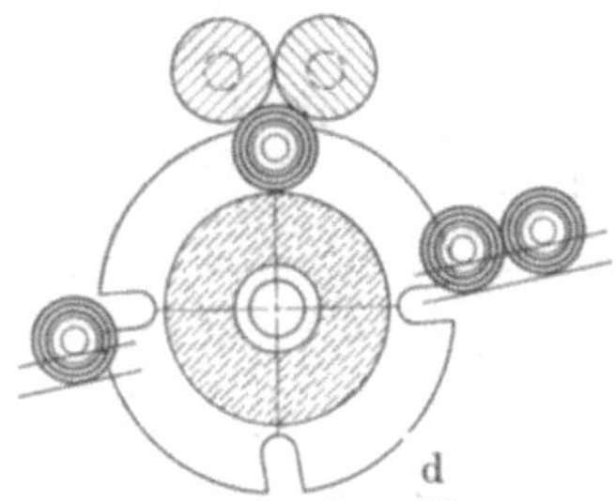

d

Spezial Dreiwalzen-Mangel: Kaulenzuführung durch Schaltrevolver um die große Unterwalze.

Abb. 239a—d. Schematische Darstellung der Kaulenlagerung und -zuführung; C. G. Haubold A.-G., Chemnitz.

der Wirkung von Luftpuffern, damit die Hebelbewegungen sowohl beim Druckgeben als auch beim Druckentlasten nach und nach zur Wirkung kommen. Durch die Möglichkeit eines Nachgebens der Hebelbelastung wird in erster Linie ein elastischer Druck erzielt, welcher dem der Kastenmangel nahekommt. Die Belastung der Oberwalze durch Gewichtshebel hat aber weiterhin auch den großen Vorteil, daß bei ungleich aufgewickelten oder ungleich starken Geweben die obere Walze sich der Form der Kaule entsprechend einstellen kann.

Die Einführung der Kaule zwischen die Mangelwalzen sowie deren Festhaltung in der Mangellage erfolgt durch eine sogenannte Kaulen- oder Dockenlagerung und -zuführung. Abb. 239 gibt schematisch die gebräuchlichsten Kaulenlagerungen und -zuführungen wieder.

Abb. 240 zeigt eine hydraulische Zweiwalzenmangel mit Hebelbelastung für die obere Walze und einem Zahnstangengetriebe für die Parallelführung der auf den Preßkolben ruhenden Unterwalze. Zur Erzeugung des hydraulischen Drucks dient ein Pumpwerk, dessen Antrieb direkt von der Transmission aus erfolgt, damit es möglich ist, auch bei stillstehender Mangel Druck zu erzeugen und man nicht nötig hat, zwecks Gewinnung eines solchen die Mangel erst leer laufen zu lassen, was erforderlich sein würde, wenn für Mangel und Pumpwerk ein gemeinsames Vorgelege zur Anwendung kommen würde. Für die Druckbegrenzung ist ein Sicherheitsventil vorgesehen. Die Abstellung des Drucks geschieht bei beliebig einstellbarer Druckhöhe von der Hebelbelastung aus durch Einwirkung auf die Saugventile.

Abb. 240. Hydraulische Zweiwalzen-Mangel mit elastischer Hebelbelastung und Antrieb durch direkt gekuppelten Elektromotor; C. G. Haubold A.-G., Chemnitz.

In Abb. 241 ist eine hydraulische Dreiwalzen-Mangel mit Kaulenrevolver wiedergegeben, welche die Vorteile der Kasten- und hydraulischen Mangel vereinigen soll. Sie arbeitet mit zwei ortsfest und parallel zueinander gelagerten Oberwalzen von verhältnismäßig kleinem Durchmesser und einer in deren Symmetrie-Ebene unter ihnen liegenden Walze von verhältnismäßig großem Durchmesser. Die oberen Walzen sind angetrieben, die unteren nicht. Während die ersteren aus hartem Material (Stahl) oder weichem Material (Jute, Holzwolle u. dgl.) hergestellt sein können, besteht die große Walze stets aus einem elastischen Material. Um die Achse der großen Walze, welche unter dem Einflusse hydraulischer Kolben und Zylinder steigen und sinken kann, ist ein Schaltrevolver mit vier offenen Taschenpaaren am Umfang angeordnet. Diesem werden die Kaulen auf gelenkig mit den Walzenlagern verbundenen und außen auf schwingenden Stützen aufruhenden Schienen zugeleitet. Ebenso entläßt der Revolver die gemangelten Kaulen auf geichen schräggeneigten Schienen. Beim Drehen des Revolvers fällt eine Kaule in ein Taschenpaar und wird in die Mangelstellung emporgehoben. Beim Steigen der Unterwalze bettet sich die Kaule zwischen die drei Walzen, Abb. 239d, und nimmt eine sichere Lage ein, ohne daß die Kaulenzapfen zu

Abb. 241. Dreiwalzen-Mangel mit Kaulenrevolver; C. G. Haubold A.-G., Chemnitz.

diesem Zwecke angestrengt werden. Der Revolver, dessen Taschen übermäßig weit sind, wird nicht festgestellt, so daß die Zapfen frei spielen können. Da der Druck der Walzenmangel von drei Seiten erfolgt, wird die Kaule im Gegensatz zur Zweiwalzen-Mangel radial zusammengedrückt, ein Spalten derselben kann nicht eintreten. Die große Unterwalze aus elastischem Material ersetzt die Sohlplatte der Kastenmangel, die beiden oberen Walzen den Kasten. Bei der Kastenmangel wechselt der Mangeldruck periodisch, er wird größer, wenn sich die Kaule der Kastenmitte nähert, und kleiner, wenn sie sich davon entfernt. Eine ähnliche Wirkung zeigt auch die Mangel nach Abb. 241. Während die Unterwalze den ganzen hydraulischen Druck auf die Kaule überträgt, ist die Reaktion einer jeden der beiden oberen Walzen, weil sie kleiner im Durchmesser sind und eng zusammenliegen, kleiner als der Gesamtdruck. Die Kaule erleidet daher an den drei Druckstellen verschieden starke Drucke. Diese Druckschwankungen können noch dadurch unterstützt werden, daß durch Bedienung eines kleinen hydraulischen, durch Fußtritt zu beeinflussenden Ventils der hydraulische Mangeldruck während des Mangelns beliebig verändert wird. Endlich kommt hinsichtlich des Mangeleffektes auch noch der Umstand in Betracht, daß die Unterwalze nicht angetrieben, sondern durch die bewickelte Kaule mitgenommen wird.

Bei den Walzenmangeln mit zwei übereinander angeordneten Mangelwalzen wurden ursprünglich nur Holzkaulen wie bei der Kastenmangel verwendet, welche außerhalb der Mangel auf sogenannten Trommelstühlen, Schnellhaspeln oder Aufbäumstühlen bewickelt wurden und noch werden. Sie werden beim Mangeln infolge des durch die Mangelwalzen lediglich in zwei diametral entgegengesetzt zueinander wirkenden Richtungen auf sie ausgeübten Druckes im Laufe der Zeit der Länge nach gespalten und außerdem werden die Zapfen stark mitgenommen, da sie die eingeführten Kaulen mittels geeigneter Vorrichtungen zwischen den Mangelwalzen halten müssen und dabei oft ganz bedeutenden Seitenkräften ausgesetzt sind. Dieser Umstand und die Schwierigkeit, das zur Herstellung der Kaulen erforderliche Ahornholz zu beschaffen, gaben Veranlassung zur Einführung von Eisenkaulen überall da, wo die Ware nicht unbedingt die elastische Auflage der Holzkaulen fordert. Die Eisenkaulen sind von größerem Durchmesser als die Holzkaulen, die Warenschicht ist infolgedessen dünner als bei Holzkaulen, die erwünschte Mangelwirkung wird also in kürzerer Zeit erreicht. Dazu kommt, daß eiserne Kaulen ein Mangeln mit viel höherem Druck gestatten als Holzkaulen. Ihr Nachteil besteht in ihrem hohen Gewicht, weil durch dieses der Transport zu den Kalandern und von ihnen weg erschwert ist. Dieser Übelstand hat zu dem Bau von Kalandern mit Kaulenmagazinen geführt. In ihnen sind die Kaulen ortsfest drehbar gelagert, außerdem können sie so mit Antriebvorrichtungen gekuppelt werden, daß das Aufdocken, Um- und Abdocken in der Mangel selbst ausgeführt werden kann. Die Kaulenmagazine sind nur verschiebbar, nur revolverartig drehbar oder verschiebbar und drehbar; es ist nur ein solches oder es sind deren zwei vorhanden, vgl. Abb. 239. Für Ware, die nur kurz zu mangeln ist, oder wie der Fachausdruck lautet „geköppt" werden soll, ist ein nur schlittenartig verschiebbares Magazin nicht leistungsfähig genug, da die Mangel nicht genügend mit Kaulen versorgt werden kann und somit Mangelstillstände eintreten. Dieser Nachteil ist bei einer Mangel mit sogenanntem Doppelrevolver, von dessen beiden Revolvern je einer auf jeder Seite der Maschine angeordnet ist, beseitigt. Für kleinere Leistung genügt auch eine einseitige Anordnung, die gegenüber einem Schlittenrevolver bei annähernd gleichem Ergebnis den Vorteil der Platzersparnis und Einfachheit hat. Zur Herstellung des Gleichgewichts wird der fehlende Revolver durch geeignete Hebeleinrichtungen ersetzt. Es wird zunächst durch entsprechendes Einstellen der Laufschienen die gemangelte Kaule aus der Mangelmitte in den Revolver zurückgebracht. Hierauf folgt die Schaltung des Revolvers und gleichzeitig die Übergabe der gewickelten Kaule zur Mangelmitte, in der sie beim Hochsteigen der unteren Mangelwalze durch herabkommende Gabellager festgehalten wird.

In Abb. 242 ist eine hydraulische Walzenmangel mit zwei Druckwalzen, Hebelbelastung und zwei nur verschiebbaren Kaulenmagazinen, je eines auf jeder Druckwalzenseite, wiedergegeben. Von diesen beiden Magazinen ist das eine ein-, das andere ausgefahren, d. h. in die sogenannte Dockstellung gebracht, in der die eine Kaule abgewickelt, die zweite neu bewickelt werden kann. Für das Aufbäumen erhält die Kaule durch ein Dockengetriebe die erforderliche Drehbewegung, für das Abwickeln ist eine Abzieh- und Legevorrichtung vorgesehen. Siehe auch Abb. 239b.

Abb. 242. Hydraulische Walzenmangel mit elastischer Hebelbelastung, verschiebbarem Kaulenmagazin zum Auf- und Umbäumen der Kaulen in der Maschine und Abzugsvorrichtung für die gemangelte Ware; C. G. Haubold A.-G., Chemnitz.

Eine hydraulische Drei-Walzenmangel mit einem die Mittelwalze umschließenden Revolver mit 6 Eisenkaulen hat die Firma C. G. Haubold A.G. früher gebaut. Die obere und untere der drei übereinander angeordneten Druckwalzen waren fest, die mittlere beweglich gelagert; sie wurde durch hydraulischen Druck auf- und abwärts bewegt. Das Mangeln fand abwechselnd zwischen Mittel- und Oberwalze, sowie zwischen Mittel- und Unterwalze statt. Die hydraulischen Zylinder waren über den Lagern der Oberwalze angeordnet. Die Kolben trugen Querhäupter, welche durch Stangen mit den in Gleitbahnen des Mangelgestelles gleitenden Lagerkörpern der Mittelwalze verbunden waren. Diese Stangen waren durch das hohe Gestell abwärts geführt. In den Zylindern waren Differentialkolben untergebracht, welche für Auf- und Abwärtsbewegung nur ein Einlaß- und ein Auslaßsteuerventil verlangten, so daß die hydraulische Umsteuerung der Maschine genau so einfach war, wie bei der Mangel mit 2 Walzen. Der Revolver war konzentrisch zur Mittelwalze in der mittleren Stellung angeordnet und bestand aus 2 gußeisernen Scheiben, welche durch Anker fest miteinander verbunden waren. Diese Scheiben rollten mit ihren Umfängen auf 4 Rädern, welche paarweise auf zwei Achsen angeordnet waren. Die Achsen standen miteinander durch einen Kettenantrieb und außerdem mit einem durch Handrad, Drehling und Kettenantrieb zu betätigenden Zahnradvorgelege in Verbindung, durch das die Einstellung des Revolvers erfolgte. Seine Feststellung in jeder Mangelstellung geschah durch besondere, die Scheiben umfassende Bremsbänder, sowie durch Klinken, welche durch ein Umlegegewicht betätigt wurden. In den Wänden der Revolverscheiben waren radiale Schlitze für die Lager der 6 eisernen Kaulen ausgespart, in welchen sich diese Lager verschieben konnten. Der Betrieb erforderte, daß die obere und untere Kaule in der der Mittelachse des Revolvers am meisten genäherten, die anderen 4 Kaulen dagegen in der von der Mittelachse am meisten entfernten Lage sich befanden. Die Erfüllung dieser Bedingung wurde teilweise durch das Eisengewicht der Kaule, teilweise durch Führungsschienen erreicht. Die Kaulen lagen in jeder Revolverstellung paarweise in genau gleichen und entgegengesetzten Abständen von der Mittelsenkrechten, so daß sich der Revolver stets in der Gleichgewichts-

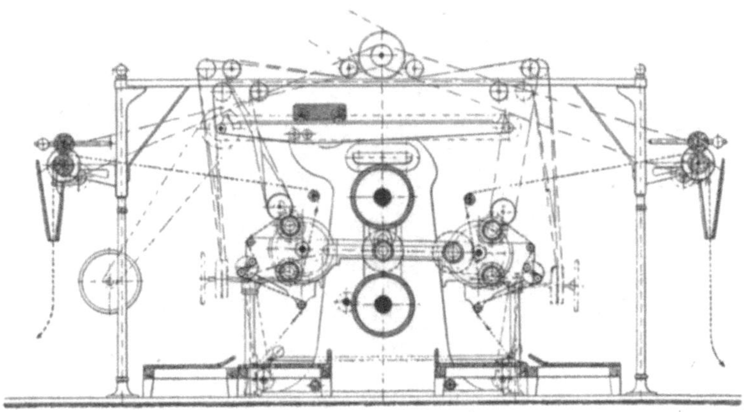

Abb. 243. Schematische Darstellung der Arbeitsweise einer Hauboldschen Walzenmangel mit verschiebbarem Kaulen-Doppelrevolver; C. G. Haubold A.-G., Chemnitz.

lage befand und beim Drehen lediglich Reibungswiderstände zu überwinden waren. Auf beiden Seiten des Revolvers befanden sich die auf- und abzuwickelnden Kaulen stets auf der gleichen Seite des Gestelles, sodaß für jede Seite nur eine Kupplung zum Antrieb nötig war, die Ein- und Ausrückung der Antriebsvorrichtung geschah durch Friktion und wurde mittels Fußtrittes bewirkt. Die ablaufenden Kaulen konnten gebremst, die aufwickelnden dagegen mit Druckwalze versehen werden.

Die in den Abb. 243 und 244 veranschaulichte hydraulische Walzenmangel arbeitet mit zwei Druckwalzen, und zwar mit einer unter Hebelbelastung stehenden oberen und einer auf Preßkolben ruhenden unteren Walze. Die Einführung der Kaulen zwischen die Mangelwalzen erfolgt durch zwei mit je drei Eisenkaulen ausgestattete Revolver, welche auf Wagen ruhen, die an den Stirnseiten durch zwei Winkelschienen so miteinander verbunden sind, daß sie nur gemeinsam verschoben werden können. Für die Bewegung der Wagen sind Laufbahnen vorgesehen, die nach der Mangelmitte hin ansteigen. Durch sie wird bei der Verschiebung der gekuppelten Revolver nach Senkung der Unterwalze der den Mangelwalzen sich nähernde Revolver gehoben, der sich von ihnen entfernende Revolver gesenkt. Hierdurch erfahren die die Revolverwagen verbindenden Winkelschienen eine solche Schrägstellung, daß die in der Mangelstellung sich befindende Kaule aus dieser auf den Winkelschienen in die Taschen des gesenkten Revolvers und aus dem gehobenen Revolver eine gefüllte Kaule in die Mangelstellung rollt, in der sie beim Ansteigen der unteren Mangelwalze durch selbsttätig herabkommende Gabellager festgehalten wird. Die Verschiebung der Revolver vollzieht sich automatisch gleichzeitig mit der durch Kraftbetrieb herbeigeführten Drehung desjenigen Revolvers, welcher aus der Mangelferne in die Mangelnähe überführt werden soll. Aus der Abbildung ist ersichtlich, daß während eine bewickelte Kaule des einen Revolvers gemangelt wird und eine bewickelte Kaule im anderen Revolver vorrätig liegt, das Aufbäumen einer leeren Kaule und das Abziehen einer gemangelten Kaule auf beiden Seiten der Mangel in derselben Zeit erfolgen können.

Abb. 244. Schaubild einer Hauboldschen Walzenmangel mit verschiebbarem Kaulen-Doppelrevolver; C. G. Haubold A.-G., Chemnitz.

In gleicher Weise wie die vorstehend erläuterte Mangel ist auch die in Abb. 245 schematisch dargestellte Mangel mit zwei Kaulenrevolvern ausgestattet, die so miteinander verbunden sind, daß beim Einfahren des einen Revolvers gegen die Mangelwalzen der andere sich von diesen entfernt. Es verlassen jedoch die Kaulen die Revolver nicht. Außerdem erfolgt die Verschiebung des Revolverschlittens durch hydraulischen Druck und die Schaltung der Revolver durch eine hydraulische Steuervorrichtung. Dabei wird beim Ausfahren eines Revolvers dieser durch eine Stellvorrichtung mit Zahnstange selbsttätig um einen Kaulenabstand weitergedreht, beim Einfahren dagegen festgehalten. Vorlegetisch und Einlaßvorrichtung sind mit jedem Revolverstuhl so verbunden, daß sie dessen Schubbewegung mitmachen. Die Arbeitsweise mit der Mangel ist die folgende. Der rechtsliegende Revolverstuhl ist eingefahren, die aufgedockte Kaule *II* liegt zwischen den Mangelwalzen; die oben befindliche Kaule *IV* ist fertiggemangelt, die unten liegende Kaule *I* leer. Der linksliegende Revolverstuhl ist ausgefahren; sein Revolver wurde dabei um eine Kaulenteilung ($^1/_3$ seines Umfanges) weitergeschaltet. Die gemangelte Kaule *IIa* ist nach oben in die Stellung *III*, die bisher in dieser Stellung befindliche leere Kaule nach *Ia* und die hier befindliche volle Kaule in die Mittelstellung *IIa* gekommen. Während nun das Mangeln der Kaule *II* erfolgt, kann in dem linken Revolverstuhl gleichzeitig die nach der vorherigen Einfahrt vorgemangelte und beim Ausfahren nach oben gelangte Kaule *III* auf die untenliegende Kaule *I*a umgedockt werden. In dem eingefahrenen rechten Revolverstuhl kann die obenliegende fertiggemangelte Kaule *IV* abgezogen oder auf die strichpunktiert angedeutete Kaule *IVa* aufgewickelt und zugleich die untenliegende Kaule *I* neu aufgedockt werden. Beim Ausfahren des rechten Revolverstuhles bewegt sich dann die fertiggemangelte Kaule *II* nach oben in die Stellung *IV*, die inzwischen leergewordene Kaule *IV* nach *I* und die neu aufgedockte Kaule *I* in die Mittelstellung *II* vor die Mangel. Während dieser Bewegung erfolgt die Einfahrt des linken Revolverstuhles; die in der Mitte befindliche Kaule *IIa* wird gemangelt und die obenliegende Kaule *III* abgezogen. Umgekehrt wird in dem ausgefahrenen rechten Revolverstuhl die nach *IV* gekommene vorgemangelte Kaule auf Kaule *I* umgedockt. So wiederholt sich das Spiel bei jedem Wagenwechsel. Je nach Qualität der Ware und den gestellten Anforderungen ist die Mangel mit eisernen oder elastischen Mangelkaulen (kein Holz) ausgestattet und kann mit Anpreßwalzen versehen werden, um die Ware möglichst fest auf die Kaulen wikkeln zu können.

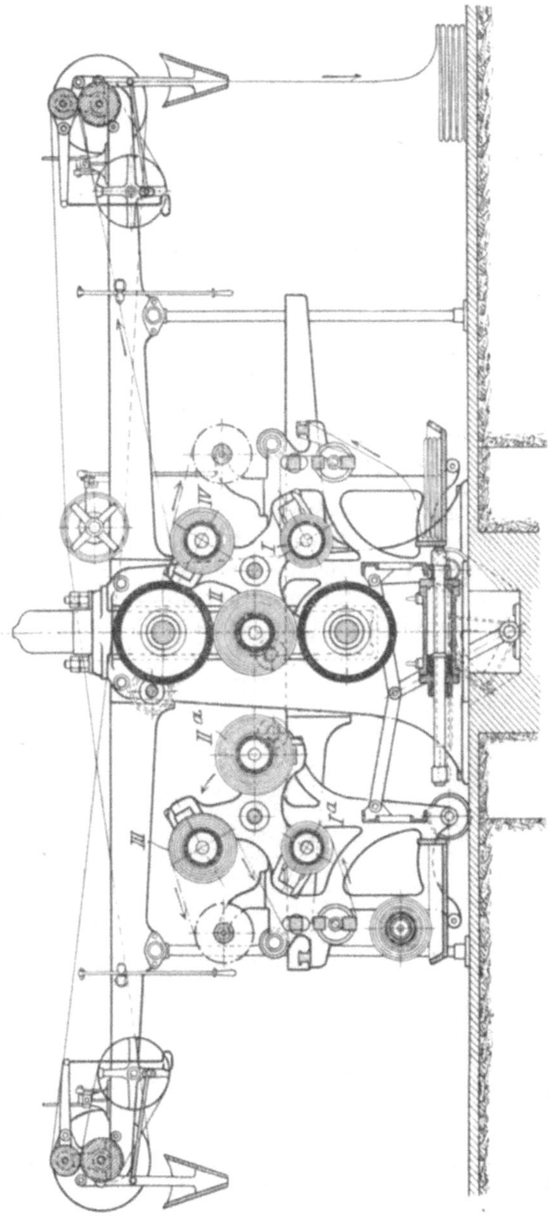

Abb. 245. Walzenmangel mit hydraulisch gesteuertem, verschiebbarem Kaulen-Doppelrevolver; C. G. Haubold A.-G., Chemnitz.

Bei den vorstehend erläuterten hydraulischen Mangeln sind die Mangelwalzen übereinander angeordnet. Es ist nun auch der Vorschlag gemacht worden, sie nebeneinander anzuordnen, um die Übersicht über die Mangel vom Arbeiterstand aus zu erleichtern, besonders aber die Kaulen in Sicht- und Reichweite des Arbeiters zu bringen. Abb. 246 zeigt schematisch die Einrichtung einer derartigen hydraulischen Walzenmangel mit zwei über den Mangelwalzen gelagerten Kaulenrevolvern, deren einer auch wegbleiben kann. Abb. 247 zeigt die Mangel schaubildlich. Die beiden Revolver *a* und *b*, von denen jeder 3 Kaulen *c* aufnehmen kann, sind ortsfest gelagert. Die Überführung der Kaulen aus diesen Revolvern zwischen die beiden Mangelwalzen *d* und *e*, von denen die Walze *d* der Walze *e* durch hydraulischen Druck zwecks Ausübung eines Mangeldrucks genähert werden kann, erfolgt von oben her hydraulisch durch zwei Arme *g*, welche an Nockenscheiben *h* pendelnd aufgehängt und an ihren freien Enden hakenartig ausgebildet sind. Diese Arme werden bei einer Drehung der Nockenscheiben gehoben und gesenkt und durch die Nocken *i* und *k* je nach der Drehrichtung der genannten Scheiben nach der Seite ausgeschwenkt, sobald sie sich in der Hochlage befinden. Ist dies der Fall, so befinden sie sich mit ihren Haken in der Höhe der in den Revolvern vorgesehenen Aussparungen *n*, *o* für die Aufnahme der Kaulen. Befinden sich die Arme in der Tiefstellung, so liegt die mit Laufrollen in ihren Hakenenden ruhende Kaule zwischen den Mangel-

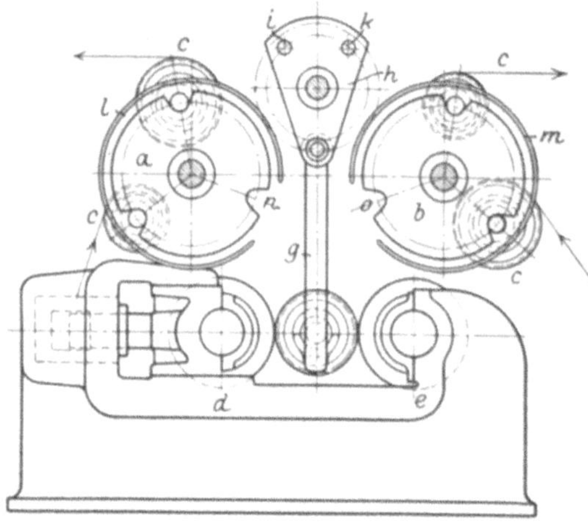

Abb. 246.

Abb. 247. Hydraulische Revolvermangel mit nebeneinander liegenden Mangelwalzen; Joh. Kleinewefers Söhne, Krefeld.

walzen. Ist der Mangelprozeß beendet, so steigen die Arme mit der von ihnen getragenen Kaule nach oben und werden dann durch die Nocken *i* oder *k* gegen den rechten oder linken Revolver ausgeschwenkt. Dabei treten die Kaulenzapfen in die Taschen des Revolvers ein und dieser nimmt die eingeführte Kaule bei beginnender Drehung mit. Am Herausfallen der Kaulen aus dem

Revolver werden die Kaulen durch die Revolverscheiben umschließende Führungen *l* und *m* verhindert. Ist die gemangelte Kaule auf diese Weise abgelegt, so nehmen die Hakenarme die infolge Schaltung des Revolvers in den Bereich ihrer Haken kommende bewickelte Kaule auf und senken sich dann, um diese

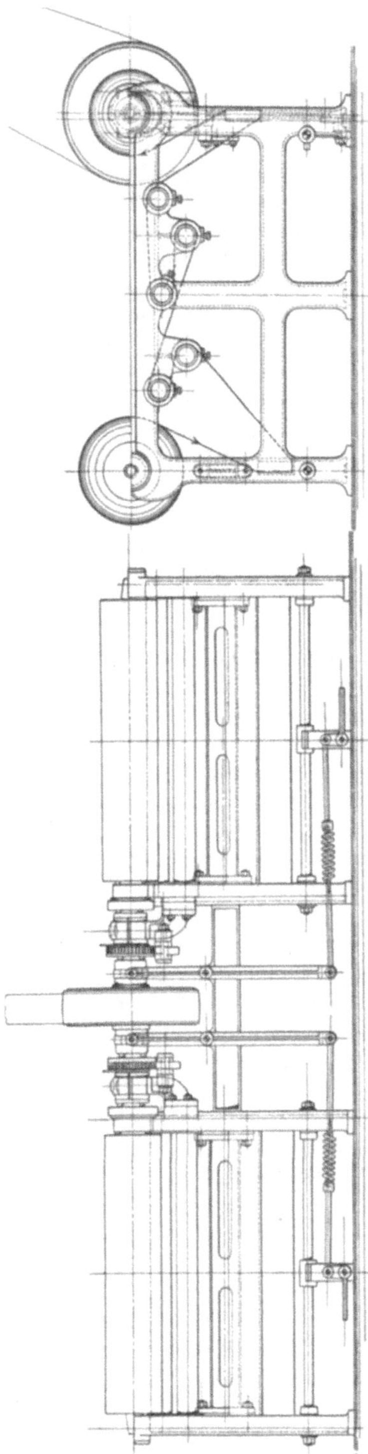

Abb. 248. Doppel-Mangel-Bäumstuhl; C. H. Weisbach, Chemnitz.

Abb. 249. Trommelstuhl für Mangelware; C. G. Haubold A.-G., Chemnitz.

Kaule von oben her zwischen die Mangelwalzen zu führen, worauf sich der Mangelvorgang wiederholt. Während des Mangelvorganges, also Stillstands der Revolver, können die außenliegenden Kaulen abgedockt, aufgedockt oder umgedockt werden.

Abb. 250. Hydraulischer Bäumstuhl; C. G. Haubold A.-G., Chemnitz.

Aufbäumen. Für die Durchführung des Mangelprozesses ist ein gutes Aufwickeln (Aufbäumen) des Gewebes auf die Kaulen Bedingung. Dieses Aufwickeln erfolgt auf sogenannten Mangelbäumstühlen. Die Abb. 248, 249 und 250 zeigen solche in drei Ausführungsformen und zwar läßt Abb. 248 einen Doppel-Mangel-Bäumstuhl erkennen, bei welchem das Aufwickeln des Gewebes auf die Kaulen ohne

Druckmittel erfolgt, wie es bei den Aufbäumstühlen nach Abb. 249 und 250 vorgesehen ist. Bei dem sogenannten Trommelstuhl nach Abb. 249 liegt die zu bewickelnde Kaule im Winkel zweier nebeneinander angeordneter Triebtrommeln und wird durch auf ihre Zapfen wirkende Hakengewichte gegen diese angepreßt. In dem Maße wie das durch Spannriegel und über Ausbreiter der Kaule zugeführte Gewebe auf letztere aufläuft, steigt die Kaule unter Anheben ihrer Belastungsgewichte. Bei dem hydraulischen Aufbäumstuhl nach Abb. 250 wird der Druck auf die Kaule beim Auflaufen des Gewebes durch drei Walzen, eine untere, auf hydraulischen Preßkolben frei drehbar ruhende, mit Parallelführung versehene Walze und zwei obere, ortsfest gelagerte, durch Zahnräder in Drehung versetzte Walzen ausgeübt. Es sind zwei Geschwindigkeiten vorgesehen, die kleinere für schwierig zu wickelnde Ware, sowie für den Anfang des Wickelns, die größere für den normalen Wickelprozeß gut laufender Ware. Die beiden Geschwindigkeiten werden mittels nebeneinanderliegender Fußtritte ein- bzw. ausgeschaltet. Die Vorrichtung zum Ein- und Ausbringen der Wickelkaulen zwischen die genannten 3 Walzen besteht aus auf- und niederschwenkbaren, paarweise und parallel zueinander angeordneten Laufschienen für die Kaulenzapfen, deren Dreh- und Stützpunkte sich mit der unteren Walze heben und senken. Diese Schienen ragen ansteigend mit dem langen Schenkel nach außen und überschneiden sich mit den inneren kürzeren Schenkeln derart, daß letztere in der Maschinenmitte eine Mulde bilden, in welcher die Kaule mit dem Zapfen sicher solange ruhen kann, bis sie beim Steigen der Unterwalze fest zwischen die 3 Walzen gebracht ist.

Durch Heben der äußeren Schenkel wird die aufgelegte leere Kaule veranlaßt, nach der Maschinenmitte, durch Senken dagegen der vollen Kaule ermöglicht aus der Maschinenmitte heraus nach außen zu rollen und somit in den bequemen Bereich des Arbeiters zu gelangen.

Der hydraulische Druck wird entnommen entweder dem Windkessel der zugehörigen Mangel oder besser einer eigenen kleinen hydraulischen Druckstation, bestehend aus Pumpe und Windkessel. Der letztere Weg ist deshalb vorzuziehen, weil der Arbeitsdruck des Bäumstuhles unabhängig bleibt von den Druckschwankungen in der Mangel und konstant gehalten werden kann.

Die Ware kann sowohl getafelt als auch auf der Kaule der Maschine vorgelegt werden. Letzteres geschieht natürlich stets beim Umwickeln. Es sind daher hierfür Abrollager vorgesehen. Die Ware läuft vom Stapel bzw. der Rolle zunächst über eine hochliegende Walze und kann auf dieser Passage vom Arbeiter bequem auf Fadengeradheit usw. kontrolliert werden. Sie passiert dann noch einige Bremsriegel, eine Breithalterwalze großen Durchmessers, um endlich durch den von den oberen Walzen gelassenen Zwischenraum hindurchzutreten und auf die zwischen den 3 Walzen gepreßte Kaule aufzulaufen. Die vorgesehene Spannvorrichtung bietet Gewähr, um sowohl leichte als auch ganz schwere Ware je nach Bedarf mit entsprechender Spannung aufzudocken.

XIV. Beetlen.

Der sogenannte Beetleeffekt kommt durch Klopfen des auf einen Baum fest aufgewickelten angefeuchteten Gewebes mit Holz- oder Eisenstampfen zustande. Er stellt dem Mangeleffekt gegenüber eine Gradsteigerung dar, ist ursprünglich nur für Leinengewebe zur Anwendung gekommen, im Laufe der Zeit aber auch für Baumwollgewebe eingeführt worden, um diesen mehr Leinencharakter, einen atlasartigen Glanz zu geben. Das Beetlen, welches viel Zeit und ein wiederholtes Umdocken der Kaulen mit Anfeuchten erfordert, erfolgt auf dem sogenannten Beetle- oder Stampfkalander. Die Stampfen sind bei ihm, wie Abb. 251 erkennen läßt, lotrecht geführt in einer Reihe nebeneinander angeordnet, werden durch eine Daumenwelle in Gruppen einzeln nacheinander angehoben und dann ebenso für den freien Fall wieder freigegeben. Bei dieser Abwärtsbewegung schlagen sie mit ihren unteren Köpfen auf den mit Gewebe bewickelten Warenbaum auf, der sich langsam dreht und gleichzeitig eine geringe axiale Verschiebung erfährt. Die letztere soll die Bildung von nicht bearbeiteten Ringstreifen verhindern, gleichzeitig soll aber auch eine schleifende Wirkung der Stampfenköpfe auf dem Gewebe erreicht werden. Um die Schlagwirkung zu erhöhen, hat man vorgeschlagen, die Stampfen mit ihrem oberen Ende in Federgehäusen so zu führen, daß die Federn beim Anheben der Stampfen gespannt werden und beim Fall der Stampfen diesen beschleunigen. Auch die Anwendung von Preßluft für die Bewegung der Stampfen ist versucht worden. Um Betriebsunterbrechungen

Abb. 251. Stampfkalander (Beetle) mit 42 Stampfen; C. H. Weisbach A.-G., Chemnitz.

nach Möglichkeit auszuschalten, werden die Stampfkalander mit Kaulenschlitten oder Kaulenrevolvern ausgestattet. Sie geben die Möglichkeit, während der Durchführung des Beetlens die bearbeiteten Kaulen ab- und leere Kaulen aufzudocken.

XV. Pressen.

a) Pressen der Gewebe. Beim Kalandern wird das zu veredelnde Gewebe in einfachen oder in mehrfachen Lagen zwischen Walzen hindurchgeführt, die mit mehr oder weniger hohem Druck gegeneinander gepreßt werden. Diese Druckwirkung der zusammenwirkenden Walzen auf das Gewebe ist nur von kurzer Dauer, weil sie nur in dem Augenblick zur Geltung kommt, wo das Gewebe zwischen den sich in einer Linie bzw. in schmalen Flächen berührenden Walzen hindurchgeht. Wesentlich anders ist die Wirkung beim Pressen. Bei ihm kommt ein sogenannter stehender Druck, d. h. ein Druck von mehr oder weniger langer Dauer zur Anwendung. Das Pressen spielt bei der Veredlung der Baumwollgewebe eine untergeordnete Rolle. Es kommt nur dann zur Anwendung, wenn ihnen der Charakter gewisser wollener und halbwollener Gewebe gegeben werden soll, und wird ausgeführt auf der Span- oder Plattenpresse, der Muldenpresse oder dem sogenannten Filzkalander.

Die Span- oder Plattenpressen sind Spindelpressen oder hydraulische Pressen. Bei den ersteren bewegt sich der Preßkopf von oben nach unten gegen den festliegenden Preßtisch, bei den letztern dagegen dieser von unten nach oben gegen den als Querhaupt ausgebildeten Preßkopf. Den Pressen zugeordnet sind heizbare Preßplatten, durch die der Preßdruck auf die in Stapelform in die Presse eingebrachten Gewebe übertragen wird. Diese Preßplatten werden entweder nach dem Anwärmen in einem sogenannten Preßplattenheizofen erst beim Beschicken der Presse mit den Gewebestapeln in die Presse eingefügt oder sie sind in dieser parallel zu sich selbst verschiebbar so eingebaut, daß sie beim Schließen der Presse fortschreitend einander genähert werden, beim Öffnen der Presse dagegen sich fortschreitend voneinander entfernen. Das Anheizen dieser Preßplatten wird durch Dampf oder den elektrischen Strom bewirkt. Die Bildung der Gewebestapel, das Einspänen, erfolgt durch zickzackförmige Legung und gleichzeitige Einfügung harter Glanzpappen (Preßspäne) zwischen die einzelnen Legungen. Die Abb. 256 bis 258 zeigen Spindel- und hydraulische Plattenpressen in verschiedenen Ausführungen.

Abb. 252. Einmuldenpresse mit festgelagertem Zylinder und abstellbarer Mulde; Ernst Geßner A.-G., Aue i. E.

Das Wesen der normalen Muldenpresse besteht in einem heizbaren Zylinder (Walze) und einer mit ihm zusammenwirkenden, mit einem Neusilber-Preßspan ausgelegten, heizbaren Mulde, Abb. 252. Entweder ist der Zylinder ortsfest gelagert und die Mulde kann gegen ihn durch Hebelbelastung oder hydraulischen Druck angestellt werden oder umgekehrt. Das zu behandelnde Gewebe wird zwischen Zylinder und Mulde hindurchgeführt, während beide geheizt sind und unter Druck stehen. Es gleitet infolgedessen, durch den Zylinder gefördert, über die Muldeneinlage und empfängt dabei unter Wärme und Druck auf der der Mulde zugekehrten Seite Glanz. Um in den Muldenpressen eine größere Druckfläche zu schaffen und die Ware einer doppelt langen Druckdauer aussetzen zu können, werden die Pressen auch mit einem Zylinder und zwei Mulden gebaut.

Für die Behandlung der Baumwollgewebe, welche einen weichen, vollen, tuchartigen Griff erhalten sollen, kommen Muldenpressen zur Anwendung, bei welchen die Walze nicht unmittelbar, sondern durch einen endlosen Filzmitläufer auf das Gewebe wirkt, und zwar auf dessen rechte Seite. Abb. 253 zeigt eine Muldenpresse mit um eine ortsfest gelagerte Walze geführten Mit-

Abb. 253. Einmuldenpresse mit Filzmitläufer; Ernst Geßner A.-G., Aue i. E.

läufer. Vor dem Einlauf in die Presse wird das Gewebe zum Zwecke des Anfeuchtens über einen Dämpfkasten geleitet.

Der Filzkalander besitzt einen großen, durch Dampf heizbaren Stahlzylinder, der fast auf seinem ganzen Umfang von einem endlosen, über Leitwalzen geführten Filz umspannt ist. Zwischen diesen und dem Zylinder, die beide mit gleicher Geschwindigkeit umlaufen, wird das zu behandelnde, noch feuchte Gewebe breit gespannt eingeführt, von ihnen mitgenommen und so faltenlos liegend vollständig getrocknet. Das trokkene Gewebe ist weich und griffig und besitzt ein wollähnliches Gefühl. Damit es faltenlos zwischen Zylinder und Mitläuferfilz gelangt, ist dem Kalander gewöhnlich ein Breitstrecker vorgeordnet, wie ihn Abb. 254 erkennen läßt. Er besteht aus zwei auf dem Umfang mit Klemmen (Kluppen, vgl. Abb. 255) versehenen radartigen Körpern, die von einer Gelenkachse getragen werden,

Abb. 254. Breitstreck- und Egalisiermaschine mit rotierenden Scheiben (Egalisierrad); C. H. Weisbach, Chemnitz.

deren beide Schenkel in der Mitte zwischen den Kluppenträgern durch ein Kugelgelenk so miteinander verbunden sind, daß sie mittels eines Stellzeuges in eine Gerade gebracht oder auch unter einem beliebigen Winkel zueinander eingestellt werden können. Jeder der beiden Kluppenträger kann dabei eine von der anderen abweichende Drehgeschwindigkeit erhalten. Die Schrägstellung der beiden Achsstellung zueinander ergibt eine Schrägstellung der beiden Kluppenträger zueinander. An der Stelle, wo der Abstand ihrer Umfänge der geringste ist, wird den geöffneten Kluppen das feuchte Gewebe mit seinen beiden Sahlleisten zugeführt und diese werden dann bei der Drehung der Kluppenträger nach dem Erfassen durch die Kluppen infolge des sich aus ihrer Schrägstellung ergebenden vergrößernden Abstands so lange fortschreitend nach außen gezogen, bis der Kluppenträgerabstand sich wieder verringert. Durch das Auseinanderziehen der Sahlleisten wird das Gewebe in der Breite gereckt, und durch die Wahl der verschiedenen Umfangsgeschwindigkeiten der Kluppenträger wird die Möglichkeit geboten, den Schuß gerade zu richten. Nähern sich die Kluppenträger einander wieder, so wird das Gewebe entspannt und kann nach dem Öffnen der Kluppen ablaufen. Vor dem Breitstrecker liegt gewöhnlich ein Vortrockenzylinder und vor diesem eine Anfeuchtvorrichtung. Das zu behandelnde Gewebe durchläuft also in einem Arbeitsgang eine Feuchtvorrichtung, eine Trockenvorrichtung, einen Breitspanner und schließlich den Filzkalander, der es völlig trocken abgibt.

Abb. 255. Kluppe für rotierende Breitstrecker; C. H. Weisbach, Chemnitz.

b) Pressen von Wirkwaren. Für das Pressen baumwollener Wirk- und Strickwaren werden verwendet die Plattenpresse als Spindel- und als hydraulische Presse und der Filzkalander. Abb. 256 läßt die Einrichtung einer Handspindelpresse mit fünf elektrisch heizbaren Preßplatten erkennen. Diese sind durch Gelenke so am Preßkopf aufgehängt und unter sich so miteinander verbunden, daß sie sich beim Schließen der Presse einander nähern, beim Öffnen der Presse dagegen selbsttätig voneinander entfernen und in den bestimmten Entfernungen voneinander hängen bleiben.

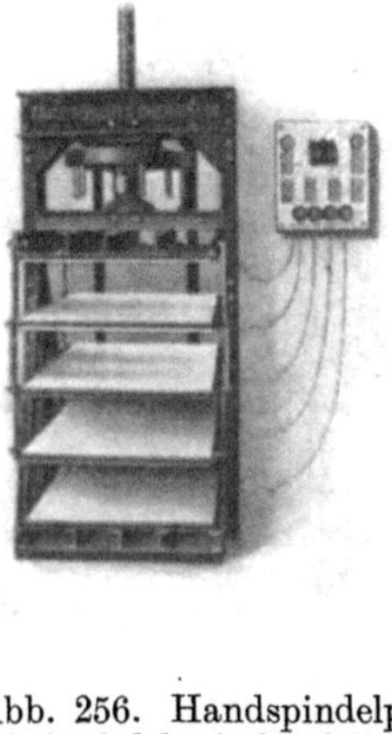

Abb. 256. Handspindelpresse mit fünf elektrisch beheizbaren Platten und Schalttafel — für Strümpfe, Trikotagen usw.; Fritz Schuster, Chemnitz.

Abb. 257 zeigt eine Spindelpresse ohne Preßplatten für Hand- und Kraftantrieb. Der erstere findet Anwendung, wenn es sich um ein rasches Schließen und Öffnen der Presse handelt, der letztere dagegen dann, wenn hohe Drucke erforderlich sind. Anfang- und Endstellung des Preßkopfes werden durch eine automatische Abstellung bestimmt. In Abb. 258 ist eine hydraulische Plattenpresse mit 10 elektrisch heizbaren Preßplatten veranschaulicht. Die elektrischen Leiter für das Beheizen der aus massivem Schmiedeeisen hergestellten Platten sind bei der Presse nach Abb. 256 und nach Abb. 258 in Rillen der Platten eingelegt und durch Porzellan hermetisch abgeschlossen, so daß ein Durchbrennen fast ausgeschlossen erscheint.

Die Zuleitung des elektrischen Stromes zu den Platten erfolgt durch eine neben der Presse angebrachte Verteilungsschalttafel. Jede Platte hat ihren besonderen Ausschalter und ihre besondere Sicherung. Ein Hauptschalter dient dazu, die Presse als Ganzes auszuschalten. Der Stromverbrauch beträgt für eine Beschickung von $^1/_4$ bis $^1/_2$ Stunde und bei einer Plattengröße von 800×900 mm ca. 300 bis 800 Watt, bei einer Größe von 800×1150 mm ca. 400 bis 1000 Watt.

Die bei der Veredlung von Wirkwaren verwendeten Filzkalander weisen hinsichtlich ihrer Bauweise eine große Verschiedenartigkeit auf, je nachdem sie der Behandlung schlauchförmiger, vom Rundwirkstuhl kommender Wirkwaren, von durch die Konfektion zugeschnittenen Stücken oder Strickwaren dienen. Im ersteren Falle ist wieder maßgebend, ob die Ware in einem Arbeitsgang oder durch zwei Arbeitsgänge, auf dem ganzen Umfang Preßglanz erhalten soll, ob sie schon eine Vorbehandlung durch Aufrollen, evtl. in Verbindung mit einem diesem vorausgehenden Breitstrecken, Langstrecken und Dämpfen erfahren hat, also dem Kalander in Rollenform vorgelegt wird, oder ob sie diesem aus einem frei drehbaren Warenkessel zuläuft, welcher die größte Gewähr für maschengerade Behandlung der Ware bietet. Endlich kommt noch in Betracht, ob das Arbeitsgut frei hängend von unten nach oben in den Kalander eingeführt wird oder senkrecht-wagrecht oder endlich nur wagrecht diesem zuläuft.

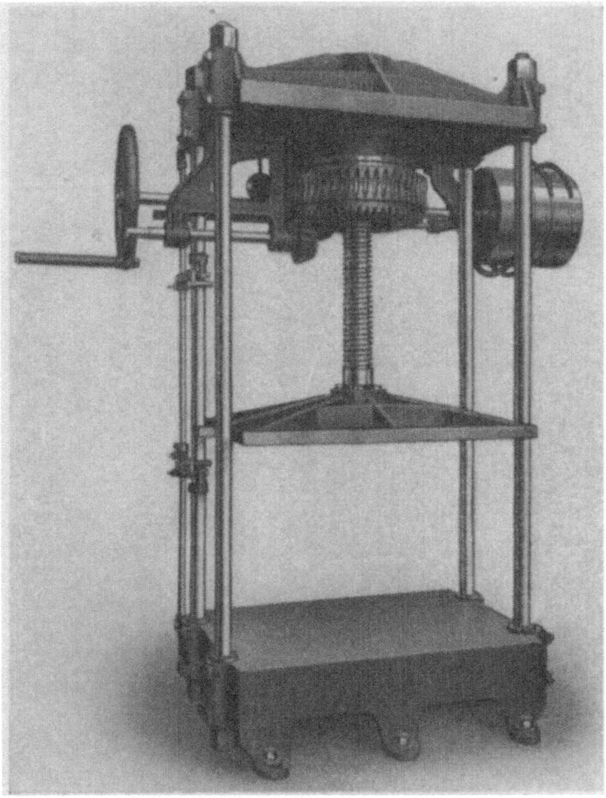

Abb. 257. Trikot- und Strumpfwarenpresse für Hand- und Kraftbetrieb; Maschinenfabrik Arbach, G. m. b. H., Reutlingen i. W.

Abb. 259 zeigt einen Filzkalander, auf welchem die feuchten Warenschläuche in einem Arbeitsgang getrocknet, gedämpft, in Längs- und Breitenrichtung ausgestreckt, geglättet und aufgerollt werden. Der Kalander ist mit zwei, evtl. auch vier Warenkesseln ausgestattet, welche von einem auf einer lotrechten Achse sitzenden Armkreuz getragen werden. Dieses Armkreuz kann durch Drehen seiner Achse mittels eines Handstellzeugs so geschaltet werden, daß jeder Warenkessel aus der Beschickungsstellung in die Abgabestellung gebracht werden kann. Jeder Warenkessel trägt auf seinem Boden axial ein im Mantel gelochtes Rohr, welches mit einem Zuleitungsrohr für Warmluft in Verbindung kommt, sobald der zu füllende Warenkessel und der die Ware wieder abgebende Warenkessel in Arbeitsstellung kommen. Die aus der Schleuder kommenden Warenschläuche, rechte Seite der Abbildung, werden durch ein trichterförmiges, gelochtes Zuführungsrohr und Förderbürsten über das unter ihnen stehende Heißluftrohr hinweg in den Warenkessel geleitet. Nach Füllung desselben wird das Armkreuz so geschaltet

Abb. 258. Hydraulische Presse mit zehn elektrisch beheizbaren Platten, Preßpumpe und Schalttafel; Fritz Schuster, Chemnitz.

daß der benannte Kessel in Stellung des Kessels auf der linken Seite der Abbildung gelangt; hat er diese eingenommen, so wird der Warenschlauch über das gelochte Rohr nach oben in den eigentlichen Filzkalander geführt, welcher mit zwei heizbaren Zylindern und zwei mit ihnen zusammenwirkenden Mitläuferfilzen ausgestattet ist, die so zueinander angeordnet sind, daß der zwischen den Zylindern und Mitläufern hindurchgehende, flach gelegte Warenschlauch mit seinen beiden Seiten nacheinander mit den beiden Zylindern in Berührung kommt und so in einem Arbeitsgang auf dem ganzen Umfang Preßglanz erhält. Den Zylindern vorgeordnet sind in der Laufrichtung des Warenschlauchs ein Rundstrecker, ein Langstrecker und ein Breitstrecker. Jeder Warenkessel sitzt auf Rollen frei drehbar auf dem Armkreuz und ist auf der Unterseite

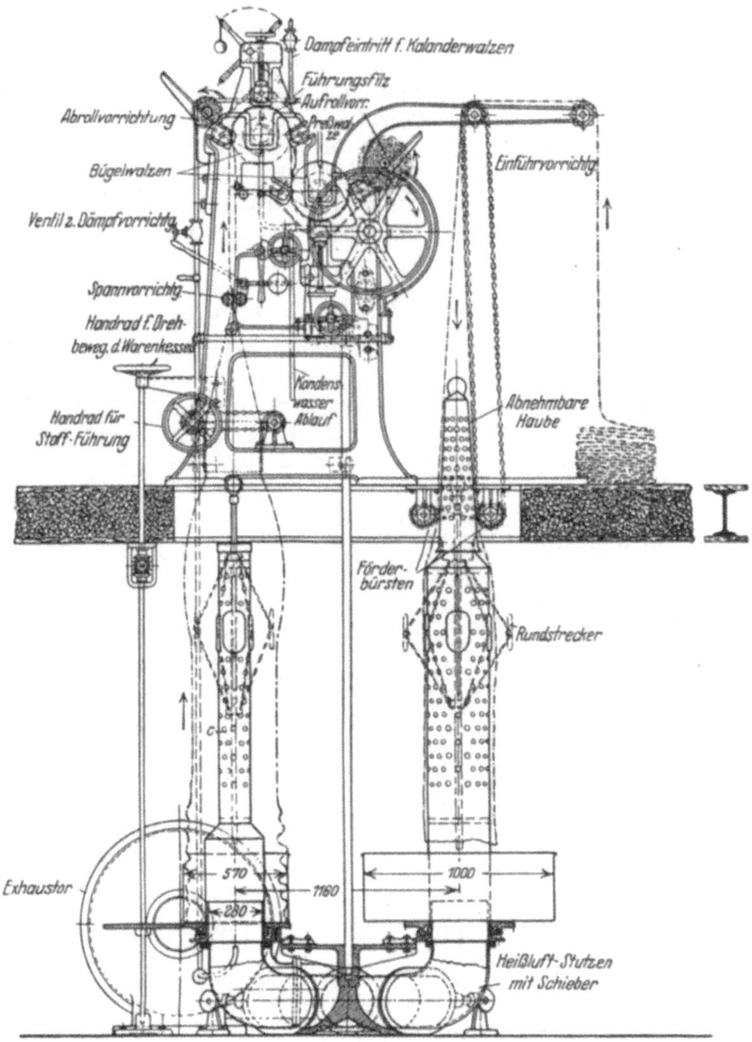

Abb. 259.

des Bodens mit einer Verzahnung versehen, welche bei der Einstellung des Warenkessels in die Abgabestellung mit einem Zahntrieb in Eingriff kommt, durch welchen er mittels eines Handstellzeugs so gedreht werden kann, daß die Ware maschengerade in den Kalander einläuft. Ein für das Eintreiben von Trockenluft in die beiden gelochten Rohre der Warenkessel vorgesehener Ventilator saugt die erforderliche Menge Frischluft an, drückt sie durch einen Lamellenlufterwärmer in das Verteilungsrohr und dessen Stutzen und durch diese in die Kesselrohre, aus welchen die Heißluft durch die Lochungen in die Warenschläuche eintritt. Der Lamellenlufterwärmer ist für den dargestellten Kalander für eine tägliche Trockenleistung von 250 kg Trikotschläuche bemessen. Er dient zur Erwärmung von 5000 cbm Luft stündlich von 0° auf 65° C.

Um bei Strümpfen eine vollendete Appretur zu erreichen, müssen sie in vielen Fällen nach dem Formen — siehe S. 614 — noch einer Nachbehandlung mit oder ohne Wärme in der Plattenpresse unterzogen werden. Es geschieht dies in der Weise, daß man auf einem Tisch zunächst einen Preßspan dicht mit Strümpfen gleichmäßig belegt. Darauf kommt wieder ein Preßspan, der mit Strümpfen belegt wird, darauf wieder ein belegter Span und so fort, bis der dadurch gebildete Pack (Satz) eine Höhe von etwa 12 bis 15 cm erreicht hat und je nach der Größe der Strümpfe etwa 10 bis 12 Dutzend enthält. Nun wird dieser Satz in die Presse gebracht, und zwar auf die unterste Heizplatte gelegt, die mit einer Brandpappe bedeckt ist. In gleicher Weise kommt ein zweiter Satz auf die zweite Platte zu liegen und so fort, bis die Presse gefüllt ist. Nun wird die Erwärmung der Preßplatten durch Einschaltung des elektrischen Stromes vorgenommen und gleichzeitig Druck gegeben. Sobald die Heizplatten die für die betreffende Ware nötige Wärme haben, schaltet man die elektrische Stromzufuhr ab, die Ware bleibt so noch einige Stunden unter Druck und Hitze stehen. — Da die nach dem System Schuster elektrisch beheizten Preßplatten nach der erstmaligen Erhitzung die Wärme noch sehr lange halten, ist es möglich mehrere Pressungen an einem Tage vorzunehmen, denn es ist bei der zweiten und den folgenden Beschickungen eine weitere elektrische Stromzuschaltung von nur ganz kurzer Dauer nötig, um die Platten wieder auf den erforderlichen Wärmegrad zu bringen. Eine Presse mit 18 Preßplatten faßt bei einer Packhöhe von 2,5 m etwa 200 Dtzd. Frauenstrümpfe, jede Presse kann je nach der Ware drei- oder mehrmals täglich beschickt werden. An Preßspänen werden dabei benötigt etwa 1000 Stück. Florstrümpfe bekommen bei derartigen Pressen nur ganz wenig Hitze (die Platten werden nur etwa handwarm gemacht), aber einen hohen Druck von etwa 200 bis 30 atm. und werden nur kurze Zeit, etwa 10 bis 15 Minuten in der Presse stehen gelassen. Wollene Strümpfe werden ebenfalls nur ganz kurze Zeit und mit wenig Druck, dagegen aber „heiß“ gepreßt, Makostrümpfe und Strümpfe aus anderem Material (außer Seide und Kunstseide) bekommen viel Hitze und hohen Druck und müssen 3 bis 4 Stunden in der Presse stehen.

XVI. Einsprengen — Dämpfen.

a) Einsprengen. Das Einsprengen dient dem Zweck, Geweben usw., die kalandert, gemangelt oder gebeetlet werden sollen, Feuchtigkeit zuzuführen. Erreicht wird dies durch Auftragen von Wasser oder Salzlösungen in Form eines Sprühregens, und dieser wird erzeugt durch rotierende Bürsten oder Zerstäuber. Einen Zerstäuber zeigt Abb. 237.

b) Dämpfen. Mit dem Dämpfen wird in erster Linie das gleiche angestrebt wie mit dem Einsprengen, es wird vielfach auch neben diesem verwendet. — In zweiter Linie findet das Dämpfen aber auch Anwendung, um die Fasern zum Aufquellen zu bringen und dadurch dem Stoff einen volleren Griff zu geben. — Drittens endlich macht man vom Dämpfen Gebrauch, um eine Verteilung der in der Kette enthaltenen Schlichte auch auf die Schußfäden zu erzielen. Man führt das Gewebe zu diesem Zweck über einen mit Dampf gefüllten Kasten oder durch einen solchen, oder man treibt bzw. saugt gespannten Dampf durch die Lagen des auf einem gelochten Zylinder fest aufgewickelten Arbeitsguts.

XVII. Ausbreiten — Breitstrecken — Egalisieren der Gewebe.

a) Ausbreiten. Die aus der Wasch- oder Spülmaschine kommenden Gewebestränge müssen für die Zwecke des Ausbreitens zunächst entfaltet werden. Dies erfolgt durch den Strangöffner oder Breitschläger. Er besteht, wie aus Abb. 260 hervorgeht, aus einem rechteckigen, rahmenartigen Bügel, welcher um seine Achse in rasche Drehung versetzt wird, während der Gewebestrang über ihn, entgegengesetzt zu seiner Drehrichtung, hinwegläuft. Dem Schläger folgen zwei kupferne, verzinnte Spiralwalzen, zwischen denen der entfaltete Gewebestrang so hindurchgeführt wird, daß deren Rippen das Gewebe von der Mitte aus nach den beiden Sahlleisten zu ausstreichen und damit ausbreiten. Die genannte Abbildung zeigt die Anordnung von Strangöffner und Ausbreitwalzen für wagrechten Gewebelauf; die ganze Vorrichtung wird jedoch auch für senkrechten Gewebelauf ausgeführt.

Abb. 260. Strangöffner; Zittauer Maschinenfabrik A.-G., Zittau.

b) Breitstrecken und Egalisieren. Baumwollgewebe, welche dem Bleich- und Färbeprozeß unterworfen werden, erleiden, da bei der Durchführung des Arbeitsprozesses eine Längsspannung nicht ganz vermieden werden kann, einen Verlust in der Breite, auch verlieren die Schußfäden teilweise ihre senkrechte Lage zu den Kettfäden, ganz besonders ist dies dann der Fall, wenn die Behandlung des Gewebes in Strangform erfolgt, und endlich kommt es vor, daß die Ware nach der Behandlung nicht mehr überall die gleiche Breite aufweist. Alle diese Ungleichmäßigkeiten sollen durch das Breitstrecken und Egalisieren beseitigt werden. Die hierfür in Betracht kommenden Vorrichtungen sind entweder solche, welche nur breitstreckend wirken, oder solche, welche neben dem Breitstrecken auch ein Ausrichten der Schußfäden herbeiführen.

Eine Vorrichtung der erstgenannten Art gibt Abb. 261 wieder. Auf gemeinsamer Achse sitzen, schräg zueinander gestellt, zwei radförmige, auf dem Umfang mit Gummi belegte Scheiben, welche auf ihrer unteren Hälfte von endlosen Riemen umspannt sind. Zwischen sie und die Scheiben wird das breitzustreckende Gewebe mit seinen beiden Sahlleisten an derjenigen Stelle eingeführt, wo der Abstand der beiden Scheibenkränze der kürzeste ist. Die Scheiben mit den Riemen nehmen bei ihrer Drehung das Gewebe mit und strecken es in der Schußrichtung, da der Abstand ihrer Kränze infolge der Schrägstellung der Scheiben sich fortschreitend vergrößert. Dort, wo dieser Abstand am größten ist, verlassen die Umschlußriemen die Scheibenkränze und geben damit das Gewebe wieder frei, welches nunmehr auf eine über dieser Ablaufstelle gelagerte Wickelwalze aufläuft.

Abb. 261. Breitstreckmaschine mit Riemen.

Zwischen den Breitstreckscheiben, deren Abstand der Gewebebreite entsprechend geändert werden kann, sitzen auf deren Achse noch weitere Scheiben, welche als Träger für das Gewebe wirken und damit sein Durchsacken verhindern.

Eine unter dem Namen „Palmer“ bekannte Maschine ist nach dem gleichen Prinzip gebaut, nur sind die Riemen durch Ketten ersetzt, und diese umspannen den oberen Teil der Randscheiben.

Die Einrichtung eines rotierenden Breitstreckers, welcher die Möglichkeit bietet, gleichzeitig auch die Schußfäden auszurichten, d. h. zu egalisieren, läßt Abb. 254 erkennen. Auf sie sei deshalb verwiesen, ebenso auf die dort gegebene Erläuterung seiner Arbeitsweise.

Abb. 262. Gewebe-Breitstreck- und Egalisiermaschine mit horizontalem Kettenlauf und Tasterkluppen, Einlaßfeld und Spannfeld.

Wesentlich abweichend von den vorstehend erläuterten Breitstreck- und Egalisiermaschinen sind diejenigen, bei denen eine rotierende Bewegung der Gewebeträger vermieden ist. Sie wirken entweder auch nur breitstreckend oder breitstreckend und egalisierend. Ihr Wesen besteht, wie Abb. 262 erkennen läßt, in zwei in wagrechter Ebene umlaufenden, endlosen Ketten, deren als Kluppen wirkende Glieder das Gewebe an den Sahlleisten in dem Augenblick erfassen, wo es zwischen die beiden Ketten einläuft und es dann unter Breitstreckung bis an das Ende des Spannfeldes festhalten. Damit eine gute Einführung der Gewebesahlleisten in die Kluppen, welche als sogenannte Tasterkluppen zur Verwendung kommen, möglich ist und eine fortschreitende Breitstreckung erreicht wird, sind die Spannketten an der Einlaufstelle für das Gewebe divergierend schräg zueinander gestellt und bilden so das sogenannte Einlaßfeld. An dieses schließt sich das eigentliche Spannfeld an. Die Kettenführungen für Einlaß- und Spannfeld können durch Spindeln mit rechts- und linksgängigem Flachgewinde der Gewebebreite entsprechend eingestellt werden. Die die Sahlleisten des Gewebes erfassenden Kluppen sind sogenannte Tasterkluppen. Sie werden an der Einlauf- und Ablaufstelle selbsttätig geöffnet und schließen sich selbsttätig, sobald die Sahlleiste unter den am beweglichen Kluppenklemmglied angeordneten Taster hinweggleitet, Abb. 147 a u. f. Um die Möglichkeit zu haben, die Schußfäden auszurichten, also zu egalisieren, ist eine Vorrichtung vorgesehen, rechte Seite der Abbildung, durch welche die eine der beiden Spannketten mittels eines durch Hand regulierbaren Differentialgetriebes intermittierend zurückgehalten werden kann. Es kann jedoch auch für jede der beiden Ketten eine solche Vorrichtung zur Anwendung gebracht werden. Wird sie benutzt, so tritt ein sogenannter Diagonalverzug im Gewebe ein, und dadurch werden die Schußfäden gegenüber den Kettfäden ausgerichtet (vgl. hierzu auch S. 612). Warenein- und -ausgang werden in den verschiedensten Ausführungen dem jeweiligen Verwendungszweck der Maschine entsprechend geliefert. Die einfachste Ausführung für den Einlaß ist diejenige mit Wickelvorlage und einem oder zwei Einlaßspannriegeln. Bei eingerollten Leisten sind zwei rechts- und linksgeschnittene Stahlzylinder zum Öffnen und Ausrollen der Leisten und gleichzeitigem Breitziehen des Gewebes angebracht. Kommt die Ware aus der Falte, so ist ein hohes Einlaßgerüst mit Spannungsregler und Wage zum Ausrichten der Ware nach der Mitte der Maschine hin vorgesehen. In gleicher Weise verschieden ist der Auslauf der Ware. Es kommt entweder ein einfaches Aufwickelzeug oder Ablegezeug oder eine doppelte Aufwickelvorrichtung zur Anwendung, welch letztere gestattet, die Warenwickel in ununterbrochenem Betrieb abnehmen zu können. Sofern erforderlich, wird die Breitstreck- und Egalisiervorrichtung mit einer Dämpfvorrichtung am Eingang und einer Trockenvorrichtung am Ausgang versehen. Der Antrieb erfolgt durch Stufenscheiben, Reibungsgetriebe oder Kegelscheibengetriebe, um die Durchlaufgeschwindigkeit des Gewebes durch die Maschine regeln zu können.

XVIII. Ausspannen — Wenden — Rollen usw. baumwollener Wirkwaren.

a) Ausspannen. Beim Rauhen schlauchförmiger Wirkwaren kommt es vor, daß diese in die Länge gezogen werden und dadurch in der Breite verlieren. Um die Warenschläuche wieder auf ihre normale Breite zu bringen, kommen sie auf sogenannte Ausspannvorrichtungen, wie sie in Abb. 263 in einer Ausführungsform wiedergegeben sind. Bei ihnen wird der Warenschlauch auf zwei Stahlschienen aufgeschoben, und diese werden dann mittels der beiden flachgängigen Spindeln durch Parallelverschiebung voneinander entfernt. Die genannten Spindeln tragen zu diesem Zweck vier Muttern, je zwei auf jeder Spindel, von denen diejenigen der einen Spindel fest mit den Stahlschienen verbunden sind (rechte Seite der Abbildung), während diejenigen der anderen Spindel den Stahlschienen nur als Rasten dienen und ein Ausschwenken der Schienen zwecks Aufschiebens des Warenschlauchs zulassen. Die Spindeln empfangen die für die Verschiebung der auf ihnen sitzenden Muttern erforderliche Rechts- und Linksdrehung durch das aus der Abbildung ersichtliche Triebwerk, welches durch das dargestellte Handstellzeug gesteuert werden kann.

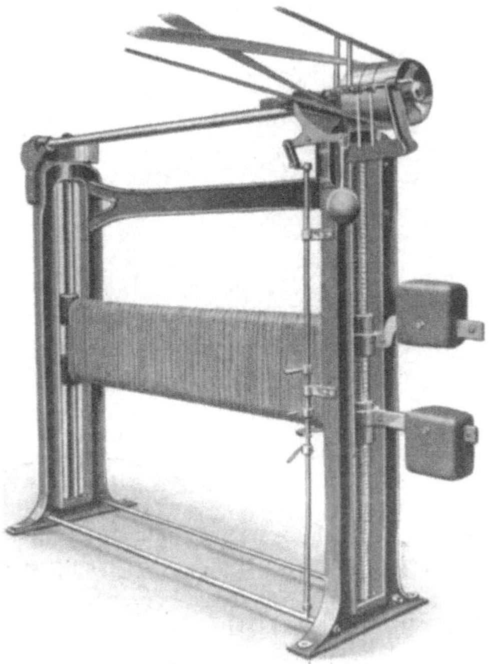

Abb. 263. Trikot-Ausspannung; Maschinenfabrik Arbach G. m. b. H., Reutlingen i. W.

b) Wenden. Schlauchwaren, wie sie der Rundstuhl liefert müssen so gewendet werden, daß ihre rechte oder linke Seite nach außen zu liegen kommt, je nachdem es der Arbeitsprozeß verlangt. Hierzu dienen die sogenannten Umkehrmaschinen. Abb. 264 zeigt eine solche Maschine. Ihr Wesen besteht in einem aufrechtstehenden, in die Schräglage schwenkbaren Zylinder, welcher an seinem Fußende mit einem Randteller versehen ist. Über dem Zylinder sind übereinander zwei Walzenquadrate angeordnet, von denen das untere Gummi-, das obere Stahlwalzen aufweist. Die letzteren ruhen auf den unteren auf und können von diesen durch einen Fußtritt mittels ihres Tragrahmens abgehoben werden. Unter diesen Walzenquadraten befindet sich ein Leitring und über ihnen ein Wenderingkorb mit zwei Wenderingen, einem unteren von kleinem und einem oberen von großem Durchmesser. Zum Zwecke des Wendens wird der Zylinder zunächst in die lotrechte Stellung gebracht. Dann wird die zu wendende Ware mit ihrem einen Ende von unten her über einen Leitrollenbogen in den Zylinder ein- und durch ihn, den Leitring, die Walzenquadrate und den Rollenkorb nach oben geführt. Ist dies erreicht, so wird das freie Ende des Warenschlauchs über den oberen Leitrollenring gewendet nach abwärts zwischen die Walzen der beiden Walzenquadrate gezogen, nachdem das obere Walzenquadrat vom unteren abgehoben worden ist. Hierauf wird dieses Walzenquadrat wieder gesenkt, die Walzen des unteren Quadrats empfangen Drehbewegung und fördern im Zusammenwirken mit den Walzen des oberen Quadrats die Ware über den Zylinder nach abwärts auf dessen Randteller. Ist auf diese Weise der ganze Warenschlauch auf diesem Teller aufgestapelt, so wird der Zylinder nach außen geschwenkt und der gewendete Warenschlauch von ihm abgezogen.

Abb. 264. Automatische Umkehrvorrichtung für Rundgewirke; Maschinenfabrik Arbach G. m. b. H., Reutlingen i. W.

c) Rollen. Rollmaschinen kommen zur Anwendung, wenn es erforderlich ist, der Rauhmaschine, dem Kalander usw. die Ware in Rollenform vorzulegen. Es wird im allgemeinen unterschieden zwischen Tischrollmaschinen und aufrechtstehenden Rollmaschinen. Das Wesen beider besteht in zwei durch Gewichtshebel aufeinander gepreßten Walzen, zwischen welchen die Ware gereckt hindurchgeführt und hinter welchen sie unmittelbar aufgewickelt wird. Bei der Tischrollmaschine liegen die beiden Walzen übereinander, und es wird ihnen die Ware auf einem Tisch wagrecht zugeführt, bei der aufrechtstehenden Rollmaschine sind die Preßwalzen dagegen nebeneinander gelagert und die Ware läuft von unten aus, frei hängend, zwischen die Preßwalzen. Beim Aufwickeln (Rollen) schlauchförmiger Wirkware auf der Tischrollmaschine wird der Warenschlauch vor dem Eintritt in die Preßwalzen über eine rahmenartige Ausbreitvorrichtung von trapezförmiger Gestalt geführt, deren parallele Schenkel teleskopartig auseinandergezogen werden können und gegen deren schräge Schenkel zwei Gummirollen anliegen, die beide zwangläufigen Antrieb empfangen und dadurch die Ware im Zusammenwirken mit den Preßwalzen über den Breitstrecker führen. Hierdurch wird zwar die Möglichkeit geboten, die Schlauchware bei ihrem Lauf über die schräg nach außen stehenden Schenkel der Breitstreckvorrichtung auf eine beliebige Breite auszurecken, ein maschengrades Ausrecken in Richtung der Maschenreihen und Maschenstäbchen ist aber ausgeschlossen. Wird dies angestrebt, so kommt die aufrechtstehende Rollmaschine zur Anwendung, wie sie in Abb. 265 in einer Ausführungsform wiedergegeben ist. Sie ist unterhalb der aus poliertem Hartholz hergestellten Preßwalzen mit einem um eine lotrechte Achse frei drehbaren Warenkessel ausgestattet, welcher zur Aufnahme der aufzurollenden Ware dient. Von ihm aus läuft die Ware über die ersichtliche Breitstreckvorrichtung in die Preßwalzen und unmittelbar über diesen auf eine durch Umfangsreibung angetriebene Wickelwalze. Die Breitstreckvorrichtung wird von dem Warenkessel getragen und besteht ebenfalls aus einem trapezförmigen, rahmenartigen Gebilde, es sind jedoch an jeder Schrägseite zwei Laufrollen vorgesehen, die von einem endlosen Gummiband umschlungen sind, gegen das von außen eine Reibrolle anliegt. Die Achsen der beiden Reibrollen stehen durch Kegelräder mit einer gemeinsamen Welle in Verbindung, welche durch ein Riemenkegelgetriebe mit veränderlicher Geschwindigkeit in Drehung versetzt werden kann. Die aufzuwickelnde Ware läuft zwischen den endlosen Gummibändern und den Reibrollen hindurch, wird durch beide mit einer den Reibrollen gegebenen Umlaufgeschwindigkeit gefördert und auf diese Weise maschengerade in Richtung der Maschenreihen ausgerichtet. Damit die Ware auch in Richtung der Maschenstäbchen maschengerade ausgerichtet wird, dreht der Arbeiter den Warenkessel entsprechend und bringt auf diese Weise die Ware so in die Laufrichtung, daß das Gewicht der freihängenden Ware ausrichtend zur Wirkung kommen kann. Ist die Maschine mit kleinem Warenkessel ausgestattet, so erhält die Maschine an seiner Stelle zwei Zuführwalzen, auf denen die Breitstreckvorrichtung ihre Stütze findet.

Abb. 265. Aufrecht stehende Rollmaschine für rundgewirkte Stoffe; Maschinenfabrik Arbach G. m. b. H., Reutlingen i. W.

Um die Zahl der erforderlichen Hilfsmaschinen herabzumindern, hat man auch Maschinen in Vorschlag gebracht, welche schlauchförmige Wirkware, wie sie vom Rundwirkstuhl kommt, wendet und gleichzeitig aufrollt; Abb. 266 zeigt eine solche kombinierte Umkehr- und Rollmaschine. Ihr Wesen besteht in einem Warenkessel a, der frei drehbar auf der stehenden Achse b sitzt und mit einem diese einschließenden gelochten Zylinder *c* ausgestattet ist. Oberhalb dieses Zylinders befindet sich auf der genannten Achse ein Bajonettverschluß *d*, und über diesem ist auf dem Achsenkopf auswechselbar der Breitstrecker *e* befestigt. Mittels des Bajonettverschlusses kann auf der Achse *b* eine Rollenführung *g* aufgehängt werden, deren Tragstäbe *h* schwenkbar mit dem Rollenträger so verbunden sind, daß sie nach Freigabe ihrer freien Enden durch den Bajonettverschluß scherenartig gespreizt werden können, wie dies die Abbildung erkennen läßt. Nehmen die Rollenringträger diese Stellung ein und ist der Breitstrecker *e* von der Achse *b* abgenommen, so kann der Warenschlauch *k* in der ersichtlichen Weise auf den gelochten Zylinder *c* aufgeschoben werden. Ist dies geschehen, so wird der Breitstrecker *e* wieder auf die Achse *b* aufgesetzt und der Warenschlauch durch Zusammenführen der Rollenkorbträger *h* mittels der an diesem sitzenden Zylindermantelsegmente *i* eingeschlossen. Sodann wird der Warenschlauch mit seinem unteren Ende gewendet über den Rollenring *g* und den Schutzmantel *ghi* nach oben zum Breitstrecker *e* geführt, von dem aus er flachgestreckt zwischen die Abzugswalzen *l* gelangt, durch welche der von Hand eingeleitete Umkehrprozeß auf mechanischem Wege fortgesetzt und beendet wird. Unmittelbar oberhalb der Abzugswalzen *l* wird der gewendete Schlauch sofort aufgewickelt. — Soll an Stelle der lotrechten Einführung der gewendeten Ware in die Abzugswalzen die wagrechte Zuführung zur Anwendung kommen, so benutzt man Maschinen, deren Tragzylinder für den zu wendenden Warenschlauch mit einem Ende frei tragend im Gestell gelagert ist, auf ihn wird die Ware aufgeschoben und durch ihn wird sie gewendet der Breitstreckvorrichtung zugeführt, welcher die Abzugswalzen folgen. — Wenn es erforderlich wird, die Ware vor dem Wenden zu dämpfen, so wird bei der dargestellten Maschine der gelochte Zylinder *c* mit einer Dampfzuleitung ausgestattet. Der ihr entströmende Dampf gelangt durch die Lochungen des Zylindermantels in die Ware und durchdringt auch diese.

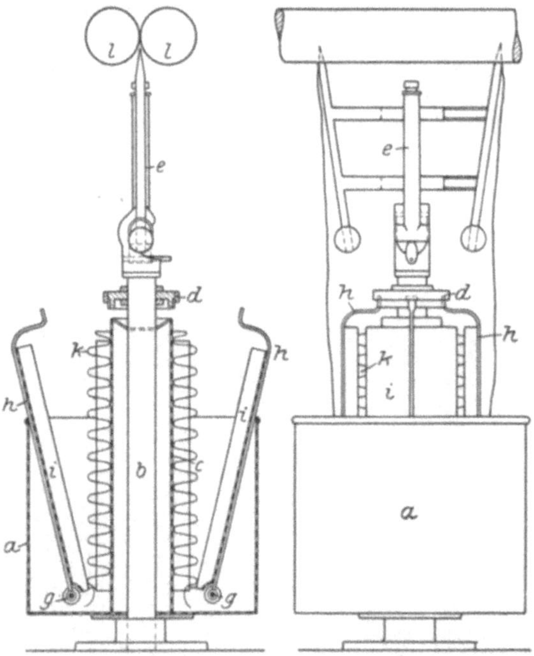

Abb. 266. Umkehr- und Rollmaschine D.R.P. 230313; Maschinenfabrik Arbach G. m. b. H., Reutlingen i. W.

Sachverzeichnis.